实例名称：【练习4-1】布尔运算
所在页码：112

实例名称：【练习4-2】结合/分离多边形对象
所在页码：114

实例名称：【练习4-3】补洞
所在页码：116

实例名称：【练习4-4】平滑对象
所在页码：121

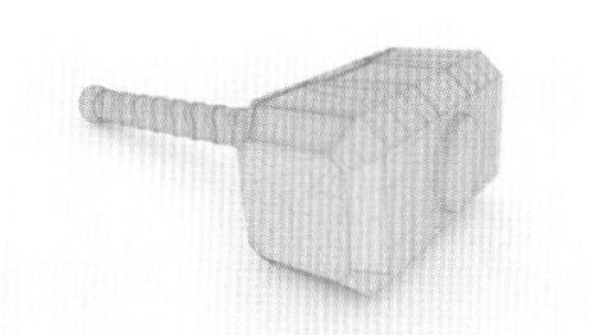

实例名称：【练习4-6】倒角多边形
所在页码：128

实例名称：【练习4-7】桥接多边形
所在页码：130

实例名称：【练习4-8】挤出多边形
所在页码：132

实例名称：【练习4-9】合并顶点
所在页码：134

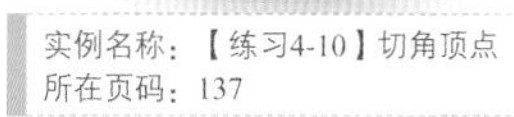
实例名称：【练习4-10】切角顶点
所在页码：137

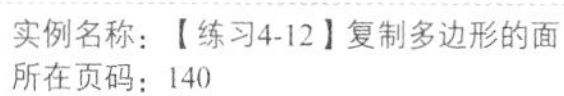
实例名称：【练习4-12】复制多边形的面
所在页码：140

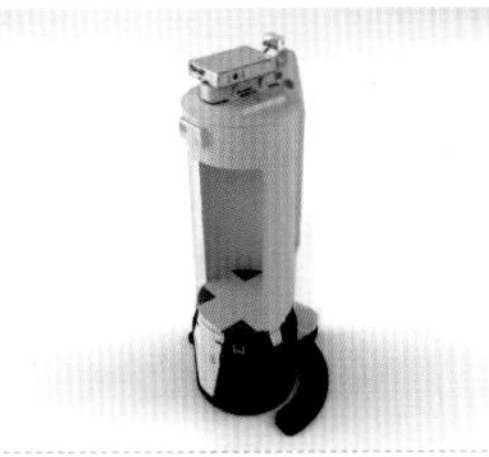

实例名称：【练习4-13】提取多边形的面
所在页码：142

实例名称：【练习4-14】刺破多边形面
所在页码：144

实例名称：【练习4-15】附加多边形
所在页码：147

实例名称：【练习4-16】创建多边形
所在页码：149

实例名称：【练习4-17】在多边形上插入循环边
所在页码：151

实例名称：【练习4-18】在多边形上添加边
所在页码：153

实例名称：【练习4-19】调整法线方向
所在页码：159

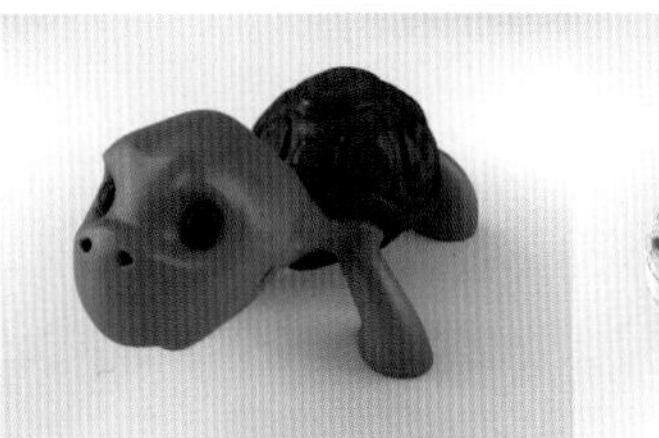

实例名称：【练习4-20】调整多边形外观
所在页码：161

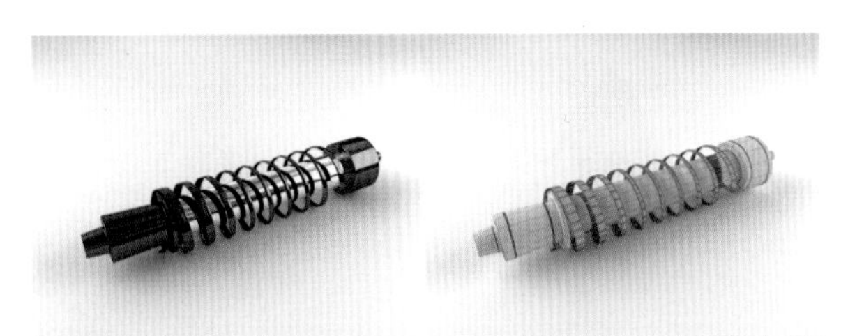
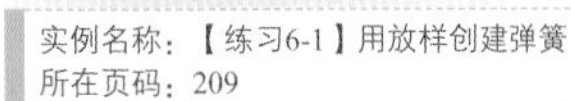

实例名称：【练习6-1】用放样创建弹簧
所在页码：209

实例名称：【练习6-3】用旋转创建花瓶
所在页码：211

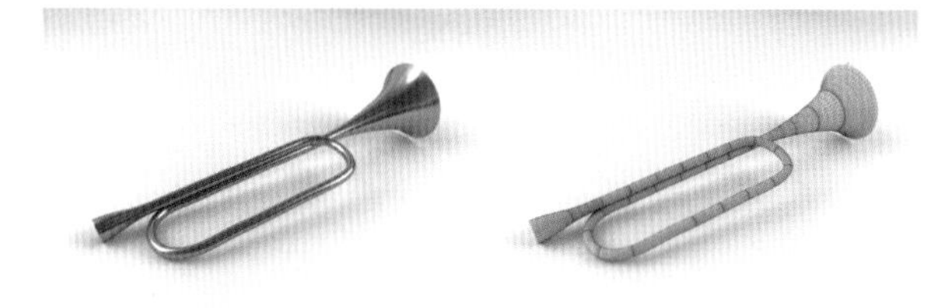

实例名称：【练习6-5】用挤出制作喇叭
所在页码：215

实例名称：【练习6-6】边界成面
所在页码：216

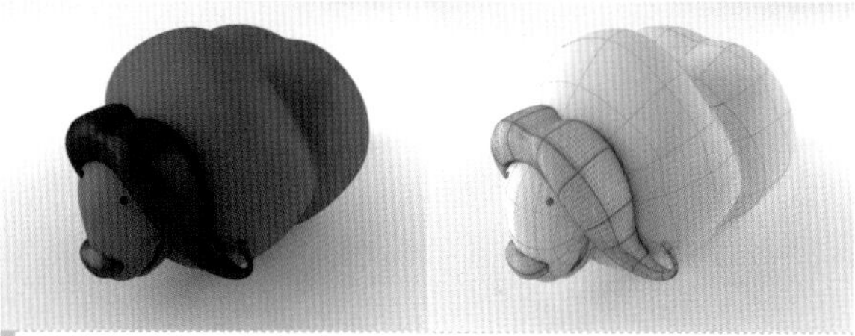

实例名称：【练习6-7】方形成面
所在页码：218

实例名称：【练习6-8】将曲线倒角成面
所在页码：219

实例名称：【练习6-11】用附加合并曲面
所在页码：224

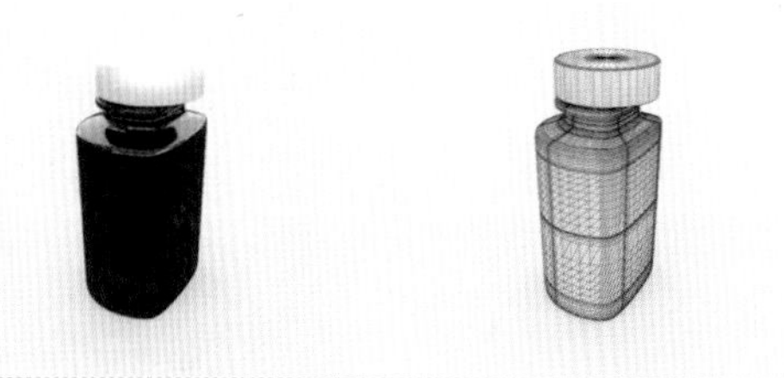

实例名称：【练习6-13】将开放的曲面闭合起来
所在页码：227

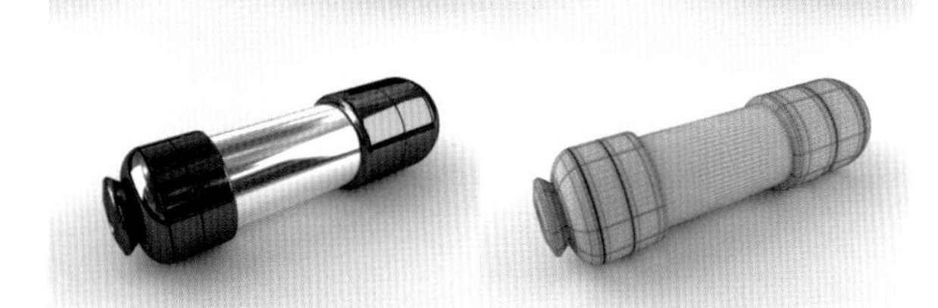

实例名称：【练习6-14】用曲面相交在曲面的相交处生成曲线
所在页码：228

实例名称：【练习6-15】将曲线投影到曲面上
所在页码：229

实例名称：【练习6-16】根据曲面曲线修剪曲面
所在页码：230

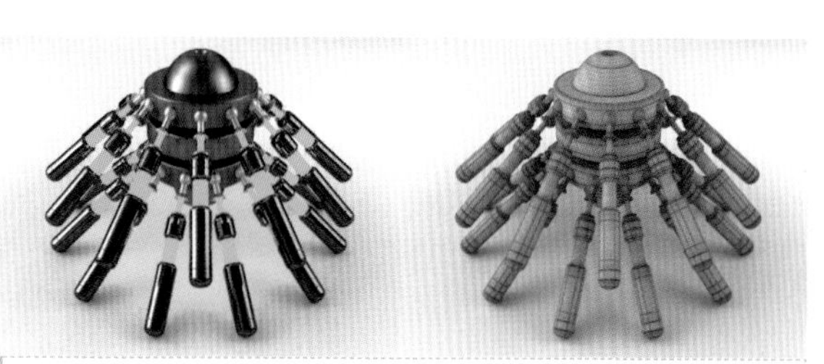

实例名称：【练习6-18】圆化曲面的公共边
所在页码：234

实例名称：【练习6-21】创建自由圆角曲面
所在页码：239

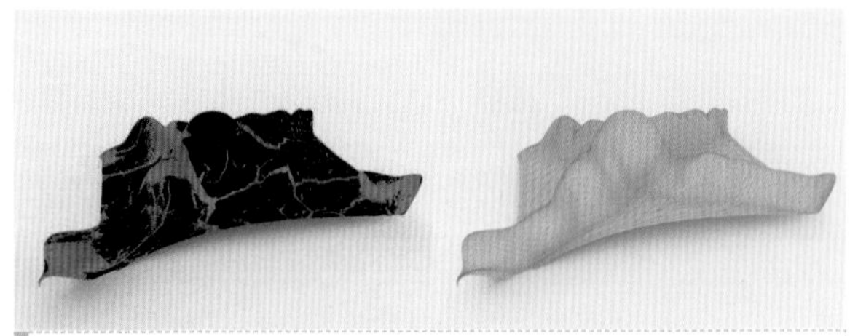

实例名称：【练习6-23】雕刻山体模型
所在页码：242

实例名称：【练习6-24】平滑切线
所在页码：243

实例名称：【练习6-25】布尔运算
所在页码：245

实例名称：【练习6-26】重建曲面的跨度数
所在页码：247

实例名称：【练习6-27】反转法线方向
所在页码：248

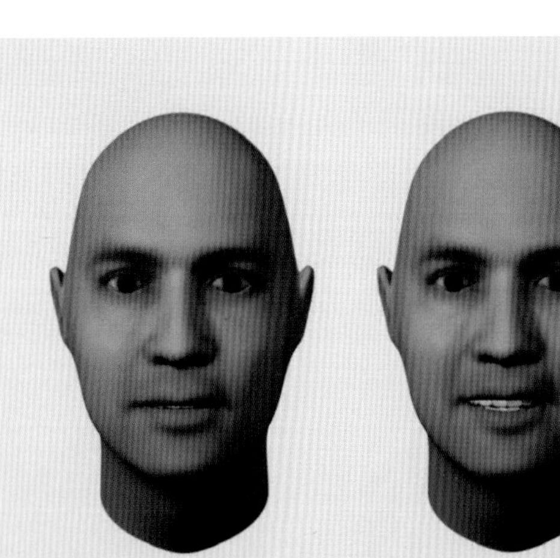

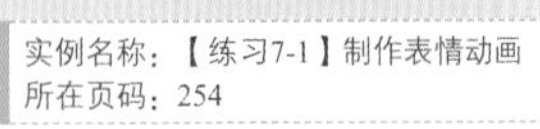

实例名称：【练习7-1】制作表情动画
所在页码：254

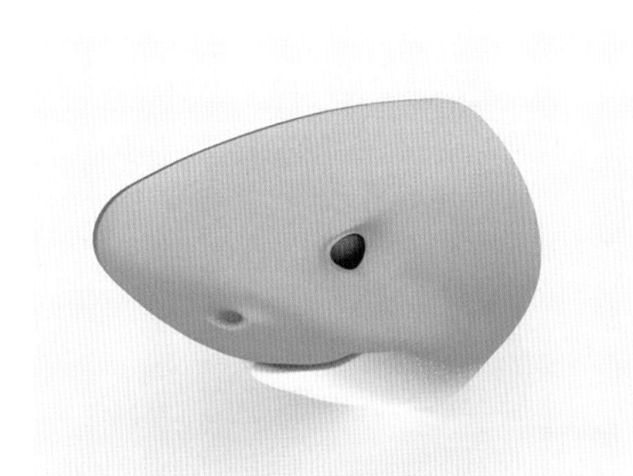

实例名称：【练习7-2】用簇变形器为鲸鱼制作眼皮
所在页码：259

实例名称：【练习7-3】用晶格变形器调整模型
所在页码：262

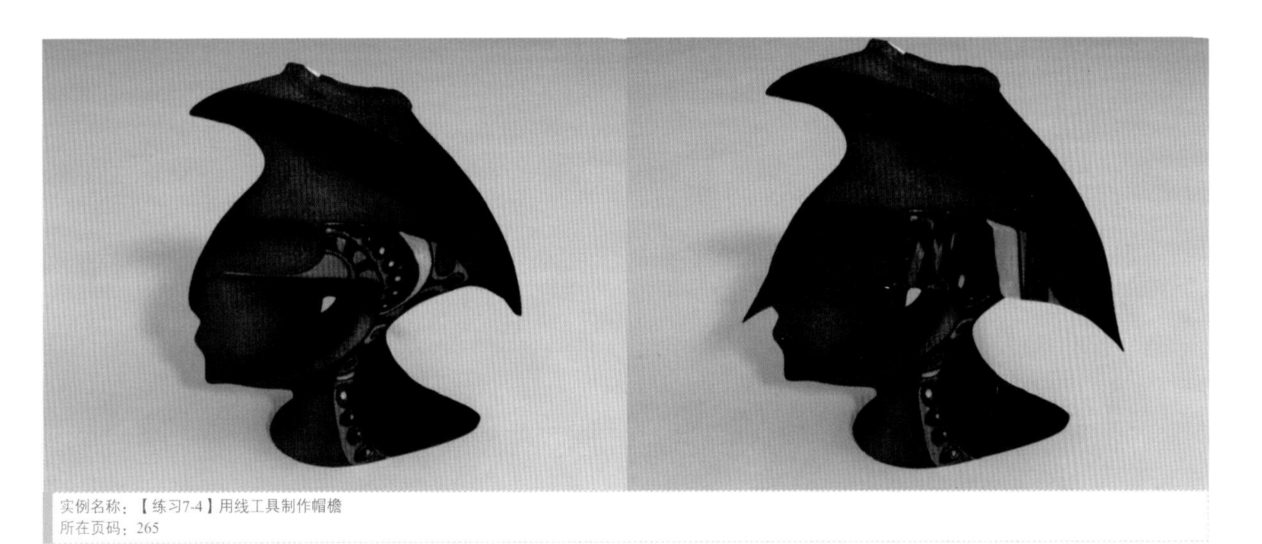

实例名称：【练习7-4】用线工具制作帽檐
所在页码：265

实例名称：【练习7-5】用扭曲命令制作绳子
所在页码：268

实例名称：【练习7-6】用雕刻命令制作篮球
所在页码：270

实例名称：7.3 变形工具综合实例：制作螺钉
所在页码：274

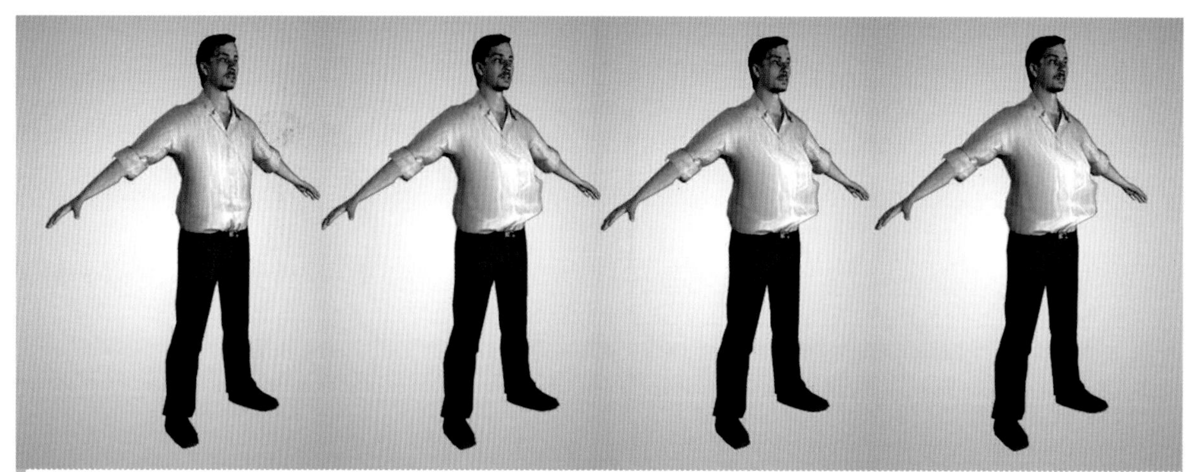

实例名称：【练习7-7】用抖动变形器控制腹部运动
所在页码：273

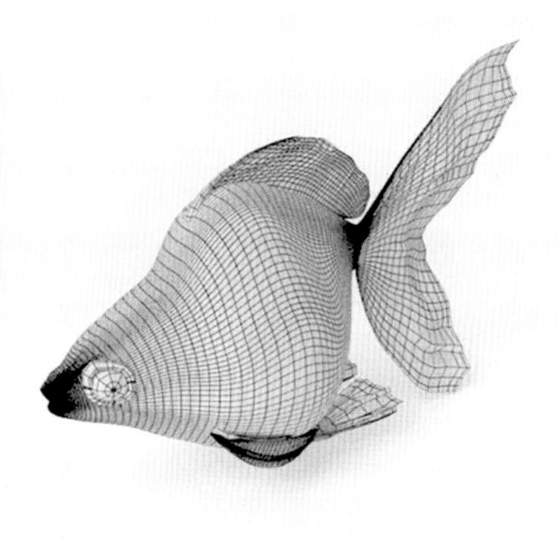

实例名称：8.1 建模技术综合运用：金鱼模型
所在页码：280

实例名称：8.2 建模技术综合运用：红心容器
所在页码：286

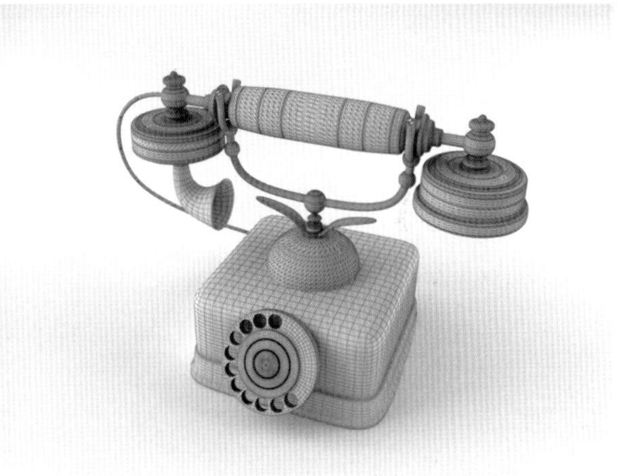

实例名称：8.3 建模技术综合运用：老式电话
所在页码：293

实例名称：8.4 建模技术综合运用：生日蜡烛
所在页码：306

实例名称：【练习9-1】制作场景灯光
所在页码：321

实例名称：【练习9-2】制作角色灯光雾
所在页码：328

实例名称：【练习9-3】制作镜头光斑特效
所在页码：329

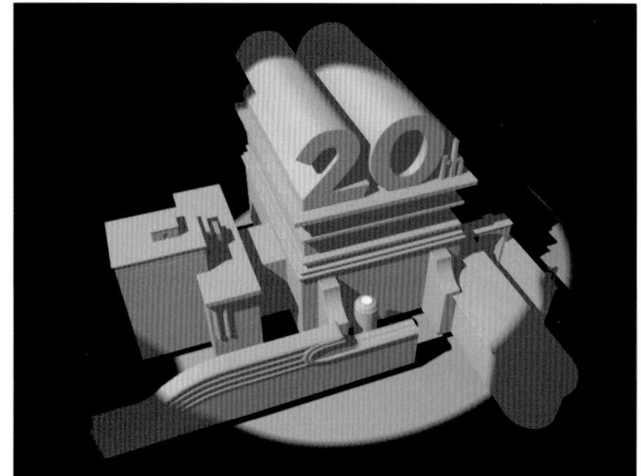

实例名称：【练习9-4】制作光栅效果
所在页码：331

实例名称：【练习9-5】打断灯光链接
所在页码：332

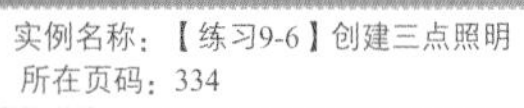

实例名称：【练习9-6】创建三点照明
所在页码：334

实例名称：【练习9-7】使用深度贴图阴影
所在页码：337

实例名称：【练习10-1】制作景深特效
所在页码：357

实例名称：【练习9-8】使用光线跟踪阴影
所在页码：341

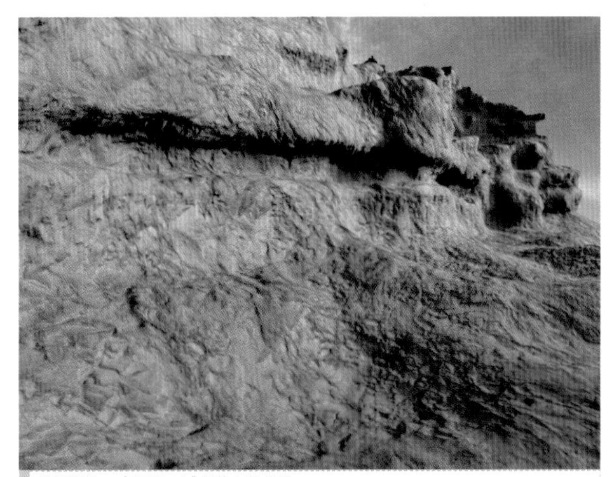

实例名称：【练习11-2】制作山体材质
所在页码：383

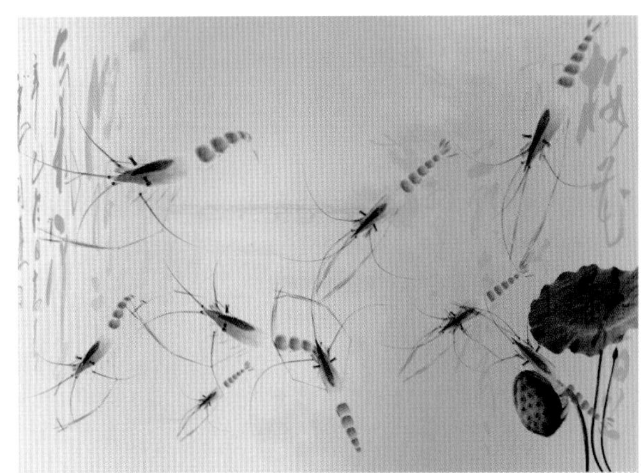

实例名称：【练习12-4】用Maya软件渲染水墨画
所在页码：416

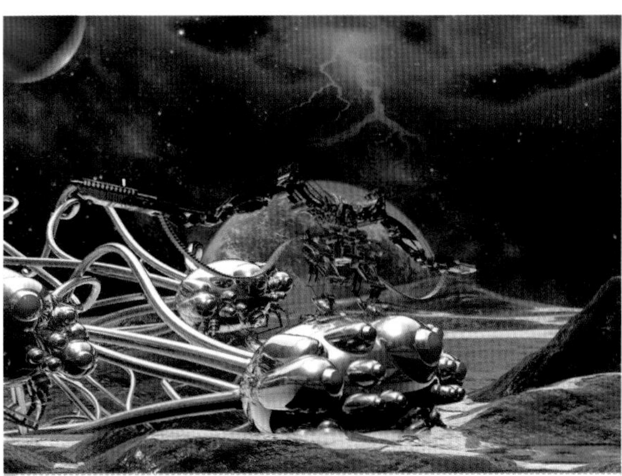

实例名称：【练习12-5】用Maya软件渲染变形金刚
所在页码：421

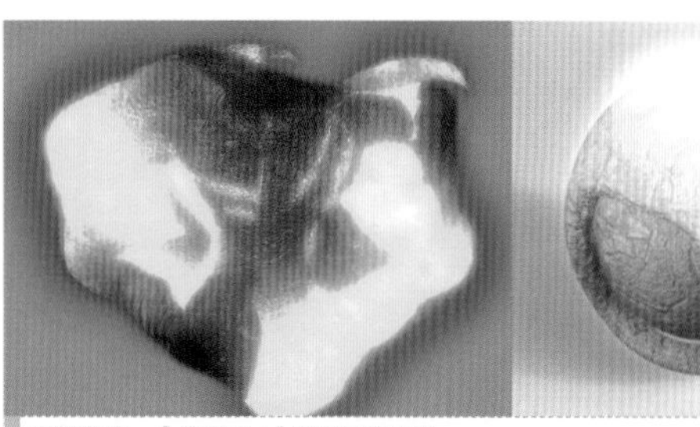
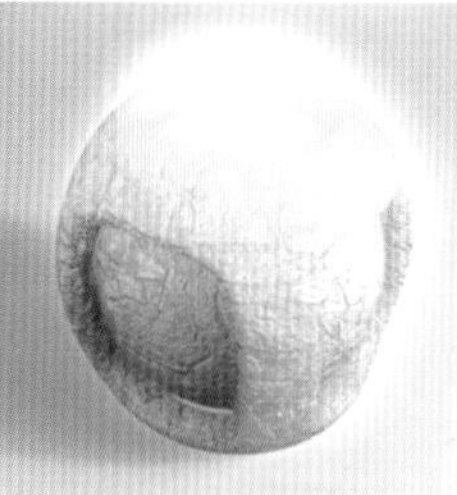

实例名称：【练习12-1】制作熔岩材质
所在页码：401

实例名称：【练习12-2】制作冰雕材质
所在页码：404

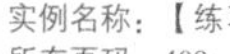

实例名称：【练习12-3】制作玻璃材质
所在页码：409

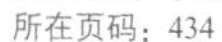

实例名称：【练习13-1】制作激光剑效果
所在页码：434

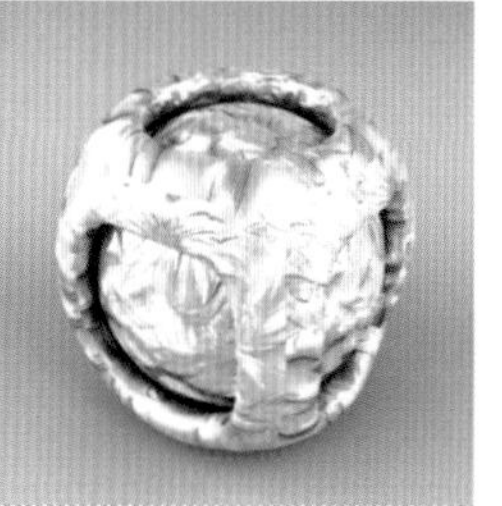

实例名称：【练习13-2】制作金属材质
所在页码：440

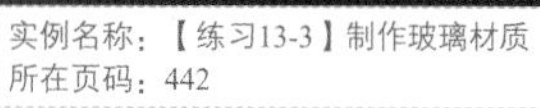

实例名称：【练习13-3】制作玻璃材质
所在页码：442

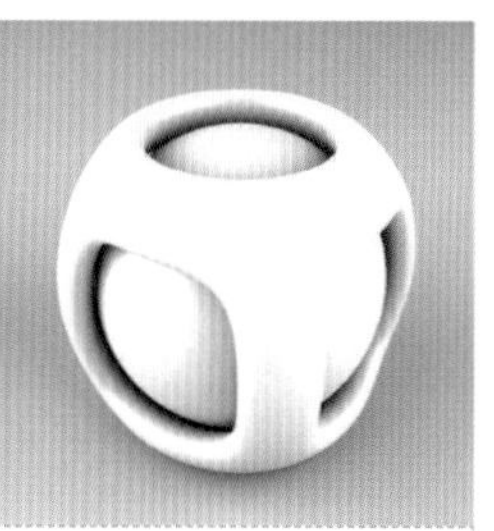

实例名称：【练习13-4】制作蜡烛材质
所在页码：444

实例名称：【练习13-5】渲染蔷薇效果
所在页码：449

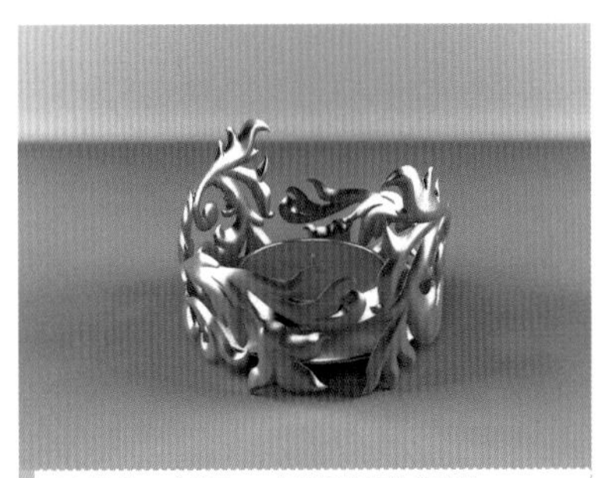

实例名称：【练习14-1】影棚静帧作品渲染
所在页码：460页

实例名称：【练习14-6】静物渲染
所在页码：490页

实例名称：【练习14-7】制作VRay的焦散效果
所在页码：493页

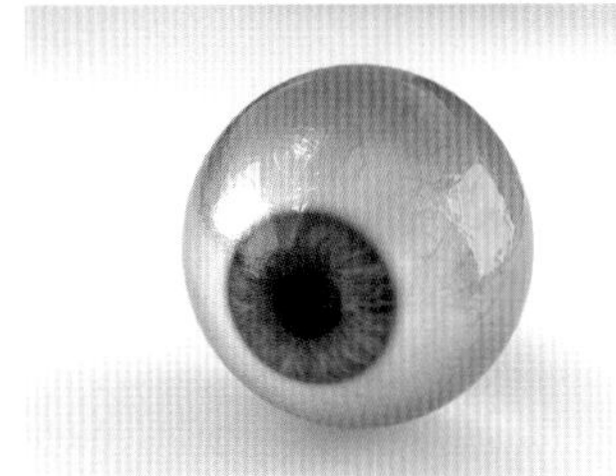

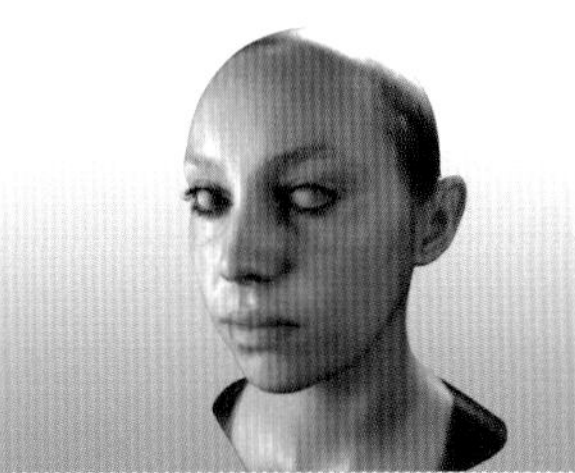

实例名称：【练习14-2】制作眼睛材质
所在页码：466

实例名称：【练习14-3】制作皮肤材质
所在页码：471

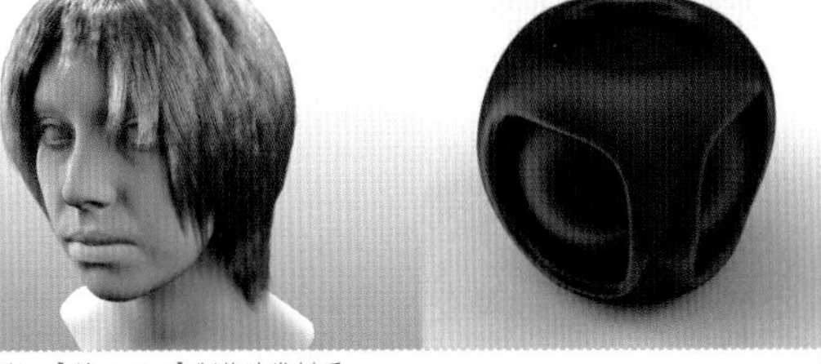

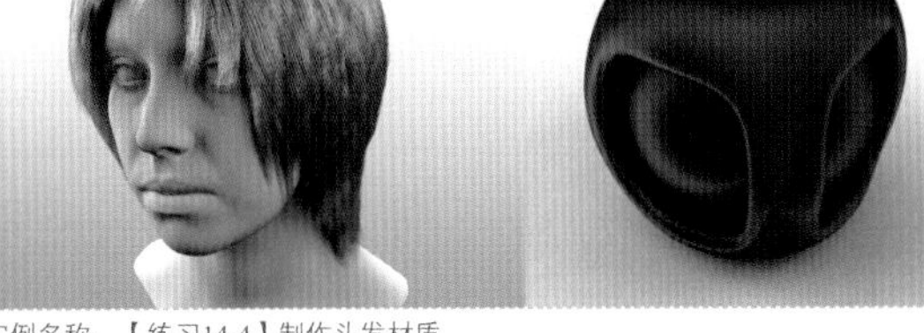

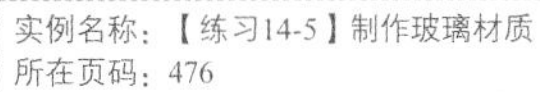

实例名称：【练习14-4】制作头发材质
所在页码：474

实例名称：【练习14-5】制作玻璃材质
所在页码：476

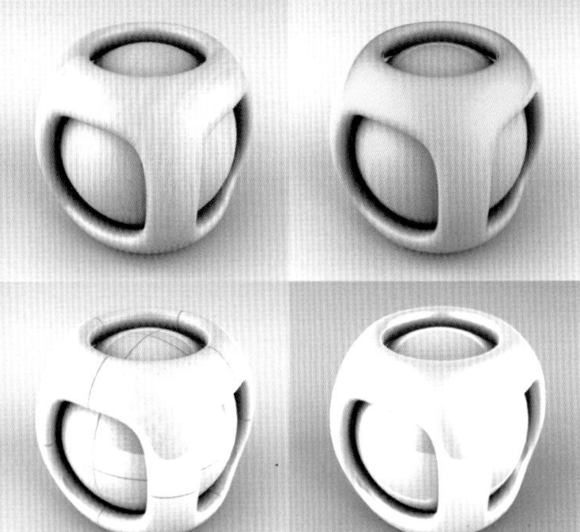

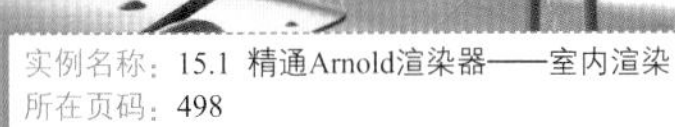

实例名称：15.1 精通Arnold渲染器——室内渲染
所在页码：498

实例名称：15.2 精通Arnold渲染器——篝火渲染
所在页码：506

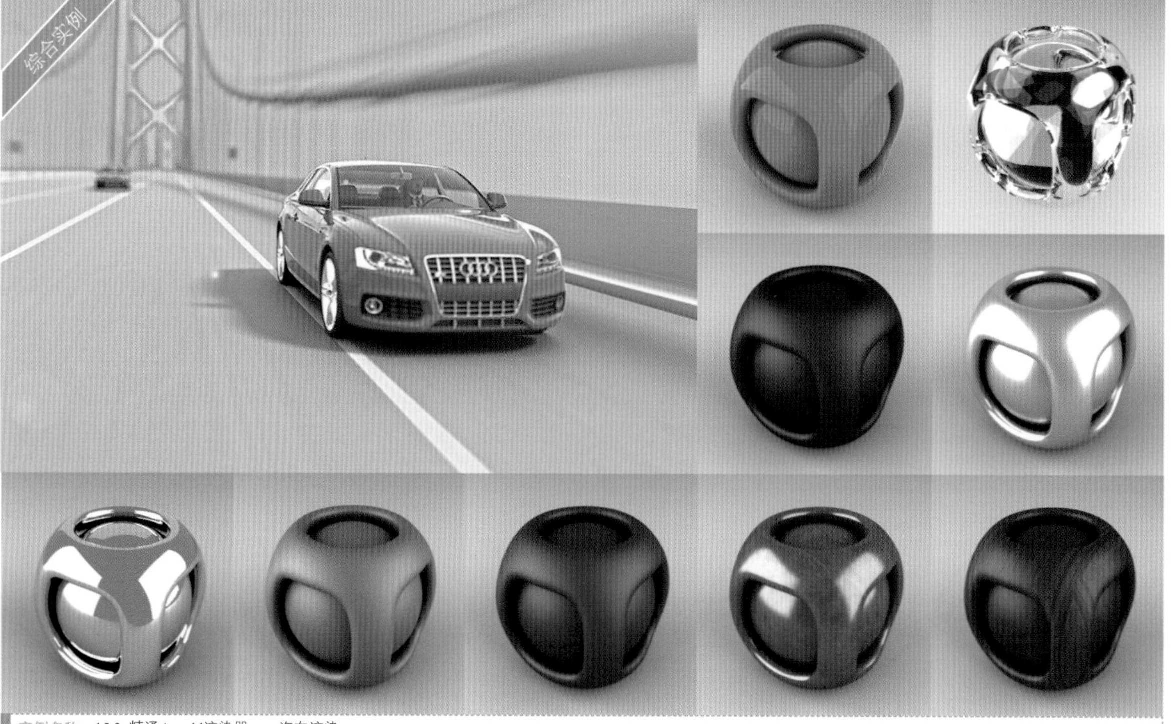


实例名称：15.3 精通Arnold渲染器——汽车渲染
所在页码：515

实例名称：15.4 精通VRay渲染器——室内渲染
所在页码：526

实例名称：15.5 精通VRay渲染器——吉他渲染
所在页码：534

实例名称：15.6 精通VRay渲染器——钢铁侠渲染
所在页码：542

实例名称：【练习16-8】鲨鱼的绑定与编辑
所在页码：589

实例名称：16.3 绑定综合实例：腿部绑定
所在页码：592

实例名称：【练习17-1】为对象设置关键帧
所在页码：606

实例名称：【练习17-2】用曲线图制作重影动画
所在页码：611

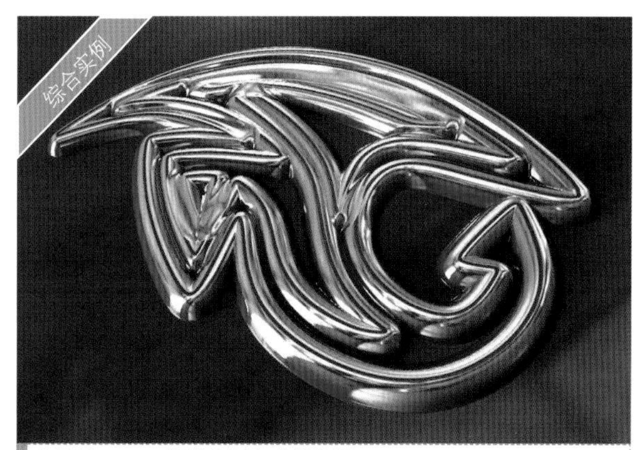


实例名称：17.8 动画综合实例：线变形动画
所在页码：636

实例名称：【练习17-3】制作连接到运动路径动画
所在页码：620

实例名称：【练习17-4】制作字幕穿越动画
所在页码：622

实例名称：【练习17-5】制作运动路径关键帧动画
所在页码：624

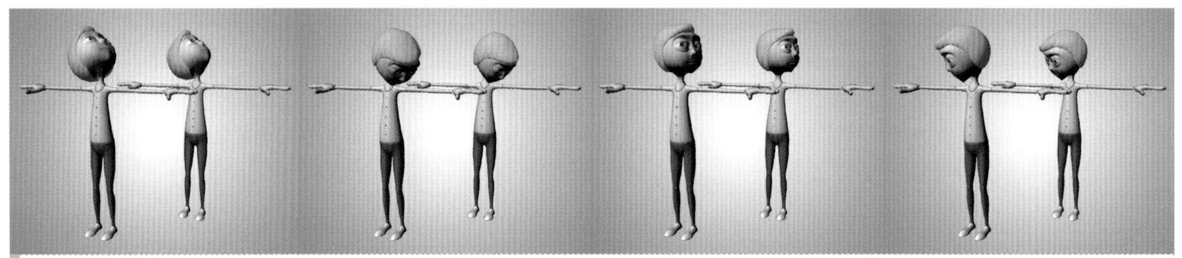

实例名称：【练习17-6】用方向约束控制头部的旋转
所在页码：627

实例名称：【练习17-7】用目标约束控制眼睛的转动
所在页码：631

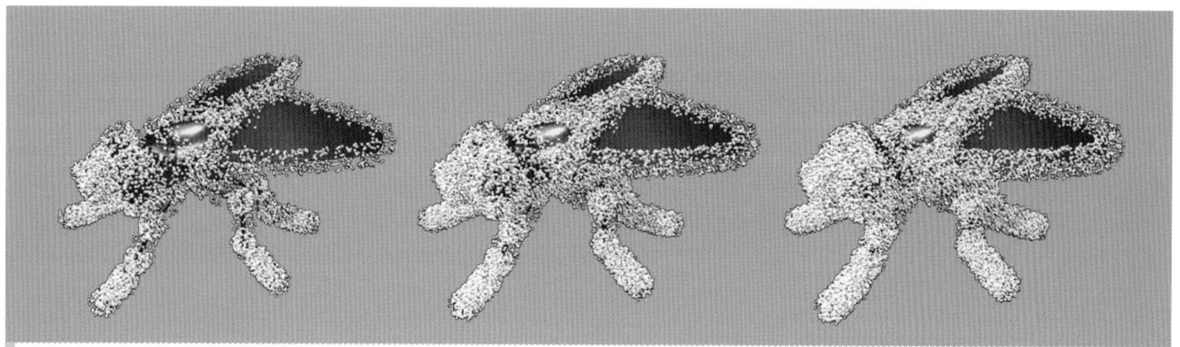

实例名称：【练习18-2】从对象内部发射粒子
所在页码：654

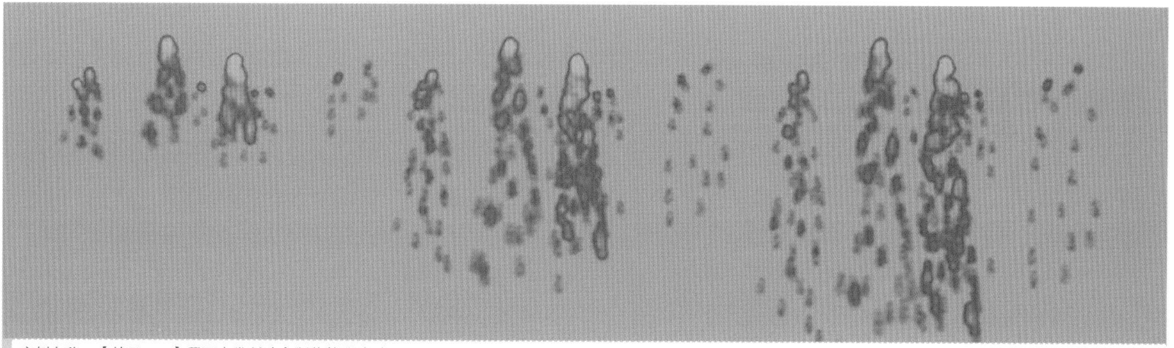

实例名称：【练习18-3】用逐点发射速率制作粒子流动画
所在页码：655

实例名称：【练习18-4】将粒子替换为实例对象
所在页码：659

实例名称：【练习18-5】创建粒子碰撞事件
所在页码：662

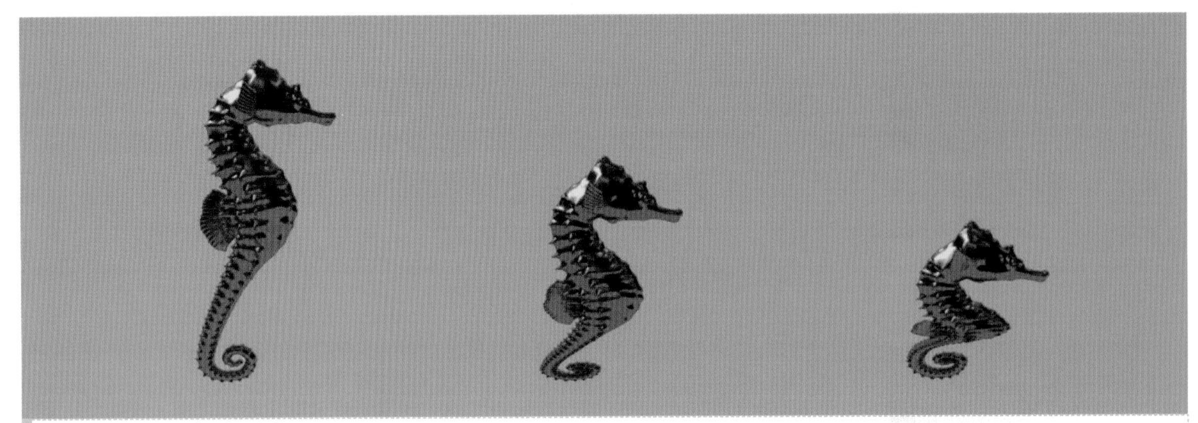

实例名称：【练习18-6】制作柔体动画
所在页码：666

【练习18-7】制作桌球动画
所在页码：680

实例名称：18.5 粒子系统综合实例：游动的鱼群
所在页码：685

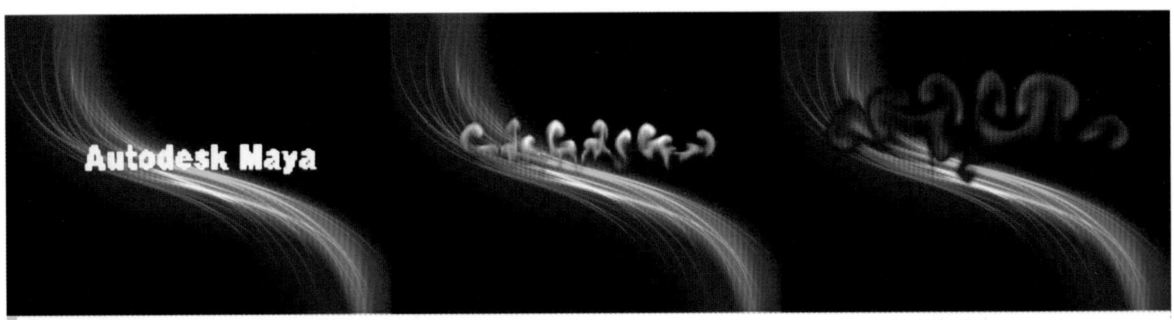


实例名称：【练习19-1】制作影视流体文字动画
所在页码：702

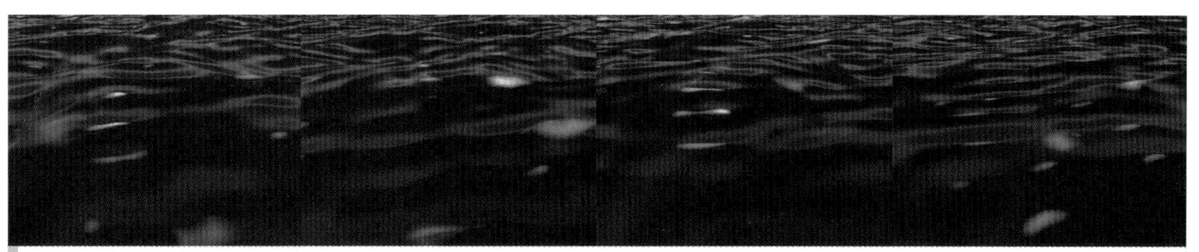

实例名称：【练习19-2】创建海洋
所在页码：707

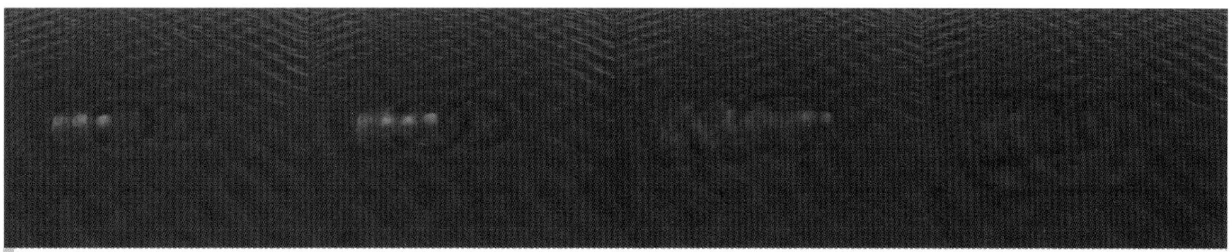

实例名称：【练习19-4】模拟船舶行进时的尾迹
所在页码：714

实例名称：19.2 综合实例：制作海洋特效
所在页码：715

实例名称：【练习20-3】像素特效
所在页码：752

实例名称：【练习20-1】旗帜飘动特效
所在页码：730

实例名称：【练习20-2】制作卡通角色毛发
所在页码：737

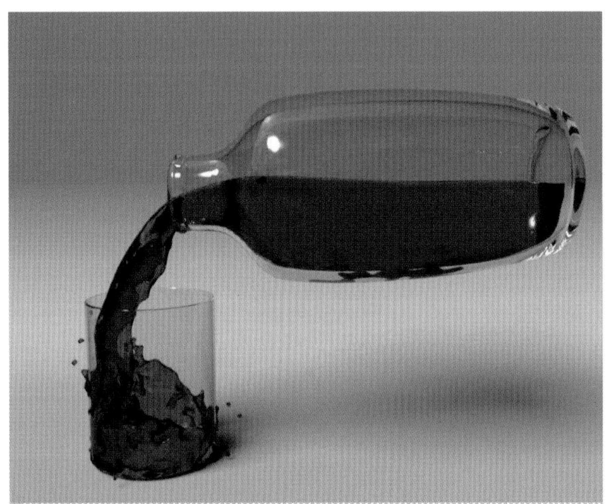

实例名称：【练习21-1】制作倒水效果
所在页码：768

实例名称：【练习21-2】制作喷泉
所在页码：772

实例名称：【练习21-3】制作水花飞溅
所在页码：776

实例名称：综合实例：制作海洋特效
所在页码：780

# 中文版 Maya 2017 技术大全

梁峙 编著

人民邮电出版社

北京

图书在版编目（CIP）数据

中文版Maya 2017技术大全 / 梁峙编著. -- 北京 :
人民邮电出版社, 2018.9(2021.5重印)
ISBN 978-7-115-48889-3

Ⅰ. ①中… Ⅱ. ①梁… Ⅲ. ①三维动画软件 Ⅳ.
①TP391.414

中国版本图书馆CIP数据核字(2018)第173372号

## 内容提要

这是一本全面介绍中文版 Maya 2017 基本功能及实际运用的书。本书完全针对零基础读者开发，是入门级读者快速、全面掌握 Maya 2017 的应备参考书。

本书从 Maya 2017 的基本操作入手，结合大量的可操作性实例（149 个练习和 16 个综合实例），全面、深入地阐述 Maya 2017 在建模、灯光、材质、渲染、动画、动力学、流体以及布料与毛发等方面的技术。在软件运用方面，本书还结合当前流行的渲染器 Arnold 和 VRay 进行讲解，向读者展示如何运用 Maya 结合 Arnold 渲染器与 VRay 渲染器进行渲染，让读者学以致用。

本书共 21 章，每章分别介绍一个技术板块的内容，讲解细致，实例丰富。通过大量的实例练习，读者可以轻松、有效地掌握软件技术。

本书附带一套学习资源，内容包含"场景文件""实例文件""赠送资源"3 个文件夹。本书所有的学习资源文件均提供在线下载，具体方法请参看本书前言。

本书非常适合作为 Maya 初、中级读者，尤其是零基础读者的入门及提高参考书。另外，本书写作使用的软件版本为中文版 Maya 2017 update 4 和 VRay 3.10，请读者注意。

◆ 编　　著　梁　峙
责任编辑　张丹丹
责任印制　陈　犇
◆ 人民邮电出版社出版发行　　北京市丰台区成寿寺路 11 号
邮编　100164　　电子邮件　315@ptpress.com.cn
网址　http://www.ptpress.com.cn
固安县铭成印刷有限公司印刷
◆ 开本：787×1092　1/16
印张：49　　彩插：10
字数：1454 千字　　2018 年 9 月第 1 版
印数：4 701－5 000 册　　2021 年 5 月河北第 8 次印刷

定价：128.00 元

读者服务热线：(010)81055410　印装质量热线：(010)81055316
反盗版热线：(010)81055315
广告经营许可证：京东市监广登字20170147号

# 前言

Autodesk Maya是一款三维动画软件。Maya的强大功能，使其从诞生以来就一直受到CG艺术家的喜爱。Maya在模型塑造、场景渲染、动画及特效等方面都有突出表现，能制作出高品质的对象，这也使其在三维、影视、动画和游戏制作中占据重要地位。

## 图书结构与内容

本书共21章，分为3个部分，内容介绍如下。

第1~3章为基础部分。这3章分别介绍Maya的应用领域、特点、界面组成元素、视图操作、公共菜单与视图菜单、用户设置和对象的基本操作等内容。本部分的内容属于Maya的基础内容，只有掌握好了这些内容，才能在后面的学习中得心应手。

第4~15章为中级部分。这12章分别介绍Maya在建模、灯光、摄影机、材质与渲染方面的应用。本部分内容是本书的核心内容，读者务必完全掌握。另外，这部分穿插了两个综合实例章节，分别是第8章和第15章，这两章详细讲解了建模和渲染的相关流程与技巧。

第16~21章为高级部分。这6章分别介绍Maya在动画、粒子系统、动力场、柔体与刚体、流体、布料与毛发方面的应用。本部分中的动画内容相对简单，而粒子系统、动力场、柔体与刚体、流体以及布料与毛发较难一些，希望读者认真掌握这些内容，以制作出优秀的动画。

## 学习资源说明

本书附带一套学习资源，内容包含“场景文件”“实例文件”“赠送资源”这3个文件夹。其中“场景文件”文件夹中包含本书所有实例用到的场景文件；“实例文件”文件夹中包含本书所有实例的源文件、贴图；“赠送资源”文件夹中是专门为读者额外准备的学习资源，其中包含180张HDRI贴图、285个Maya经典模型，读者可以在学完本书内容以后用这些模型进行练习，将Maya“一网打尽”。本书所有的学习资源文件均提供在线下载（扫描“资源下载”二维码即可获得下载方法），下载完成后，读者可随时调用随书练习。

## 图书售后服务

本书所有的学习资源文件均可下载，扫描“资源下载”二维码，关注我们的微信公众号，即可获得资源文件下载方式。在资源下载过程中如有疑问，可通过邮箱（szys@ptpress.com.cn）与我们联系。在学习的过程中，如果遇到问题，也欢迎您与我们交流（press@iread360.com），我们将竭诚为您服务。

资源下载

徐州工程学院 梁峙

2018年7月

# 目录

## 第9章 灯光的类型与基本操作 .....311



## 第10章 摄影机技术 ....................345



## 第11章 纹理技术 ......................361

## 

# 第1章

# 认识Maya 2017

本章主要介绍Maya 2017的应用领域、安装要求、软件界面、公共菜单及它的节点特性等内容。通过对本章的学习，读者可以大致了解Maya 2017的界面构成和菜单命令，为后面的学习做好铺垫。

※ Maya的应用领域
※ Maya的安装要求
※ Maya的界面组成
※ Maya的公共菜单
※ Maya节点的概念

# 1.1 Maya概述

Autodesk Maya是一款三维动画软件。Maya的强大功能，使其从诞生以来就一直受到CG艺术家们的喜爱。

在Maya推出以前，三维动画软件大部分都应用于SGI工作站上，很多强大的功能只能在工作站上完成，而Alias公司推出的Maya采用了Windows NT作为作业系统的PC工作站，从而降低了制作要求，使操作更加简便，这样也促进了三维动画软件的普及。Maya继承了Alias所有的工作站及优秀软件的特性，界面简洁合理，操作快捷方便。

2005年10月，Autodesk公司收购了Alias公司。目前Autodesk公司已将Maya升级到Maya 2017，其功能也发生了很大的变化。

# 1.2 Maya的应用领域

作为一款三维动画软件，Maya在影视动画制作、视频制作、游戏开发和数字出版等领域都占据着重要地位。

## 1.2.1 影视动画制作

在影视动画制作中，Maya是影视行业数字艺术家的常备软件，它被广泛应用于影视特效制作。在近些年的影视作品，如《猩球崛起》和《变形金刚》等电影中的一些特效都有Maya参与，如图1-1和图1-2所示。

图1-1

图1-2

## 1.2.2 视频制作

Maya之所以被公认为顶级的三维软件，是因为它不仅能够制作出优秀的动画，还能够制作出非常绚丽的镜头特效。现在很多广播电影公司都采用Maya来制作这种特效，如图1-3和图1-4所示。

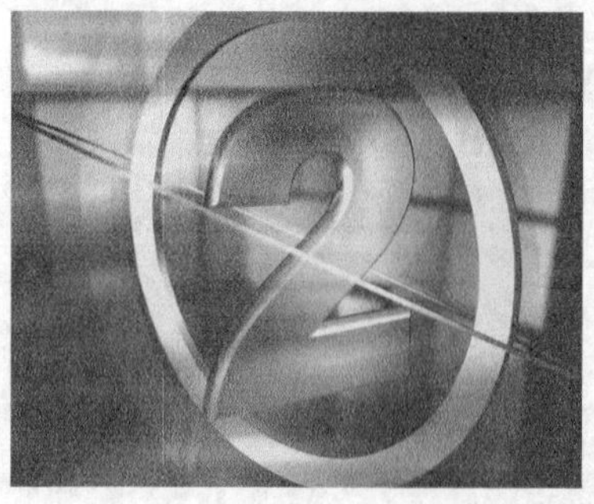

图1-3

图1-4

### 1.2.3 游戏开发

Maya被应用于游戏开发，是因为它不仅能用来制作流畅的动画，还能提供非常直观的多边形建模和UV贴图工作流程、优秀的关键帧技术、非线性以及高级角色动画编辑工具等，例如《神秘海域》和《刺客信条》等游戏都有Maya参与，如图1-5和图1-6所示。

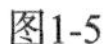

图1-5

图1-6

### 1.2.4 数字出版

现在很多数字艺术家尝试将Maya作为制作印刷载体、网络出版物、多媒体和视频内容编辑的重要工具，因为将Maya制作的3D图像融合到实际项目中可以使作品更加具有创意优势。

## 1.3 Maya与3ds Max的区别

对于初学者而言，了解Maya与3ds Max的区别是很有必要的。虽然Maya与3ds Max都是三维软件，且都是Autodesk公司的产品，但它们是有一定区别的，同时不同的行业所用到的软件也是不同的。

Maya主要用在影视、动画和CG等媒体方面，Maya的动画是比较突出的一项；3ds Max的运用领域也比较广泛，例如动画、建筑效果图等领域。初学者首先要弄清楚自己的目标，也就是打算从事什么方面的工作，如果准备从事动画产业、影视等媒体工作，建议学习Maya。

## 1.4 Maya 2017的安装要求

对于软件而言，每升级一次，除了更新功能以外，对于计算机硬件的和系统的需求也会越来越高。在一般情况下，Maya 2017适用于Windows 8专业版、Windows 7专业版，中英文都可以。另外，显卡驱动性能建议支持DirectX 11、OpenGL Legacy和GL4 Core Profile 。

Maya 2017只有64位版本，没有32位版本。Maya 2017对系统的具体要求如下。

第1点：支持的系统包括Windows 10、Windows 8.1专业版、Windows 7（SP1）、Mac OS X 10.9.5、Mac OS X 10.10.x 、Red Hat Enterprise Linux 6.5 WS和CentOS 6.5 Linux 。

第2点：需要的浏览器包括Apple Safari、Google Chrome、Microsoft Internet Explorer或Mozilla Firefox ，建议安装新版本。

第3点：64位Intel或AMD多核处理器。

第4点：4 GB的RAM，这是最低要求，建议8 GB以上。

第5点：4 GB的可用磁盘空间，用于安装Maya 2017。

第6点：三键鼠标。

# 1.5 界面组成

在初次启动Maya 2017时，会打开“新特性亮显设置”对话框，如图1-7所示。在该对话框中选择“亮显新特性”选项，然后单击“确定”按钮确定，Maya 2017的新功能便会在操作界面中以高亮绿色显示出来，如图1-8所示。

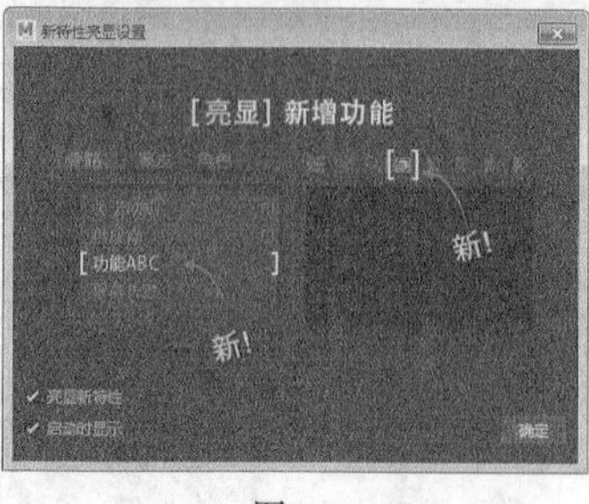


图1-7

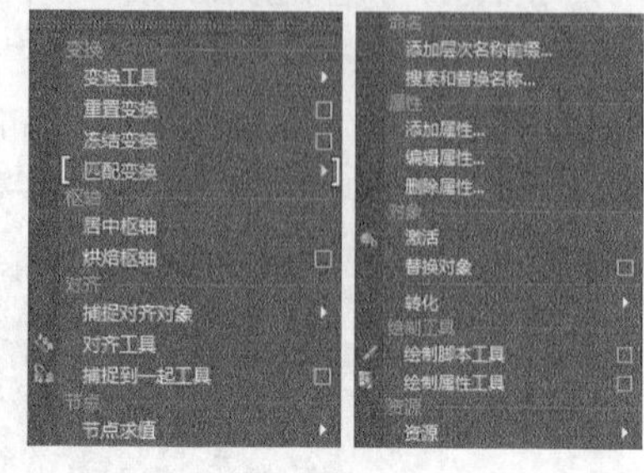


图1-8

如果不想让新功能以绿色高亮显示出来，可以在“帮助>新特性”菜单下关闭“亮显新特性”选项，如图1-9所示，或者在“新特性亮显设置”对话框中关闭“启动时显示”选项。

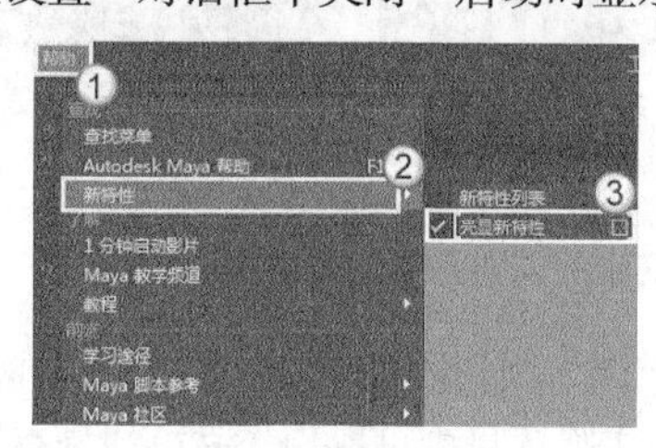


图1-9

## 1.5.1 界面组成元素

启动完成后将进入Maya 2017的操作界面，如图1-10所示。Maya 2017的操作界面由11个部分组成，分别是标题栏、菜单栏、状态行、工具架、工具箱、工作区、通道盒/层编辑器、时间滑块、范围滑块、命令行和帮助行。

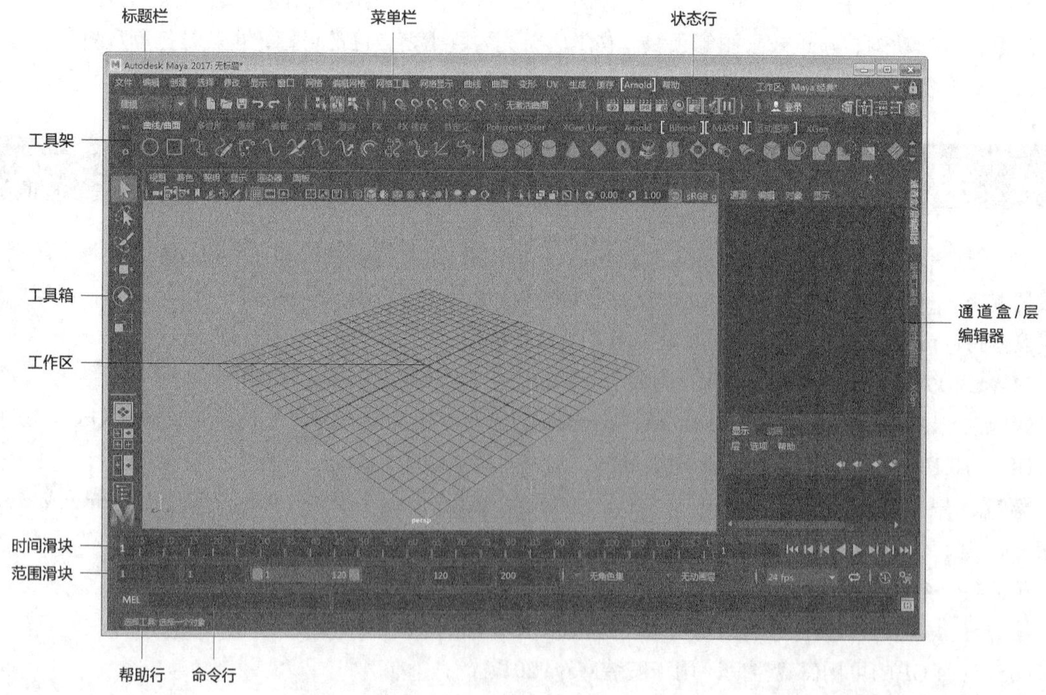


图1-10

## 1.5.2 界面显示

在工作时，往往只需要将一部分界面元素显示出来，这时可以将界面隐藏起来。隐藏界面的方法很多，这里主要介绍下面两种。

第1种：在“显示>UI元素”菜单下选择或关闭相应的选项，可以显示/隐藏对应的界面元素，如图1-11所示。

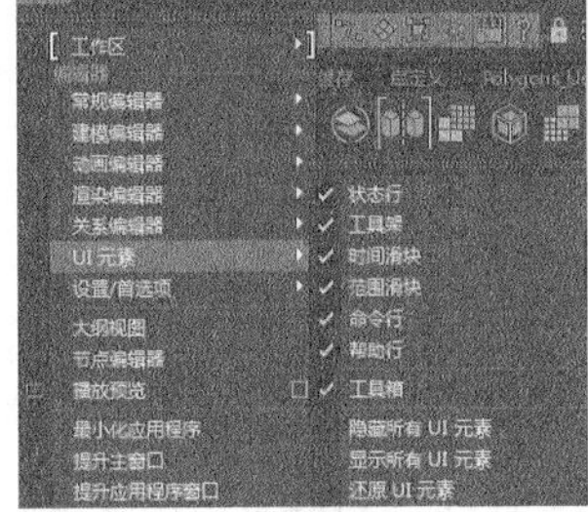


图1-11

第2种：执行“窗口>设置/首选项>首选项”菜单命令，打开“首选项”对话框，然后在左侧选择“UI元素”选项，接着选中要显示或隐藏的界面元素，最后单击“保存”按钮 保存 即可，如图1-12所示。

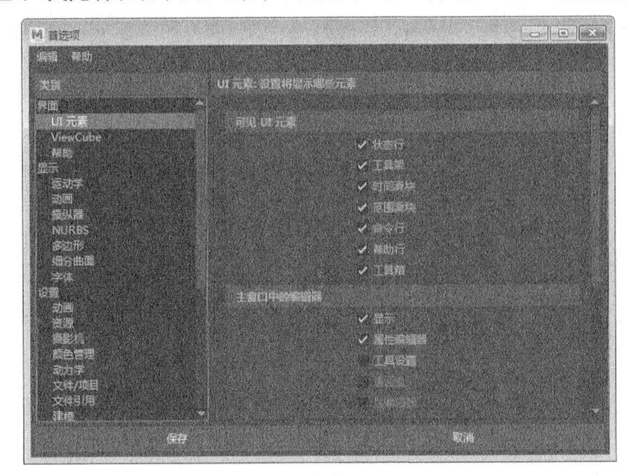


图1-12

**提示**

如果要恢复到默认状态，可以在“首选项”对话框中执行“编辑>还原默认设置”命令，将所有的首选项设置恢复到默认状态。

# 1.6 界面介绍

本节将针对Maya 2017操作界面中的各项组成元素进行详细介绍。对于初学者而言，掌握这些组成元素是很有必要的，可以提高工作效率。

## 1.6.1 标题栏

标题栏用于显示文件的一些相关信息，如当前使用的软件版本、目录和文件等，如图1-13所示。

图1-13

## 1.6.2 菜单栏

菜单栏包含了Maya所有的命令和工具，因为Maya的命令非常多，无法在同一个菜单栏中显示出来，所以Maya采用模块化的显示方法。除了10个公共菜单命令外，其他的菜单命令都归纳在不同的模块中，这样菜单结构就一目了然。例如“动画”模块的菜单栏可以分为3个部分，分别是公共菜单、动画菜单和帮助菜单，如图1-14所示。

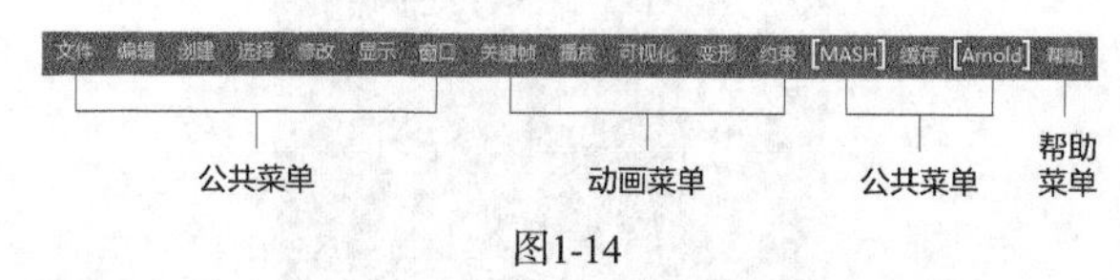


图1-14

## 1.6.3 状态行

状态行中主要是一些常用的视图操作按钮，如模块选择器、选择模式、捕捉开关和编辑器开关等，如图1-15所示。

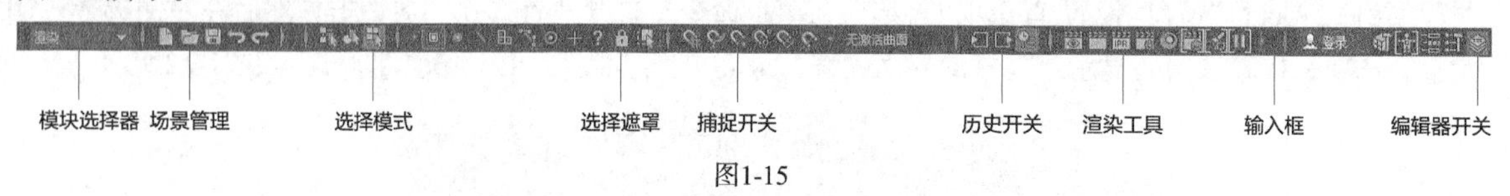


图1-15

### 1.模块选择器

模块选择器主要是用来切换Maya的功能模块，从而改变菜单栏上相对应的命令，共有5大模块，分别是“建模”模块、“装备”模块、“动画”模块、FX模块和“渲染”模块，5大模块下面的“自定义”模块主要用于自定义菜单栏，如图1-16所示。制作一个符合自己习惯的菜单组可以大大提高工作效率。按F2~F6键可以切换相对应的模块。

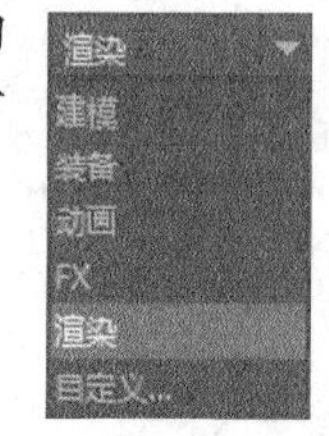


图1-16

### 2.场景管理

管理场景的工具包含3个，分别是“创建新场景”、“打开场景”和“保存当前场景”。

#### 场景管理工具介绍

❖ 创建新场景：对应“文件>新建场景”菜单命令，用于创建新场景。

❖ 打开场景：对应“文件>打开场景”菜单命令，用于打开场景文件。

❖ 保存当前场景：对应“文件>保存场景”菜单命令，用于保存场景文件。

**提示**

新建场景、打开场景和保存场景对应的快捷键分别是Ctrl+N、Ctrl+O和Ctrl+S。

### 3.选择模式

选择模式的工具包含4个，分别介绍如下。

#### 选择模式工具介绍

❖ 选择模式菜单：可以使用“选择工具”选择组件类型。

❖ 按层级和组合选择：可以选择成组的物体。

❖ 按对象类型选择：使选择的对象处于物体级别，在此状态下，后面选择的遮罩将显示物体级别下的遮罩工具。

❖ 按次组件类型选择：举例说明，在Maya中创建一个多边形球体，这个球是由点、线、面构成的，这些点、线、面就是次物体级别，可以通过这些点、线、面再次对创建的对象进行编辑。

## 4.选择遮罩

选择遮罩的工具基于选择模式工具的不同而不同，如激活“按层级和组合选择”工具，那么后面就会显示该工具的相关子工具，如图1-17~图1-19所示。

图1-17 　　图1-18 　　图1-19

## 5.捕捉开关

捕捉开关的工具包含7个，分别是“捕捉到栅格”、“捕捉到曲线”、“捕捉到点”、“捕捉到投影中心”、“捕捉到视图平面”、“激活选定对象”和“捕捉到视图平面”。

### 捕捉开关工具介绍

❖ 捕捉到栅格：将对象捕捉到栅格上。当激活该按钮时，可以将对象在栅格点上进行移动。快捷键为X键。

❖ 捕捉到曲线：将对象捕捉到曲线上。当激活该按钮时，操作对象将被捕捉到指定的曲线上。快捷键为C键。

❖ 捕捉到点：将选择对象捕捉到指定的点上。当激活该按钮时，操作对象将被捕捉到指定的点上。快捷键为V键。

❖ 捕捉到投影中心：启用后，将对象（关节、定位器）捕捉到选定网格或 NURBS 曲面的中心。

❖ 捕捉到视图平面：捕捉顶点（CV 或多边形顶点）或枢轴点到视图平面。

❖ 激活选定对象：将选定的曲面转化为激活的曲面。

❖ 捕捉到视图平面：将对象捕捉到视图平面上。

## 6.历史开关

这3个工具主要用于控制构建历史的各种操作。

## 7.渲染工具

渲染工具包含8个，分别是“打开渲染视图”、“渲染当前帧”、“IPR渲染当前帧”、“渲染设置窗口”、“显示Hypershade窗口”、“启动渲染设置窗口”、“打开灯光编辑器”和“切换暂停Viewport 2 显示更新”。

### 渲染工具介绍

❖ 打开渲染视图：单击该按钮可以打开“渲染视图”对话框，如图1-20所示。

图1-20

❖ 渲染当前帧：单击该按钮可以渲染当前所在帧的静帧画面。

❖ IPR渲染当前帧：一种交互式操作渲染，其渲染速度非常快，一般用于测试渲染灯光和材质。

❖ 渲染设置窗口：单击该按钮可以打开“渲染设置”对话框，如图1-21所示。

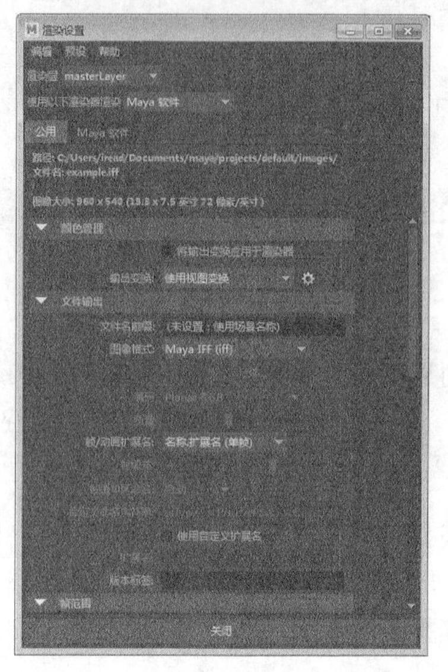


图1-21

❖ 显示Hypershade窗口：单击该按钮可以打开Hypershade对话框，如图1-22所示。

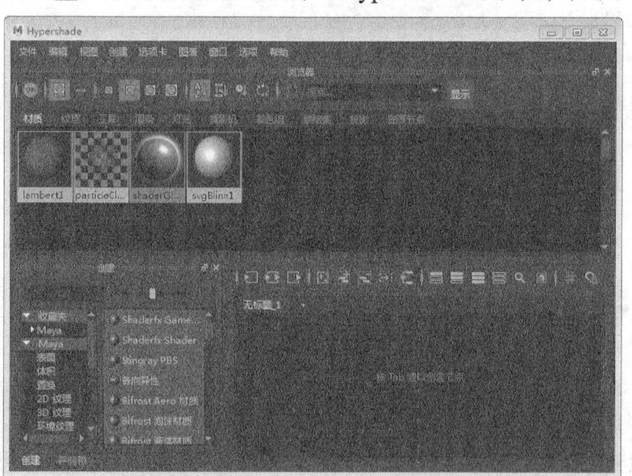


图1-22

❖ 启动渲染设置窗口：单击该按钮可以打开“渲染设置”对话框，如图1-23所示。

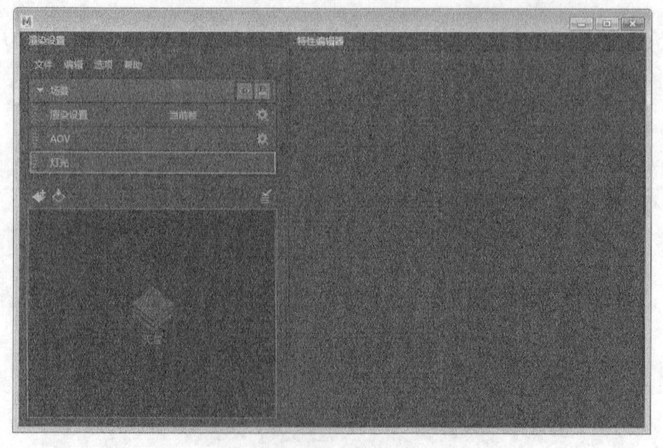


图1-23

❖ 打开灯光编辑器：单击该按钮可以打开“灯光编辑器”对话框，如图1-24所示。

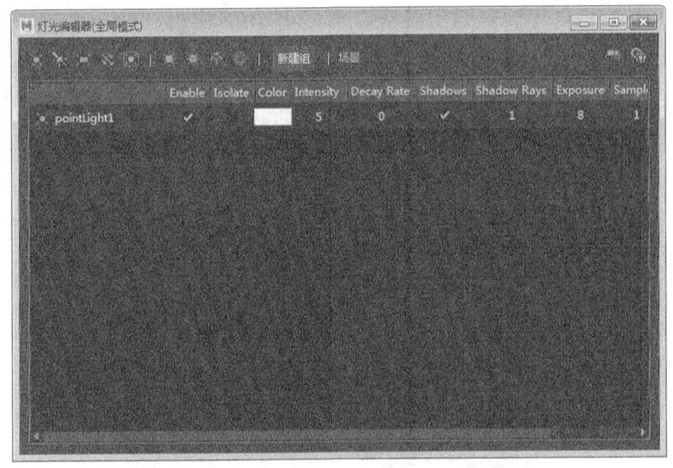


图1-24

❖ 切换暂停Viewport 2 显示更新：暂停使用Viewport 2 显示。

### 8.输入框

在输入框处单击图标将会打开输入框操作菜单，如图1-25所示。在该菜单中可以选择操作的方式，包括“绝对变换”“相对变换”“重命名”“按名称选择”这4种。

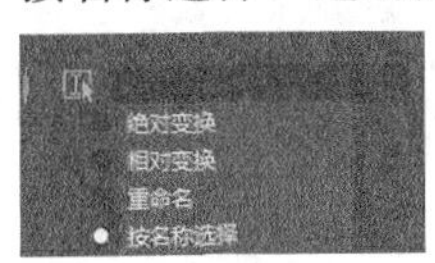


图1-25

### 9.编辑器开关

Maya 2017提供了4种编辑器，在状态栏右侧单击编辑器图标可以打开对应的编辑器面板。

**编辑器工具介绍**

❖ 显示/隐藏建模工具包：单击该按钮可以打开或关闭“建模工具包”面板。

❖ 显示/隐藏属性编辑器：单击该按钮可以打开或关闭“属性编辑器”面板。

❖ 显示/隐藏工具设置：单击该按钮可以打开或关闭“工具设置”面板。

❖ 显示/隐藏通道盒/层编辑器：单击该按钮可以打开或关闭“通道盒/层编辑器”面板。

**提示**

以上讲解的都是一些常用按钮的功能，其他按钮的功能介绍将在后面的实例中进行详细讲解。

## 1.6.4 工具架

“工具架”在状态行的下面，如图1-26所示。Maya的工具架非常有用，它集合了Maya各个模块下最常用的命令，并以图标的形式分类显示在工具架上。这样，每个图标就相当于相应命令的快捷链接，只需要单击该图标，就等于执行相应的命令。

图1-26

工具架分上、下两部分，最上面一层称为标签栏，标签栏下方放置图标的一栏称为工具栏。标签栏上的每一个标签都有文字，每个标签实际对应着Maya的一个功能模块，如“多边形”标签下的图标集合对应的就是多边形建模的相关命令，如图1-27所示。

图1-27

单击工具架左侧的“更改显示哪个工具架选项卡”按钮，在弹出的菜单中选择“自定义”命令可以自定义一个工具架，如图1-28所示。这样可以将常用的工具放在工具架中，形成一套自己的工作方式。同时还可以单击“更改显示哪个工具架选项卡”按钮下的“用于修改工具架的项目菜单”按钮，在弹出的菜单中选择“新建工具架”命令，这样可以新建一个工具架，如图1-29所示。

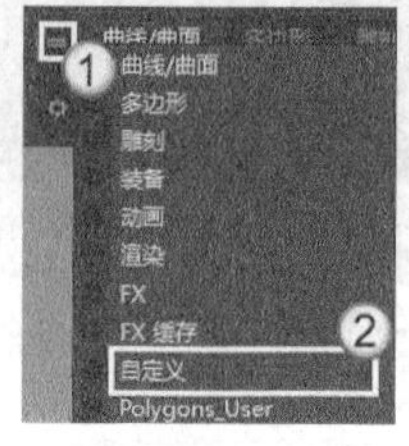


图1-28

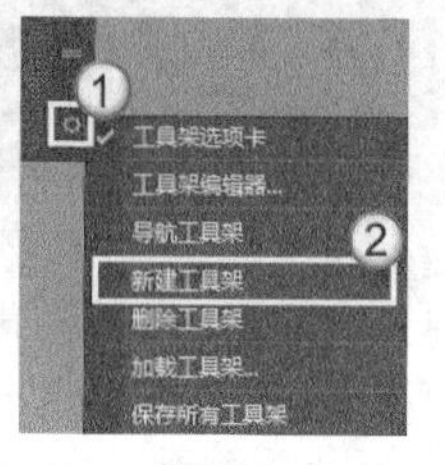


图1-29

## 1.6.5 工具盒

Maya的工具盒在整个界面的最左侧，这里集合了选择、平移、旋转和缩放等常用工具，如图1-30所示。

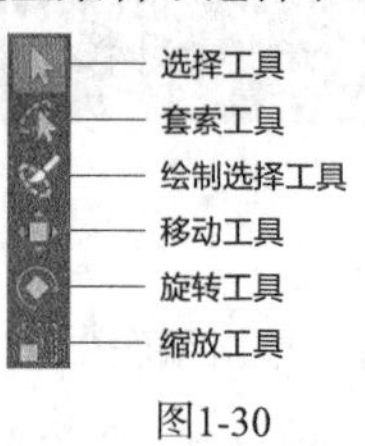


图1-30

**提示**

这些工具非常重要，其具体操作方法将在后面的内容中进行详细讲解。

## 1.6.6 快捷布局工具

在工具盒的下方，还有一排控制视图显示样式的工具，如图1-31所示。

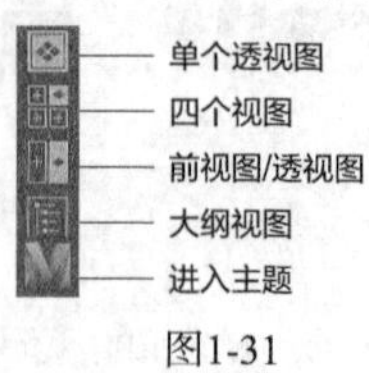


图1-31

**提示**

Maya将一些常用的视图布局集成在这些按钮中，通过单击这些按钮可快速切换各个视图。如单击第1个按钮就可以快速切换到单一的透视图，单击第2个按钮则是快速切换到四视图，其他几个按钮是Maya内置的几种视图布局，用来配合在不同模块下进行工作。

## 1.6.7 工作区

Maya的工作区是作业的主要活动区域，大部分工作都在这里完成，图1-32所示是一个透视图的工作区。

图1-32

### 提示

Maya中所有的建模、动画、渲染都需要通过这个工作区来进行观察，可以形象地将工作区理解为一台摄影机，摄影机从空间45° 来监视Maya的场景运作。

默认情况下，工作区中的内容会以Viewport 2.0模式显示，并且工作区不显示“视图导航器”，展开工作区中的“渲染器”菜单，如图1–33所示。选择“旧版默认视口”或“旧版高质量视口”，可显示“视图导航器”，效果如图1–34所示。

图1-33

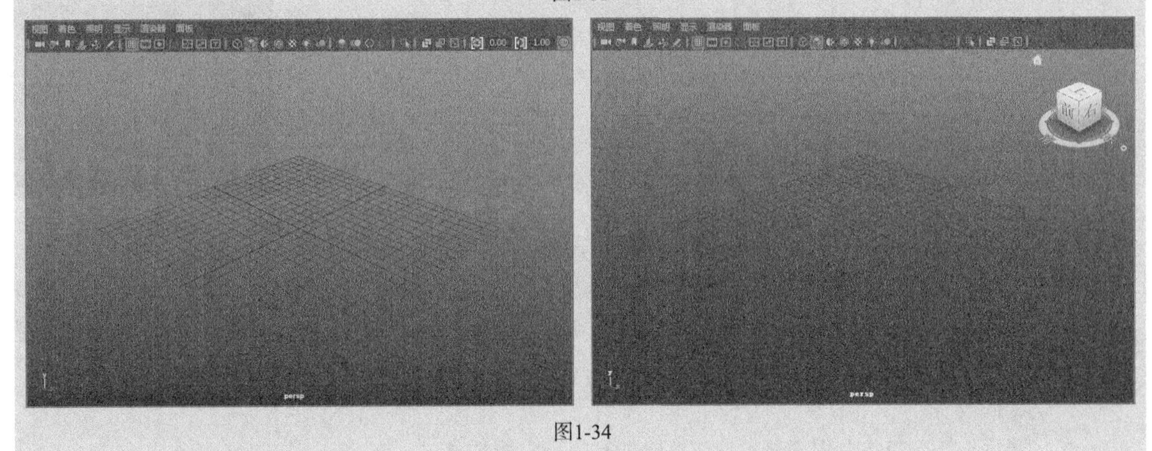

图1-34

## 1.6.8 通道盒/层编辑器

通道盒是用于编辑对象属性的最快、最高效的主要工具，而“层编辑器”可以显示3个不同的编辑器来处理不同类型的层。

### 1.通道盒

通道盒用来访问对象的节点属性，如图1-35所示。通过它可以方便地修改节点的属性，单击鼠标右键会打开一个快捷菜单，通过这个菜单可以方便地为节点属性设置动画。

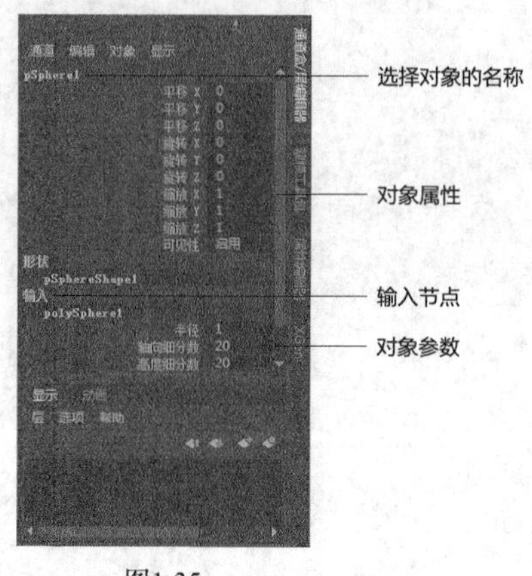

图1-35

**提示**

这里的通道盒只列出了部分常用的节点属性，而完整的节点属性需要在“属性编辑器”面板中进行修改。

#### 常用参数介绍

❖ 通道：该菜单包含设置动画关键帧、表达式等属性的命令，和在对象属性上单击鼠标右键打开的菜单一样，如图1-36所示。

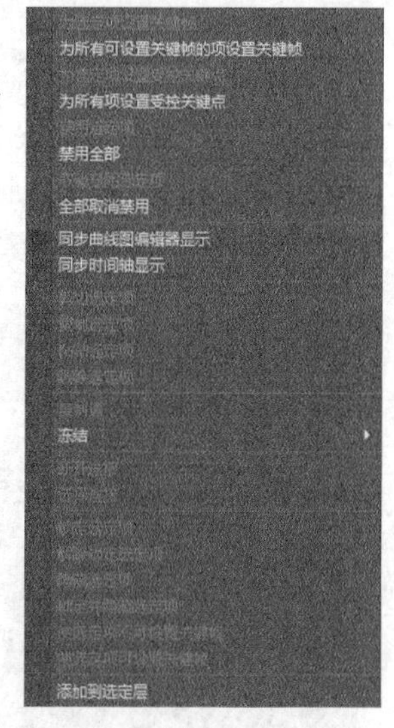

图1-36

❖ 编辑：该菜单主要用来编辑通道盒中的节点属性。

❖ 对象：该菜单主要用来显示选择对象的名字。对象属性中的节点属性都有相应的参数，如果需要修改这些参数，可以选中这些参数后直接输入要修改的参数值，然后按Enter键。拖曳光标选出一个范围可以同时改变多个参数，也可以按住Shift键的同时选中这些参数后再对其进行相应的修改。

❖ 显示：该菜单主要用来显示通道盒中的对象节点属性。

另外，还有一种修改参数属性的方法。先选中要改变的属性前面的名称，然后用鼠标中键在视图中拖曳光标就可以改变其参数值。单击■按钮将其变成■按钮，此时就关闭了鼠标中键的上述功能，再次单击■按钮会出现■■■3个按钮。■按钮表示再次开启用鼠标中键改变属性功能；■按钮表示用鼠标中键拖曳光标时属性变化的快慢，■按钮的绿色部分越多，表示变化的速度越快；■按钮表示变化速度成直线方式变化，也就是说变化速度是均匀的，再次单击它会变成■按钮，表示变化速度成加速度增长。如果要还原到默认状态，可再次单击■按钮。

**提示**

有些参数设置框用“启用”和“关闭”来表示开关属性，在改变这些属性时，可以用0和1来代替，1表示“启用”，0表示“关闭”。

## 2.层编辑器

Maya中的层有两种类型，分别是显示层和动画层。

### 常用参数介绍

- ❖ 显示：用来管理放入层中的物体是否被显示出来，可以将场景中的物体添加到层内，在层中可以对其进行隐藏、选择和模板化等操作，如图1-37所示。

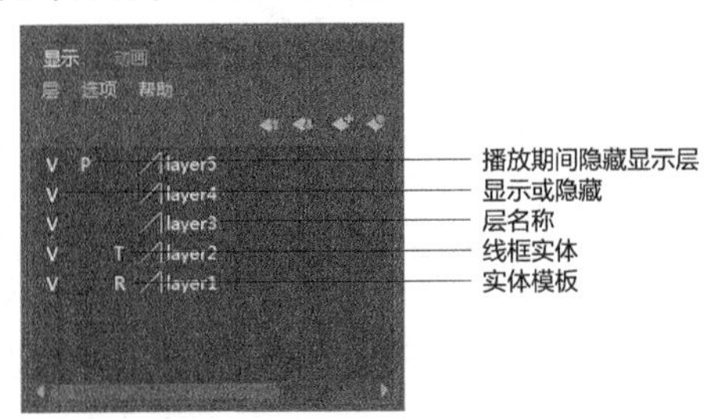


图1-37

- ❖ 动画：可以对动画设置层，如图1-38所示。

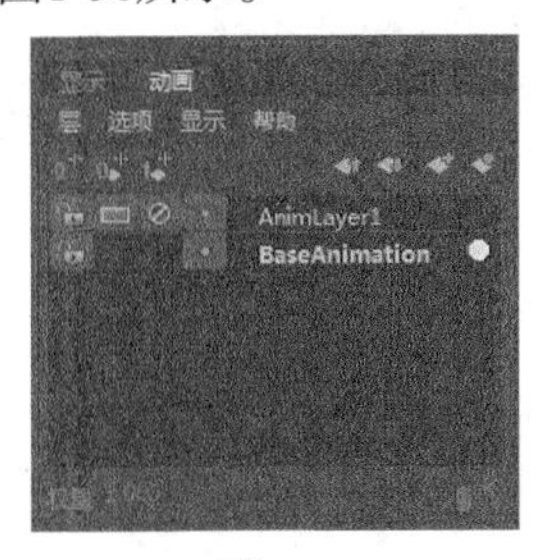


图1-38

**提示**

单击■按钮可以打开“编辑层”对话框，如图1-39所示。在该对话框中可以设置层的名称、颜色、是否可见和是否使用模板等，设置完毕后单击“保存”按钮■可以保存修改的信息。

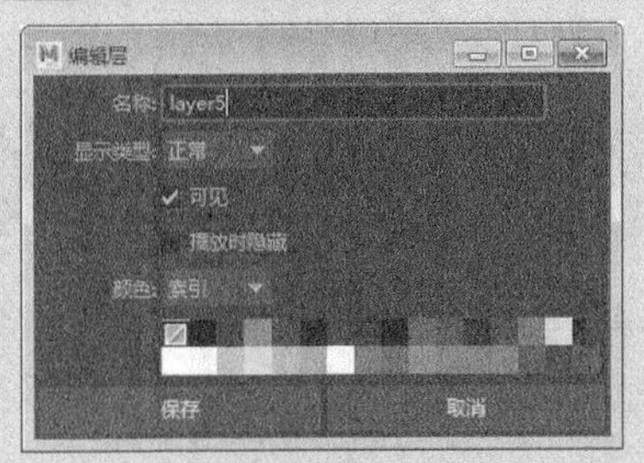


图1-39

## 1.6.9 动画控制区

动画控制区主要用来制作动画，可以方便地进行关键帧的调节。在这里可以手动设置节点属性的关键帧，也可以自动设置关键帧，同时可以设置播放起始帧和结束帧等，如图1-40所示，动画控制区的右侧是一些与动画播放相关的设置按钮。

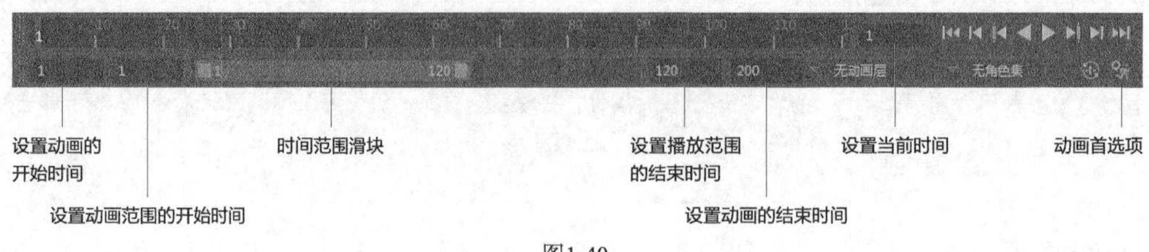


图1-40

### 动画控制区按钮介绍

- 转至播放范围开头：将当前所在帧移动到播放范围的起点。
- 后退一帧：将当前帧向后移动一帧，快捷键为Alt+，（逗号）。
- 后退到前一关键帧：返回到上一个关键帧，快捷键为，（逗号）。
- 向后播放：从右至左反向播放。
- 向前播放：从左至右正向播放。
- 前进到下一关键帧：将当前帧前进到下一个关键帧，快捷键为。（句号）。
- 前进一帧：将当前帧向前移动一帧，快捷键为Alt+。（句号）。
- 转至播放范围末尾：将当前所在的帧移动到播放范围的最后一帧。

## 1.6.10 命令栏

命令栏是用来输入Maya的MEL命令或脚本命令的地方，如图1-41所示。Maya的每一步操作都有对应的MEL命令，所以Maya的操作也可以通过命令栏来实现。

图1-41

## 1.6.11 帮助栏

帮助栏是向用户提供帮助的地方，用户可以通过它得到一些简单的帮助信息，给学习带来了很大的方便。当光标放在相应的命令或按钮上时，在帮助栏中都会显示出相关的说明；当旋转或移动视图时，在帮助栏里会显示相关的坐标信息，给用户直观的数据信息，这样可以大大提高操作精度，如图1-42所示。

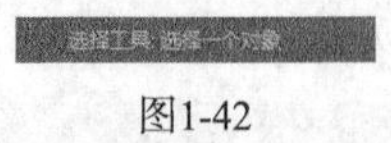


图1-42

# 1.7 公共菜单

无论在哪个模块，Maya的公共菜单都是不变的，包含“文件”菜单、“编辑”菜单、“创建”菜单、“选择”菜单、“修改”菜单、“显示”菜单、“窗口”菜单、“缓存”菜单、Arnold菜单和“帮助”菜单，如图1-43所示。

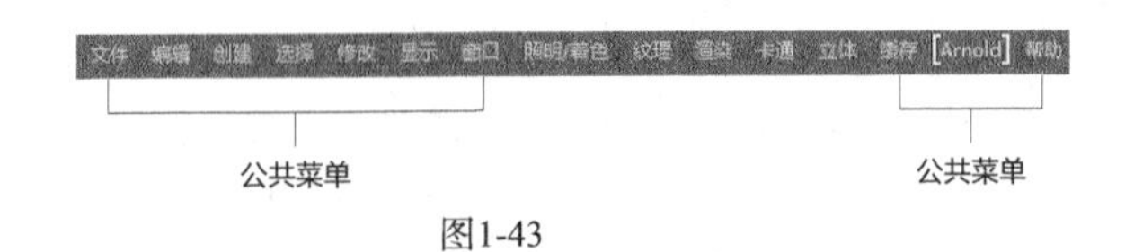


图1-43

## 1.7.1 文件菜单

“文件”菜单下集合了操作场景文件的所有命令，如“新建场景”“打开场景”“保存场景”等，如图1-44所示。

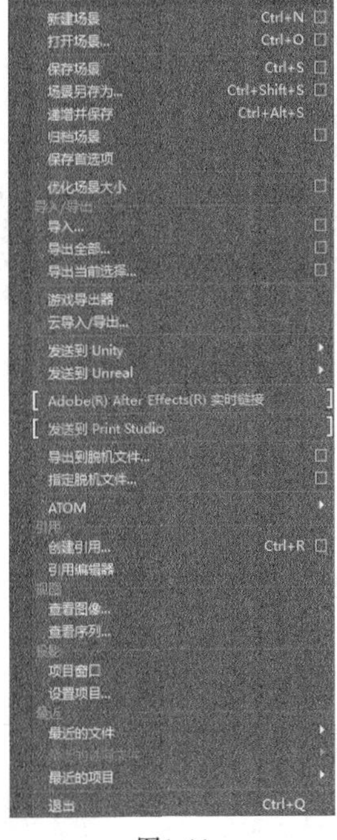


图1-44

### 常用命令介绍

❖ 新建场景：用于新建一个场景文件，快捷键为Ctrl+N。新建场景的同时将关闭当前场景，如果当前场景未保存，Maya会自动提示用户是否进行保存，如图1-45所示。单击“新建场景”命令后面的■按钮，可以打开“新建场景选项”对话框，如图1-46所示，在该对话框中可以设置场景的工作单位、视图导航器以及时间滑块的相关选项。

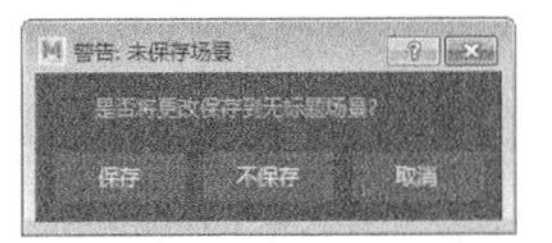


图1-45

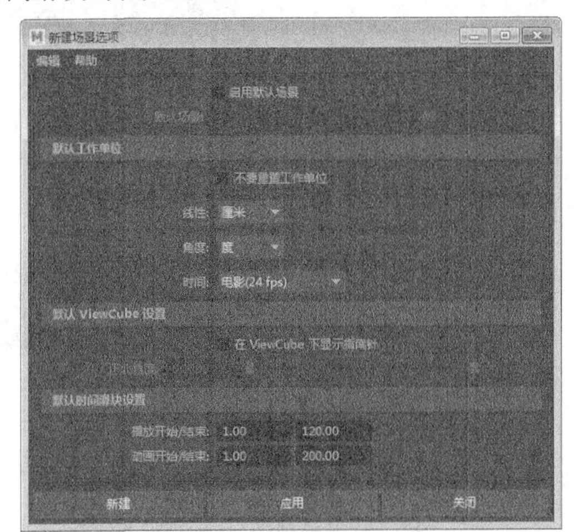


图1-46

❖ 打开场景：用于打开一个新场景文件，快捷键为Ctrl+O。打开场景的同时将关闭当前场景，如果当前场景未保存，系统会自动提示用户是否进行保存。执行“文件>打开场景”菜单命令时，Maya会打开一个“打开”对话框，在该对话框中可以选择要打开的场景文件，如图1-47所示。单击“打开场景”命令后面的■按钮，可以打开“打开选项”对话框，如图1-48所示，在该对话框中可以设置打开场景的常规选项、引用选项和文件类型特定选项。

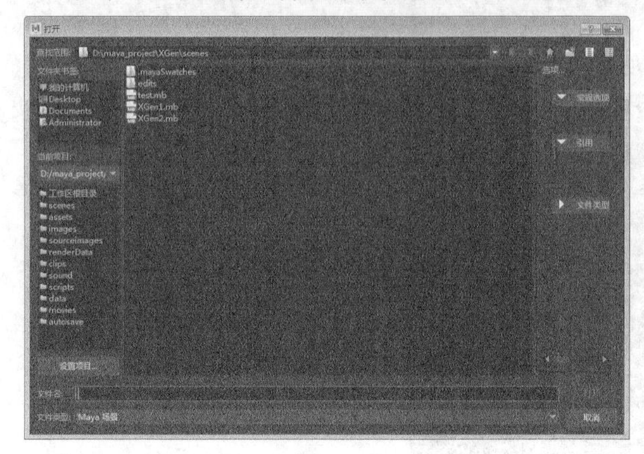

图1-47

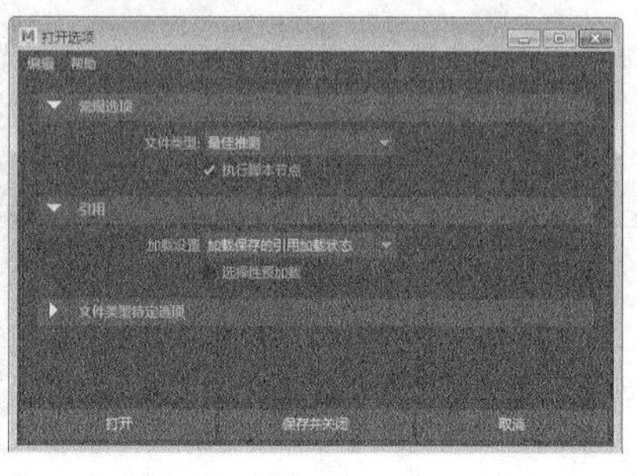

图1-48

❖ 保存场景：用于保存当前场景，路径在当前设置的工程目录中的scenes文件中，也可以根据实际需要来改变保存目录，快捷键为Ctrl+S。单击“保存场景”命令后面的■按钮，可以打开“保存场景选项”对话框，如图1-49所示，在该对话框中可以设置保存场景的常规选项。

❖ 场景另存为：将当前场景另外保存一份，以免覆盖以前保存的场景。单击“场景另存为”命令后面的■按钮，可以打开“场景另存为选项”对话框，如图1-50所示，在该对话框中可以设置场景另存为的“常规选项”“3D绘制纹理选项”“磁盘缓存选项”等。

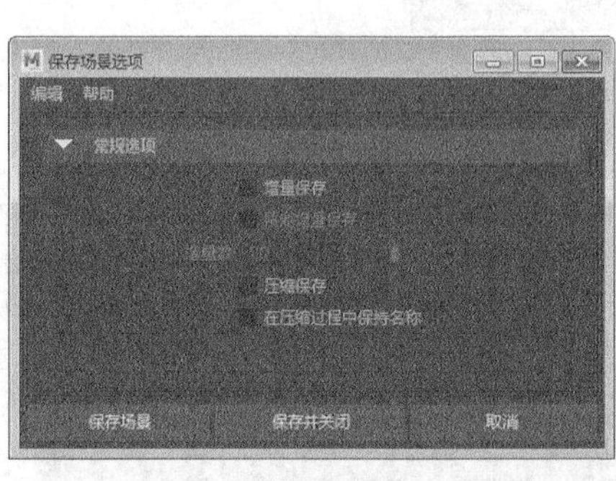


图1-49

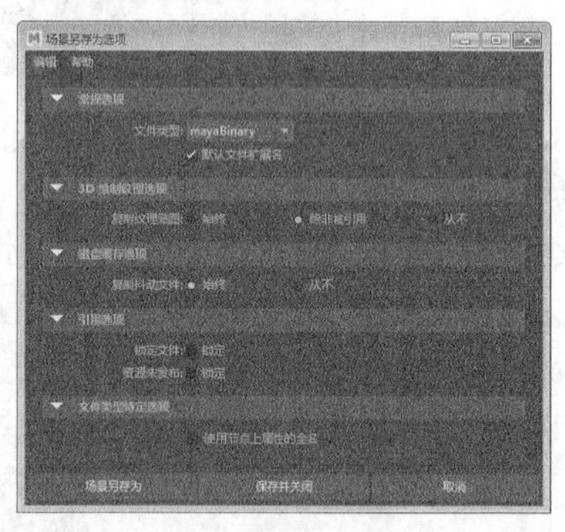

图1-50

❖ 归档场景：将场景文件进行打包处理，该功能对于整理复杂场景非常有用。单击“归档场景”命令后面的■按钮，可以打开“归档场景选项”对话框，如图1-51所示，在该对话框中可以设置是否开启“包含卸载引用的外部文件”选项。

图1-51

❖ 保存首选项：将设置好的首选项设置保存好。

❖ 优化场景大小：使用该命令可以删除无用和无效的数据，如无效的空层、无关联的材质节点、纹理、变形器、表达式及约束等。单击“优化场景大小”命令后面的■按钮，可以打开“优化场景大小选项”对话框，如图1-52所示，在该对话框中可以设置要优化的选项。

❖ 导入：将文件导入场景。单击“导入”命令后面的▣按钮，可以打开“导入选项”对话框，如图1-53所示，在该对话框中可以设置导入文件的常规选项、引用选项等。

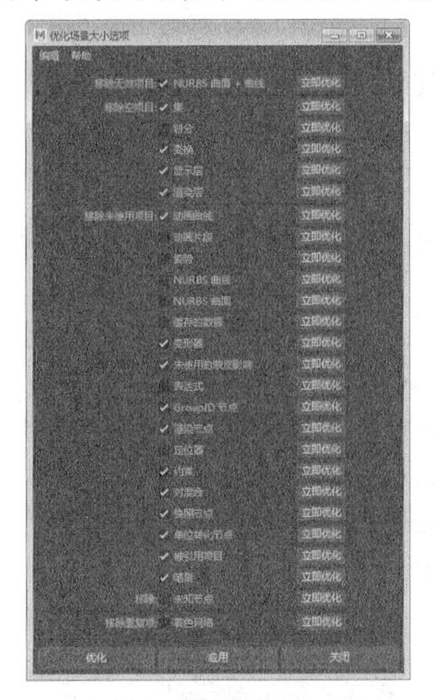

图1-52

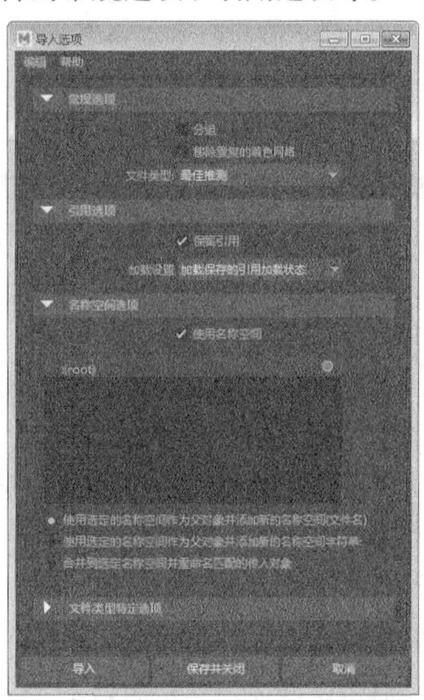

图1-53

❖ 导出全部：导出场景中的所有对象。单击“导出全部”命令后面的▣按钮，可以打开“导出全部选项”对话框，如图1-54所示，在该对话框中可以设置导入全部文件的常规选项等。

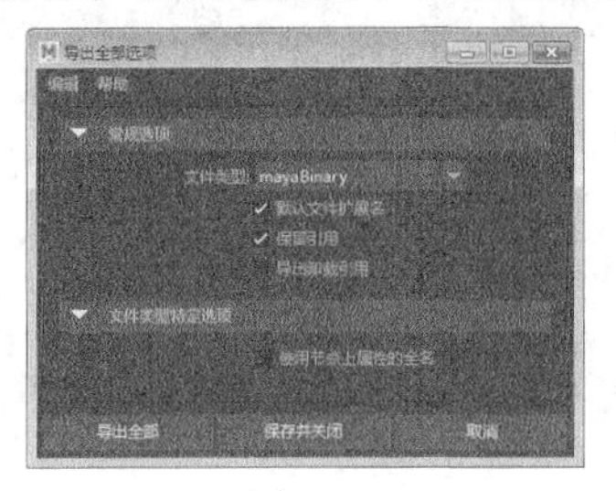

图1-54

❖ 导出当前选择：导出选择的场景对象。单击“导出当前选择”命令后面的▣按钮，可以打开“导出当前选择选项”对话框，如图1-55所示，在该对话框中可以设置导出当前选择文件的常规选项等。

❖ 游戏导出器：执行该命令将打开“游戏导出器”对话框，如图1-56所示，在该对话框中可以设置导出游戏资源的参数。

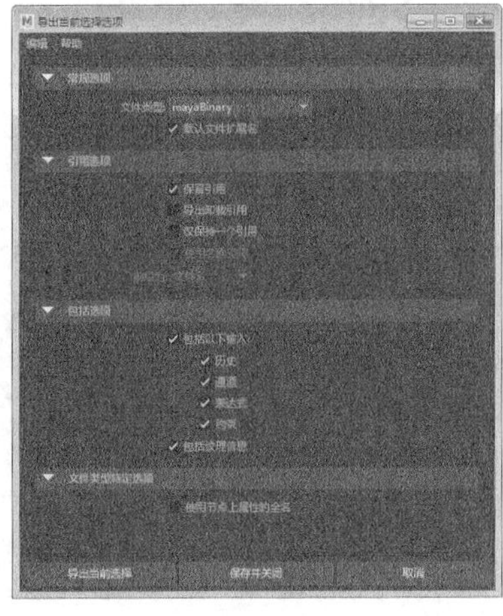

图1-55

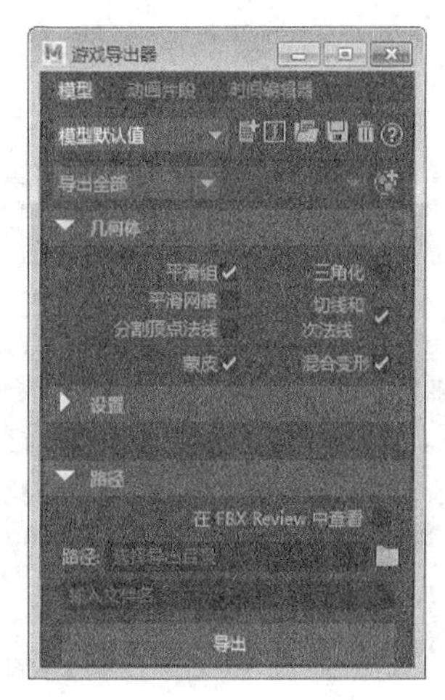


图1-56

- ❖ 云导入/导出：使用该命令可以将场景直接导出到云存储。
- ❖ 发送到Unity：使用该命令可以将场景导出到Unity中。
- ❖ 发送到Unreal：使用该命令可以将场景导出到Unreal中。
- ❖ Adobe（R）After Effects（R）实时链接：使用该命令可以实时链接After Effects。
- ❖ 发送到Print Studio：将3D模型发送到Print Studio，从中可以设置该模型进行三维打印。
- ❖ 导出到脱机文件：该命令将对场景中的对象（例如连接的节点）所做的编辑导出到指定的文件。
- ❖ 指定脱机文件：从所选择的文件引用编辑，并将它们应用于在“大纲视图”或“引用编辑器”中选择的引用节点。
- ❖ ATOM：用于导入和导出动画。
- ❖ 创建引用：将场景内容（对象、动画、着色器等）导入到当前打开的场景，而不会将文件导入到场景中。也就是说，场景中显示的内容是读取或引用自仍然独立、未打开的已存在文件。单击“创建引用”命令后面的▣按钮，可以打开“引用选项”对话框，如图1-57所示，在该对话框中可以设置引用场景内容的常规选项、加载选项、共享选项等。
- ❖ 引用编辑器：执行该命令可以打开“引用编辑器”对话框，如图1-58所示，在该对话框中可以管理场景中的文件和代理引用。

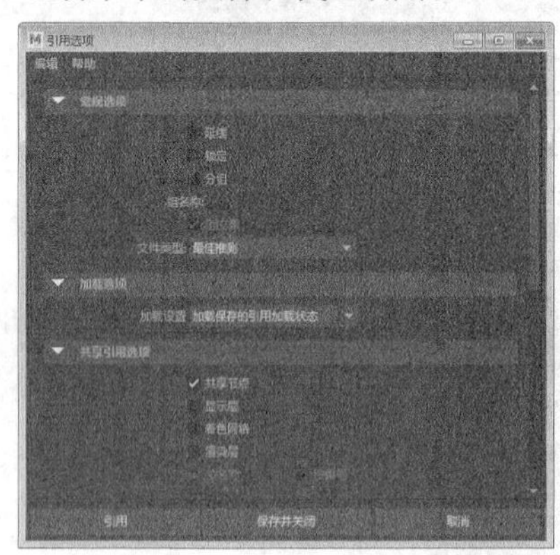

图1-57

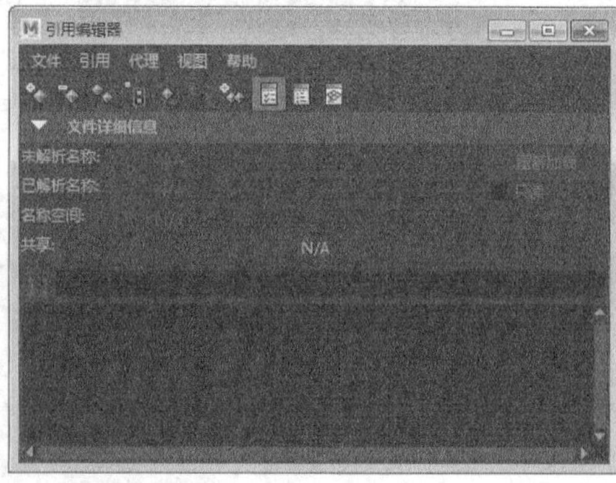


图1-58

- ❖ 查看图像：使用该命令可以调出Fcheck程序并查看选择的单帧图像。
- ❖ 查看序列：使用该命令可以调出Fcheck程序并查看序列图片。
- ❖ 项目窗口：打开“项目窗口”对话框，如图1-59所示。在该对话框中可以设置与项目有关的文件数据，如纹理文件、MEL、声音等，系统会自动识别该目录。
- ❖ 设置项目：执行该命令可以打开“设置项目”对话框，如图1-60所示。在该对话框中可以设置工程目录的路径，即指定projects文件夹作为工程目录文件夹。

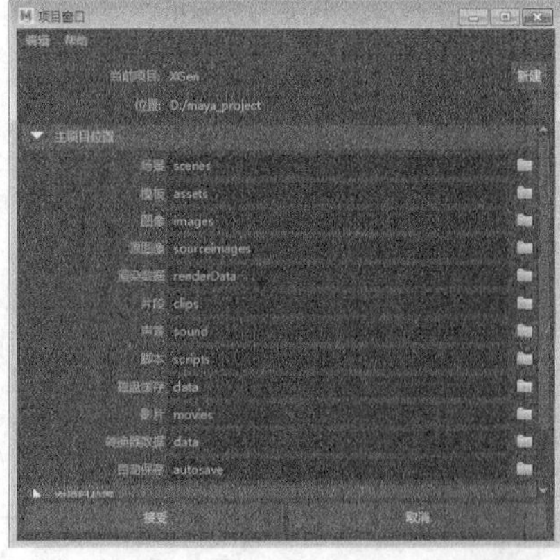

图1-59

图1-60

- ❖ 最近的文件：显示最近打开的Maya文件。
- ❖ 最近的递增文件：显示最近打开的Maya增量文件。
- ❖ 最近的项目：显示最近使用过的工程文件。
- ❖ 退出：关闭Maya，快捷键为Ctrl+Q。

## 1.7.2 编辑菜单

在“编辑”菜单下提供了一些编辑场景对象的命令，如“复制”“剪切”“删除”“分组”等，如图1-61所示。

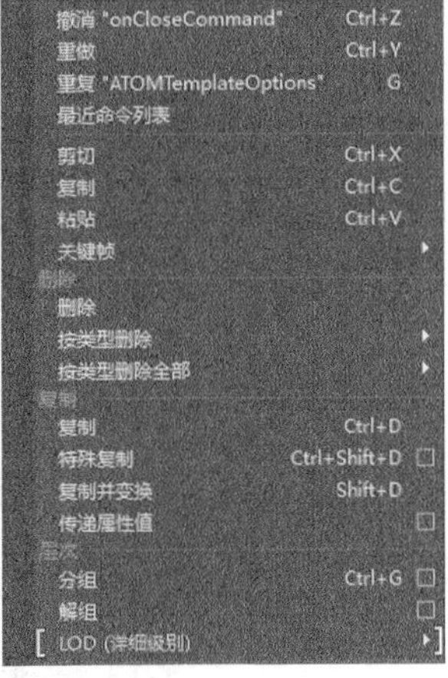


图1-61

### 常用命令介绍

- ❖ 撤销：通过该命令可以取消对对象的操作，恢复到上一步状态，快捷键为Z键或Ctrl+Z。例如，对一个物体进行变形操作后，使用“撤销”命令可以使物体恢复到变形前的状态，默认状态下只能恢复到前50步。
- ❖ 重做：当对一个对象使用“撤销”命令后，如果想让该对象恢复到操作后的状态，就可以使用“重做”命令，快捷键为Shift+Z。例如，创建一个多边形物体，然后移动它的位置，接着执行“撤销”命令，物体又回到初始位置，再执行“重做”命令，物体又回到移动后的状态。
- ❖ 重复：该命令可以重复上次执行过的命令，快捷键为G键。例如，执行“创建>CV曲线工具”菜单命令，在视图中创建一条CV曲线，若想再次创建曲线，这时可以执行该命令或按G键重新激活“CV曲线工具”。
- ❖ 最近命令列表：执行该命令可以打开“最近的命令”对话框，里面记录了最近使用过的命令，可以通过该对话框直接选取过去使用过的命令，如图1-62所示。

图1-62

- ❖ 剪切：选择一个对象后，执行“剪切”命令可以将该对象剪切到剪贴板中，剪切的同时系统会自动删除源对象，快捷键为Ctrl+X。
- ❖ 复制：将对象复制到剪贴板中，但不删除原始对象，快捷键为Ctrl+C。
- ❖ 粘贴：将剪贴板中的对象粘贴到场景中（前提是剪贴板中有相关的数据），快捷键为Ctrl+V。
- ❖ 关键帧：用该命令下的子命令，可以剪切、复制、粘贴、删除、缩放和捕捉关键帧等，如图1-63所示。

图1-63

- ❖ 删除：用来删除对象。
- ❖ 按类型删除：按类型删除对象。该命令可以删除选择对象的特殊节点，如对象的历史记录、约束和运动路径等。
- ❖ 按类型删除全部：该命令可以删除场景中的某一类对象，例如毛发、灯光、摄影机、粒子、骨骼、IK手柄和刚体等。
- ❖ 复制：将对象在原位复制一份，快捷键为Ctrl+D。
- ❖ 特殊复制：单击该命令后面的■按钮可以打开“特殊复制选项”对话框，如图1-64所示，在该对话框中可以设置更多的参数，让对象产生更复杂的变化。

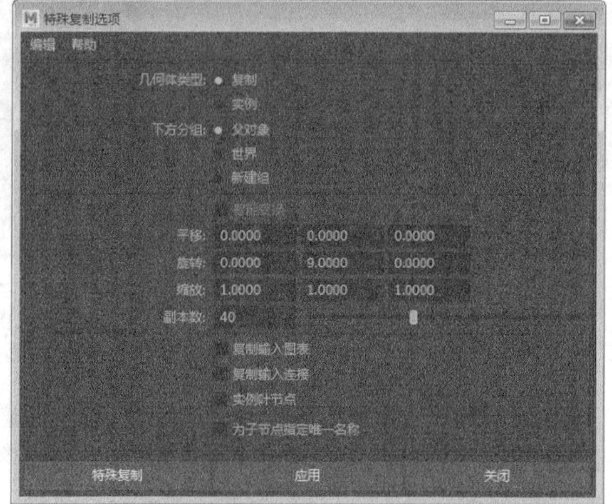


图1-64

## 提示

Maya里的复制只是将同一个对象在不同的位置显示出来，并非完全意义上的拷贝，这样可以节约大量的资源。

- ❖ 复制并变换：复制所选内容并使用当前操纵器应用已执行的上一个变换。
- ❖ 传递属性值：对于源和目标共享的所有同名属性，用对象（源）的属性值来填充对象（目标）的属性值，该操作适用于时间轴内的所有帧。单击“传递属性值”命令后面的■按钮，可以打开“传递属性值选项”对话框，如图1-65所示，在该对话框中可以设置传递属性值的常规选项和资源选项。
- ❖ 分组：将多个对象组合在一起，并作为一个独立的对象进行编辑。单击“分组”命令后面的■按钮，可以打开“分组选项”对话框，如图1-66所示，在该对话框中可以设置下方分组的方式与组枢轴。

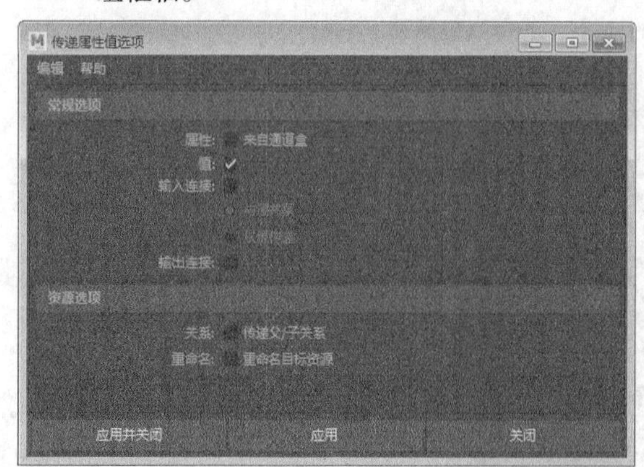


图1-65

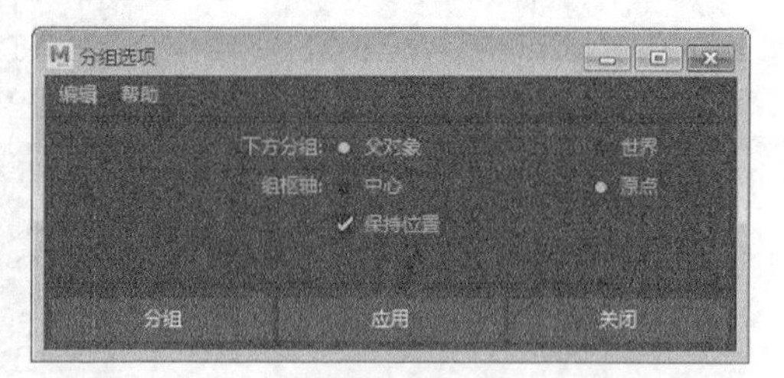


图1-66

**提示**

选择一个或多个对象后，执行“分组”命令可以将这些对象编为一组。在复杂场景中，使用组可以很方便地管理和编辑场景中的对象。

- 解组：将一个组里的对象释放出来，解散该组。
- LOD（详细级别）：这是一种特殊的组，特殊组里的对象会根据特殊组与摄影机之间的距离来决定哪些对象处于显示或隐藏状态。
- 父对象：用来创建父子关系。父子关系是一种层级关系，可以让子对象跟随父对象进行变换。单击“父对象”命令后面的■按钮，可以打开“父对象选项”对话框，如图1-67所示，在该对话框中可以设置建立父子对象的方法。
- 断开父子关系：当创建好父子关系后，执行该命令可以解除对象间的父子关系。单击“断开父子关系”命令后面的■按钮，可以打开“断开父子关系选项”对话框，如图1-68所示，在该对话框中可以设置断开父子关系的方法。

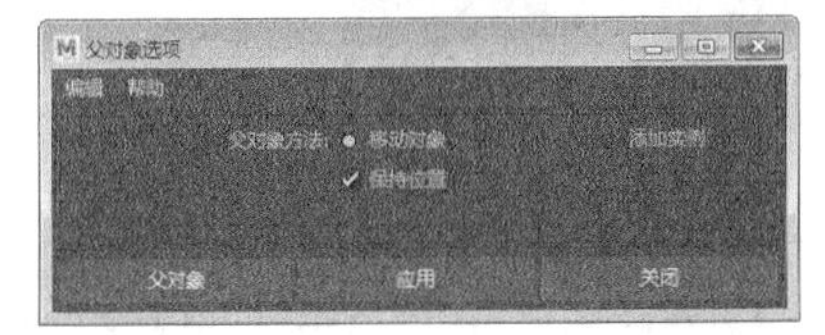


图1-67

图1-68

## 1.7.3 创建菜单

在“创建”菜单下主要是一些创建对象的工具，如NURBS基本体创建工具、多边形基本体创建工具和曲线创建工具等，如图1-69所示。下面只介绍一些比较特殊的工具，其他的工具将在后面的章节中单独讲解。

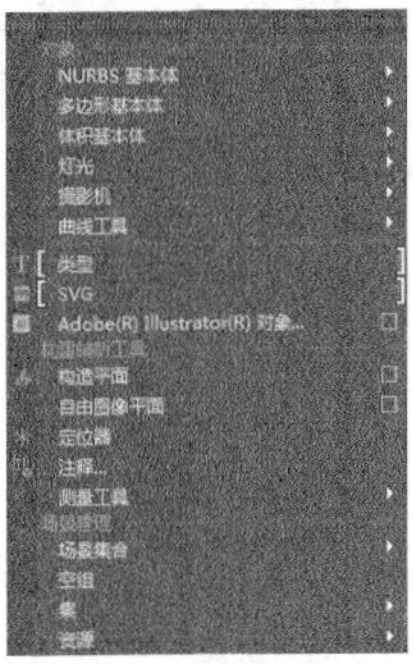

图1-69

### 常用命令介绍

- 构造平面：该命令可以用于创建将构造工具捕捉到的构造平面。在“构造平面选项”对话框中可以设置构造平面的极轴和大小，如图1-70所示。
- 自由图像平面：图像平面是未附加到摄影机的图像平面，使用该命令可以创建可用的自由图像平面，并且可以在场景中选择并变换该图像平面。在“创建图像平面选项”对话框中可以设置图像平面的宽度和高度，如图1-71所示。

图1-70

图1-71

- ❖ 定位器：执行该命令，可以在场景中创建一个定位器。定位器是一个小图标，类似在空间中标记点的$x$、$y$、$z$轴，非常适用于将关节设置为定位器的子对象，这样移动定位器就可以推拉关节。
- ❖ 注释：执行该命令可以打开“注释节点”对话框，输入注释以后可以对节点进行说明，如图1-72所示。
- ❖ 测量工具：该命令下包含3个子命令，如图1-73所示。使用“距离工具”可以创建用于测量和注释场景中对象的测量对象；使用“参数工具”在曲线或曲面上单击或拖曳，可以显示参数值；使用“弧长工具”在曲线或曲面上单击或拖曳，可以显示参数值或弧长值。
- ❖ 空组：执行该命令可以在场景层次中创建空组节点。
- ❖ 集：该命令包含3个子命令，分别是“集”“划分”“快速选择集”，如图1-74所示。

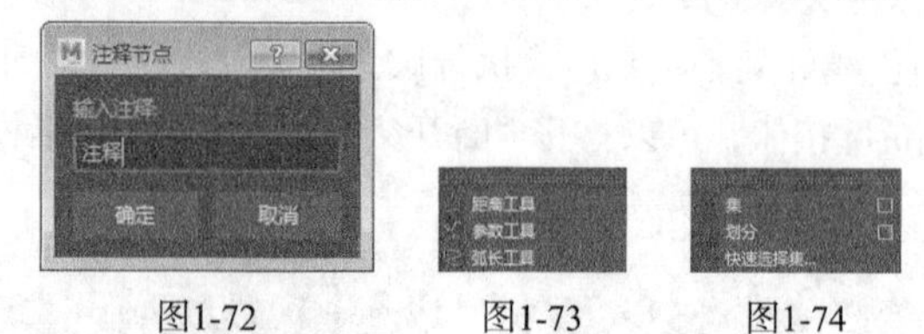


图1-72　　图1-73　　图1-74

  - ✧ 集：可以将对象创建为一个集合，在“创建集选项”对话框中可以设置集合的名称以及是否将集合添加到划分中，如图1-75所示。
  - ✧ 划分：可以创建一个划分（划分可防止集中有重叠的成员），划分是相关集的集合，在“划分选项”对话框中可以设置划分的名称，如图1-76所示。
  - ✧ 快速选择集：可以用当前选择对象创建新的快速选择集，在“创建快速选择集”对话框中可以设置其名称，如图1-77所示。

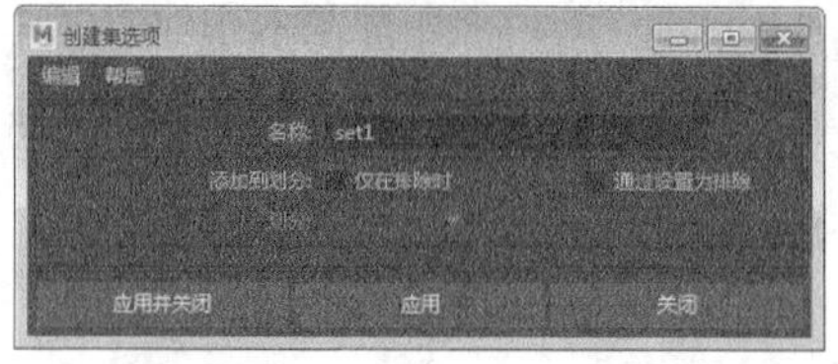


图1-75

图1-76

图1-77

**提示**

集是对象或组件的集合，任何可选择的项目都可存在于集中，集作为一个表示集合的独立对象而存在。与组不同，集不会改变场景的层次。

## 1.7.4 选择菜单

在“选择”菜单下提供了一些选择工具，这些工具主要用来选择不同类型的对象或组件，如图1-78所示。

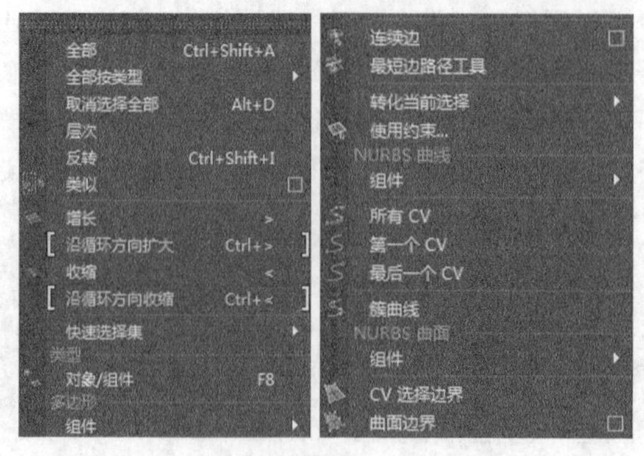


图1-78

### 常用命令介绍

- 全部：选择所有对象。
- 全部按类型：该子菜单中的项目选择场景中特定类型的每个对象。
- 取消选择全部：取消选择状态。
- 层次：选择当前所有父对象和子对象（场景层次中当前选定节点下的所有节点）。
- 反转：选择所有未选定对象，并取消选择所有选定对象。
- 类似：在组件模式下时，将选择相似类型的多边形组件（顶点、边和面）作为当前选择。在对象模式下时，将选择该场景中相同节点类型的其他对象。
- 增长：从多边形网格上的当前选定组件开始，沿所有方向向外扩展当前选定组件的区域。扩展选择是取决于原始选择组件的边界类型选择。
- 沿循环方向扩大：仅沿同一循环边将当前类型的所有相邻组件添加到当前选择。
- 收缩：从多边形网格上的当前选定组件在所有方向上向内收缩当前选定组件的区域。减少的选择区域/边界的特性取决于原始选择中的组件。
- 沿循环方向收缩：仅沿同一循环边从当前选择中移除一层当前类型的相邻组件。
- 快速选择集：在创建快速选择集后，执行该命令可以快速选择集里面的所有对象。

## 技术专题：快速选择集

选择多个对象后执行“创建>集>快速选择集”菜单命令，打开“创建快速选择集”对话框，在该对话框中可以输入选择集的名称，然后单击“确定”按钮即可创建一个选择集。注意，在没有创建选择集之前，“编辑>快速选择集”菜单下没有任何内容。

例如，在场景中创建几个恐龙模型，选择这些模型后执行“创建>集>快速选择集”菜单命令，然后在打开的对话框中才能设置集的名字，如图1-79所示。

图1-79

单击“确定”按钮，取消对所有对象的选择，然后执行“选择>快速选择集”菜单命令，可以观察到菜单里面出现了快速选择集Set，如图1-80所示，选择该名字，这时场景中所有在Set集下的对象都会被选择。

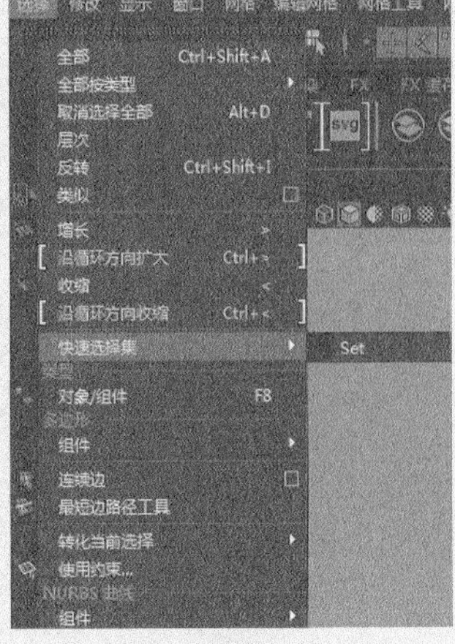


图1-80

- ❖ 对象/组件：在对象和组件之间切换选择模式。
- ❖ 组件：通过此子菜单中的选项，可以激活多边形组件选择模式。
- ❖ 连续边：将选择扩展到相邻边。
- ❖ 最短边路径工具：使用该工具可以轻松地在一个曲面网格的两个或多个顶点之间选择边路径。
- ❖ 转化当前选择：将选定组件更改为其他组件类型。
- ❖ 使用约束：支持根据用户配置的约束过滤器选择多边形。
- ❖ 组件：通过此子菜单中的选项，可以激活曲线组件选择模式。
- ❖ 所有CV：选择曲线上的所有CV控制顶点。
- ❖ 第一个CV：选择曲线上控制顶点的起点。
- ❖ 最后一个CV：选择曲线上控制顶点的终点。
- ❖ 簇曲线：为曲线上所有的控制顶点分别添加簇。
- ❖ 组件：通过此子菜单中的选项，可以激活NURBS组件选择模式。
- ❖ CV选择边界：保留已有的外部 CV 并取消选择内部 CV。
- ❖ 曲面边界：沿曲面边界选择 CV。

## 1.7.5 修改菜单

在“修改”菜单下提供了一些常用的修改工具和命令，如“冻结变换”“居中枢轴”“对齐工具”等，如图1-81所示。

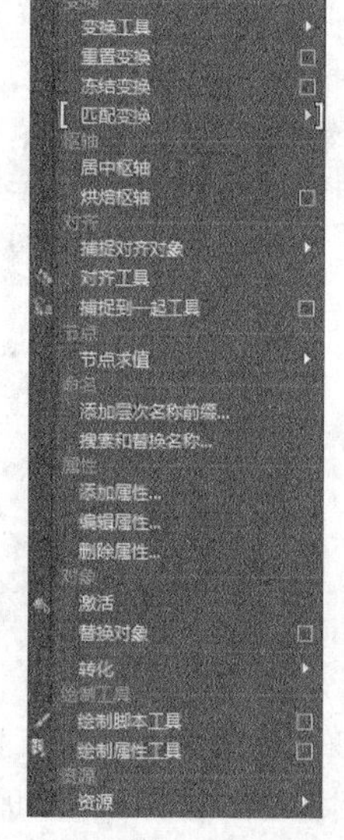


图1-81

### 常用命令介绍

- ❖ 变换工具：与工具盒上的变换对象的工具相对应，用来移动、旋转和缩放对象。
- ❖ 重置变换：将对象的变换还原到初始状态，在“重置变换选项”对话框中可以选择要重置的选项，如图1-82所示。

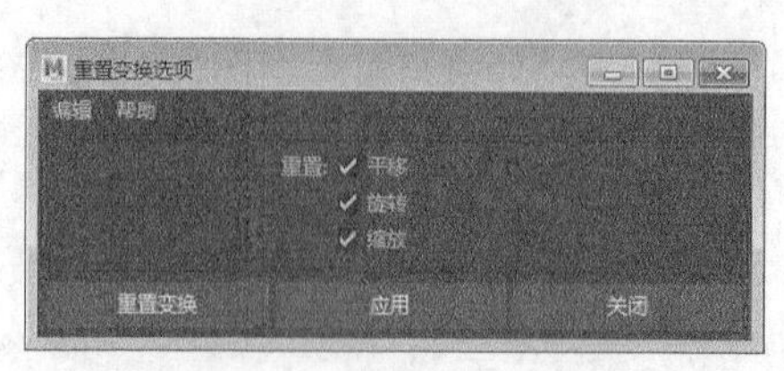


图1-82

❖ 冻结变换：将对象的变换参数全部设置为0，但对象的状态保持不变，该功能在设置动画时非常有用。在“冻结变换选项”对话框中可以选择要冻结的选项，如图1-83所示。

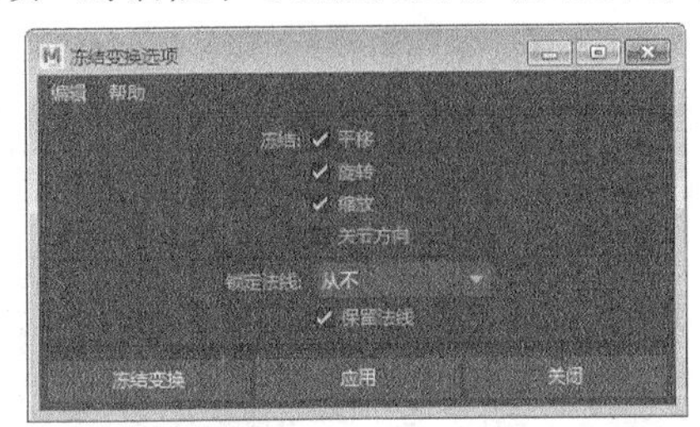


图1-83

❖ 匹配变换：用于设置任何选定（目标）对象的变换值，以匹配最后一个选定（源）对象的变换值。用户可以选择匹配“平移”“旋转”或“缩放”，或者同时匹配三者。

❖ 居中枢轴：该命令主要针对旋转和缩放操作，在旋转时围绕轴心点进行旋转。

## 技术专题：改变轴心点的方法

第1种：按Insert键进入轴心点编辑模式，然后拖曳手柄即可改变轴心点，如图1-84所示。

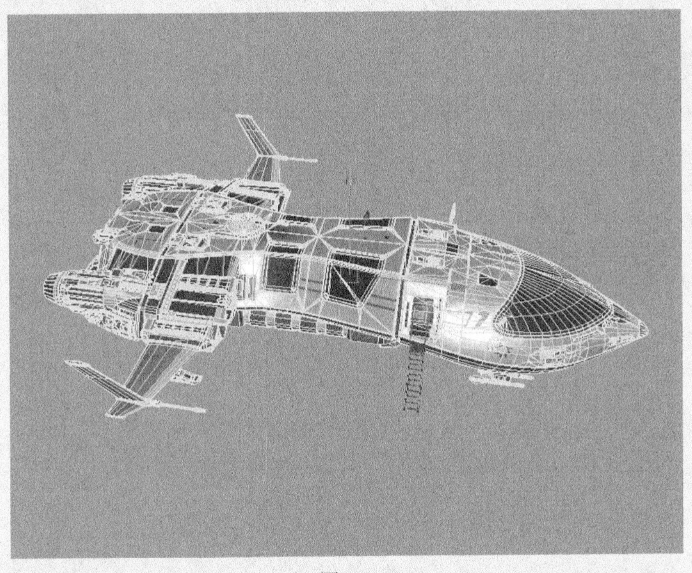

图1-84

第2种：按住D键进入轴心点编辑模式，然后拖曳手柄即可改变轴心点。

第3种：执行“修改>居中枢轴”菜单命令，可以使对象的中心点回到几何中心点。

第4种：轴心点分为旋转和缩放两种，可以通过改变参数来改变轴心点的位置。

❖ 烘焙枢轴：将当前工具的自定义轴方向应用于选定对象的变换。

❖ 捕捉对齐对象：该菜单下提供了一些常用的对齐命令，如图1-85所示。

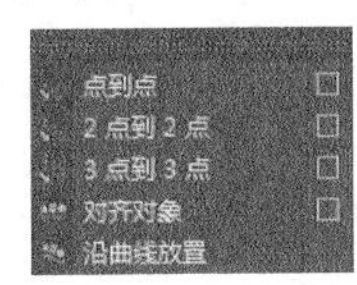


图1-85

✧ 点到点：可以将选择的两个或多个对象的点进行对齐；当选择一个对象上的两个点时，两点之间会产生一个轴，另外一个对象也是如此。

✧ 2点到2点：可以将这两条轴对齐到同一方向，并且其中两个点会重合。

✧ 3点到3点：可以选择3个点来作为对齐的参考对象。

✧ 对齐对象：可以用来对齐两个或更多的对象。

✧ 沿曲线放置：可以指示要放置对象的路径。

## 提示

单击“对齐对象”命令后面的▣按钮，打开“对齐对象选项”对话框，在该对话框中可以很直观地观察到5种对齐模式，如图1-86所示。

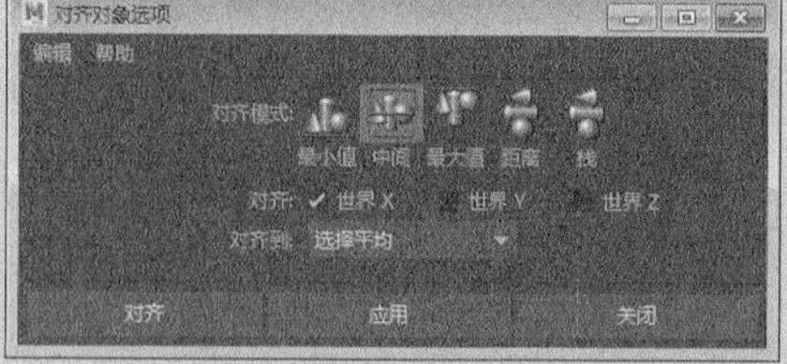


图1-86

最小值：根据所选对象范围的边界的最小值来对齐选择对象。

中间：根据所选对象范围的边界的中间值来对齐选择对象。

最大值：根据所选对象范围的边界的最大值来对齐选择对象。

距离：根据所选对象范围的间距让对象均匀地分布在选择的轴上。

栈：让选择对象的边界盒在选择的轴向上相邻分布。

对齐：用来决定对象对齐的世界坐标轴，共有“世界X”“世界Y”“世界Z”这3个选项可以选择。

对齐到：选择对齐方式，包含“选择平均”和“上一个选定对象”两个选项。

❖ 对齐工具：使用该工具可以通过手柄控制器将对象进行对齐操作，如图1-87所示，物体被包围在一个边界盒里面，通过单击上面的手柄可以对两个物体进行对齐操作。

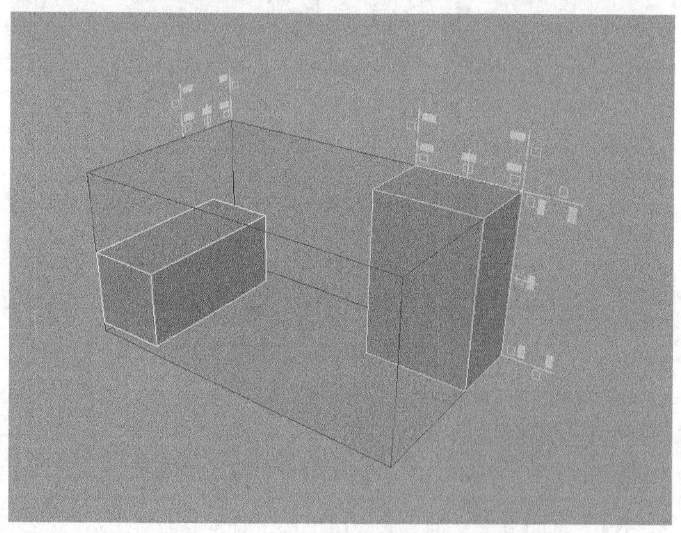

图1-87

## 提示

对象元素或表面曲线不能使用“对齐工具”。

❖ 捕捉到一起工具：该工具可以让对象以移动或旋转的方式对齐到指定的位置。在使用工具时，会出现两个箭头连接线，通过点可以改变对齐的位置。例如在场景中创建两个对象，然后使用该工具单击第1个对象的表面，再单击第2个对象的表面，这样就可以将“表面1”对齐到“表面2”，如图1-88所示。

图1-88

❖ 节点求值：使用此子菜单中的项目禁用对各种动画和建模节点求值，可以提高性能。只有再次启用节点求值，才会在视图面板中显示节点的效果。

❖ 添加层次名称前缀：将前缀添加到选定父对象及其所有子对象的名称中。

❖ 搜索和替换名称：执行该命令可以打开“搜索替换选项”对话框，如图1-89所示。在“搜索”框中输入字符串，可以根据“搜索”框中指定的字符串搜索节点名称，而使用“替换为”选项中指定的字符串可以替换已命名的字符串。

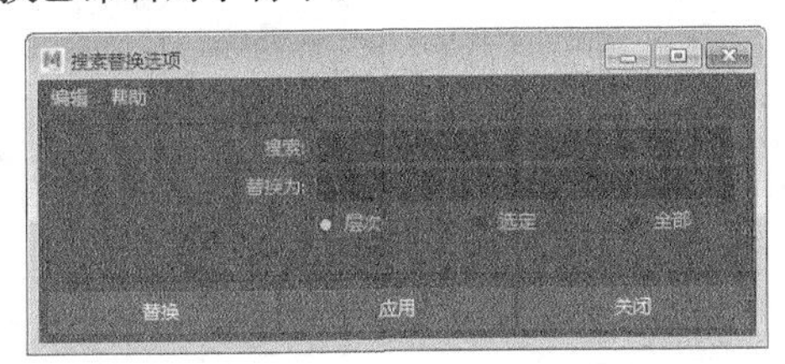


图1-89

❖ 添加属性：执行该命令可以打开“添加属性”对话框，如图1-90所示。在该对话框中可以添加自定义的属性。自定义属性对Maya中对象的任何属性都没有直接影响，这些属性可以用于控制其他属性的组合。

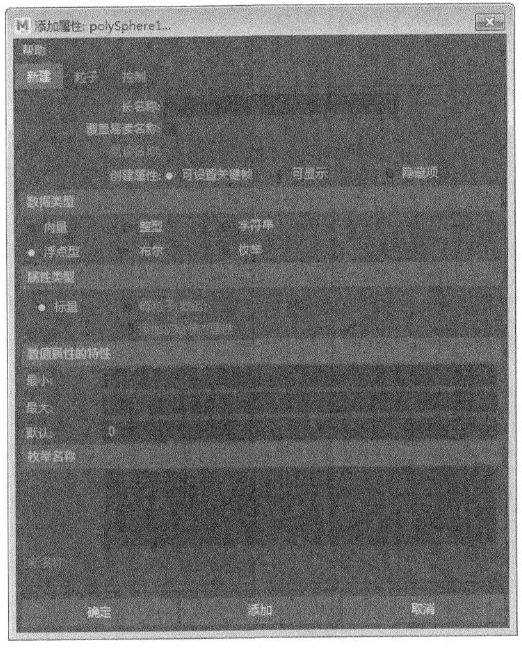


图1-90

❖ 编辑属性：执行该命令可以打开“编辑属性”对话框，如图1-91所示。在该对话框中可以编辑自定义的属性。

❖ 删除属性：执行该命令可以打开“删除属性”对话框，如图1-92所示。在该对话框中选择自定义的属性，然后单击“删除”按钮，可以删除自定义的属性。

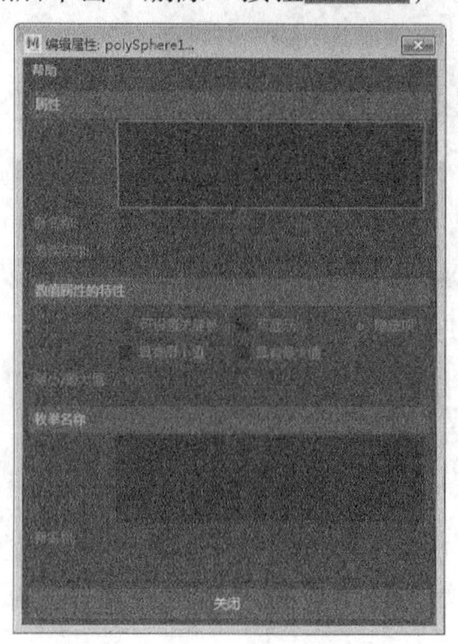

图1-91

图1-92

❖ 激活：执行该命令可以将对象表面激活为工作面。

## 技术专题：激活对象表面

执行“创建>NURBS基本体>球体”菜单命令，在视图中创建一个NURBS球体，然后执行“修改>激活”菜单命令，将球体的表面激活为工作表面，如图1-93所示，接着执行“创建> CV曲线工具”菜单命令，在激活的NURBS球体表面绘制曲线，在绘制时可以发现无论怎么绘制，绘制的曲线都不会超出球体的表面，如图1-94所示。

图1-93

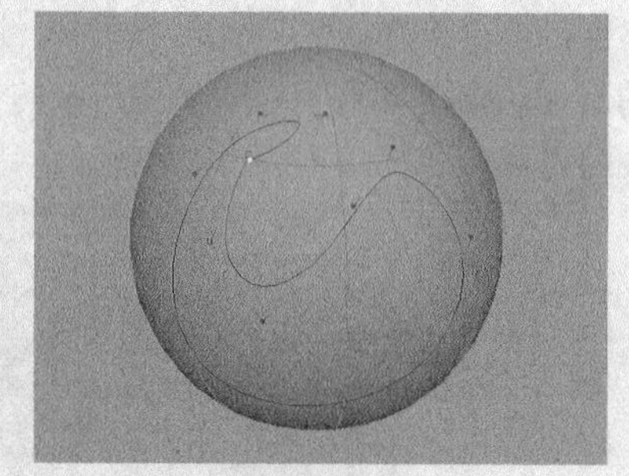
图1-94

❖ 替换对象：使用指定的源对象替换场景中的一个或多个对象，必须先选择要替换的对象以及要用作源对象的对象，另外源对象必须是选择中的最后一个对象，在“替换对象选项”对话框中可以设置要复制的属性，如图1-95所示。

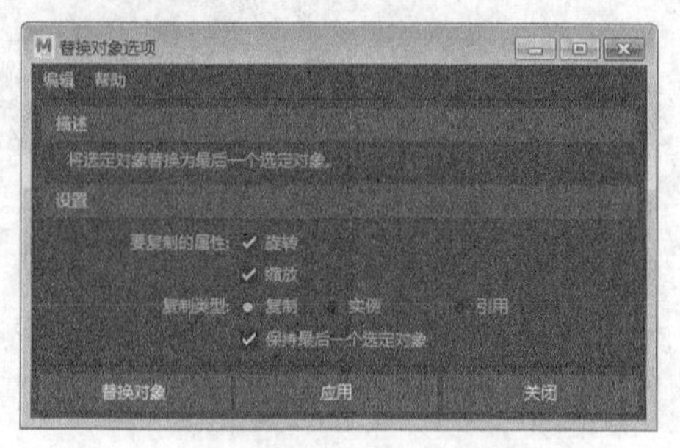

图1-95

- 转化：该子菜单下的命令主要用来转化对象，如图1-96所示。例如，选择一个NURBS对象，然后执行“修改>转化>NURBS到多边形”菜单命令，可以将其转化为多边形对象。
- 绘制脚本工具：使用该工具可以绘制MEL脚本。在该工具的“工具设置”对话框中可以设置笔刷、绘制属性、笔划、光笔压力等选项，如图1-97所示。

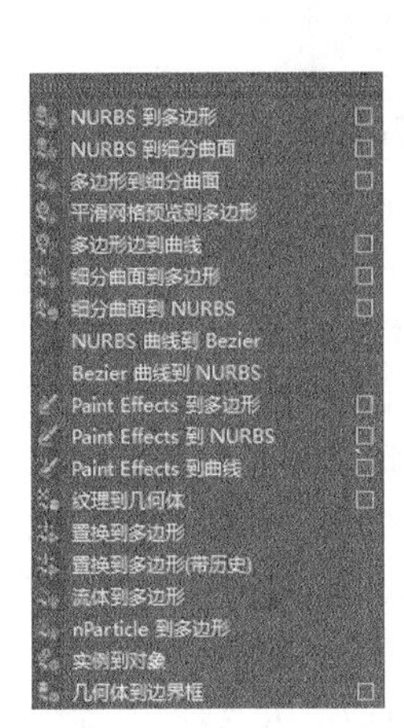


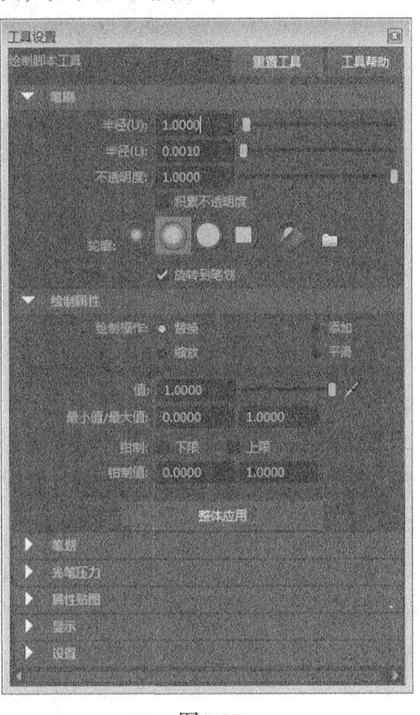


图1-96　　图1-97

- 绘制属性工具：使用该工具可以绘制对象的权重等属性。在该工具的“工具设置”对话框中可以设置笔刷、绘制属性、笔划、光笔压力等选项，如图1-98所示。
- 资源：该子菜单下的命令主要用来设置资源，如图1-99所示。

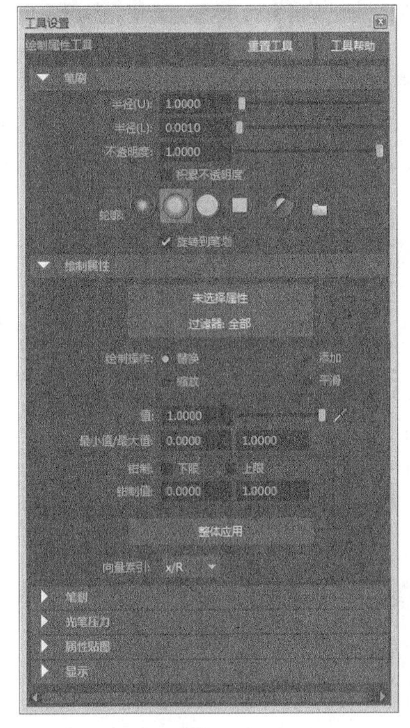


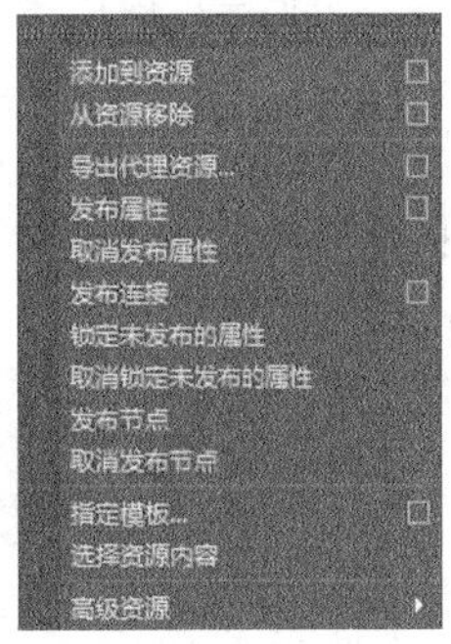


图1-98　　图1-99

## 1.7.6 显示菜单

在“显示”菜单下是一些控制视图显示与对象显示的命令，如图1-100所示。

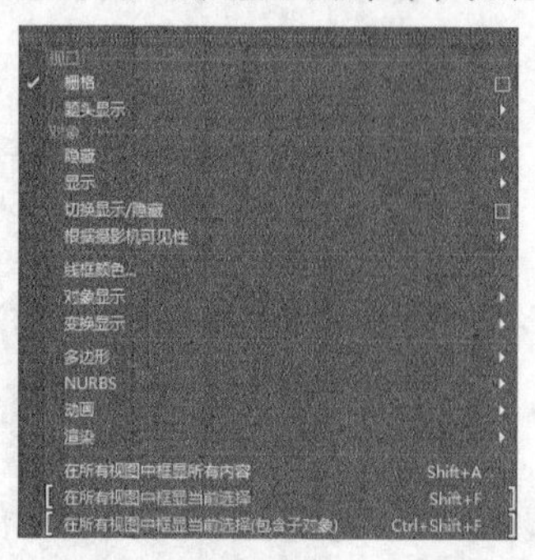

图1-100

### 常用命令介绍

- ❖ 栅格：选择该选项，可以在视图中显示栅格，关闭后则不会显示栅格。在“栅格选项”对话框中可以设置栅格的大小、颜色和要显示的对象，如图1-101所示。
- ❖ 题头显示：该子菜单包括多个可以在视图面板内容顶部上方显示或隐藏的读数，如图1-102所示。例如选择“对象详细信息”选项，则会在视图的右上角显示对象的详细信息。
- ❖ 隐藏：该命令下集合了一些隐藏对象的子命令，如图1-103所示。这些子命令既可用来隐藏单个对象和全部对象，也可以用来隐藏某种类型的对象。
- ❖ 显示：该命令下的子命令是针对“隐藏”命令而言的，用“隐藏”命令下的子命令隐藏对象以后，就可以用“显示”命令下的子命令来将其显示出来，如图1-104所示。

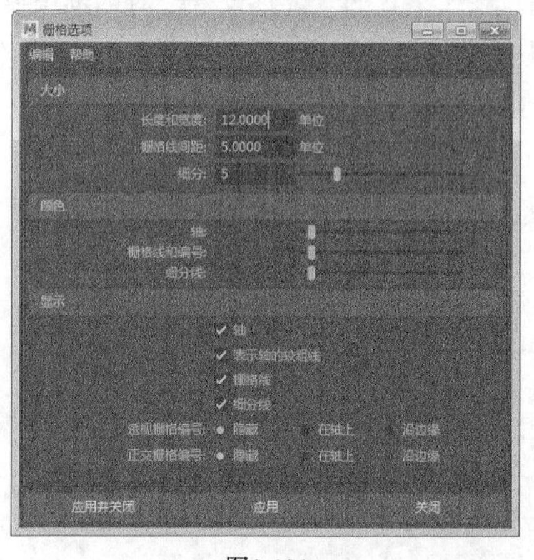

图1-101

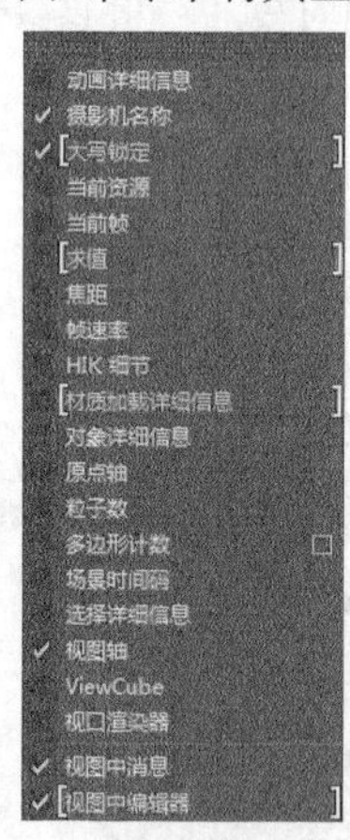

图1-102

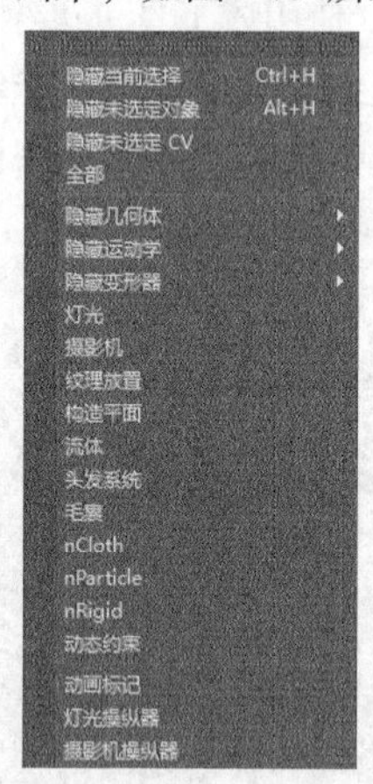

图1-103

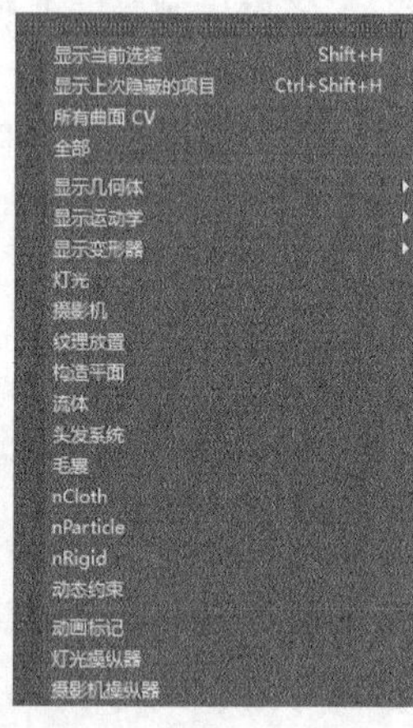

图1-104

- ❖ 切换显示/隐藏：该命令可以快速显示或隐藏选择对象。
- ❖ 根据摄影机可见性：该菜单下的子命令可以从当前摄影机隐藏对象，还可以从除当前摄影机之外的所有摄影机隐藏对象，如图1-105所示。
- ❖ 线框颜色：执行该命令，可以打开“线框颜色”对话框，如图1-106所示。在该对话框中可以设置选定对象的线框颜色。

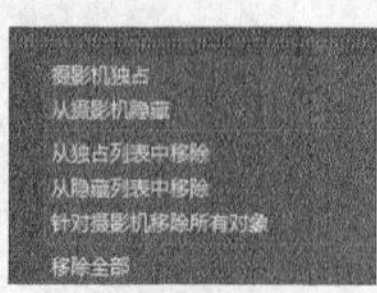

图1-105

图1-106

- ❖ 对象显示：该菜单下的子命令主要用来控制选定对象的显示和可选性，如图1-107所示。
- ❖ 变换显示：该菜单下的子命令主要用来在视图中显示或隐藏对象特定的UI，如图1-108所示。
- ❖ 多边形：该菜单下的子命令主要用来控制多边形对象的显示方式以及要显示的元素，如图1-109所示。

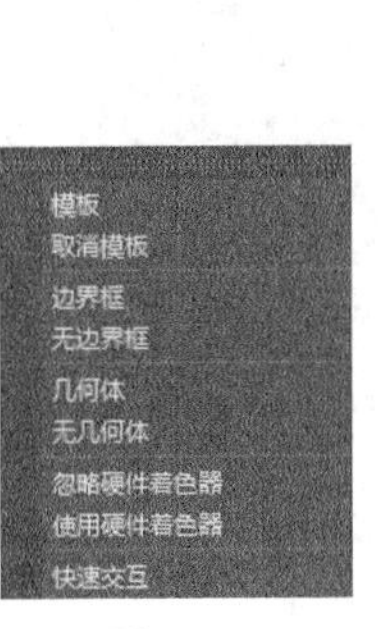

图1-107

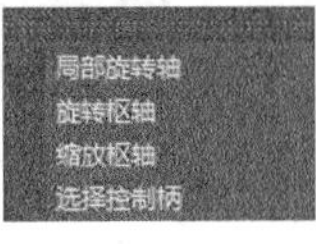

图1-108

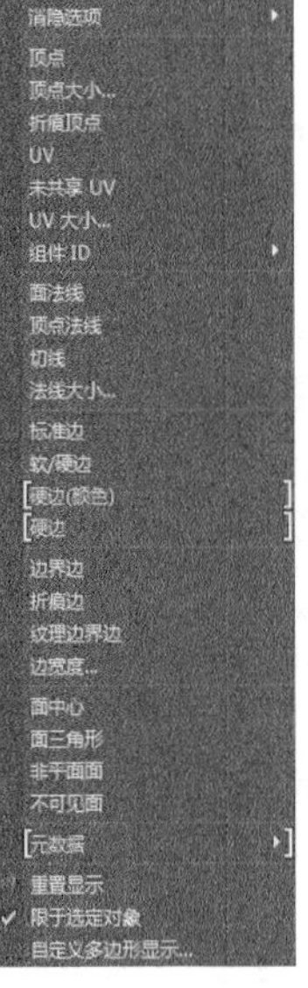

图1-109

- ❖ NURBS：该菜单下的子命令主要用来控制NURBS对象的显示方式以及要显示的元素，如图1-110所示。
- ❖ 动画：该菜单下的子命令主要用来控制操作动画时要显示的元素，如图1-111所示。
- ❖ 渲染：该菜单下的子命令主要用来控制渲染时要显示的元素，如图1-112所示。

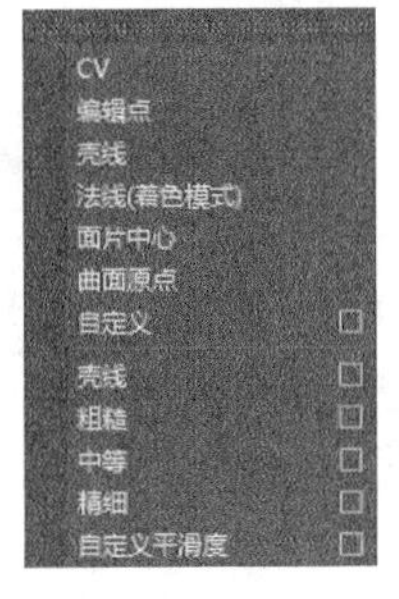

图1-110

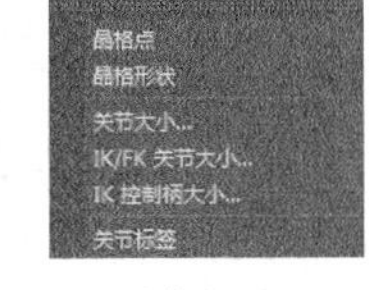

图1-111

图1-112

- ❖ 在所有视图中框显所有内容：平移和推拉视图以显示所有对象。
- ❖ 在所有视图中框显当前选择：平移和推拉所有视图面板以框显选定的对象。如果选择父对象，但不选择其子对象，则仅框显父对象。
- ❖ 在所有视图中框显当前选择（包含子对象）：平移和推拉所有视图面板以框显选定的对象及其子对象。如果选择父对象，则会同时框显父对象和子对象。

## 1.7.7 窗口菜单

在“窗口”菜单下集合了Maya最常用的窗口，如图1-113所示。在后面的章节中会针对最重要的一些编辑器进行详细介绍。

图1-113

## 常用命令介绍

❖ 工作区：可以从列表中选择预定义的“工厂”工作区或自定义工作区，如图1-114所示。

❖ 常规编辑器：该菜单下集合了Maya中最常用的一些编辑器，如“属性编辑器”“通道盒/层编辑器”“组件编辑器”“连接编辑器”等，如图1-115所示。

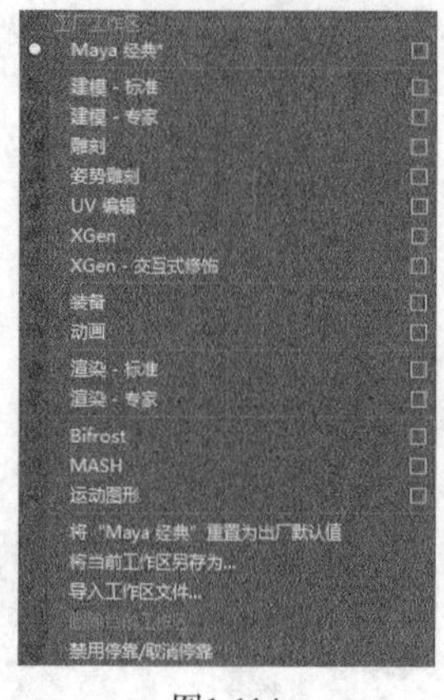


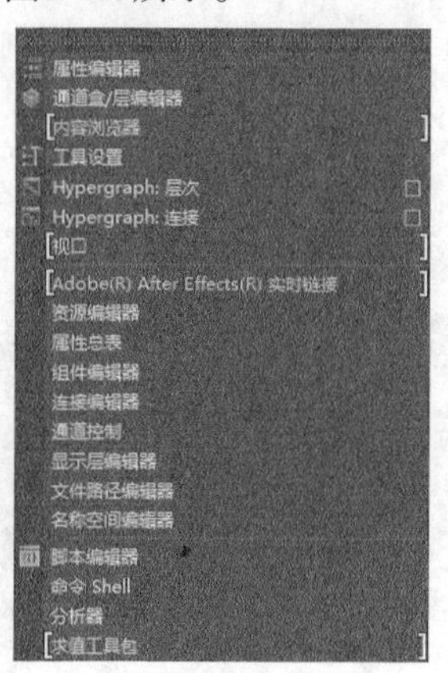


图1-114 图1-115

❖ 建模编辑器：该菜单下集合了Maya中与模型相关的编辑器，如“建模工具包”“UV编辑器”“XGen编辑器”等，如图1-116所示。

❖ 动画编辑器：该菜单下集合了设定动画时要用到的一些编辑器，如“曲线图编辑器”“时间编辑器”“表达式编辑器”等，如图1-117所示。

❖ 渲染编辑器：该菜单下集合了渲染场景、设定对象材质的编辑器，如图1-118所示。

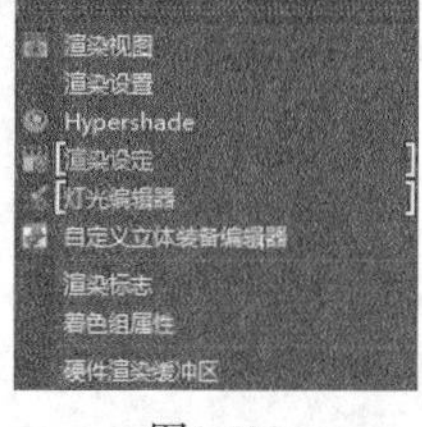


图1-116 图1-117 图1-118

❖ 关系编辑器：该菜单下的子命令主要用来关联各个属性，包括摄影机集、变形器集、划分、渲染过程集和UV链接等，如图1-119所示。

❖ UI元素：该菜单下的命令可以显示或隐藏界面中的元素，如图1-120所示。

❖ 设置/首选项：该菜单下的命令可以用来设置Maya的首选项、快捷键、插件等，如图1-121所示。

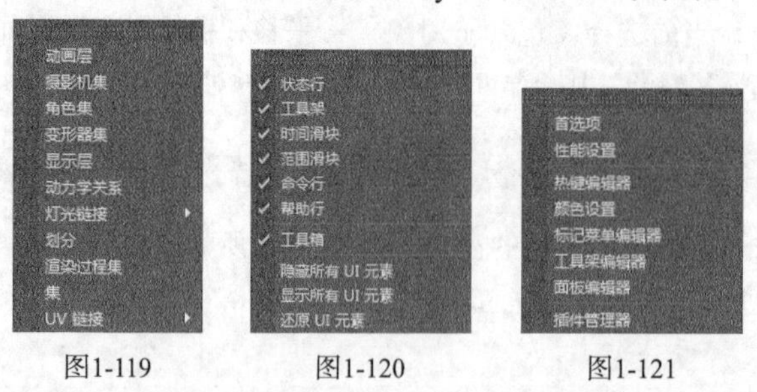


图1-119 图1-120 图1-121

❖ 大纲视图：这也是Maya中非常重要的对话框，如图1-122所示。在“大纲视图”对话框中以大纲形式显示出了场景中所有对象的层次列表，单击相应的对象即可将其选择。

❖ 节点编辑器：该编辑器提供了依赖关系图的可编辑图解，显示节点及其属性之间的连接，允许用户查看、修改和创建新的节点连接，如图1-123所示。

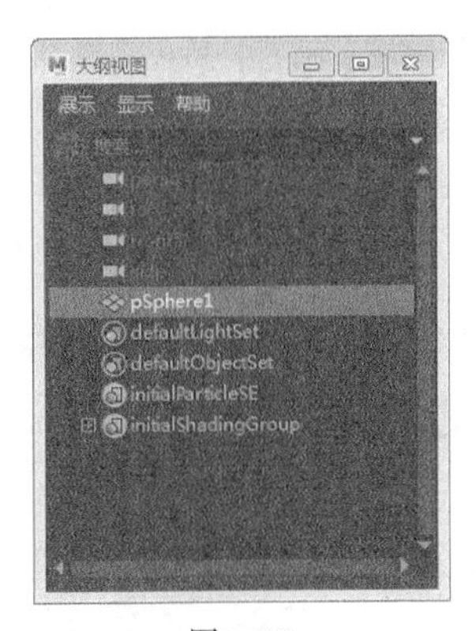


图1-122

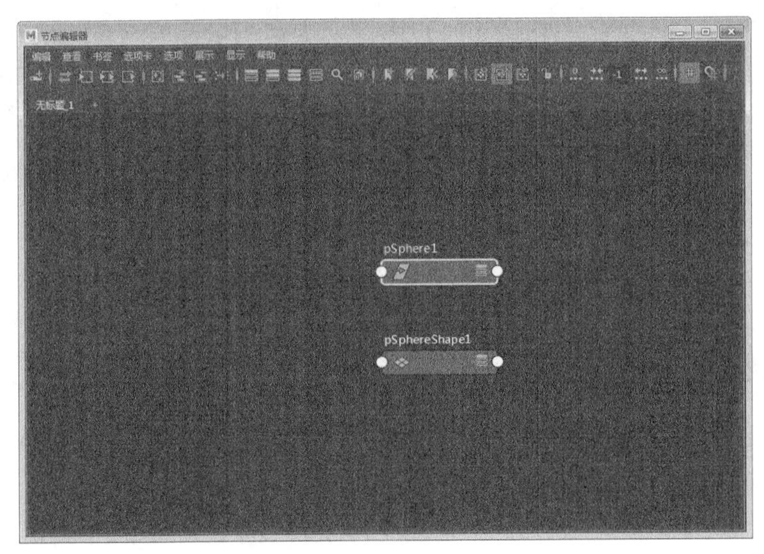


图1-123

- ❖ 播放预览：创建当前场景的播放预览。
- ❖ 最小化应用程序：在操作系统中将Maya最小化。
- ❖ 提升主窗口：将所有编辑器窗口置于主窗口之后。
- ❖ 提升应用程序窗口：将所有编辑器窗口都置于主窗口之前。

## 1.7.8 缓存菜单

在“缓存”菜单下集合了不同类型的缓存操作命令，包括Alembic缓存、几何缓存以及GPU缓存，如图1-124所示。

缓存 帮助
Alembic 缓存
几何缓存
GPU 缓存

图1-124

### 常用命令介绍

- ❖ Alembic缓存：该菜单中的子命令可以为对象执行Alembic缓存的相关操作，如图1-125所示。在Maya 中使用Alembic缓存可在产品级流水线的各个阶段之间传递资源。Alembic缓存文件的内容作为Maya几何体进行求值，并且可以使用多边形、NURBS和细分曲面编辑工具进行修改。
- ❖ 几何缓存：该菜单中的子命令可以为对象执行几何缓存的相关操作，如图1-126所示。使用几何缓存可通过将对象的变形缓存到几何缓存，将多边形网格、NURBS（包含曲线）曲面和细分曲面变形（蒙皮和非蒙皮）保存到服务器或本地硬盘驱动器。几何缓存是存储顶点变换数据的特殊Maya文件。

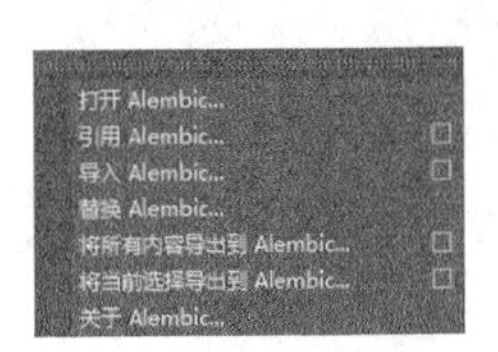


图1-125

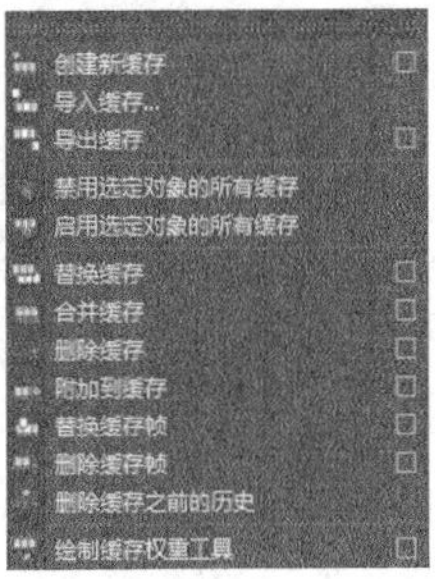

创建新缓存
导入缓存...
导出缓存
禁用选定对象的所有缓存
启用选定对象的所有缓存
替换缓存
合并缓存
删除缓存
附加到缓存
替换缓存帧
删除缓存帧
删除缓存之前的历史
绘制缓存权重工具

图1-126

❖ GPU缓存：该菜单中的子命令可以为对象执行GPU缓存的相关操作，如图1-127所示。GPU缓存基于Alembic文件，为了在Maya中实现快速播放性能而优化。根据对GPU缓存文件进行求值的方式来实现性能提升。GPU缓存节点直接将缓存的数据路由到系统显卡，以处理、忽略Maya依存关系图求值。可以按与 Alembic 缓存相同的方式使用GPU缓存。

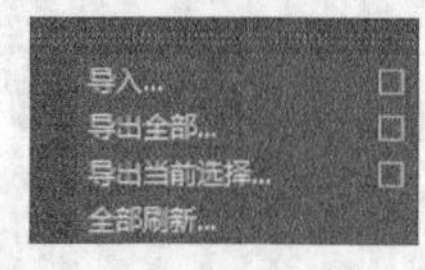


图1-127

## 1.7.9 Arnold菜单

在Arnold菜单下提供了创建与设置Arnold渲染器元素的命令，如图1-128所示。在后面的章节中将详细介绍Arnold渲染器的使用方法。

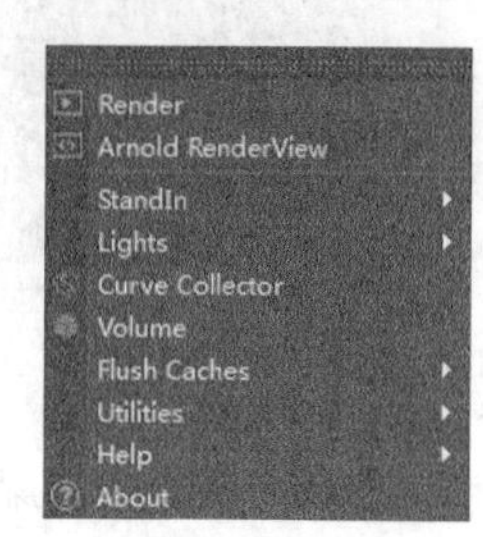


图1-128

## 1.7.10 帮助菜单

在“帮助”菜单下提供了很多帮助命令，初学者可以利用这些帮助功能学习Maya，如图1-129所示。

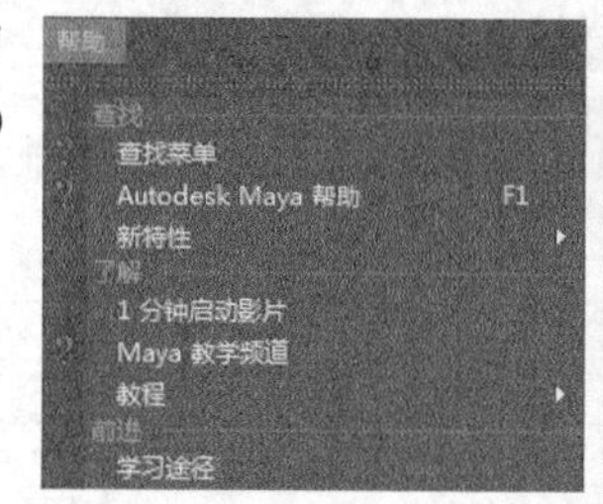

图1-129

# 1.8 快捷菜单

为了提高工作效率，Maya提供了几种快捷的操作方法，如标记菜单和右键快捷菜单等。

## 1.8.1 标记菜单

标记菜单里包含了Maya所有的菜单命令，按住Space键就可以调出标记菜单，如图1-130所示。

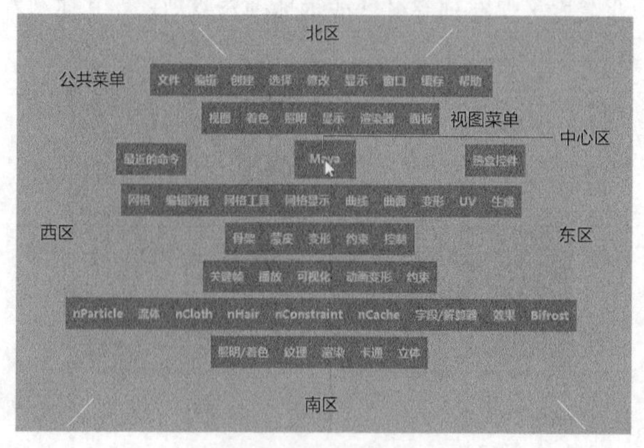


图1-130

标记菜单分为5个区，分别是北区、南区、西区、东区和中心区，在这5个区里单击左键都可以打开一个特殊的快捷菜单。

北区：提供一些视图布局方式的快捷菜单，与“窗口>保存的布局”“面板>保存的布局”菜单中的命令相同，如图1-131所示。

南区：用于将当前视图切换到其他类型的视图，与视图菜单中的“面板>面板”菜单里的命令相同，如图1-132所示。

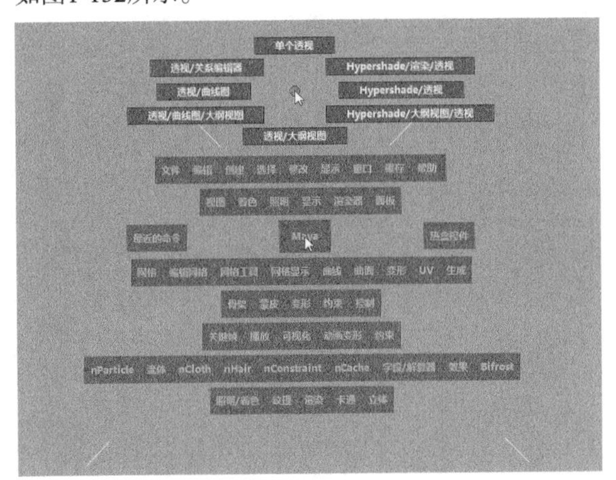


图1-131

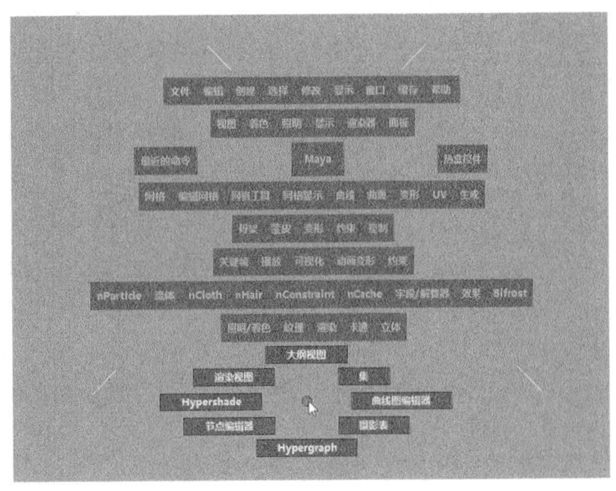


图1-132

西区：该区可以打开选择遮罩功能，与状态栏中的选择遮罩区的功能相同，如图1-133所示。

东区：该区中的命令是一些控制界面元素的开关，与“显示>UI元素”菜单下的命令相同，如图1-134所示。

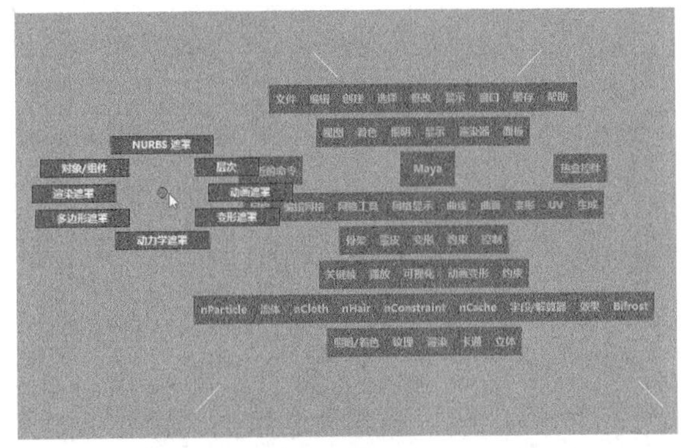


图1-133

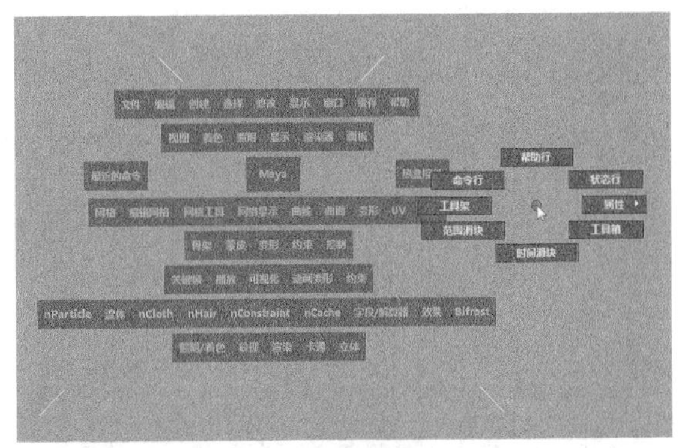


图1-134

中心区：用于切换顶视图、前视图、侧视图和透视图，如图1-135所示。

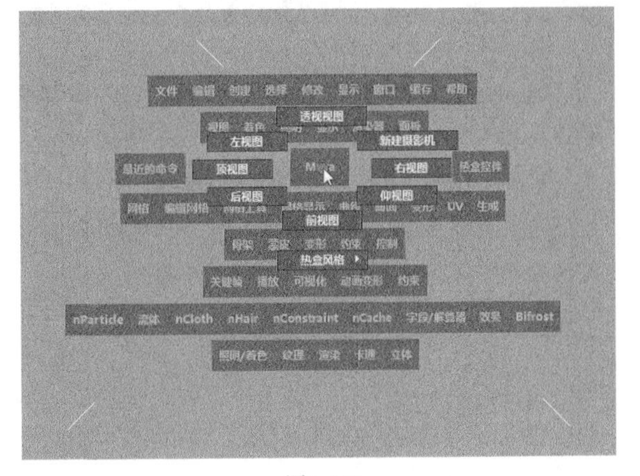


图1-135

## 1.8.2 右键菜单

右键快捷菜单是一种很方便的快捷菜单，其种类很多，不同的对象以及在不同状态下打开的快捷菜单也不相同。

按住Shift键和鼠标右键，会打开一个创建多边形对象的快捷菜单，如图1-136所示。

在创建的多边形对象上按住Shift键和鼠标右键，会打开多边形的一些编辑命令，如图1-137所示。

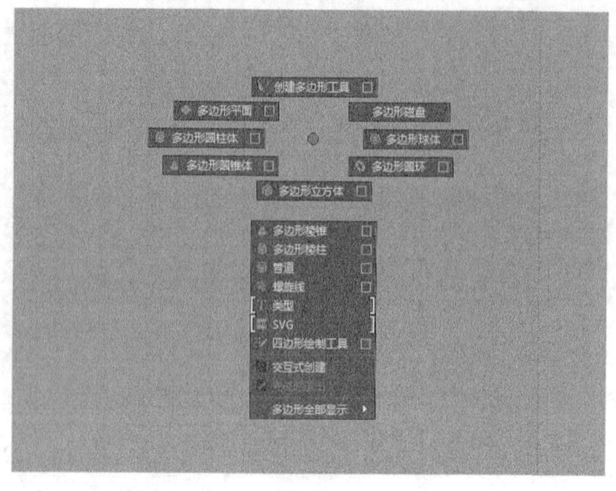


图1-136

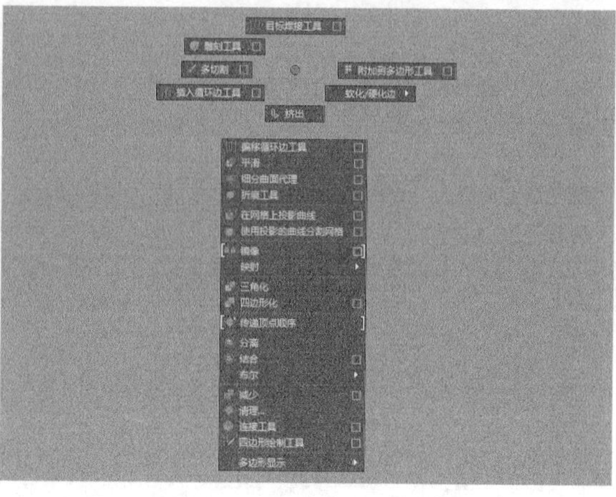

图1-137

在多边形对象上按住鼠标右键，会打开一些切换多边形次物体级别的命令，如图1-138所示。

将对象切换到次物体级别，例如切换到“顶点”级别，选择一些顶点，按住Shift键和鼠标右键，又会打开与编辑顶点相关的命令，如图1-139所示。

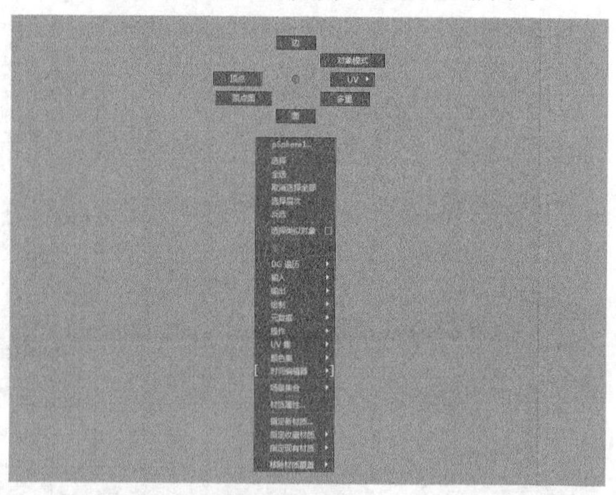

图1-138

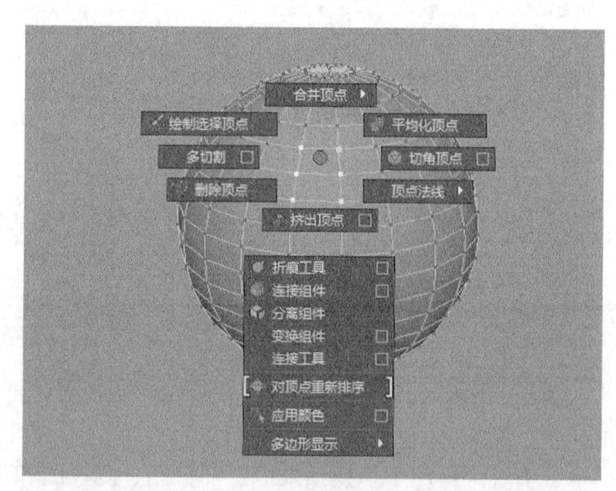


图1-139

可以看出右键快捷菜单的种类非常多，但很智能化，这样就可以快速地调出该状态下所需要的命令。下面介绍几个常用的热键快捷菜单。

按住A键并单击鼠标左键，打开控制对象的输入和输出节点的选择菜单，如图1-140所示。

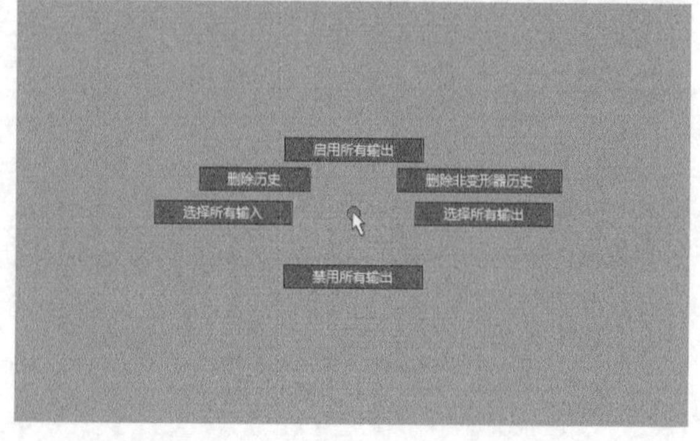


图1-140

按住Q键并单击鼠标左键，打开选择遮罩的切换菜单，如图1-141所示。

按住O键并单击鼠标左键，打开多边形各种元素的选择和编辑菜单，如图1-142所示。

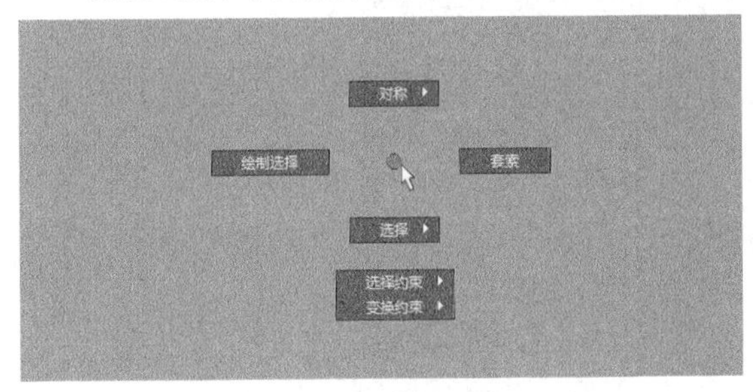


图1-141

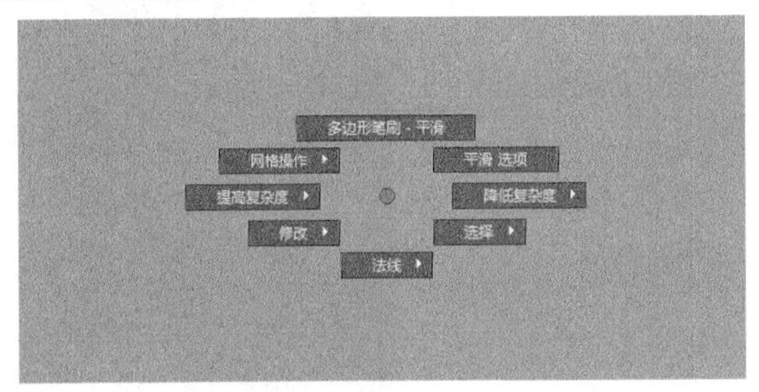


图1-142

按住W/E/R键并单击鼠标左键，打开各种坐标方向的选择菜单，如图1-143~图1-145所示。

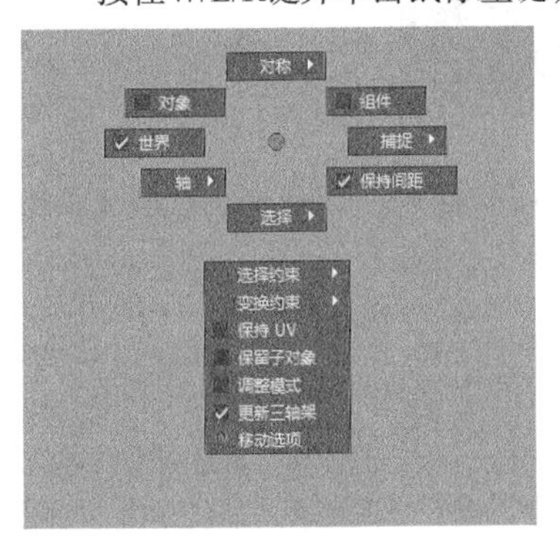


图1-143

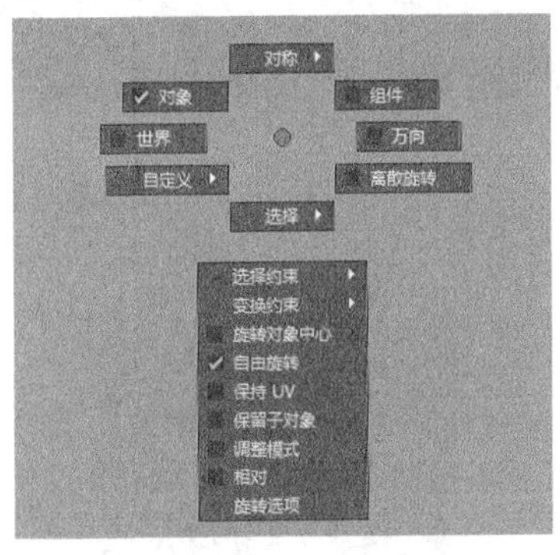


图1-144

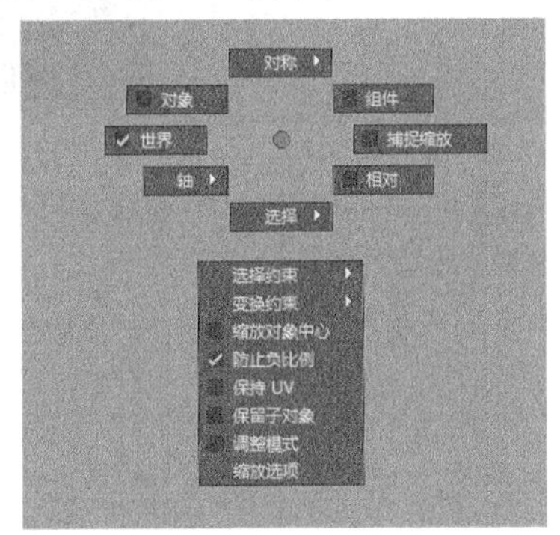


图1-145

# 1.9 Maya中最重要的节点

Maya是一个节点式的软件，里面的对象都是由一个个节点连接组成的，为了帮助读者理解，下面举例进行说明。

## 【练习1-1】认识节点

| | |
|---|---|
| 场景文件 | Scenes>CH01>1.1.mb |
| 实例文件 | Examples >CH01>1.1.mb |
| 难易指数 | ★☆☆☆☆ |
| 技术掌握 | 熟悉Maya的层级关系 |

**01** 打开学习资源中的“Scenes>CH01>1.1.mb”文件，场景中有两个动物模型，如图1-146所示。

图1-146

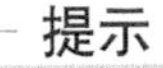

**提示**

执行“文件>打开场景”菜单命令或按快捷键Ctrl+O，可以打开场景文件。另外还有一种更简便的方法，即直接将要打开的场景文件拖曳到视图中。



资源下载验证码：73682

**02** 框选两个豹模型，然后执行“编辑>分组”菜单命令或按快捷键Ctrl+G，将两个模型群组在一起，如图1-147所示。

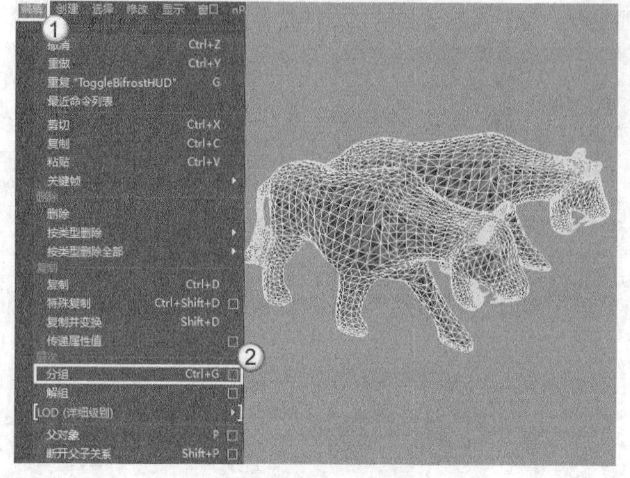


图1-147

**03** 执行“窗口>大纲视图”菜单命令，打开“大纲视图”对话框，如图1-148所示，在该对话框中可以观察到场景对象的层级关系。

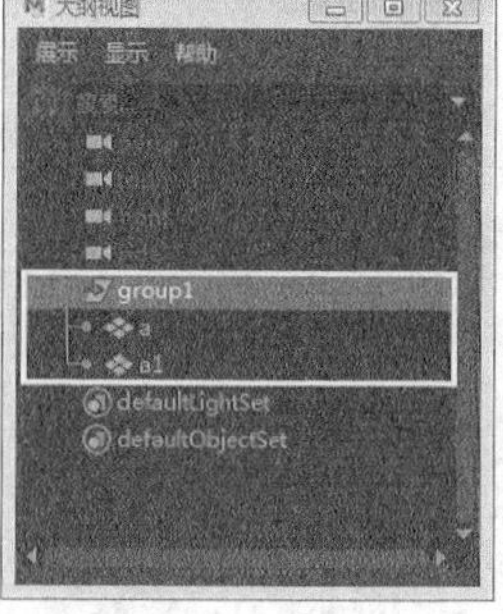


图1-148

**04** 执行“窗口>Hypergraph:层次”菜单命令，打开“Hypergraph 层次”对话框，如图1-149所示，在该对话框中也可以观察到场景对象的层级关系。

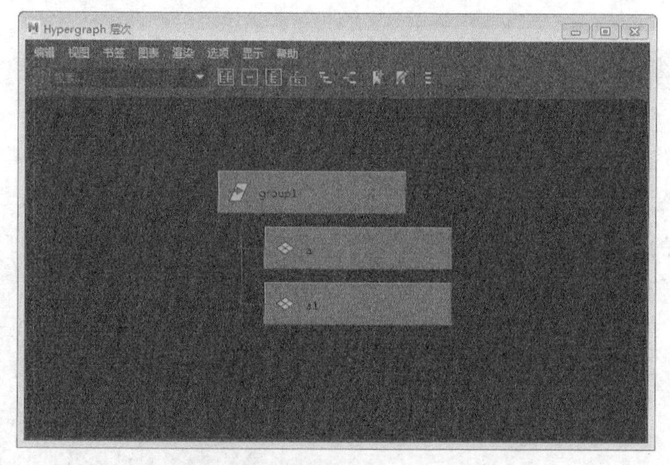


图1-149

## 提示

从图1-149中可以观察到对象group1是由a和a1组成的，在这里可以把a和a1看成是两个节点，而group1是由节点a和a1通过某种方式连接在一起组成的。

通过这个实例，读者可以对节点有个初步的了解，下面将通过材质节点来加深对节点的理解。

## 【练习1-2】材质节点

| 场景文件 | Scenes>CH01>1.2.mb |
|---|---|
| 实例文件 | Examples >CH01>1.2.mb |
| 难易指数 | ★☆☆☆☆ |
| 技术掌握 | 熟悉Maya的材质节点 |

**01** 打开学习资源中的“Scenes>CH01>1.2.mb”文件，场景中有多个礼盒模型，如图1-150所示。

图1-150

**02** 执行“窗口>渲染编辑器>Hypershade”菜单命令，打开Hypershade对话框，可以观察到已经创建了5个材质，如图1-151所示。

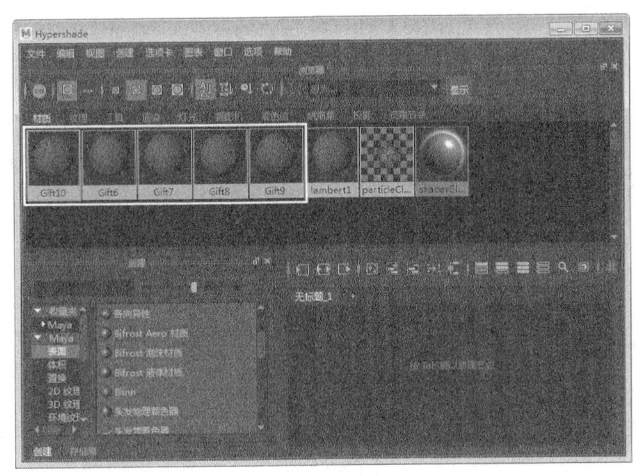


图1-151

**03** 选择Gift10材质节点，然后单击工作区中的工具栏上的“输入和输出链接”按钮，展开Gift10材质球的节点网络，如图1-152所示。在界面右侧显示Gift10材质的“属性编辑器”面板，如图1-153所示。

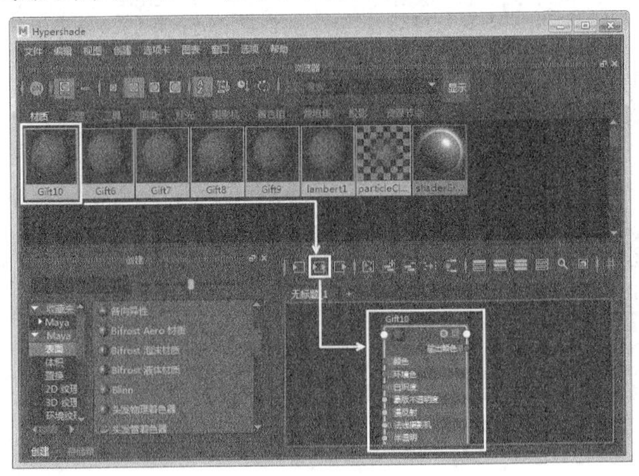


图1-152

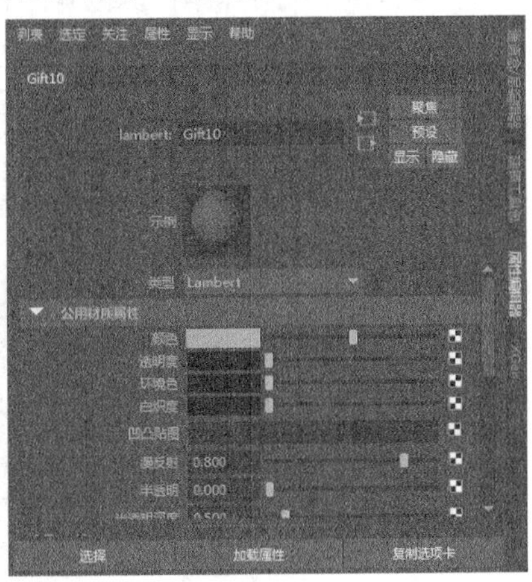


图1-153

**04** 单击“属性编辑器”面板中“颜色”属性后面的■按钮，如图1-154所示，然后在打开的“创建渲染节点”对话框中单击“文件”节点，再在“文件属性”卷展栏下单击“图像名称”后面的■按钮，最后在弹出的对话框中选择学习资源中的“Scenes>CH01>1.2>3duGiftText5.jpg”文件，如图1-155所示。

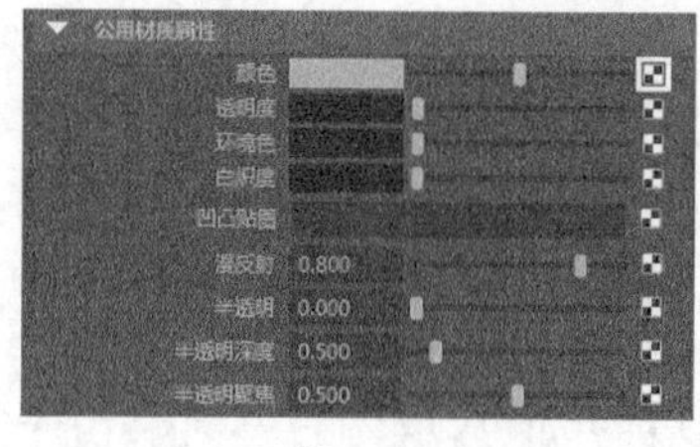

图1-154

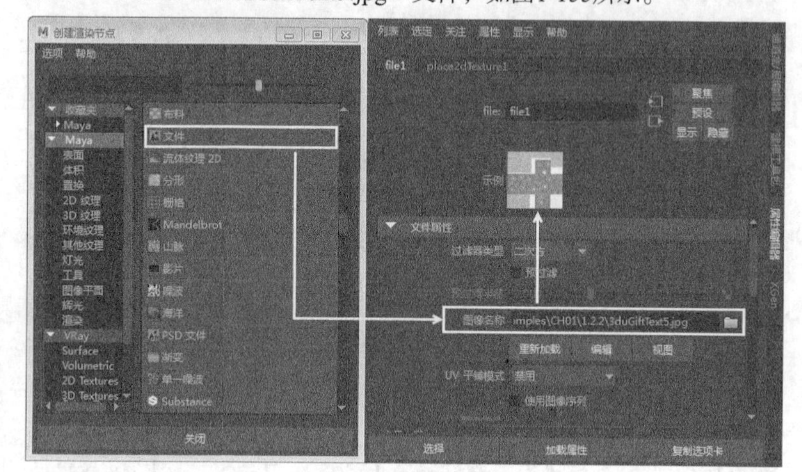

图1-155

**05** 按6键以材质方式显示场景对象，效果如图1-156所示。然后用相同的方法为另外几个模型赋予贴图，完成后的效果如图1-157所示。

图1-156

图1-157

**06** Gift10材质的节点结构如图1-158所示。Gift10材质由3个材质节点组成，其中Gift10的Phone材质是最基本的材质节点，可以用来控制一些基本属性，如颜色、反射和透明度等；file是一个2D纹理节点，可以将file节点连接到Gift10材质节点的颜色属性上，这样颜色就会被贴图颜色替换；place2dTexture是一个2D坐标节点，用来控制二维贴图纹理的贴图方式。

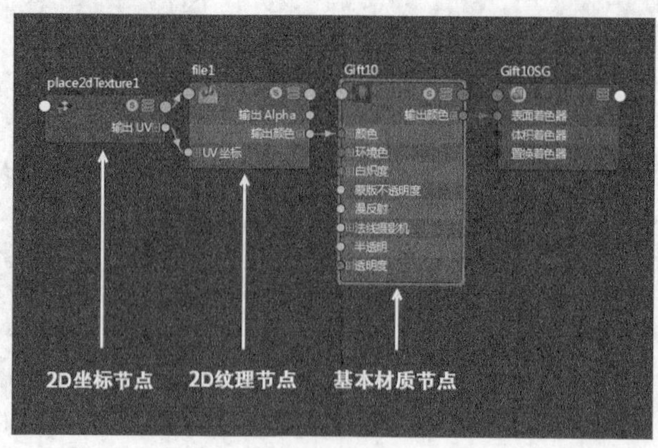


图1-158

# 技术分享

## Autodesk公司的其他常见软件

Autodesk（欧特克）公司是较大的二维、三维设计和工程软件公司之一，为制造业、工程建设行业、基础设施行业以及传媒娱乐行业提供了卓越的数字化设计与工程软件服务和解决方案。除了Maya以外，Autodesk还有其他很多常见的软件，例如3ds Max、SoftImage、Mudbox、Showcase和VRED等，它们被广泛地应用于各个领域。

3ds Max：3ds Max与Maya有异曲同工之处，它也是顶级三维动画软件，应用对象是专业的影视广告、角色动画和电影特技等。Maya拥有功能完善、工作灵活、易学易用、制作效率极高以及渲染真实感极强等特点。

SoftImage：SoftImage是一个综合运行于SGI工作站和Windows NT平台的高端三维动画制作系统，被世界级的动画师成功运用在电影、电视和交互制作的市场中。它具有由动画师亲自设计的方便高效的工作界面、加入的动画工具和快速高质量的图像生成，使艺术家有了非常自由的想象空间，能创造出完美逼真的艺术作品。

Mudbox：Mudbox是一款数字雕刻与纹理绘画软件，是由电影、游戏和设计行业的专业艺术家设计的，为三维建模人员和纹理艺术家提供了创作自由性，而不必担心技术细节。

AutoCAD：AutoCAD可以用于二维制图和基本三维设计，用户无须懂得编程就可以直接使用AutoCAD进行制图，因此它在全球被广泛应用于土木建筑、装饰装潢、工业制图、工程制图、电子工业和服装加工等多个领域。

## Maya通常与哪些软件进行交互

Maya是一款强大的三维动画制作软件，所以对于三维领域的软件，几乎都可以和Maya进行交互，下面列举一些比较流行的，且能与Maya进行良好交互的软件进行介绍。

3ds Max：3ds Max与Maya之间可以完美交互，3ds Max的对象可以在Maya中打开，Maya中的对象也可以在3ds Max中打开。Maya通过执行"发送到3ds Max"或"导出"命令，可以使3ds Max打开Maya文件。

Houdini：Houdini是一款三维计算机图形软件，由加拿大Side Effects Software Inc.（简称SESI）公司开发。Houdini是完全基于节点模式设计的产物，其结构、操作方式等和其他的三维软件有很大的差异。

Unity3D：Unity3D是由Unity Technologies开发的一个让玩家轻松创建诸如三维视频游戏、建筑可视化、实时三维动画等，交互型的多平台的综合型游戏开发工具，是一个全面整合的专业游戏引擎。

# 用户设置

本章将介绍Maya 2017的用户设置，包含设置文件的保存格式、自定义工具架、自定义快捷键、设置历史记录、设置默认操纵器手柄、切换视图背景颜色、加载Maya插件、设置工程文件以及选择坐标系统等。通过学习本章的内容，读者可以定制个人喜欢的用户设置。

- ※ 设置文件保存格式
- ※ 自定义工具架
- ※ 自定义快捷键
- ※ 设置历史记录
- ※ 切换视图背景颜色
- ※ 设置工程文件

# 2.1 设置文件保存格式

Maya的场景文件有两种格式，分别是.mb格式（Maya二进制）和.ma格式（Maya ASCⅡ），如图2-1所示。.mb格式的文件在保存期内调用时的速度比较快；另外一种是.ma格式，是标准的Native ASCⅡ文件，允许用户用文本编辑器直接进行修改。

图2-1

# 2.2 自定义工具架

第1章简单介绍了工具架的基本作用与用法，下面将详细介绍工具架的高级用法。

## 2.2.1 添加/删除图标

Maya的菜单命令数量非常多，常常会重复选择相同的菜单命令，如果将这些命令放在工具架上，直接单击图标就可以执行相应的命令。下面以“历史”命令为例来讲解如何将该命令添加到工具架上。

在工具架上单击“自定义”选项卡，然后按住快捷键Shift+Ctrl并执行“编辑>按类型删除>历史”菜单命令，这样可以将“历史”命令添加到工具架上，这时该命令会变成一个图标，如图2-2所示。

图2-2

## 2.2.2 内容选择

单击工具架上面的图标可以选择不同的内容，也可以单击工具架左侧的按钮，然后在打开的菜单中选择选项，如图2-3所示。单击按钮可以打开工具架的编辑菜单，通过该菜单可以执行新建、删除工具架等操作，如图2-4所示。

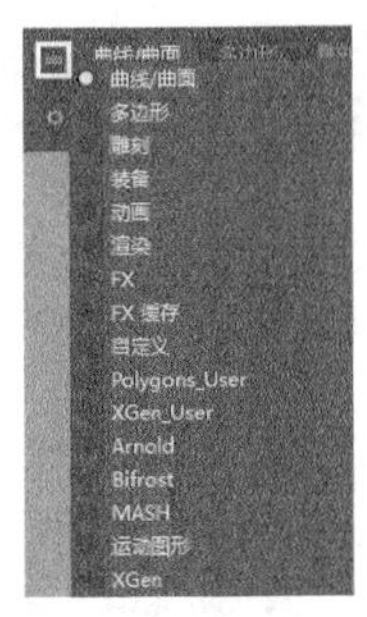


图2-3

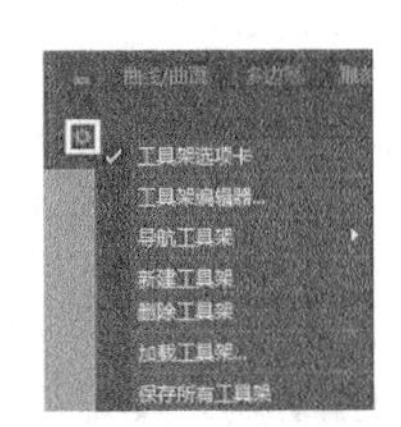


图2-4

### 编辑菜单命令介绍

❖ 工具架选项卡：用于显示或隐藏工具架上面的标签。

❖ 工具架编辑器：用于打开“工具架编辑器”对话框，里面有完整的编辑命令。

❖ 导航工具架：该命令中的子命令用于跳转到上/下一工具架，或直接跳转到某一工具架，如图2-5所示。

图2-5

❖ 新建工具架：新建一个工具架。

❖ 删除工具架：删除当前工具架。

❖ 加载工具架：导入现成的工具架文件。

❖ 保存所有工具架：保存当前工具架的所有设置。

## 2.2.3 工具架编辑器

执行“窗口>设置/首选项>工具架编辑器”菜单命令，打开“工具架编辑器”对话框，如图2-6所示。

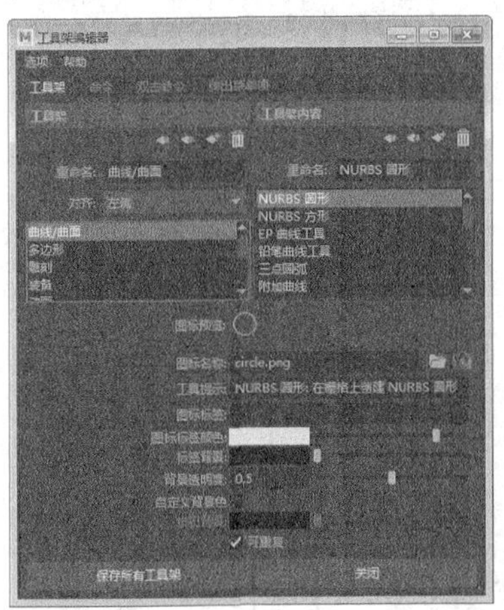


图2-6

### 工具架编辑器对话框工具介绍

❖ 工具架：该选项卡下是一些编辑工具架的常用工具，如新建、删除等。

  ✧ 上移：将工具架向上移动一个单位。

  ✧ 下移：将工具架向下移动一个单位。

  ✧ 新建工具架：新建一个工具架。

  ✧ 删除工具架：删除当前工具架。

  ✧ 重命名：显示当前工具架的名字，同时也可以改变当前工具架的名字。

# 2.3 自定义快捷键

Maya里面有很多快捷键，用户既可以使用系统默认的快捷键，也可以自己设置快捷键，这样可以提高工作效率。

例如经常使用到的“撤销”命令，快捷键为Ctrl+Z。而打开Hypershade对话框这个操作没有快捷键，因此可以为其设置一个快捷键，这样就可以很方便地打开Hypershade对话框。

执行“窗口>设置/首选项>热键编辑器”菜单命令，打开“热键编辑器”对话框，如图2-7所示。在左侧的列表中选择要添加热键的命令，在右侧可以观察到已经被使用的热键（以绿色背景显示），如图2-8所示。

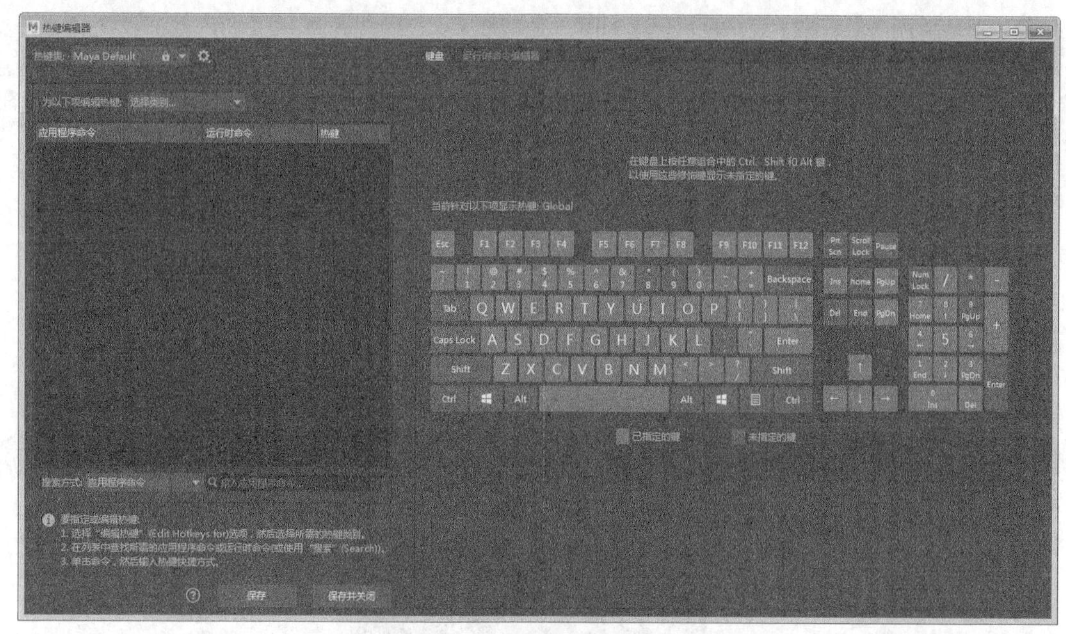


图2-7

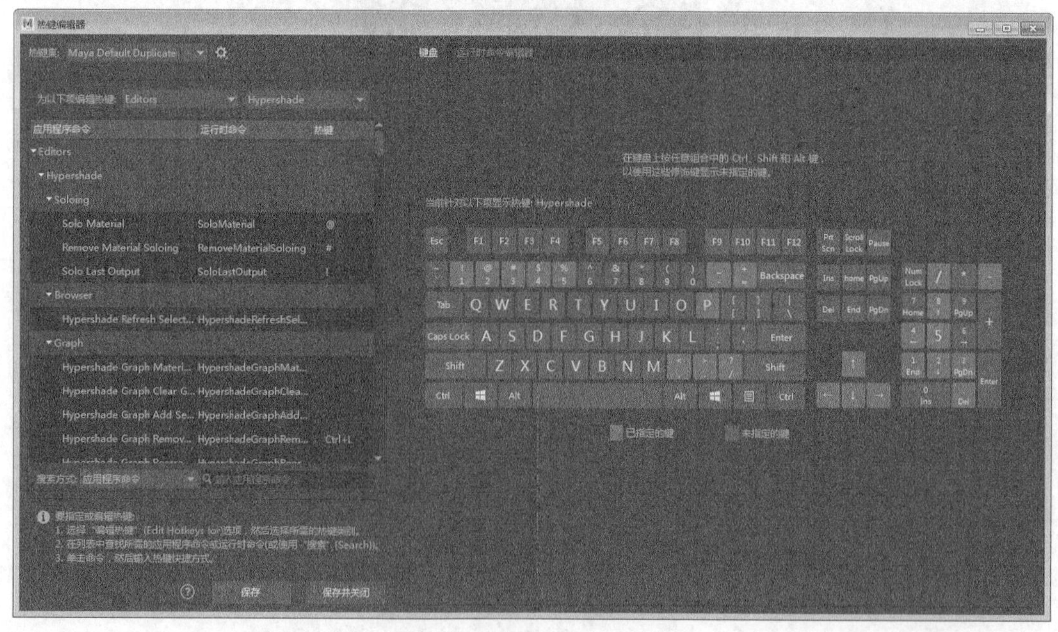


图2-8

## 【练习2-1】设置快捷键

| | |
|---|---|
| 场景文件 | 无 |
| 实例文件 | 无 |
| 难易指数 | ★☆☆☆☆ |
| 技术掌握 | 掌握设置快捷键的方法 |

**01** 执行“窗口>设置/首选项>热键编辑器”菜单命令，打开“热键编辑器”对话框，然后将“为以下项编辑热键：”设置为Menu items（菜单项），接着展开“渲染编辑器”卷展栏，最后选择Hypershade属性，如图2-9所示。

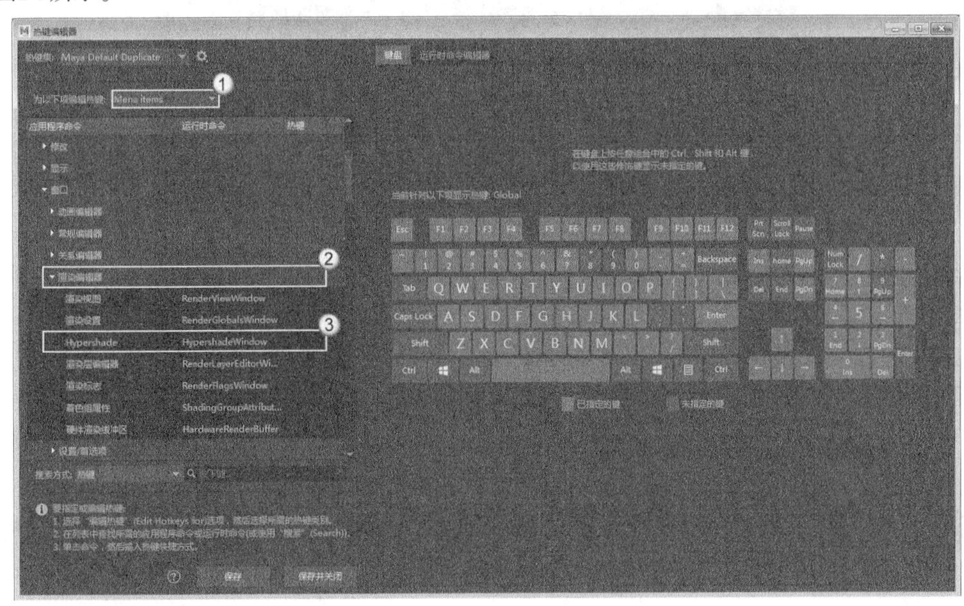


图2-9

**02** 在热键输入框中按Ctrl+J，然后单击“保存”按钮 保存 ，如图2-10所示，这样就为Hypershade对话框设置了一个快捷键Ctrl+J。

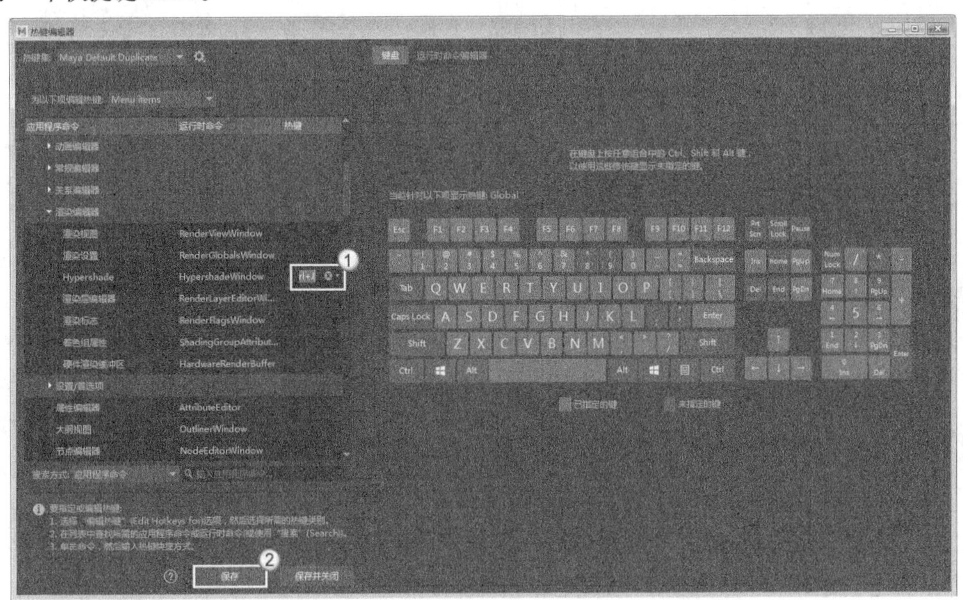


图2-10

**03** 关闭“热键编辑器”对话框，然后按下快捷键Ctrl+J就可以打开Hypershade对话框。

## 2.4 设置历史记录

在默认情况下，Maya的可撤销次数为50次，意思就是可以返回的操作只有50步。如果想要提高可撤销次数，可以执行“窗口>设置/首选项>首选项”菜单命令，打开“首选项”对话框，然后在“类别”列表中选择“撤销”选项，接着将“队列大小”选项的数值设置得高大一些就行，如图2-11所示。

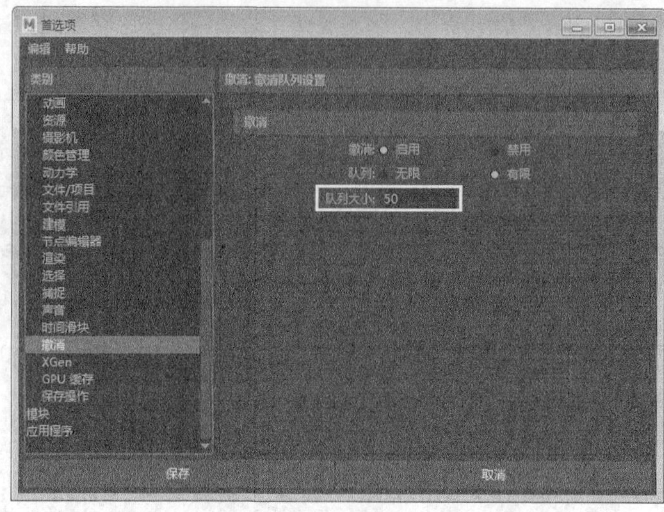


图2-11

## 2.5 设置默认操纵器手柄

执行“文件>打开”菜单命令，打开一个场景文件，如图2-12所示，然后在工具箱中选择“移动工具”，接着选择场景中的对象，此时可以查看到移动操纵器手柄，如图2-13所示。

图2-12

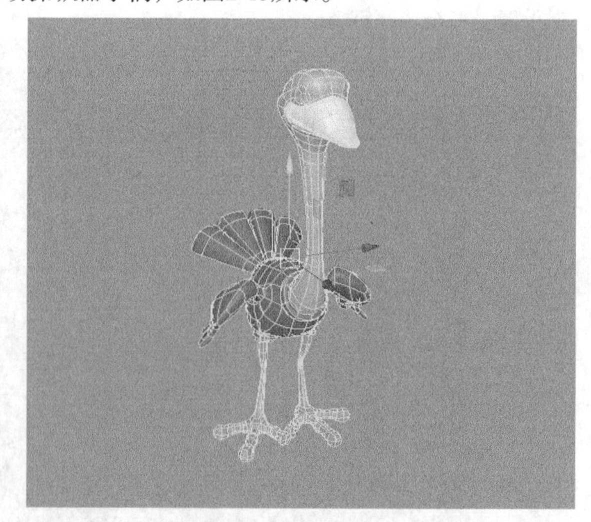

图2-13

如果要修改操纵器手柄的大小，可以执行“窗口>设置/首选项>首选项”菜单命令，打开“首选项”对话框，然后在“类别”列表中选择“操纵器”选项，接着对“操纵器大小”的相关选项进行设置，如图2-14所示。

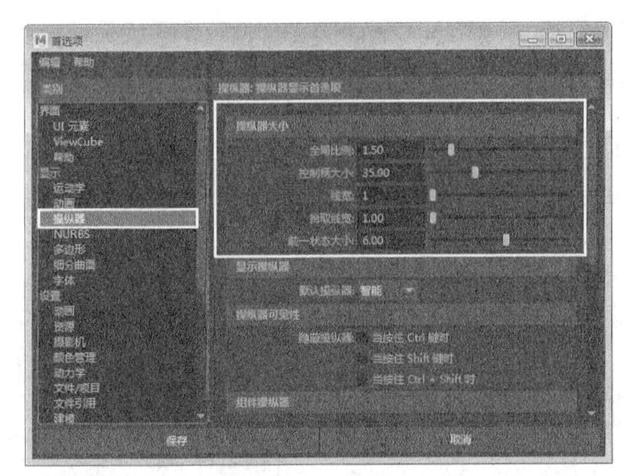


图2-14

例如将“全局比例”设置为3，则整个操纵器手柄都会变大，如图2-15所示。如果增大或减小“控制柄大小”的数值，则控制柄也会随之增大或减小，图2-16所示是将该值设置为60时的控制柄效果。

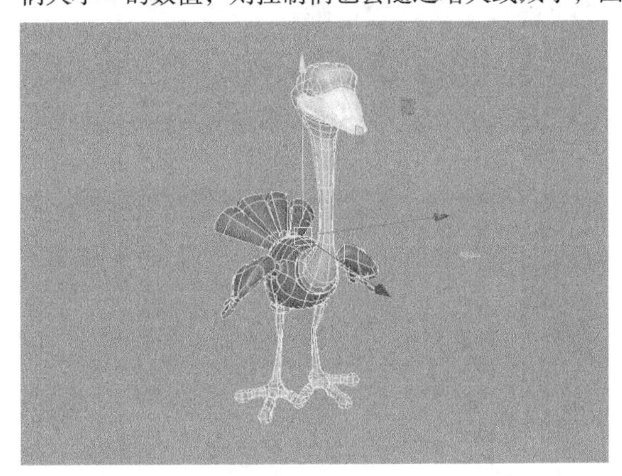

图2-15

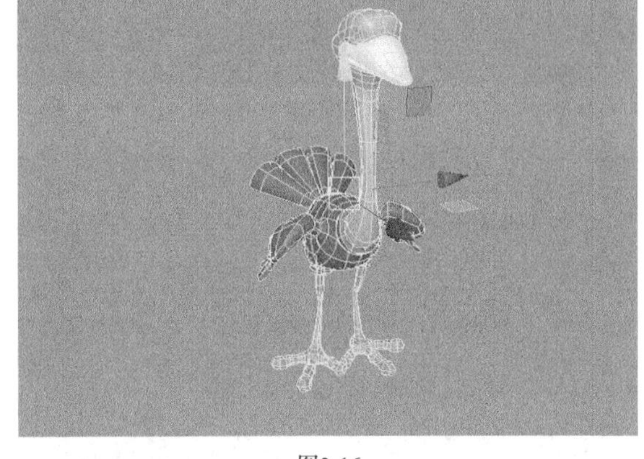

图2-16

在工具箱中选择“旋转工具”，则移动操纵器手柄会变成旋转操纵器手柄，如图2-17所示。如果要改变线的宽度，可以对“线宽”数值进行调整，图2-18所示是将该值设置为6时的效果。注意，“线宽”选项不适用于移动操纵器手柄。

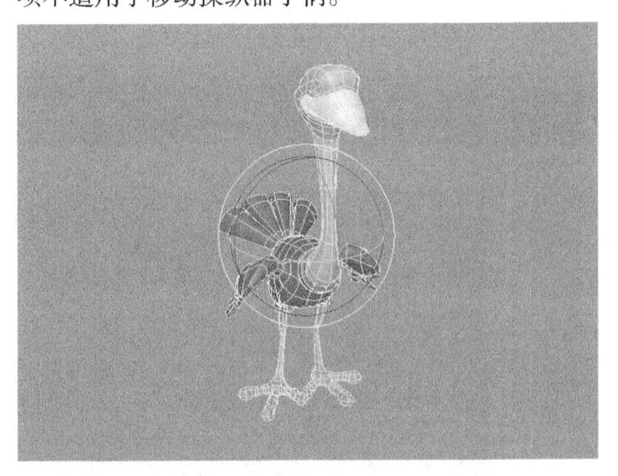

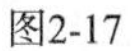

图2-17

图2-18

## 提示

“拾取线宽”选项用来确定拾取旋转操纵器环时使用的线的厚度；“前一状态大小”选项用来控制对前一反馈绘制的点的大小。

## 2.6 切换视图背景颜色

在默认情况下，Maya的视图背景为蓝灰渐变色，如图2-19所示。如果要将其设置为其他颜色，可以按快捷键Alt+B，这样可以在蓝灰渐变色、黑色、深灰色和浅灰色的背景色之间进行切换，如图2-20~图2-22所示。

图2-19

图2-20

图2-21

图2-22

## 2.7 加载Maya插件

Maya为用户提供了很多插件，而某些插件需要加载才可以正常使用，如objExport.mll（用于导入.obj格式的文件）插件。执行“窗口>设置/首选项>插件管理器”菜单命令，打开“插件管理器”对话框，然后在objExport.mll插件后面选择“已加载”和“自动加载”选项，如图2-23所示。加载objExport.mll插件以后，在“导出当前选择”对话框中就可以选择.obj了（即OBJexport格式），如图2-24所示。

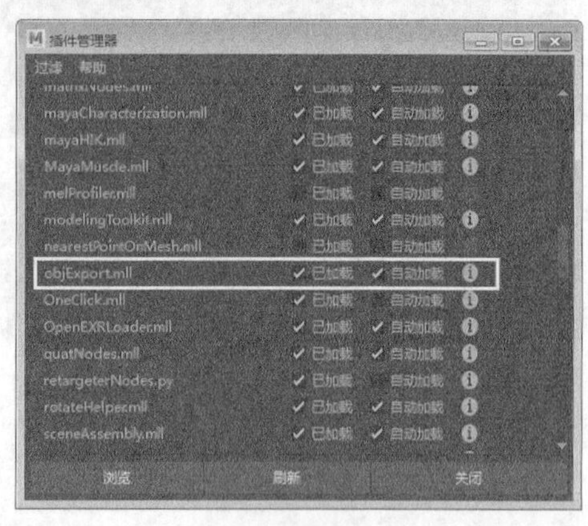


图2-23

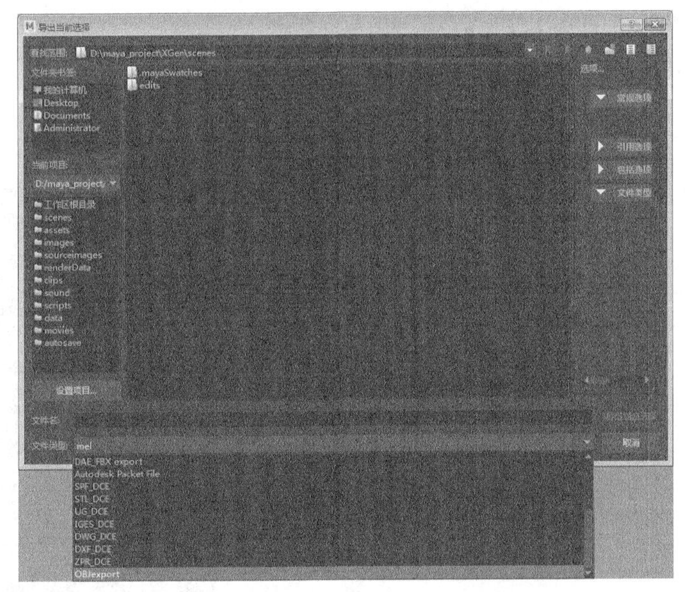


图2-24

# 2.8 设置工程文件

工程文件是一种重要的Maya文件管理系统，可以将Maya的相关文件有条理地安排在对应的文件夹里。

## 2.8.1 Maya的工程目录结构

Maya在运行时有两个基本的支持目录，一个用于记录环境设置参数，另一个用于记录与项目相关文件需要的数据，其目录结构如图2-25所示。

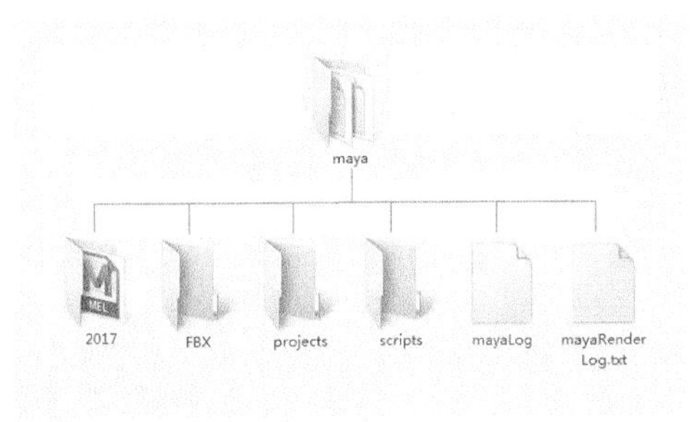


图2-25

### 目录结构介绍

- 2017：该文件夹用于存储用户在运行软件时设置的系统参数。每次退出Maya时会自动记录用户在运行时所改变的系统参数，以方便在下次使用时保持上次所使用的状态。若想让所有参数恢复到默认状态，可以直接删除该文件夹，这样就可以恢复到系统初始的默认参数。
- FBX: FBX是Maya的一个集成插件，它是Filmbox这套软件所使用的格式。其最大的用途是在诸如3ds Max、Maya、Softimage等软件间进行模型、材质、动作和摄影机信息的互导，这样就可以发挥3ds Max和Maya等软件的优势。可以说，FBX方案是非常好的互导方案。
- projects（工程）：该文件夹用于放置与项目有关的文件数据，用户也可以新建一个工作目录，使用习惯的文件夹名字。
- scripts（脚本）：该文件夹用于放置MEL脚本，方便Maya系统的调用。

- ❖ mayaLog：Maya的日志文件。
- ❖ mayaRenderLog.txt：该文件用于记录渲染的一些信息。

## 2.8.2 项目窗口对话框

执行“文件>项目窗口”菜单命令，打开“项目窗口”对话框，如图2-26所示。在该对话框中可以设置与项目有关的文件数据，如纹理文件、MEL、声音等，系统会自动识别该目录。

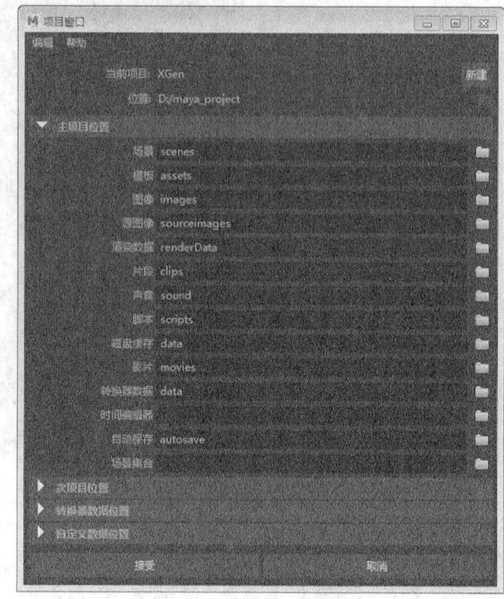


图2-26

### 常用参数介绍

- ❖ 当前项目：设置当前工程的名字。
- ❖ 新建：新建工程项目。
- ❖ 位置：工程目录所在的位置。
- ❖ 主项目位置：列出当前的主项目目录。创建新项目时，默认情况下Maya会创建这些目录。主项目位置提供重要的项目数据（例如场景文件、纹理文件和渲染的图像文件）的目录。
- ❖ 次项目位置：列出主项目位置中的子目录。在默认情况下，会为与主项目位置相关的文件创建次项目位置。
- ❖ 转换器数据位置：显示项目转换器数据的位置。
- ❖ 自定义数据位置：显示自定义项目的位置。

## 【练习2-2】创建与编辑工程目录

| 场景文件 | 无 |
| --- | --- |
| 实例文件 | 无 |
| 难易指数 | ★☆☆☆☆ |
| 技术掌握 | 掌握工程目录的创建与编辑方法 |

创建工程目录是开始工作前的第1步，在默认情况下，Maya会自动在C:\Documents and Settings\Administrator\My Documents\maya目录下创建一个工程目录，也就是会自动在“我的文档”里进行创建。

**01** 执行“文件>项目窗口”菜单命令，打开“项目窗口”对话框，然后单击“新建”按钮，接着在“当前项目”后面输入新建工程的名称first_project（可根据自己的习惯来设置名称），如图2-27所示。

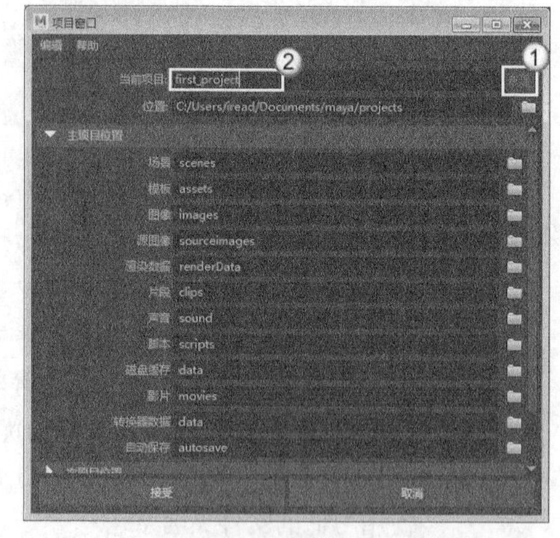


图2-27

**提示**

注意，在输入名称时最好使用英文，因为Maya在某些地方只支持英文。

**02** 在“位置”后面输入工程目录所建立的路径（可根据习惯输入），在这里设置为D:/，如图2-28所示。

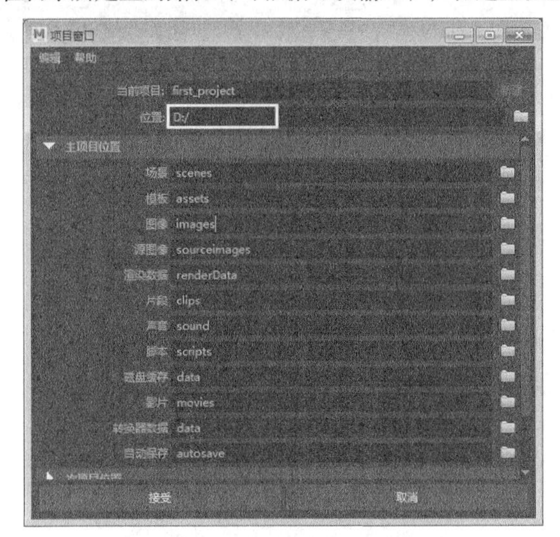


图2-28

**03** 单击“接受”按钮，这样就可以在D盘的根目录下建立一个名称为first_project的工程目录，打开这个文件夹，可以观察到该文件夹里面都使用了默认的名字，如图2-29所示。

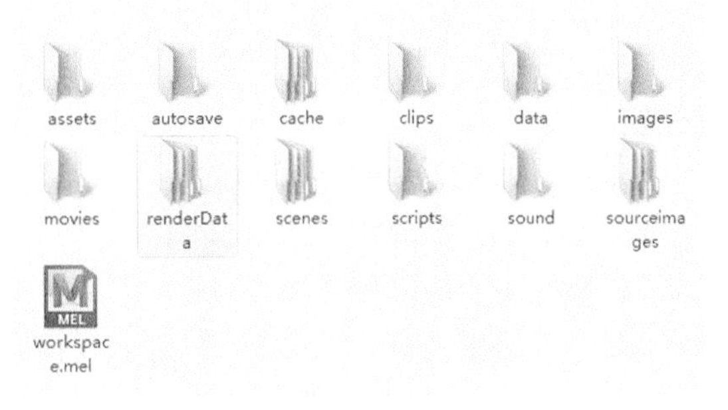


图2-29

**04** 执行“文件>设置项目”菜单命令，打开“设置项目”对话框，然后将项目文件目录指定到创建的D:\first_project文件夹下，接着单击“设置”按钮，如图2-30所示。

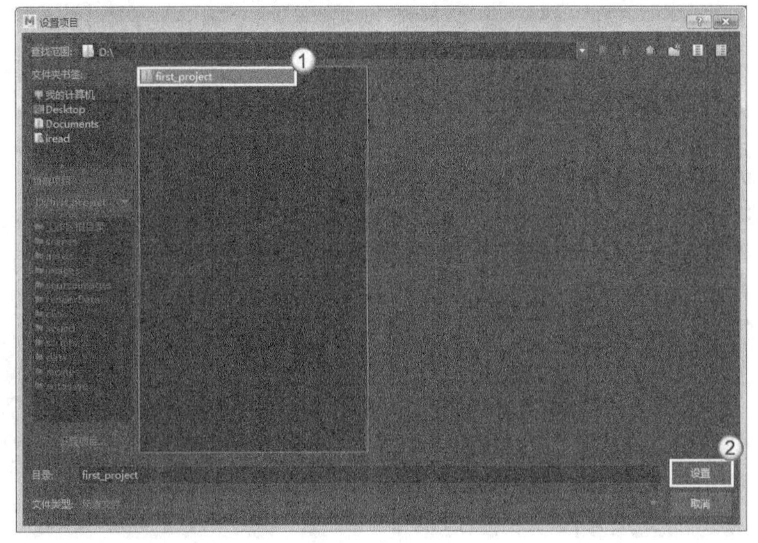


图2-30

## 2.9 坐标系统

单击状态栏右边的“显示或隐藏工具设置”按钮，打开“工具设置”对话框，如图2-31所示。在该对话框中可以设置工具的一些相关属性，例如移动操作中所使用的坐标系。

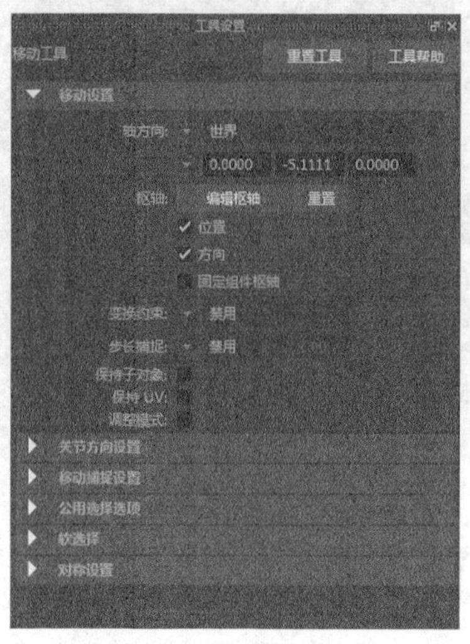


图2-31

### 工具设置对话框参数介绍

❖ 对象：在对象空间坐标系统内移动对象，如图2-32所示。

❖ 局部：局部坐标系统是相对于父级坐标系统而言的。

❖ 世界：世界坐标系统是以场景空间为参照的坐标系统，如图2-33所示。

图2-32

图2-33

❖ 正常：可以将NURBS表面上的CV点沿V或U方向移动，如图2-34所示。

❖ 法线平均化：设置法线的平均化模式，对于曲线建模特别有用，如图2-35所示。

图2-34

图2-35

# 技术分享

## 打造适合个人的界面

Maya 2017改进了自定义界面功能，用户可以根据个人喜好布置界面，并且可以将布置好的界面保存下来，以便日后调用。

在“窗口>工作区”菜单中可以选择Maya提供的一些界面设置，也可以在界面右上角的“工作区”下拉菜单中选择。

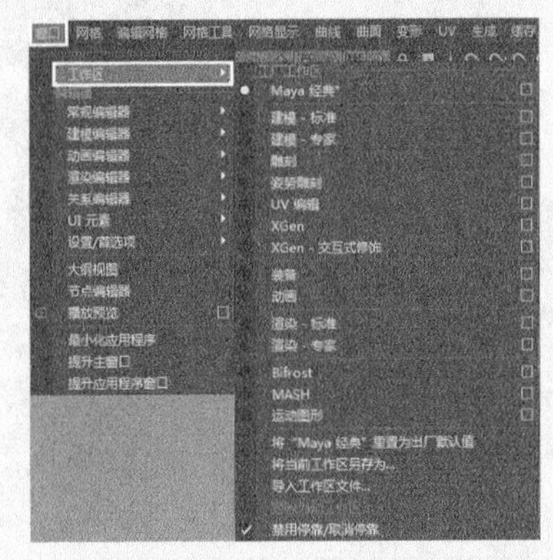

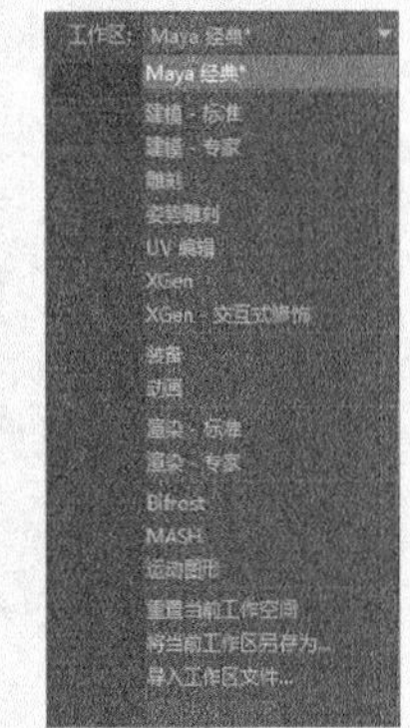

如果没有适合用户的界面，用户可以自己布置界面。将对话框拖曳到界面的任意位置，当出现蓝色矩形时释放鼠标，此时对话框将会以面板的方式放置在指定区域。

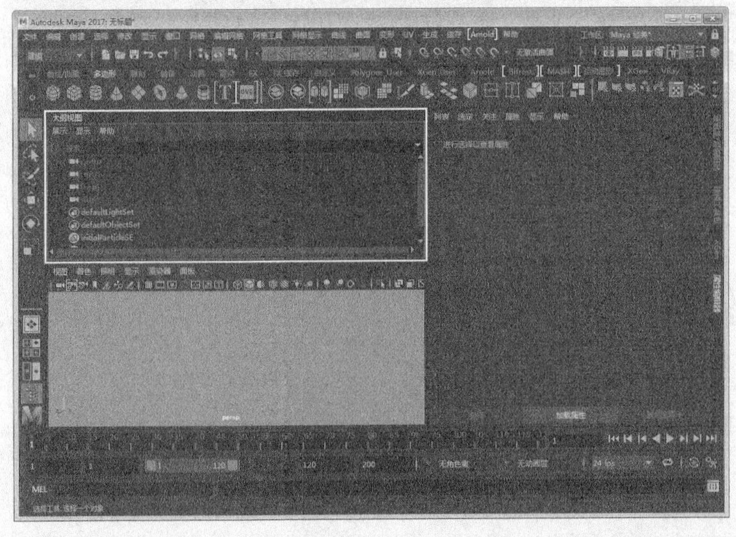

当调整完界面布局后，激活右上角的“禁用停靠/取消停靠”功能，那么当前界面将会被锁定，不能被修改。执行“工作区”菜单中的“将当前工作区另存为...”命令，可以保持当前界面。

## 转移Maya的配置文件

每个用户都有自己的使用习惯和设置方式，如果要将一台计算机上的Maya预设转移到其他计算机上，那么可以打开“计算机>文档>maya”文件夹，然后找到对应版本的文件夹，接着将该文件夹复制到另一台计算机对应的位置即可。

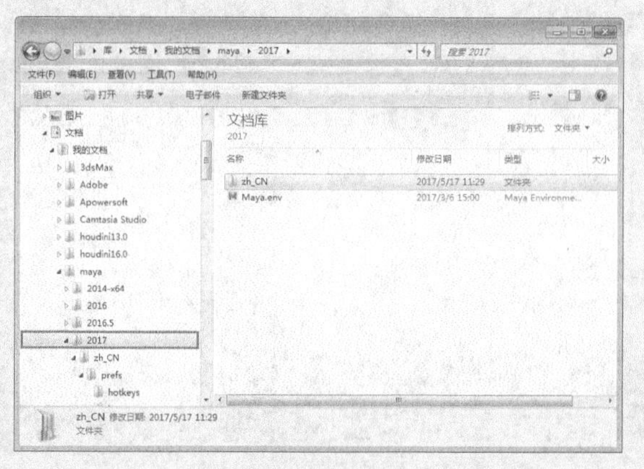

不同文件夹里有不同的配置文件，主要包括热键、图标、工具架、脚本、工作区以及全局设置等文件。需要注意的是，在转移配置文件之前，建议先备份原有的配置文件，以免发生不可挽回的错误。

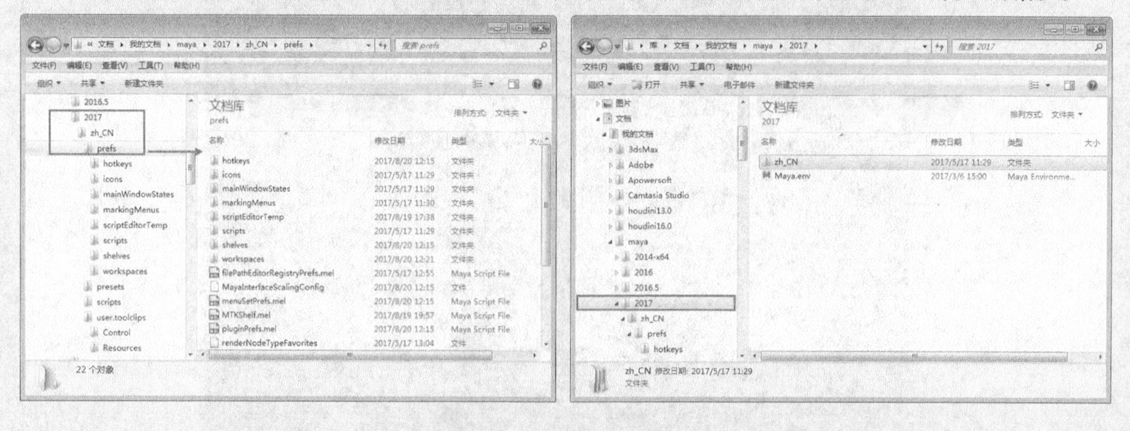

# 视图与对象的操作

本章主要介绍Maya 2017的各种视图操作，包括视图的旋转、移动、缩放、切换以及最大化显示视图对象等。另外，本章还将介绍对象的操作方法，包括对象的选择、旋转、移动、缩放、复制以及捕捉等内容。

※ 视图的基本操作
※ 视图导航器的使用
※ 视图菜单的作用
※ 对象的基本操作
※ 复制对象的方法
※ 捕捉对象的方法

# 3.1 视图的基本操作

在Maya的视图中可以很方便地进行旋转、缩放和推移等操作，每个视图实际上都是一个摄影机，对视图的操作也就是对摄影机的操作。

在Maya里有两大类摄影机视图：一种是透视摄影机，也就是透视图，随着距离的变化，物体大小也会随着变化；另一种是平行摄影机，这类摄影机里只有平行光线，不会有透视变化，其对应的视图为正交视图，如顶视图和前视图。

## 3.1.1 旋转视图

对视图的旋转操作只针对透视摄影机类型的视图，因为正交视图中的旋转功能是被锁定的。可以使用Alt+鼠标左键对视图进行旋转操作，如图3-1所示；若想让视图在以水平方向或垂直方向为轴心的单方向上旋转，可以使用Shift+Alt+鼠标左键来完成水平或垂直方向上的旋转操作，如图3-2所示。

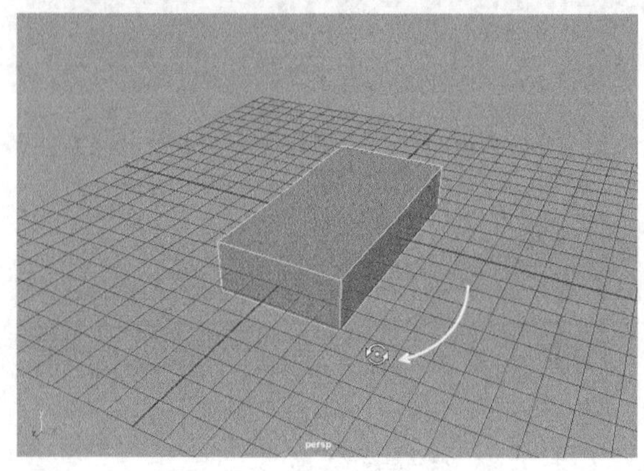

图3-1

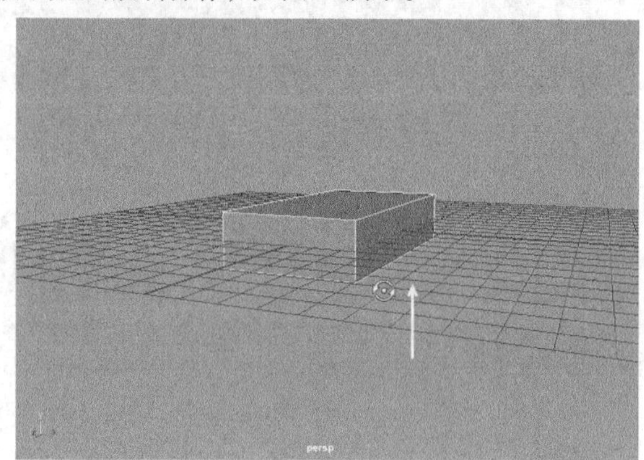

图3-2

## 3.1.2 移动视图

在Maya中，移动视图实质上就是移动摄影机。可以使用Alt+鼠标中键来移动视图，如图3-3所示。同时也可以使用Shift+Alt+鼠标中键在水平或垂直方向上进行移动操作，如图3-4所示。

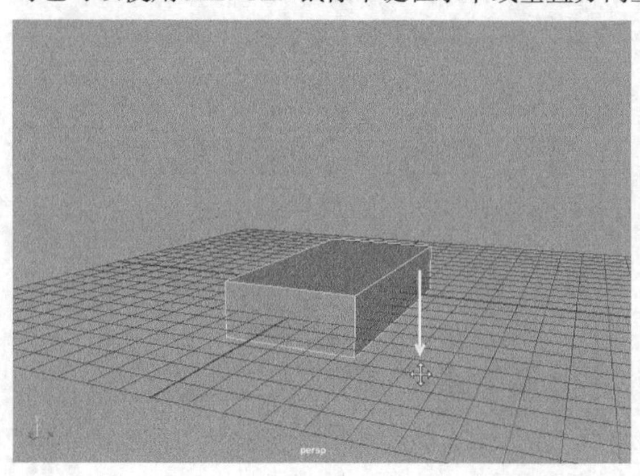

图3-3

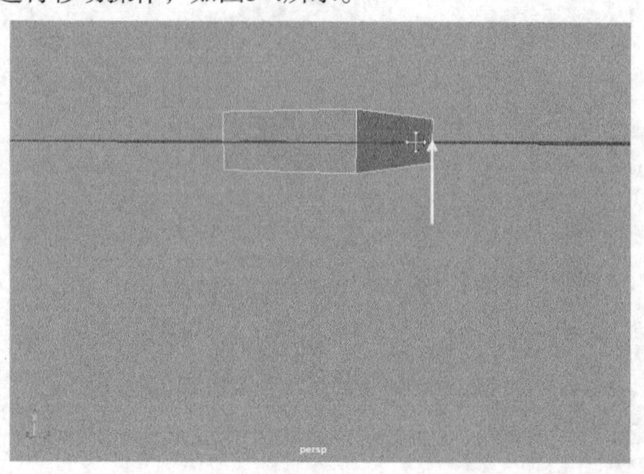

图3-4

## 3.1.3 缩放视图

缩放视图可以将场景中的对象进行放大或缩小显示，实质上就是改变视图摄影机与场景对象的距离，可以将视图的缩放操作理解为对视图摄影机的操作。使用Alt+鼠标右键可以对视图进行缩放操作，如图3-5所示。用户也可以使用Ctrl+Alt+鼠标左键框选出一个区域，如图3-6所示。释放鼠标以后，该区域将被放大到最大，如图3-7所示。

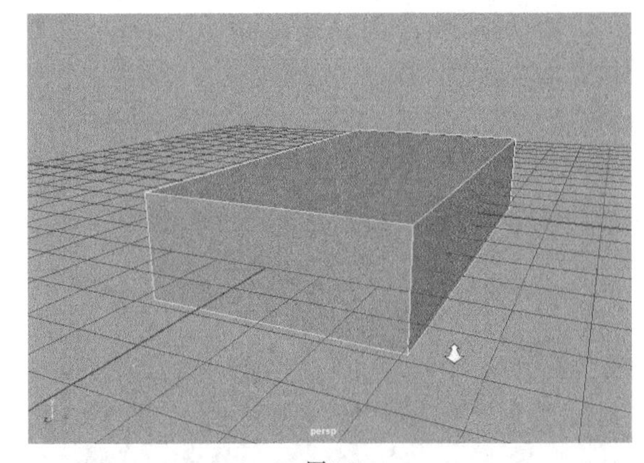

图3-5

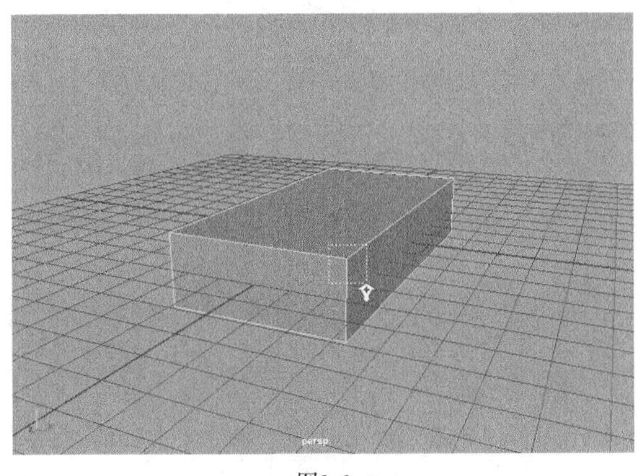

图3-6

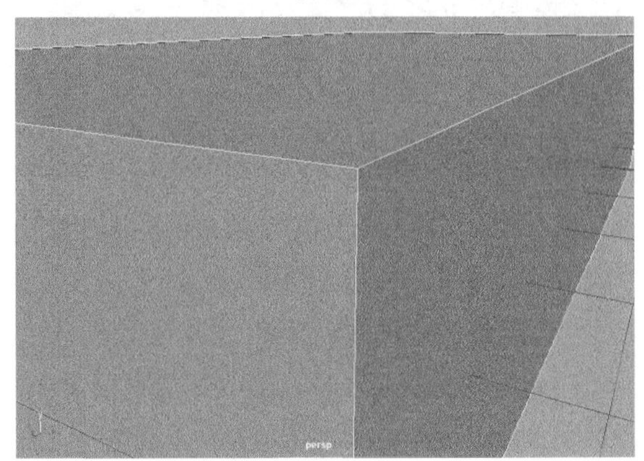

图3-7

## 3.1.4 使选定对象最大化显示

在选定某个对象的前提下，可以使用F键使选择对象在当前视图中最大化显示，如图3-8所示。最大化显示的视图是根据光标所在位置来判断的，将光标放在想要放大的区域内，再按F键就可以将选择的对象最大化显示在视图中。使用快捷键Shift+F可以一次性将全部视图进行最大化显示，如图3-9所示。

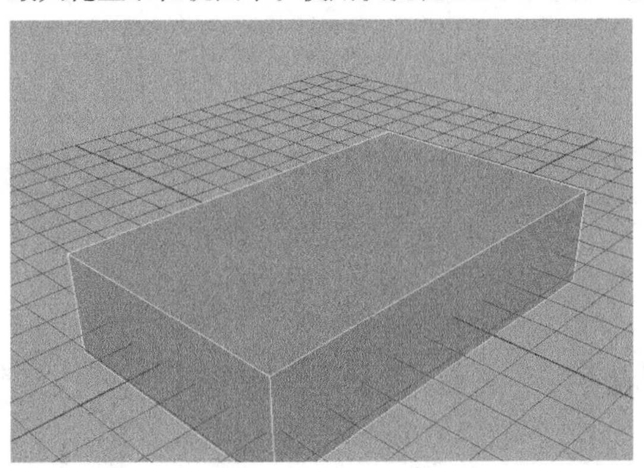

图3-8

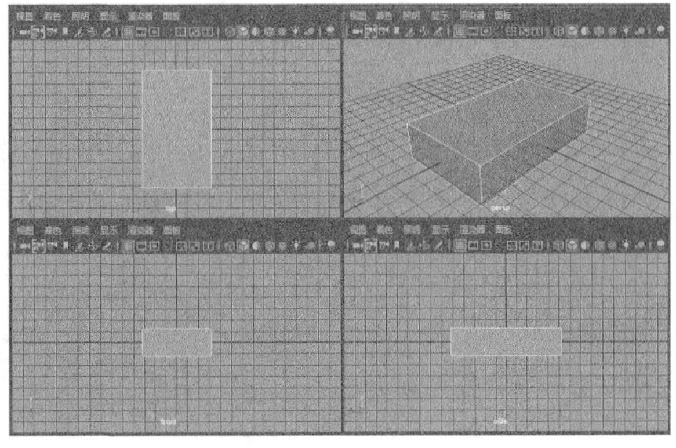

图3-9

## 3.1.5 使场景中所有对象最大化显示

按A键可以将当前场景中的所有对象全部最大化显示在一个视图中，如图3-10所示。按快捷键Shift+A可以将场景中的所有对象全部显示在所有视图中，如图3-11所示。

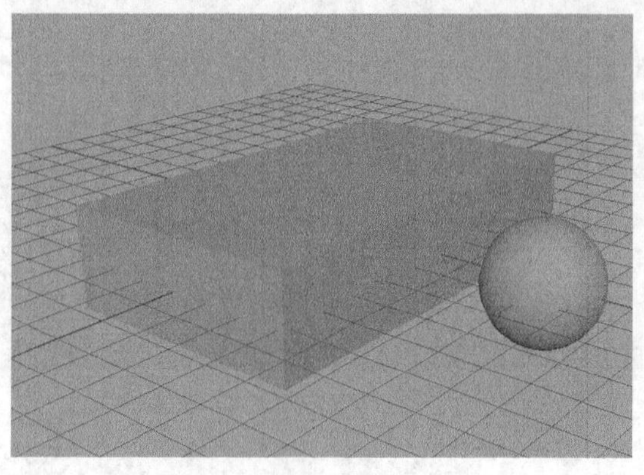

图3-10

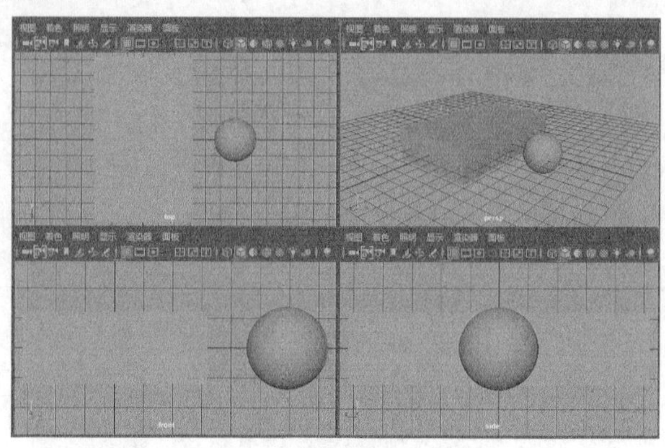

图3-11

## 3.1.6 切换视图

在Maya中，既可以在单个视图中进行操作，也可以在多个视图组合中进行操作，这样可以方便我们编辑场景对象。

### 1.切换到单个透视图

如果要切换到单个透视图中进行操作，可以在“工具箱”中单击“单个透视图”按钮，如图3-12所示。

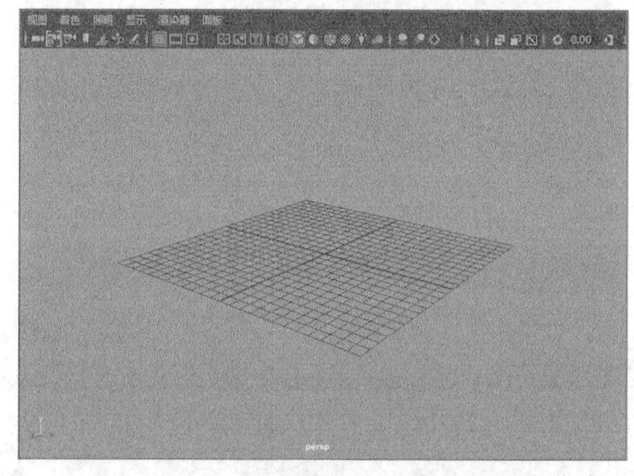

图3-12

### 2.切换到四个视图

如果要切换到四个视图中进行操作，可以在“工具箱”中单击“四个视图”按钮，如图3-13所示。

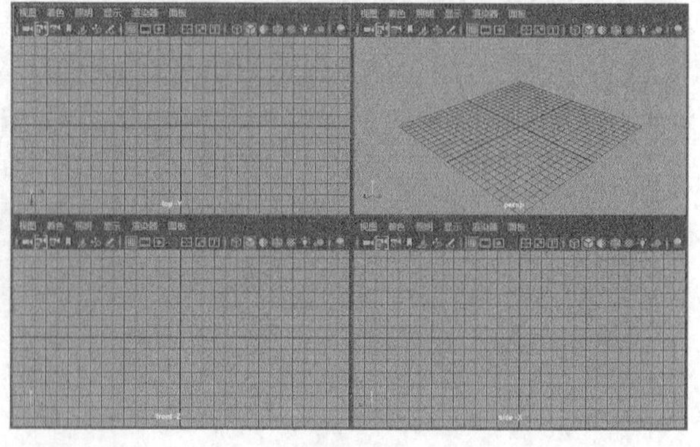

图3-13

### 3.切换到透视/大纲视图

如果要切换到透视/大纲视图中进行操作，可以在“工具箱”中单击“透视/大纲视图”按钮，如图3-14所示。

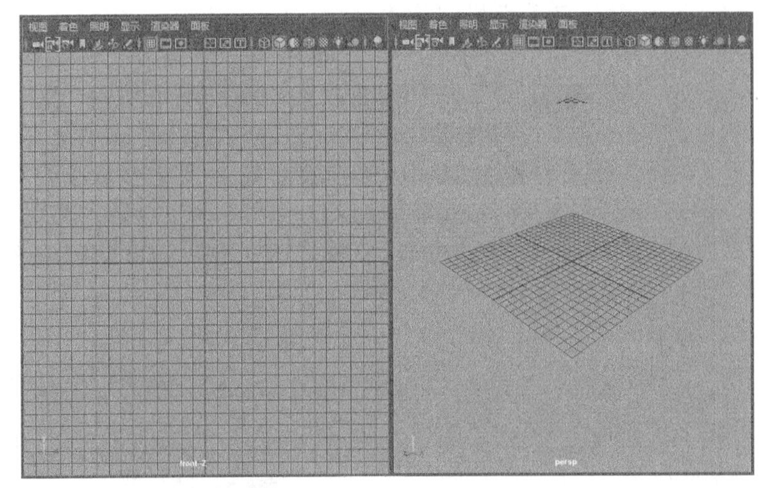

图3-14

### 4.显示或隐藏大纲视图

如果要显示或隐藏大纲视图，可以在“工具箱”中单击“显示或隐藏大纲视图”按钮，如图3-15所示。

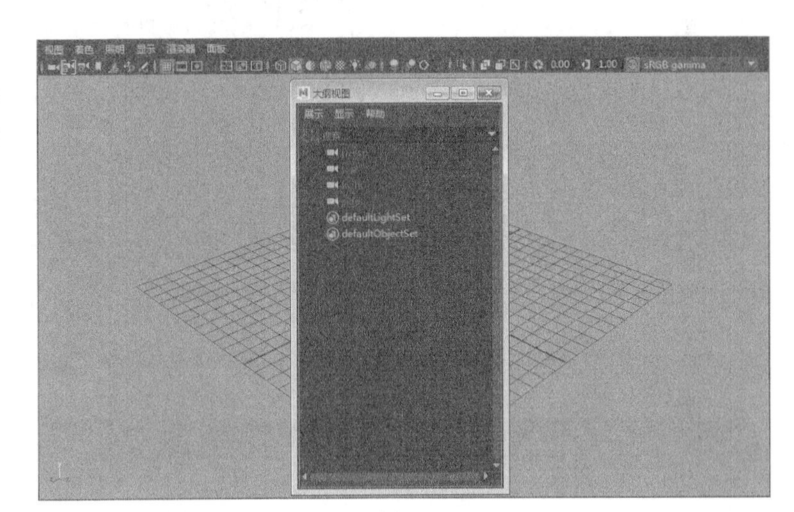


图3-15

## 3.2 用书签记录当前视图

在操作视图时，如果对当前视图的角度非常满意，可以用书签功能将其记录下来，以备日后使用。

执行视图菜单中的“视图>书签>编辑书签”命令，打开“书签编辑器”对话框，如图3-16和图3-17所示。在该对话框中可以记录下当前视图的角度。

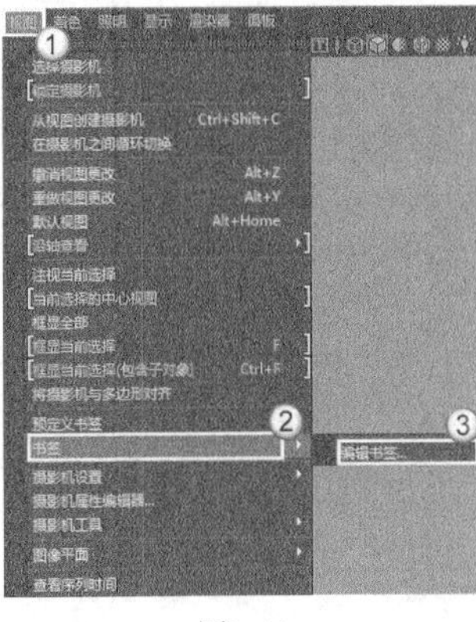


图3-16

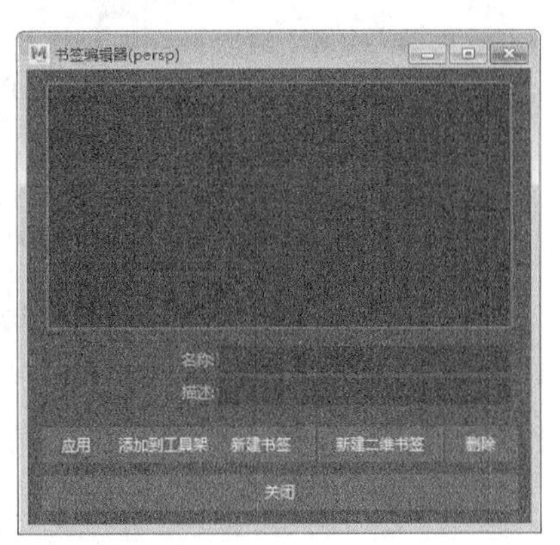


图3-17

**常用参数介绍**

❖ 名称：当前使用的书签名称。

❖ 描述：对当前书签输入相应的说明，也可以不填写。

❖ 应用 应用 ：将当前视图角度改变成当前书签角度。

❖ 添加到工具架 添加到工具架 ：将当前所选书签添加到工具架上。

❖ 新建书签 新建书签 ：将当前摄影机角度记录成书签，这时系统会自动创建一个名字cameraView1、cameraView2、cameraView……（数字依次增加），创建后可以再次修改名字。

❖ 新建二维书签 新建二维书签 ：创建一个2D书签，可以应用当前的平移/缩放设置。

❖ 删除 删除 ：删除当前所选择的书签。

**提示**

Maya默认状态下带有几个特殊角度的书签，可以方便用户直接切换到这些角度，在视图菜单中的“视图>预定义书签”命令下，分别是“透视”“前”“顶”“右侧”“左侧”“后”“底”，如图3-18所示。

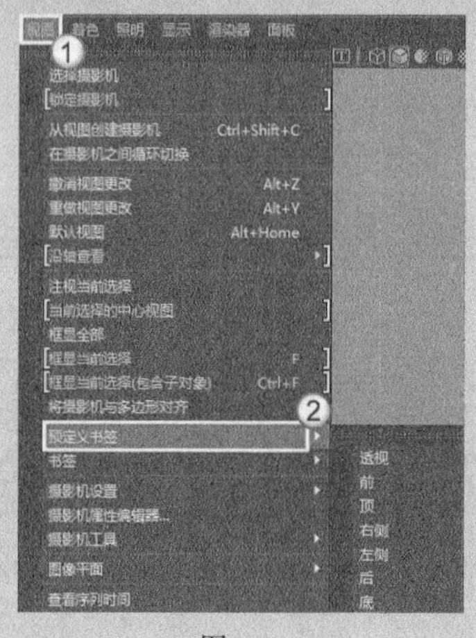


图3-18

## 【练习3-1】为当前摄影机视图创建书签

| | |
|---|---|
| 场景文件 | Scenes>CH03>3.1.mb |
| 实例文件 | Examples>CH03>3.1.mb |
| 难易指数 | ★☆☆☆☆ |
| 技术掌握 | 掌握如何为当前摄影机视图创建书签 |

**01** 打开学习资源中的“Scenes>CH03>3.1.mb”文件，场景中有一个相框模型，如图3-19所示。

图3-19

**02** 执行“创建>摄影机>摄影机和目标”菜单命令，在场景中创建一盏目标摄影机，如图3-20所示。

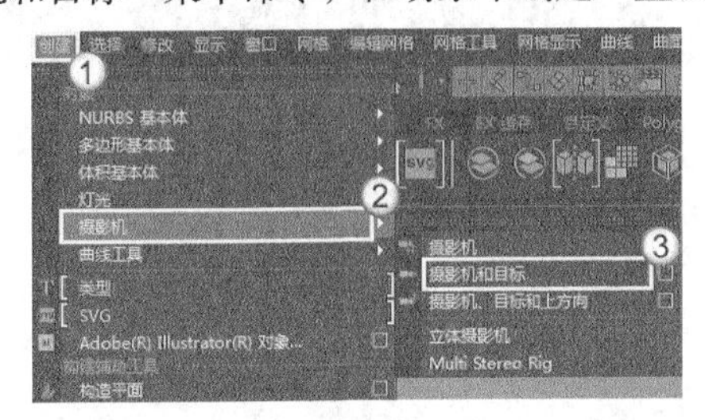


图3-20

**03** 调整好摄影机与对象的距离和角度，如图3-21所示，然后执行视图菜单中的“面板>透视>camera1”命令，将视图调整成摄影机视图，如图3-22所示。

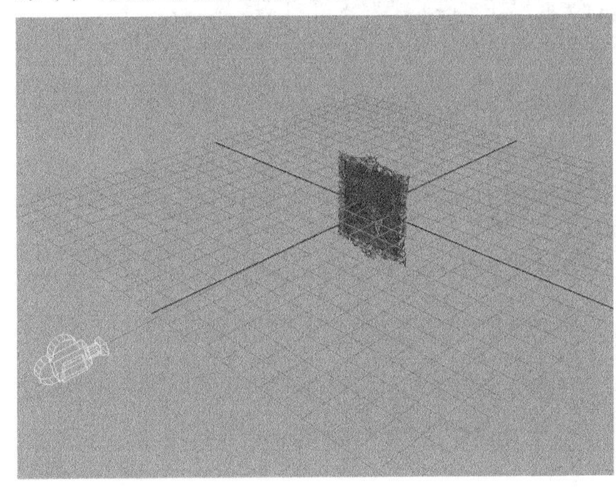

图3-21

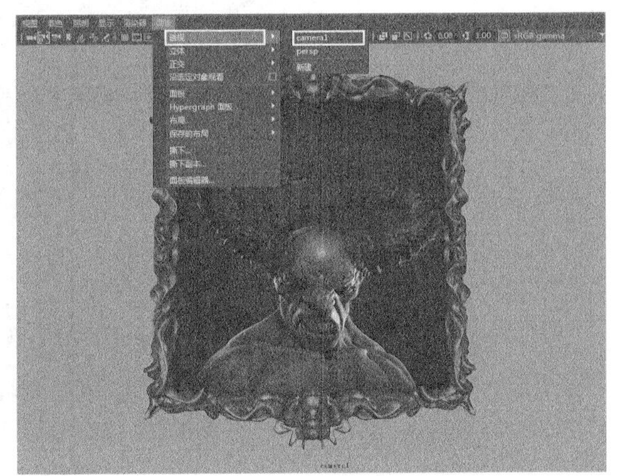

图3-22

**04** 执行视图菜单中的“视图>书签>编辑书签”命令，打开“书签编辑器”对话框，然后单击“新建书签”按钮，将当前视角创建为书签，如图3-23所示。

**05** 单击“添加到工具架”按钮，可以将书签放到“工具架”中，单击书签图标，即可快速将视图切换到刚才设置好的视图，如图3-24所示。

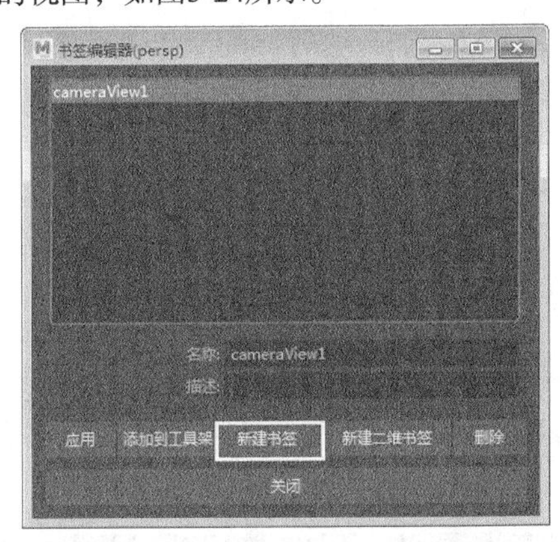


图3-23

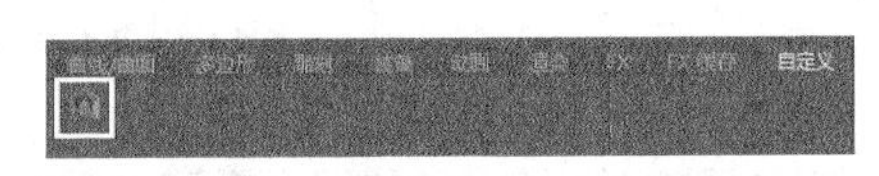

图3-24

## 提示

如果要删除工具架上的书签，可将光标移至书签图标上，然后单击鼠标右键，在打开的菜单中选择“删除”命令，如图3-25所示。

图3-25

# 3.3 视图导航器

Maya提供了一个非常实用的视图导航器，如图3-26所示，在视图导航器上可以任意选择想要的特殊角度。如果想要将当前视图恢复为初始状态，可以单击图标。

视图导航器的参数可以在“首选项”对话框里进行修改。执行“窗口>设置/首选项>首选项”菜单命令，打开“首选项”对话框，然后在左边选择ViewCube选项，显示出视图导航器的设置选项，如图3-27所示。

图3-26

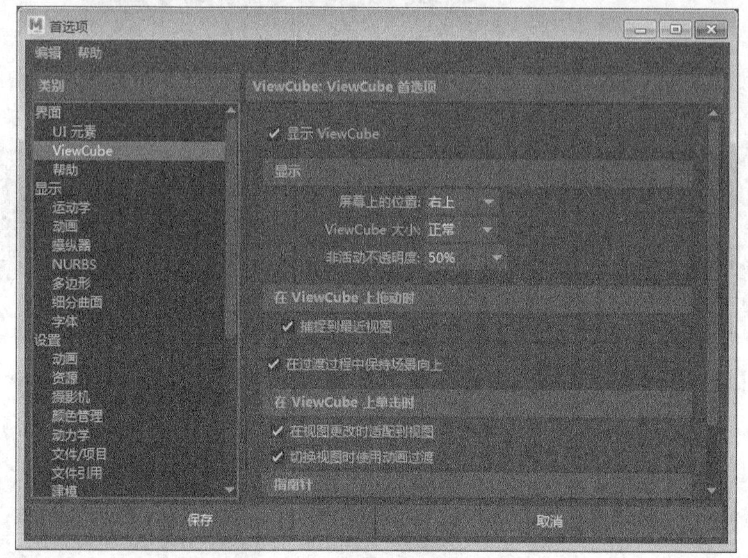


图3-27

### 常用参数介绍

❖ 显示ViewCube：勾选该选项后，可以在视图中显示出视图导航器。

❖ 屏幕上的位置：设置视图导航器在屏幕中的位置，共有“右上”“右下”“左上”“左下”这4个位置。

❖ ViewCube大小：设置视图导航器的大小，共有“大”“正常”“小”这3种选项。

❖ 非活动不透明度：设置视图导航器的不透明度。

❖ 在ViewCube下显示指南针：勾选该选项后，可以在视图导航器下面显示出指南针，如图3-28所示。

图3-28

❖ 正北角度：设置视图导航器的指南针的角度。

**提示**

在执行了错误的视图操作后，可以执行视图菜单中的“视图>上一个视图”或“下一个视图”命令恢复到相应的视图中，执行“默认视图”命令则可以恢复到Maya启动时的初始视图状态。

# 3.4 视图菜单

视图菜单在工作区的顶部，它主要用来调整当前视图，包含“视图”“着色”“照明”“显示”“渲染器”“面板”这6组菜单，如图3-29所示。

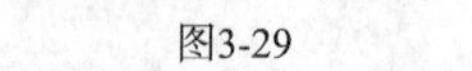

视图 着色 照明 显示 渲染器 面板

图3-29

## 3.4.1 视图

“视图”菜单下的命令主要用于选择并调整摄影机视图、透视图和正交视图等，如图3-30所示。

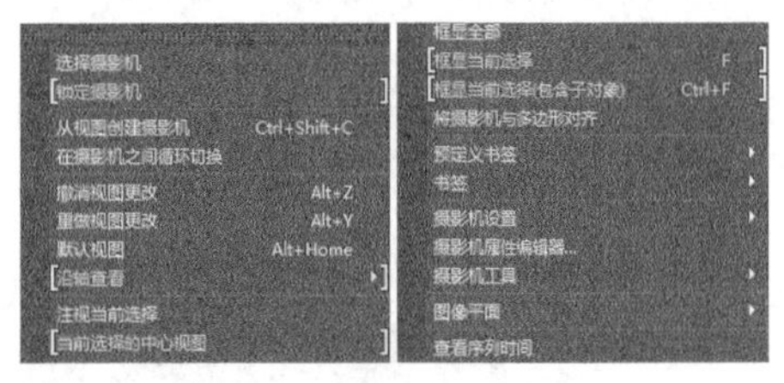


图3-30

### 常用命令介绍

❖ 选择摄影机：如果当前视图为透视图，执行该命令，可以选择透视图摄影机；如果当前视图为正交视图，执行该命令，可以选择正交摄影机。

❖ 锁定摄影机：选择该选项可以锁定当前摄影机，这样可以避免意外更改摄影机的位置。

❖ 从视图创建摄影机：使用当前摄影机设置创建新摄影机。新摄影机将自动变为活动状态。

❖ 在摄影机之间循环切换：在场景中的自定义摄影机之间循环切换。如果不存在自定义摄影机，则在场景中的标准摄影机之间循环切换。

❖ 撤销视图更改：取消最近的视口更改，然后移回视图历史。

❖ 重做视图更改：取消先前的“撤销视图更改”命令，前进至之后的视图历史状态。

❖ 默认视图：执行该命令或按快捷键Alt+Home，将恢复到初始状态的视图。

❖ 沿轴查看：从*x*、-*x*、*y*、-*y*、*z*和-*z*选项中进行选择，以移动摄影机并从不同的方向查看场景。

❖ 注视当前选择：选定某个对象以后，执行该命令可以在摄影机视图的中心位置显示选定对象。

❖ 当前选择的中心视图：可在不放大显示的情况下将摄影机移动到选定对象的中心。

❖ 框显全部/当前选择/包含子对象：执行“框显全部”命令，可以让场景中的所有对象均最大化显示在当前视图中；执行“框显当前选择”命令或按F键，可以让选定对象最大化显示在当前视图中；执行“框显当前选择（包含子对象）”命令或按快捷键 Ctrl+F，可查看视图并使用场景中的选定对象填充视图。

❖ 将摄影机与多边形对齐：使摄影机的视图位置垂直对齐于选定多边形对象的法线方向。

❖ 预定义书签：该命令下是一些Maya预设的视图，包含透视图、前视图、顶视图、右视图、左视图、后视图和底视图。

❖ 书签：该命令包含一个“编辑书签”命令，该命令在前面的内容中已经介绍过。

❖ 摄影机设置：该命令下的子命令全部是用于对摄影机视图进行旋转、移动和缩放等操作，这些命令将在后面的章节中单独进行讲解。

❖ 摄影机属性编辑器：执行该命令，可以打开“摄影机属性编辑器”对话框，如图3-31所示。在该对话框中可以对摄影机属性、胶片背、景深、环境色（背景色）等进行设置。

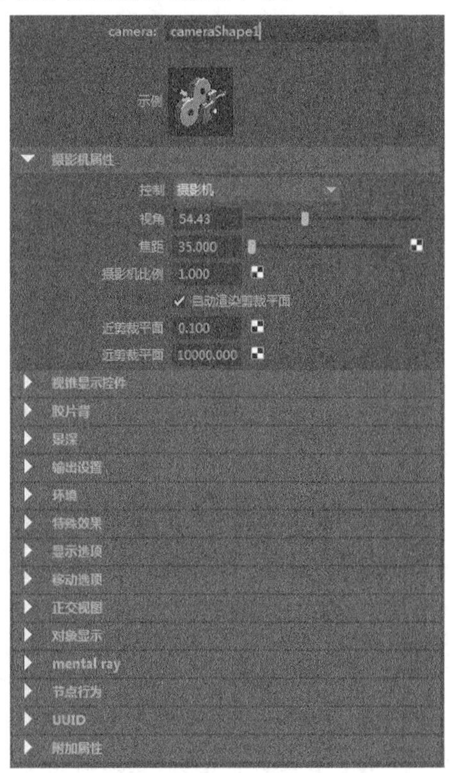


图3-31

❖ 摄影机工具：该命令下的子命令主要用于对摄影机进行平移、推拉、缩放等操作。这些命令的用法将在后面的章节中单独进行讲解。

- ❖ 图像平面：该命令包含3个子命令，分别是“导入图像”“导入影片”“图像平面属性”命令。执行“导入图像”命令，可以导入一张图像到视图中作为视图平面，如图3-32所示；执行“导入影片”命令，可以将影片导入到视图中；执行“图像平面属性”命令下的子命令，可以打开图像平面的“属性编辑器”对话框，如图3-33所示，在该对话框中可以对图像平面的属性进行设置。

图3-32

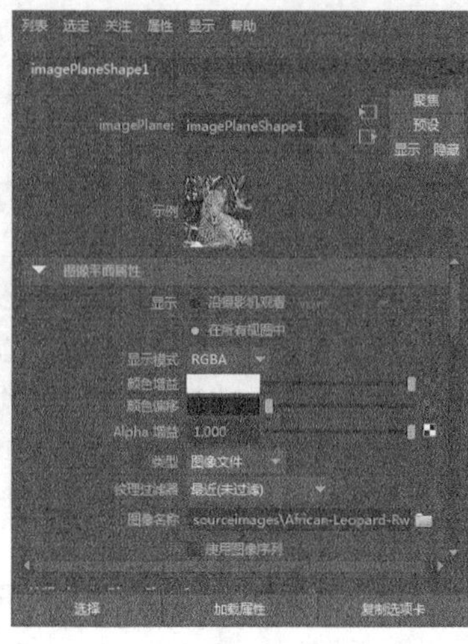


图3-33

- ❖ 查看序列时间：如果用户在多个面板的布局中使用摄影机序列器，执行该命令可以设定面板是从摄影机序列器还是从自身显示活动摄影机视图。

## 3.4.2 着色

Maya强大的显示功能为操作复杂场景提供了有力的帮助。在操作复杂场景时，Maya会消耗大量的资源，这时可以通过使用Maya提供的不同显示方式来提高运行速度，在视图菜单中的“着色”菜单下提供了各种显示命令，如图3-34所示。

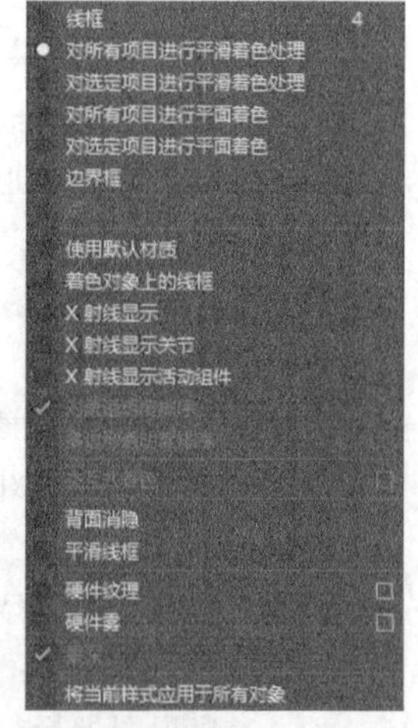


图3-34

### 常用命令介绍

- ❖ 线框：将模型以线框的形式显示在视图中，如图3-35所示。多边形以多边形网格方式显示出来；NUBRS曲面以等位结构线的方式显示在视图中。

**提示**

Maya提供了一些快捷键来快速切换显示方式，大键盘上的数字键4、5、6、7分别为网格显示、实体显示、材质显示和灯光显示。

图3-35

- ❖ 对所有项目进行平滑着色处理：将全部对象以默认材质的实体方式显示在视图中，可以很清楚地观察到对象的外观造型，如图3-36所示。
- ❖ 对选定项目进行平滑着色处理：将选择的对象以平滑实体的方式显示在视图中，其他对象以线框的方式显示。

❖ 对所有项目进行平面着色：这是一种实体显示方式，但模型会出现很明显的轮廓，显得不平滑，如图3-37所示。

图3-36

图3-37

❖ 对选定项目进行平面着色：将选择的对象以不平滑的实体方式显示出来，其他对象都以线框的方式显示出来。
❖ 边界框：将对象以一个边界框的方式显示出来，如图3-38所示。这种显示方式相当节约资源，是操作复杂场景时不可缺少的功能。
❖ 点：以点的方式显示场景中的对象，如图3-39所示。

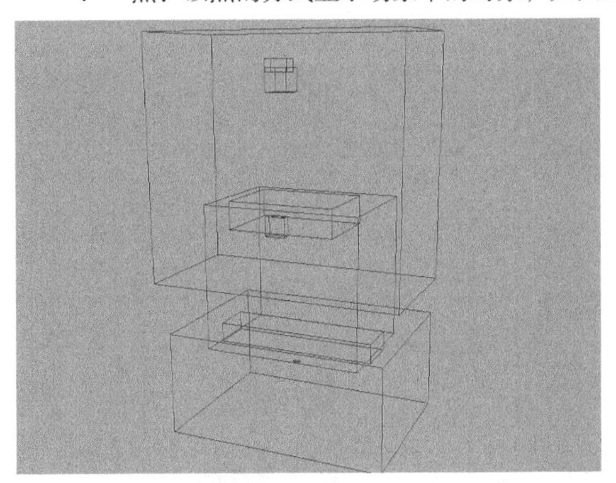
图3-38

图3-39

❖ 使用默认材质：以初始的默认材质来显示场景中的对象，当使用“对所有项目进行平滑着色处理”等实体显示方式时，该功能才可用。
❖ 着色对象上的线框：如果模型处于实体显示状态，该功能可以让实体周围以线框围起来的方式显示出来，相当于线框与实体显示的结合体，如图3-40所示。

图3-40

❖ X射线显示：将对象以半透明的方式显示出来，可以通过该方法观察到模型背面的物体，如图3-41所示。

❖ X射线显示关节：该功能在架设骨骼时使用，可以透过模型清楚地观察到骨骼的结构，以方便调整骨骼，如图3-42所示。

图3-41

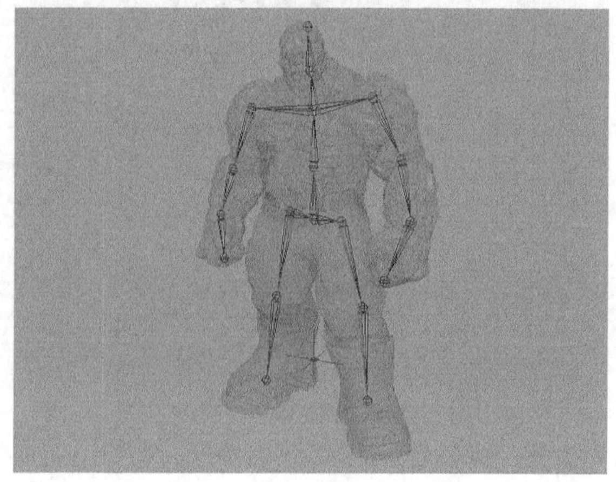

图3-42

❖ X射线显示活动组件：这是一种实体显示模式，可以在视图菜单中的“面板”菜单中设置实体显示物体之上的组分。该模式可以帮助用户确认是否意外选择了不想要的组分。图3-43所示的是在正常模式下选择了模型脚部的一些面，但不能观察到是否选择了背面的面，开启“X射线显示活动组件”功能以后，就可以观察到是否选择了多余的面，如图3-44所示。

图3-43

图3-44

❖ 交互式着色：在操作的过程中将对象以设定的方式显示在视图中，默认状态下是以线框的方式显示。例如在实体的显示状态下旋转视图时，视图里的模型将会以线框的方式显示出来；当结束操作时，模型又会回到实体显示状态。可以单击命令后面的■按钮打开“交互式着色选项”对话框，在该对话框中可以设置在操作过程中的显示方式，如图3-45所示。

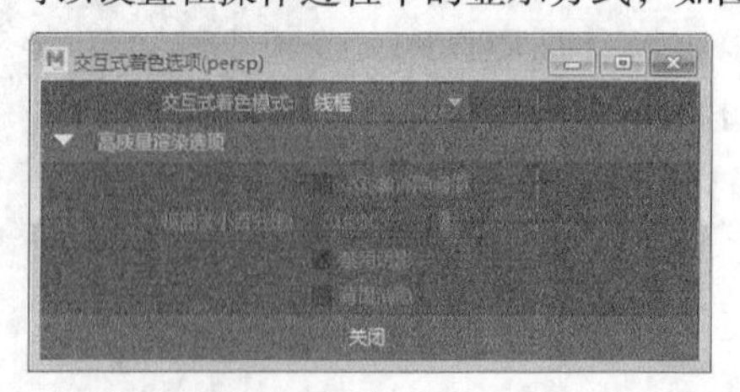


图3-45

- ❖ 背面消隐：将对象法线反方向的物体以透明的方式显示出来，而法线方向正常显示。
- ❖ 平滑线框：以平滑线框的方式将对象显示出来，如图3-46所示。

图3-46

## 技术专题：单个对象的显示方式

在主菜单里的“显示>对象显示”菜单下提供了一些控制单个对象的显示方式，如图3-47所示。

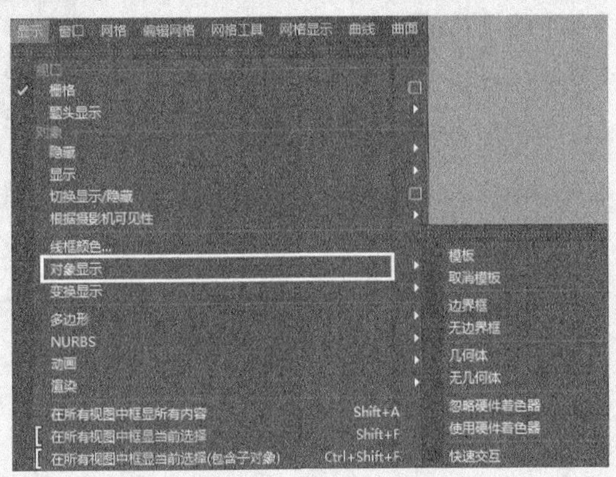


图3-47

模板/取消模板：“模板”是将选择的对象以线框模板的方式显示在视图中，可以用于建立模型的参照，如图3-48所示。

边界框/无边界框：“边界框”是将对象以边界框的方式显示出来，如图3-49所示。

图3-48

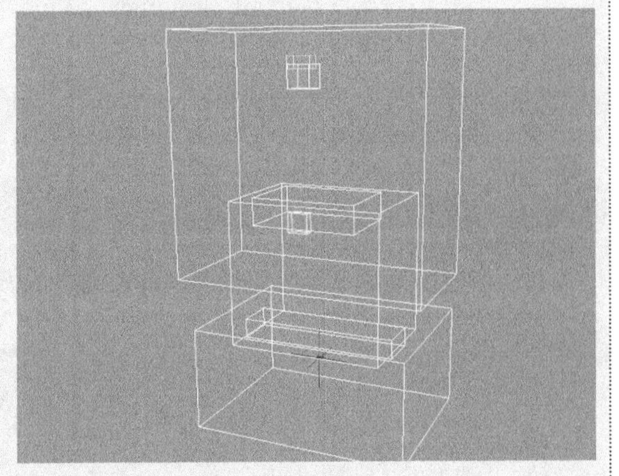

图3-49

几何体/无几何体：“几何体”是以正常的几何体方式显示对象。

忽略/使用硬件着色器：控制是否开启硬件着色器显示。

快速交互：在交互操作时将复杂的模型简化并暂时取消纹理贴图的显示，以加快显示速度。

## 3.4.3 照明

在视图菜单中的“照明”菜单中提供了一些灯光的显示方式，如图3-50所示。

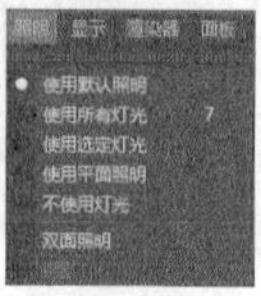

图3-50

### 常用命令介绍

- ❖ 使用默认照明：使用默认的灯光来照明场景中的对象。
- ❖ 使用所有灯光：使用所有灯光照明场景中的对象。
- ❖ 使用选定灯光：使用选择的灯光来照明场景。
- ❖ 使用平面照明：将此选项与Viewport 2.0或“旧版默认视口”配合使用，以使用环境光着色对象。
- ❖ 不使用灯光：不使用任何灯光对场景进行照明。
- ❖ 双面照明：开启该选项时，模型的背面也会被灯光照亮。
- ❖ 阴影：执行该命令，可以查看场景视图中的硬件阴影贴图。

## 3.4.4 显示

Maya的显示过滤功能可以将场景中的某一类对象暂时隐藏，以方便观察和操作。在视图菜单中的“显示”菜单下取消相应的选项，就可以隐藏与之相对应的对象，如图3-51所示。

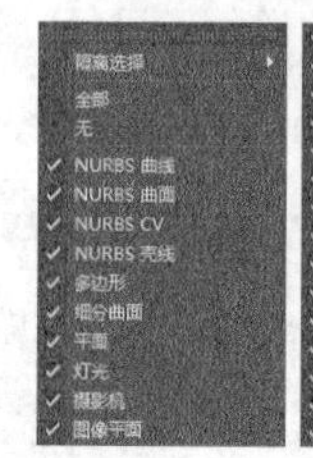

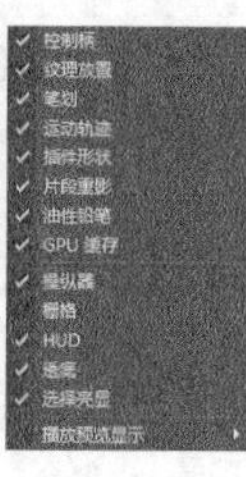

图3-51

## 3.4.5 渲染器

在“渲染器”菜单下提供了3种显示视图对象品质的方式，分别是Viewport 2.0、“旧版默认视口”和“旧版高质量视口”，如图3-52所示。

图3-52

### 常用命令介绍

- ❖ Viewport 2.0：启用该选项以后，可以与包含许多对象的复杂场景进行交互，以及与包含大型几何体的大型对象进行交互。
- ❖ 旧版默认视口：如果不需要高质量的渲染器，但是希望缩短场景对象的绘制（显示）时间并提高效率，则可以启用该选项，此时硬件渲染器将使用较低质量的设置来绘制场景视图。
- ❖ 旧版高质量视口：当启用高质量交互式着色时，硬件渲染器会以高质量绘制场景视图。

## 3.4.6 面板

在“面板”菜单下可以调整视图的布局方式，良好的视图布局有利于提高工作效率，如图3-53所示。

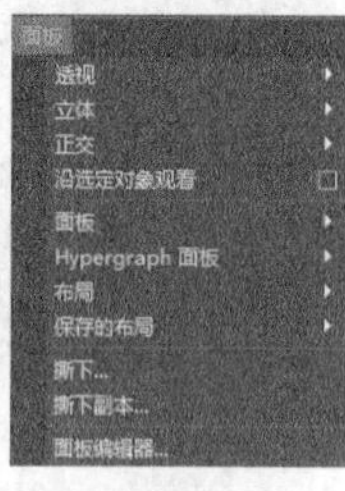

图3-53

### 常用参数介绍

- ❖ 透视：用于创建新的透视图或者选择其他透视图。
- ❖ 立体：用于创建新的正交视图或者选择其他正交视图。
- ❖ 沿选定对象观看：通过选择的对象来观察视图，使用该命令可以以选择对象的位置为视点来观察场景。
- ❖ 面板：该命令里面存放了一些编辑对话框，可以通过它来打开相应的对话框。

## 技术专题：面板对话框

“面板”对话框主要用来编辑视图布局，打开面板对话框的方法主要有以下4种。

第1种：执行“窗口>保存的布局>编辑布局”菜单命令。

第2种：执行“窗口>设置/首选项>面板编辑器”菜单命令。

第3种：执行视图菜单中的“面板>保存的布局>编辑布局”命令。

第4种：执行视图菜单中的“面板>面板编辑器”命令。

执行“面板>面板编辑器”命令，可以打开“面板”对话框，如图3-54所示。

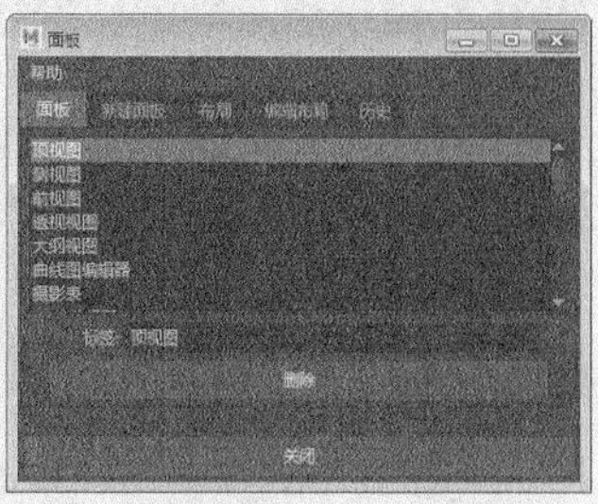

图3-54

面板：显示已经存在的面板，与“视图>面板”菜单里面的各类选项相对应。

新建面板：用于创建新的栏目。

布局：显示现在已经保存的布局和创建新的布局，并且可以改变布局的名字。

编辑布局：该选项卡下的“配置”选项主要用于设置布局的结构；“内容”选项主要用于设置栏目的内容。

历史：设置历史记录中储存的布局，可以通过“历史深度”选项来设置历史记录的次数。

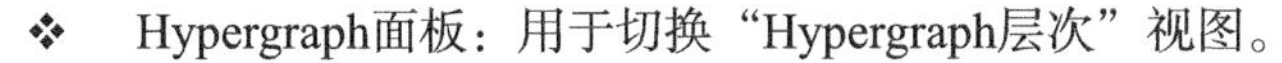

- Hypergraph面板：用于切换“Hypergraph层次”视图。
- 布局：该菜单中存放了一些视图的布局命令。
- 保存的布局：这是Maya的一些默认布局，和左侧“工具盒”内的布局一样，可以很方便地切换到想要的视图。
- 撕下：将当前视图作为独立的对话框分离出来。
- 撕下副本：将当前视图复制一份出来作为独立对话框。
- 面板编辑器：如果对Maya所提供的视图布局不满意，可以在这里编辑出想要的视图布局。

### 提示

如果场景中创建了摄影机，可以通过“面板>透视”菜单中相应的摄影机名字来切换到对应的摄影机视图，也可以通过“沿选定对象观看”命令来切换到摄影机视图。“沿选定对象观看”命令不只限于将摄影机切换作为观察视点，还可以将所有对象作为视点来观察场景，因此常使用这种方法来调节灯光，可以很直观地观察到灯光所照射的范围。

## 【练习3-2】观察灯光照射范围

| | |
|---|---|
| 场景文件 | Scenes>CH03>3.2.mb |
| 实例文件 | Examples>CH03>3.2.mb |
| 难易指数 | ★☆☆☆☆ |
| 技术掌握 | 掌握如何在视图中观察灯光的照射范围 |

**01** 打开学习资源中的“Scenes>CH03>3.2.mb”文件，如图3-55所示。

图3-55

02 执行“创建>灯光>聚光灯”菜单命令，在透视图中创建一盏聚光灯，然后按W键激活“移动工具”，接着将聚光灯拖曳到图3-56所示的位置。

03 保持对聚光灯的选择，执行视图菜单中的“面板>沿选定对象观看”命令，接着旋转并移动视图，圈内为灯光所能照射的范围，通过调整视图的位置可以改变灯光的照射范围，如图3-57所示。

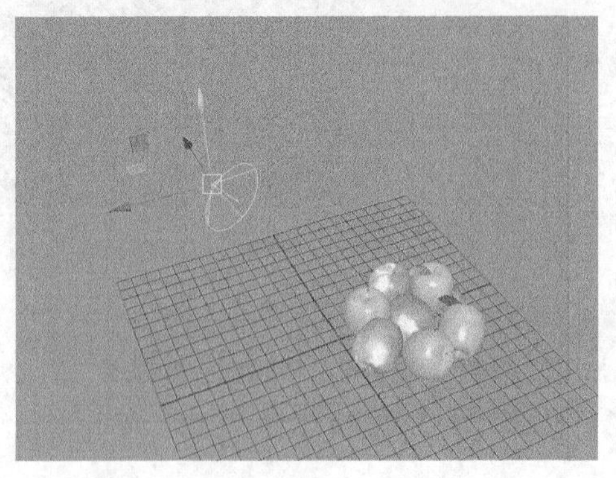

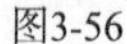

图3-56

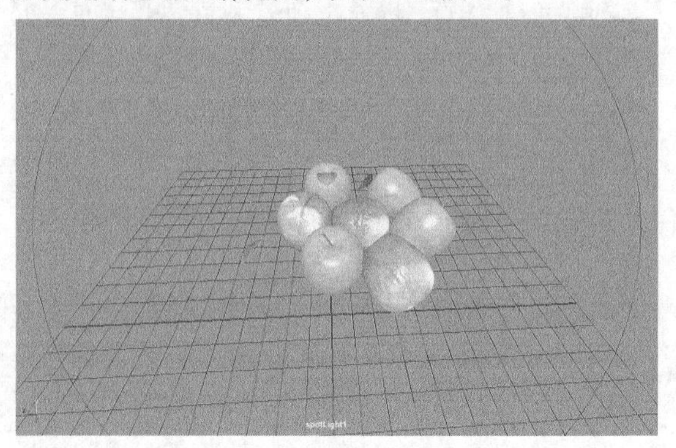

图3-57

# 3.5 视图快捷栏

视图快捷栏位于视图菜单的下方，通过它可以便捷地设置视图中的摄影机等对象，如图3-58所示。

图3-58

### 常用工具介绍

❖ 选择摄影机：选择当前视图中的摄影机。

❖ 锁定摄影机：选择该功能可以锁定当前摄影机，这样可以避免意外更改摄影机的位置。

❖ 摄影机属性：打开当前摄影机的属性面板。

❖ 书签：创建摄影机书签。直接单击即可创建一个摄影机书签。

❖ 图像平面：可在视图中导入一张图片作为建模的参考，如图3-59所示。

❖ 二维平移/缩放：使用2D平移/缩放视图。

❖ 油性铅笔：可使用虚拟绘制工具在屏幕上绘制。

❖ 栅格：显示或隐藏栅格。

❖ 胶片门：可以对最终渲染的图片尺寸进行预览。

❖ 分辨率门：用于查看渲染的实际尺寸，如图3-60所示。

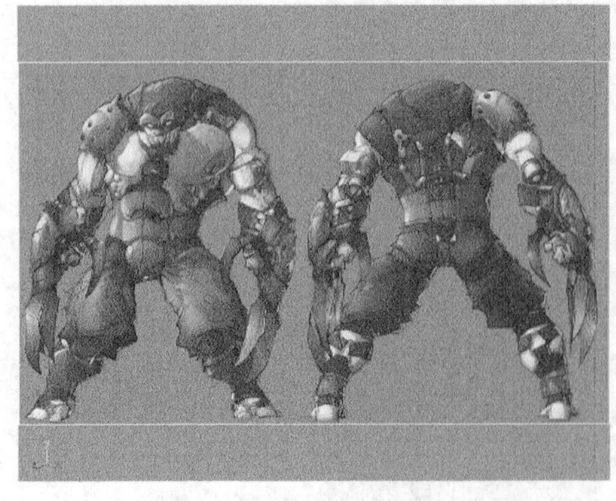

图3-59

图3-60

❖ 门遮罩■：在渲染视图两边的外面将颜色变暗，以便于观察。

❖ 区域图■：用于打开区域图的网格，如图3-61所示。

❖ 安全动作■：在电子屏幕中，图像安全框以外的部分将不可见，如图3-62所示。

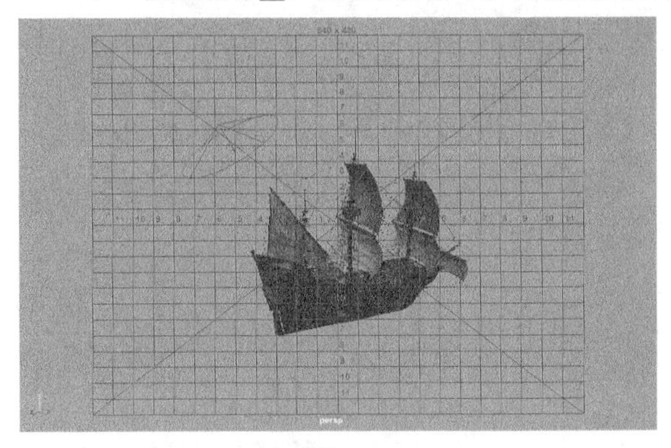

图3-61

图3-62

❖ 安全标题■：如果字幕超出字幕安全框（即安全标题框）的话，就会产生扭曲变形，如图3-63所示。

❖ 线框■：以线框方式显示模型，快捷键为4键，如图3-64所示。

图3-63

图3-64

❖ 对所有项目进行平滑着色处理■：将全部对象以默认材质的实体方式显示在视图中，可以很清楚地观察到对象的外观造型，快捷键为5，如图3-65所示。

❖ 使用默认材质■：启用该选项后，如果处于着色模式，则对象上会显示默认着色材质，不管指定何种着色材质都是如此。还可以通过从面板菜单选择“着色>使用默认材质”来切换“使用默认材质”的显示。

❖ 着色对象上的线框■：以模型的外轮廓显示线框，在实体状态下才能使用，如图3-66所示。

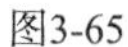

图3-65

图3-66

❖ 带纹理▣：用于显示模型的纹理贴图效果，如图3-67所示。

❖ 使用所有灯光▣：如果使用了灯光，单击该按钮可以在场景中显示灯光效果，如图3-68所示。

图3-67

图3-68

❖ 阴影▣：显示阴影效果，图3-69和图3-70所示是没有使用阴影与使用阴影的效果对比。

图3-69

图3-70

❖ 屏幕空间环境光遮挡▣：在开启和关闭“屏幕空间环境光遮挡”之间进行切换。

❖ 运动模糊▣：在开启和关闭“运动模糊”之间进行切换。

❖ 多采样抗锯齿▣：在开启和关闭“多采样抗锯齿”之间进行切换。

❖ 景深▣：在开启和关闭“景深”之间进行切换。若要在视口中查看景深，必须先在摄影机属性编辑器中开启“景深”功能。

❖ 隔离选择▣：选定某个对象以后，单击该按钮则只在视图中显示这个对象，而没有被选择的对象将被隐藏。再次单击该按钮可以恢复所有对象的显示。

❖ X射线显示▣：以X射线方式显示物体的内部，如图3-71所示。

❖ X射线显示活动组件▣：单击该按钮可以激活X射线成分模式。该模式可以帮助用户确认是否意外选择了不想要的组分。

❖ X射线显示关节▣：在创建骨骼的时候，该模式可以显示模型内部的骨骼，如图3-72所示。

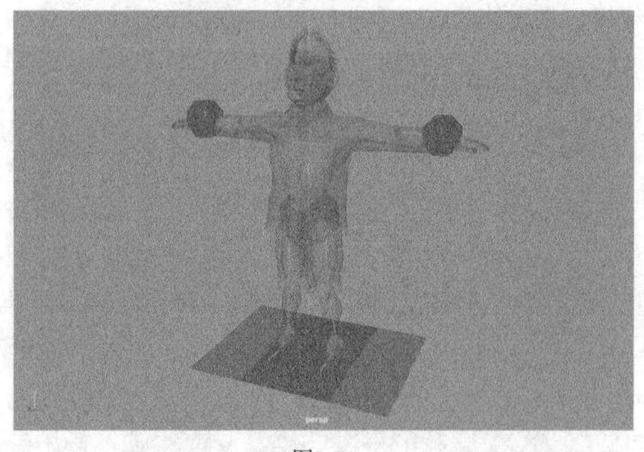


图3-71

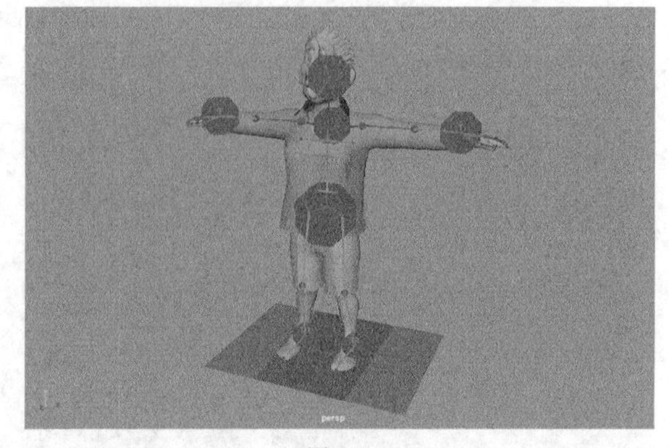


图3-72

曝光▣ 0.00：调整显示亮度。通过减小曝光，可查看默认在高光下看不见的细节，如图3-73所示。

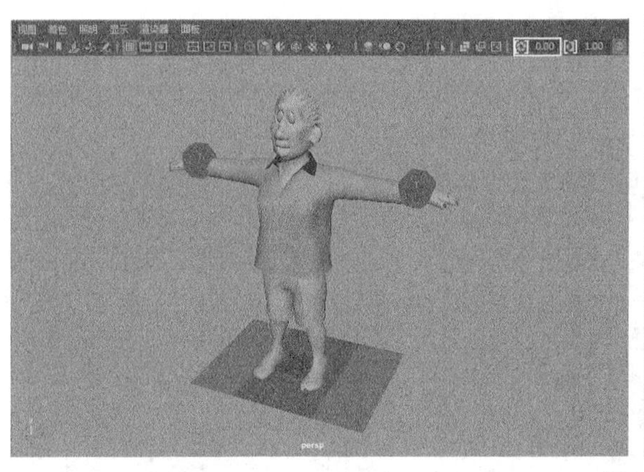
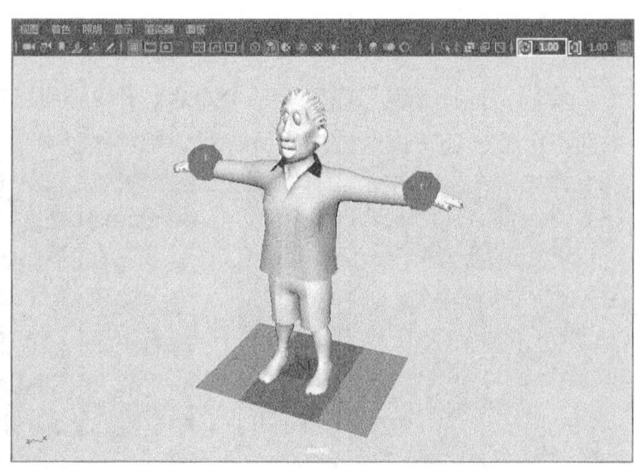

图3-73

Gamma ：调整要显示的图像的对比度和中间调亮度。增加 Gamma 值，可查看图像阴影部分的细节，如图3-74所示。

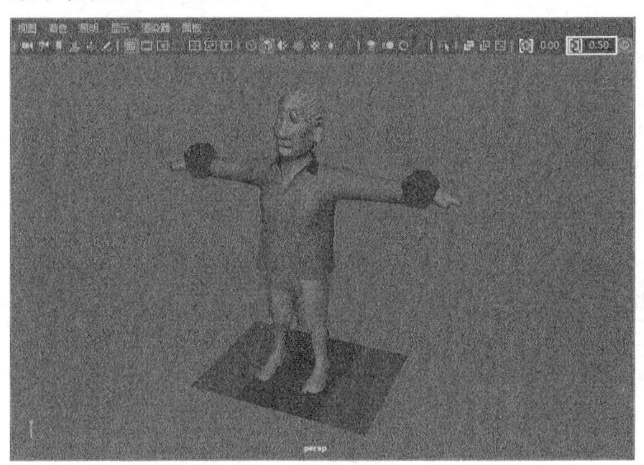
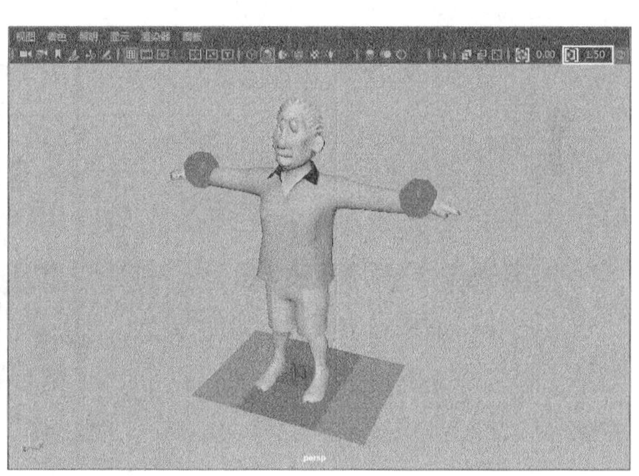

图3-74

视图变换 ：控制从用于显示的工作颜色空间转化颜色的视图变换。

# 3.6 工具箱

“工具箱”中的工具是Maya提供变换操作的最基本工具，这些工具相当重要，在实际工作中的使用频率相当高，如图3-75所示。

图3-75

### 工具介绍

选择工具：用于选取对象。

套索工具：可以在一个范围内选取对象。

绘制选择工具：以画笔的形式选取对象。

移动工具：用来移动对象。

旋转工具：用来旋转对象。

缩放工具：用来缩放对象。

## 3.6.1 选择对象

在Maya中，选择对象的方法有很多种，既可以用单击的方法选择对象，也可以用“大纲视图”对话框选择对象，要根据不同的场合选择合适的选择方法。

## 1.用选择工具选择对象

使用“选择工具”单击某个对象，即可将其选择，如图3-76所示。另外，也可以用该工具拖曳出一个选择区域，处于该区域内的所有对象都将被选择，如图3-77和图3-78所示。

图3-76

图3-77

图3-78

**提示**

用“移动工具”、“旋转工具”和“缩放工具”也可以选择对象，不过这3种工具还可以用来移动、旋转和缩放选定的对象。

## 2.用套索工具选择对象

使用“套索工具”勾画出一个区域，即可选择该区域内的对象，如图3-79和图3-80所示。

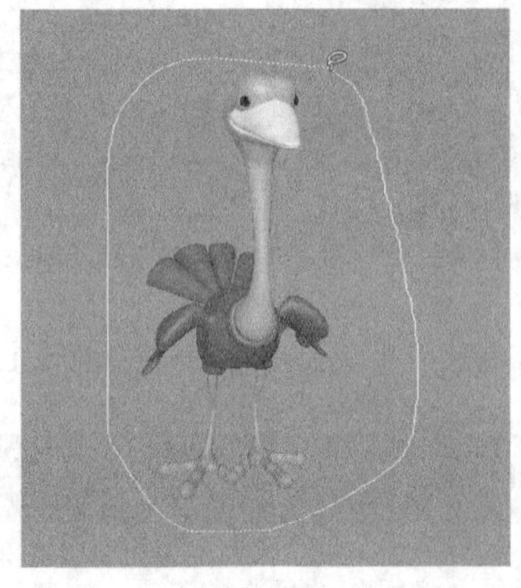

图3-79

图3-80

## 3.用绘制选择工具选择对象

“绘制选择工具”是一个比较特殊的工具，它只能选择对象的组件，例如顶点、边、面等。要使用该工具，首先需要在对象上单击鼠标右键，然后选择一种次物体层级，如图3-81所示，接着在组件上绘制，以选择组件，如图3-82所示。

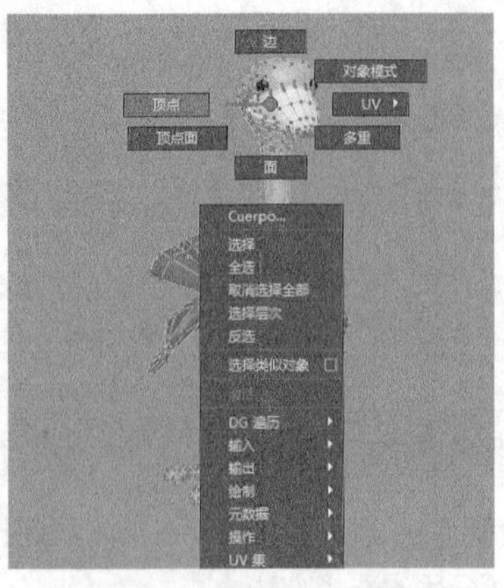


图3-81

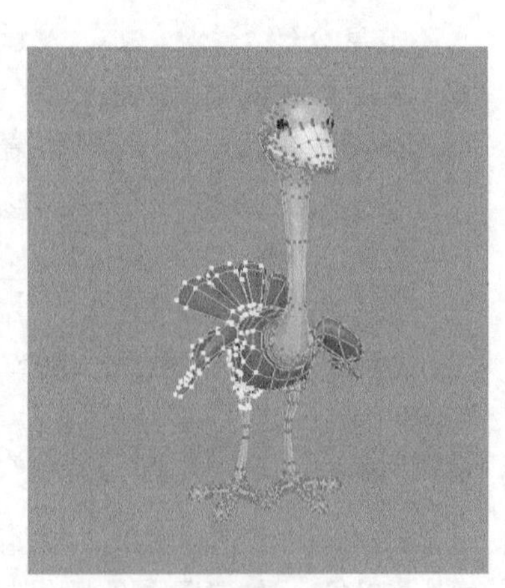

图3-82

## 4.用大纲视图选择对象

执行“窗口>大纲视图”菜单命令，打开“大纲视图”对话框，如图3-83所示。在该对话框中可以选择单个对象，也可以进行加选、减选、编组等操作。

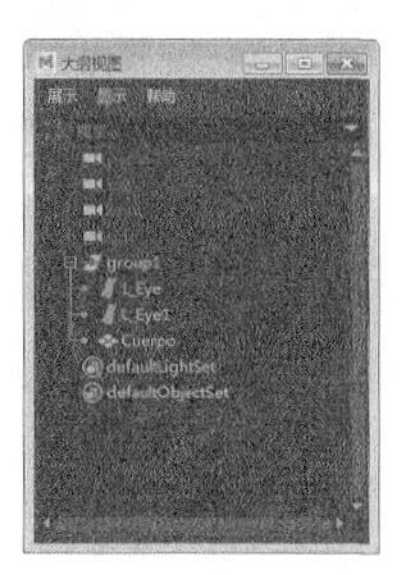


图3-83

在本场景中，如果要选择整个对象，可以直接在“大纲视图”对话框中单击group1，如图3-84所示。如果要选择单个对象，可以单击group1前面的⊞图标，展开组内的对象，然后单击相应的对象即可将其选择，如图3-85所示。

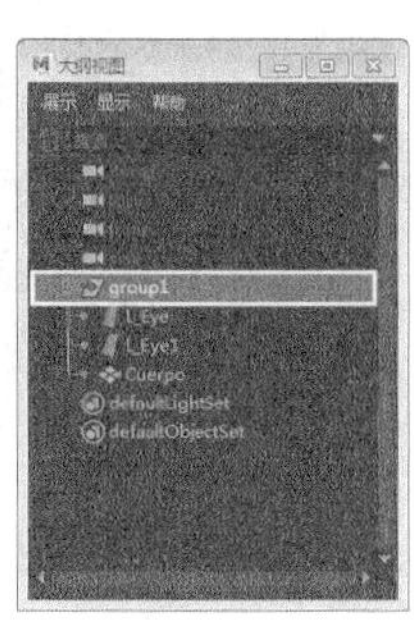


图3-84

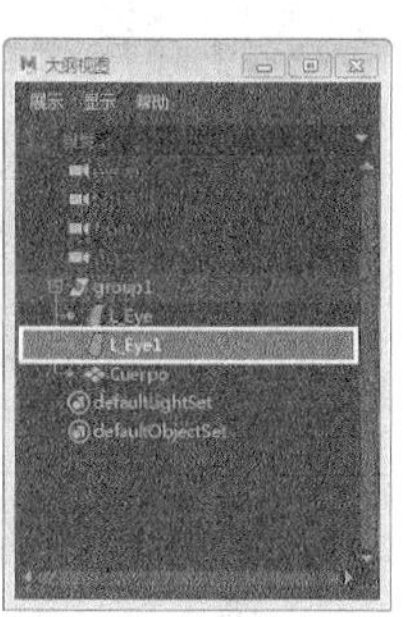


图3-85

另外，如果要选择多个对象，可以按住Shift键和Ctrl键进行操作。下面分别对这两个功能键进行详细介绍。

Shift键：用该功能键可以选择多个连续的对象。先选择一个对象，如图3-86所示，然后按住Shift键单击其他对象，即可选择这些连续的多个对象，如图3-87所示。注意，用这种方法选择多个，只能选择多个连续的对象，不能选择多个非连续的对象。

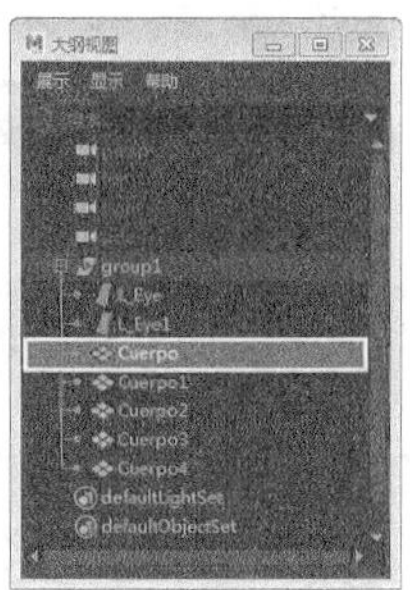


图3-86

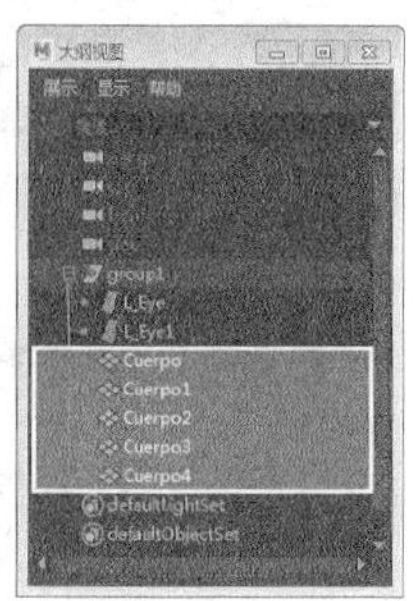


图3-87

Ctrl键：用该功能键可以选择多个连续以及多个非连续的对象。先选择一个对象，如图3-88所示，然后按住Ctrl键单击其他对象，即可选择这些连续和非连续的多个对象，如图3-89和图3-90所示。

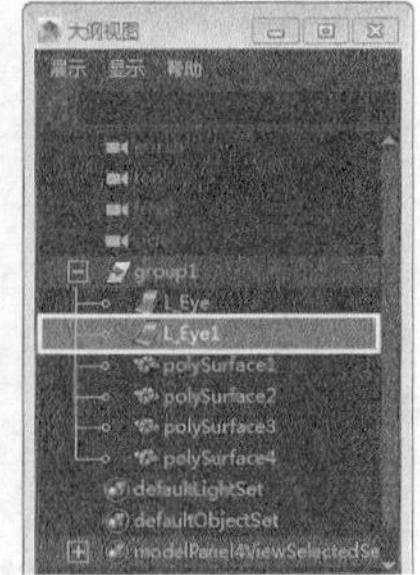


图3-88

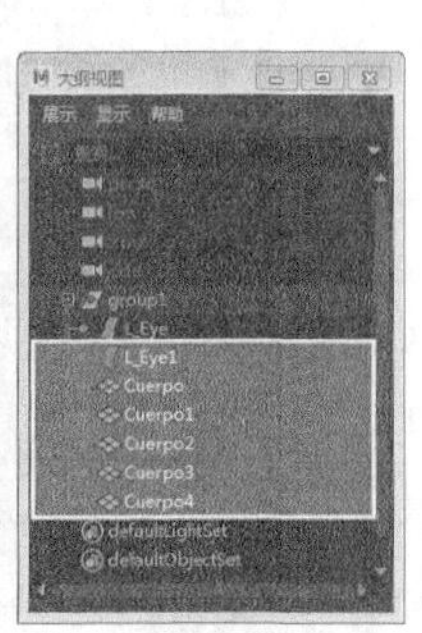


图3-89

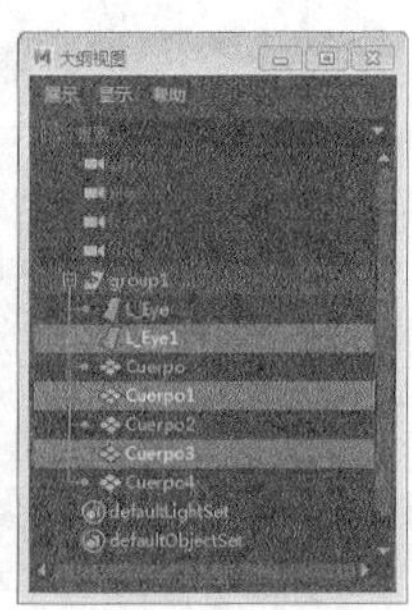


图3-90

### 5.用超图选择对象

执行“窗口>Hypergraph:层次”菜单命令，打开“Hypergraph层次”对话框，如图3-91所示。在该对话框中列出了场景中的所有对象，单击相应的对象即可将其选择，如图3-92所示。

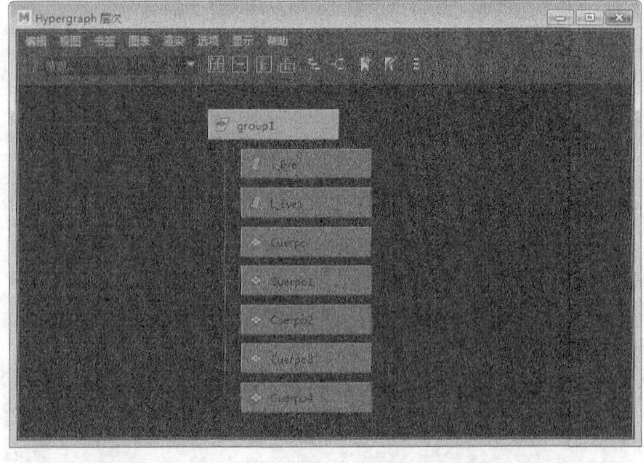


图3-91

图3-92

## 3.6.2 移动对象

使用“移动工具”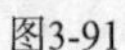不仅可以选择对象，还可以移动选择的对象。移动对象是在三维空间坐标系中将对象进行移动操作，移动操作的实质就是改变对象在$x$、$y$、$z$轴的位置。在Maya中分别以红、绿、蓝来表示$x$、$y$、$z$轴，还分别以红、蓝、绿3个颜色的方块来表示$yz$、$xy$、$xz$这3个平面控制柄，如图3-93所示。

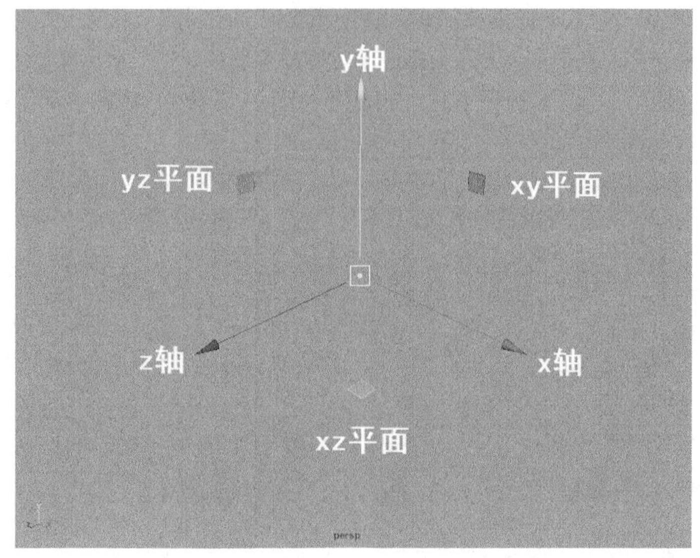


图3-93

拖曳相应的轴向手柄可以在该轴向上移动，如图3-94所示。单击某个手柄就可以选择相应的手柄，并且可以用鼠标中键在视图的任何位置拖曳光标，以达到移动的目的，如图3-95所示。

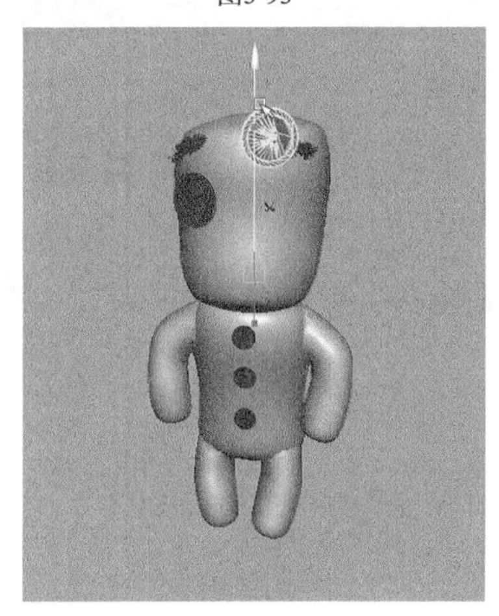

图3-94

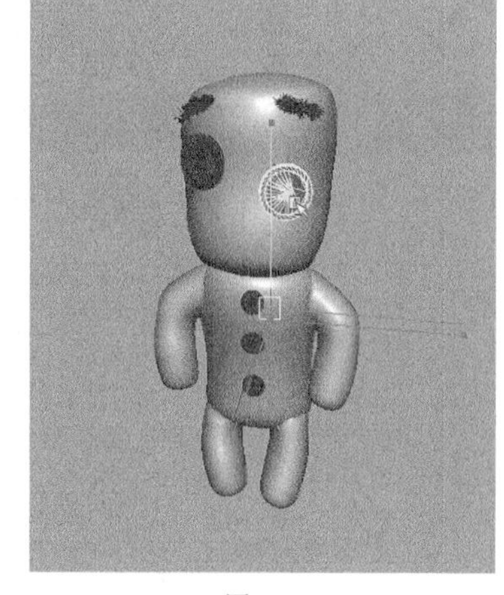

图3-95

按住Ctrl键用光标拖曳某一手柄，或直接使用平面控制柄，即可以在与该手柄垂直的平面上进行移动操作。例如按住Ctrl+鼠标左键拖曳*y*轴手柄，如图3-96所示，或直接按住绿色平面控制柄进行拖曳，如图3-97和图3-98所示，都可以在*x*、*z*平面上移动。

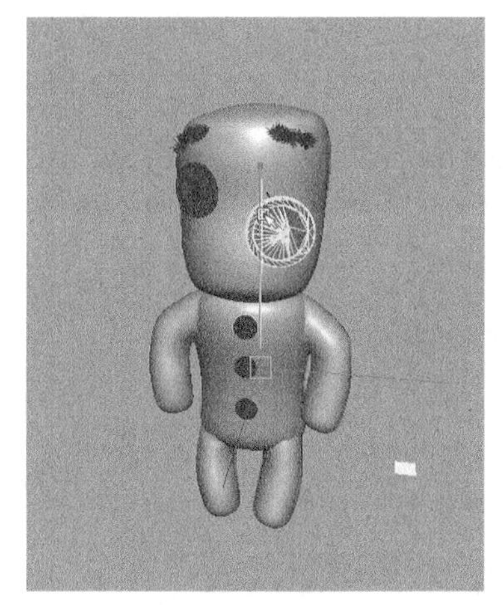

图3-96

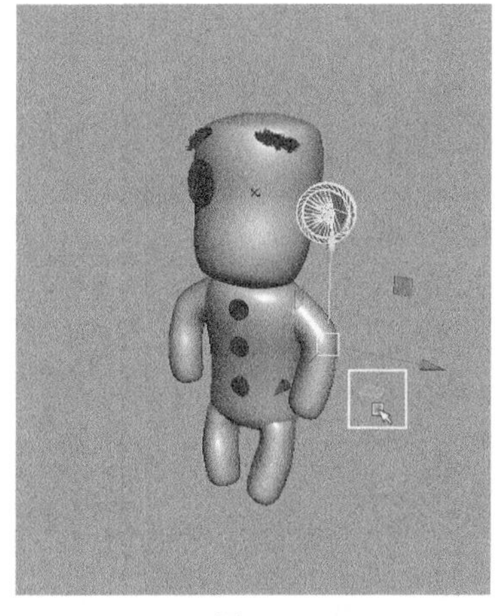

图3-97

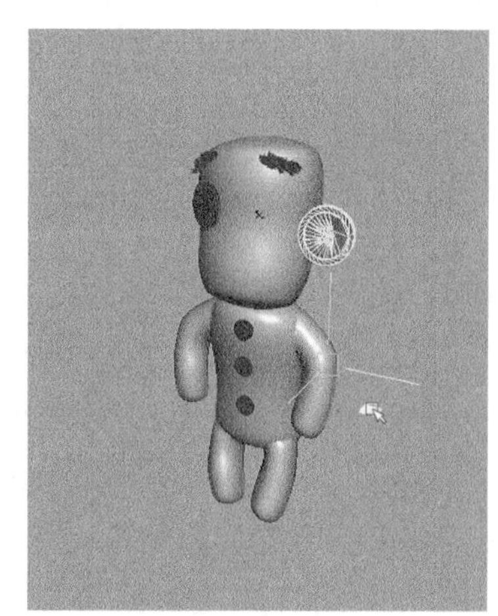

图3-98

在$x$、$y$、$z$轴的中间有一个黄色方形控制器，将光标放在该控制器上并拖曳光标，可以在平行视图的平面上移动对象，在透视图中这种移动方法很难控制物体的移动位置，一般情况下都在正交视图中使用这种方法，因为在正交视图中不会影响操作效果，如图3-99所示。或者在透视图中配合Shift+鼠标中键拖曳光标，也可以约束对象在某一方向上移动，如图3-100所示。

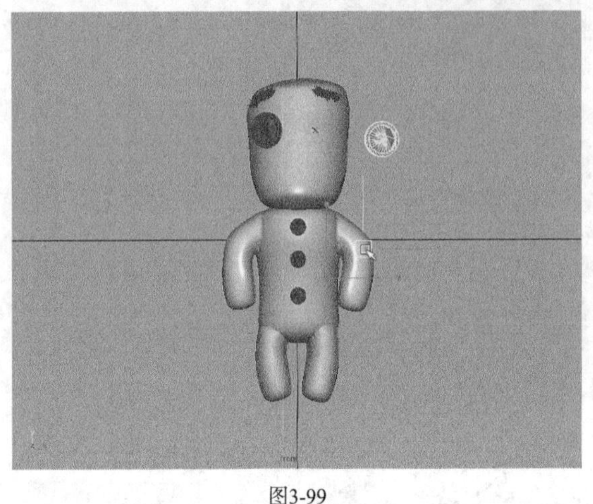

图3-99

图3-100

## 3.6.3 旋转对象

使用“旋转工具”将对象进行旋转操作，同移动对象一样，“旋转工具”也有自己的操纵器，$x$、$y$、$z$轴也分别用红、绿、蓝来表示，如图3-101所示。

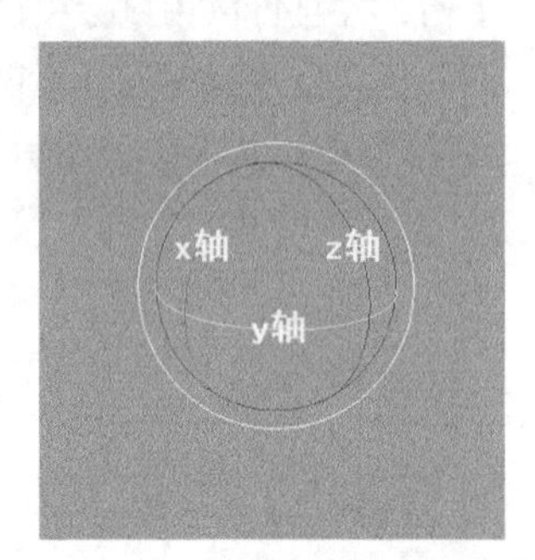


图3-101

使用“旋转工具”可以将物体围绕任意轴向进行旋转操作。拖曳红色线圈表示将物体围绕$x$轴进行旋转，如图3-102所示。拖曳中间空白处可以在任意方向上进行旋转，如图3-103所示。同样也可以通过使用鼠标中键在视图中的任意位置拖曳光标进行旋转，如图3-104所示。

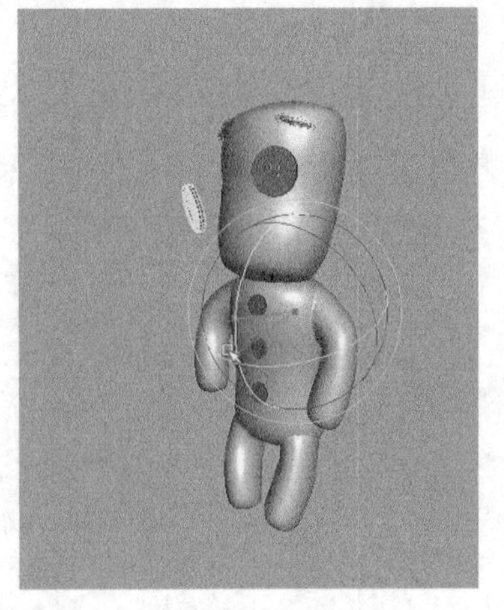

图3-102

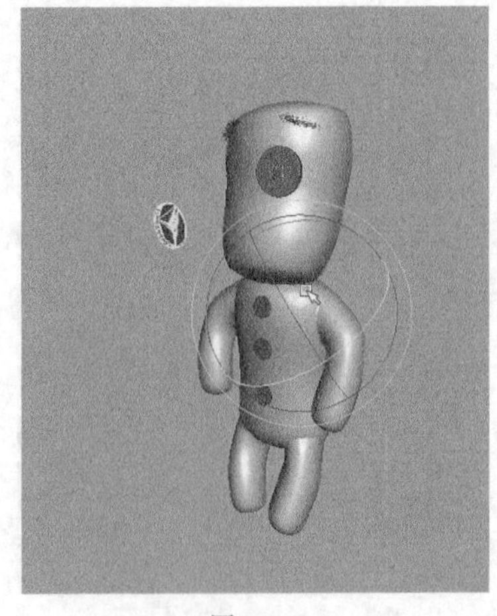

图3-103

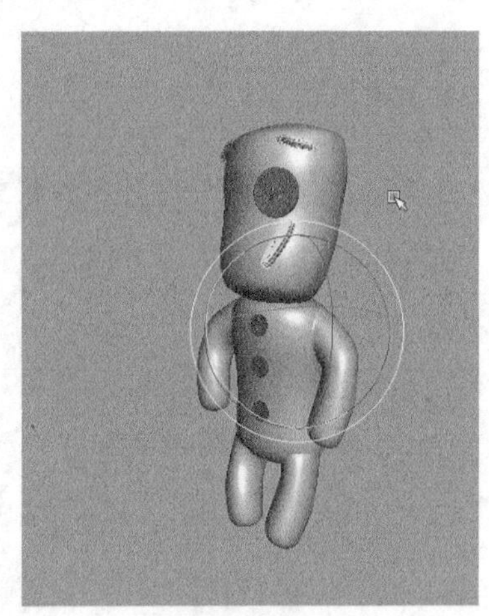

图3-104

### 3.6.4 缩放对象

使用“缩放工具”可以将对象进行自由缩放操作，同样缩放操纵器的红、绿、蓝分别代表*x*、*y*、*z*轴，平面控制器的红、绿、蓝分别代表*yz*、*xz*、*xy*平面，如图3-105所示。

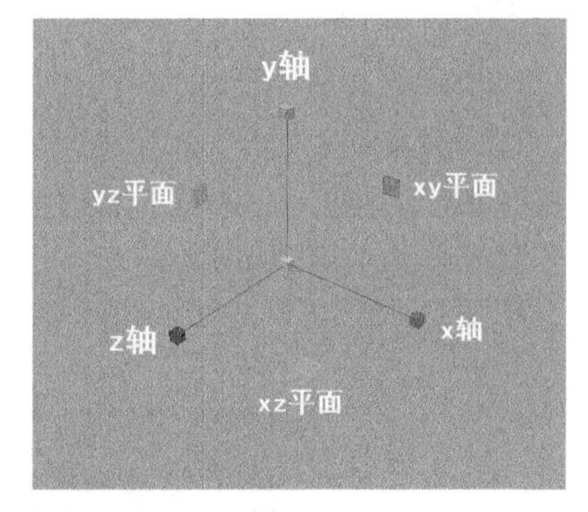


图3-105

选择*x*轴手柄并拖曳光标可以在*x*轴向上进行缩放操作，如图3-106所示。也可以先选择*x*轴手柄，然后用鼠标中键在视图的任意位置拖曳光标进行缩放操作；使用鼠标左键拖曳中间的手柄，可以将对象在三维空间中进行等比例缩放，如图3-107所示。

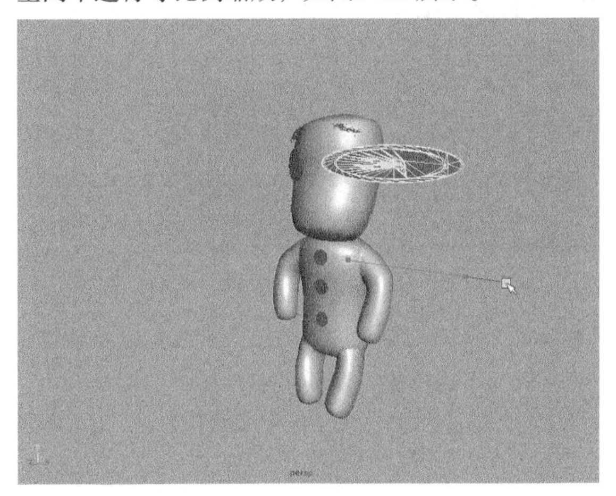

图3-106

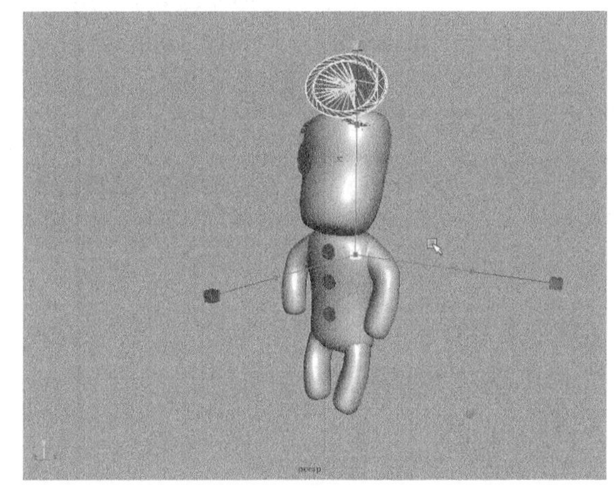

图3-107

**提示**

除了可以直接用手柄来移动、旋转和缩放对象以外，还可以通过在“通道盒”中设置数值来对物体进行精确的变换操作。

## 3.7 创建基本对象

在Maya中，可以创建球体、立方体、圆柱体、曲线等。刚创建出来的属于参数化对象，也就是可以对创建参数进行修改的对象，如球体的半径、立方体的宽度等。

在Maya中，创建基本物体的命令都集中在“创建”菜单下，如图3-108所示。利用这些命令，可以创建诸如NURBS基本体、多边形基本体、细分曲面基本体、灯光、摄影机与曲线等基本对象。

图3-108

# 【练习3-3】创建参数化对象

| | |
|---|---|
| 场景文件 | 无 |
| 实例文件 | Examples>CH03>3.3.mb |
| 难易指数 | ★☆☆☆☆ |
| 技术掌握 | 掌握如何创建与修改参数化对象 |

**01** 执行“创建>多边形基本体>立方体”菜单命令，在透视图中随意创建一个立方体，系统会自动将其命名为pCube1，如图3-109所示。

**02** 按5键进入实体显示方式，以便观察，这时可以在“通道盒”中观察控制立方体的属性参数，如图3-110所示。

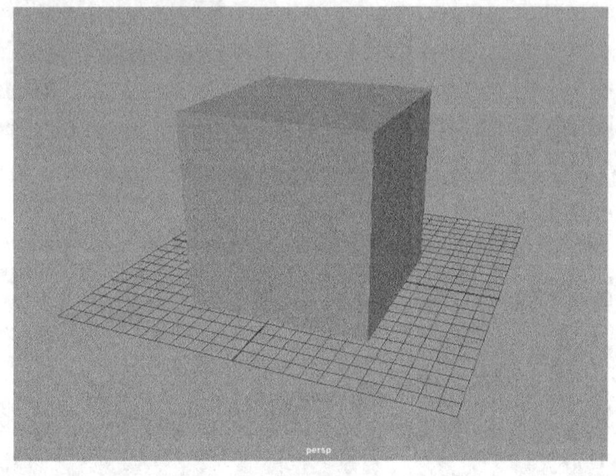


图3-109

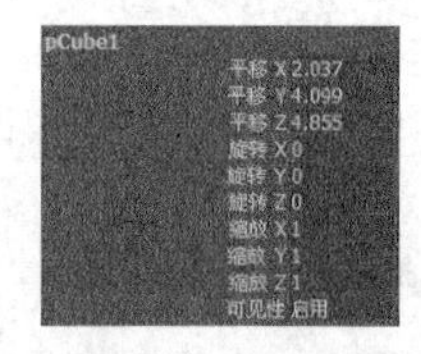


图3-110

**03** 试着改变“通道盒”中的参数，拖曳光标选择“平移 *x*/*y*/*z*”这3个选项的数字框，并将这3个参数都设置为0，这时可观察到立方体的位置回到了三维坐标为（0，0，0）的位置，如图3-111所示。

**04** 设置“旋转*z*”选项的数值为45，这时可观察到立方体围绕*z*轴旋转了45°（恢复其数值为0，以方便下面的操作），如图3-112所示。

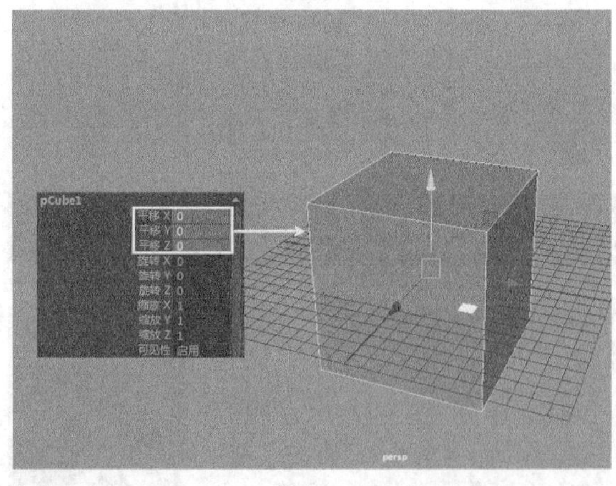


图3-111

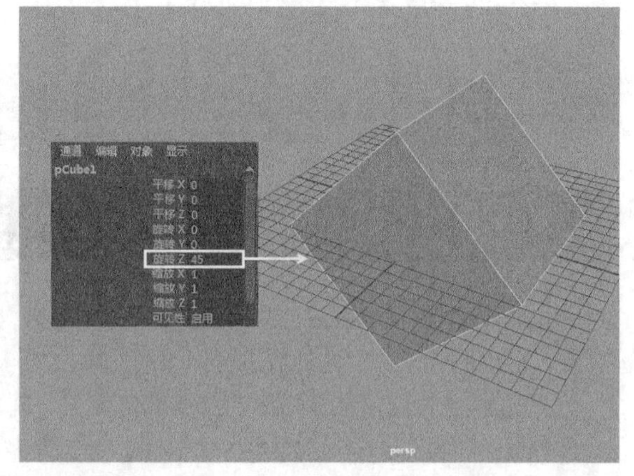


图3-112

**05** 单击“输入”属性下的polyCube1选项，展开其参数设置面板，在这里可以观察到里面记录了立方体的宽度、高度、深度以及3个轴向上的细分段数，然后设置“宽度”为2、“高度”为4、“深度”为3，如图3-113所示。

**06** 设置“宽度”“高度”“深度”“细分宽度”值为1，这时可以观察到立方体变成了边长为1个单位的立方体，如图3-114所示。

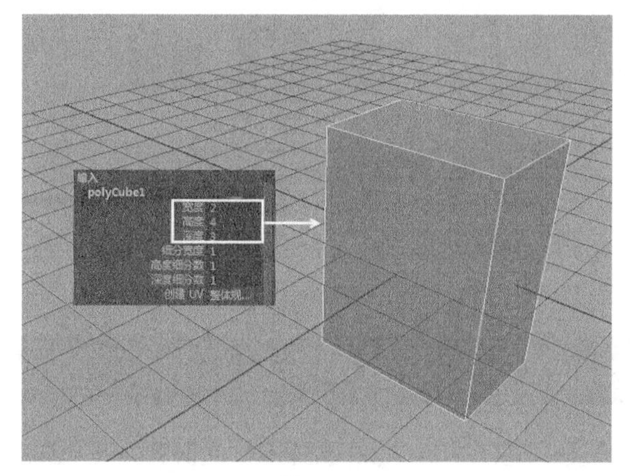


图3-113

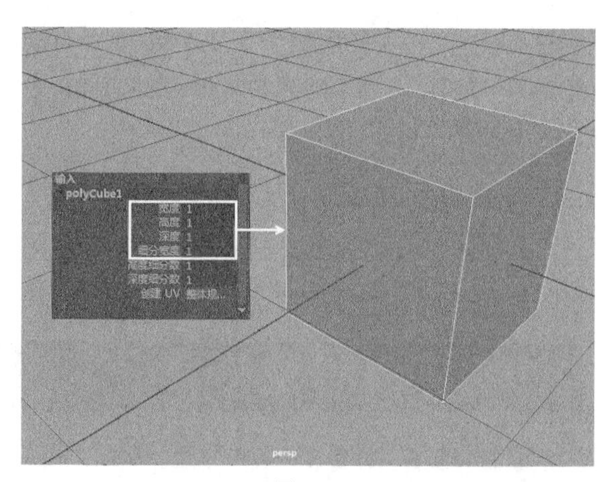


图3-114

**07** 设置“细分宽度”“高度细分数”“深度细分数”的数值为5，这时可以观察到立方体在*x*、*y*、*z*轴方向上分成了5段，也就是说“细分”参数用来控制对象的分段数，如图3-115所示。

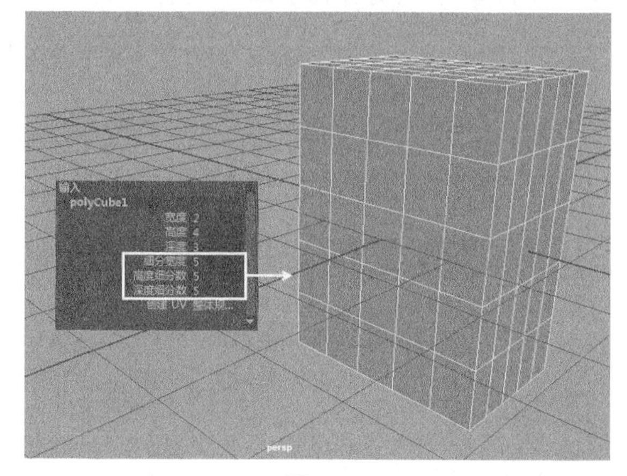


图3-115

# 3.8 归档场景

Maya 中有一个和3ds Max类似的功能，即归档场景功能。这个功能类似于3ds Max的打包功能，当用户在保存文件时，可以将相关的贴图等文件压缩到一个ZIP压缩包中，这个功能特别适用于复杂的场景。

## 【练习3-4】使用归档场景功能

| | |
|---|---|
| 场景文件 | Scenes>CH03>3.4.mb |
| 实例文件 | 无 |
| 难易指数 | ★☆☆☆☆ |
| 技术掌握 | 掌握如何打包场景 |

**01** 打开学习资源中的“Scenes>CH03>3.4.mb”文件，本场景中已经设置好了贴图，如图3-116所示。

图3-116

**02** 执行“文件>归档场景”菜单命令，这时可以看到存档目录中增加了一个后缀名为.zip的压缩文件，这个文件包含了场景中的所有贴图，如图3-117所示。

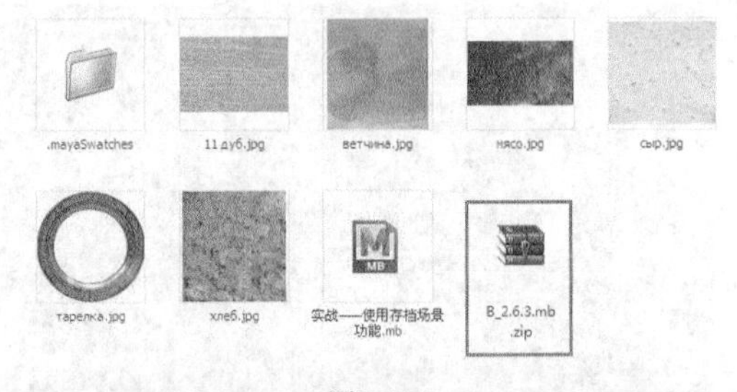


图3-117

# 3.9 复制对象

复制对象是一种快速的建模方法。例如，在一个场景中需要创建多个相同的物体，这时就可以先创建出一个物体，然后对这个物体进行复制即可。

## 3.9.1 复制的方法

在Maya中，复制的方法有很多种，可以用复制（快捷键Ctrl+C）、原位复制（快捷键Ctrl+D）、特殊复制（快捷键Ctrl+Shift+D）和复制并变换（快捷键Shift+D）。

## 3.9.2 复制的关系

复制产生的复制品与原始物体可以生成“复制”和“关联”的关系。通过“复制”关系复制出来的物体，它们之间没有特殊的关系，完全是独立存在的；通过“关联”出来的物体，复制品与原始物体之间会有一定的影响。

## 3.9.3 复制与原位复制

从某种意义上来说，复制和原位复制其实是一回事。通过复制出来的物体，需要经过粘贴这道程序，而原位复制只需要一道工序。

### 【练习3-5】复制与原位复制对象

| | |
|---|---|
| 场景文件 | Scenes>CH03>3.5.mb |
| 实例文件 | Examples>CH03>3.5.mb |
| 难易指数 | ★☆☆☆☆ |
| 技术掌握 | 掌握复制与原位复制对象的方法与特点 |

**01** 打开学习资源中的“Scenes>CH03>3.5.mb”文件，然后按6键进入纹理显示状态，如图3-118所示。

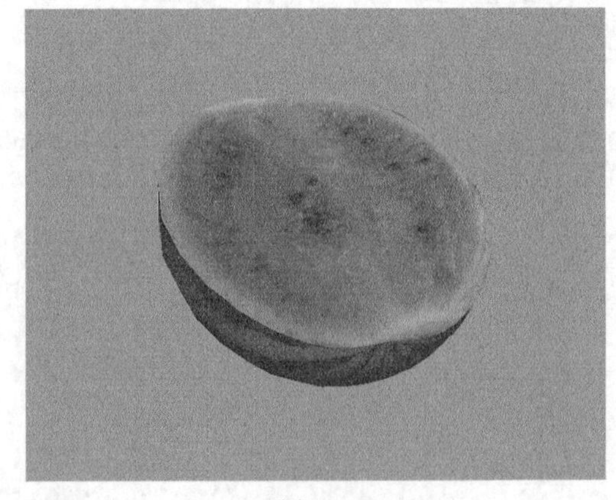

图3-118

**提示**

请读者自己在该练习相对应的实例文件中将材质贴图重新进行链接。

**02** 选择西瓜模型，然后执行“编辑>复制”菜单命令或直接按快捷键Ctrl+C，接着按快捷键Ctrl+V粘贴西瓜模型。此时复制粘贴出来的模型和之前的模型是重合的，所以需要使用“移动工具”将其中一组移出来，如图3-119所示。

**03** 按两次Z键恢复到刚打开场景时的状态。选择西瓜模型，然后执行“编辑>复制”菜单命令或直接按快捷键Ctrl+D，这样可以在原位复制并粘贴一个西瓜模型。由于复制粘贴出来的模型和之前的模型是重合的，所以需要使用“移动工具”将其中一组移出来，如图3-120所示。

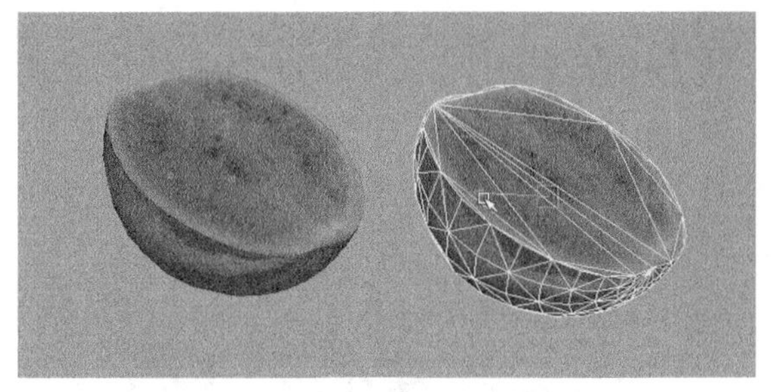

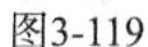

图3-119

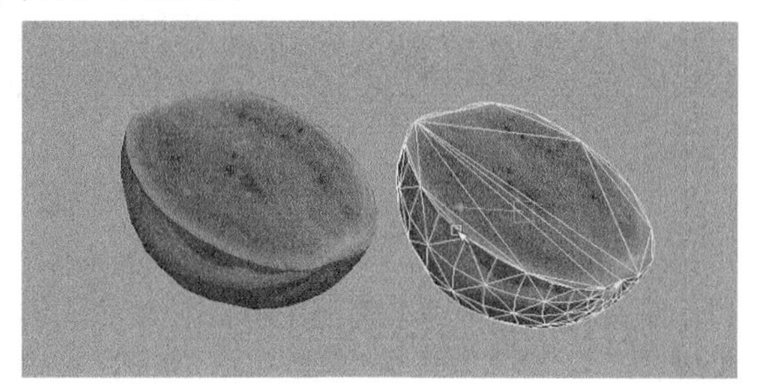

图3-120

## 3.9.4 特殊复制

特殊复制也称为“关联复制”，这是一种使用频率较高的复制方法。利用特殊复制可以复制原始物体的副本对象，也可以复制原始物体的实例对象。单击“编辑>特殊复制”菜单命令后面的按钮，打开“特殊复制选项”对话框，如图3-121所示。

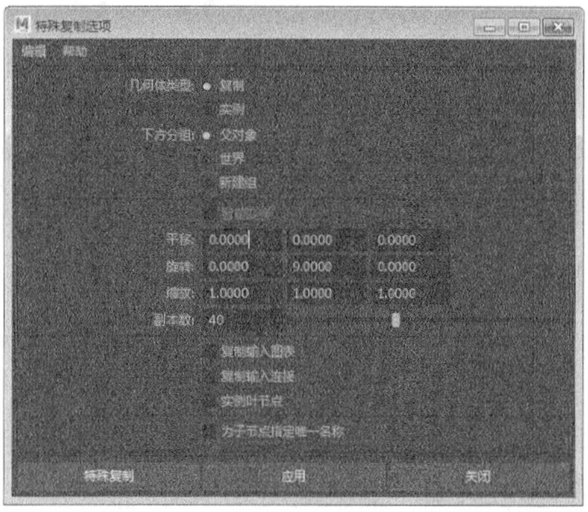

图3-121

### 常用参数介绍

❖ 几何体类型：用于选择复制对象的类型。

 ✧ 复制：创建要被复制的几何体副本。

 ✧ 实例：创建要被复制的几何体实例。创建实例时，并不是创建选定几何体的实际副本。相反，Maya 会重新显示实例化的几何体。

❖ 下方分组：将对象分组到以下对象下。

 ✧ 父对象：将选定对象分组到层次中的最低公用父对象之下。

 ✧ 世界：将选定对象分组到世界（层次顶级）下。

 ✧ 新建组：为副本新建组节点。

❖ 智能变换：启用该选项以后，当复制和变换对象的单一副本或实例时（无须更改选择），Maya可将相同的变换应用到选定副本的全部后续副本。

❖ 平移/旋转/缩放：为*x*、*y*和*z*指定偏移值。Maya将这些值应用到复制的几何体上。可以定位、缩放或旋转对象，就如Maya复制对象一样。

**提示**

注意，“平移”和“旋转”选项的默认值是0，“缩放”选项的默认值是1。采用默认值，Maya会将副本置于原始几何体之上。可以指定“平移”“旋转”“缩放”的偏移值，以将这些值应用到复制的几何体上。

❖ 副本数：指定要创建的副本数，取值范围为1~1000。

- ❖ 复制输入图表：启用该选项后，可以强制对全部引导到选定对象的上游节点进行复制。上游节点是指为选定节点提供内容的所有相连节点。
- ❖ 复制输入连接：启用该选项后，除了复制选定节点以外，也会对选定节点提供内容的相连节点进行复制。
- ❖ 实例叶节点：对除了叶节点之外的整个节点层次进行复制，而将叶节点实例化到原始层次。
- ❖ 为子节点指定唯一名称：复制层次时会重命名子节点。

## 【练习3-6】特殊复制对象

| | |
|---|---|
| 场景文件 | Scenes>CH03>3.6.mb |
| 实例文件 | Examples>CH03>3.6.mb |
| 难易指数 | ★☆☆☆☆ |
| 技术掌握 | 掌握特殊复制对象的方法与特点 |

本练习继续采用上一练习的场景文件b.mb文件。

**01** 打开“特殊复制选项”对话框，然后在该对话框中执行“编辑>重置设置”命令，让对话框中的参数恢复到默认设置，如图3-122所示。

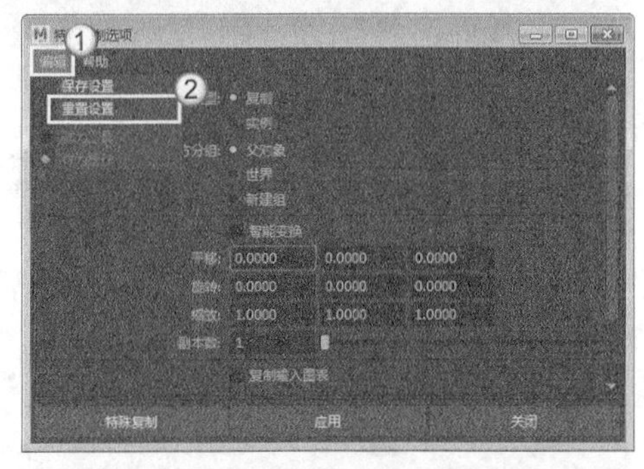

图3-122

**02** 在“特殊复制选项”对话框中设置“几何体类型”为“实例”，然后单击“应用”按钮，如图3-123所示，接着使用“移动工具”将复制出来的模型移动一段距离，如图3-124所示。

**03** 在任意一个模型上单击鼠标右键并且不要松开，然后在弹出的菜单中选择“顶点”命令，进入顶点编辑模式，如图3-125所示。

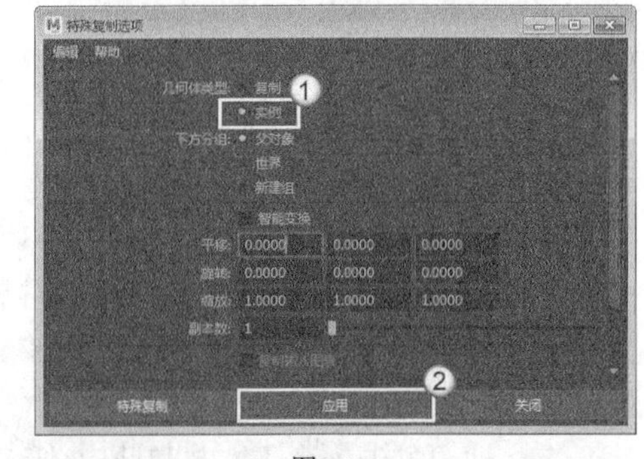

图3-123

图3-124

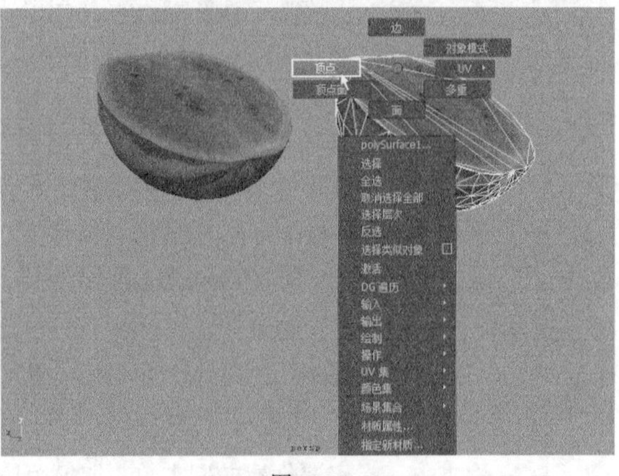

图3-125

**04** 任意选择一些顶点，此时另外一个模型上的相应顶点也会被选择，如图3-126所示。如果用“移动工具”将选择的顶点向上移动一段距离，这时可以观察到另外一个与之对应的西瓜模型也发生了相同的变化，这就是特殊复制（关联辅助）的作用，如图3-127所示。

图3-126

图3-127

## 3.9.5 复制并变换

“复制并变换”功能是一个智能复制功能，它不仅可以用来复制对象，还可以将对象的变换（如移动、旋转等）属性也一起进行复制。复制所选内容并使用当前操纵器继承上一个变换。

## 【练习3-7】复制并变换对象

| | |
|---|---|
| 场景文件 | Scenes>CH03>3.7.mb |
| 实例文件 | Examples>CH03>3.7.mb |
| 难易指数 | ★☆☆☆☆ |
| 技术掌握 | 掌握复制并变换对象的方法与特点 |

本练习继续采用上一练习的场景文件b.mb文件。

**01** 选择西瓜模型，然后执行“编辑>复制并变换”菜单命令或直接按快捷键Shift+D，复制一个西瓜模型。此时复制粘贴出来的模型和之前的模型是重合的，所以需要使用“移动工具”将其中一组移出来，如图3-128所示。

**02** 继续按快捷键Shift+D，可以发现这次不仅复制出了西瓜模型，而且还将移动距离也复制出来了，这就是复制并变换功能的特点，如图3-129所示。

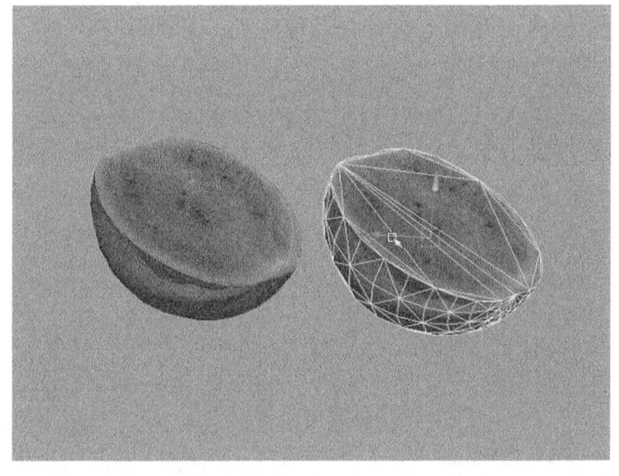
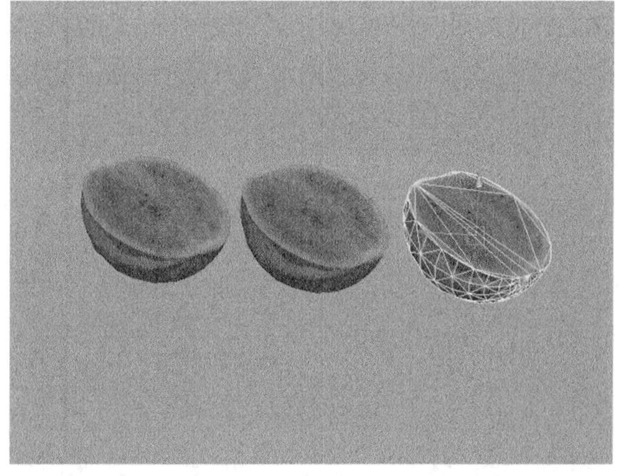

图3-128

图3-129

# 3.10 切换对象的编辑模式

在建模过程中，经常需要切换不同的编辑模式。例如在场景中创建一个NURBS球体，想要进入“控制顶点”编辑模式，此时可以在球体上单击鼠标右键（按住不放），然后在弹出的菜单中选择“控制顶点”命令，即可切换到“控制顶点”编辑模式，如图3-130和图3-131所示。对于多边形对象和细分曲面对象，切换编辑模式的方法也是相同的。

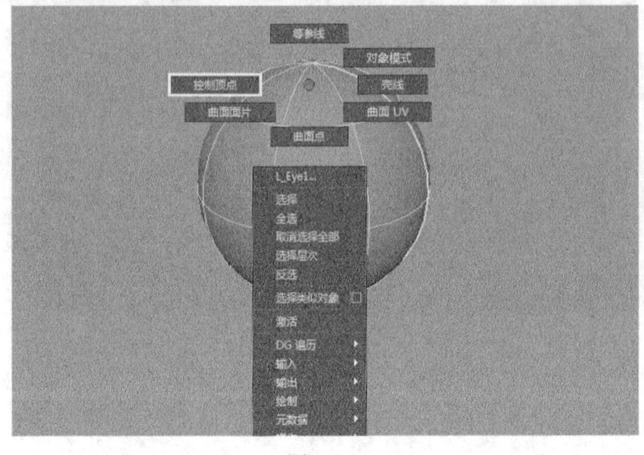


图3-130

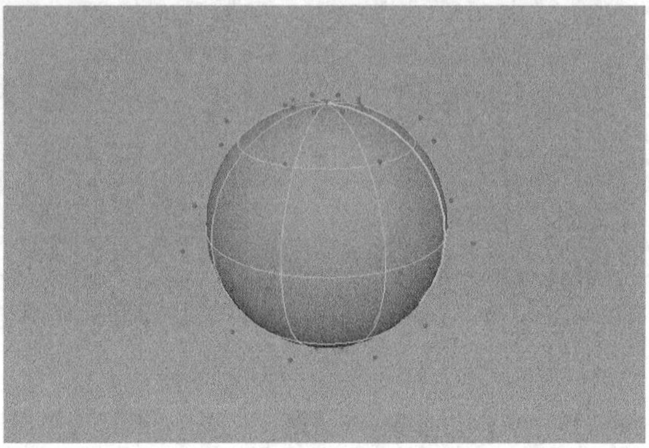

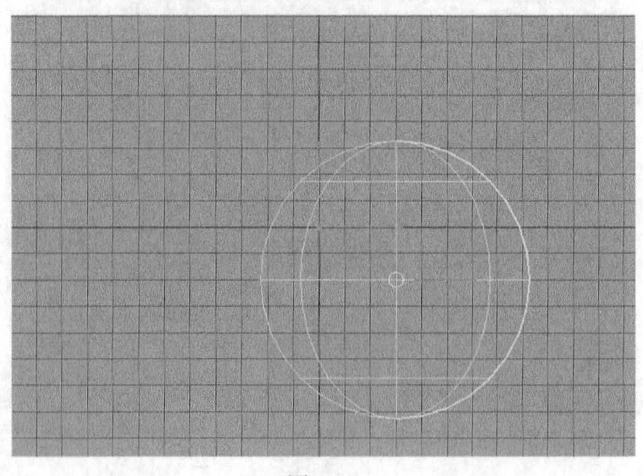

图3-131

# 3.11 捕捉对象

在Maya的状态行中提供了6种捕捉对象的开关，如图3-132所示。利用这些捕捉工具，可以轻松地将对象或组件捕捉到栅格、顶点、视图平面与激活的选定对象。

图3-132

## 3.11.1 捕捉到栅格

利用“捕捉到栅格”工具可以将对象捕捉到栅格上，快捷键为X键。当激活该按钮时，可以将对象在栅格点上进行移动。图3-133中，在右视图中有一个球体，在状态行中单击“捕捉到栅格”按钮，将其激活，此时用“移动工具”拖曳球体，可以发现移动光标时，光标会自动捕捉栅格点，如图3-134所示。

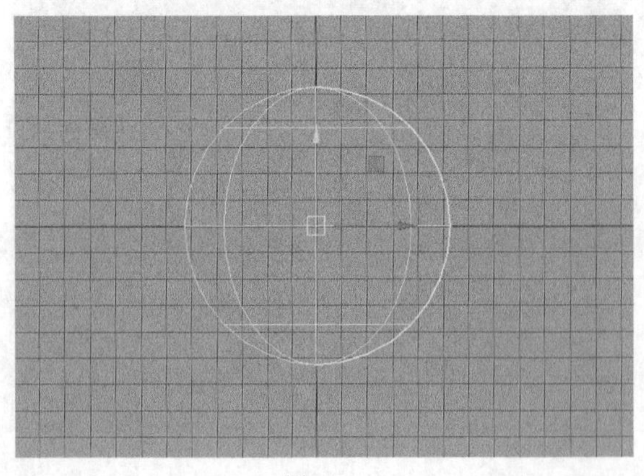

图3-133

图3-134

## 3.11.2 捕捉到曲线

利用“捕捉到曲线”工具■可以将CV点或EP点捕捉到已存在的曲线上，快捷键为C键。

## 3.11.3 捕捉到点

利用“捕捉到点”工具■可以将CV点或EP点捕捉到顶点上，快捷键为V键。

## 3.11.4 捕捉到投影中心

利用“捕捉到投影中心”工具■可以将CV点或EP点捕捉到选定对象的中心。

## 3.11.5 激活选定对象

选择一个对象以后，单击“激活选定对象”按钮■，可以将选定曲面转化为激活的工作表面。激活以后，所绘制的曲线一定会在这个表面上。例如图3-135中的球体，单击“激活选定对象”按钮■，将其表面激活为工作表面，这时使用“EP曲线工具”■在视图中的任何位置进行绘制，都只能绘制在激活的球体表面上，如图3-136所示。

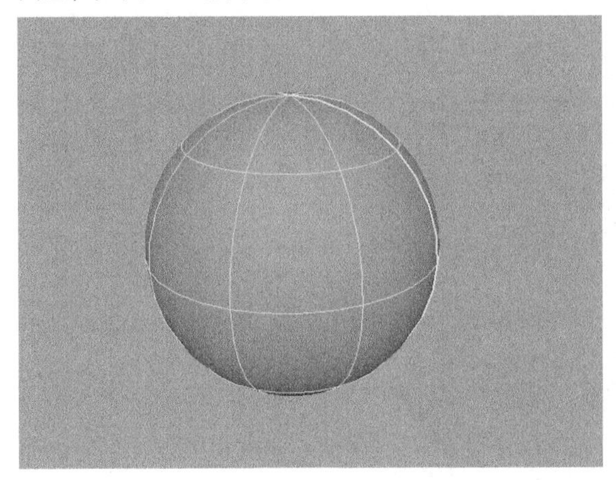

图3-135

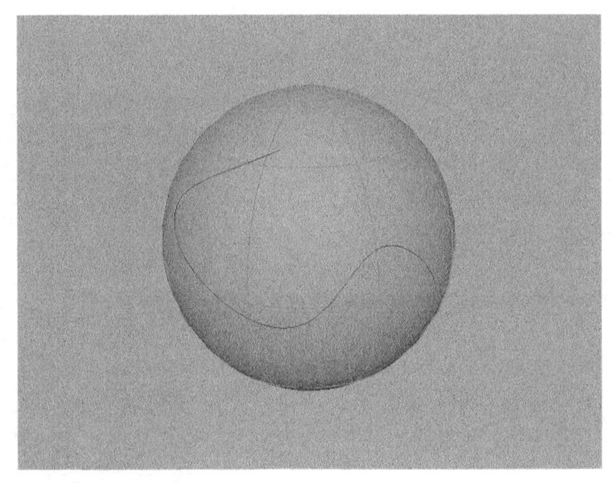

图3-136

## 3.11.6 捕捉到视图平面

开启“捕捉到视图平面”按钮■以后，可以将CV点或EP点捕捉到当前视图平面上。

# 技术分享

## 软选择使用方法

Maya提供了一种特殊的选择方式——软选择，通过软选择功能，用户可以调整指定范围内的对象组件。

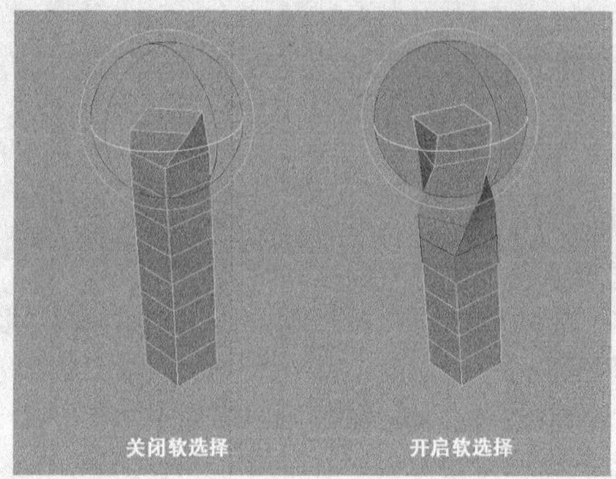


双击“选择工具”，在打开的“工具设置”对话框中展开“软选择”卷展栏，然后选择“软选择”选项，即可启用软选择功能。

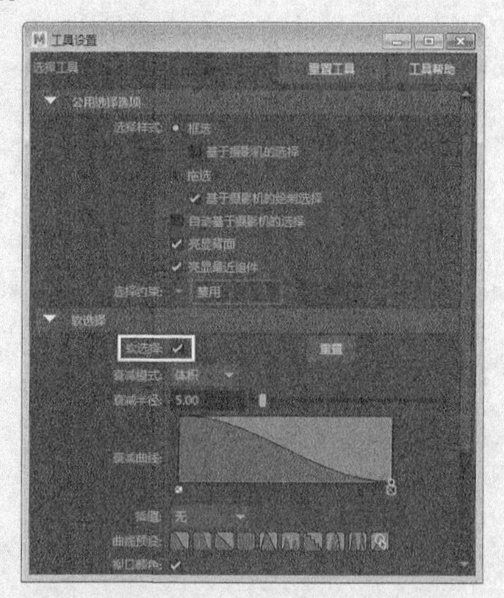


调整“衰减半径”属性可以改变软选择的作用范围，该值越大，范围越大。软选择的强度由黄色区域向黑色区域逐渐衰减。

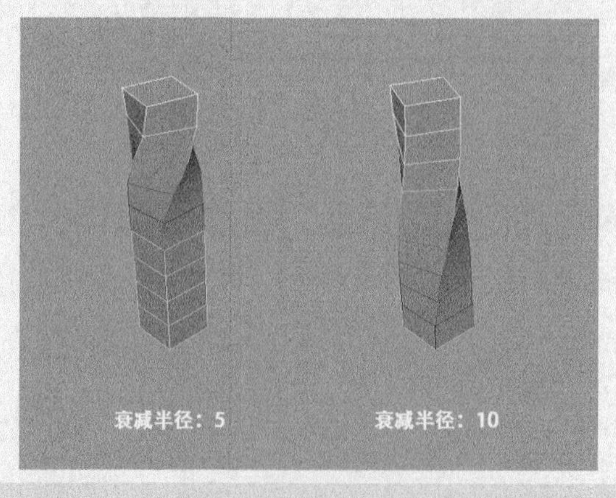

# 多边形建模

本章将介绍多边形建模的基础知识以及多边形基本体的创建方法。本章的内容比较简单，读者只需要了解多边形的组成元素以及多边形基本体的创建方法就行了。

※ 多边形的组成元素

※ 创建多边形基本体

※ 编辑多边形

※ 调整多边形的显示方式

# 4.1 多边形建模基础

多边形建模是一种非常直观的建模方式，也是Maya中非常重要的一种建模方法。多边形建模是通过控制三维空间中的物体的点、线、面来塑造物体的外形，图4-1所示是一些经典的多边形作品。对于有机生物模型，多边形建模有着不可替代的优势，在塑造物体的过程中，可以很直观地对物体进行修改，并且面与面之间的连接也很容易创建出来。

图4-1

## 4.1.1 了解多边形

多边形是三维空间中一些离散的点，通过首尾相连形成一个封闭的空间并填充这个封闭空间，就形成了一个多边形面。如果将若干个这种多边形面组合在一起，每相邻的两个面都有一条公共边，就形成了一个空间状结构，这个空间结构就是多边形对象，如图4-2所示。

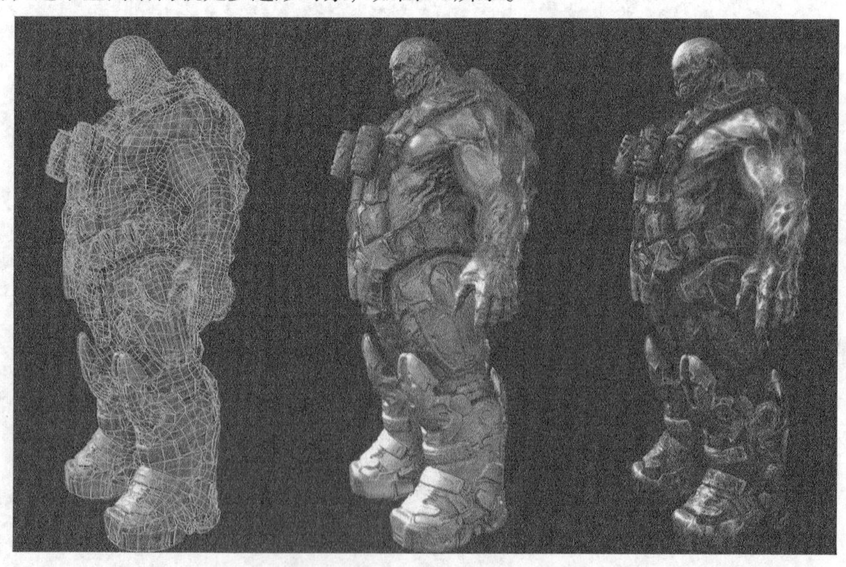

图4-2

多边形对象与NURBS对象有着本质的区别。NURBS对象是参数化的曲面，有严格的UV走向，除了剪切边外，NURBS对象只可能出现四边面；多边形对象是三维空间里一系列离散的点构成的拓扑结构（也可以出现复杂的拓扑结构），编辑起来相对比较自由，如图4-3所示。

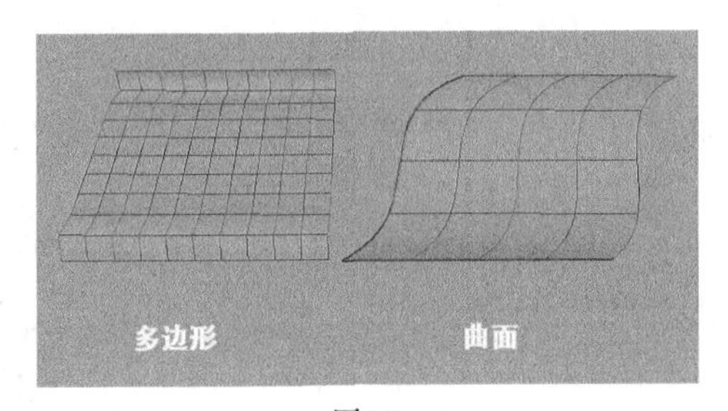


图4-3

## 4.1.2 多边形建模方法

目前，多边形建模方法已经相当成熟，是Maya中不可缺少的建模方法，大多数三维软件都有多边形建模系统。由于调整多边形对象相对比较自由，所以很适合创建生物和建筑类模型。

多边形建模方法有很多，根据模型构造的不同可以采用不同的多边形建模方法，但大部分都遵循从整体到局部的建模流程，特别是对于生物类模型，可以很好地控制整体造型。同时Maya 2017还提供了“雕刻工具”，所以调节起来更加方便。

## 4.1.3 多边形组成元素

多边形对象的基本构成元素有点、线、面，可以通过这些基本元素对多边形对象进行修改。

### 1.顶点

在多边形物体上，边与边的交点就是这两条边的顶点，也就是多边形的基本构成元素点，如图4-4所示。

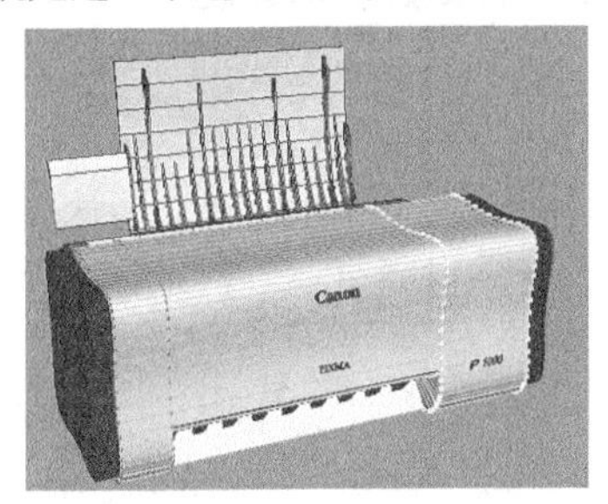


图4-4

多边形的每个顶点都有一个序号，叫顶点ID号，同一个多边形对象的每个顶点的序号是唯一的，并且这些序号是连续的。顶点ID号对使用MEL脚本语言编写程序来处理多边形对象非常重要。

### 2.边

边也就是多边形基本构成元素中的线，它是顶点之间的边线，也是多边形对象上的棱边，如图4-5所示。与顶点一样，每条边同样也有自己的ID号，叫边的ID号。

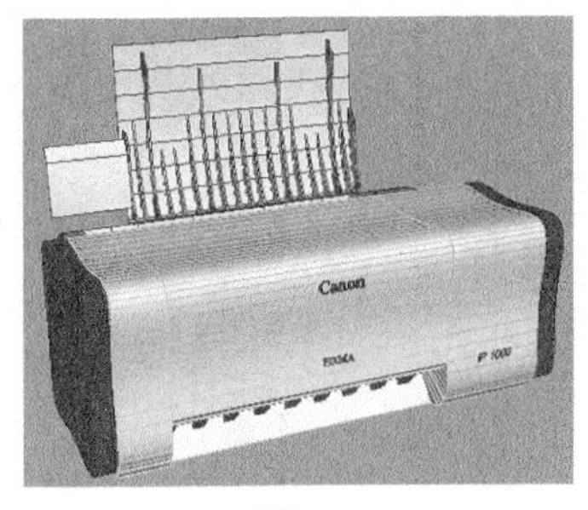


图4-5

## 3.面

在多边形对象上，将3个或3个以上的点用直线连接起来形成的闭合图形称为面，如图4-6所示。面的种类比较多，从三边围成的三边形，一直到*n*边围成的*n*边形。但在Maya中通常使用三边形或四边形，大于四边的面的使用相对比较少。面同样也有自己的ID号，叫面的ID号。

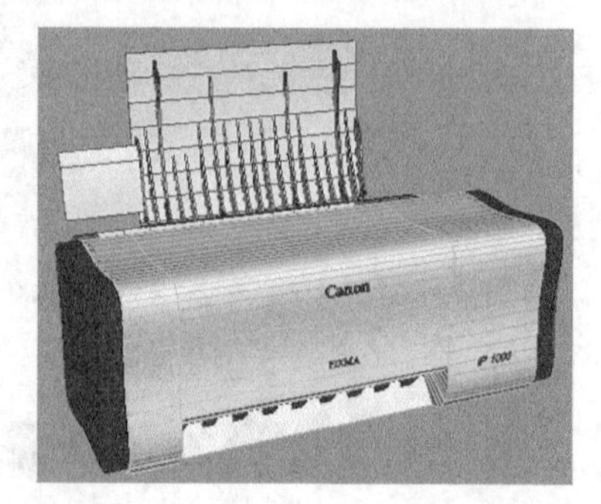


图4-6

**提示**

多边形按面分为两种，分别是共面多边形和不共面多边形。如果一个多边形的所有顶点都在同一个平面上，称为共面多边形，例如三边面一定是一个共面多边形；不共面多边形的面的顶点一定多于3个，也就是说3个顶点以上的多边形可能产生不共面多边形。在一般情况下都要尽量不使用不共面多边形，因为不共面多边形在最终输出渲染时或在将模型输出到交互式游戏平台时可能会出现错误。

## 4.法线

法线是一条虚拟的直线，它与多边形表面相垂直，用来确定表面的方向。在Maya中，法线可以分为“面法线”和“顶点法线”两种。

## 技术专题：面法线与顶点法线

1.面法线

若用一个向量来描述多边形面的正面，且与多边形面相垂直，这个向量就是多边形的面法线，如图4-7所示。

面法线是围绕多边形面的顶点的排列顺序来决定表面的方向。在默认状态下，Maya中的物体是双面显示的，用户可以通过设置参数来取消双面显示。

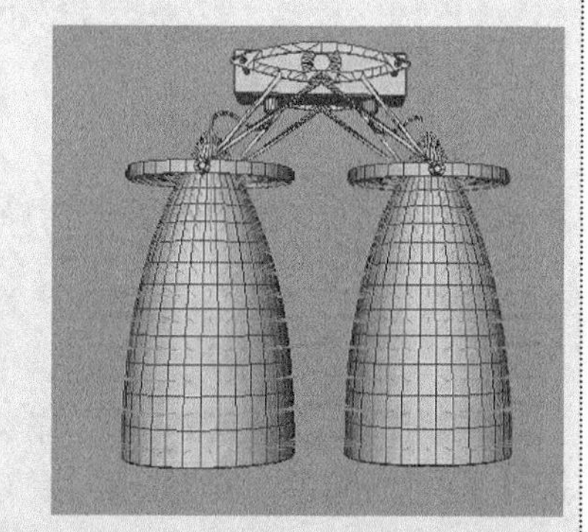

图4-7

2.顶点法线

顶点法线决定两个多边形面之间的视觉光滑程度。与面法线不同的是，顶点法线不是多边形的固有特性，但在渲染多边形明暗变化的过程中，顶点法线的显示状态是从顶点发射出来的一组线，每个使用该顶点的面都有一条线，如图4-8所示。

在光滑实体显示模式下，当一个顶点上的所有顶点法线指向同一个方向时叫软顶点法线，此时多边形面之间是一条柔和的过渡边；当一个顶点上的顶点法线与相应的多边形面的法线指向同一个方向时叫硬顶点法线，此时的多边形面之间是一条硬过渡边，也就是说多边形会显示出棱边，如图4-9所示。

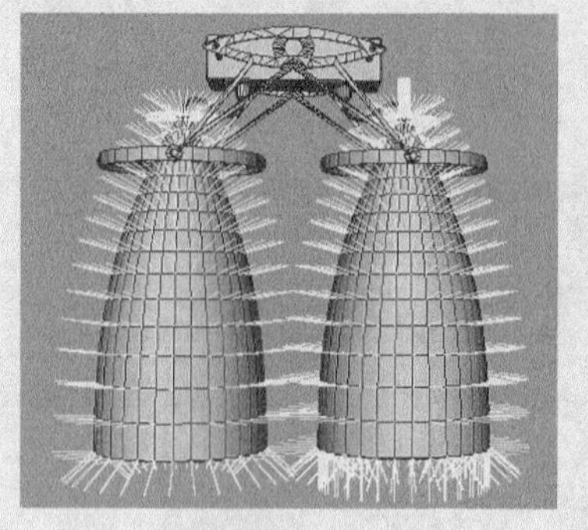

图4-8

图4-9

### 4.1.4 UV坐标

为了把二维纹理图案映射到三维模型的表面上，需要建立三维模型空间形状的描述体系和二维纹理的描述体系，然后在两者之间建立关联关系。描述三维模型的空间形状用三维直角坐标，而描述二维纹理平面则用另一套坐标系，即UV坐标系。

多边形的UV坐标对应着每个顶点，但UV坐标却存在于二维空间，它们控制着纹理上的一个像素，并且对应着多边形网格结构中的某个点。虽然Maya在默认工作状态下也会建立UV坐标，但默认的UV坐标通常并不适合用户已经调整过形状的模型，因此用户仍需要重新整理UV坐标。Maya提供了一套完善的UV编辑工具，用户可以通过“UV纹理编辑器”来调整多边形对象的UV。

**提示**

NURBS物体本身是参数化的表面，可以用二维参数来描述，因此UV坐标就是其形状描述的一部分，所以不需要用户专门在三维坐标与UV坐标之间建立对应关系。

### 4.1.5 多边形右键菜单

使用多边形的右键快捷键菜单可以快速地创建和编辑多边形对象。在没有选择任何对象时，按住Shift键单击鼠标右键，在弹出的快捷菜单中是一些多边形原始几何体的创建命令，如图4-10所示；在选择了多边形对象时，单击鼠标右键，在弹出的快捷菜单中是一些多边形的次物体级别命令，如图4-11所示；如果已经进入了次物体级别，例如进入了面级别，按住Shift键单击鼠标右键，在弹出的快捷菜单中是一些编辑面的工具与命令，如图4-12所示。

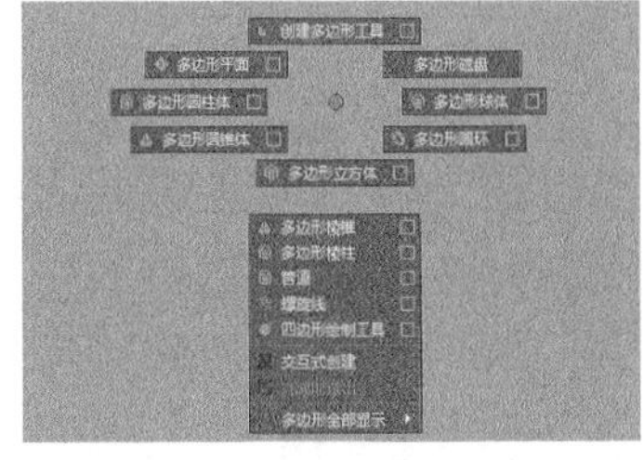

图4-10

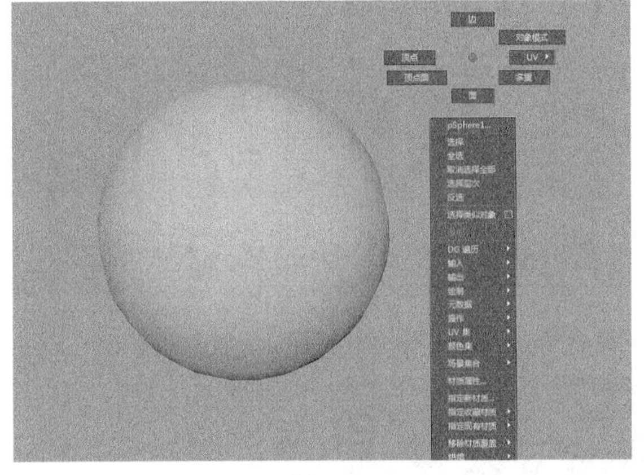

图4-11

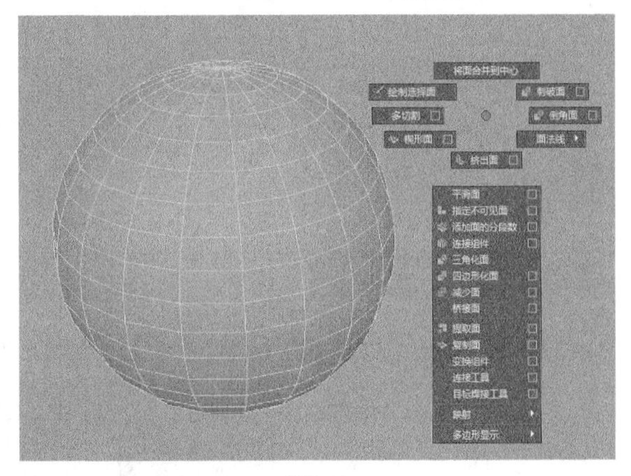

图4-12

## 4.2 创建多边形基本体

切换到“建模”模块，在“创建>多边形基本体”菜单下是一系列创建多边形对象的命令，通过该菜单可以创建出最基本的多边形对象，如图4-13所示。

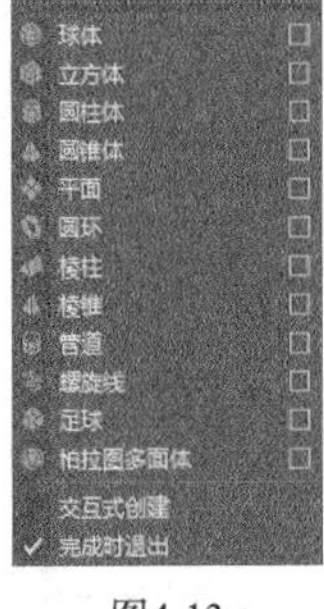


图4-13

## 4.2.1 球体

使用“球体”命令可以创建出多边形球体，单击后面的按钮打开“多边形球体选项”对话框，如图4-14所示。

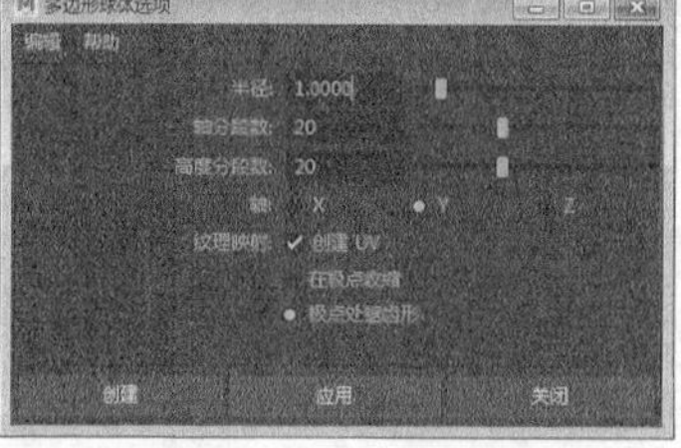


图4-14

### 常用参数介绍

❖ 半径：设置球体的半径。

❖ 轴：设置球体的轴方向。

❖ 轴分段数：设置经方向上的分段数。

❖ 高度分段数：设置纬方向上的分段数。

**提示**

以上的4个参数对多边形球体的形状有很大影响，图4-15所示是在不同参数值下的多边形球体形状。

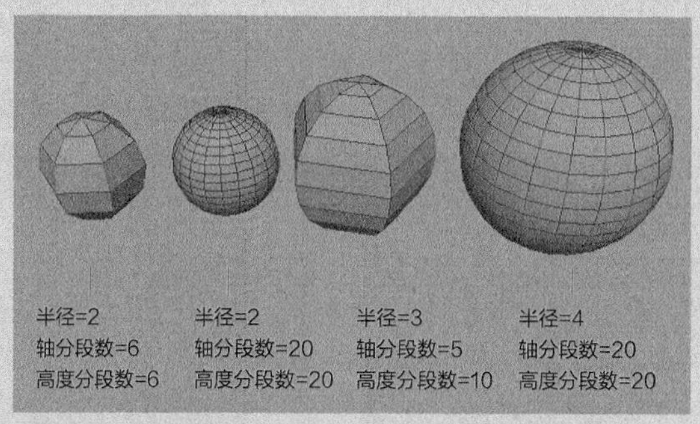


图4-15

## 4.2.2 立方体

使用“立方体”命令可以创建出多边形立方体，图4-16所示是在不同参数值下的立方体形状。

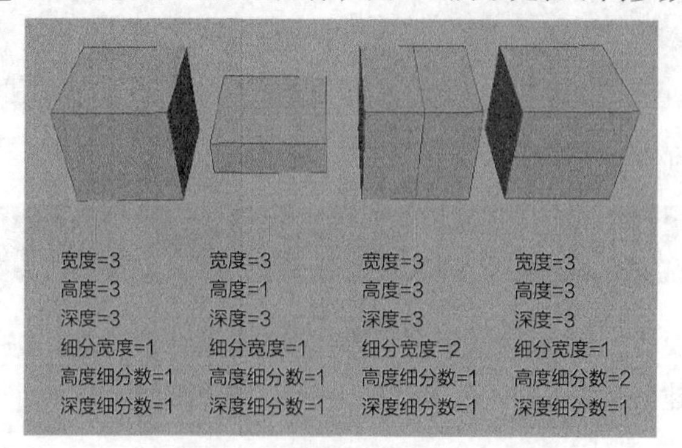


图4-16

**提示**

关于立方体及其他多边形物体的参数就不再讲解了，用户可以参考NURBS对象的参数解释。

### 4.2.3 圆柱体

使用“圆柱体”命令可以创建出多边形圆柱体，图4-17所示是在不同参数值下的圆柱体形状。

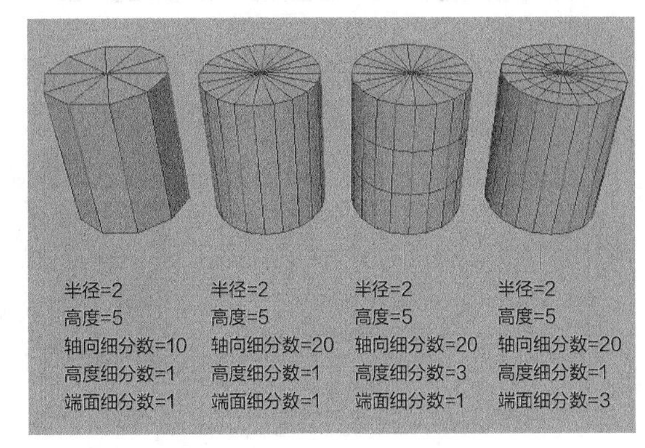


图4-17

### 4.2.4 圆锥体

使用“圆锥体”命令可以创建出多边形圆锥体，图4-18所示是在不同参数值下的圆锥体形状。

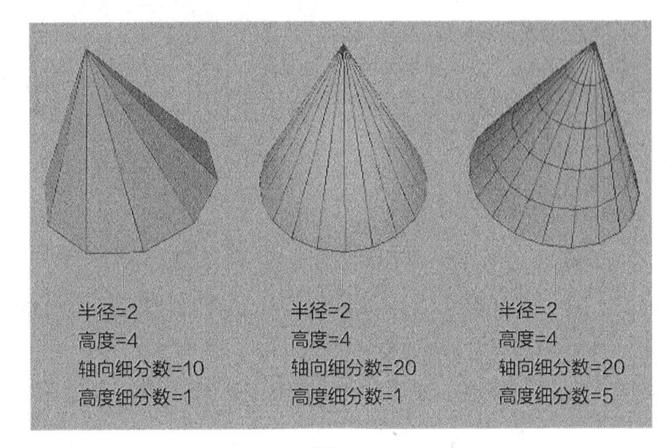


图4-18

### 4.2.5 平面

使用“平面”命令可以创建出多边形平面，图4-19所示是在不同参数值下的多边形平面形状。

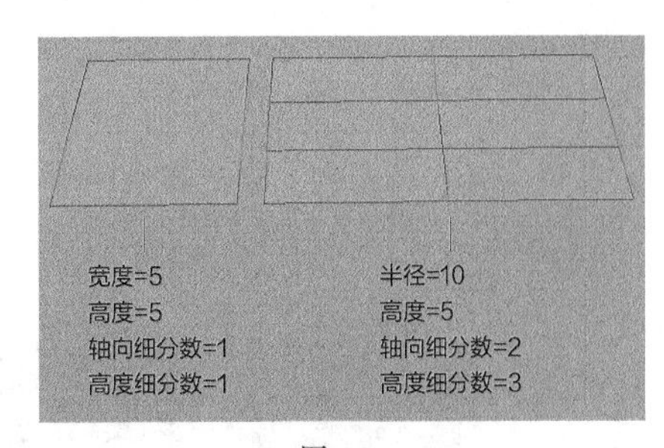


图4-19

### 4.2.6 特殊多边形

特殊多边形包括圆环、棱柱、棱锥、管道、螺旋线、足球和柏拉图多面体，如图4-20所示。

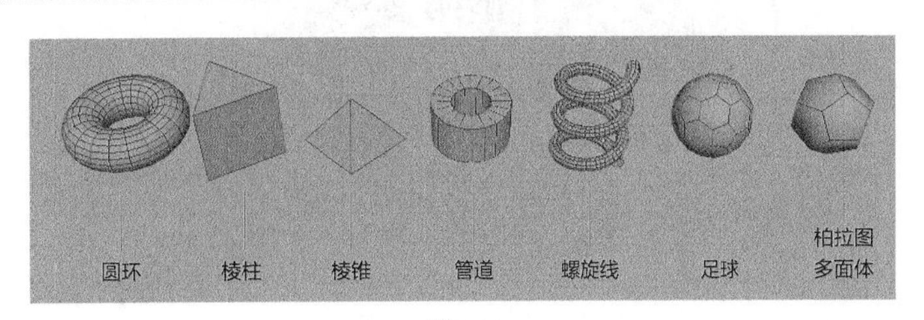


图4-20

# 4.3 网格菜单

“网格”菜单中提供了很多处理网格的工具，这些工具主要分为“结合”“重新划分网格”“镜像”“传递”“优化”这5大类，如图4-21所示。

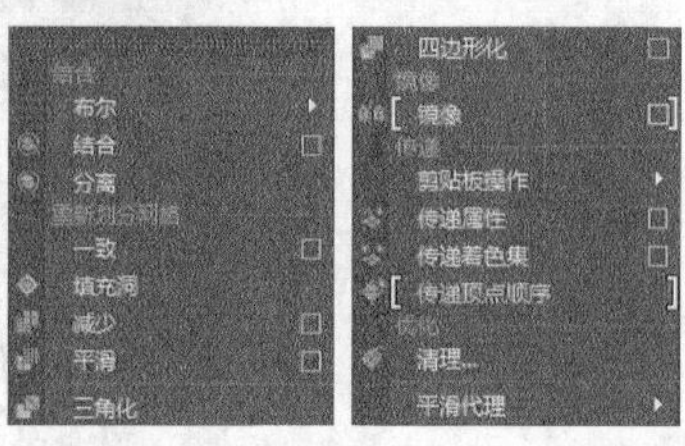


图4-21

## 4.3.1 布尔

“布尔”菜单中包含3个子命令，分别是“并集”、“差集”和“交集”，如图4-22所示。

图4-22

### 布尔命令介绍

- ❖ 并集：可以合并两个多边形，相比于“合并”命令来说，“并集”命令可以做到无缝拼合。
- ❖ 差集：可以将两个多边形对象进行相减运算，以消去对象与其他对象的相交部分，同时也会消去其他对象。
- ❖ 交集：可以保留两个多边形对象的相交部分，但是会去除其余部分。

## 【练习4-1】布尔运算

| | |
|---|---|
| 场景文件 | Scenes>CH04>4.1.mb |
| 实例文件 | Examples>CH04>4.1.mb |
| 难易指数 | ★☆☆☆☆ |
| 技术掌握 | 掌握“差集”命令的用法 |

本例使用“差集”命令制作的三维文字效果如图4-23所示。

图4-23

01 打开学习资源中的“Scenes>CH04>4.1.mb”文件，场景中有一些多边形对象，如图4-24所示。

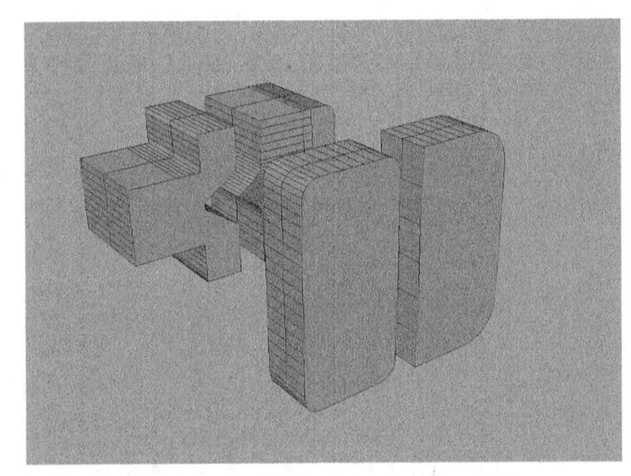

图4-24

02 选择后排第1个模型，然后将其拖曳至前方模型的中心处，如图4-25所示，接着选择靠外的模型，再加选拖曳的模型，最后执行“网格>布尔>差集”菜单命令，效果如图4-26所示。

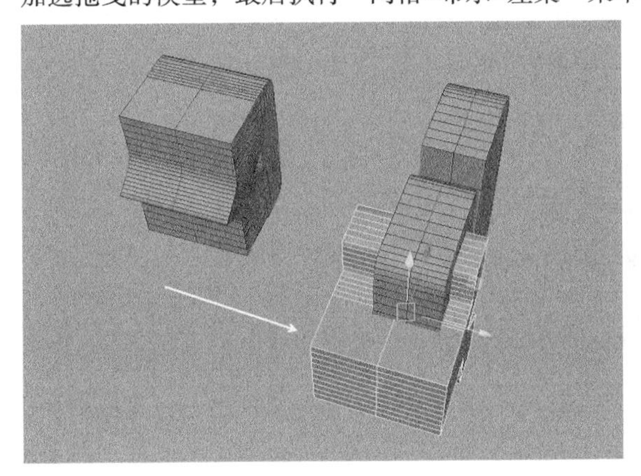

图4-25

图4-26

03 将后排第2个模型向前移动，然后选择数字3的模型，接着加选移动的模型，最后执行“网格>布尔>差集”菜单命令，效果如图4-27所示。

04 将后排第3个模型向前移动，然后选择字母D的模型，接着加选移动的模型，最后执行“网格>布尔>差集”菜单命令，效果如图4-28所示。

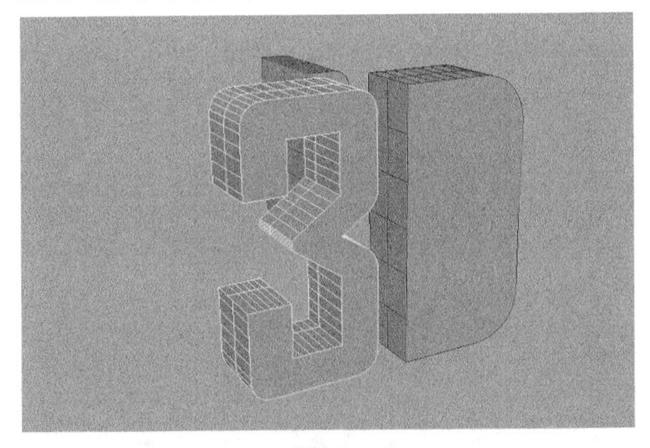

图4-27

图4-28

**提示**

在对对象操作完后，为了保持对象“干净”即没有历史记录，通常会执行“编辑>按类型删除>历史”菜单命令，其快捷键为Alt+Shift+D。

## 4.3.2 结合

使用“结合”命令可以将多个多边形对象组合成为一个多边形对象，组合前的每个多边形称为一个“壳”，如图4-29所示。单击“结合”命令后面的按钮，打开“组合选项”对话框，如图4-30所示。

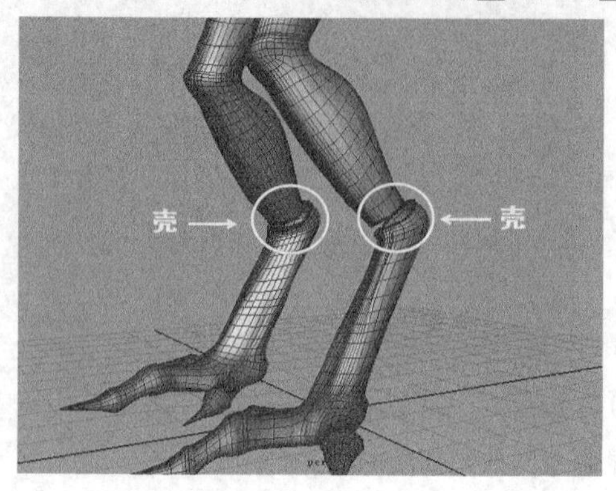


图4-29

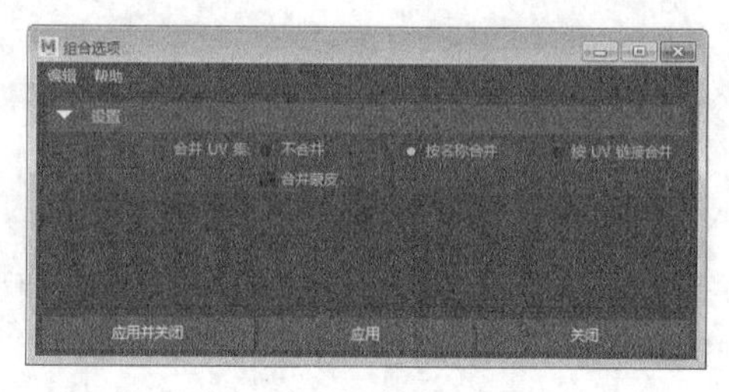


图4-30

### 常用参数介绍

- ❖ 合并UV集：对合并对象的UV集进行合并操作。
  - ✧ 不合并：对合并对象的UV集不进行合并操作。
  - ✧ 按名称合并：依照合并对象的名称进行合并操作。
  - ✧ 按UV链接合并：依照合并对象的UV链接进行合并操作。

## 4.3.3 分离

“分离”命令的作用与“结合”命令刚好相反。例如将上实例的模型结合在一起以后，执行该命令可以将结合在一起的模型分开。

## 【练习4-2】结合/分离多边形对象

| | |
|---|---|
| 场景文件 | Scenes>CH04>4.2.mb |
| 实例文件 | Examples>CH04>4.2.mb |
| 难易指数 | ★☆☆☆☆ |
| 技术掌握 | 掌握如何结合/分离多个多边形对象 |

本例使用“结合”命令和“分离”命令将多边形结合和分离的效果如图4-31所示。

图4-31

**01** 打开学习资源中的“Scenes>CH04>4.2.mb”文件，场景中有一个角色模型，如图4-32所示。

**02** 执行“窗口>大纲视图”菜单命令打开“大纲视图”对话框，然后在视图中选择模型，此时在大纲视图中可以看到，对应的节点也被选择了，如图4-33所示。

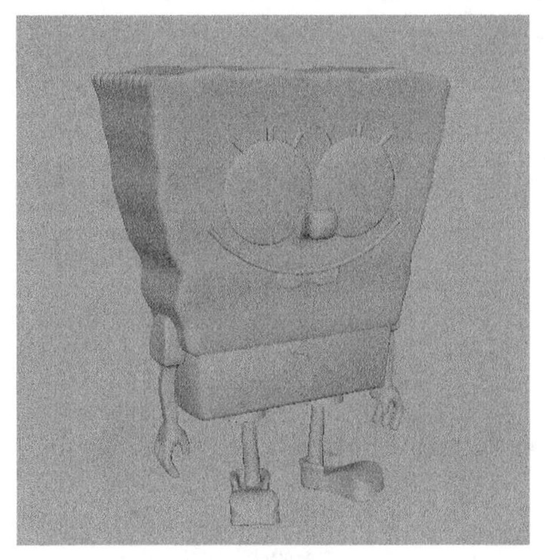

图4-32

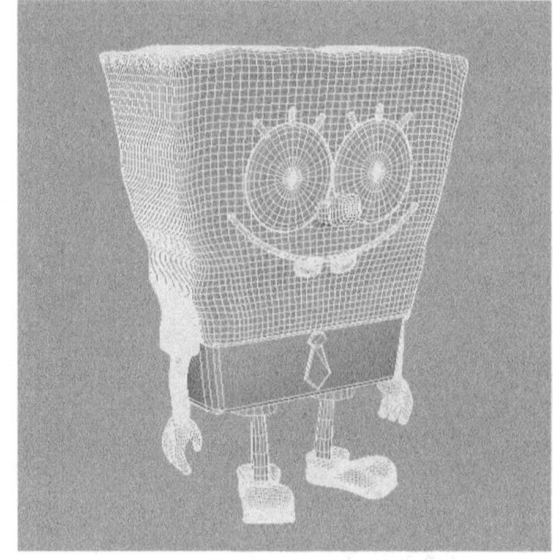

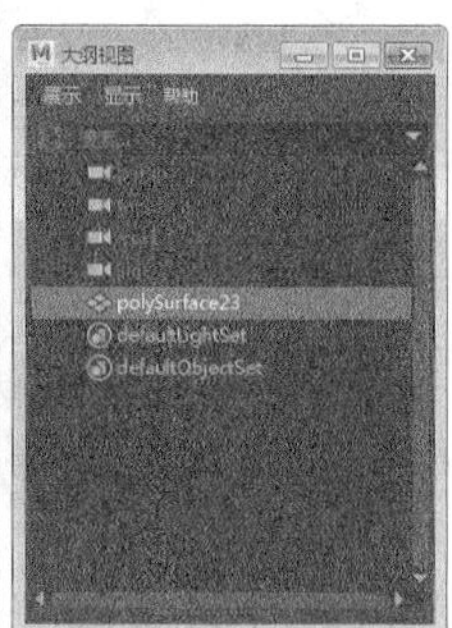


图4-33

**03** 执行“网格>分离”菜单命令，此时可以在大纲视图中看到，原先的节点被拆分为多个节点，并且模型也被拆分为多个部分，如图4-34所示。

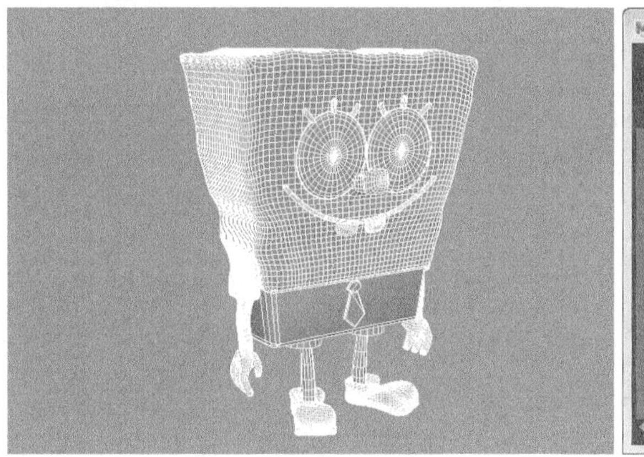

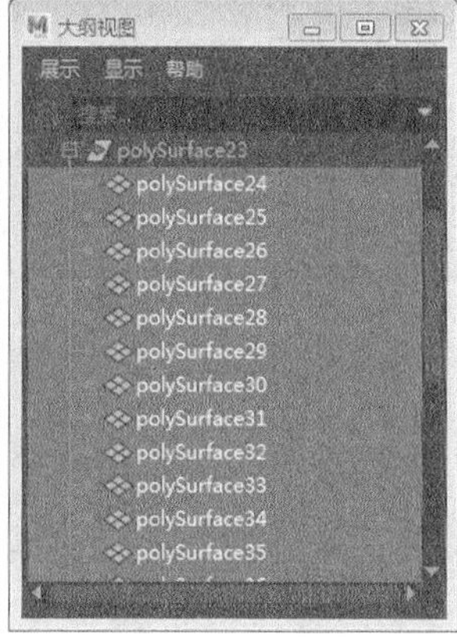


图4-34

**04** 执行“网格>结合”菜单命令，此时可以在大纲视图中看到，节点又变为一个，并且模型也变为一个整体，如图4-35所示。

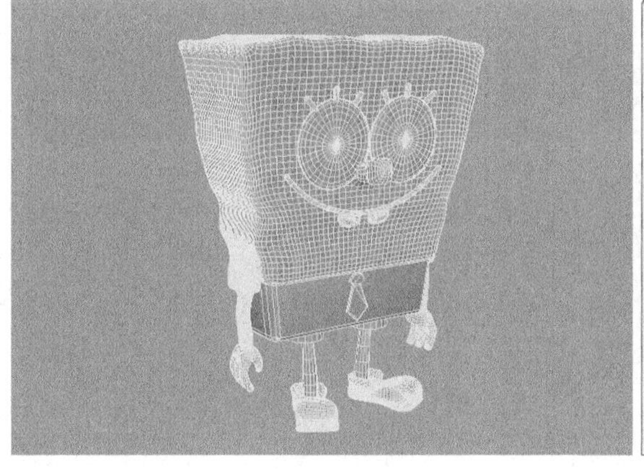

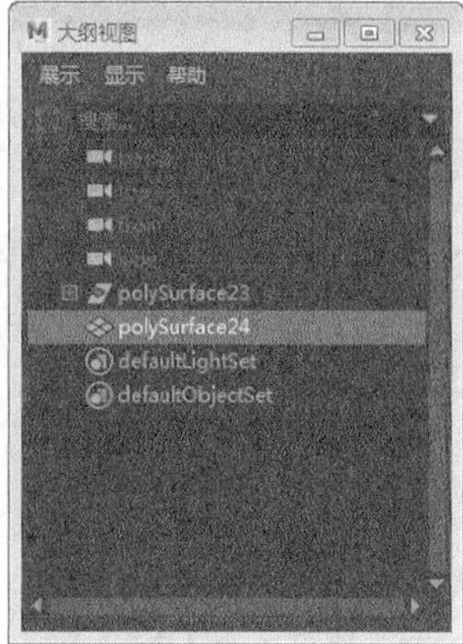


图4-35

## 4.3.4 填充洞

使用“填充洞”命令可以填充多边形上的洞，并且可以一次性填充多个洞。

## 【练习4-3】补洞

| 场景文件 | Scenes>CH04>4.3.mb |
| --- | --- |
| 实例文件 | Examples>CH04>4.3.mb |
| 难易指数 | ★☆☆☆☆ |
| 技术掌握 | 掌握如何填充多边形上的洞 |

本例使用“填充洞”命令将多边形上的洞填充后的效果如图4-36所示。

图4-36

**01** 打开学习资源中的“Scenes>CH04>4.3.mb文件”，可以观察到模型上有一个缺口，如图4-37所示。

图4-37

**02** 在模型上按住右键，然后在打开的菜单中选择“边”命令，接着选择缺口边缘的边，如图4-38所示，最后执行“网格>填充洞”菜单命令，效果如图4-39所示。

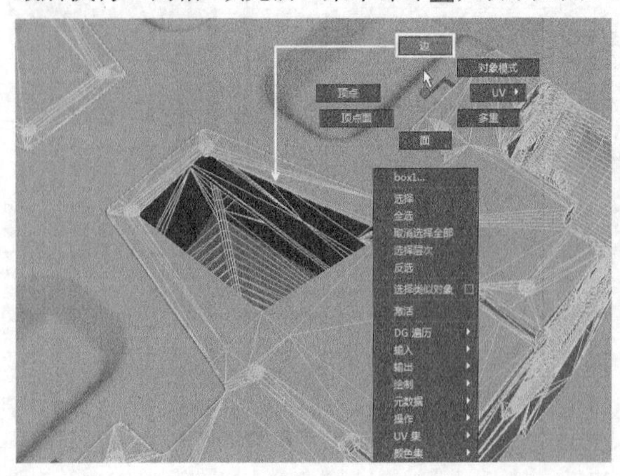


图4-38

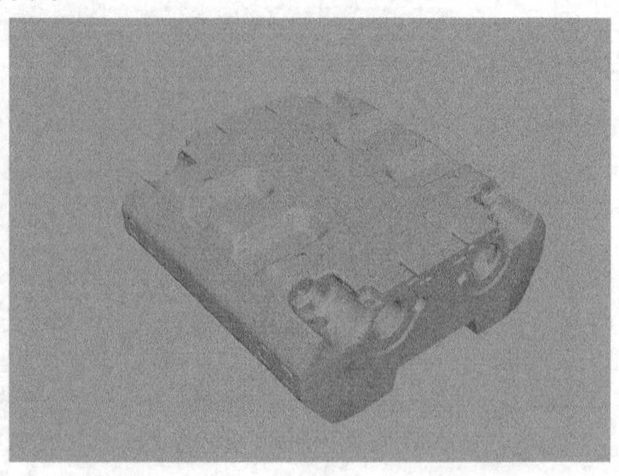

图4-39

## 4.3.5 减少

使用“减少”命令可以简化多边形的面，如果一个模型的面数太多，就可以使用该命令对其进行简化。打开“减少选项”对话框，如图4-40所示。

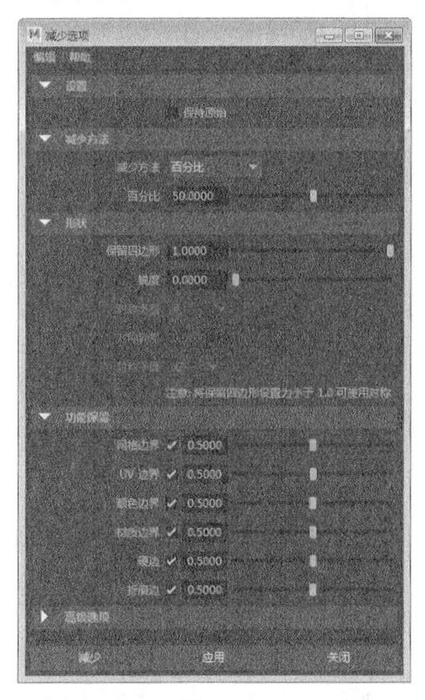


图4-40

### 常用参数介绍

❖ 保持原始（针对权重绘制）：选择该选项，简化模型后会保留原始模型。

❖ 百分比：设置简化多边形的百分比。该数值越大，简化效果越明显，图4-41所示是该数值为30和80时的简化效果对比。

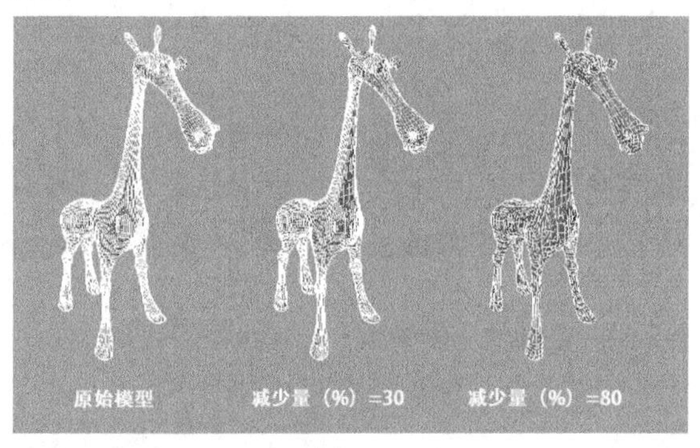


图4-41

❖ 保留四边形：该数值越大，简化后的多边形的面都尽可能以四边面形式进行转换；该数值越小，简化后的多边形的面都尽可能以三边面形式进行转换。

❖ 锐度：该数值越接近0时，简化多边形时Maya将尽量保持原始模型的形状，但可能会产生尖锐的、非常不规则的三角面，这样的三角面很难编辑；该参数为1时，简化多边形时Maya将尽量产生规则的三角面，但是和原始模型的形状有一定的偏差。

❖ 网格边界：选择该项后，可以在精简多边形的同时尽量保留模型的边界。

❖ UV边界：选择该项后，可以在精简多边形的同时尽量保留模型的UV边界。

❖ 颜色边界：选择该项后，可以在精简多边形的同时尽量保持顶点的颜色信息。

❖ 硬边：选择该项后，可以在精简多边形的同时尽量保留模型的硬边。

❖ 折痕边：选择该项后，可以在精简多边形的同时尽量保留模型的硬顶点位置。

## 4.3.6 平滑

使用“平滑”命令可以将粗糙的模型通过细分面的方式进行平滑处理，细分的面越多，模型就越光滑。打开“平滑选项”对话框，如图4-42所示。

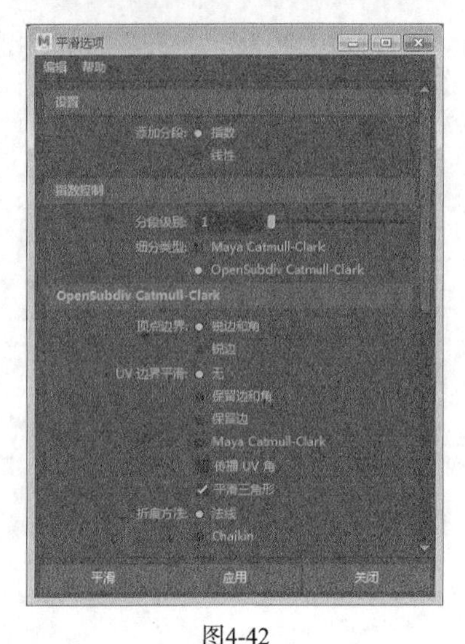


图4-42

### 常用参数介绍

❖ 添加分段：在平滑细分面时，设置分段的添加方式。
  ✧ 指数：这种细分方式可以将模型网格全部拓扑成为四边形，如图4-43所示。
  ✧ 线性：这种细分方式可以在模型上产生部分三角面，如图4-44所示。

图4-43

图4-44

❖ 分段：控制物体的平滑程度和细分段的数目。该参数值越高，物体越平滑，细分面也越多，图4-45和图4-46所示分别是“分段”数值为1和3时的细分效果。

图4-45

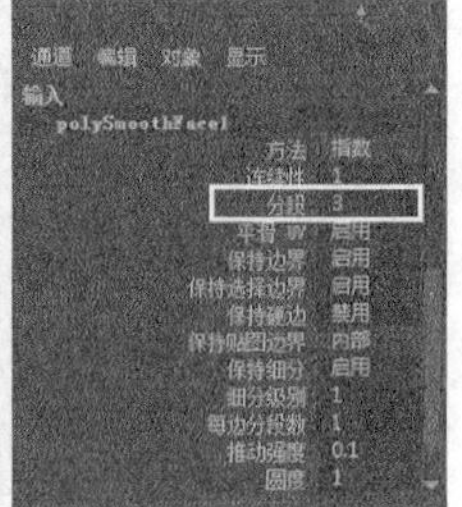


图4-46

❖ 细分类型：设置细分的方式，包括Maya Catmull-Clark和OpenSubdiv Catmull-Clark两种算法，默认选择的是OpenSubdiv Catmull-Clark算法。

设置细分类型为OpenSubdiv Catmull-Clark时，OpenSubdiv Catmull-Clark属性组中的属性被激活，如图4-47所示。

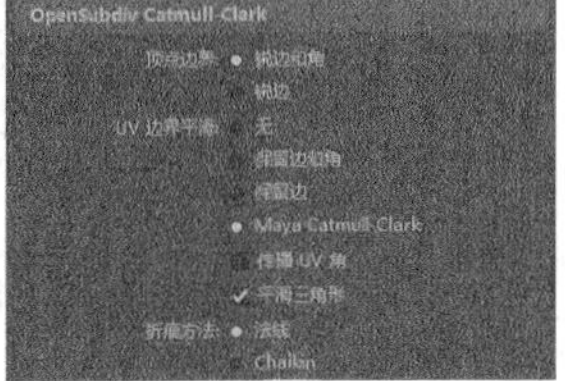


图4-47

## 常用参数介绍

❖ 顶点边界：控制如何对边界边和角顶点进行插值，包括“锐边和角”以及“锐边”两个选项。
  ✧ 锐边和角：（默认）边和角在平滑后保持为锐边和角。
  ✧ 锐边：边在平滑后保持为锐边。角已进行平滑。

❖ UV 边界平滑：控制如何将平滑应用于边界 UV，包括“无”“保留边和角”“保留边”3个选项。
  ✧ 无：不平滑 UV。
  ✧ 保留边和角：平滑 UV。边和角在平滑后保持为锐边和角。
  ✧ 保留边：平滑 UV 和角。边在平滑后保持为锐边。
  ✧ Maya Catmull-Clark：平滑不连续边界上的顶点附近的面变化数据（UV 和颜色集），不连续边界上的顶点将按锐化规则细分（对其插值），默认选择该选项。

❖ 传播 UV 角：启用后，原始网格的面变化数据（UV 和颜色集）将应用于平滑网格的 UV 角。

❖ 平滑三角形：启用时，会将细分规则应用到网格，从而使三角形的细分更加平滑。

❖ 折痕方法：控制如何对边界边和顶点进行插值，包括“法线”和Chaikin两个选项。
  ✧ 法线：不应用折痕锐度平滑，默认选择该选项。
  ✧ Chaikin：启用后，对关联边的锐度进行插值。在细分折痕边后，结果边的锐度通过 Chaikin 的曲线细分算法确定，该算法会产生半锐化折痕。此方法可以改进各个边具有不同边权重的多边折痕的外观。

设置细分类型为Maya Catmull-Clark时，Maya Catmull-Clark属性组中的属性被激活，如图4-48所示。

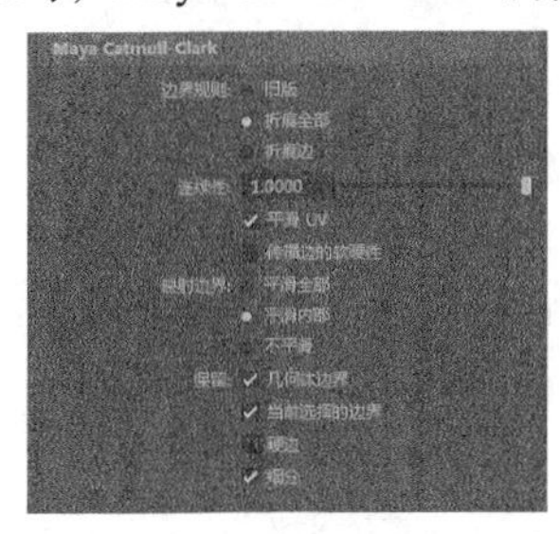


图4-48

## 常用参数介绍

❖ 边界规则：通过该选项，可以设置在平滑网格时要将折痕应用于边界边和顶点的方式，包括“旧版”“折痕全部”“折痕边”3个选项。
  ✧ 旧版：不将折痕应用于边界边和顶点。
  ✧ 折痕全部：在转化为平滑网格之前为所有边界边以及只有两条关联边的所有顶点应用完全折痕，默认选择该选项。

✧ 折痕：仅为边应用完全折痕。

❖ 连续性：用来设置模型的平滑程度。当该值为0时，面与面之间的转折连接处都是线性的，效果比较生硬，如图4-49所示；当该值为1时，面与面之间的转折连接处都比较平滑，如图4-50所示。

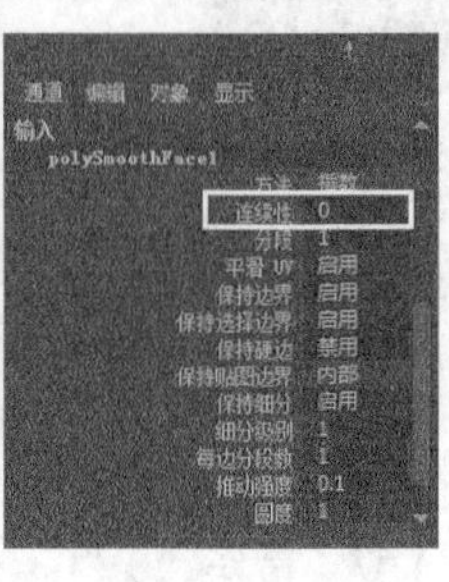


图4-49

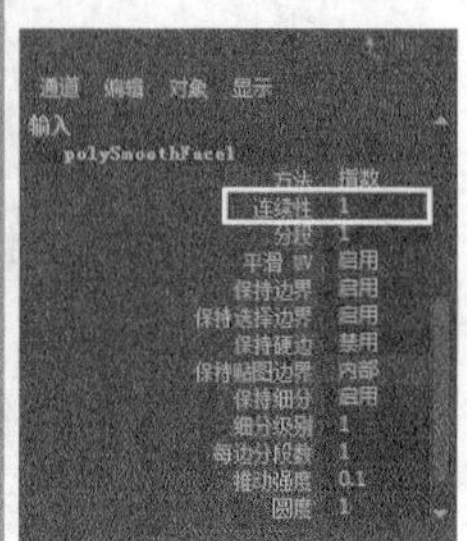


图4-50

❖ 平滑UV：选择该选项后，在平滑细分模型的同时，还会平滑细分模型的UV。

❖ 传播边的软硬性：选择该选项后，细分的模型的边界会比较生硬，如图4-51所示。

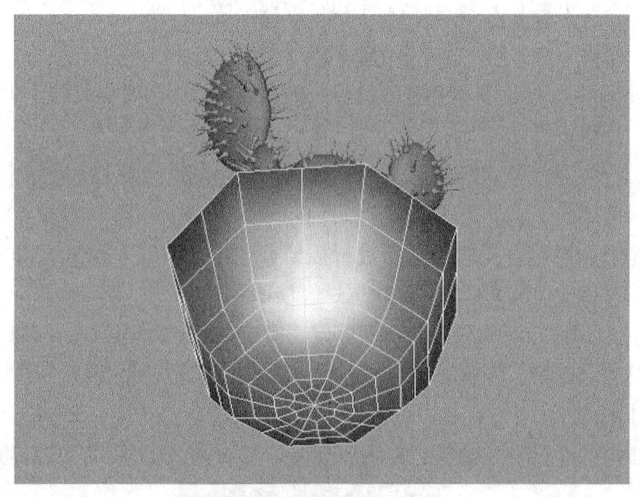

图4-51

❖ 映射边界：设置边界的平滑方式。
  ✧ 平滑全部：平滑细分所有的UV边界。
  ✧ 平滑内部：平滑细分内部的UV边界。
  ✧ 不平滑：所有的UV边界都不会被平滑细分。

❖ 保留：当平滑细分模型时，保留哪些对象不被细分。
  ✧ 几何体边界：保留几何体的边界不被平滑细分。
  ✧ 当前选择的边界：保留选择的边界不被光滑细分。
  ✧ 硬边：如果已经设置了硬边和软边，可以选择该选项以保留硬边不被转换为软边。

❖ 分段级别：控制物体的平滑程度和细分面数目。参数值越高， 物体越平滑， 细分面也越多。

❖ 每个面的分段数：设置细分边的次数。该数值为1时，每条边只被细分1次；该数值为2时，每条边会被细分两次。

❖ 推动强度：控制平滑细分的结果。该数值越大，细分模型越向外扩张；该数值越小，细分模型越内缩，图4-52和图4-53所示分别是“推动强度”数值为1和 - 1时的效果。

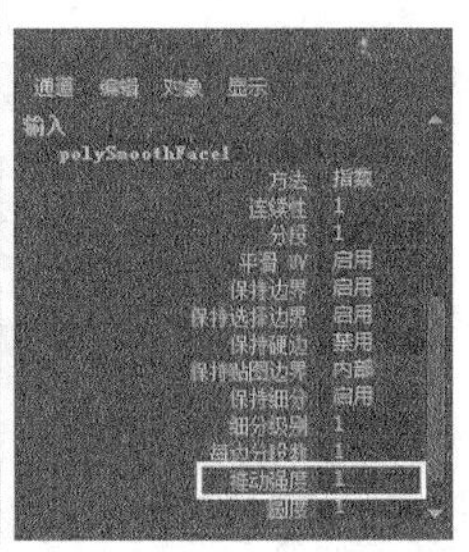


图4-52

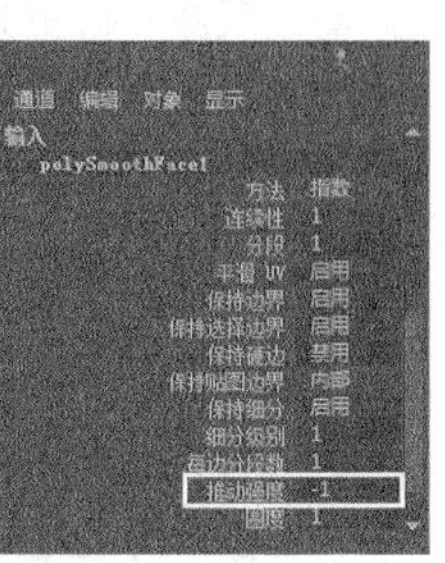


图4-53

❖ 圆度：控制平滑细分的圆滑度。该数值越大，细分模型越向外扩张，同时模型也比较圆滑；该数值越小，细分模型越内缩，同时模型的光滑度也不是很理想。

## 【练习4-4】平滑对象

| 场景文件 | Scenes>CH04>4.4.mb |
| --- | --- |
| 实例文件 | Examples>CH04>4.4.mb |
| 难易指数 | ★☆☆☆☆ |
| 技术掌握 | 掌握如何平滑多边形 |

本例使用“平滑”命令将模型平滑后的效果如图4-54所示。

图4-54

 打开学习资源中的“Scenes>CH04>4.4.mb”文件，如图4-55所示。从图中可以看到，模型的面数很少。

图4-55

**02** 选择模型，然后执行“网格>平滑”菜单命令，效果如图4-56所示。从图中可以看到，模型的面数增加了，而且模型变得更光滑。

**03** 在“通道盒层编辑器”中，展开polySmoothFace节点属性，然后设置“分段”为2，此时模型的面数更多，表面变得更光滑，如图4-57所示。

图4-56

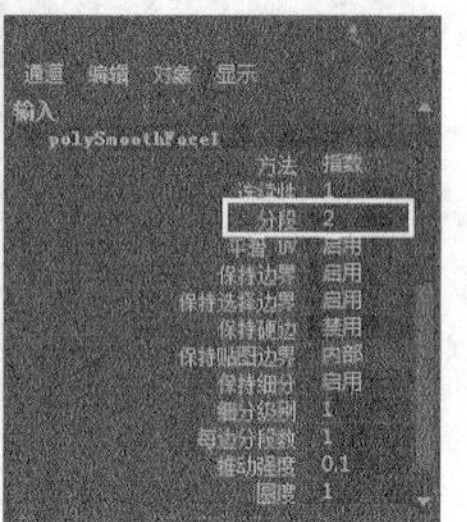


图4-57

## 4.3.7 三角化

使用“三角化”命令可以将多边形面细分为三角形面。

## 4.3.8 四边形化

使用“四边形化”命令可以将多边形物体的三边面转换为四边面。打开“四边形化面选项”对话框，如图4-58所示。

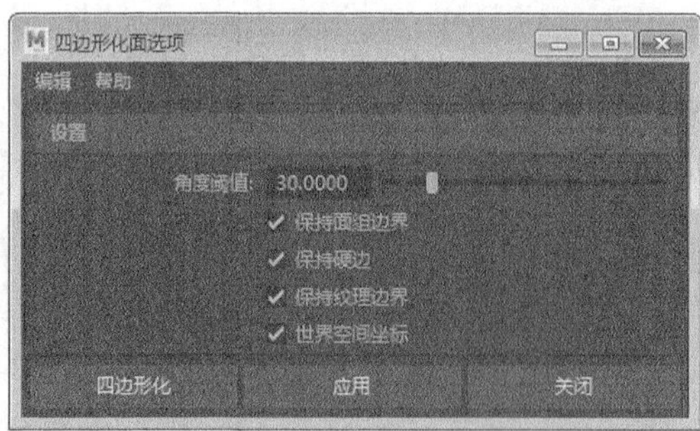


图4-58

### 常用参数介绍

- ❖ 角度阈值：设置两个合并三角形的极限参数（极限参数是两个相邻三角形的面法线之间的角度）。当该值为0时，只有共面的三角形被转换；当该值为180时，表示所有相邻的三角形面都有可能会被转换为四边形面。
- ❖ 保持面组边界：选择该项后，可以保持面组的边界；关闭该选项时，面组的边界可能会被修改。
- ❖ 保持硬边：选择该项后，可以保持多边形的硬边；关闭该选项时，在两个三角形面之间的硬边可能会被删除。
- ❖ 保持纹理边界：选择该项后，可以保持纹理的边界；关闭该选项时，Maya将修改纹理的边界。
- ❖ 世界空间坐标：选择该项后，设置的“角度阈值”处于世界坐标系中的两个相邻三角形面法线之间的角度上；关闭该选项时，“角度阈值”处于局部坐标空间中的两个相邻三角形面法线之间的角度上。

## 【练习4-5】四边形化多边形面

| 场景文件 | Scenes>CH04>4.5.mb |
| --- | --- |
| 实例文件 | Examples>CH04>4.5.mb |
| 难易指数 | ★☆☆☆☆ |
| 技术掌握 | 掌握如何将多边形面转换为三/四边形面 |

本例使用“三角化”命令和“四边形化”命令将多边形面转换为三/四边面后的效果如图4-59所示。

图4-59

01 打开学习资源中的“Scenes>CH04>4.5.mb”文件，场景中有个四边面构成的模型，如图4-60所示。

图4-60

02 选择模型，然后执行“网格>三角化”菜单命令，此时可以观察到模型变为三角面，如图4-61所示。

03 选择模型，然后执行“网格>四边形化”菜单命令，此时可以观察到模型的三边面已经转换成了四边面，如图4-62所示。

图4-61

图4-62

## 4.3.9 镜像

使用“镜像”菜单命令可以将对象紧挨着自身进行镜像。打开“镜像选项”对话框，如图4-63所示。

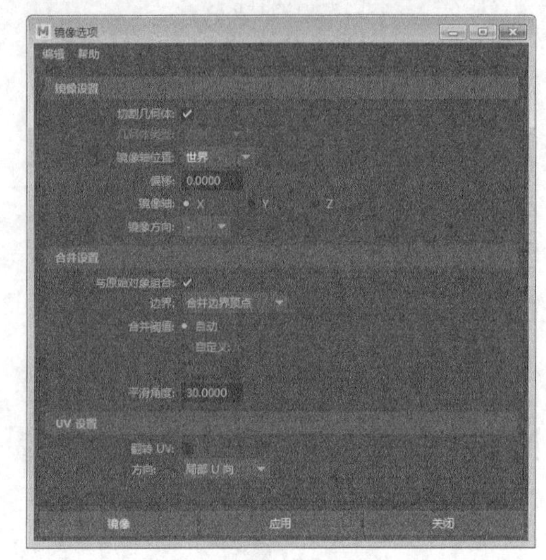


图4-63

### 常用参数介绍

- ❖ 镜像方向：用来设置镜像的方向，都是沿世界坐标轴的方向。如+*x*表示沿着*x*轴的正方向进行镜像；-*x*表示沿着*x*轴的负方向进行镜像。
- ❖ 与原始合并：选择该选项后，镜像出来的平面会与原始平面合并在一起。
- ❖ 合并顶点阈值：处于该值范围内的顶点会相互合并，只有“与原始合并”选项处于启用状态时，该选项才可用。

## 4.3.10 剪贴板操作

“剪贴板操作”命令包含3个子命令，分别是“复制属性”、“粘贴属性”和“清空剪贴板”，如图4-64所示。

由于3个命令的参数都相同，这里用“复制属性”命令来进行讲解。打开“复制属性选项”对话框，如图4-65所示。

图4-64

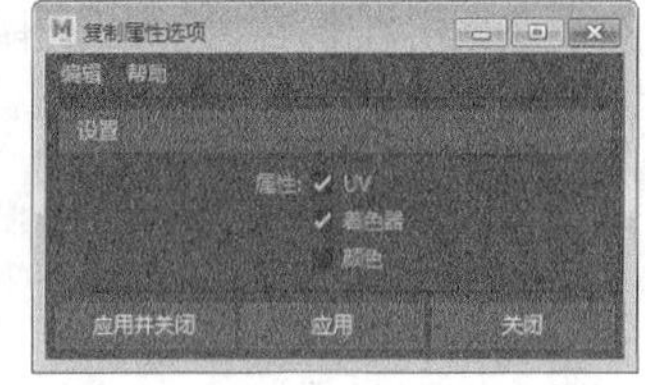


图4-65

### 常用参数介绍

- ❖ 属性：选择要复制的属性。
  - ✧ UV：复制模型的UV属性。
  - ✧ 着色器：复制模型的材质属性。
  - ✧ 颜色：复制模型的颜色属性。

## 4.3.11 传递属性

使用“传递属性”命令可以将一个多边形的相关信息应用到另一个相似的多边形上，当传递完信息后，它们就有了相同的信息。打开“传递属性选项”对话框，如图4-66所示。

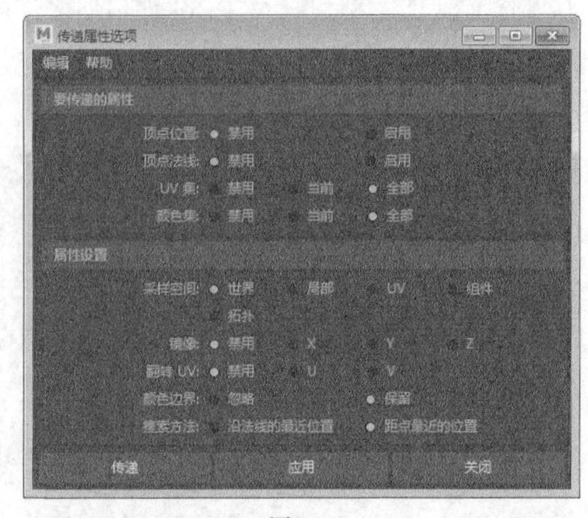


图4-66

### 常用参数介绍

- ❖ 顶点位置：控制是否开启多边形顶点位置的信息传递。
- ❖ 顶点法线：控制是否开启多边形顶点法线的信息传递。
- ❖ UV集：设置多边形UV集信息的传递方式。
- ❖ 颜色集：设置多边形顶点颜色集信息的传递方式。

## 4.3.12 传递着色集

使用“传递着色集”命令可以对多边形之间的着色集进行传递。打开“传递着色集选项”对话框，如图4-67所示。

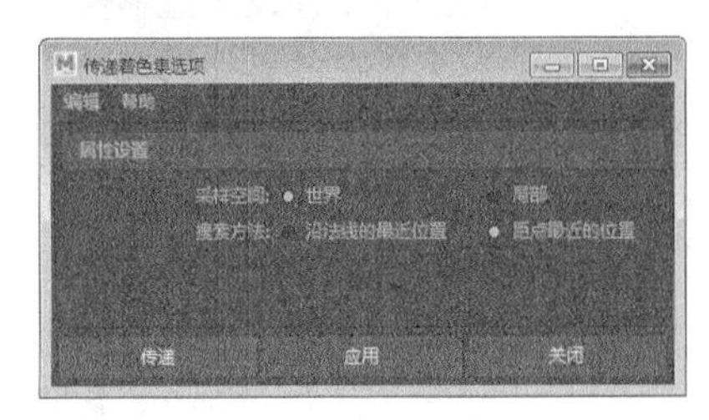

图4-67

### 常用参数介绍

❖ 采样空间：设置多边形之间的采样空间类型，共有以下两种。
  ✧ 世界：使用基于世界空间的传递，可确保属性传递与在场景视图中看到的内容匹配。
  ✧ 局部：如果要并列比较源网格和目标网格，可以使用“局部”设置。只有当对象具有相同的变换值时，“局部”空间传递才可以正常工作。
❖ 搜索方法：控制将点从源网格关联到目标网格的空间搜索方法。

## 4.3.13 传递顶点顺序

使用“传递顶点顺序”命令可将顶点ID顺序从一个对象传递到另一个对象。

## 4.3.14 清理

使用“清理”命令可以清理多边形的某些部分，也可以使用该命令的标识匹配功能匹配标准的多边形，或使用这个功能移除或修改不匹配指定标准的那个部分。打开“清理选项”对话框，如图4-68所示。

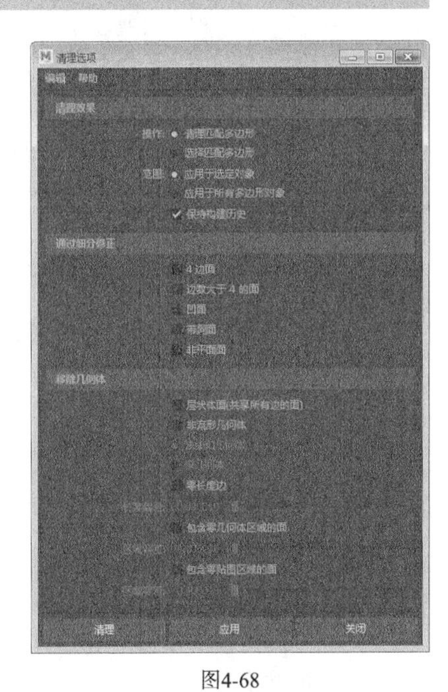

图4-68

### 常用参数介绍

❖ 操作：选择是要清理多边形还是仅将其选中。
  ✧ 清理匹配多边形：使用该选项可以重复清理选定的多边形几何体（使用相同的选项设置）。
  ✧ 选择匹配多边形：使用该选项可以选择符合设定标准的任何多边形，但不执行清理。
❖ 范围：选择要清理的对象范围。
  ✧ 应用于选定对象：启用该选项后，仅在场景中清理选定的多边形，这是默认设置。
  ✧ 应用于所有多边形对象：启用该选项后，可以清理场景中所有的多边形对象。
  ✧ 保持构建历史：启用该选项后，可以保持与选择的多边形几何体相关的构建历史。

❖ 通过细分修正：可以使用一些多边形编辑操作来修改多边形网格，并且生成具有不需要的属性的多边形面。可以通过细分修正的面包含“4边面”“边数大于4的面”“凹面”“带洞面”“非平面面”，如图4-69所示。

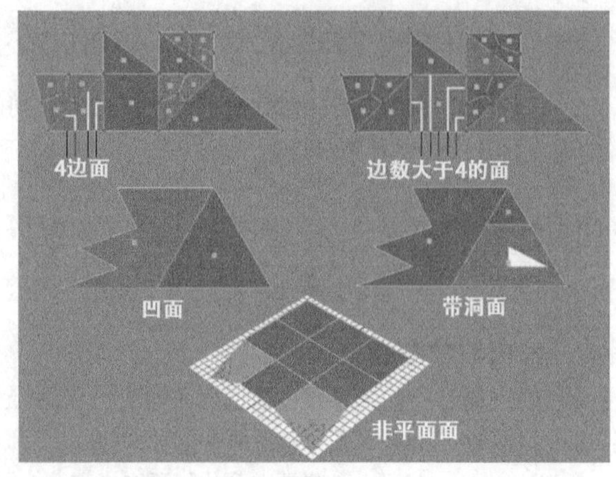

图4-69

❖ 移除几何体：指定在清理操作期间要移除的几何体，以及要移除的几何体中的容差。
  ✧ Lamina面（共享所有边的面）：如果选择了用于移除的“Lamina面”，则Maya会移除共享所有边的面。通过移除这些类型的面，可以避免不必要的处理时间，特别是当将模型导出到游戏控制台时。
  ✧ 非流形几何体：启用该选项可以清理非流形几何体。如果选择“法线和几何体”选项，则在清理非流形顶点或边时，可以让法线保持一致；如果选择“仅几何体”选项，则清理非流形几何体，但无须更改结果法线。
  ✧ 零长度边：当选择移除具有零长度的边时，非常短的边将在指定的容差内被删除。
  ✧ 长度容差：指定要移除的边的最小长度。
  ✧ 包含零几何体区域的面：当选择移除具有零几何体区域的面（例如，移除面积介于 0~0.0001 的面）时，会通过合并顶点来移除面。
  ✧ 区域容差：指定要删除的面的最小区域。
  ✧ 具有零贴图区域的面：选择移除具有零贴图区域的面时，检查面的相关UV纹理坐标，并移除UV不符合指定的容差范围内的面。
  ✧ 区域容差：指定要删除的面的最小区域。

## 4.3.15 平滑代理

“平滑代理”命令包含“细分曲面代理”、“移除细分曲面代理镜像”、“折痕工具”、“切换代理显示”和“代理和细分曲面同时显示”5个子命令，如图4-70所示。

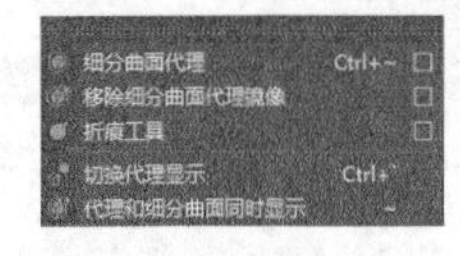

图4-70

### 常用命令介绍

❖ 细分曲面代理：通过添加多边形平滑选定多边形，并将原始未平滑网格作为代理。此时会在代理和平滑版本的网格之间建立节点连接，这样对代理形状或拓扑所做的更改会更新到平滑版本的网格中。

❖ 移除细分曲面代理镜像：移除通过“平滑代理>细分曲面代理”命令创建的平滑网格，并将代理网格的两个部分（原始网格和镜像网格）合并到一个网格中，类似于在原始网格上使用“网格>镜像几何体”，但对网格的其中一部分所做的调整将不再自动镜像到另一部分中。

❖ 折痕工具：为多边形网格上的边和顶点生成折痕。可用于修改多边形网格，并获取在硬和平滑之间过渡的形状，而不会过度增大基础网格的分辨率。

❖ 切换代理显示：在法线多边形显示和平滑细分曲面代理版本之间切换细分曲面代理对象的显示。

❖ 代理和细分曲面同时显示：同时显示代理网格和细分曲面网格。

# 4.4 编辑网格菜单

“编辑网格”菜单提供了很多修改网格的工具，这些工具主要分为“组件”“顶点”“边”“面”“曲线”5大类，如图4-71所示。

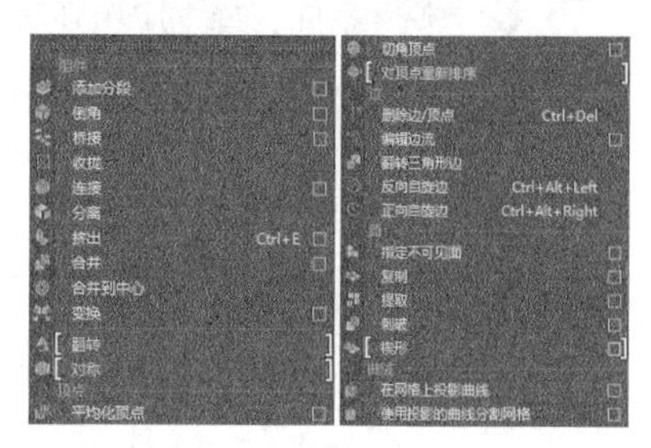


图4-71

## 4.4.1 添加分段

使用“添加分段”命令可以对选择的面或边进行细分，并且可以通过“分段级别”来设置细分的级别。打开“添加面的分段数选项”对话框，如图4-72所示。

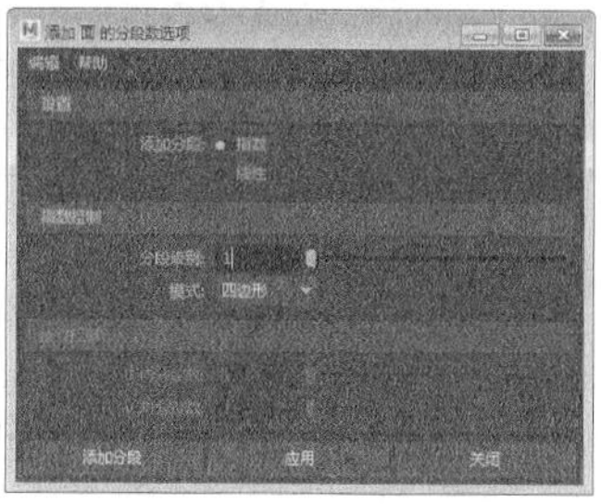

图4-72

### 常用参数介绍

- 添加分段：设置选定面的细分方式。
  - 指数：以递归方式细分选定的面。也就是说，选定的面将被分割成两半，然后每一半进一步分割成两半，依此类推。
  - 线性：将选定面分割为绝对数量的分段。
- 分段级别：设置选定面上细分的级别，其取值范围为1~4。
- 模式：设置细分面的方式。
  - 四边形：将面细分为四边形。
  - 三角形：将面细分为三角形。
- U/V向分段数：当“添加分段”设置为“线性”时，这两个选项才可用。这两个选项主要用来设置沿多边形U向和V向细分的分段数量。

**提示**

“添加分段”命令不仅可以细分面，还可以细分边。进入边级别以后，选择一条边，“添加面的分段数选项”对话框将自动切换为“添加边的分段数选项”对话框，如图4-73所示。

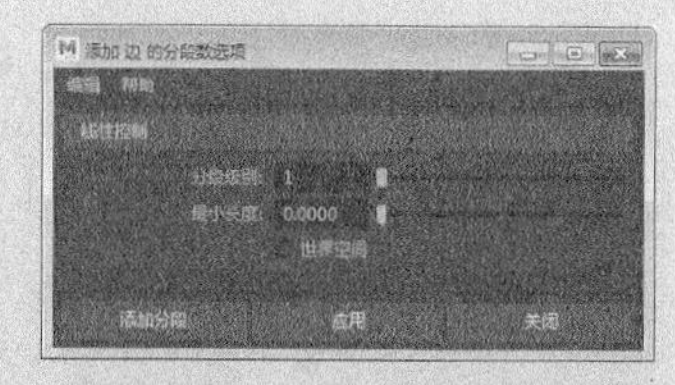


图4-73

## 4.4.2 倒角

使用“倒角”命令可以在选定边上创建出倒角效果，同时也可以消除渲染时的尖锐棱角。打开“倒角选项”对话框，如图4-74所示。

### 常用参数介绍

- 偏移类型：选择计算倒角宽度的方式。
  - 分形（防止出现由内到外的倒角）：倒角宽度将不会大于最短边。该选项会限制倒角的大小，以确保不会创建由内到外的倒角。

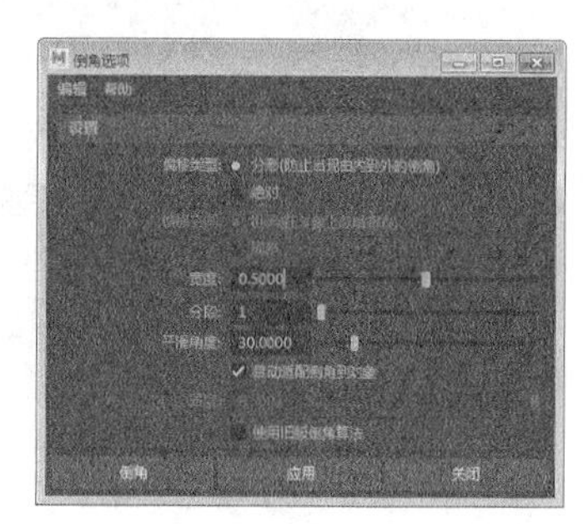


图4-74

- ✧ 绝对：选择该选项会受“宽度”影响，且在创建倒角时没有限制。如果使用的“宽度”太大，倒角可能会变为由内到外。
- ❖ 偏移空间：确定应用到已缩放对象的倒角是否也将按照对象上的缩放进行缩放。
  - ✧ 世界：如果将某个已缩放对象倒角，那么偏移将忽略缩放并使用世界空间值。
  - ✧ 局部：如果将某个已缩放对象倒角，那么也会按照应用到对象的缩放来缩放偏移。

**提示**

当选择“绝对”选项时，“偏移空间”属性才会被激活。

- ❖ 宽度：设置倒角的大小。
- ❖ 分段：设置执行倒角操作后生成的面的段数。段数越多，产生的圆弧效果越明显。
- ❖ 平滑角度：指定进行着色时希望倒角边是硬边还是软边。

## 【练习4-6】倒角多边形

| 场景文件 | Scenes>CH04>4.6.mb |
| --- | --- |
| 实例文件 | Examples>CH04>4.6.mb |
| 难易指数 | ★☆☆☆☆ |
| 技术掌握 | 掌握如何倒角多边形 |

本例使用“倒角”命令制作的倒角效果如图4-75所示。

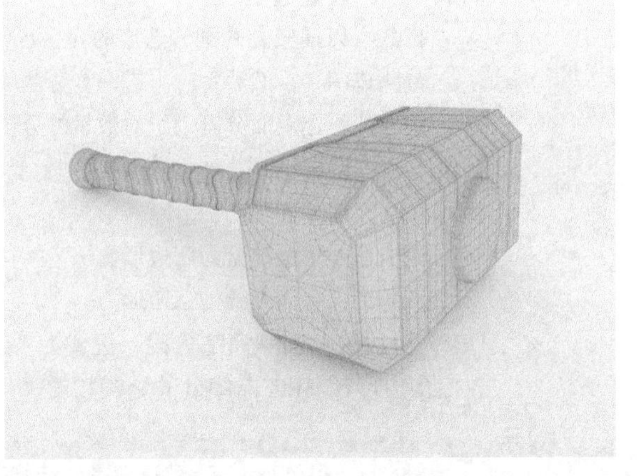

图4-75

01 打开学习资源中的“Scenes>CH04>4.6.mb”文件，场景中有一个战锤模型，如图4-76所示。

02 选择立方体，然后切换到“边”编辑模式，并选择两端的边，如图4-77所示。

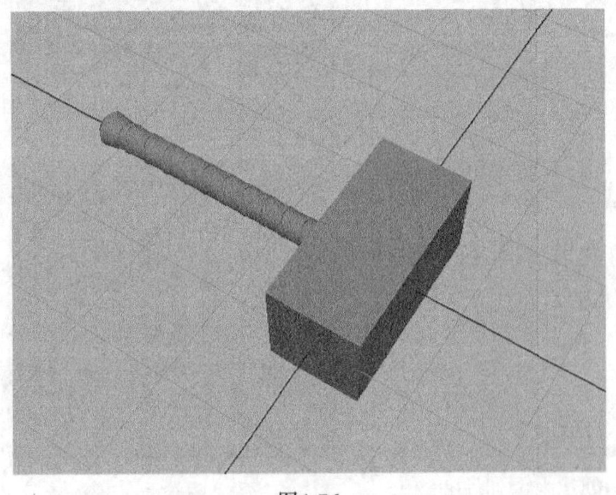

图4-76

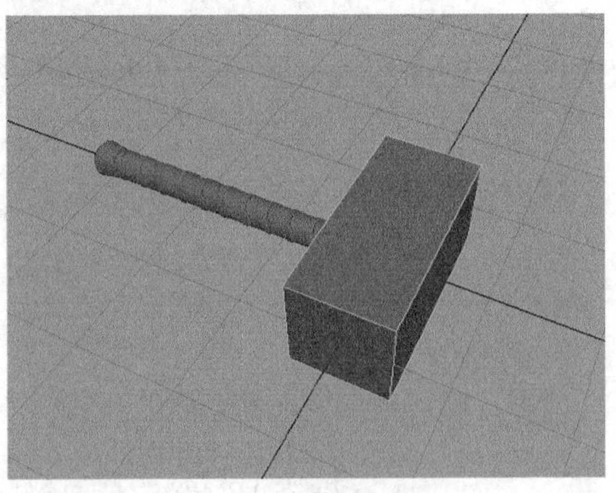

图4-77

**03** 执行“编辑网格>倒角”菜单命令，效果如图4-78所示。

**04** 选择两端的面，调整大小和距离，如图4-79所示。

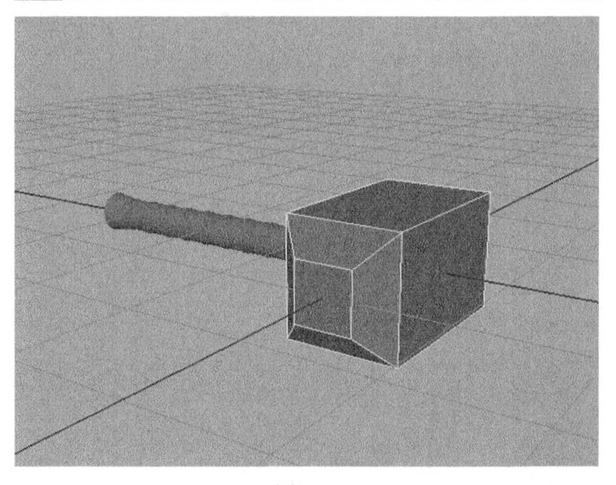

图4-78

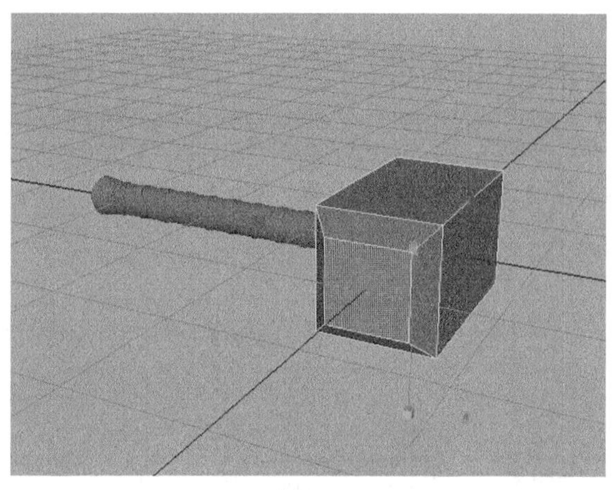

图4-79

**05** 选择边缘的棱边，执行“编辑网格>倒角”命令，并在“通道盒/层编辑器”面板中设置“分数”为0.45，效果如图4-80所示。

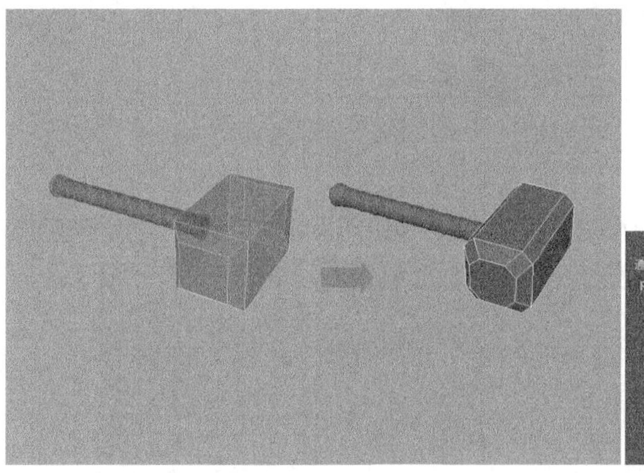

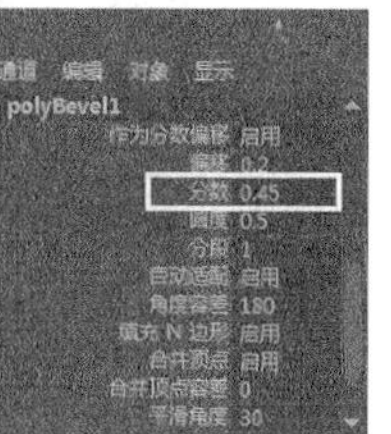


图4-80

## 4.4.3 桥接

使用“桥接”命令可以在一个多边形对象内的两个洞口之间产生桥梁式的连接效果，连接方式可以是线性连接，也可以是平滑连接。打开“桥接选项”对话框，如图4-81所示。

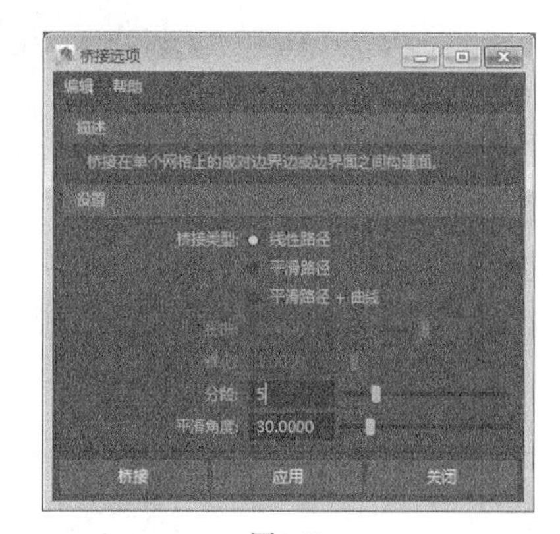


图4-81

### 常用参数介绍

❖ 桥接类型：用来选择桥接的方式。

  ✧ 线性路径：以直线的方式进行桥接。

  ✧ 平滑路径：使连接的部分以光滑的形式进行桥接。

  ✧ 平滑路径+曲线：以平滑的方式进行桥接，并且会在内部产生一条曲线。可以通过曲线的弯曲度来控制桥接部分的弧度。

❖ 扭曲：当开启“平滑路径+曲线”选项时，该选项才可用，可使连接部分产生扭曲效果，并且以螺旋的方式进行扭曲。

❖ 锥化：当开启“平滑路径+曲线”选项时，该选项才可用，主要用来控制连接部分的中间部分的大小，可以与两头形成渐变的过渡效果。

❖ 分段：控制连接部分的分段数。

❖ 平滑角度：用来改变连接部分的点的法线方向，以达到平滑的效果，一般使用默认值。

## 【练习4-7】桥接多边形

| | |
|---|---|
| 场景文件 | Scenes>CH04>4.7.mb |
| 实例文件 | Examples>CH04>4.7.mb |
| 难易指数 | ★☆☆☆☆ |
| 技术掌握 | 掌握如何桥接多边形 |

本例使用“桥接”命令桥接的多边形效果如图4-82所示。

图4-82

01 打开学习资源中的“Scenes>CH04>4.7.mb”文件，可以看到桥梁模型的中间缺少桥面，如图4-83所示。

图4-83

02 在“通道盒层编辑器”中取消选择layer1，此时场景中只剩下两端的桥面，如图4-84所示。

图4-84

**03** 选择两个桥梁模型，然后执行“网格>结合”菜单命令，接着选择模型的横截面，如图4-85所示。

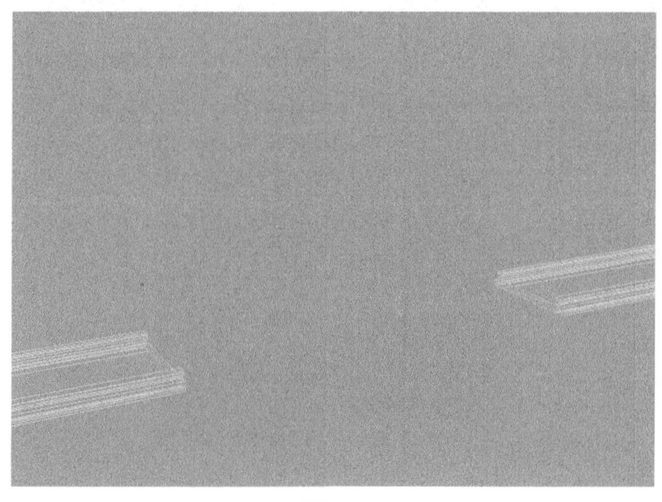

图4-85

**04** 执行“编辑网格>桥接”菜单命令，然后在“通道盒层编辑器”中展开polyBridgeEdge1节点属性，接着设置“分段”为0，如图4-86所示，最后显示layer1，效果如图4-87所示。

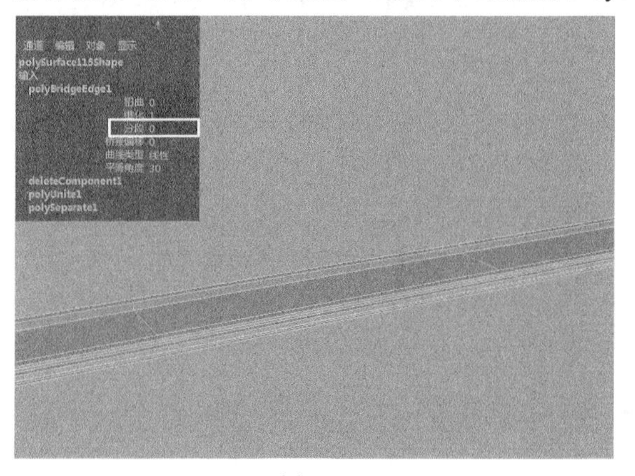


图4-86

图4-87

## 4.4.4 收拢

使用“收拢”命令可以将组件的边收拢，然后单独合并每个收拢边关联的顶点。“收拢”命令还适用于面，但在用于边时能够产生更理想的效果。如果要收拢并合并所选的面，首先应执行“编辑网格>合并到中心”菜单命令，将面合并到中心。

## 4.4.5 连接

选择顶点或边后，使用“连接”命令可以通过边将其连接起来。顶点将直接连接到连接边，而边将在其中的顶点处进行连接。

## 4.4.6 分离

选择顶点后，根据顶点共享的面的数目，使用“分离”命令可以将多个面共享的所有选定顶点拆分为多个顶点。

## 4.4.7 挤出

使用“挤出”命令可以沿多边形面、边或点进行挤出，从而得到新的多边形面，该命令在建模中非常重要，使用频率相当高。打开“挤出面选项”对话框，如图4-88所示。

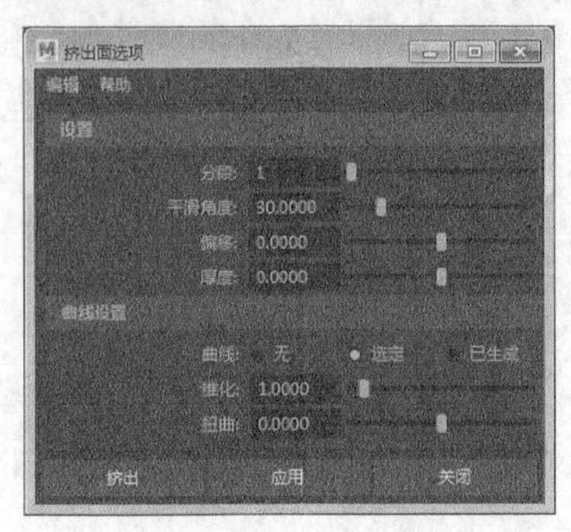


图4-88

**常用参数介绍**

❖ 分段：设置挤出的多边形面的段数。

❖ 平滑角度：用来设置挤出后的面的点法线，可以得到平面的效果，一般情况下使用默认值。

❖ 偏移：设置挤出面的偏移量。正值表示将挤出面进行缩小；负值表示将挤出面进行扩大。

❖ 厚度：设置挤出面的厚度。

❖ 曲线：设置是否沿曲线挤出面。

  ✧ 无：不沿曲线挤出面。

  ✧ 选定：表示沿曲线挤出面，但前提是必须创建曲线。

  ✧ 已生成：选择该选项后，挤出时将创建曲线，并会将曲线与组件法线的平均值对齐。

❖ 锥化：控制挤出面的另一端的大小，使其从挤出位置到终点位置形成一个过渡的变化效果。

❖ 扭曲：使挤出的面产生螺旋状效果。

## 【练习4-8】挤出多边形

| 场景文件 | Scenes>CH04>4.8.mb |
|---|---|
| 实例文件 | Examples>CH04>4.8.mb |
| 难易指数 | ★☆☆☆☆ |
| 技术掌握 | 掌握如何挤出多边形 |

本例使用“挤出”命令挤出的多边形效果如图4-89所示。

图4-89

**01** 打开学习资源中的“Scenes>CH04>4.8.mb”文件，场景中有一个兔子模型，如图4-90所示。

**02** 进入面级别，然后选择兔子手中半球体的底部的面，如图4-91所示。

图4-90

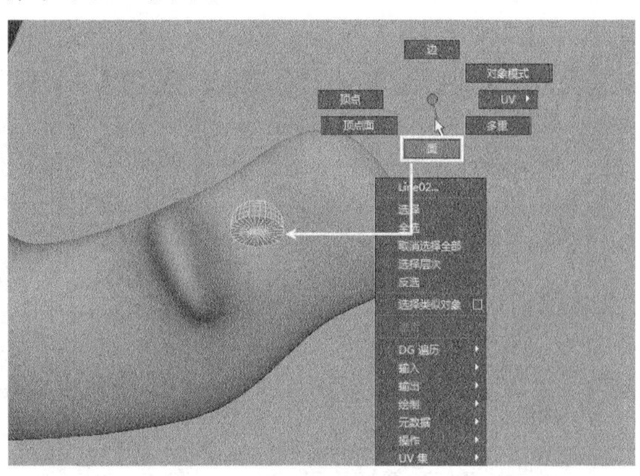


图4-91

**03** 执行“编辑网格>挤出”菜单命令，然后将操作手柄向下拖曳形成把手的形状，如图4-92所示，接着将底部的面缩小，效果如图4-93所示。

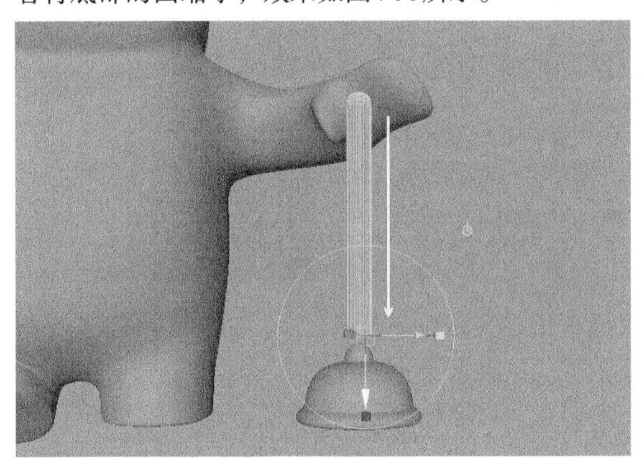

图4-92

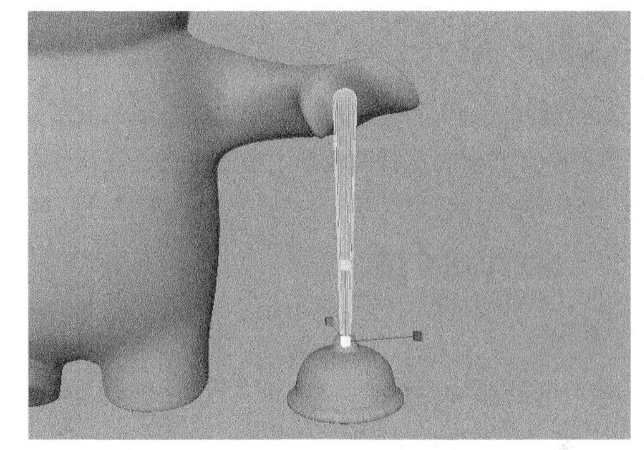

图4-93

## 技术专题：挤出的另一种用法

“挤出”命令还可以使多边形沿曲线方向挤出。

选择多边形上的面，然后按住Shift键加选曲线，如图4-94所示。

执行“编辑网格>挤出”菜单命令，然后在打开的菜单中设置“分段”属性，可以修改挤出多边形的段数。段数越多，多边形越趋于曲线的形状，如图4-95所示。

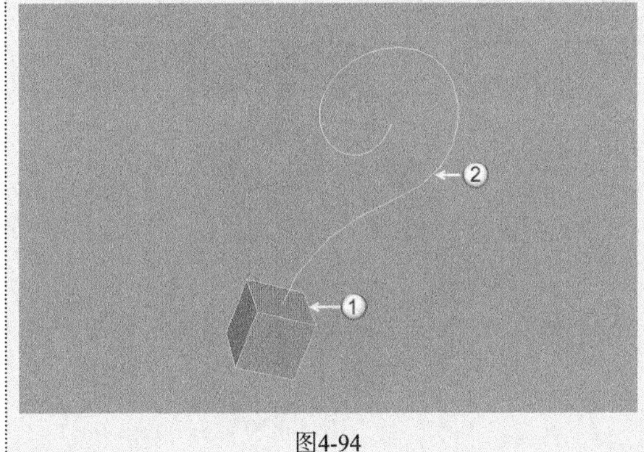


图4-94

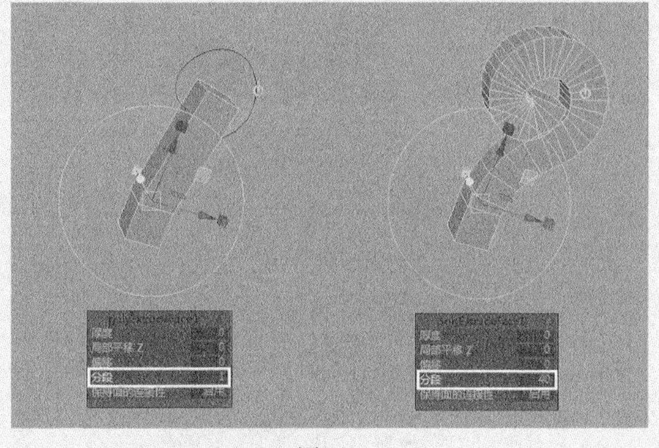


图4-95

在“通道盒/层编辑器”中展开polyExtrudeFace1节点属性，然后设置“扭曲”属性，可以调整多边形的扭曲效果，如图4-96所示。

设置“锥化”属性，可以修改多边形末端的大小，如图4-97所示。

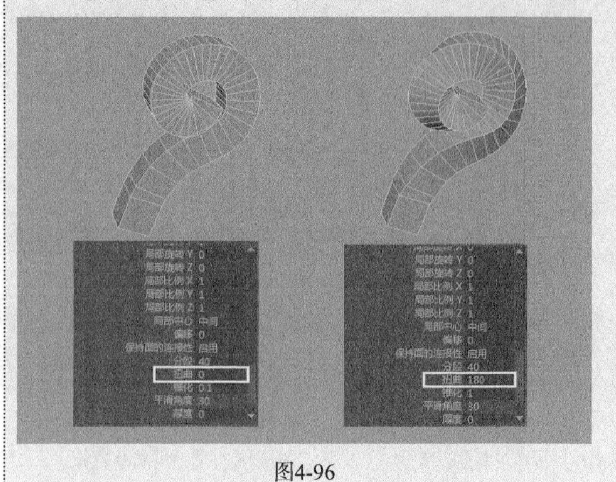

图4-96

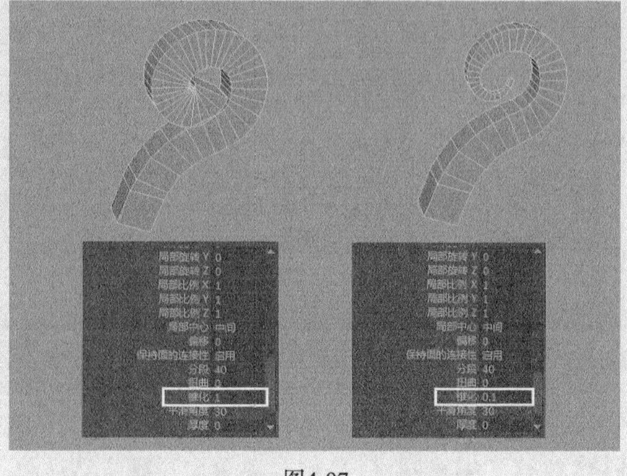

图4-97

## 4.4.8 合并

使用“合并”命令可以将选择的多个顶点或边合并成一个顶点或边，合并后的位置在选择对象的中心位置上。打开“合并顶点选项”对话框（如果选择的是边，那么打开的是“合并边界选项”对话框），如图4-98所示。

图4-98

### 常用参数介绍

❖ 阈值：在合并顶点时，该选项可以指定一个极限值，凡距离小于该值的顶点都会被合并在一起，而距离大于该值的顶点不会合并在一起。

❖ 始终为两个顶点合并：当选择该选项并且只选择两个顶点时，无论“阈值”是多少，它们都将被合并在一起。

## 【练习4-9】合并顶点

| 场景文件 | Scenes>CH04>4.9.mb |
| --- | --- |
| 实例文件 | Examples>CH04>4.9.mb |
| 难易指数 | ★☆☆☆☆ |
| 技术掌握 | 掌握如何合并多边形的顶点 |

本例使用“合并”命令将两个模型的顶点合并起来后的效果如图4-99所示。

图4-99

01 打开学习资源中的“Scenes>CH04>4.9.mb”文件，场景中有一个麋鹿模型，如图4-100所示。

02 麋鹿的头部由两部分构成，如图4-101所示。选择两个头部模型，然后执行“网格>结合”菜单命令，使其合二为一。

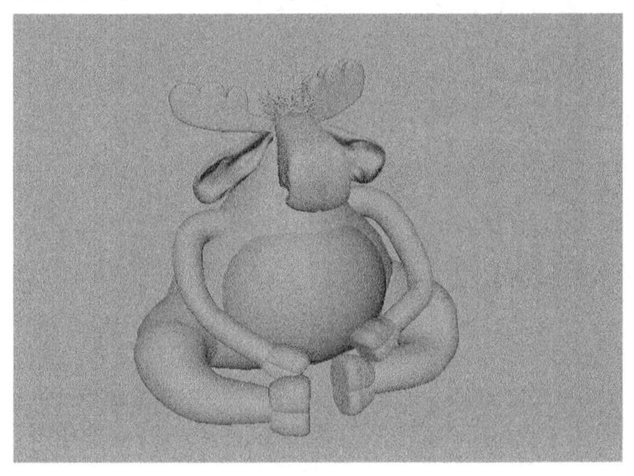

图4-100

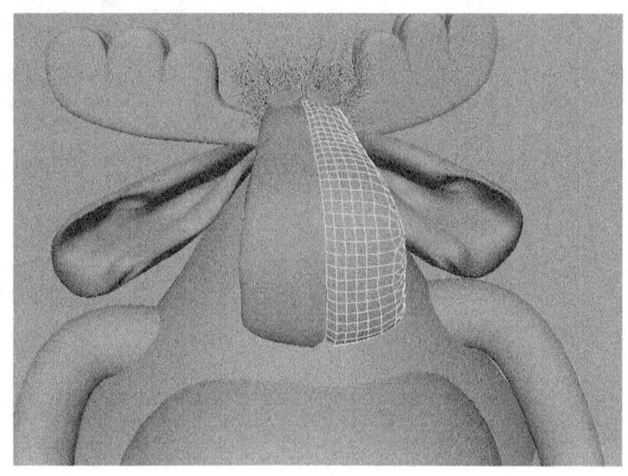

图4-101

03 由图4-102中可以看出，虽然将两个部分结合了，但是并不是一个完整的模型，中间有一条缝隙。进入头部模型的顶点级别，然后选择缝隙两边的点，如图4-103所示。

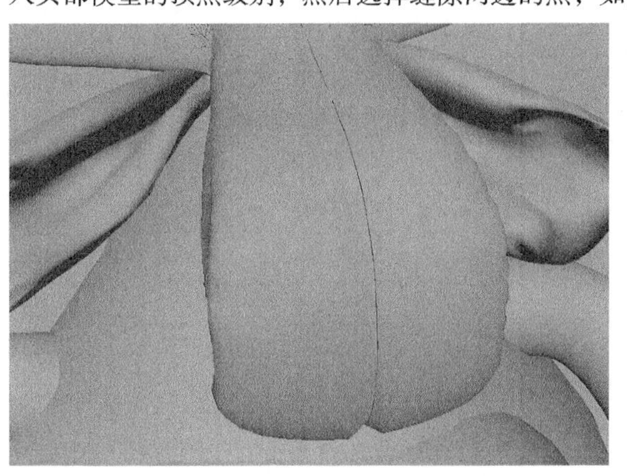

图4-102

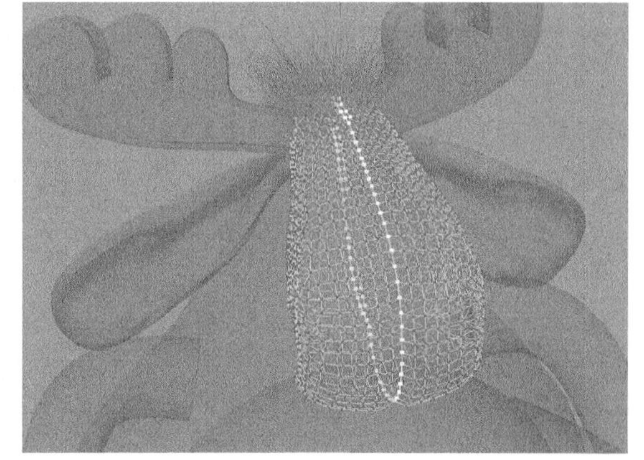

图4-103

## 提示

在选择点的时候，可以切换到其他视图（例如前视图），这样可以快速选择相关的点，如图4-104所示。该方法适用于选择在同一平面上的对象。

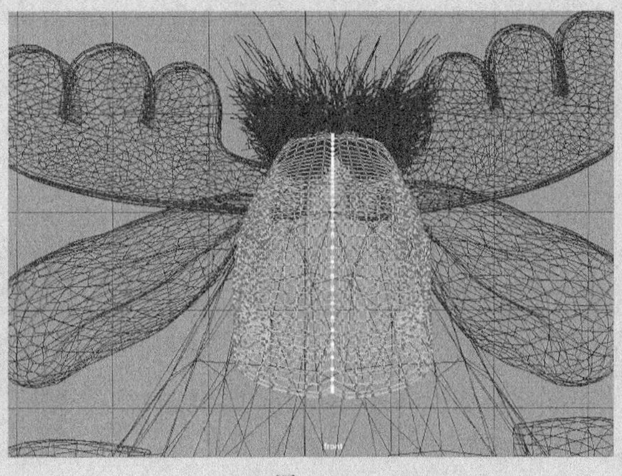

图4-104

04 单击“编辑网格>合并”命令后面的■按钮，在打开的“合并顶点选项”对话框中设置“阈值”为0.01，然后单击“合并”按钮，如图4-105所示。此时模型中间相邻的点就合并了，效果如图4-106所示。

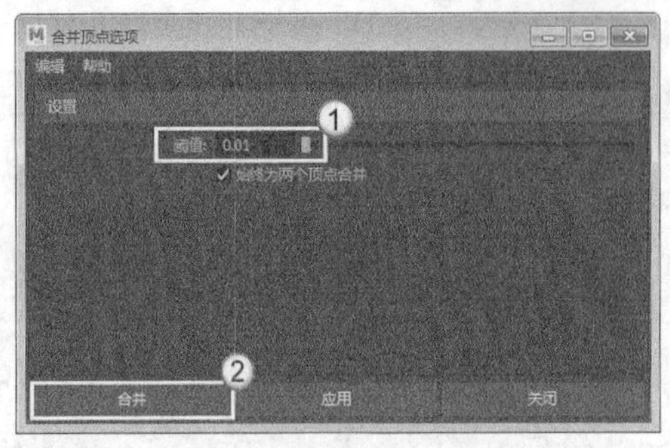

图4-105　　图4-106

## 4.4.9 合并到中心

使用“合并到中心”命令可以将选择的顶点、边、面合并到它们的几何中心位置。

## 4.4.10 变换

使用“变换”命令可以在选定顶点/边/面上调出一个控制手柄，通过这个控制手柄可以很方便地在物体坐标和世界坐标之间进行切换。打开“变换组件-顶点选项”对话框，如图4-107所示。

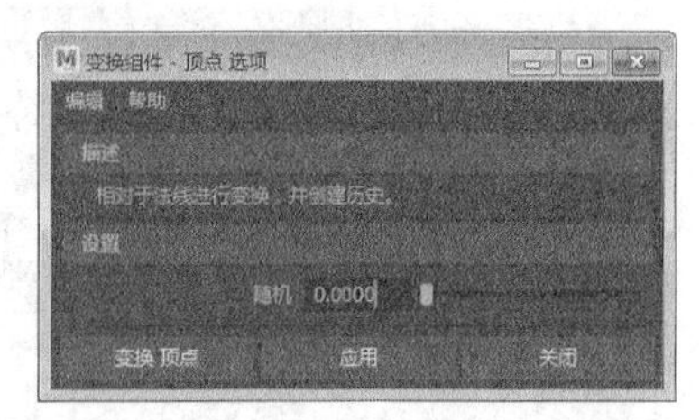


图4-107

**常用参数介绍**

❖ 随机：随机变换组件，其取值范围为0~1。

**提示**

在没有选择任何组件的情况下，打开的是“变换组件-顶点选项”对话框。如果选择的是面，那么打开的是“变换组件-面选项”对话框；如果选择的是边，那么打开的是“变换组件-边选项”对话框。

## 4.4.11 翻转

使用“翻转”命令可以使选定组件的镜像沿对称轴交换选定组件的位置。

## 4.4.12 对称

使用“对称”命令可以将组件沿对称轴移动到相应组件的镜像位置。

## 4.4.13 平均化顶点

使用“平均化顶点”命令可以通过均化顶点的值来平滑几何体，而且不会改变拓扑结构。打开“平均化顶点选项”对话框，如图4-108所示。

图4-108

**常用参数介绍**

❖ 平滑度：该数值越小，产生的效果越精细；该数值越大，每次均化时的平滑程度也越大。

## 4.4.14 切角顶点

使用“切角顶点”命令可以将选择的顶点分裂成4个顶点，这4个顶点可以围成一个四边形，同时也可以删除4个顶点围成的面，以实现“打洞”效果。打开“切角顶点选项”对话框，如图4-109所示。

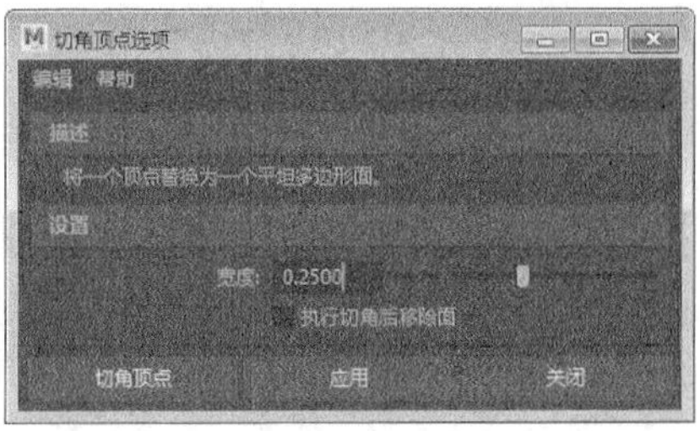

图4-109

### 常用参数介绍

- ❖ 宽度：设置顶点分裂后顶点与顶点之间的距离。
- ❖ 执行切角后移除面：选择该选项后，由4个顶点围成的四边面将被删除。

## 【练习4-10】切角顶点

| | |
|---|---|
| 场景文件 | Scenes>CH04>4.10.mb |
| 实例文件 | Examples>CH04>4.10.mb |
| 难易指数 | ★☆☆☆☆ |
| 技术掌握 | 掌握如何切角顶点 |

本例使用“切角顶点”命令后的效果如图4-110所示。

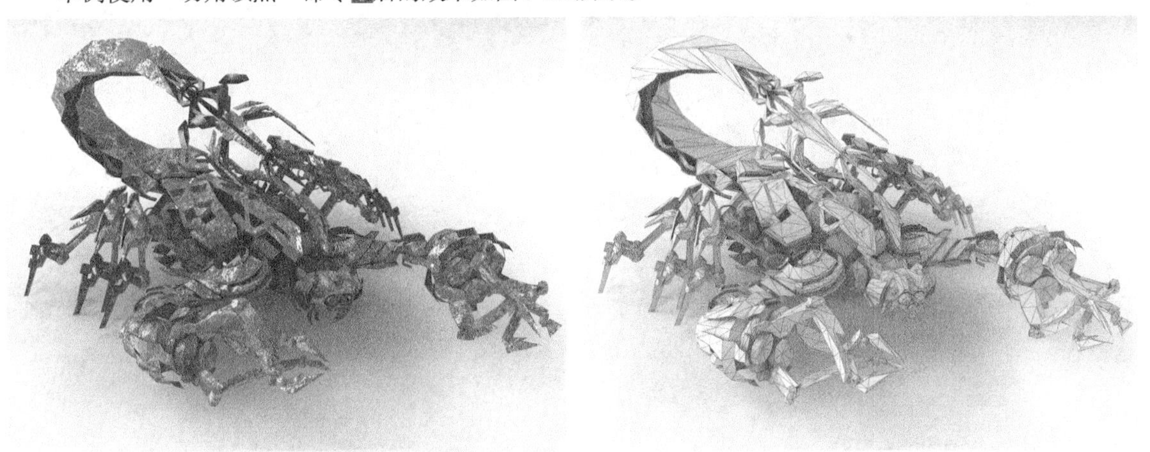

图4-110

**01** 打开学习资源中的“Scenes>CH04>4.10.mb”文件，场景中有一个机器昆虫的模型，如图4-111所示。

图4-111

**02** 进入顶点级别，选择机器昆虫腿部尖端的顶点，如图4-112所示，然后执行“编辑网格>切角顶点”菜单命令，在打开的菜单中设置“宽度”为0.45，效果如图4-113所示。

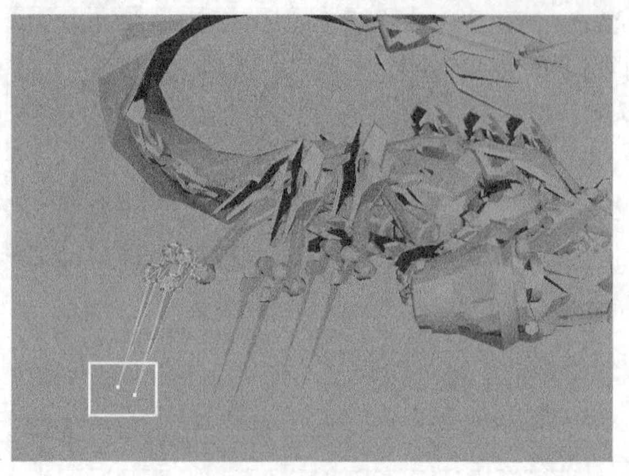

图4-112

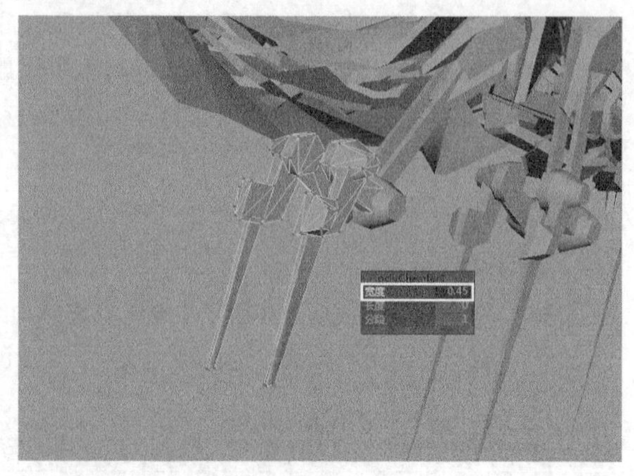


图4-113

**03** 选择尖端的顶点，然后使用“缩放工具”增加模型顶部的宽度，如图4-114所示。对其余腿部进行相同的操作，效果如图4-115所示。

图4-114

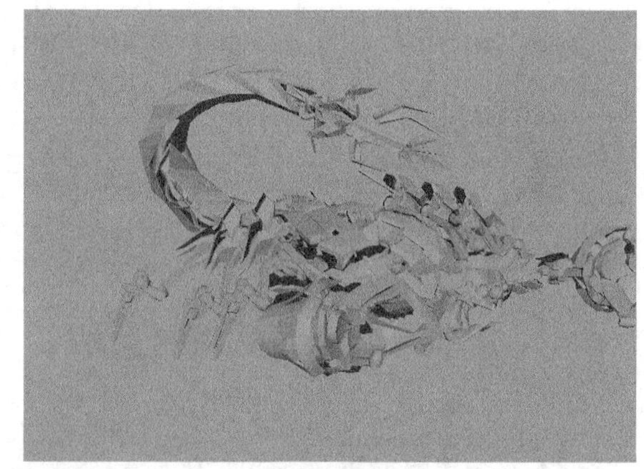

图4-115

## 4.4.15 删除边/点

使用“删除边/点”命令可以删除选择的边或顶点，与删除后的边或顶点相关的边或顶点也将被删除。

### 【练习4-11】删除顶点

| 场景文件 | Scenes>CH04>4.11.mb |
| --- | --- |
| 实例文件 | Examples>CH04>4.11.mb |
| 难易指数 | ★☆☆☆☆ |
| 技术掌握 | 掌握如何删除顶点 |

本例使用“删除边/点”命令将模型嘴巴上的顶点删除后的效果如图4-116所示。

图4-116

01 打开学习资源中的“Scenes>CH04>4.11.mb”文件，场景中有一个人偶模型，如图4-117所示。

图4-117

02 进入模型的顶点级别，然后选择嘴部的顶点，如图4-118所示，接着执行“编辑网格>删除边/点”菜单命令，效果如图4-119所示。

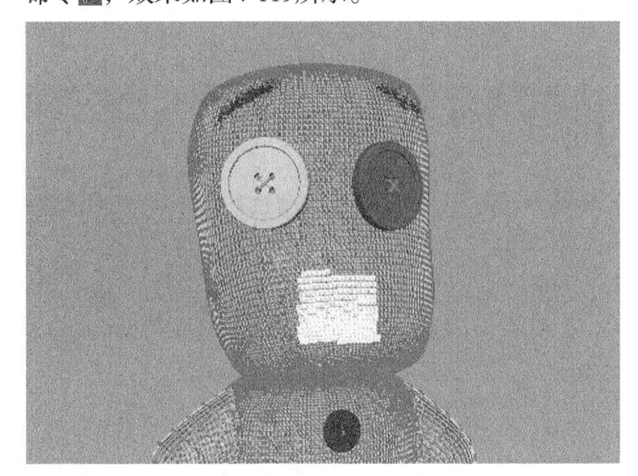

图4-118

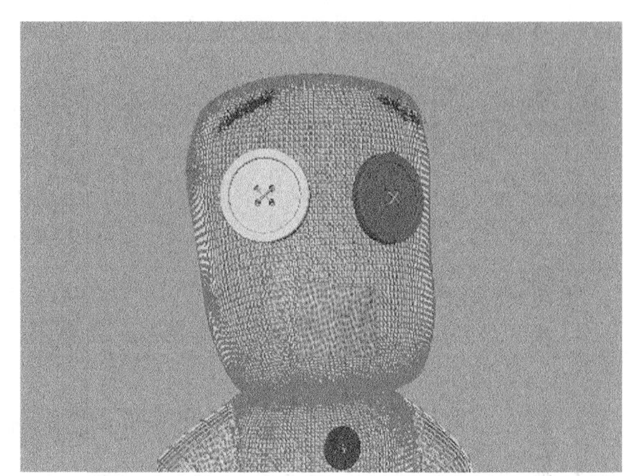

图4-119

提示

按Delete键可删除对象，在删除边时，所在边上的点会保留下来，如图4-120所示。

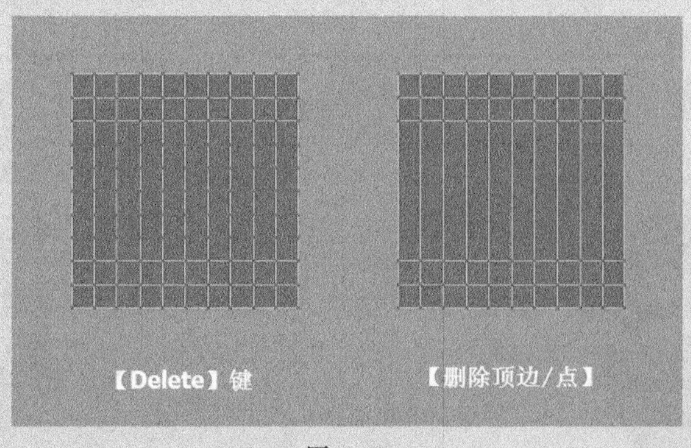


图4-120

## 4.4.16 翻转三角形边

使用“翻转三角形边”命令可以变换拆分为两个三角面的边，以便于连接对角。该命令经常用在生物建模中。

## 4.4.17 正/反向自旋边

使用“正/反向自旋边”命令可以朝其围绕方向自旋选定边（快捷键分别为Ctrl+Alt+→、Ctrl+Alt+←），这样可以一次性更改其连接的顶点，如图4-121所示。为了能够自旋这些边，它们必须保证只附加在两个面上。

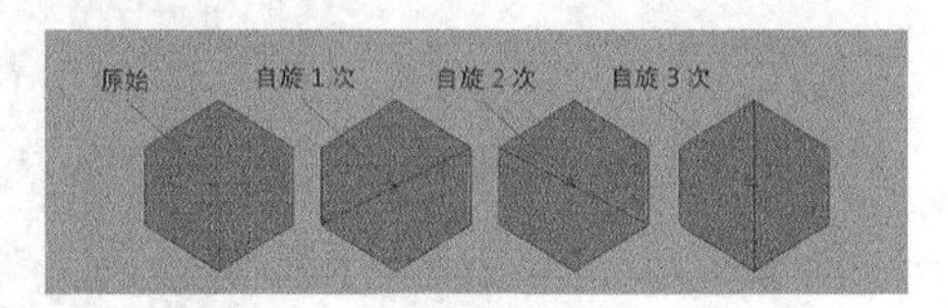


图4-121

## 4.4.18 指定不可见面

使用“指定不可见面”命令可以将选定面切换为不可见。指定为不可见的面不会显示在场景中，但是这些面仍然存在，仍然可以对其进行操作。打开“指定不可见面选项”对话框，如图4-122所示。

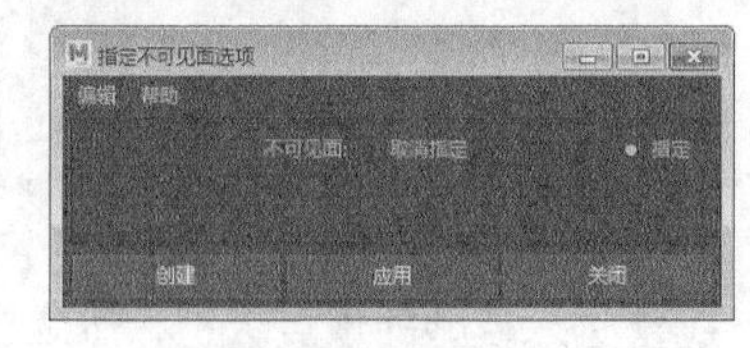


图4-122

### 常用参数介绍

❖ 取消指定：选择该选项后，将取消对选择面的分配隐形部分。

❖ 指定：用来设置需要分配的面。

## 4.4.19 复制

使用“复制”命令可以将多边形上的面复制出来作为一个独立部分。打开“复制面选项”对话框，如图4-123所示。

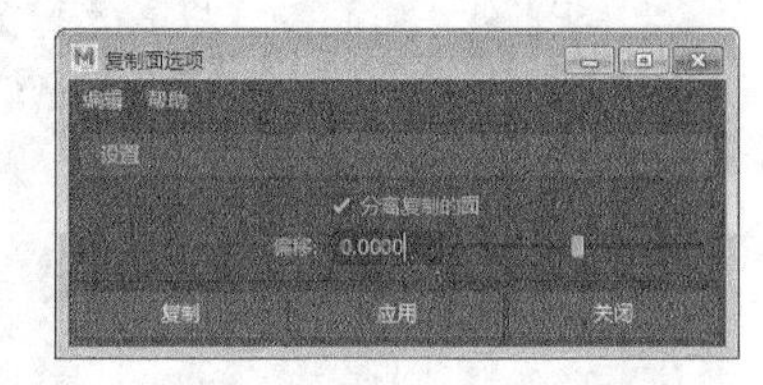


图4-123

### 常用参数介绍

❖ 分离复制的面：选择该选项后，复制出来的面将成为一个独立部分。

❖ 偏移：用来设置复制出来的面的偏移距离。

## 【练习4-12】复制多边形的面

| | |
|---|---|
| 场景文件 | Scenes>CH04>4.12.mb |
| 实例文件 | Examples>CH04>4.12.mb |
| 难易指数 | ★☆☆☆☆ |
| 技术掌握 | 掌握如何复制多边形的面 |

本例使用“复制面”命令复制的面效果如图4-124所示。

图4-124

**01** 打开学习资源中的“Scenes>CH04>4.12.mb”文件，场景中有一个角色的模型，如图4-125所示。

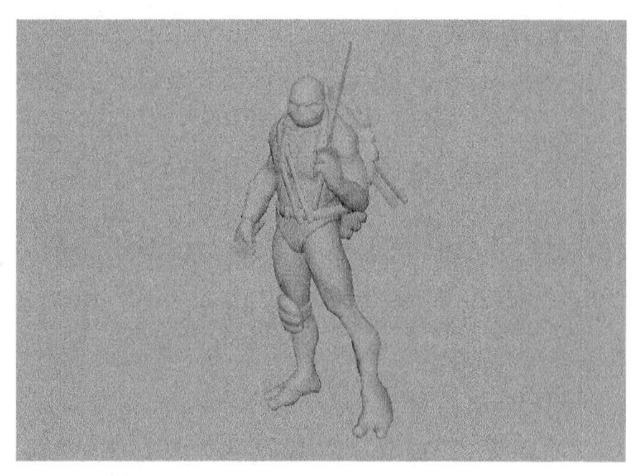
图4-125

**02** 选择身体部分的模型，然后进入面级别，选择角色左手小臂上的面，如图4-126所示，接着执行“编辑网格>复制”菜单命令，最后拖曳蓝色箭头（*z*轴）使复制出的面向外扩张，如图4-127所示。

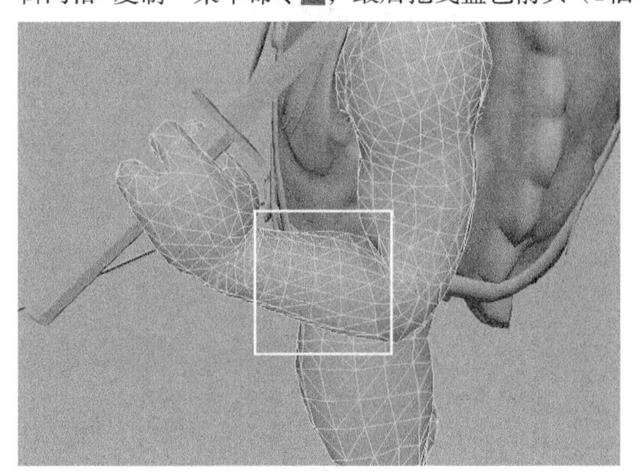
图4-126

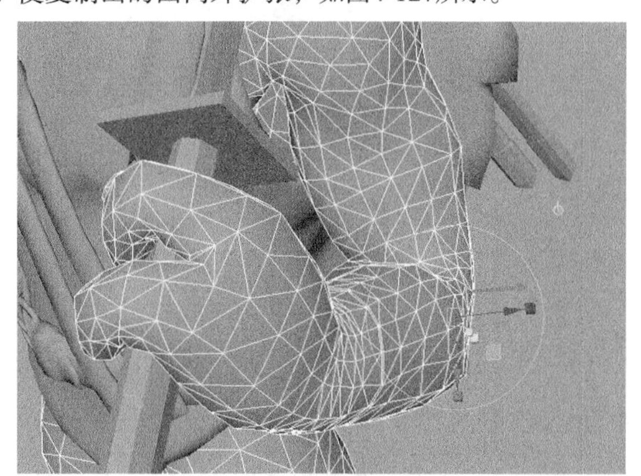
图4-127

**03** 选择复制出来的模型，然后执行“编辑网格>挤出”菜单命令，接着拖曳蓝色箭头（*z*轴）使复制出的面具有一定厚度，如图4-128所示。

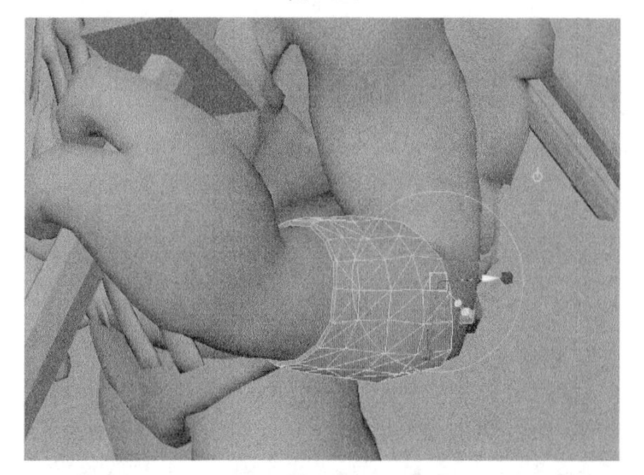
图4-128

## 4.4.20 提取

使用“提取”命令可以将多边形对象上的面提取出来作为独立的部分，也可以作为壳和原始对象。打开“提取选项”对话框，如图4-129所示。

图4-129

### 常用参数介绍

❖ 分离提取的面：选择该选项后，提取出来的面将作为一个独立的多边形对象；如果关闭该选项，提取出来的面与原始模型将是一个整体。

❖ 偏移：设置提取出来的面的偏移距离。

## 【练习4-13】提取多边形的面

| 场景文件 | Scenes>CH04>4.13.mb |
| --- | --- |
| 实例文件 | Examples>CH04>4.13.mb |
| 难易指数 | ★☆☆☆☆ |
| 技术掌握 | 掌握如何提取多边形对象上的面 |

本例使用“提取”命令将多边形上的面提取出来后的效果如图4-130所示。

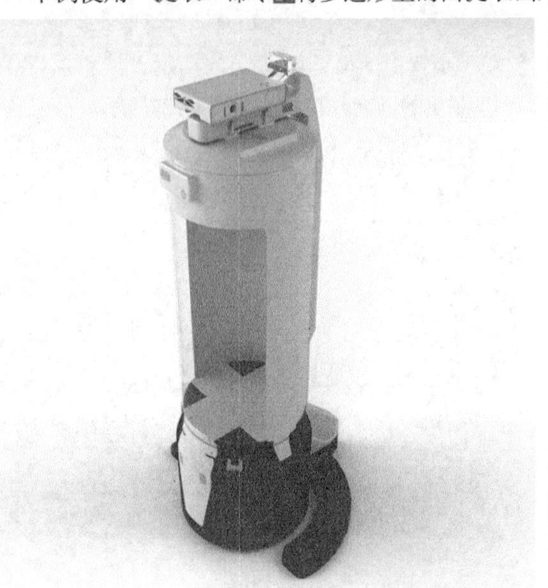

图4-130

**01** 打开学习资源中的“Scenes>CH04>4.13.mb”文件，场景中有一个存储仓模型，如图4-131所示。

**02** 在“通道盒层编辑器”中取消选择layer1，此时场景中只剩下中间部分的模型，如图4-132所示。

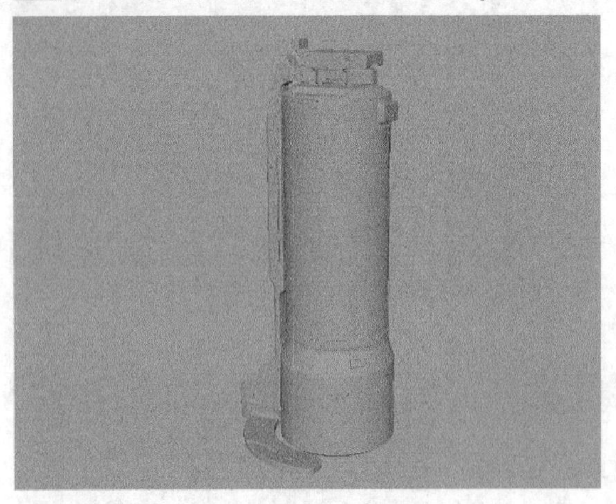
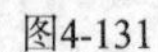

图4-131

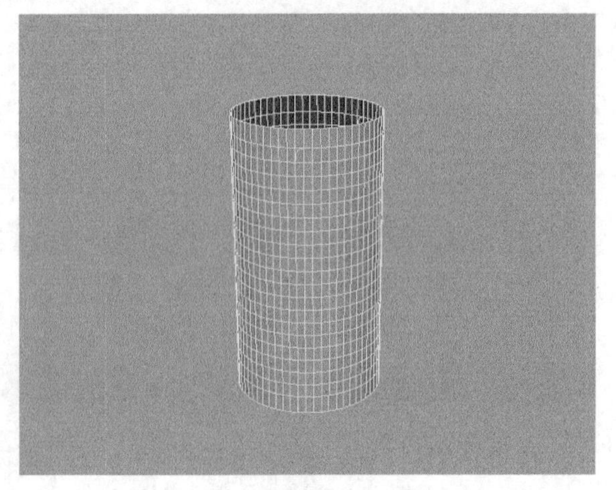

图4-132

**03** 进入模型的面级别，然后选择图4-133所示的面，接着执行“编辑多边形>提取”菜单命令，使选择的面从模型上分离出来，如图4-134所示。

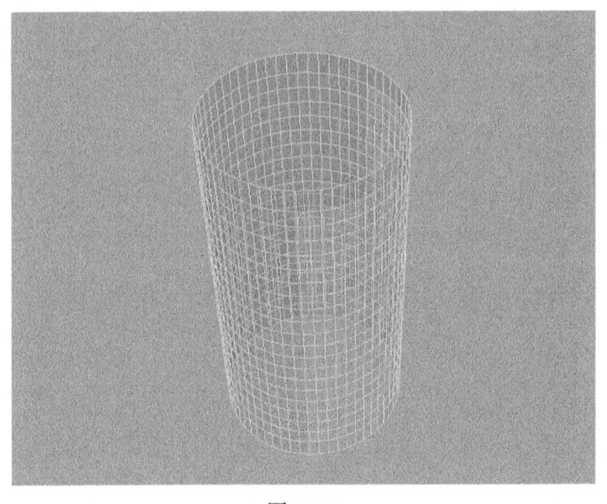

图4-133

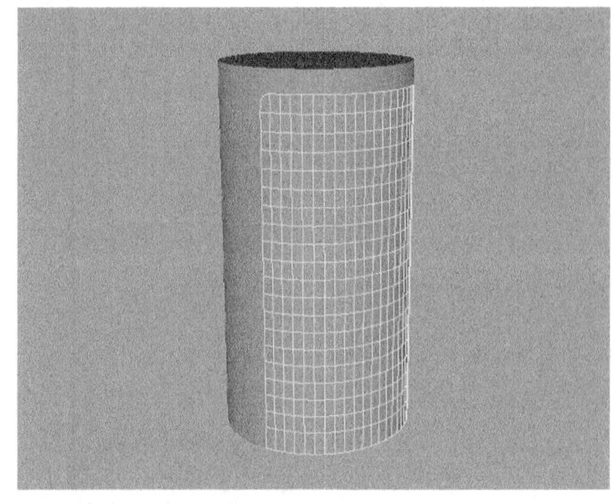

图4-134

**04** 为两个模型执行“挤出”命令，然后设置“厚度”为0.28，如图4-135所示。

**05** 调整较小的模型的大小，使两个模型之间产生缝隙，如图4-136所示。最终效果如图4-137所示。

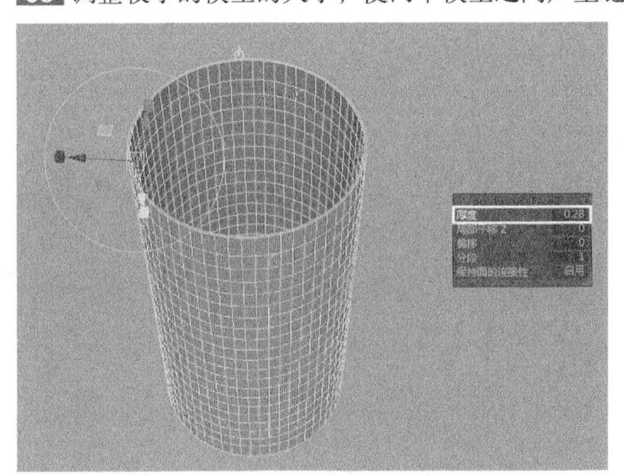


图4-135

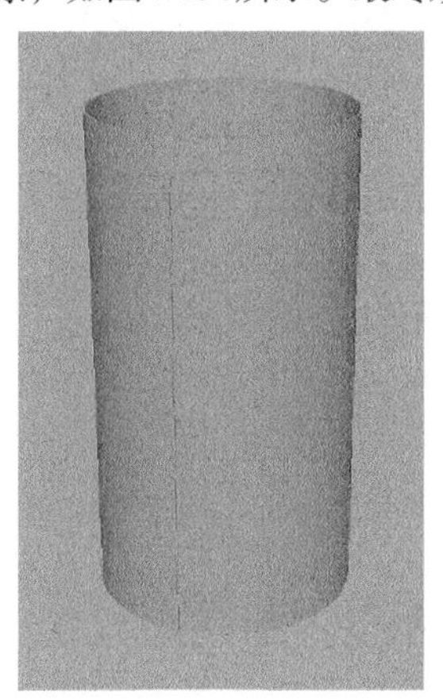

图4-136

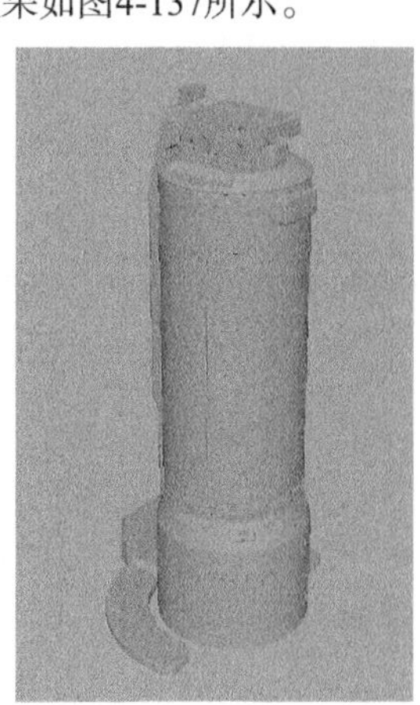

图4-137

## 4.4.21 刺破

使用“刺破”命令可以在选定面的中心产生一个新的顶点，并将该顶点与周围的顶点连接起来。在新的顶点处有个控制手柄，可以通过调整手柄来对顶点进行移动操作。打开“刺破面选项”对话框，如图4-138所示。

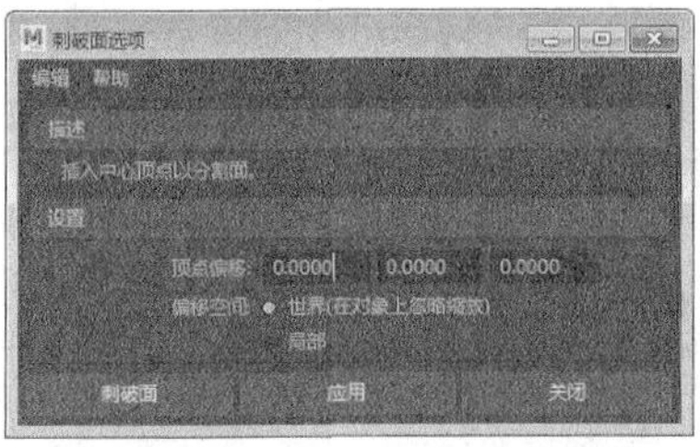

图4-138

### 常用参数介绍

- ❖ 顶点偏移：偏移“刺破面”命令得到的顶点。
- ❖ 偏移空间：设置偏移的坐标系。“世界”表示在世界坐标空间中偏移；“局部”表示在局部坐标空间中偏移。

## 【练习4-14】刺破多边形面

| 场景文件 | Scenes>CH04>4.14.mb |
| --- | --- |
| 实例文件 | Examples>CH04>4.14.mb |
| 难易指数 | ★☆☆☆☆ |
| 技术掌握 | 掌握如何刺破多边形的面 |

本例使用“刺破面”命令将选择的面在世界空间和局部空间进行调整后的效果如图4-139所示。

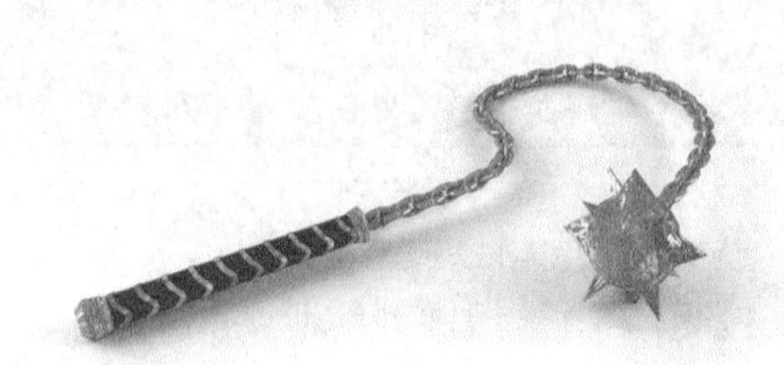
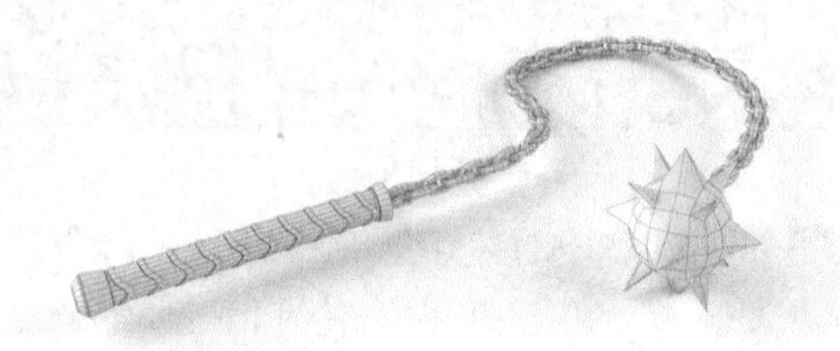

图4-139

**01** 打开学习资源中的“Scenes>CH04>4.14.mb”文件，场景中有一个流星锤模型，如图4-140所示。

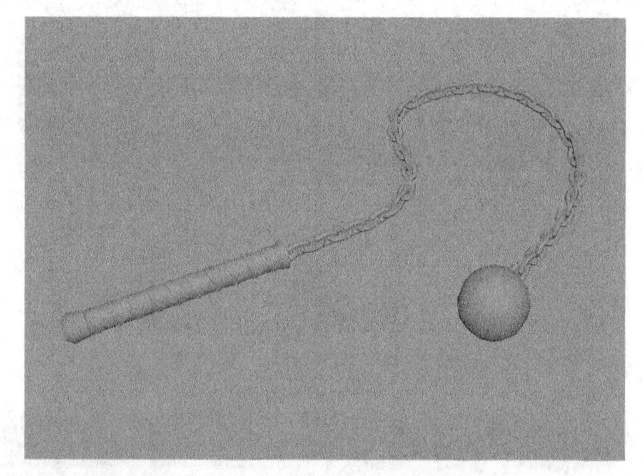

图4-140

**02** 选择球体上的面，如图4-141所示，然后执行“编辑网格>刺破”命令，接着拖曳z轴箭头，使球体上形成尖刺效果，如图4-142所示。

图4-141

图4-142

**03** 将球体上、下、左、右、前部中心的点以放射状拖出，形成尖刺效果，如图4-143所示。

图4-143

## 4.4.22 楔形

使用“楔形”命令可以通过选择一个面和一条边来生成扇形效果。打开“楔形面选项”对话框，如图4-144所示。

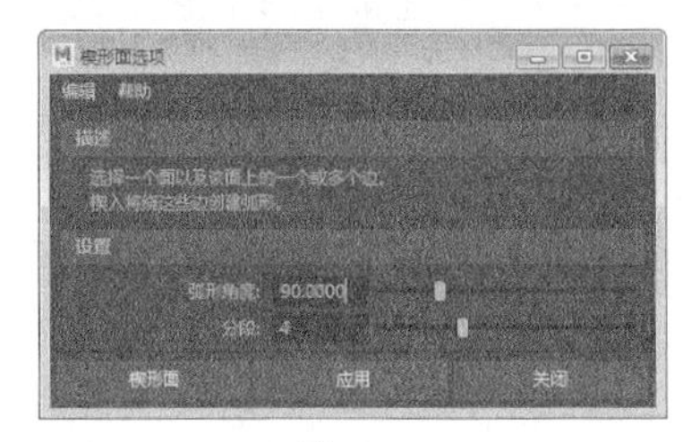


图4-144

### 常用参数介绍

- ❖ 弧形角度：设置产生的弧形的角度。
- ❖ 分段：设置生成的部分的段数。

## 4.4.23 在网格上投影曲线

使用“在网格上投影曲线”命令可以将曲线投影到多边形面上，类似于NURBS曲面的“在曲面上投影曲线”命令。打开“在网格上投影曲线选项”对话框，如图4-145所示。

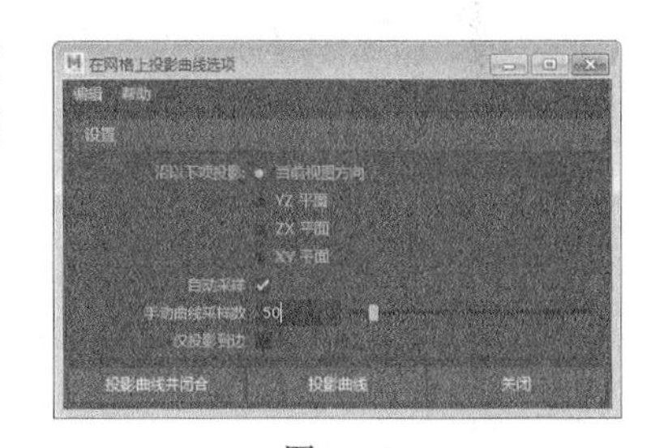


图4-145

### 常用参数介绍

- ❖ 沿以下项投影：指定投影在网格上的曲线的方向。
- ❖ 仅投影到边：将编辑点放置到多边形的边上，否则编辑点可能会出现在沿面和边的不同点处。

## 4.4.24 使用投影的曲线分割网格

使用“使用投影的曲线分割网格”命令可以在多边形曲面上进行分割，或者在分割的同时分离面。打开“使用投影的曲线分割网格选项”对话框，如图4-146所示。

图4-146

### 常用参数介绍

- ❖ 分割：分割多边形的曲面。分割了多边形的面，但是其组件仍连接在一起，而且只有一组顶点。
- ❖ 分割并分离边：沿分割的边分离多边形。分离了多边形的组件，有两组或更多组顶点。

# 4.5 网格工具

“网格工具”菜单中提供了很多增加细节的网格工具，如图4-147所示。

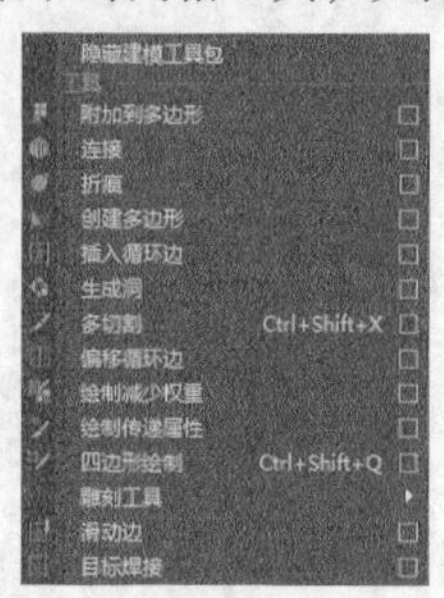


图4-147

## 4.5.1 显示/隐藏建模工具包

使用“显示/隐藏建模工具包”命令可以在Maya界面的右侧打开或隐藏“建模工具包”面板，如图4-148所示。该面板中提供了大量的快捷建模工具，可以高效、方便地制作模型。

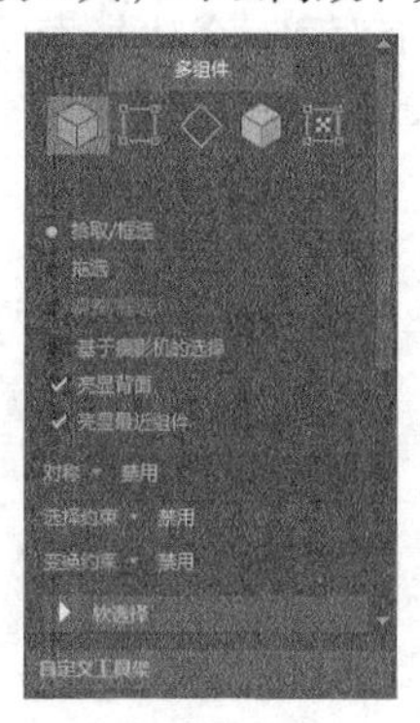


图4-148

## 4.5.2 附加到多边形工具

使用“附加到多边形工具”可以在原有多边形的基础上继续进行扩展，以添加更多的多边形。打开该工具的“工具设置”对话框，如图4-149所示。

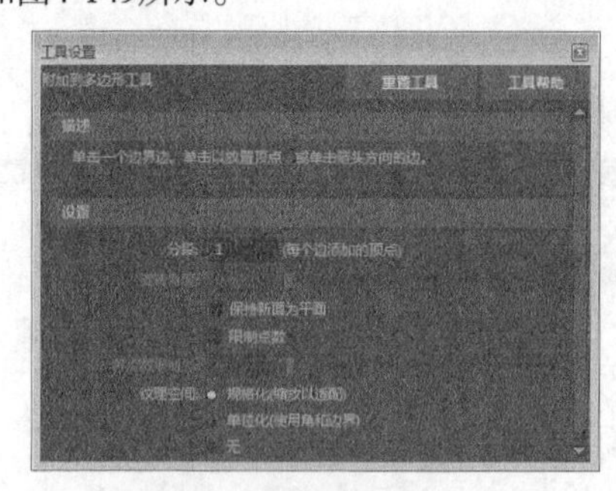


图4-149

**提示**

“附加到多边形工具”的参数与“创建多边形工具”的参数完全相同，这里不再讲解。

## 【练习4-15】附加多边形

| | |
|---|---|
| 场景文件 | Scenes>CH04>4.15.mb |
| 实例文件 | Examples>CH04>4.15.mb |
| 难易指数 | ★☆☆☆☆ |
| 技术掌握 | 掌握如何附加多边形 |

本例使用“附加到多边形工具”附加的多边形效果如图4-150所示。

图4-150

**01** 打开学习资源中的“Scenes>CH04>4.15.mb”文件，场景中有一个雕像模型，如图4-151所示。

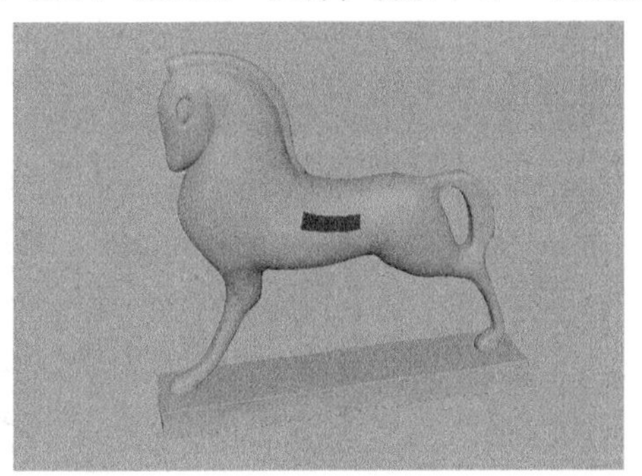

图4-151

**02** 在雕像的身体部分有一个缺口。选择模型，执行“网格工具>附加到多边形工具”菜单命令，然后在右侧缺口处选择上下两条边，此时会出现粉色的预览面，如图4-152所示，接着按Enter键可以生成面，如图4-153所示。

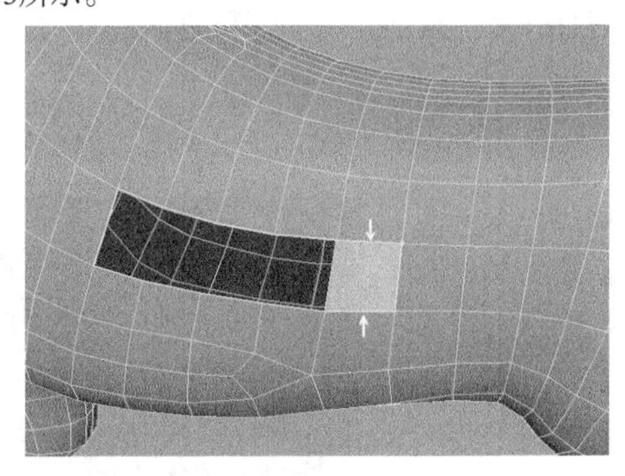

图4-152

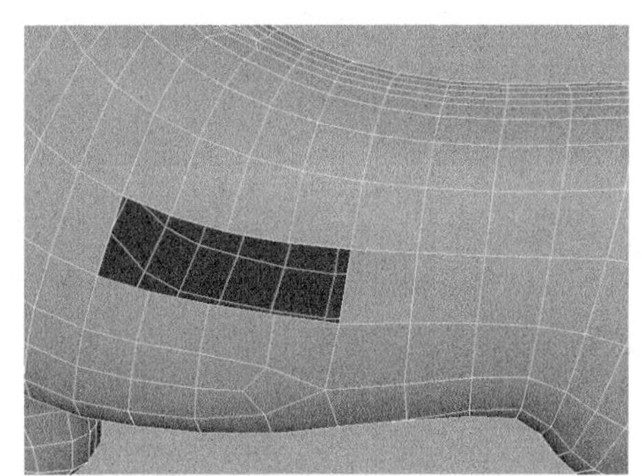

图4-153

03 使用同样的方法修补剩余的缺口，最终效果如图4-154所示。

图4-154

## 4.5.3 连接

使用“连接”工具可以通过其他边连接顶点或边。打开该工具的“工具设置”对话框，如图4-155所示。

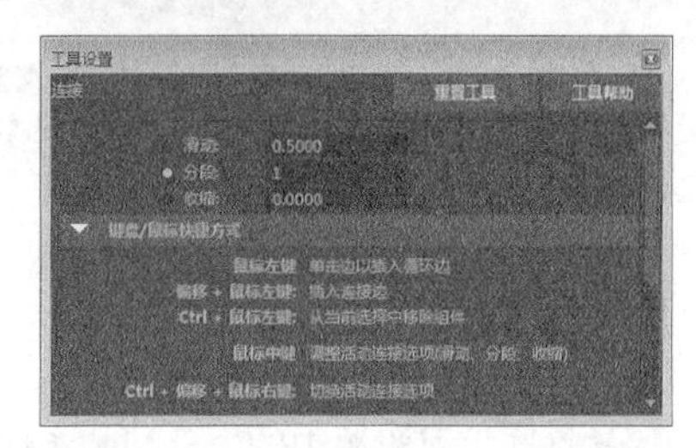


图4-155

## 4.5.4 折痕工具

使用“折痕工具”可以在多边形网格上生成边和顶点的折痕。这样可以用来修改多边形网格，并获取在生硬和平滑之间过渡的形状，而不会过度增大基础网格的分辨率。打开该工具的“工具设置”对话框，如图4-156所示。

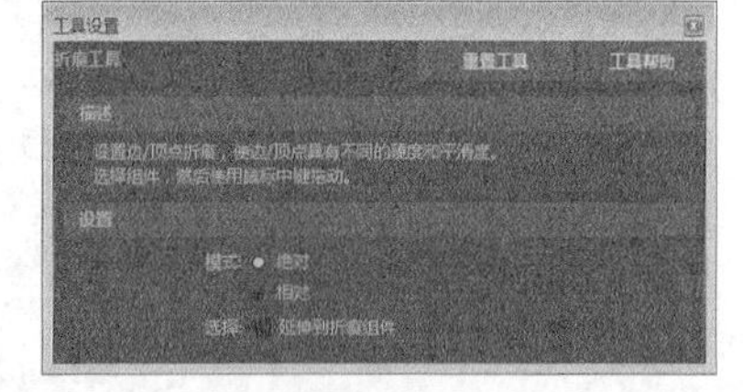


图4-156

**折痕工具参数介绍**

❖ 模式：设置折痕的创建模式。

✧ 绝对：让多个边和顶点的折痕保持一致。也就是说，如果选择多个边或顶点来生成折痕，且它们具有已存在的折痕，那么完成之后，所有选定组件将具有相似的折痕值。

✧ 相对：如果需要增加或减少折痕的总体数量，可以选择该选项。

❖ 延伸到折痕组件：将折痕边的当前选择自动延伸并连接到当前选择的任何折痕。

## 4.5.5 创建多边形

使用“创建多边形”工具可以在指定的位置创建一个多边形，该工具是通过单击多边形的顶点来完成创建工作。打开该工具的“工具设置”对话框，如图4-157所示。

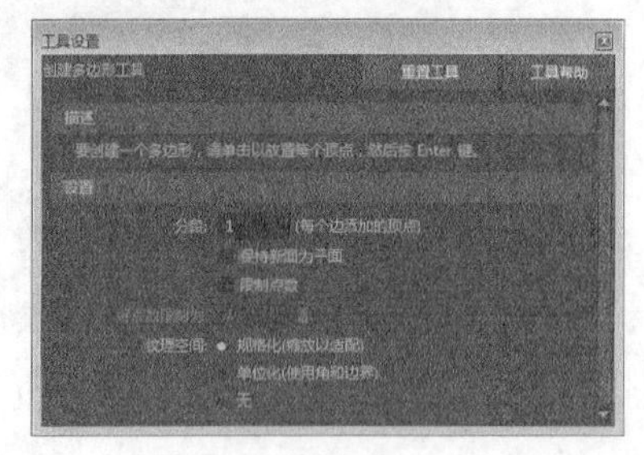


图4-157

### 创建多边形工具参数介绍

- ❖ 分段：指定要创建的多边形的边的分段数量。
- ❖ 保持新面为平面：默认情况下，使用“创建多边形工具”添加的任何面位于附加到的多边形网格的相同平面。如果要将多边形附加在其他平面上，可以禁用“保持新面为平面”选项。
- ❖ 限制点数：指定新多边形所需的顶点数量。值为4可以创建四条边的多边形（四边形）；值为3可以创建三条边的多边形（三角形）。
- ❖ 将点数限制为：选择“限制点数”选项后，用来设置点数的最大数量。
- ❖ 纹理空间：指定如何为新多边形创建UV纹理坐标。
  - ✧ 规格化（缩放以适配）：启用该选项后，纹理坐标将缩放以适合0~1范围内的UV纹理空间，同时保持UV面的原始形状。
  - ✧ 单位化（使用角和边界）：启用该选项后，纹理坐标将放置在纹理空间0~1的角点和边界上。具有3个顶点的多边形将具有一个三角形UV纹理贴图（等边），而具有3个以上顶点的多边形将具有方形UV纹理贴图。
  - ✧ 无：不为新的多边形创建UV。

## 【练习4-16】创建多边形

| 场景文件 | 无 |
| --- | --- |
| 实例文件 | Examples>CH04>4.16.mb |
| 难易指数 | ★☆☆☆☆ |
| 技术掌握 | 掌握创建多边形工具的用法 |

本例使用“创建多边形工具”创建的多边形效果如图4-158所示。

图4-158

**01** 按快捷键Ctrl+N新建一个场景，然后切换到front（前）视图，接着执行“网格工具>创建多边形工具”菜单命令，在视图中通过多次单击绘制出图4-159所示的形状。

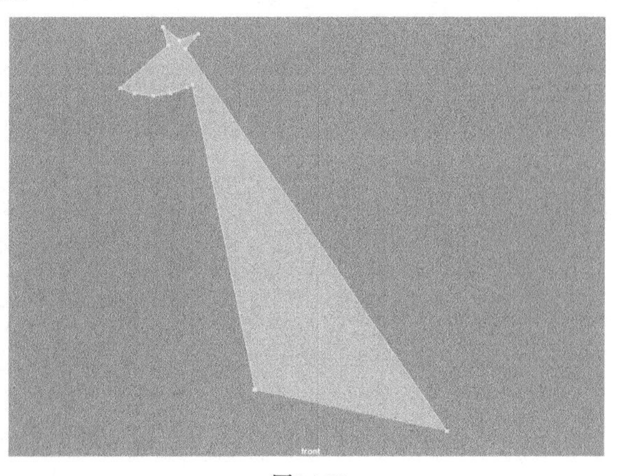

图4-159

#### 提示

在绘制的过程中，如果对当前顶点的位置不满意，那么可以按Backspace键删除，然后重新绘制。

**02** 绘制后会以粉色的预览面显示，当按Enter键后就会生成面，如图4-160所示。然后使用同样的方法绘制出腿部的多边形，效果如图4-161所示。

图4-160

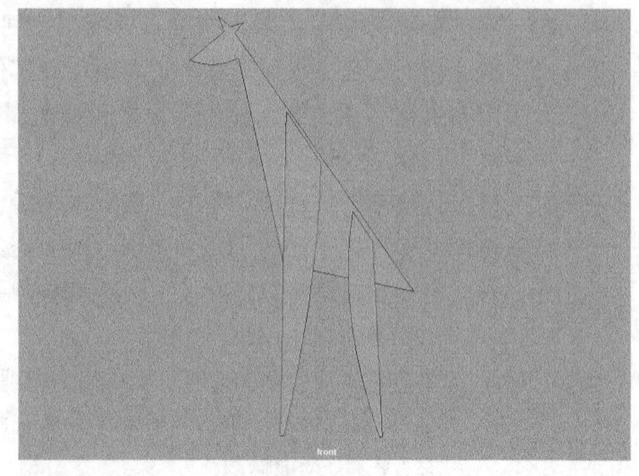


图4-161

**03** 切换到persp（透）视图，然后对创建好的多边形面片执行“挤出”命令，使面片具有一定的厚度，如图4-162所示，接着复制腿部模型，并移至另一侧，如图4-163所示。

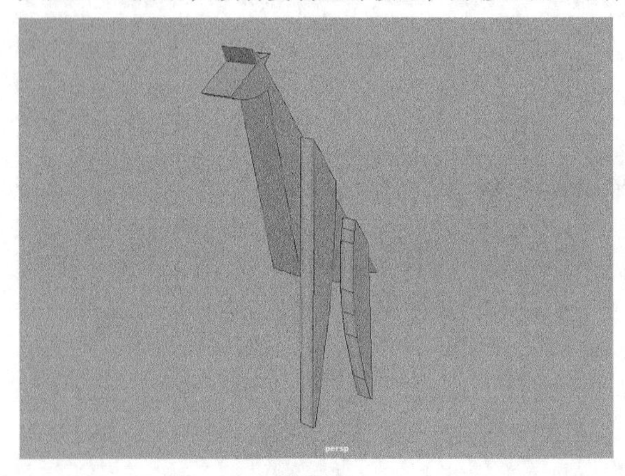


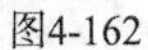

图4-162

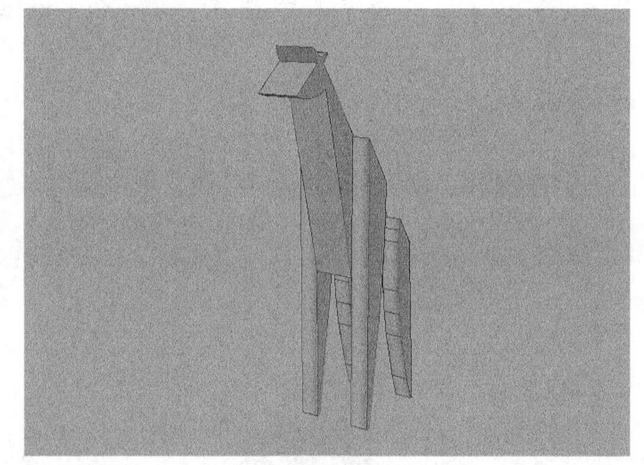

图4-163

## 4.5.6 插入循环边

使用“插入循环边”工具可以在多边形对象上的指定位置插入一条环形线，该工具是通过判断多边形的对边来产生线。如果遇到三边形或大于四边的多边形将结束命令，因此在很多时候会遇到使用该命令后不能产生环形边的现象。打开该工具的“工具设置”对话框，如图4-164所示。

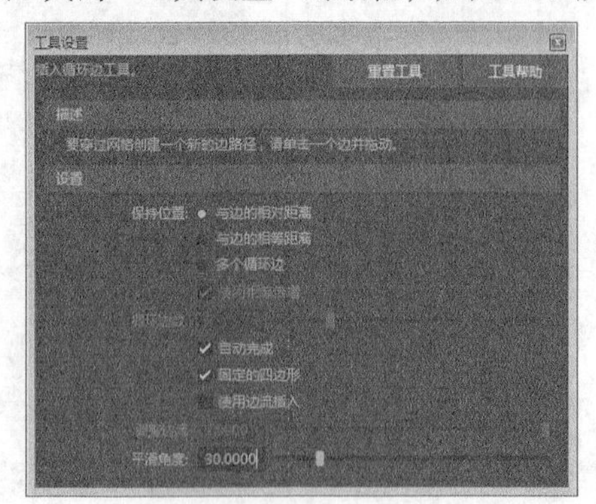


图4-164

### 常用参数介绍

❖ 保持位置：指定如何在多边形网格上插入新边。
  ✧ 与边的相对距离：基于选定边上的百分比距离，沿着选定边放置点插入边。
  ✧ 与边的相等距离：沿着选定边按照基于单击第1条边的位置的绝对距离放置点插入边。
  ✧ 多个循环边：根据“循环边数”中指定的数量，沿选定边插入多个等距循环边。
  ✧ 使用相等倍增：该选项与剖面曲线的高度和形状相关。使用该选项的时候应用最短边的长度来确定偏移高度。
❖ 循环边数：当启用“多个循环边”选项时，“循环边数”选项用来设置要创建的循环边数量。
❖ 自动完成：启用该选项后，只要单击并拖动到相应的位置，然后释放鼠标，就会在整个环形边上立即插入新边。
❖ 固定的四边形：启用该选项后，会自动分割由插入循环边生成的三边形和五边形区域，以生成四边形区域。
❖ 平滑角度：指定在操作完成后，是否自动软化或硬化沿环形边插入的边。

## 【练习4-17】在多边形上插入循环边

| | |
|---|---|
| 场景文件 | Scenes>CH04>4.17.mb |
| 实例文件 | Examples>CH04>4.17.mb |
| 难易指数 | ★☆☆☆☆ |
| 技术掌握 | 掌握如何在多边形上插入循环边 |

本例使用“插入循环边” 插入循环边后的效果如图4-165所示。

图4-165

**01** 打开学习资源中的“Scenes>CH04>4.17.mb”文件，场景中有一个兔子和萝卜的模型，如图4-166所示。

图4-166

02 执行“网格工具>插入循环边”菜单命令，然后在萝卜模型上按住鼠标左键并拖曳，可以调整要插入的循环边的位置，如图4-167所示。当松开鼠标后，会在指定的位置插入循环边，如图4-168所示。

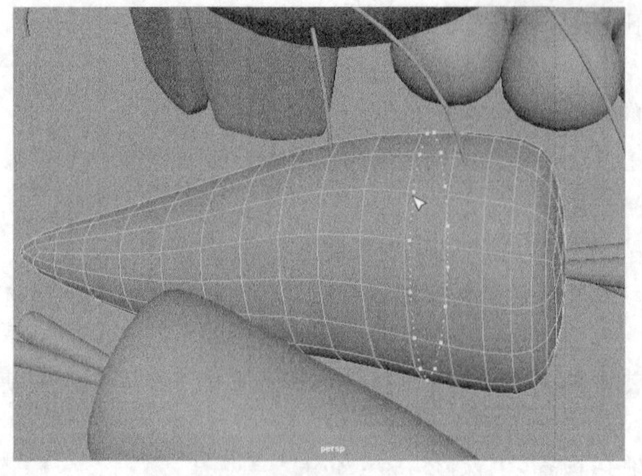

图4-167

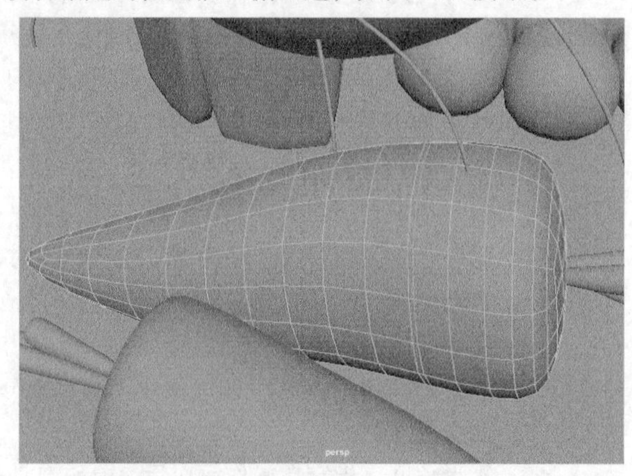

图4-168

03 为萝卜模型添加多条循环边，如图4-169所示，然后通过“缩放工具”为萝卜添加凹痕效果，如图4-170和图4-171所示。

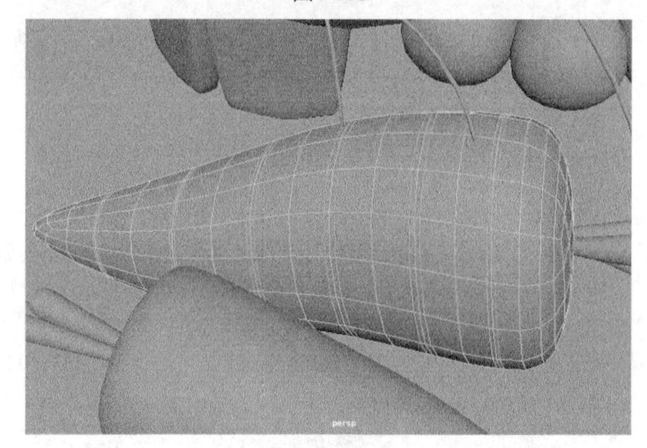

图4-169

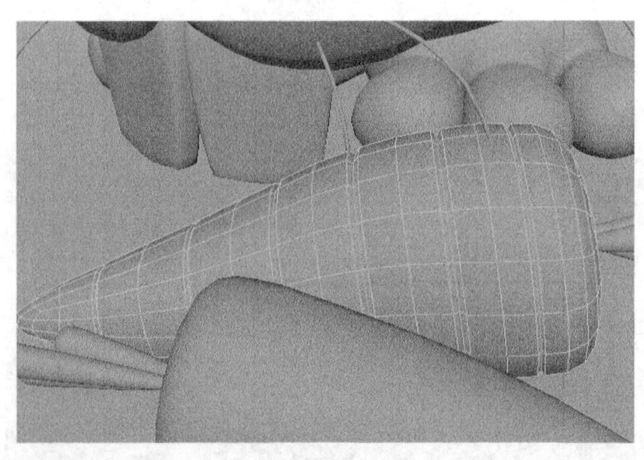

图4-170

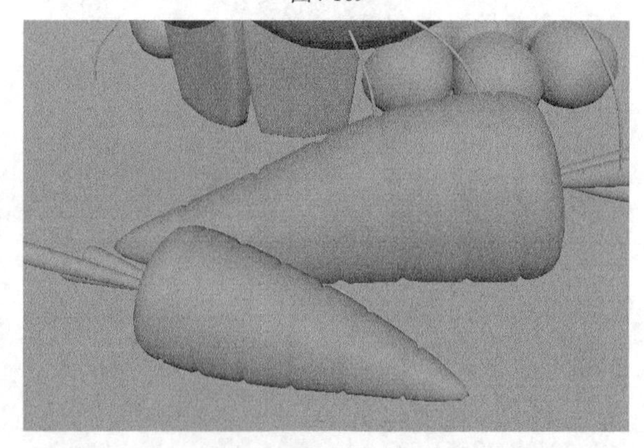

图4-171

## 4.5.7 生成洞

使用“生成洞”工具可以在一个多边形的一个面上利用另外一个面来创建一个洞。打开该工具的“工具设置”对话框，如图4-172所示。

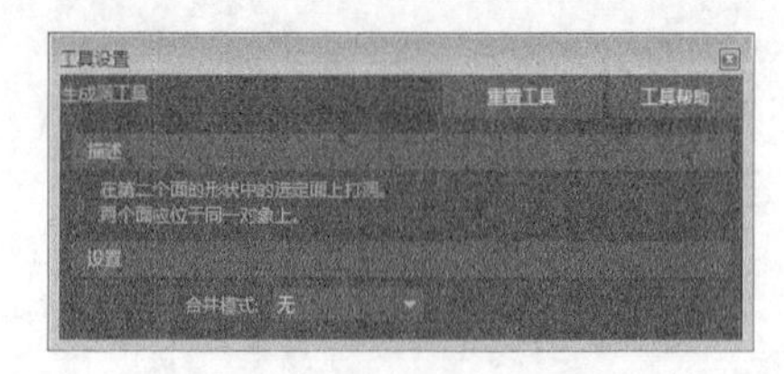


图4-172

### 生成洞参数介绍

❖ 合并模式：用来设置合并模型的方式，共有以下7种模式。

✧ 第一个：变换选择的第2个面，以匹配中心。

✧ 中间：变换选择的两个面，以匹配中心。

✧ 第二个：变换选择的第1个面，以匹配中心。

✧ 投影第一项：将选择的第2个面投影到选择的第1个面上，但不匹配两个面的中心。

✧ 投影中间项：将选择的两个面都投影到一个位于它们之间的平面上，但不匹配两个面的中心。

✧ 投影第二项：将选择的第1个面投影到选择的第2个面上，但不匹配两个面的中心。

✧ 无：直接将“图章面”投影到选择的第1个面上。

**提示**

在创建洞时，选择的两个面必须是同一个多边形上的面，如果为了得到特定的洞形状，可以使用“创建多边形工具”重新创建一个轮廓面，然后使用“结合”命令将两个模型合并起来，再进行创建洞操作。

## 4.5.8 多切割

使用“多切割”工具可以切割指定的面或整个对象，让这些面在切割处产生一个分段。打开“多切割”工具的“工具设置”对话框，如图4-173所示。

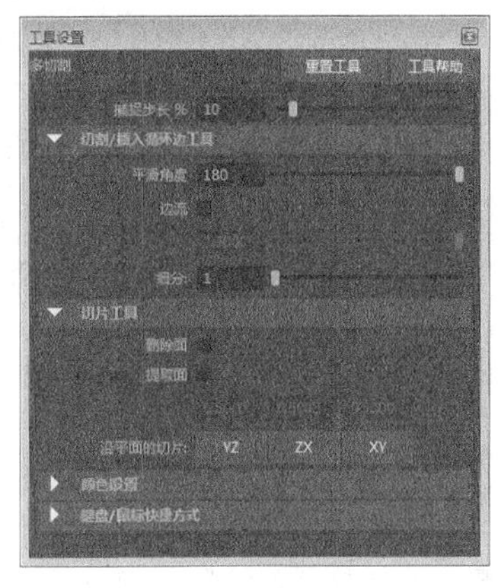


图4-173

### 常用参数介绍

❖ 捕捉步长 %：指定在定义切割点时使用的捕捉增量，默认值为25%。

❖ 平滑角度：指定完成操作后是否自动软化或硬化插入的边。如果将“平滑角度”设置为180（默认值），则插入的边将显示为软边。如果将“平滑角度”设置为0，则插入的边将显示为硬边。

❖ 边流：选择该选项后，新边遵循周围网格的曲面曲率。

❖ 细分：指定沿已创建的每条新边出现的细分数目。顶点将沿边放置，以创建细分。

❖ 删除面：删除切片平面一侧的曲面部分。

❖ 提取面：断开切片平面一侧的面。在“提取面”字段中输入值可以控制提取的方向和距离。

❖ 沿平面的切片：沿指定平面YZ、ZX或XY对曲面进行切片。

## 【练习4-18】在多边形上添加边

| 场景文件 | Scenes>CH04>4.18.mb |
| --- | --- |
| 实例文件 | Examples>CH04>4.18.mb |
| 难易指数 | ★☆☆☆☆ |
| 技术掌握 | 掌握如何在多边形上添加边 |

本例使用“多切割”工具添加边的效果如图4-174所示。

图4-174

**01** 打开学习资源中的“Scenes>CH04>4.18.mb”文件，场景中有一个怪物模型，如图4-175所示。

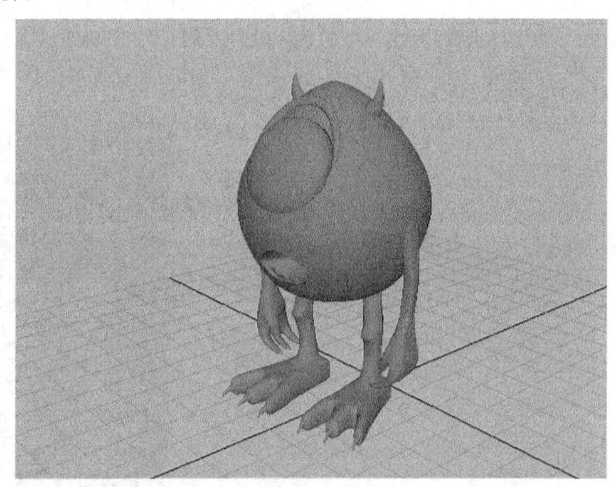

图4-175

**02** 执行“网格工具>多切割”命令，在怪物臀部绘制分割点，如图4-176所示，然后按Enter键确认操作，为多边形添加边，如图4-177所示。

图4-176

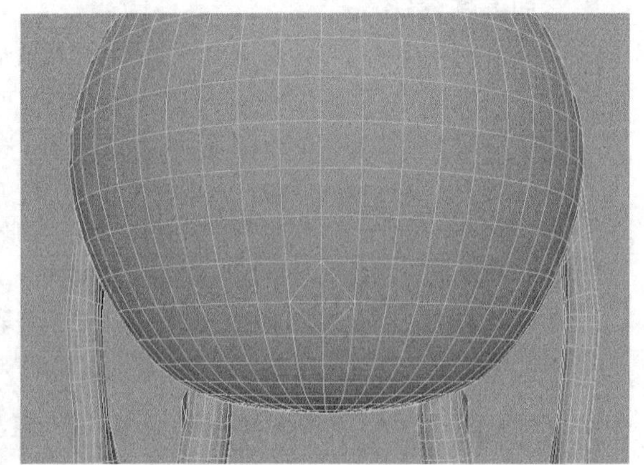

图4-177

**03** 使用“多切割”命令继续为尾巴轮廓线添加细节，如图4-178所示，然后用“缩放工具”调整造型，如图4-179所示。

图4-178

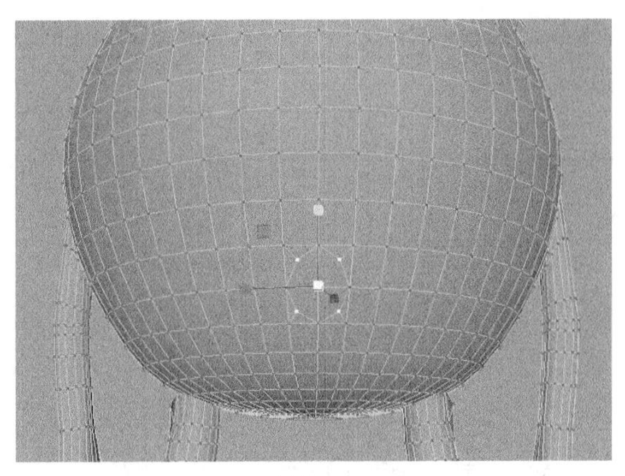

图4-179

## 提示

在使用“多切割”工具时，按住Shift键可以按比例添加点，如图4-180所示；按住Ctrl键可以添加循环边，如图4-181所示。

图4-180

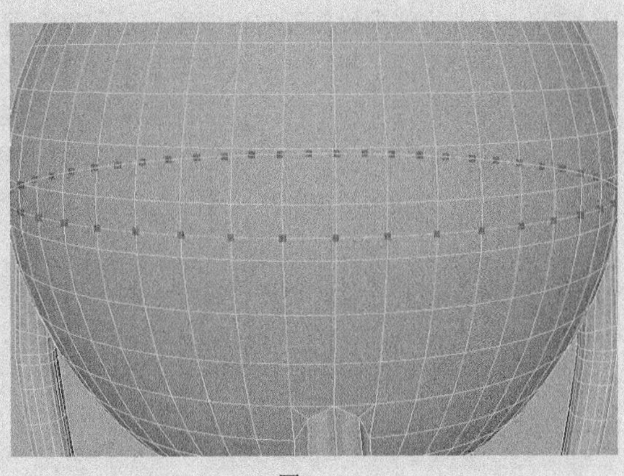

图4-181

**04** 选择图4-182所示的面，然后使用“挤出”命令制作尾巴，如图4-183所示，接着按3键可查看平滑后的效果，如图4-184所示。

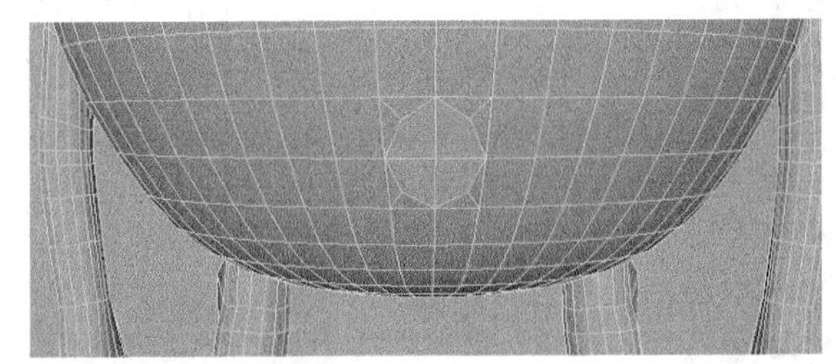

图4-182

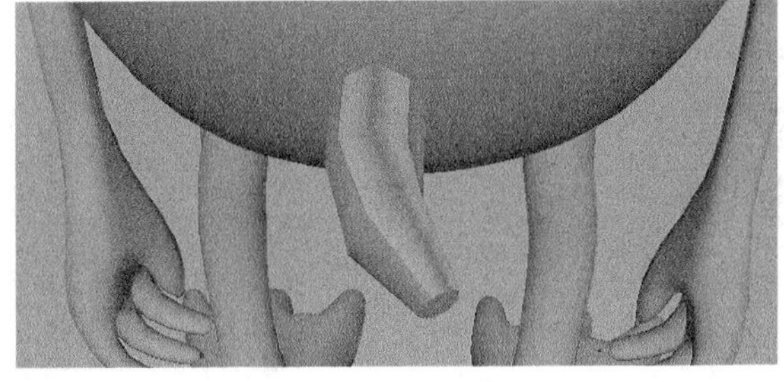

图4-183

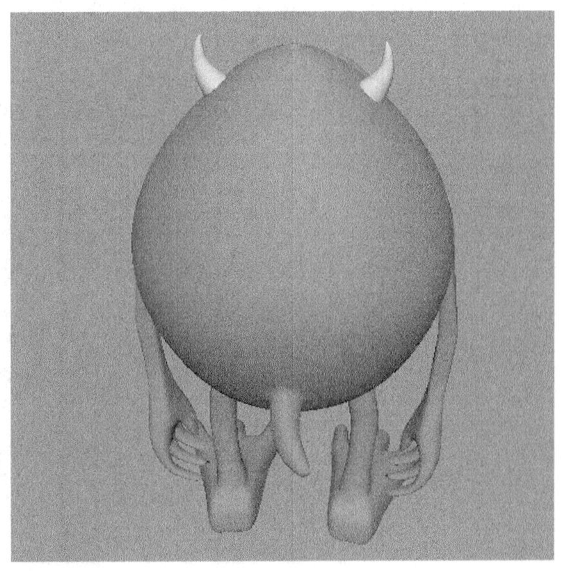

图4-184

## 4.5.9 偏移循环边

使用“偏移循环边”工具可以在选择的任意边的两侧插入两个循环边。打开“偏移循环边选项”对话框，如图4-185所示。

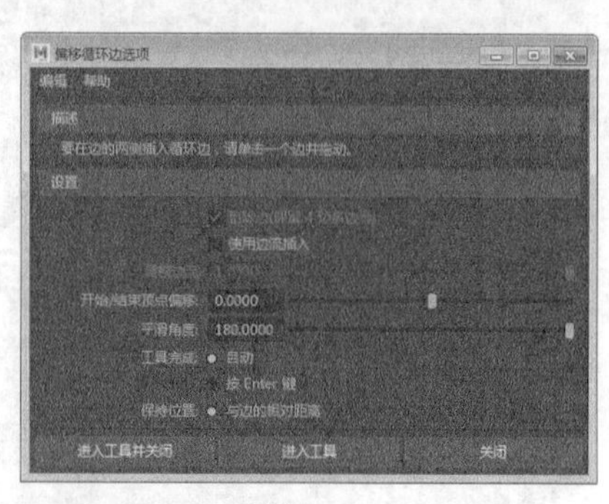

图4-185

### 偏移循环边选项对话框参数介绍

- 删除边（保留4边多边形）：在内部循环边上偏移边时，在循环的两端创建的新多边形可以是三边的多边形。
- 开始/结束顶点偏移：确定两个顶点在选定边（或循环边中一系列连接的边）两端上的距离将从选定边的原始位置向内偏移还是向外偏移。
- 平滑角度：指定完成操作后是否自动软化或硬化沿循环边插入的边。
- 保持位置：指定在多边形网格上插入新边的方法。
  - 与边的相对距离：基于沿选定边的百分比距离沿选定边定位点预览定位器。
  - 与边的相等距离：点预览定位器基于单击第一条边的位置沿选定边在绝对距离处进行定位。

## 4.5.10 绘制减少权重

使用“绘制减少权重”工具可以通过绘制权重来决定多边形的简化情况。

## 4.5.11 绘制传递属性

使用“绘制传递属性”工具可以通过绘制权重来决定多边形传递属性的多少。打开该工具的“工具设置”对话框，如图4-186所示。

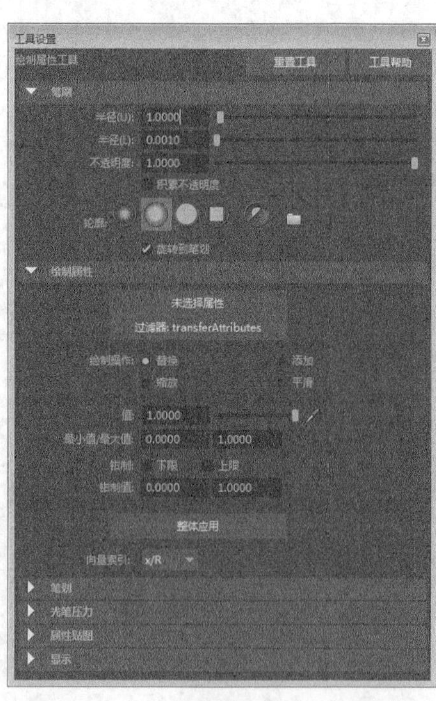

图4-186

## 4.5.12 雕刻工具

“雕刻工具”是从Maya 2017开始提供的一个雕刻工具包，展开“雕刻工具”菜单，如图4-187所示。该菜单中提供了多种工具，用于为多边形表面增加细节。

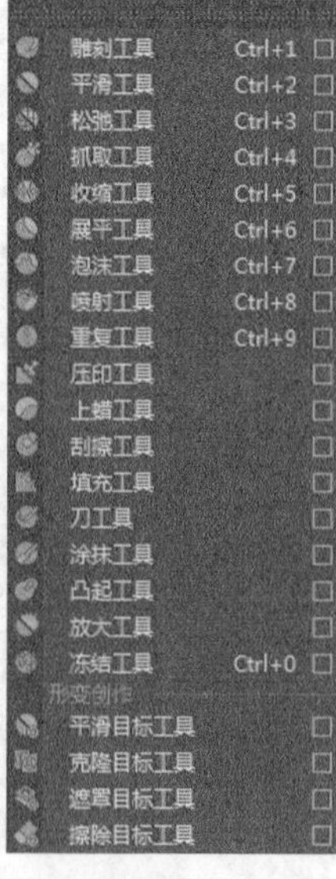


图4-187

## 4.5.13 滑动边

使用“滑动边”工具可以将选择的边滑动到其他位置。在滑动过程中是沿着对象原来的走向进行滑动的，这样可使滑动操作更加方便。打开该工具的“工具设置”对话框，如图4-188所示。

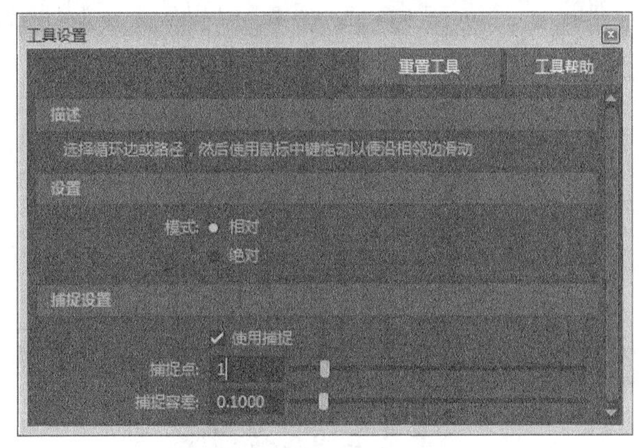


图4-188

### 滑动边工具参数介绍

❖ 模式：确定如何重新定位选定边或循环边。

  ✧ 相对：基于相对距离沿选定边移动选定边或循环边。

  ✧ 绝对：基于绝对距离沿选定边移动选定边或循环边。

❖ 使用捕捉：确定是否使用捕捉设置。

❖ 捕捉点：控制滑动顶点将捕捉的捕捉点数量，取值范围为0~10。默认“捕捉点”值为1，表示将捕捉到中点。

❖ 捕捉容差：控制捕捉到顶点之前必须距离捕捉点的靠近程度。

## 4.5.14 目标焊接

使用“目标焊接”工具可以合并顶点或边，以在它们之间创建共享顶点或边。只能对同一组件的网格进行合并。打开该工具的“工具设置”对话框，如图4-189所示。

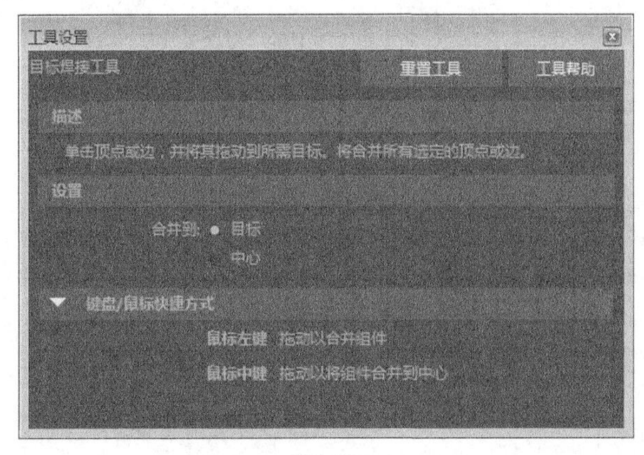


图4-189

### 目标焊接工具参数介绍

❖ 目标：目标顶点将成为新顶点，源顶点将被删除。

❖ 中心：将在与源和目标组件等距的地方创建新顶点或边，然后移除源和目标组件。

# 4.6 网格显示

“网格显示”菜单下提供了修改网格显示的命令，主要分为5大类，分别为“法线”“顶点颜色”“顶点颜色集”“顶点烘焙集”“显示属性”，如图4-190所示。在实际的项目中，会经常调整多边形的法线，因此本书主要介绍法线的操作。

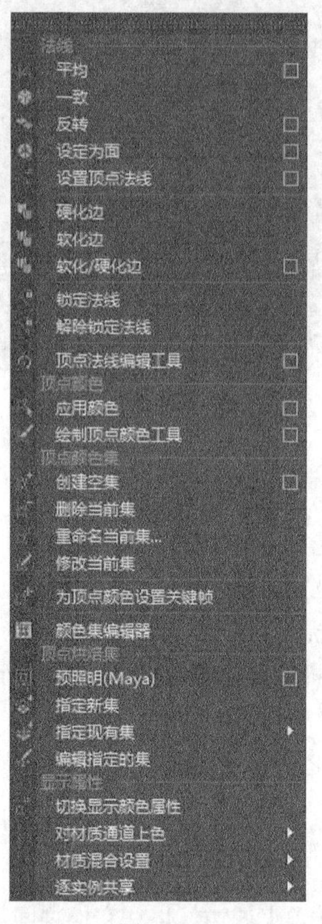


图4-190

## 技术专题：法线在模型中的作用

法线是指在三维世界中，与某一点或面垂直的线。在建模过程中，法线的主要作用是描述面的正反方向。

法线方向影响着多边形命令的作用，如果法线的方向有误，会使模型发生致命错误，因此在制作模型时，要时刻注意法线的方向。在制作模型时，通常会取消选择工作区中的“照明>双面照明”选项，如图4-191所示。此时，模型的正面会正常显示，而背面则会以黑色显示，如图4-192所示。

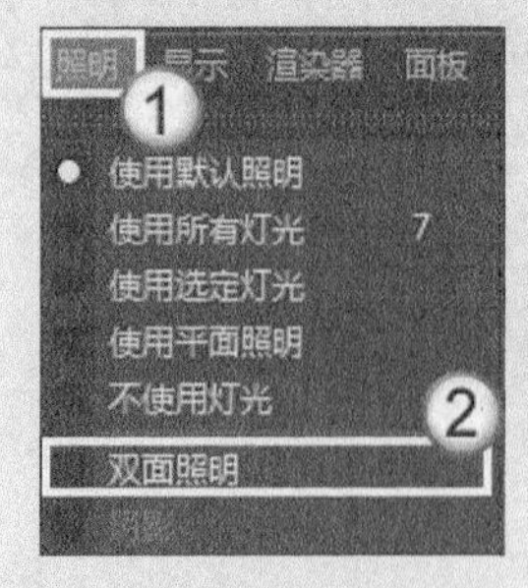


图4-191

图4-192

如果多边形的法线方向不一致，在执行多边形命令时，会产生错误。例如，对一个法线方向不一致的平面执行“挤出”操作时，会产生图4-193所示的错误。

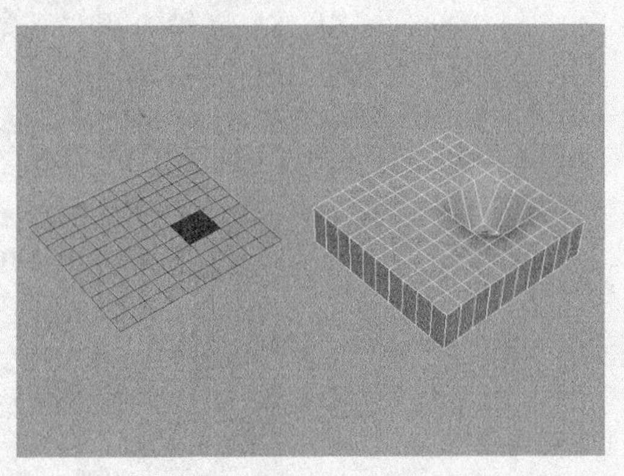

图4-193

## 4.6.1 一致

使用“一致”命令可以统一选定多边形网格的曲面法线方向。生成的曲面法线方向将基于网格中共享的大多数面的方向。

## 4.6.2 反转

使用“反转”命令可以反转选定多边形上的法线，也可以指定是否反转用户定义的法线。

## 【练习4-19】调整法线方向

| | |
|---|---|
| 场景文件 | Scenes>CH04>4.19.mb |
| 实例文件 | Examples>CH04>4.19.mb |
| 难易指数 | ★☆☆☆☆ |
| 技术掌握 | 掌握如何反转法线方向 |

本例使用“反转”命令调整法线方向后的效果如图4-194所示。

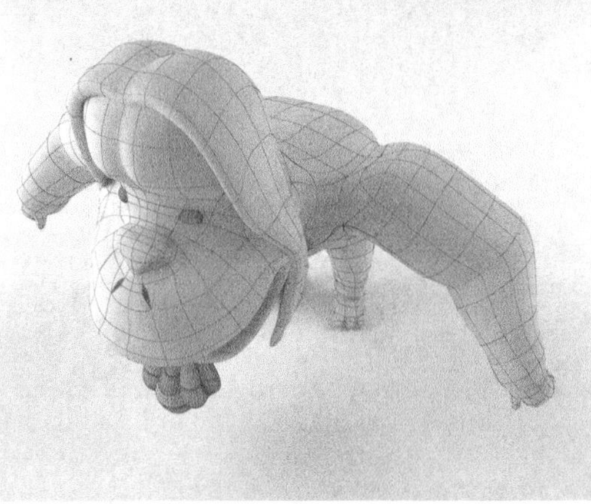

图4-194

**01** 打开学习资源中的“Scenes>CH04>4.19.mb”文件，场景中有一个红猩猩模型，如图4-195所示。

图4-195

**02** 选择猩猩脸部的面，如图4-196所示，然后执行“网格显示>反转”命令，效果如图4-197所示。

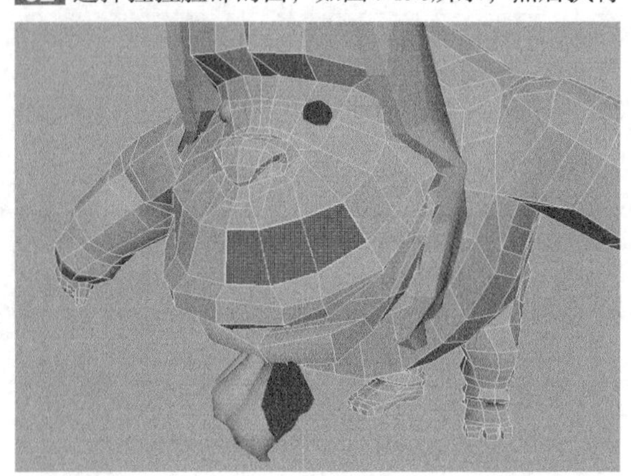

图4-196

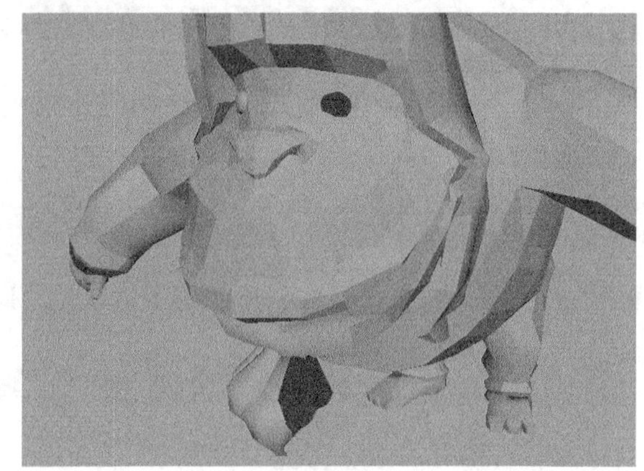

图4-197

**03** 选择眼睛和胡须模型，如图4-198所示，然后执行“网格显示>反转”命令，效果如图4-199所示。

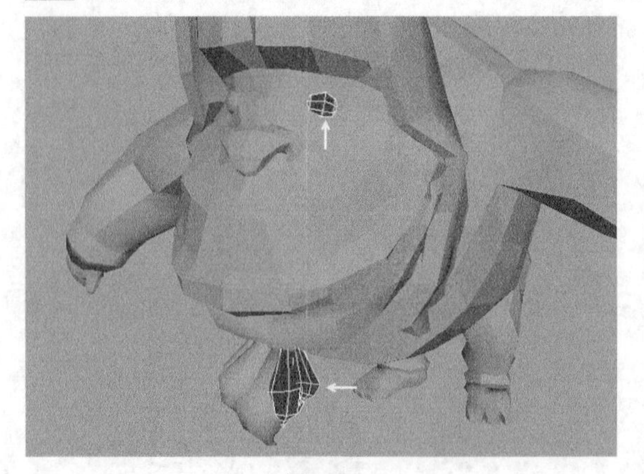

图4-198

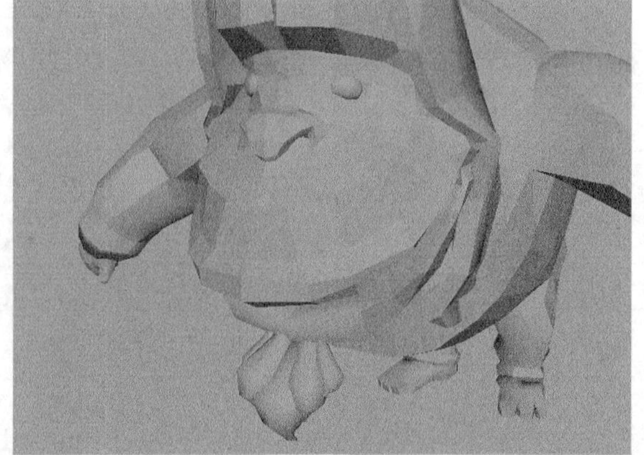

图4-199

## 4.6.3 软/硬化边

使用“软化边”和“硬化边”控制顶点法线，以更改使用软硬化外观渲染的着色多边形外观。

## 【练习4-20】调整多边形外观

| 场景文件 | Scenes>CH04>4.20.mb |
| --- | --- |
| 实例文件 | Examples>CH04>4.20.mb |
| 难易指数 | ★☆☆☆☆ |
| 技术掌握 | 掌握如何转换软硬边 |

本例使用“软化边”和“硬化边”调整多边形外观后的效果如图4-200所示。

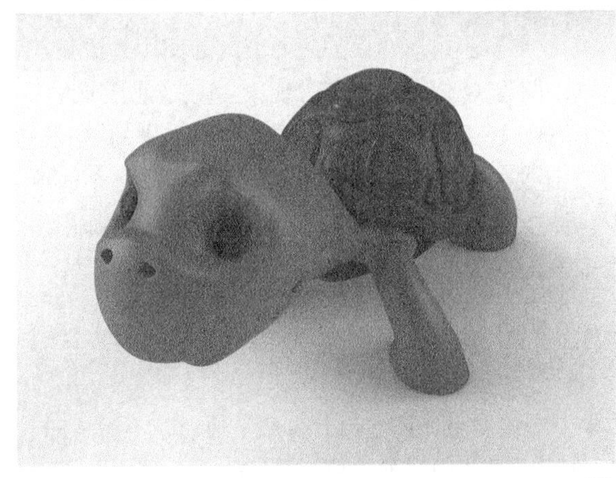

图4-200

**01** 打开学习资源中的“Scenes>CH04>4.20.mb”文件，场景中有一个乌龟模型，如图4-201所示。

图4-201

**02** 选择模型，然后执行“网格显示>软化边”菜单命令，效果如图4-202所示。再选择模型，执行“网格显示>硬化边”菜单命令，效果如图4-203所示。

图4-202

图4-203

# 技术分享

## 给读者学习多边形建模的建议

毫无疑问，多边形建模技术是所有建模技术中最重要的。本章安排了大量的实战供读者练习，这些实战具有相当强的针对性，读者学完后能比较熟练地掌握多边形建模的主要工具的使用方法和技巧。如果读者参照书中步骤或视频教学也只能做到形似而不能神似，也是正常现象。因为建模作为一项技术，掌握工具和方法虽然是必需的，但是要建好模型，还必须有足够的经验。临摹书中的实战，学到的仅仅是建模的方法和技巧，要想成为建模高手，还必须不断练习，不断积累经验。举一个简单的例子，调整顶点往往是一项烦琐的工作，不同的人调整出来的效果也不一样，有经验的模型师往往比刚入门的新手要处理得好，这就是经验问题，做得多了，经验自然就丰富了。

## 不规则多边形的布线方法

多边形的定义是边的数量≥3，但是在实际工作中，应该尽量用四边形，少用三边形，不用≥5的多边形。请读者务必牢记这条原则。三边形的模型通常用在游戏中，如果模型是四边形，那么游戏引擎会自动将其转换为三边形。动画模型通常是四边形，四边形可以避免动画变形时的拉伸错误，还可以使模型在平滑后保持流畅的拓扑。

鉴于动画模型的特殊需求，在制作模型时会用到很多四边形的布线技巧，下面就介绍几种常用的四边形布线技巧。

例1：圆柱体端面的布线方法

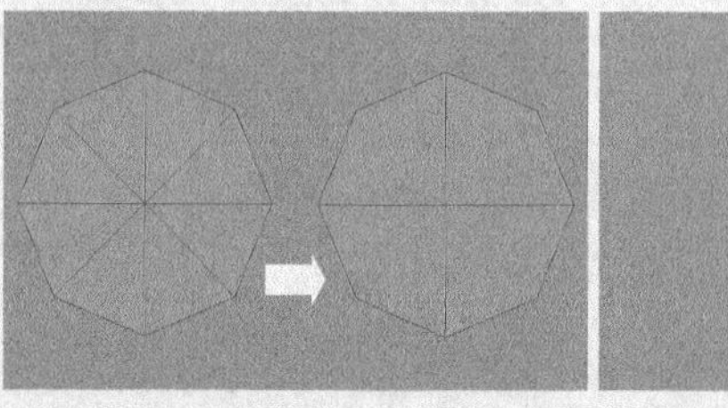
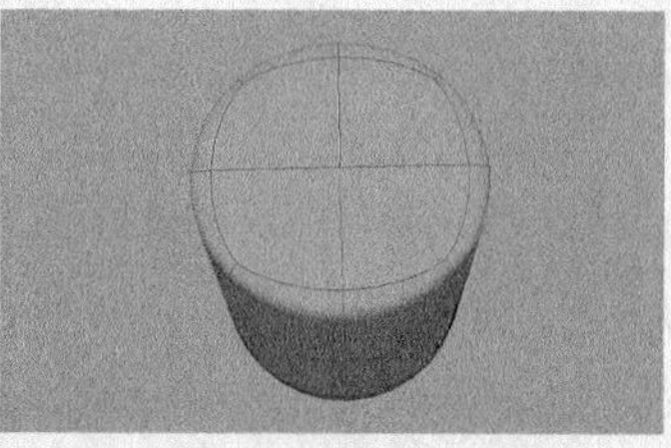

例2：凹槽凸起的布线方法

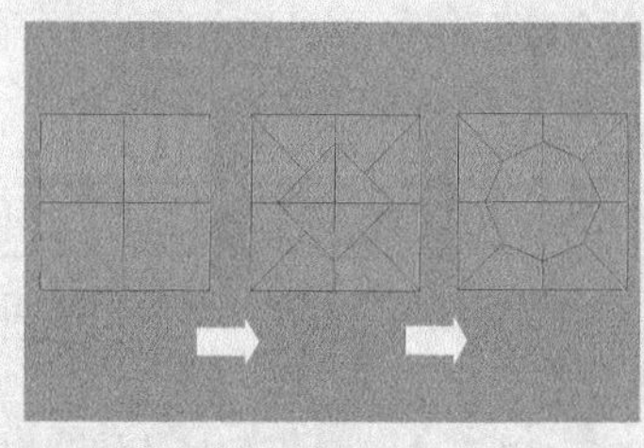
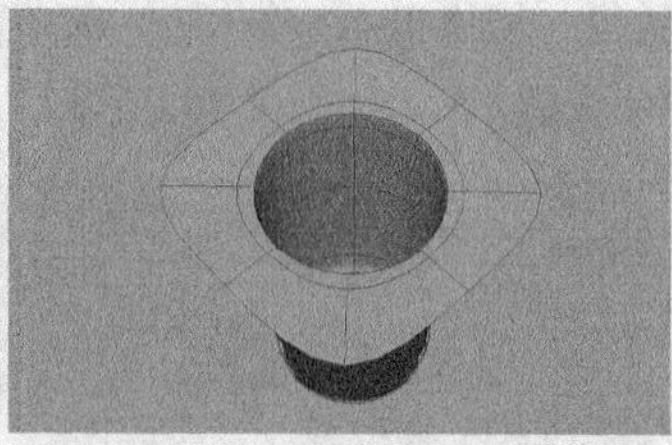

例3：简化面的布线方法

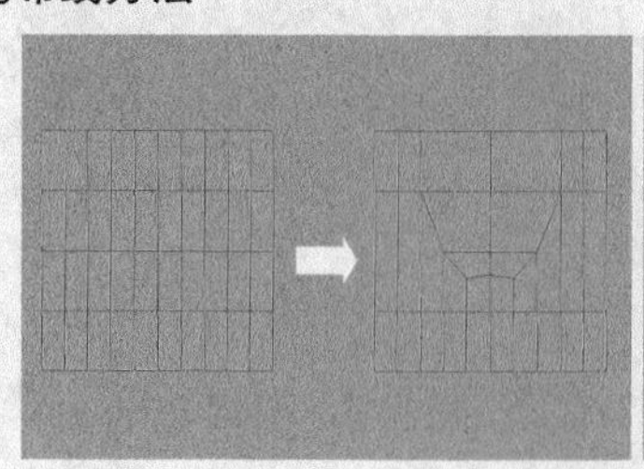
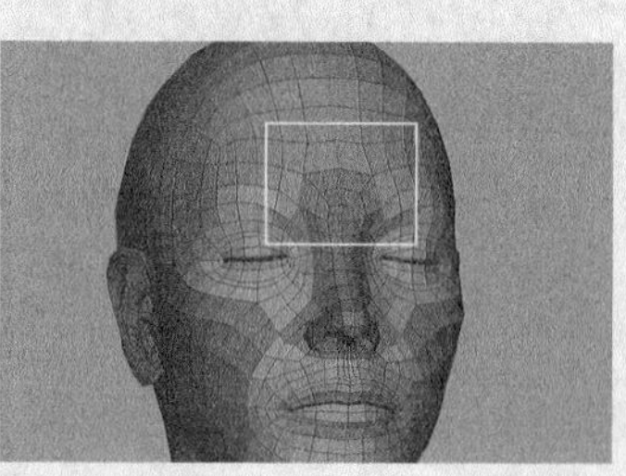

# 第5章

# 曲线技术

本章主要介绍了使用创建菜单中的命令创建曲线，以及使用曲线菜单中的命令编辑曲线。通过对本章的学习，读者可以创建形态各异的曲线，以便生成想要的曲面造型。

※ 创建曲线的方法

※ 连接/分离曲线的方法

※ 插入编辑点的方法

※ 平滑曲线的方法

※ 重建曲线的方法

# 5.1 创建NURBS曲线

展开“创建>NURBS基本体”菜单，该菜单中提供了一系列创建曲面对象的命令，通过该菜单可以创建出最基本的曲面对象，如图5-1所示。

图5-1

**提示**

在菜单下面单击虚线横条，可以将链接菜单作为一个独立的菜单放置在视图中。

## 5.1.1 CV曲线工具

“CV曲线工具”通过创建控制点来绘制曲线。单击“CV曲线工具”命令后面的按钮，打开“工具设置”对话框，如图5-2所示。

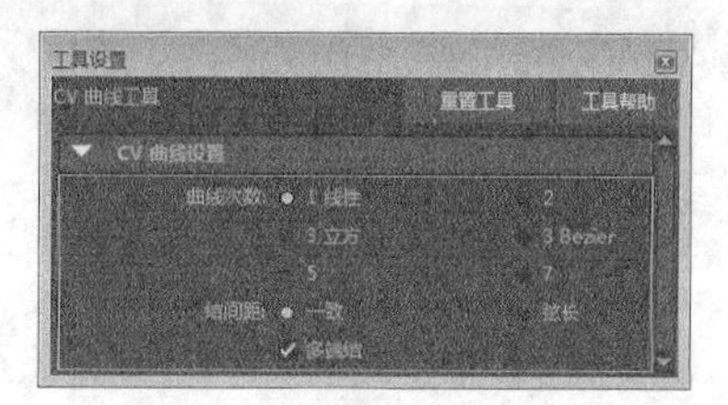


图5-2

### 常用参数介绍

❖ 曲线次数：该选项用来设置创建的曲线的次数。一般情况下都使用“1线性”或“3立方”曲线，特别是“3立方”曲线，如图5-3所示 。

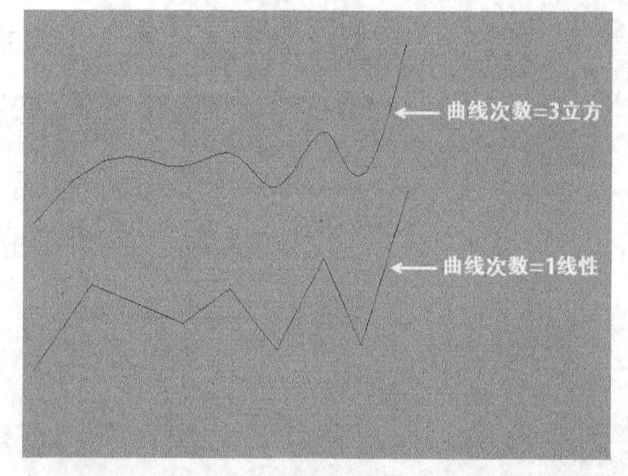


图5-3

❖ 结间距：设置曲线曲率的分布方式。
   ✧ 一致：该选项可以随意增加曲线的段数。
   ✧ 弦长：开启该选项后，创建的曲线可以具备更好的曲率分布。
   ✧ 多端结：开启该选项后，曲线的起始点和结束点位于两端的控制点上；如果关闭该选项，起始点和结束点之间会产生一定的距离，如图5-4所示。

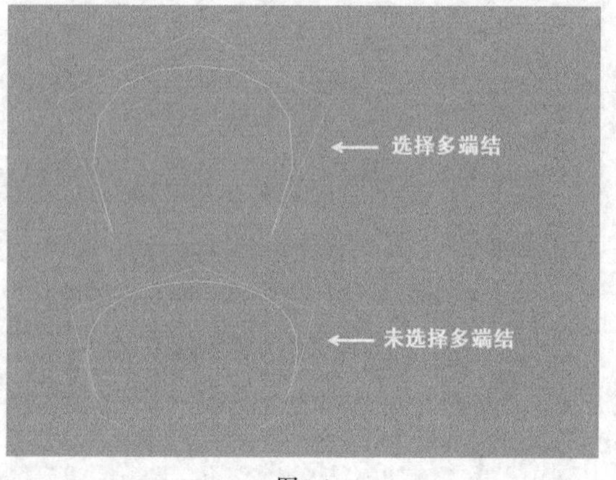


图5-4

❖ 重置工具：将“CV曲线工具”的所有参数恢复到默认设置。

❖ 工具帮助：单击该按钮可以打开Maya的帮助文档，该文档中会说明当前工具的具体功能。

## 5.1.2 EP曲线工具

“EP曲线工具”是绘制曲线的常用工具，通过该工具可以精确地控制曲线所经过的位置。单击“EP曲线工具”命令后面的按钮，打开“工具设置”对话框，这里的参数与“CV曲线工具”的参数完全一样，如图5-5所示，只是“EP曲线工具”是通过绘制编辑点的方式来绘制曲线，如图5-6所示。

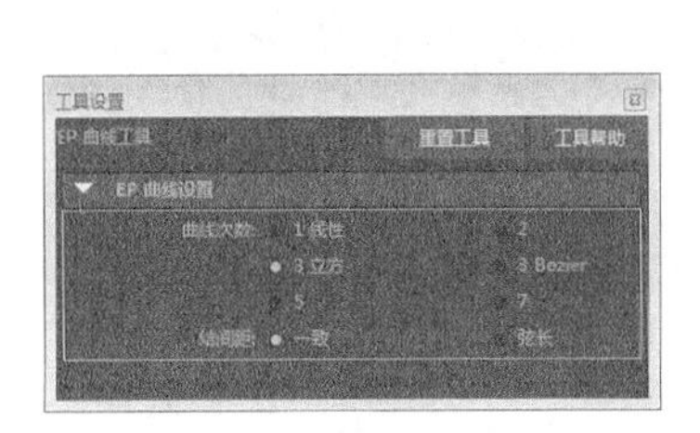


图5-5

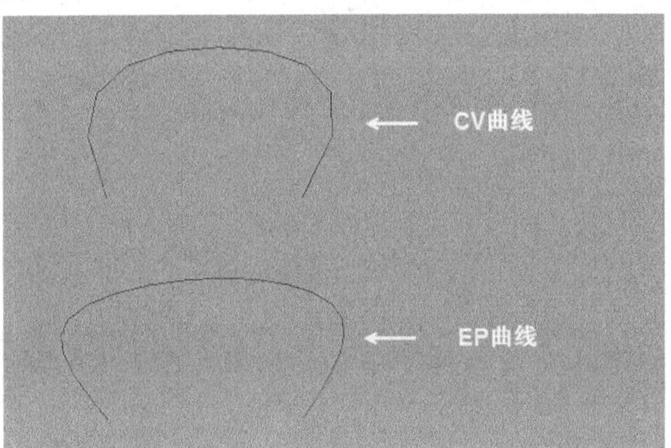


图5-6

## 5.1.3 Bezier曲线工具

“Bezier曲线工具”的运用非常广泛，在多个软件中都可以见到其身影，它主要是通过控制点来创建曲线，然后使用控制柄来调节曲线，如图5-7所示。单击“Bezier曲线工具”命令后面的按钮，打开“工具设置”面板，在这里可以选择操纵器以及切线的选择模式，如图5-8所示。

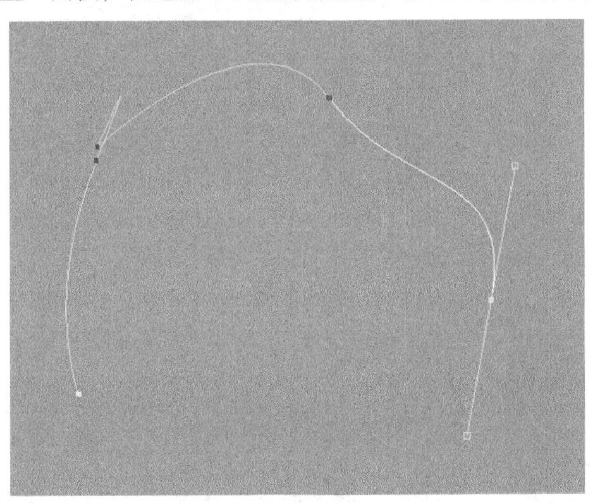

图5-7

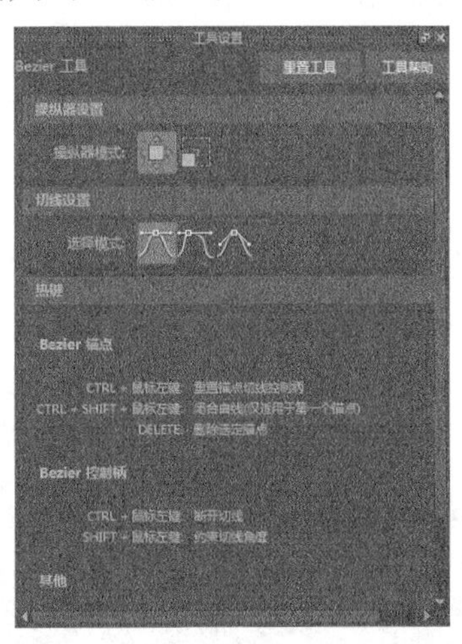


图5-8

## 5.1.4 铅笔曲线工具

“铅笔曲线工具”是通过绘图的方式来创建曲线的，可以直接使用“铅笔曲线工具”在视图中绘制曲线，也可以通过手绘板等绘图工具来绘制流畅的曲线，同时还可以使用“平滑曲线”和“重建曲线”命令对曲线进行平滑处理。“铅笔曲线工具”的参数很简单，和“CV曲线工具”的参数类似，如图5-9所示。

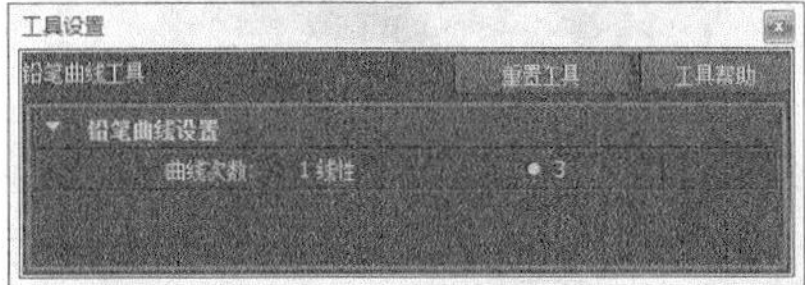


图5-9

## 技术专题：用“铅笔曲线工具”绘制曲线的缺点

使用“铅笔曲线工具”绘制曲线的缺点是控制点太多，如图5-10所示。绘制完成后难以对其进行设置，只有使用“平滑”和“重建”命令精减曲线上的控制点后，才能进行设置，但这两个命令会使曲线发生很大的变形，所以一般情况下都使用“CV曲线工具”和“EP曲线工具”来创建曲线。

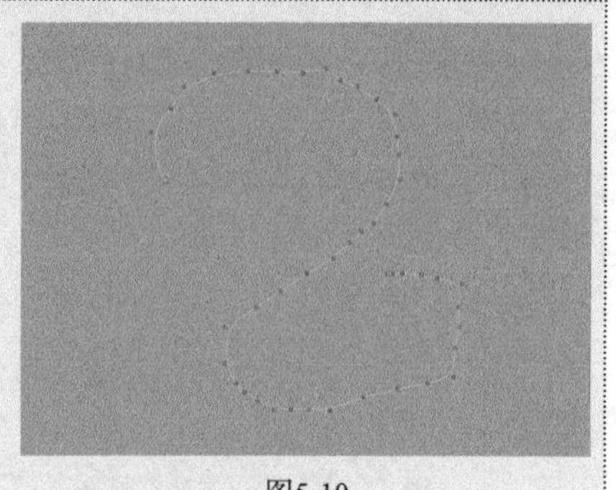

图5-10

## 【练习5-1】巧用曲线工具绘制螺旋线

| 场景文件 | Scenes>CH05>5.1.mb |
|---|---|
| 实例文件 | Examples>CH05>5.1.mb |
| 难易指数 | ★☆☆☆☆ |
| 技术掌握 | 掌握螺旋线的绘制技巧 |

本例使用曲线工具绘制的螺旋线效果如图5-11所示。

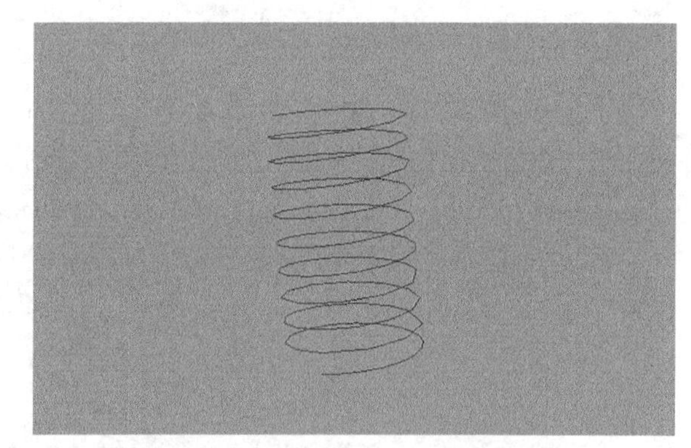

图5-11

**01** 打开学习资源中的“Scenes>CH05>5.1.mb”文件，场景中有一个零件模型，如图5-12所示。

**02** 选择模型的上头部分，然后执行“修改>激活”菜单命令，将其设置为工作表面，如图5-13所示。

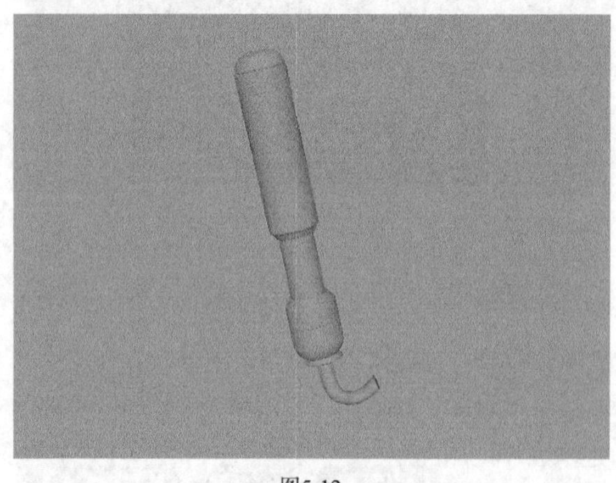

图5-12

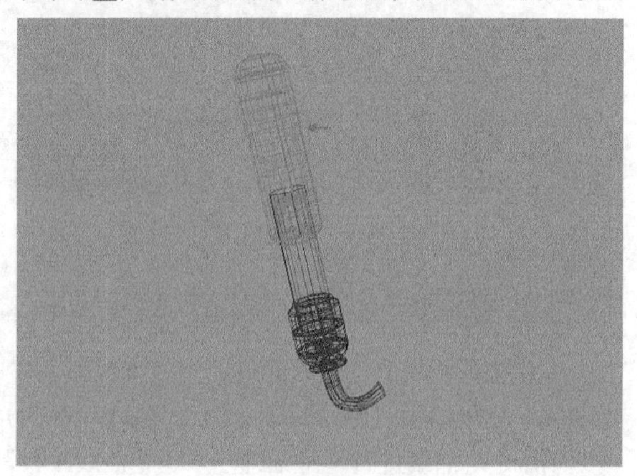

图5-13

**03** 执行“创建>曲线工具>CV曲线工具”菜单命令，然后在曲面上单击4次创建4个控制点，如图5-14所示，接着按Insert键，当出现操作手柄时，按住鼠标中键将曲线一圈一圈地围绕在圆柱体上，最后按Enter键结束创建，效果如图5-15所示。

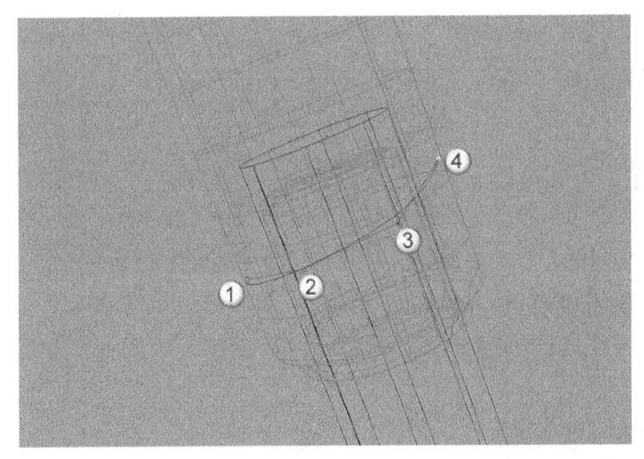


图5-14

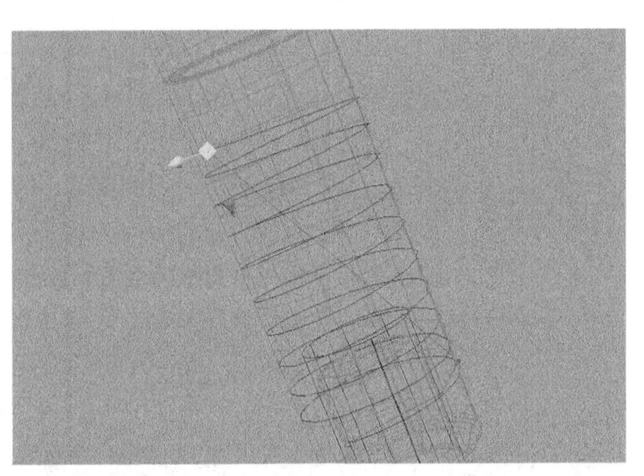

图5-15

**04** 选择螺旋曲线，然后执行“曲线>复制曲面曲线”菜单命令，将螺旋线复制一份出来，如图5-16所示。

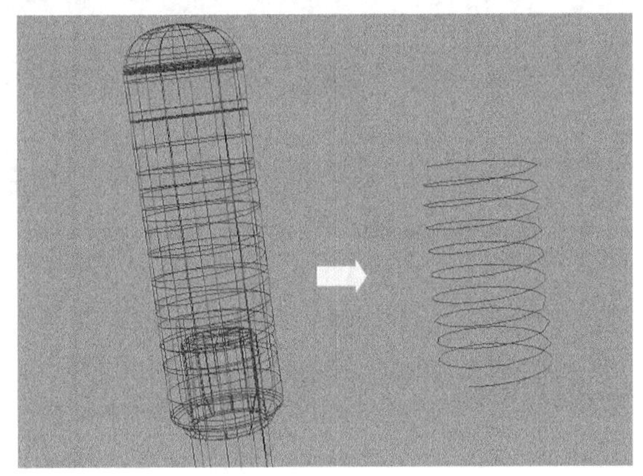

图5-16

## 技术专题：曲线工具的扩展应用

通过本例的学习，还可以使用其他物体创建出各式各样的螺旋曲线，如图5-17所示。

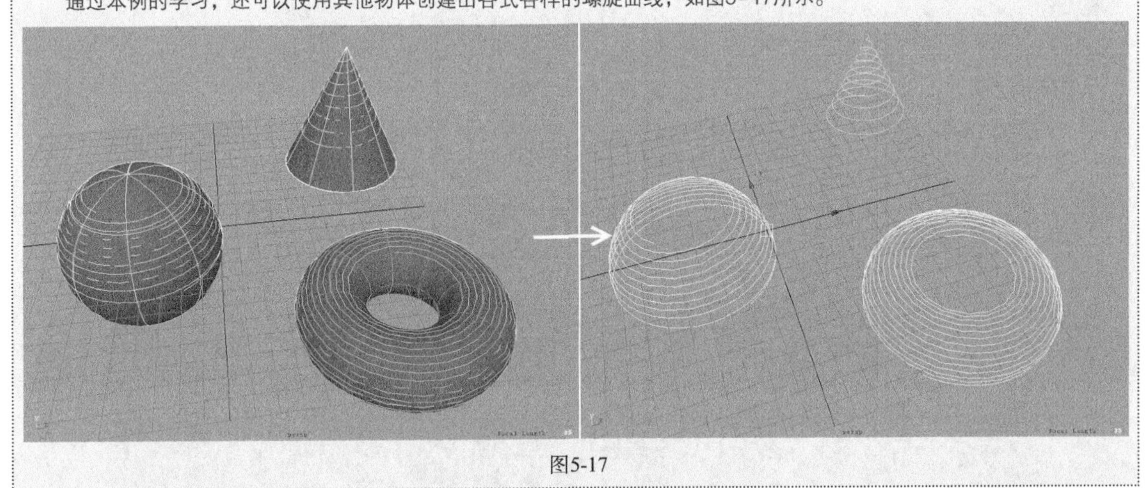

图5-17

### 5.1.5 弧工具

“三点圆弧”和“两点圆弧”命令可以用来创建圆弧曲线，绘制完成后，可以用鼠标中键再次对圆弧进行设置，如图5-18所示。

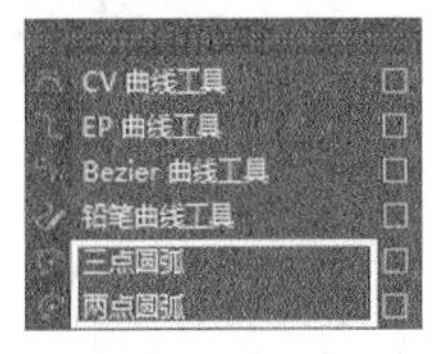


图5-18

## 命令介绍

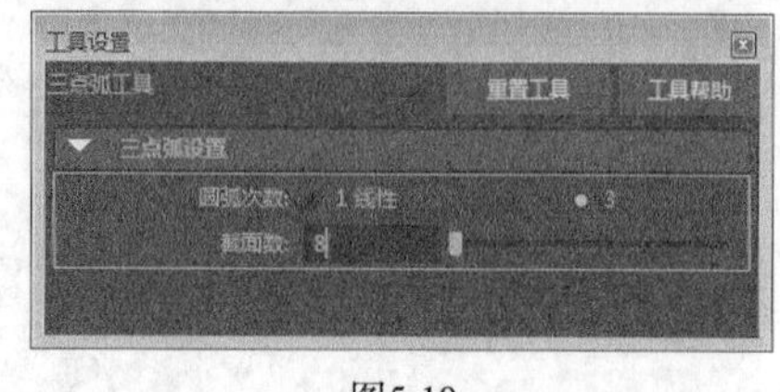

图5-19

- ❖ 三点圆弧：单击“三点圆弧”命令后面的■按钮，可打开“工具设置”对话框，如图5-19所示。
  - ✧ 圆弧度数：用来设置圆弧的度数，这里有“1线性”和“3”两个选项可以选择。
  - ✧ 截面数：用来设置曲线的截面段数，最少为4段。
- ❖ 两点圆弧：使用“两点圆弧”工具可以绘制出两点圆弧曲线，如图5-20所示。单击“两点圆弧”命令后面的■按钮，打开“工具设置”对话框，如图5-21所示。

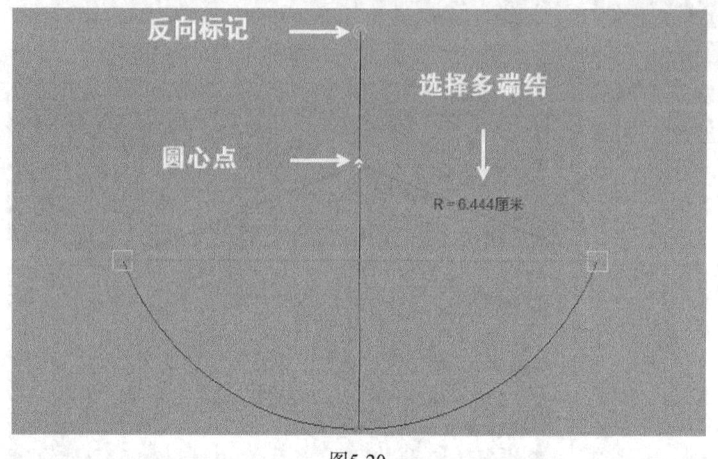

图5-20

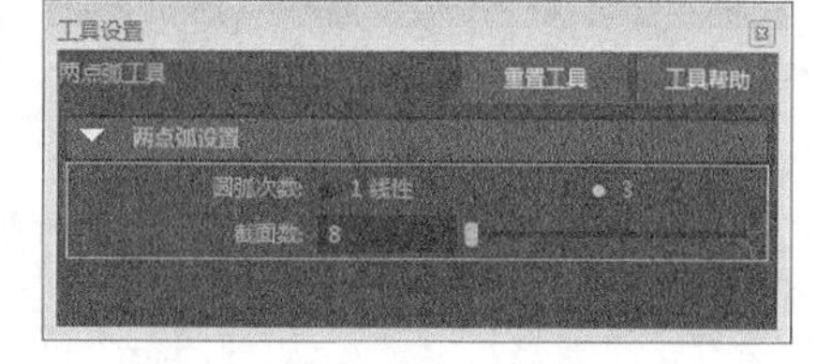

图5-21

## 【练习5-2】绘制两点和三点圆弧

| | |
|---|---|
| 场景文件 | 无 |
| 实例文件 | Examples>CH05>5.2.mb |
| 难易指数 | ★☆☆☆☆ |
| 技术掌握 | 掌握两点和三点圆弧的绘制方法 |

本例使用弧工具绘制的两点和三点圆弧效果如图5-22所示。

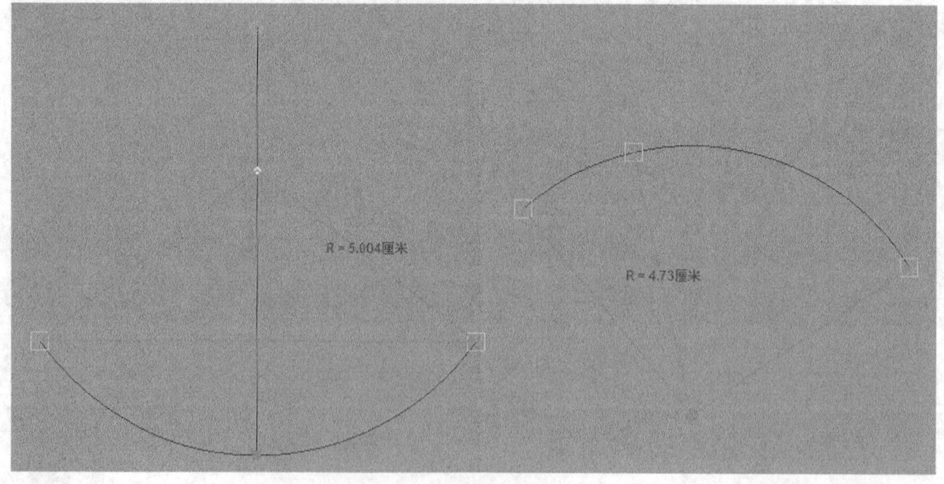

图5-22

01 切换到top（上）视图，然后执行“创建>曲线工具>两点圆弧”菜单命令■，接着在视图中单击两次绘制圆弧点，如图5-23所示，再拖曳圆心手柄来改变圆心的位置，最后按Enter键完成操作，如图5-24所示。

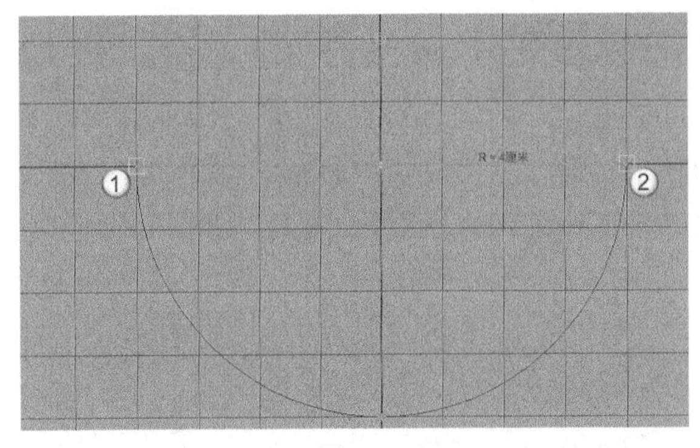


图5-23

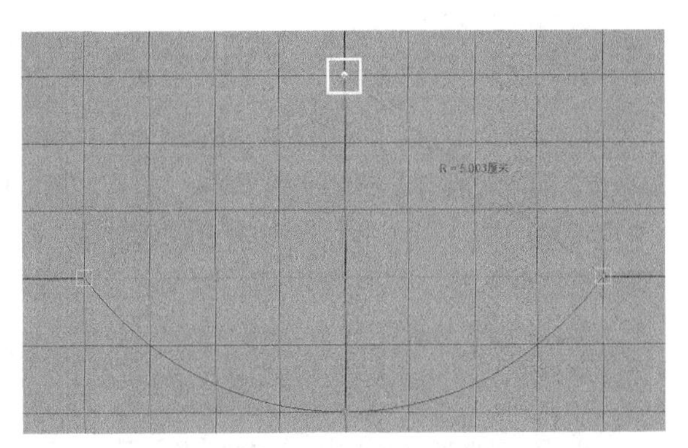

图5-24

**02** 执行“创建>曲线工具>三点圆弧”菜单命令，然后在视图中单击3次绘制圆弧点，接着按Enter键完成操作，如图5-25所示。

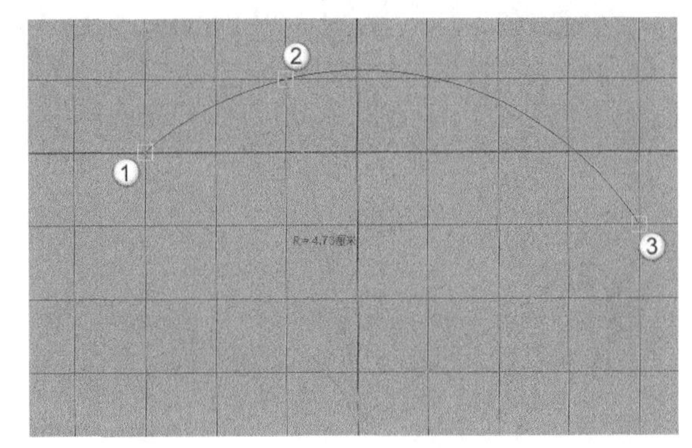


图5-25

## 5.1.6 文本

Maya可以通过输入文字来创建曲线、曲面、多边形曲面和倒角物体。单击“创建>文本”命令后面的■按钮打开“文本曲线选项”对话框，如图5-26所示。

图5-26

### 常用参数介绍

- ❖ 文本：在这里面可以输入要创建的文本内容。
- ❖ 字体：设置文本字体的样式，单击后面的■按钮可以打开“选择可扩展字体”对话框，在该对话框中可以设置文本的字符样式和大小等，如图5-27所示。
- ❖ 类型：设置要创建的文本对象的类型，有“曲线”“修剪”“多边形”“倒角”这4个选项可以选择，如图5-28所示。

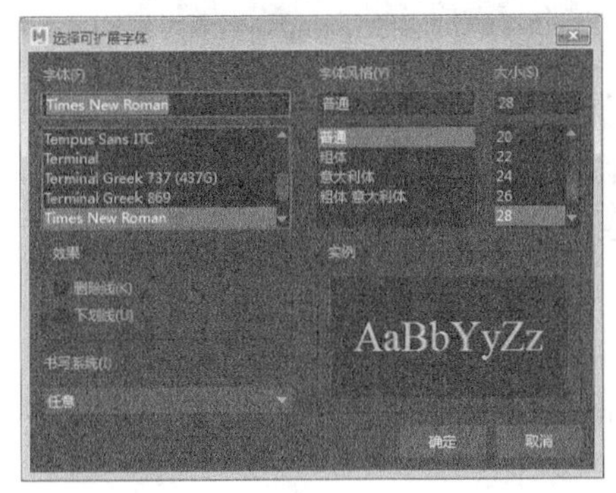


图5-27

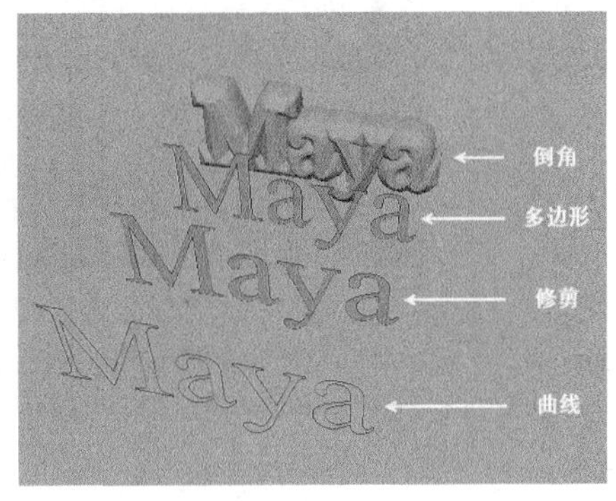


图5-28

## 5.1.7 Adobe（R）Illustrator（R）对象

Maya 2017可以直接读取Illustrator软件的源文件，即将Illustrator的路径作为曲线导入到Maya中。在Maya以前的老版本中不支持中文输入，只有AI格式的源文件才能导入Maya中，而Maya 2017可以直接在文本里创建中文文本，同时也可以使用平面软件绘制出Logo等图形，然后保存为AI格式，再导入到Maya中创建实体对象。

**提示**

Illustrator是Adobe公司出品的一款平面矢量软件，使用该软件可以很方便地绘制出各种形状的矢量图形。

单击“Adobe（R）Illustrator（R）对象”命令后面的■按钮，打开“Adobe（R）Illustrator（R）对象选项”对话框，如图5-29所示。

**提示**

从“类型”选项组中可以看出，使用AI格式的路径可以创建出“曲线”和“倒角”对象。

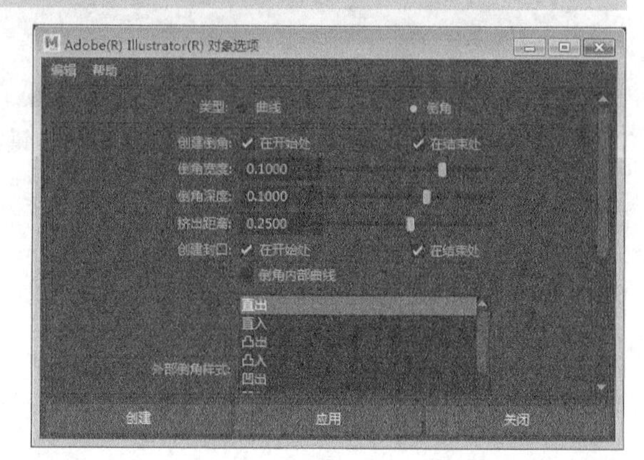


图5-29

## 【练习5-3】用AI路径生成曲线

| 场景文件 | 无 |
| --- | --- |
| 实例文件 | Examples>CH05>5.3.mb |
| 难易指数 | ★☆☆☆☆ |
| 技术掌握 | 掌握如何将AI路径导入到Maya中 |

本例将AI路径导入到Maya后的效果如图5-30所示。

图5-30

**01** 启动Photoshop，然后导入学习资源中的“Scenes>CH05>ai.jpg”文件，如图5-31所示。

**02** 使用“魔棒工具”选择白色背景，然后按快捷键Ctrl+Shift+I反选选区，这样可以选择人物轮廓，如图5-32所示。

图5-31

图5-32

03 切换到“路径”调板，然后单击该调板下面的“从选区生成工作路径”按钮，将选区转换为路径，如图5-33所示。

图5-33

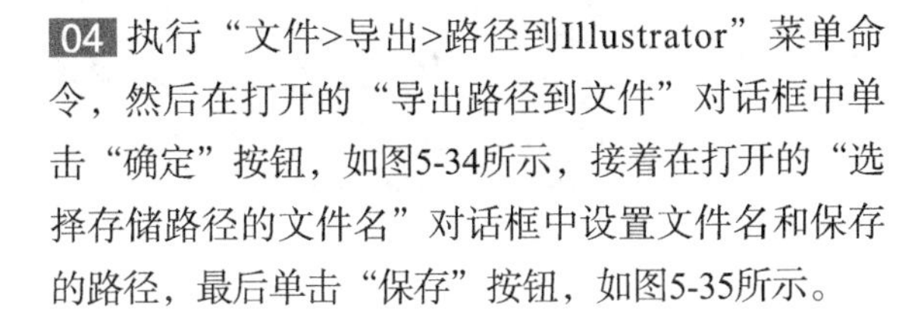

04 执行“文件>导出>路径到Illustrator”菜单命令，然后在打开的“导出路径到文件”对话框中单击“确定”按钮，如图5-34所示，接着在打开的“选择存储路径的文件名”对话框中设置文件名和保存的路径，最后单击“保存”按钮，如图5-35所示。

图5-34

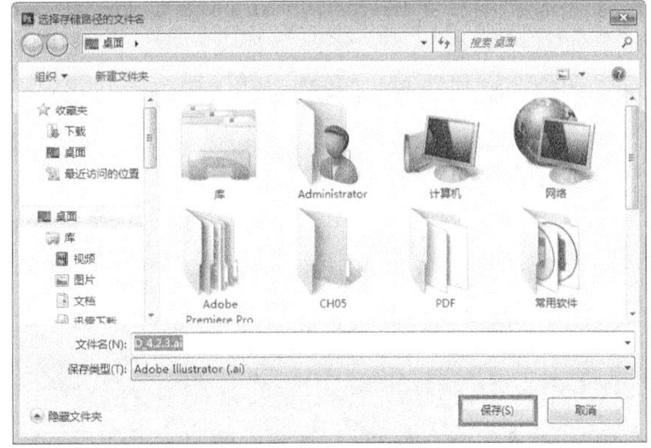


图5-35

05 返回到Maya操作界面，然后执行“文件>导入”菜单命令，接着在打开的对话框中选择保存好的AI路径文件，效果如图5-36所示。

图5-36

**提示**

Maya默认情况下是不能渲染曲线的，将曲线转换为曲面以后才能渲染出来，或者使用RenderMan、Arnold或VRay等渲染器渲染。

## 5.2 曲线菜单

“曲线”菜单提供了大量的曲线编辑工具，包括“修改”和“编辑”两种类型，如图5-37所示。

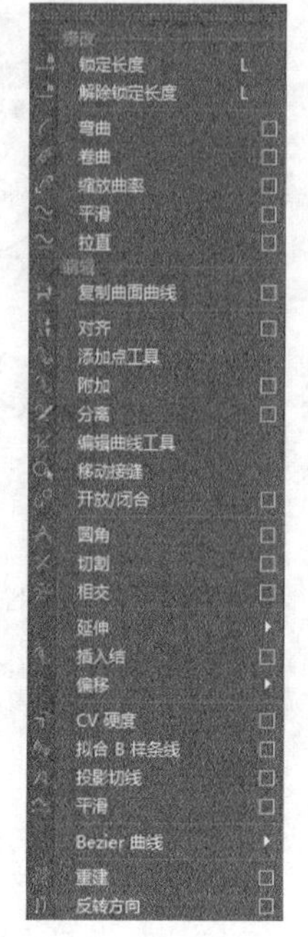


图5-37

### 5.2.1 锁定/解除锁定长度

“锁定长度”命令和“解除锁定长度”命令可以锁定/解锁曲线的长度，使其保持恒定的壳线长度。

### 5.2.2 弯曲

“弯曲”命令可以使选定曲线（或选定CV）朝一个方向弯曲，曲线的第一个CV将保持其原始位置。单击“曲线”命令后面的按钮，打开“弯曲曲线选项”对话框，如图5-38所示。

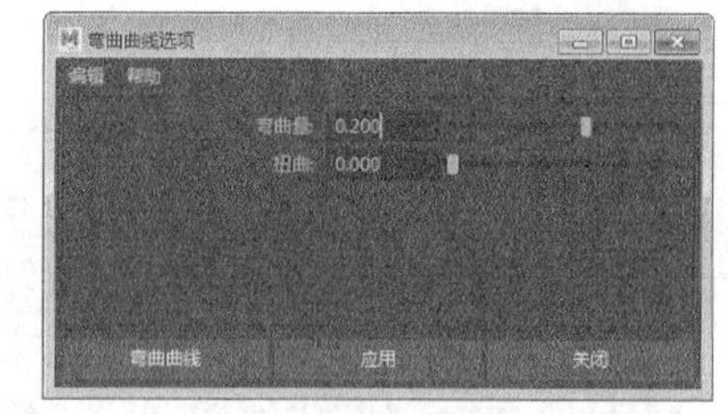


图5-38

**常用参数介绍**

❖ 弯曲量：确定选定曲线的每个分段的弯曲程度。“弯曲量”越大，曲线的弯曲程度越大。由于“弯曲量”会影响每个分段，因此，具有较多CV的曲线将比具有较少CV的曲线弯曲程度更大。

❖ 扭曲：控制选定曲线的弯曲方向。

### 5.2.3 卷曲

“卷曲”命令可以使选定曲线（或选定CV）产生类似螺旋的效果，曲线的第一条CV会保持其原始位置。单击“卷曲”命令后面的按钮，打开“卷曲曲线选项”对话框，如图5-39所示。

❖ 卷曲量：确定选定曲线的每个分段将被卷曲的量。“卷曲量”越高，产生的效果就越大。相对于具有较少CV的曲线，对具有多个CV的曲线产生的效果更大，因为“卷曲量”影响每个分段。

❖ 卷曲频率：确定选定曲线将被卷曲的量。

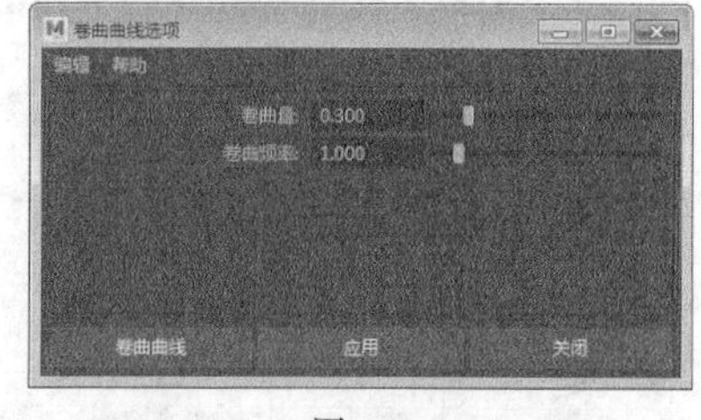


图5-39

**提示**

建议不要对一条曲线应用两次“卷曲”命令，第2次卷曲将会产生不理想的结果，因为它尝试卷曲已卷曲的曲线。

### 5.2.4 缩放曲率

使用“缩放曲率”命令■可以改变曲线的曲率，图5-40所示是改变曲线曲率前后的效果对比。单击“缩放曲率”命令后面的■按钮，打开“缩放曲率选项”对话框，如图5-41所示。

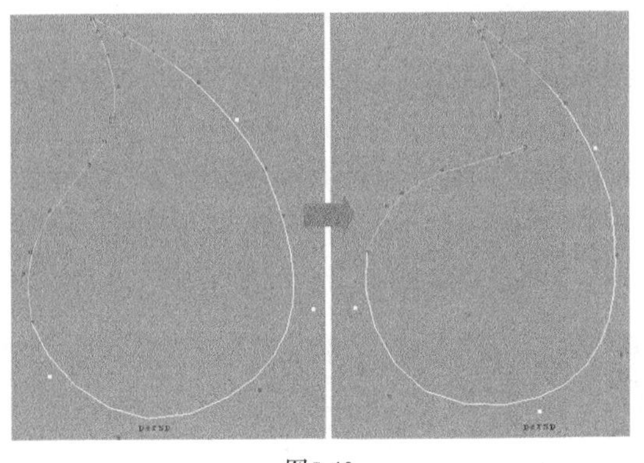

图5-40

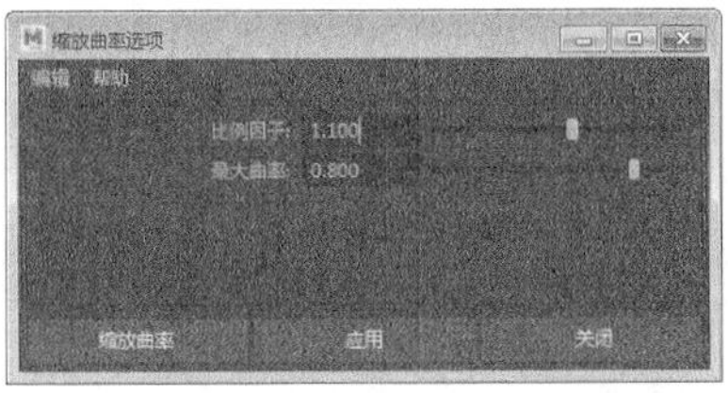

图5-41

**常用参数介绍**

❖ 比例因子：用来设置曲线曲率变化的比例。值为1表示曲率不发生变化；大于1表示增大曲线的弯曲度；小于1表示减小曲线的弯曲度。

❖ 最大曲率：用来设置曲线的最大弯曲度。

## 5.2.5 平滑

使用“平滑”命令■可以在不减少曲线结构点数量的前提下使曲线变得更加光滑，在使用“铅笔曲线工具”■绘制曲线时，一般都要通过该命令来进行光滑处理。如果要减少曲线的结构点，可以使用“重建”命令■来设置曲线重建后的结构点数量。单击“平滑”命令后面的■按钮，打开“平滑曲线选项”对话框，如图5-42所示。

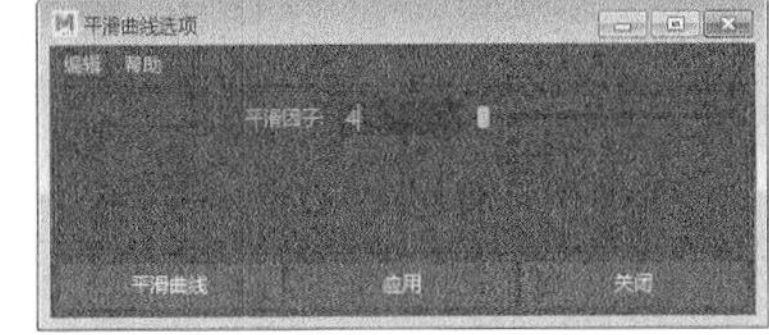


图5-42

**常用参数介绍**

❖ 平滑因子：设置曲线的平滑程度。数值越大，曲线越平滑。

## 5.2.6 拉直

使用“拉直”命令■可以将一条弯曲的曲线拉直成一条直线。单击“拉直”命令后面的■按钮，打开“拉直曲线选项”对话框，如图5-43所示。

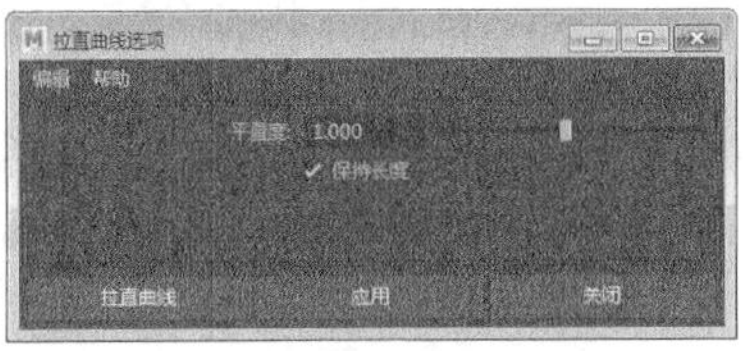

图5-43

**常用参数介绍**

❖ 平直度：用来设置拉直的强度。数值为1时表示完全拉直；数值不等于1时表示曲线有一定的弧度。

❖ 保持长度：该选项决定是否保持原始曲线的长度。默认为启用状态，如果关闭该选项，拉直后的曲线将在两端的控制点之间产生一条直线。

## 5.2.7 复制曲面曲线

通过“复制曲面曲线”命令■可以将曲面上的等参线、剪切边和曲面上的曲线复制出来。单击“复制曲面曲线”命令后面的■按钮，打开“复制曲面曲线选项”对话框，如图5-44所示。

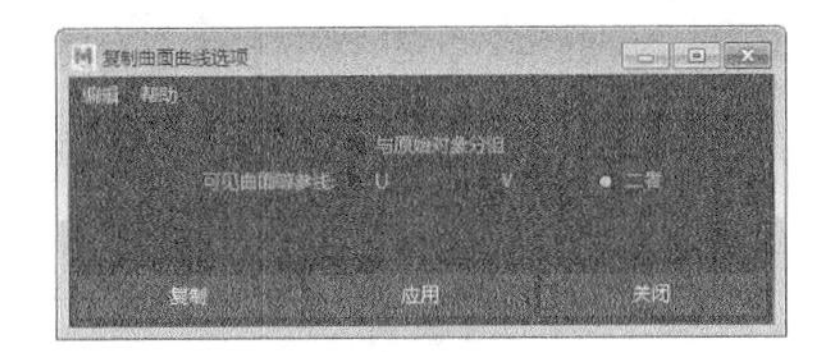


图5-44

### 常用参数介绍

❖ 与原始对象分组：选择该选项后，可以让复制出来的曲线作为源曲面的子物体；关闭该选项时，复制出来的曲线将作为独立的物体。

❖ 可见曲面等参线：U/V和“二者”选项分别表示复制U向、V向和两个方向上的等参线。

**提示**

除了上面的复制方法，经常使用到的还有一种方法：首先进入曲面的等参线编辑模式，然后选择指定位置的等参线，接着执行“复制曲面曲线”命令，这样可以将指定位置的等参线单独复制出来，而不复制出其他等参线；若选择剪切边或曲面上的曲线进行复制，也不会复制出其他等参线。

## 【练习5-4】复制曲面上的曲线

| 场景文件 | Scenes>CH05>5.4.mb |
| --- | --- |
| 实例文件 | Examples>CH05>5.4.mb |
| 难易指数 | ★☆☆☆☆ |
| 技术掌握 | 掌握如何将曲面上的曲线复制出来 |

本例使用“复制曲面曲线”命令复制出来的曲线效果如图5-45所示。

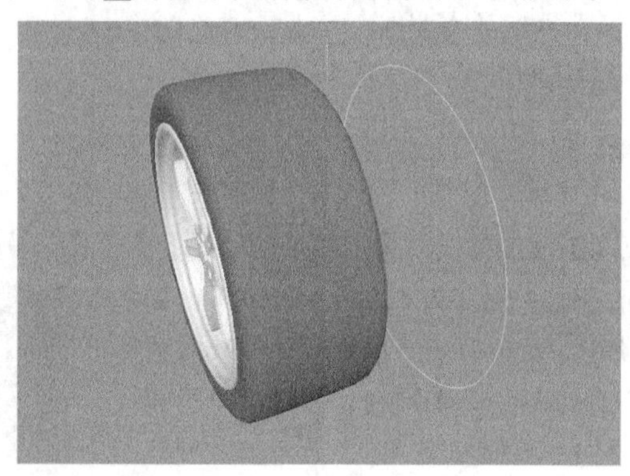

图5-45

01 打开学习资源中的“Scenes>CH05>5.4.mb”文件，场景中有一个车轮模型，如图5-46所示。

02 选择轮胎，然后按住鼠标右键，在打开的菜单中选择“等参线”命令，如图5-47所示。

图5-46

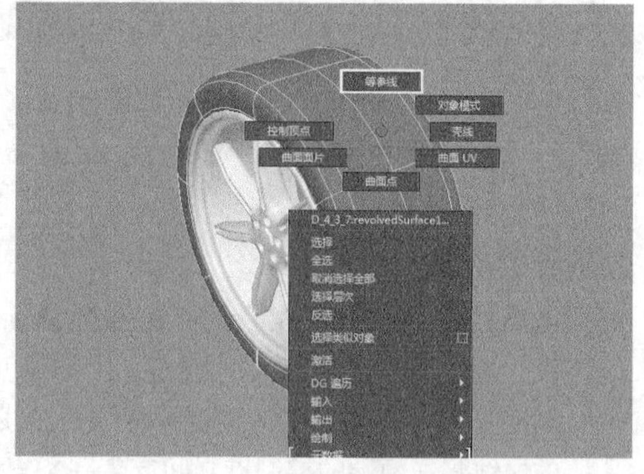


图5-47

03 选择轮胎中间的等参线，如图5-48所示，然后执行“曲线>复制曲面曲线”菜单命令，将表面曲线复制出来，如图5-49所示。

图5-48

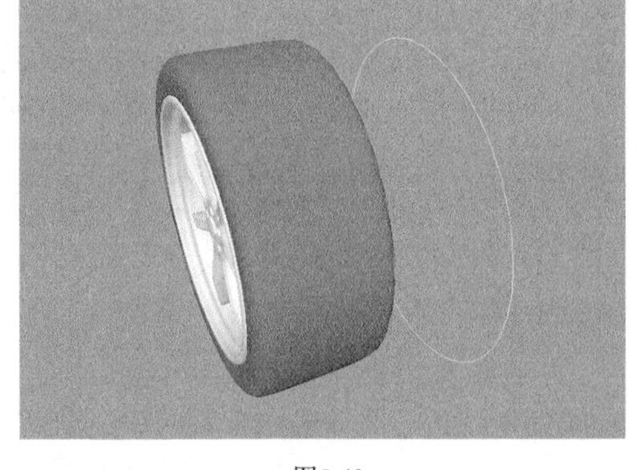

图5-49

## 5.2.8 对齐

使用“对齐”命令可以对齐两条曲线的最近点，也可以按曲线上的指定点对齐。单击“对齐”命令后面的按钮，打开“对齐曲线选项”对话框，如图5-50所示。

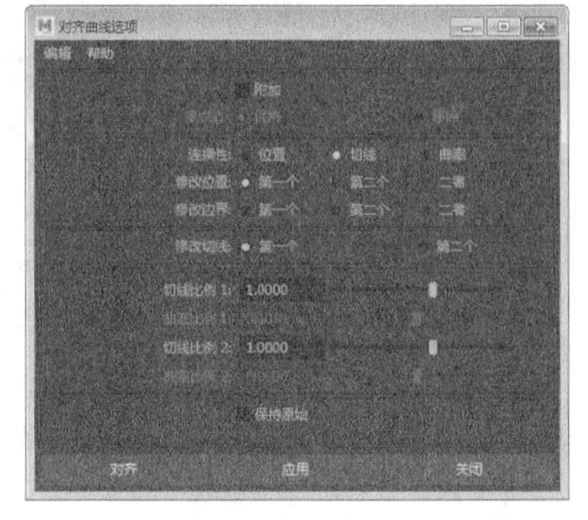


图5-50

### 常用参数介绍

- ❖ 附加：将对接后的两条曲线连接为一条曲线。
- ❖ 多点结：用来选择是否保留附加处的结构点。“保持”为保留结构点；“移除”为移除结构点，移除结构点时，附加处将变成平滑的连接效果。
- ❖ 连续性：决定对齐后的连接处的连续性。
  - ✧ 位置：使两条曲线直接对齐，而不保持对齐处的连续性。
  - ✧ 切线：将两条曲线对齐后，保持对齐处的切线方向一致。
  - ✧ 曲率：将两条曲线对齐后，保持对齐处的曲率一致。
- ❖ 修改位置：用来决定移动哪条曲线来完成对齐操作。
  - ✧ 第一个：移动第1个选择的曲线来完成对齐操作。
  - ✧ 第二个：移动第2个选择的曲线来完成对齐操作。
  - ✧ 二者：将两条曲线同时向均匀的位置上移动来完成对齐操作。
- ❖ 修改边界：以改变曲线外形的方式来完成对齐操作。
  - ✧ 第一个：改变第1个选择的曲线来完成对齐操作。
  - ✧ 第二个：改变第2个选择的曲线来完成对齐操作。
  - ✧ 二者：将两条曲线同时向均匀的位置上改变外形来完成对齐操作。
- ❖ 修改切线：使用“切线”或“曲率”对齐曲线时，该选项决定改变哪条曲线的切线方向或曲率来完成对齐操作。
  - ✧ 第一个：改变第1个选择的曲线。
  - ✧ 第二个：改变第2个选择的曲线。
- ❖ 切线比例1：用来缩放第1个选择曲线的切线方向的变化大小。一般在使用该选项后，都要在“通道盒”里修改参数。
- ❖ 切线比例2：用来缩放第2个选择曲线的切线方向的变化大小。一般在使用该命令后，都要在“通道盒”里修改参数。

- ❖ 曲率比例1：用来缩放第1个选择曲线的曲率大小。
- ❖ 曲率比例2：用来缩放第2个选择曲线的曲率大小。
- ❖ 保持原始：选择该选项后会保留原始的两条曲线。

## 【练习5-5】对齐曲线的顶点

| 场景文件 | Scenes>CH05>5.5.mb |
| --- | --- |
| 实例文件 | Examples>CH05>5.5.mb |
| 难易指数 | ★☆☆☆☆ |
| 技术掌握 | 掌握如何对齐断开曲线的顶点 |

本例使用“对齐”命令对齐的曲线效果如图5-51所示。

图5-51

**01** 打开学习资源中的“Scenes>CH05>5.5.mb”文件，场景中有一段曲线，如图5-52所示。

**02** 选择两段曲线，然后单击“曲线>对齐”菜单命令后面的■按钮，打开“对齐曲线选项”对话框，接着选择“附加”选项，再设置“连续性”为“位置”、“修改位置”为“二者”，最后单击“对齐”按钮，如图5-53所示，对齐效果如图5-54所示。

图5-52

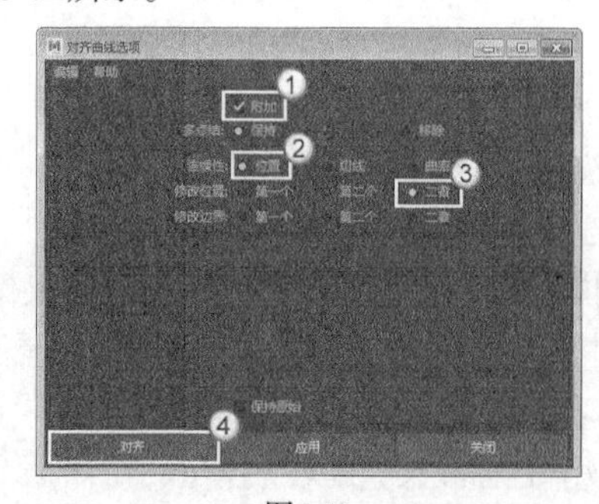


图5-53

图5 -54

## 5.2.9 添加点工具

“添加点工具”主要用于为创建好的曲线增加延长点，如图5-55所示。

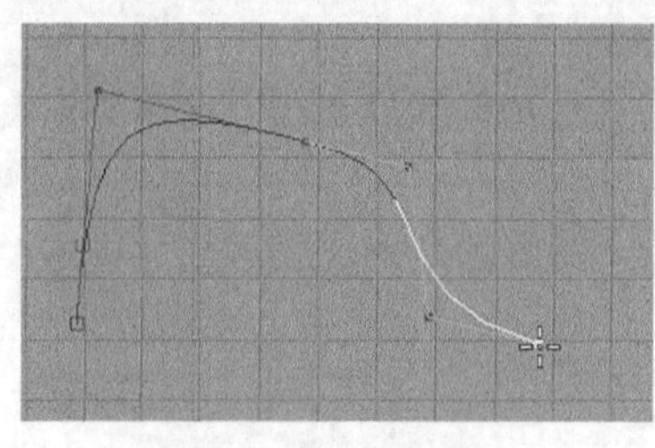

图5-55

## 5.2.10 附加

使用“附加”命令可以将断开的曲线合并为一条整体曲线。单击“附加曲线”命令后面的按钮，打开“附加曲线选项”对话框，如图5-56所示。

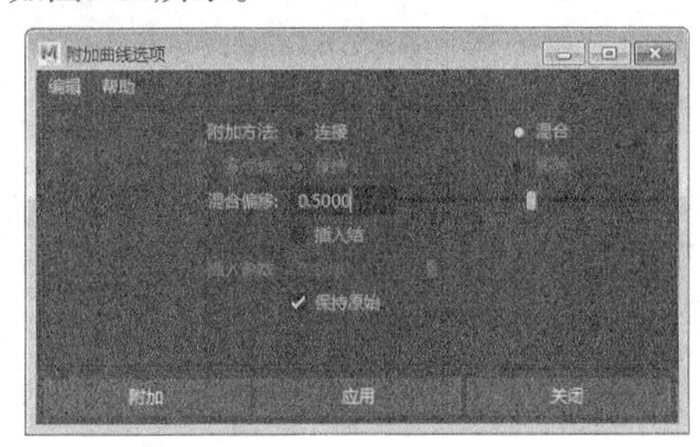


图5-56

### 常用参数介绍

- ❖ 附加方法：曲线的附加模式，包括“连接”和“混合”两个选项。“连接”方法可以直接将两条曲线连接起来，但不进行平滑处理，所以会产生尖锐的角；“混合”方法可使两条曲线的附加点以平滑的方式过渡，并且可以调节平滑度。
- ❖ 多点结：用来选择是否保留合并处的结构点。“保持”选项为保留结构点；“移除”为移除结构点，移除结构点时，附加处会变成平滑的连接效果，如图5-57所示。
- ❖ 混合偏移：当开启“混合”选项时，该选项用来控制附加曲线的连续性。
- ❖ 插入结：开启“混合”选项时，该选项可用来在合并处插入EP点，以改变曲线的平滑度。
- ❖ 保持原始：选择该选项时，合并后将保留原始的曲线；关闭该选项时，合并后将删除原始曲线。

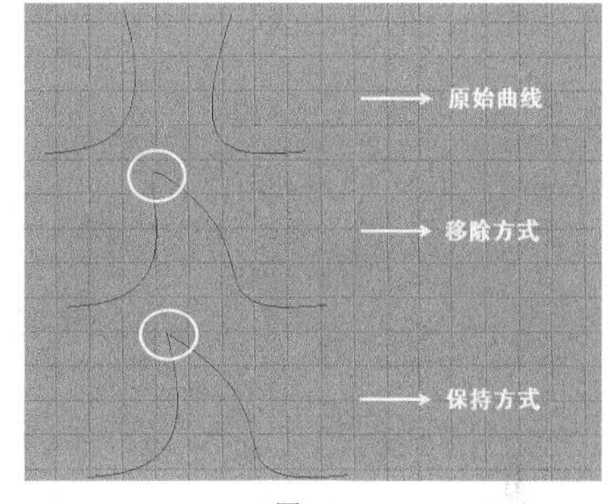


图5-57

## 【练习5-6】连接曲线

| 场景文件 | Scenes>CH05>5.6.mb |
| --- | --- |
| 实例文件 | Examples>CH05>5.6.mb |
| 难易指数 | ★☆☆☆☆ |
| 技术掌握 | 掌握如何将断开的曲线连接为一条闭合的曲线 |

本例使用“附加”命令将两段断开的曲线连接起来以后的效果如图5-58所示。

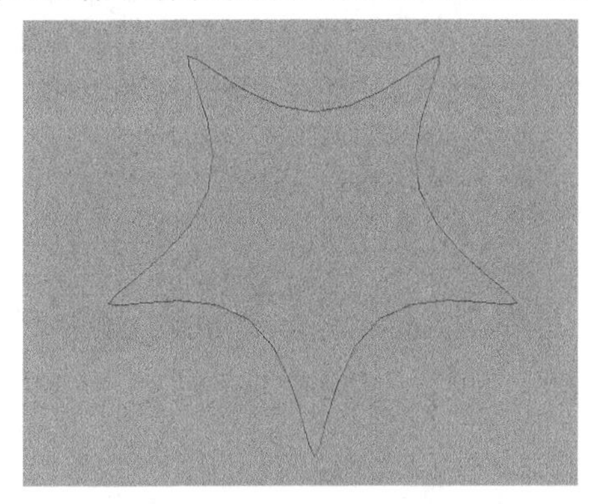

图5-58

01 打开学习资源中的“Scenes>CH05>5.6.mb”文件，场景中有一条曲线，如图5-59所示。

02 执行“窗口>大纲视图”菜单命令，打开“大纲视图”对话框，从该对话框中和视图中都可以观察到曲线是由两部分组成的，如图5-60所示。

图5-59

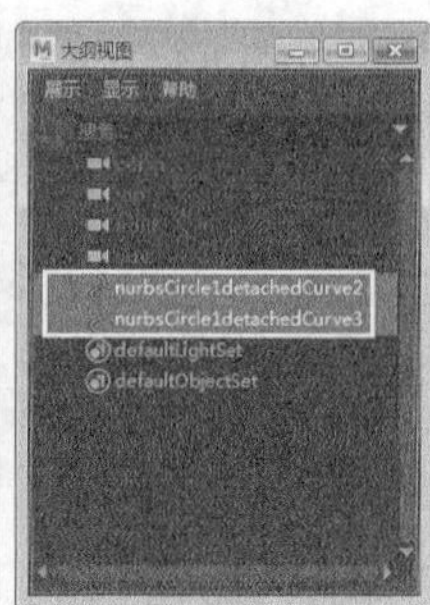


图5-60

03 选择两段曲线，单击“曲线>附加”菜单命令后面的按钮，然后在打开的“附加曲线选项”对话框中选择“连接”选项，接着单击“附加”按钮，如图5-61所示。最终效果如图5-62所示。

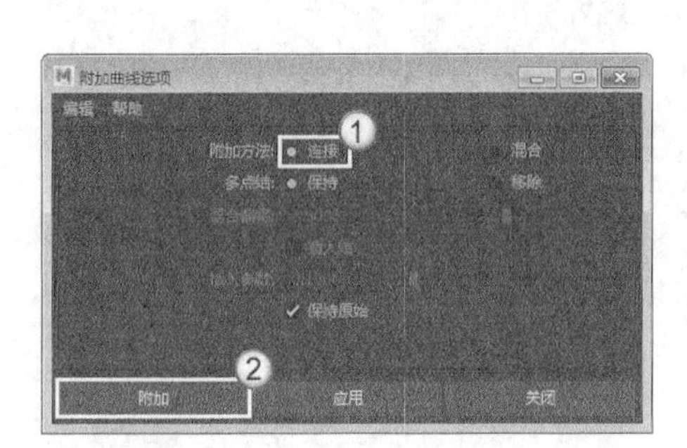


图5-61

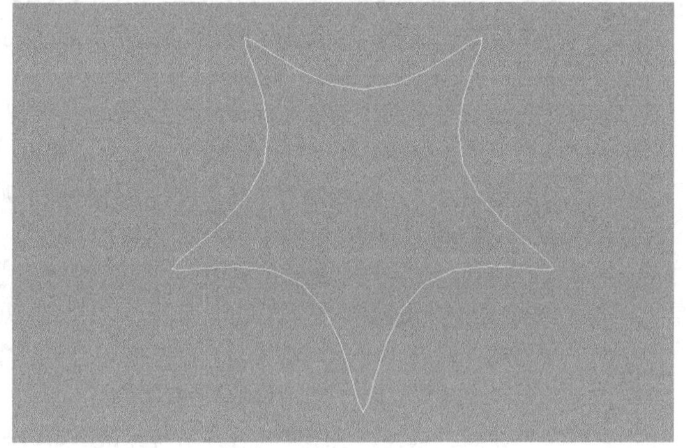

图5-62

提示

“附加”命令在编辑曲线时经常使用到，熟练掌握该命令可以创建出复杂的曲线。曲线在创建时无法直接产生直角的硬边，这是由曲线本身特有的特性所决定的，因此需要通过该命令将不同次数的曲线连接在一起。

## 5.2.11 分离

使用“分离”命令可以将一条曲线从指定的点分离出来，也可以将一条封闭的曲线分离成开放的曲线。单击“分离”命令后面的按钮，打开“分离曲线选项”对话框，如图5-63所示。

图5-63

### 常用参数介绍

❖ 保持原始：选择该选项时，执行“分离”命令后会保留原始的曲线。

## 【练习5-7】用编辑点分离曲线

| | |
|---|---|
| 场景文件 | Scenes>CH05>5.7.mb |
| 实例文件 | Examples>CH05>5.7.mb |
| 难易指数 | ★☆☆☆☆ |
| 技术掌握 | 掌握如何用编辑点模式配合分离曲线技术分离曲线 |

本例使用“编辑点”编辑模式与“分离”命令将曲线分离出来以后的效果如图5-64所示。

**01** 打开学习资源中的“Scenes>CH05>5.7.mb”文件，场景中有一些曲线，如图5-65所示。

图5-64

图5-65

**02** 将光标移至曲线上，然后按住鼠标右键，在打开的菜单中选择“编辑点”命令，如图5-66所示，接着在曲线上选择4个编辑点，如图5-67所示。

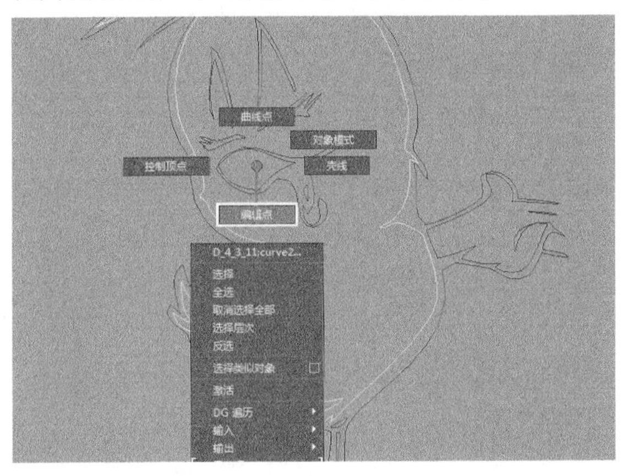


图5-66

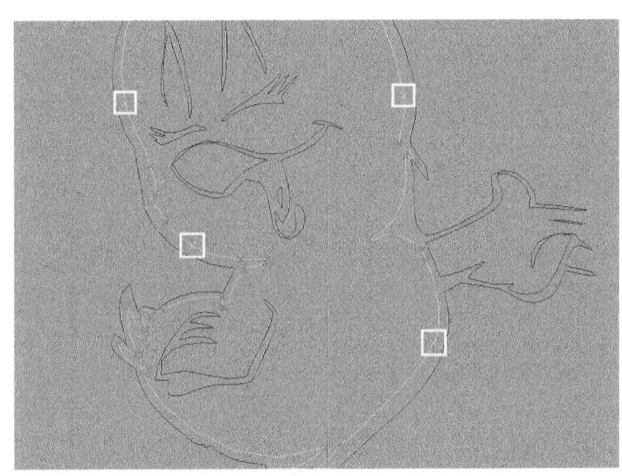

图5-67

**03** 执行“曲线>分离”菜单命令，这样就可以将曲线分离成4段，效果如图5-68所示。

图5-68

## 【练习5-8】用曲线点分离曲线

| 场景文件 | Scenes>CH05>5.8.mb |
| --- | --- |
| 实例文件 | Examples>CH05>5.8.mb |
| 难易指数 | ★☆☆☆☆ |
| 技术掌握 | 掌握如何用曲线点模式配合分离曲线技术分离曲线 |

本例使用“曲线点”编辑模式与“分离”命令将曲线分离出来以后的效果如图5-69所示。

**01** 打开学习资源中的“Scenes>CH05>5.8.mb”文件，场景中有一些曲线，如图5-70所示。

图5-69

图5-70

**02** 将光标移至曲线上，然后按住鼠标右键，在打开的菜单中选择“曲线点”命令，如图5-71所示，接着在曲线上单击选择4个曲线点，如图5-72所示。

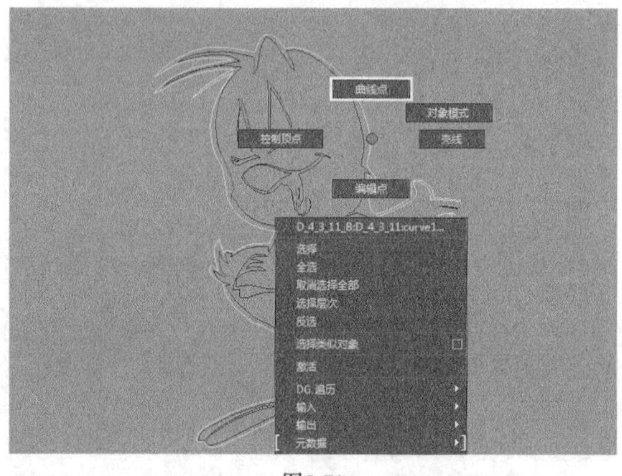


图5-71

图5-72

**03** 执行“曲线>分离”菜单命令，这样就可以将曲线分离成4段，效果如图5-73所示。

图5-73

## 5.2.12 编辑曲线工具

“编辑曲线工具”可以在指定的曲线上显示一个操纵器，通过操纵器可以更改曲线上任意点的位置和方向。调整“切线操纵器大小”可以控制操纵器上切线方向控制柄的长度。

## 5.2.13 移动接缝

“移动接缝”命令主要用来移动封闭曲线的起始点。在后面学习由线成面时，封闭曲线的接缝处（也就是曲线的起始点位置）与生成曲线的UV走向有很大的区别。

## 【练习5-9】移动接缝

| | |
|---|---|
| 场景文件 | Scenes>CH05>5.9.mb |
| 实例文件 | Examples>CH05>5.9.mb |
| 难易指数 | ★☆☆☆☆ |
| 技术掌握 | 掌握如何改变封闭曲线的起始点 |

本例使用“移动接缝”命令移动封闭曲线的起始点效果如图5-74所示。

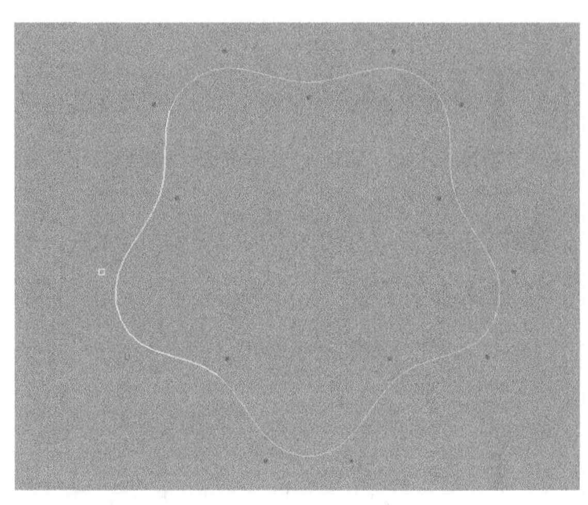

图5-74

**01** 打开学习资源中的“Scenes>CH05>5.9.mb”文件，场景中有一条曲线，如图5-75所示。

**02** 将光标移至曲线上，然后按住鼠标右键，在打开的菜单中选择“控制顶点”命令，进入控制顶点编辑模式，这样可以观察到封闭曲线的起始点位置，如图5-76所示。

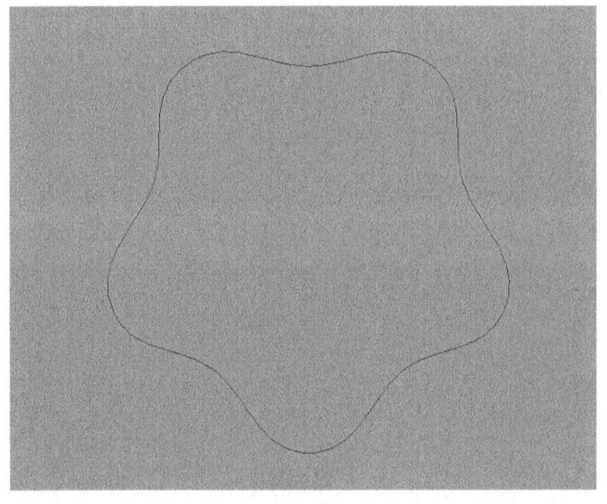

图5-75

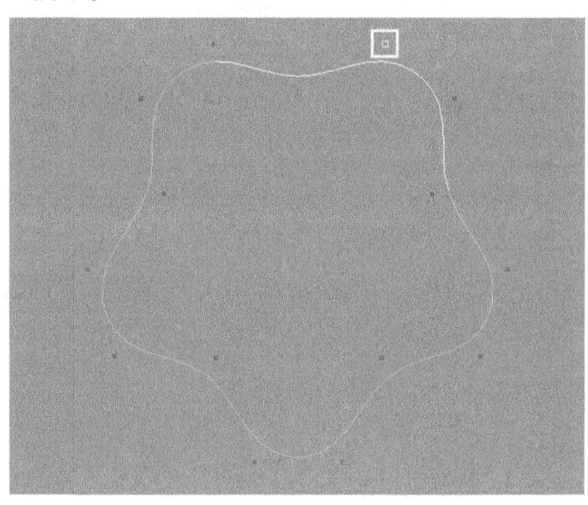

图5-76

**03** 切换到“曲线点”编辑模式，然后选择图5-77所示的曲线点，接着执行“曲线>移动接缝”菜单命令，最后切换到“控制顶点”编辑模式，这时可以观察到曲线的起始点位置发生了明显的变化，如图5-78所示。

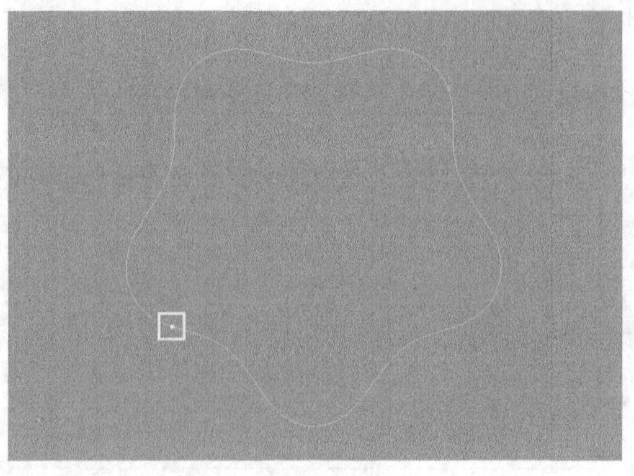

图5-77

图5-78

## 5.2.14 开放/闭合

使用“开放/闭合”命令可以将开放曲线变成封闭曲线，或将封闭曲线变成开放曲线。单击“开放/闭合曲线”命令后面的按钮，打开“开放/闭合曲线选项”对话框，如图5-79所示。

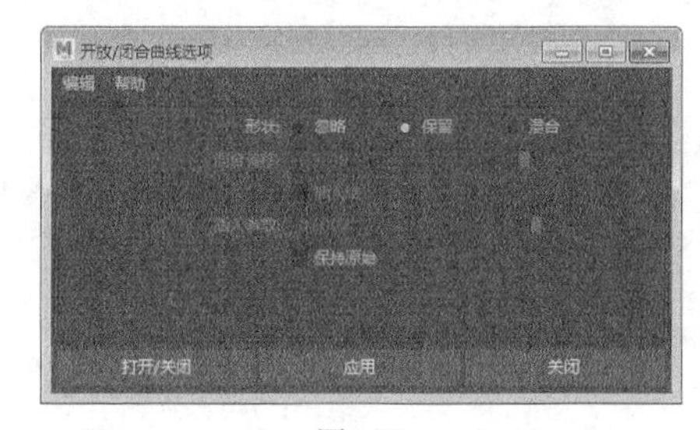


图5-79

### 常用参数介绍

- ❖ 形状：当执行“开放/闭合曲线”命令后，该选项用来设置曲线的形状。
  - ✧ 忽略：执行“开放/闭合曲线”命令后，不保持原始曲线的形状。
  - ✧ 保留：通过加入CV点来尽量保持原始曲线的形状。
  - ✧ 混合：通过该选项可以调节曲线的形状。
- ❖ 混合偏移：当选择“混合”选项时，该选项用来调节曲线的形状。
- ❖ 插入结：当封闭曲线时，在封闭处插入点，以保持曲线的连续性。
- ❖ 保持原始：保留原始曲线。

## 【练习5-10】闭合断开的曲线

| | |
|---|---|
| 场景文件 | Scenes>CH05>5.10.mb |
| 实例文件 | Examples>CH05>5.10.mb |
| 难易指数 | ★☆☆☆☆ |
| 技术掌握 | 掌握如何将断开的曲线闭合起来 |

本例使用“开放/闭合曲线”命令将断开曲线闭合起来后的效果如图5-80所示。

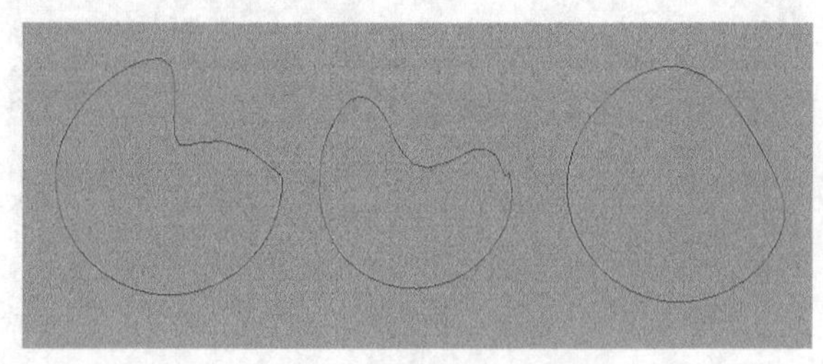

图5-80

01 打开学习资源中的“Scenes>CH05>5.10.mb”文件，场景中有一个未封闭的曲线，如图5-81所示。

图5-81

02 选择曲线，然后单击“曲线>开放/闭合曲线”菜单命令后面的按钮，打开“开放/闭合曲线选项”对话框，接着分别将“形状”设置为“忽略”“保留”“混合”3种连接方式，最后观察曲线的闭合效果，如图5-82~图5-84所示。

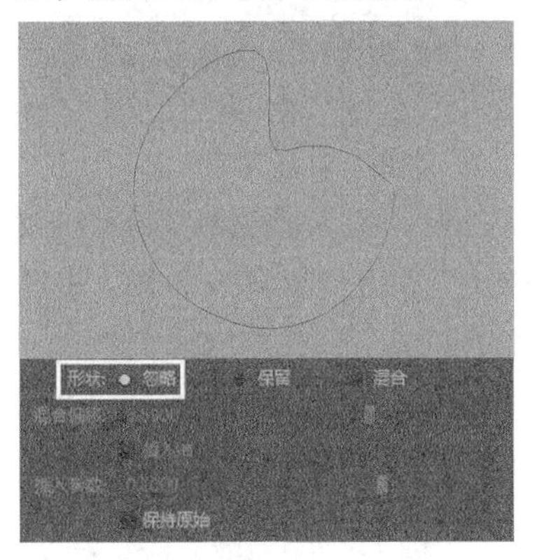


图5-82

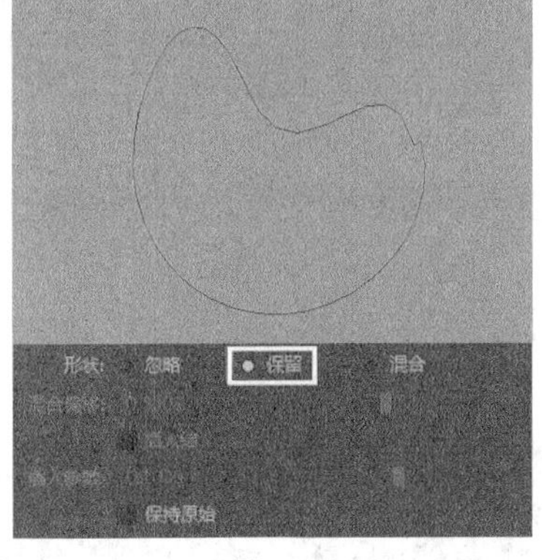


图5-83

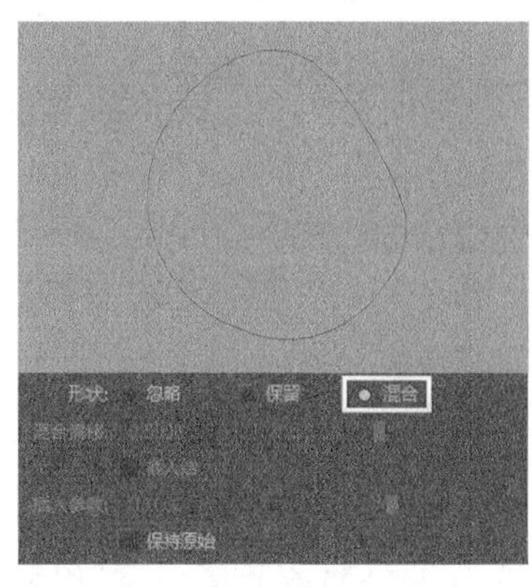


图5-84

## 5.2.15 圆角

使用“圆角”命令可以让两条相交曲线或两条分离曲线之间产生平滑的过渡曲线。单击“圆角”命令后面的按钮，打开“圆角曲线选项”对话框，如图5-85所示。

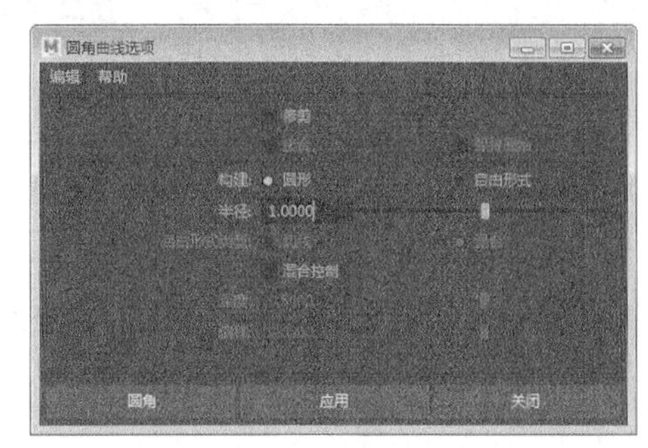


图5-85

### 常用参数介绍

- ❖ 修剪：开启该选项时，将在曲线倒角后删除原始曲线的多余部分。
- ❖ 接合：将修剪后的曲线合并成一条完整的曲线。
- ❖ 保持原始：保留倒角前的原始曲线。
- ❖ 构建：用来选择倒角部分曲线的构建方式。
  - ✧ 圆形：倒角后的曲线为规则的圆形。
  - ✧ 自由形式：倒角后的曲线为自由的曲线。
- ❖ 半径：设置倒角半径。
- ❖ 自由形式类型：用来设置自由倒角后曲线的连接方式。
  - ✧ 切线：让连接处与切线方向保持一致。
  - ✧ 混合：让连接处的曲率保持一致。
- ❖ 混合控制：选择该选项时，将激活混合控制的参数。
- ❖ 深度：控制曲线的弯曲深度。
- ❖ 偏移：用来设置倒角后曲线的左右倾斜度。

# 【练习5-11】为曲线创建圆角

| 场景文件 | Scenes>CH05>5.11.mb |
| --- | --- |
| 实例文件 | Examples>CH05>5.11.mb |
| 难易指数 | ★☆☆☆☆ |
| 技术掌握 | 掌握如何为曲线创建圆角 |

本例使用“圆角”命令为曲线制作的圆角效果如图5-86所示。

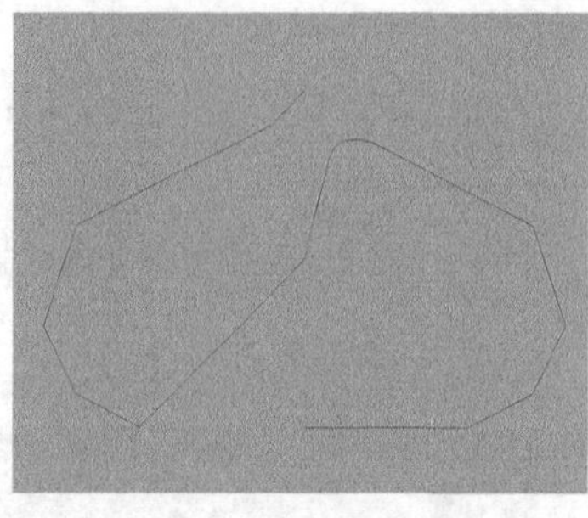

图5-86

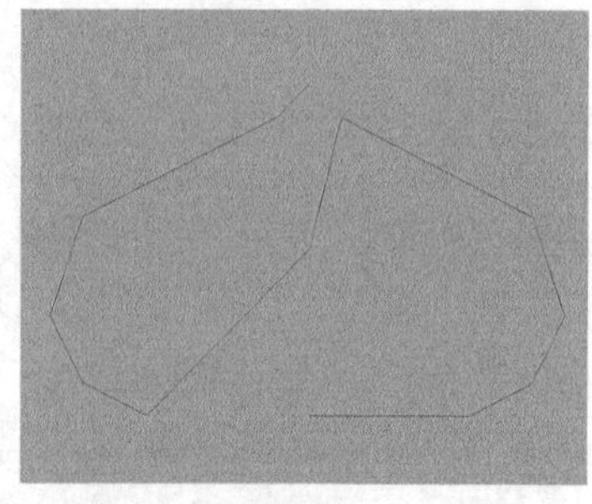

图5-87

01 打开学习资源中的“Scenes>CH05>5.11.mb”文件，场景中有一条曲线，如图5-87所示。

02 切换到“曲线点”编辑模式，然后在曲线中间的转折处添加两个曲线点，如图5-88所示。

03 单击“曲线>圆角”菜单命令后面的按钮，打开“圆角曲线选项”对话框，然后选择“修剪”和“接合”选项，接着设置“构建”为“自由形式”，最后单击“圆角”按钮，如图5-89所示。此时，可以发现创建圆角后的曲线变得更加平滑了，效果如图5-90所示。

图5-88

图5-89

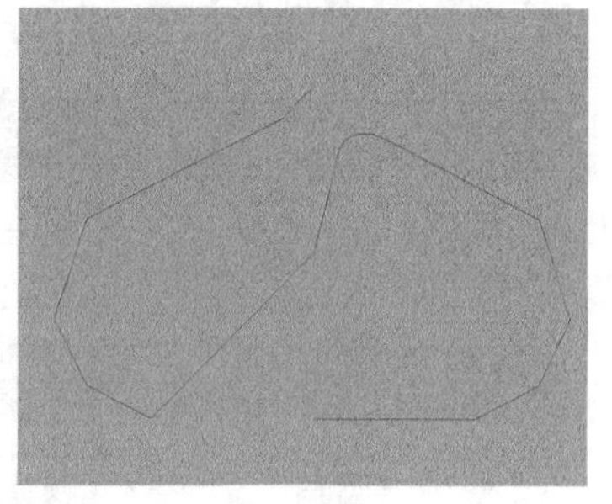

图5-90

## 5.2.16 切割

使用“切割”命令可以将多条相交曲线从相交处剪断。单击“切割”命令后面的按钮，打开“切割曲线选项”对话框，如图5-91所示。

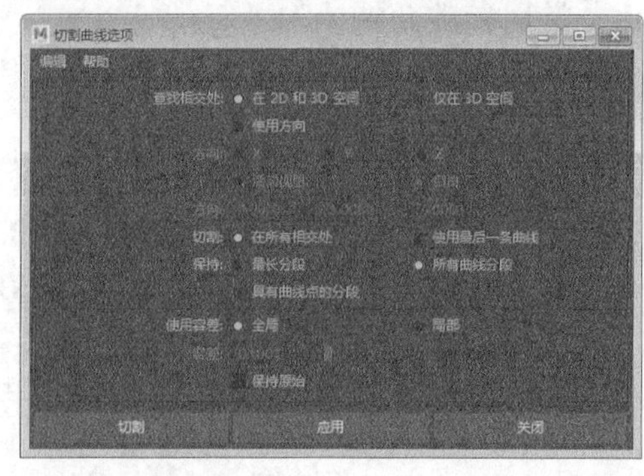


图5-91

### 常用参数介绍

❖ 查找相交处：用来选择两条曲线的投影方式。

✧ 在2D和3D空间：在正交视图和透视图中求出投影交点。

✧ 仅在3D空间：只在透视图中求出交点。

✧ 使用方向：使用自定义方向来求出投影交点，有$x$、$y$、$z$、“活动视图”和“自由”5个选项可以选择。

❖ 切割：用来决定曲线的切割方式。

✧ 在所有相交处：切割所有选择曲线的相交处。

✧ 使用最后一条曲线：只切割最后选择的一条曲线。

❖ 保持：用来决定最终保留和删除的部分。

- ✧ 最长分段：保留最长线段，删除较短的线段。
- ✧ 所有曲线分段：保留所有的曲线段。
- ✧ 具有曲线点的分段：根据曲线点的分段进行保留。

## 【练习5-12】切割曲线

| | |
|---|---|
| 场景文件 | Scenes>CH05>5.12.mb |
| 实例文件 | Examples>CH05>5.12.mb |
| 难易指数 | ★☆☆☆☆ |
| 技术掌握 | 掌握如何切割相交的曲线 |

本例使用“切割曲线”命令将相交曲线切割以后的效果如图5-92所示。

**01** 打开学习资源中的“Scenes>CH05>5.12.mb”文件，场景中有两条曲线，如图5-93所示。

图5-92

图5-93

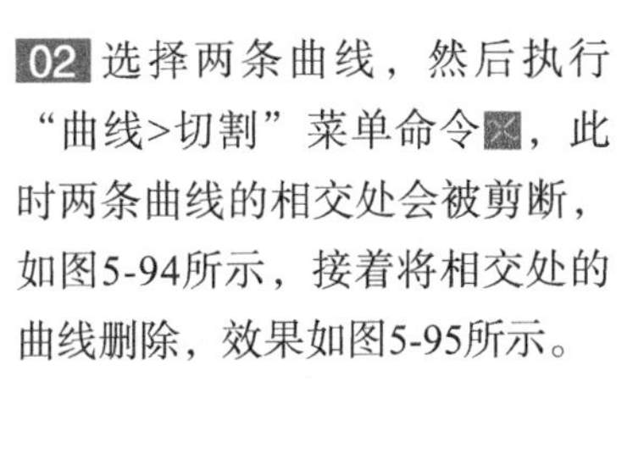

**02** 选择两条曲线，然后执行“曲线>切割”菜单命令，此时两条曲线的相交处会被剪断，如图5-94所示，接着将相交处的曲线删除，效果如图5-95所示。

图5-94

图5-95

## 技术专题：合并剪断的曲线

剪断相交曲线后，可以将剪切出来的曲线合并为一条曲线，其操作方法就是选择两条剪切出来的曲线，然后执行“曲线>附加”菜单命令，如图5-96所示。

图5-96

## 5.2.17 相交

使用“相交”命令可以在多条曲线的交叉点处产生定位点，这样可以很方便地对定位点进行捕捉、对齐和定位等操作，如图5-97所示。

单击“相交”命令后面的按钮，打开“曲线相交选项”对话框，如图5-98所示。

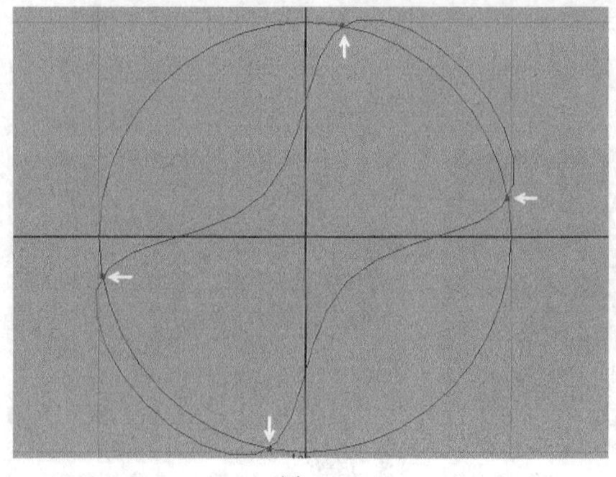

图5-97

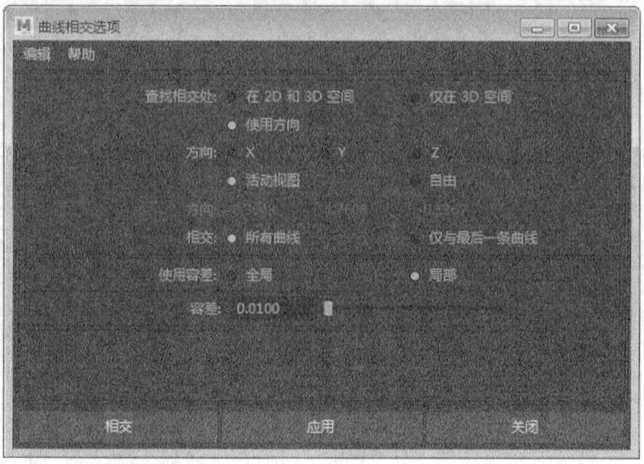

图5 -98

### 常用参数介绍

❖ 相交：用来设置哪些曲线产生交叉点。

  ✧ 所有曲线：所有曲线都产生交叉点。

  ✧ 仅与最后一条曲线：只在最后选择的一条曲线上产生交叉点。

## 5.2.18 延伸

“延伸”命令包含两个子命令，分别是“延伸曲线”命令和“延伸曲面上的曲线”命令，如图5-99所示。

图5-99

### 1.延伸曲线

使用“延伸曲线”命令可以延伸一条曲线的两个端点，以增加曲线的长度。单击“延伸曲线”命令后面的按钮，打开“延伸曲线选项”对话框，如图5-100所示。

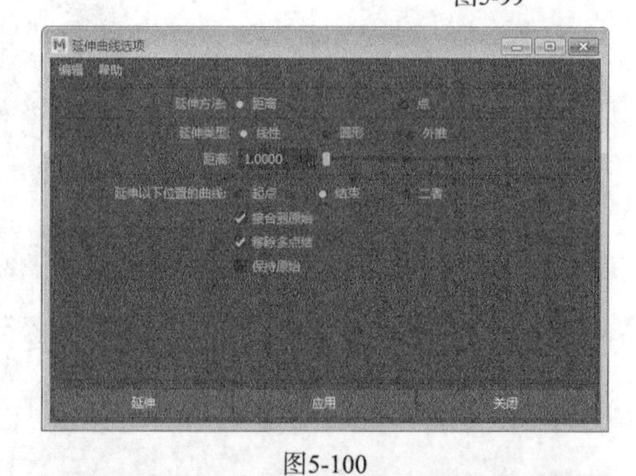


图5-100

### 常用参数介绍

❖ 延伸方法：用来设置曲线的延伸方式。

  ✧ 距离：使曲线在设定方向上延伸一定的距离。

  ✧ 点：使曲线延伸到指定的点上。当选择该选项时，下面的参数会自动切换到“点将延伸至”输入模式，如图5-101所示。

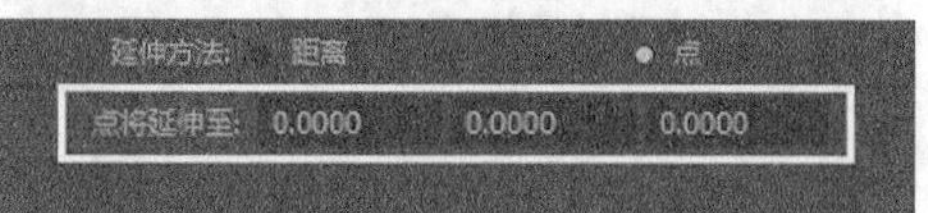


图5-101

❖ 延伸类型：设置曲线延伸部分的类型。

  ✧ 线性：延伸部分以直线的方式延伸。

  - ✧ 圆形：让曲线按一定的圆形曲率进行延伸。
  - ✧ 外推：使曲线保持延伸部分的切线方向并进行延伸。
- ❖ 距离：用来设定每次延伸的距离。
- ❖ 延伸以下位置的曲线：用来设定在曲线的哪个方向上进行延伸。
  - ✧ 起点：在曲线的起始点方向上进行延伸。
  - ✧ 结束：在曲线的结束点方向上进行延伸。
  - ✧ 二者：在曲线的两个方向上进行延伸。
- ❖ 接合到原始：默认状态下该选项处于启用状态，用来将延伸后的曲线与原始曲线合并在一起。
- ❖ 移除多点结：删除重合的结构点。
- ❖ 保持原始：保留原始曲线。

## 2.延伸曲面上的曲线

使用“延伸曲面上的曲线”命令可以将曲面上的曲线进行延伸，延伸后的曲线仍然在曲面上。单击“延伸曲面上的曲线”命令后面的按钮，打开“延伸曲面上的曲线选项”对话框，如图5-102所示。

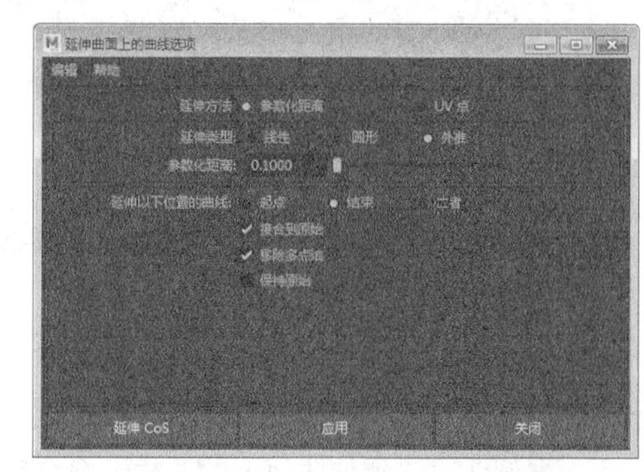


图5-102

### 常用参数介绍

- ❖ 延伸方法：设置曲线的延伸方式。当设置为“UV点”方式时，下面的参数将自动切换为“UV点将延伸至”输入模式，如图5-103所示。

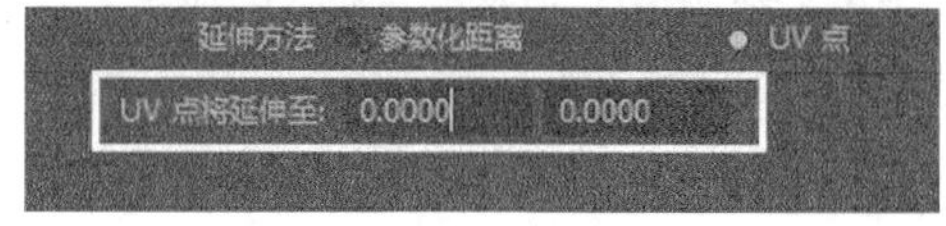


图5-103

## 【练习5-13】延伸曲线

| | |
|---|---|
| 场景文件 | Scenes>CH05>5.13.mb |
| 实例文件 | Examples>CH05>5.13.mb |
| 难易指数 | ★☆☆☆☆ |
| 技术掌握 | 掌握如何延伸曲线的长度 |

本例使用“延伸曲线”命令将曲线延伸后的效果如图5-104所示。

**01** 打开学习资源中的“Scenes>CH05>5.13.mb”文件，场景中有一条曲线，如图5-105所示。

图5-104

图5-105

**02** 选择曲线，然后单击“曲线>延伸>延伸曲线”菜单命令后面的按钮，打开“延伸曲线选项”对话框，接着设置“距离”为4，最后单击“延伸”按钮，如图5-106所示，效果如图5-107所示。

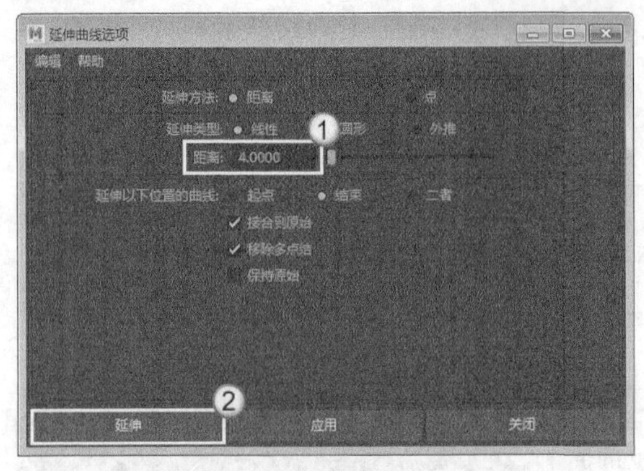


图5-106

图5-107

# 【练习5-14】延伸曲面上的曲线

| 场景文件 | Scenes>CH05>5.14.mb |
| --- | --- |
| 实例文件 | Examples>CH05>5.14.mb |
| 难易指数 | ★☆☆☆☆ |
| 技术掌握 | 掌握如何延伸曲面上的曲线 |

本例使用“延伸曲面上的曲线”命令将曲面上的曲线延伸后的效果如图5-108所示。

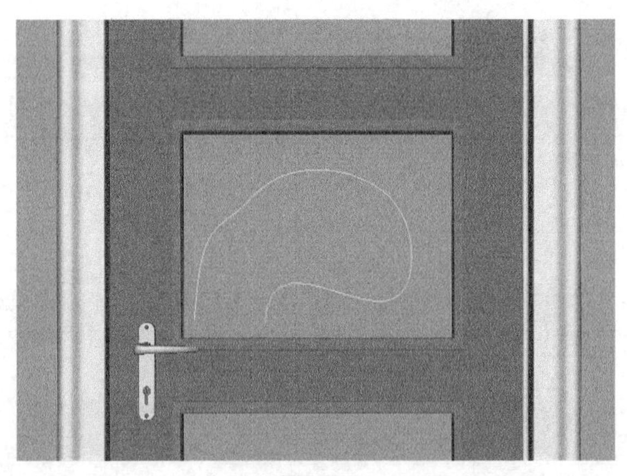

图5-108

**01** 打开学习资源中的“Scenes>CH05>5.14.mb”文件，场景中有一个曲面和一条曲线，如图5-109所示。

**02** 选择曲线后面的曲面，然后执行“修改>激活”菜单命令，将曲面激活为工作平面，如图5-110所示。

图5-109

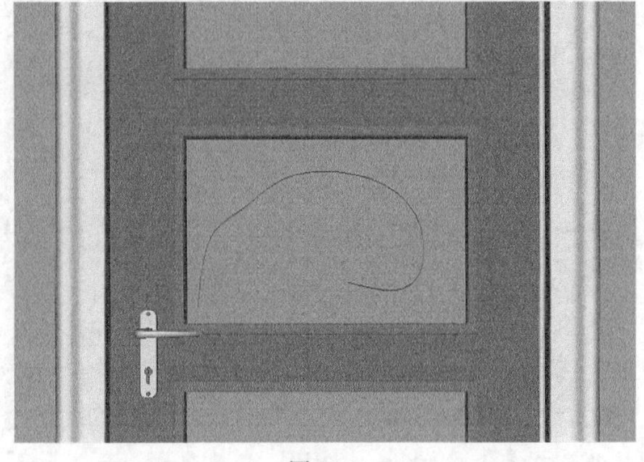

图5-110

## 提示

激活曲面是延伸曲线的前提，如果不激活曲面，将不能对曲线进行延伸，这是“延伸曲面上的曲线”命令与“延伸曲线”命令的一个很大区别。

**03** 选择曲线，然后打开“延伸曲面上的曲线选项”对话框，接着设置“参数化距离”为0.4，最后单击“延伸CoS”按钮，如图5-111所示，效果如图5-112所示。

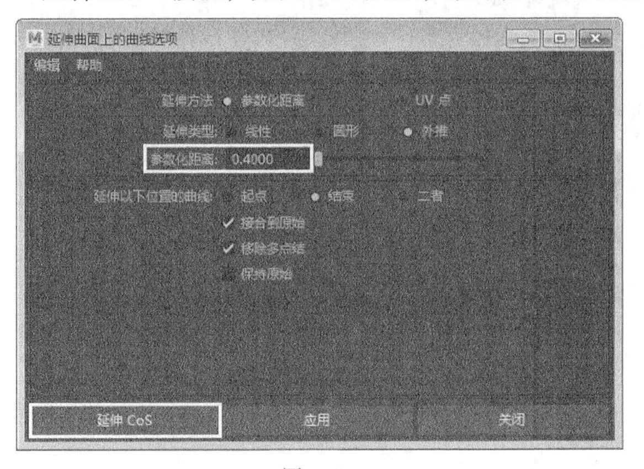


图5-111

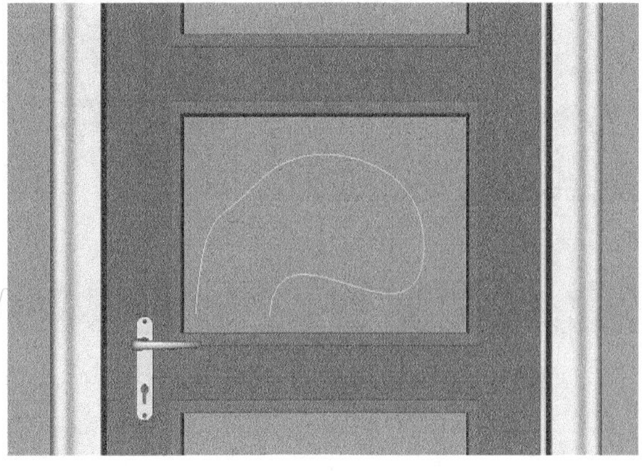

图5-112

## 5.2.19 插入结

使用“插入结”命令可以在曲线上插入编辑点，以增加曲线的可控点数量。单击“插入结”命令后面的按钮，打开“插入结选项”对话框，如图5-113所示。

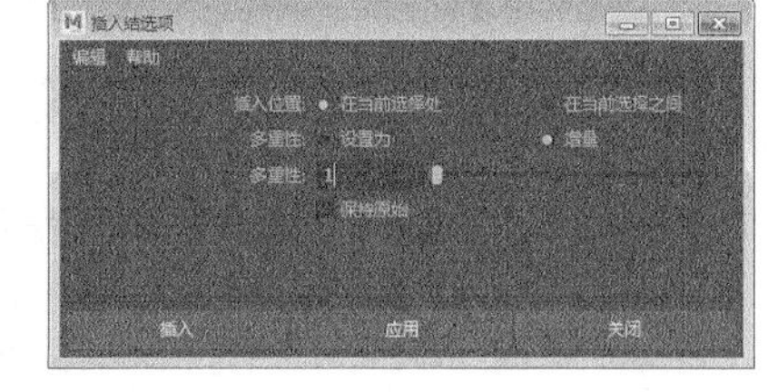


图5-113

### 常用参数介绍

❖ 插入位置：用来选择增加点的位置。

✧ 在当前选择处：将编辑点插入到指定的位置。

✧ 在当前选择之间：在选择点之间插入一定数目的编辑点。当选择该选项后，会将最下面的“多重性”选项更改为“要插入的结数”。

## 【练习5-15】插入编辑点

| | |
|---|---|
| 场景文件 | Scenes>CH05>5.15.mb |
| 实例文件 | Examples>CH05>5.15.mb |
| 难易指数 | ★☆☆☆☆ |
| 技术掌握 | 掌握如何在曲线上插入编辑点 |

本例使用“插入结”命令在曲线上插入编辑点后的效果如图5-114所示。

**01** 打开学习资源中的“Scenes>CH05>5.15.mb”文件，场景中有一条曲线，如图5-115所示。

图5-114

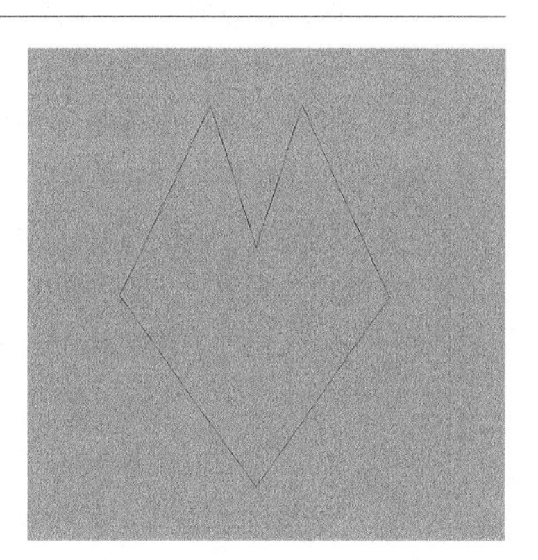

图5-115

**02** 选择曲线，然后切换到“编辑点”编辑模式，接着选择图5-116所示的点，再打开“插入点选项”对话框，设置“插入位置”为“在当前选择之前”、“要插入的结数”为4，最后单击“插入”按钮，如图5-117所示，效果如图5-118所示。

图5-116

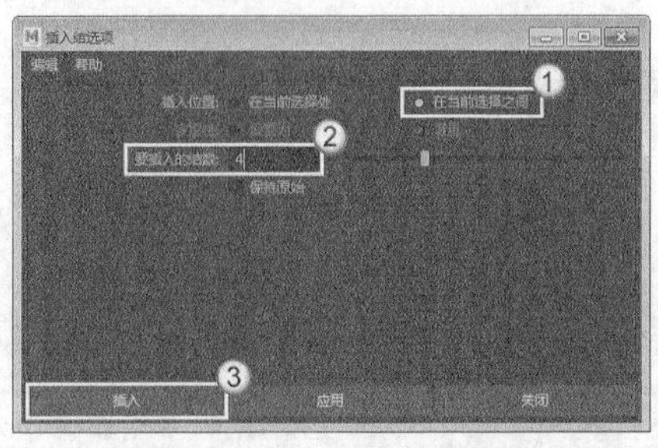


图5-117

图5-118

## 5.2.20 偏移

“偏移”命令包含两个子命令，分别是“偏移曲线”和“偏移曲面上的曲线”命令，如图5-119所示。

图5-119

### 1.偏移曲线

单击“偏移曲线”命令后面的按钮，打开“偏移曲线选项”对话框，如图5-120所示。

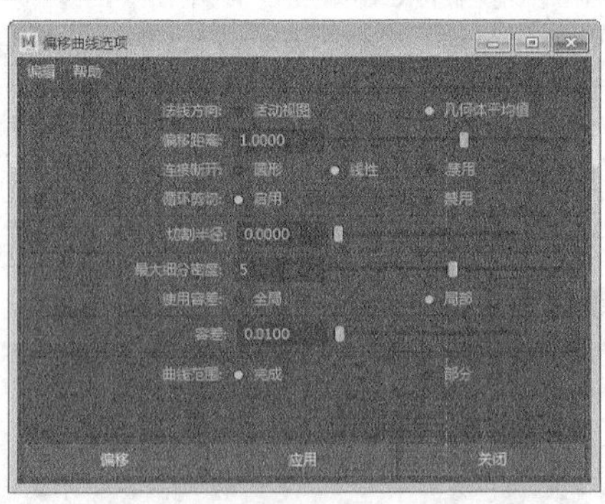


图5-120

### 常用参数介绍

❖ 法线方向：设置曲线偏移的方法。
  ✧ 活动视图：以视图为标准来定位偏移曲线。
  ✧ 几何体平均值：以法线为标准来定位偏移曲线。
❖ 偏移距离：设置曲线的偏移距离，该距离是曲线与曲线之间的垂直距离。
❖ 连接断开：在进行曲线偏移时，由于曲线偏移后的变形过大，会产生断裂现象，该选项可以用来连接断裂曲线。
  ✧ 圆形：断裂的曲线之间以圆形的方式连接起来。
  ✧ 线性：断裂的曲线之间以直线的方式连接起来。
  ✧ 禁用：关闭“连接断开”功能。
❖ 循环剪切：在偏移曲线时，曲线自身可能会产生交叉现象，该选项可以用来剪切掉多余的交叉曲线。“启用”为开启该功能，“禁用”为关闭该功能。
❖ 切割半径：在切割后的部位进行倒角，可以产生平滑的过渡效果。

❖ 最大细分密度：设置当前容差值下几何偏移细分的最大次数。

❖ 曲线范围：设置曲线偏移的范围。

 ✧ 完全：整条曲线都参与偏移操作。

 ✧ 部分：在曲线上指定一段曲线进行偏移。

## 2.偏移曲面上的曲线

使用“偏移曲面上的曲线”命令可以偏移曲面上的曲线。单击“偏移曲面上的曲线”命令后面的按钮，打开“偏移曲面上的曲线选项”对话框，如图5-121所示。

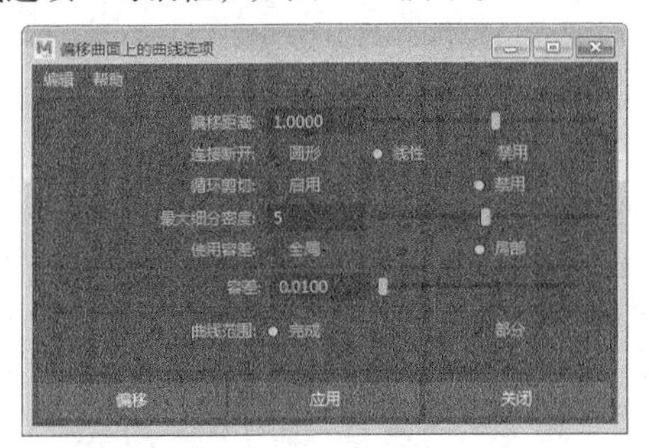


图5-121

## 【练习5-16】偏移曲线

| | |
|---|---|
| 场景文件 | Scenes>CH05>5.16.mb |
| 实例文件 | Examples>CH05>5.16.mb |
| 难易指数 | ★☆☆☆☆ |
| 技术掌握 | 掌握如何偏移曲线 |

本例使用“偏移曲线”命令将曲线偏移后的效果如图5-122所示。

图5-122

**01** 打开学习资源中的“Scenes>CH05>5.16.mb”文件，场景中有一条曲线，如图5-123所示。

**02** 选择曲线，然后打开“偏移曲线选项”对话框，接着设置“法线方向”为“几何体平均值”、“偏移距离”为0.2，如图5-124所示，最后连续单击3次“应用”按钮，将曲线偏移3次，效果如图5-125所示。

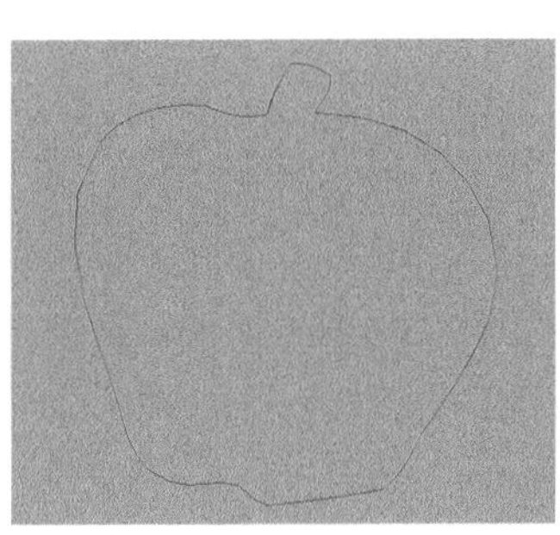

图5-123

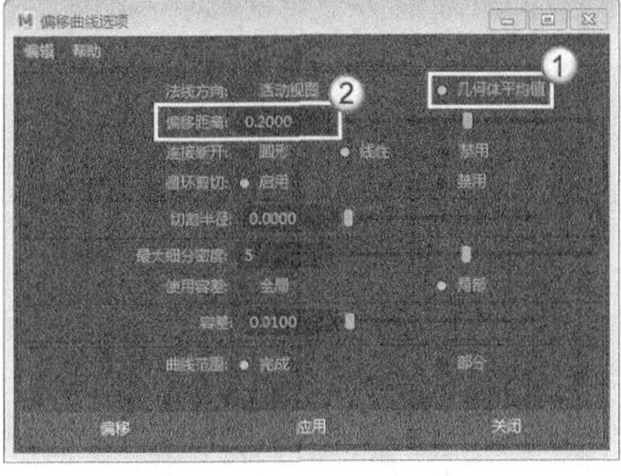


图5-124

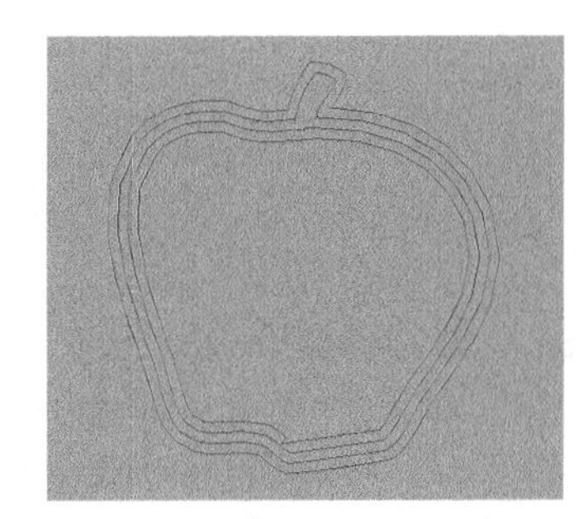

图5-125

## 【练习5-17】偏移曲面上的曲线

| | |
|---|---|
| 场景文件 | Scenes>CH05>5.17.mb |
| 实例文件 | Examples>CH05>5.17.mb |
| 难易指数 | ★☆☆☆☆ |
| 技术掌握 | 掌握如何偏移曲面上的曲线 |

本例使用“偏移曲面上的曲线”命令偏移曲面上的曲线效果如图5-126所示。

01 打开学习资源中的“Scenes>CH05>5.17.mb”文件，场景中有一个曲面模型，如图5-127所示。

02 选择桌面，然后执行“修改>激活”菜单命令，将其激活为工作平面，接着使用“EP曲线工具”在桌面上绘制一条曲线，如图5-128所示。

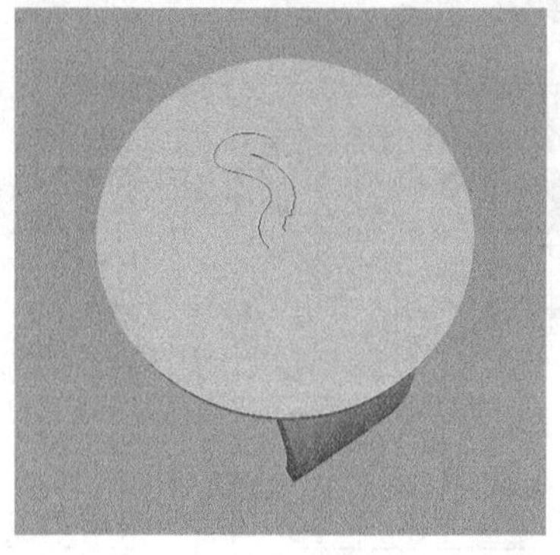

图5-126

图5-127

图5-128

03 选择曲线，然后打开“偏移曲面上的曲线选项”对话框，接着设置“连接断开”为“圆形”、“循环剪切”为“启用”，最后单击“偏移”按钮，如图5-129所示，效果如图5-130所示。

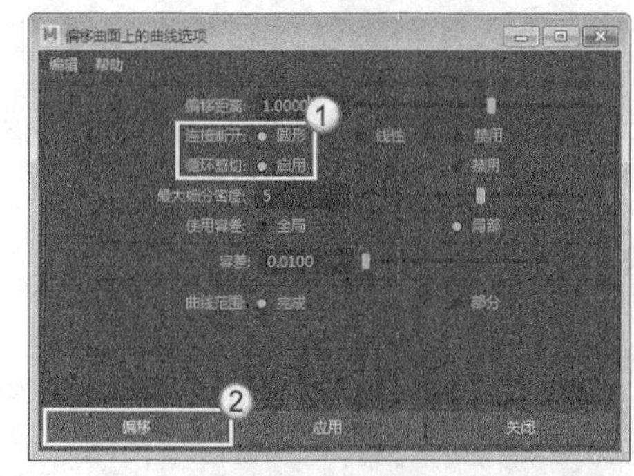


图5-129

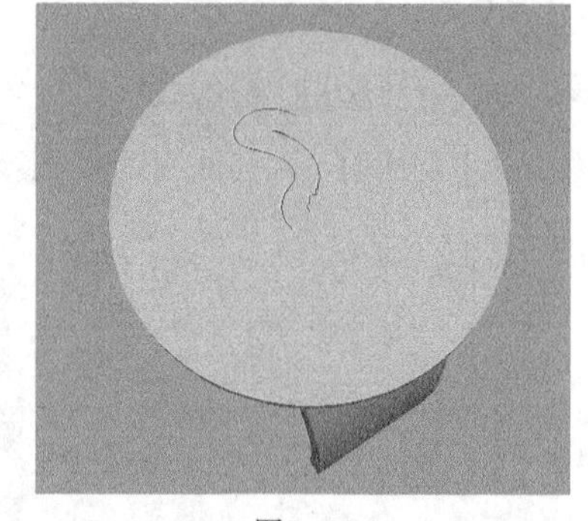

图5-130

## 5.2.21 CV硬度

“CV硬度”命令主要用来控制次数为3的曲线的CV控制点的多样性因数。单击“CV硬度”命令后面的按钮，打开“CV硬度选项”对话框，如图5-131所示。

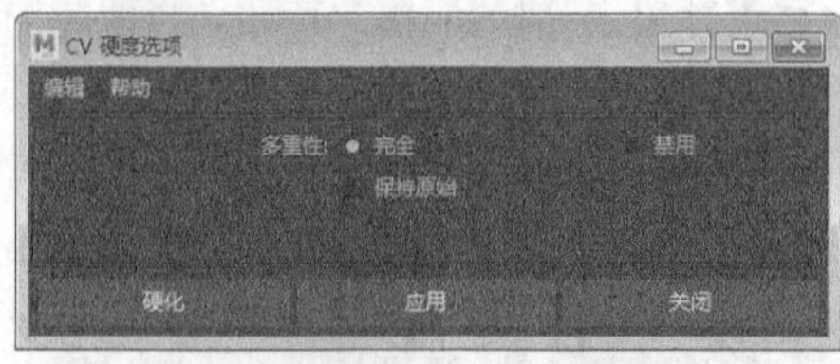


图5-131

### 常用参数介绍

❖ 完全：硬化曲线的全部CV控制点。

❖ 禁用：关闭“CV硬度”功能。

❖ 保持原始：选择该选项后，将保留原始的曲线。

## 【练习5-18】硬化CV点

| 场景文件 | Scenes>CH05>5.18.mb |
| --- | --- |
| 实例文件 | Examples>CH05>5.18.mb |
| 难易指数 | ★☆☆☆☆ |
| 技术掌握 | 掌握如何硬化曲线的CV点 |

本例使用“CV硬度”命令硬化曲线CV控制点后的效果如图5-132所示。

图5-132

**01** 打开学习资源中的“Scenes>CH05>5.18.mb”文件，场景中有一条曲线，如图5-133所示。

**02** 选择曲线，然后切换到“控制顶点”编辑模式，接着选择图5-134所示的控制顶点，最后执行“曲线>CV硬度”菜单命令，此时可以观察到选择的点已经进行了硬化处理，效果如图5-135所示。

图5-133

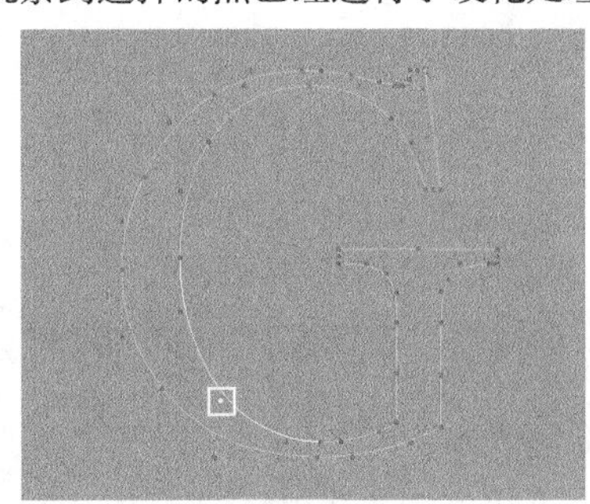

图5-134

图5-135

## 5.2.22 拟合B样条线

使用“拟合B样条线”命令可以将曲线改变成3阶曲线，并且可以对编辑点进行匹配。单击“拟合B样条线”命令后面的按钮，打开“拟合B样条线选项”对话框，如图5-136所示。

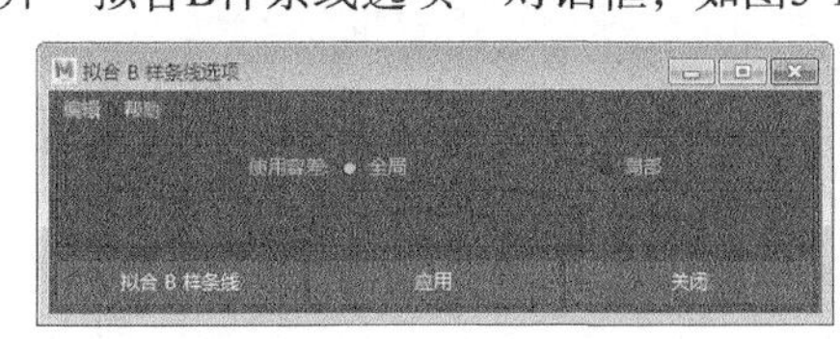


图5-136

### 常用参数介绍

❖ 使用容差：共有两种容差方式，分别是“全局”和“局部”。

## 【练习5-19】拟合B样条线

| 场景文件 | Scenes>CH05>5.19.mb |
| --- | --- |
| 实例文件 | Examples>CH05>5.19.mb |
| 难易指数 | ★☆☆☆☆ |
| 技术掌握 | 掌握如何将曲线改变成3阶曲线 |

本例使用“拟合B样条线”命令将曲线变成3阶曲线后的效果如图5-137所示。

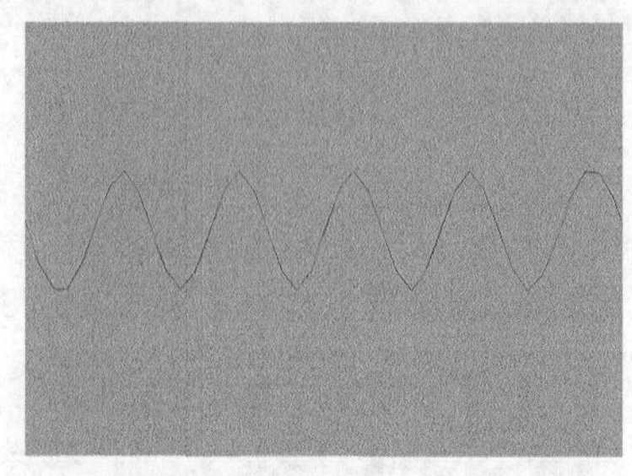

图5-137

**01** 打开学习资源中的“Scenes>CH05>5.19.mb”文件，场景中有一条曲线，如图5-138所示。

**02** 选择曲线，然后执行“曲线>拟合B样条线”菜单命令，此时可以观察到曲线已经变成了3阶曲线，效果如图5-139所示。

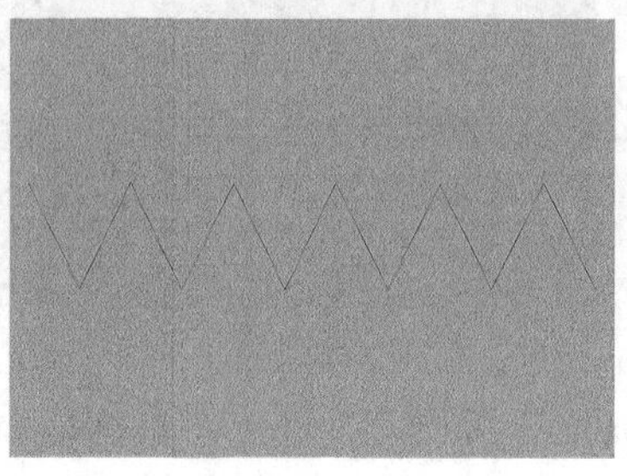

图5-138

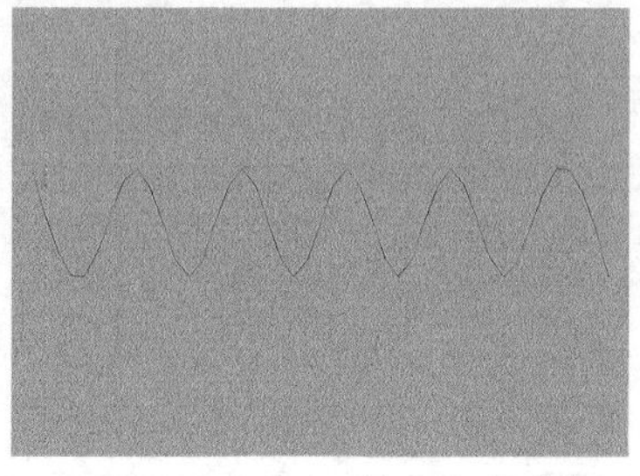

图5-139

## 5.2.23 投影切线

使用“投影切线”命令可以改变曲线端点处的切线方向，使其与两条相交曲线或与一条曲面的切线方向保持一致。单击“投影切线”命令后面的按钮，打开“投影切线选项”对话框，如图5-140所示。

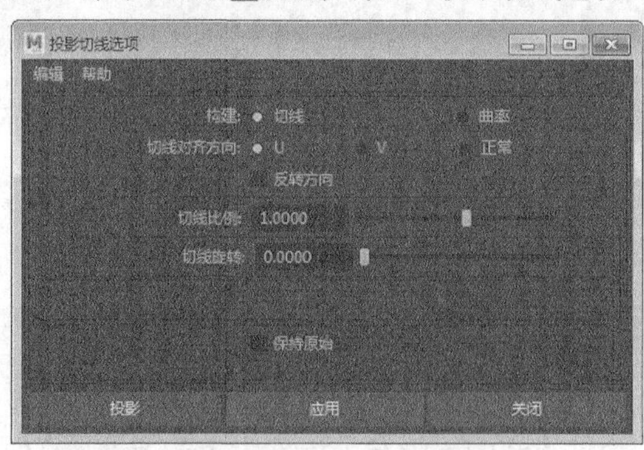


图5-140

### 常用参数介绍

❖ 构建：用来设置曲线的投影方式。

 ✧ 切线：以切线方式进行连接。

 ✧ 曲率：选择该选项以后，在下面会增加一个“曲率比例”选项，用来控制曲率的缩放比例。

❖ 切线对齐方向：用来设置切线的对齐方向。

 ✧ U：对齐曲线的U方向。

 ✧ V：对齐曲线的V方向。

 ✧ 正常：用正常方式对齐。

❖ 反转方向：反转与曲线相切的方向。

❖ 切线比例：在切线方向上进行缩放。

❖ 切线旋转：用来调节切线的角度。

## 【练习5-20】投影切线

| | |
|---|---|
| 场景文件 | Scenes>CH05>5.20.mb |
| 实例文件 | Examples>CH05>5.20.mb |
| 难易指数 | ★☆☆☆☆ |
| 技术掌握 | 掌握如何匹配曲线的曲率 |

本例使用“投影切线”命令将曲线与曲线的曲率匹配起来后的效果如图5-141所示。

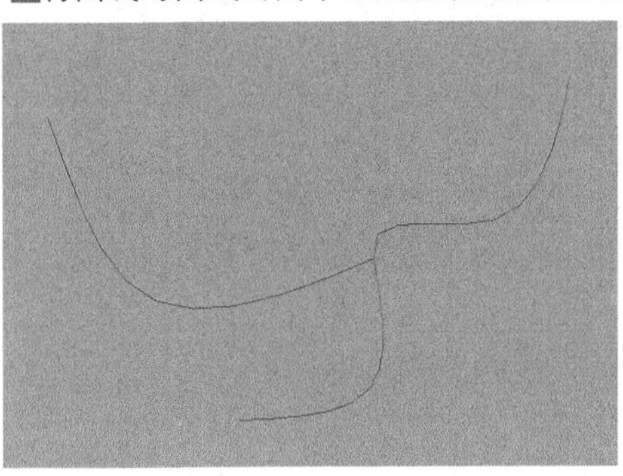

图5-141

01 打开学习资源中的“Scenes>CH05>5.20.mb”文件，场景中有一些曲线，如图5-142所示。

02 选择全部曲线，然后执行“曲线>投影切线”菜单命令，此时可以观察到曲线1和曲线2、3的曲率已经相互匹配了，如图5-143所示。

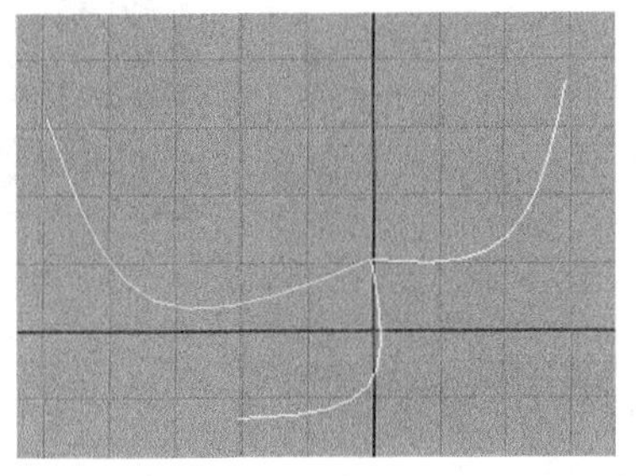

图5-142

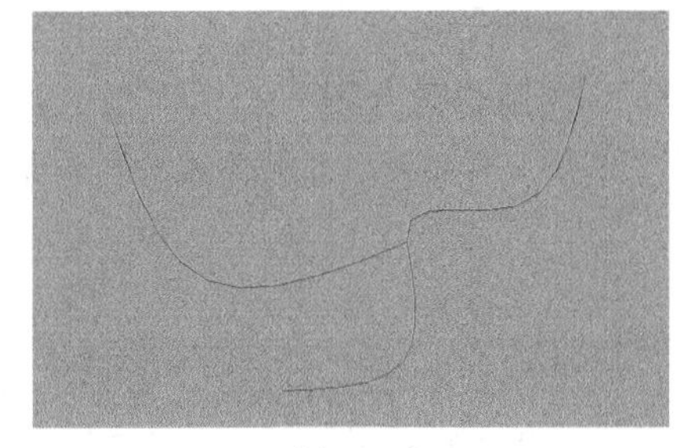

图5-143

## 【练习5-21】投影切线到曲面

| | |
|---|---|
| 场景文件 | Scenes>CH05>5.21.mb |
| 实例文件 | Examples>CH05>5.21.mb |
| 难易指数 | ★☆☆☆☆ |
| 技术掌握 | 掌握如何匹配曲线与曲面的曲率 |

本例使用“投影切线”命令将曲线与曲面的曲率匹配起来后的效果如图5-144所示。

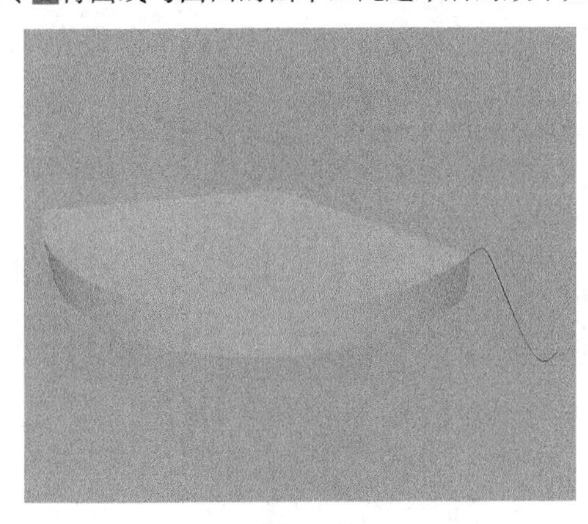

图5-144

01 打开学习资源中的“Scenes>CH05>5.21.mb”文件，场景中有一个曲面模型，如图5-145所示。

02 选择曲面，然后使用“EP曲线工具”，并按住V键捕捉最外侧的点绘制一条曲线，如图5-146所示。

03 选择顶部的曲面，然后加选曲线，接着执行“曲线>投影切线”菜单命令，效果如图5-147所示。

图5-145

图5-146

图5-147

## 5.2.24 平滑

使用“平滑”命令可以在选定曲线中平滑折点。单击“平滑”命令后面的按钮，打开“平滑曲线选项”对话框，如图5-148所示。

图5-148

### 常用参数介绍

❖ 平滑度：设置曲线的平滑程度。数值越大，曲线越平滑。

## 【练习5-22】将曲线进行平滑处理

| 场景文件 | Scenes>CH05>5.22.mb |
| --- | --- |
| 实例文件 | Examples>CH05>5.22.mb |
| 难易指数 | ★☆☆☆☆ |
| 技术掌握 | 掌握如何将曲线变得更加平滑 |

本例使用“平滑”命令将曲线进行平滑处理后的效果如图5-149所示。

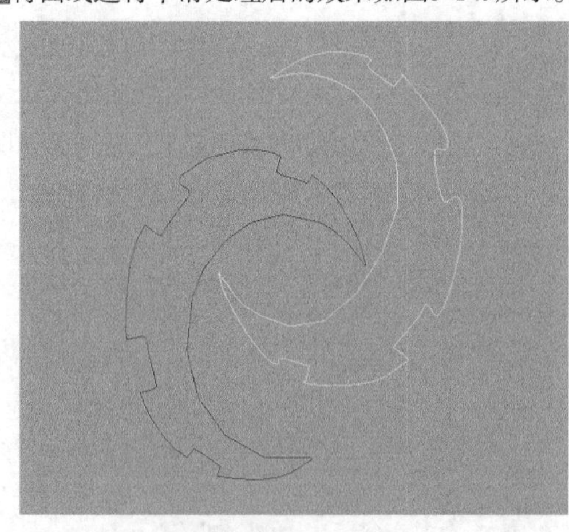

图5-149

01 打开学习资源中的“Scenes>CH05>5.22.mb”文件，场景中有两条曲线，如图5-150所示。

02 选择曲线，然后单击“平滑”菜单命令后面的按钮，打开“平滑曲线选项”对话框，接着设置“平滑度”为30，并单击“平滑”按钮，如图5-151所示，效果如图5-152所示。

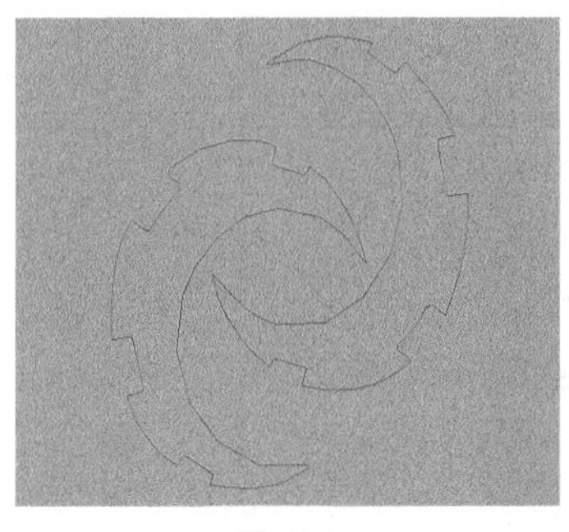

图5-150

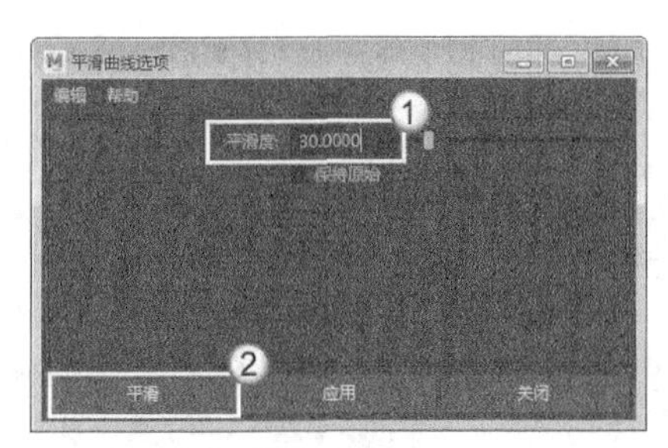


图5-151

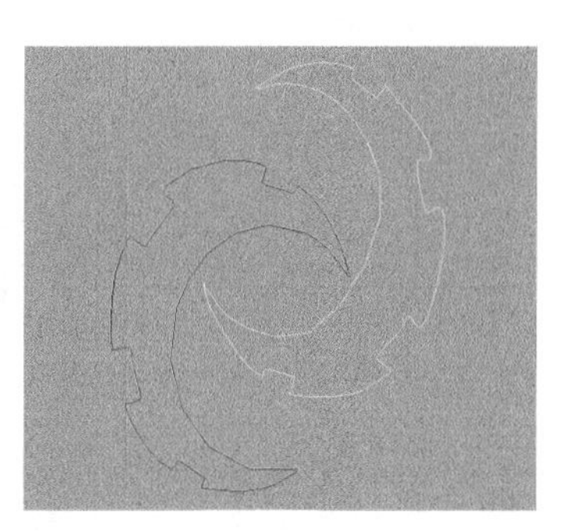

图5-152

## 5.2.25 Bezier曲线

“Bezier曲线”命令主要用来修正曲线的形状，该命令包含两个子命令，分别是“锚点预设”和“切线选项”，如图5-153所示。

图5-153

### 1.锚点预设

“锚点预设”命令用于对Bezier曲线的锚点进行修正。“锚点预设”命令包含3个子命令，分别是Bezier、“Bezier角点”和“角点”，如图5-154所示。

图5-154

#### <1>Bezier

选择贝塞尔曲线的控制点后，执行Bezier命令，可以调出贝塞尔曲线的控制手柄，如图5-155所示。

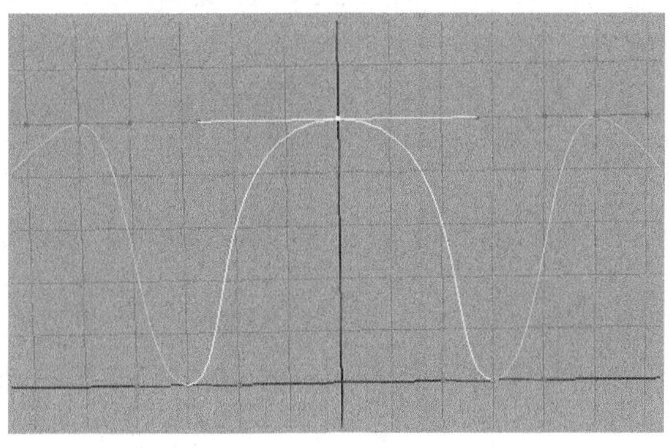

图5-155

#### <2>Bezier角点

执行“Bezier角点”命令可以使贝塞尔曲线的控制手柄只有一边受到影响，如图5-156所示。

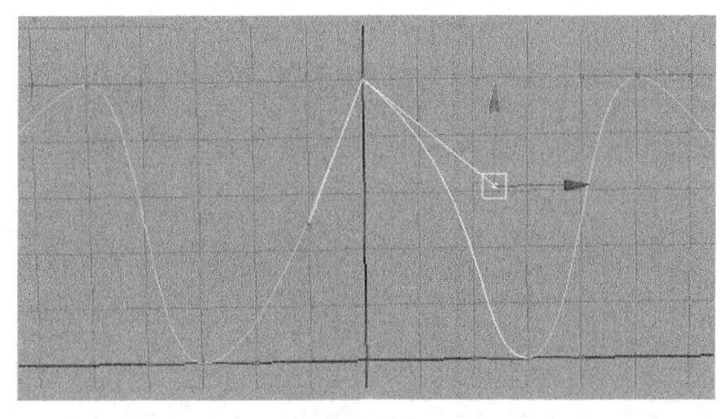

图5-156

**提示**

当执行“Bezier角点”命令后再执行Bezier命令，将恢复贝塞尔曲线控制手柄的属性。

### <3>角点

执行“角点”命令可以取消贝塞尔曲线的手柄控制，使其成为CV点，如图5-157所示。

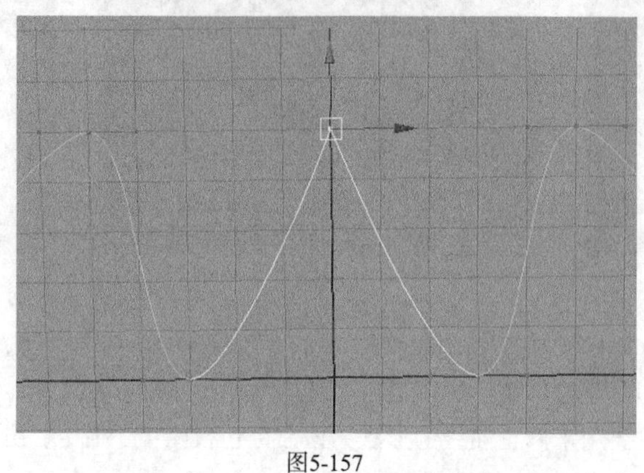

图5-157

## 2.切线选项

使用“切线选项”命令可以对Bezier曲线的锚点进行修正。“切线选项”菜单包含4个子命令，分别是“光滑锚点切线”“断开锚点切线”“平坦锚点切线”“不平坦锚点切线”，如图5-158所示。

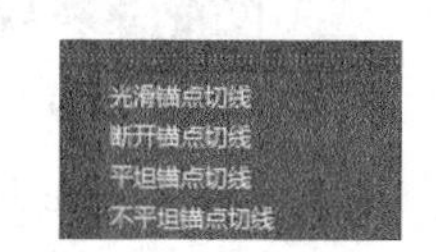


图5-158

### <1>光滑锚点切线

使用“光滑锚点切线”命令可以使贝塞尔曲线的手柄变得光滑，如图5-159所示。

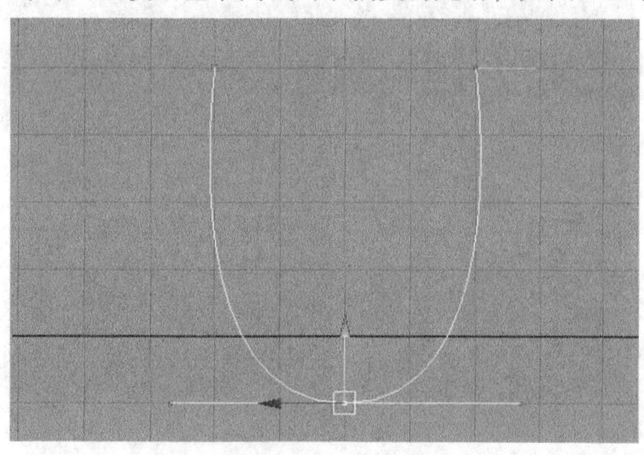

图5-159

### <2>断开锚点切线

使用“断开锚点切线”命令可以打断贝塞尔曲线的手柄控制，使其只有一边受到控制，如图5-160所示。

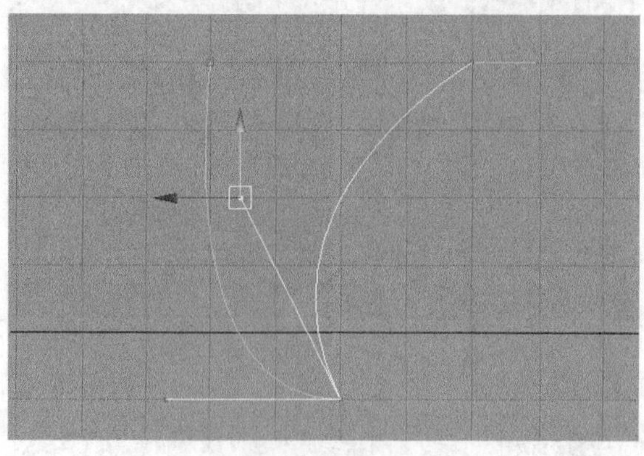

图5-160

**提示**

当执行“断开锚点切线”命令后再执行“光滑锚点切线”命令，可以恢复贝塞尔曲线控制手柄的光滑属性。

### <3>平坦锚点切线

执行“平坦锚点切线”命令后，当调整贝塞尔曲线的控制手柄时，可以使两边调整的距离相等，如图5-161所示。

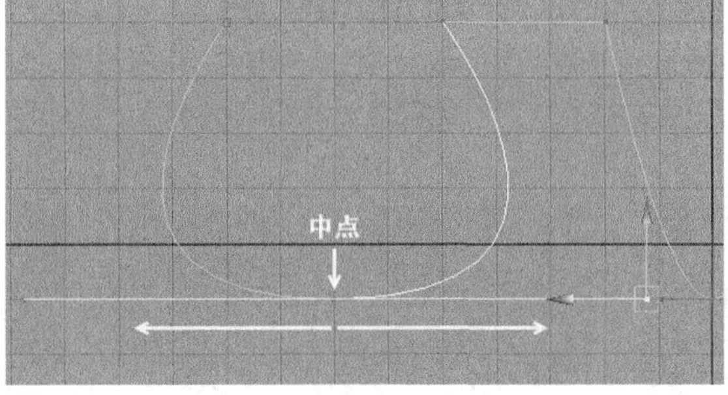


图5-161

### <4>不平坦锚点切线

执行“不平坦锚点切线”命令后，当调整贝塞尔曲线的控制手柄时，可以使曲线只有一边受到影响，如图5-162所示。

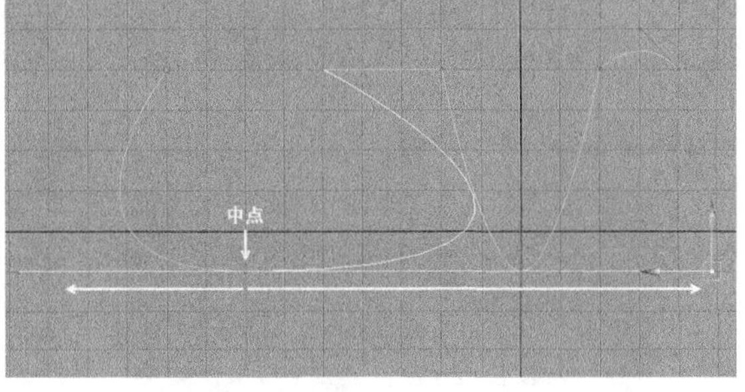


图5-162

## 5.2.26 重建

使用“重建”命令可以修改曲线的一些属性，如结构点的数量和次数等。在使用“铅笔曲线工具”绘制曲线时，还可以使用“重建”命令将曲线进行平滑处理。单击“重建”命令后面的按钮，打开“重建曲线选项”对话框，如图5-163所示。

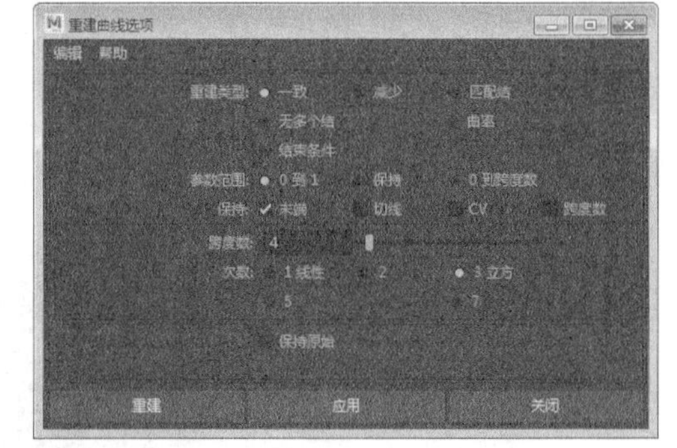


图5-163

### 常用参数介绍

- 重建类型：选择重建的类型。
  - 一致：用统一方式来重建曲线。
  - 减少：由“容差”值来决定重建曲线的精简度。
  - 匹配结：通过设置一条参考曲线来重建原始曲线，可重复执行，原始曲线将无穷趋向于参考曲线的形状。
  - 无多个结：删除曲线上的附加结构点，保持原始曲线的段数。
  - 曲率：在保持原始曲线形状和度数不变的情况下，插入更多的编辑点。
  - 结束条件：在曲线的终点指定或除去重合点。

## 【练习5-23】重建曲线

| | |
|---|---|
| 场景文件 | Scenes>CH05>5.23.mb |
| 实例文件 | Examples>CH05>5.23.mb |
| 难易指数 | ★☆☆☆☆ |
| 技术掌握 | 掌握如何改变曲线的属性 |

本例使用“重建”命令重建曲线后的效果如图5-164所示。

01 打开学习资源中的“Scenes>CH05>5.23.mb”文件，场景中有一条曲线，如图5-165所示。

02 选择曲线，然后切换到“控制顶点”编辑模式，如图5-166所示。此时的曲线点较多，而且点的分布不均匀。

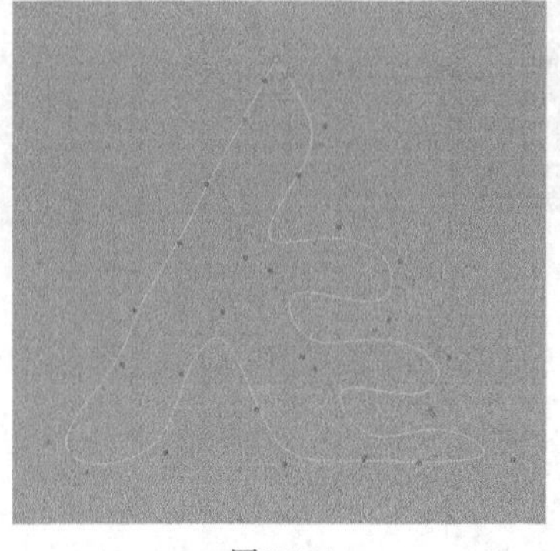

图5-164

图5-165

图5-166

03 将曲线的编辑模式切换到“对象模式”，然后打开“重建曲线选项”对话框，接着设置“跨度数”为30，最后单击“重建”按钮，如图5-167所示。将曲线的编辑模式切换到“控制顶点”，效果如图5-168所示。

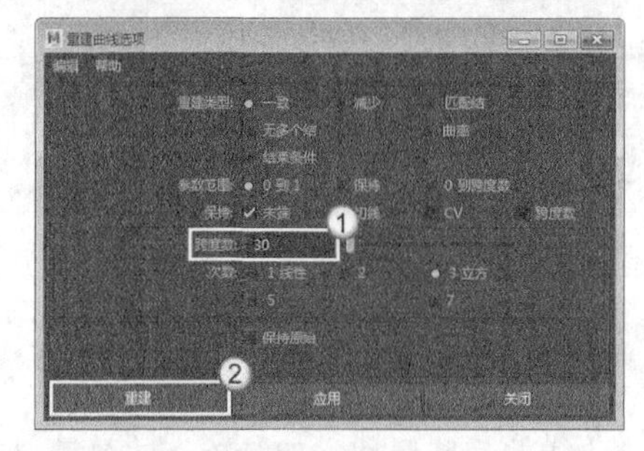


图5-167

图5-168

## 5.2.27 反转方向

使用“反转方向”命令可以反转曲线的起始方向。单击“反转方向”命令后面的按钮，打开“反转曲线选项”对话框，如图5-169所示。

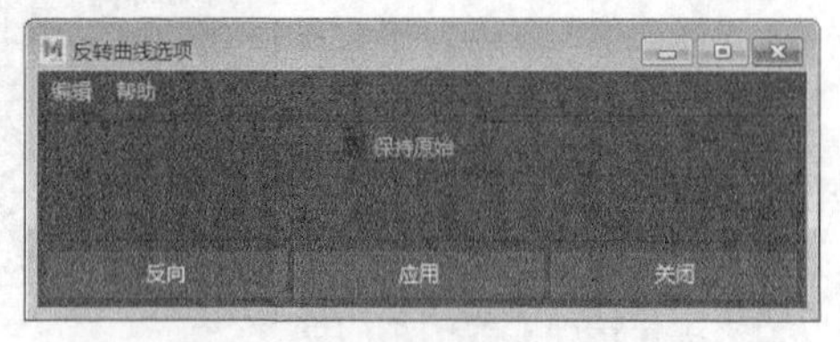


图5-169

### 常用参数介绍

❖ 保持原始：选择该选项后，将保留原始的曲线，同时原始曲线的方向也将被保留下来。

# 技术分享

## 曲面在Maya中的应用

在影视领域中，很少用到曲面模型，多数情况下是使用多边形作为首选建模方式。虽然很多时候不会直接使用曲面，但是在很多环节中曲面也有非常重要的作用。

在为角色绑定时，往往会用曲线制作角色的控制器，通过曲线来控制角色的动作、表情等。

在制作角色的毛发时，可以用曲面制作出毛发的造型，然后以这些曲面生成曲线，再以曲线生成毛发。

## 提取曲线的注意事项

在制作三维作品时，会经常用到曲线，如果通过曲线绘制工具来制作，操作起来往往比较烦琐，也不一定能快速得到满意的效果。这时，我们可以从已经造型完毕的多边形或曲面上提取曲线，这样既快速又方便。

如果要从多边形上提取曲线，那么可以选择多边形上的边，然后执行“曲线>复制曲面曲线”菜单命令即可。但是需要注意的是，从多边形上提取的曲线并不是一条完整连续的曲线，而是根据网格线段，复制出多条曲线。

如果要从曲面上提取曲线，那么选择曲面上的等参线，然后执行“曲线>复制曲面曲线”菜单命令即可。从曲面上提取的曲线则是一条完整连续的曲线。

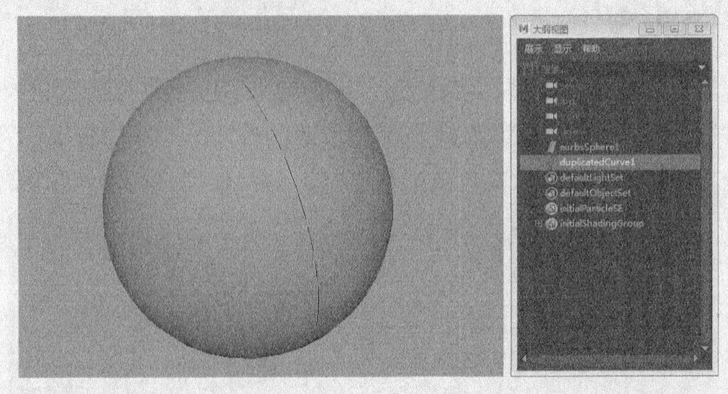


如果要在曲面上同时提取多条曲线，那么可以选择曲面，然后在“复制曲面曲线选项”对话框中，根据需要从不同方向上复制曲线。

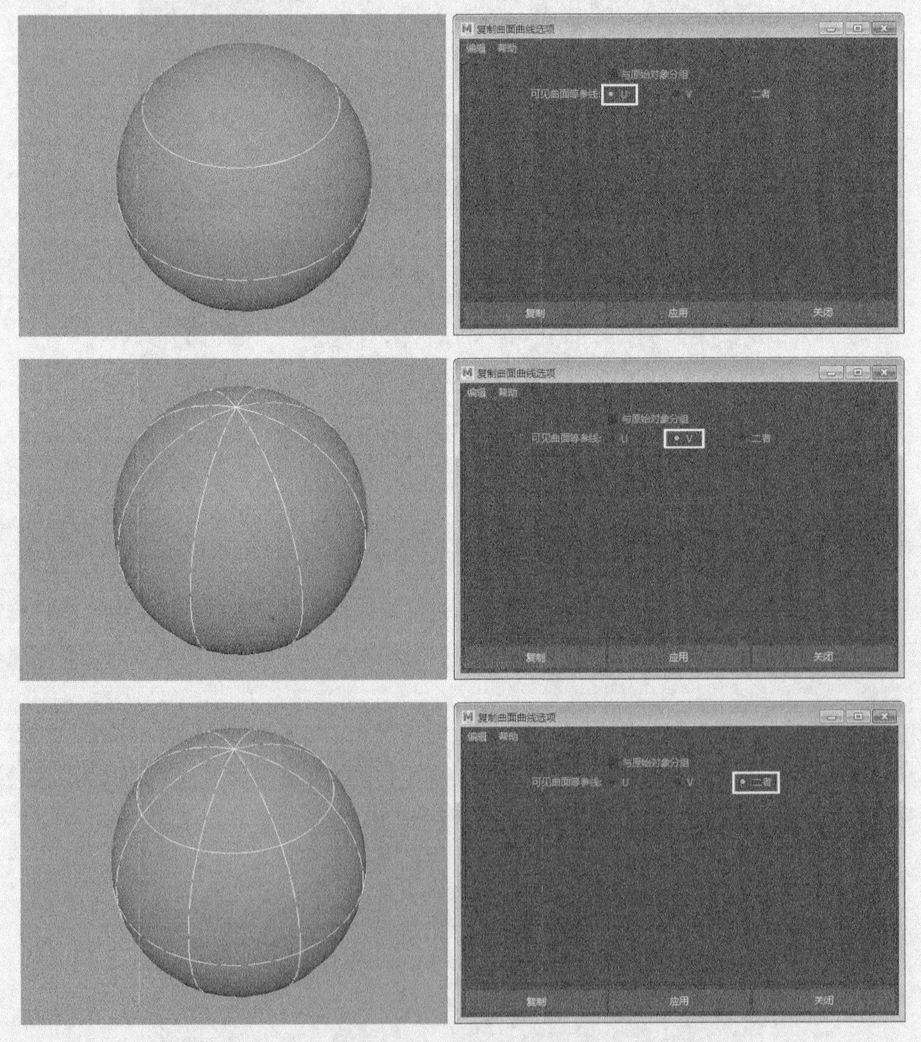

# 第6章

# 创建与编辑NURBS曲面

本章将介绍Maya 2017的NURBS建模技术，包括NURBS基本体的创建及其编辑方法。通过学习本章，读者可以了解NURBS建模的特点、思路和方法。

※ 创建NURBS基本体

※ 创建NURBS曲面

※ 附加/分离NURBS曲面

※ 在曲面上投影曲线

※ 重建NURBS曲面

# 6.1 创建NURBS基本体

在“创建>NURBS基本体”菜单下是曲面基本几何体的创建命令，用这些命令可以创建出曲面最基本的几何体对象，如图6-1所示。

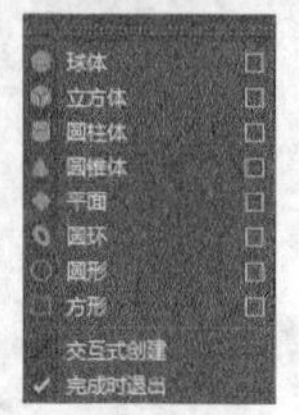

图6-1

Maya提供了两种建模方法，一种是直接创建一个几何体在指定的坐标上，几何体的大小也是提前设定的；另一种是交互式创建方法，这种创建方法是在选择命令后在视图中拖曳光标才能创建出几何体对象，大小和位置由光标的位置决定，这是Maya默认的创建方法。

**提示**

在“创建>NURBS基本体”菜单下选择“交互式创建”选项可以启用交互式创建方法。

## 6.1.1 球体

选择“球体”命令后在视图中拖曳光标就可以创建出曲面球体，拖曳的距离就是球体的半径。单击“球体”命令后面的按钮，打开“NURBS球体选项”对话框，如图6-2所示。

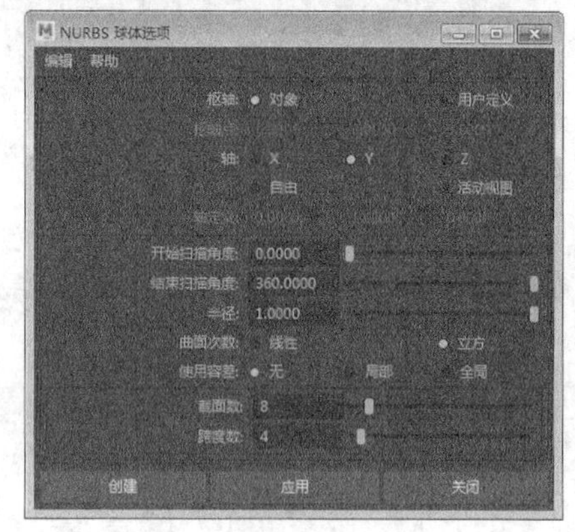

图6-2

### 常用参数介绍

❖ 开始扫描角度：设置球体的起始角度，其值为0~360，可以产生不完整的球面。

**提示**

“开始扫描角度”值不能等于360°。如果等于360°，“开始扫描角度”就等于“结束扫描角度”，这时候创建球体，系统将会提示错误信息，在视图中也观察不到创建的对象。

❖ 结束扫描角度：用来设置球体终止的角度，其值为0~360，可以产生不完整的球面，与“开始扫描角度”正好相反，如图6-3所示。

❖ 曲面次数：用来设置曲面的平滑度。“线性”为直线型，可形成尖锐的棱角；“立方”会形成平滑的曲面，如图6-4所示。

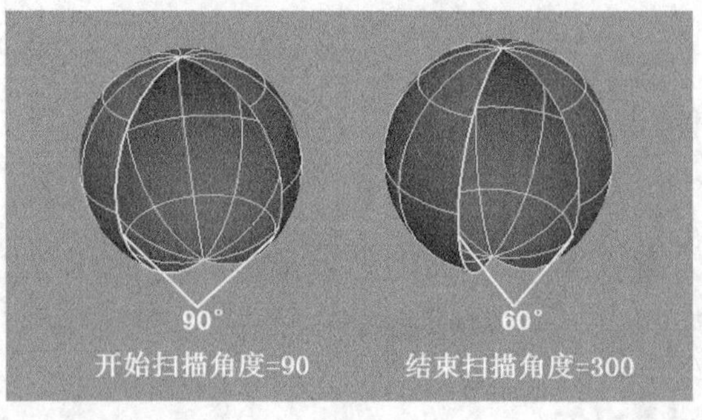

图6-3

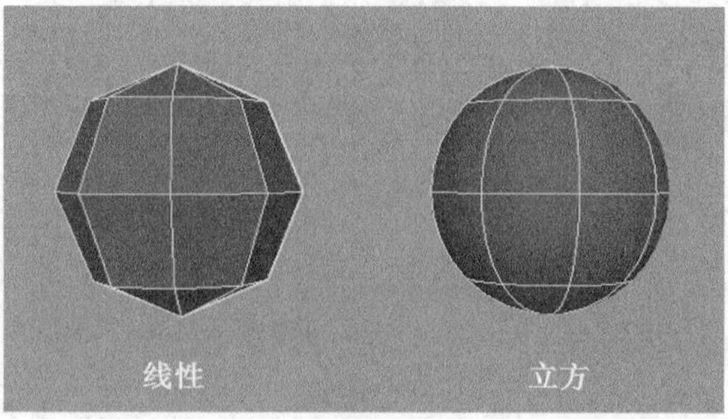

线性　立方

图6-4

❖ 使用容差：该选项默认状态处于关闭状态，是另一种控制曲面精度的方法。

❖ 截面数：用来设置V向的分段数，最小值为4。

❖ 跨度数：用来设置U向的分段数，最小值为2，图6-5所示是使用不同分段数创建的球体对比。

❖ 调整截面数和跨度数：选择该选项时，创建球体后不会立即结束命令，再次拖曳光标可以改变U方向上的分段数，结束后再次拖曳光标可以改变V方向上的分段数。

❖ 半径：用来设置球体的大小。设置好半径后直接在视图中单击左键可以创建出球体。

❖ 轴：用来设置球体中心轴的方向，有$x$、$y$、$z$、“自由”和“活动视图”5个选项可以选择。选择“自由”选项可激活下面的坐标设置，该坐标与原点连线方向就是所创建球体的轴方向；选择“活动视图”选项后，所创建球体的轴方向将垂直于视图的工作平面，也就是视图中网格所在的平面，图6-6所示是分别在顶视图、前视图、侧视图中所创建的球体效果。

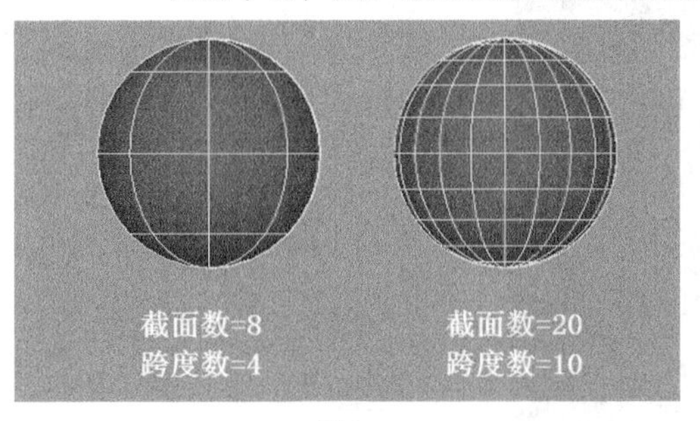


图6-5

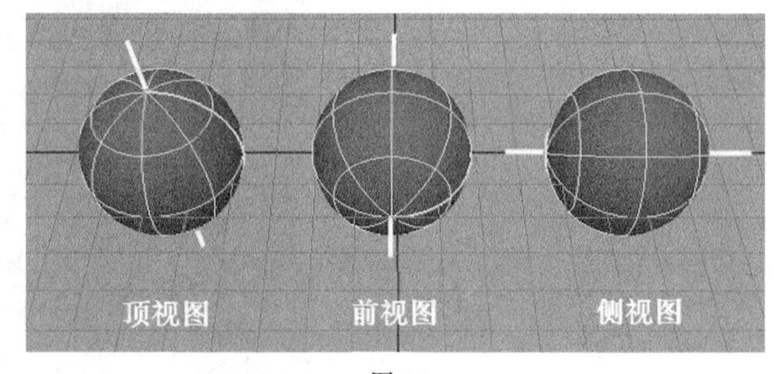


图6-6

## 6.1.2 立方体

单击“立方体”命令后面的按钮，打开“NURBS立方体选项”对话框，如图6-7所示。

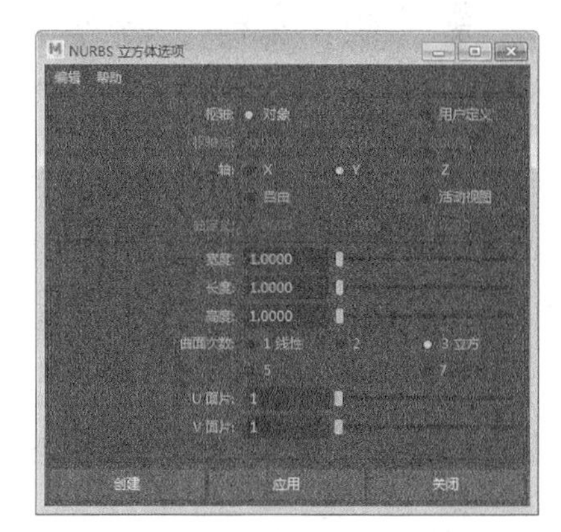


图6-7

### 常用参数介绍

❖ 曲面次数：该选项比球体的创建参数多了2、5、7这3个次数。

❖ U/V面片：设置U/V方向上的分段数。

❖ 调整U和V面片：这里与球体不同的是，添加U向分段数的同时也会增加V向的分段数。

❖ 宽度/高度/深度：分别用来设置立方体的长、宽、高。设置好相应的参数后，在视图里单击鼠标左键就可以创建出立方体。

**提示**

创建的立方体是由6个独立的平面组成，整个立方体为一个组，如图6-8所示。

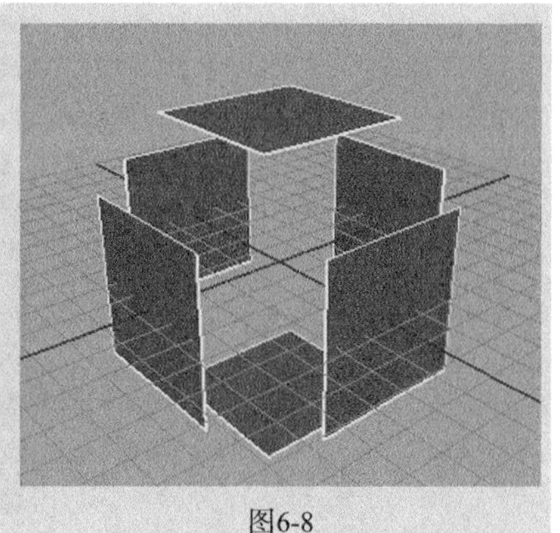

图6-8

## 6.1.3 圆柱体

单击“圆柱体”命令■后面的■按钮，打开“NURBS圆柱体选项”对话框，如图6-9所示。

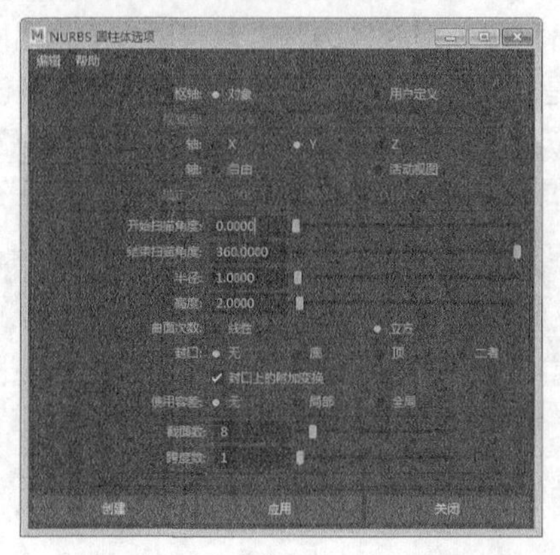


图6-9

### 常用参数介绍

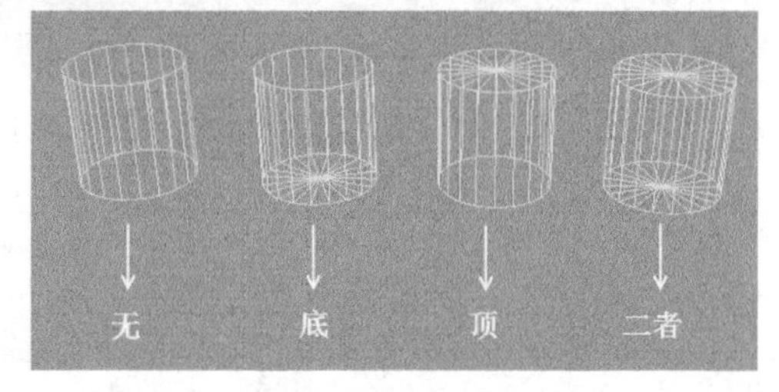


图6-10

- ❖ 封口：用来设置是否为圆柱体添加盖子，或者在哪一个方向上添加盖子。“无”选项表示不添加盖子；“底”选项表示在底部添加盖子，而顶部镂空；“顶”选项表示在顶部添加盖子，而底部镂空；“二者”选项表示在顶部和底部都添加盖子，如图6-10所示。
- ❖ 封口上的附加变换：选择该选项时，盖子和圆柱体会变成一个整体；如果关闭该选项，盖子将作为圆柱体的子物体。
- ❖ 半径：设置圆柱体的半径。
- ❖ 高度：设置圆柱体的高度。

**提示**

在创建圆柱体时，并且只有在使用单击鼠标左键的方式创建时，设置的半径和高度值才起作用。

## 6.1.4 圆锥体

单击“圆锥体”命令■后面的■按钮，打开“NURBS圆锥体选项”对话框，如图6-11所示。

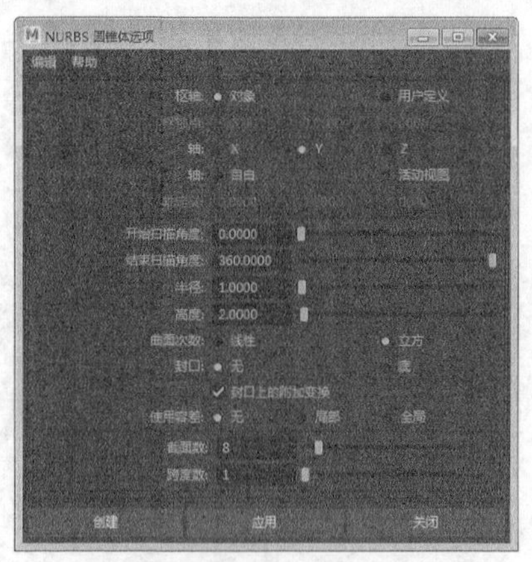


图6-11

## 6.1.5 平面

单击“平面”命令后面的按钮，打开“NURBS平面选项”对话框，如图6-12所示。

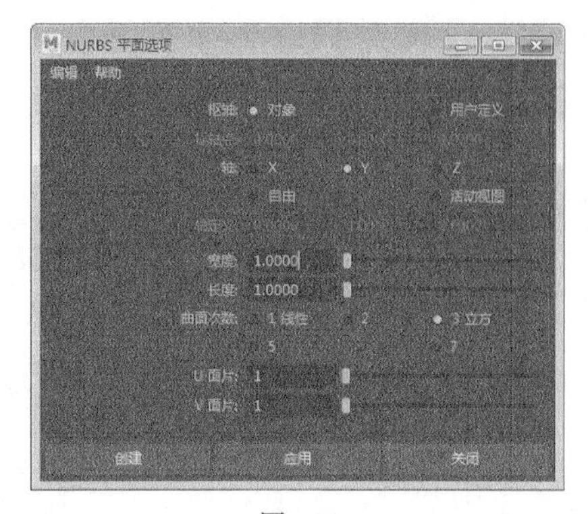

图6-12

## 6.1.6 圆环

单击“圆环”命令后面的按钮，打开“NURBS圆环选项”对话框，如图6-13所示。

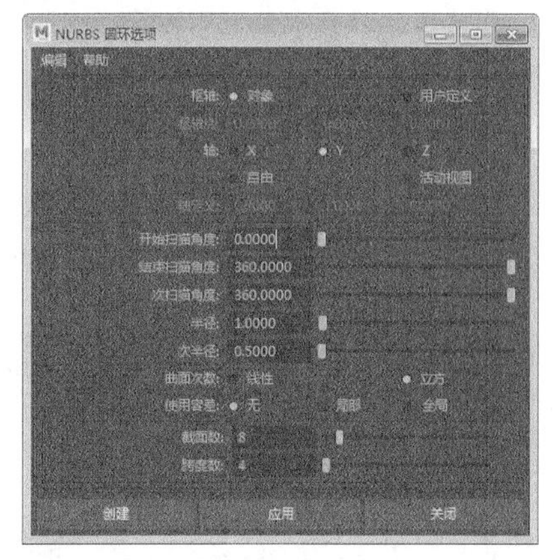

图6-13

### 常用参数介绍

- ❖ 次扫描：该选项表示在圆环截面上的角度，如图6-14所示。
- ❖ 次半径：设置圆环在截面上的半径。
- ❖ 半径：用来设置圆环整体半径的大小，如图6-15所示。

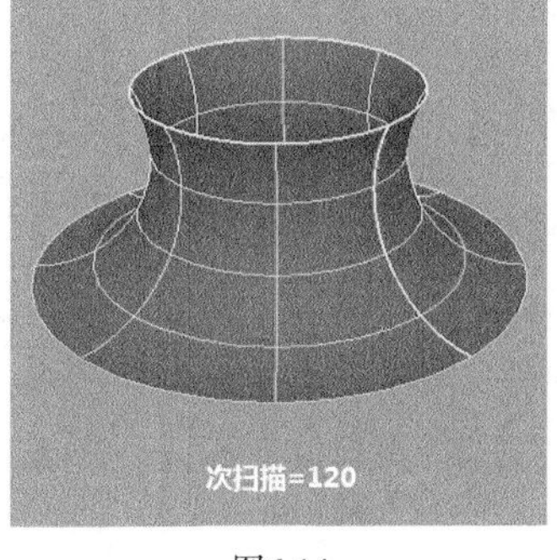


图6-14

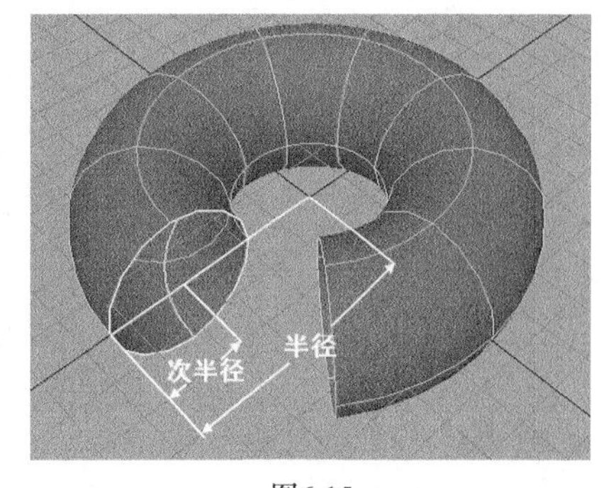


图6-15

## 6.1.7 圆形

单击“圆形”命令后面的按钮，打开“NURBS圆形选项”对话框，如图6-16所示。

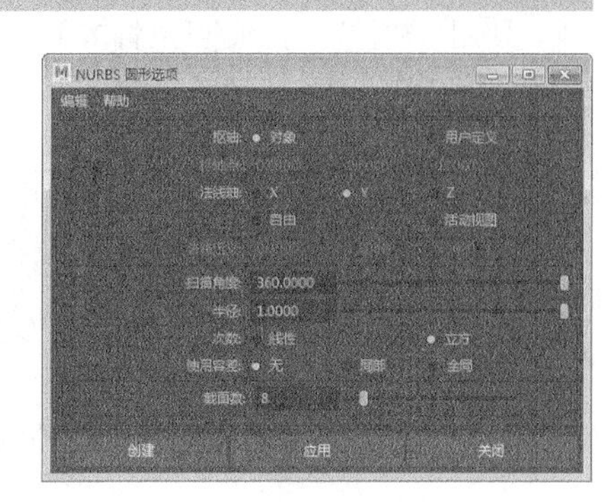

图6-16

### 常用参数介绍

- ❖ 截面数：用来设置圆的段数。
- ❖ 调整截面数：选择该选项时，创建完模型后不会立即结束命令，再次拖曳光标可以改变圆的段数。

## 6.1.8 方形

单击“方形”命令■后面的■按钮，打开方形工具的“NURBS方形选项”对话框，如图6-17所示。

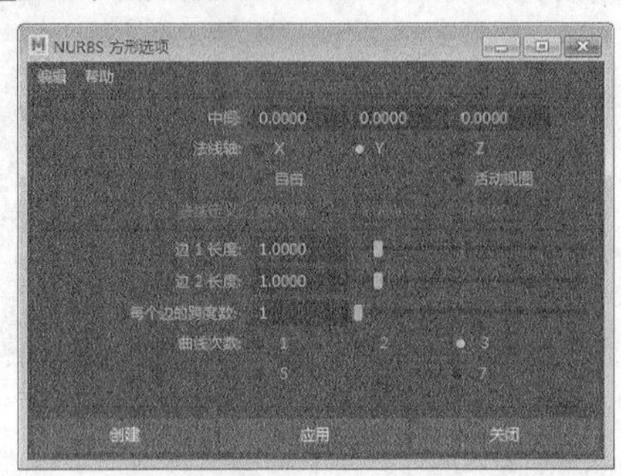


图6-17

### 常用参数介绍

- ❖ 每个边的跨度数：用来设置每条边上的段数。
- ❖ 调整每个边的跨度数：选择该选项后，在创建完矩形后可以再次对每条边的段数进行修改。
- ❖ 边1/2长度：分别用来设置两条对边的长度。

# 6.2 曲面菜单

“曲面”菜单提供了大量的曲面编辑工具，包括“创建”和“编辑NURBS曲面”两种类型，如图6-18所示。

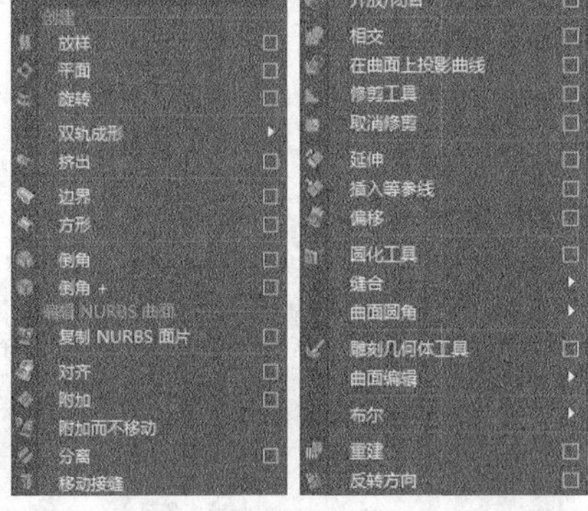


图6-18

## 6.2.1 放样

使用“放样”命令■可以将多条轮廓线生成一个曲面。单击“放样”命令后面的■按钮，打开“放样选项”对话框，如图6-19所示。

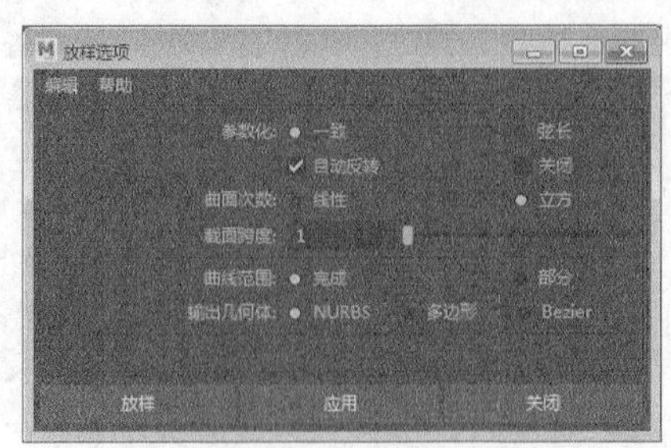


图6-19

### 常用参数介绍

❖ 参数化：用来改变放样曲面的V向参数值。
  ✧ 一致：统一生成的曲面在V方向上的参数值。
  ✧ 弦长：使生成的曲面在V方向上的参数值等于轮廓线之间的距离。
  ✧ 自动反转：在放样时，因为曲线方向的不同会产生曲面扭曲现象，该选项可以自动统一曲线的方向，使曲面不产生扭曲现象。
  ✧ 关闭：选择该选项后，生成的曲面会自动闭合。

❖ 曲面次数：用来设置生成的曲面的次数。
  ✧ 线性：表示为1阶，可生成不平滑的曲面。
  ✧ 立方：可生成平滑的曲面。

❖ 截面跨度：用来设置生成曲面的分段数。

❖ 输出几何体：用来选择输出几何体的类型，有NURBS、多边形和Bezier这3种类型。

## 【练习6-1】用放样创建弹簧

| 场景文件 | Scenes>CH06>6.1.mb |
|---|---|
| 实例文件 | Examples>CH06>6.1.mb |
| 难易指数 | ★★☆☆☆ |
| 技术掌握 | 掌握放样命令的用法 |

本例使用“放样”命令创建的弹簧效果如图6-20所示。

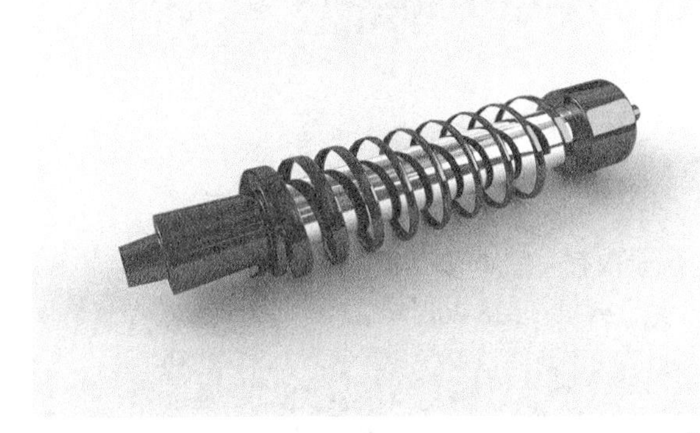
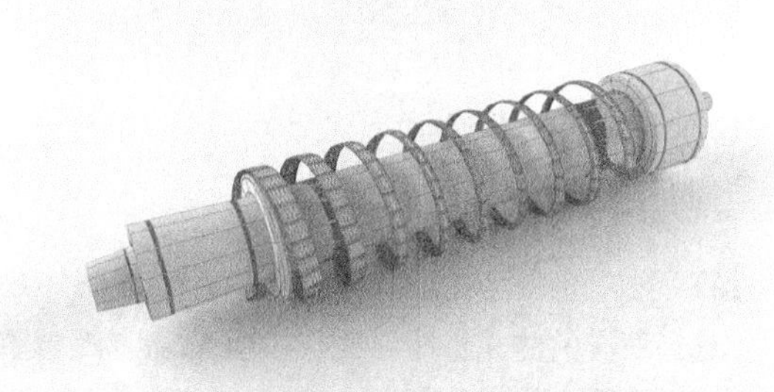

图6-20

01 打开学习资源中的“Scenes>CH06>6.1.mb”文件，场景中有一个多边形模型和两条曲线，如图6-21所示。

02 选择两条曲线，然后执行“曲面>放样”菜单命令，效果如图6-22所示。

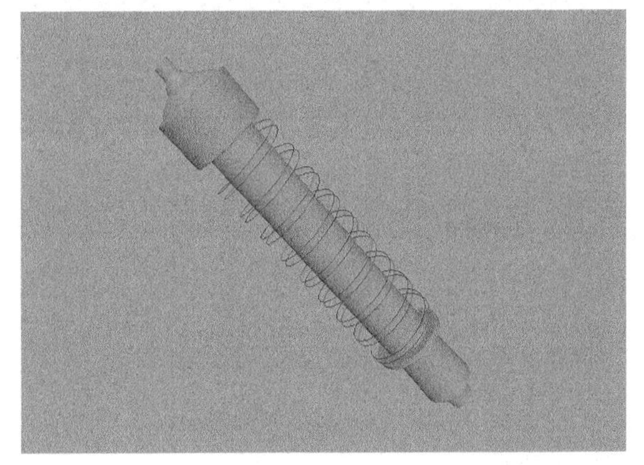

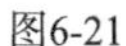

图6-21

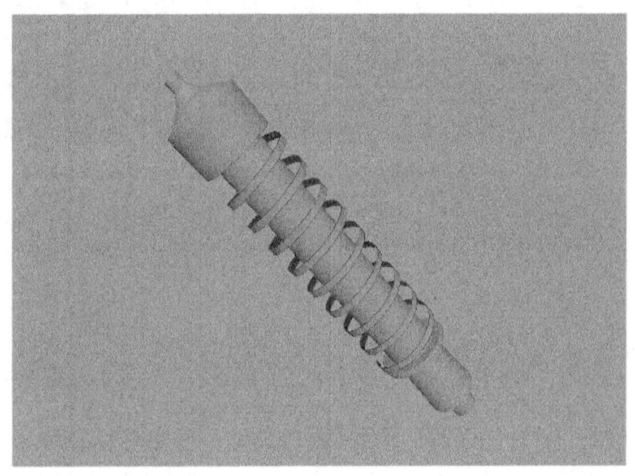

图6-22

## 6.2.2 平面

使用“平面”命令可以将封闭的曲线、路径和剪切边等生成一个平面，但这些曲线、路径和剪切边都必须位于同一平面内。单击“平面”命令后面的按钮，打开“平面修剪曲面选项”对话框，如图6-23所示。

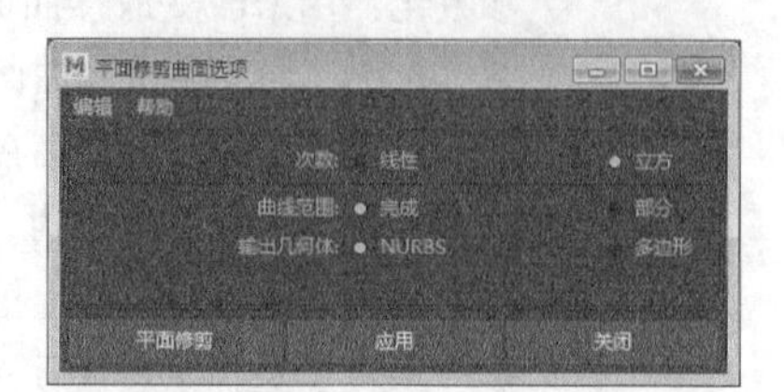


图6-23

## 【练习6-2】用平面创建雕花

| | |
|---|---|
| 场景文件 | Scenes>CH06>6.2.mb |
| 实例文件 | Examples>CH06>6.2.mb |
| 难易指数 | ★☆☆☆☆ |
| 技术掌握 | 掌握平面命令的用法 |

本例使用“平面”命令创建的雕花模型效果如图6-24所示。

图6-24

**01** 打开学习资源中的“Scenes>CH06>6.2.mb”文件，场景中有一些曲线，如图6-25所示。

**02** 选择所有的曲线，然后执行“曲面>平面”菜单命令，效果如图6-26所示。

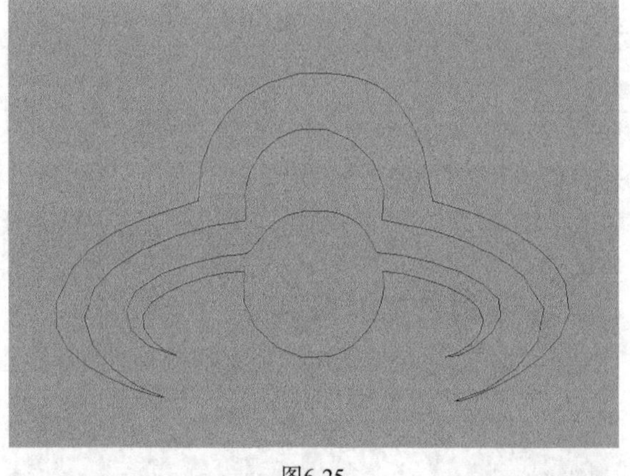

图6-25

图6-26

## 6.2.3 旋转

使用“旋转”命令可以将一条曲线的轮廓线生成一个曲面，并且可以随意控制旋转角度。单击“旋转”命令后面的按钮，打开“旋转选项”对话框，如图6-27所示。

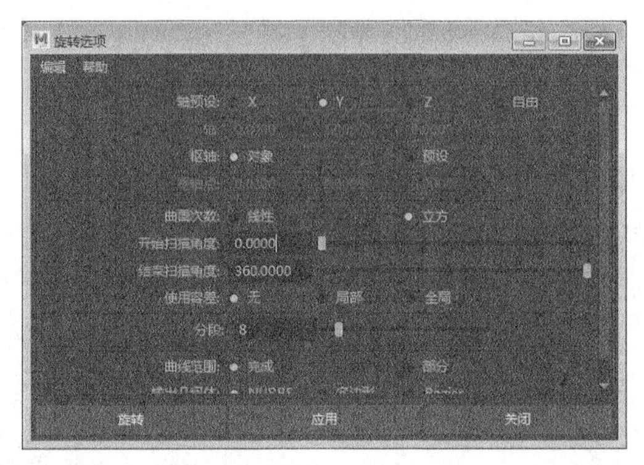

图6-27

## 常用参数介绍

❖ 轴预设：用来设置曲线旋转的轴向，共有$x$、$y$、$z$轴和“自由”这4个选项。

❖ 枢轴：用来设置旋转轴心点的位置。

  ✧ 对象：以自身的轴心位置作为旋转方向。

  ✧ 预设：通过坐标来设置轴心点的位置。

❖ 枢轴点：用来设置枢轴点的坐标。

❖ 曲面次数：用来设置生成的曲面的次数。

  ✧ 线性：表示为1阶，可生成不平滑的曲面。

  ✧ 立方：可生成平滑的曲面。

❖ 开始/结束扫描角度：用来设置开始/结束扫描的角度。

❖ 使用容差：用来设置旋转的精度。

❖ 分段：用来设置生成曲线的段数。段数越多，精度越高。

❖ 输出几何体：用来选择输出几何体的类型，有NURBS、多边形、细分曲面和Bezier这4种类型。

## 【练习6-3】用旋转创建花瓶

| 场景文件 | 无 |
| --- | --- |
| 实例文件 | Examples>CH06>6.3.mb |
| 难易指数 | ★★☆☆☆ |
| 技术掌握 | 掌握旋转命令的用法 |

本例使用“旋转”命令制作的花瓶效果如图6-28所示。

图6-28

**01** 切换到front（前）视图，然后执行“创建>曲线工具>CV曲线工具”菜单命令，并在前视图中绘制图6-29所示的曲线。

**02** 将视图切换到透视图，然后选择曲线，接着执行“曲面>旋转”菜单命令，此时曲线就会按照自身的*y*轴生成曲面模型，效果如图6-30所示。

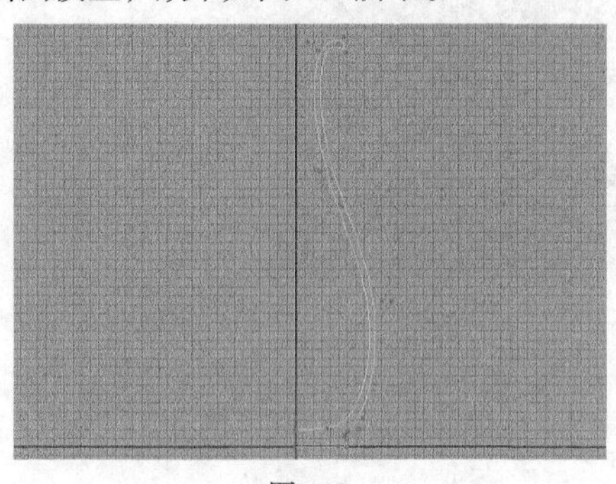

图6-29

图6-30

**提示**

在绘制曲线的时候，曲线的起点（也就是底端的水平直线的左端点）要位于*y*轴上，可以通过开启“捕捉到栅格”工具来捕捉。另外，按住Shift键可以绘制出水平或者垂直的直线。

## 6.2.4 双轨成形

“双轨成形”命令包含3个子命令，分别是“双轨成形1工具”、“双轨成形2工具”和“双轨成形3+工具”，如图6-31所示。

图6-31

### 1.双轨成形1工具

使用“双轨成形1工具”可以让一条轮廓线沿两条路径线进行扫描，从而生成曲面。单击“双轨成形1工具”命令后面的按钮，打开“双轨成形1选项”对话框，如图6-32所示。

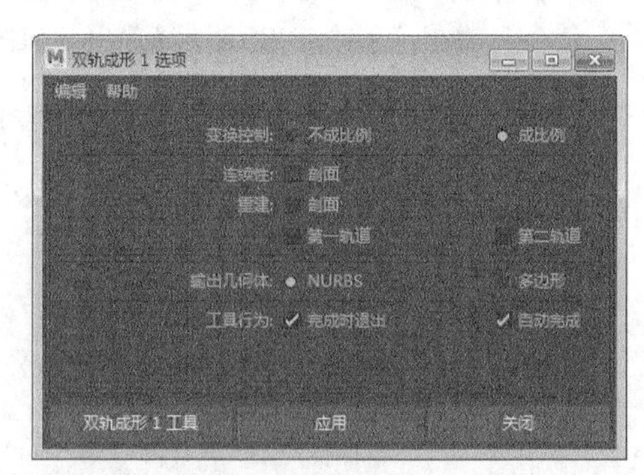


图6-32

#### 常用参数介绍

❖ 变换控制：用来设置轮廓线的成形方式。

✧ 不成比例：以不成比例的方式扫描曲线。

✧ 成比例：以成比例的方式扫描曲线。

❖ 连续性：保持曲面切线方向的连续性。

❖ 重建：重建轮廓线和路径曲线。

✧ 第一轨道：重建第1次选择的路径。

✧ 第二轨道：重建第2次选择的路径。

### 2.双轨成形2工具

使用“双轨成形2工具”可以沿着两条路径线在两条轮廓线之间生成一个曲面。单击“双轨成形2工具”命令后面的按钮，打开“双轨成形2选项”对话框，如图6-33所示。

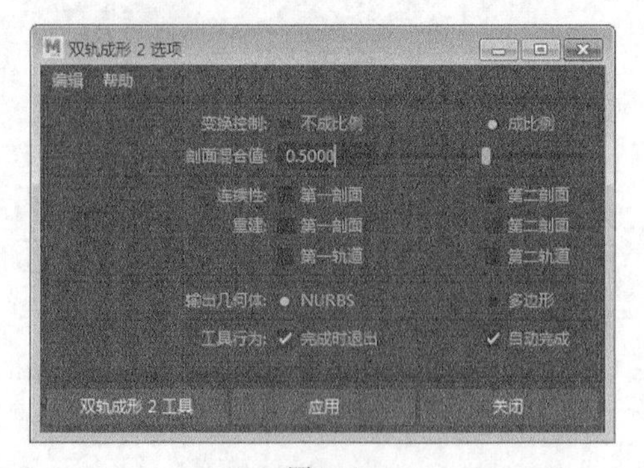


图6-33

### 3.双轨成形3+工具

使用“双轨成形3+工具” 可以通过两条路径曲线和多条轮廓曲线来生成曲面。单击“双轨成形3+工具”命令后面的按钮，打开“双轨成形3+选项”对话框，如图6-34所示。

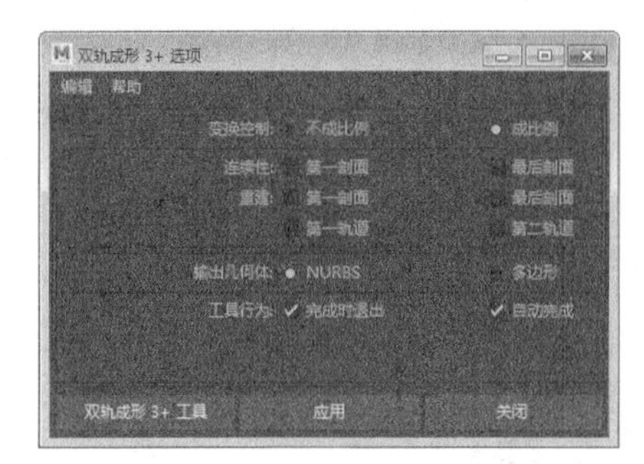


图6-34

## 【练习6-4】用双轨成形2工具创建曲面

| | |
|---|---|
| 场景文件 | Scenes>CH06>6.4.mb |
| 实例文件 | Examples>CH06>6.4.mb |
| 难易指数 | ★★☆☆☆ |
| 技术掌握 | 掌握双轨成形2工具命令的用法 |

本例使用“双轨成形2工具”命令生成曲面，效果如图6-35所示。

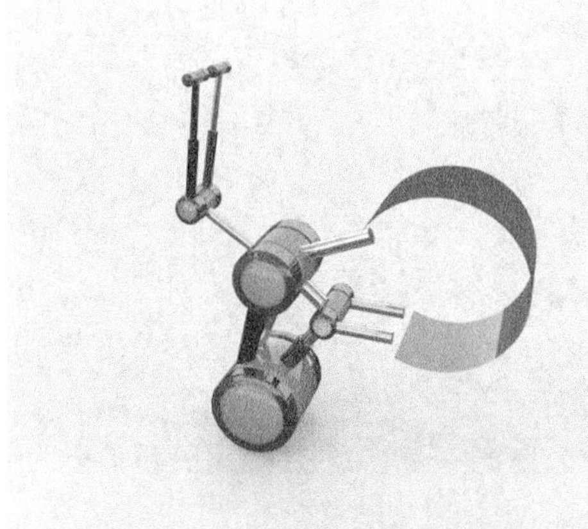

图6-35

**01** 打开学习资源中的“Scene>CH06>6.4.mb”文件，场景中有一些曲线和曲面，如图6-36所示。

**02** 按住C键捕捉曲线的端点，然后使用“EP曲线工具”命令在曲线的两端绘制两条直线，如图6-37所示。

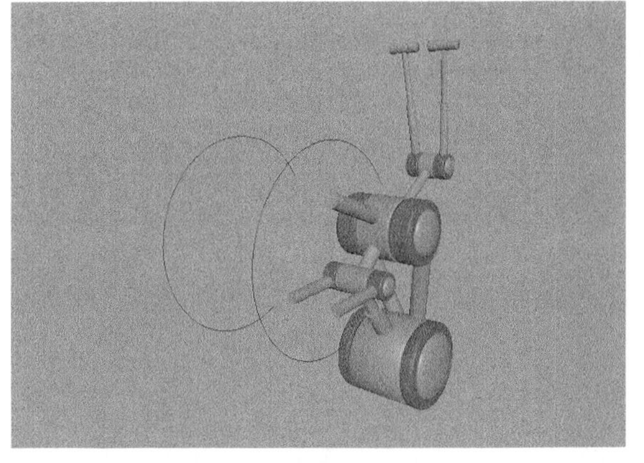

图6-36

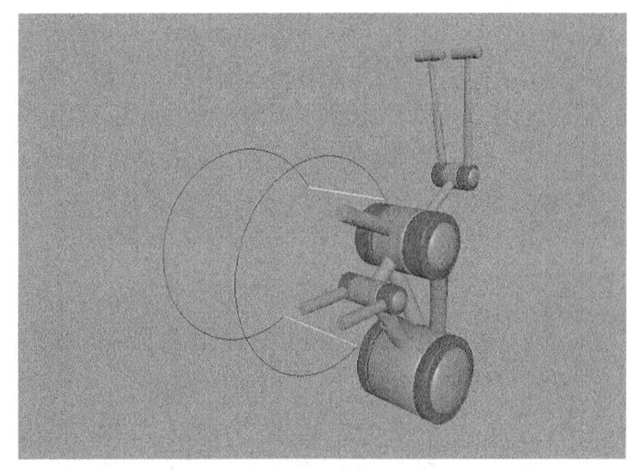

图6-37

**提示**

轮廓线和曲线必须相交，否则不能生成曲面。

**03** 选择两条弧线，然后按住Shift键加选连接弧线的两条直线，接着执行“曲面>双轨成形>双轨成形2工具”菜单命令，最终效果如图6-38所示。

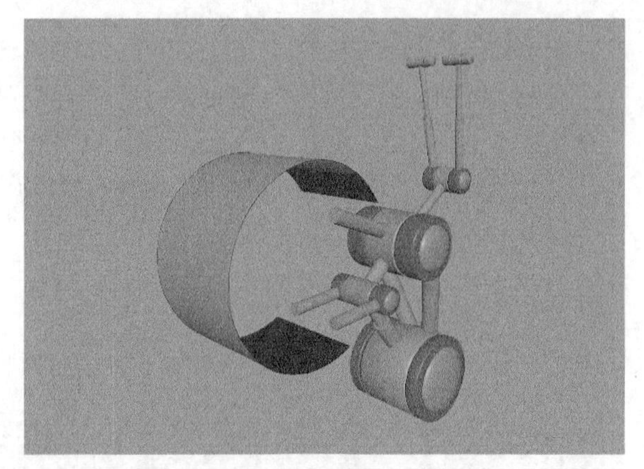

图6-38

**提示**

双轨成形工具里的其他命令使用方法一样，只要明确路径曲线和轮廓曲线，就能绘制想要的效果。

## 6.2.5 挤出

使用“挤出”命令可将一条任何类型的轮廓曲线沿着另一条曲线的大小生成曲面。单击“挤出”命令后面的按钮，打开“挤出选项”对话框，如图6-39所示。

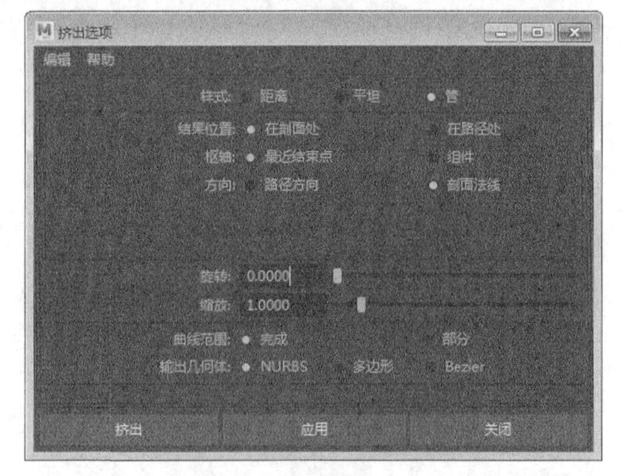


图6-39

### 常用参数介绍

❖ 样式：用来设置挤出的样式。

✧ 距离：将曲线沿指定距离进行挤出。

✧ 平坦：将轮廓线沿路径曲线进行挤出，但在挤出过程中始终平行于自身的轮廓线。

✧ 管：将轮廓线以与路径曲线相切的方式挤出曲面，这是默认的创建方式。图6-40所示是3种挤出方式生成的曲面效果。

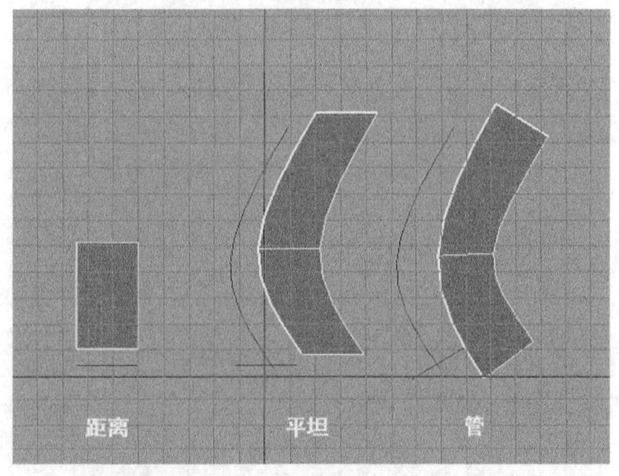


图6-40

❖ 结果位置：决定曲面挤出的位置。

✧ 在剖面处：挤出的曲面在轮廓线上。如果轴心点没有在轮廓线的几何中心，那么挤出的曲面将位于轴心点上。

✧ 在路径处：挤出的曲面在路径上。

❖ 枢轴：用来设置挤出时的枢轴点类型。

✧ 最近结束点：使用路径上最靠近轮廓曲线边界和中心的端点作为枢轴点。

✧ 组件：让各轮廓线使用自身的枢轴点。

❖ 方向：用来设置挤出曲面的方向。

✧ 路径方向：沿着路径的方向挤出曲面。

✧ 剖面法线：沿着轮廓线的法线方向挤出曲面。

❖ 旋转：设置挤出的曲面的旋转角度。

❖ 缩放：设置挤出的曲面的缩放量。

## 【练习6-5】用挤出制作喇叭

| 场景文件 | Scenes>CH06>6.5.mb |
| --- | --- |
| 实例文件 | Examples>CH06>6.5.mb |
| 难易指数 | ★★☆☆☆ |
| 技术掌握 | 掌握挤出命令的用法 |

本例使用“挤出”命令生成曲面，效果如图6-41所示。

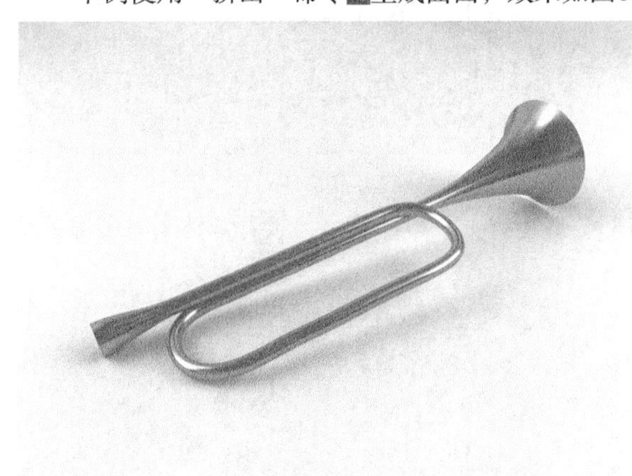
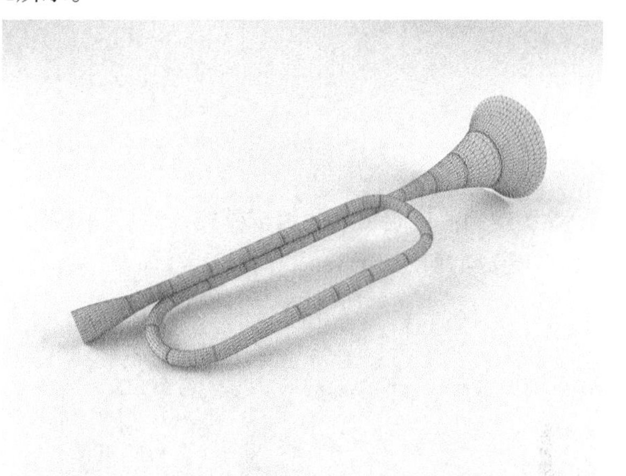

图6-41

**01** 打开学习资源中的“Scenes>CH06>6.5.mb”文件，场景中有一条曲线，如图6-42所示。

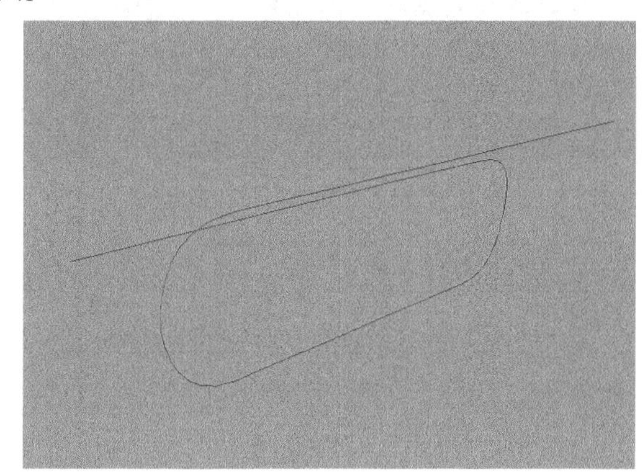

图6-42

**02** 使用“圆形”命令新建一条圆形曲线，然后调整曲线的方向和大小，如图6-43所示。使用“捕捉到曲线”工具将圆形曲线捕捉到另一条曲线的起点，如图6-44所示。

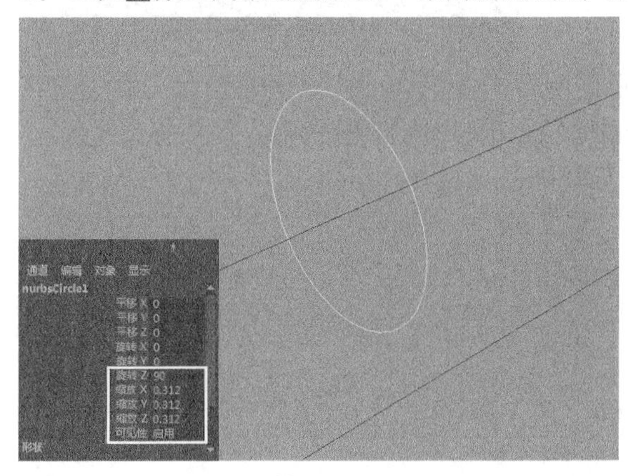


图6-43

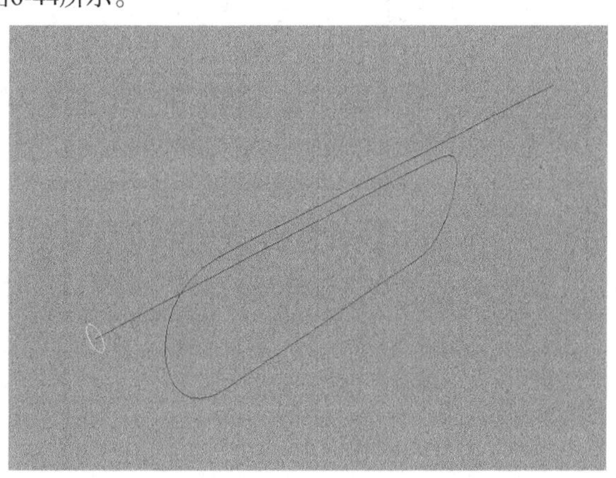

图6-44

**03** 选择圆形曲线，然后加选另一条曲线，接着执行“曲面>挤出”菜单命令，效果如图6-45所示。（模型呈黑色，说明法线方向有误）

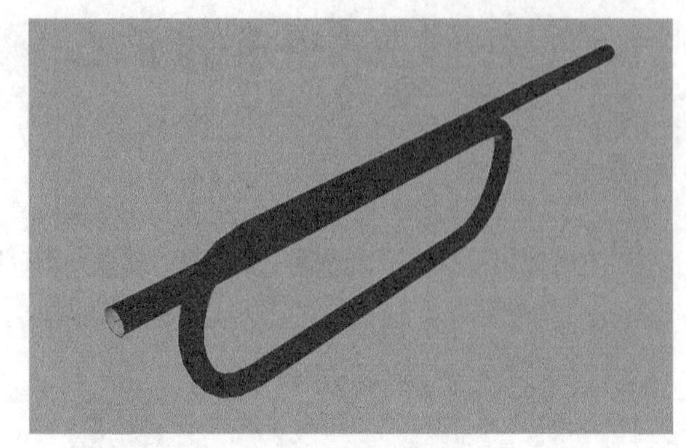

图6-45

**04** 切换到“控制顶点”编辑模式，然后调整喇叭前部的造型，如图6-46所示，接着调整喇叭尾部的造型，如图6-47所示。

图6-46

图6-47

## 6.2.6 边界

“边界”命令可以根据所选的边界曲线或等参线来生成曲面。单击“边界”命令后面的按钮，打开“边界选项”对话框，如图6-48所示。

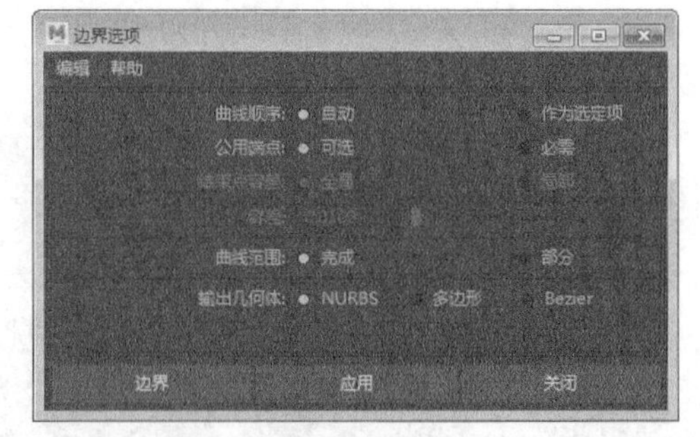


图6-48

### 常用参数介绍

- ❖ 曲线顺序：用来选择曲线的顺序。
  - ✧ 自动：使用系统默认的方式创建曲面。
  - ✧ 作为选定项：使用选择的顺序来创建曲面。
- ❖ 公用端点：判断生成曲面前曲线的端点是否匹配，从而决定是否生成曲面。
  - ✧ 可选：在曲线端点不匹配的时候也可以生成曲面。
  - ✧ 必需：在曲线端点必需匹配的情况下才能生成曲面。

## 【练习6-6】边界成面

| | |
|---|---|
| 场景文件 | Scenes>CH06>6.6.mb |
| 实例文件 | Examples>CH06>6.6.mb |
| 难易指数 | ★★☆☆☆ |
| 技术掌握 | 掌握边界命令的用法 |

本例使用“边界”命令将曲线生成曲面，效果如图6-49所示。

图6-49

**01** 打开学习资源中的“Scenes>CH06>6.6.mb”文件，场景中有一个动物模型，如图6-50所示。

图6-50

**02** 由上图可以看出，模型头上的鬃毛少了一块。选择鬃毛上的两条曲线，然后加选曲面上的等参线，如图6-51所示，接着执行“曲面>边界”菜单命令，效果如图6-52所示。

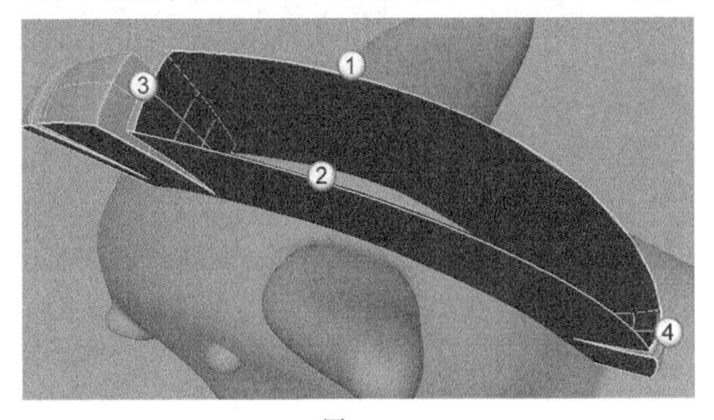


图6-51

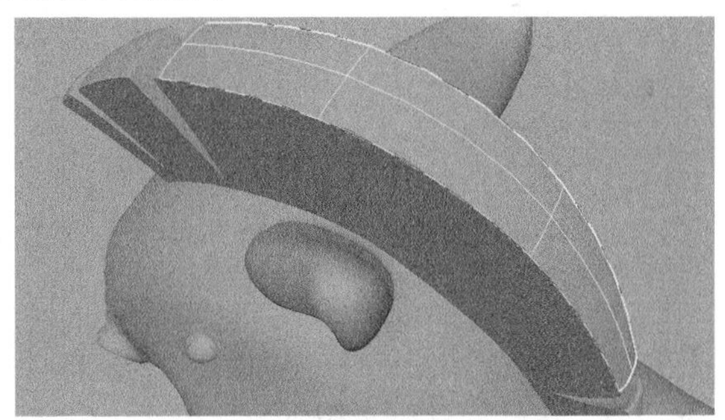

图6-52

## 6.2.7 方形

“方形”命令可以在3条或4条曲线间生成曲面，也可以在几个曲面相邻的边生成曲面，并且会保持曲面间的连续性。单击“方形”命令后面的按钮，打开“方形曲面选项”对话框，如图6-53所示。

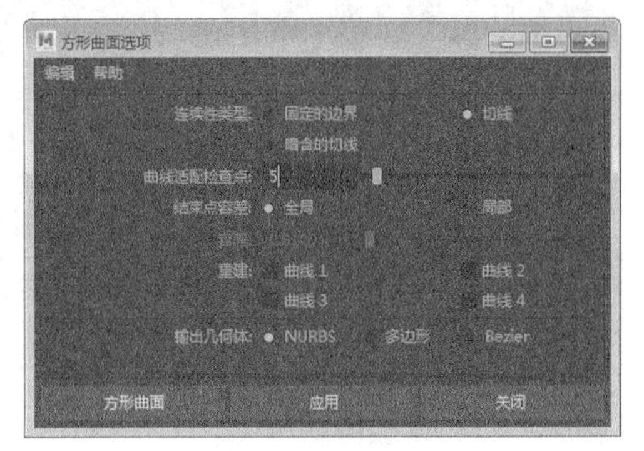


图6-53

### 常用参数介绍

❖ 连续性类型：用来设置曲面间的连续类型。

✧ 固定的边界：不对曲面间进行连续处理。

✧ 切线：使曲面间保持连续。

✧ 暗含的切线：根据曲线在平面的法线上创建曲面的切线。

## 【练习6-7】方形成面

| 场景文件 | Scenes>CH06>6.7.mb |
| --- | --- |
| 实例文件 | Examples>CH06>6.7.mb |
| 难易指数 | ★☆☆☆☆ |
| 技术掌握 | 掌握方形命令的用法 |

本例使用“方形”命令将曲线生成曲面，效果如图6-54所示。

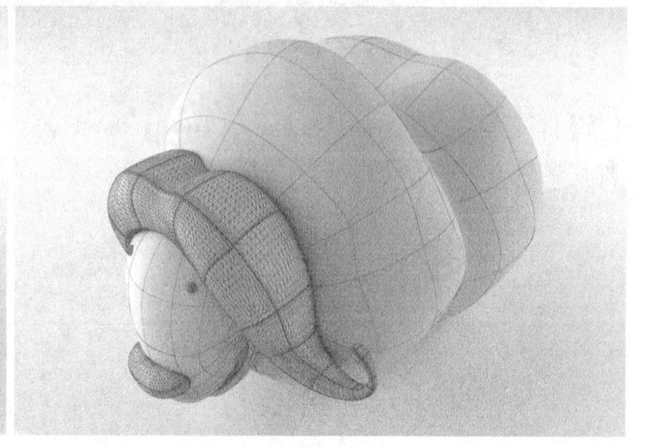

图6-54

**01** 打开学习资源中的“Scenes>CH06>6.7.mb”文件，场景中有一个动物模型，如图6-55所示。

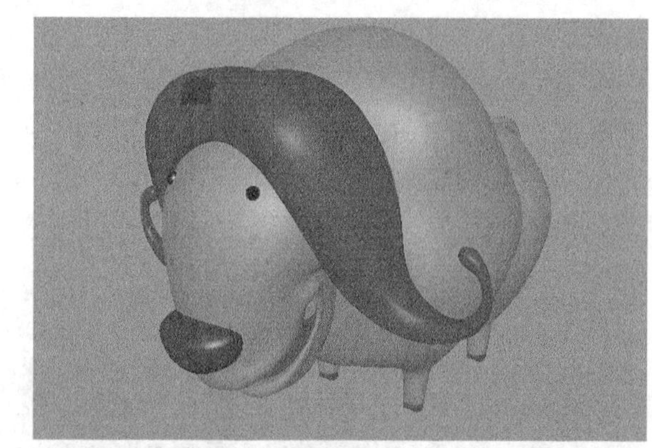

图6-55

**02** 由上图可以看出，动物的犄角上有一个缺口。选择缺口周围的等参线，如图6-56所示，然后执行“曲面>方形”菜单命令，效果如图6-57所示。

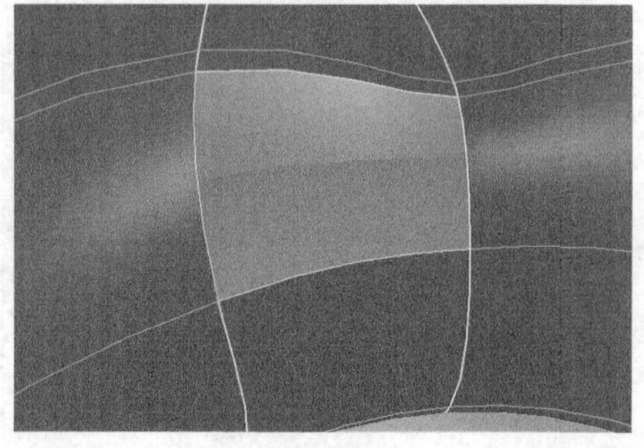

图6-56

图6-57

## 6.2.8 倒角

"倒角"命令可以用曲线来创建一个倒角曲面对象，倒角对象的类型可以通过相应的参数来进行设定。单击"倒角"命令后面的按钮，打开"倒角选项"对话框，如图6-58所示。

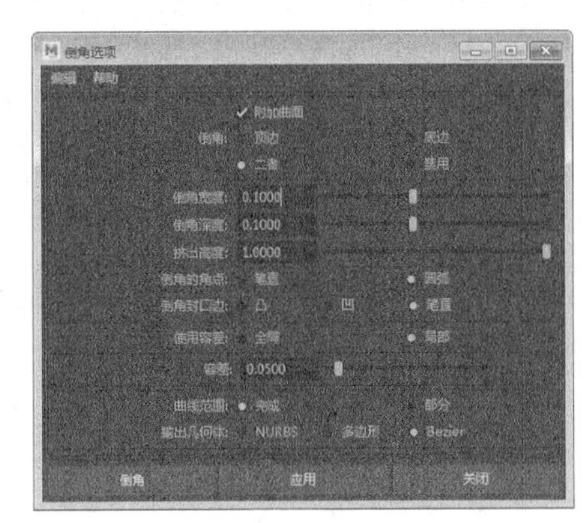

图6-58

### 常用参数介绍

❖ 倒角：用来设置在什么位置产生倒角曲面。

✧ 顶边：在挤出面的顶部产生倒角曲面。

✧ 底边：在挤出面的底部产生倒角曲面。

✧ 二者：在挤出面的两侧都产生倒角曲面。

✧ 禁用：只产生挤出面，不产生倒角。

❖ 倒角宽度：设置倒角的宽度。

❖ 倒角深度：设置倒角的深度。

❖ 挤出高度：设置挤出面的高度。

❖ 倒角的角点：用来设置倒角的类型，共有"笔直"和"圆弧"这两个选项。

❖ 倒角封口边：用来设置倒角封口的形状，共有"凸""凹""笔直"这3个选项。

## 【练习6-8】将曲线倒角成面

| | |
|---|---|
| 场景文件 | Scenes>CH06>6.8.mb |
| 实例文件 | Examples>CH06>6.8.mb |
| 难易指数 | ★☆☆☆☆ |
| 技术掌握 | 掌握倒角命令的用法 |

本例使用"倒角"命令制作的模型效果如图6-59所示。

图6-59

01 打开学习资源中的"Scenes>CH06>6.8.mb"文件，场景中有一条曲线，如图6-60所示。

02 选择曲线，然后执行"曲面>倒角"菜单命令，接着在"通道盒/层编辑器"面板中设置"宽度"为0.2、"深度"为0.2，效果如图6-61所示。

图6-60

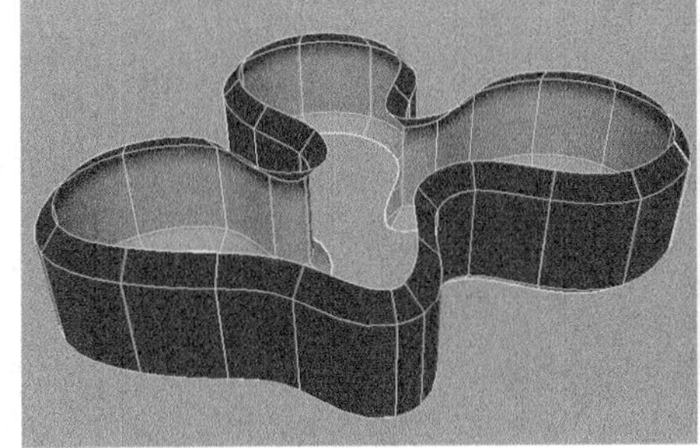

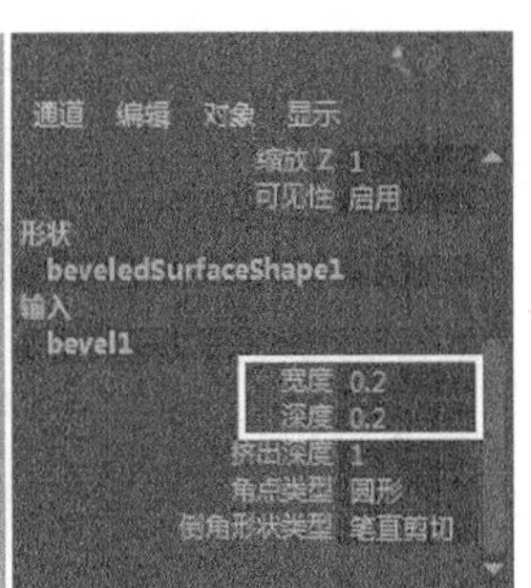


图6-61

**03** 选择曲面顶部内侧的参考线，如图6-62所示，然后执行“曲面>平面”菜单命令，效果如图6-63所示。接着使用相同的方法在底部生成曲面。

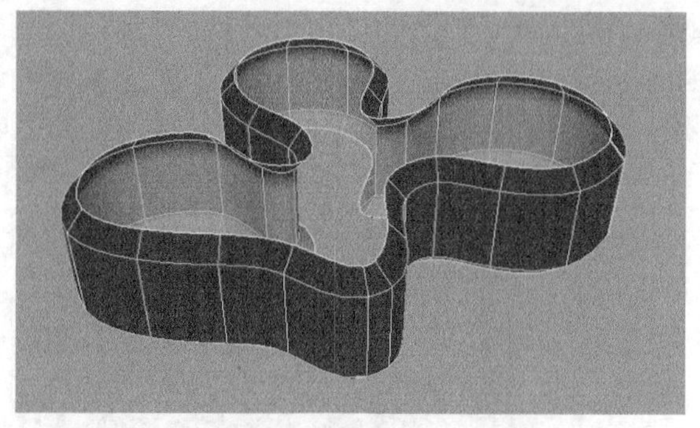
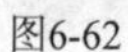
图6-62

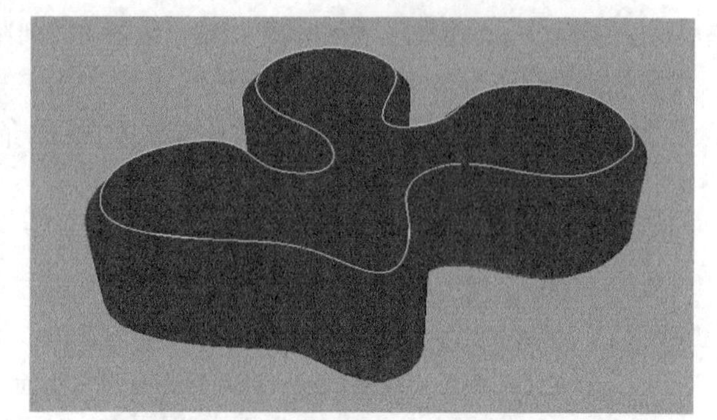
图6-63

## 6.2.9 倒角+

“倒角+”命令是“倒角”命令的升级版，该命令集合了非常多的倒角效果。单击“倒角+”命令后面的按钮，打开“倒角+选项”对话框，如图6-64所示。

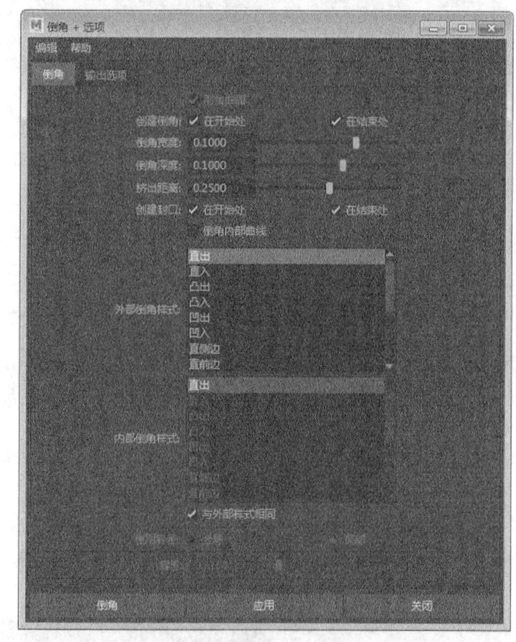

图6-64

## 【练习6-9】用倒角+创建倒角模型

| 场景文件 | Scenes>CH06>6.9.mb |
| --- | --- |
| 实例文件 | Examples>CH06>6.9.mb |
| 难易指数 | ★☆☆☆☆ |
| 技术掌握 | 掌握倒角+命令的用法 |

本例使用“倒角+”命令制作的倒角模型效果如图6-65所示。

图6-65

**01** 打开学习资源中的“Scenes>CH06>6.9.mb”文件，场景中有一条曲线，如图6-66所示。

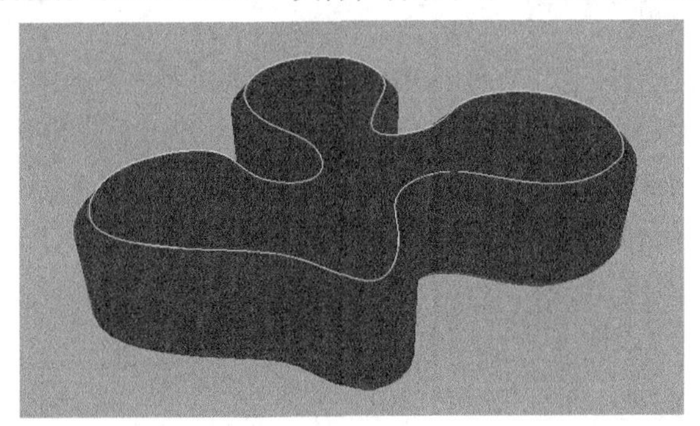

图6-66

**02** 选择曲线，然后打开“倒角+选项”对话框，接着设置“倒角宽度”为0.1、“倒角深度”为0.1、“挤出距离”为0.25、“外部倒角样式”为“直出”，最后单击“倒角”按钮，如图6-67所示，效果如图6-68所示。

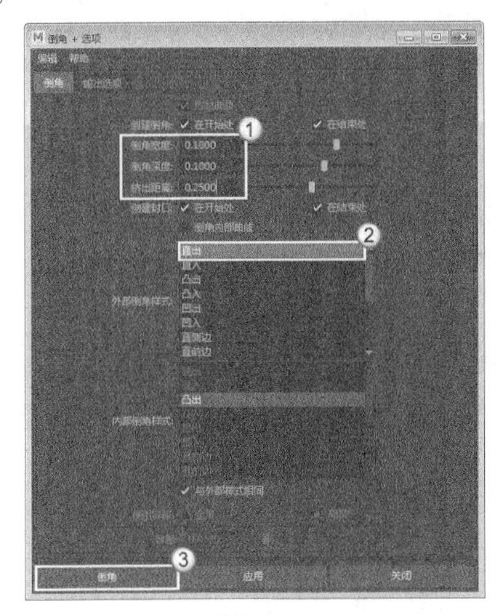

图6-67

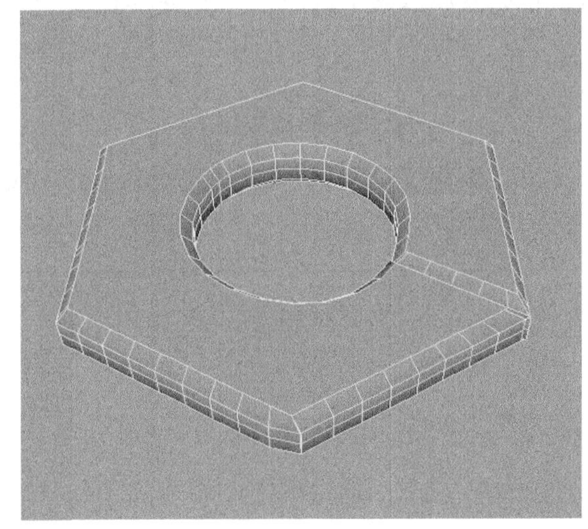

图6-68

## 提示

对曲线进行倒角后，可以在右侧的“通道盒/层编辑器”面板中修改倒角的类型，如图6-69所示。用户可以选择不同的倒角类型来生成想要的曲面，图6-70所示的是“直入”倒角效果。

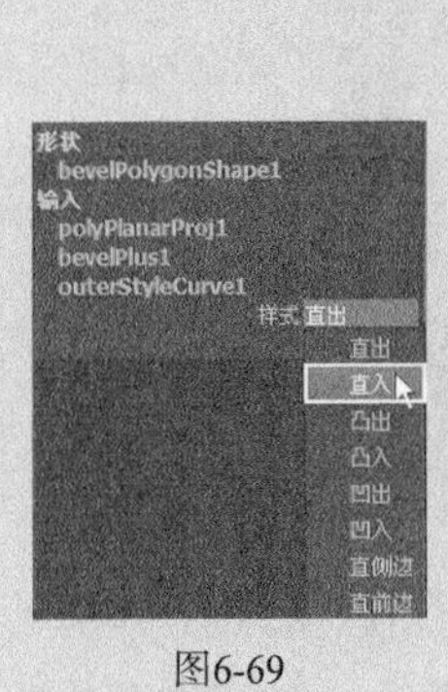


图6-69

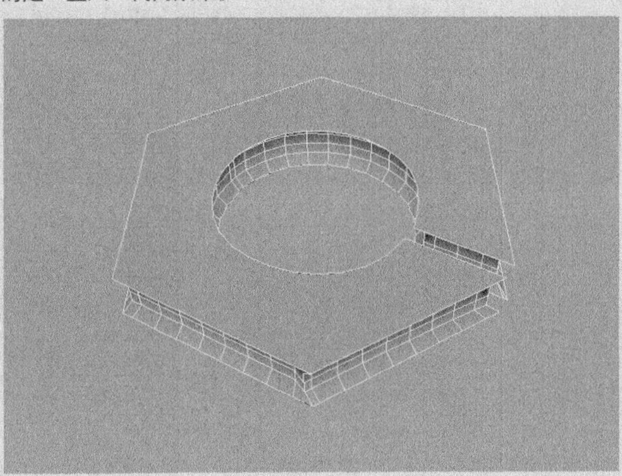

图6-70

## 6.2.10 复制NURBS面片

使用“复制NURBS面片”命令可以将NURBS物体上的曲面面片复制出来，并且会形成一个独立的物体。单击“复制NURBS面片”命令后面的按钮，打开“复制NURBS面片选项”对话框，如图6-71所示。

图6-71

### 常用参数介绍

❖ 与原始对象分组：选择该选项时，复制出来的面片将作为原始物体的子物体。

## 【练习6-10】复制NURBS面片

| 场景文件 | Scenes>CH06>6.10mb |
| --- | --- |
| 实例文件 | Examples>CH06>6.10.mb |
| 难易指数 | ★☆☆☆☆ |
| 技术掌握 | 掌握复制NURBS面片命令的用法 |

本例使用“复制NURBS面片”命令复制的曲面面片效果如图6-72所示。

图6-72

**01** 打开学习资源中的“Scenes>CH06>6.10.mb”文件，场景中有一个人物脸部模型，如图6-73所示。

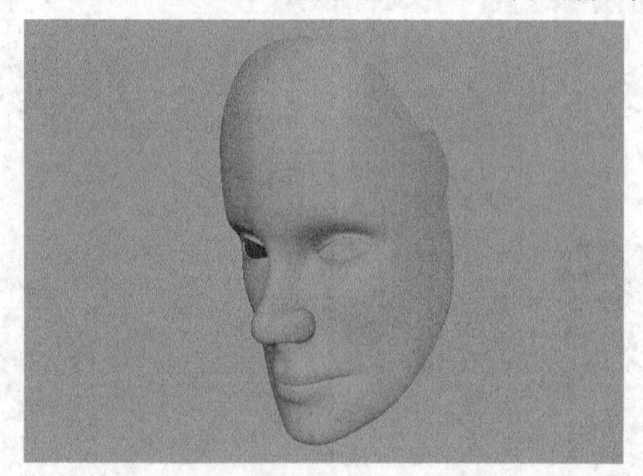
图6-73

**02** 切换到“曲面面片”编辑模式，然后选择图6-74所示的面片，接着打开“复制NURBS面片选项”对话框，选择“与原始对象分组”选项，最后单击“复制”按钮，如图6-75所示，效果如图6-76所示。

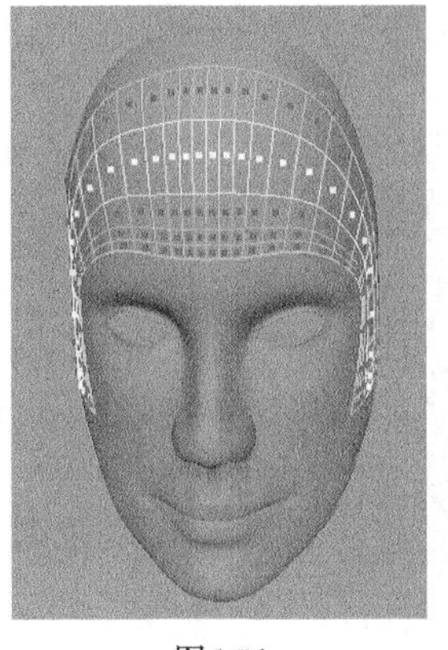

图6-74

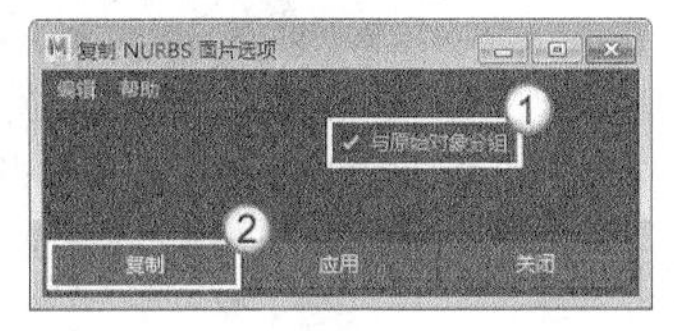


图6-75

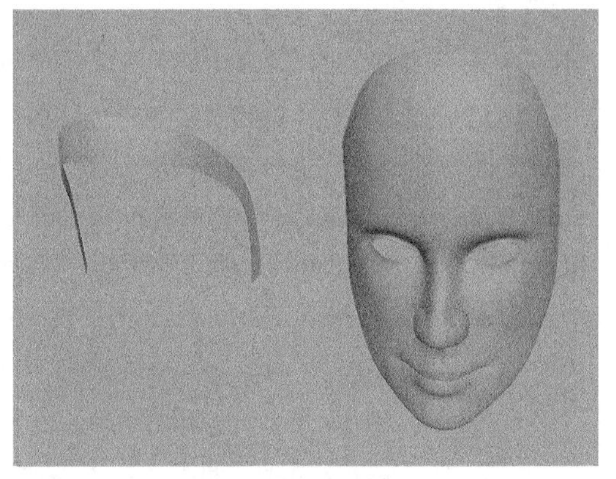

图6-76

## 6.2.11 对齐

选择两个曲面后，执行“对齐”命令可以将两个曲面进行对齐操作，也可以通过选择曲面边界的等参线来对曲面进行对齐。单击“对齐”命令后面的按钮，打开“对齐曲面选项”对话框，如图6-77所示。

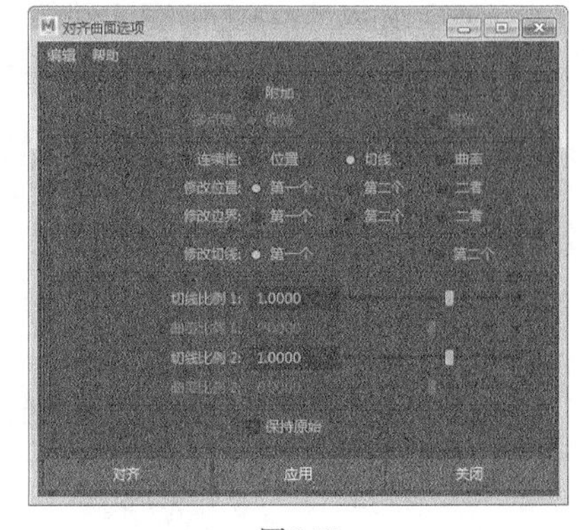


图6-77

### 常用参数介绍

❖ 附加：将对齐后的两个曲面合并为一个曲面。

❖ 多点结：用来选择是否保留合并处的结构点。“保持”为保留结构点；“移除”为移除结构点，当移除结构点时，合并处会以平滑的方式进行连接。

❖ 连续性：决定对齐后的连接处的连续性。
  - ✧ 位置：让两个曲面直接对齐，而不保持对接处的连续性。
  - ✧ 切线：将两个曲面对齐后，保持对接处的切线方向一致。
  - ✧ 曲率：将两个曲面对齐后，保持对接处的曲率一致。

❖ 修改位置：用来决定移动哪个曲面来完成对齐操作。
  - ✧ 第一个：使用第1个选择的曲面来完成对齐操作。
  - ✧ 第二个：使用第2个选择的曲面来完成对齐操作。
  - ✧ 二者：将两个曲面同时向均匀的位置上移动来完成对齐操作。

❖ 修改边界：以改变曲面外形的方式来完成对齐操作。
  - ✧ 第一个：改变第1个选择的曲面来完成对齐操作。
  - ✧ 第二个：改变第2个选择的曲面来完成对齐操作。
  - ✧ 二者：将两个曲面同时向均匀的位置上改变并进行变形来完成对齐操作。

❖ 修改切线：设置对齐后的哪个曲面发生切线变化。
  - ✧ 第一个：改变第1个选择曲面的切线方向。
  - ✧ 第二个：改变第2个选择曲面的切线方向。

❖ 切线比例1：用来缩放第1次选择曲面的切线方向的变化大小。

❖ 切线比例2：用来缩放第2次选择曲面的切线方向的变化大小。

❖ 曲率比例1：用来缩放第1次选择曲面的曲率大小。

❖ 曲率比例2：用来缩放第2次选择曲面的曲率大小。

❖ 保持原始：选择该选项后，会保留原始的两个曲面。

## 6.2.12 附加

使用“附加”命令可以将两个曲面附加在一起形成一个曲面，也可以选择曲面上的等参线，然后在两个曲面上指定的位置进行合并。单击“附加”命令后面的按钮，打开“附加曲面选项”对话框，如图6-78所示。

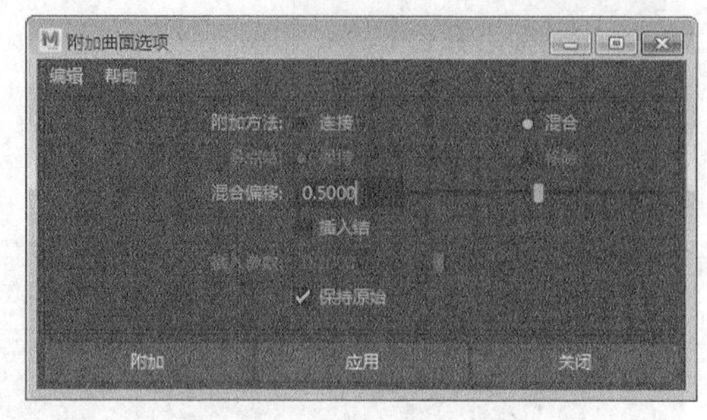


图6-78

### 常用参数介绍

❖ 附加方法：用来选择曲面的附加方式。
  ✧ 连接：不改变原始曲面的形态进行合并。
  ✧ 混合：让两个曲面以平滑的方式进行合并。

❖ 多点结：使用“连接”方式进行合并时，该选项可以用来决定曲面结合处的复合结构点是否保留下来。

❖ 混合偏移：设置曲面的偏移倾向。

❖ 插入结：在曲面的合并部分插入两条等参线，使合并后的曲面更加平滑。

❖ 插入参数：用来控制等参线的插入位置。

## 【练习6-11】用附加合并曲面

| | |
|---|---|
| 场景文件 | Scenes>CH06>6.11.mb |
| 实例文件 | Examples>CH06>6.11.mb |
| 难易指数 | ★★☆☆☆ |
| 技术掌握 | 掌握附加曲面命令的用法 |

本例主要是针对“附加”命令的用法进行练习，效果如图6-79所示。

图6-79

01 打开学习资源中的“Scenes>CH06>6.11.mb”文件，场景中有一个动物模型，如图6-80所示。

图6-80

02 其中一段鬃毛是由两部分组成的，如图6-81所示。选择两段鬃毛模型，然后执行“曲面>附加”菜单命令，效果如图6-82所示。

图6-81

图6-82

## 6.2.13 附加而不移动

“附加而不移动”命令是通过选择两个曲面上的曲线，在两个曲面间产生一个混合曲面，并且不对原始物体进行移动变形操作。

## 6.2.14 分离

“分离”命令是通过选择曲面上的等参线将曲面从选择位置分离出来，以形成两个独立的曲面。单击“分离”命令后面的按钮，打开“分离曲面选项”对话框，如图6-83所示。

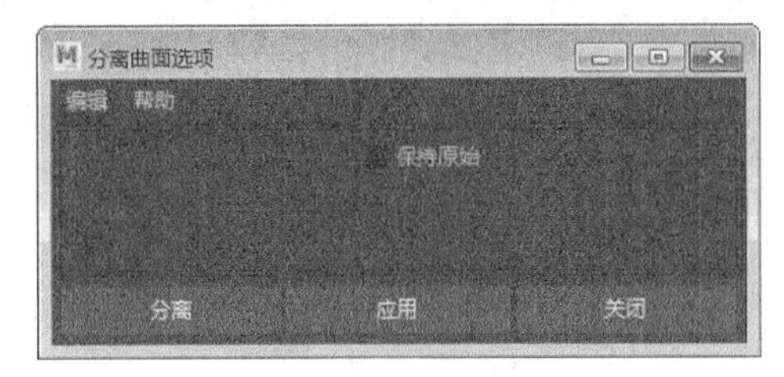

图6-83

## 【练习6-12】将曲面分离出来

| | |
|---|---|
| 场景文件 | Scenes>CH06>6.12.mb |
| 实例文件 | Examples>CH06>6.12.mb |
| 难易指数 | ★★☆☆☆ |
| 技术掌握 | 掌握分离命令的用法 |

本例主要是针对“分离”命令进行练习，效果如图6-84所示。

图6-84

**01** 打开学习资源中的“Scenes>CH06>6.12.mb”文件，场景中有一个动物模型，如图6-85所示。

图6-85

**02** 选择图6-86所示的等参线，然后执行“曲面>分离”菜单命令，效果如图6-87所示。

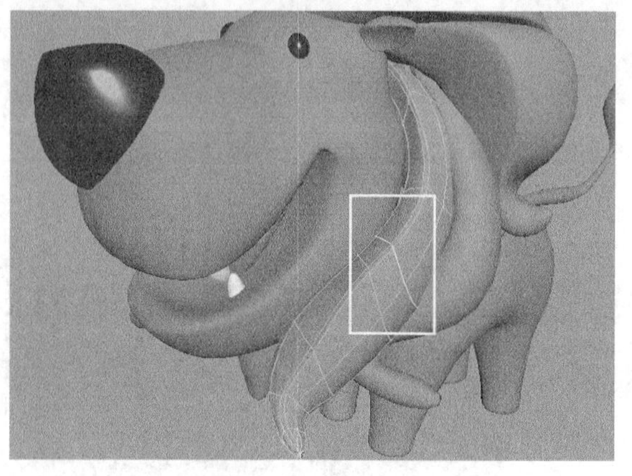

图6-86

图6-87

## 6.2.15 移动接缝

使用“移动接缝”命令可以将曲面的接缝位置进行移动操作，在放样生成曲面时经常会用到该命令。

## 6.2.16 开放/闭合

使用“开放/闭合”命令可以将曲面在U或V向进行打开或封闭操作，开放的曲面执行该命令后会封闭起来，而封闭的曲面执行该命令后会变成开放的曲面。单击“开放/闭合”命令后面的按钮，打开“开放/闭合曲面选项”对话框，如图6-88所示。

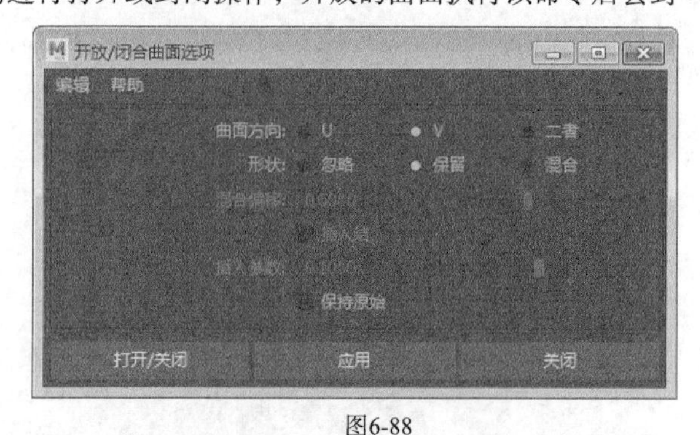


图6-88

### 常用参数介绍

❖ 曲面方向：用来设置曲面打开或封闭的方向，有U、V和“二者”这3个方向可以选择。

❖ 形状：用来设置执行“开放/闭合曲面”命令后曲面的形状变化。

- ✧ 忽略：不考虑曲面形状的变化，直接在起始点处打开或封闭曲面。
- ✧ 保留：尽量保护开口处两侧曲面的形态不发生变化。
- ✧ 混合：尽量使封闭处的曲面保持光滑的连接效果，同时会产生大幅度的变形。

## 【练习6-13】将开放的曲面闭合起来

| | |
|---|---|
| 场景文件 | Scenes>CH06>6.13.mb |
| 实例文件 | Examples>CH06>6.13.mb |
| 难易指数 | ★★☆☆☆ |
| 技术掌握 | 掌握开放/闭合曲面命令的用法 |

本例使用“开放/闭合曲面”命令将开放的曲面封闭起来，效果如图6-89所示。

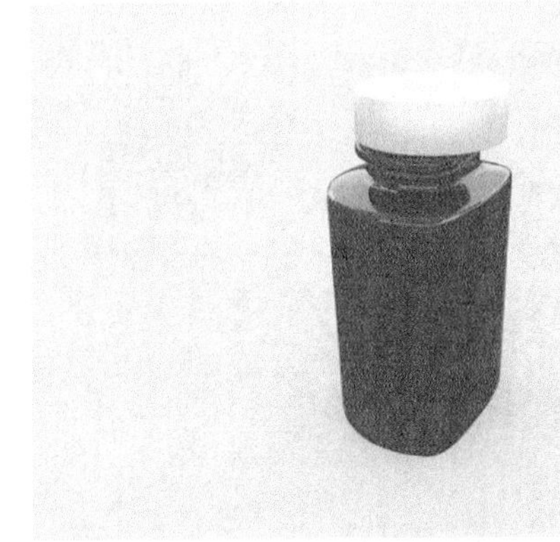

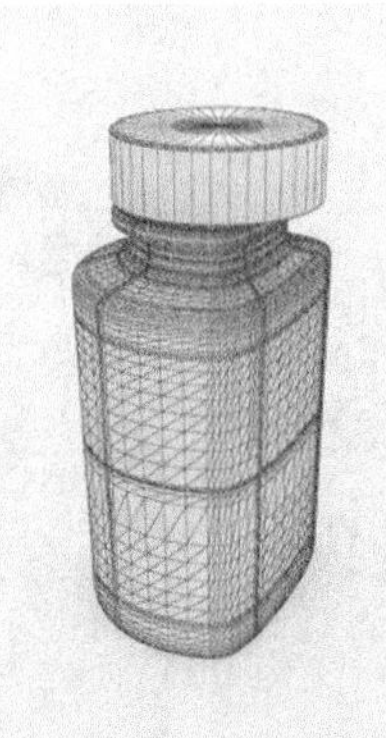

图6-89

**01** 打开学习资源中的“Scenes>CH06>6.13.mb”文件，场景中有一个曲面模型，如图6-90所示。

**02** 由图6-90中可以看出，瓶身缺少了一部分。选择瓶身曲面，然后打开“开放/闭合曲面选项”对话框，接着设置“曲面方向”为“二者”，最后单击“打开/关闭”按钮，如图6-91所示。此时，可以观察到原来断开的曲面已经封闭在一起了，效果如图6-92所示。

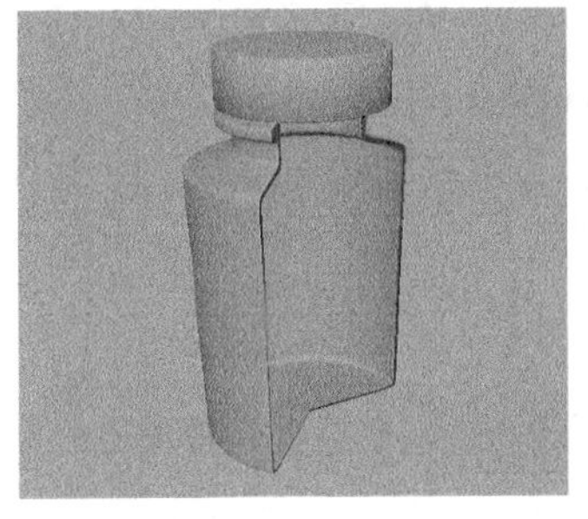

图6-90

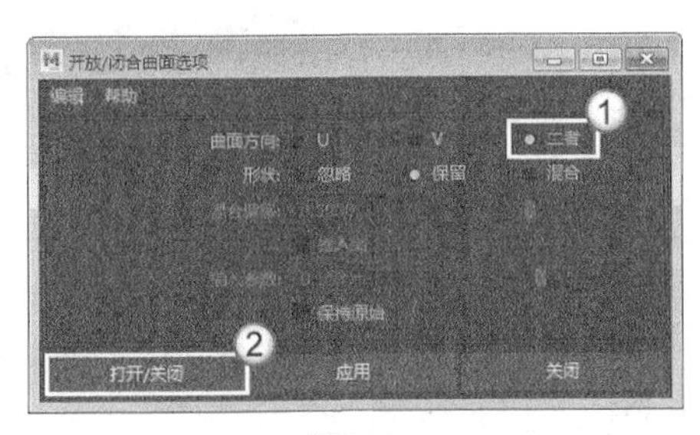


图6-91

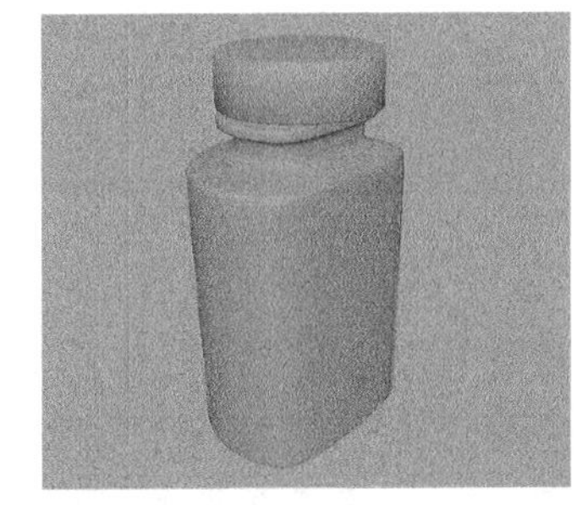

图6-92

### 6.2.17 相交

使用“相交”命令可以在曲面的交界处产生一条相交曲线，以用于后面的剪切操作。单击“相交”命令后面的按钮，打开“曲面相交选项”对话框，如图6-93所示。

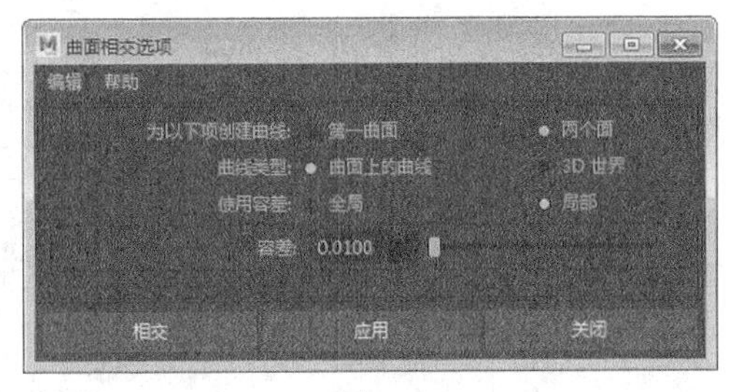


图6-93

#### 常用参数介绍

- ❖ 为以下项创建曲线：用来决定生成曲线的位置。
  - ✧ 第一曲面：在第一个选择的曲面上生成相交曲线。

    - ✧ 两个面：在两个曲面上生成相交曲线。
- ❖ 曲线类型：用来决定生成曲线的类型。
    - ✧ 曲面上的曲线：生成的曲线为曲面曲线。
    - ✧ 3D世界：选择该选项后，生成的曲线是独立的曲线。

## 【练习6-14】用曲面相交在曲面的相交处生成曲线

| | |
|---|---|
| 场景文件 | Scenes>CH06>6.14.mb |
| 实例文件 | Examples>CH06>6.14.mb |
| 难易指数 | ★☆☆☆☆ |
| 技术掌握 | 掌握曲面相交命令的用法 |

本例使用“相交”命令在曲面之间生成曲线，效果如图6-94所示。

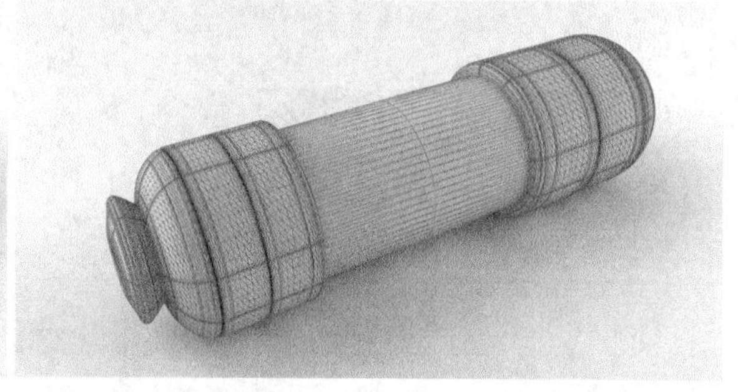

图6-94

**01** 打开学习资源中的“Scenes>CH06>6.14.mb”文件，场景中有一个曲面模型，如图6-95所示。

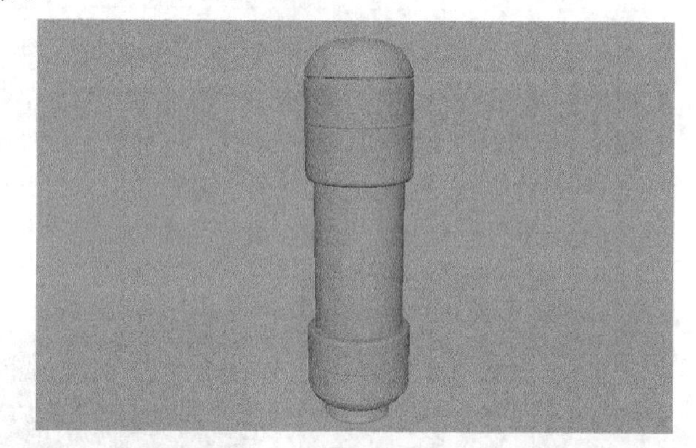

图6-95

**02** 新建一个曲面圆柱体，然后调整圆柱体的位置和方向，如图6-96所示。

**03** 选择两个相交的曲面圆柱体，然后执行“曲面>相交”菜单命令，此时可以发现在两个模型的相交处产生了一条相交曲线，如图6-97所示。

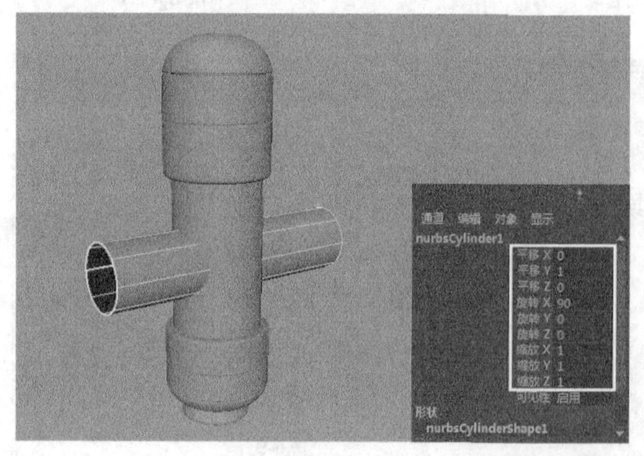


图6-96

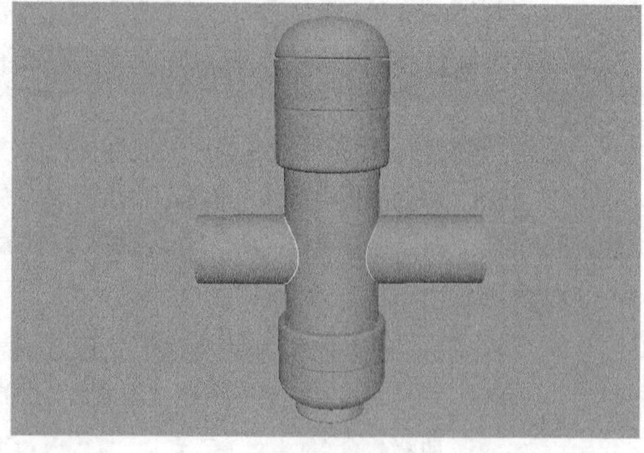

图6-97

## 6.2.18 在曲面上投影曲线

使用“在曲面上投影曲线”命令可以将曲线按照某种投射方法投影到曲面上，以形成曲面曲线。打开“在曲面上投影曲线选项”对话框，如图6-98所示。

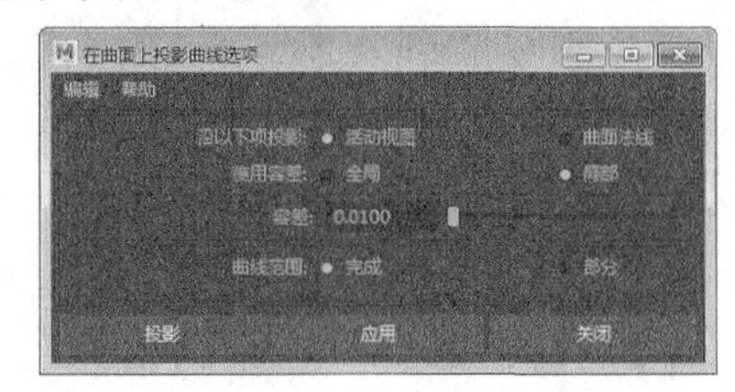


图6-98

### 常用参数介绍

❖ 沿以下项投影：用来选择投影的方式。

  ✧ 活动视图：用垂直于当前激活视图的方向作为投影方向。

  ✧ 曲面法线：用垂直于曲面的方向作为投影方向。

## 【练习6-15】将曲线投影到曲面上

| 场景文件 | Scenes>CH06>6.15.mb |
| --- | --- |
| 实例文件 | Examples>CH06>6.15.mb |
| 难易指数 | ★☆☆☆☆ |
| 技术掌握 | 掌握在曲面上投影曲线命令的用法 |

本例使用“在曲面上投影曲线”命令将曲线投影到曲面上，效果如图6-99所示。

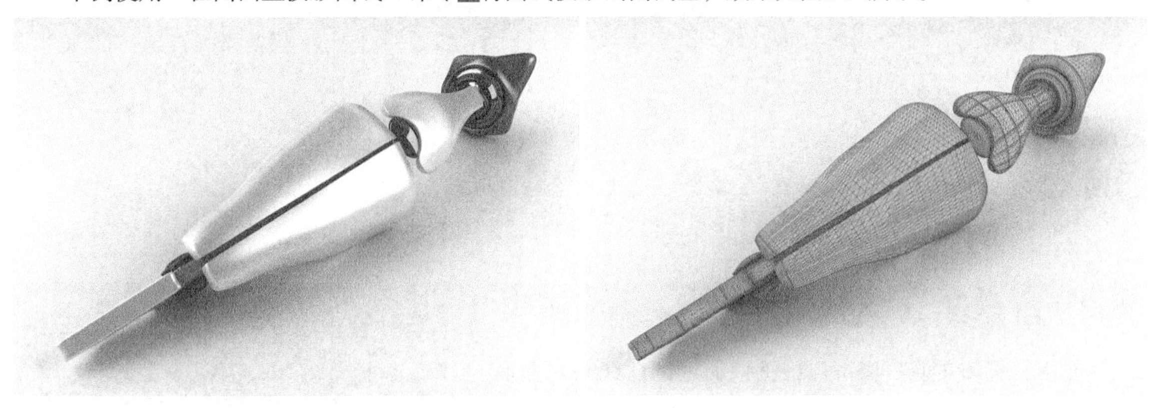

图6-99

**01** 打开学习资源中的“Scenes>CH06>6.15.mb”文件，场景中有一些曲面和曲线，如图6-100所示。

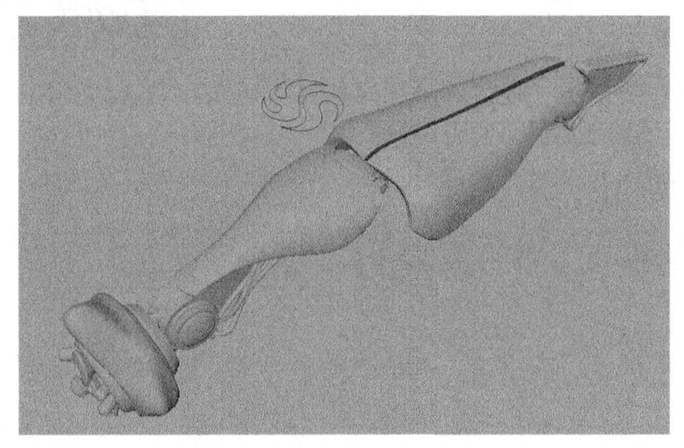

图6-100

**02** 切换到top（上）视图，然后选择图6-101所示的曲线和曲面，接着执行“曲线>在曲面上投影曲线”菜单命令，效果如图6-102所示。

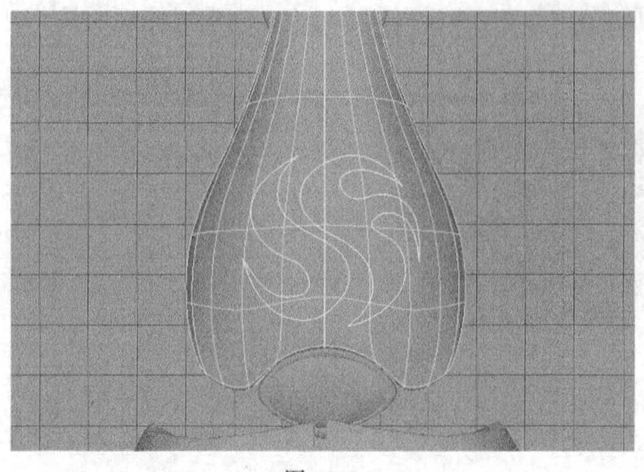

图6-101

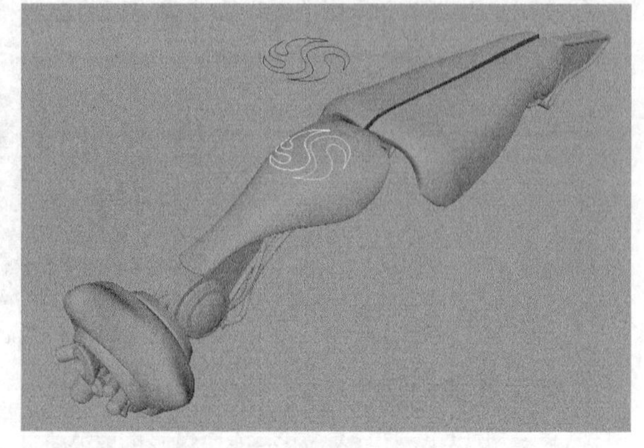

图6-102

**提示**

“在曲面上投影曲线”命令会根据当前摄影机的角度进行投影，因此建议切换到合适的视图中操作。如果在persp（透）视图中投影，可能会因为视觉误差造成错误的结果，如图6-103所示。

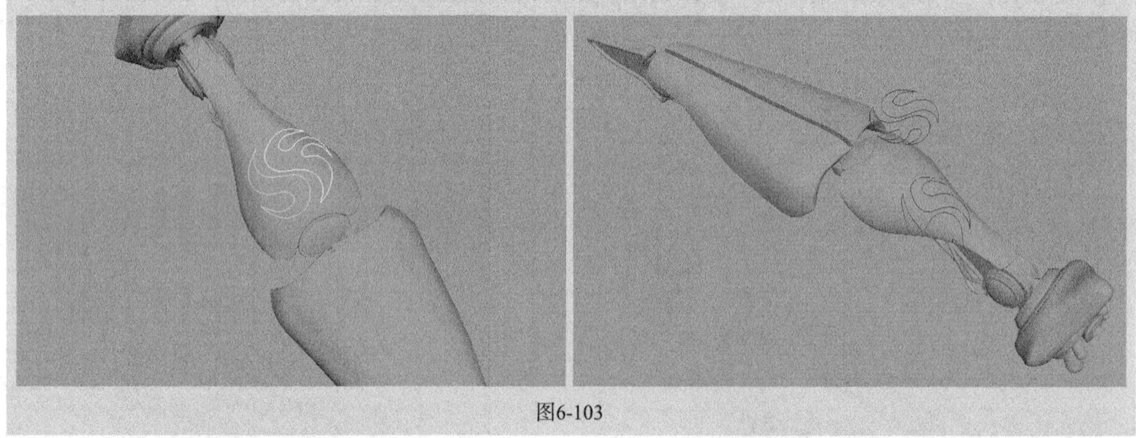

图6-103

## 6.2.19 修剪工具

使用“修剪工具”可以根据曲面上的曲线来对曲面进行修剪。单击“修剪”命令后面的按钮，打开“工具设置”对话框，如图6-104所示。

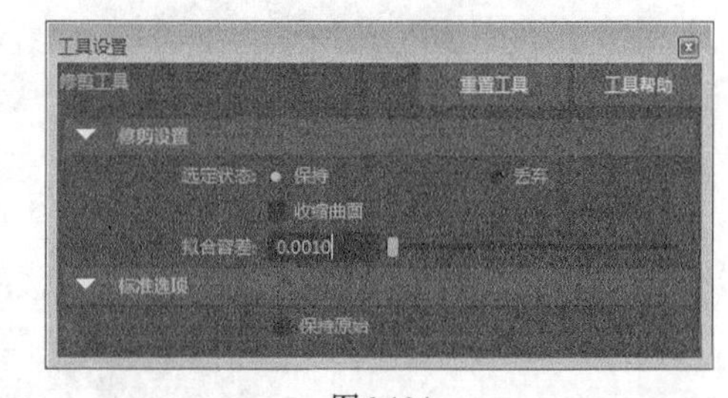


图6-104

### 常用参数介绍

- ❖ 选定状态：用来决定选择的部分是保留还是丢弃。
- ❖ 保持：保留选择部分，去除未选择部分。
- ❖ 丢弃：保留去掉部分，去掉选择部分。

## 【练习6-16】根据曲面曲线修剪曲面

| 场景文件 | Scenes>CH06>6.16.mb |
| --- | --- |
| 实例文件 | Examples>CH06>6.16.mb |
| 难易指数 | ★★☆☆☆ |
| 技术掌握 | 掌握修剪工具的用法 |

本例使用“修剪工具”在曲面上修剪特定的形状，效果如图6-105所示。

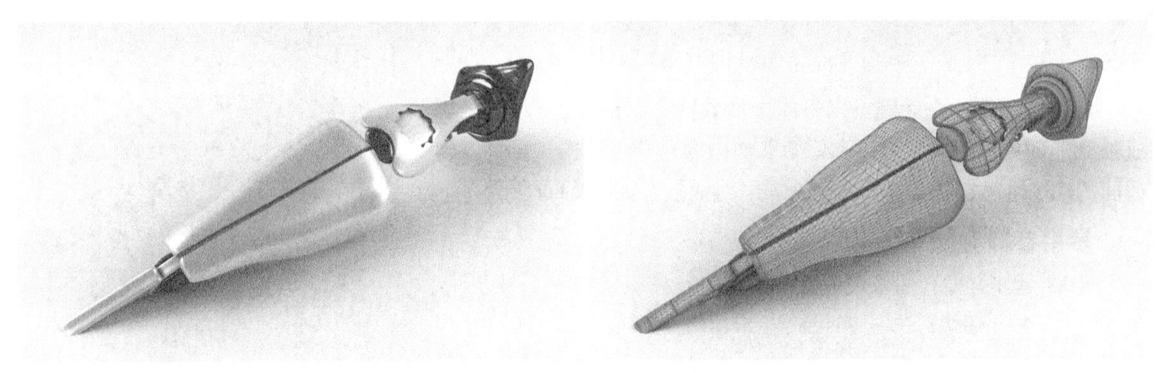

图6-105

**01** 打开学习资源中的“Scenes>CH06>6.16.mb”文件，场景中有一个曲面模型，并且曲面上有一段投影的曲线，如图6-106所示。

**02** 选择曲线所在的曲面，然后执行“曲面>修剪工具”菜单命令，此时曲面会变为白色线框，如图6-107所示，接着单击曲线外围的任一地方，如图6-108所示，最后按Enter键完成操作，效果如图6-109所示。

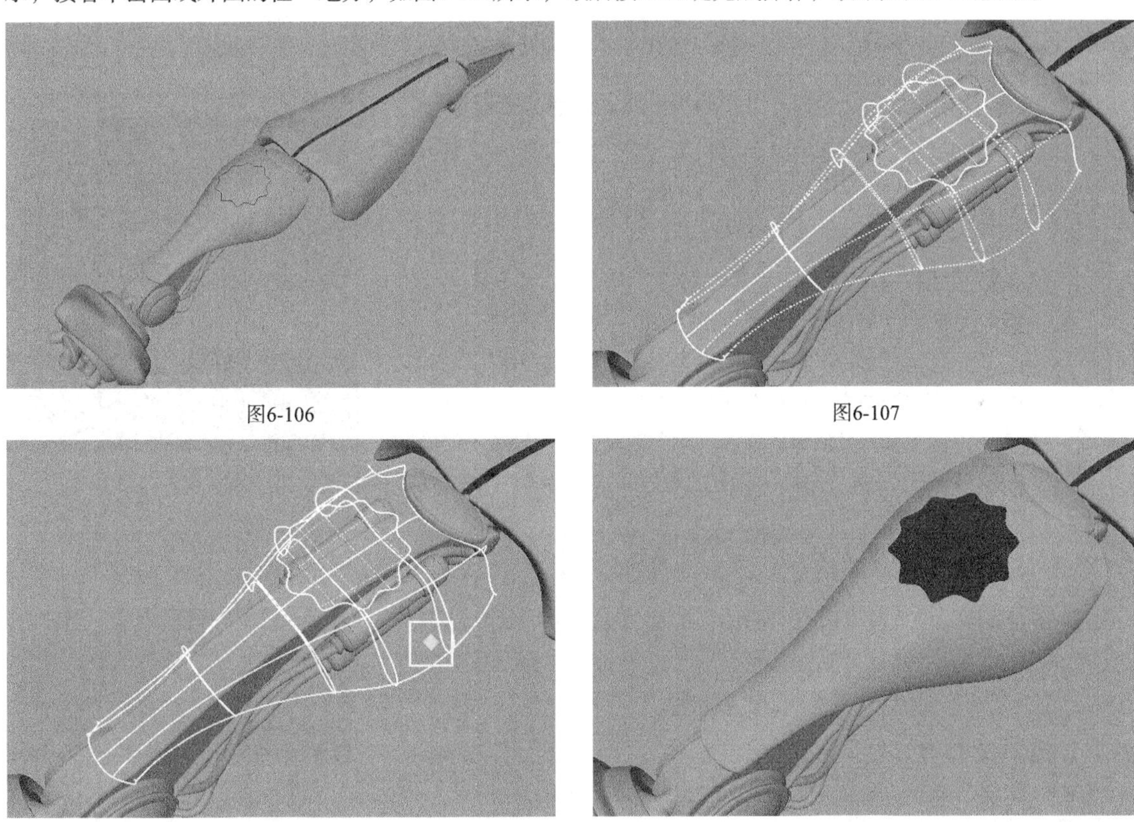

图6-106　图6-107

图6-108　图6-109

## 6.2.20 取消修剪曲面

使用“取消修剪”命令可以取消对曲面的修剪操作。单击“取消修剪”命令后面的按钮，打开“取消修剪选项”对话框，如图6-110所示。

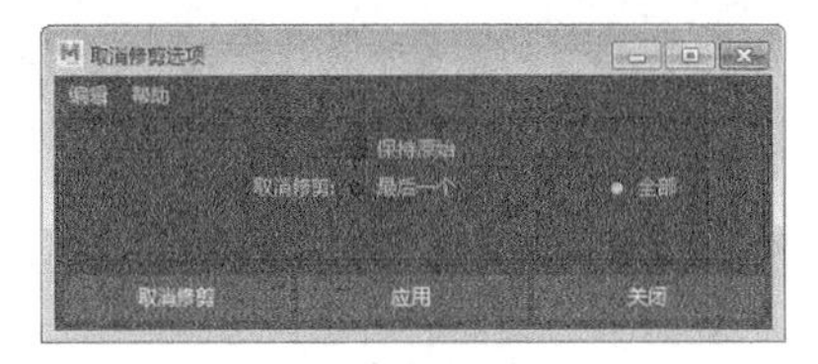


图6-110

## 6.2.21 延伸

使用“延伸”命令可以将曲面沿着U或V方向进行延伸，以形成独立的部分，同时也可以和原始曲面融为一体。单击“延伸”命令后面的按钮，打开“延伸曲面选项”对话框，如图6-111所示。

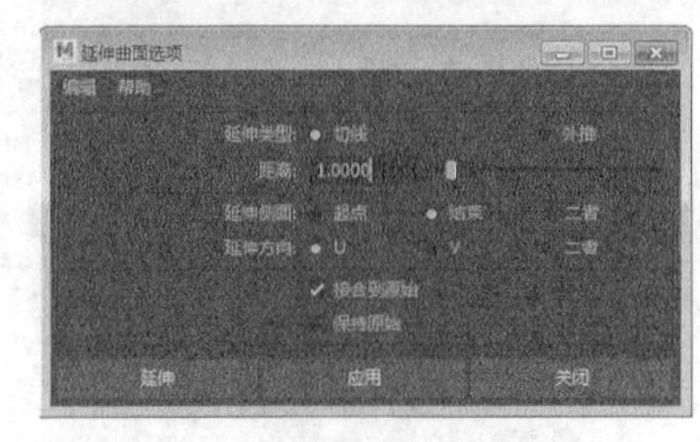


图6-111

**常用参数介绍**

- ❖ 延伸类型：用来设置延伸曲面的方式。
  - ✧ 切线：在延伸的部分生成新的等参线。
  - ✧ 外推：直接将曲面进行拉伸操作，而不添加等参线。
- ❖ 距离：用来设置延伸的距离。
- ❖ 延伸侧面：用来设置侧面的哪条边被延伸。“起点”为挤出起始边；“结束”为挤出结束边；“二者”为同时挤出两条边。
- ❖ 延伸方向：用来设置在哪个方向上进行挤出，有U、V和“二者”这3个方向可以选择。

## 6.2.22 插入等参线

使用“插入等参线”命令可以在曲面的指定位置插入等参线，而不改变曲面的形状，当然也可以在选择的等参线之间添加一定数目的等参线。单击“插入等参线”命令后面的按钮，打开“插入等参线选项”对话框，如图6-112所示。

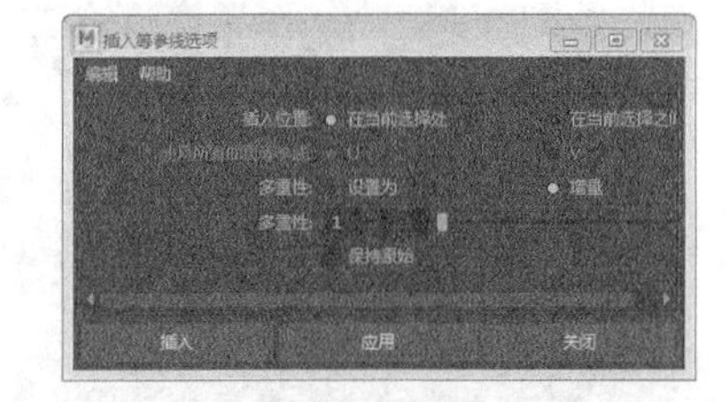


图6-112

**常用参数介绍**

- ❖ 插入位置：用来选择插入等参线的位置。
  - ✧ 在当前选择处：在选择的位置插入等参线。
  - ✧ 在当前选择之间：在选择的两条等参线之间插入一定数目的等参线。开启该选项，下面会出现一个“要插入的等参线数”选项，该选项主要用来设置插入等参线的数目，如图6-113所示。

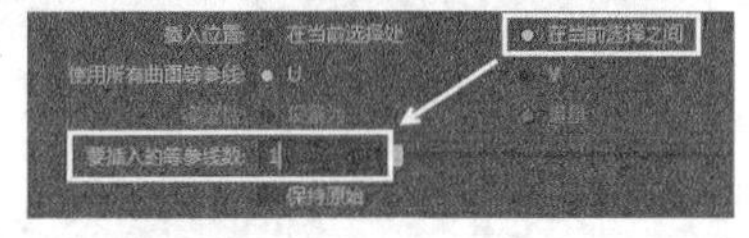


图6-113

## 6.2.23 偏移

使用“偏移”命令可以在原始曲面的法线方向上平行复制出一个新的曲面，并且可以设置其偏移距离。单击“偏移”命令后面的按钮，打开“偏移曲面选项”对话框，如图6-114所示。

图6-114

**常用参数介绍**

- ❖ 方法：用来设置曲面的偏移方式。
  - ✧ 曲面拟合：在保持曲面曲率的情况下复制一个偏移曲面。
  - ✧ CV拟合：在保持曲面CV控制点位置偏移的情况下复制一个偏移曲面。
- ❖ 偏移距离：用来设置曲面的偏移距离。

## 【练习6-17】偏移复制曲面

| | |
|---|---|
| 场景文件 | Scenes>CH06>6.17.mb |
| 实例文件 | Examples>CH06>6.17.mb |
| 难易指数 | ★☆☆☆☆ |
| 技术掌握 | 掌握偏移曲面命令的用法 |

本例使用“偏移”命令将曲面进行偏移复制，效果如图6-115所示。

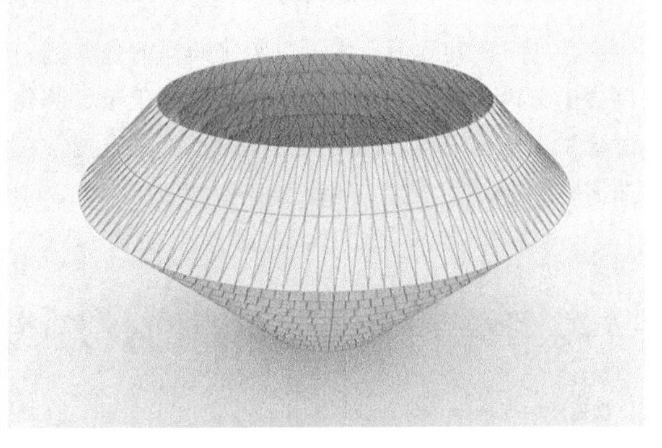

图6-115

01 打开学习资源中的“Scenes>CH06>6.17.mb”文件，场景中有一个曲面模型，如图6-116所示。

图6-116

02 选择曲面模型，然后打开“偏移曲面选项”对话框，接着设置“偏移距离”为2，最后单击“应用”按钮，如图6-117所示，效果如图6-118所示。

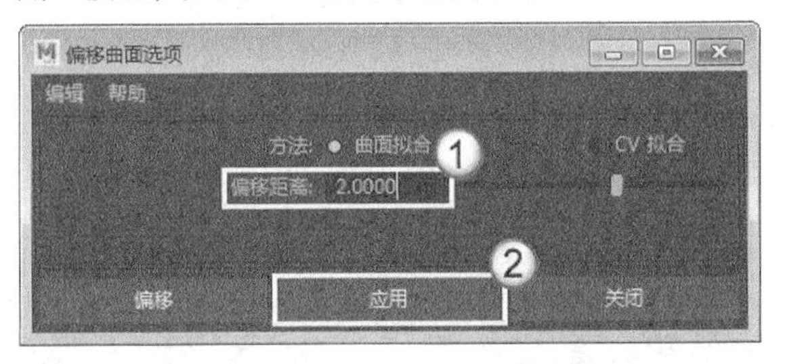


图6-117

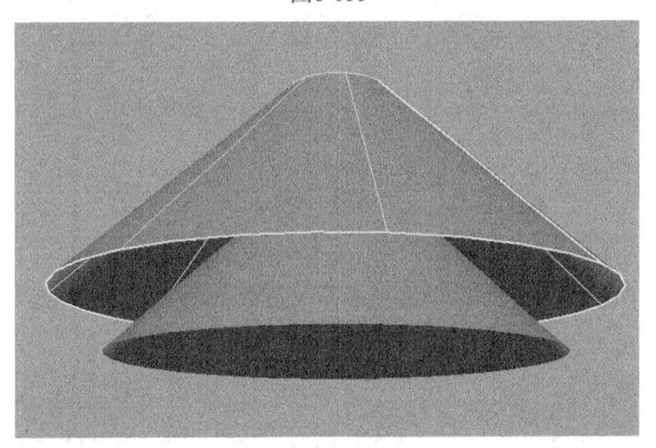

图6-118

03 单击4次“应用”按钮，最终效果如图6-119所示。

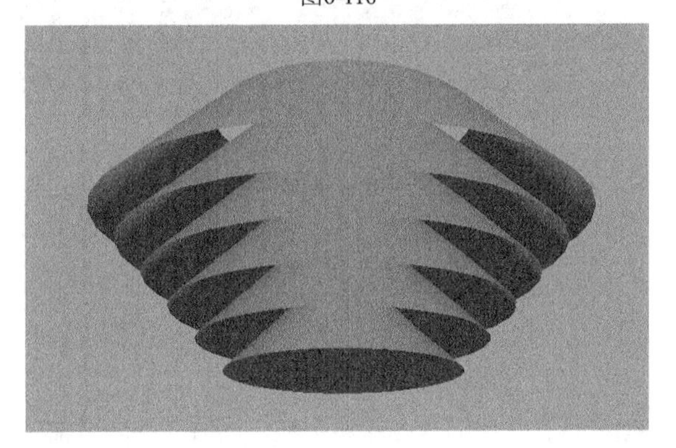

图6-119

## 6.2.24 圆化工具

使用“圆化工具”可以圆化曲面的公共边，在倒角过程中可以通过手柄来调整倒角半径。单击“圆化工具”命令后面的按钮，打开该工具的“工具设置”对话框，如图6-120所示。

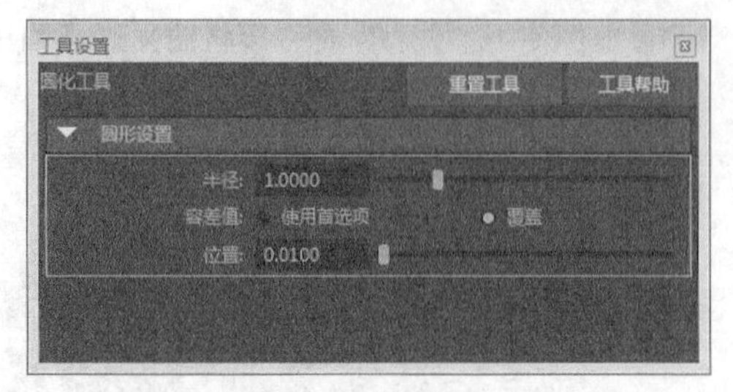


图6-120

## 【练习6-18】圆化曲面的公共边

| | |
|---|---|
| 场景文件 | Scenes>CH06>6.18.mb |
| 实例文件 | Examples>CH06>6.18.mb |
| 难易指数 | ★★☆☆☆ |
| 技术掌握 | 掌握如何圆化曲面的公共边 |

本例使用“圆化工具”将曲面的公共边进行圆化，效果如图6-121所示。

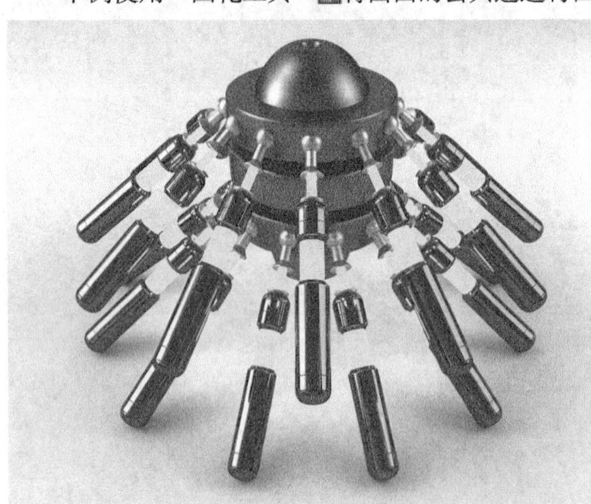
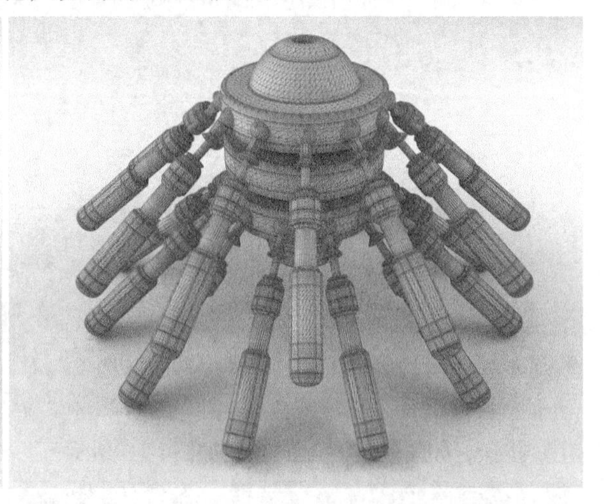

图6-121

**01** 打开学习资源中的“Scenes>CH06>6.18.mb”文件，场景中有一个曲面模型，如图6-122所示。

**02** 执行“曲面>圆化工具”菜单命令，然后框选底部两个相交的曲面，如图6-123所示。

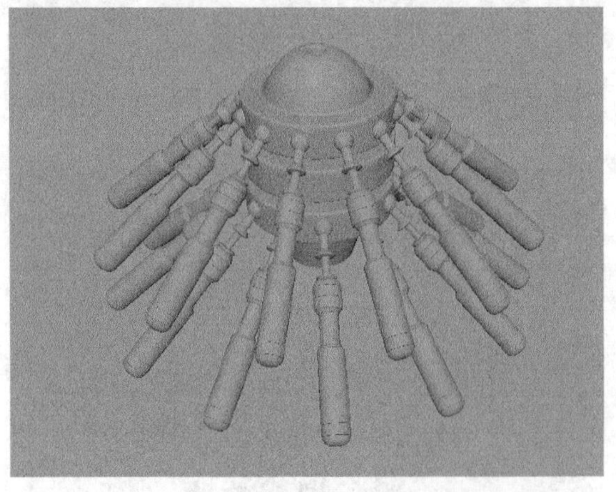

图6-122

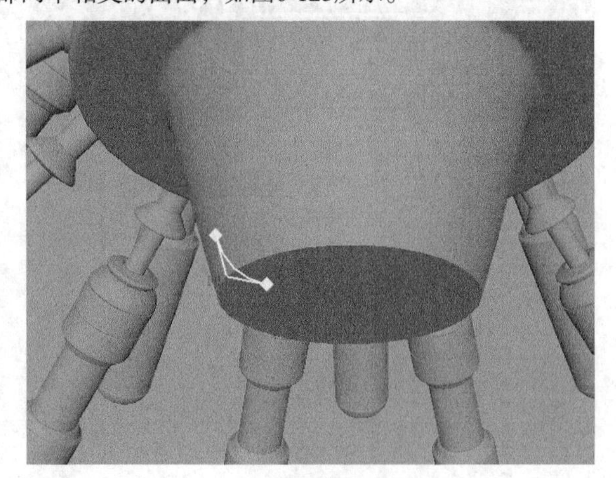

图6-123

**03** 选择生成的黄色操作手柄，然后在“通道盒/层编辑器”面板中设置“半径[0]”为0.5，如图6-124所示，接着按Enter键完成操作，效果如图6-125所示。

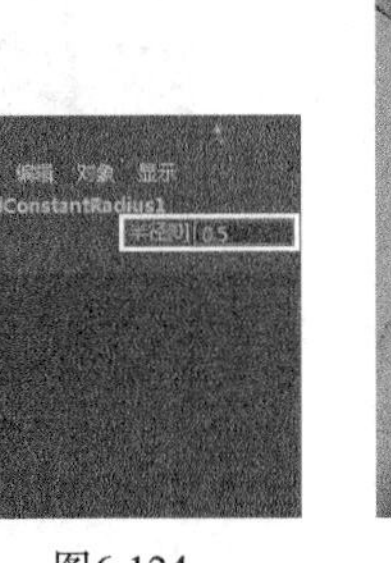

图6-124 图6-125

**提示**

在圆化曲面时，曲面与曲面之间的夹角需要在15°~165°，否则不能产生正确的结果；倒角的两个独立面的重合边的长度也要保持一致，否则只能在短边上产生倒角效果。

## 6.2.25 缝合

使用“缝合”命令可以将多个曲面进行光滑过渡的缝合处理，该命令在角色建模中非常重要。“缝合”命令包含3个子命令，分别是“缝合曲面点”、“缝合边工具”和“全局缝合”，如图6-126所示。

图6-126

### 1.缝合曲面点

“缝合曲面点”工具可以通过选择曲面边界上的控制顶点、CV点或曲面点来进行缝合操作。单击“缝合曲面点”命令后面的按钮，打开“缝合曲面点选项”对话框，如图6-127所示。

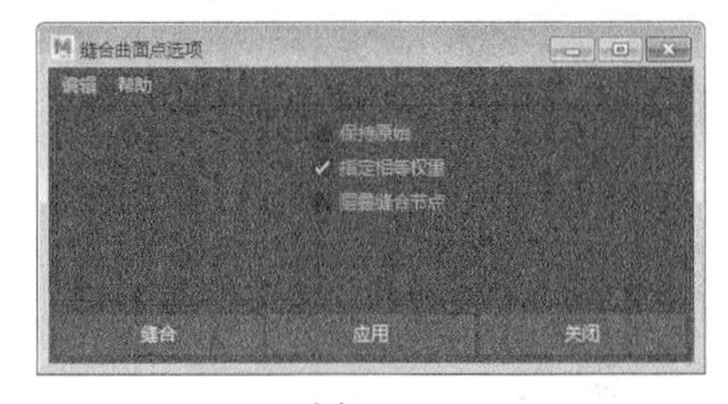

图6-127

#### 常用参数介绍

❖ 指定相等权重：为曲面之间的顶点分配相等的权重值，使其在缝合后的变动处于相同位置。

❖ 层叠缝合节点：选择该选项时，缝合运算将忽略曲面上的任何优先运算。

### 2.缝合边工具

使用“缝合边工具”可以将两个曲面的边界（等参线）缝合在一起，并且在缝合处可以产生光滑的过渡效果，在曲面生物建模中常常使用到该命令。单击“缝合边工具”命令后面的按钮，打开该工具的“工具设置”对话框，如图6-128所示。

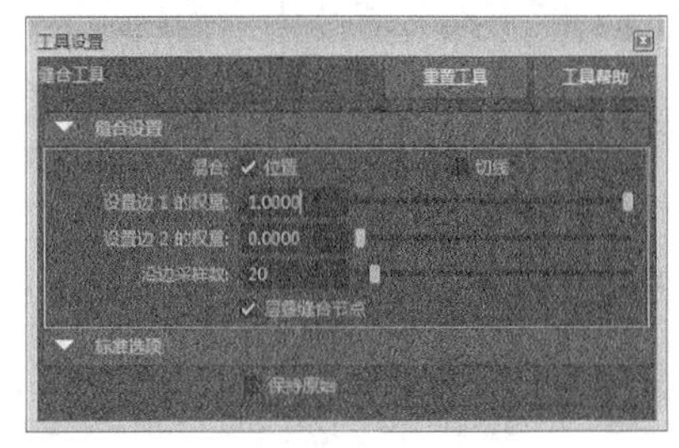

图6-128

#### 常用参数介绍

❖ 混合：设置曲面在缝合时缝合边界的方式。

  ✧ 位置：直接缝合曲面，不对缝合后的曲面进行光滑过渡处理。

  ✧ 切线：将缝合后的曲面进行光滑处理，以产生光滑的过渡效果。

❖ 设置边1/2的权重：用于控制两条选择边的权重变化。

❖ 沿边采样数：用于控制在缝合边时的采样精度。

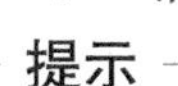

**提示**

“缝合边工具”只能选择曲面边界（等参线）来进行缝合，而其他类型的曲线都不能进行缝合。

## 3.全局缝合

使用“全局缝合”工具可以将多个曲面同时进行缝合操作，并且曲面与曲面之间可以产生光滑的过渡，以形成光滑无缝的表面效果。单击“全局缝合”命令后面的按钮，打开“全局缝合选项”对话框，如图6-129所示。

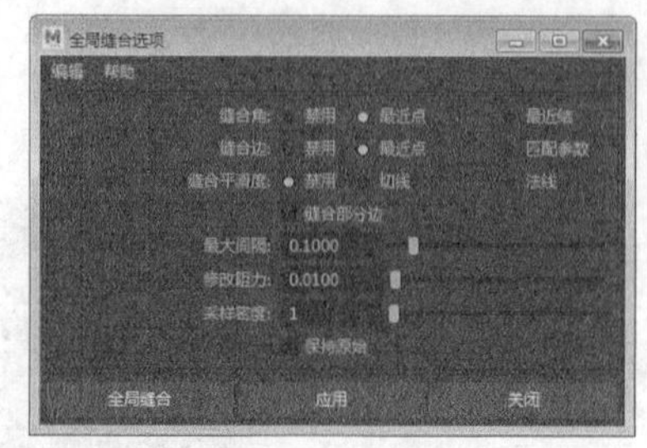

图6-129

### 常用参数介绍

❖ 缝合角：设置边界上的端点以何种方式进行缝合。
  - ✧ 禁用：不缝合端点。
  - ✧ 最近点：将端点缝合到最近的点上。
  - ✧ 最近结：将端点缝合到最近的结构点上。

❖ 缝合边：用于控制缝合边的方式。
  - ✧ 禁用：不缝合边。
  - ✧ 最近点：缝合边界的最近点，并且不受其他参数的影响。
  - ✧ 匹配参数：根据曲面与曲面之间的参数一次性对应起来，以产生曲面缝合效果。

❖ 缝合平滑度：用于控制曲面缝合的平滑方式。
  - ✧ 禁用：不产生平滑效果。
  - ✧ 切线：让曲面缝合边界的方向与切线方向保持一致。
  - ✧ 法线：让曲面缝合边界的方向与法线方向保持一致。

❖ 缝合部分边：当曲面在允许的范围内，让部分边界产生缝合效果。

❖ 最大间隔：当进行曲面缝合操作时，该选项用于设置边和角点能够进行缝合的最大距离，超过该值将不能进行缝合。

❖ 修改阻力：用于设置缝合后曲面的形状。数值越小，缝合后的曲面越容易产生扭曲变形；若其值过大，在缝合处可能会不产生平滑的过渡效果。

❖ 采样密度：设置在曲面缝合时的采样密度。

**提示**

注意，“全局缝合”命令不能对修剪边进行缝合操作。

## 【练习6-19】缝合曲面点

| 场景文件 | Scenes>CH06>6.19.mb |
| --- | --- |
| 实例文件 | Examples>CH06>6.19.mb |
| 难易指数 | ★★☆☆☆ |
| 技术掌握 | 掌握如何缝合曲面点 |

本例使用“缝合曲面点”命令将曲面上的点缝合在一起，效果如图6-130所示。

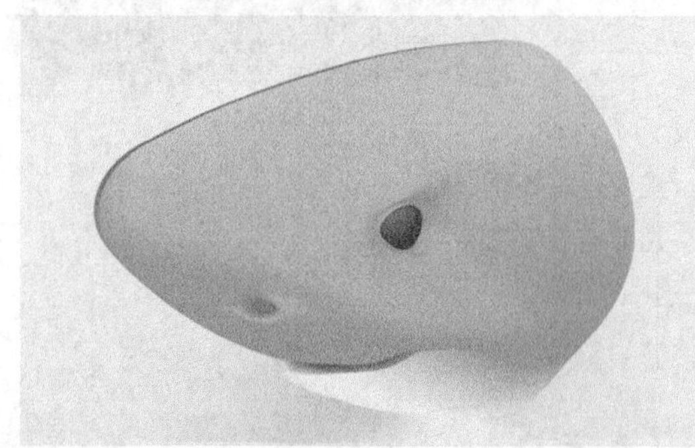
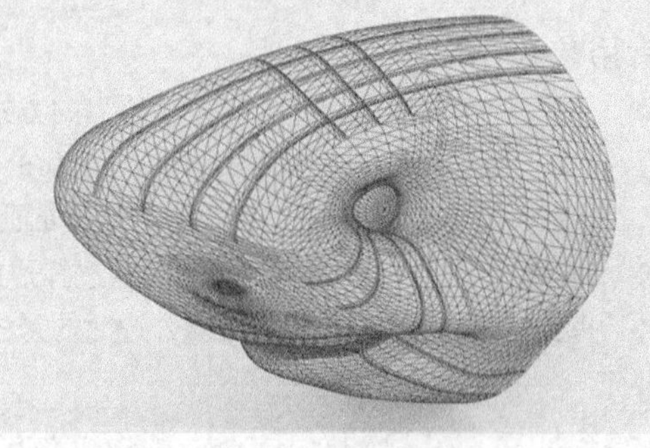

图6-130

01 打开学习资源中的“Scenes>CH06>6.19.mb”文件，场景中有一个曲面模型，如图6-131所示。

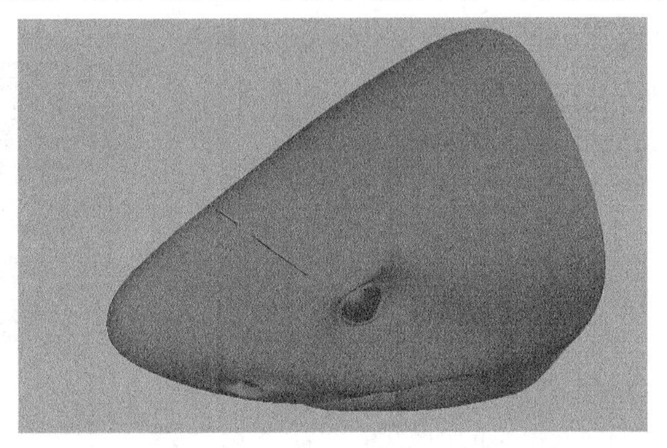

图6-131

02 由上图可以看出，鲨鱼的头部有一条缝隙。切换到“控制顶点”编辑模式，然后选择图6-132所示的两个点，接着执行“曲面>缝合>缝合曲面点”菜单命令，效果如图6-133所示。

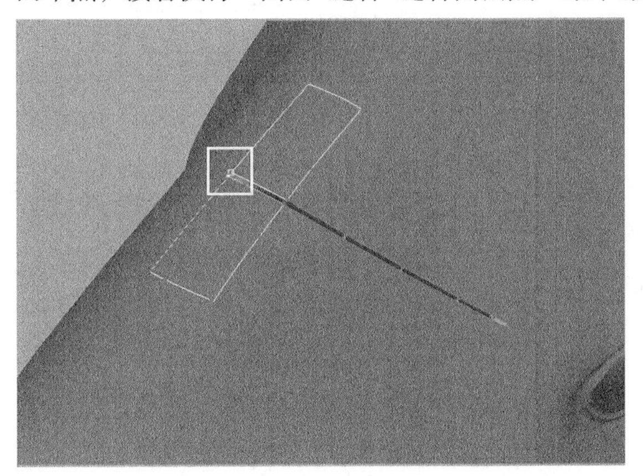

图6-132

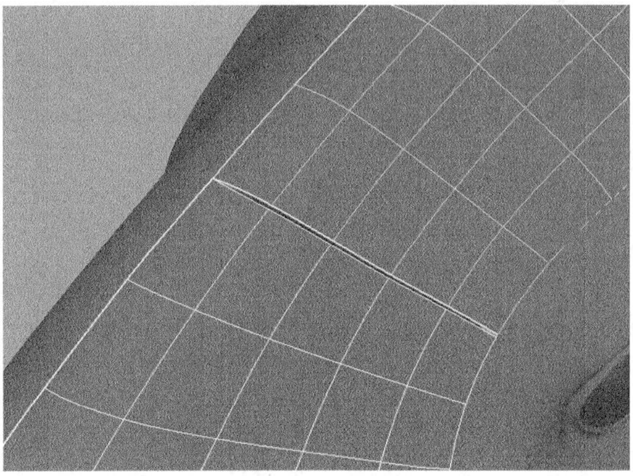

图6-133

03 使用相同的方法将其他没有缝合起来的控制顶点缝合起来，完成后的效果如图6-134所示。

图6-134

## 6.2.26 曲面圆角

“曲面圆角”命令包含3个子命令，分别是“圆形圆角”、“自由形式圆角”和“圆角混合工具”，如图6-135所示。

图6-135

### 1.圆形圆角

使用“圆形圆角”命令可以在两个现有曲面之间创建圆角曲面。单击“圆形圆角”命令后面的按钮，打开“圆形圆角选项”对话框，如图6-136所示。

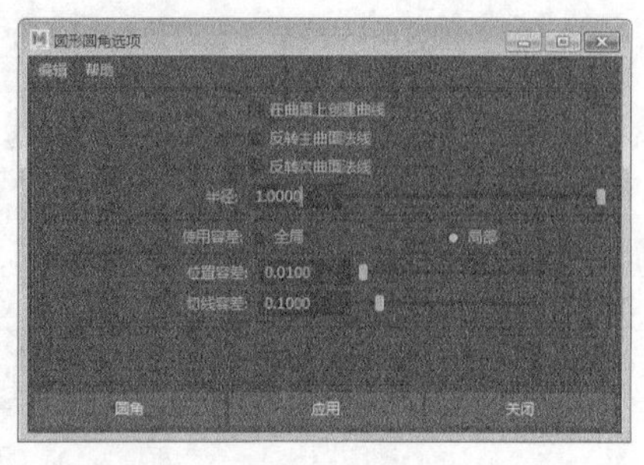

图6-136

#### 常用参数介绍

- ❖ 在曲面上创建曲线：选择该选项后，在创建光滑曲面的同时会在曲面与曲面的交界处创建一条曲面曲线，以方便修剪操作。
- ❖ 反转主曲面法线：该选项用于反转主要曲面的法线方向，并且会直接影响到创建的光滑曲面的方向。
- ❖ 反转次曲面法线：该选项用于反转次要曲面的法线方向。
- ❖ 半径：设置圆角的半径。

**提示**

上面的两个反转曲面法线方向选项只是在命令执行过程中反转法线方向，而在命令结束后，实际的曲面方向并没有发生改变。

### 2.自由形式圆角

“自由形式圆角”命令是通过选择两个曲面上的等参线、曲面曲线或修剪边界来产生光滑的过渡曲面。单击“自由形式圆角”命令后面的按钮，打开“自由形式圆角选项”对话框，如图6-137所示。

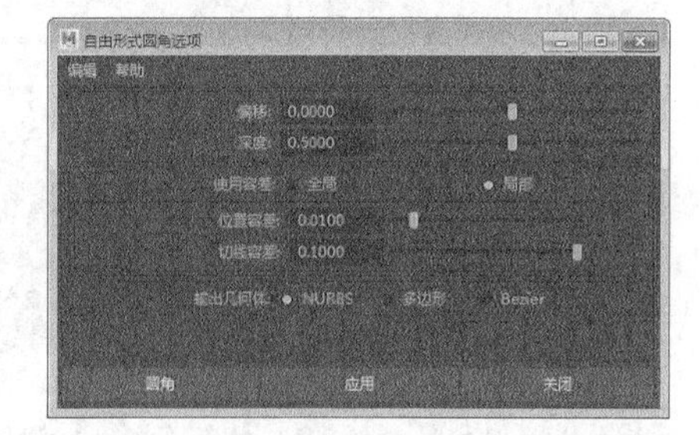

图6-137

#### 常用参数介绍

- ❖ 偏移：设置圆角曲面的偏移距离。
- ❖ 深度：设置圆角曲面的曲率变化。

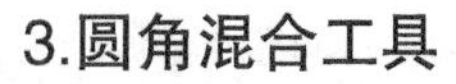

### 3.圆角混合工具

“圆角混合工具”命令可以使用手柄直接选择等参线、曲面曲线或修剪边界来定义想要倒角的位置。单击“圆角混合工具”命令后面的按钮，打开“圆角混合选项”对话框，如图6-138所示。

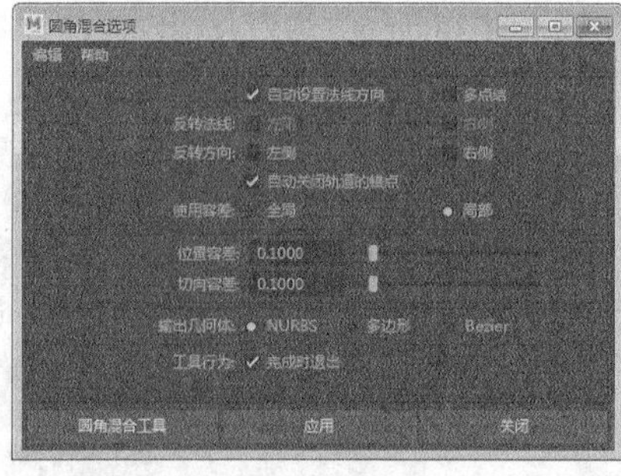

图6-138

#### 常用参数介绍

- ❖ 自动设置法线方向：选择该选项后，Maya会自动设置曲面的法线方向。
- ❖ 反转法线：当关闭“自动设置法线方向”选项时，该选项才可选，主要用来反转曲面的法线方向。“左侧”表示反转第1次选择曲面的法线方向；“右侧”表示反转第2次选择曲面的法线方向。
- ❖ 反转方向：当关闭“自动设置法线方向”选项时，该选项可以用来纠正圆角的扭曲效果。
- ❖ 自动关闭轨道的锚点：用于纠正两个封闭曲面之间圆角产生的扭曲效果。

## 【练习6-20】在曲面间创建圆角曲面

| 场景文件 | Scenes>CH06>6.20.mb |
| --- | --- |
| 实例文件 | Examples>CH06>6.20.mb |
| 难易指数 | ★☆☆☆☆ |
| 技术掌握 | 掌握如何在曲面间创建圆角曲面 |

本例使用“圆形圆角”命令在曲面间创建的圆角效果如图6-139所示。

图6-139

**01** 打开学习资源中的“Scenes>CH06>6.20.mb”文件，场景中有一个帽子模型，如图6-140所示。

**02** 选择所有的模型，然后执行“曲面>曲面圆角>圆形圆角”菜单命令，如图6-141所示。

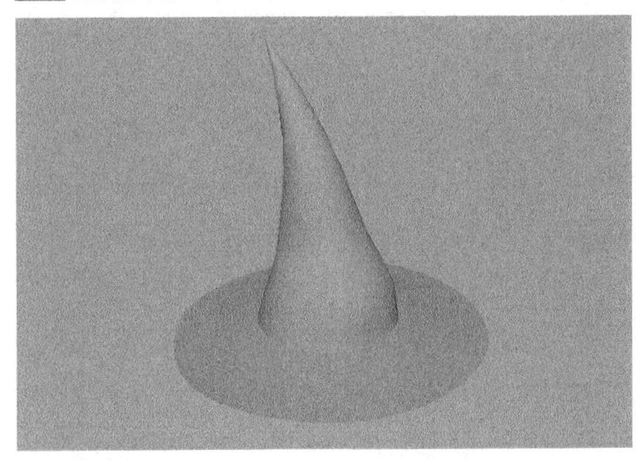

图6-140

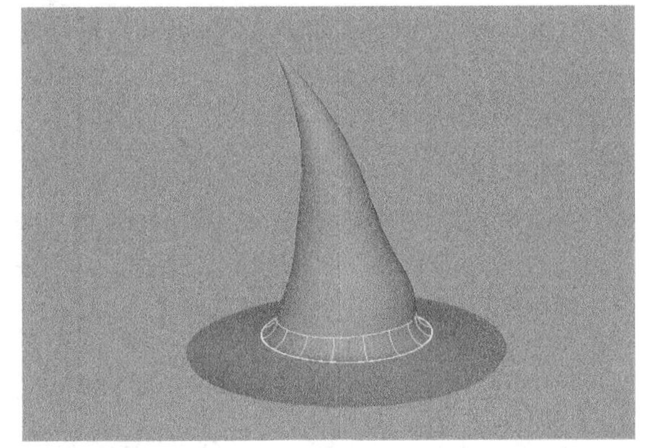

图6-141

## 【练习6-21】创建自由圆角曲面

| | |
|---|---|
| 场景文件 | Scenes>CH06>6.21.mb |
| 实例文件 | Examples>CH06>6.21.mb |
| 难易指数 | ★☆☆☆☆ |
| 技术掌握 | 掌握如何创建自由圆角曲面 |

本例使用“自由形式圆角”命令将等参线与曲线进行圆角处理，效果如图6-142所示。

图6-142

**01** 打开学习资源中的“Scenes>CH06>6.21.mb”文件，场景中有一个动物模型，如图6-143所示。

图6-143

**02** 从上图中可以看出，动物的舌头是断开的。选择根部的舌头模型上的参考线，然后加选尖部模型上的参考线，如图6-144所示，接着执行“曲面>曲面圆角>自由形式圆角”菜单命令，效果如图6-145所示。

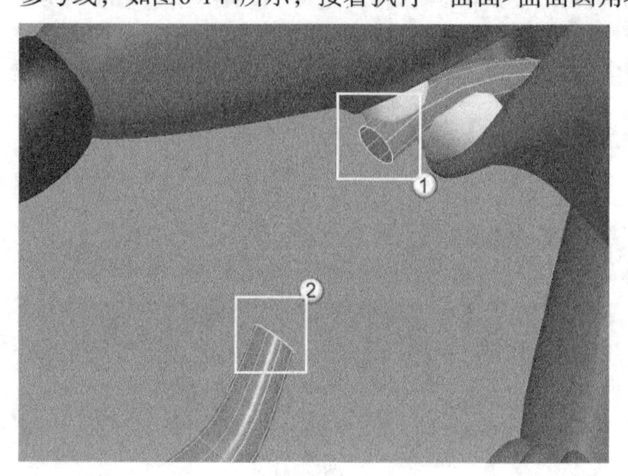


图6-144

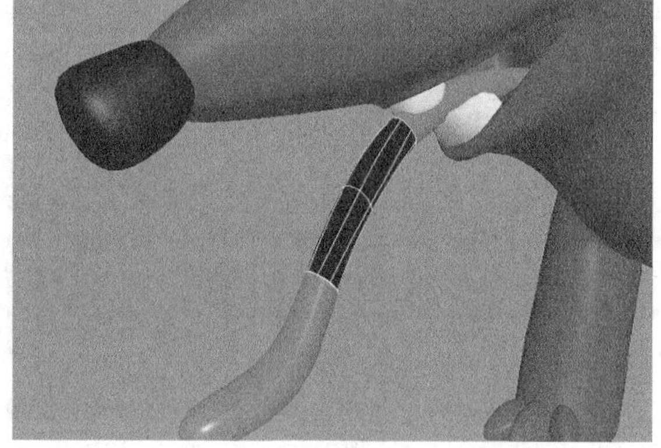

图6-145

## 【练习6-22】在曲面间创建混合圆角

| | |
|---|---|
| 场景文件 | Scenes>CH06>6.22.mb |
| 实例文件 | Examples>CH06>6.22.mb |
| 难易指数 | ★★☆☆☆ |
| 技术掌握 | 掌握如何在曲面间创建混合圆角 |

本例使用“圆角混合工具”在曲面间创建的混合圆角效果如图6-146所示。

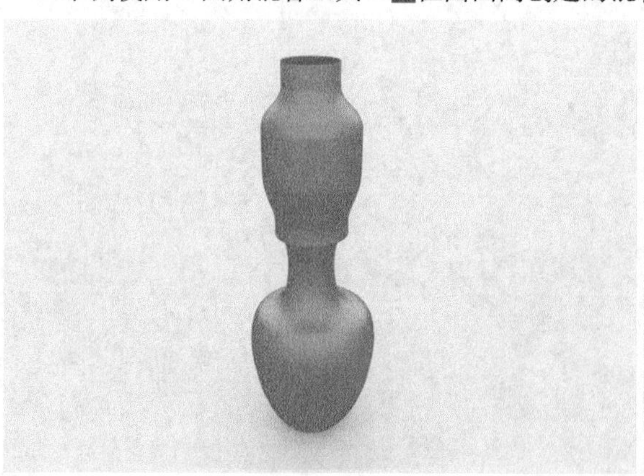

图6-146

**01** 打开学习资源中的“Scenes>CH06>6.22.mb”文件，场景中有多个曲面，如图6-147所示。

**02** 执行“曲面>曲面圆角>圆角混合工具”菜单命令，然后选择第1个曲面底部的等参线，接着按Enter键，再选择第2个曲面顶部的等参线，最后按Enter键完成操作，如图6-148所示，效果如图6-149所示。

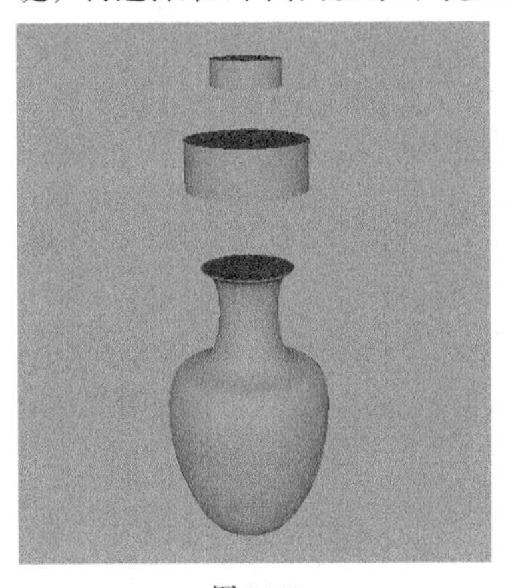

图6-147

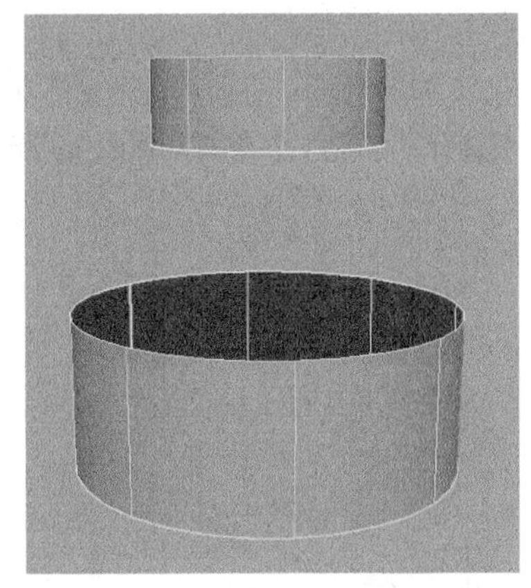

图6-148

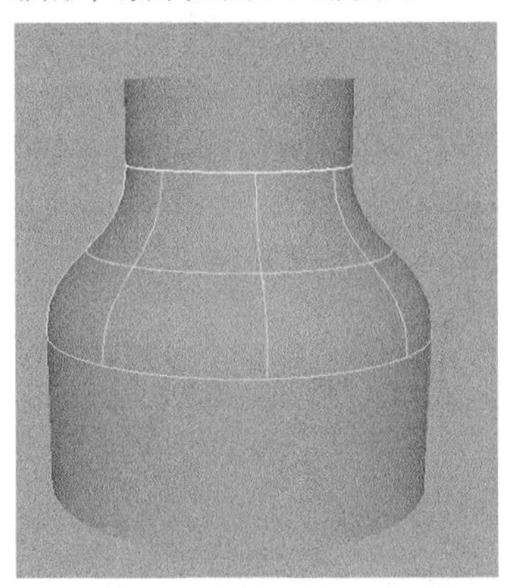

图6-149

**03** 采用相同的方法为下面的模型和中间的模型制作出圆角效果，如图6-150所示。

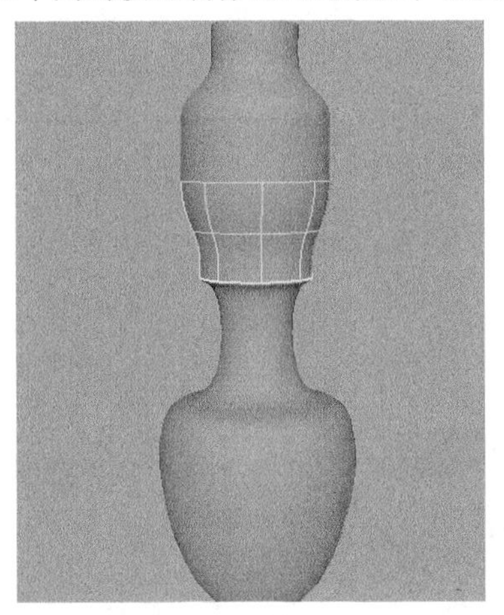

图6-150

## 6.2.27 雕刻几何体工具

Maya的“雕刻几何体工具”是一个很有特色的工具，可以用画笔直接在三维模型上进行雕刻。“雕刻几何体工具”其实就是对曲面上的CV控制点进行推、拉等操作来达到变形效果。单击“雕刻几何体工具”命令后面的按钮，打开该工具的“工具设置”对话框，如图6-151所示。

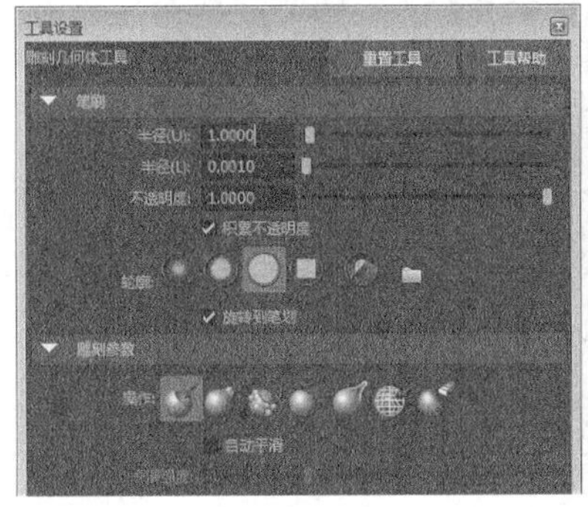



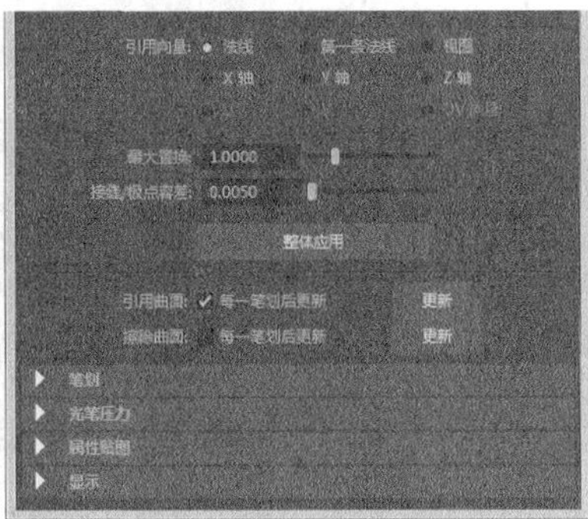



图6-151

**雕刻几何体工具常用参数介绍**

- ❖ 半径（U）：用来设置笔刷的最大半径上限。
- ❖ 半径（L）：用来设置笔刷的最小半径下限。
- ❖ 不透明度：用于控制笔刷压力的不透明度。
- ❖ 轮廓：用来设置笔刷的形状。
- ❖ 操作：用来设置笔刷的绘制方式，共有7种绘制方式，如图6-152所示。

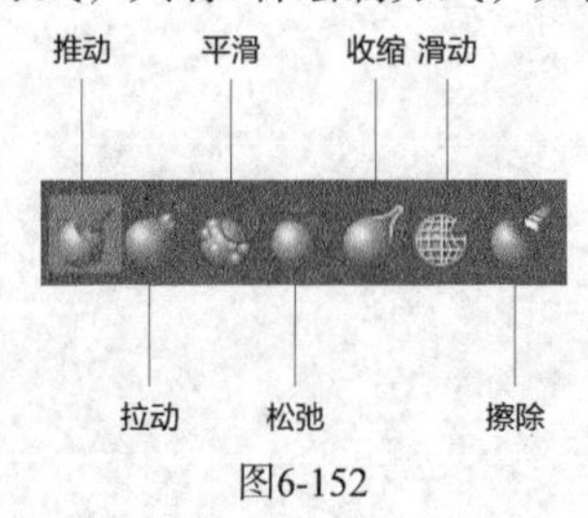


图6-152

## 【练习6-23】雕刻山体模型

| 场景文件 | Scenes>CH06>6.23.mb |
| --- | --- |
| 实例文件 | Examples>CH06>6.23.mb |
| 难易指数 | ★☆☆☆☆ |
| 技术掌握 | 掌握雕刻几何体工具的用法 |

本例使用“雕刻几何体工具”雕刻山体模型，效果如图6-153所示。

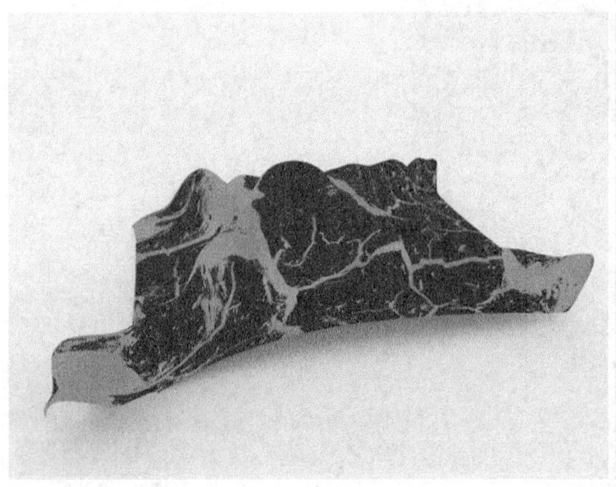
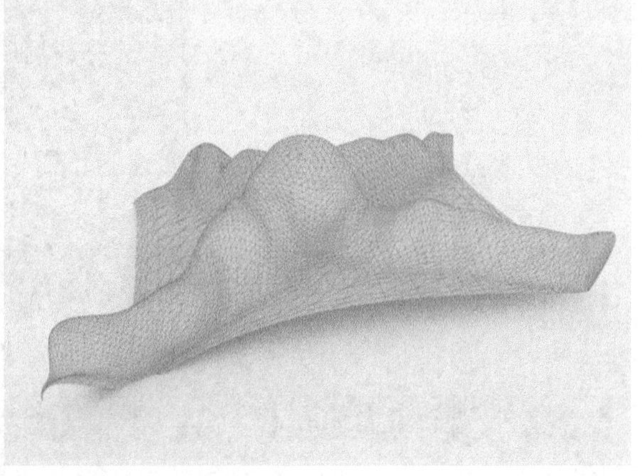

图6-153

**01** 打开学习资源中的“Scenes>CH06>6.23.mb”文件，场景中有一个曲面模型，如图6-154所示。

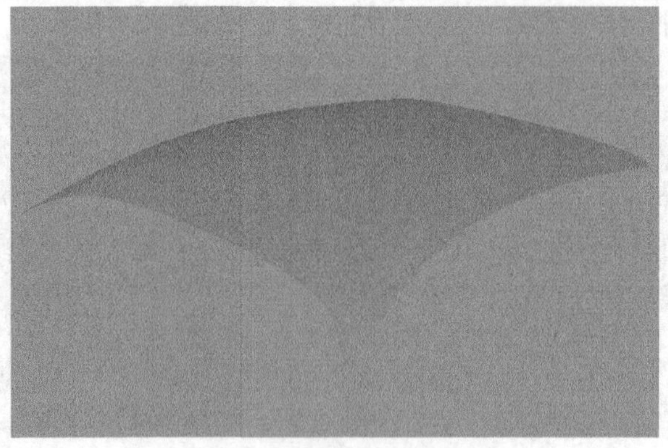

图6-154

**02** 选择“雕刻几何体工具”，然后打开“工具设置”对话框，接着设置“操作”模式为“拉动”，如图6-155所示。

**03** 选择好操作模式以后，使用“雕刻几何体工具”在曲面上进行绘制，使其成为山体形状，完成后的效果如图6-156所示。

图6-155

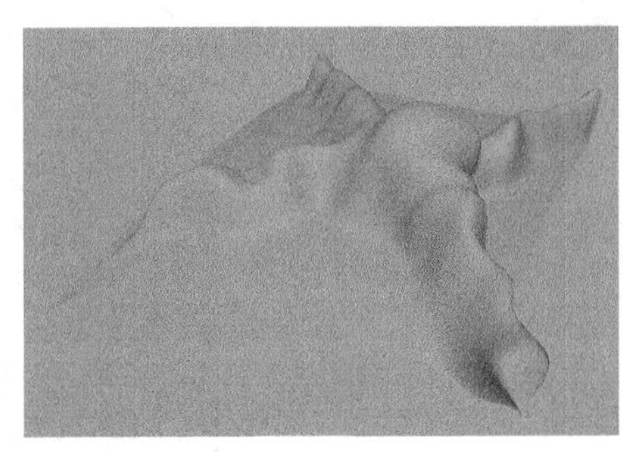

图6-156

## 6.2.28 曲面编辑

“曲面编辑”命令包含3个子命令，分别是“曲面编辑工具”、“断开切线”和“平滑切线”，如图6-157所示。

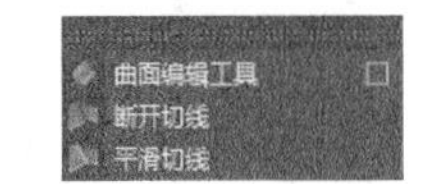


图6-157

### 1.曲面编辑工具

使用“曲面编辑工具”可以对曲面进行编辑（推、拉操作）。单击“曲面编辑工具”命令后面的按钮，打开该工具的“工具设置”对话框，如图6-158所示。

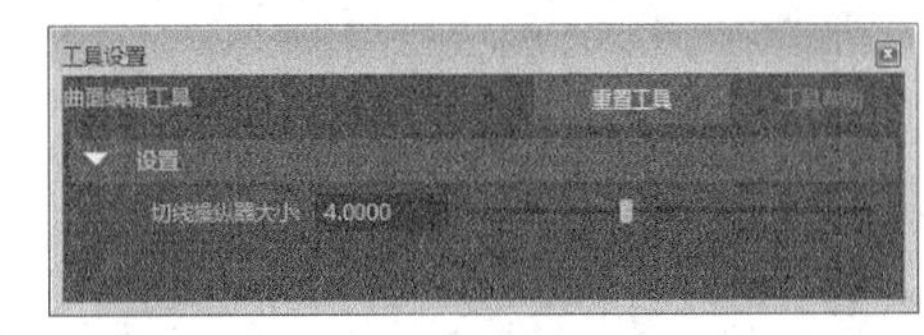


图6-158

#### 常用参数介绍

❖ 切线操纵器大小：设置切线操纵器的控制力度。

### 2.断开切线

使用“断开切线”命令可以沿所选等参线插入若干条等参线，以断开表面切线。

### 3.平滑切线

使用“平滑切线”命令可以将曲面上的切线变得平滑。

## 【练习6-24】平滑切线

| | |
|---|---|
| 场景文件 | Scenes>CH06>6.24.mb |
| 实例文件 | Examples>CH06>6.24.mb |
| 难易指数 | ★☆☆☆☆ |
| 技术掌握 | 掌握如何将切线变得平滑 |

本例使用“平滑切线”命令平滑切线后的模型效果如图6-159所示。

图6-159

01 打开学习资源中的“Scenes>CH06>6.24.mb”文件，场景中有多个曲面，如图6-160所示。

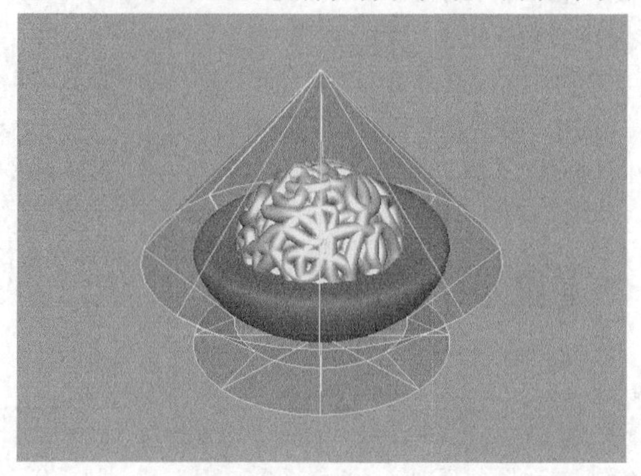

图6-160

02 进入等参线编辑模式，然后选择图6-161所示的等参线，接着执行“曲面>曲面编辑>平滑切线”菜单命令，最终效果如图6-162所示。

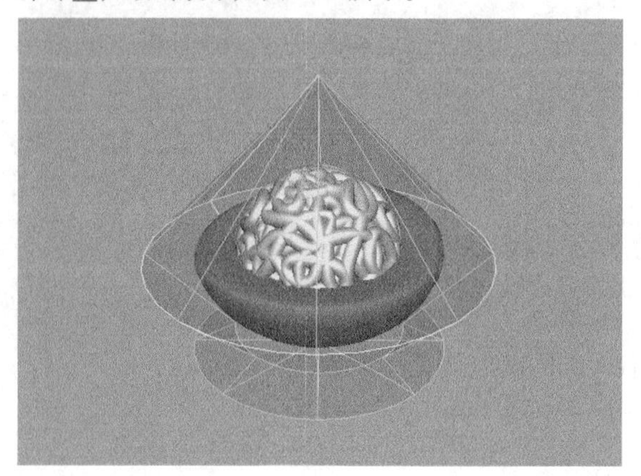

图6-161

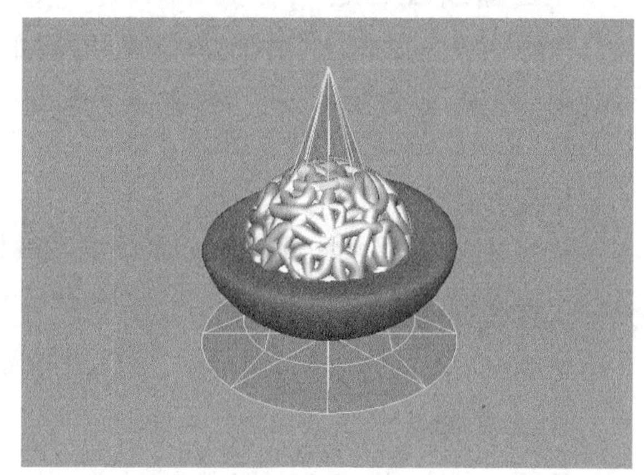

图6-162

## 6.2.29 布尔

“布尔”命令可以对两个相交的曲面对象进行并集、差集、交集计算，确切地说也是一种修剪操作。“布尔”命令包含3个子命令，分别是“并集工具”、“差集工具”和“交集工具”，如图6-163所示。

图6-163

下面以“并集工具”为例来讲解“布尔”命令的使用方法。单击“并集工具”命令后面的按钮，打开“NURBS布尔并集选项”对话框，如图6-164所示。

图6-164

### 常用参数介绍

❖ 删除输入：选择该选项后，在关闭历史记录的情况下，可以删除布尔运算的输入参数。

❖ 工具行为：用来选择布尔工具的特性。

- ✧ 完成时退出：如果关闭该选项，在布尔运算操作完成后会继续使用布尔工具，这样可以不必继续在菜单中选择布尔工具就可以进行下一次的布尔运算。
- ✧ 层次选择：选择该选项后，选择物体进行布尔运算时，会选择物体所在层级的根节点。如果需要对群组中的对象或者子物体进行布尔运算，需要关闭该选项。

**提示**

布尔运算的操作方法比较简单。首先选择相关的运算工具，然后选择一个或多个曲面作为布尔运算的第1组曲面，接着按Enter键，再选择另外一个或多个曲面作为布尔运算的第2组曲面就可以进行布尔运算了。

布尔运算有3种运算方式："并集工具"可以去除两个曲面物体的相交部分，保留未相交的部分；"差集工具"用来消去对象上与其他对象的相交部分，同时其他对象也会被去除；使用"交集工具"命令后，可以保留两个曲面物体的相交部分，但是会去除其余部分。

## 【练习6-25】布尔运算

| | |
|---|---|
| 场景文件 | Scenes>CH06>6.25.mb |
| 实例文件 | Examples>CH06>6.25.mb |
| 难易指数 | ★★☆☆☆ |
| 技术掌握 | 掌握布尔命令的用法 |

本例使用"布尔"命令创建的差集效果如图6-165所示。

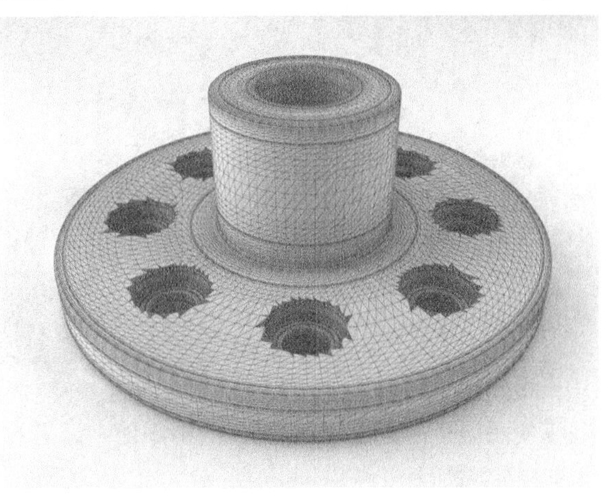

图6-165

**01** 打开学习资源中的"Scenes>CH06>6.25.mb"文件，场景中有两个零件模型，如图6-166所示。

**02** 选择小模型，然后使用"捕捉到栅格"工具将模型的枢轴捕捉到网格中心，如图6-167所示。

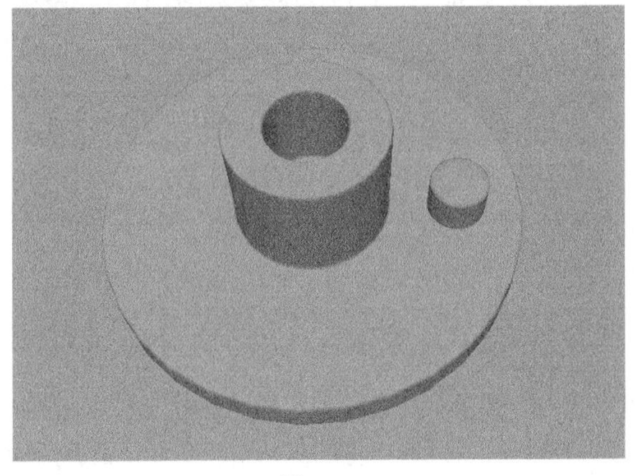

图6-166

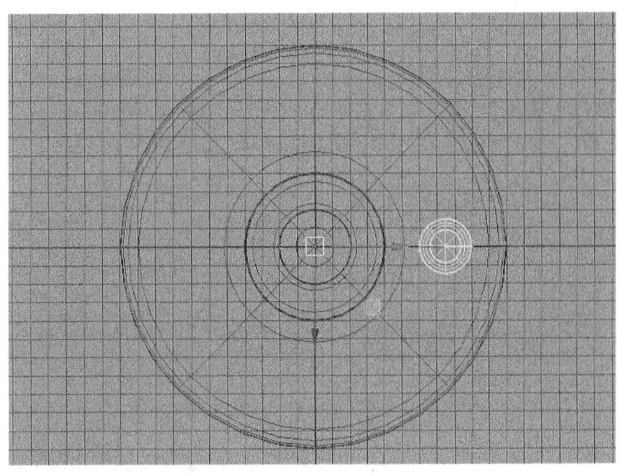

图6-167

**03** 打开“特殊复制选项”对话框，然后设置“旋转”为（0，45，0）、“副本数”为7，接着单击“特殊复制”按钮，如图6-168所示，效果如图6-169所示。

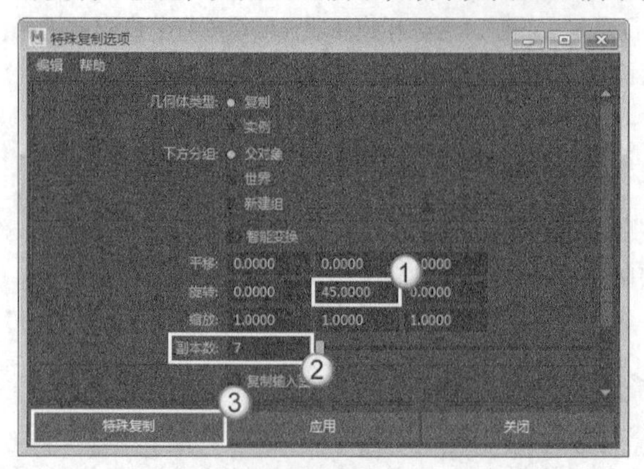


图6-168

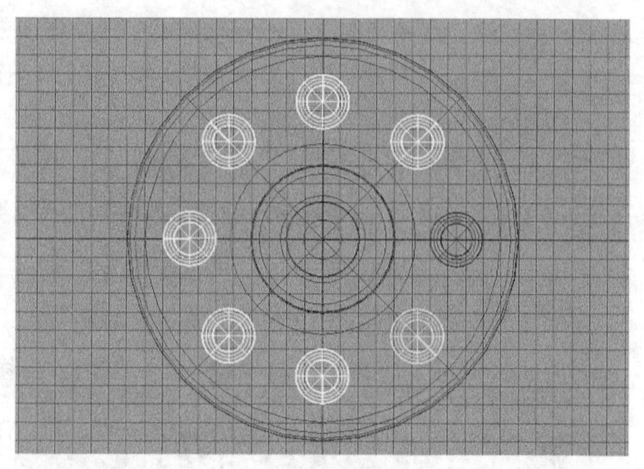

图6-169

**04** 执行“曲面>布尔>差集工具”菜单命令，然后选择中间的大模型，接着按Enter键，最后选择边缘的小模型，如图6-170所示，效果如图6-171所示。

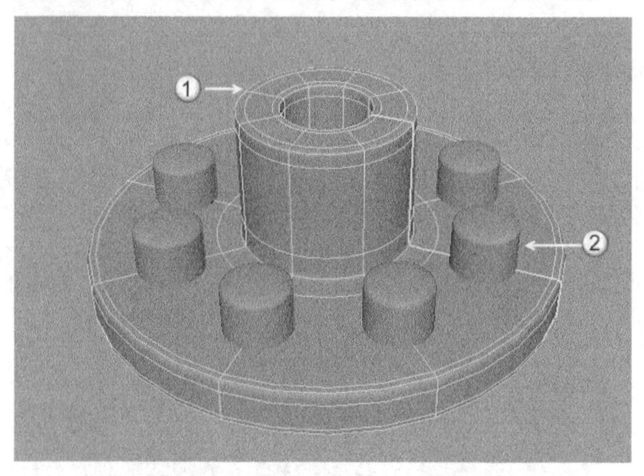

图6-170

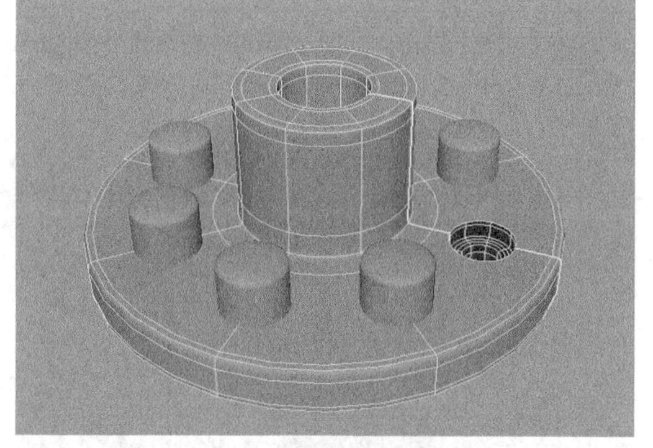

图6-171

**05** 使用同样的方法处理其余7个小零件，最终效果如图6-172所示。

图6-172

**提示**

在对其他部件进行布尔处理时，建议先清除模型的构建历史，不然可能会出错。

## 6.2.30 重建

“重建”命令是一个经常使用到的命令，在使用“放样”等命令使曲线生成曲面时，容易造成曲面上的曲线分布不均的现象，这时就可以使用该命令来重新分布曲面的UV方向。单击“重建”命令后面的按钮，打开“重建曲面选项”对话框，如图6-173所示。

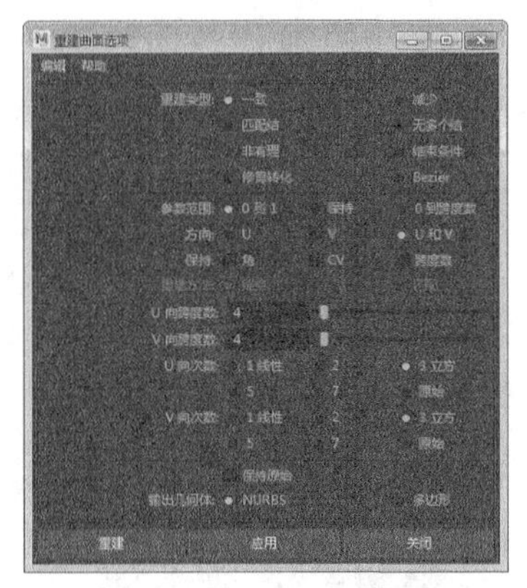


图6-173

### 常用参数介绍

❖ 重建类型：用来设置重建的类型，这里提供了8种重建类型，分别是“一致”“减少”“匹配结”“无多个结”“非有理”“结束条件”“修剪转化”和Bezier。

❖ 参数范围：用来设置重建曲面后UV的参数范围。
  - ✧ 0到1：将UV参数值的范围定义在0~1。
  - ✧ 保持：重建曲面后，UV方向的参数值范围保留原始范围值不变。
  - ✧ 0到跨度数：重建曲面后，UV方向的范围值是0到实际的段数。

❖ 方向：设置沿着曲面的哪个方向来重建曲面。

❖ 保持：设置重建后要保留的参数。
  - ✧ 角：让重建后的曲面的边角保持不变。
  - ✧ CV：让重建后的曲面的控制点数目保持不变。
  - ✧ 跨度数：让重建后的曲面的分段数保持不变。

❖ U/V向跨度数：用来设置重建后的曲面在U/V方向上的段数。

❖ U/V向次数：设置重建后的曲面在U/V方向上的次数。

## 【练习6-26】重建曲面的跨度数

| | |
|---|---|
| 场景文件 | Scenes>CH06>6.26.mb |
| 实例文件 | Examples>CH06>6.26.mb |
| 难易指数 | ★☆☆☆☆ |
| 技术掌握 | 掌握如何重建曲面的属性 |

本例使用“重建”命令将曲面的跨度数进行重建后的效果如图6-174所示。

图6-174

**01** 打开学习资源中的“Scenes>CH06>6.26.mb”文件，场景中有一个杯子模型，如图6-175所示。

图6-175

**02** 选择模型，可以观察到模型的段数很少，如图6-176所示。选择模型，然后打开“重建曲面选项”对话框，接着设置“U向跨度数”为30、“V向跨度数”为20，如图6-177所示，效果如图6-178所示。

图6-176

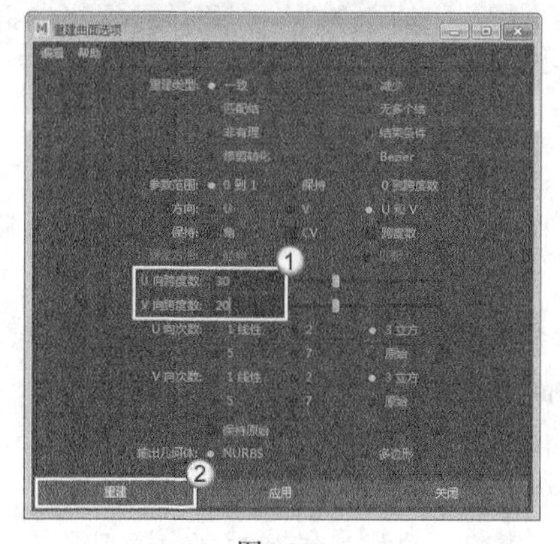


图6-177

图6-178

## 6.2.31 反转方向

使用“反转方向”命令可以改变曲面的UV方向，以达到改变曲面法线方向的目的。单击“反转方向”命令后面的按钮，打开“反转曲面方向选项”对话框，如图6-179所示。

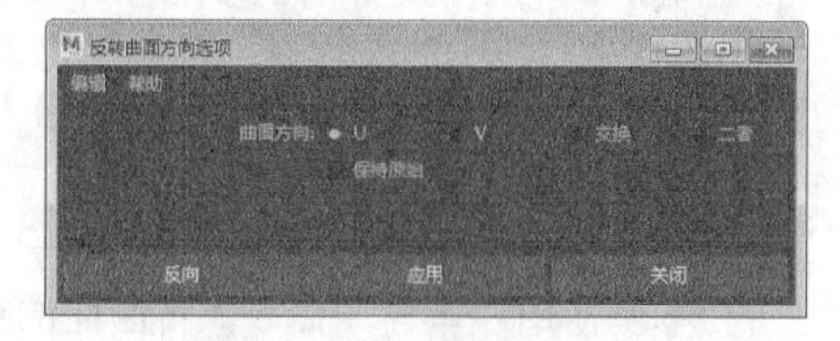


图6-179

### 常用参数介绍

❖ 曲面方向：用来设置曲面的反转方向。

✧ U：表示反转曲面的U方向。

✧ V：表示反转曲面的V方向。

✧ 交换：表示交换曲面的UV方向。

✧ 二者：表示同时反转曲面的UV方向。

## 【练习6-27】反转法线方向

| 场景文件 | Scenes>CH06>6.27.mb |
| --- | --- |
| 实例文件 | Examples>CH06>6.27.mb |
| 难易指数 | ★☆☆☆☆ |
| 技术掌握 | 掌握如何反转曲面法线的方向 |

本例主要是针对“反转方向”命令进行练习，图6-180所示是用来练习的模型。

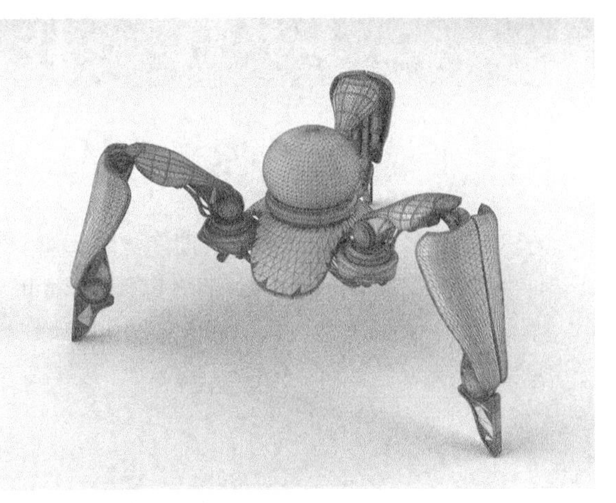

图6-180

01 打开学习资源中的"Scenes>CH06>6.27.mb"文件，场景中有一个机器人模型，如图6-181所示。

02 由下图可以看出机器中间有一个黑色的曲面，说明该曲面的法线方向有误。选择黑色曲面，然后执行"曲面>反转方向"菜单命令，如图6-182所示。

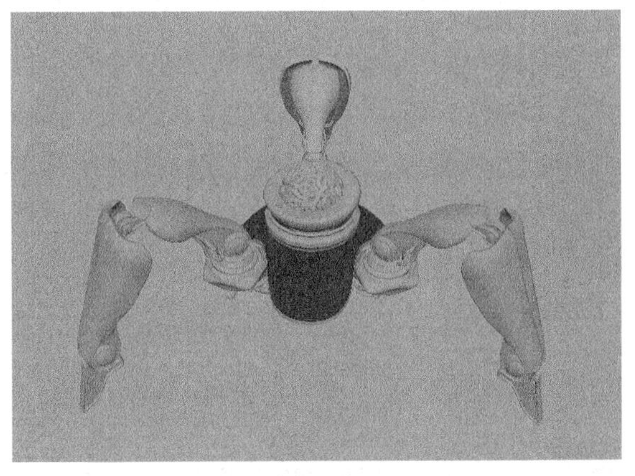

图6-181

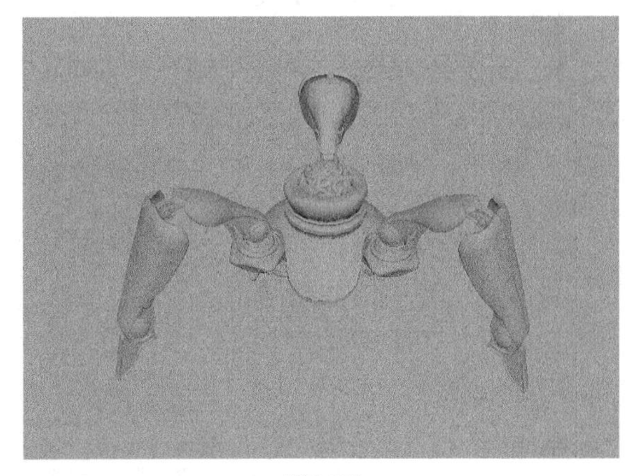

图6-182

## 提示

选择曲面，然后执行"显示>NURBS>法线（着色模式）"菜单命令，也可以显示出曲面的法线方向，如图6-183所示。

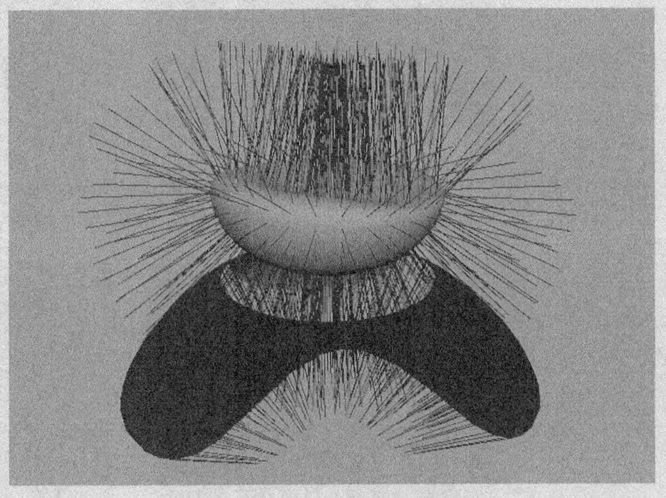

图6-183

# 技术分享

## 专业曲面绘制软件

Maya虽然可以绘制曲线和曲面，但是如果要制作专业的、高难度的曲面效果，往往会用专业的曲面绘制软件。常用的曲面绘制软件有Pro/Engineer、SolidWorks和Rhino，这3种曲面绘制软件主要用于工业设计，而且有各自的应用领域。

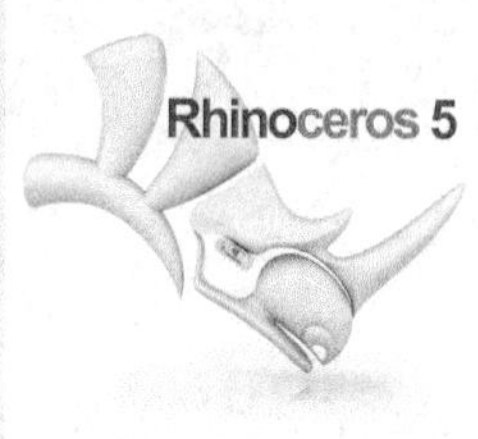


## 多边形转曲面事项

有的时候，我们需要将多边形和曲面相互转换，在转换的过程中会使曲面的法线方向错误或者UV方向颠倒。下面以多边形圆柱体转换为曲面为例，来介绍如何调整曲面的法线方向。

通过将多边形转换为细分曲面，然后将细分曲面转换为曲面，可以得到相应的曲面模型。

这时，还不能确定曲面的UV方向，只能判断曲面的法线方向。

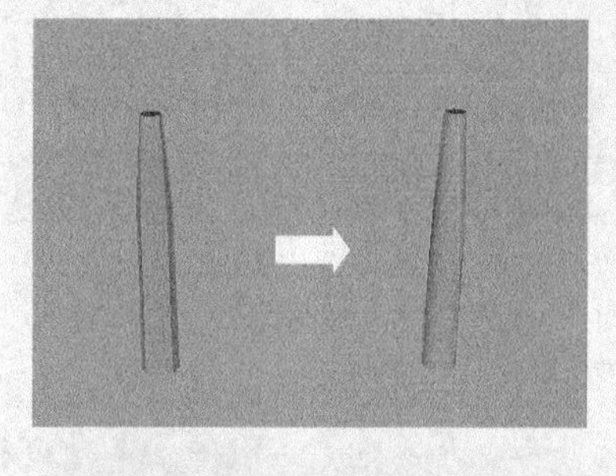

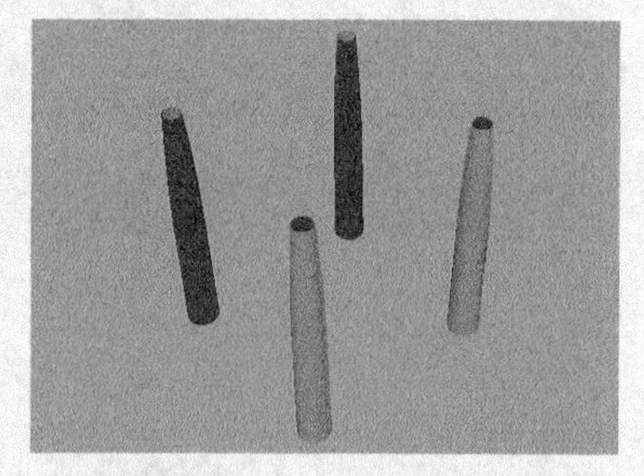

选择曲面，然后执行“显示>NURBS>曲面原点”菜单命令，此时可以看到曲面上的方向指示标志。

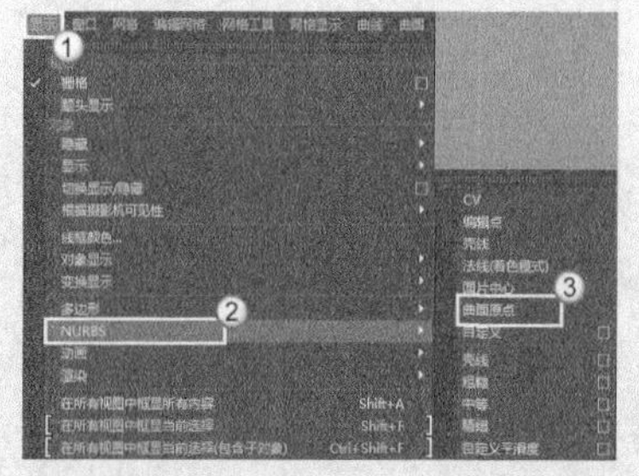

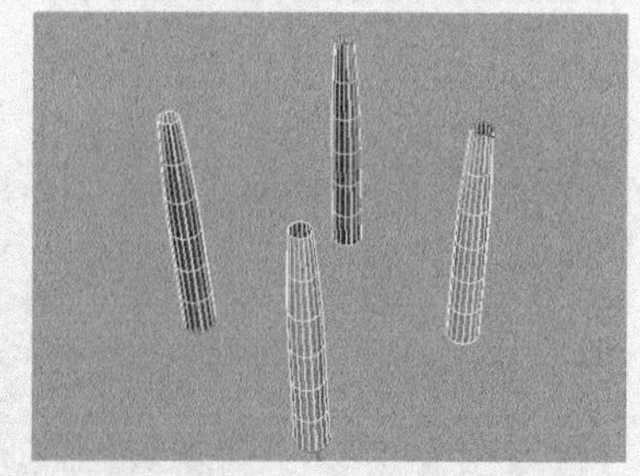

如果只是想校正法线方向，使用“曲面>反转方向”菜单命令，即可调整法线方向。如果想调整UV的方向，那么打开“反转曲面方向选项”对话框，然后设置参数即可。

需要注意的是，如果要使用曲面提取制作毛发的曲线，那么要注意曲面的UV方向。红色标识是生成毛发的根部位置，而绿色标识是毛发的生成方向。

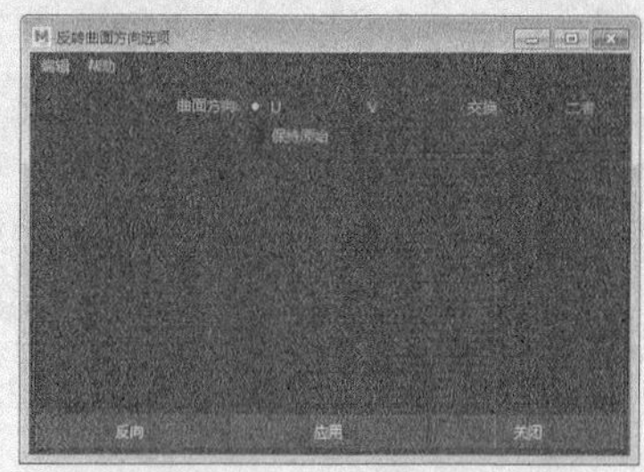

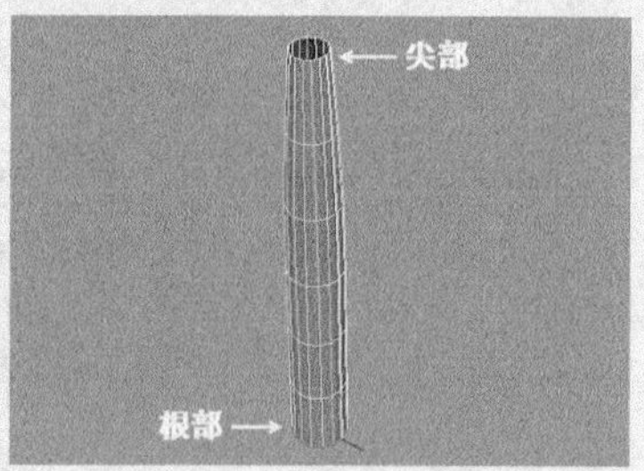

# 第7章

# 变形工具

变形工具是Maya中比较常用的工具，主要用来为对象创建变形效果，既可以在建模中使用，也可以在动画中使用。本章主要介绍了Maya 中一些常用的变形工具，包括“混合变形”“簇”“晶格”“包裹”“线工具”“褶皱工具”“非线性”“雕刻”“抖动变形器”。

※ 掌握混合变形工具的使用方法
※ 掌握簇工具的使用方法
※ 掌握晶格工具的使用方法
※ 掌握线工具的使用方法
※ 掌握非线性工具的使用方法
※ 掌握抖动变形器的使用方法

# 7.1 概述

使用Maya提供的变形功能，可以改变可变形物体的几何形状，在可变形物体上产生各种变形效果，如图7-1所示。

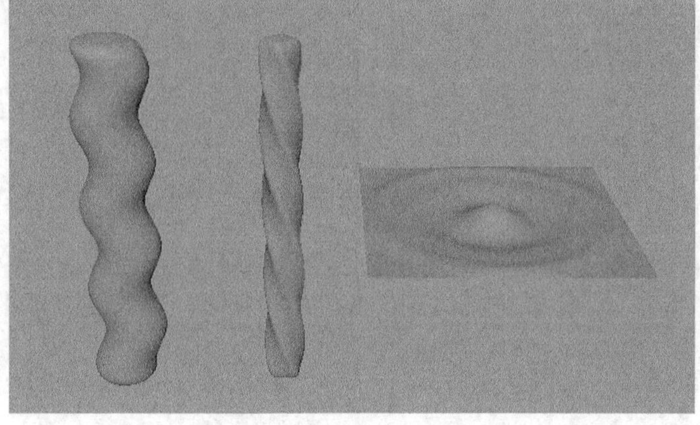

图7-1

可变形物体就是由控制顶点构建的物体。这里所说的控制顶点，可以是NURBS曲面的控制点、多边形曲面的顶点和晶格物体的晶格点。由此可以得出，NURBS曲线、NURBS曲面、多边形曲面和晶格物体都是可变形物体，如图7-2所示。

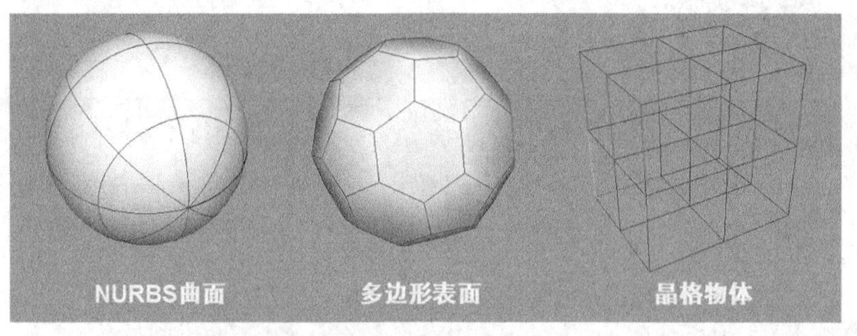


图7-2

# 7.2 变形器

为了满足制作变形动画的需要，Maya为用户提供了各种功能齐全的变形器，用于创建和编辑这些变形器的工具和命令都安排在“创建变形器”菜单中，如图7-3所示。

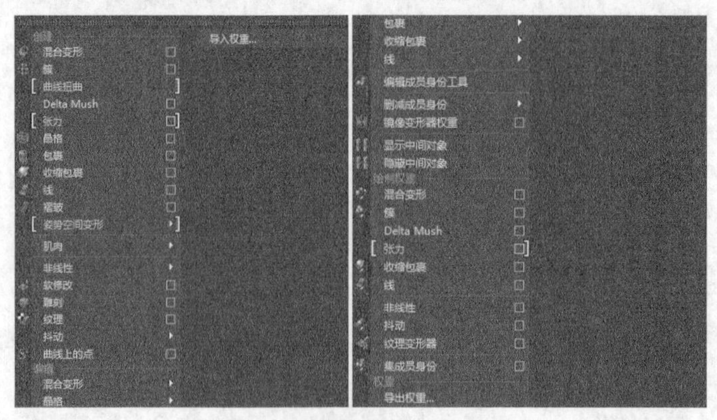

图7-3

## 7.2.1 混合变形

“混合变形”可以使用一个基础物体来与多个目标物体进行混合，能将一个物体的形状以平滑过渡的方式改变到另一个物体的形状，如图7-4所示。

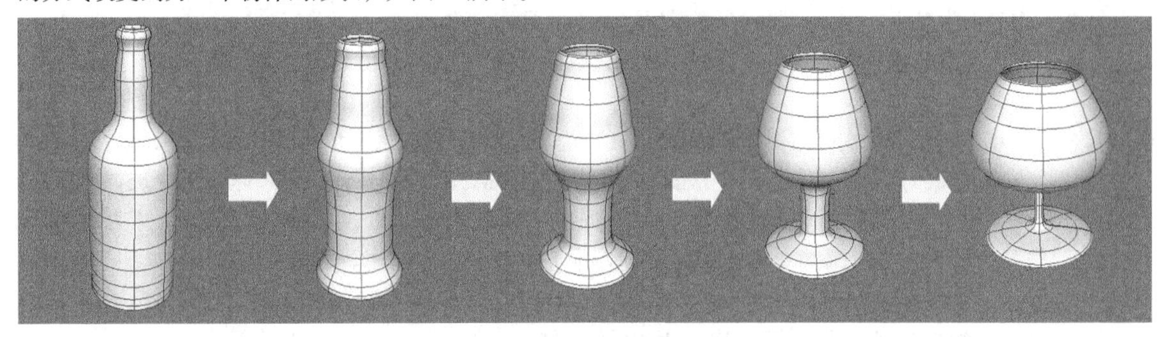

图7-4

**提示**

“混合变形”是一个很重要的变形工具，它经常被用于制作角色表情动画，如图7-5所示。

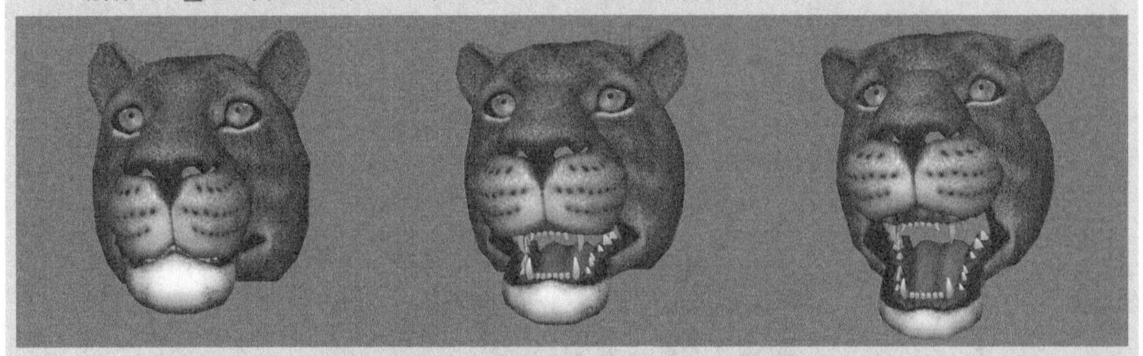

图7-5

不同于其他变形器，“混合变形”还提供了一个“混合变形”对话框（这是一个编辑器），如图7-6所示。利用这个编辑器可以控制场景中所有的混合变形，例如调节各混合变形受目标物体的影响程度，添加或删除混合变形、设置关键帧等。

当创建混合变形时，因为会用到多个物体，所以还要对物体的类型加以区分。如果在混合变形中，一个A物体的形状被变形到B物体的形状，通常就说B物体是目标物体，A物体是基础物体。在创建一个混合变形时可以同时存在多个目标物体，但基础物体只有一个。

图7-6

单击“变形>混合变形”命令后面的按钮，打开“混合变形选项”对话框，如图7-7所示。该对话框分为“基本”和“高级”两个选项卡。

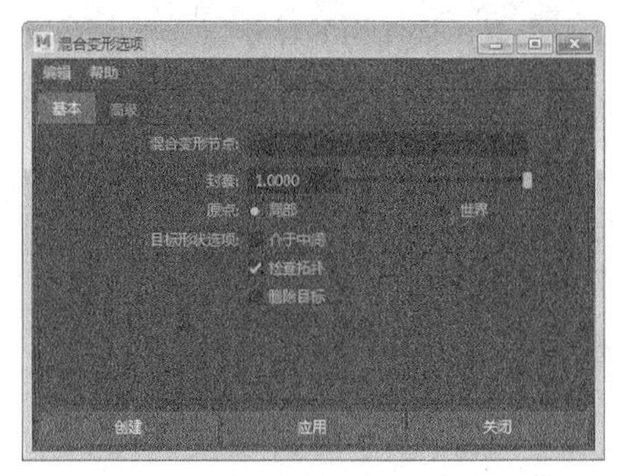


图7-7

## 1.基本

"混合变形选项"对话框中的"基本"选项卡下的参数含义如下。

### 基本选项卡参数介绍

- ❖ 混合变形节点：用于设置混合变形运算节点的具体名称。
- ❖ 封套：用于设置混合变形的比例系数，其取值范围为0~1。数值越大，混合变形的作用效果就越明显。
- ❖ 原点：指定混合变形是否与基础物体的位置、旋转和比例有关，包括以下两个选项。
  - ✧ 局部：当选择该选项时，在基础物体形状与目标物体形状进行混合时，将忽略基础物体与目标物体之间在位置、旋转和比例上的不同。对于面部动画设置，应该选择该选项，因为在制作面部表情动画时通常要建立很多的目标物体形状。
  - ✧ 世界：当选择该选项时，在基础物体形状与目标物体形状进行混合时，将考虑基础物体与目标物体之间在位置、旋转和比例上的任何差别。
- ❖ 目标形状选项：共有以下3个选项。
  - ✧ 介于中间：指定是依次混合还是并行混合。如果启用该选项，混合将依次发生，形状过渡将按照选择目标形状的顺序发生；如果禁用该选项，混合将并行发生，各个目标对象形状能够以并行方式同时影响混合，而不是逐个依次进行。
  - ✧ 检查拓扑：该选项可以指定是否检查基础物体形状与目标物体形状之间存在相同的拓扑结构。
  - ✧ 删除目标：该选项指定在创建混合变形后是否删除目标物体形状。

## 2.高级

单击"高级"选项卡，切换到"高级"参数设置面板，如图7-8所示。

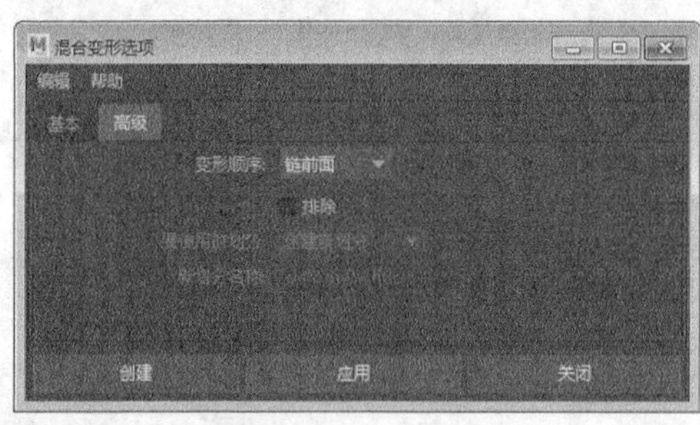


图7-8

### 高级选项卡参数介绍

- ❖ 变形顺序：指定变形器节点在可变形对象的历史中的位置。
- ❖ 排除：指定变形器集是否位于某个划分中，划分中的集可以没有重叠的成员。如果启用该选项，"要使用的划分"和"新划分名称"选项才可用。
- ❖ 要使用的划分：列出所有的现有划分。
- ❖ 新划分名称：指定将包括变形器集的新划分的名称。

## 【练习7-1】制作表情动画

| 场景文件 | Scenes>CH07>7.1.mb |
| --- | --- |
| 实例文件 | Examples>CH07>7.1.mb |
| 难易指数 | ★★☆☆☆ |
| 技术掌握 | 掌握混合变形器的用法 |

表情动画的制作大致分为两种，一种是使用骨架和簇来控制面部的变形；另一种就是直接通过"混合变形"来驱动模型，本例的表情动画就是用"混合变形"来制作的，如图7-9所示。

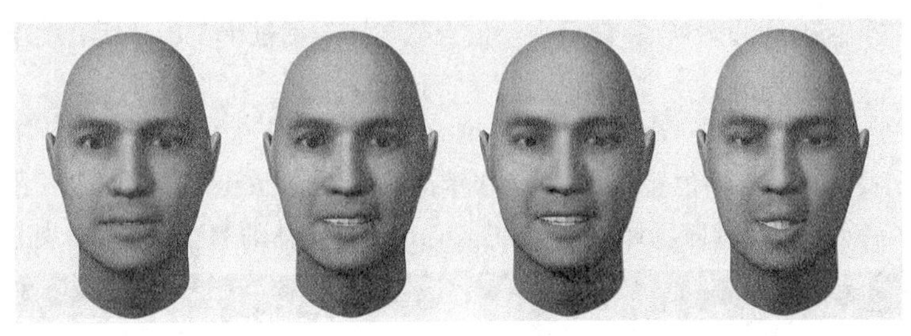

图7-9

**01** 打开学习资源中的“Scenes>CH07>7.1.mb”文件，场景中有多个人物头部模型，如图7-10所示。

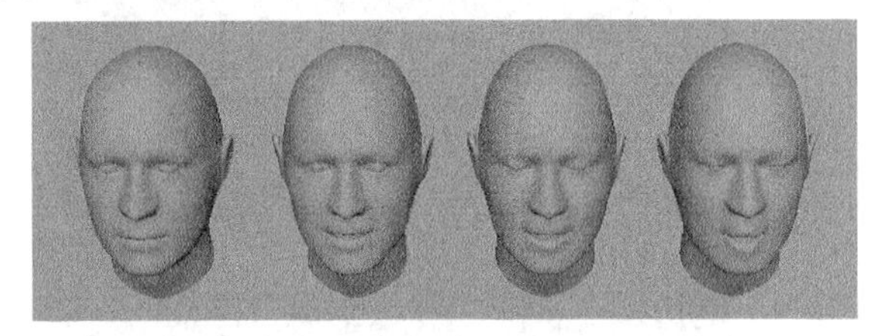

图7-10

**02** 选中目标物体，然后按住Shift键的同时加选基础物体，如图7-11所示，接着执行“创建变形器>混合变形”菜单命令。

**03** 执行“窗口>动画编辑器>混合变形”菜单命令，打开“混合变形”对话框，此时该对话框中已经出现4个权重滑块，这4个滑块的名称都是以目标物体命名的，当调整滑块的位置时，基础物体就会按照目标物体逐渐进行变形，如图7-12所示。

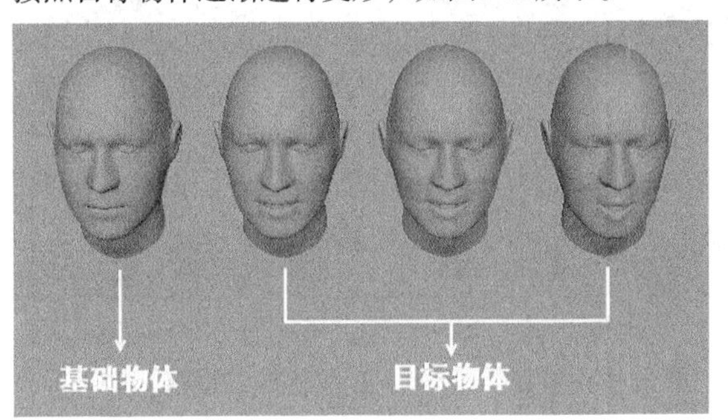


图7-11

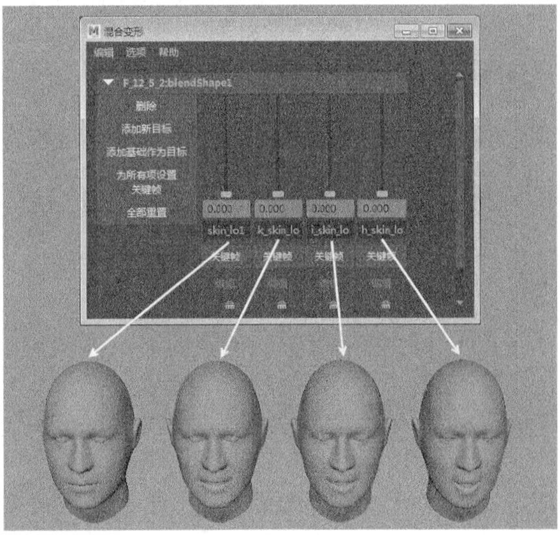

图7-12

## 提示

下面要制作一个人物打招呼，发音为Hello的表情动画。首先观察场景中的模型，从左至右依次是常态、笑、闭眼、e音和əu音的形态，如图7-13所示。

要制作出发音为Hello的表情动画，首先要知道Hello的发音为ˈheləu，其中有两个元音音标，分别是e和əu，这就是Hello的字根。因此要制作出Hello的表情动画，只需要制作出角色发出e和əu的发音口型就可以了，如图7-14所示。

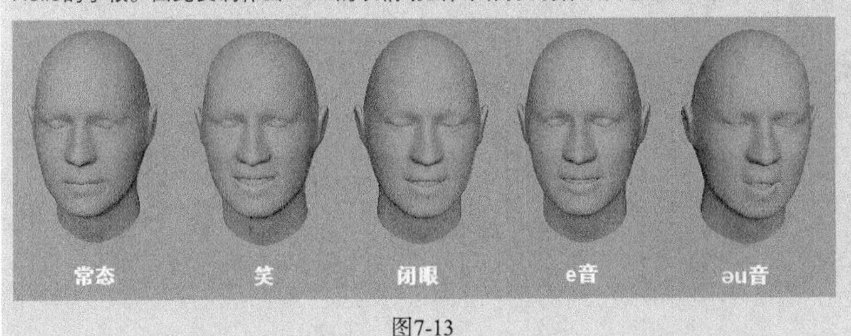


图7-13

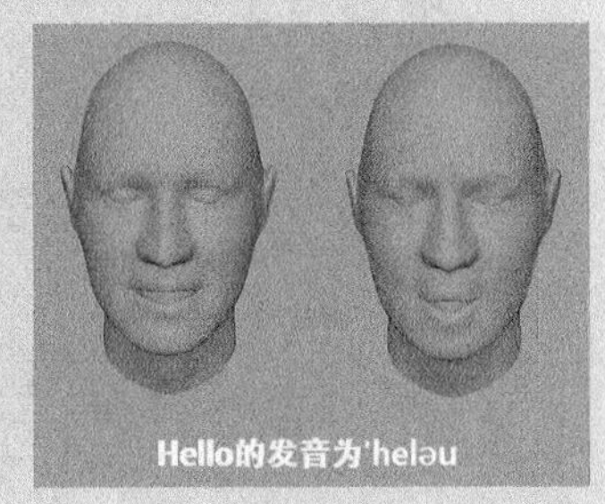


图7-14

**04** 在时间栏中设置当前时间为第1帧，然后在“混合变形”对话框中单击“所有项设置关键帧”按钮，如图7-15所示。

**05** 在时间栏中设置当前时间为第8帧，然后单击第3个权重滑块下面的“关键帧”按钮，为其设置关键帧，如图7-16所示，接着在第15帧位置设置第3个权重滑块的数值为0.8，再单击“关键帧”按钮，为其设置关键帧，如图7-17所示。此时基础物体已经在按照第3个目标物体的嘴型发音了，如图7-18所示。

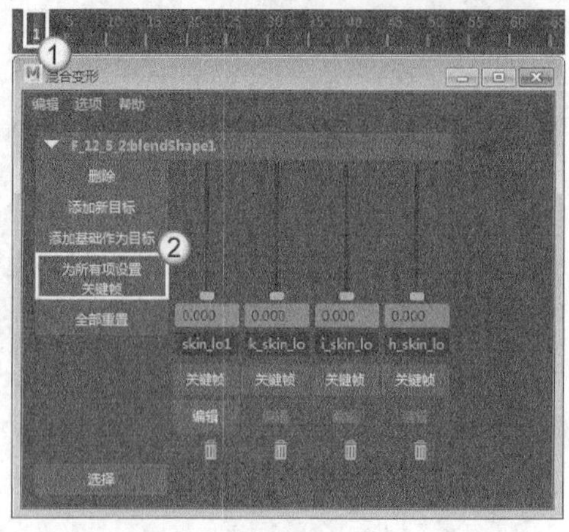


图7-15

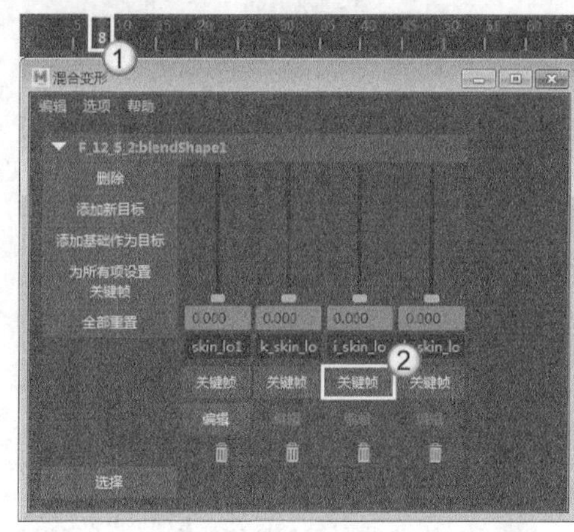


图7-16

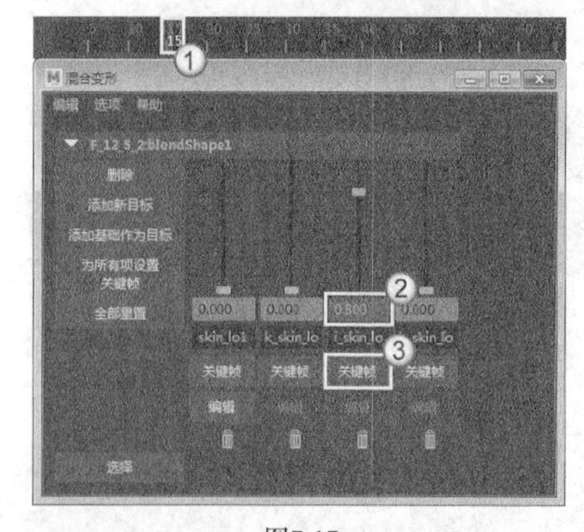


图7-17

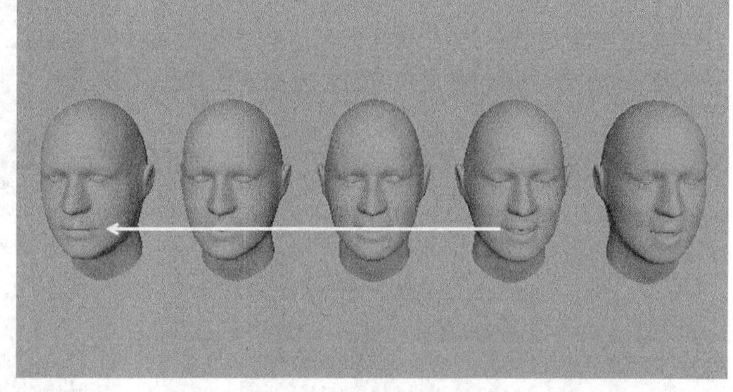

图7-18

**06** 在第18帧位置设置第3个权重滑块的数值为0，然后单击“关键帧”按钮，为其设置关键帧，如图7-19所示，接着在第16帧位置设置第4个权重滑块的数值为0，再单击“关键帧”按钮，为其设置关键帧，如图7-20所示。

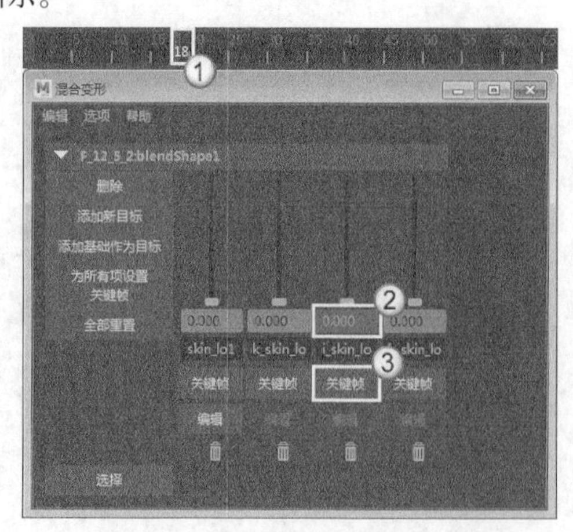


图7-19

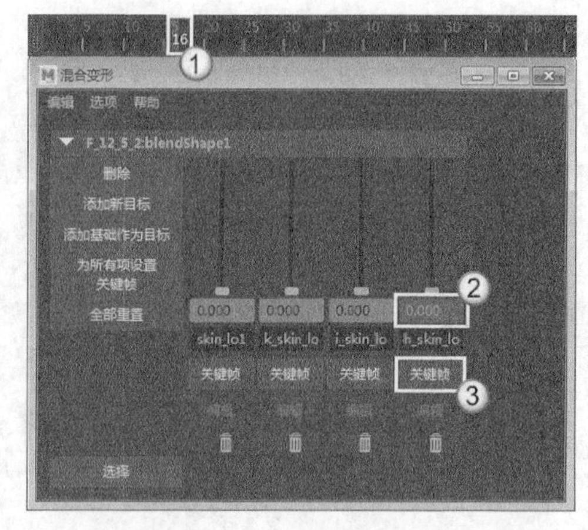


图7-20

**07** 在第19帧位置设置第4个权重滑块的数值为0.8，然后为其设置关键帧，如图7-21所示，接着在第23帧位置设置第4个权重滑块的数值为0，并为其设置关键帧，如图7-22所示。

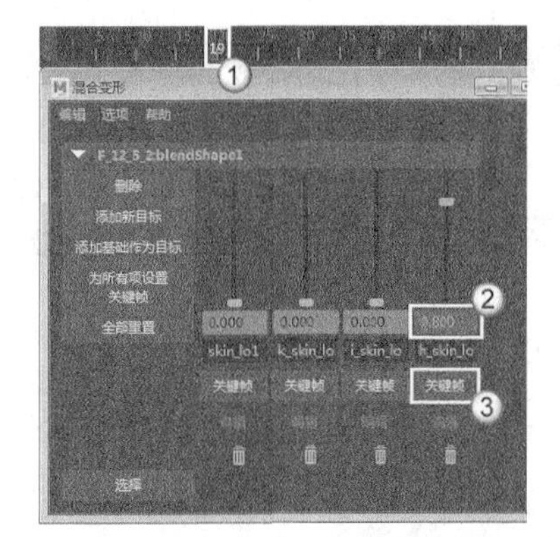

图7-21

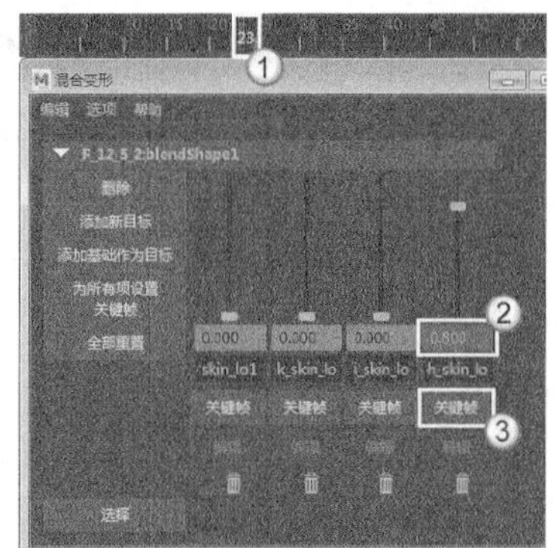

图7-22

**08** 播放动画，此时可以观察到人物的基础模型已经在发音了，如图7-23所示。

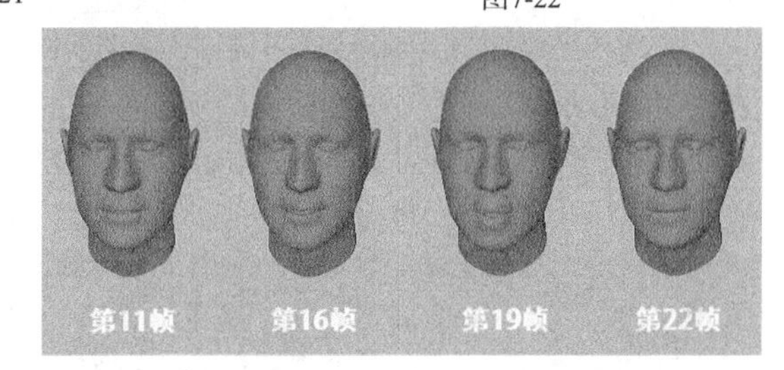


图7-23

**09** 下面为基础模型添加一个眨眼的动画。在第14帧、第18帧和第21帧分别设置第2个权重滑块的数值为0、1、0，并分别为其设置关键帧，如图7-24~图7-26所示。

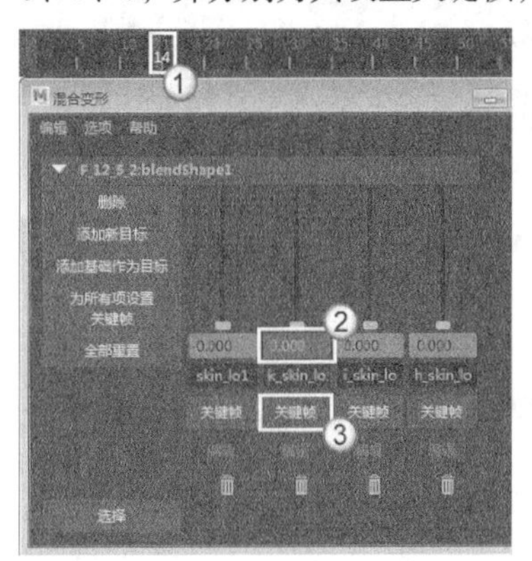

图7-24

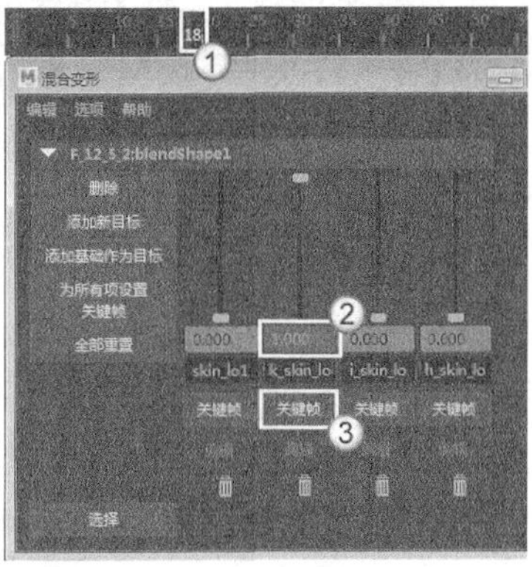

图7-25

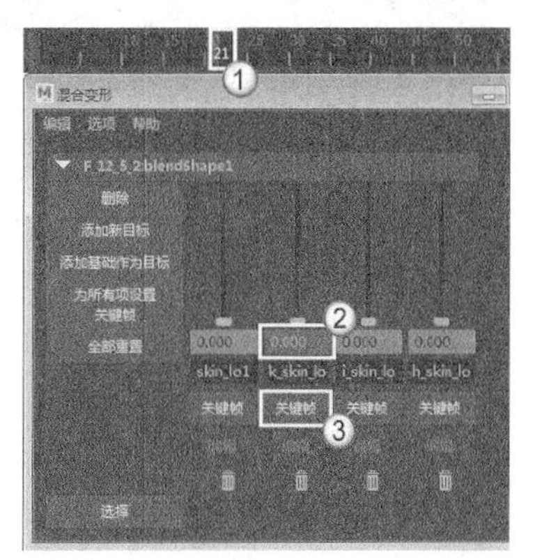

图7-26

**10** 下面为基础模型添加一个微笑的动画。在第10帧位置设置第1个权重滑块的数值为0.4，然后为其设置关键帧，如图7-27所示。

**11** 播放动画，可以观察到基础物体的发音、眨眼和微笑动画已经制作完成了，最终效果如图7-28所示。

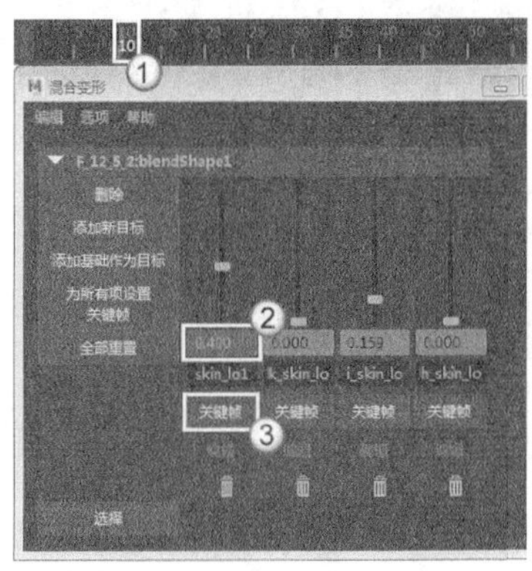
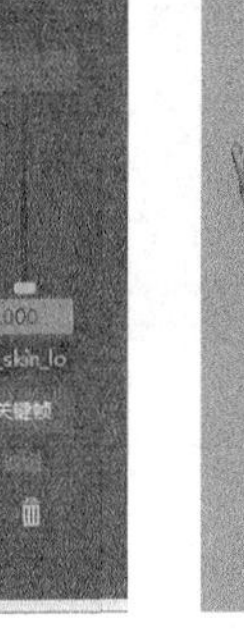

图7-27

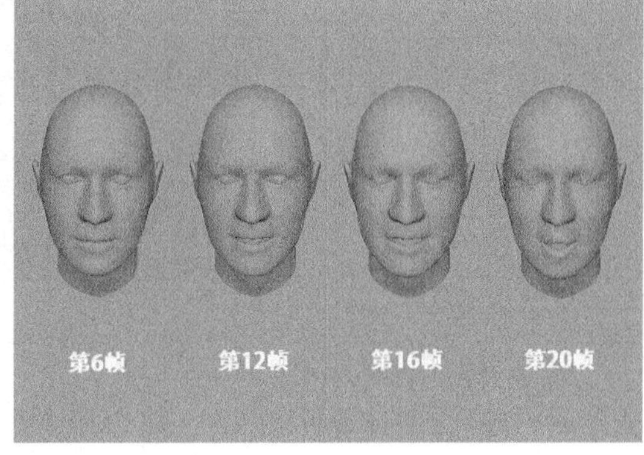


图7-28

## 技术专题：删除混合变形的方法

删除混合变形的方法主要有以下两种。

第1种：首先选择基础物体模型，然后执行“编辑>按类型删除>历史”菜单命令，这样在删除模型构造历史的同时，也就删除了混合变形。需要注意的是，这种方法会将基础物体上存在的所有构造历史节点全部删除，而不仅仅删除混合变形节点。

第2种：执行“窗口>动画编辑器>混合变形”菜单命令，打开“混合变形”对话框，然后单击“删除”按钮，将相应的混合变形节点删除。

## 7.2.2 簇

使用“簇”变形器可以同时控制一组可变形物体上的点，这些点可以是NURBS曲线或曲面的控制点、多边形曲面的顶点、细分曲面的顶点和晶格物体的晶格点。用户可以根据需要为组中的每个点分配不同的变形权重，只要对“簇”变形器手柄进行变换（移动、旋转、缩放）操作，就可以使用不同的影响力变形“簇”有效作用区域内的可变形物体，如图7-29所示。

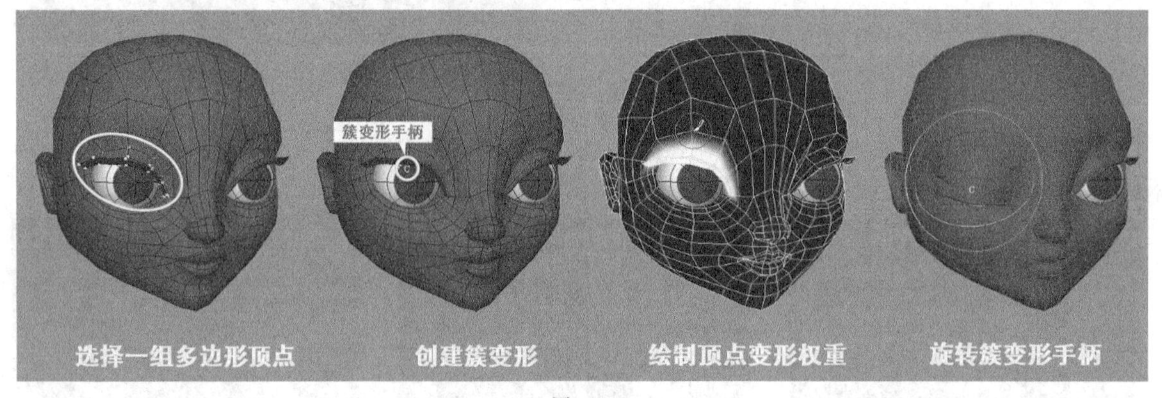


图7-29

**提示**

“簇”变形器会创建一个变形点组，该组中包含可变形物体上选择的多个可变形物体点，可以为组中的每个点分配变形权重的百分比，这个权重百分比表示“簇”变形在每个点上变形影响力的大小。“簇”变形器还提供了一个操纵手柄，在视图中显示为C字母图标，当对“簇”变形器手柄进行变换（移动、旋转、缩放）操作时，组中的点将根据设置的不同权重百分比来产生不同程度的变换效果。

单击“变形>簇”命令后面的按钮，打开“簇选项”对话框，如图7-30所示。

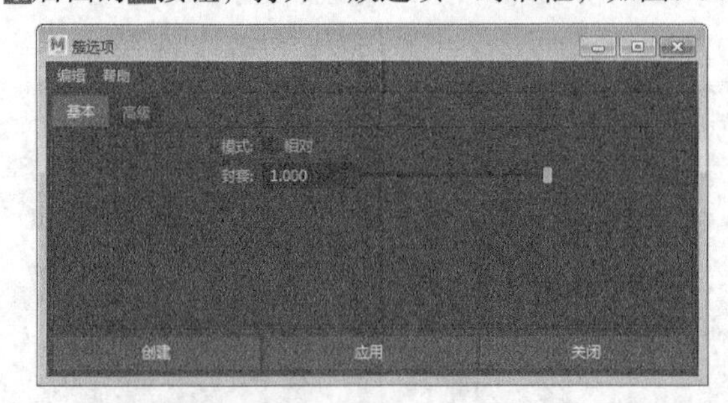


图7-30

### 簇选项对话框参数介绍

❖ 模式：指定是否只有当“簇”变形器手柄自身进行变换（移动、旋转、缩放）操作时，“簇”变形器才能对可变形物体产生变形影响。

❖ 相对：如果选择该选项，只有当“簇”变形器手柄自身进行变换操作时，才能引起可变形物体产生变形效果；当关闭该选项时，如果对“簇”变形器手柄的父（上一层级）物体进行变换操作，也能引起可变形物体产生变形效果，如图7-31所示。

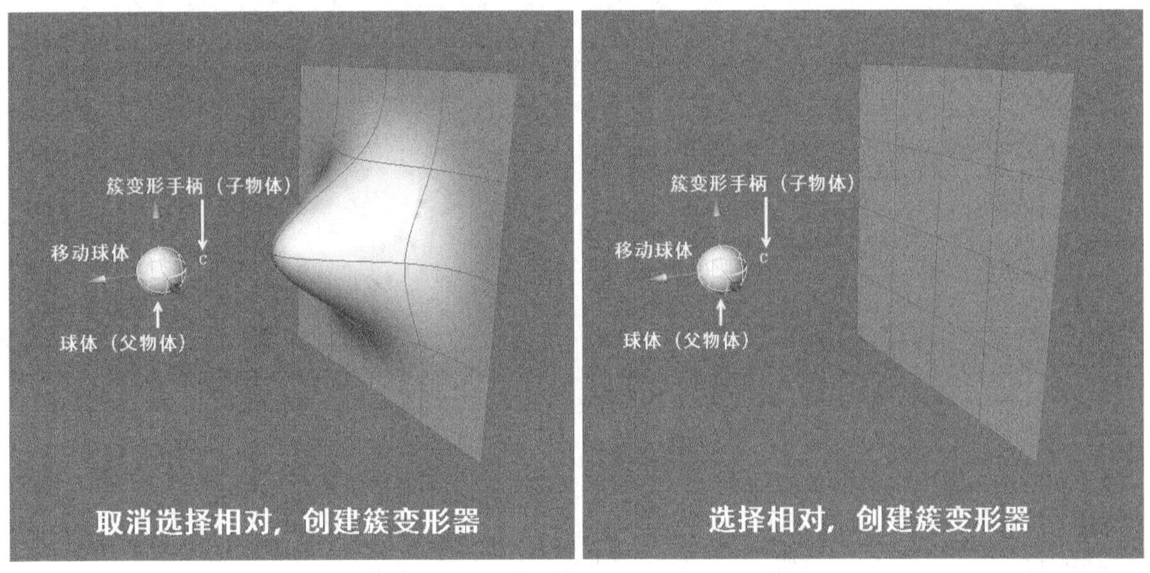


图7-31

❖ 封套：设置“簇”变形器的比例系数。如果设置为0，将不会产生变形效果；如果设置为0.5，将产生全部变形效果的一半；如果设置为1，会得到完全的变形效果。

**提示**

注意，Maya中顶点和控制点是无法成为父子关系的，但可以为顶点或控制点创建簇，间接实现其父子关系。

## 【练习7-2】用簇变形器为鲸鱼制作眼皮

| 场景文件 | Scenes>CH07>7.2.mb |
| --- | --- |
| 实例文件 | Examples>CH07>7.2.mb |
| 难易指数 | ★☆☆☆☆ |
| 技术掌握 | 掌握簇变形器的用法 |

本例使用“簇”变形器为鲸鱼制作的眼皮效果如图7-32所示。

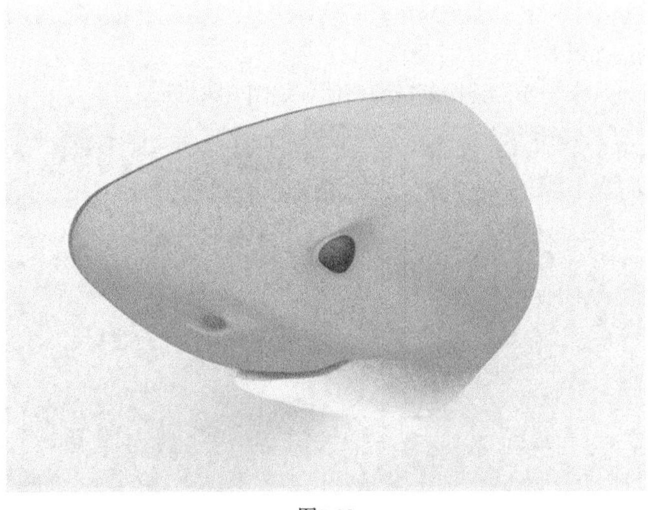

图7-32

01 打开学习资源中的“Scenes>CH07>7.2.mb”文件，如图7-33所示。

02 进入“控制顶点”编辑模式，然后选择图7-34所示的顶点。

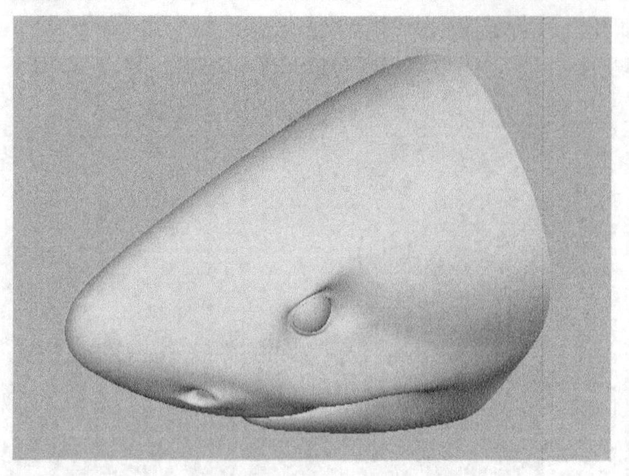

图7-33

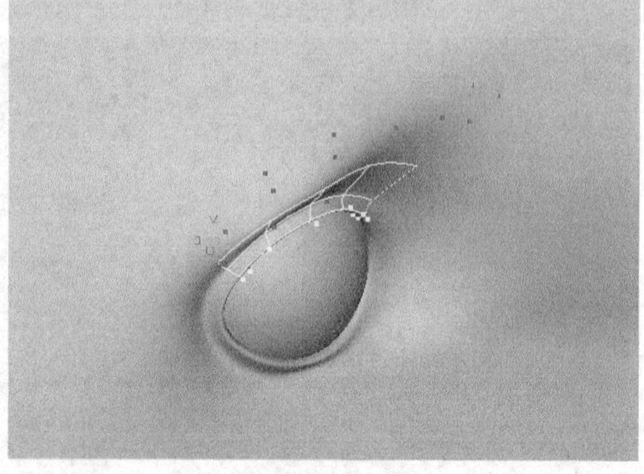

图7-34

03 执行“变形>簇”菜单命令后面的按钮，打开“簇选项”对话框，然后选择“相对”选项，如图7-35所示，接着单击“创建”按钮，创建一个“簇”变形器，此时在眼角处会出现一个“C”图标，如图7-36所示。

04 移动C图标，对眼角进行拉伸，使其变成眼皮形状，如图7-37所示。

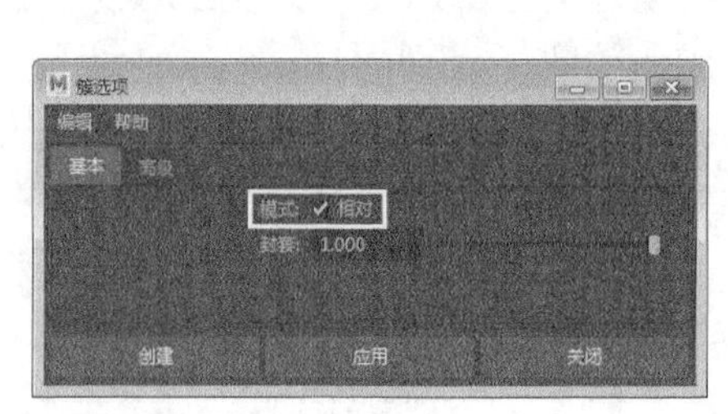


图7-35

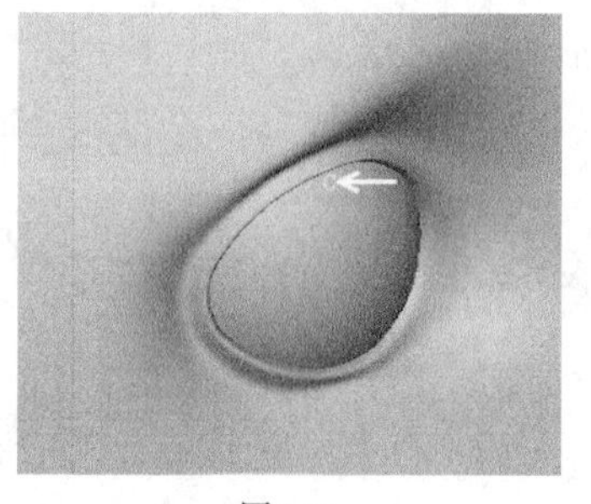

图7-36

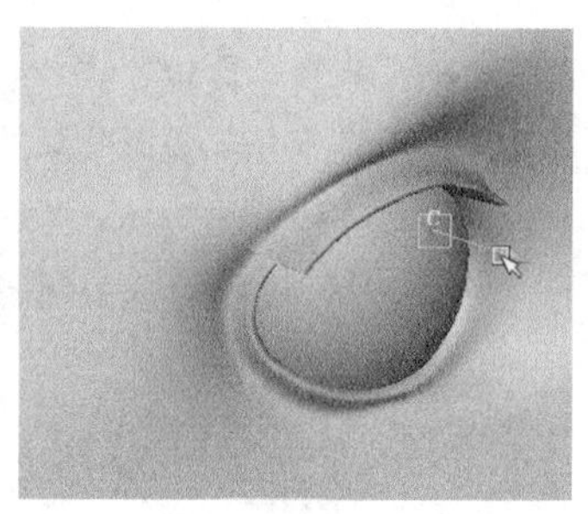

图7-37

## 7.2.3 晶格

“晶格”变形器可以利用构成晶格物体的晶格点来自由改变可变形物体的形状，在物体上创造出变形效果。用户可以直接移动、旋转或缩放整个晶格物体来整体影响可变形物体，也可以调整每个晶格点，在可变形物体的局部创造变形效果。

“晶格”变形器经常用于变形结构复杂的物体，如图7-38所示。

图7-38

## 提示

“晶格”变形器可以利用环绕在可变形物体周围的晶格物体，自由改变可变形物体的形状。

“晶格”变形器依靠晶格物体来影响可变形物体的形状。晶格物体是由晶格点构建的线框结构物体，可以采用直接移动、旋转、缩放晶格物体或调整晶格点位置的方法创建晶格变形效果。

一个完整的晶格物体由“基础晶格”和“影响晶格”两部分构成。在编辑晶格变形效果时，其实就是对影响晶格进行编辑操作，晶格变形效果是基于基础晶格的晶格点和影响晶格的晶格点之间存在的差别而创建的。在默认状态下，基础晶格被隐藏，这样可以方便对影响晶格进行编辑操作。但是变形效果始终取决于影响晶格和基础晶格之间的关系。

单击“变形>晶格”命令后面的按钮，打开“晶格选项”对话框，如图7-39所示。

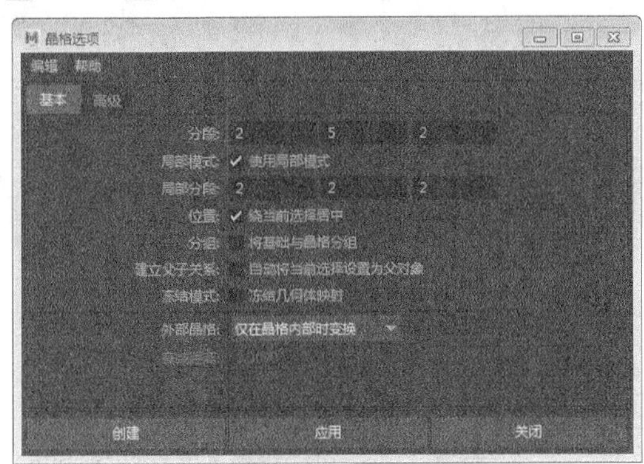


图7-39

### 晶格选项对话框参数介绍

- 分段：在晶格的局部STU空间中指定晶格的结构（STU空间是为指定晶格结构提供的一个特定的坐标系统）。
- 局部模式：当选择“使用局部模式”选项时，可以通过设置“局部分段”数值来指定每个晶格点能影响靠近其自身的可变形物体上的点的范围；当关闭该选项时，每个晶格点将影响全部可变形物体上的点。
- 局部分段：只有在“局部模式”中选择了“使用局部模式”选项时，该选项才起作用。“局部分段”可以根据晶格的局部STU空间指定每个晶格点的局部影响力的范围大小。
- 位置：指定创建晶格物体将要放置的位置。
- 分组：指定是否将影响晶格和基础晶格放置到一个组中，编组后的两个晶格物体可以同时进行移动、旋转或缩放等变换操作。
- 建立父子关系：指定在创建晶格变形后是否将影响晶格和基础晶格作为选择可变形物体的子物体，从而在可变形物体和晶格物体之间建立父子连接关系。
- 冻结模式：指定是否冻结晶格变形映射。当选择该选项时，在影响晶格内的可变形物体组分元素将被冻结，即不能对其进行移动、旋转或缩放等变换操作，这时可变形物体只能被影响晶格变形。
- 外部晶格：指定晶格变形对可变形物体上点的影响范围，共有以下3个选项。
  - 仅在晶格内部时变换：只有在基础晶格之内的可变形物体点才能被变形，这是默认选项。
  - 变换所有点：所有目标可变形物体上（包括在晶格内部和外部）的点，都能被晶格物体变形。
  - 在衰减范围内则变换：只有在基础晶格和指定衰减距离之内的可变形物体点，才能被晶格物体变形。
- 衰减距离：只有在“外部晶格”中选择了“在衰减范围内则变换”选项时，该选项才起作用。该选项用于指定从基础晶格到哪些点的距离能被晶格物体变形，衰减距离的单位是实际测量的晶格宽度。

## 【练习7-3】用晶格变形器调整模型

| 场景文件 | Scenes>CH07>7.3.mb |
| --- | --- |
| 实例文件 | Examples>CH07>7.3.mb |
| 难易指数 | ★★☆☆☆ |
| 技术掌握 | 掌握晶格变形器的用法 |

本例使用“晶格”变形器将人物模型变形后的效果如图7-40所示。

图7-40

**01** 打开学习资源中的“Scenes>CH07>7.3.mb”文件，场景中有两个人物模型，如图7-41所示。

**02** 选择右边的模型，然后执行“变形>晶格”菜单命令，此时模型上会出现一个“晶格”变形器，如图7-42所示。

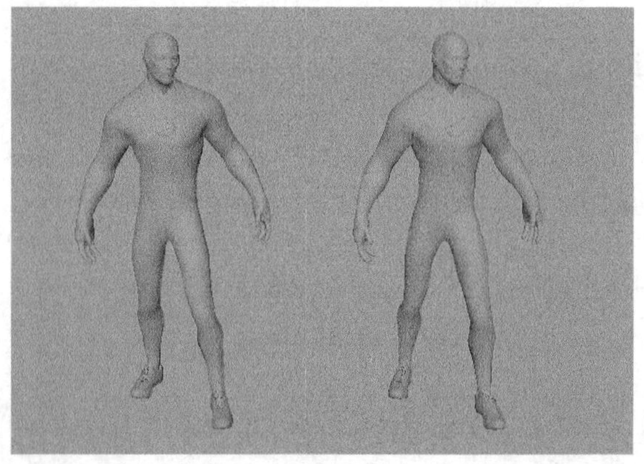

图7-41

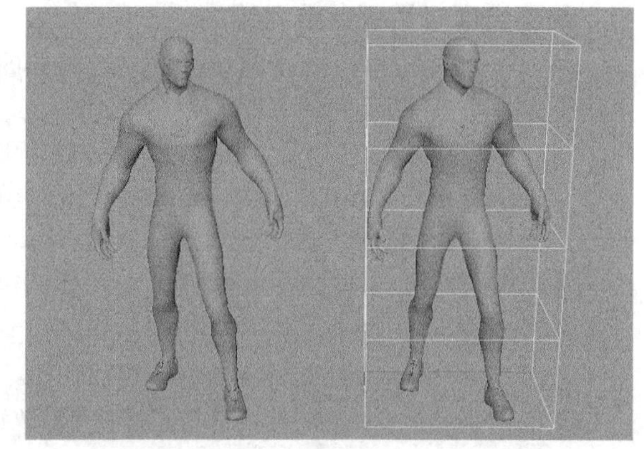

图7-42

**03** 选择晶格，然后在“通道盒/层编辑器”面板中设置 “T分段数”为8，如图7-43所示。

**04** 将光标移至晶格上，然后按住鼠标右键，接着在打开的菜单中选择“晶格点”命令，如图7-44所示。

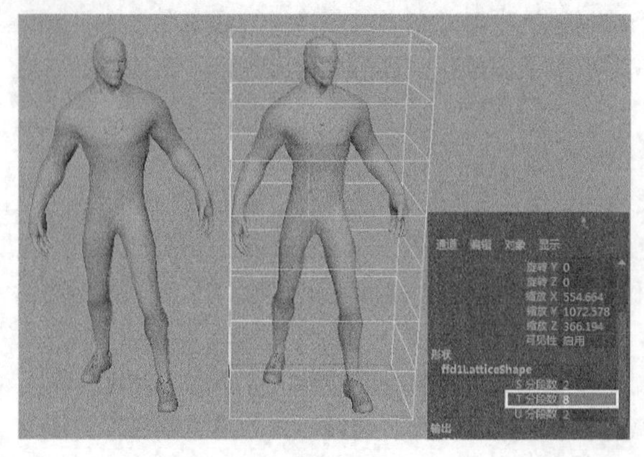


图7-43

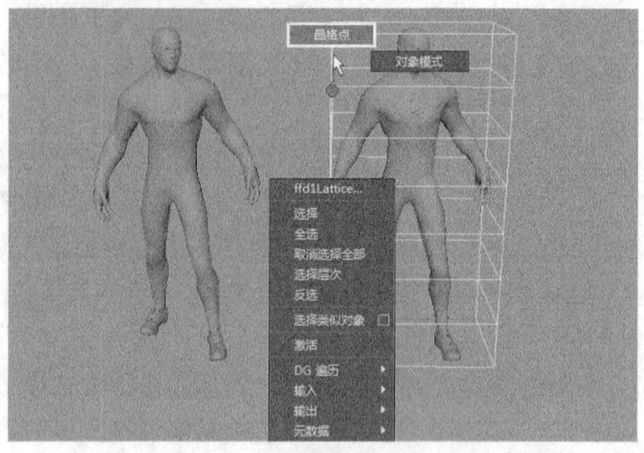


图7-44

**05** 选择胸部以下的晶格点，然后逆时针旋转，此时，模型的外形会发生变化，效果如图7-45所示。接着使用“移动工具”“旋转工具”“缩放工具”调整晶格点，使模型的外形更加自然，如图7-46所示。

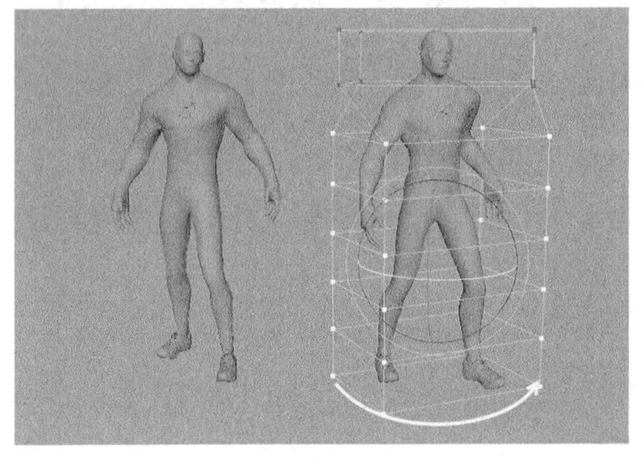
图7-45

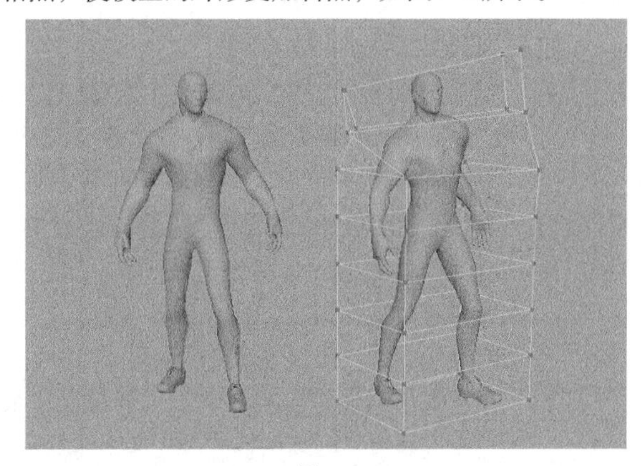
图7-46

**06** 选择模型，然后执行“编辑>按类型删除>历史”菜单命令，此时，晶格被删除，但是模型的外形将固定下来，效果如图7-47所示。

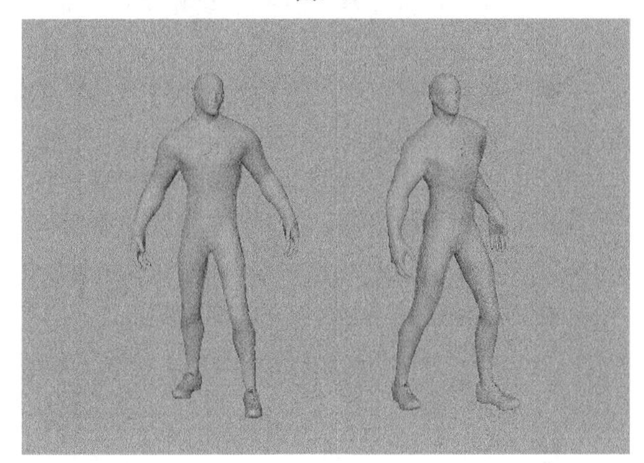
图7-47

## 7.2.4 包裹

“包裹”变形器可以使用NURBS曲线、NURBS曲面或多边形表面网格作为影响物体来改变可变形物体的形状。在制作动画时，经常会采用一个低精度模型通过“包裹”变形的方法来影响高精度模型的形状，这样可以使高精度模型的控制更加容易，如图7-48所示。

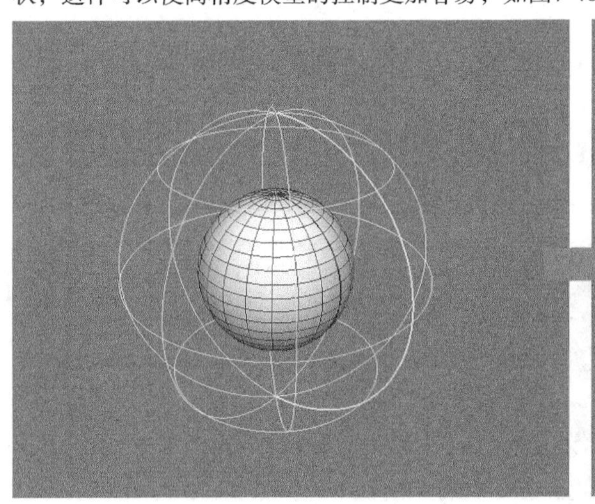
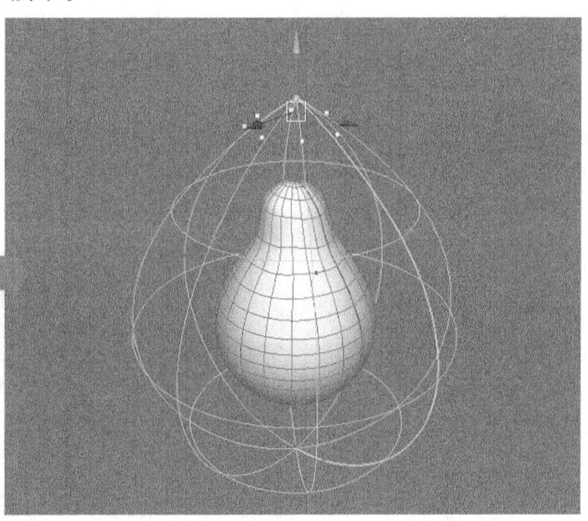
图7-48

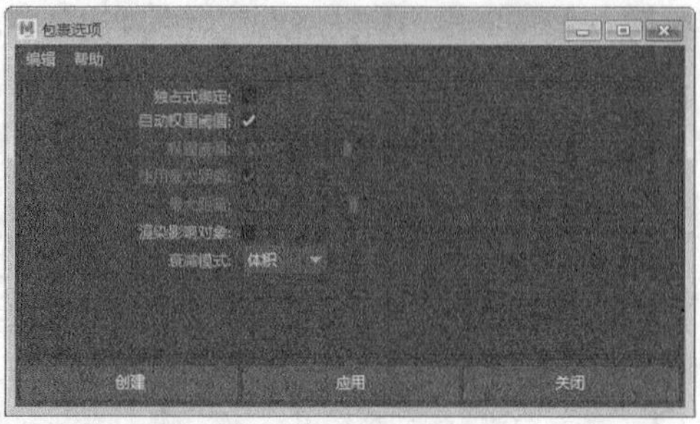

单击“变形>包裹”命令后面的按钮，打开“包裹选项”对话框，如图7-49所示。

图7-49

### 包裹选项对话框参数介绍

- ❖ 独占式绑定：选择该选项后，“包裹”变形器目标曲面的行为将类似于刚性绑定蒙皮，同时“权重阈值”将被禁用。“包裹”变形器目标曲面上的每个曲面点只受单个包裹影响对象点的影响。
- ❖ 自动权重阈值：选择该选项后，“包裹”变形器将通过计算最小“最大距离”值，自动设定包裹影响对象形状的最佳权重，从而确保网格上的每个点受一个影响对象的影响。

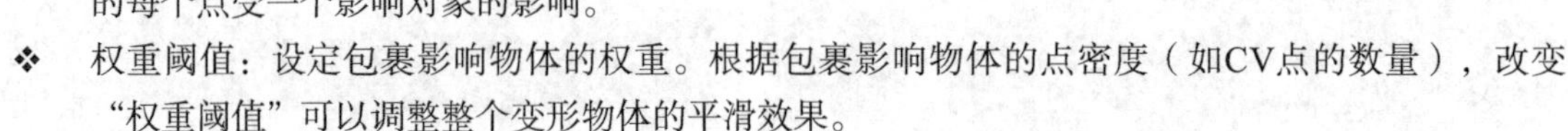

- ❖ 权重阈值：设定包裹影响物体的权重。根据包裹影响物体的点密度（如CV点的数量），改变“权重阈值”可以调整整个变形物体的平滑效果。
- ❖ 使用最大距离：如果要设定“最大距离”值并限制影响区域，就需要启用“使用最大距离”选项。
- ❖ 最大距离：设定包裹影响物体上每个点所能影响的最大距离，在该距离范围以外的顶点或CV点将不受包裹变形效果的影响。一般情况下都将“最大距离”设置为很小的值（不为0），然后在“通道盒/层编辑器”面板中调整该参数，直到得到满意的效果。
- ❖ 渲染影响对象：设定是否渲染包裹影响对象。如果选择该选项，包裹影响对象将在渲染场景时可见；如果关闭该选项，包裹影响对象将不可见。
- ❖ 衰减模式：包含以下两种模式。
  - ✧ 体积：将“包裹”变形器设定为使用直接距离来计算包裹影响对象的权重。
  - ✧ 表面：将“包裹”变形器设定为使用基于曲面的距离来计算权重。

**提示**

在创建包裹影响物体时，需要注意以下4点。

第1点：包裹影响物体的CV点或顶点的形状和分布将影响包裹变形效果，需要特别注意的是，应该让影响物体的点少于要变形物体的点。

第2点：通常要让影响物体包住要变形的物体。

第3点：如果使用多个包裹影响物体，则在创建包裹变形之前必须将它们成组。当然，也可在创建包裹变形后添加包裹来影响物体。

第4点：如果要渲染影响物体，要在“属性编辑器”对话框中的“渲染统计信息”中开启物体的“主可见性”属性。Maya在创建包裹变形时，默认情况下关闭了影响物体的“主可见性”属性，因为大多情况下都不需要渲染影响物体。

## 7.2.5 线工具

用“线”工具可以使用一条或多条NURBS曲线改变可变形物体的形状，“线工具”就好像是雕刻家手中的雕刻刀，它经常被用于角色模型面部表情的调节，如图7-50所示。

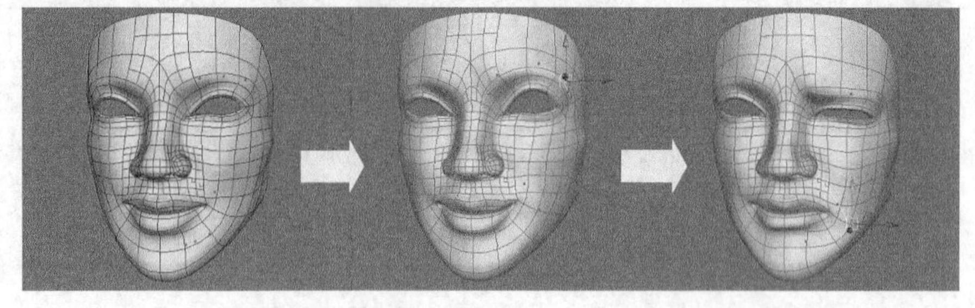

图7-50

单击“变形>线”命令后面的按钮，打开“线工具”的“工具设置”对话框，如图7-51所示。

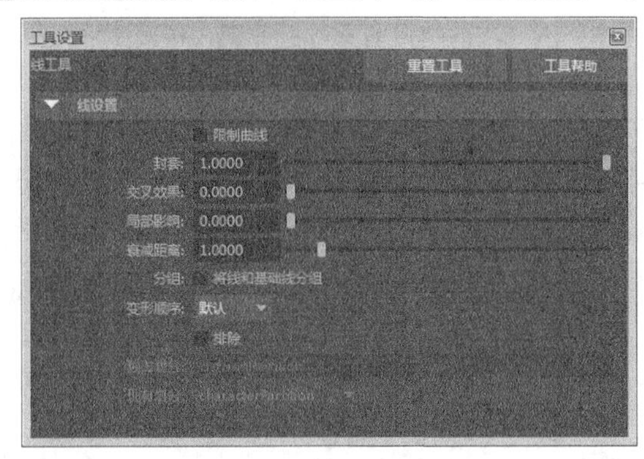


图7-51

### 线工具参数介绍

- ❖ 限制曲线：设定创建的线变形是否带有固定器，使用固定器可限制曲线的变形范围。
- ❖ 封套：设定变形影响系数。该参数最大为1，最小为0。
- ❖ 交叉效果：控制两条影响线交叉处的变形效果。

**提示**

注意，用于创建线变形的NURBS曲线称为“影响线”。在创建线变形后，还有一种曲线，是为每一条影响线所创建的，称为“基础线”。线变形效果取决于影响线和基础线之间的差别。

- ❖ 局部影响：设定两个或多个影响线变形作用的位置。
- ❖ 衰减距离：设定每条影响线影响的范围。
- ❖ 分组：选择“将线和基础线分组”选项后，可以群组影响线和基础线。否则，影响线和基础线将独立存在于场景中。
- ❖ 变形顺序：设定当前变形在物体的变形顺序中的位置。

## 【练习7-4】用线工具制作帽檐

| 场景文件 | Scenes>CH07>7.4.mb |
| --- | --- |
| 实例文件 | Examples>CH07> 7.4.mb |
| 难易指数 | ★☆☆☆☆ |
| 技术掌握 | 掌握线工具的用法 |

本例使用“线”工具制作的帽檐效果如图7-52所示。

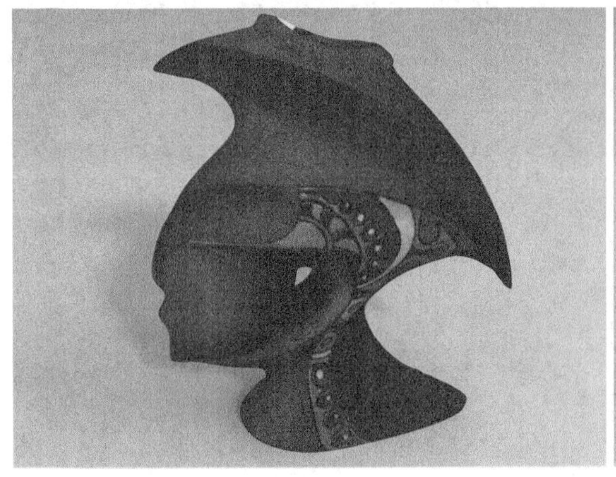

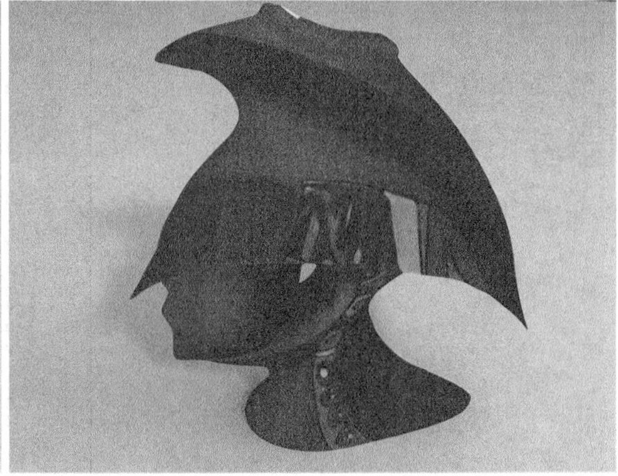

图7-52

01 打开学习资源中的“Scenes>CH07>7.4.mb”文件，场景中有一个雕像模型，如图7-53所示。

02 选择模型，然后在状态栏中单击“激活选定对象”按钮，将其激活为工作表面，如图7-54所示。

03 执行“创建>曲线工具>EP曲线工具”菜单命令，然后绘制一条图7-55所示的曲线。

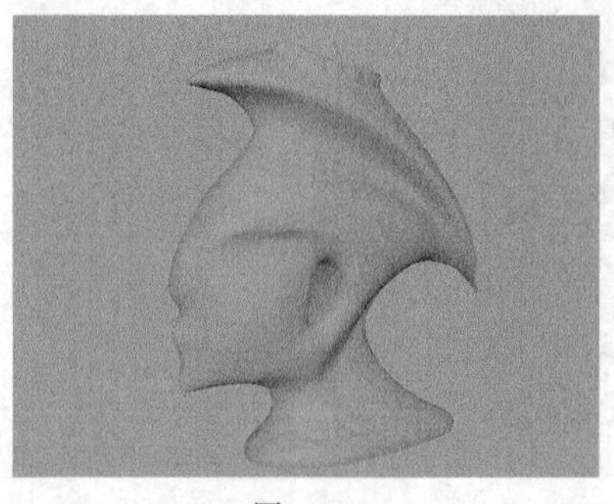

图7-53

图7-54

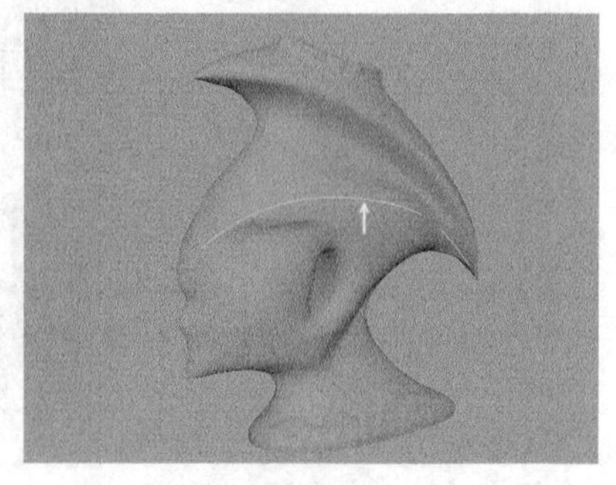

图7-55

04 选择模型，然后执行“变形>线”菜单命令，接着按Enter键确认操作，并选择曲线，再按Enter键确认操作，最后使用“移动工具”将曲线向外拖曳一段距离，效果如图7-56所示。

05 此时，拖曳出的面会出现问题。在“通道盒/层编辑器”面板中设置“衰减距离[0]”为10，效果如图7-57所示。

图7-56

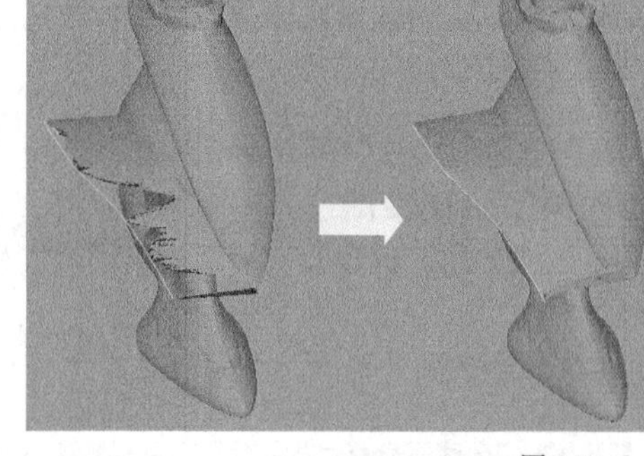

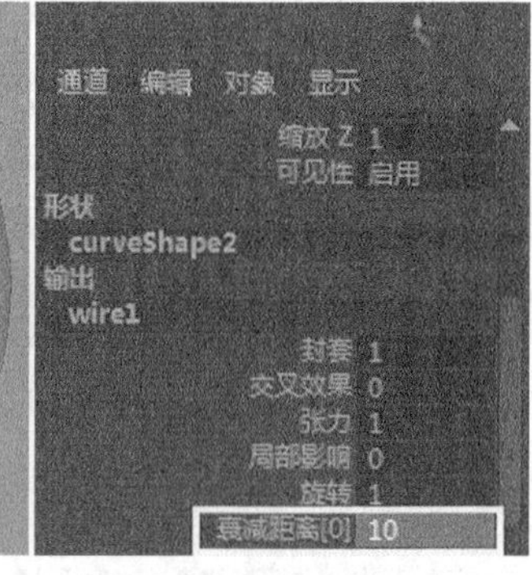


图7-57

## 7.2.6 褶皱工具

“褶皱”工具是“线”和“簇”变形器的结合。使用“褶皱”工具可以在物体表面添加褶皱细节效果，如图7-58所示。

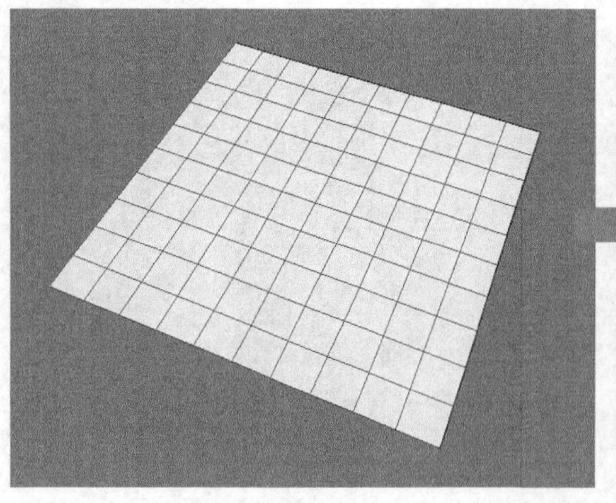

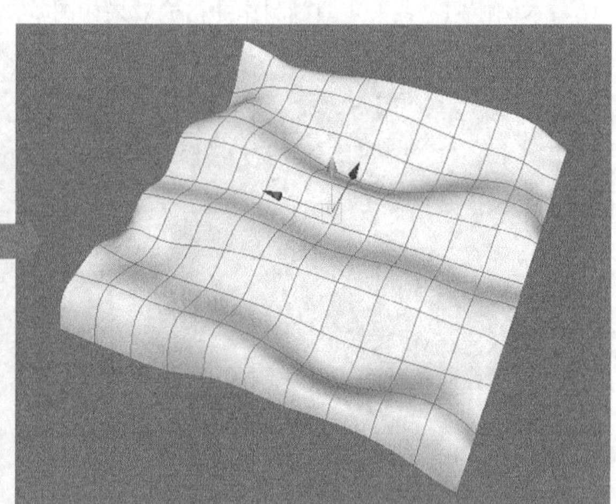

图7-58

## 7.2.7 非线性

“非线性”变形器菜单包含6个子命令，分别是“弯曲”、“扩张”、“正弦”、“挤压”、“扭曲”和“波浪”，如图7-59所示。

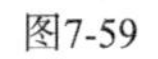

图7-59

### 非线性变形器菜单命令介绍

❖ 弯曲：使用“弯曲”变形器可以沿着圆弧变形操纵器弯曲可变形物体，如图7-60所示。

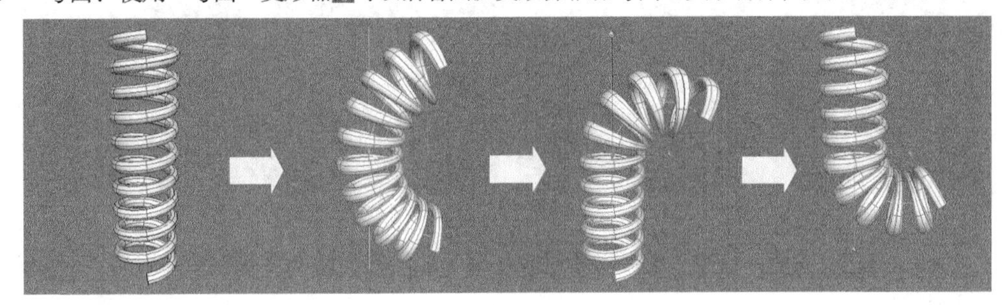

图7-60

❖ 扩张：使用“扩张”变形器可以沿着两个变形操纵平面来扩张或锥化可变形物体，如图7-61所示。

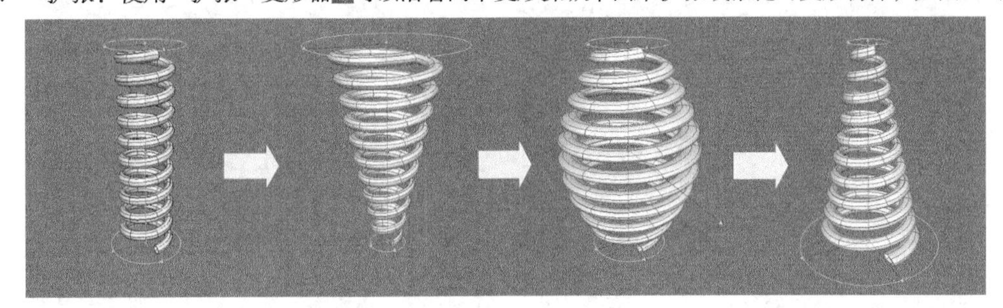

图7-61

❖ 正弦：使用“正弦”变形器可以沿着一个正弦波形改变任何可变形物体的形状，如图7-62所示。

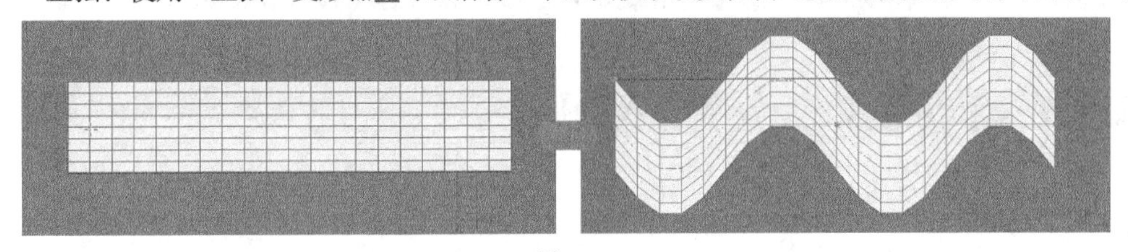

图7-62

❖ 挤压：使用“挤压”变形器可以沿着一个轴向挤压或伸展任何可变形物体，如图7-63所示。

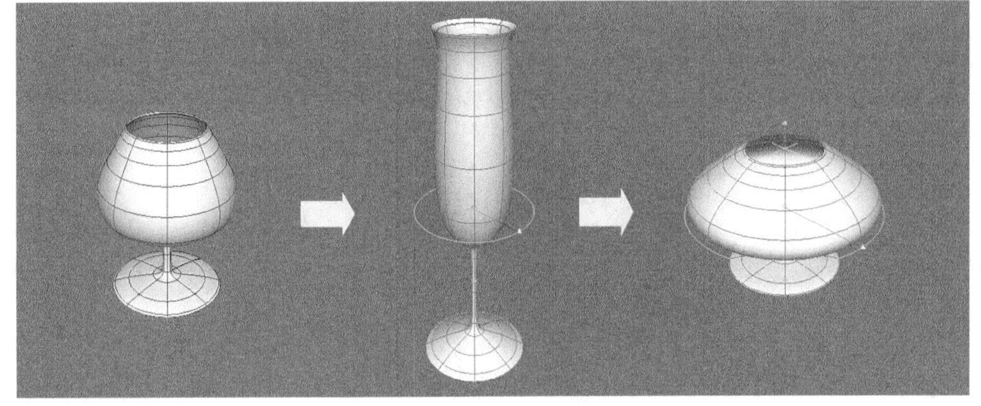

图7-63

❖ 扭曲：使用“扭曲”变形器可以利用两个旋转平面围绕一个轴向扭曲可变形物体，如图7-64所示。

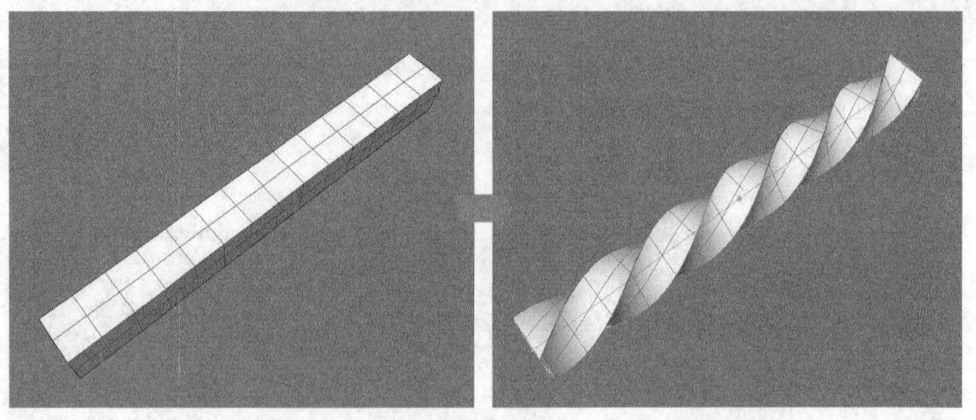

图7-64

❖ 波浪：使用“波浪”变形器可以通过一个圆形波浪变形操纵器改变可变形物体的形状，如图7-65所示。

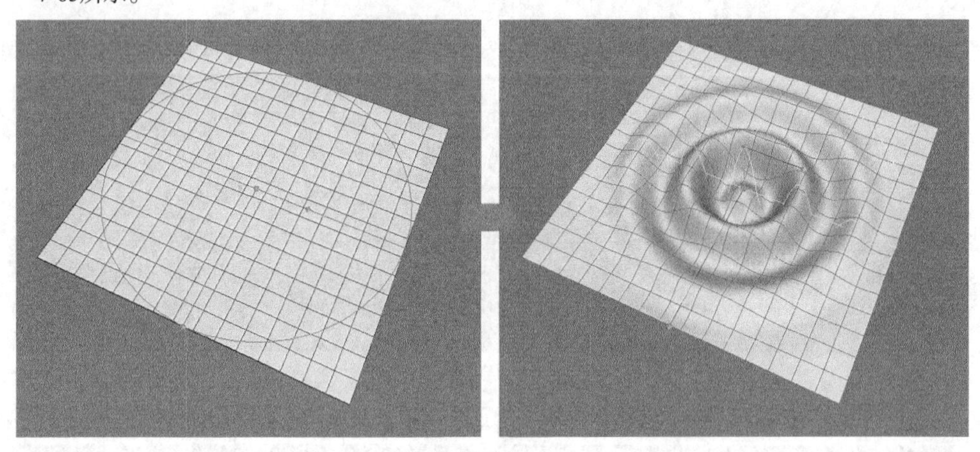

图7-65

## 【练习7-5】用扭曲命令制作绳子

| 场景文件 | 无 |
| --- | --- |
| 实例文件 | Examples>CH07>7.5.mb |
| 难易指数 | ★★☆☆☆ |
| 技术掌握 | 掌握扭曲变形器的用法 |

本例使用“扭曲”命令制作的绳子效果如图7-66所示。

图7-66

**01** 新建场景，然后创建一个多边形圆柱体，接着在“通道盒/层编辑器”面板中设置“高度”为40、“轴向细分数”为8、“高度细分数”为20，如图7-67所示。

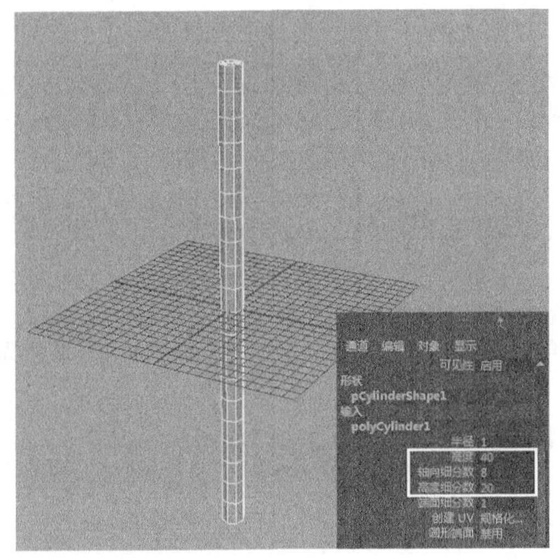

图7-67

**02** 删除圆柱体上下两端的面，然后复制出两个圆柱体，接着调整圆柱体的位置，如图7-68和图7-69所示。

**03** 选择所有圆柱体，然后执行“网格>结合”菜单命令，效果如图7-70所示。

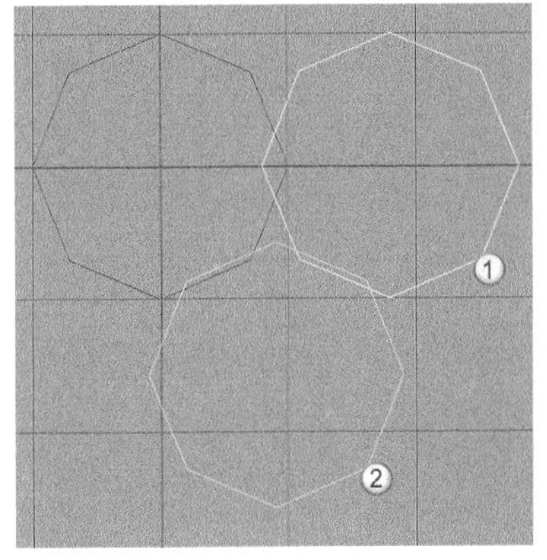

图7-68

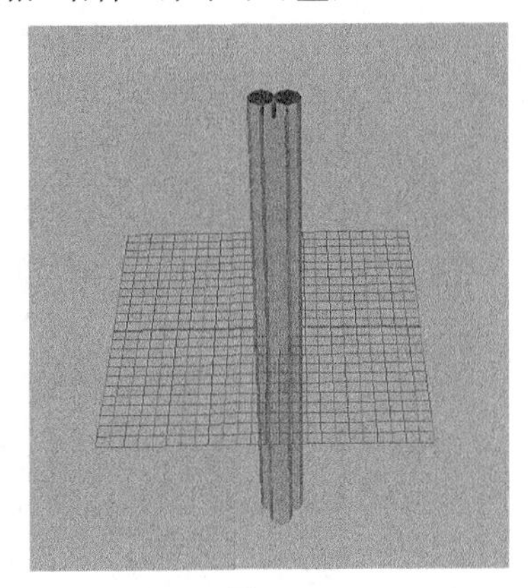
图7-69

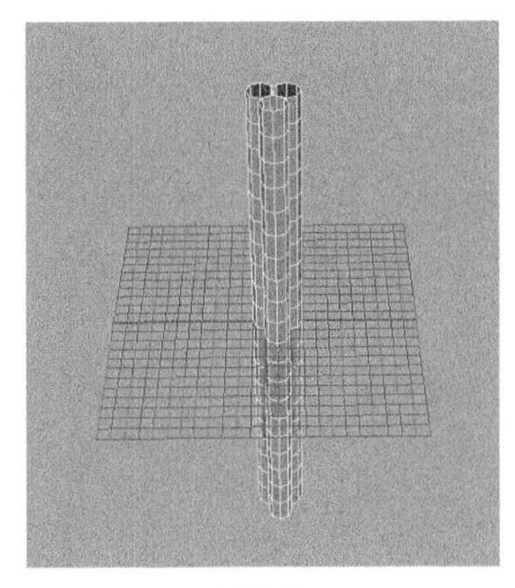
图7-70

**04** 选择模型，然后执行“变形>非线性>扭曲”菜单命令，如图7-71所示，接着在“通道盒/层编辑器”面板中设置“开始角度”为800，如图7-72所示。

**05** 选择模型，然后删除其构建历史，接着按数字3键光滑显示，效果如图7-73所示。

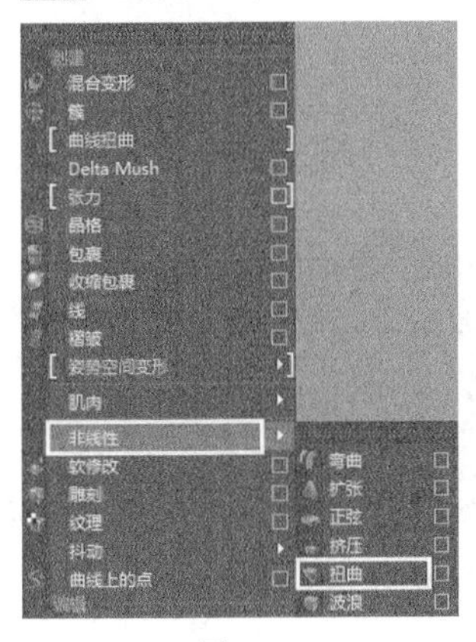

图7-71

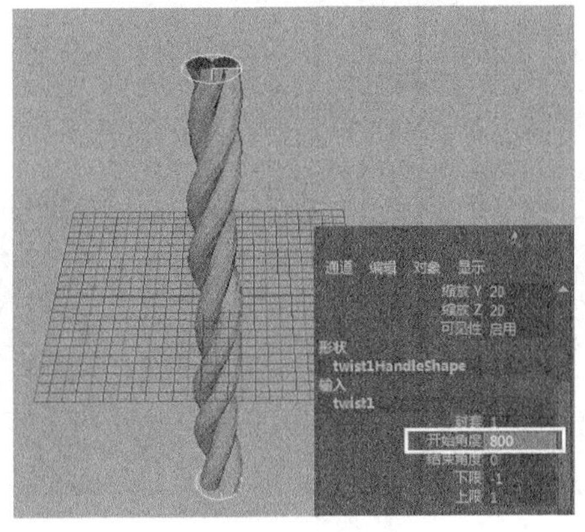

图7-72

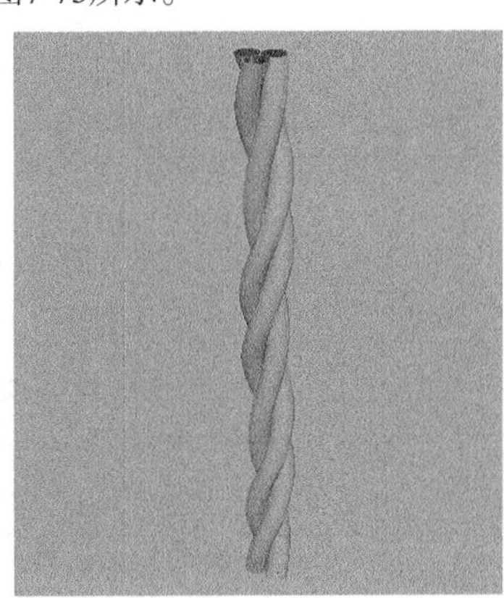
图7-73

## 7.2.8 雕刻

“雕刻”命令用于创建任意类型的圆化变形效果，对多边形立方体使用“雕刻”命令的效果如图7-74所示。

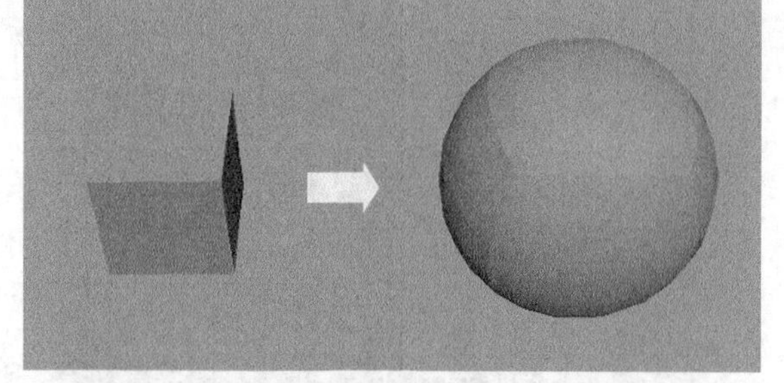

图7-74

## 【练习7-6】用雕刻命令制作篮球

| | |
|---|---|
| 场景文件 | 无 |
| 实例文件 | Examples>CH07>7.6.mb |
| 难易指数 | ★★☆☆☆ |
| 技术掌握 | 掌握雕刻变形器的用法 |

本例使用“雕刻”命令制作的篮球模型的效果如图7-75所示。

图7-75

01 新建场景，然后创建一个多边形立方体，接着在“通道盒/层编辑器”面板中设置“细分宽度”为2、“高度细分数”为3、“深度细分数”为2，如图7-76所示。

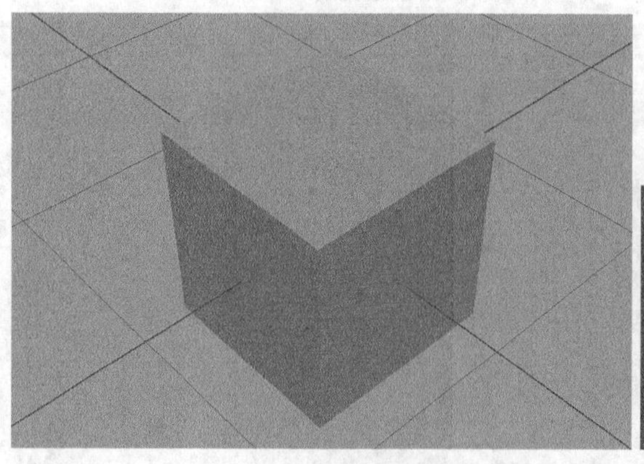


图7-76

**02** 选择立方体上下两端的顶点，然后使用“缩放工具”调整上下两端的面，如图7-77和图7-78所示。

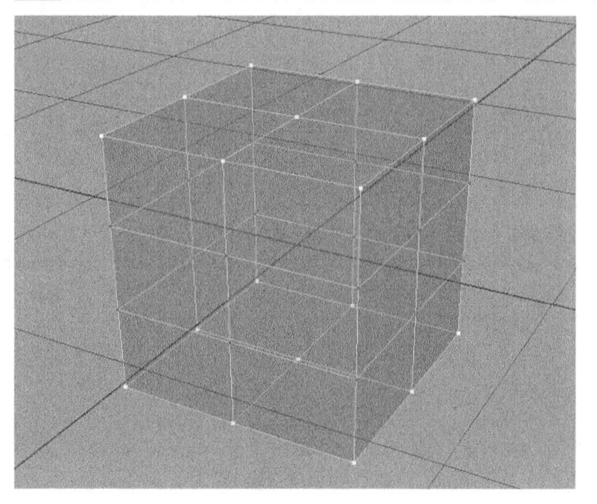

图7-77

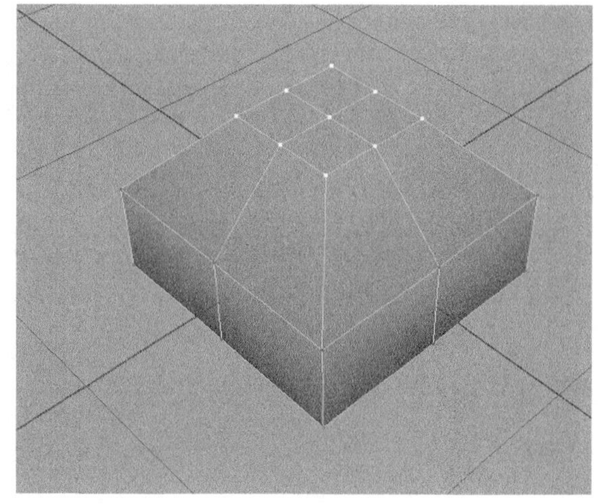

图7-78

**03** 选择图7-79所示的顶点，然后使用“缩放工具”调整顶点的位置，如图7-80所示。

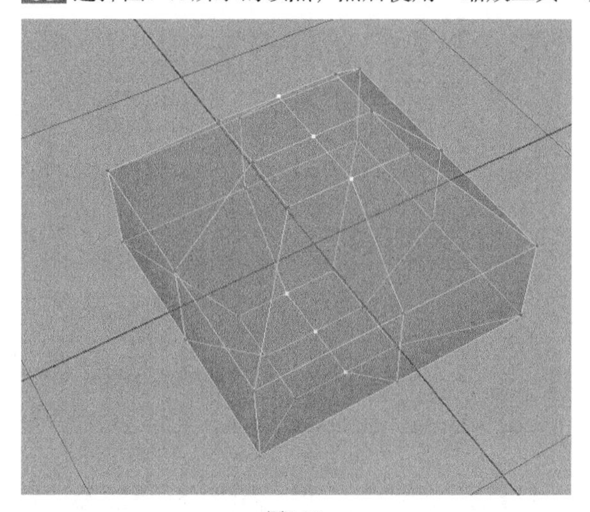

图7-79

图7-80

**04** 选择模型，然后执行“网格>平滑”菜单命令，接着在“通道盒/层编辑器”面板中设置平滑的“分段”为2，如图7-81所示。

**05** 切换到“动画”模块，然后选择模型，接着执行“变形>雕刻”菜单命令，如图7-82所示，效果如图7-83所示。

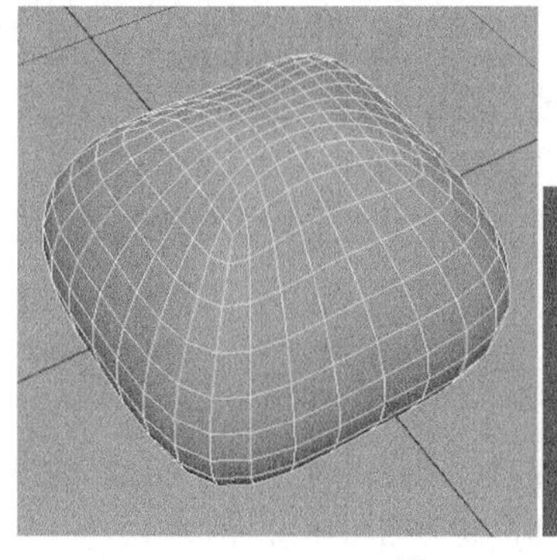

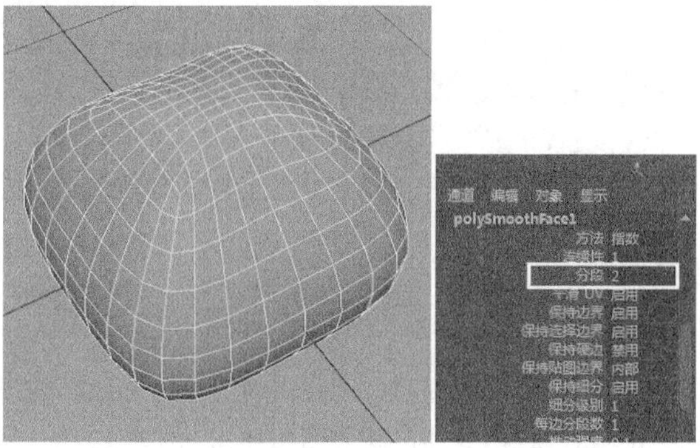

图7-81

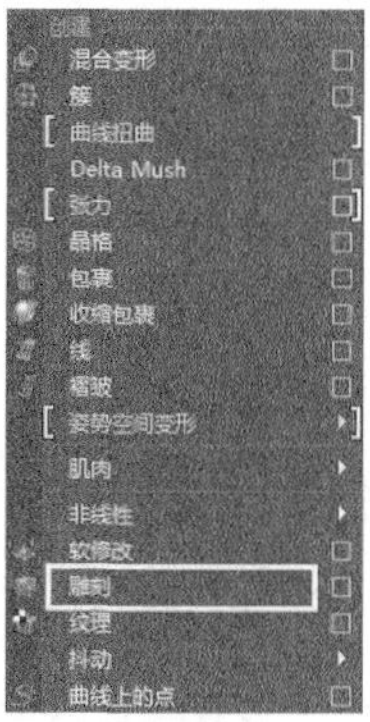

图7-82

图7-83

06 双击选择图7-84所示的循环边，然后执行“编辑网格>倒角”菜单命令，接着设置“分数”为0.79，效果如图7-85所示。

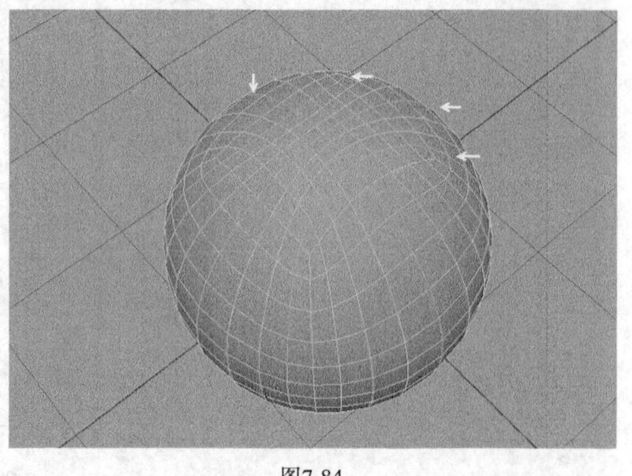

图7-84

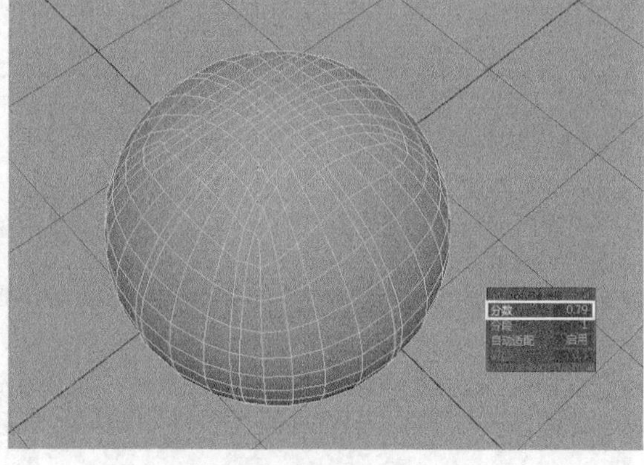


图7-85

07 双击选择图7-86所示的循环面，然后执行“编辑网格>挤出”菜单命令，接着向内挤压形成篮球上的胶带，如图7-87所示。

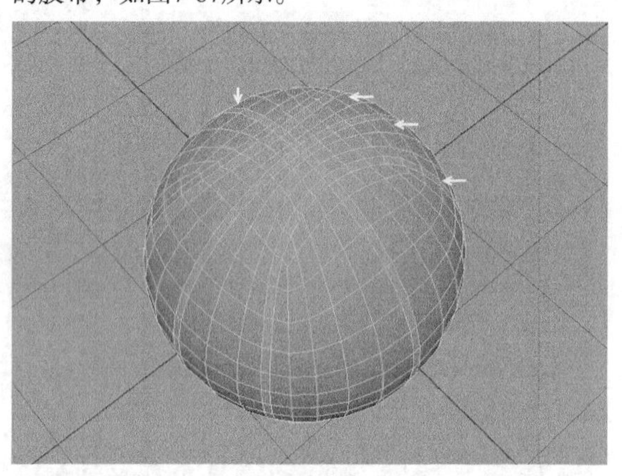

图7-86

图7-87

08 选择篮球模型，然后删除其构建历史，接着按数字3键光滑显示，效果如图7-88所示。

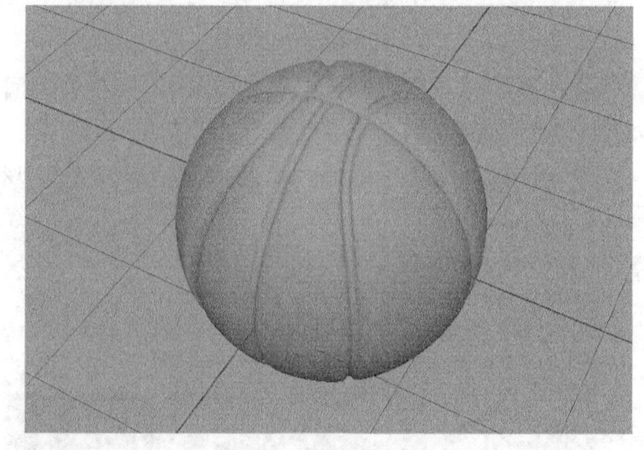

图7-88

## 7.2.9 抖动变形器

在可变形物体上创建“抖动变形器”后，当物体移动、加速或减速时，会在可变形物体表面产生抖动效果。“抖动变形器”适合用于表现头发在运动中的抖动、相扑运动员腹部脂肪在运动中的颤动、昆虫触须的摆动等效果。

用户可以将“抖动变形器”应用到整个可变形物体上或者`物体局部特定的一些点上，如图7-89所示。

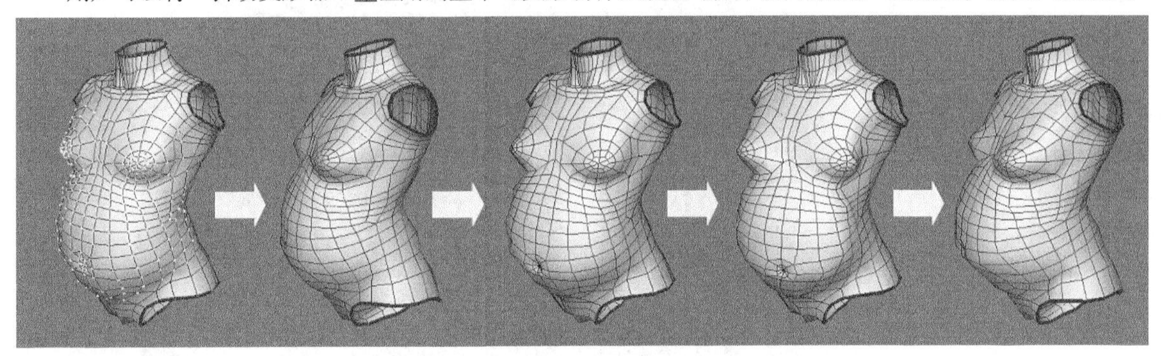

图7-89

单击“变形>抖动>抖动变形器”命令后面的按钮，打开“抖动变形器选项”对话框，如图7-90所示。

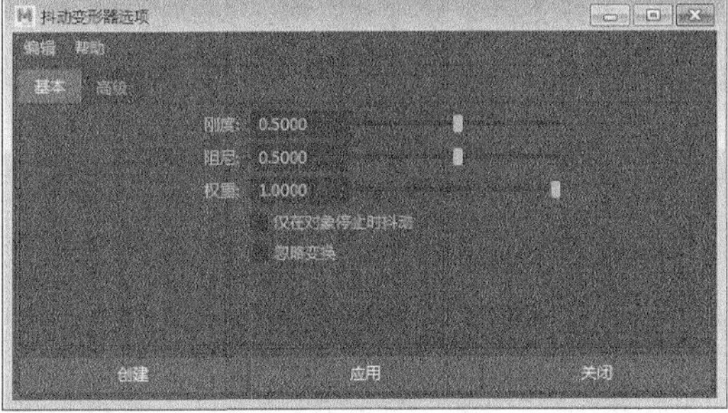


图7-90

### 抖动变形器选项对话框参数介绍

❖ 刚度：设定抖动变形的刚度。数值越大，抖动动作越僵硬。

❖ 阻尼：设定抖动变形的阻尼值，可以控制抖动变形的程度。数值越大，抖动程度越小。

❖ 权重：设定抖动变形的权重。数值越大，抖动程度越大。

❖ 仅在对象停止时抖动：只在对象停止运动时才开始抖动变形。

❖ 忽略变换：在抖动变形时，忽略物体的位置变换。

## 【练习7-7】用抖动变形器控制腹部运动

| | |
|---|---|
| 场景文件 | Scenes>CH07>7.7.mb |
| 实例文件 | Examples>CH07>7.7.mb |
| 难易指数 | ★★☆☆☆ |
| 技术掌握 | 掌握抖动变形器的用法 |

本例用“抖动变形器”制作的腹部抖动动画效果如图7-91所示。

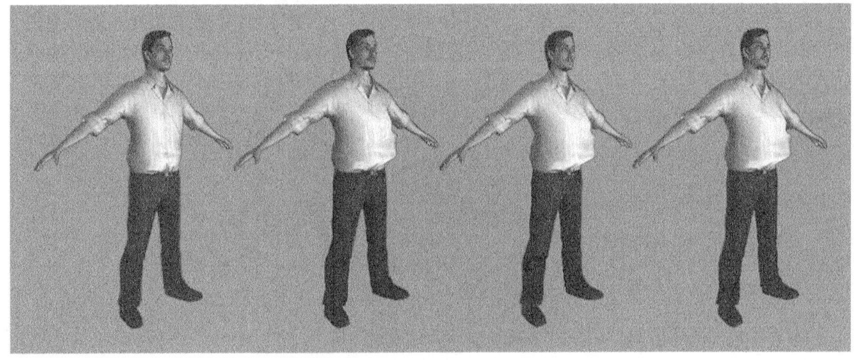

图7-91

**01** 打开学习资源中的"Scenes>CH07>7.7.mb"文件，场景中有一个人物模型，如图7-92所示。

**02** 单击工具架中的"绘制选择工具"，然后选择图7-93所示的点。

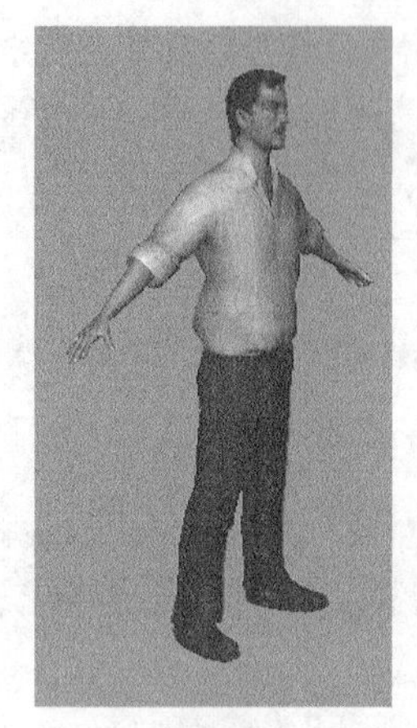

图7-92

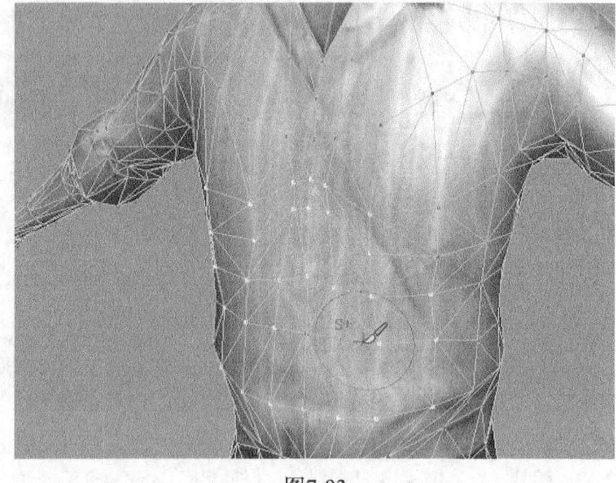

图7-93

**03** 在变形菜单中，执行"抖动>抖动变形器"菜单命令，如图7-94所示，然后按快捷键Ctrl+A打开"属性编辑器"面板，接着选择jiggle选项卡，最后在"抖动属性"卷展栏下设置"阻尼"为0.93、"抖动权重"为2，如图7-95所示。

**04** 为人物模型设置一个简单的位移动画，然后播放动画，可以观察到腹部发生了抖动变形效果，如图7-96所示。

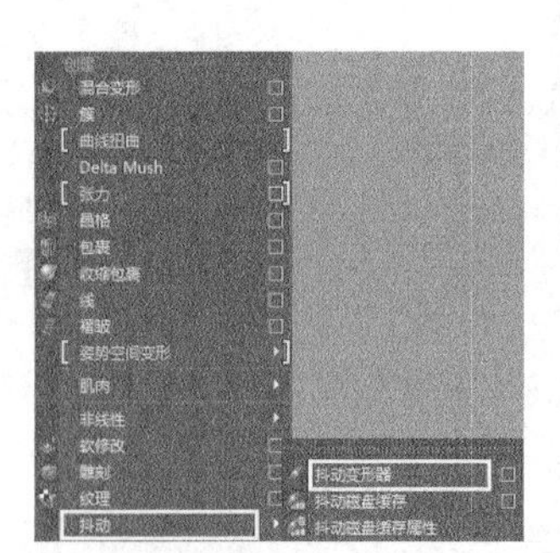


图7-94

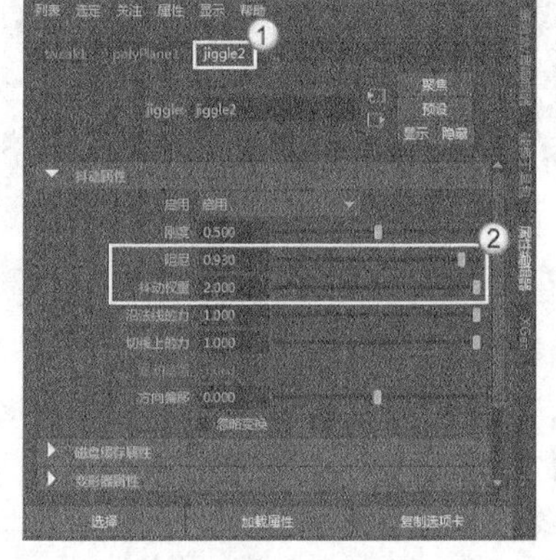


图7-95

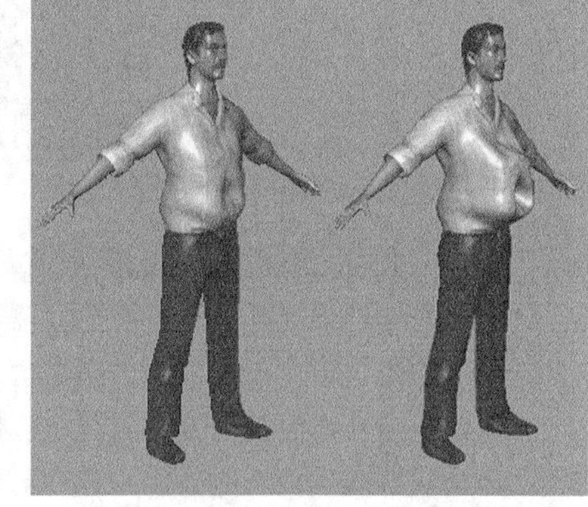

图7-96

# 7.3 变形工具综合实例：制作螺钉

| 场景文件 | 无 |
| --- | --- |
| 实例文件 | Examples>CH07>7.8.mb |
| 难易指数 | ★☆☆☆☆ |
| 技术掌握 | 掌握扭曲变形器的用法 |

本例使用"扭曲"变形器制作的螺钉效果如图7-97所示。

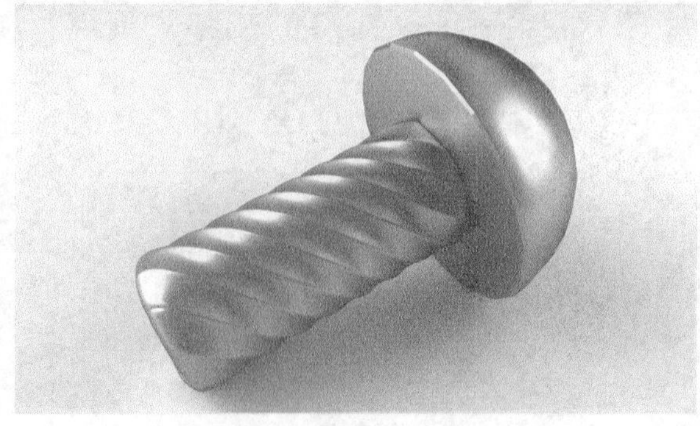

图7-97

**01** 执行“创建>多边形基本体>圆柱体”菜单命令，在场景中创建一个圆柱体，然后在“通道盒/层编辑器”面板中设置“轴向细分数”为10、“高度细分数”为8，如图7-98所示。

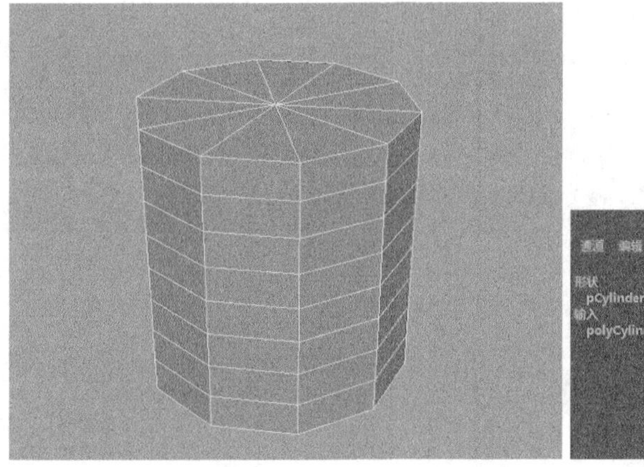

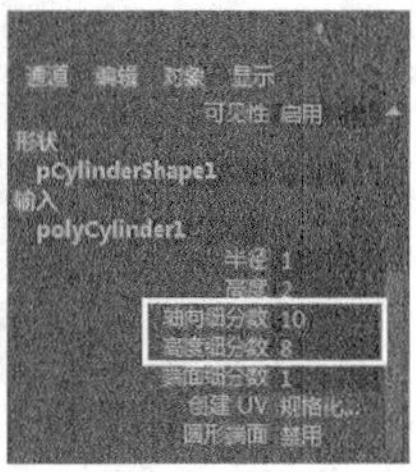


图7-98

**02** 选择圆柱体，然后执行“变形>非线性>扭曲”菜单命令，接着在“通道盒/层编辑器”面板中设置“开始角度”为150，如图7-99所示。

图7-99

**03** 按3键以平滑模式显示模型，可以观察到扭曲效果并不明显，如图7-100所示。

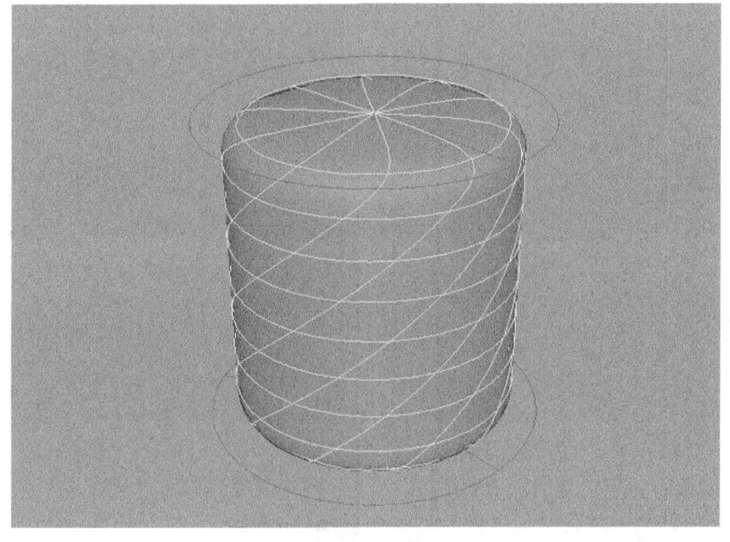

图7-100

04 按1键返回到硬边显示模式，然后选择圆柱体上的螺旋循环边，如图7-101所示，接着执行“编辑网格>倒角”菜单命令，最后设置“分数”为0.2、“分段”为2，效果如图7-102所示。

图7-101

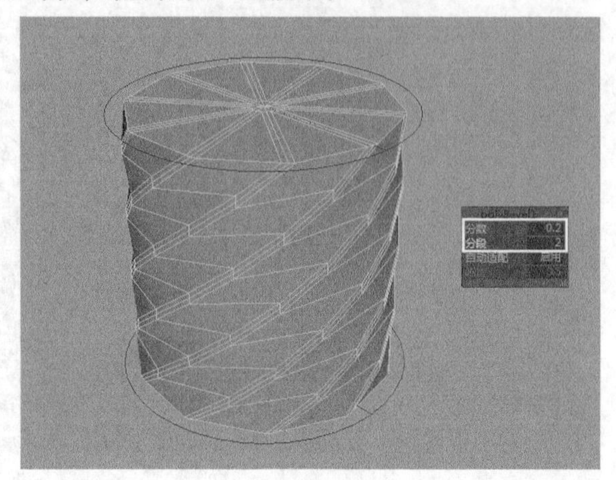

图7-102

05 删除模型的构建历史，然后使用“缩放工具”将模型拉长，如图7-103所示。

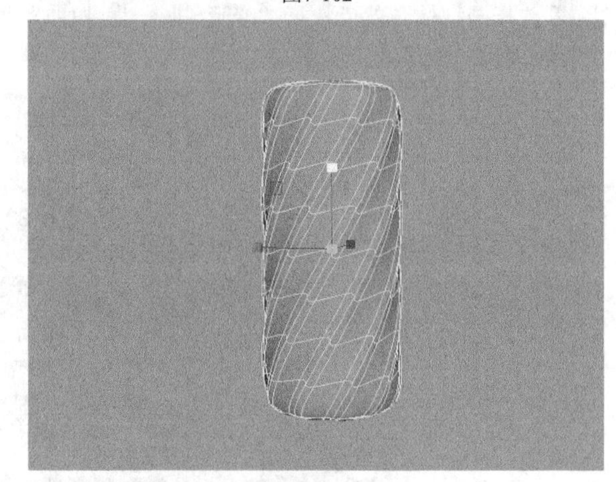
图7-103

06 选择圆柱体上下两端边缘的边，如图7-104所示，然后执行“编辑网格>倒角”命令，接着设置“分段”为2，如图7-105所示。

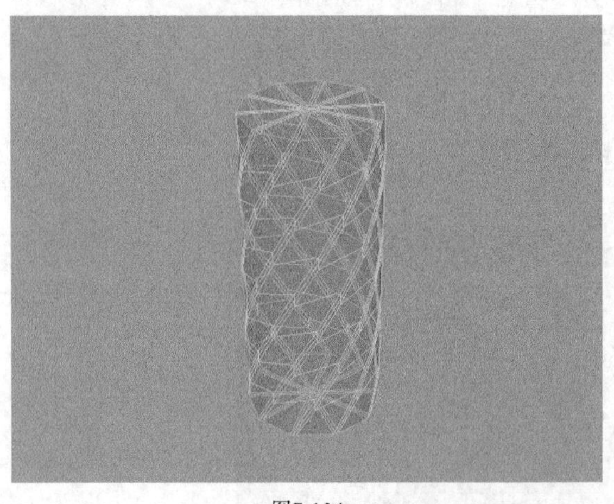
图7-104

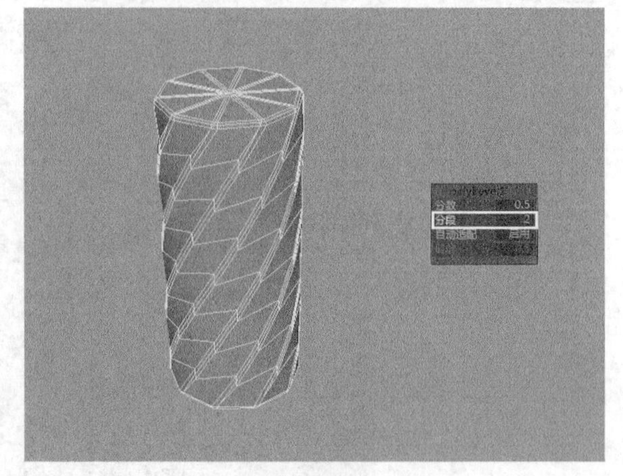

图7-105

07 创建一个多边形球体，然后将其移至圆柱体上部，接着调整球体的大小，如图7-106所示，再进入球体的“面”编辑模式，最后删除球体下半部分的面，如图7-107所示。

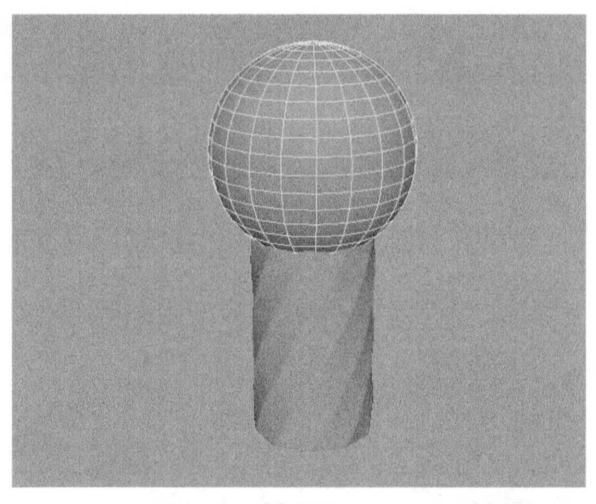
图7-106

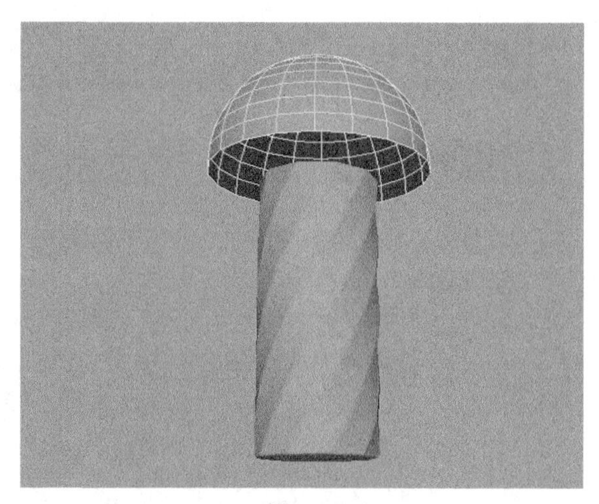
图7-107

08 进入球体的“边”编辑模式，然后选择底部的边，如图7-108所示，接着执行“编辑网格>挤出”菜单命令，最后执行“编辑网格>合并到中心”菜单命令，效果如图7-109所示。

图7-108

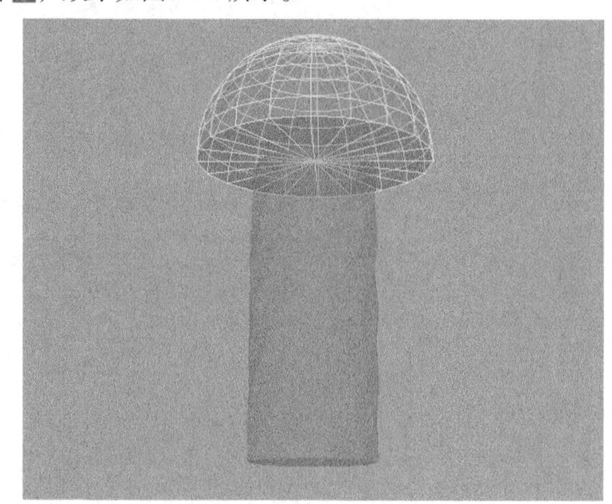
图7-109

09 使用“缩放工具”将螺帽压扁，然后调整其位置，最终效果如图7-110所示。

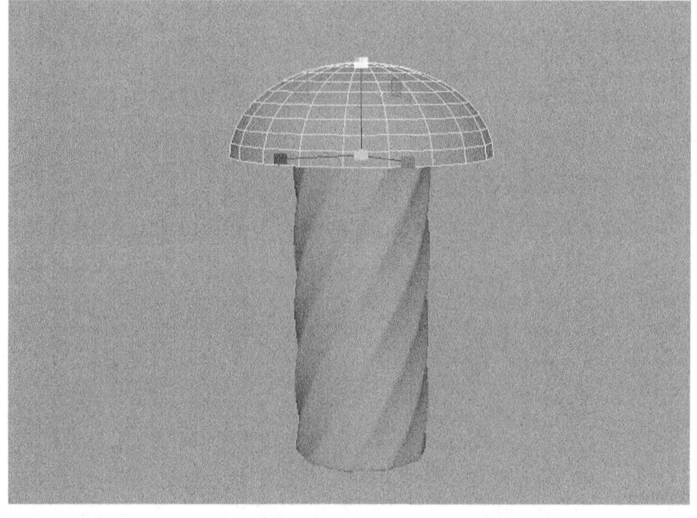
图7-110

# 技术分享

## 变形动画的应用

变形工具在Maya 2016之前一直是放置在“动画”模块中，由此可见，变形工具可以制作一些特殊的动画效果。

使用“波浪”工具可以制作涟漪效果，然后为“偏移”属性设置关键帧可制作动画效果。

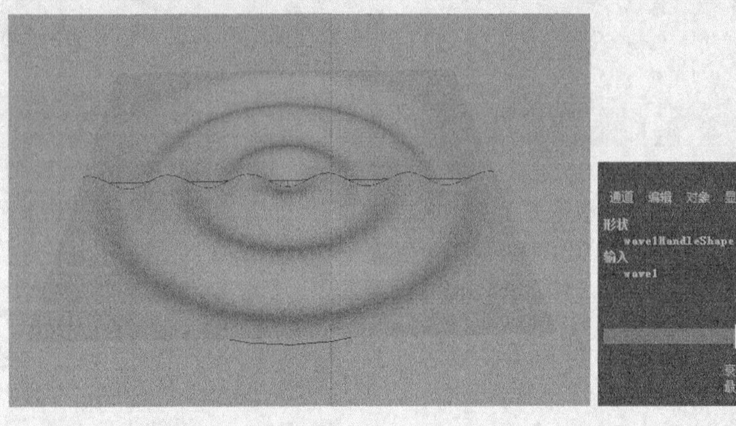


使用“正弦”工具可以制作波浪效果，然后为“偏移”属性设置关键帧可制作动画效果。

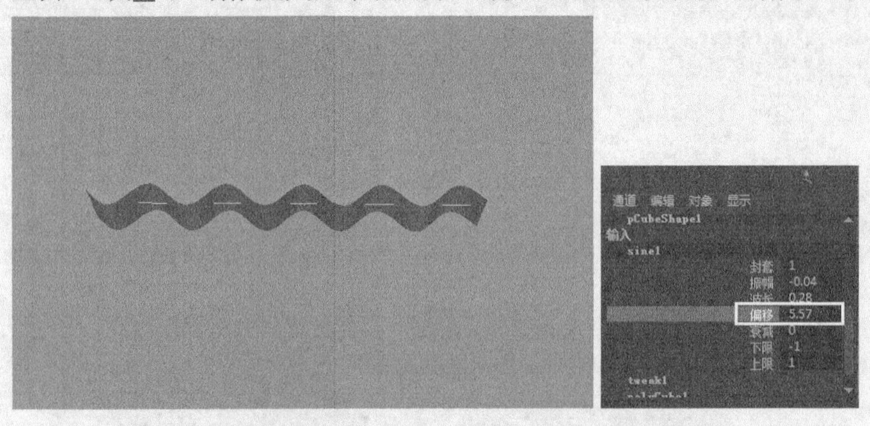


使用“挤压”工具可以制作压扁效果，该效果在制作弹跳的球体时很有帮助。

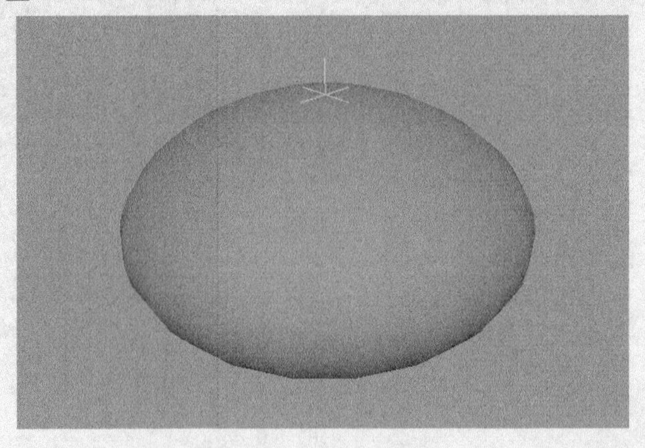

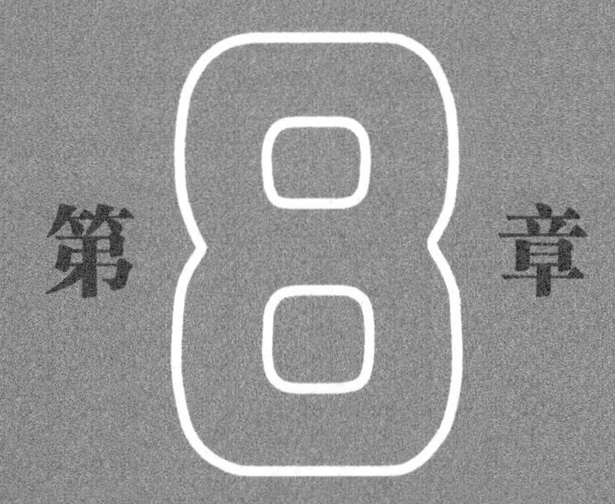


# 建模综合实例

本章主要通过制作4个综合案例，来掌握NURBS曲面建模的方法、多边形建模的方法、NURBS曲面和多边形混合建模的方法，以及变形工具建模的方法等内容。

※ NURBS曲线和曲面的应用

※ 多边形的应用

※ NURBS曲面和多边形的混合应用

※ 变形工具对模型的应用

# 8.1 建模技术综合运用：金鱼模型

| 场景文件 | 无 |
| --- | --- |
| 实例文件 | Examples>CH08>8.1.mb |
| 难易指数 | ★★★☆☆ |
| 学习目标 | 学习NURBS建模技术的流程与方法 |

本节将以一个金鱼模型为例来详细讲解曲面建模技术的流程与方法，效果如图8-1所示。

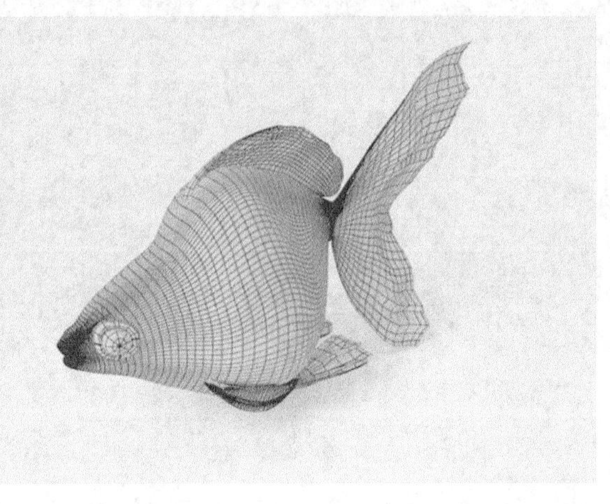

图8-1

## 8.1.1 制作鱼身模型

**01** 切换到side（侧）视图，然后在工作区中执行“视图>图像平面>导入图像”命令，如图8-2所示，接着在“打开”对话框中选择学习资源中的“Examples>CH08>8.1>re.jpg”文件，如图8-3所示。

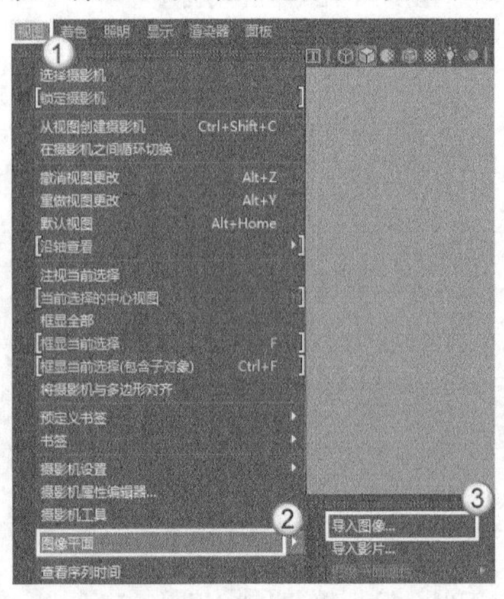


图8-2

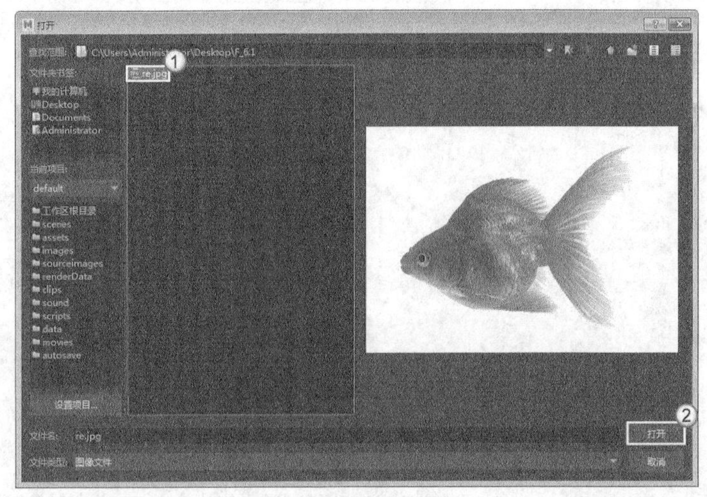


图8-3

**提示**

在导入图像时，Maya会根据当前摄影机的角度确定导入图像的方向，因此要根据情况切换到各个正交视图中。

**02** 执行“创建>曲线工具>EP曲线工具”菜单命令，然后根据参考图在金鱼上创建若干条曲线，如图8-4所示。

**03** 选择所有的曲线，然后打开“重建曲线选项”对话框，接着设置“跨度数”为10，最后单击“重建”按钮，如图8-5所示。

图8-4

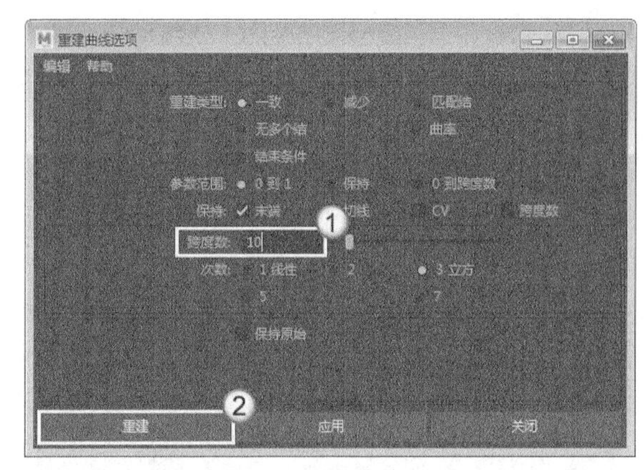


图8-5

**04** 在side（侧）和persp（透）视图中将曲线调整成图8-6所示的形状，使曲线具有金鱼身体的造型。

**05** 从左到右依次选择各条曲线，然后执行“曲面>放样”菜单命令，效果如图8-7所示。

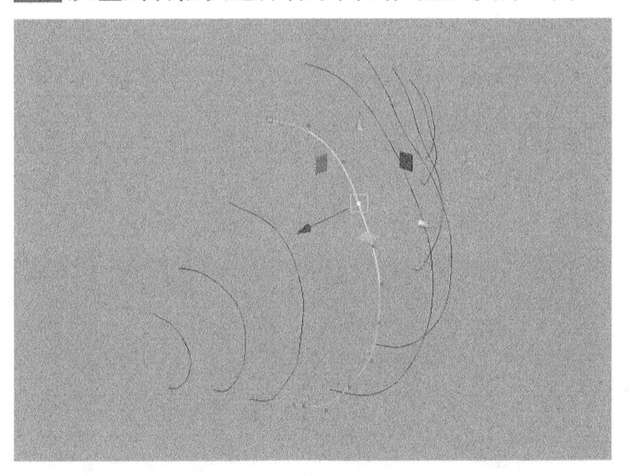

图8-6

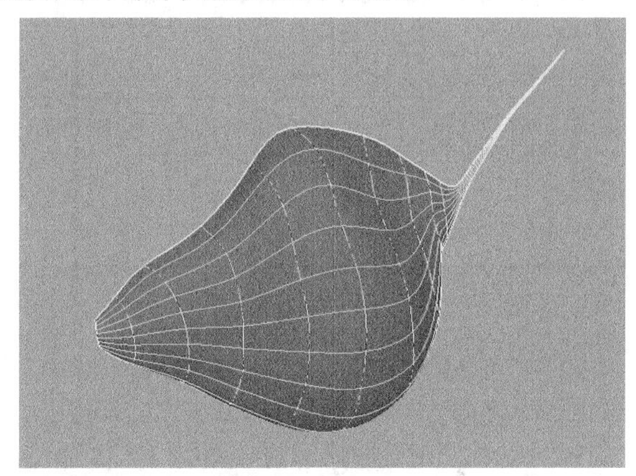

图8-7

## 8.1.2 制作眼睛模型

**01** 切换到side（侧）视图，然后执行“创建>NURBS基本体>圆形”菜单命令，接着在金鱼的眼睛处创建3个圆形，如图8-8所示。

**02** 选择3条圆形曲线，然后加选曲面，接着执行“曲面>在曲面上投影曲线”菜单命令，效果如图8-9所示。

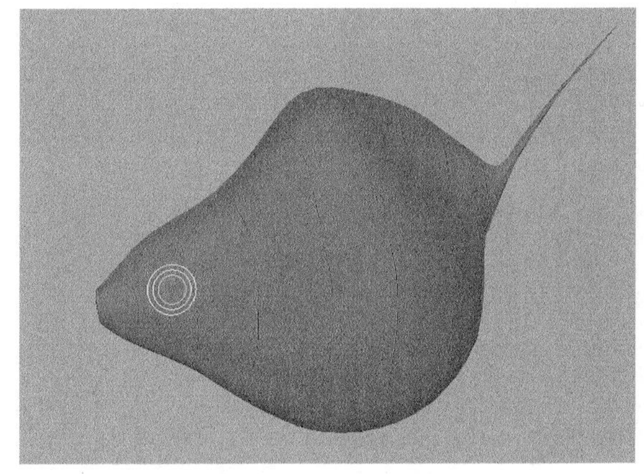

图8-8

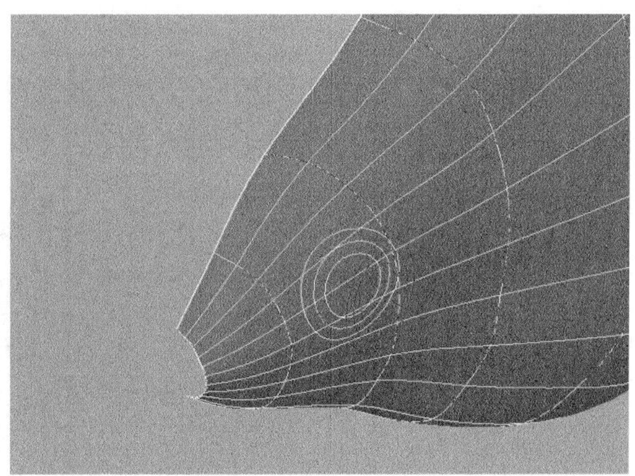

图8-9

**03** 选择映射在曲面上的3条曲线，然后执行“曲线>复制曲面曲线”菜单命令，接着调整3条曲线的位置，如图8-10所示，再打开“重建曲线选项”对话框，设置“跨度数”为10，最后单击“重建”按钮，如图8-11所示。

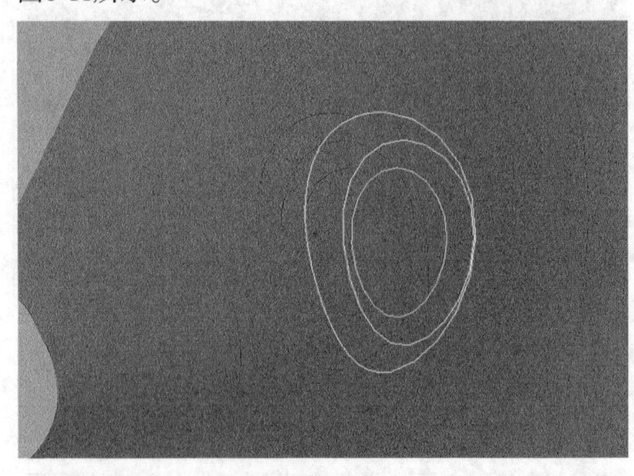

图8-10

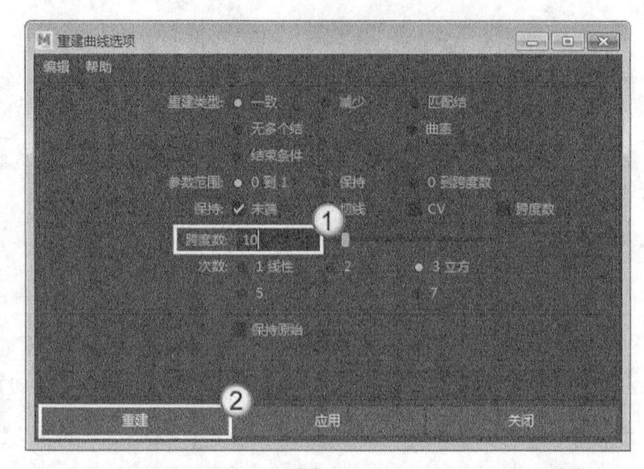


图8-11

**提示**

复制出来的曲线不一定有同样数量的点，为了避免放样时出错，建议将复制出来的曲线重建。

**04** 依次从外到内选择调整好的3条曲线，然后执行“曲面>放样”菜单命令，效果如图8-12所示，接着将生成的眼眶曲面移至鱼身上，如图8-13所示。

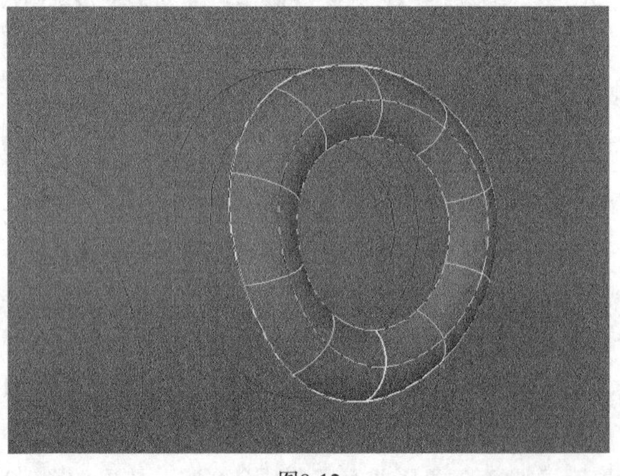

图8-12

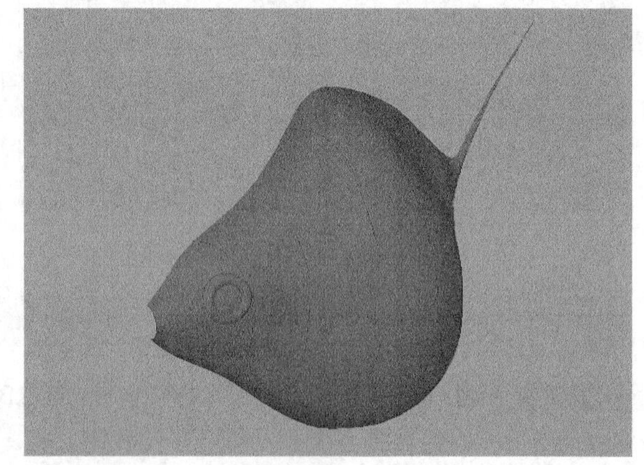

图8-13

**05** 执行“创建>NURBS基本体>球体”菜单命令，在眼睛中间创建一个球体作为眼珠，然后调整其大小和位置，如图8-14所示。

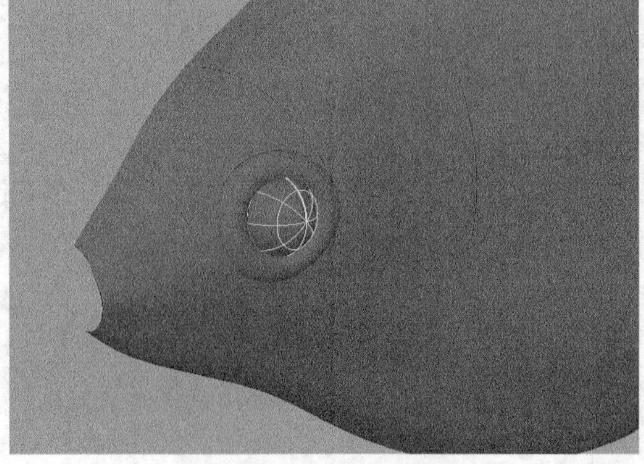

图8-14

## 8.1.3 制作鱼鳍模型

**01** 执行“创建>NURBS基本体>圆柱体”菜单命令，然后在“通道盒/层编辑器”面板中设置“半径”为0.25、“跨度数”为6、“高度比”为20，如图8-15所示。

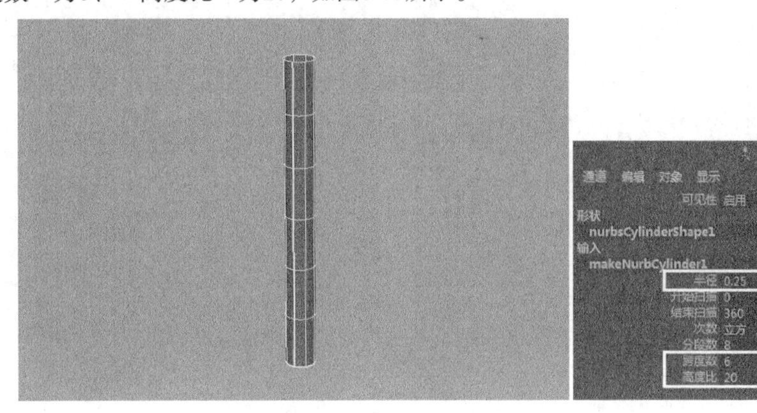


图8-15

**02** 将圆柱体沿$x$轴旋转90°，然后切换到front（前）视图，接着切换到“控制顶点”编辑模式，最后调整曲面的形状，如图8-16所示。

**03** 切换到side（侧）视图，然后调整圆柱体的形状，如图8-17所示。

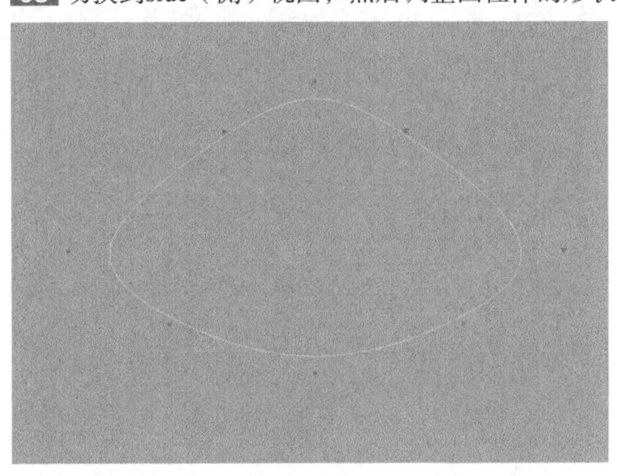

图8-16

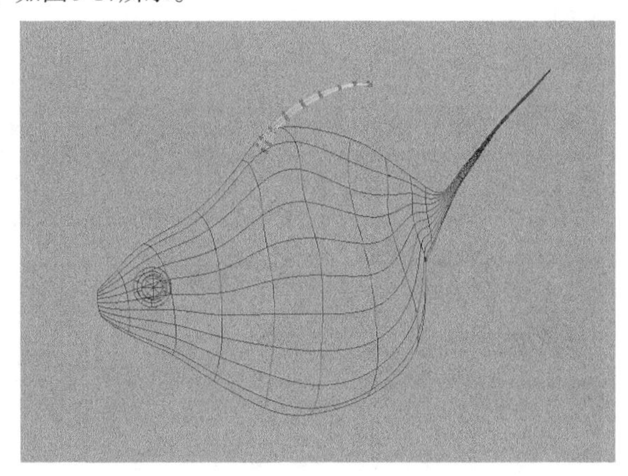

图8-17

**04** 使用“EP曲线工具”绘制两条曲线，如图8-18所示，然后选择两条曲线，执行“曲面>放样”菜单命令，效果如图8-19所示。

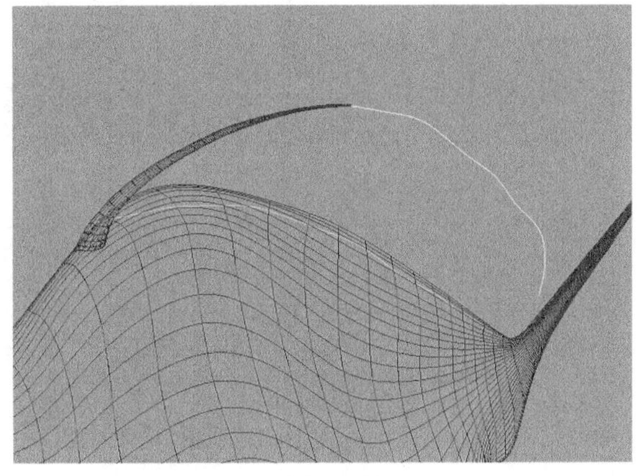

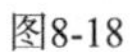

图8-18

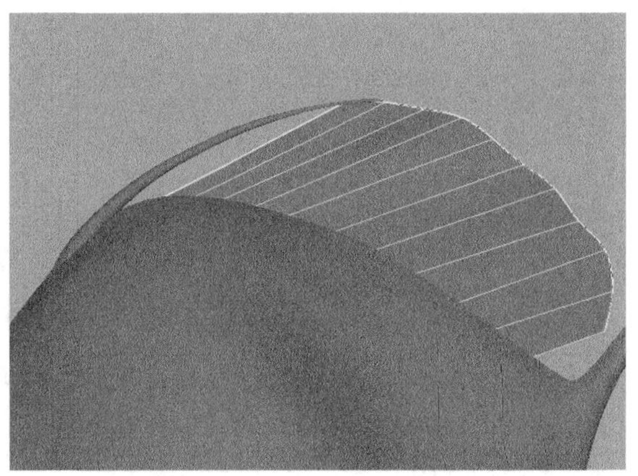

图8-19

**05** 切换到“等参线”编辑模式，然后添加两条等参线，如图8-20所示，接着执行“曲面>插入等参线”菜单命令，效果如图8-21所示。

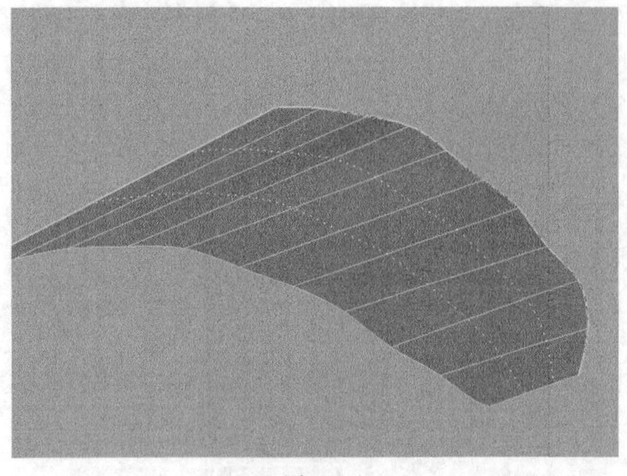

图8-20

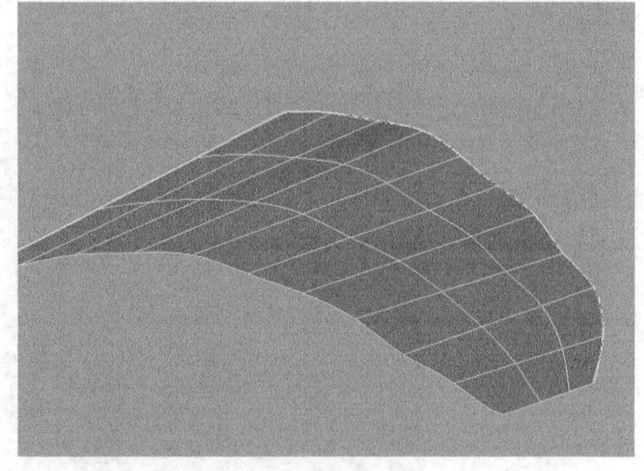

图8-21

**06** 选择曲面，然后切换到“控制顶点”编辑模式，接着调整鱼鳍的形状，效果如图8-22所示。再打开“重建曲面选项”对话框，设置“U向跨度数”为16、“V向跨度数”为8，并单击“重建”按钮，如图8-23所示，效果如图8-24所示。

**07** 使用相同的方法制作尾巴和腹部的鱼鳍，效果如图8-25所示。

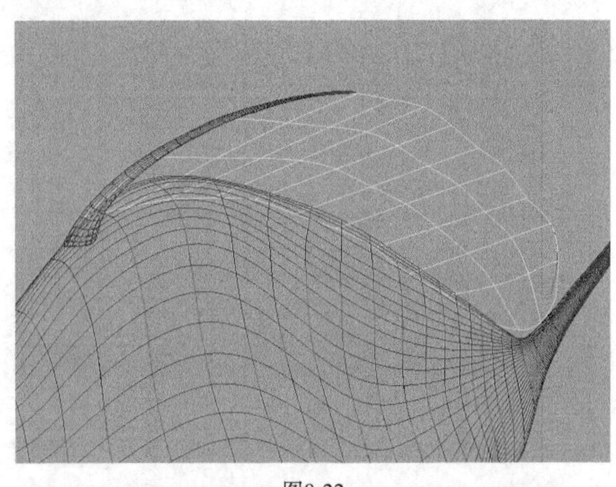

图8-22

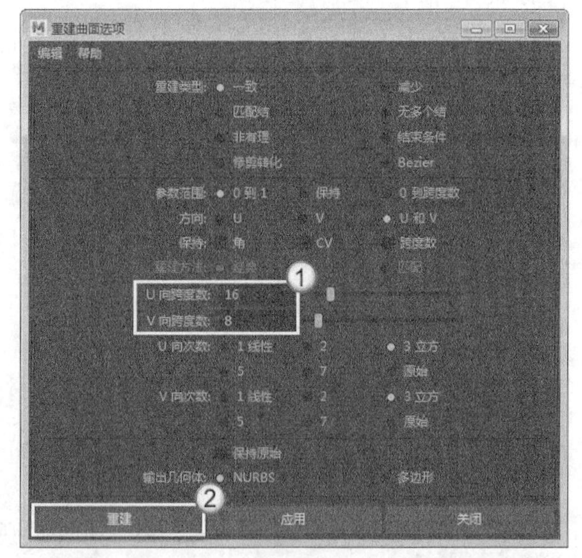


图8-23

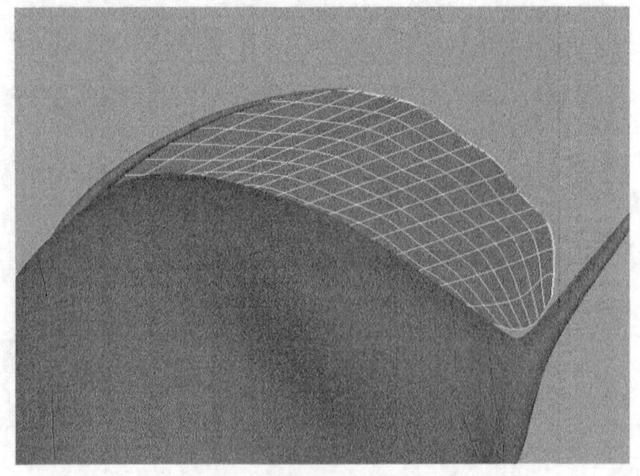

图8-24

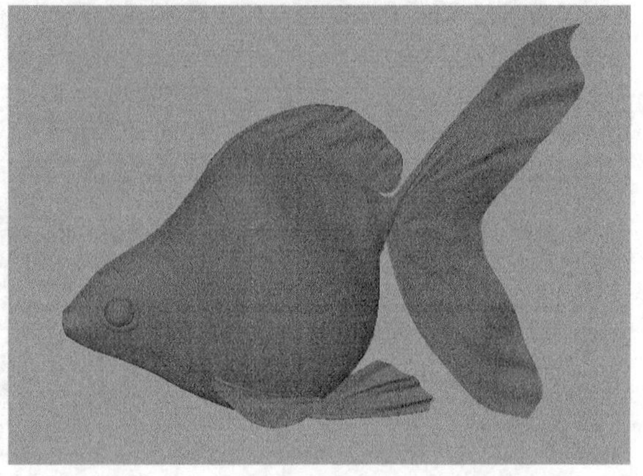

图8-25

## 8.1.4 制作嘴巴模型

**01** 选择身体模型，然后切换到“等参线”编辑模式，如图8-26所示，接着执行“曲面>插入等参线”菜单命令，效果如图8-27所示。

图8-26

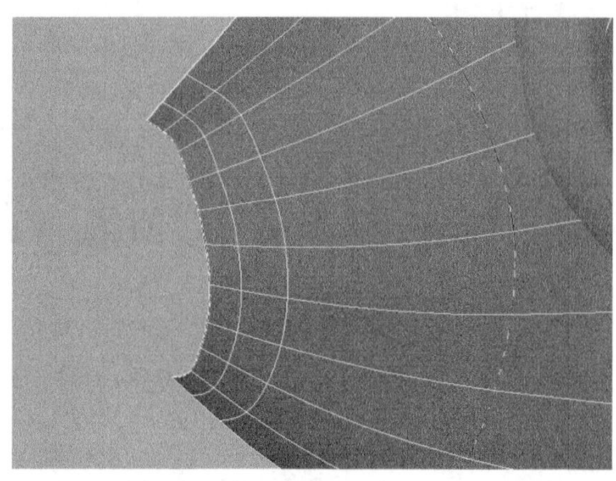

图8-27

**02** 切换到“壳线”编辑模式，然后调整嘴巴的形状，如图8-28所示，接着切换到“控制顶点”编辑模式，最后调整嘴巴的形状，如图8-29所示。

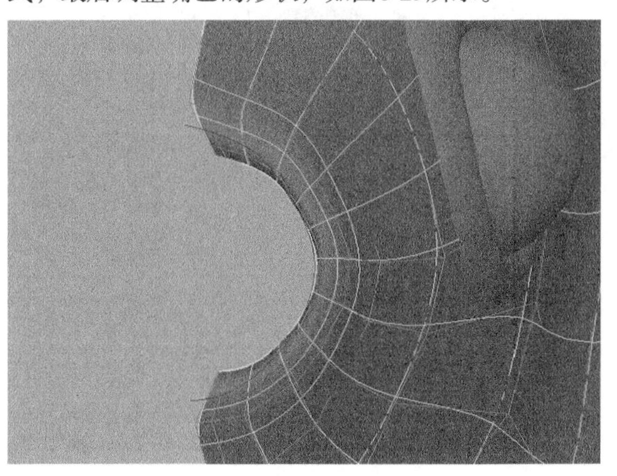

图8-28

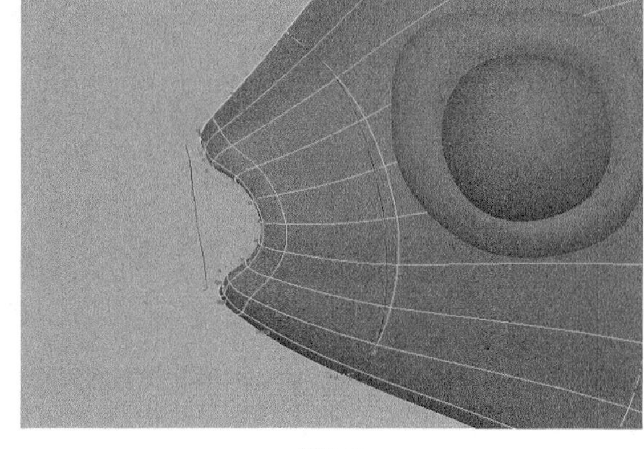

图8-29

**03** 选择图8-30所示的曲面，然后按快捷键Ctrl+D复制，接着在“通道盒/层编辑器”面板中设置“缩放X”为 - 1，最终效果如图8-31所示。

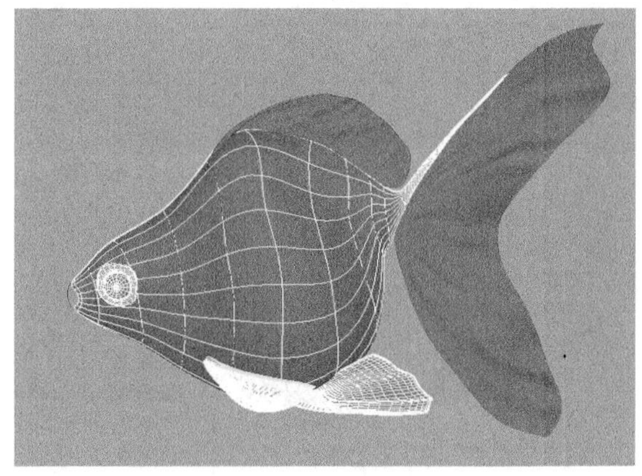

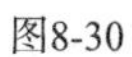

图8-30

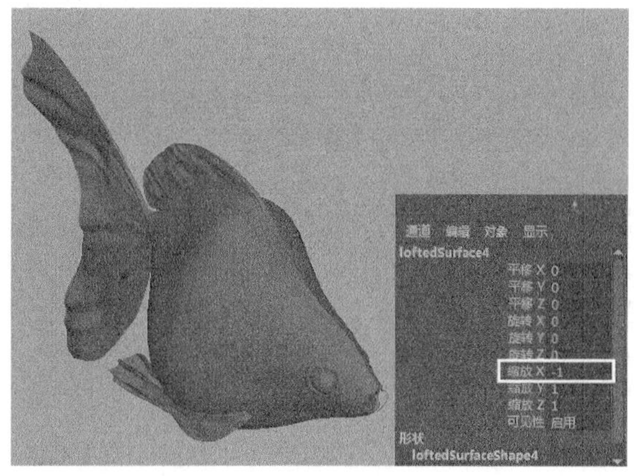


图8-31

## 技术专题：镜像复制的方法

在制作对称模型时，通常制作一半模型，然后镜像复制出另一半，常用的镜像复制方法有3种。

第1种：在“通道盒/层编辑器”中将“缩放”属性设置为反方向（金鱼模型使用此方法制作）。在复制时，一定要注意模型的枢轴位置。

第2种：在“特殊复制选项”对话框中将“缩放”属性设置为反方向。该方法同样要注意枢轴的位置。

第3种：使用“网格>镜像几何体”菜单命令。

# 8.2 建模技术综合运用：红心容器

| 场景文件 | 无 |
|---|---|
| 实例文件 | Examples>CH08>8.2.mb |
| 难易指数 | ★★★☆☆ |
| 技术掌握 | 掌握曲面和多边形的各个命令 |

本例结合了大量的曲面和多边形命令来制作一个红心容器模型，效果如图8-32所示。

图8-32

## 8.2.1 创建NURBS曲面模型

01 切换到side（侧）视图，然后执行“创建>曲线工具>CV曲线工具”菜单命令，并在前视图中绘制一条图8-33所示的曲线。

02 选择曲线，然后执行“曲面>旋转”菜单命令，将上一步绘制的曲线生成曲面，如图8-34所示。

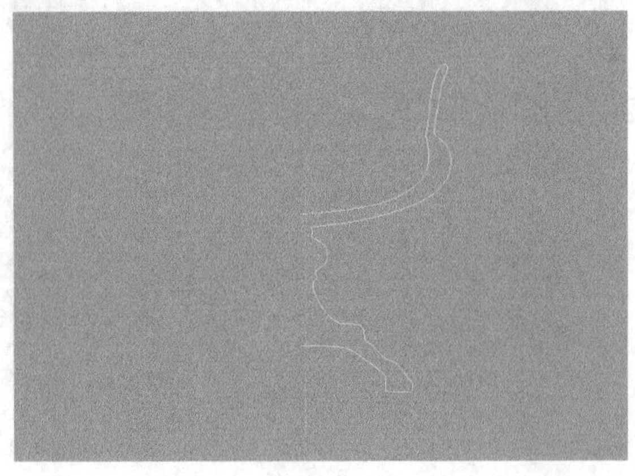

图8-33

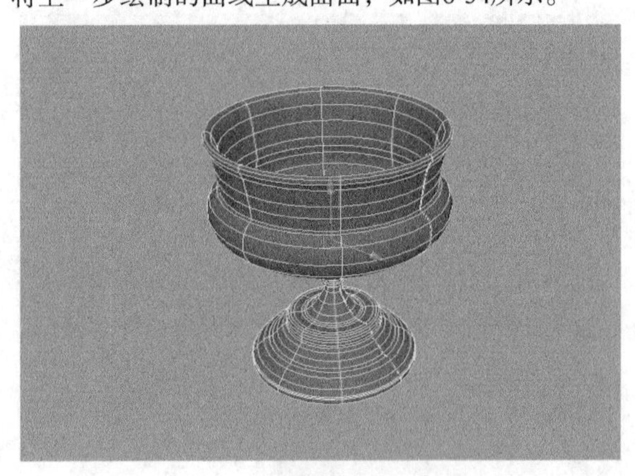

图8-34

## 8.2.2 转化NURBS曲面模型

**01** 选择曲面模型，然后单击“修改>转化>NURBS到多边形”菜单命令后面的■按钮，接着在打开的“将NURBS转化为多边形选项”对话框中，设置“类型”为“四边形”、“细分方法”为“计数”、“计数”为1800，最后单击“细分”按钮，如图8-35所示，效果如图8-36所示。

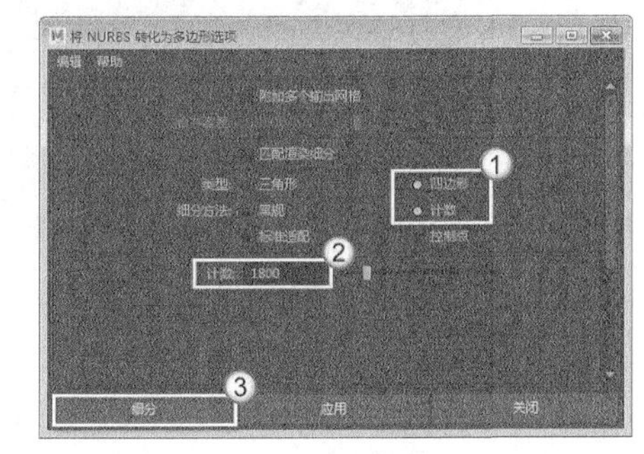


图8-35

图8-36

**02** 执行“编辑网格>插入循环边”菜单命令■，在容器口的位置插入循环边，然后调整循环边，使容器口变得光滑，如图8-37所示。

**03** 在容器的底部插入一条循环边，然后调整底部的形状，如图8-38所示。

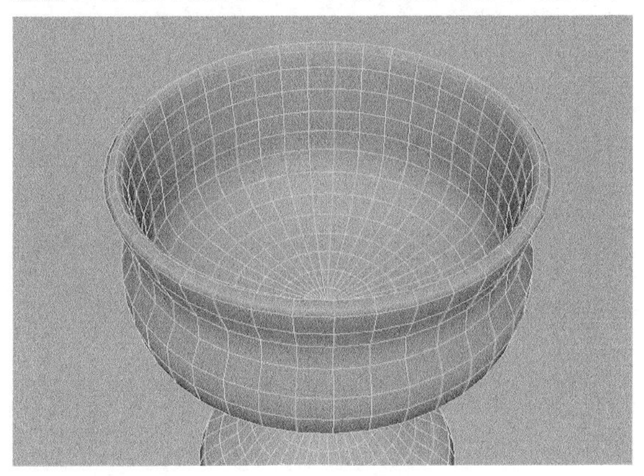

图8-37

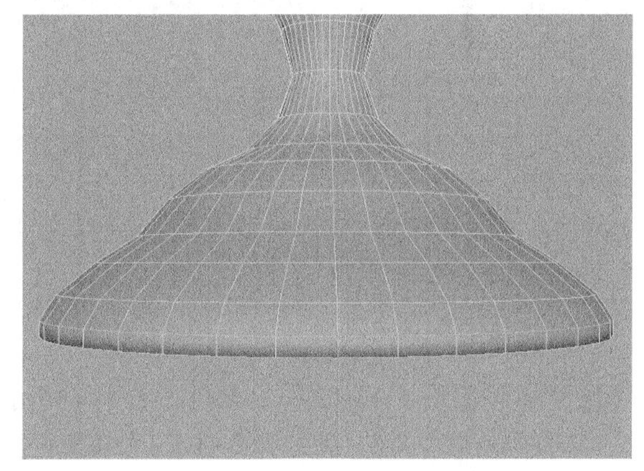

图8-38

## 8.2.3 编辑网格模型

**01** 切换到“面”编辑模式，然后选择图8-39所示的面，接着执行“编辑网格>挤出”菜单命令■，并设置“局部平移Z”为0.04，如图8-40所示。

图8-39

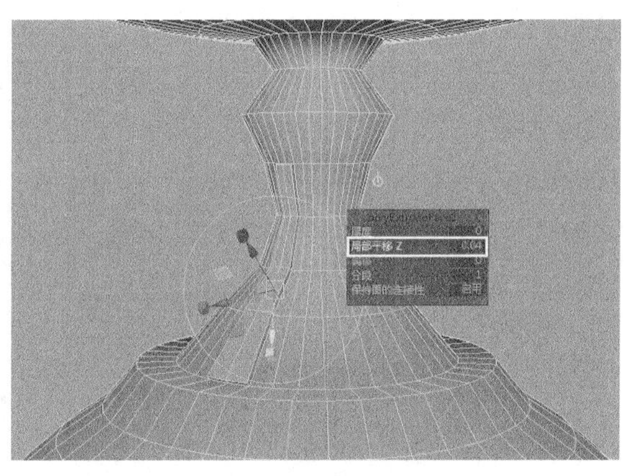


图8-40

**02** 使用“挤出”命令，然后设置“局部平移Z”为0.04，如图8-41所示。

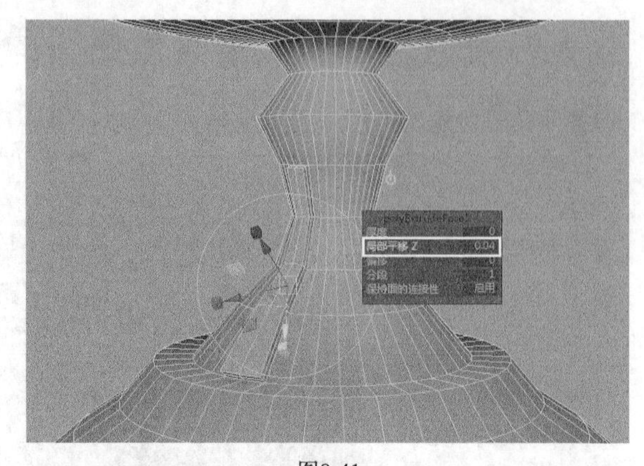


图8-41

**03** 使用同样的方法制作其他面，如图8-42所示，然后按3键圆滑显示，此时容器的支撑架的位置就产生了规则的花纹，如图8-43所示。

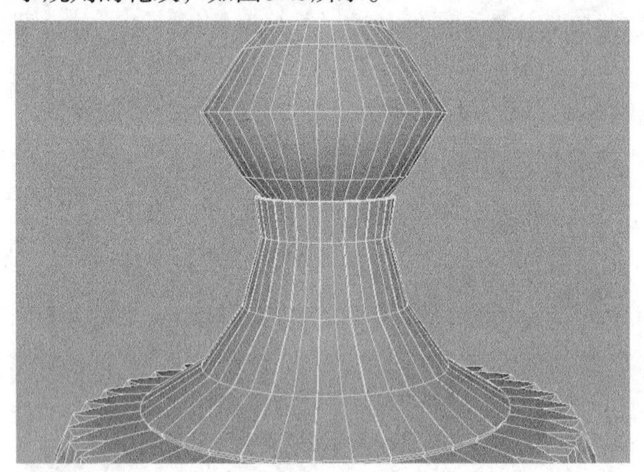

图8-42

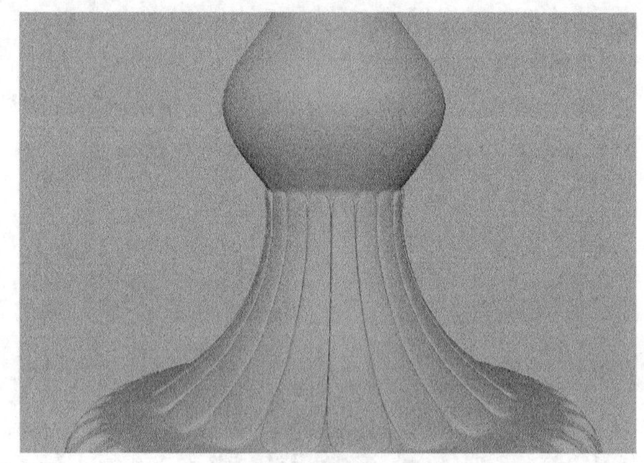

图8-43

**04** 切换到“顶点”编辑模式，然后选择图8-44所示的点，接着单击“编辑网格>切角顶点”菜单命令后面的按钮，在打开的“切角顶点选项”对话框中设置“宽度”为0.45，最后单击“切角顶点”按钮，如图8-45所示，效果如图8-46所示。

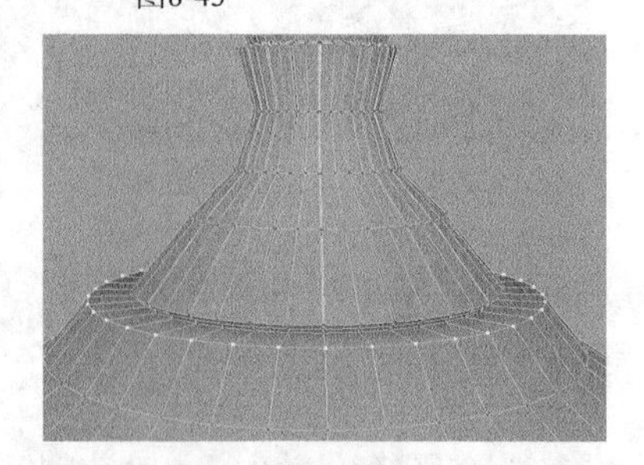

图8-44

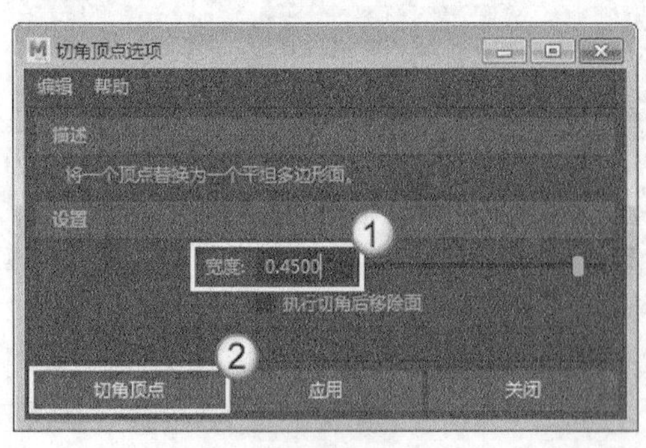


图8-45

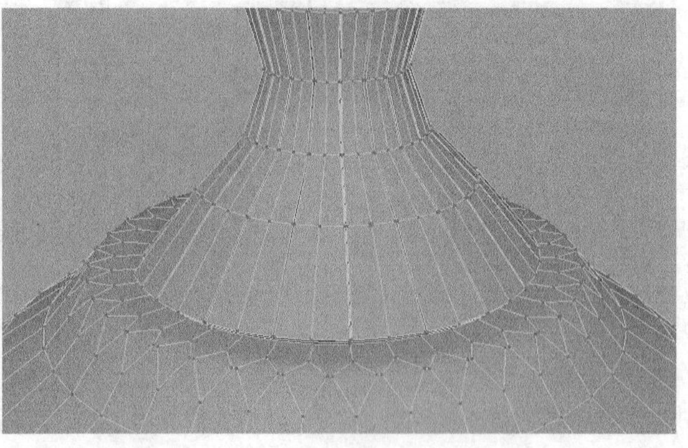

图8-46

**05** 切换到“面”编辑模式，然后选择图8-47所示的面，接着执行“挤出”命令，最后设置“局部平移Z”为 - 0.03，如图8-48所示。

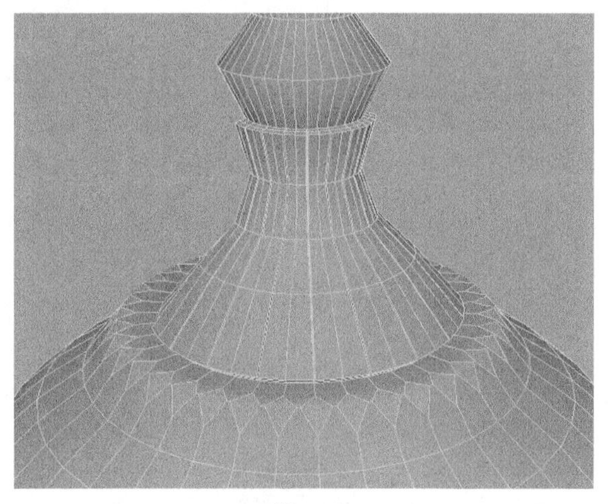

图8-47

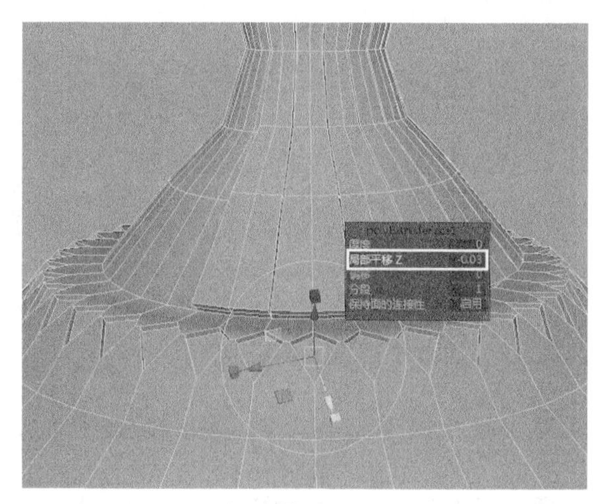


图8-48

**06** 使用同样的方法制作杯壁外侧的凹槽，如图8-49和图8-50所示。

图8-49

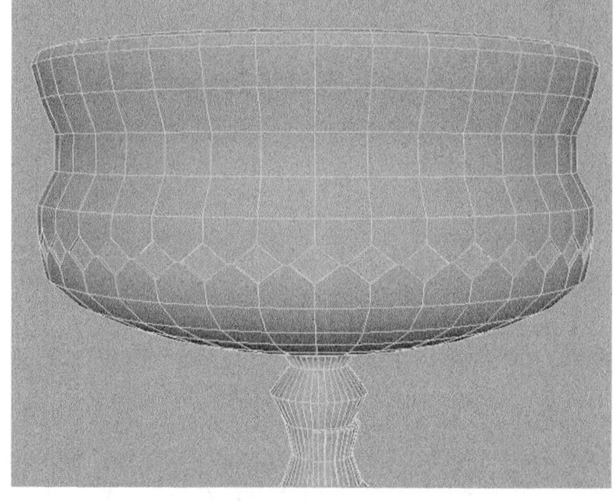

图8-50

**07** 切换到杯身的“边”编辑模式，然后选择图8-51所示的边，接着执行“编辑网格>倒角”菜单命令，效果如图8-52所示。

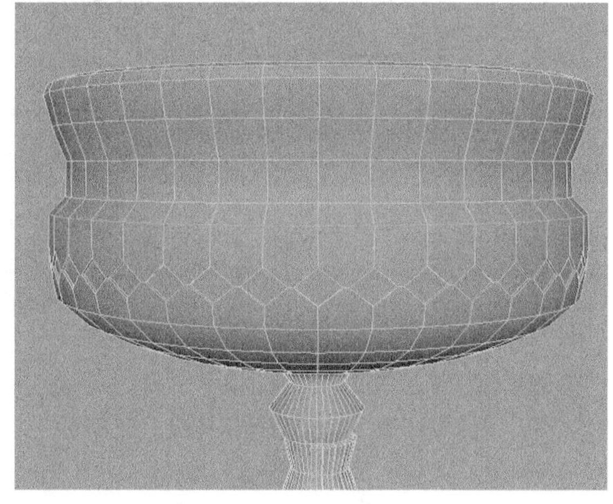

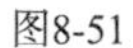

图8-51

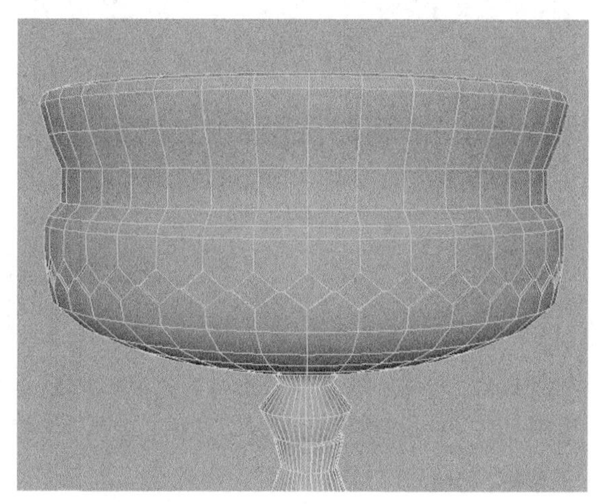

图8-52

08 选择图8-53所示的循环面，然后执行“编辑网格>挤出”菜单命令，将这些面挤出一定的厚度，如图8-54所示。

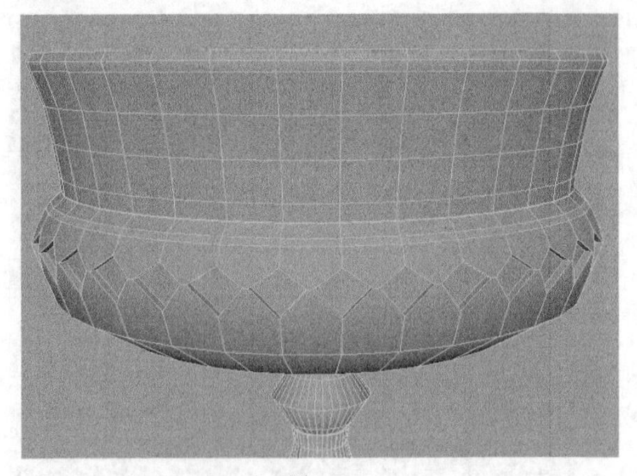

图8-53

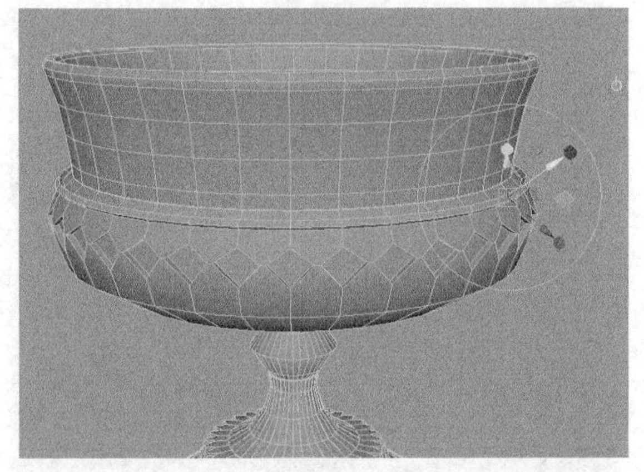

图8-54

09 执行“编辑网格>插入循环边”菜单命令，然后在杯底处添加两条循环边，如图8-55所示，接着选择图8-56所示的循环面，再执行“编辑网格>挤出”菜单命令，最后将面向内部挤压，如图8-57所示。

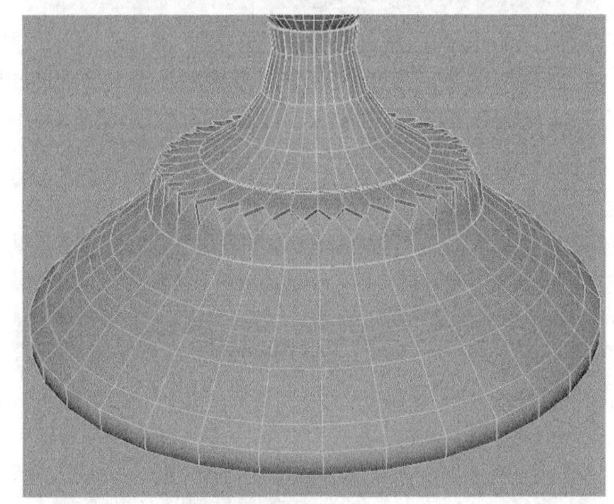

图8-55

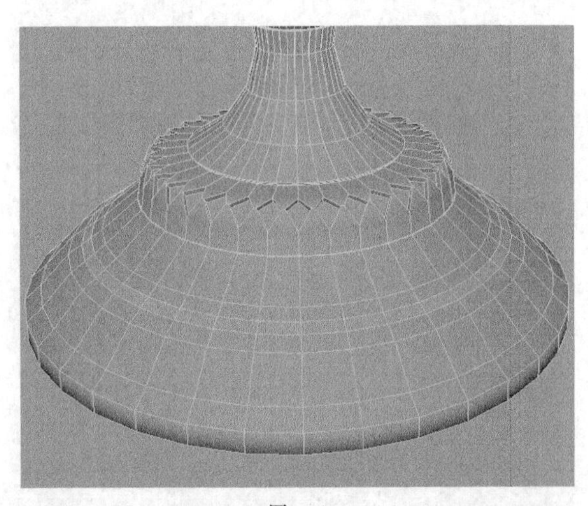

图8-56

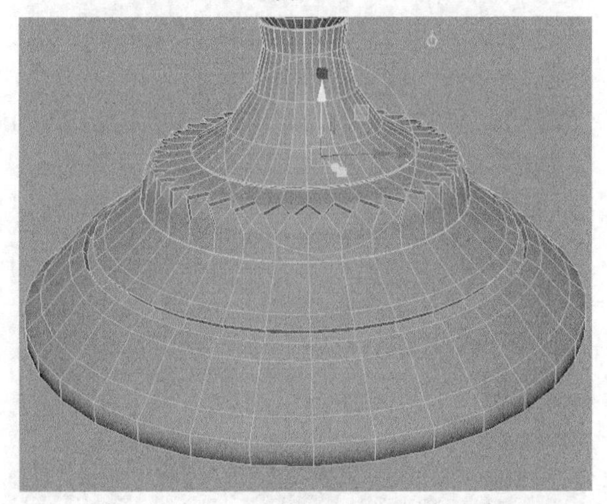

图8-57

10 执行“编辑网格>插入循环边”菜单命令，然后为容器模型卡线，如图8-58所示。

11 执行“创建>多边形基本体>球体”菜单命令，然后使用“捕捉到点”功能将球体吸附到杯身上，如图8-59所示。

图8-58

图8-59

**12** 切换到top（顶）视图，然后将球体的枢轴移至容器的中心，如图8-60所示，接着打开“特殊复制选项”对话框，设置“旋转”为（0，9，0）、“副本数”为40，最后单击“特殊复制”按钮，如图8-61所示，效果如图8-62所示。

**13** 使用同样的方法在容器的底部制作出环形小球，效果如图8-63所示。

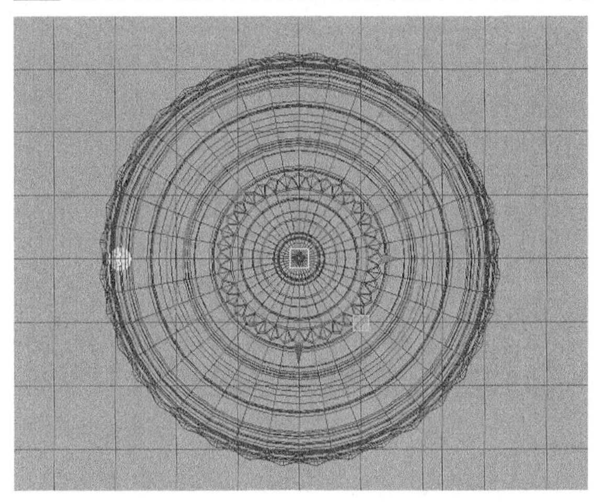

图8-60

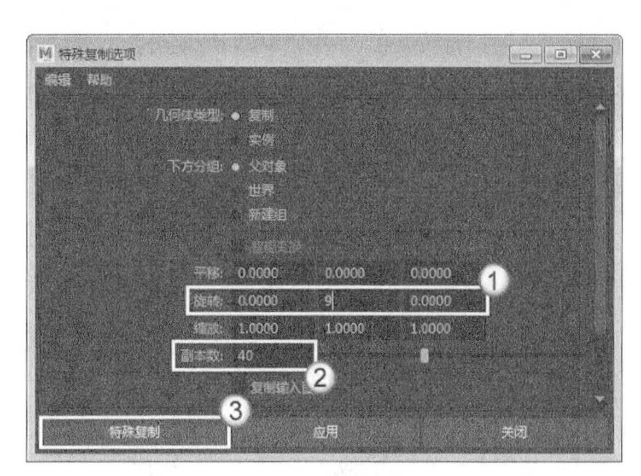


图8-61

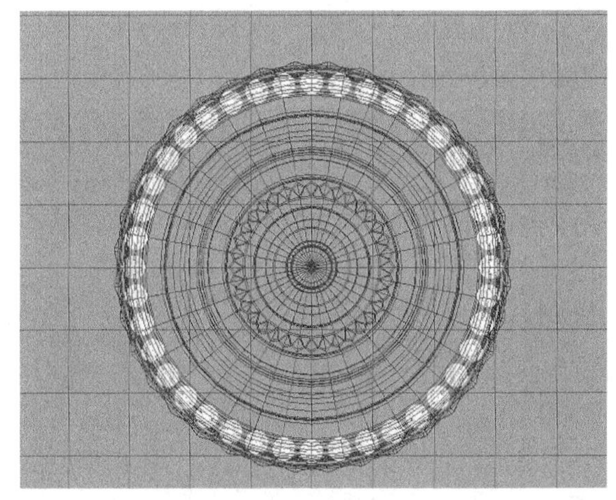

图8-62

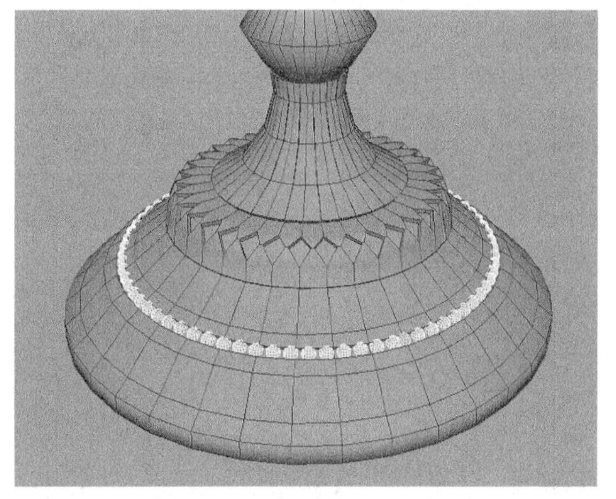

图8-63

## 8.2.4 制作红心模型

**01** 执行“创建>多边形基本体>立方体”菜单命令创建一个立方体，然后在“通道盒/层编辑器”面板中设置“细分宽度”“高度细分数”“深度细分数”均为2，如图8-64所示。

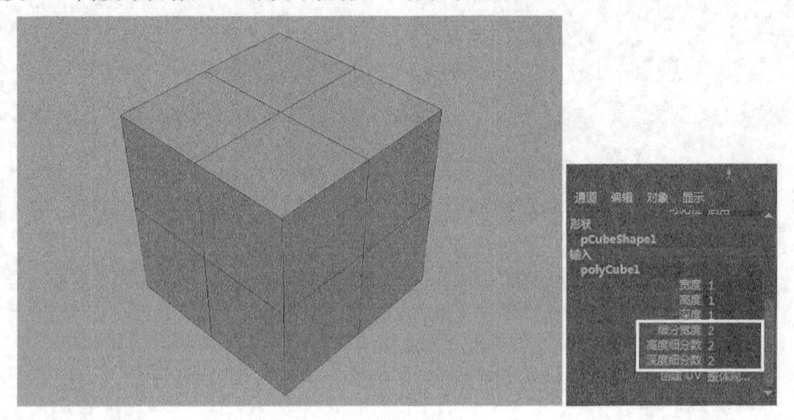


图8-64

**02** 切换到“顶点”编辑模式，然后调整立方体的形状，如图8-65所示，接着执行“网格>平滑”菜单命令对其进行圆滑操作，效果如图8-66所示。

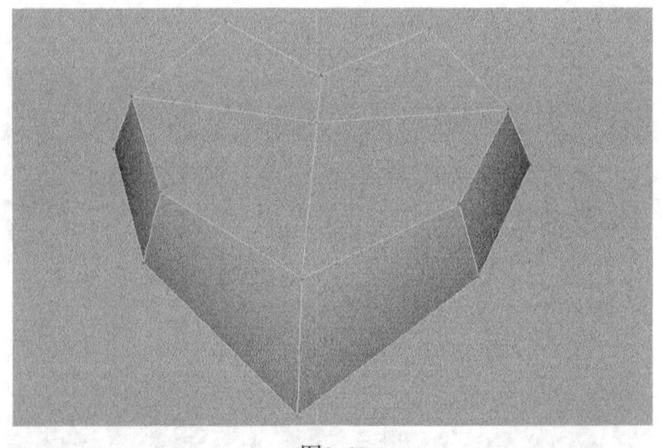

图8-65

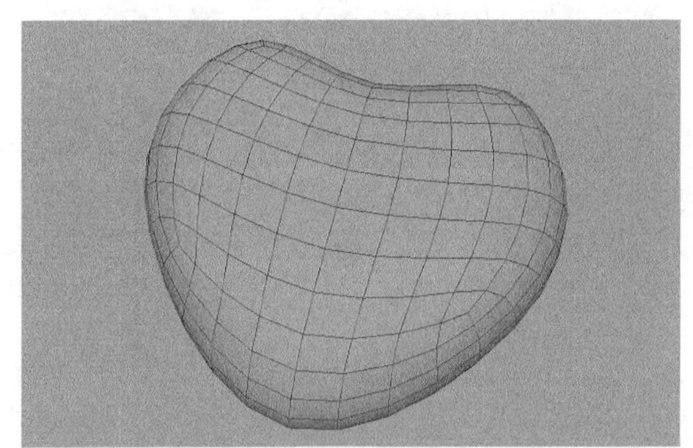

图8-66

## 8.2.5 最终调整

**01** 将红心模型移动到容器里，然后复制出若干个模型，使容器内填满红心模型，如图8-67所示。

**02** 清除所有模型的构建历史，然后删除曲线，最终效果如图8-68所示。

图8-67

图8-68

# 8.3 建模技术综合运用：老式电话

| 场景文件 | 无 |
| --- | --- |
| 实例文件 | Examples>CH08>8.3.mb |
| 难易指数 | ★★★☆☆ |
| 技术掌握 | 掌握曲面和多边形的各个命令 |

本例结合了大量的曲面和多边形命令来制作老式电话模型，效果如图8-69所示。

图8-69

## 8.3.1 制作底座

**01** 执行“创建>多边形基本体>立方体”菜单命令，在场景中创建一个立方体，然后在“通道盒/层编辑器”面板中设置“平移Y”为1、“缩放X”为4、“缩放Y”为2、“缩放Z”为4，如图8-70所示。

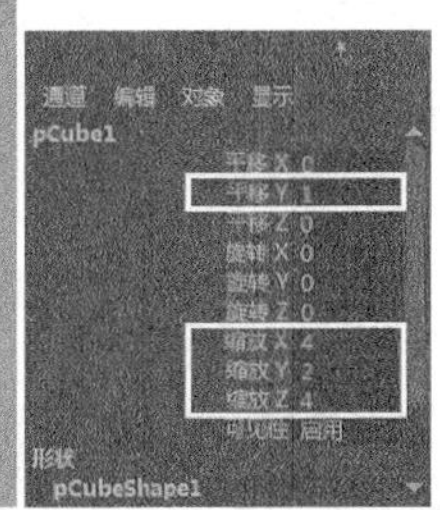


图8-70

**02** 设置“细分宽度”“高度细分数”以及“深度细分数”均为5，如图8-71所示。

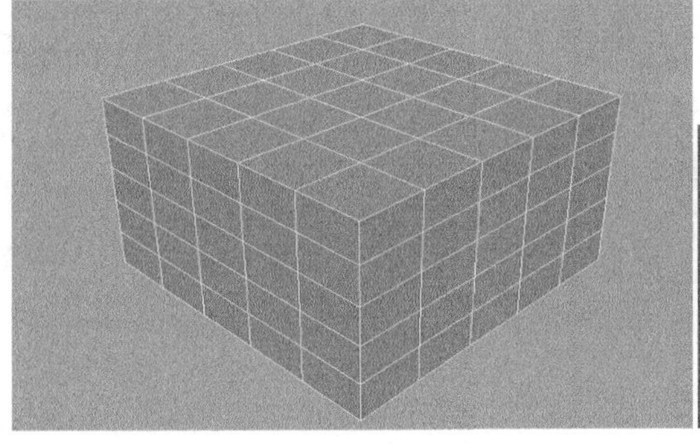
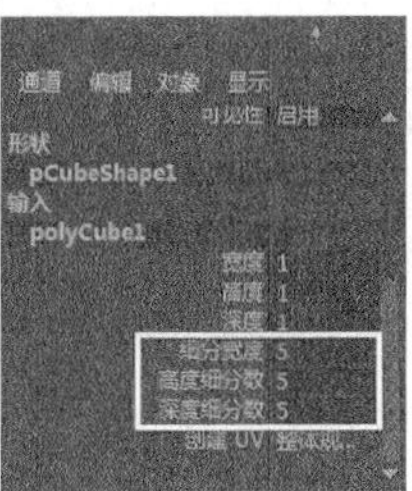


图8-71

**03** 切换到“面”编辑模式，然后选择底部的循环面，接着执行“编辑网格>挤出”菜单命令，最后设置“局部平移Z”为0.1，如图8-72所示。

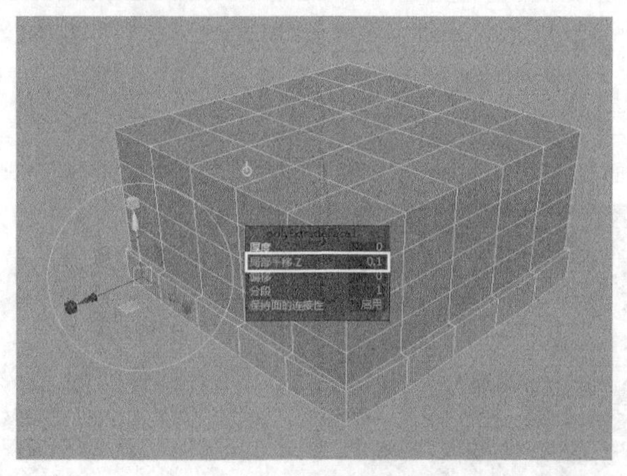

图8-72

**04** 选择模型底部的面，如图8-73所示，然后执行“编辑网格>挤出”菜单命令，接着设置“局部平移Z”为0.22，如图8-74所示。

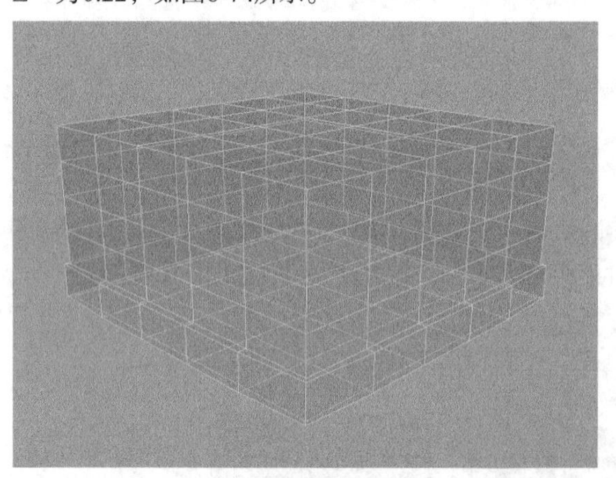

图8-73

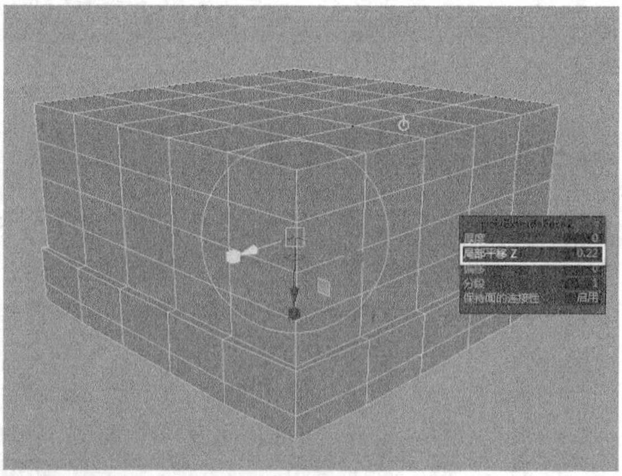

图8-74

**05** 选择模型底部的循环面，如图8-75所示，然后执行“编辑网格>挤出”菜单命令，接着设置“局部平移Z”为0.15，如图8-76所示。

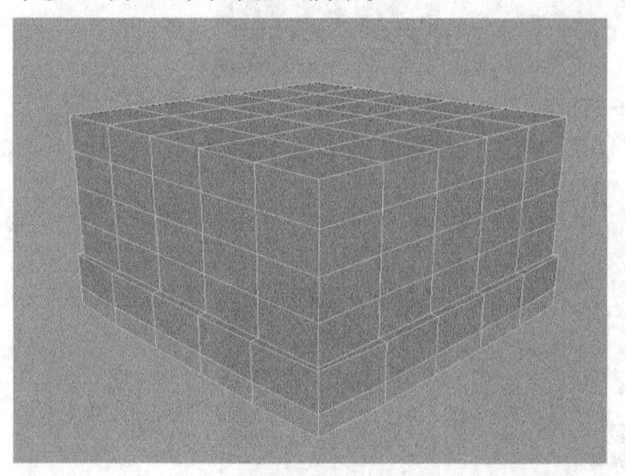

图8-75

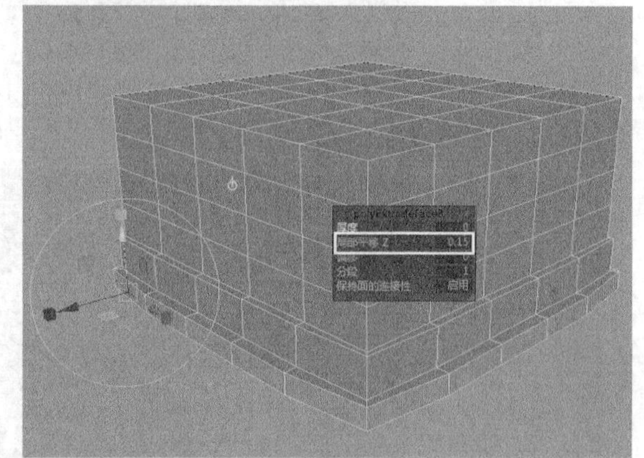

图8-76

**06** 执行“编辑网格>插入循环边”菜单命令，然后在模型底部的转折处添加两条循环边，如图8-77所示，接着按3键圆滑显示，效果如图8-78所示。

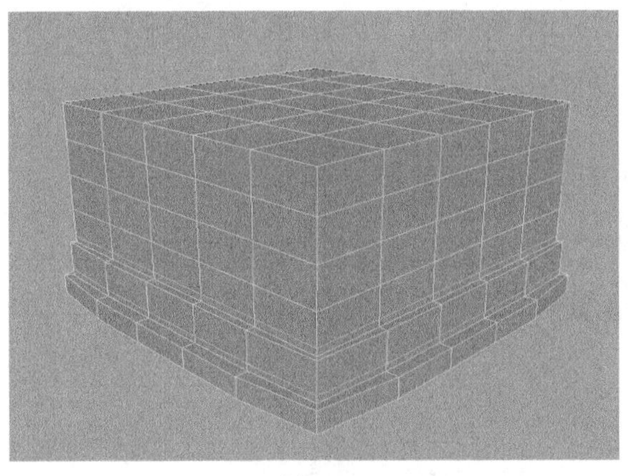

图8-77

图8-78

## 8.3.2 制作听筒

**01** 切换到front（前）视图，然后执行“创建>曲线工具>EP曲线工具”菜单命令，接着绘制一条曲线，如图8-79所示。

**02** 按Insert键激活枢轴操作手柄，然后调整曲线的枢轴，使枢轴位于曲线的水平方向的中心，如图8-80所示。

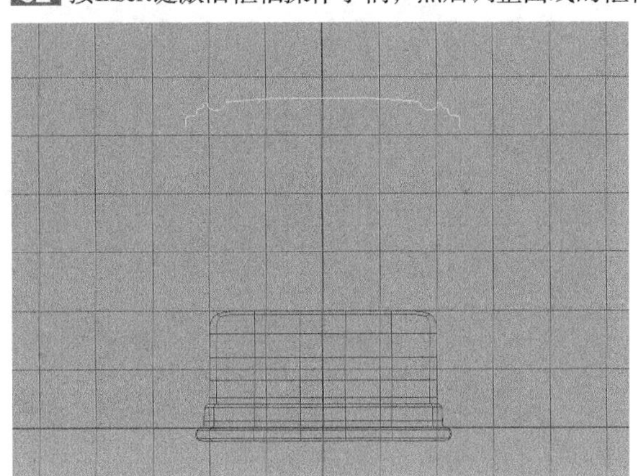

图8-79

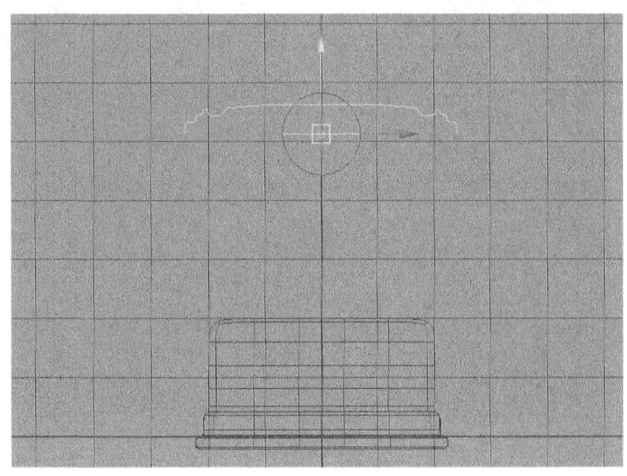

图8-80

**03** 选择曲线，然后执行“曲面>旋转”菜单命令，接着在“通道盒/层编辑器”面板中设置枢轴的“轴X”为1、“轴Y”为0，如图8-81所示。

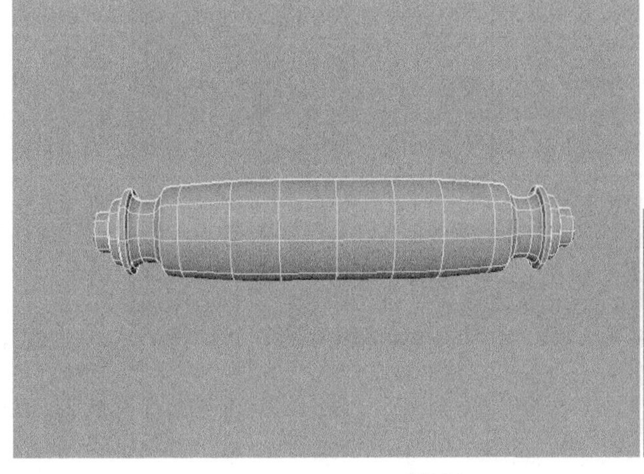

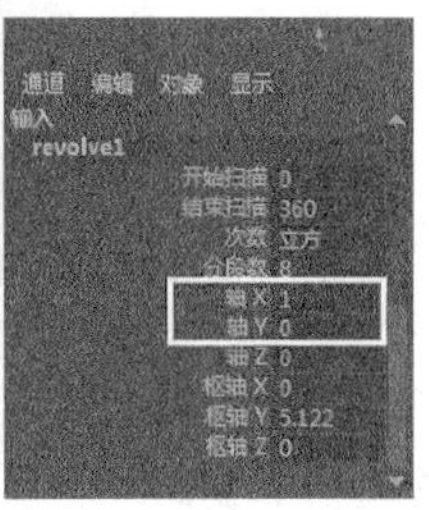


图8-81

04 切换到front（前）视图，然后执行“创建>曲线工具>EP曲线工具”菜单命令，接着绘制一条曲线，如图8-82所示。

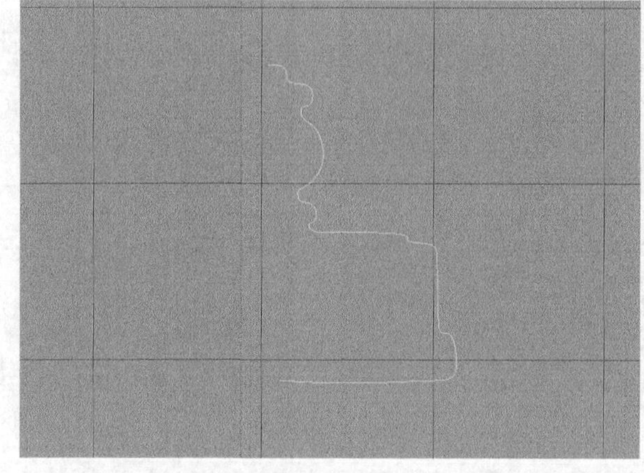

图8-82

05 按Insert键激活枢轴操作手柄，然后调整曲线的枢轴，使枢轴位于曲线的垂直方向的中心，如图8-83所示，接着执行“曲面>旋转”菜单命令，如图8-84所示。

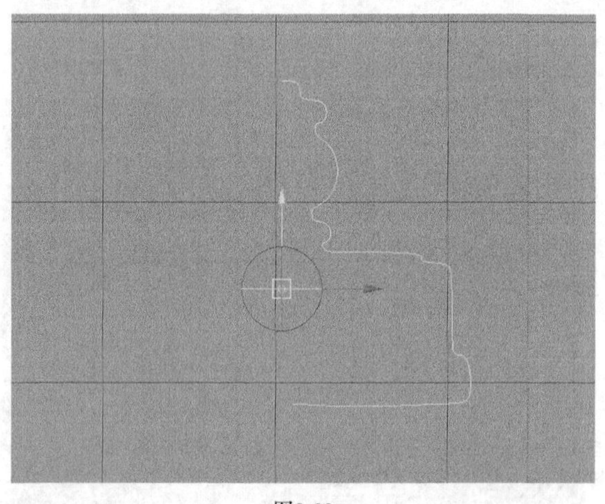

图8-83

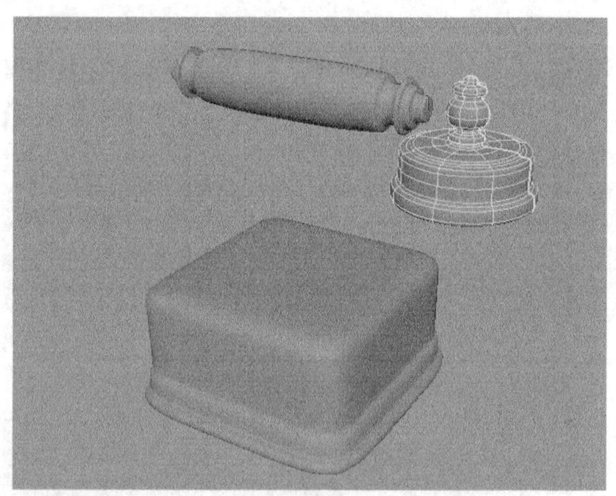

图8-84

06 切换到front（前）视图，然后执行“创建>曲线工具>EP曲线工具”菜单命令，接着绘制一条曲线，如图8-85所示。

图8-85

07 按Insert键激活枢轴操作手柄，然后调整曲线的枢轴，使枢轴位于曲线的垂直方向的中心，如图8-86所示，接着执行“曲面>旋转”菜单命令，如图8-87所示。

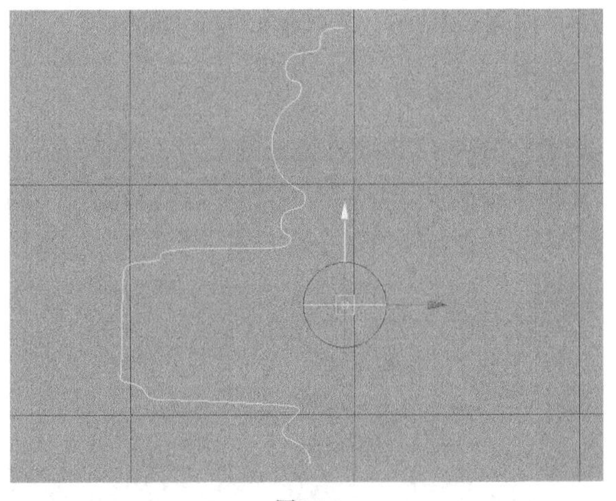

图8-86

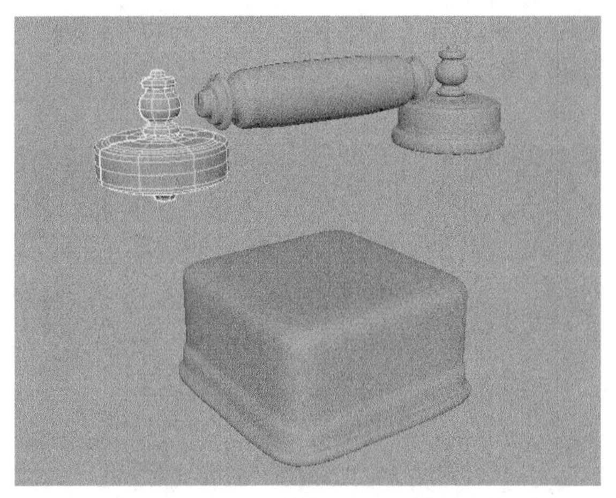

图8-87

**08** 执行“创建>多边形基本体>圆柱体”菜单命令，在视图中创建一个圆柱体，然后在“通道盒/层编辑器”面板中设置“半径”为0.3、“轴向细分数”为12、“高度细分数”为3，如图8-88所示。

**09** 选择圆柱体，然后设置“平移X”为 - 3.044、“平移Y”为2.8，如图8-89所示。

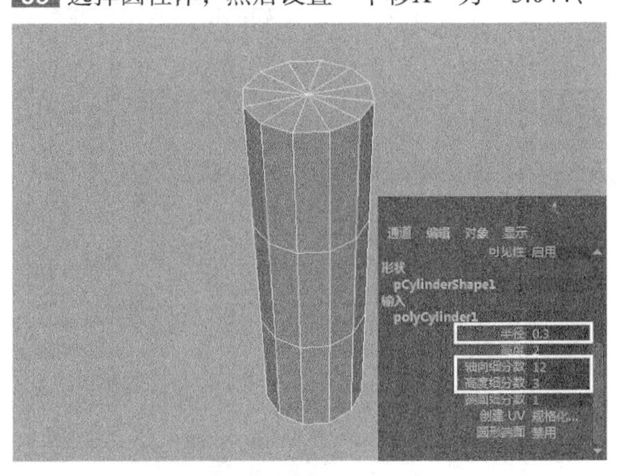


图8-88

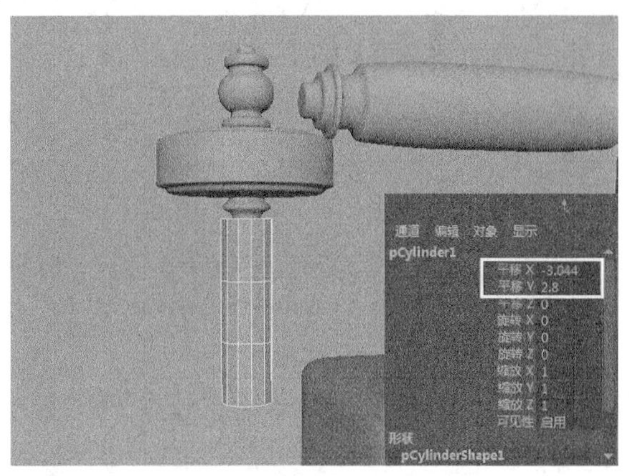


图8-89

**10** 选择圆柱体，然后切换到“顶点”编辑模式，接着将圆柱体调整成话筒的形状，如图8-90所示。

**11** 执行“编辑网格>插入循环边”菜单命令，然后为话筒模型添加若干条循环边，接着调整循环边，使话筒的外形更加光滑，如图8-91所示。

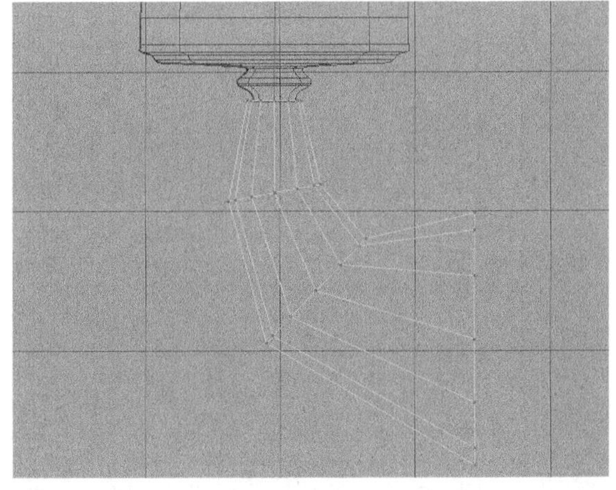

图8-90

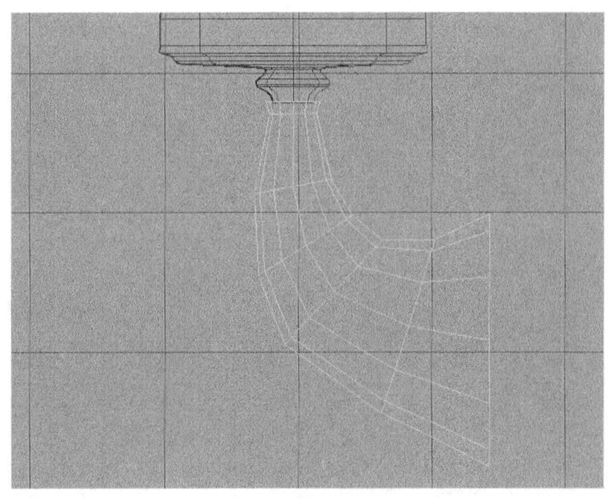

图8-91

**12** 切换到“面”编辑模式，然后选择话筒两端的横截面，如图8-92所示，接着将选择的面删除。

**13** 选择话筒模型，然后执行“编辑网格>挤出”菜单命令，接着设置“局部平移Z”为0.06，如图8-93所示。

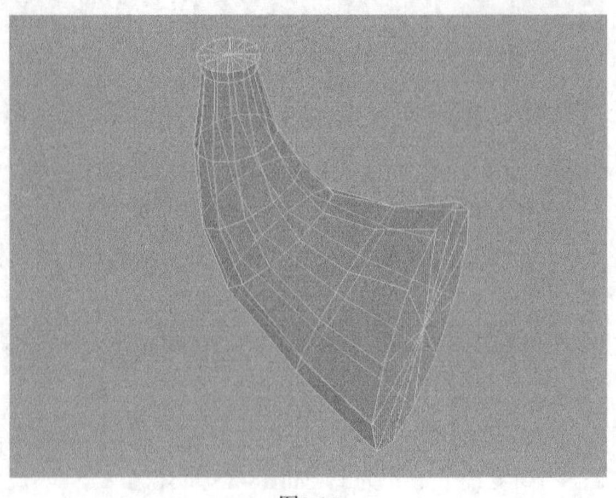

图8-92

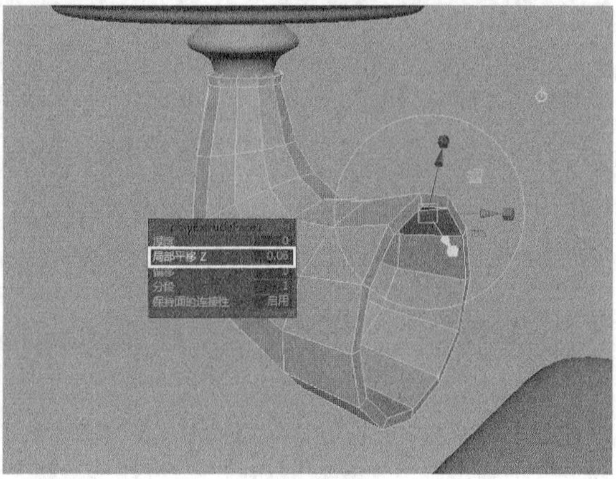

图8-93

**14** 执行“编辑网格>插入循环边”菜单命令，然后在喇叭口添加一条循环边，如图8-94所示，接着调整喇叭口处的循环边，如图8-95所示。

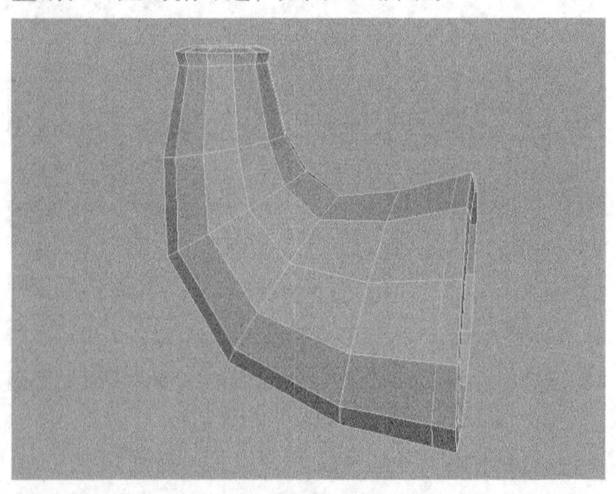

图8-94

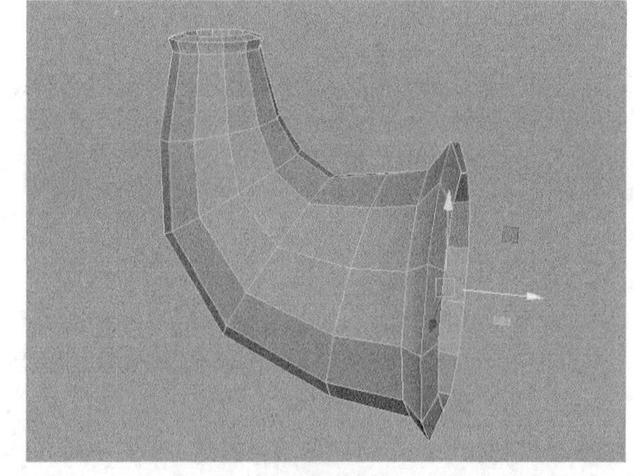

图8-95

**15** 执行“编辑网格>插入循环边”菜单命令，然后在话筒的各个转折处卡线，如图8-96所示，接着按3键将圆滑显示，如图8-97所示。

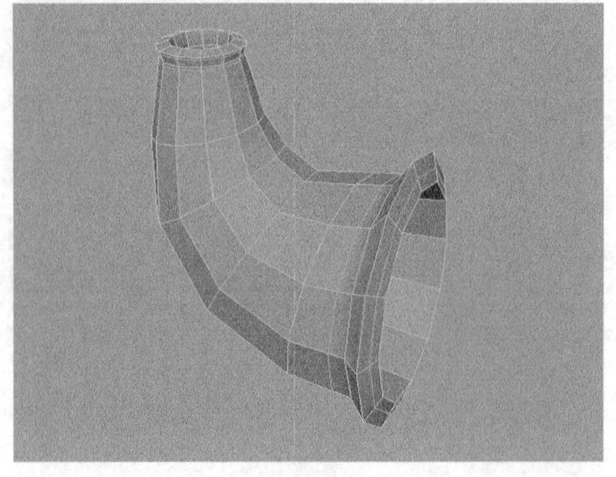

图8-96

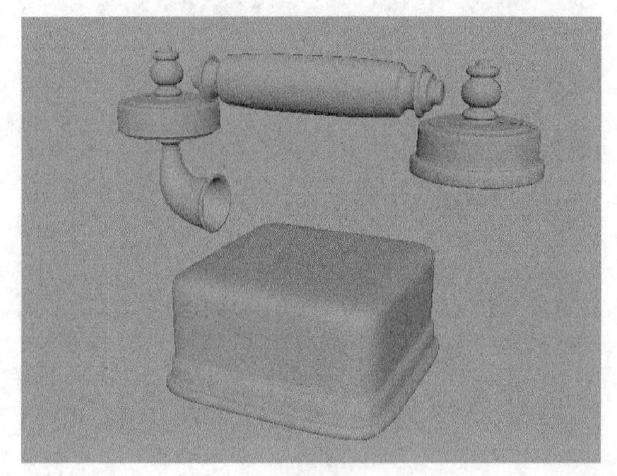

图8-97

## 8.3.3 制作支架

**01** 执行“创建>NURBS基本体>球体”菜单命令，在场景中创建一个NURBS球体，然后在“通道盒/层编辑器”面板中设置“平移Y”为1.8，如图8-98所示。

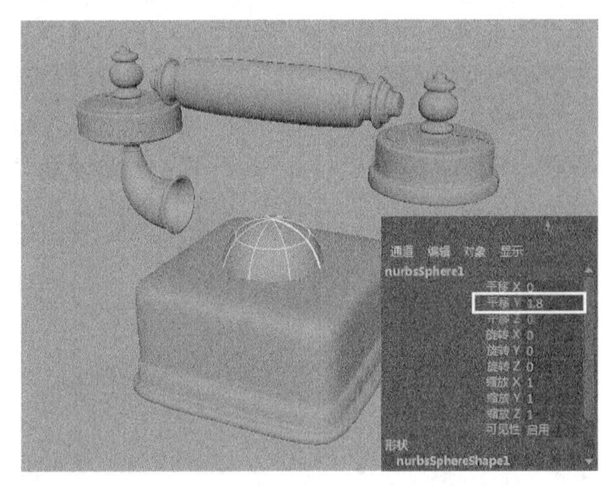


图8-98

**02** 选择NURBS球体，然后切换到“控制顶点”编辑模式，接着调整球体的形状，如图8-99所示。

**03** 切换到front（前）视图，然后执行“创建>曲线工具>EP曲线工具”菜单命令，接着绘制一条曲线，如图8-100所示。

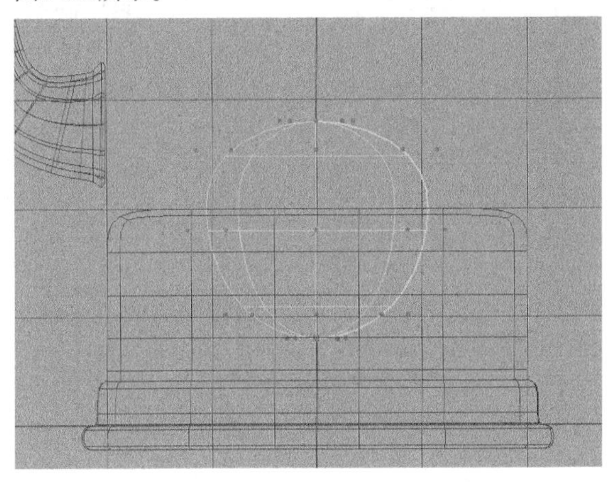

图8-99

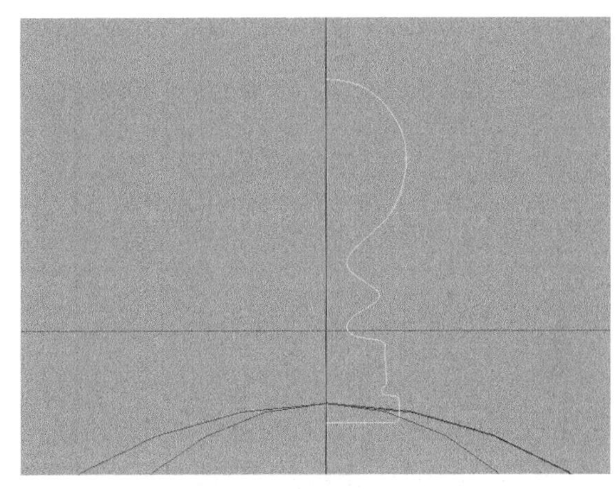

图8-100

**04** 按Insert键激活枢轴操作手柄，然后调整曲线的枢轴，使枢轴位于曲线的垂直方向的中心，如图8-101所示，接着执行“曲面>旋转”菜单命令，如图8-102所示。

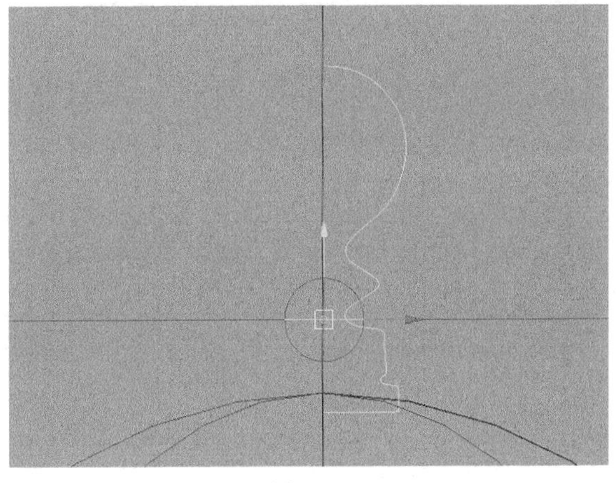

图8-101

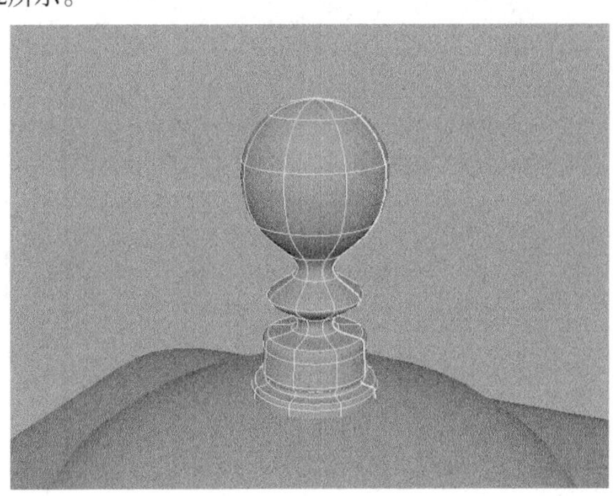

图8-102

**05** 执行“创建>多边形基本体>立方体”菜单命令，然后在“通道盒/层编辑器”面板中设置“宽度”为2.5、“高度”为0.08、“深度”为0.3、“细分宽度”为5、“高度细分数”为2、“深度细分数”为1，如图8-103所示，接着设置“平移Y”为2.75，如图8-104所示。

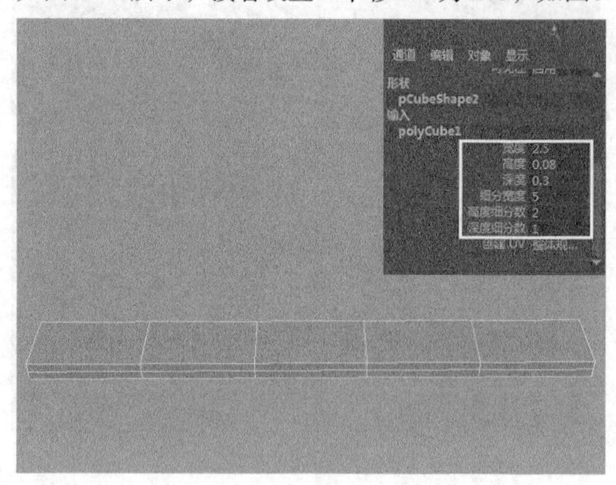

图8-103

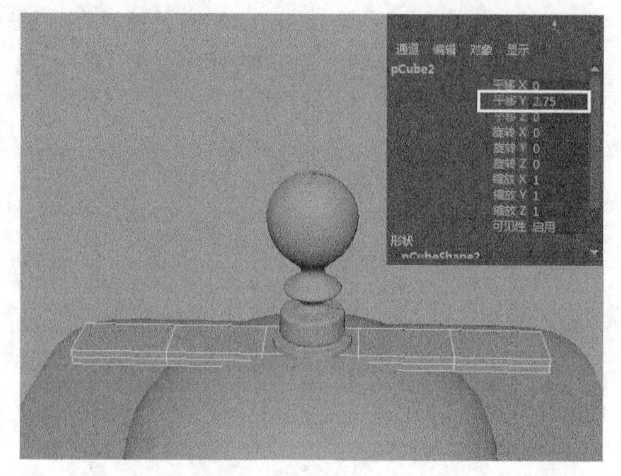

图8-104

**06** 选择立方体，然后切换到“顶点”编辑模式，接着调整立方体的外形，如图8-105所示。

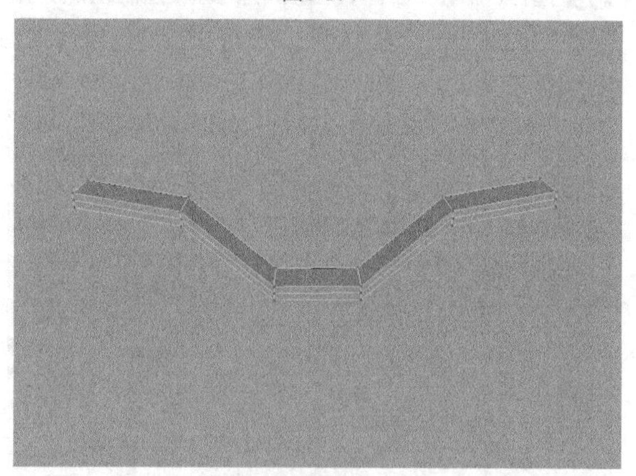

图8-105

**07** 执行“编辑网格>插入循环边”菜单命令，然后在立方体上添加两条循环边，接着调整立方体的形状，如图8-106所示，最后按3键圆滑显示，如图8-107所示。

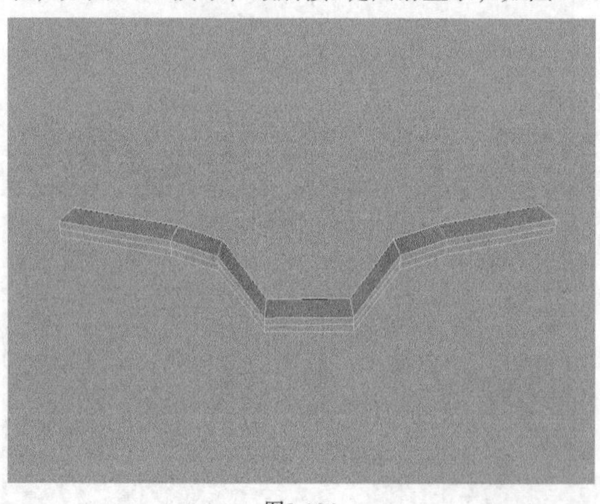

图8-106

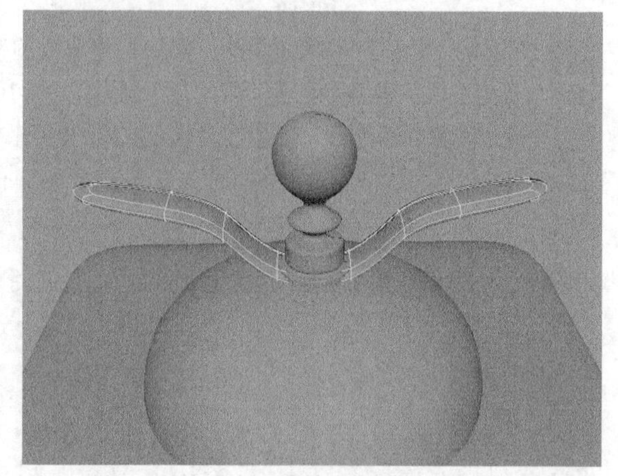

图8-107

**08** 切换到front（前）视图，然后执行“创建>曲线工具>EP曲线工具”菜单命令，接着绘制一条曲线，如图8-108所示。

09 切换到side（侧）视图，然后执行“创建>曲线工具>EP曲线工具”菜单命令，接着绘制一条曲线，如图8-109所示。

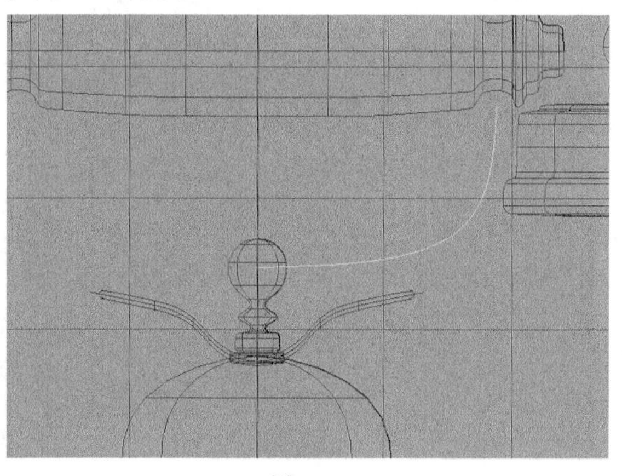

图8-108

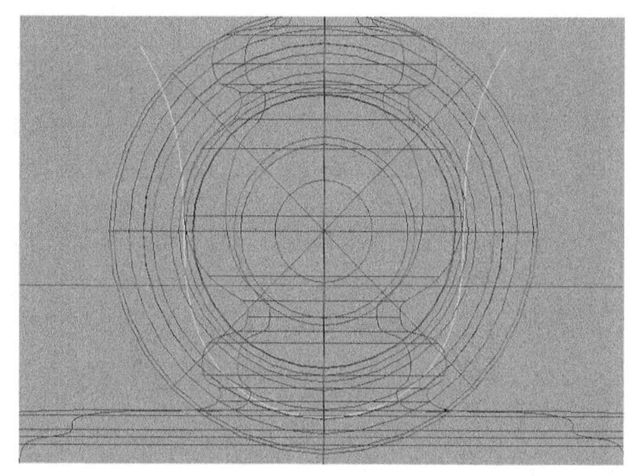

图8-109

10 切换到persp（透）视图，然后调整两条曲线的位置，使其连接在一起，如图8-110所示。

11 执行“创建>NURBS基本体>圆形”菜单命令，然后将其移至曲线的起点处，接着调整圆形的大小和方向，如图8-111所示。

图8-110

图8-111

12 选择圆形，然后加选底部的曲线，执行“曲面>挤出”菜单命令，接着清除曲面的构建历史，效果如图8-112所示。

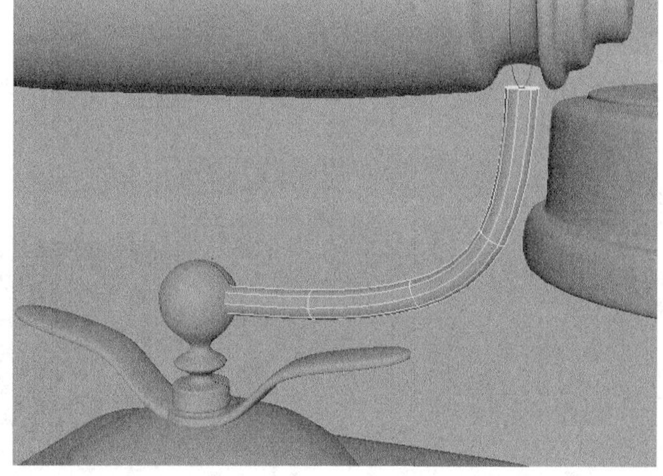

图8-112

**13** 将圆形移至U形曲线的起点处，然后调整圆形的大小和方向，如图8-113所示，接着选择NURBS圆形，再加选U形曲线，执行“曲面>挤出”菜单命令，最后清除曲面的构建历史，效果如图8-114所示。

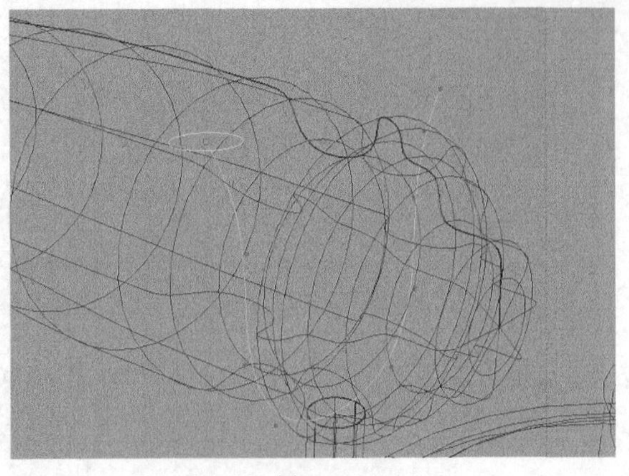

图8-113

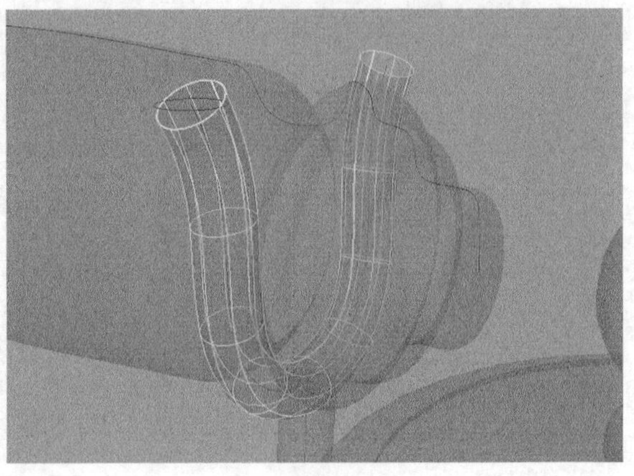

图8-114

**14** 执行“创建>NURBS基本体>球体”菜单命令创建两个球体，然后调整球体的位置和大小，如图8-115所示。

**15** 选择制作完成的半个支架模型，然后按快捷键Ctrl+G创建分组，接着按快捷键Ctrl+D复制出另外半个支架模型，最后将支架模型移至另一侧，效果如图8-116所示。

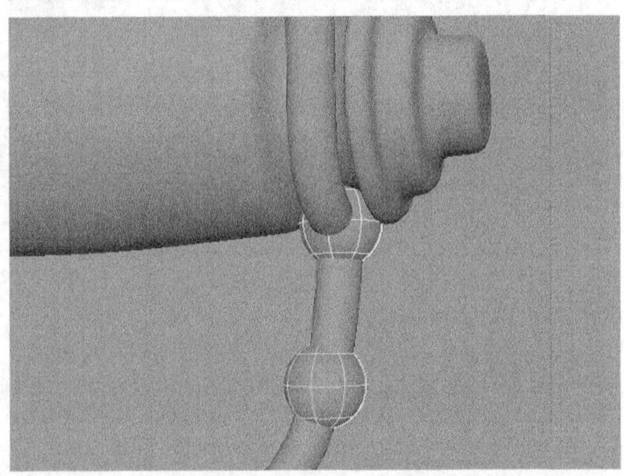

图8-115

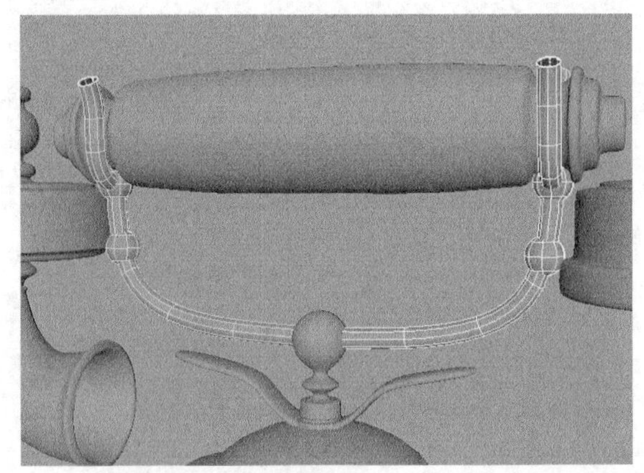

图8-116

## 8.3.4 制作拨号器

**01** 执行“创建>多边形基本体>圆柱体”菜单命令创建一个圆柱体，然后在“通道盒/层编辑器”面板中设置“高度”为0.2，如图8-117所示。

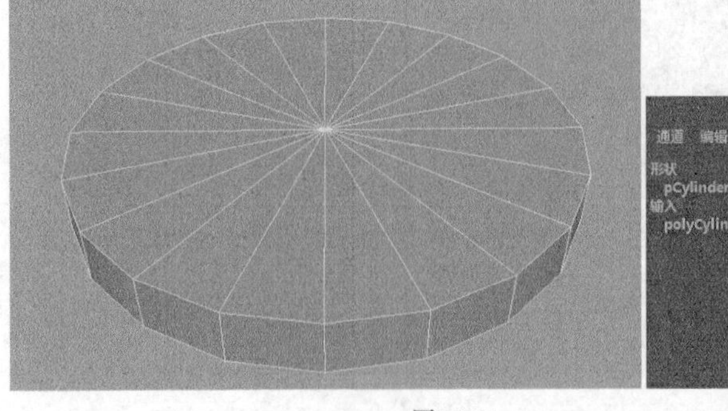


图8-117

**02** 切换到圆柱体的“面”编辑模式，然后选择顶部的面，接着执行“编辑网格>挤出”菜单命令，将面片向内挤出一定的距离，如图8-118所示。

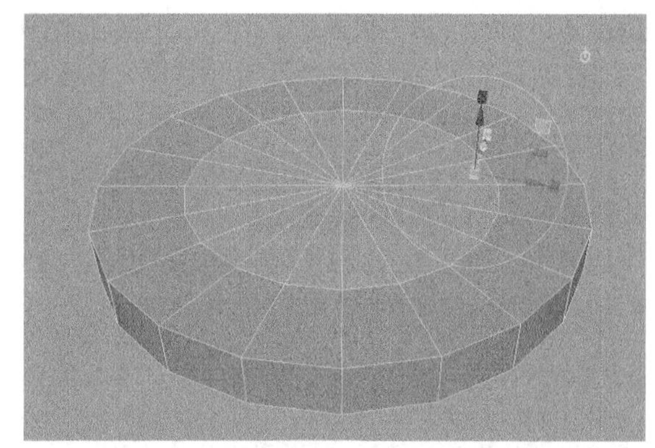

图8-118

**03** 使用“挤出”命令对圆柱体顶部的面进行多次操作，效果如图8-119所示。然后执行“编辑网格>插入循环边”菜单命令为模型卡线，如图8-120所示，接着按3键圆滑显示，效果如图8-121所示。

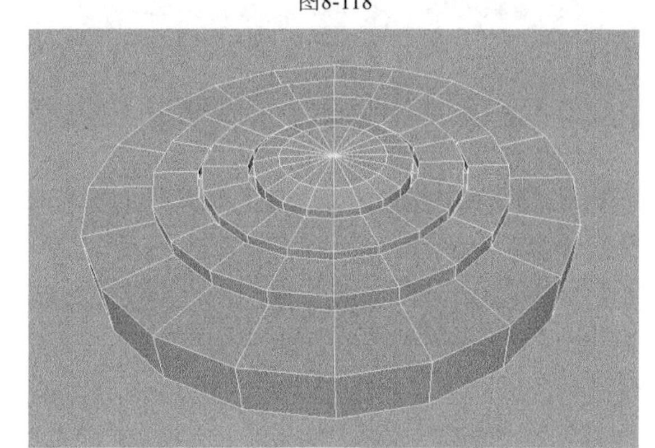

图8-119

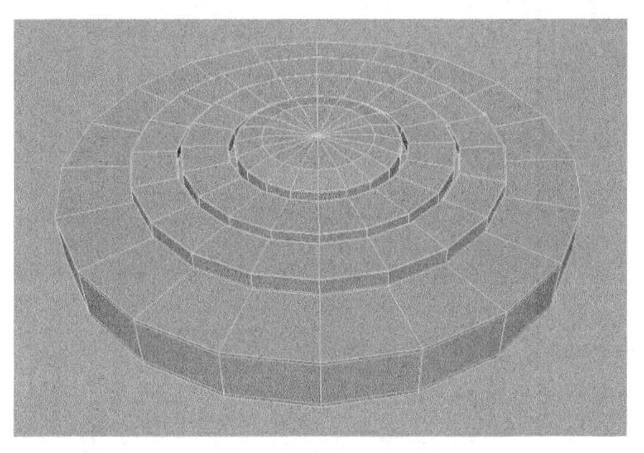

图8-120

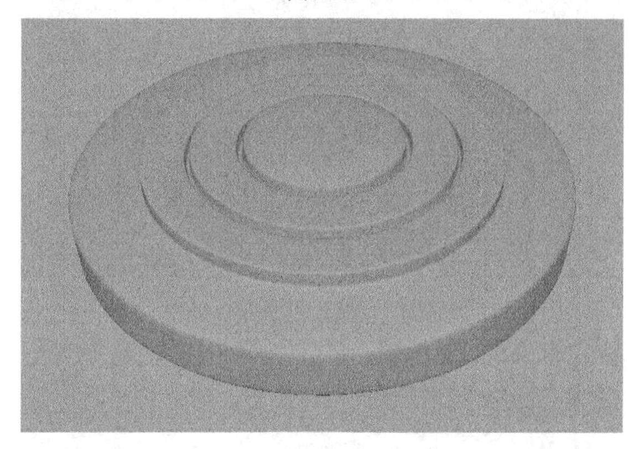

图8-121

**04** 执行“创建>多边形基本体>圆柱体”菜单命令创建一个圆柱体，然后调整其位置和大小，如图8-122所示。

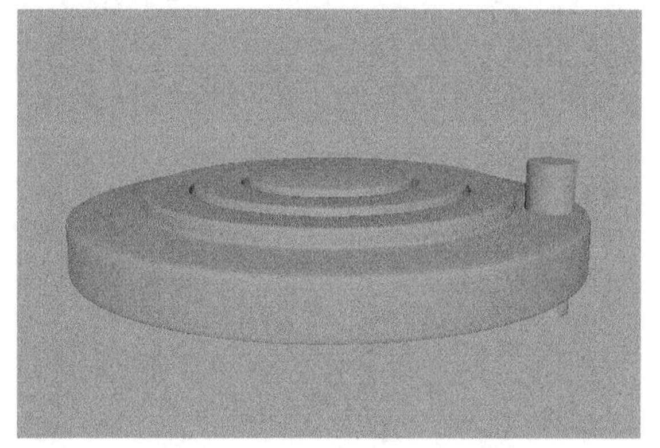

图8-122

05 切换到top（顶）视图，然后调整圆柱体的枢轴，使其与拨号器的枢轴一致，如图8-123所示，接着使用“复制并变换”命令复制出10个圆柱体，效果如图8-124所示。

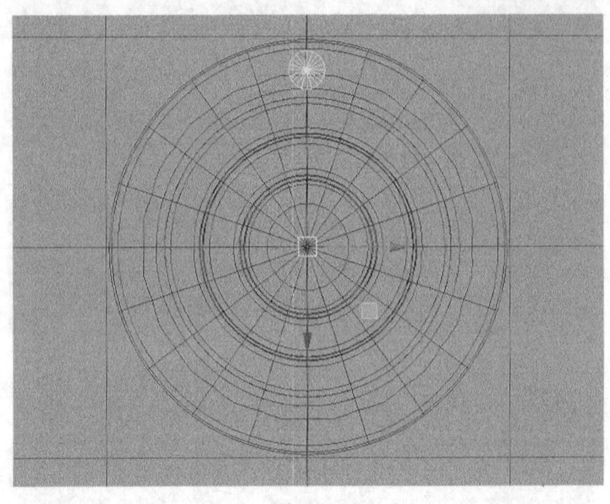

图8-123

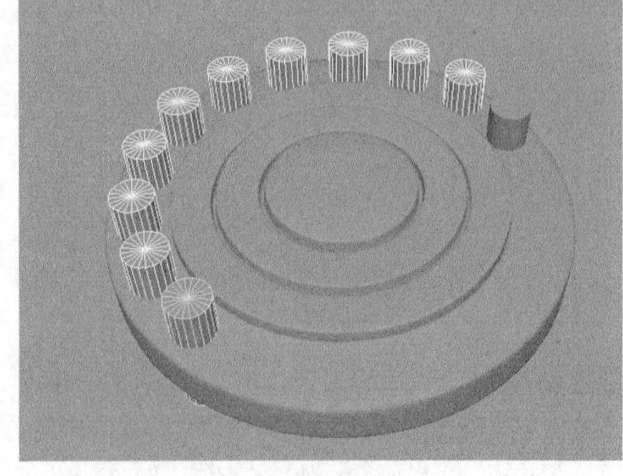

图8-124

06 选择所有圆柱体，然后执行“网格>结合”菜单命令，接着清除圆柱体的构建历史，如图8-125所示。

07 选择拨号器模型，然后执行“网格>平滑”菜单命令，接着清除模型的构建历史，效果如图8-126所示。

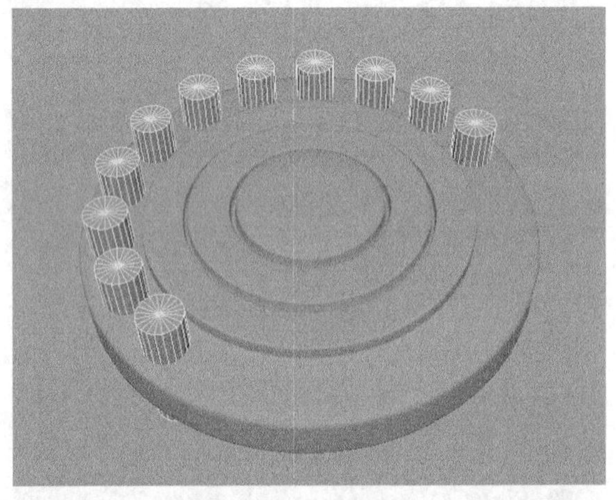

图8-125

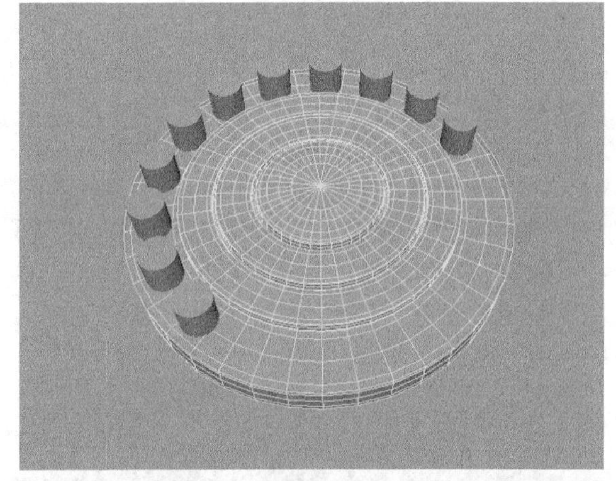

图8-126

08 选择拨号器模型，然后加选圆柱体，接着执行“网格>布尔>差集”菜单命令，效果如图8-127所示。

09 清除拨号器模型的构建历史，然后调整其位置和方向，效果如图8-128所示。

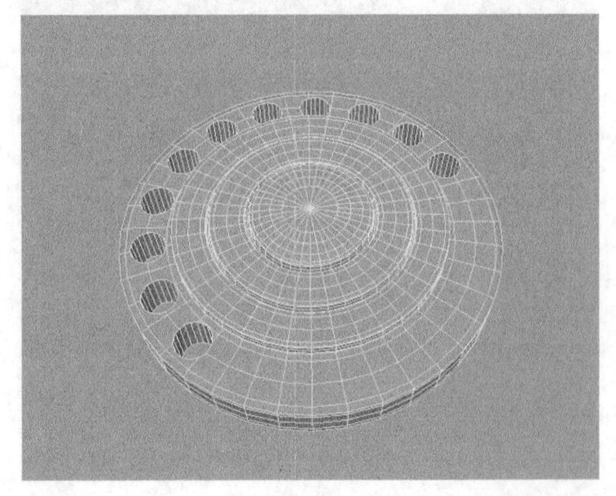

图8-127

图8-128

## 8.3.5 最终调整

**01** 执行“创建>NURBS基本体>圆柱体”菜单命令创建一个圆柱体模型，然后调整圆柱体的大小、位置和方向，使其连接电话的听筒、手柄和话筒模型，如图8-129所示。

**02** 执行“创建>曲线工具>EP曲线工具”菜单命令，绘制一条曲线，如图8-130所示。

图8-129

图8-130

**03** 执行“创建>NURBS基本>圆形”菜单命令，然后将圆形移至曲面的起点，接着调整圆形的大小和方向，如图8-131所示。

**04** 选择圆形，然后加选曲线，接着执行“曲面>挤出”菜单命令，最后删除曲面的构建历史，效果如图8-132所示。

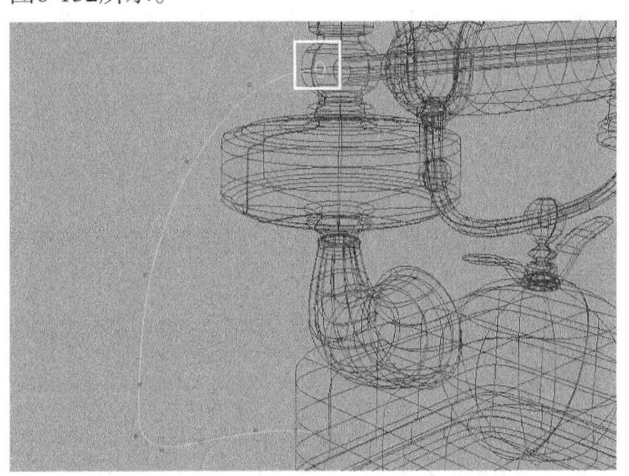

图8-131

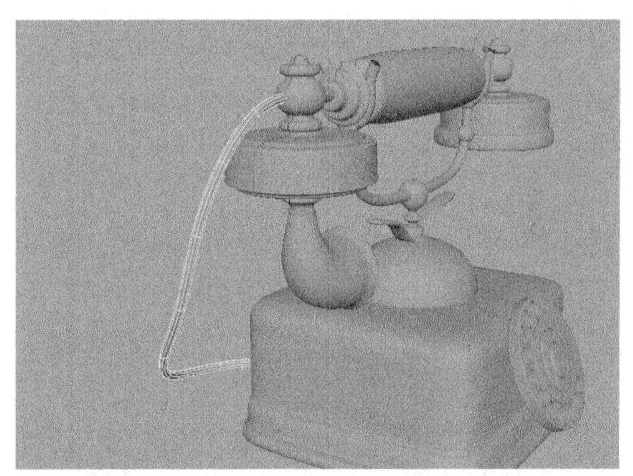

图8-132

**05** 删除场景中的曲线，清除所有对象的构建历史，最终效果如图8-133所示。

图8-133

# 8.4 建模技术综合运用：生日蜡烛

| 场景文件 | 无 |
| --- | --- |
| 实例文件 | Examples>CH08>8.4.mb |
| 难易指数 | ★★★☆☆ |
| 技术掌握 | 掌握扭曲、挤压、扩张和弯曲变形器的使用方法 |

变形器在Maya的建模工作中经常被使用到，本例将使用Maya变形器中的“非线性”变形器制作生日蜡烛模型，效果如图8-134所示。

图8-134

## 8.4.1 制作蜡烛模型

**01** 执行“创建>多边形基本体>立方体”菜单命令，在场景中创建一个立方体，然后在“通道盒/层编辑器”面板中设置“高度”为10、“细分宽度”为2、“高度细分数”为18、“深度细分数”为2，如图8-135所示。

**02** 选择立方体，然后执行“变形>非线性>扭曲”菜单命令，接着在“通道盒/层编辑器”面板中设置“开始角度”为1000，如图8-136所示。

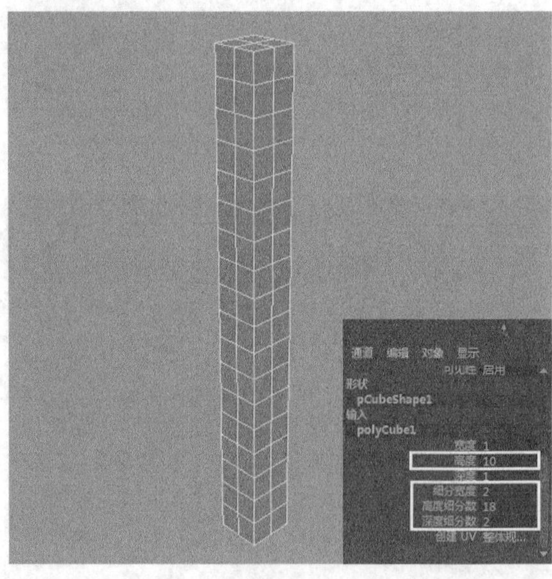


图8-135

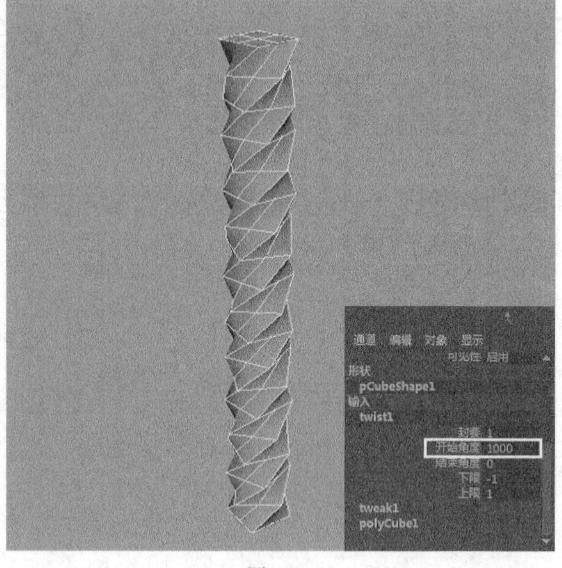


图8-136

**03** 选择立方体，然后清除构建历史，接着按3键圆滑显示，效果如图8-137所示。

图8-137

## 8.4.2 制作火苗模型

**01** 执行“创建>多边形基本体>球体”菜单命令，在场景中创建一个球体模型，然后在“通道盒/层编辑器”面板中设置“平移Y”为6.4，如图8-138所示。

**02** 展开polySphere节点属性，然后设置“轴向细分数”为12、“高度细分数”为8，如图8-139所示。

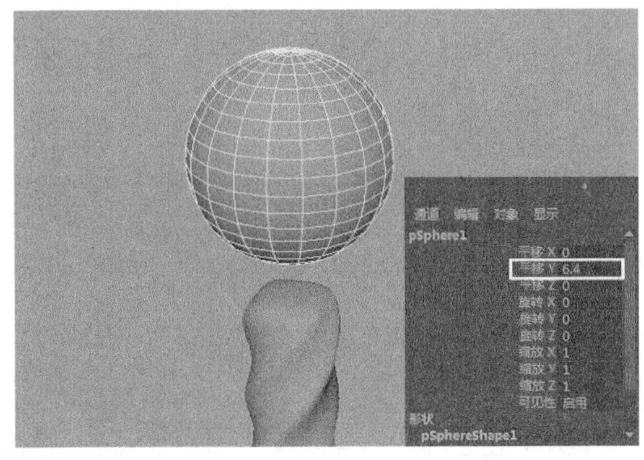

图8-138

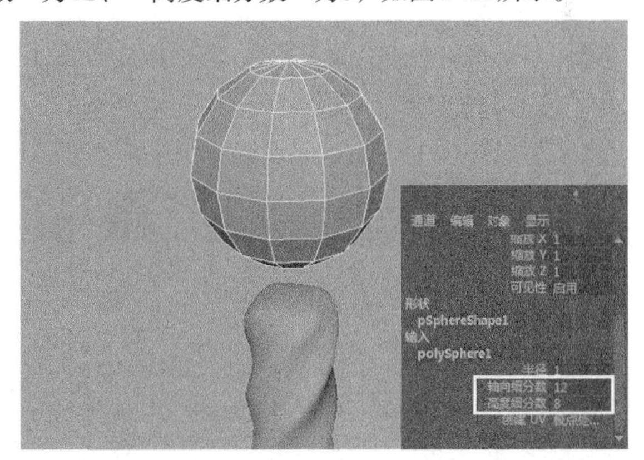

图8-139

**03** 选择模型，然后执行“变形>非线性>扩张”菜单命令，接着在“通道盒/层编辑器”面板中设置“开始扩张X”为0.7、“开始扩张Z”为0.7、“结束扩张X”为0、“结束扩张Z”为0，如图8-140所示。

**04** 选择模型，然后清除构建历史，接着在“通道盒/层编辑器”面板中设置“缩放X”为0.6、“缩放Y”为1、“缩放Z”为0.6，如图8-141所示。

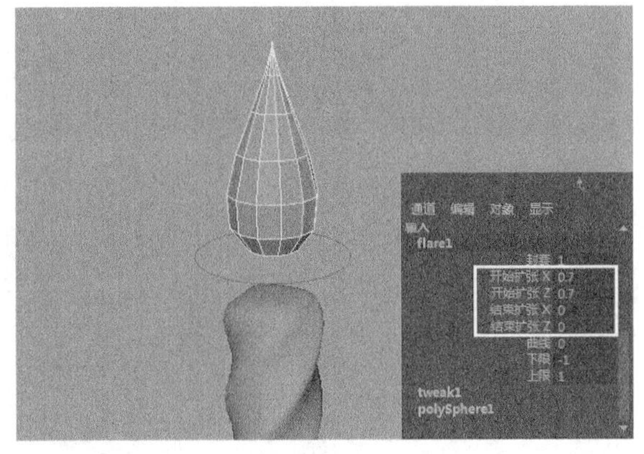

图8-140

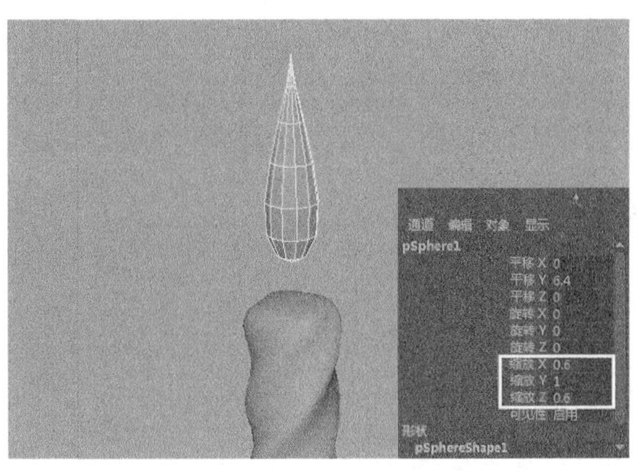

图8-141

**05** 选择模型，然后执行“变形>非线性>弯曲”菜单命令，接着在“通道盒/层编辑器”面板中设置“曲率”为80、“下限”为0，如图8-142所示。

**06** 选择模型，然后清除构建历史，接着按3键圆滑显示，效果如图8-143所示。

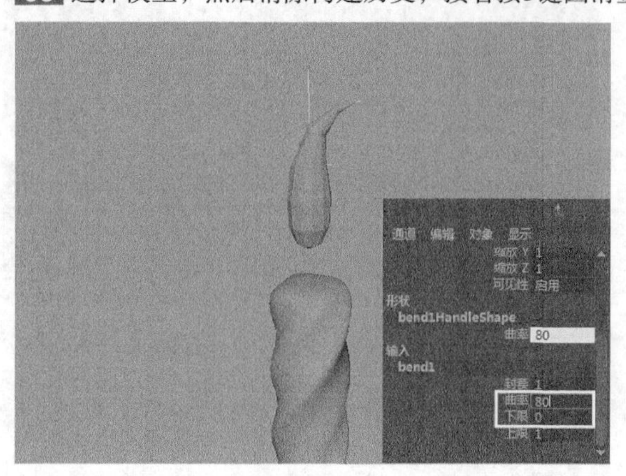


图8-142

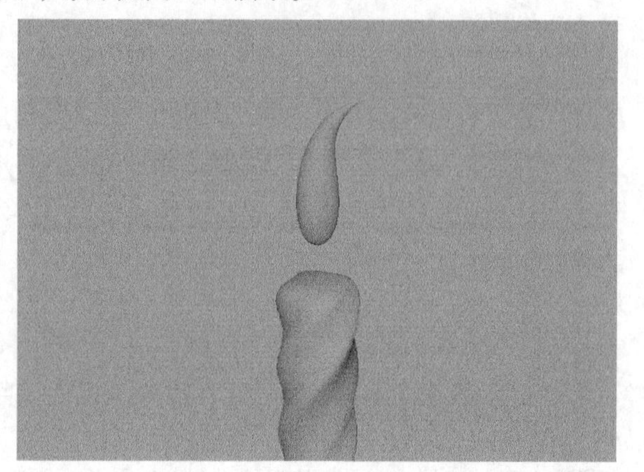

图8-143

## 8.4.3 最终调整

**01** 执行“创建>多边形基本体>圆柱体”菜单命令，在场景中创建一个圆柱体，然后在“通道盒/层编辑器”面板中设置“半径”为0.03、“轴向细分数”为8，如图8-144所示。

**02** 选择模型，然后在“通道盒/层编辑器”面板中设置“平移Y”为5.2，如图8-145所示。

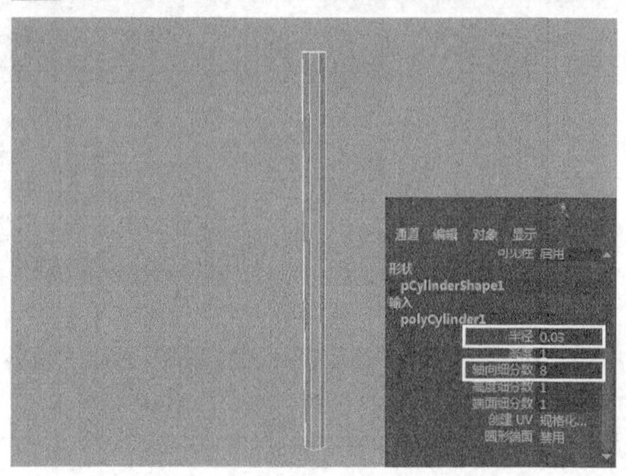


图8-144

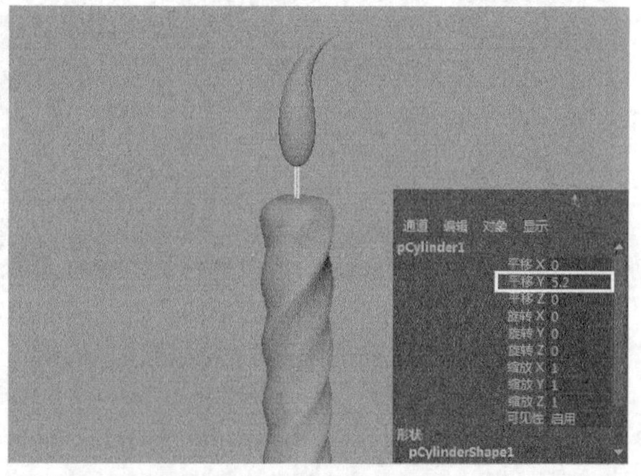


图8-145

**03** 复制出多个蜡烛模型，然后调整其位置和大小，效果如图8-146所示。

图8-146

# 技术分享

## 多边形与曲面相互转换

在Maya中可以将多边形与曲面相互转换，这样可以发挥出曲面和多边形各自的优点来制作模型。

视频演示：多边形与曲面相互转换.mp4

将曲面转换成多边形的操作较为简单，选择曲面，然后执行“修改>转化>NURBS到多边形”菜单命令即可。

打开“将NURBS转化为多边形选项”对话框，可以设置转化的类型和细分方法等参数，这样可以优化转化后的多边形。

而将多边形转换成曲面，需要先将多边形转换为细分曲面，然后将细分曲面转换为曲面。

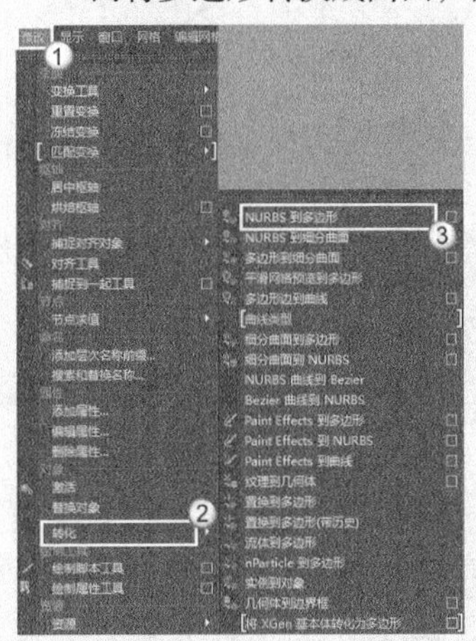


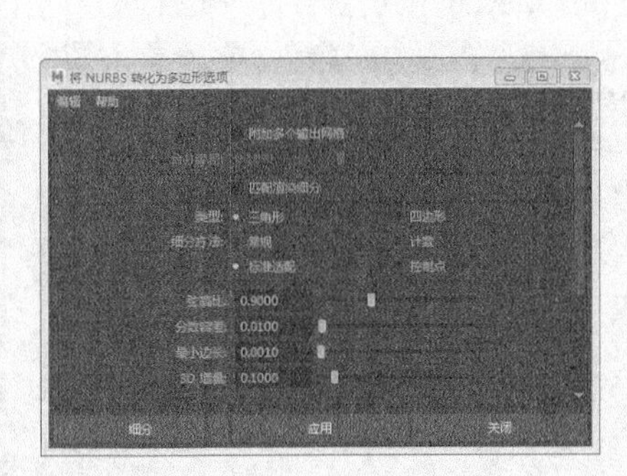


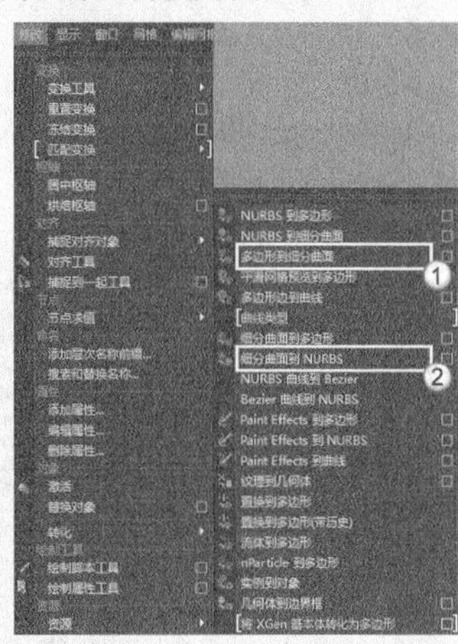


打开“将NURBS/多边形转化为细分曲面选项”和“将细分曲面转化为NURBS选项”对话框，可以设置转化的参数，这样可以优化转化后的细分曲面和曲线。

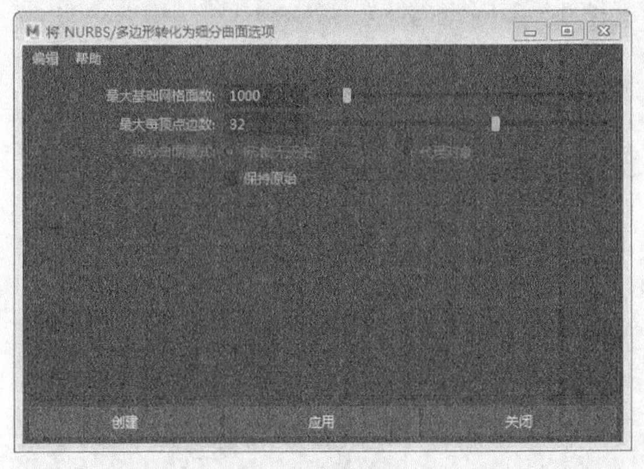


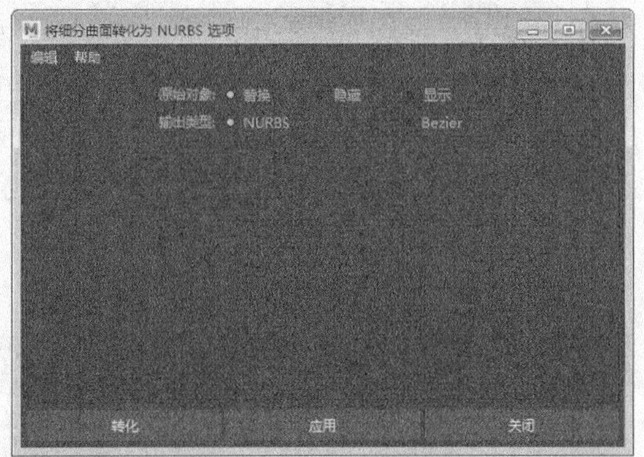


## 给读者学习建模技术的建议

使用Maya可以制作一些较为简单的模型，例如游戏模型或卡通模型，但是如果想制作高质量、高细节的模型，通常会使用三维雕刻软件。下面推荐两款较为常用的三维雕刻软件，分别是ZBrush和Mudbox。

ZBrush：ZBrush 是一款数字雕刻和绘画软件，它以强大的功能和直观的工作流程彻底改变了整个三维行业。在一个简洁的界面中，ZBrush 为当代数字艺术家提供了世界上非常先进的工具。

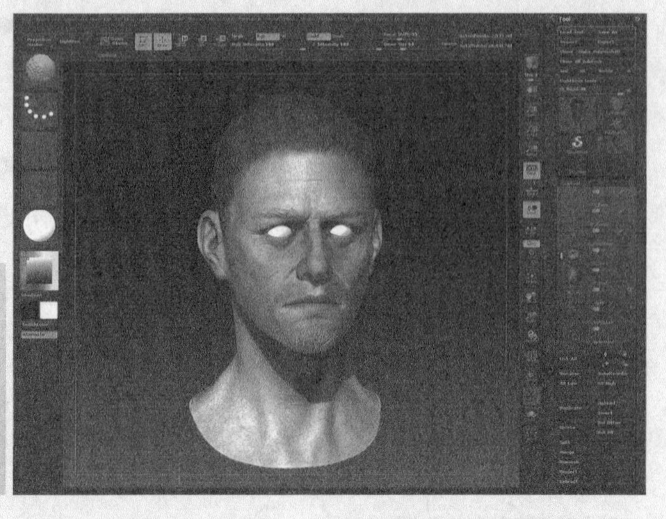

Mudbox：Mudbox是一款数字雕刻与纹理绘画软件，是由电影、游戏和设计行业的专业艺术家设计的，为三维建模人员和纹理艺术家提供了创作自由性，而不必担心技术细节。因为Mudbox也是Autodesk公司的设计软件，因此在跟Maya的交互上会有一定优势。

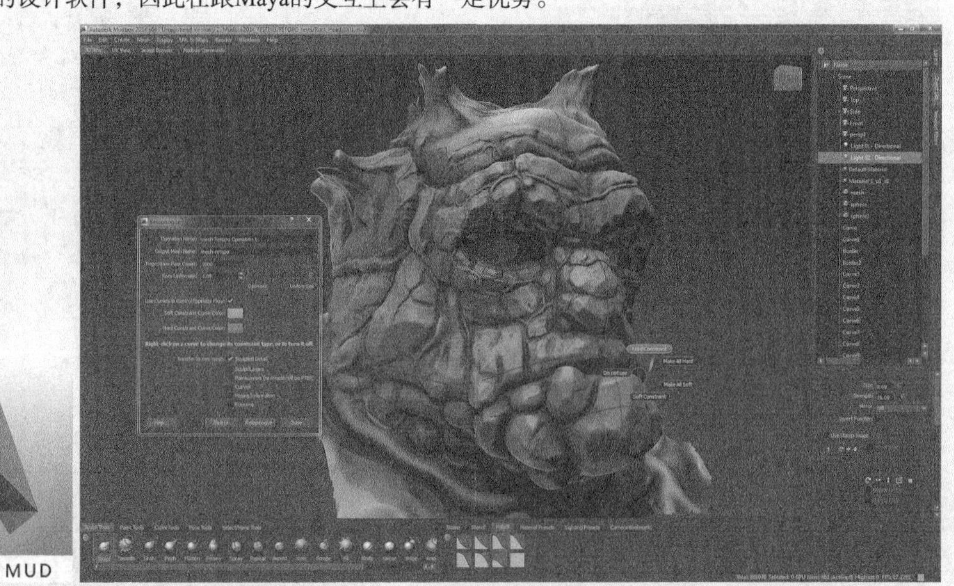


无论是ZBrush还是Mudbox，都可以制作高质量、高细节的模型，而且还可以为模型拓扑和绘制贴图。ZBrush和Mudbox可以制作生物模型，也可以制作机械模型。

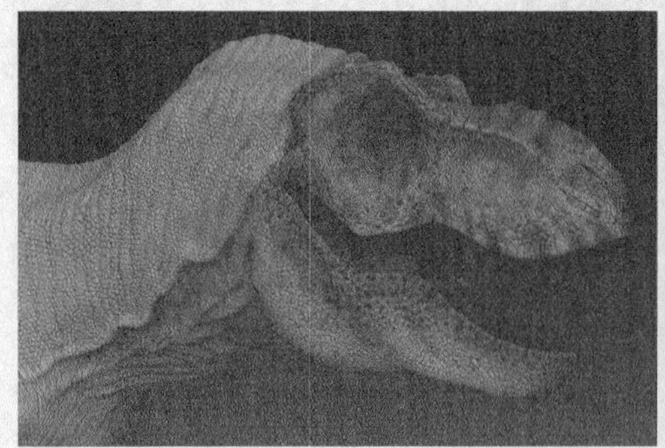

# 灯光的类型与基本操作

本章将讲解Maya灯光的类型与基本操作。在Maya中，建模、灯光、材质、渲染和动画是非常重要的知识点，而灯光可以说是Maya的灵魂，物体的造型与质感都需要用光来刻画和体现，没有灯光的场景将是一片漆黑，什么也观察不到。

※ 灯光的作用

※ 布光的原则

※ 灯光的基本操作

※ 灯光的基本属性

※ 灯光的阴影属性

# 9.1 灯光概述

光是作品的重要组成部分之一，也是作品的灵魂所在。

在现实生活中，一盏灯光可以照亮一个空间，并且会产生衰减，而物体也会反射光线，从而照亮灯光无法直接照射到的地方。在三维软件的空间中（在默认情况下），灯光中的光线只能照射到直接到达的地方，因此要想得到现实生活中的光照效果，就必须创建多盏灯光从不同角度来对场景进行照明，图9-1所示是一张布光十分精彩的作品。

图9-1

Maya中有6种灯光类型，分别是“环境光”“平行光”“点光源”“聚光灯”“区域光”“体积光”，如图9-2所示。

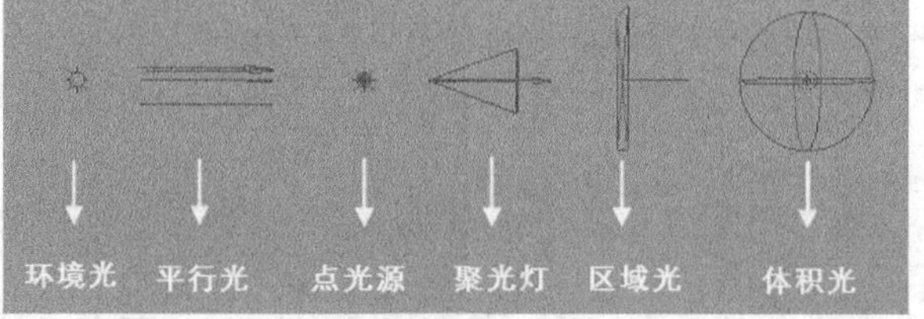


图9-2

**提示**

这6种灯光的特征都各不相同，所以各自的用途也不相同。在后面的内容中，将逐步对这6种灯光的各种特征进行详细讲解。

# 9.2 摄影布光原则

在为场景布光时不能只注重软件技巧，还要了解摄影学中灯光照明方面的知识。布光的目的就是在二维空间中表现出三维空间的真实感与立体感。

实际生活中的空间感是由物体表面的明暗对比产生的。灯光照射到物体上时，物体表面并不是均匀受光，可以按照受光表面的明暗程度分成亮部（高光）、过渡区域和暗部3个部分，如图9-3所示。通过明暗的变化而产生物体的空间尺度和远近关系，即亮部离光源近一些，暗部离光源远一些，或处于物体的背光面。

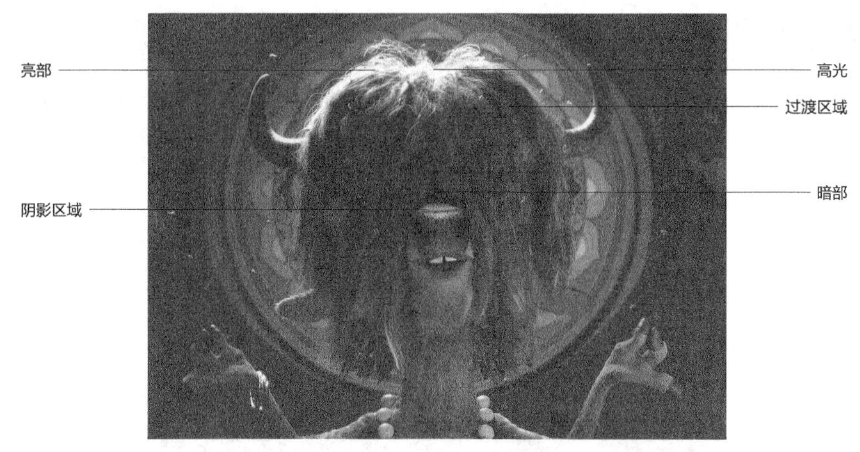


图9-3

场景灯光通常分为自然光、人工光以及混合光（自然光和人工光结合的灯光）3种类型。

## 9.2.1 自然光

自然光一般指太阳光，当使用自然光时，需要考虑在不同时段内的自然光的变化，如图9-4所示。

图9-4

## 9.2.2 人工光

人工光是以电灯、炉火或二者一起使用进行照明的灯光。人工光是3种灯光中最常用的灯光。在使用人工光时，一定要注意灯光的质量、方向和色彩3大方面，如图9-5所示。

图9-5

## 9.2.3 混合光

混合光是将自然光和人工光完美组合在一起，让场景色调更加丰富、更加富有活力的一种照明灯光，如图9-6所示。

图9-6

### 技术专题：主光、辅助光和背景光

灯光有助于表达场景的氛围。若按灯光在场景中的功能，可以将灯光分为主光、辅助光和背景光3种类型。这3种类型的灯光经常需要在场景中配合运用才能完美地体现出场景的氛围。

1.主光

在一个场景中，主光是对画面起主导作用的光源，它决定了画面的基本照明和情感氛围。主光不一定只有一个光源，但它一定是起主要照明作用的光源。

2.辅助光

辅助光是对场景起辅助照明的灯光，它可以有效地调和物体的阴影和细节区域。

3.背景光

背景光也叫"边缘光"，它是通过照亮对象的边缘将目标对象从背景中分离出来，并且只对物体的边缘起作用，可以产生很小的高光反射区域。

除了以上3种灯光外，在实际工作中还经常使用到轮廓光、装饰光和实际光。

1.轮廓光：轮廓光是用于勾勒物体轮廓的灯光，它可以使物体更加突出，拉开物体与背景的空间距离，以增强画面的纵深感。

2.装饰光

装饰光一般用来补充画面中布光不足的地方，以及增强某些物体的细节。

3.实际光

实际光是指在场景中实际出现的照明来源，如台灯、车灯、闪电和野外燃烧的火焰等。

由于场景中的灯光与自然界中的灯光是不同的，在能达到相同效果的情况下，应尽量减少灯光的数量和降低灯光的参数值，这样可以节省渲染时间。同时，灯光越多，灯光管理也更加困难，所以不需要的灯光应将其删除。使用灯光排除也是提高渲染效率的好方法，因为从一些光源中排除一些物体可以节省渲染时间。

# 9.3 灯光的类型

展开"创建>灯光"菜单，如图9-7所示。其中Maya提供了6种灯光，分别为"环境光""平行光""点光源""聚光灯""区域光""体积光"。

图9-7

## 9.3.1 点光源

“点光源”■就像一个灯泡，从一个点向外发射光线，所以点光源产生的阴影是发散状的，如图9-8所示。

图9-8

**提示**

点光源是一种衰减类型的灯光，离点光源越近，光照强度越大。点光源实际上是一种理想的灯光，因为其光源体积是无限小的，它在Maya中是使用最频繁的一种灯光。

## 9.3.2 环境光

“环境光”■发出的光线能够均匀地照射场景中所有的物体，可以模拟现实生活中物体受周围环境照射的效果，类似于漫反射光照，如图9-9所示。

图9-9

**提示**

环境光的一部分光线可以向各个方向进行传播，并且是均匀地照射物体，而另外一部分光线则是从光源位置发射出来的（类似点光源）。环境光多用于室外场景，使用了环境光后，凹凸贴图可能无效或不明显，并且环境光只有光线跟踪阴影，而没有深度贴图阴影。

## 9.3.3 平行光

“平行光”▨的照明效果只与灯光的方向有关，与其位置没有任何关系，就像太阳光一样，其光线是相互平行的，不会产生夹角，如图9-10所示。当然这是理论概念，现实生活中的光线很难达到绝对的平行，只要光线接近平行，就默认为是平行光。

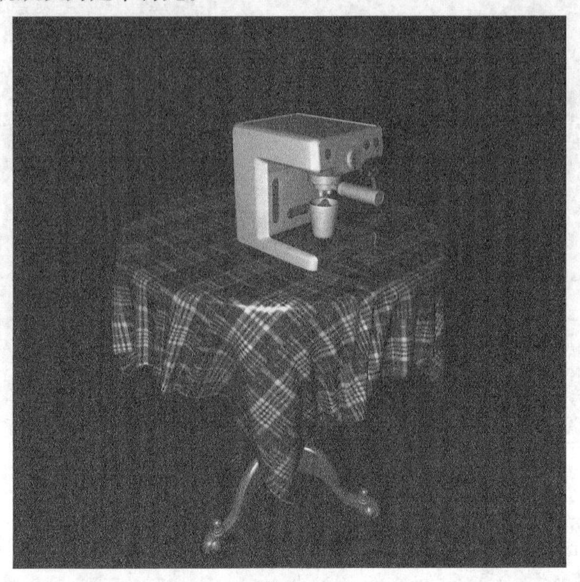

图9-10

**提示**

平行光没有一个明显的光照范围，经常用于室外全局光照来模拟太阳光照。平行光没有灯光衰减，所以要使用灯光衰减时，只能用其他的灯光来代替平行光。

## 9.3.4 体积光

“体积光”▨是一种特殊的灯光，可以为灯光的照明空间约束一个特定的区域，只对这个特定区域内的物体产生照明，而其他的空间则不会产生照明，如图9-11所示。

图9-11

**提示**

体积光的体积大小决定了光照范围和灯光的强度衰减，只有体积光范围内的对象才会被照亮。体积光还可以作为负灯使用，以吸收场景中多余的光线。

## 9.3.5 区域光

“区域光”是一种矩形的光源，在使用光线跟踪阴影时可以获得很好的阴影效果，如图9-12所示。区域光与其他灯光有很大的区别，例如聚光灯或点光源的发光点都只有一个，而区域光的发光点是一个区域，可以产生很真实的柔和阴影。

图9-12

## 9.3.6 聚光灯

“聚光灯”是一种非常重要的灯光，在实际工作中经常使用。聚光灯具有明显的光照范围，类似于手电筒的照明效果，在三维空间中形成一个圆锥形的照射范围，如图9-13所示。聚光灯能够突出重点，在很多场景中都会用到，如室内、室外和单个的物体。在室内和室外均可以用来模拟太阳光的照射效果，同时也可以突出单个产品，强调某个对象的存在。

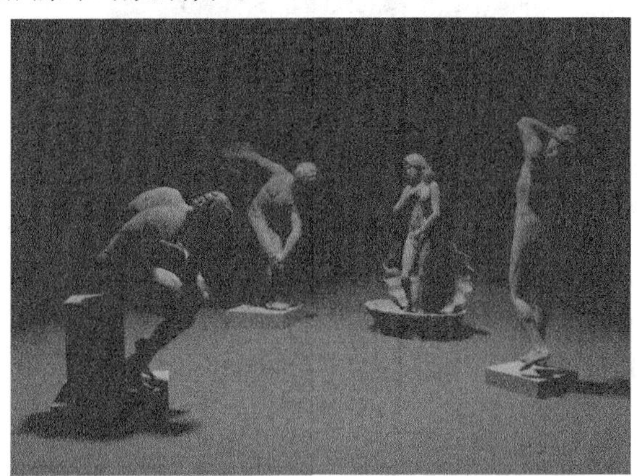

图9-13

**提示**

聚光灯不但可以实现衰减效果，使光线的过渡变得更加柔和，同时还可以通过参数来控制它的半影效果，从而产生柔和的过渡边缘。

# 9.4 灯光的基本操作

场景中的灯光并不是直接通过菜单命令就能创建好的，而是需要不断地在视图中进行方向、角度的调整，在Maya中，灯光的操作方法主要有以下3种。

第1种：创建灯光后，使用“移动工具”、“缩放工具”和“旋转工具”对灯光的位置、大小和方向进行调整，如图9-14所示。这种方法控制起来不是很方便。

第2种：创建灯光后，按T键打开灯光的目标点和发光点的控制手柄，这样可以很方便地调整灯光的照明方式，能够准确地确定目标点的位置，如图9-15所示。同时还有一个扩展手柄，可以对灯光的一些特殊属性进行调整，如光照范围和灯光雾等。

第3种：创建灯光后，可以通过视图菜单中的“面板>沿选定对象观看”命令将灯光作为视觉出发点来观察整个场景，如图9-16所示。这种方法准确且直观，在实际操作中经常使用。

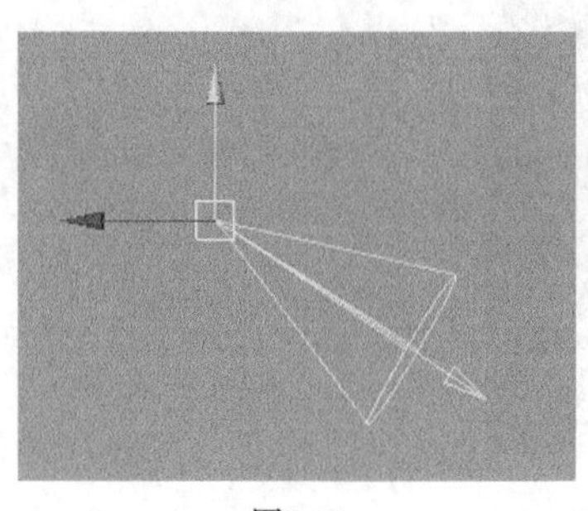

图9-14

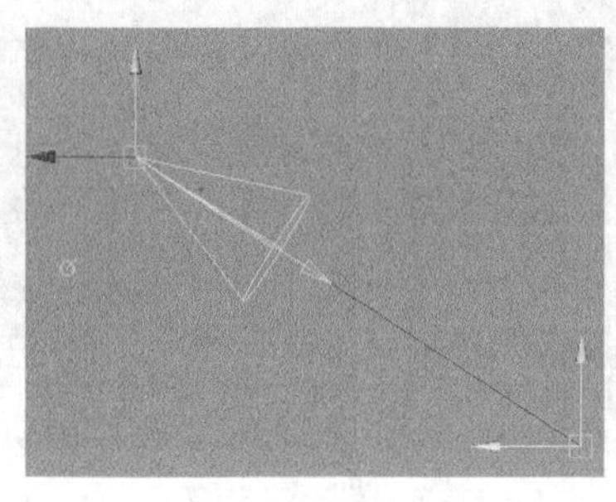

图9-15

图9-16

# 9.5 灯光的属性

因为6种灯光的基本属性都大同小异，这里选用最典型的聚光灯来讲解灯光的属性设置。

执行“创建>灯光>聚光灯”菜单命令，在场景中创建一盏聚光灯，然后按快捷键Ctrl+A打开聚光灯的“属性编辑器”面板，如图9-17所示。

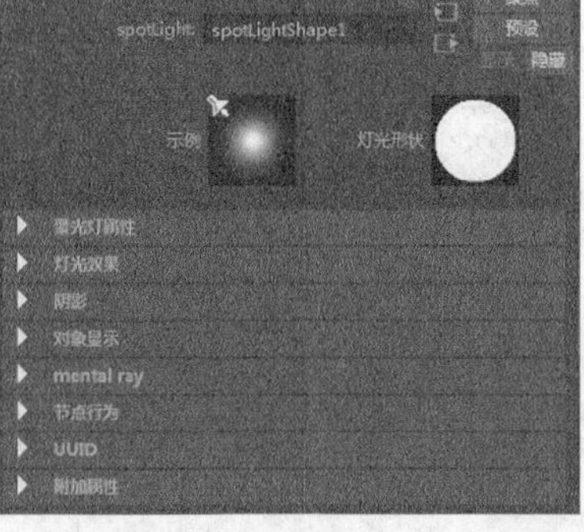


图9-17

## 9.5.1 聚光灯属性

展开“聚光灯属性”卷展栏，如图9-18所示。在该卷展栏中可以对聚光灯的基本属性进行设置。

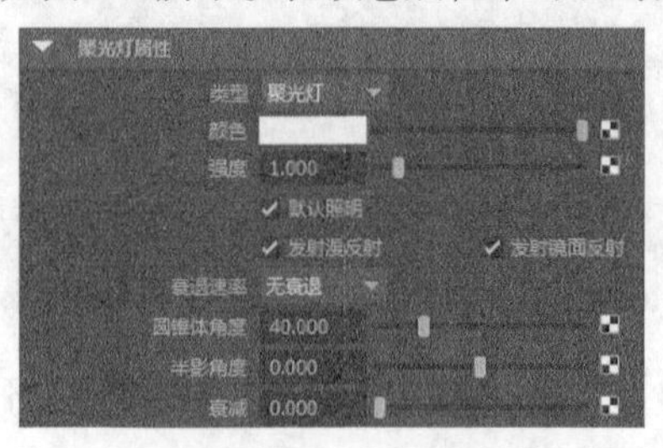


图9-18

## 常用参数介绍

❖ 类型：选择灯光的类型。这里讲的是聚光灯，可以通过“类型”将聚光灯设置为点光源、平行光或体积光等。

**提示**

当改变灯光类型时，相同部分的属性将被保留下来，而不同的部分将使用默认参数来代替。

❖ 颜色：设置灯光的颜色。Maya中的颜色模式有RGB和HSV两种，双击色块可以打开调色板，如图9-19所示。系统默认的是HSV颜色模式，这种模式是通过色相、饱和度和明度来控制颜色。这种颜色调节方法的好处是明度值可以无限提高，而且可以是负值。

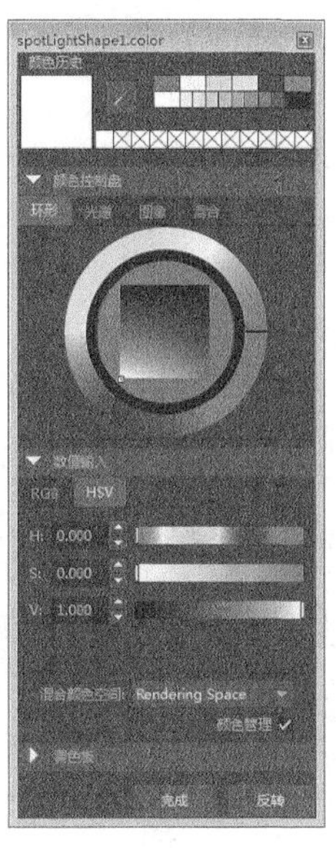


图9-19

**提示**

另外，调色板还支持用吸管吸取加载的图像的颜色作为灯光颜色。具体操作方法是单击“图像”选项卡，然后单击“加载”按钮，接着用吸管吸取图像上的颜色即可，如图9-20所示。

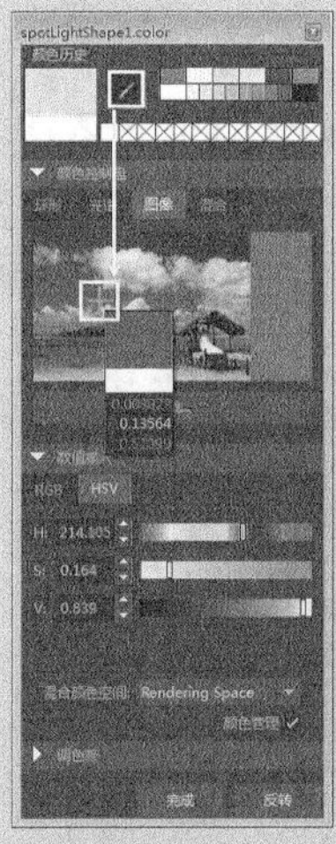

图9-20

当灯光颜色的V值为负值时，表示灯光吸收光线，可以用这种方法来降低某处的亮度。单击“颜色”属性后面的按钮可以打开“创建渲染节点”对话框，在该对话框中可以加载Maya的程序纹理，也可以加载外部的纹理贴图。因此，可以使用颜色产生复杂的纹理，同时还可以模拟出阴影纹理，例如太阳光穿透树林在地面产生的阴影。

❖ 强度：设置灯光的发光强度。该参数同样也可以为负值，为负值时表示吸收光线，用来降低某处的亮度。

❖ 默认照明：选择该选项后，灯光才起照明作用；如果关闭该选项，灯光将不起任何照明作用。

❖ 发射漫反射：选择该选项后，灯光会在物体上产生漫反射效果，反之将不会产生漫反射效果。

❖ 发射镜面反射：选择该选项后，灯光将在物体上产生高光效果，反之灯光将不会产生高光效果。

**提示**

可以通过一些有一定形状的灯光在物体上产生靓丽的高光效果。

❖ 衰退速率：设置灯光强度的衰减方式，共有以下4种。

  ✧ 无衰减：除了衰减类灯光外，其他的灯光将不会产生衰减效果。
  ✧ 线性：灯光呈线性衰减，衰减速度相对较慢。
  ✧ 二次方：灯光与现实生活中的衰减方式一样，以二次方的方式进行衰减。
  ✧ 立方：灯光衰减速度很快，以三次方的方式进行衰减。

❖ 圆锥体角度：用来控制聚光灯照射的范围。该参数是聚光灯的特有属性，默认值为40，其数值不宜设置得太大，图9-21所示为不同"圆锥体角度"数值的聚光灯对比。

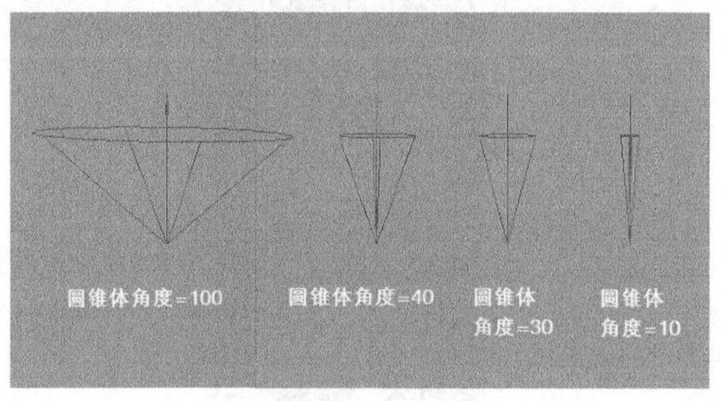


图9-21

**提示**

如果使用视图菜单中的"面板>沿选定对象观看"命令将灯光作为视角出发点，那么"圆锥体角度"就是视野的范围。

❖ 半影角度：用来控制聚光灯在照射范围内产生向内或向外的扩散效果。

**提示**

"半影角度"也是聚光灯特有的属性，其有效范围为-179.994°~179.994°。该值为正时，表示向外扩散，为负时表示向内扩散，该属性可以使光照范围的边界产生非常自然的过渡效果，图9-22所示是该值为0°、5°、15°和30°时的效果对比。

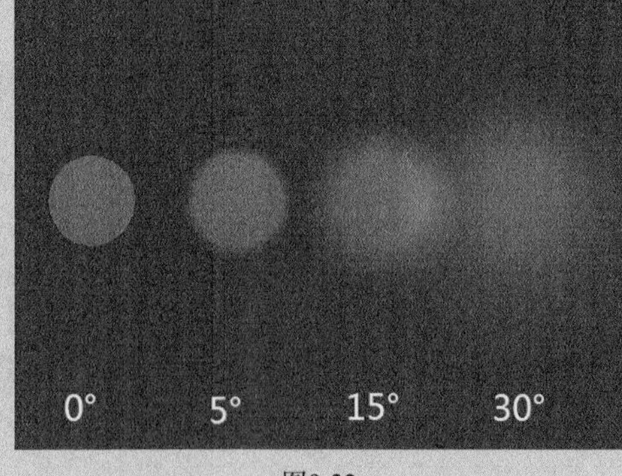


图9-22

❖ 衰减：用来控制聚光灯在照射范围内从边界到中心的衰减效果，其取值范围为0~255。值越大，衰减的强度越大。

## 【练习9-1】制作场景灯光

| 场景文件 | Scenes>CH09>9.1.mb |
|---|---|
| 实例文件 | Examples>CH09>9.1.mb |
| 难易指数 | ★☆☆☆☆ |
| 技术掌握 | 掌握灯光参数的设置方法 |

本例制作的室外灯光效果如图9-23所示。

图9-23

**01** 打开学习资源中的“Scenes>CH09>9.1.mb”文件，场景中有一个仓库模型，如图9-24所示。

**02** 场景中已经布置好了一些点光源，可以先测试一下灯光效果。单击状态栏上的“打开渲染视图”按钮 打开“渲染视图”对话框，如图9-25所示，然后在该对话框中执行“渲染>渲染>camera1”命令，如图9-26所示。经过一段时间的渲染后，将会得到图9-27所示的效果。

图9-24

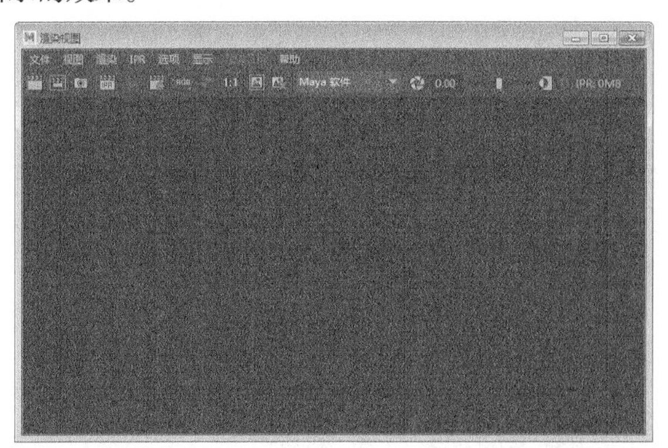

图9-25

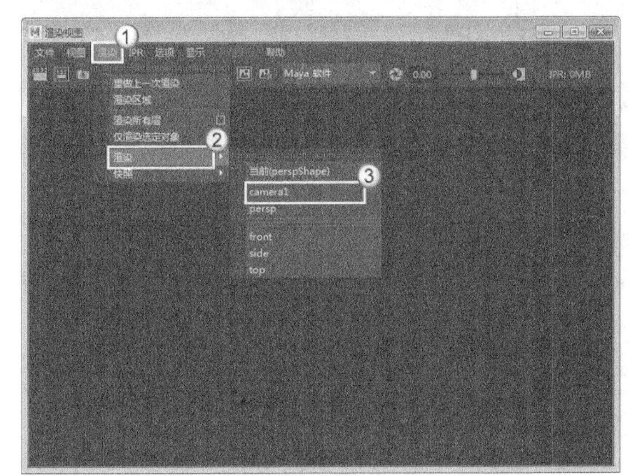


图9-26

图9-27

## 提示

在Maya 2017中默认启用颜色管理 sRGB gamma，此时渲染的效果并不是最终输出的效果，开启和关闭颜色管理的效果如图9-28所示。建议在渲染时，关闭颜色管理。

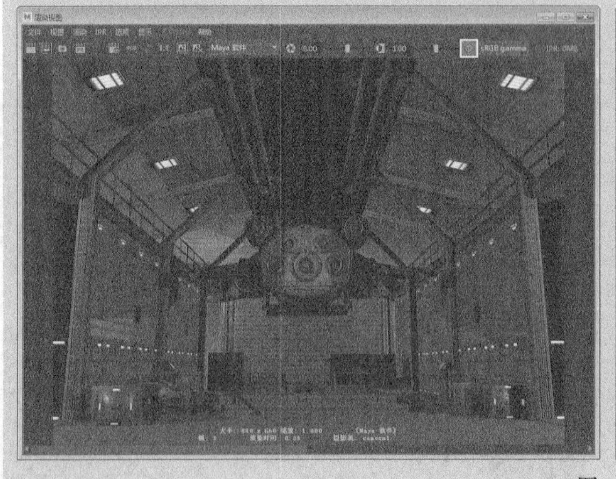

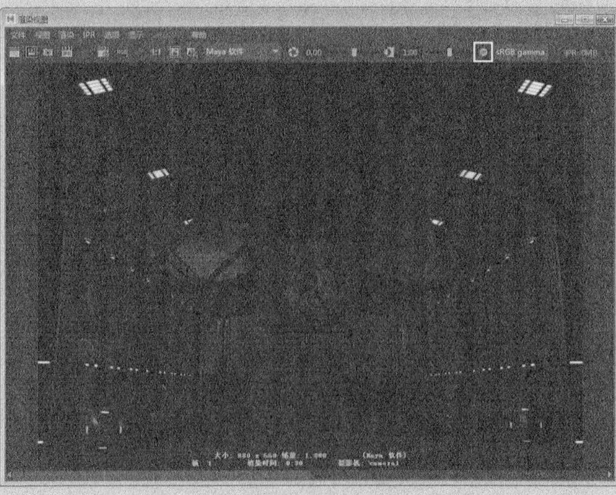

图9-28

**03** 执行“创建>灯光>区域光”菜单命令，然后在视图中调整区域光的大小、位置和方向，使区域光与仓库顶部的照明灯模型匹配，如图9-29所示。

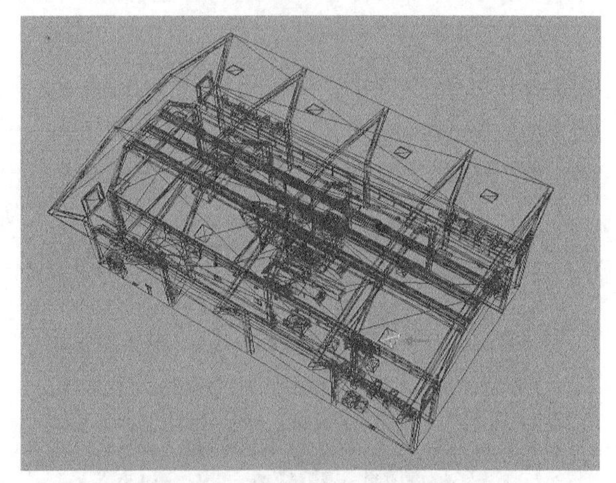

图9-29

**04** 选择新建的区域光，然后按快捷键Ctrl+A打开属性编辑器，接着单击“颜色”属性后面的色块，在打开的面板中设置颜色模式为“RGB，0到1”，再设置颜色为（R:0.9，G:1，B:1），如图9-30所示，最后设置“强度”为5，如图9-31所示。

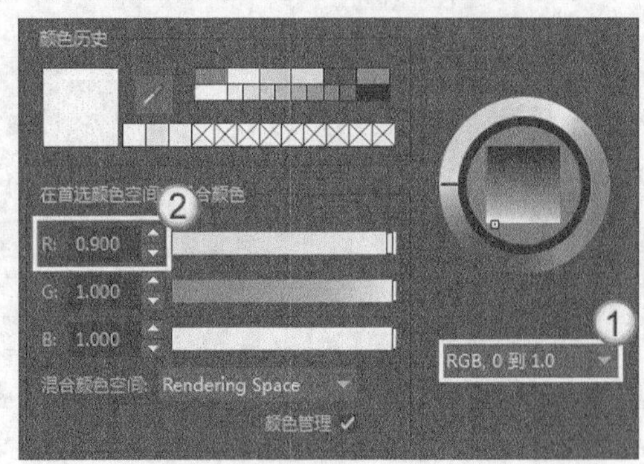


图9-30

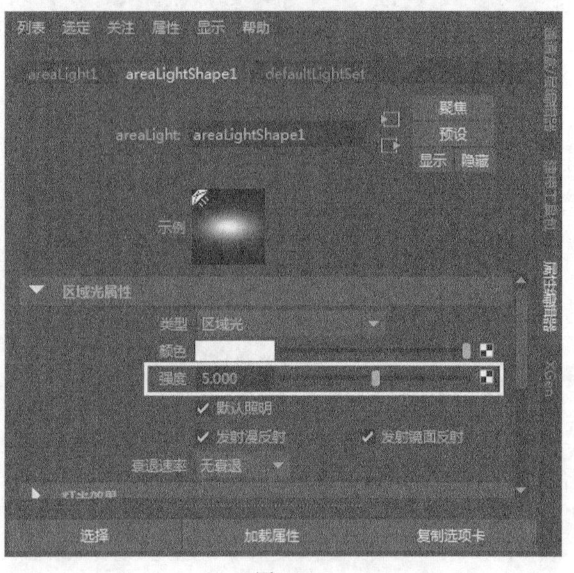


图9-31

## 提示

在用RGB模式设置颜色值时，可以用两种颜色范围进行设置，分别是“0到1”和“0到255”。如果设置“范围”为“0到1”，则只能将颜色值设置在0到1之间，如图9-32所示；如果设置“范围”为“0到255”，则可以将颜色值设置在0到255之间，如图9-33所示。

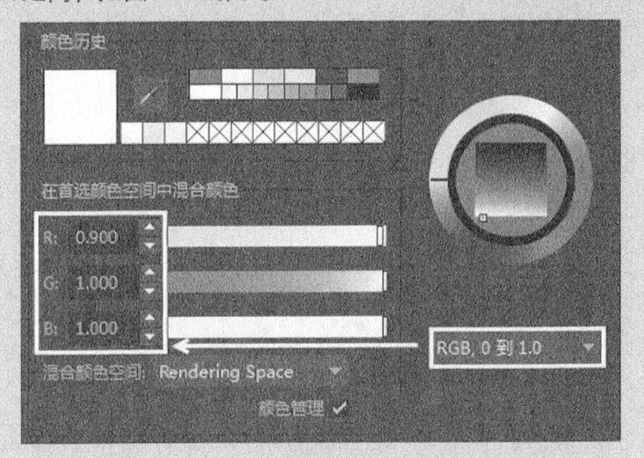


图9-32

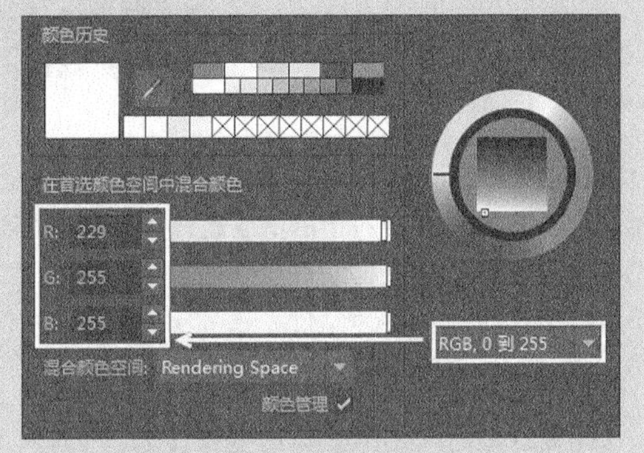


图9-33

**05** 复制并调整区域光，使每个区域光与照明灯模型匹配，如图9-34所示。

**06** 在“渲染视图”对话框中执行“渲染>渲染>camera1”命令，渲染效果如图9-35所示。

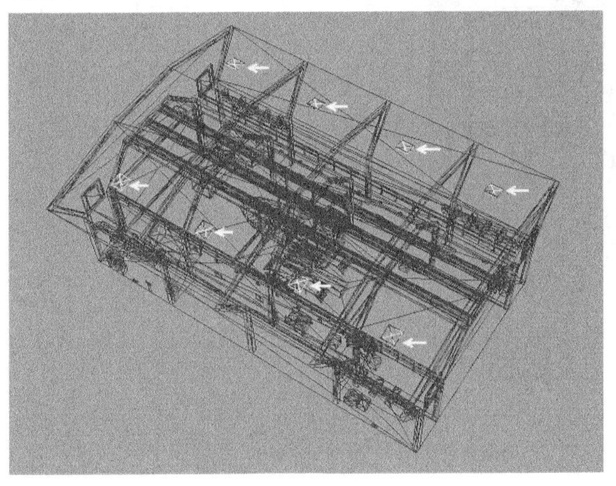

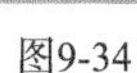

图9-34

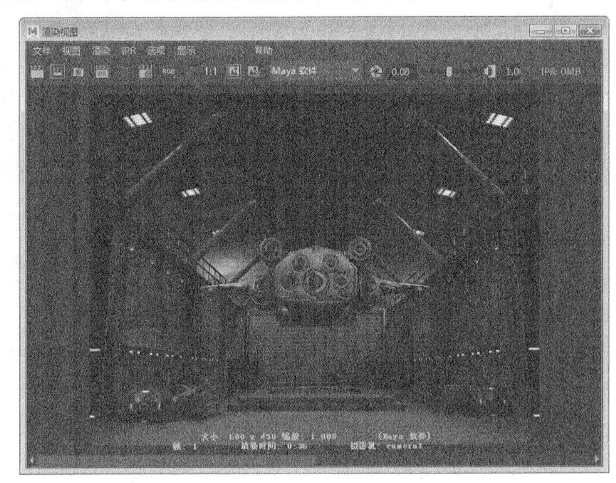

图9-35

## 9.5.2 灯光效果

展开“灯光效果”卷展栏，如图9-36所示。该卷展栏下的参数主要用来制作灯光特效，如灯光雾和灯光辉光等。

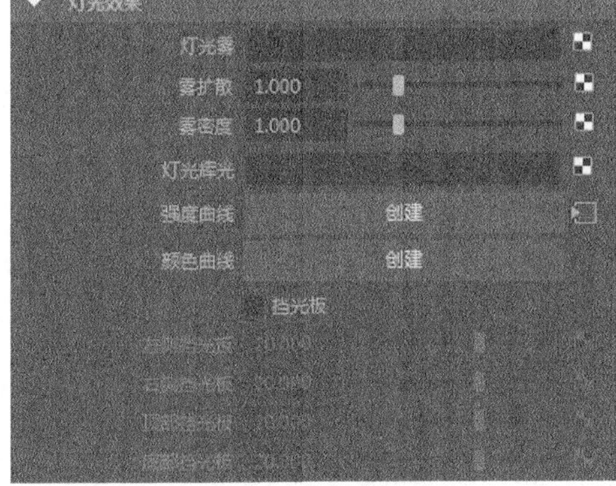


图9-36

## 1.灯光雾

“灯光雾”可产生雾状的体积光。如在一个黑暗的房间里，从顶部照射一束阳光进来，通过空气里的灰尘可以观察到阳光的路径，其选项组如图9-37所示。

图9-37

### 常用参数介绍

❖ 灯光雾：单击右边的■按钮，可以创建灯光雾。

❖ 雾扩散：用来控制灯光雾边界的扩散效果。

❖ 雾密度：用来控制灯光雾的密度。

## 2.灯光辉光

“灯光辉光”主要用来制作光晕特效。单击“灯光辉光”属性右边的■按钮，打开辉光参数设置面板，如图9-38所示。

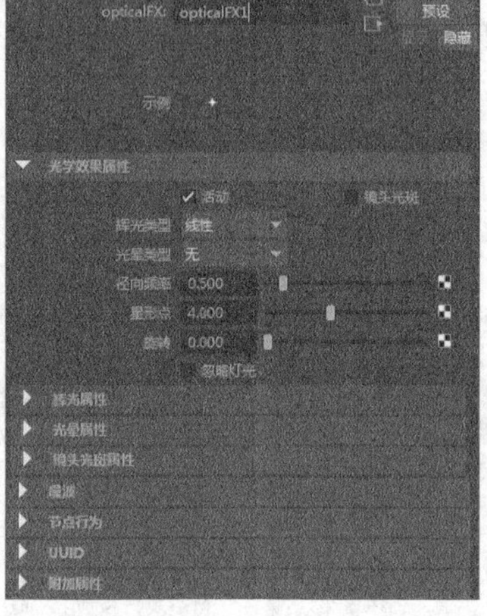


图9-38

### <1>光学效果属性

展开“光学效果属性”卷展栏，参数含义如下。

### 常用参数介绍

❖ 辉光类型：选择辉光的类型，共有以下6种。

  ✧ 无：表示不产生辉光。

  ✧ 线性：表示辉光从中心向四周以线性的方式进行扩展。

  ✧ 指数：表示辉光从中心向四周以指数的方式进行扩展。

  ✧ 球：表示辉光从灯光中心在指定的距离内迅速衰减，衰减距离由“辉光扩散”参数决定。

  ✧ 镜头光斑：主要用来模拟灯光照射生成的多个摄影机镜头的效果。

  ✧ 边缘光晕：表示在辉光的周围生成环形状的光晕，环的大小由“光晕扩散”参数决定。

❖ 光晕类型：选择光晕的类型，共有以下6种。

  ✧ 无：表示不产生光晕。

  ✧ 线性：表示光晕从中心向四周以线性的方式进行扩展。

  ✧ 指数：表示光晕从中心向四周以指数的方式进行扩展。

  ✧ 球：表示光晕从灯光中心在指定的距离内迅速衰减。

  ✧ 镜头光斑：主要用来模拟灯光照射生成的多个摄影机镜头的效果。

✧ 边缘光晕：表示在光晕的周围生成环形状的光晕，环的大小由“光晕扩散”参数决定。

❖ 径向频率：控制辉光在辐射范围内的光滑程度，默认值为0.5。

❖ 星形数：用来控制向外发散的星形辉光的数量，图9-39所示分别是“星形数”为6和20时的辉光效果对比。

图9-39

❖ 旋转：用来控制辉光以光源为中心旋转的角度，其取值范围为0~360。

展开“辉光属性”复卷展栏，如图9-40所示。

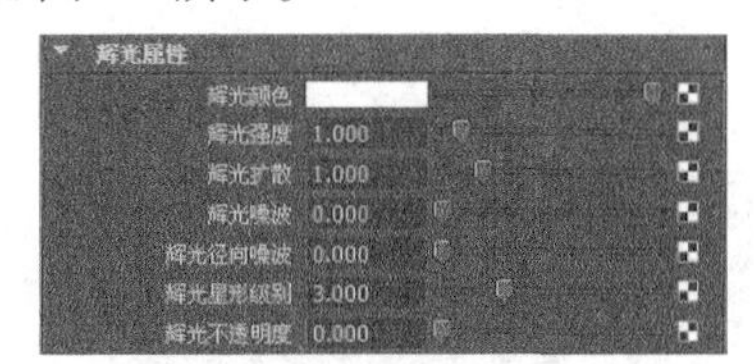


图9-40

❖ 辉光颜色：用来设置辉光的颜色。

❖ 辉光强度：用来控制辉光的亮度，图9-41所示分别是“辉光强度”为3和10时的效果对比。

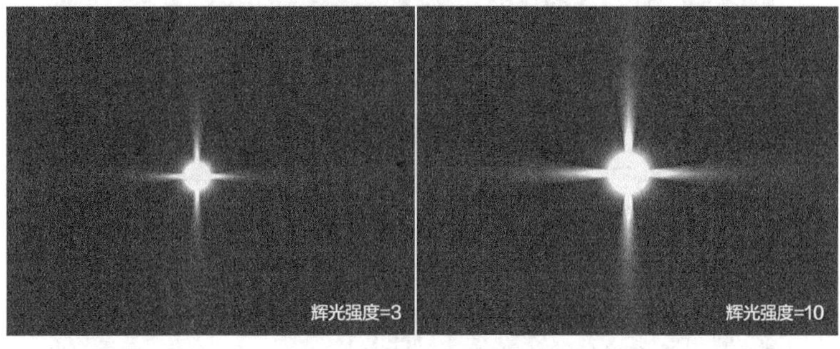


图9-41

❖ 辉光扩散：用来控制辉光的大小。

❖ 辉光噪波：用来控制辉光噪波的强度，如图9-42所示。

❖ 辉光径向噪波：用来控制辉光在径向方向的光芒长度，如图9-43所示。

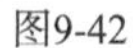

图9-42　图9-43

❖ 辉光星形级别：用来控制辉光光芒的中心光晕的比例，图9-44所示是不同数值下的光芒中心辉光效果。

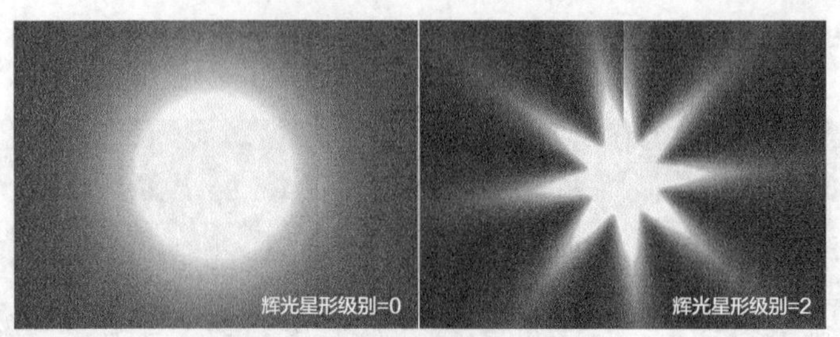


图9-44

❖ 辉光不透明度：用来控制辉光光芒的不透明度。

展开“光晕属性”复卷展栏，如图9-45所示。

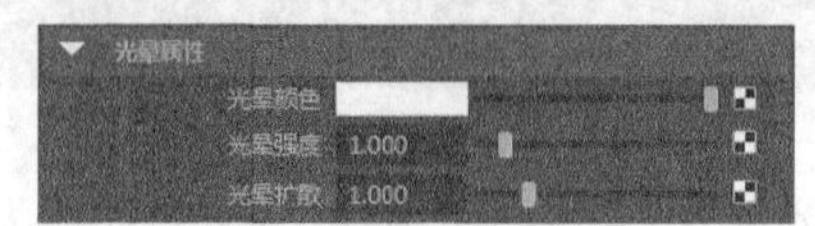


图9-45

❖ 光晕颜色：用来设置光晕的颜色。

❖ 光晕强度：用来设置光晕的强度，图9-46所示分别是“光晕强度”为0和10时的效果对比。

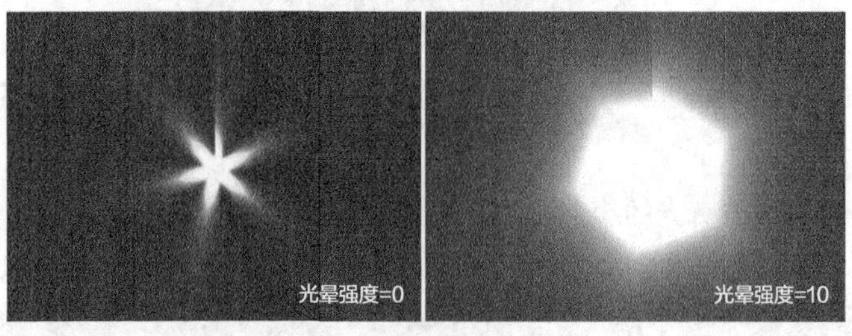


图9-46

❖ 光晕扩散：用来控制光晕的大小，图9-47所示分别是“光晕扩散”为0和2时的效果对比。

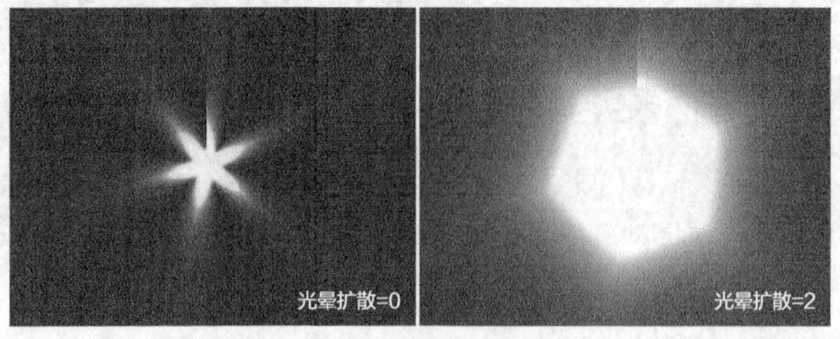


图9-47

展开“镜头光斑属性”复卷展栏，如图9-48所示。

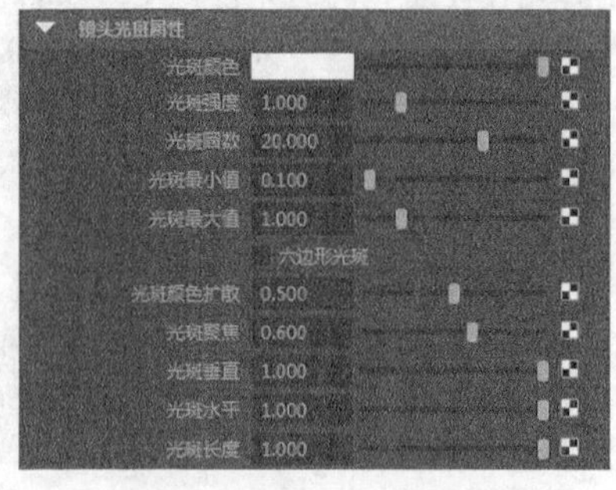


图9-48

## 提示

“镜头光斑属性”卷展栏下的参数只有在“光学效果属性”卷展栏下选择了“镜头光斑”选项后才会被激活，如图9-49所示。

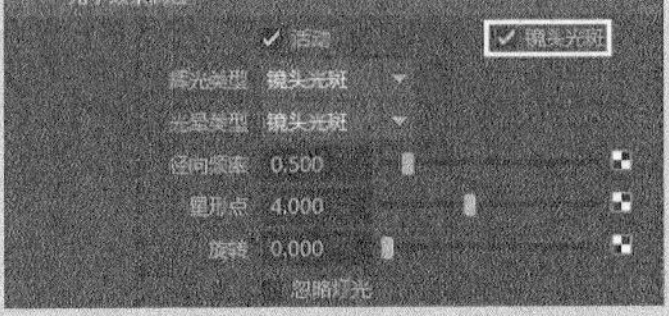


图9-49

❖ 光斑颜色：用来设置镜头光斑的颜色。

❖ 光斑强度：用来控制镜头光斑的强度，图9-50所示分别是“光斑强度”为0.9和5时的效果对比。

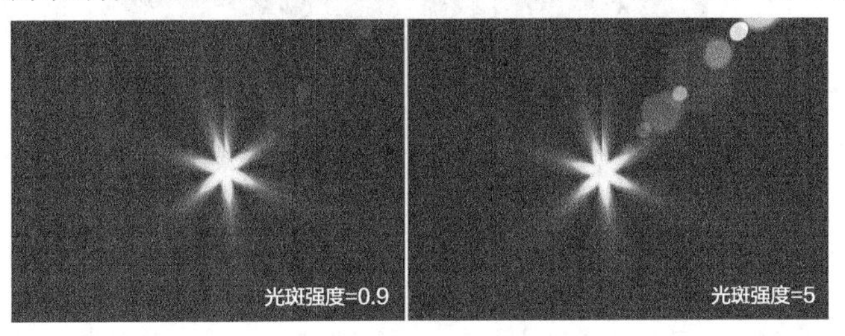


图9-50

❖ 光斑圈数：用来设置镜头光斑光圈的数量。数值越大，渲染时间越长。

❖ 光斑最小值/最大值：这两个选项用来设置镜头光斑范围的最小值和最大值。

❖ 六边形光斑：选择该选项后，可以生成六边形的光斑，如图9-51所示。

图9-51

❖ 光斑颜色扩散：用来控制镜头光斑扩散后的颜色。

❖ 光斑聚焦：用来控制镜头光斑的聚焦效果。

❖ 光斑垂直/水平：这两个选项用来控制光斑在垂直和水平方向上的延伸量。

❖ 光斑长度：用来控制镜头光斑的长度。

### <2>噪波属性

展开“噪波”卷展栏，如图9-52所示。

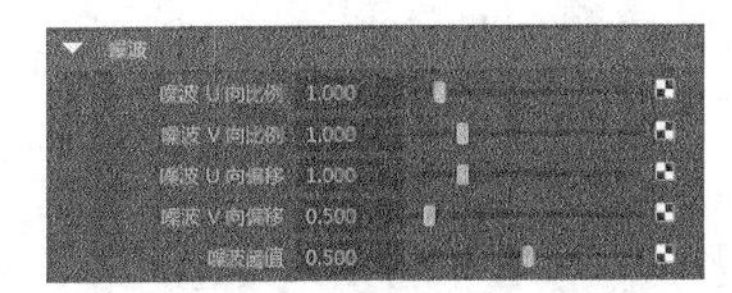


图9-52

## 常用参数介绍

❖ 噪波U/V向比例：这两个选项用来调节噪波辉光在U/V坐标方向上的缩放比例。

❖ 噪波U/V向偏移：这两个选项用来调节噪波辉光在U/V坐标方向上的偏移量。

❖ 噪波阈值：用来设置噪波的终止值。

## 【练习9-2】制作角色灯光雾

| 场景文件 | Scenes>CH09>9.2.mb |
| --- | --- |
| 实例文件 | Examples>CH09>9.2.mb |
| 难易指数 | ★★☆☆☆ |
| 技术掌握 | 掌握如何为角色创建灯光雾 |

本例为角色制作的灯光雾效果如图9-53所示。

图9-53

**01** 打开学习资源中的“Scenes>CH09>9.2.mb”文件，文件中有一个室内场景，如图9-54所示。

**02** 新建一盏聚光灯，然后调整灯光的位置、方向和大小，如图9-55所示。

图9-54

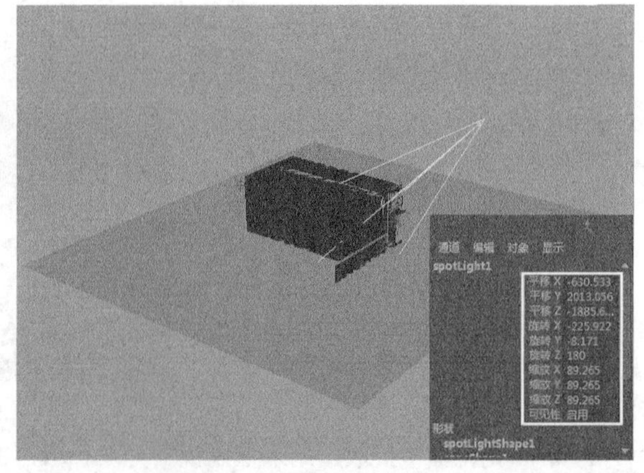

图9-55

**03** 按快捷键Ctrl+A打开属性编辑器，然后设置“颜色”为（R:223，G:255，B:255）、“强度”为2000、“衰退速率”为“线性”、“圆锥体角度”为31、“半影角度”为 - 4，如图9-56所示。

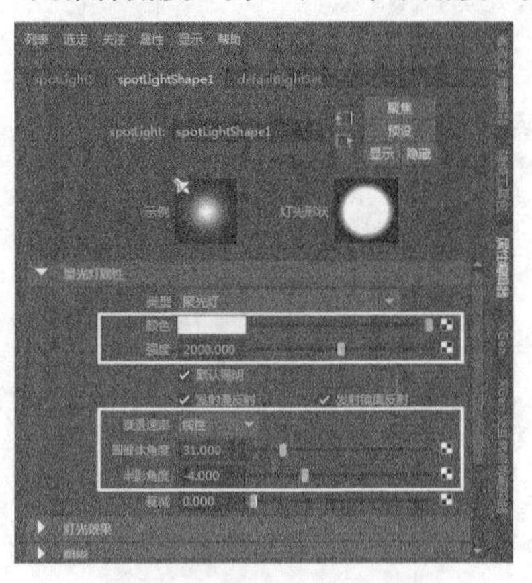

图9-56

**04** 展开“灯光效果”卷展栏，然后单击“灯光雾”属性后面的■按钮，为聚光灯加载灯光雾效果，如图9-57所示。这时聚光灯会多出一个锥角，这就是灯光雾的照射范围，如图9-58所示。

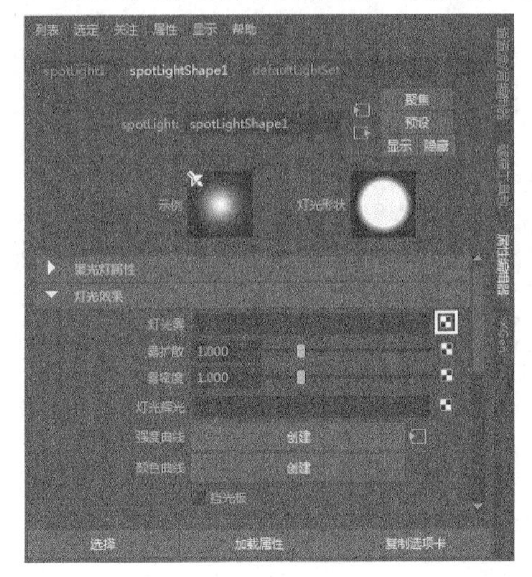


图9-57

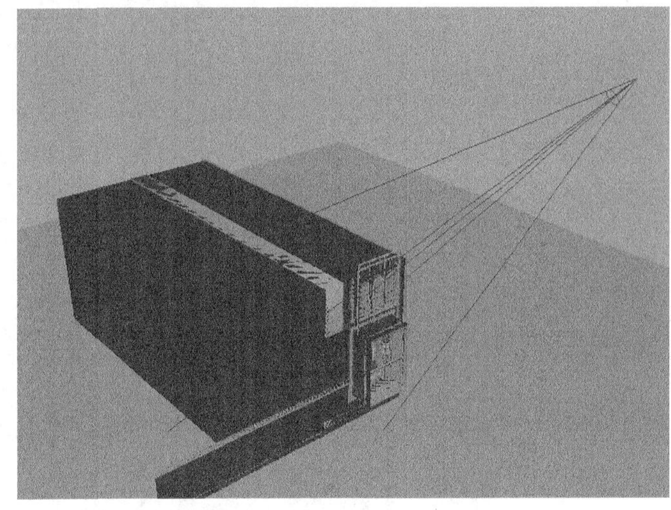

图9-58

## 提示

在Maya中创建一个节点以后，Maya会自动切换到该节点的属性设置面板。若要返回到最高层级设置面板或转到下一层级面板，可以单击面板右上角的“转到输入连接”按钮■和“转到输出连接”按钮■。

**05** 设置“雾扩散”为2、“雾密度”为1.5，如图9-59所示，然后在“渲染视图”对话框中执行“渲染>渲染>camera1”命令，渲染效果如图9-60所示。

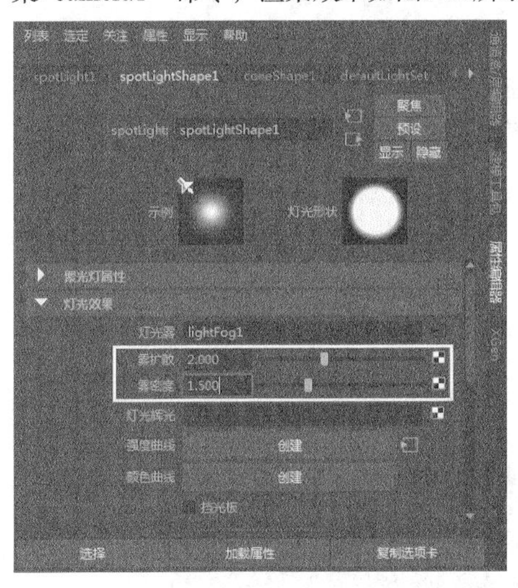


图9-59

图9-60

# 【练习9-3】制作镜头光斑特效

| 场景文件 | 无 |
| --- | --- |
| 实例文件 | Examples>CH09>9.3.mb |
| 难易指数 | ★☆☆☆☆ |
| 技术掌握 | 掌握如何制作镜头光斑特效 |

点光源、区域光和聚光灯都可以制作出辉光、光晕和镜头光斑等特效。辉光特效要求产生辉光的光源必须是在摄影机视图内，并且在所有常规渲染完成之后才能渲染辉光，图9-61所示是本例制作的光斑特效。

**01** 新建一个场景，然后执行“创建>灯光>点光源”菜单命令，在场景中创建一盏点光源，如图9-62所示。

图9-61

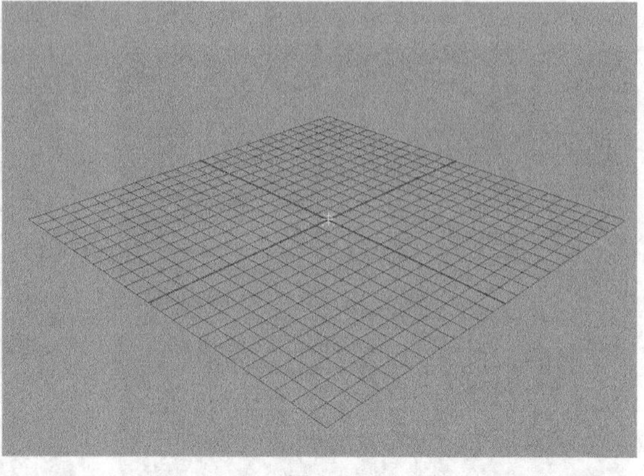

图9-62

**02** 选择灯光，在属性编辑器中展开“灯光效果”卷展栏，然后单击“灯光辉光”属性后面的按钮，创建一个opticalFX1辉光节点，如图9-63所示。此时在场景中可以观察到灯光多了一个球形外框，如图9-64所示。

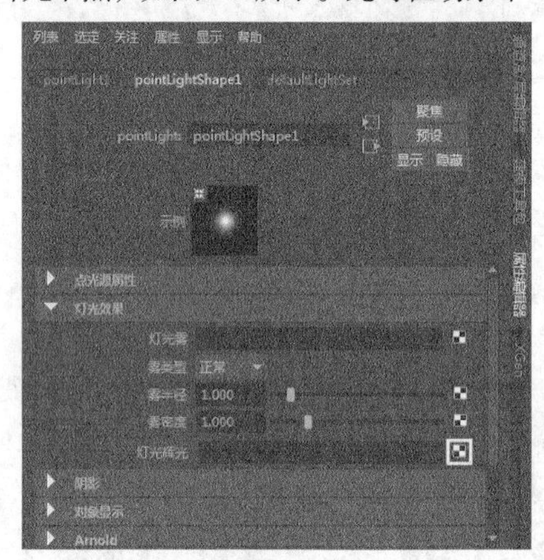


图9-63

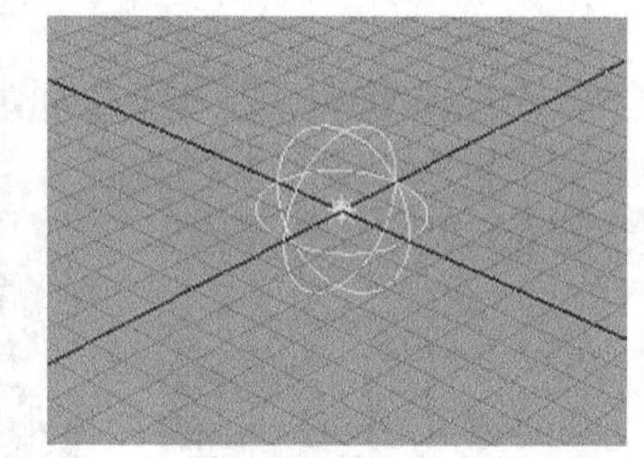

图9-64

**03** 在opticalFX1节点属性中，选择“镜头光斑”选项，然后设置“径向频率”为2.5、“星形点”为6、“旋转”为60，如图9-65所示。

**04** 展开“辉光属性”卷展栏，然后设置“辉光颜色”为（R:255，G:69，B:0）、“辉光强度”为4.5、“辉光扩散”为2、“辉光噪波”为0.1、“辉光径向噪波”为0.4、“辉光星形级别”为0.2、“辉光不透明度”为0.1，如图9-66所示。

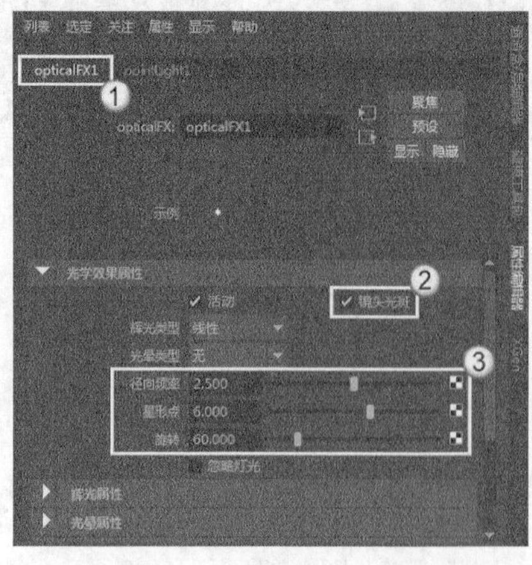


图9-65

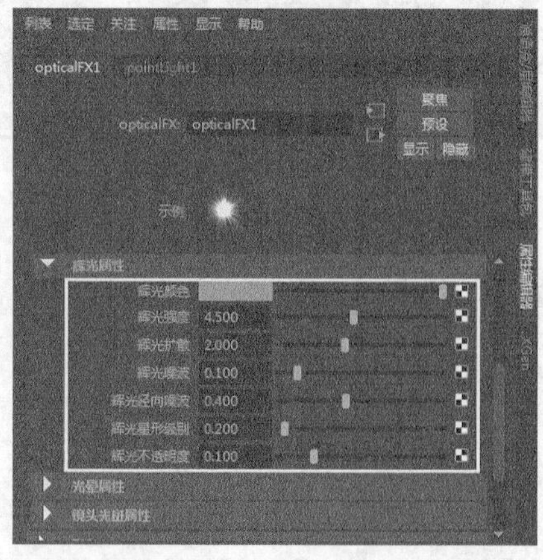


图9-66

05 在“渲染视图”对话框中渲染辉光，效果如图9-67所示。

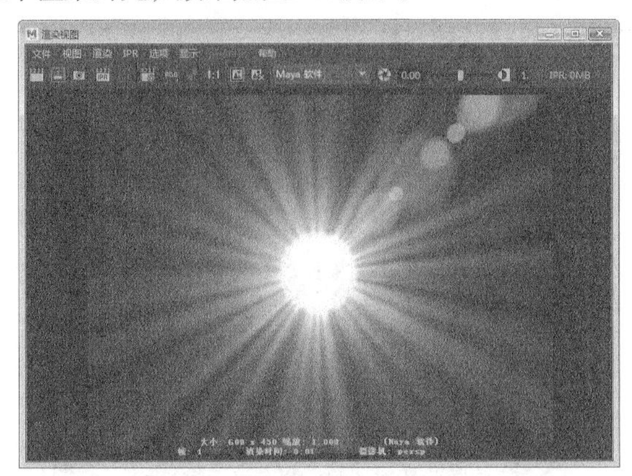

图9-67

## 【练习9-4】制作光栅效果

| 场景文件 | Scenes>CH09>9.4.mb |
|---|---|
| 实例文件 | Examples>CH09>9.4.mb |
| 难易指数 | ★★☆☆☆ |
| 技术掌握 | 掌握如何制作光栅效果 |

光栅（挡光板）只有在创建聚光灯时才能使用，它可以限定聚光灯的照明区域，能模拟一些特殊的光照效果，如图9-68所示。

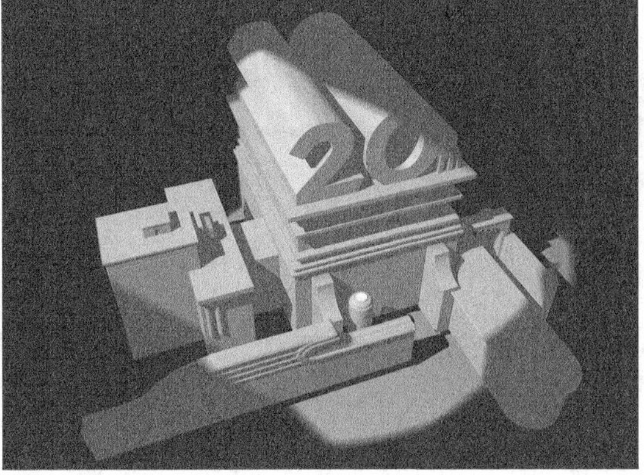

图9-68

01 打开学习资源中的“Scenes>CH09>9.4.mb”文件，场景中有一个静物模型，如图9-69所示。

02 对当前的场景进行渲染，可以观察到并没有产生光栅效果，如图9-70所示。

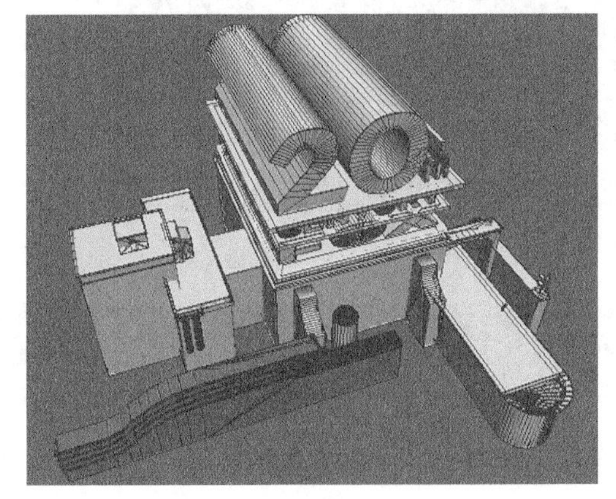

图9-69

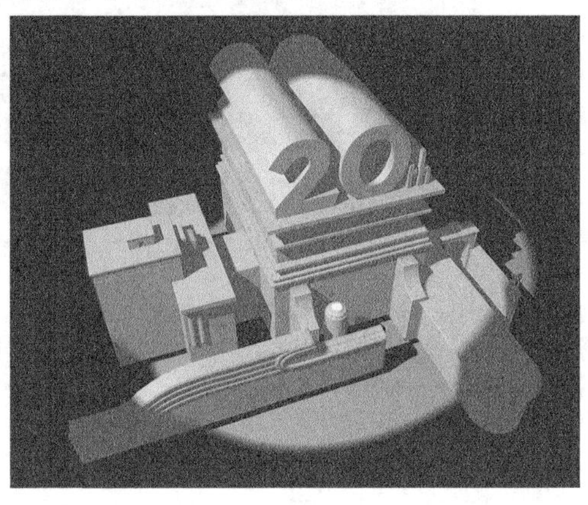

图9-70

**03** 打开聚光灯的属性编辑器，然后在“灯光效果”卷展栏下选择“挡光板”选项，接着设置“左侧挡光板”为8、“右侧挡光板”为7.5、“顶部挡光板”为6.5、“底部挡光板”为5.5，如图9-71所示。

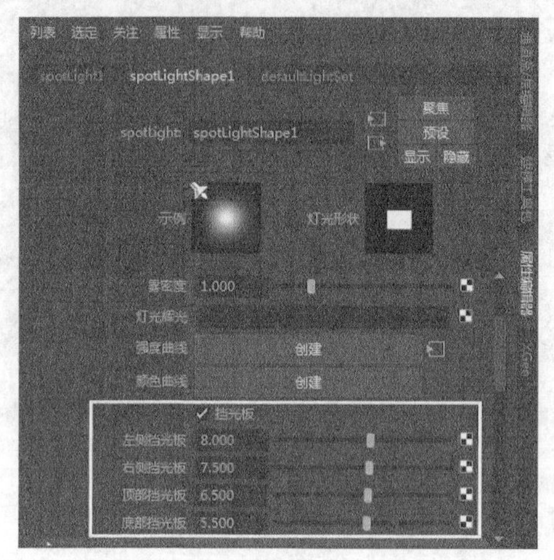


图9-71

**提示**

“挡光板”选项下的4个参数分别用来控制灯光在左、右、顶、底4个方向上的光栅位置，可以通过调节数值让光栅产生相应的变化。

**04** 光栅形状调节完成后，渲染当前场景，最终效果如图9-72所示。

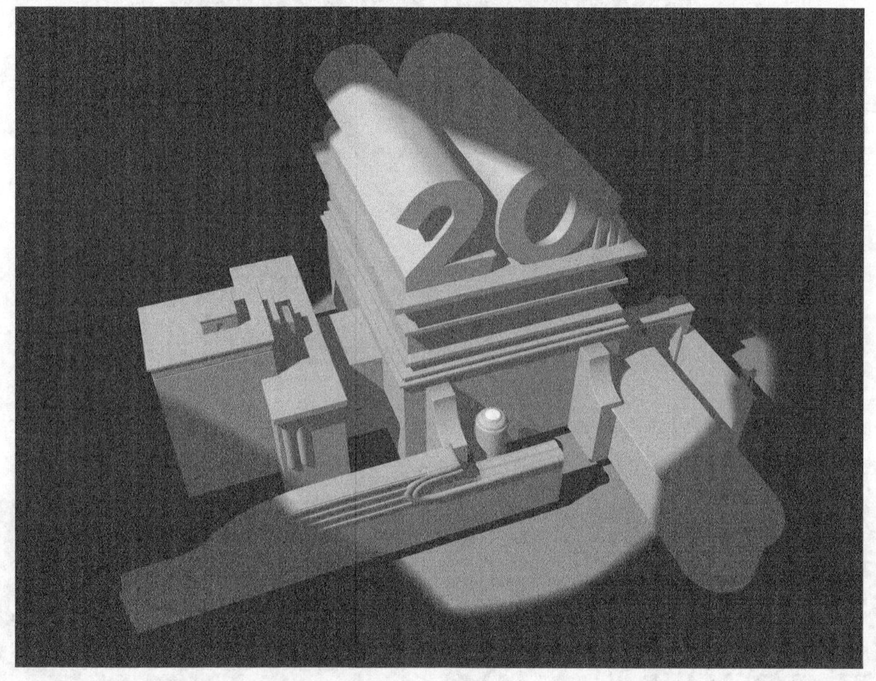

图9-72

## 【练习9-5】打断灯光链接

| | |
|---|---|
| 场景文件 | Scenes>CH09>9.5.mb |
| 实例文件 | Examples>CH09>9.5.mb |
| 难易指数 | ★☆☆☆☆ |
| 技术掌握 | 掌握如何打断灯光链接 |

在创建灯光的过程中，有时需要为场景中的一些物体进行照明，而又不希望这盏灯光影响到场景中的其他物体，这时就需要使用灯光链接，让灯光只对一个或几个物体起作用，如图9-73所示（左图为未打断灯光链接，右图为打断了灯光链接）。

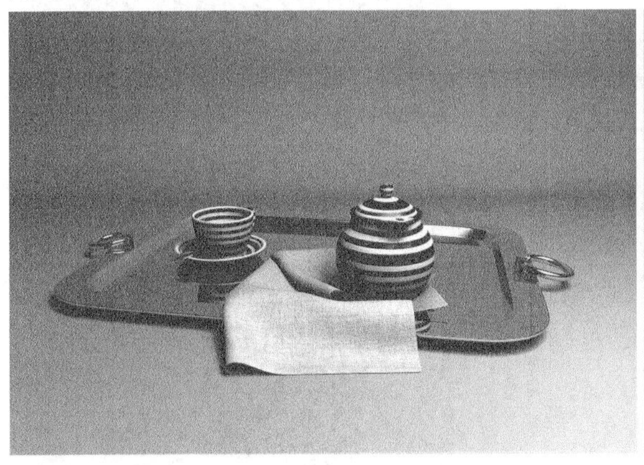

图9-73

**01** 打开学习资源中的“Scenes>CH09>9.5.mb”文件，文件中有一个静物场景，如图9-74所示。

**02** 打开“渲染视图”对话框，然后选择一个合适的角度渲染当前场景，效果如图9-75所示。

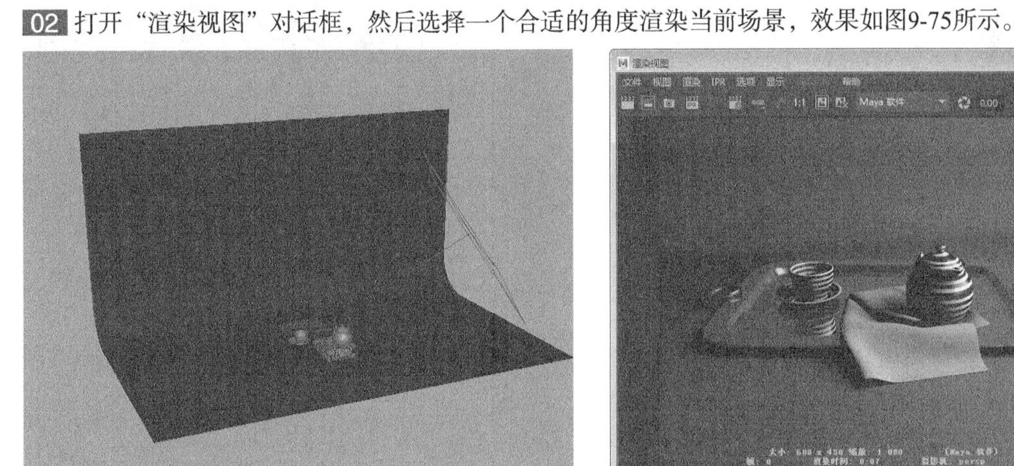

图9-74

图9-75

**03** 执行“窗口>关系编辑器>灯光链接>以灯光为中心”菜单命令，如图9-76所示，然后在打开的“关系编辑器”对话框中选择左侧列表中的areaLight1节点，接着取消选择右侧列表中的Napkin节点，如图9-77所示。

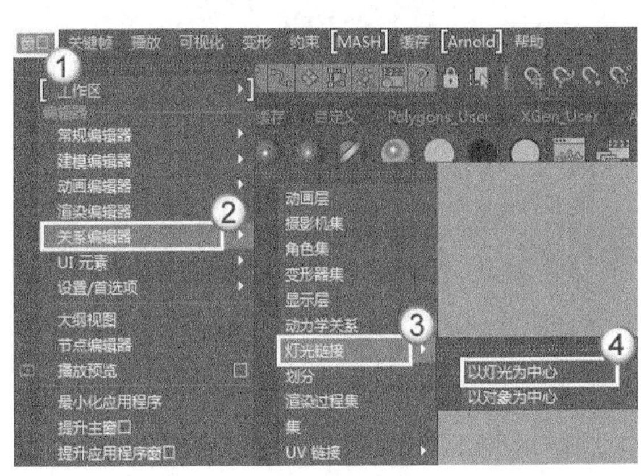


图9-76

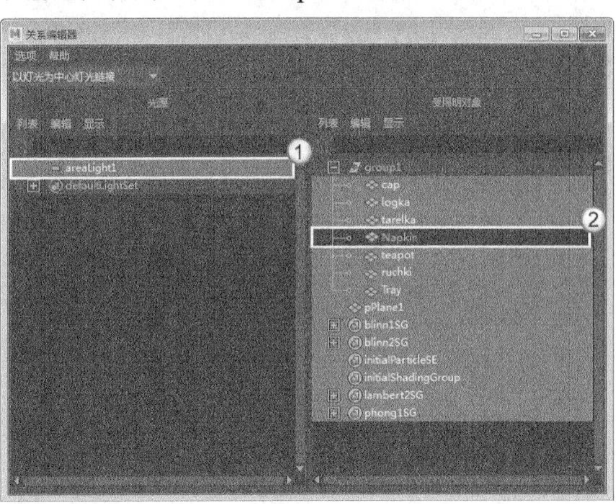


图9-77

**04** 渲染当前场景，效果如图9-78所示。从图中可以看到，因为Napkin和areaLight1取消了关联，所以模型不再受灯光影响。

图9-78

**提示**

除了通过选择灯光和物体的方法来打断灯光链接外，还可以通过对象与灯光的“关系编辑器”来进行调节，如图9-79所示。这两种方式都能达到相同的效果。

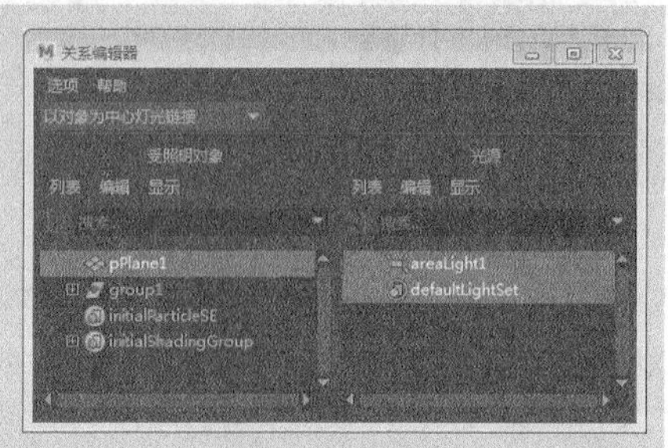


图9-79

## 【练习9-6】创建三点照明

| 场景文件 | Scenes>CH09>9.6.mb |
| --- | --- |
| 实例文件 | Examples>CH09>9.6.mb |
| 难易指数 | ★★☆☆☆ |
| 技术掌握 | 掌握如何创建三点照明 |

三点照明是指照明的灯光分为主光源、辅助光源和背景光3种类型，这3种灯光同时对场景起照明作用，如图9-80所示。

**01** 打开学习资源中的“Scenes>CH09>9.6.mb”文件，场景中有一个角色模型，如图9-81所示。

图9-80

图9-81

**提示**

三点照明中的主光源一般为物体提供主要照明作用，它可以体现灯光的颜色倾向，并且主光源在所有灯光中产生的光照效果是最强烈的；辅助光源主要用来为物体进行辅助照明，用以补充主光源没有照射到的区域；背景光一般放置在与主光源相对的位置，主要用来照亮物体的轮廓，也称为“轮廓光”。

02 执行“创建>灯光>聚光灯”菜单命令，然后设置灯光的位置和方向，如图9-82所示。

03 打开spotlight1灯光的“属性编辑器”面板，然后在“聚光灯属性”卷展栏下设置“颜色”为（R:242，G:255，B:254）、“强度”为1.48、“圆锥体角度”为40、“半影角度”为60，接着展开“阴影”卷展栏的“深度贴图阴影属性”卷展栏，再选择“使用深度贴图阴影”选项，最后设置“分辨率”为4069，如图9-83所示。

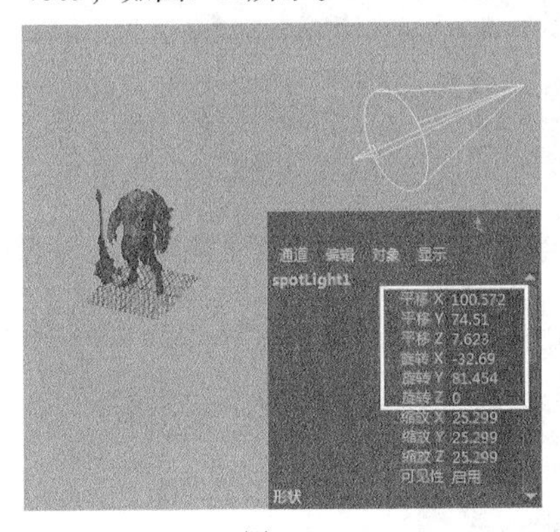

图9-82

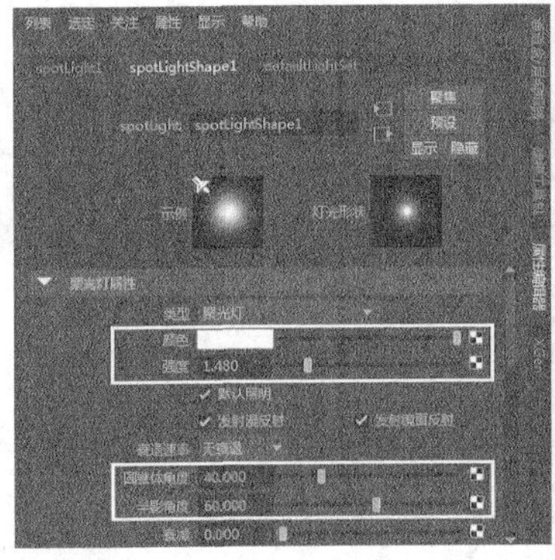

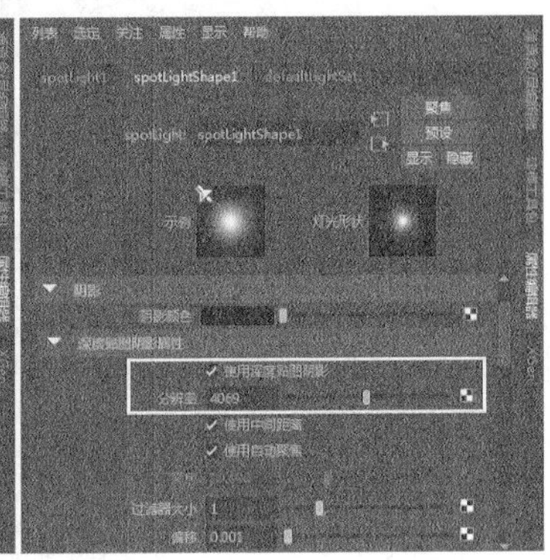

图9-83

04 执行“创建>灯光>聚光灯”菜单命令，然后设置灯光的位置和方向，如图9-84所示。

05 打开spotlight2灯光的“属性编辑器”面板，然后在“聚光灯属性”卷展栏下设置“颜色”为（R:247，G:192，B:255）、“强度”为0.8，接着设置“圆锥体角度”为60、“半影角度”为10，如图9-85所示。

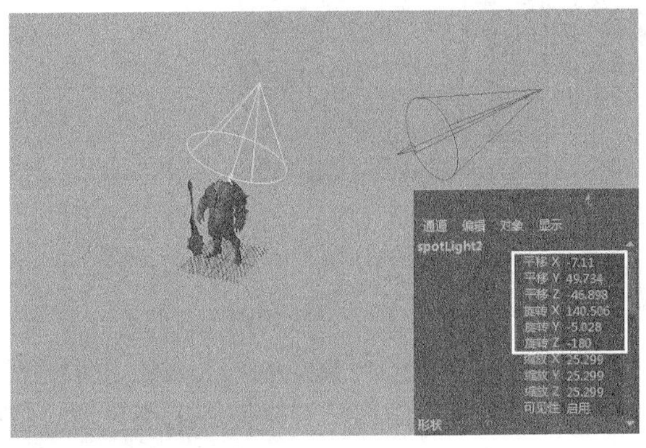

图9-84

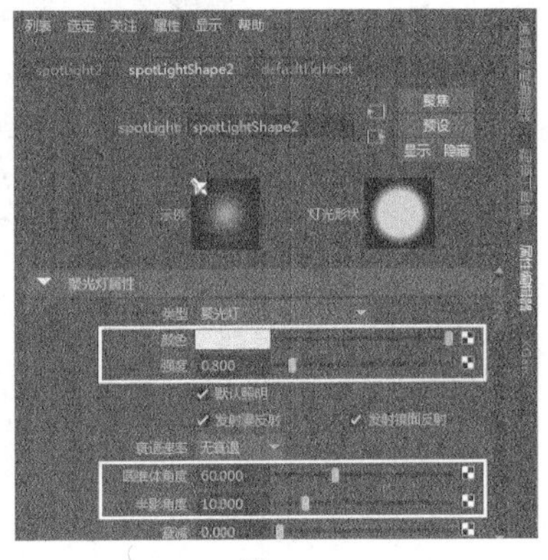

图9-85

06 执行“创建>灯光>聚光灯”菜单命令，然后设置灯光的位置和方向，如图9-86所示。

07 打开辅助光源的“属性编辑器”对话框，然后在“聚光灯属性”卷展栏下设置“颜色”为（R:187，G:197，B:196）、“强度”为0.5、“圆锥体角度”为70、“半影角度”为10，如图9-87所示。

图9-86

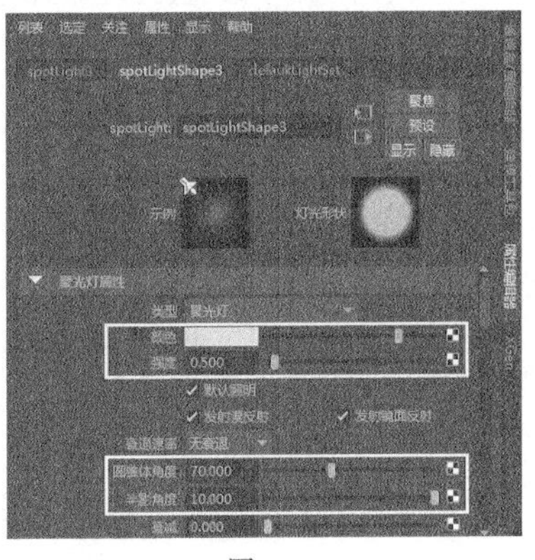

图9-87

**08** 执行“窗口>关系编辑器>灯光链接>以灯光为中心”菜单命令，如图9-88所示，然后在打开的“关系编辑器”对话框中选择左侧列表中的spotLight2节点，接着取消选择右侧列表中的pPlane3节点，如图9-89所示。

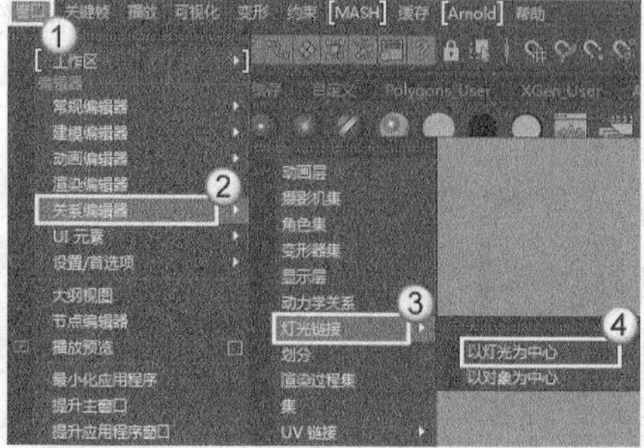


图9-88

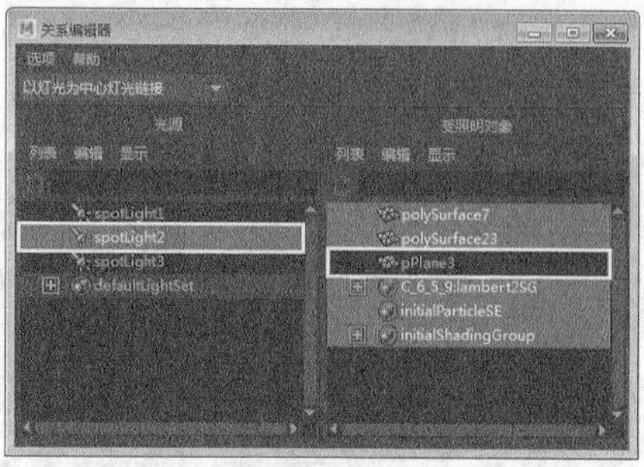

图9-89

**09** 在“渲染视图”对话框中执行“渲染>渲染>camera1”命令，渲染效果如图9-90所示。

图9-90

## 9.5.3 阴影

阴影在场景中具有非常重要的地位，它可以增强场景的层次感与真实感。Maya有 “深度贴图阴影”和“光线跟踪阴影”两种阴影模式，如图9-91所示。“深度贴图阴影”使用阴影贴图模拟阴影效果；“光线跟踪阴影”通过跟踪光线路径生成阴影，可以使透明物体产生透明的阴影效果。

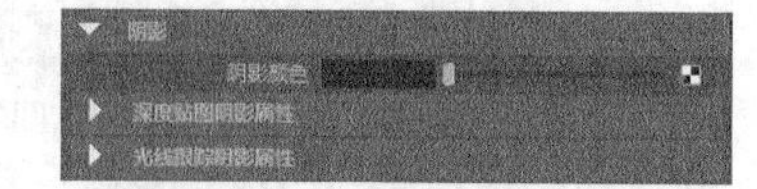


图9-91

### 常用参数介绍

❖ 阴影颜色：用于设置灯光阴影的颜色。

### 1.深度贴图阴影属性

展开“深度贴图阴影属性”卷展栏，如图9-92所示。

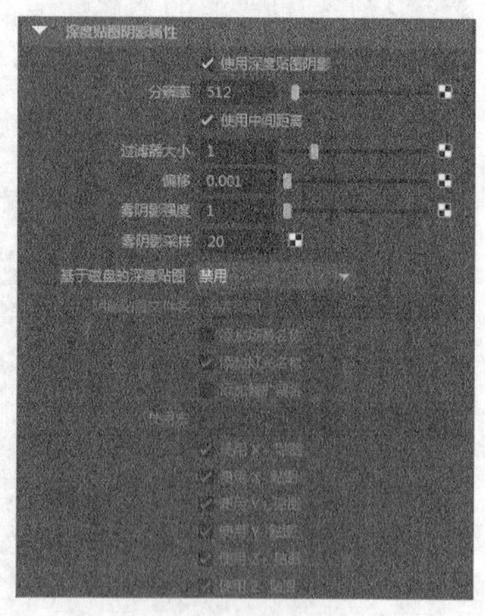


图9-92

### 常用参数介绍

❖ 使用深度贴图阴影：控制是否开启“深度贴图阴影”功能。

❖ 分辨率：控制深度贴图阴影的大小。数值越小，阴影质量越粗糙，渲染速度越快；反之阴影质量越高，渲染速度也就越慢。

❖ 使用中间距离：如果禁用该选项，Maya会为深度贴图中的每个像素计算灯光与最近阴影投射曲面之间的距离。如果灯光与另一个阴影投射曲面之间的距离大于深度贴图距离，则该曲面位于阴影中。

❖ 过滤器大小：用来控制阴影边界的模糊程度。
❖ 偏移：设置深度贴图移向或远离灯光的偏移距离。
❖ 雾阴影强度：控制出现在灯光雾中的阴影的黑暗度，有效范围为1~10。
❖ 雾阴影采样：控制出现在灯光雾中的阴影的精度。
❖ 基于磁盘的深度贴图：包含以下3个选项。
  ✧ 禁用：Maya会在渲染过程中创建新的深度贴图。
  ✧ 覆盖现有深度贴图：Maya会创建新的深度贴图，并将其保存到磁盘。如果磁盘上已经存在深度贴图，Maya会覆盖这些深度贴图。
  ✧ 重用现有深度贴图：Maya会进行检查以确定深度贴图是否在先前已保存到磁盘。如果已保存到磁盘，Maya会使用这些深度贴图，而不是创建新的深度贴图。如果未保存到磁盘，Maya会创建新的深度贴图，然后将其保存到磁盘。
❖ 阴影贴图文件名：Maya保存到磁盘的深度贴图文件的名称。
❖ 添加场景名称：将场景名添加到Maya并保存到磁盘的深度贴图文件的名称中。
❖ 添加灯光名称：将灯光名添加到Maya并保存到磁盘的深度贴图文件的名称中。
❖ 添加帧扩展名：如果选择该选项，Maya会为每个帧保存一个深度贴图，然后将帧扩展名添加到深度贴图文件的名称中。
❖ 使用宏：仅当“基于磁盘的深度贴图”设定为“重用现有深度贴图”时才可用。它是指宏脚本的路径和名称，Maya会运行该宏脚本，以从磁盘中读取深度贴图时更新该深度贴图。
❖ 使用X/Y/Z+贴图：控制Maya为灯光生成的深度贴图的数量和方向。
❖ 使用X/Y/Z-贴图：控制Maya为灯光生成的深度贴图的数量和方向。

## 2.光线跟踪阴影属性

展开“光线跟踪阴影属性”卷展栏，如图9-93所示。

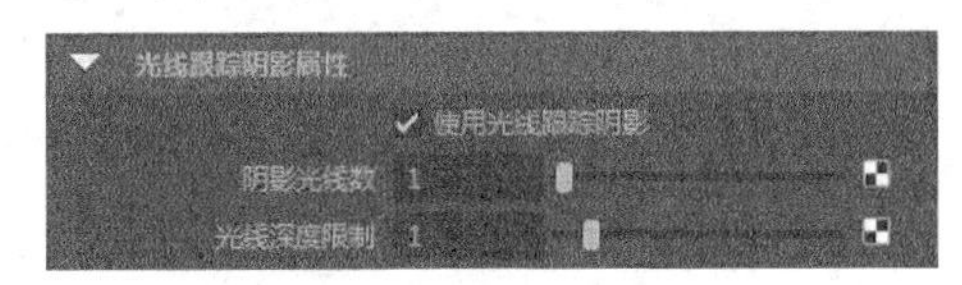


图9-93

### 常用参数介绍

❖ 使用光线跟踪阴影：控制是否开启“光线跟踪阴影”功能。
❖ 灯光半径：控制阴影边界模糊的程度。数值越大，阴影边界越模糊，反之阴影边界就越清晰。
❖ 阴影光线数：用来控制光线跟踪阴影的质量。数值越大，阴影质量越高，渲染速度就越慢。
❖ 光线深度限制：用来控制光线在投射阴影前被折射或反射的最大次数限制。

## 【练习9-7】使用深度贴图阴影

| 场景文件 | Scenes>CH09>9.7.mb |
| --- | --- |
| 实例文件 | Examples>CH09>9.7.mb |
| 难易指数 | ★★☆☆☆ |
| 技术掌握 | 掌握深度贴图阴影的运用 |

本例使用“深度贴图阴影”功能制作的灯光阴影效果如图9-94所示。

**01** 打开学习资源中的“Scenes>CH09>9.7.mb”文件，场景中有一个科幻建筑模型，如图9-95所示。

图9-94

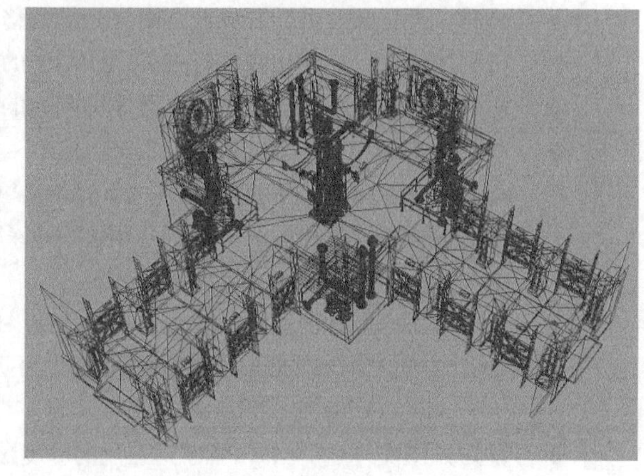

图9-95

**02** 新建一个点光源，然后调整灯光的位置，如图9-96所示，接着打开该灯光的属性编辑器，设置“颜色”为（R:146，G:255，B:255）、“强度”为1.2，再展开“阴影>深度贴图阴影属性”卷展栏，并选择“使用深度贴图阴影”选项，最后设置“分辨率”为2048、“过滤器大小”为100，如图9-97所示。

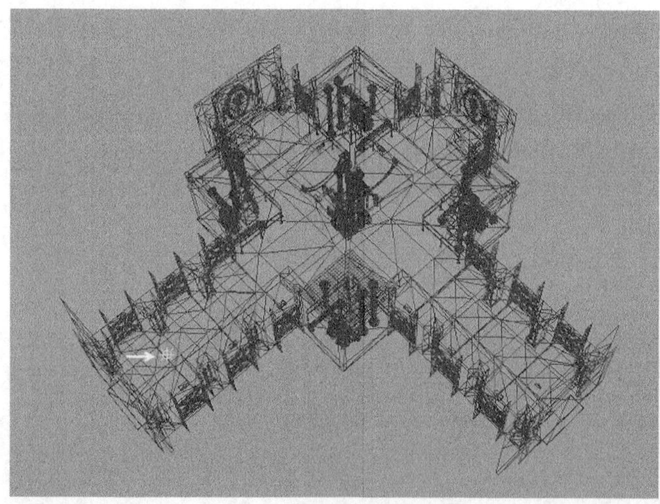

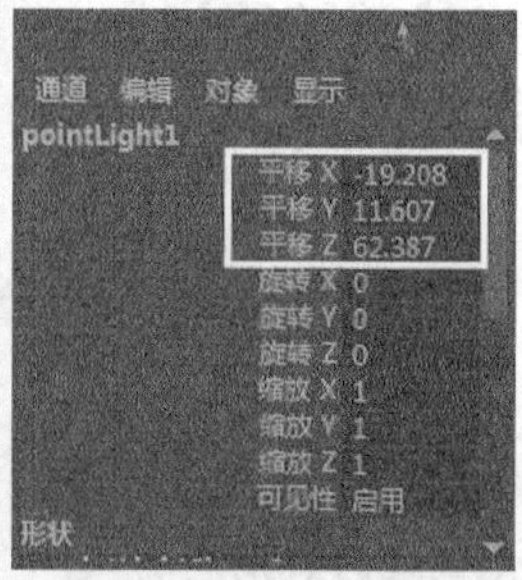


图9-96

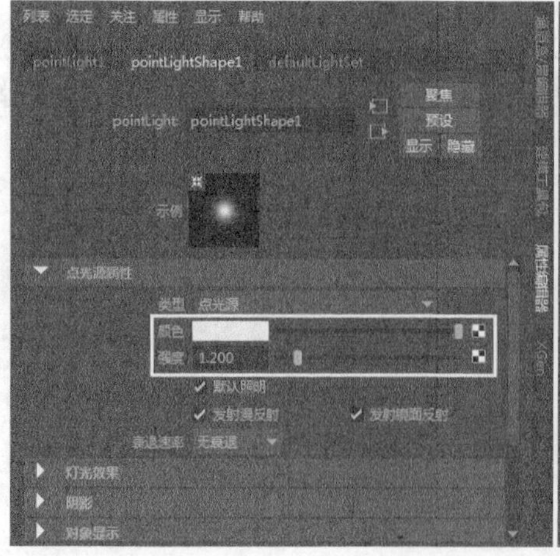


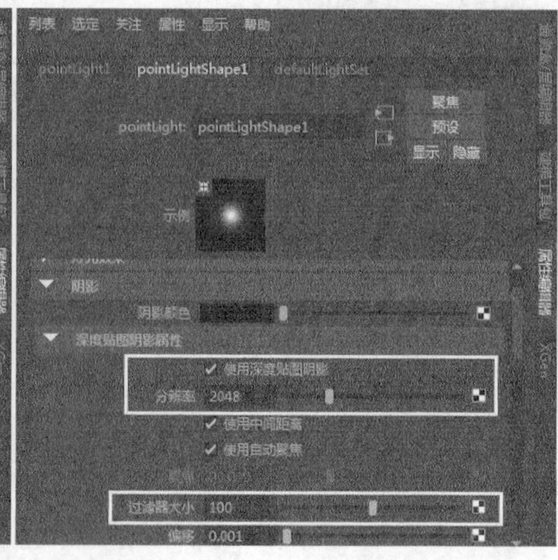


图9-97

**03** 新建一个点光源，然后调整灯光的位置，如图9-98所示，接着打开该灯光的属性编辑器，设置“颜色”为（R:255，G:255，B:186）、“强度”为0.8，再展开“阴影>深度贴图阴影属性”卷展栏，并选择“使用深度贴图阴影”选项，最后设置“分辨率”为2048、“过滤器大小”为100，如图9-99所示。

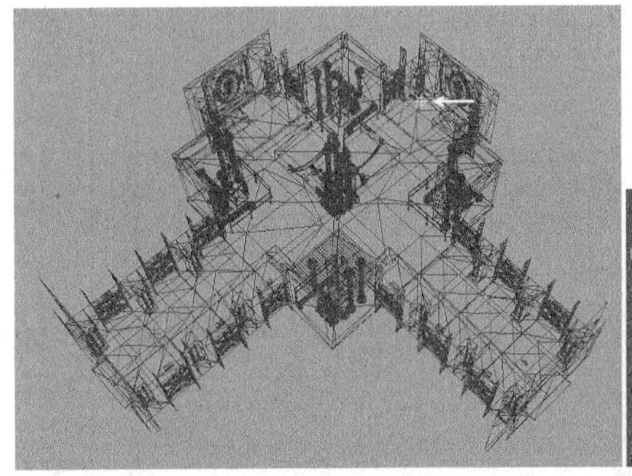

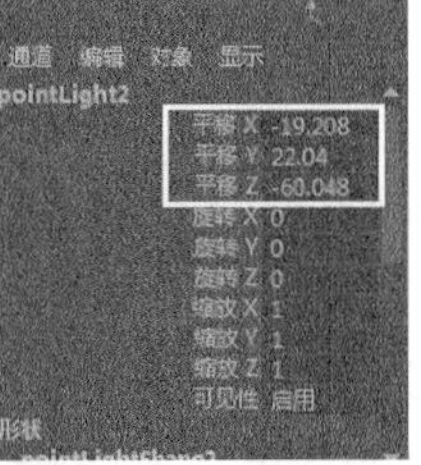


图9-98

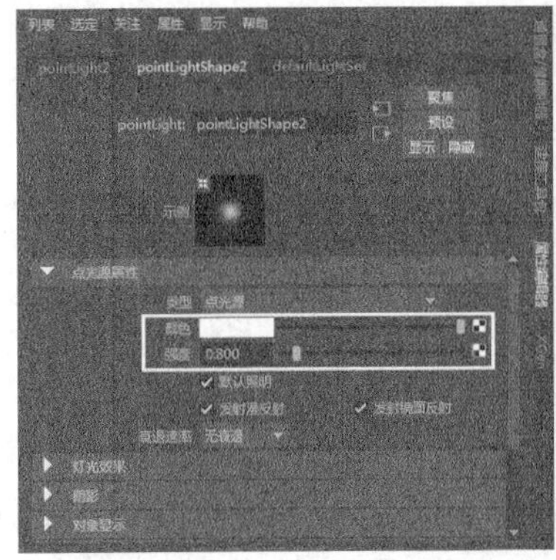

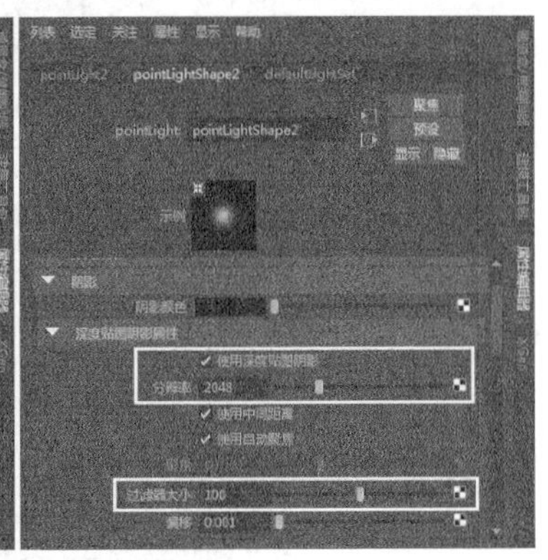

图9-99

**04** 新建一个点光源，然后调整灯光的位置，如图9-100所示，接着打开该灯光的属性编辑器，设置“颜色”为（R:255，G:214，B:123）、“强度”为1.3，再展开“阴影>深度贴图阴影属性”卷展栏，并选择“使用深度贴图阴影”选项，最后设置“分辨率”为2048、“过滤器大小”为50，如图9-101所示。

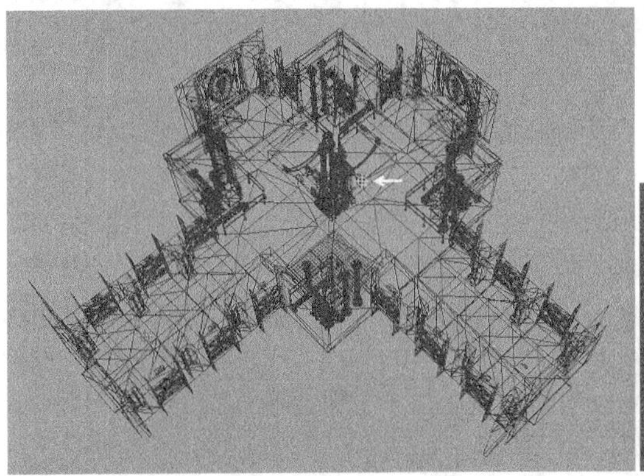

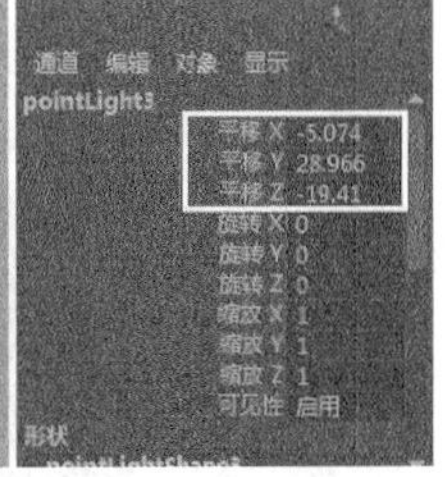


图9-100

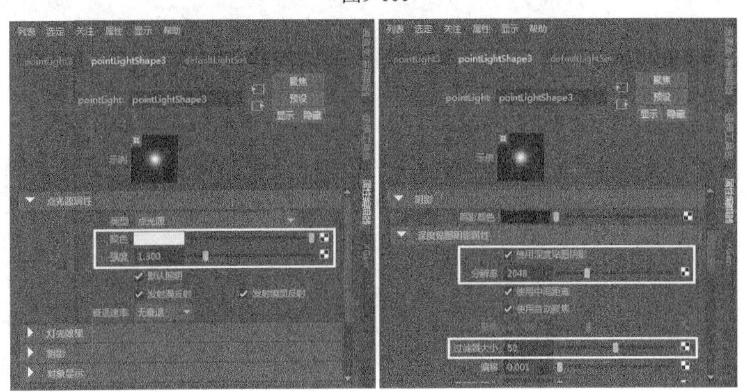

图9-101

**05** 新建一个点光源，然后调整灯光的位置，如图9-102所示，接着打开该灯光的属性编辑器，设置“颜色”为（R:255，G:214，B:123）、“强度”为1.3，再展开“阴影>深度贴图阴影属性”卷展栏，并选择“使用深度贴图阴影”选项，最后设置“分辨率”为2048、“过滤器大小”为50，如图9-103所示。

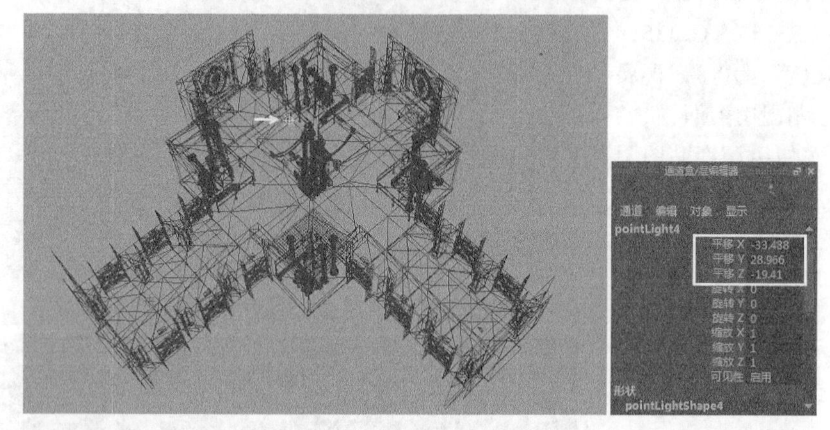


图9-102

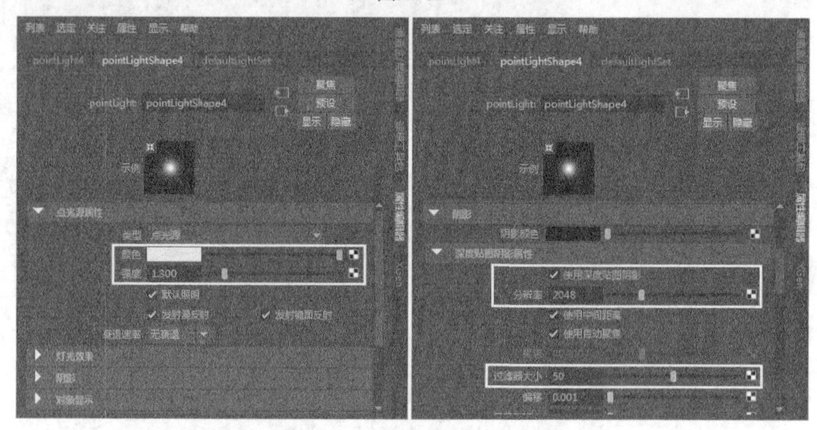


图9-103

**06** 在“渲染视图”对话框中执行“渲染>渲染>camera1”命令，渲染效果如图9-104所示。

图9-104

## 【练习9-8】使用光线跟踪阴影

| | |
|---|---|
| 场景文件 | Scenes>CH09>9.8.mb |
| 实例文件 | Examples>CH09>9.8.mb |
| 难易指数 | ★★★☆☆ |
| 技术掌握 | 掌握如何创建光线跟踪阴影 |

本例使用光线跟踪阴影制作的场景灯光效果如图9-105所示。

图9-105

**01** 打开学习资源中的“Scenes>CH09>9.8.mb”文件，场景中有一些静物模型，如图9-106所示。

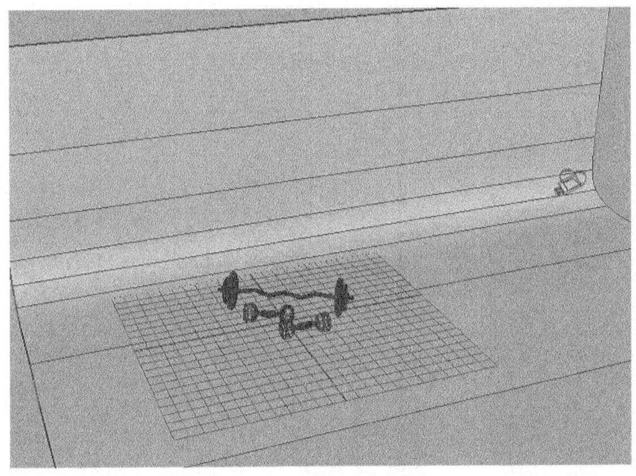

图9-106

**02** 在场景中创建一盏聚光灯，然后调整灯光的位置和方向，如图9-107所示。

**03** 打开聚光灯的属性编辑器，然后在“聚光灯属性”卷展栏下设置“圆锥体角度”为80、“半影角度”为20，如图9-108所示。

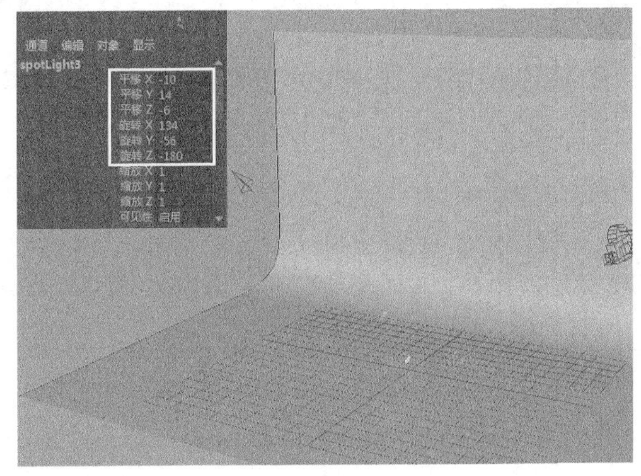


图9-107

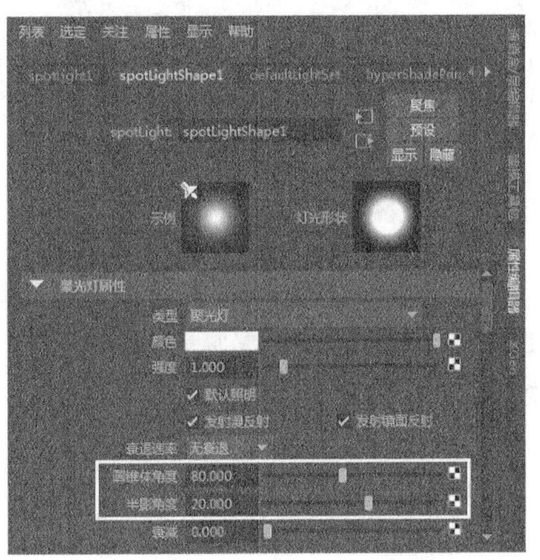


图9-108

**04** 展开“阴影>光线跟踪阴影属性”卷展栏，然后选择“使用光线跟踪阴影”选项，接着设置“灯光半径”为5、“阴影光线数”为8，如图9-109所示。

**05** 复制一个灯光，然后调整其位置和方向，如图9-110所示。

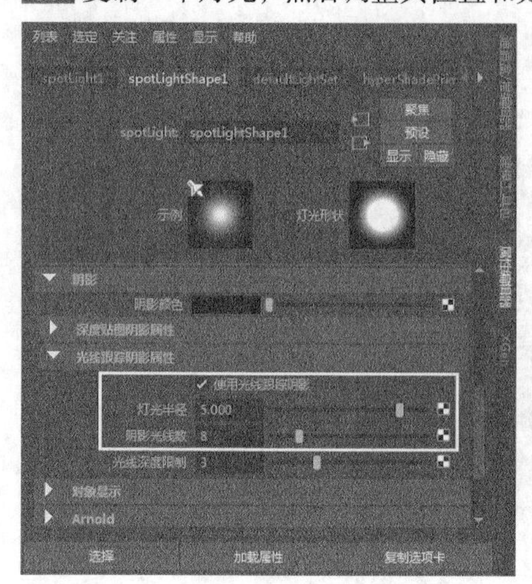


图9-109

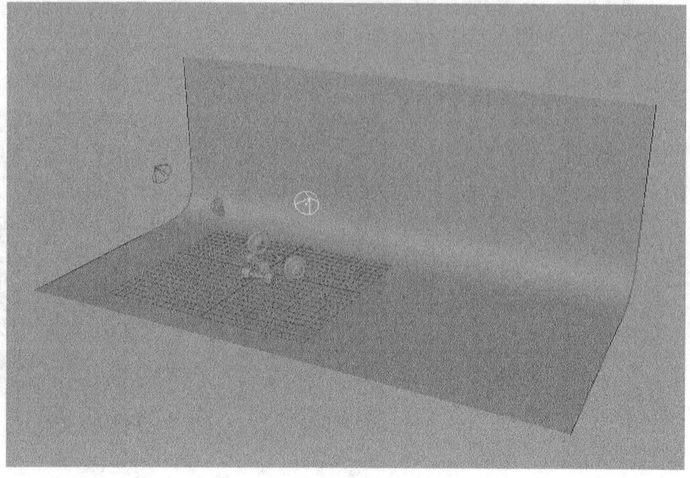

图9-110

**06** 在状态栏中单击“渲染设置”按钮，然后切换到“Maya软件”选项卡，接着展开“光线跟踪质量”卷展栏，再选择“光线跟踪”选项，如图9-111所示。

**07** 选择一个合适的画面角度，然后在状态栏中单击“打开渲染视图”按钮，接着在“渲染视图”对话框中单击“渲染当前帧”按钮，效果如图9-112所示。

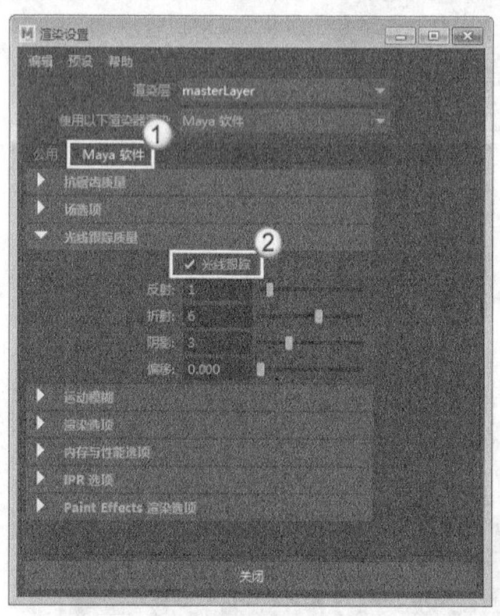


图9-111

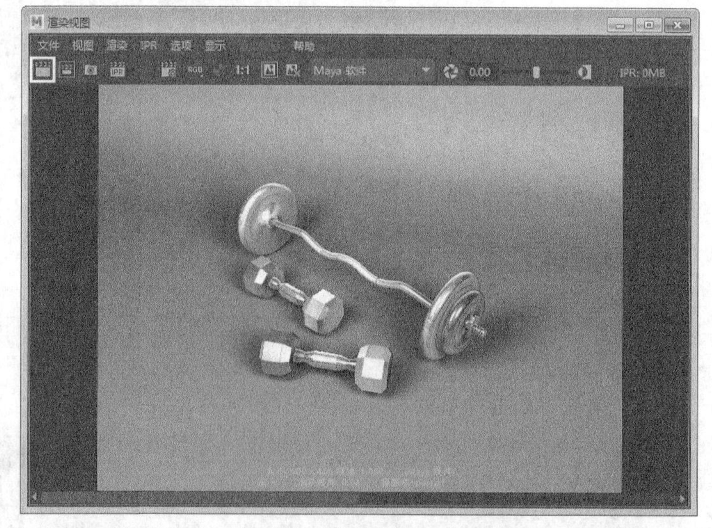


图9-112

## 技术专题：深度贴图阴影与光线跟踪阴影的区别

“深度贴图阴影”是通过计算光与物体之间的位置来产生阴影贴图，不能使透明物体产生透明的阴影，渲染速度相对比较快；“光线跟踪阴影”是跟踪光线路径来生成阴影，可以生成比较真实的阴影效果，并且可以使透明物体生成透明的阴影。

# 技术分享

## 布光的方式

无论是摄影，还是摄像，布光都是非常重要的一环。合理的布光可以烘托画面氛围、展现人物性格。在三维世界中灯光也非常重要，任何一部好的作品都离不开灯光。在为人物布光时，不仅要考虑整个画面的氛围，还要考虑剧情或人物性格等情感因素。

同样的灯光，在不同的角度，会产生不同的效果。下面展示一些不同角度的灯光，供读者参考。

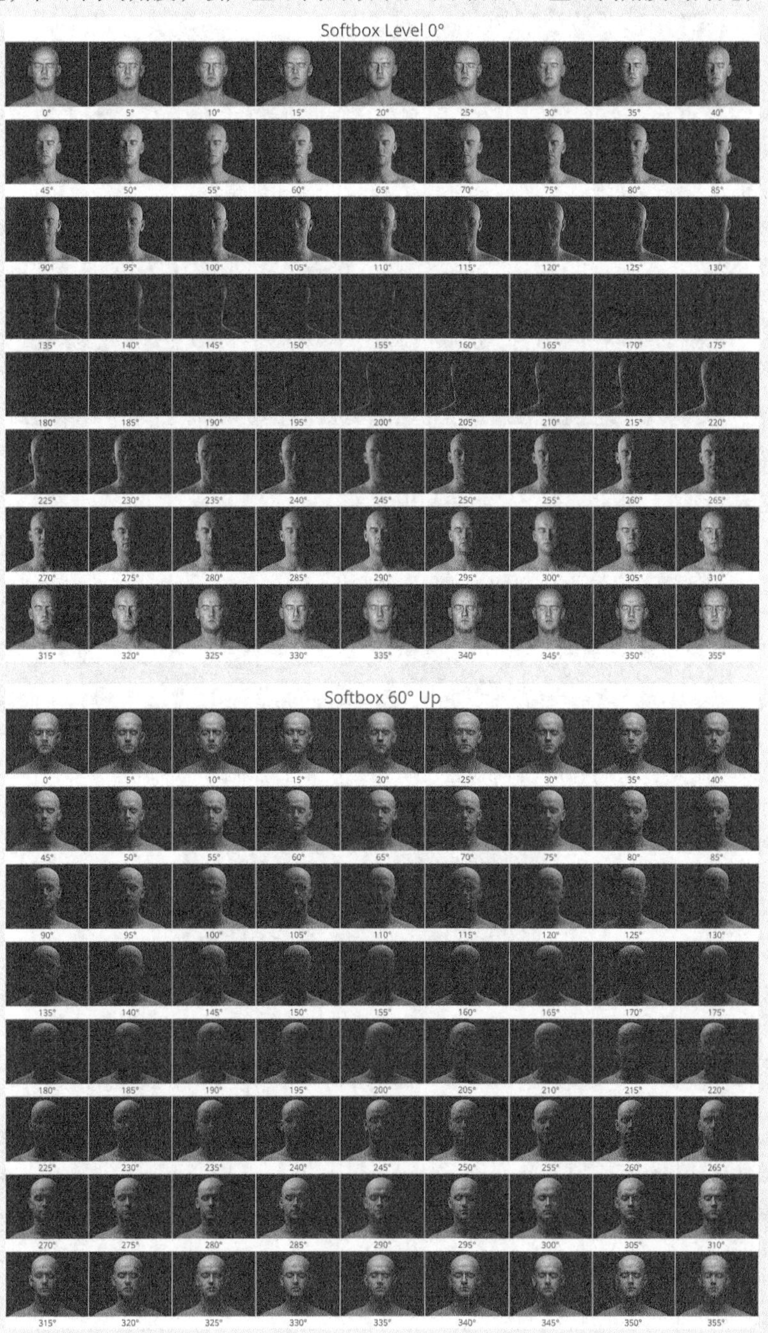

## 灯光颜色的含义

不同颜色的灯光也有着不同的含义，在布置灯光时需要根据作品的氛围来调整灯光的颜色。下面介绍几种常用的灯光颜色的含义，供读者参考。

红色：热情、活泼、热闹、革命、温暖、幸福、吉祥和危险等。

橙色：光明、华丽、兴奋、甜蜜和快乐等。

黄色：明朗、愉快、高贵、希望、发展和注意等。

绿色：新鲜、平静、安静、安逸、和平、柔和、青春和理想等。

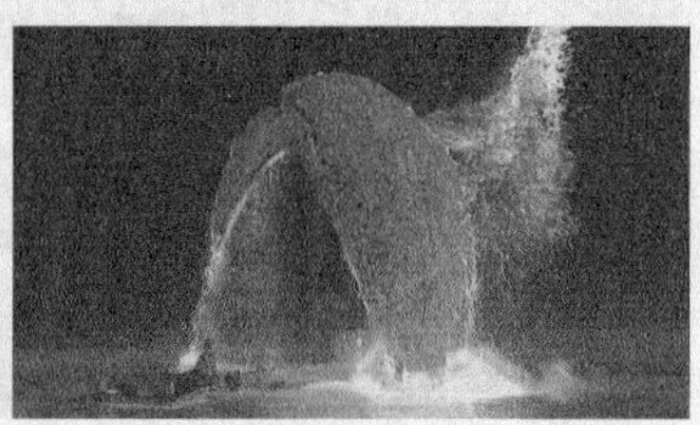

蓝色：深远、永恒、沉静、理智、诚实和寒冰等。

白色：纯洁、纯真、朴素、神圣、明快和虚无等。

黑色（光线较暗）：崇高、严肃、刚健、坚实、沉默、黑暗和恐怖等。

## 白模场景、材质场景与灯光的关系

对于同一个场景，布置相同的灯光，将场景对象的材质设定为白模（只有自身颜色）与将材质设定为真实材质以后，渲染出来的灯光氛围往往是不一样的，这是正常现象。因为，素模场景的材质不具有反射、折射、凹凸等属性，灯光效果比较纯粹，同时渲染速度也很快；而指定真实材质后，真实材质存在反射、折射、凹凸甚至半透明等属性，这些属性会影响灯光的整体氛围。因此，在布光时还要考虑材质因素。

# 第10章

# 摄影机技术

本章将介绍Maya的摄影机技术，包括摄影机的类型、摄影机的基本设置、摄影机的工具运用以及摄影机景深特效的设置方法。

※ 摄影机的类型

※ 摄影机的基本设置

※ 摄影机工具

※ 摄影机景深的设置方法

# 10.1 摄影机的类型

Maya默认的场景中有4台摄影机，一个透视图摄影机和3个正交视图摄影机。执行“创建>摄影机”菜单下的命令可以创建一台新的摄影机，如图10-1所示。

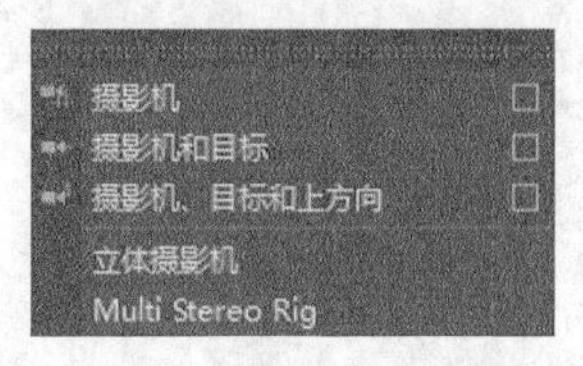


图10-1

## 10.1.1 摄影机

“摄影机”是最基本的摄影机，可以用于静态场景和简单的动画场景，如图10-2所示。单击“创建>摄影机>摄影机”命令后面的按钮，打开“创建摄影机选项”对话框，如图10-3所示。

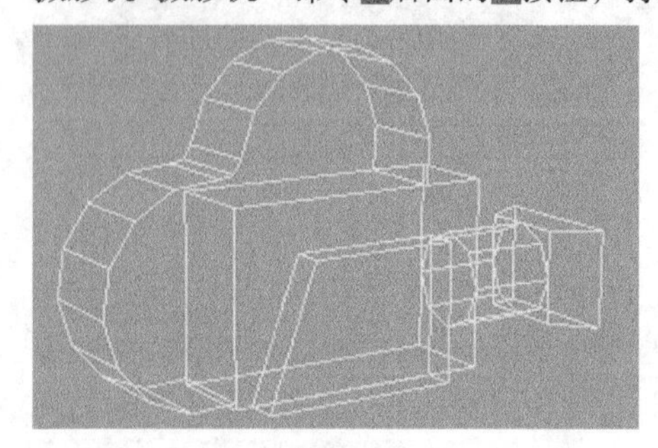

图10-2

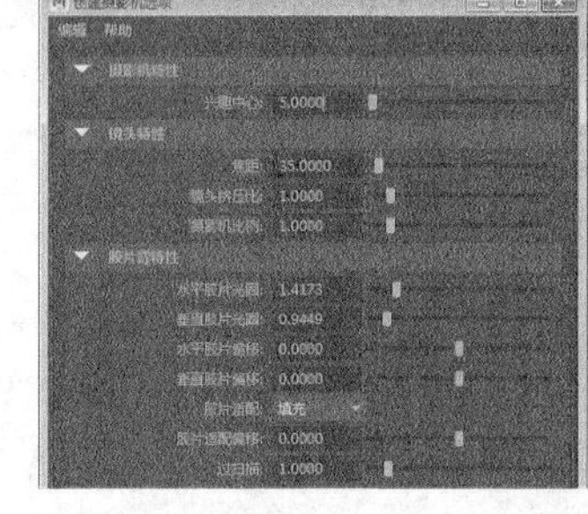
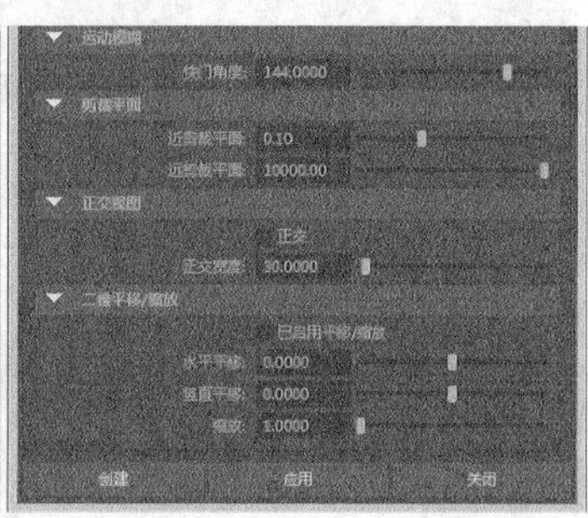

图10-3

### 常用参数介绍

❖ 兴趣中心：设置摄影机到兴趣中心的距离（以场景的线性工作单位为测量单位）。

❖ 焦距：设置摄影机的焦距（以mm为测量单位），有效值范围为2.5~3500。增加焦距值可以拉近摄影机镜头，并放大对象在摄影机视图中的大小；减小焦距可以拉远摄影机镜头，并缩小对象在摄影机视图中的大小。

❖ 镜头挤压比：设置摄影机镜头水平压缩图像的程度。大多数摄影机不会压缩所录制的图像，因此其“镜头挤压比”为1。但是有些摄影机（如变形摄影机）会水平压缩图像，使大纵横比（宽度）的图像落在胶片的方形区域内。

❖ 摄影机比例：根据场景缩放摄影机的大小。

❖ 水平/垂直胶片光圈：摄影机光圈或胶片背的高度和宽度（以“英寸”为测量单位）。

❖ 水平/垂直胶片偏移：在场景的垂直和水平方向上偏移分辨率门和胶片门。

❖ 胶片适配：控制分辨率门相对于胶片门的大小。如果分辨率门和胶片门具有相同的纵横比，则“胶片适配”的设置不起作用。

 ✧ 水平/垂直：使分辨率门水平/垂直适配胶片门。

 ✧ 填充：使分辨率门适配胶片门。

 ✧ 过扫描：使胶片门适配分辨率门。

❖ 胶片适配偏移：设置分辨率门相对于胶片门的偏移量，测量单位为“英寸”。

❖ 过扫描：仅缩放摄影机视图（非渲染图像）中的场景大小。调整“过扫描” 值可以查看比实际渲染更多或更少的场景。

❖ 快门角度：会影响运动模糊对象的对象模糊度。快门角度设置得越大，对象越模糊。

- ❖ 近/远剪裁平面：对于硬件渲染、矢量渲染和mentalray渲染，这两个选项表示透视摄影机或正交摄影机的近裁剪平面和远剪裁平面的距离。
- ❖ 正交：如果选择该选项，则摄影机为正交摄影机。
- ❖ 正交宽度：设置正交摄影机的宽度（以“英寸”为单位）。正交摄影机的宽度可以控制摄影机的可见场景范围。
- ❖ 已启用平移/缩放：启用“二维平移/缩放工具”。
- ❖ 水平/竖直平移：设置在水平/垂直方向上的移动距离。
- ❖ 缩放：对视图进行缩放。

## 10.1.2 摄影机和目标

执行“摄影机和目标”命令可以创建一台带目标点的摄影机，如图10-4所示。这种摄影机主要用于比较复杂的动画场景，如追踪鸟的飞行路线。

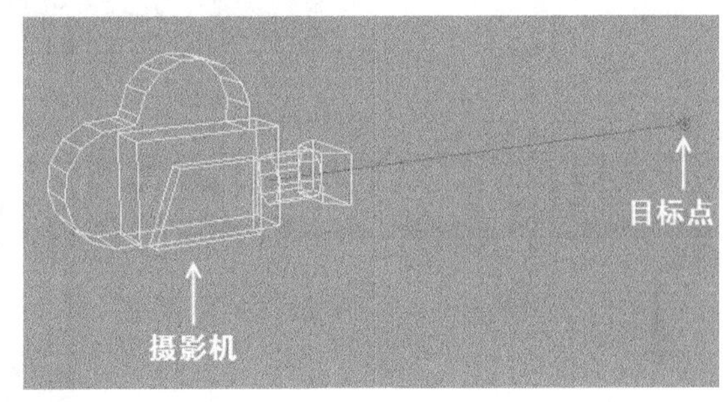


图10-4

## 10.1.3 摄影机、目标和上方向

执行“摄影机、目标和上方向”命令可以创建一台带两个目标点的摄影机，一个目标点朝向摄影机的前方，另外一个位于摄影机的上方，如图10-5所示。这种摄影机可以指定摄影机的哪一端必须朝上，适用于更为复杂的动画场景，如让摄影机随着转动的过山车一起移动。

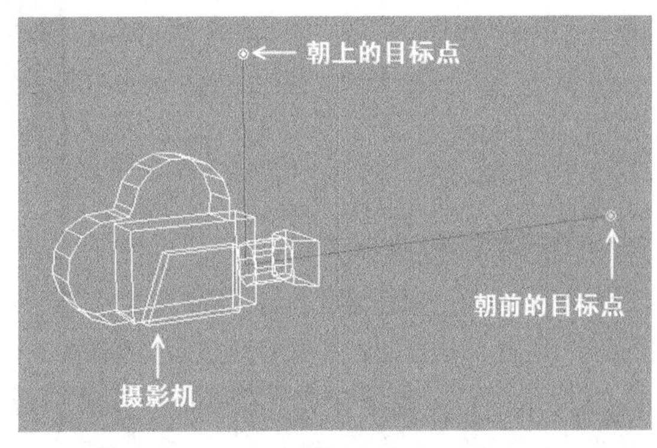


图10-5

## 10.1.4 立体摄影机

执行“立体摄影机”命令可以创建一台立体摄影机，如图10-6所示。使用立体摄影机可以创建具有三维景深的渲染效果。当渲染立体场景时，Maya会考虑所有的立体摄影机属性并执行计算，以生成可被其他程序合成的立体图或平行图像。

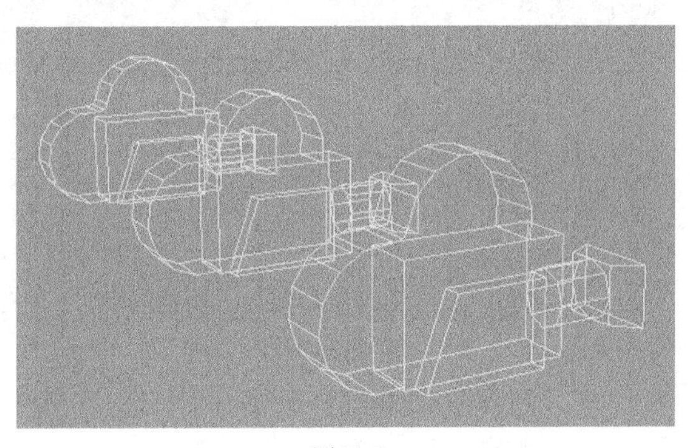

图10-6

### 10.1.5 Multi Stereo Rig（多重摄影机装配）

执行Multi Stereo Rig（多重摄影机装配）命令可以创建由两个或更多立体摄影机组成的多重摄影机装配，如图10-7所示。

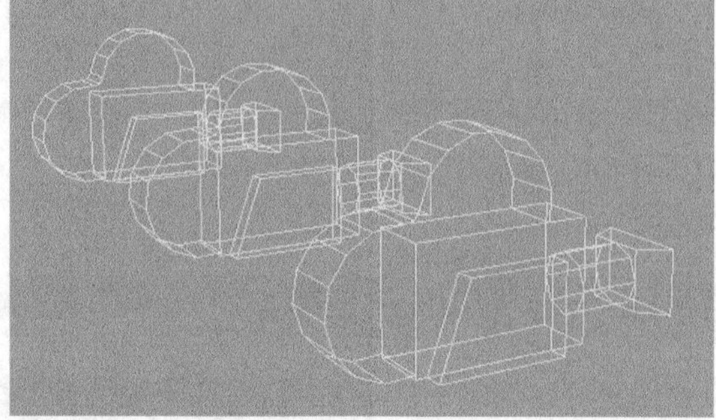

图10-7

## 10.2 摄影机的基本设置

展开视图菜单中的“视图>摄影机设置”菜单，如图10-8所示。该菜单下的命令可以用来设置摄影机。

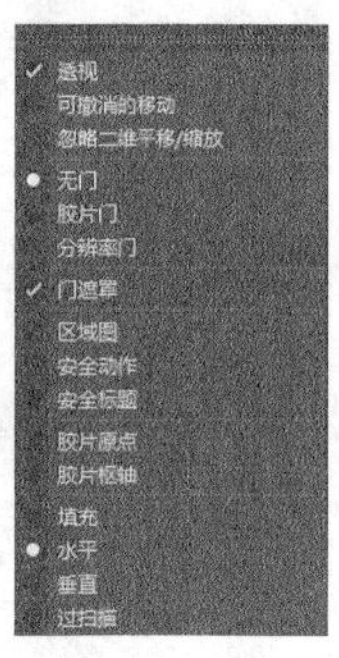


图10-8

**摄影机设置命令介绍**

❖ 透视：选择该选项时，摄影机将变成为透视摄影机，视图也会变成透视图，如图10-9所示；若不选择该选项，视图将变为正交视图，如图10-10所示。

图10-9

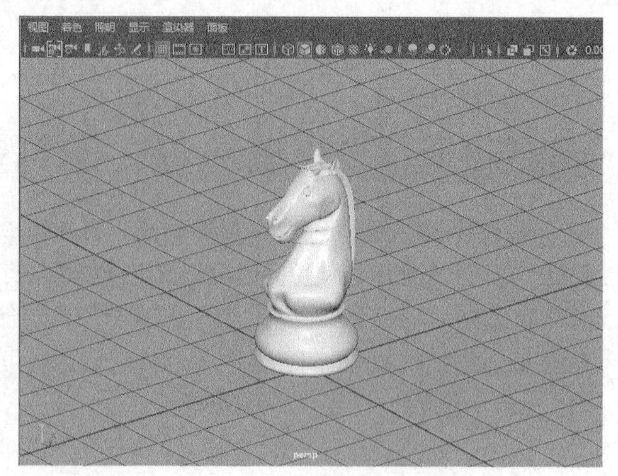

图10-10

❖ 可撤销的移动：如果选择该选项，则所有的摄影机移动（如翻滚、平移和缩放）将写入“脚本编辑器”，如图10-11所示。

❖ 忽略二维平移/缩放：选择该选项后，可以忽略“二维平移/缩放”的设置，从而使场景视图显示在完整摄影机视图中。

❖ 无门：选择该选项，不会显示“胶片门”和“分辨率门”。

❖ 胶片门：选择该选项后，视图会显示一个边界，用于指示摄影机视图的区域，如图10-12所示。

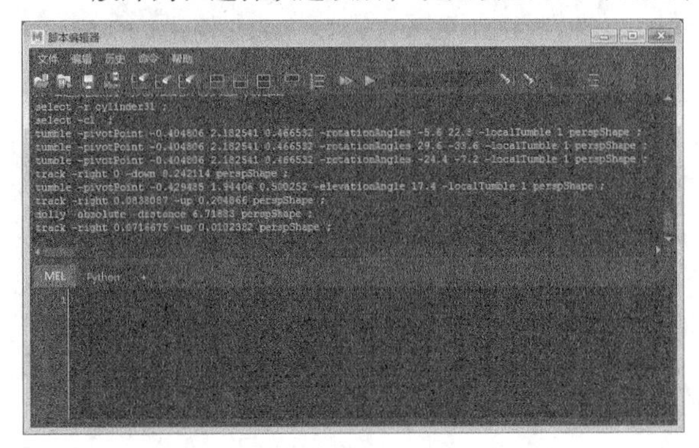

图10-11

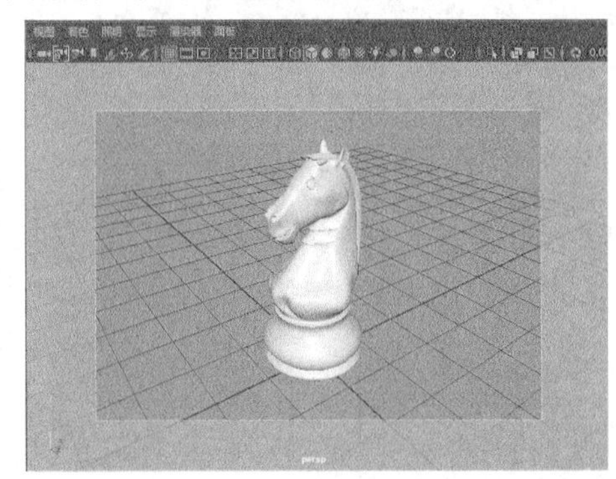

图10-12

❖ 分辨率门：选择该选项后，可以显示出摄影机的渲染框。在这个渲染框内的物体都会被渲染出来，而超出渲染框的区域将不会被渲染出来，图10-13和图10-14所示分别是分辨率为640×480和1024×768时的范围对比。

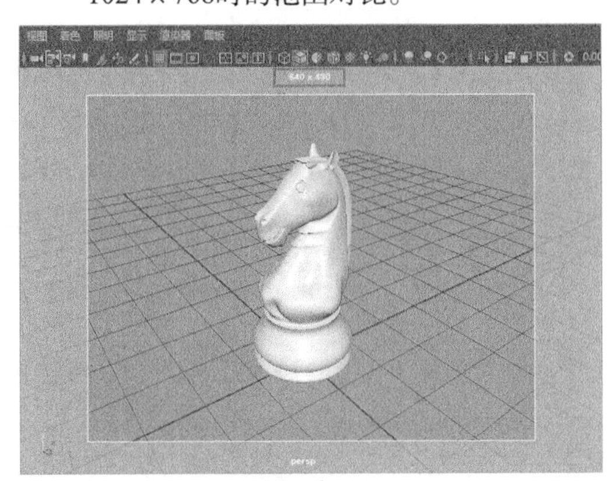

图10-13

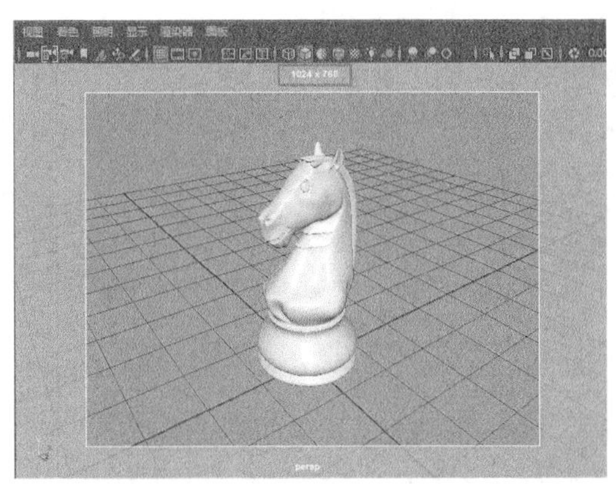

图10-14

❖ 门遮罩：选择该选项后，可以更改“胶片门”或“分辨率门”之外的区域的不透明度和颜色。

❖ 区域图：选择该选项后，可显示栅格，如图10-15所示。该栅格表示12个标准单元动画区域的大小。

❖ 安全动作：该选项主要针对场景中的人物对象。在一般情况下，场景中的人物都不要超出安全动作框的范围（占渲染画面的90%），如图10-16所示。

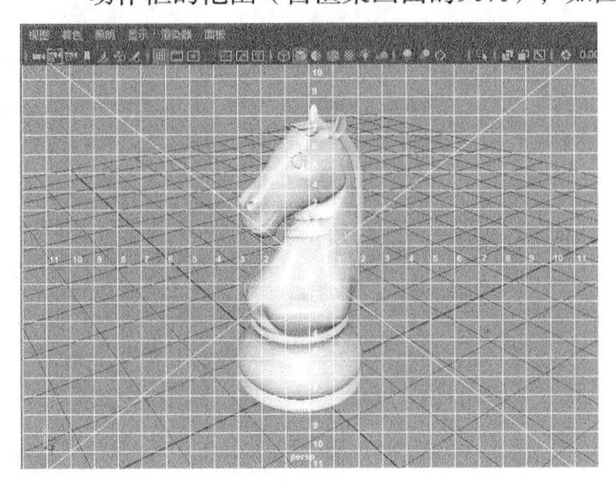

图10-15

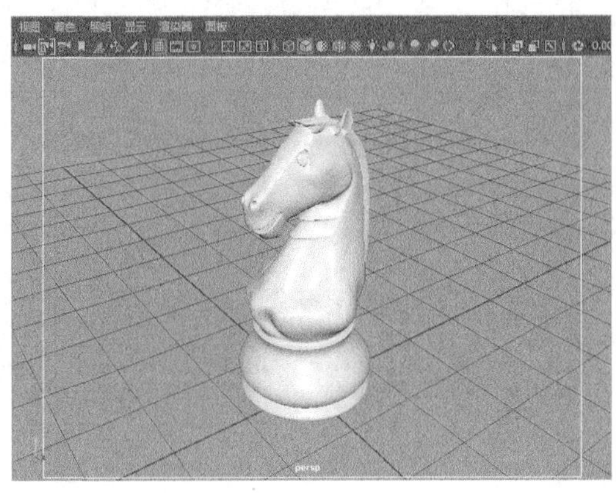

图10-16

- ❖ 安全标题：该选项主要针对场景中的字幕或标题。字幕或标题一般不要超出安全标题框的范围（占渲染画面的80%），如图10-17所示。
- ❖ 胶片原点：在通过摄影机查看时，显示胶片原点助手，如图10-18所示。

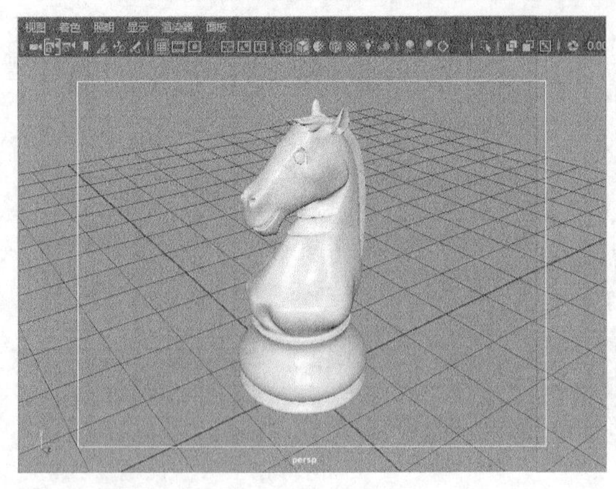
图10-17

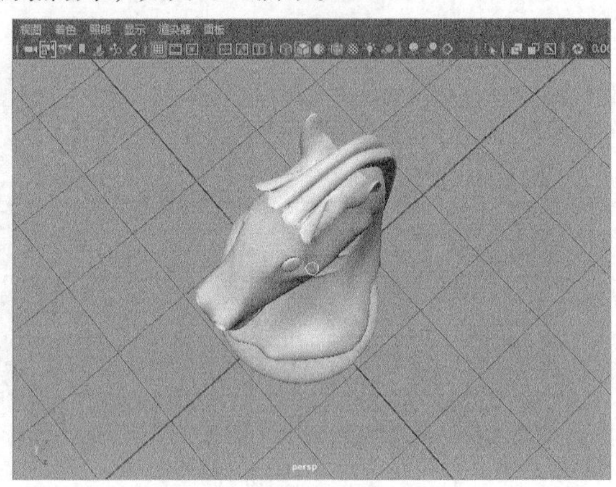
图10-18

- ❖ 胶片枢轴：在通过摄影机查看时，显示胶片枢轴助手，如图10-19所示。
- ❖ 填充：选择该选项后，可以使“分辨率门”尽量充满“胶片门”，但不会超出“胶片门”的范围，如图10-20所示。

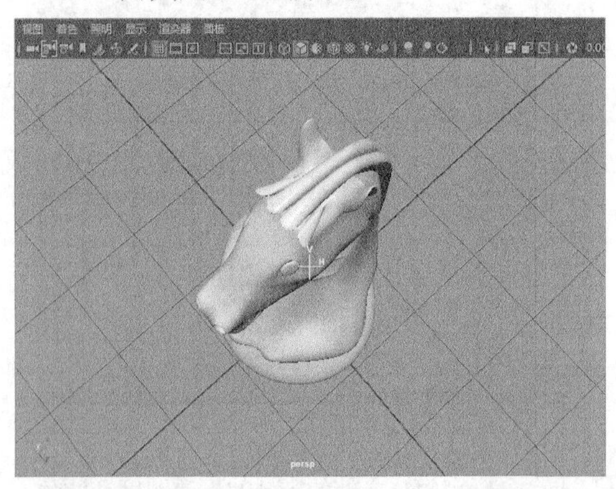
图10-19

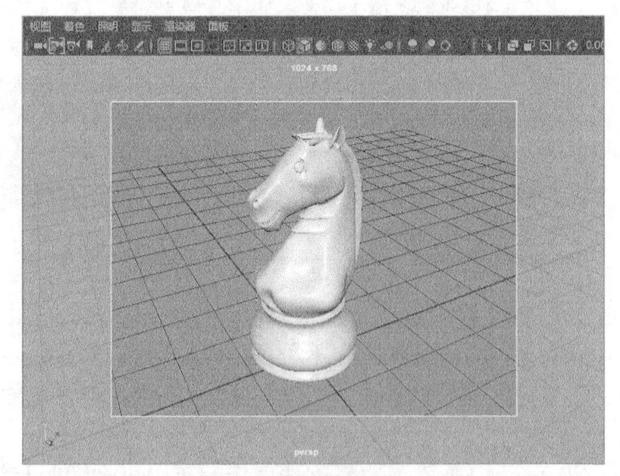
图10-20

- ❖ 水平/垂直：选择“水平”选项，可以使“分辨率门”在水平方向上尽量充满视图，如图10-21所示；选择“垂直”选项，可以使“分辨率门”在垂直方向上尽量充满视图，如图10-22所示。

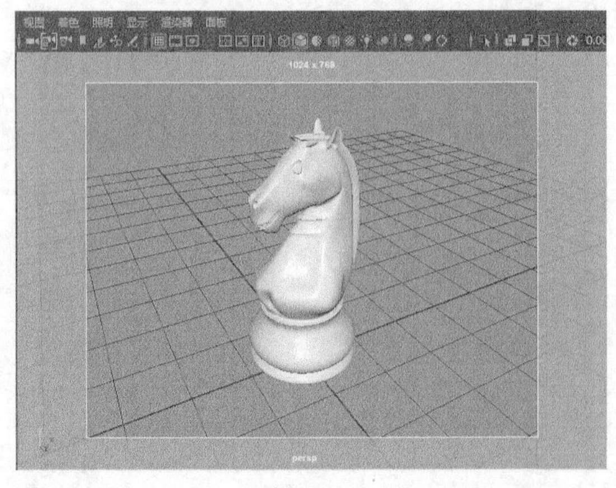
图10-21

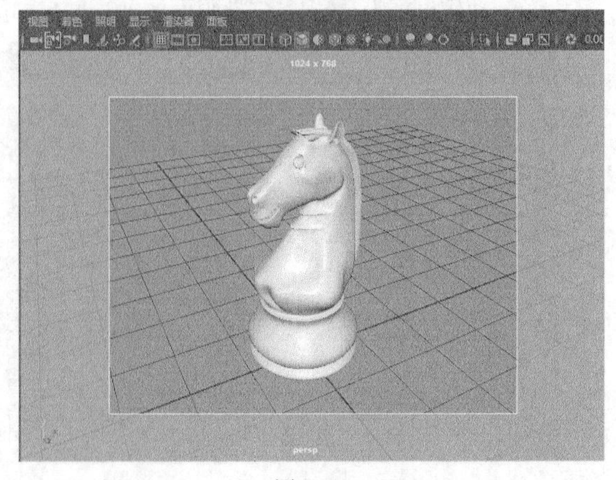
图10-22

❖ 过扫描：选择该选项后，可以使胶片门适配分辨率门，也就是将图像按照实际分辨率显示出来，如图10-23所示。

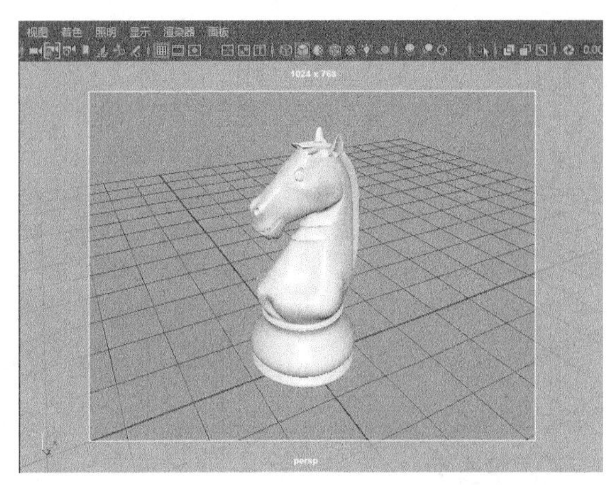

图10-23

# 10.3 摄影机工具

展开视图菜单中的“视图>摄影机工具”菜单，如图10-24所示。该菜单下全部是对摄影机进行操作的工具。

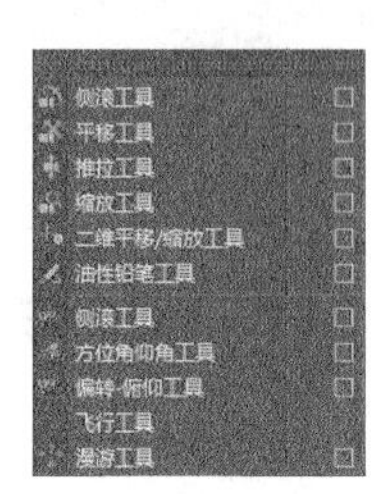

图10-24

## 10.3.1 侧滚工具

“侧滚工具”主要用来旋转视图摄影机，快捷键为Alt+鼠标左键。打开该工具的“工具设置”对话框，如图10-25所示。

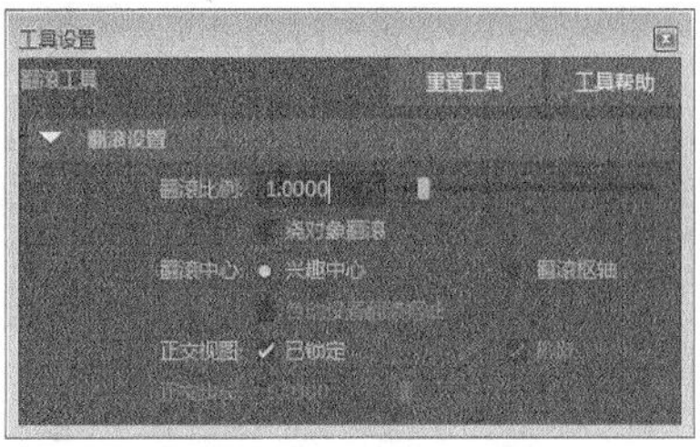

图10-25

### 常用参数介绍

❖ 翻滚比例：设置摄影机移动的速度，默认值为 1。

❖ 绕对象翻滚：选择该选项后，在开始翻滚时，“测滚工具”图标位于某个对象上，则可以使用该对象作为翻滚枢轴。

❖ 翻滚中心：控制摄影机翻滚时围绕的点。

  ✧ 兴趣中心：摄影机绕其兴趣中心翻滚。

  ✧ 翻滚枢轴：摄影机绕其枢轴点翻滚。

❖ 正交视图：包含“已锁定”和“阶跃”两个选项。

  ✧ 已锁定：选择该选项后，则无法翻滚正交摄影机；如果关闭该选项，则可以翻滚正交摄影机。

  ✧ 阶跃：选择该选项后，则能够以离散步数翻滚正交摄影机。通过“阶跃”操作，可以轻松返回到默认视图位置。

  ✧ 正交步长：在关闭“已锁定”并选择“阶跃”选项的情况下，该选项用来设置翻滚正交摄影机时所用的步长角度。

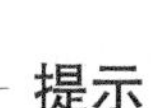
提示

“侧滚工具”的快捷键是Alt+鼠标左键，按住Alt+Shift+鼠标左键可以在一个方向上翻转视图。

## 10.3.2 平移工具

使用“平移工具”可以在水平线上移动视图摄影机，快捷键为Alt+鼠标中键。打开该工具的“工具设置”对话框，如图10-26所示。

图10-26

### 常用参数介绍

❖ 平移几何体：选择该选项后，视图中的物体与光标的移动是同步的。在移动视图时，光标相对于视图中的对象位置不会再发生变化。

❖ 平移比例：该选项用来设置移动视图的速度，系统默认的移动速度为1。

**提示**

“平移工具”的快捷键是Alt+鼠标中键，按住Alt+Shift+鼠标中键可以在一个方向上移动视图。

## 10.3.3 推拉工具

用“推拉工具”可以推拉视图摄影机，快捷键为Alt+鼠标右键或Alt+鼠标左键+鼠标中键。打开该工具的“工具设置”对话框，如图10-27所示。

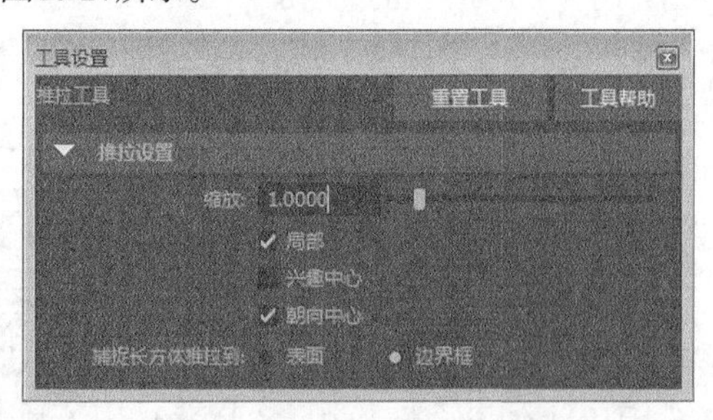


图10-27

### 常用参数介绍

❖ 缩放：该选项用来设置推拉视图的速度，系统默认的推拉速度为1。

❖ 局部：选择该选项后，可以在摄影机视图中进行拖动，并且可以让摄影机朝向或远离其兴趣中心移动。如果关闭该选项，也可以在摄影机视图中进行拖动，但可以让摄影机及其兴趣中心一同沿摄影机的视线移动。

❖ 兴趣中心：选择该选项后，在摄影机视图中使用鼠标中键进行拖动，可以让摄影机的兴趣中心朝向或远离摄影机移动。

❖ 朝向中心：如果关闭该选项，可以在开始推拉时朝向“推拉工具”图标的当前位置进行推拉。

❖ 捕捉长方体推拉到：当使用快捷键Ctrl+Alt推拉摄影机时，可以把兴趣中心移动到蚂蚁线区域。

  ✧ 表面：选择该选项后，在对象上执行长方体推拉时，兴趣中心将移动到对象的曲面上。

  ✧ 边界框：选择该选项后，在对象上执行长方体推拉时，兴趣中心将移动到对象边界框的中心。

## 10.3.4 缩放工具

“缩放工具”主要用来缩放视图摄影机，以改变视图摄影机的焦距。打开该工具的“工具设置”对话框，如图10-28所示。

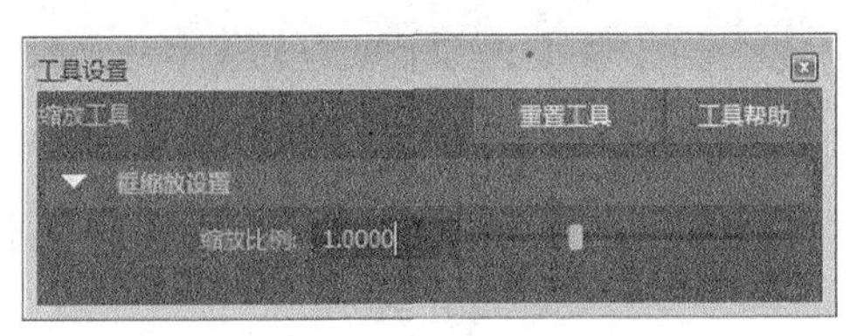


图10-28

### 常用参数介绍

❖ 缩放比例：该选项用来设置缩放视图的速度，系统默认的缩放速度为1。

## 10.3.5 二维平移/缩放工具

用“二维平移/缩放工具”可以在二维视图中进行平移和缩放摄影机，并且可以在场景视图中查看结果。使用该功能可以在进行精确跟踪、放置或对位工作时查看特定区域中的详细信息，而无须实际移动摄影机。打开该工具的“工具设置”对话框，如图10-29所示。

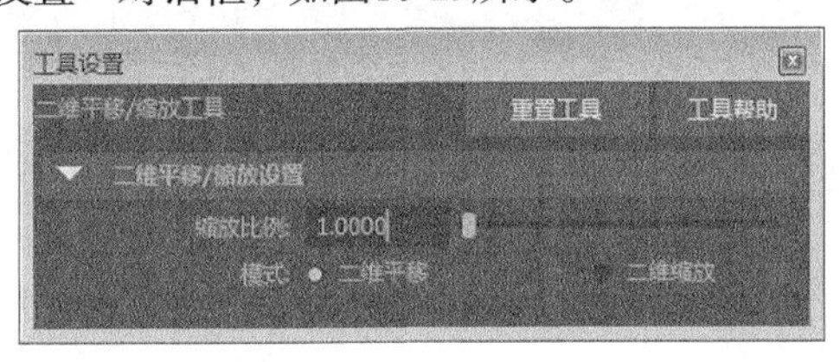


图10-29

### 二维平移/缩放工具介绍

❖ 缩放比例：该选项用来设置缩放视图的速度，系统默认的缩放速度为1。

❖ 模式：包含“二维平移”和“二维缩放”两种模式。

  ✧ 二维平移：对视图进行移动操作。

  ✧ 二维缩放：对视图进行缩放操作。

## 10.3.6 油性铅笔工具

选择“油性铅笔工具”会打开“油性铅笔”工具栏，如图10-30所示，通过该工具可以使用虚拟标记在场景视图上绘制。

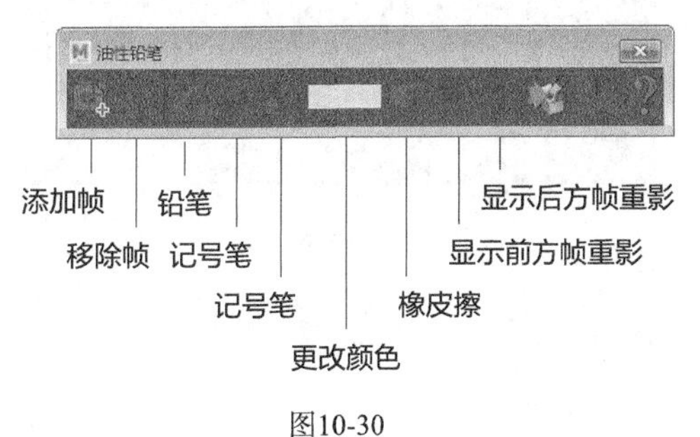


图10-30

## 10.3.7 侧滚工具

用“侧滚工具”可以左右摇晃视图摄影机。打开该工具的“工具设置”对话框，如图10-31所示。

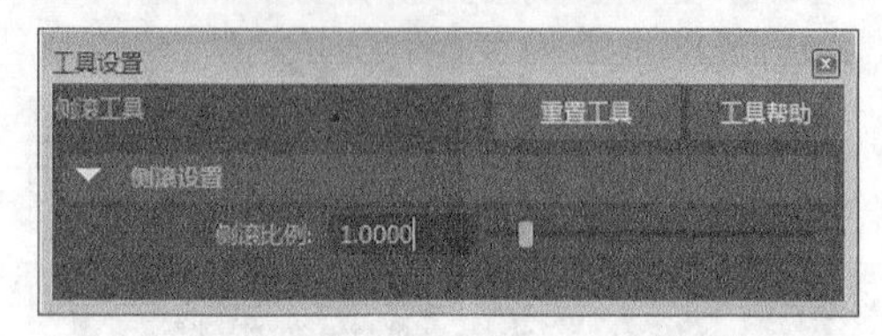


图10-31

**常用参数介绍**

❖ 侧滚比例：该选项用来设置摇晃视图的速度，系统默认的滚动速度为1。

## 10.3.8 方位角仰角工具

用“方位角仰角工具”可以对正交视图进行旋转操作。打开该工具的“工具设置”对话框，如图10-32所示。

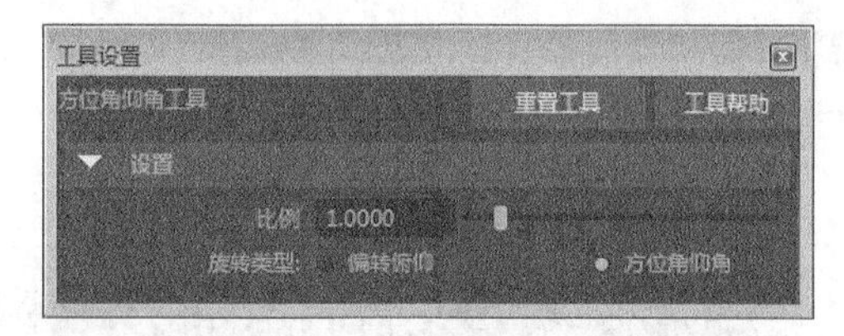


图10-32

**常用参数介绍**

❖ 比例：该选项用来设置旋转正交视图的速度，系统默认值为1。

❖ 旋转类型：包含“偏转俯仰”和“方位角仰角”两种类型。

 ✧ 偏转俯仰：摄影机向左或向右的旋转角度称为偏转，向上或向下的旋转角度称为俯仰。

 ✧ 方位角仰角：摄影机视线相对于地平面垂直平面的角称为方位角，摄影机视线相对于地平面的角称为仰角。

## 10.3.9 偏转-俯仰工具

用“偏转-俯仰工具”可以向上或向下旋转摄影机视图，也可以向左或向右旋转摄影机视图。打开该工具的“工具设置”对话框，如图10-33所示。

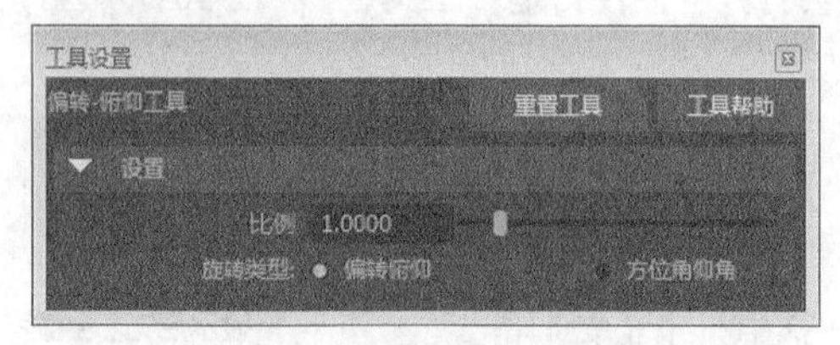


图10-33

## 10.3.10 飞行工具

用“飞行工具”可以让摄影机飞行穿过场景，不会受几何体约束。按住Ctrl键并向上拖动可以向前飞行，向下拖动可以向后飞行。若要更改摄影机方向，可以松开Ctrl键，然后拖动鼠标左键。

## 10.3.11 漫游工具

“漫游工具”可以用第一人称的方式透视浏览场景。读者可以创建集和大环境，然后使用该工具的类似于游戏的导航控件在场景中穿梭。打开该工具的“工具设置”对话框，如图10-34所示。

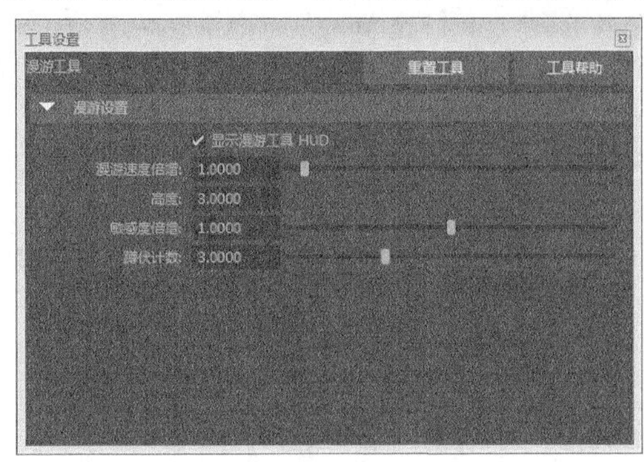


图10-34

### 常用参数介绍

- ❖ 显示漫游工具HUD：启用后，激活“漫游工具”时会显示平视显示仪（HUD）消息。
- ❖ 漫游速度倍增：指定漫游速度的速率。调整滑块可以加快或减慢默认漫游速度。
- ❖ 高度：指定摄影机和地平面之间的距离。
- ❖ 敏感度倍增：指定鼠标的敏感度级别。
- ❖ 蹲伏计数：在蹲伏模式下，将摄影机移近地平面。“蹲伏计数”用来指定摄影机移向地平面的距离。

# 10.4 景深

“景深”就是指拍摄主题前后所能在一张照片上成像的空间层次的深度。简单地说，景深就是聚焦清晰的焦点前后“可接受的清晰区域”，如图10-35所示。景深可以很好地突出主题，不同景深参数下的景深效果也不相同。

图10-35

## 技术专题：剖析景深技术

景深是一种常见的物理现象，下面介绍景深形成的原理。

1.焦点

与光轴平行的光线射入凸透镜时，理想的镜头应该是所有的光线聚集在一点后，再以锥状的形式扩散开来，这个聚集所有光线的点就称为“焦点”，如图10-36所示。

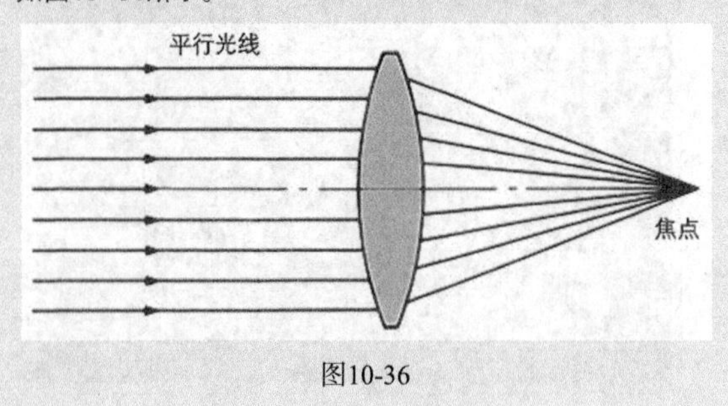


图10-36

2.弥散圆

在焦点前后，光线开始聚集和扩散，点的影像会变得模糊，从而形成一个扩大的圆，这个圆就是“弥散圆”，如图10-37所示。

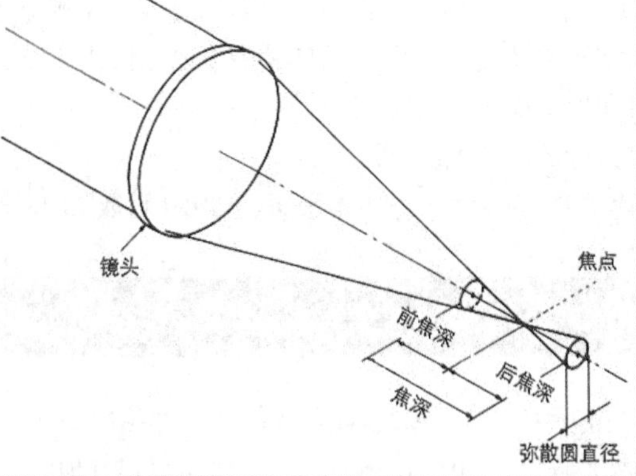


图10-37

每张照片都有主题和背景之分，景深和摄影机的距离、焦距和光圈之间存在着以下3种关系（这3种关系可用图10-38来表达）。

光圈越大，景深越小；光圈越小，景深越大。

镜头焦距越长，景深越小；焦距越短，景深越大。

距离越远，景深越大；距离越近，景深越小。

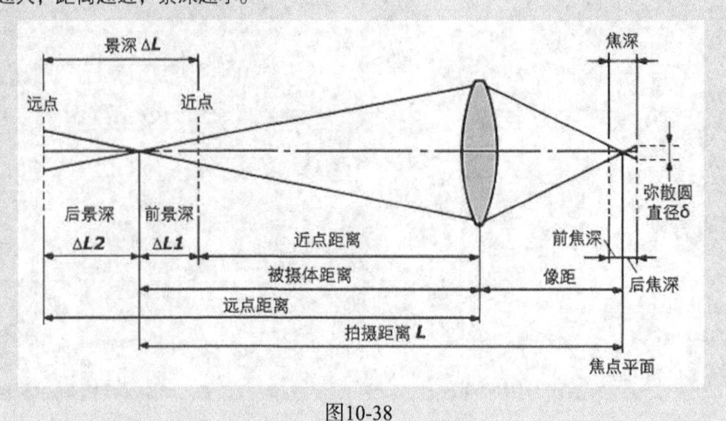


图10-38

景深可以很好地突出主题，不同景深参数下的景深效果也不相同，图10-39突出的是蜘蛛的头部，而图10-40突出的是蜘蛛和被捕食的螳螂。

图10-39

图10-40

## 【练习10-1】制作景深特效

| | |
|---|---|
| 场景文件 | Scenes>CH10>10.1.mb |
| 实例文件 | Examples>CH10>10.1.mb |
| 难易指数 | ★★☆☆☆ |
| 技术掌握 | 掌握摄影机景深特效的制作方法 |

本节主要针对摄影机中最为重要的“景深”功能进行练习，如图10-41所示。

图10-41

**01** 打开学习资源中的“Scenes>CH10>10.1.mb”文件，场景中有一些静物，如图10-42所示。

图10-42

**02** 单击状态栏上的“打开渲染视图”按钮打开“渲染视图”对话框，如图10-43所示，然后在该对话框中执行“渲染>渲染>camera1”命令，如图10-44所示。经过一段时间的渲染后，将会得到图10-45所示的效果。

图10-43

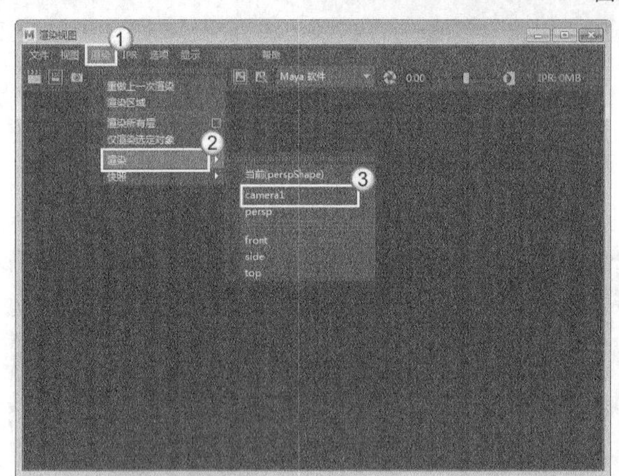

图10-44

图10-45

**03** 由上图可以看出，渲染图并没有景深效果。在大纲视图中选择camera1节点，然后按快捷键Ctrl+A打开属性编辑器，接着展开“景深”卷展栏，再选择“景深”选项，最后设置“聚焦距离”为21、“F制光圈”为5，如图10-46所示。

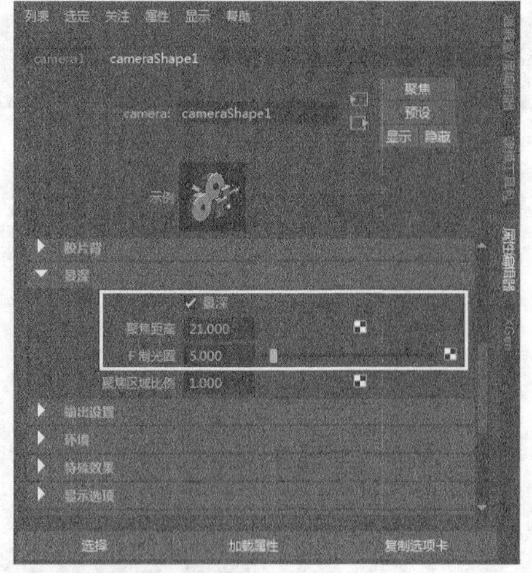

图10-46

## 提示

“聚焦距离”属性用来设置景深范围的最远点与摄影机的距离；“F制光圈”属性用来设置景深强度，值越大，景深越大。

**04** 在“渲染视图”对话框中执行“渲染>渲染>camera1”命令，效果如图10-47所示。

图10-47

## 提示

执行“显示>题头显示>对象详细信息”菜单命令，如图10-48所示，然后将当前视图切换到摄影机，接着在视图中选择要计算距离的物体，在视图的右上角就能看到计算出来的距离，如图10-49所示。

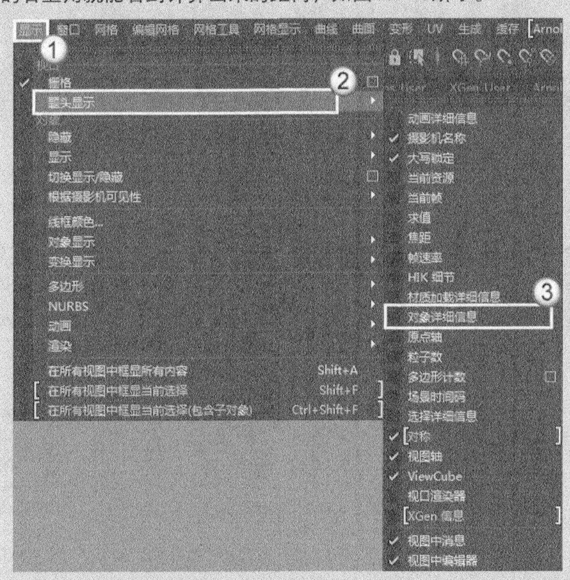


图10-48

图10-49

# 技术分享

## 制作景深的技巧

景深是常见的一种镜头效果，在现实世界中，要拍摄出精美的景深效果，需要设置很多参数。Maya中的摄影机也是根据真实摄影机来设置的，因此我们需要掌握一定的摄影机或相机的知识。如果只是单纯地解释光圈、快门和曝光的概念，这会使人一头雾水，而且也没必要知道所有的概念。因此，下面结合一张图为读者介绍光圈、快门、曝光和景深之间的关系。

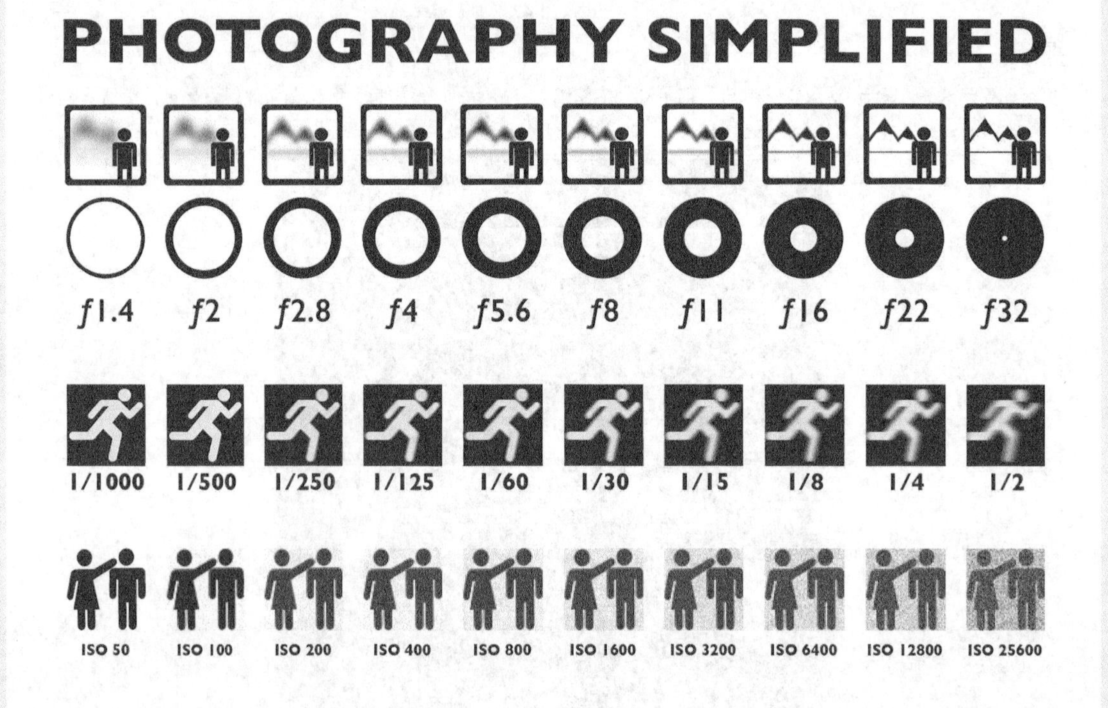


第1行表示景深，从左往右景深越来越浅。

第2行表示光圈，数值越小，代表光圈越大，进光量也就越多。也就是f32光圈最小，f1.4光圈最大，光圈越大，景深越浅，和第1行对应。

第3行表示快门，分母越大，快门越快。快门快，能捕捉运动瞬间；快门慢，能记录运动轨迹。从左到右快门越来越慢，人越来越模糊 。

第4行是ISO（曝光），从左到右ISO（曝光）越来越大，可以看到示意图中，相片的噪点越来越多。

总而言之，光圈越大，进光量越多；快门越慢，进光量越多；ISO越高，进光量越多。

# 第11章

# 纹理技术

本章将介绍Maya的纹理技术，包含纹理的属性、创建与编辑UV以及“UV编辑器”对话框的用法等内容。划分UV是制作纹理材质前的一项重要工作，对最终效果有着严重的影响，因此希望读者在划分UV上多花心思去学习。

※ 纹理的作用

※ UV编辑器的使用方法

※ 创建与编辑纹理

※ 纹理的属性

# 11.1 纹理概述

当模型被指定材质时，Maya会迅速对灯光做出反应，以表现出不同的材质特性，如固有色、高光、透明度和反射等。但模型额外的细节，如凹凸、刮痕和图案可以用纹理贴图来实现，这样可以增强物体的真实感。通过对模型添加纹理贴图，可以丰富模型的细节，图11-1所示是一些很真实的纹理贴图。

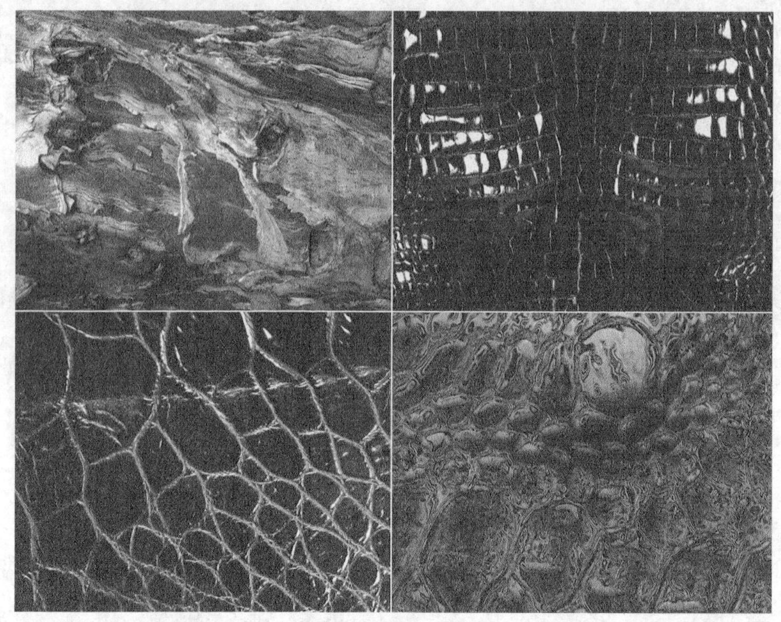

图11-1

## 11.1.1 纹理的类型

材质、纹理、工具节点和灯光的大多数属性都可以使用纹理贴图。纹理可以分为二维纹理、三维纹理、环境纹理和层纹理4大类型。二维和三维纹理主要作用于物体本身，Maya提供了一些二维和三维的纹理类型，并且用户可以自行制作纹理贴图，如图11-2所示。三维软件中的纹理贴图的工作原理比较类似，不同软件中的相同材质也有着相似的属性，因此其他软件的贴图经验也可以应用在Maya中。

图11-2

### 11.1.2 纹理的作用

模型制作完成后，要根据模型的外观来选择合适的贴图类型，并且要考虑材质的高光、透明度和反射属性。指定材质后，可以利用Maya的节点功能使材质表现出特有的效果，以增强物体的表现力，如图11-3所示。

图11-3

二维纹理作用于物体表面，与三维纹理不同，二维纹理的效果取决于投射和UV坐标，而三维纹理不受其外观的限制，可以将纹理的图案作用于物体的内部。二维纹理就像动物外面的皮毛，而三维纹理可以将纹理延伸到物体的内部，无论物体如何改变外观，三维纹理都是不变的。

环境纹理并不直接作用于物体，而是主要用于模拟周围的环境，可以影响到材质的高光和反射，不同类型的环境纹理模拟的环境外形是不一样的。

使用纹理贴图可以在很大程度上降低建模的工作量，弥补模型在细节上的不足。同时也可以通过对纹理的控制，制作出在现实生活中不存在的材质效果。

## 11.2 创建与编辑UV

在Maya中划分多边形UV非常方便，Maya为多边形的UV提供了多种创建与编辑方式。切换到“建模”模块，在UV菜单下提供了大量的创建与编辑多边形UV的命令，如图11-4所示。

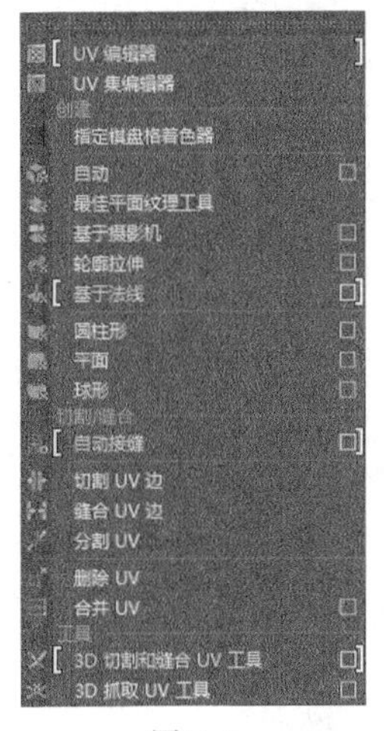


图11-4

## 11.2.1 UV映射类型

为多边形设定UV映射坐标的方式有4种，分别是“平面映射”“圆柱形映射”“球形映射”“自动映射”，如图11-5所示。

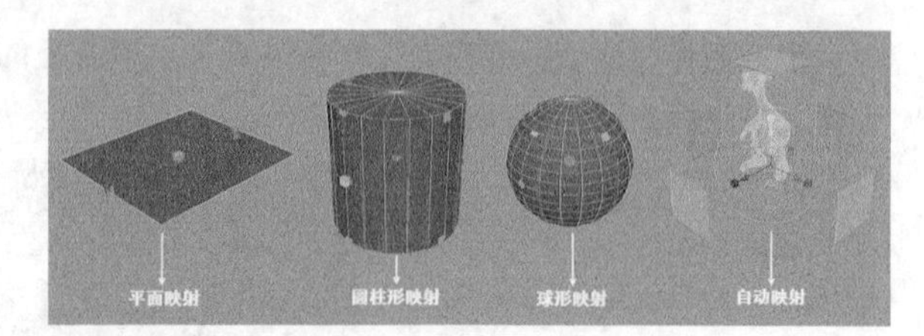


图11-5

**提示**

在为物体设定UV坐标时，会出现一个映射控制手柄，可以使用这个控制手柄对坐标进行交互式操作，如图11-6所示。在调整纹理映射时，可以结合控制手柄和“UV纹理编辑器”来精确定位贴图坐标。

图11-6

### 1.平面映射

用“平面映射”命令可以从假设的平面沿一个方向投影UV纹理坐标，可以将其映射到选定的曲面网格。打开“平面映射选项”对话框，如图11-7所示。

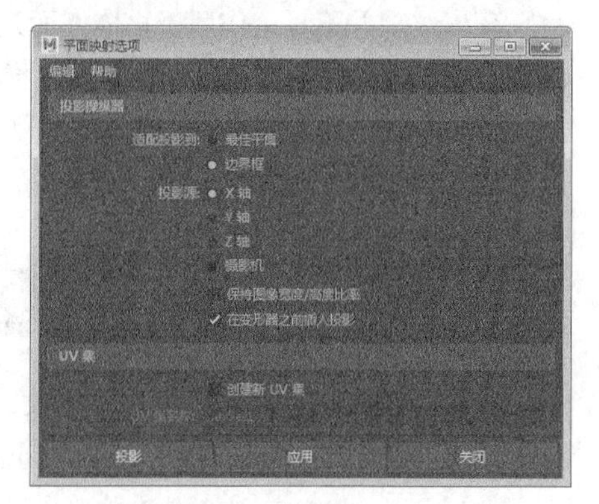


图11-7

#### 常用参数介绍

- ❖ 适配投影到：选择投影的匹配方式，有以下两种。
  - ✧ 最佳平面：选择该选项后，纹理和投影操纵器会自动缩放尺寸并吸附到所选择的面上。
  - ✧ 边界框：选择该选项后，可以将纹理和投影操纵器垂直吸附到多边形物体的边界框中。
- ❖ 投影源：选择从物体的哪个轴向来匹配投影。
  - ✧ *x*/*y*/*z*轴：从物体的*x*、*y*、*z*轴匹配投影。
  - ✧ 摄影机：从场景摄影机匹配投影。
- ❖ 保持图像宽度/高度比率：选择该选项后，可以保持图像的宽度/高度比率，避免纹理出现偏移现象。
- ❖ 在变形器之前插入投影：选择该选项后，可以在应用变形器前将纹理放置并应用到多边形物体上。
- ❖ 创建新UV集：选择该选项后，可以创建新的UV集并将创建的UV放置在该集中。
- ❖ UV集名称：设置创建的新UV集的名称。

选择多边形物体的操作手柄，然后按快捷键Ctrl+A打开其“属性编辑器”面板，如图11-8所示。

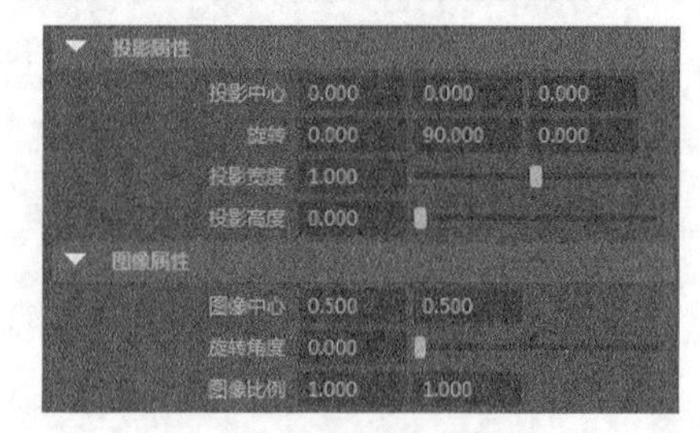


图11-8

❖ 投影中心：该选项用来定义投影纹理贴图的$x$、$y$、$z$轴的原点位置，Maya的默认值为（0，0，0）。

❖ 旋转：用来设置UV坐标旋转时的$x$、$y$、$z$轴向上的值，也就是定义投影的旋转方向。

❖ 投影宽度/高度：设定VU坐标的宽度和高度。

❖ 图像中心：表示投影UV的中心，改变该值可以重新设置投影的平移中心。

❖ 旋转角度：用来设置UV在2D空间中的旋转角度。

❖ 图像比例：用来设置缩放UV的宽度和高度。

## 2.圆柱形映射

“圆柱形映射”命令可以将UV纹理坐标向内投影到一个虚构的圆柱体上，以映射它们到选定对象。打开“圆柱形映射选项”对话框，如图11-9所示。

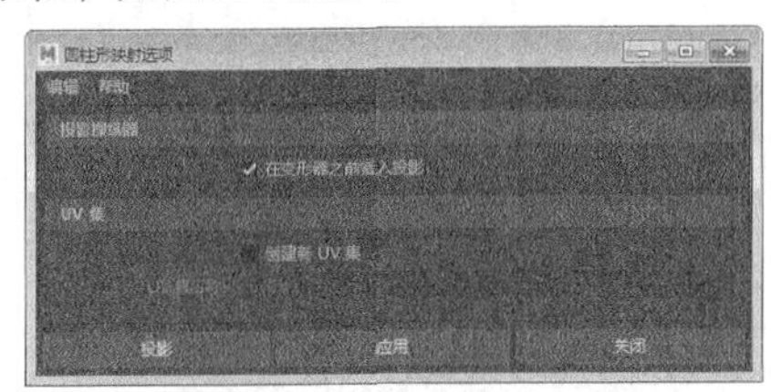


图11-9

### 常用参数介绍

❖ 在变形器之前插入投影：选择该选项后，可以在应用变形器前将纹理放置并应用到多边形物体上。

❖ 创建新UV集：选择该选项后，可以创建新的UV集并将创建的UV放置在该集中。

❖ UV集名称：设置创建的新UV集的名称。

**提示**

通过在物体的顶点处投影UV，可以将纹理贴图弯曲为圆柱体形状，这种贴图方式适合于圆柱形的物体。

## 3.球形映射

用“球形映射”命令，可以将UV从假想球体向内投影，并将UV映射到选定对象上。打开“球形映射选项”对话框，如图11-10所示。

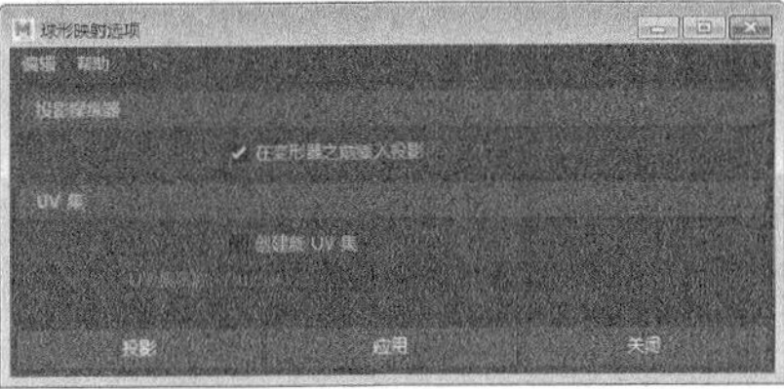


图11-10

**提示**

“球形映射”命令的参数选项与“圆柱形映射”命令完全相同，这里不再讲解。

## 4.基于摄影机

使用“基于摄影机”命令会以摄影机的视角创建 UV 纹理坐标作为平面投影。打开“基于摄影机创建UV选项”对话框，如图11-11所示。

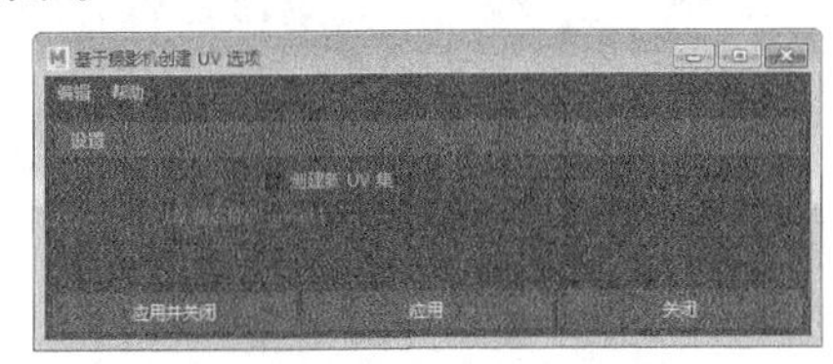


图11-11

## 5.基于法线

使用“基于法线”命令可以根据关联顶点的法线放置 UV。打开“基于法线的投影选项”对话框，如图11-12所示。

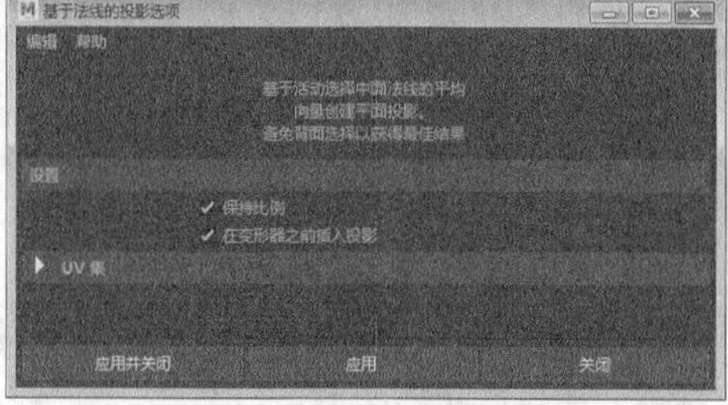


图11-12

## 6.自动映射

使用“自动映射”命令可以同时从多个角度将UV纹理坐标投影到选定对象上。打开“多边形自动映射选项”对话框，如图11-13所示。

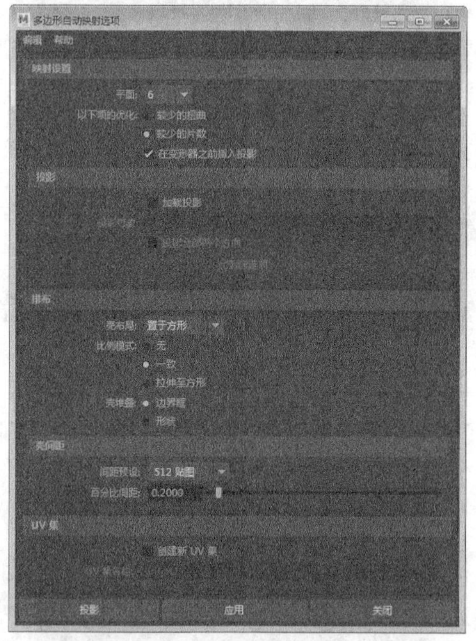


图11-13

### 常用参数介绍

- ❖ 平面：选择使用投影平面的数量，可以选择3、4、5、6、8或12个平面。使用的平面越多，UV扭曲程度越小，但是分割的UV面片就越多，默认设置为6个面。
- ❖ 以下项的优化：选择优化平面的方式，共有以下两种方式。
  - ✧ 较少的扭曲：平均投影多个平面，这种方式可以为任意面提供较佳的投影，扭曲较少，但产生的面片较多，适用于对称物体。
  - ✧ 较少的片数：保持对每个平面的投影，可以选择最少的投影数来产生较少的面片，但是可能产生部分扭曲变形。
- ❖ 在变形器之前插入投影：选择该选项后，可以在应用变形器前将纹理放置并应用到多边形物体上。
- ❖ 加载投影：选择该选项后，可以加载投影。
- ❖ 投影对象：显示要加载投影的对象名称。
- ❖ 加载选定项 加载选定项 ：选择要加载的投影。

❖ 壳布局：选择壳的布局方式，共有以下4种。
  ✧ 重叠：重叠放置UV块。
  ✧ 沿U方向：沿U方向放置UV块。
  ✧ 置于方形：在0~1的纹理空间中放置UV块，系统的默认设置就是该选项。
  ✧ 平铺：平铺放置UV块。
❖ 比例模式：选择UV块的缩放模式，共有以下3种。
  ✧ 无：表示不对UV块进行缩放。
  ✧ 一致：将UV块进行缩放以匹配0~1的纹理空间，但不改变其外观的长宽比例。
  ✧ 拉伸至方形：扩展UV块以匹配0~1的纹理空间，但UV块可能会产生扭曲现象。
❖ 壳堆叠：选择壳堆叠的方式。
  ✧ 边界框：将UV块堆叠到边界框。
  ✧ 形状：按照UV块的形状来进行堆叠。
❖ 间距预设：根据纹理映射的大小选择一个相应的预设值，如果未知映射大小，可以选择一个较小的预设值。
❖ 百分比间距：若“间距预设”选项选择的是“自定义”方式，该选项才能被激活。

**提示**

对于一些复杂的模型，单独使用“平面映射”“圆柱形映射”“球形映射”可能会产生重叠的UV和扭曲现象，而“自动映射”方式可以在纹理空间中对模型中的多个不连接的面片进行映射，并且可以将UV分割成不同的面片分布在0~1的纹理空间中。

## 7.最佳平面纹理工具

使用“最佳平面纹理工具”可以根据从指定顶点计算的平面，将 UV 指定给选择的面。

## 8.轮廓拉伸

使用“轮廓拉伸”命令可以对有四个角点的选择项分析，确定如何以较佳方式在图像上拉伸多边形的 UV 坐标。打开“轮廓拉伸映射选项”对话框，如图11-14所示。

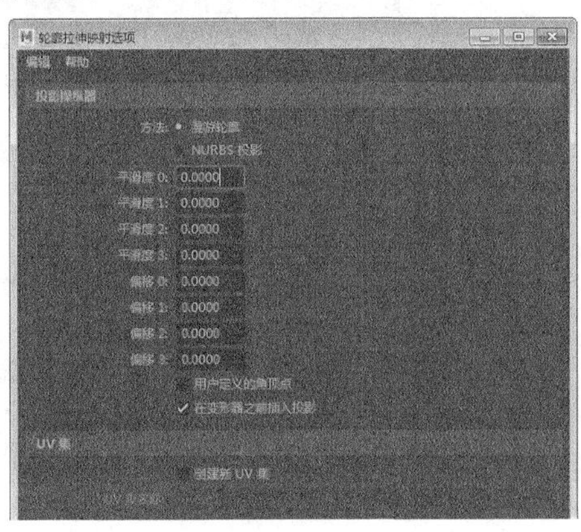


图11-14

### 常用参数介绍

❖ 方法：设置投射的方式，包括“漫游轮廓”和“NURBS投影”这两种。
  ✧ 漫游轮廓：通过在U和V两个方向上从轮廓到轮廓尽可能紧密地跟踪网格，并累积边与选择的边界的距离，计算UV坐标。此选项通常能提供较佳结果，特别是在复杂的网格上。
  ✧ NURBS投影：使用多边形选择的轮廓和边界创建 NURBS 曲面，然后将多边形选择投影到曲面上，以计算其纹理坐标。对于崎岖不平的类似地形的曲面，此方法尤其有用。

❖ 平滑度0/1/ 2/3：设置 NURBS 曲面的每个边的平滑度。

❖ 偏移0/1/2/3：设置NURBS曲面的每个边的偏移。

❖ 用户定义的角顶点：启用此选项可逐个拾取四个角顶点，然后按Enter键完成操作。通过定义四个角顶点和执行投影，可以获取更精确的结果。

❖ 在变形器之前插入投影：启用时（默认），在与网格关联的所有变形器之前插入投影。在修改变形器时，这有助于使 UV 保持不变；否则，在修改变形器时UV将更改。

## 11.2.2 UV坐标的设置原则

合理地安排和分配UV是一项非常重要的技术，但是在分配UV时要注意以下两点。

第1点：应该确保所有的UV网格分布在0~1的纹理空间中。“UV纹理编辑器”对话框中的默认设置通过网格来定义UV的坐标，这是因为如果UV超过0~1的纹理空间范围，纹理贴图就会在相应的顶点重复。

第2点：要避免UV之间的重叠。UV点相互连接形成网状结构，称为“UV网格面片”。如果“UV网格面片”相互重叠，那么纹理映射就会在相应的顶点重复。因此在设置UV时，应尽量避免UV重叠，只有在为一个物体设置相同的纹理时，才能将“UV网格面片”重叠在一起进行放置。

## 11.2.3 UV编辑器

执行“窗口>建模编辑器>UV编辑器”菜单命令，打开“UV编辑器”对话框，如图11-15所示。“UV编辑器”对话框可以用于查看多边形和细分曲面的UV纹理坐标，并且可以用交互方式对其进行编辑。下面针对该对话框中的所有工具进行详细介绍。

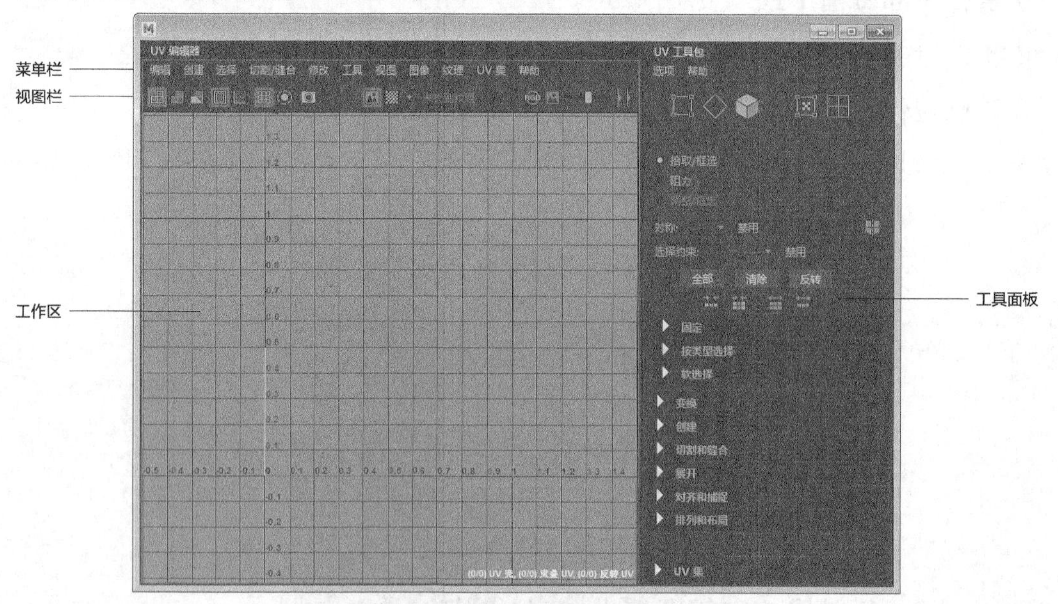


图11-15

### 1.菜单栏

菜单栏中包含“编辑”“创建”“选择”“切割/缝合”“修改”“工具”“视图”“图像”“纹理”“UV集”以及“帮助”这11个菜单，集合了编辑UV的各个命令。

#### <1>编辑菜单

“编辑”菜单提供了一些用于复制、删除和固定UV的命令，如图11-16所示。

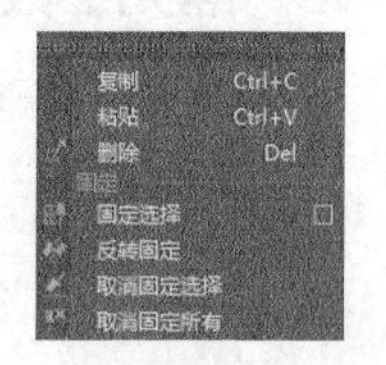


图11-16

### 命令介绍

- ❖ 复制：将选定面的UV复制到剪贴板，以便可以将它们复制（粘贴）到另一个面。
- ❖ 粘贴：粘贴先前复制到选定面的UV。
- ❖ 删除：从网格删除当前选定的组件。
- ❖ 固定选择：锁定选定UV，这样就无法修改它们。
- ❖ 反转固定：反转当前已固定/取消固定的任何UV。
- ❖ 取消固定选择：解除锁定选定UV（如果当前已固定）。
- ❖ 取消固定所有：解除锁定所有已固定的UV。

### <2>创建菜单

“创建”菜单提供了一些用于创建UV的命令，如图11-17所示。

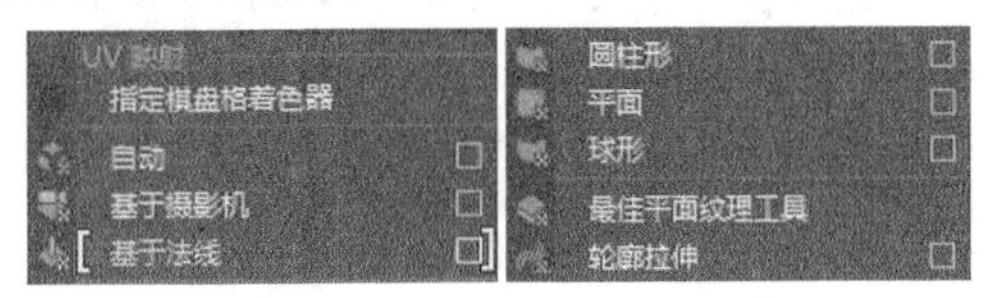


图11-17

### 命令介绍

- ❖ 指定棋盘格着色器：将棋盘格纹理应用于 UV 网格，以便更轻松地找到扭曲。

### <3>选择菜单

“选择”菜单提供了不同类型的选择方式，如图11-18所示。

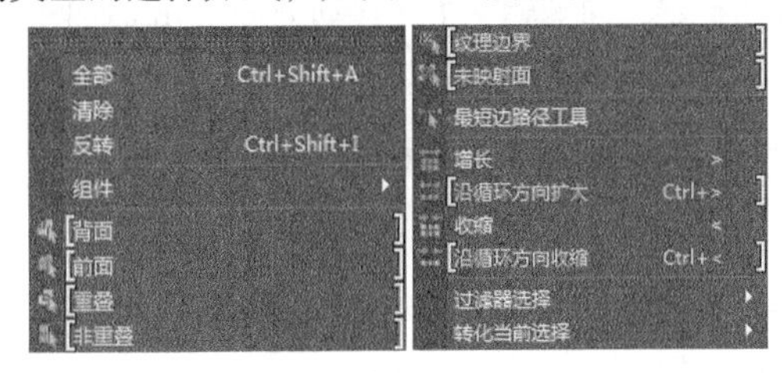


图11-18

### 常用命令介绍

- ❖ 全部：选择当前组件模式的所有组件。
- ❖ 清除：取消选择所有对象。
- ❖ 反转：选择当前组件模式的所有未选定组件，反之亦然。
- ❖ 组件：在各种组件选择模式之间进行切换。选项包括“顶点”“边”“面”“UV”“UV壳”这5种。
- ❖ 背面：选择缠绕顺序为逆时针的所有组件。
- ❖ 前面：选择缠绕顺序为顺时针的所有组件。
- ❖ 重叠：选择在网格上占用相同UV空间的组件。
- ❖ 非重叠：选择在网格上不占用相同UV空间的组件。
- ❖ 纹理边界：UV 壳开口端上的UV。
- ❖ 未映射面：没有关联 UV 映射的面。
- ❖ 最短边路径工具：在两个或多个选择点（顶点或UV）之间选择边的最短路径。
- ❖ 增长：将当前类型的所有相邻组件添加到当前选择。
- ❖ 沿循环方向扩大：仅沿同一循环边将当前类型的所有相邻组件添加到当前选择。
- ❖ 收缩：从当前选择中移除一层当前类型的相邻组件。
- ❖ 沿循环方向收缩：仅沿同一循环边从当前选择中移除一层当前类型的相邻组件。

❖ 过滤器选择：基于所选的选项改变当前选择。

❖ 转化当前选择：将当前选定的组件转换为指定类型的连接组件或所选周长周围的组件。

### <4>切割/缝合菜单

“切割/缝合”菜单提供了切割和连接UV的命令，如图11-19所示。

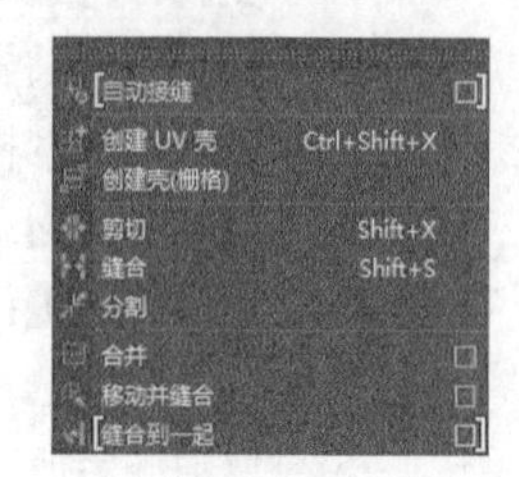


图11-19

## 常用命令介绍

❖ 自动接缝：允许Maya自动选择或切割选定对象/UV 壳上的边，以形成适当的接缝。

❖ 创建UV壳：将当前选定的组件（顶点、UV、边或面）转化为围绕选定周长的一系列边，然后沿着周长切割，创建一个新的UV壳。

❖ 创建壳（栅格）：沿当前选择的边周长切割，然后将UV均匀地分布到0~1的UV栅格空间，创建规格化的方形UV壳。

❖ 剪切：分离选定边。

❖ 缝合：焊接选定边。

❖ 分割：沿连接到选定 UV 点的边将 UV 彼此分离，从而创建边界。

❖ 合并：将单独的 UV 壳合并到一起。

❖ 移动并缝合：沿选定边界附加 UV，并在编辑器视图中一起移动它们。

❖ 缝合到一起：通过在指定方向上朝一个壳移动另一个壳，将两条选定边缝合在一起。

### <5>修改菜单

“修改”菜单提供了调整UV排布的命令，如图11-20所示。

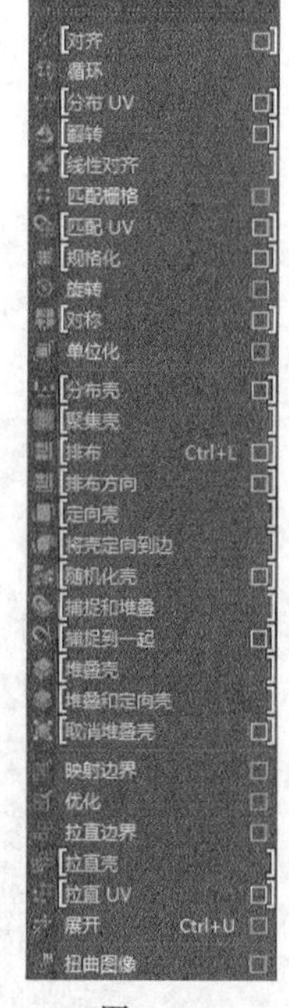


图11-20

## 常用命令介绍

❖ 对齐：对齐选定 UV 的位置。

❖ 循环：旋转选定多边形的U值和V值。

❖ 分布UV：跨所选轴均匀间隔UV。

❖ 翻转：翻转选定UV的位置。

❖ 线性对齐：沿穿过所有选定UV的线性趋势线对齐这些 UV。

❖ 匹配栅格：将每个选定UV移动到UV空间中其最近的栅格交点处。

❖ 匹配：将特定容差距离内的选定UV移动到所有各个位置的平均位置。

❖ 规格化：将选定面的UV缩放到0~1的纹理空间内。

❖ 旋转：围绕枢轴旋转选定UV。

❖ 对称：选择该选项后，选择要绕其对称的边，这将一次性使当前选择的所有UV对称。

❖ 单位化：将选定面的UV放置到0~1纹理空间的边界上。

❖ 分布壳：在所选方向上分布选定的UV壳，同时确保UV壳之间相隔一定数量的单位。

❖ 聚集壳：将选定UV壳移回到0~1的UV范围。

❖ 排布：根据“排布UV”对话框中的设置，尝试将UV壳重新排列到一个更干净的布局中。

❖ 排布方向：自动排列UV壳，以最大限度地使用指定方向上的UV空间。

❖ 定向壳：旋转选定的UV壳，使其与最近的相邻U或V轴平行。

❖ 将壳定向到边：旋转选定的UV壳，使其与选定边平行。

- ❖ 随机化壳：随机化UV壳平移、旋转和缩放。
- ❖ 捕捉和堆叠：通过使选定UV相互重叠，将多个UV壳移动到另一个UV壳之上。
- ❖ 捕捉到一起：通过使选定UV相互重叠，将一个UV壳移动到另一个UV壳。
- ❖ 堆叠壳：将所有选定UV壳移动到UV空间的中心，使其重叠。
- ❖ 堆叠和定向壳：将选定 UV 壳彼此堆叠并进行旋转，使其朝向同一方向。
- ❖ 取消堆叠壳：移动所有选定UV壳，使其不再重叠，同时保持相互靠近。
- ❖ 映射边界：将UV边界移动到0~1纹理空间的边上。
- ❖ 优化：展开所有UV，以使它们更易于使用。
- ❖ 拉直边界：解开UV纹理壳的边界，如围绕自身循环的边。
- ❖ 拉直壳：尝试沿UV壳的边界/在UV壳的边界内解开所有UV。
- ❖ 拉直UV：将彼此共同位于特定角度内的UV与相邻UV对齐。
- ❖ 展开：为多边形对象展开UV网格，并且会避免创建重叠UV。
- ❖ 扭曲图像：通过比较单个多边形网格上的两个UV集来修改纹理图像，并产生新的位图图像。

### <6>工具菜单

“工具”菜单提供了操作UV的命令以及一些笔刷命令，如图11-21所示。

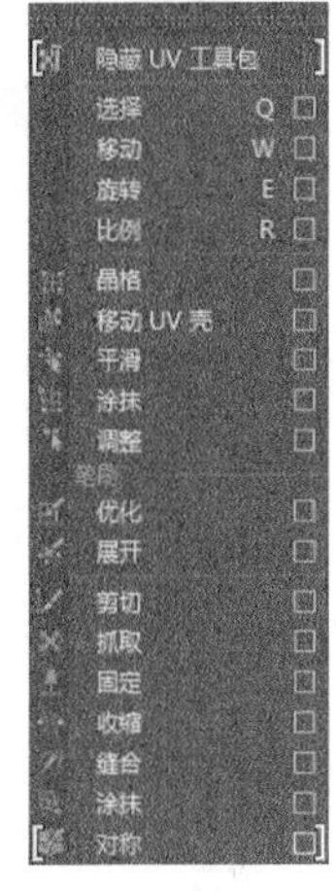


图11-21

## 常用命令介绍

- ❖ 隐藏/显示UV工具包：切换UV工具包的显示。
- ❖ 选择/移动/旋转/比例：用来选择、移动、旋转或缩放UV。
- ❖ 晶格：通过围绕 UV 创建晶格（出于变形目的），将 UV 的布局作为组进行操纵。
- ❖ 移动UV壳：通过在壳上选择单个UV，在UV编辑器的2D视图中选择并重新定位UV壳。
- ❖ 平滑：使用该选项可以按交互方式展开或松弛UV。
- ❖ 涂抹：将选定UV及其相邻UV的位置移动到用户定义的一个缩小的范围。
- ❖ 调整：可用于在UV编辑器中重新定位UV，无须使用操纵器。
- ❖ 优化：均匀隔开UV。
- ❖ 展开：围绕接缝展开UV。
- ❖ 剪切：沿边分离UV。
- ❖ 抓取：选择UV并在基于笔刷的区域中沿拖动方向移动UV。
- ❖ 固定：锁定UV，使其他基于笔刷的操作无法移动它们。
- ❖ 收缩：向工具光标的中心拉近顶点。
- ❖ 缝合：沿边焊接UV。
- ❖ 涂抹：按与曲面上拖动方向的原始位置相切的方向移动UV。
- ❖ 对称：可以在UV编辑器中沿U轴或V轴镜像组件。

### <7>视图菜单

“视图”菜单提供了一些修改工作区中显示效果的命令，如图11-22所示。该菜单中的命令将在后面的“视图栏”小节中介绍。

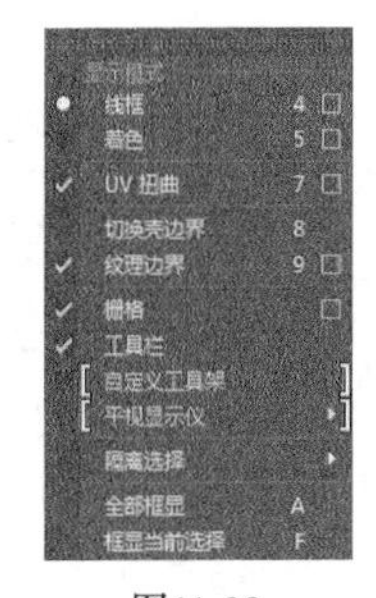


图11-22

<8>图像菜单

“图像”菜单提供了一些修改UV显示效果的命令，如图11-23所示。该菜单中的命令将在后面的“视图栏”小节中介绍。

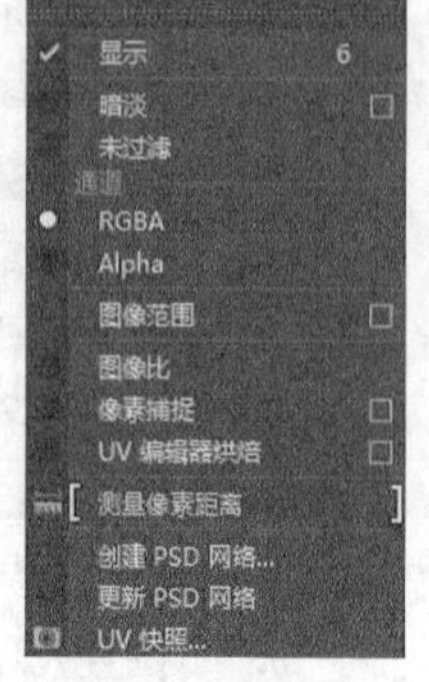


图11-23

<9>纹理菜单

“纹理”菜单提供了为UV添加棋盘格贴图显示效果的命令，如图11-24所示。

图11-24

## 常用命令介绍

❖ 棋盘格贴图：在“UV 编辑器”中将棋盘格贴图图案应用于所有壳。

<10>UV集菜单

“UV集”菜单提供了用于创建和修改UV集的命令，如图11-25所示。

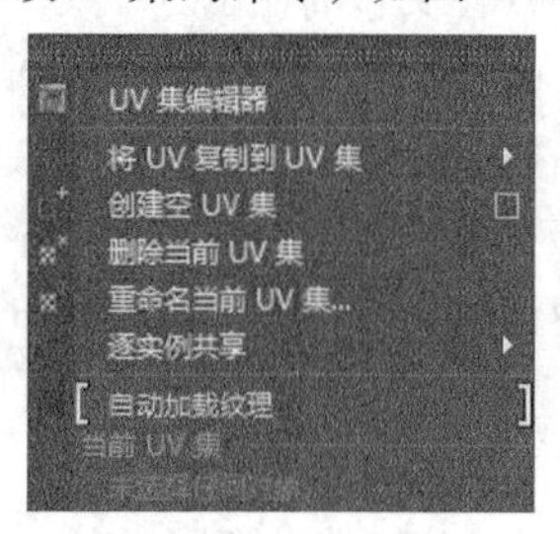


图11-25

## 常用命令介绍

❖ UV集编辑器：打开“UV 集编辑器”。

❖ 将UV复制到 UV 集：将当前UV布局复制到现有或新的 UV集。

❖ 创建空UV集：在当前对象上创建一个新的空UV集，然后可以使用其中一种映射/投影方法再集中创建UV。

❖ 删除当前UV集：删除当前活动UV集。

❖ 重命名当前UV集：用于为当前活动UV集指定新名称。

❖ 逐实例共享：提供用于导航当前UV集实例的选项。

  ✧ 选择共享实例：选择共享当前UV集的所有实例。

  ✧ 共享实例：共享当前UV集的所有选定实例。

  ✧ 将选定实例作为当前实例：将选定实例设置为当前处于活动状态。

❖ 自动加载纹理：确定是否自动加载选定UV集的关联纹理。

❖ 当前 UV 集：可用于切换显示所有选定对象的当前显示的UV集。

## 2.视图栏

视图栏中提供了一些用于调整工作区和UV显示的工具，如图11-26所示。

图11-26

### 常用工具介绍

- ❖ 线框显示：将UV壳显示为未着色的线框。
- ❖ 着色显示：将UV壳显示为半透明着色显示UV壳。
- ❖ 扭曲着色器：通过使用挤压和拉伸的UV来着色面，确定拉伸或压缩区域。
- ❖ 纹理边界：切换UV壳上纹理边界的显示。
- ❖ 彩色UV壳边界：将彩色UV边界的显示切换为任何选定组件。
- ❖ 栅格：将每个选定UV移动到纹理空间中其最近的栅格交点处。
- ❖ 隔离选定：显示选定UV或当前UV集中的UV（如果未选择任何对象）。
- ❖ 保存图像：将当前UV布局的图像保存到外部文件。
- ❖ 通道显示：显示RGBA或Alpha通道。
- ❖ 暗淡图像：减小当前显示的背景图像的亮度。
- ❖ 过滤的图像：在硬件纹理过滤和明晰定义的像素之间切换背景图像。
- ❖ 图像：切换是否在“UV 编辑器”对话框中显示纹理。
- ❖ 像素捕捉：选择是否自动将UV捕捉到像素边界。
- ❖ UV 编辑器烘焙：烘焙纹理，并将其存储在内存中。
- ❖ 更新 PSD 网络：为场景刷新当前使用的PSD纹理。

### 3.工具面板

工具面板集合了“UV编辑器”中常用的命令，并以各种类型有序排列，如图11-27所示。

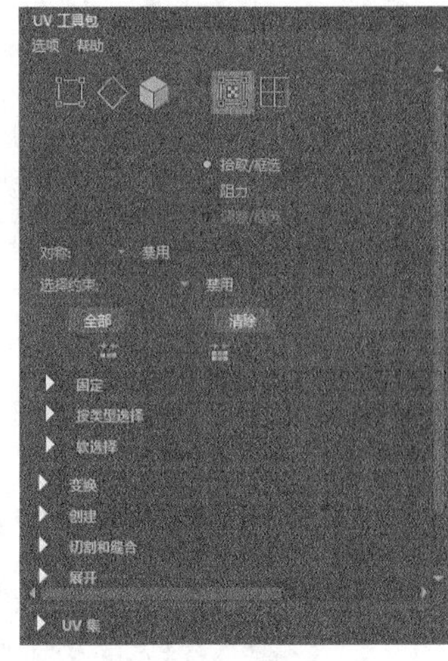


图11-27

## 【练习11-1】划分角色的UV

| 场景文件 | Scenes>CH11>11.1.mb |
| --- | --- |
| 实例文件 | Examples>CH11>11.1.mb |
| 难易指数 | ★★★★☆ |
| 技术掌握 | 掌握角色UV的划分方法 |

在为一个模型制作贴图之前，首先需要对这个模型的UV进行划分。划分UV是一项十分繁杂的工作，需要细心加耐心才能完成。下面以一个角色头部模型为例来讲解模型UV的划分方法，图11-28所示是本例划分完成后的效果。

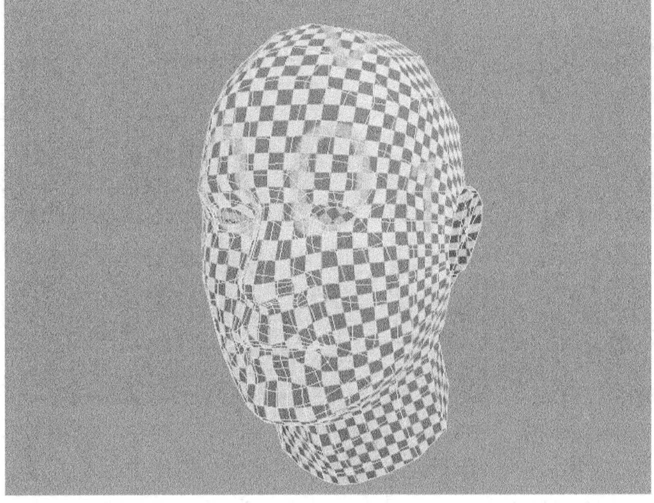

图11-28

01 打开学习资源中的“Scenes>CH11>11.1.mb”文件，场景中有一个人物头部模型，如图11-29所示。

02 选择模型，然后打开“UV编辑器”对话框，效果如图11-30所示。从图中可以看到角色的UV杂乱、零散，这对后续绘制贴图有严重影响。

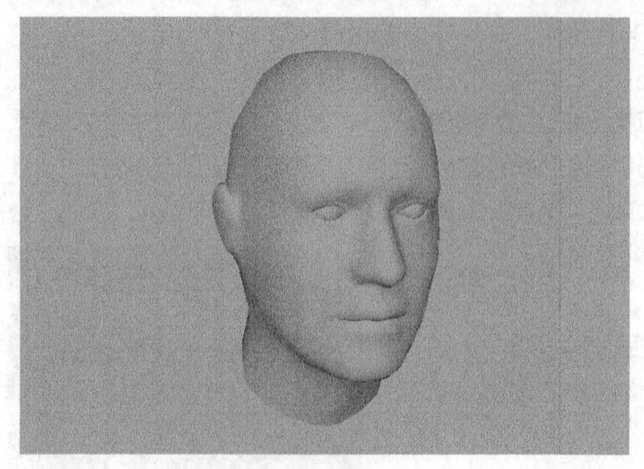

图11-29

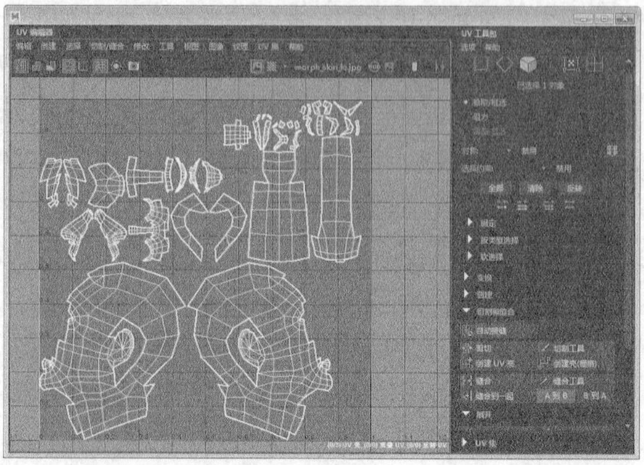

图11-30

03 选择模型，然后执行“UV>球形”菜单命令，如图11-31所示。在“UV编辑器”对话框可以看到模型的UV变得完整了，如图11-32所示。

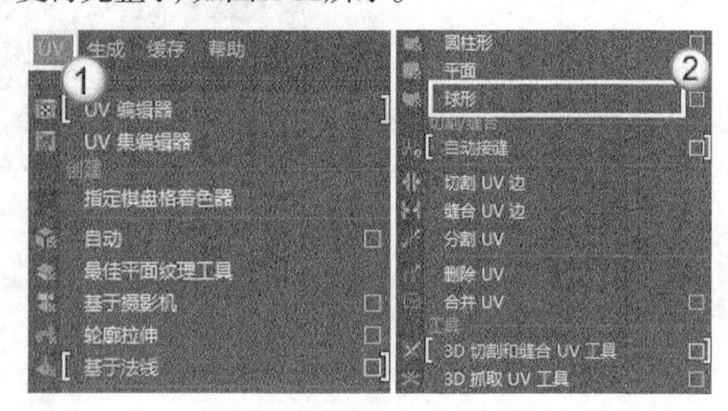


图11-31

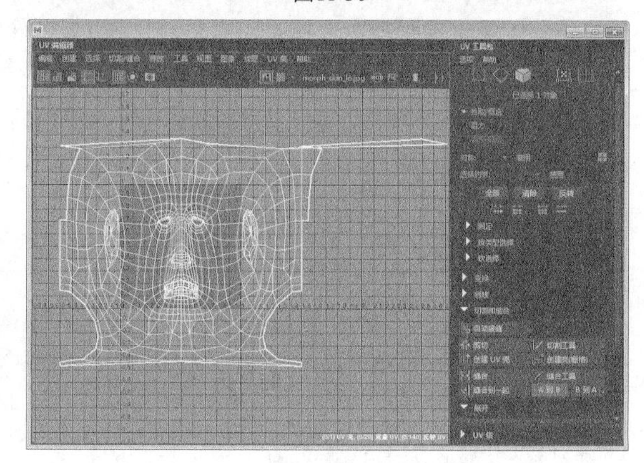

图11-32

04 从上图中可以看出，人物面部的UV比较完整，但是UV分布还不够合理。选择图11-33所示的边，然后在“UV编辑器”对话框中展开右侧“UV工具包”面板中的“切割和缝合”卷展栏，接着单击“剪切”按钮，如图11-34所示。

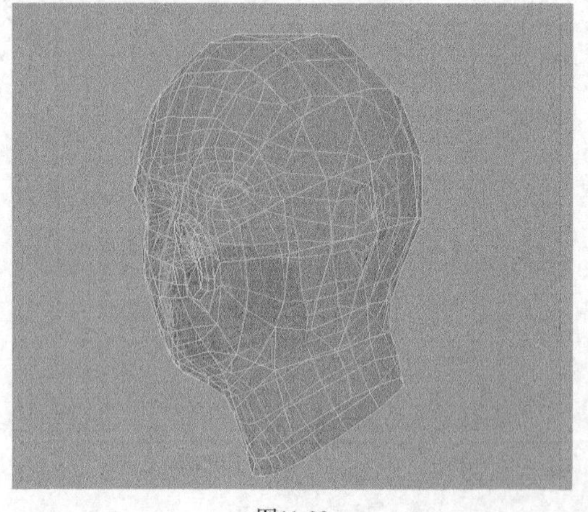

图11-33

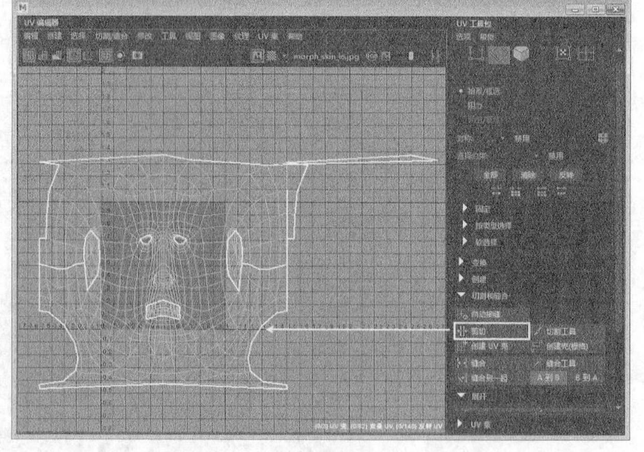

图11-34

05 切换到UV编辑模式，然后选择头部上任意的UV点，接着按住Ctrl+鼠标右键，最后在打开的菜单中选择“到UV壳”命令，如图11-35所示。此时，将会选择整个头部上的UV点，如图11-36所示。

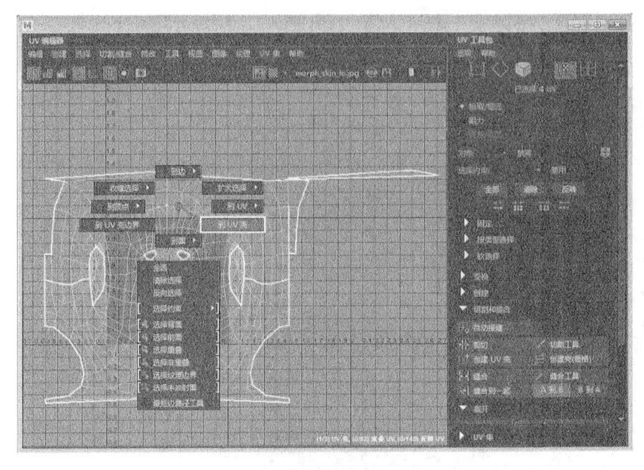

图11-35

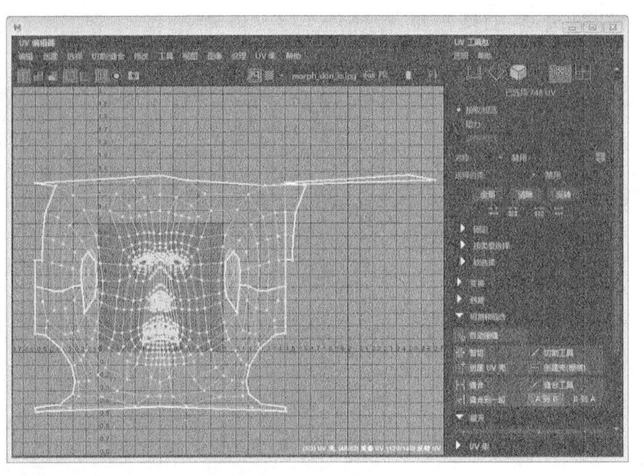

图11-36

**06** 在“UV工具包”面板中展开“展开”卷展栏，然后单击“展开”按钮，如图11-37所示。

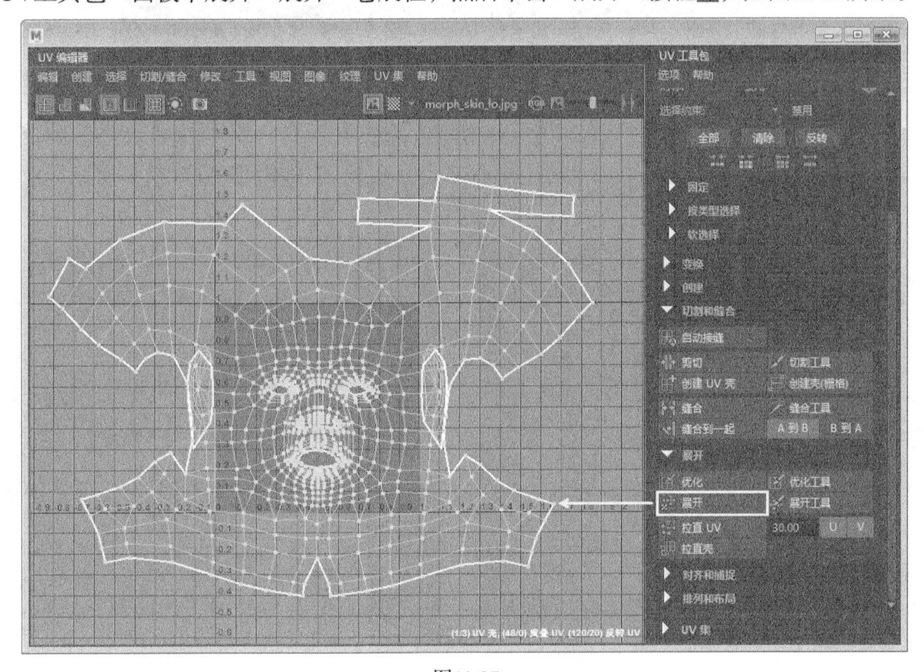


图11-37

**07** 从上图可以看出，划分的UV效果并不理想，有些地方的边被分割开了。选择图11-38所示的边，然后单击“切割和缝合”卷展栏中的“缝合”按钮，如图11-39所示。

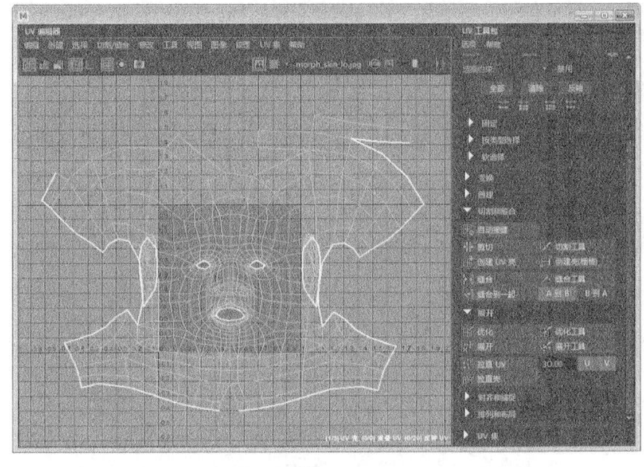

图11-38

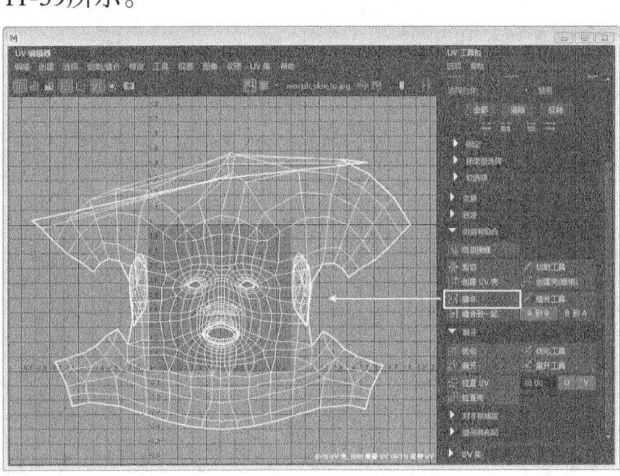

图11-39

**08** 选择头部上所有的UV点，然后单击“展开”卷展栏中的“展开”按钮，如图11-40所示。

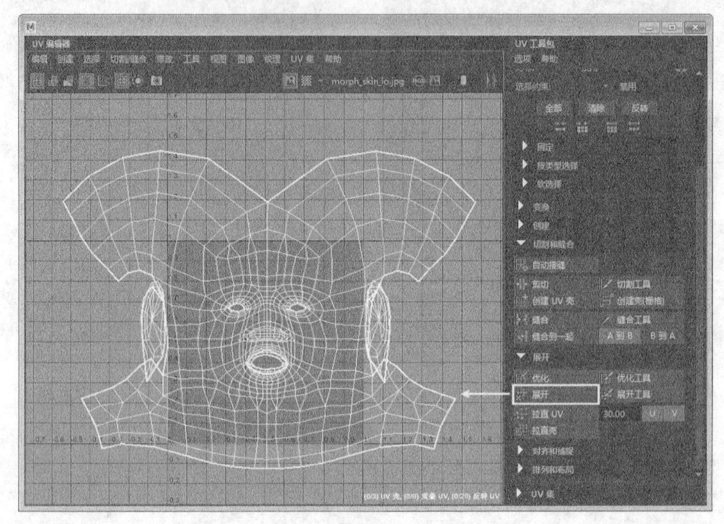


图11-40

**09** 此时的UV已经划分完毕，但是UV不在第一象限里。选择头部和耳朵的UV点，然后展开“排列和布局”卷展栏，接着单击“排布”按钮，如图11-41所示。此时，头部模型的UV就有序地排放在第一象限中了，如图11-42所示。

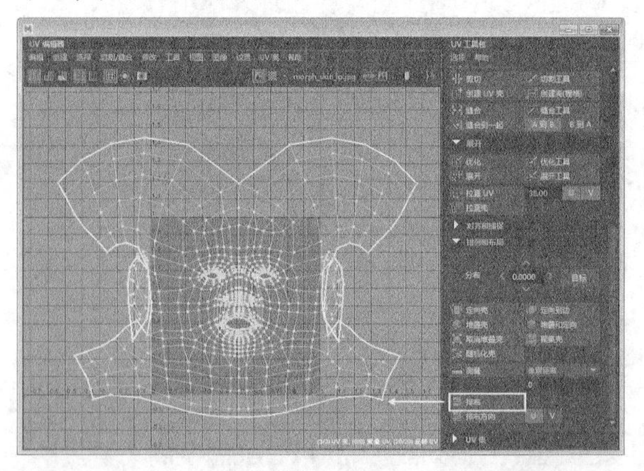

图11-41

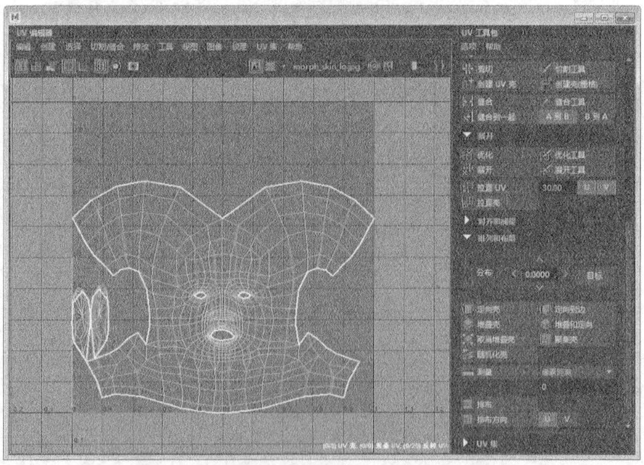

图11-42

**10** 单击视图栏中的“棋盘格贴图”按钮，如图11-43所示。此时，会在模型上显示棋盘格贴图效果，这样可以观察UV的分布情况，如图11-44所示。

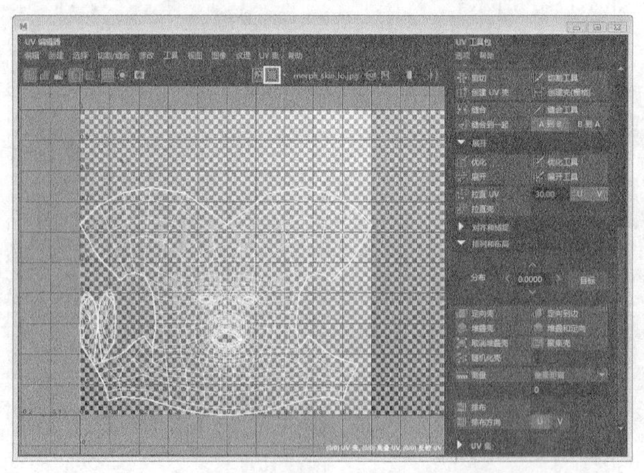

图11-43

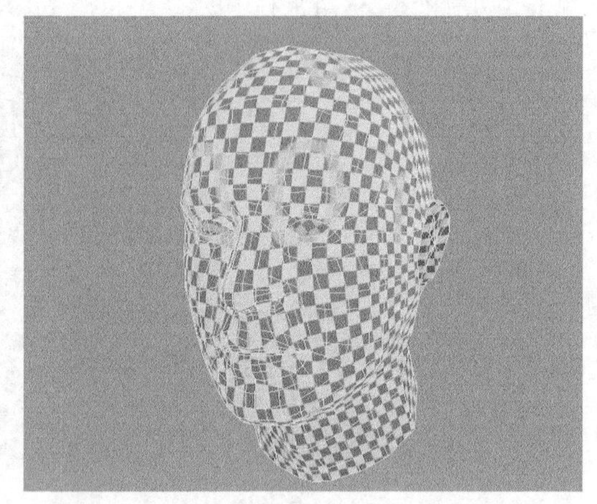

图11-44

# 11.3 纹理的属性

在Maya中，常用的纹理有“2D纹理”和“3D纹理”，如图11-45和图11-46所示。

在Maya中，可以创建3种类型的纹理，分别是正常纹理、投影纹理和蒙板纹理（在纹理上单击鼠标右键，在弹出的菜单中即可看到这3种纹理），如图11-47所示。下面就针对这3种纹理进行重点讲解。

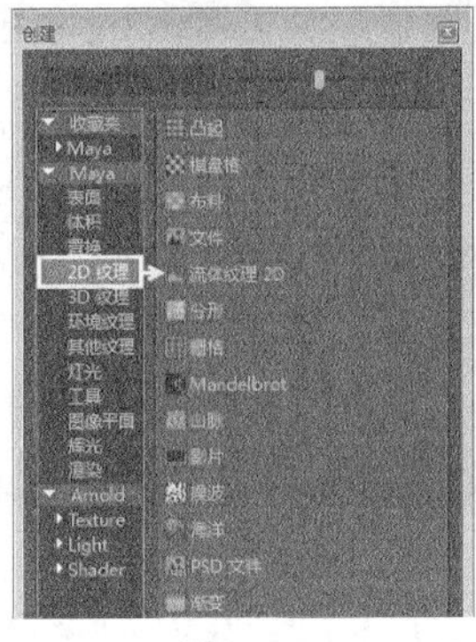
图11-45

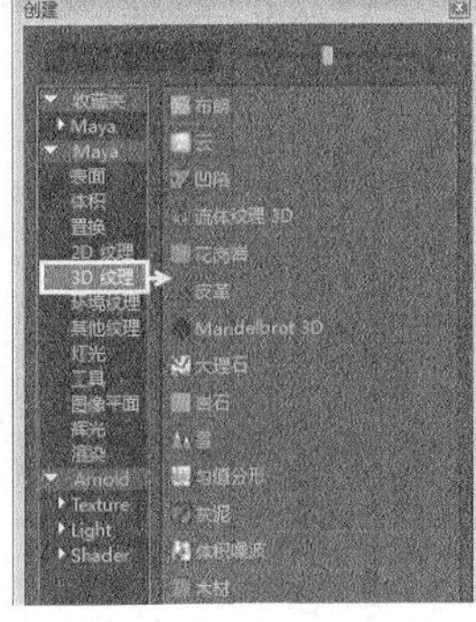
图11-46

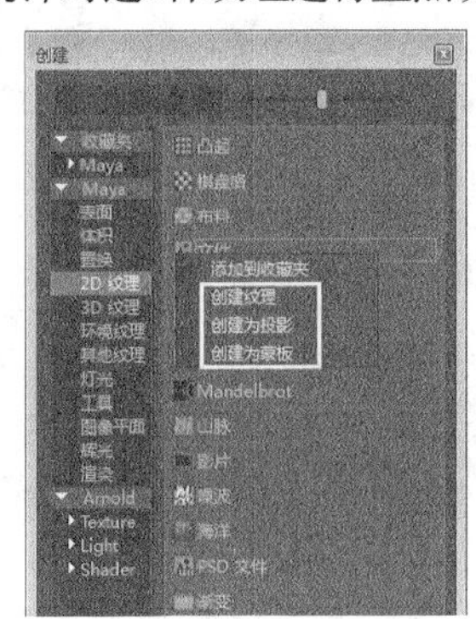
图11-47

## 11.3.1 正常纹理

打开Hypershade对话框，然后创建一个“布料”纹理节点，如图11-48所示，接着双击与其相连的place2dTexture节点，打开其“属性编辑器”面板，如图11-49所示。

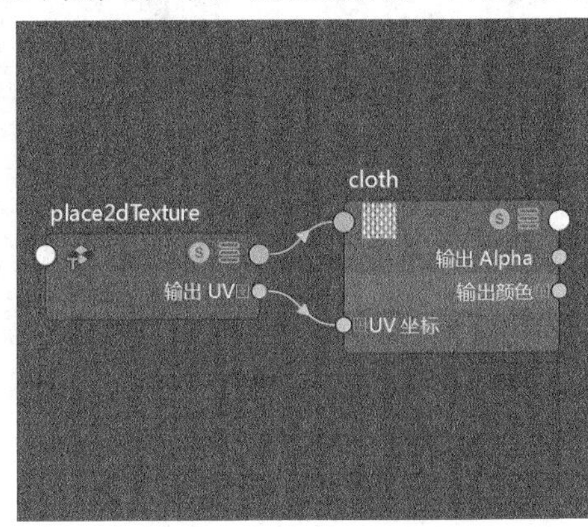

图11-48

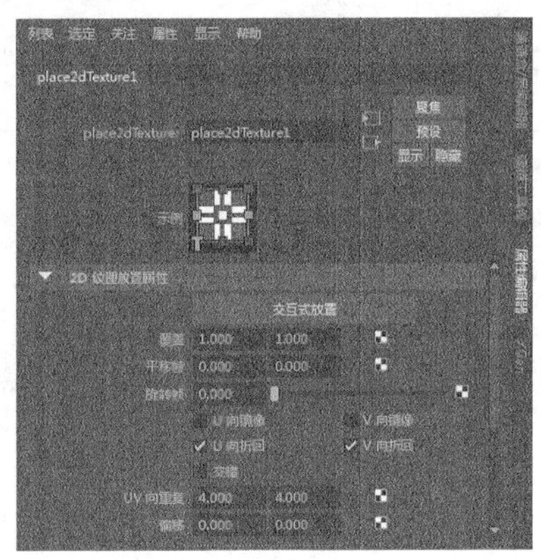

图11-49

### 常用参数介绍

❖ 交互式放置：单击该按钮后，可以使用鼠标中键对纹理进行移动、缩放和旋转等交互式操作，如图11-50所示。

图11-50

❖ 覆盖：控制纹理的覆盖范围，图11-51所示分别是设置该值为（1，1）和（3，3）时的纹理覆盖效果。

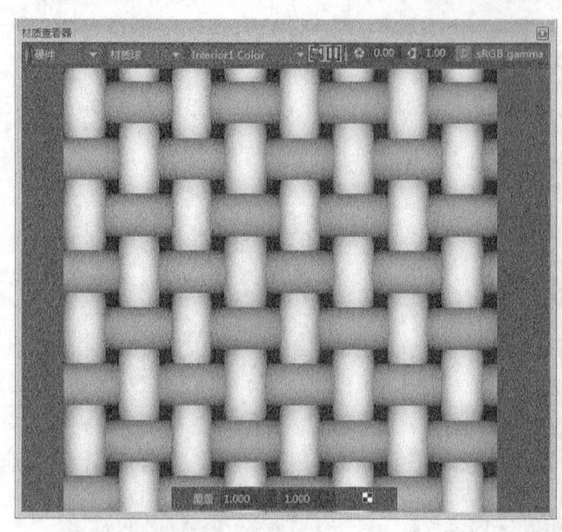

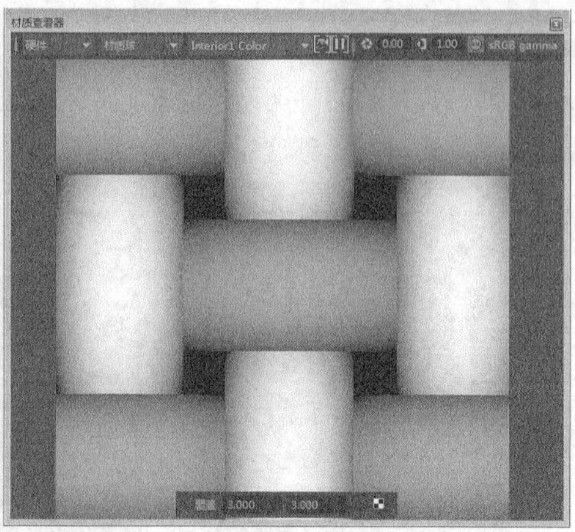

图11-51

❖ 平移帧：控制纹理的偏移量，图11-52所示是将纹理在U向上平移了2、在V向上平移了1后的纹理效果。

❖ 旋转帧：控制纹理的旋转量，图11-53所示是将纹理旋转了45° 后的效果。

图11-52

图11-53

❖ U/V向镜像：表示在U/V方向上镜像纹理，图11-54所示是在U、V向上镜像的纹理效果。

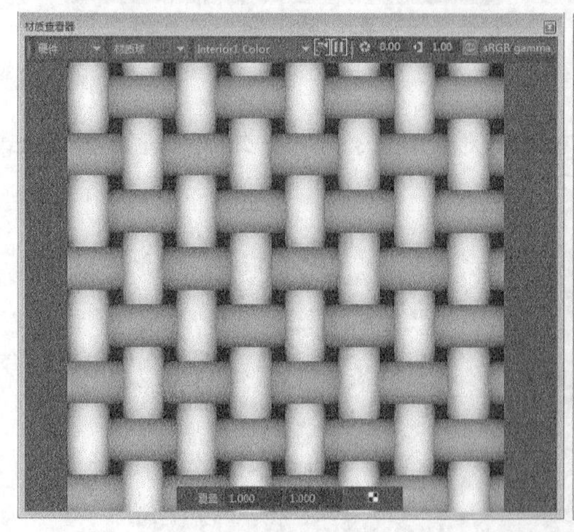

图11-54

❖ U/V向折回：表示纹理UV的重复程度，在一般情况下都采用默认设置。

❖ 交错：该选项一般在制作砖墙纹理时使用，可以使纹理之间相互交错，图11-55所示是选择该选项前后的纹理对比。

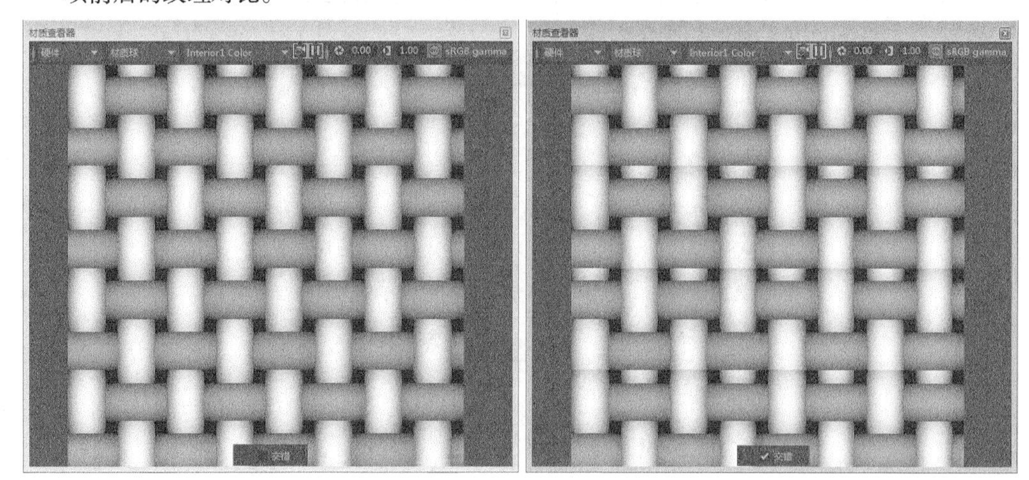


图11-55

❖ UV向重复：用来设置UV的重复程度，图11-56所示是设置该值为（3，3）与（1，3）时的纹理效果。

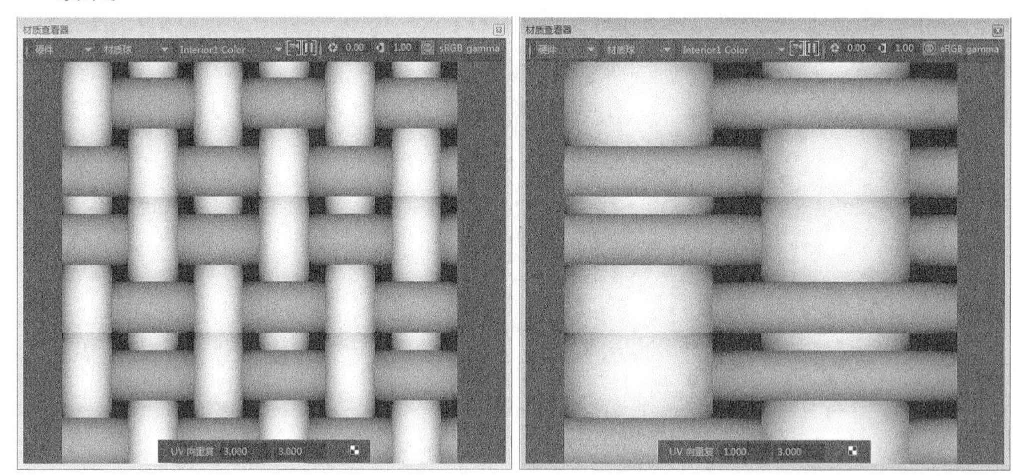


图11-56

❖ 偏移：设置UV的偏移量，图11-57所示是在U、V向上偏移了0.2后的效果。

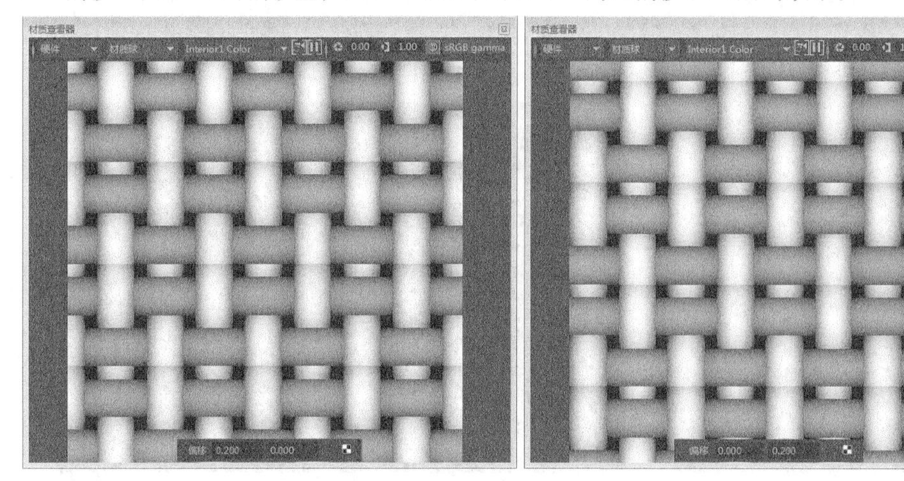


图11-57

❖ UV向旋转：该选项和“旋转帧”选项都可以对纹理进行旋转，不同的是该选项旋转的是纹理的UV，“旋转帧”选项旋转的是纹理，图11-58所示是将该值设置为45时的效果。

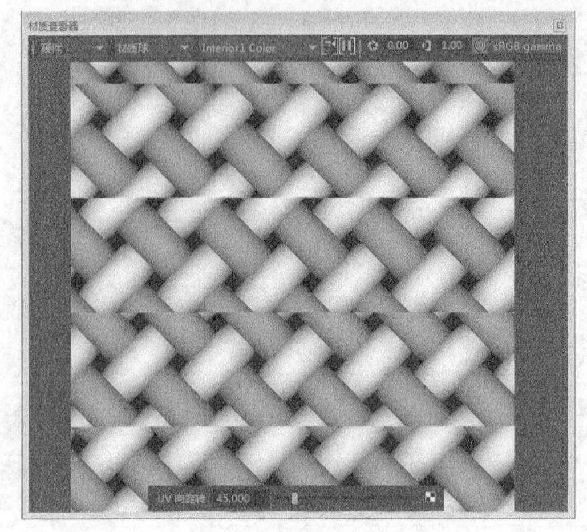

图11-58

❖ UV噪波：该选项用来对纹理的UV添加噪波效果，图11-59所示是设置该值为（0.1，0.1）和（5，5）时的效果。

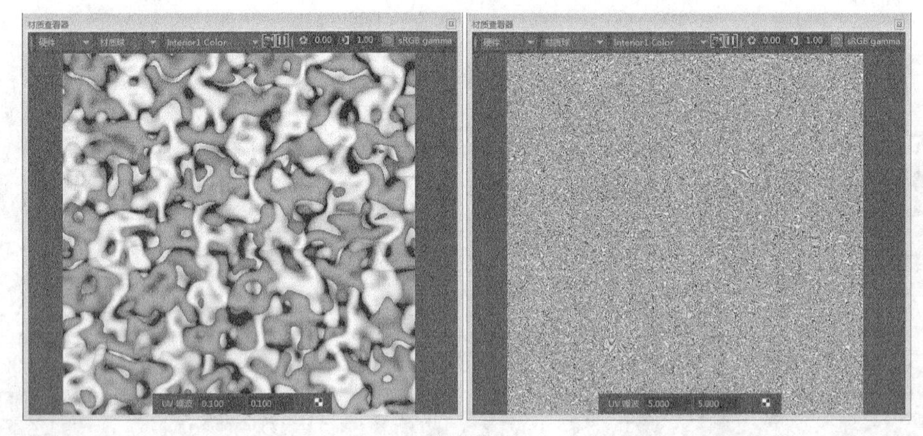

图11-59

## 11.3.2 投影纹理

在“棋盘格”纹理上单击鼠标右键，在弹出的菜单中选择“创建为投影”命令，如图11-60所示。这样可以创建一个带“投影”节点的“棋盘格”节点，如图11-61所示。

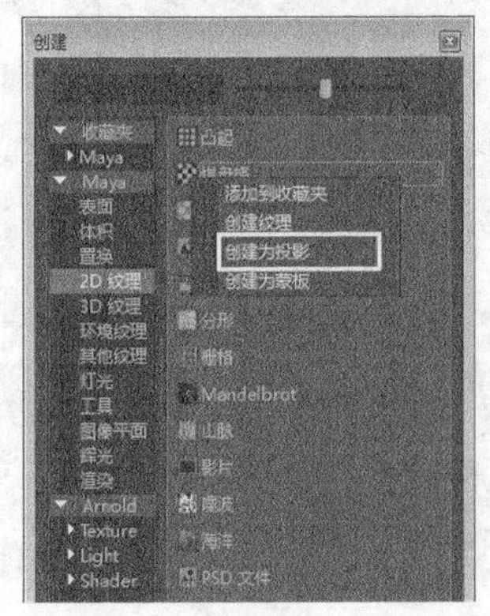


图11-60

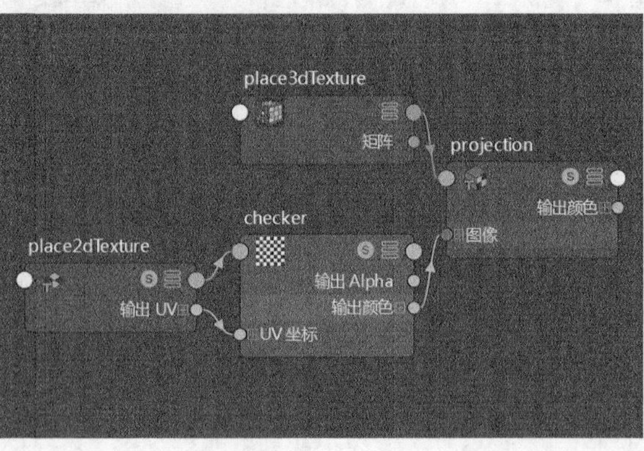


图11-61

双击projection1节点，打开其“属性编辑器”面板，如图11-62所示。

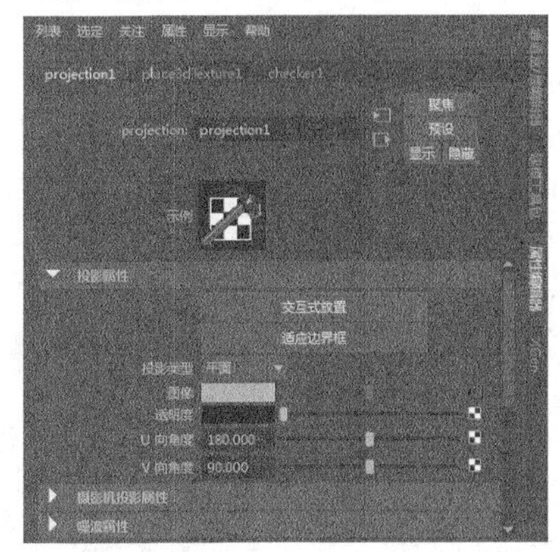


图11-62

## 常用参数介绍

❖ 交互式放置：在场景视图中显示投影操纵器。

❖ 适应边界框：使纹理贴图与贴图对象或集的边界框重叠。

❖ 投影类型：选择2D纹理的投影方式，共有以下9种方式。

  ✧ 禁用：关闭投影功能。

  ✧ 平面：主要用于平面物体，图11-63所示的贴图中有个手柄工具，通过这个手柄可以对贴图坐标进行旋转、移动和缩放操作。

  ✧ 球形：主要用于球形物体，其手柄工具的用法与“平面”投影相同，如图11-64所示。

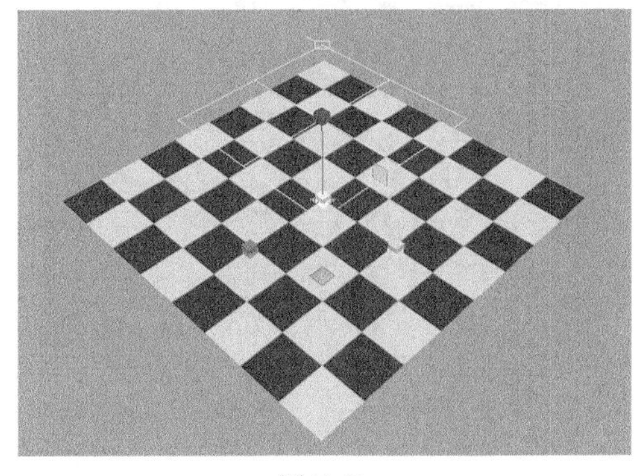

图11-63

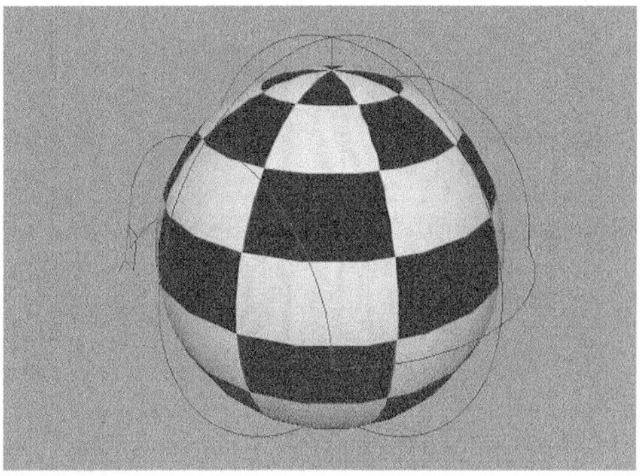

图11-64

  ✧ 圆柱体：主要用于圆柱形物体，如图11-65所示。

  ✧ 球：与“球形”投影类似，但是这种类型的投影不能调整UV方向的位移和缩放参数，如图11-66所示。

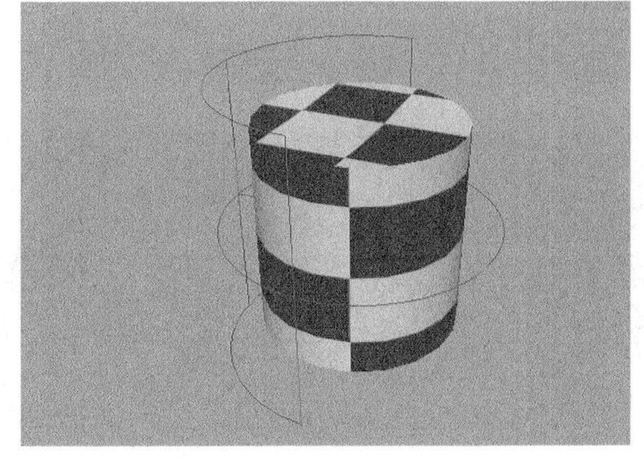

图11-65

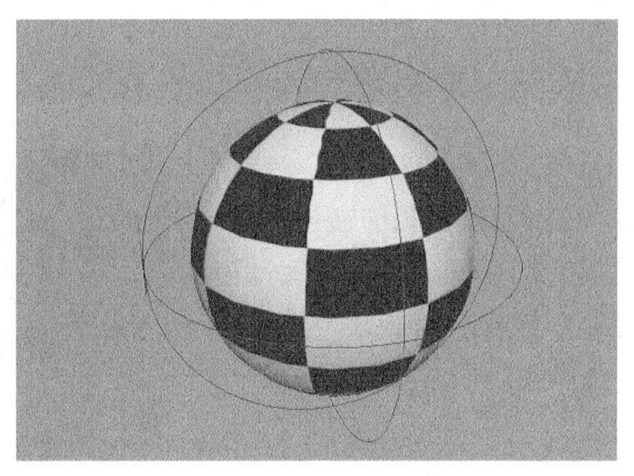

图11-66

- ✧ 立方：主要用于立方体，可以投射到物体6个不同的方向上，适合于具有6个面的模型，如图11-67所示。
- ✧ 三平面：这种投影可以沿着指定的轴向通过挤压方式将纹理投射到模型上，也可以运用于圆柱体以及圆柱体的顶部，如图11-68所示。

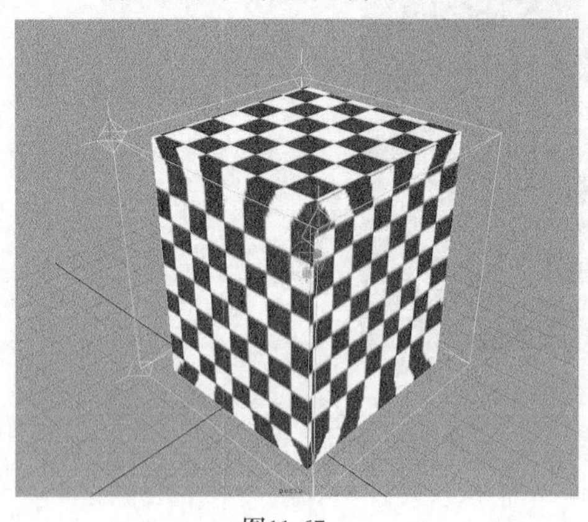

图11-67

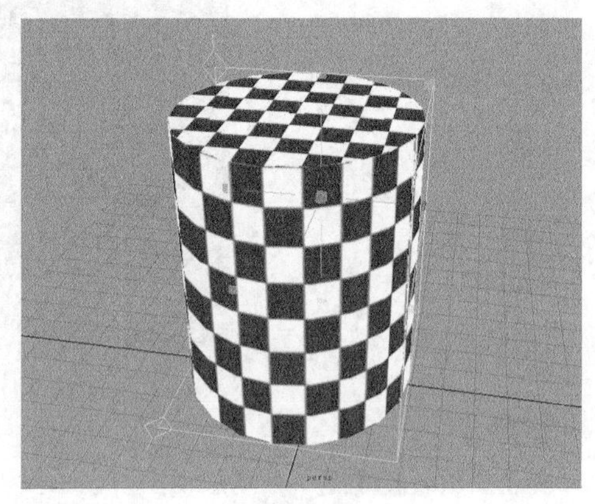

图11-68

- ✧ 同心：这种贴图坐标是从同心圆的中心出发，由内向外产生纹理的投影方式，可以使物体纹理呈现出一个同心圆的纹理形状，如图11-69所示。
- ✧ 透视：这种投影是通过摄影机的视点将纹理投射到模型上，一般需要在场景中自定义一台摄影机，如图11-70所示。

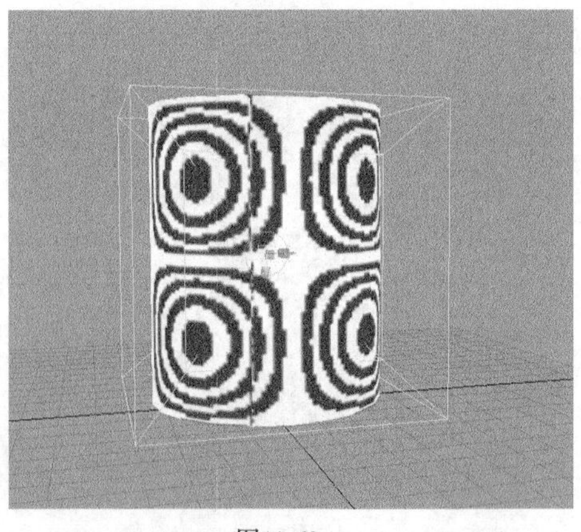

图11-69

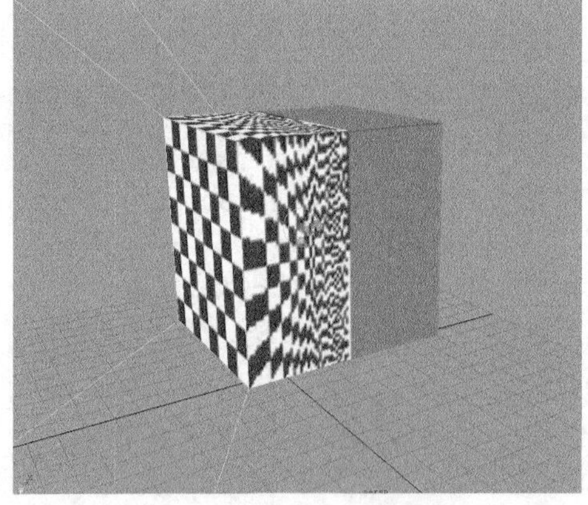

图11-70

- ❖ 图像：设置蒙板的纹理。
- ❖ 透明度：设置纹理的透明度。
- ❖ U/V向角度：仅限“球形”和“圆柱体”投影，主要用来更改U/V向的角度。

## 11.3.3 蒙板纹理

“蒙板”纹理可以使某一特定图像作为2D纹理并将其映射到物体表面的特定区域，并且可以通过控制“蒙板”纹理的节点来定义遮罩区域，如图11-71所示。

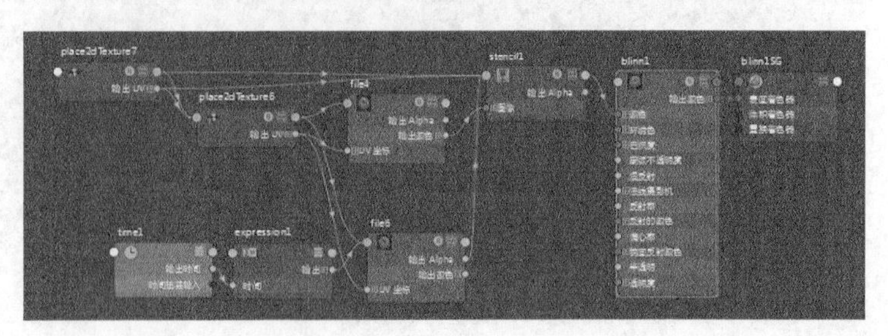


图11-71

**提示**

"蒙板"纹理主要用来制作带标签的物体，如酒瓶等。

在"文件"纹理上单击鼠标右键，在弹出的菜单中选择"创建为蒙板"命令，如图11-72所示。这样可以创建一个带"蒙板"的"文件"节点，如图11-73所示。双击stencil1节点，打开其"属性编辑器"面板，如图11-74所示。

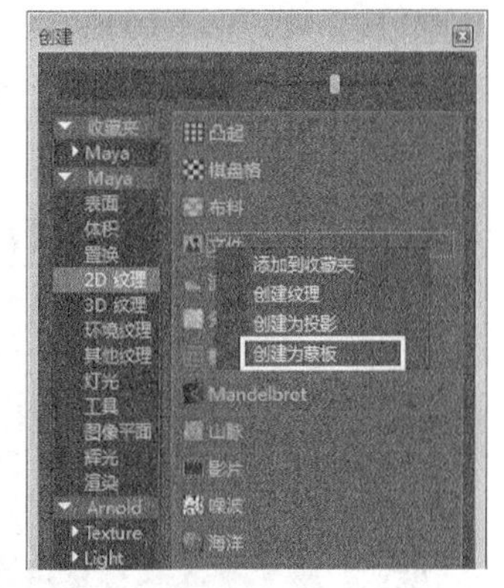


图11-72

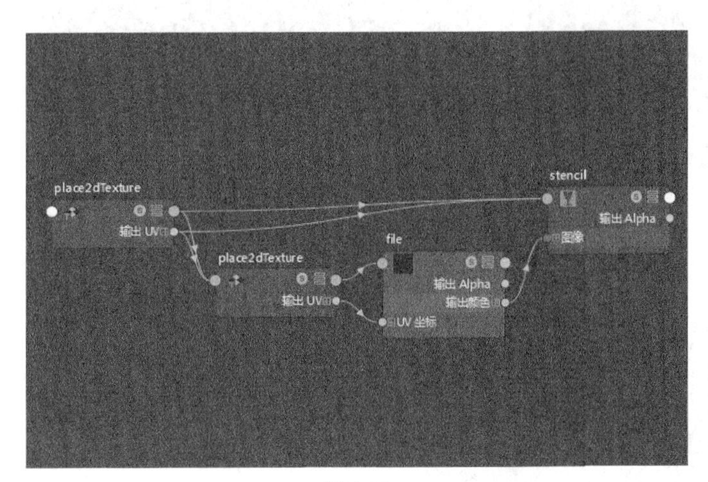


图11-73

图11-74

## 常用参数介绍

❖ 图像：设置蒙板的纹理。

❖ 边混合：控制纹理边缘的锐度。增加该值可以更加柔和地对边缘进行混合处理。

❖ 遮罩：表示蒙板的透明度，用于控制整个纹理的总体透明度。若要控制纹理中选定区域的透明度，可以将另一纹理映射到遮罩上。

## 【练习11-2】制作山体材质

| 场景文件 | Scenes>CH11>11.2.mb |
| --- | --- |
| 实例文件 | Examples>CH11>11.2.mb |
| 难易指数 | ★★★☆☆ |
| 技术掌握 | 掌握纹理贴图的使用方法 |

本例通过制作山体材质，来掌握如何为材质添加贴图，效果如图11-75所示。

**01** 打开学习资源中的"Scenes>CH11>11.2.mb"文件，场景中有一个山体模型和一盏灯光，如图11-76所示。

图11-75

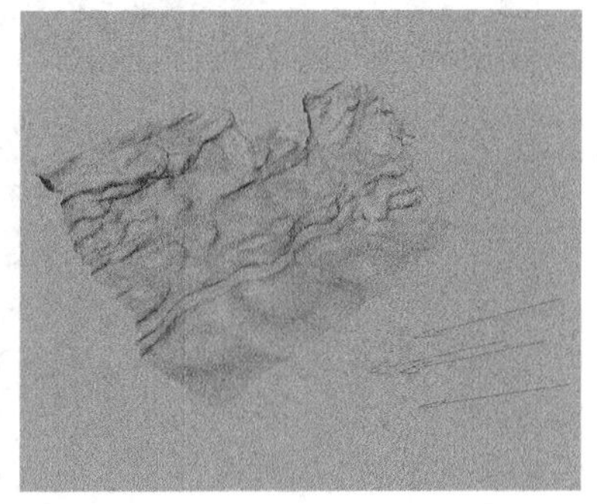

图11-76

02 执行“窗口>渲染编辑器>Hypershade”菜单命令，然后在Hypershade对话框中选择Maya>Lambert材质节点，如图11-77所示，此时Maya会创建一个lambert1节点，接着在“属性编辑器”面板中设置节点的名称为rock_m，如图11-78所示。

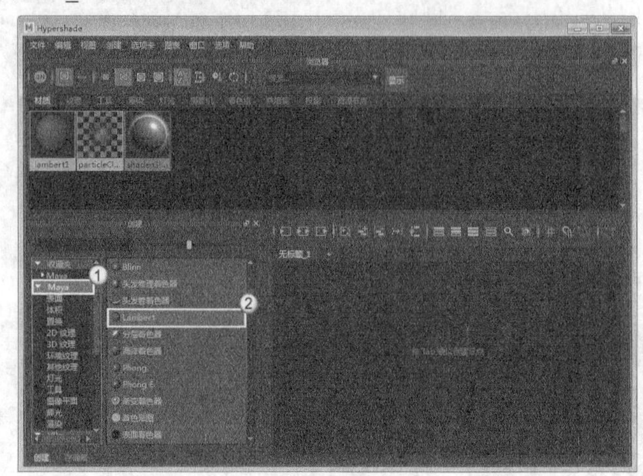

图11-77

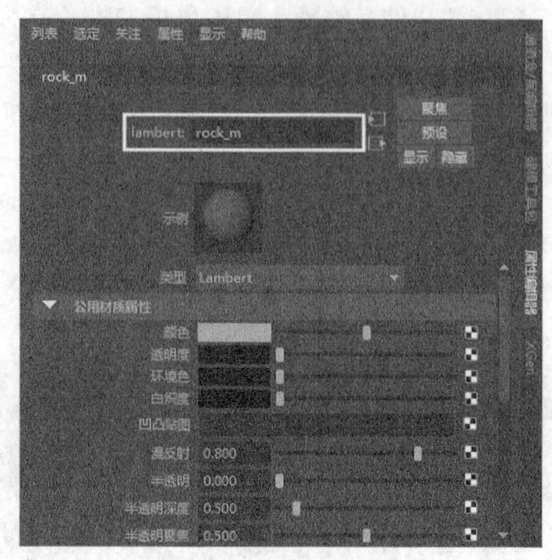

图11-78

03 在“特性编辑器”面板中单击“颜色”属性后面的按钮，然后在打开的“创建渲染节点”对话框中选择“文件”节点，如图11-79所示。

图11-79

04 此时，rock_m节点的“颜色”属性会连接一个“文件”节点。在“属性编辑器”面板中单击“图像名称”属性后面的按钮，如图11-80所示，然后在“打开”对话框中选择“Scenes>CH11>11.2>Color.jpg”文件，接着单击“打开”按钮，如图11-81所示。

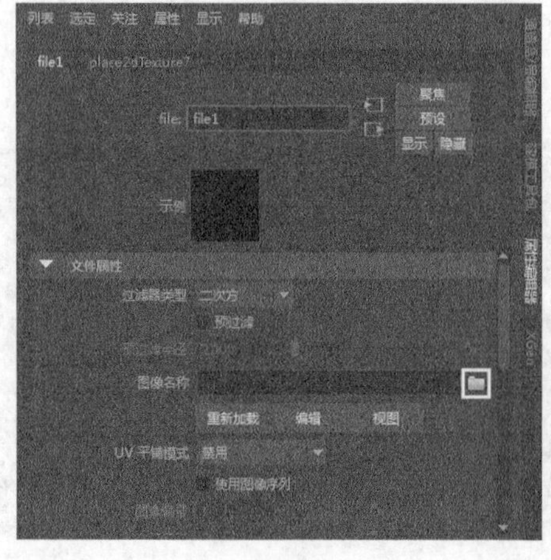

图11-80

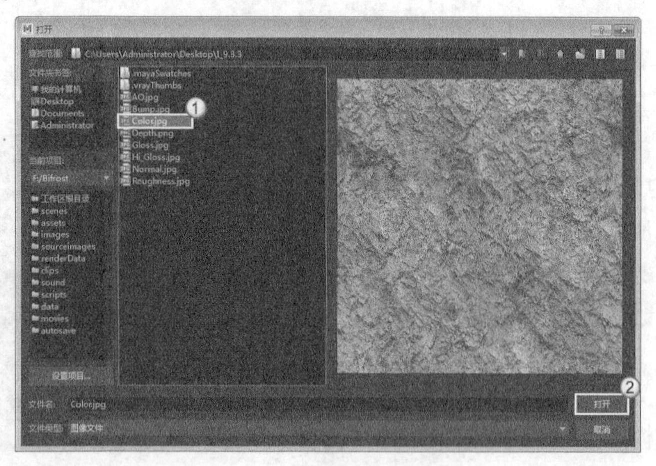

图11-81

**05** 选择山体模型，然后在Hypershade对话框中将光标移至rock_m材质球上，接着按住鼠标右键，在打开的菜单中选择“为当前选择指定材质”命令，如图11-82所示，最后按数字6键纹理显示，效果如图11-83所示。

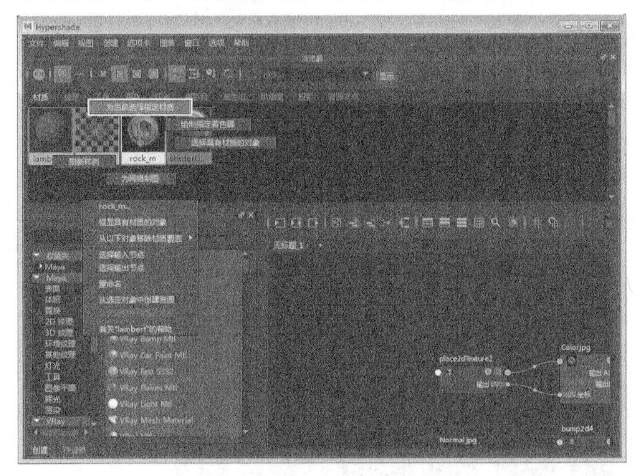

图11-82

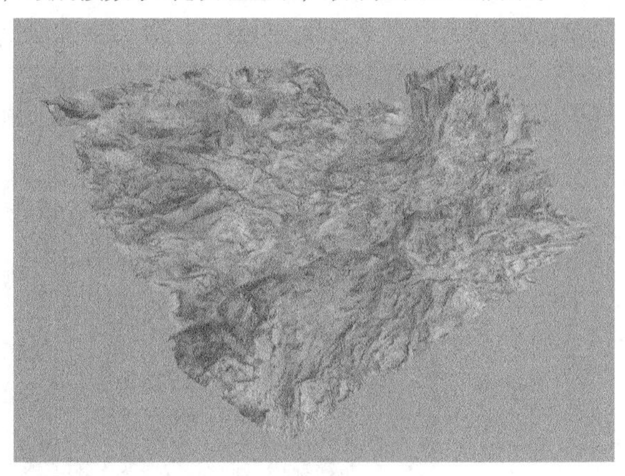

图11-83

**06** 在界面的状态栏上单击按钮，在打开的“渲染视图”对话框中设置渲染器为Arnold Renderer，然后单击按钮渲染当前场景，效果如图11-84所示。

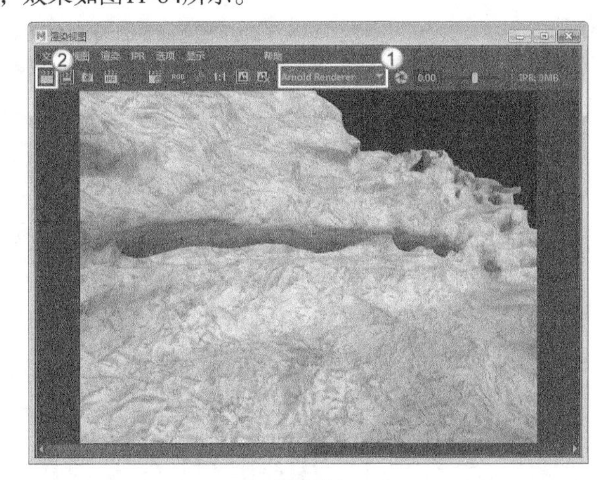


图11-84

**07** 在“属性编辑器”中单击“凹凸贴图”属性后面的按钮，如图11-85所示，然后在“创建渲染节点”对话框中选择“文件”节点，此时在Hypershade对话框中Maya会新建file和bump2d4节点，接着选择bump2d4节点，如图11-86所示。

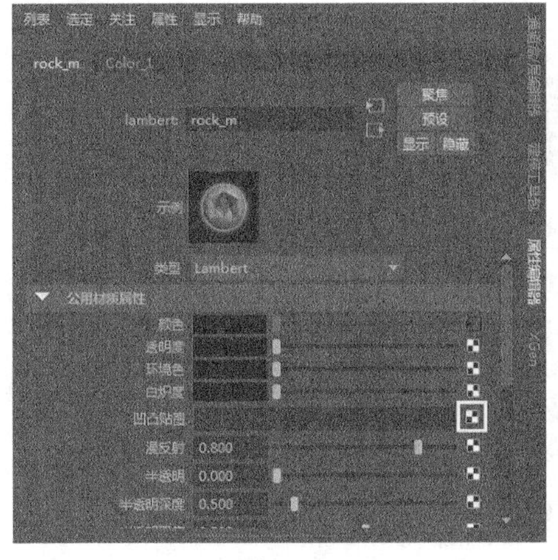


图11-85

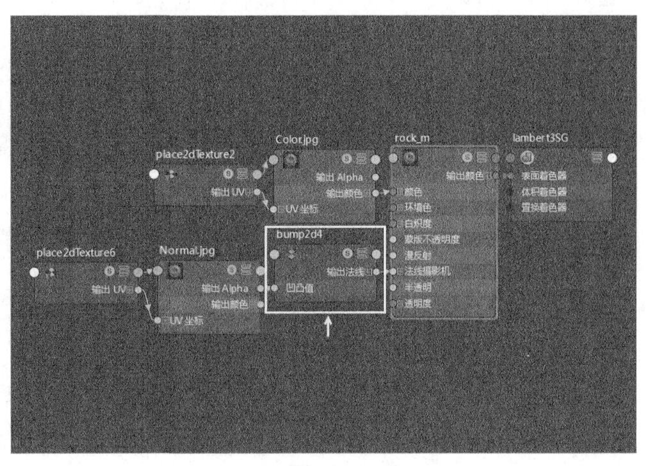


图11-86

**08** 在“属性编辑器”面板中将“用作”设置为“切线空间法线”，如图11-87所示，然后在Hypershade对话框中选择file2节点，接着在“属性编辑器”面板中单击“图像名称”属性后面的▭按钮，为其指定“Scenes>CH11>11.2>Normal.jpg”文件，如图11-88所示。

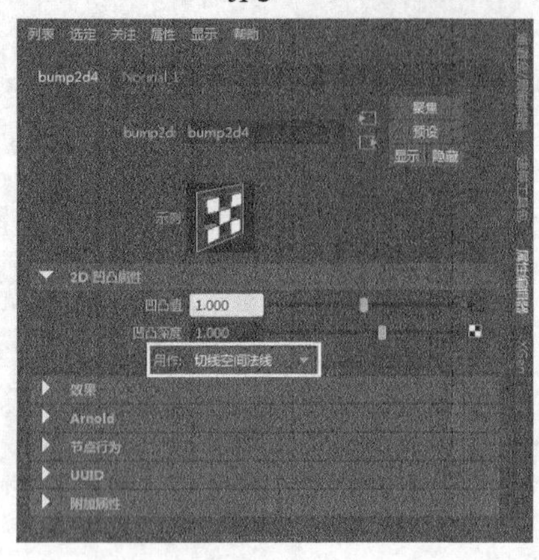

图11-87

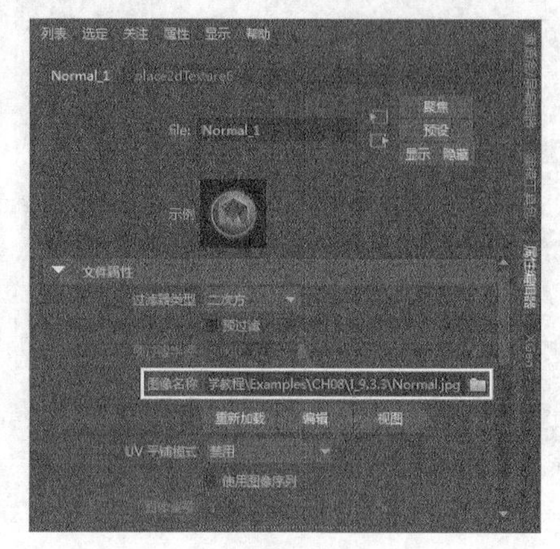

图11-88

## 提示

为“颜色”属性添加贴图后，只是让模型具有贴图的颜色效果。而凹凸贴图可以为模型的表面增加凹凸细节，使模型更有质感，如图11-89所示。添加凹凸、法线或置换贴图都可以为模型增加细节。效果最好的是置换贴图，其次是法线贴图，最差的是凹凸，但是效果越好，渲染的时间就越长。因此可以根据个人需要为模型添加贴图。

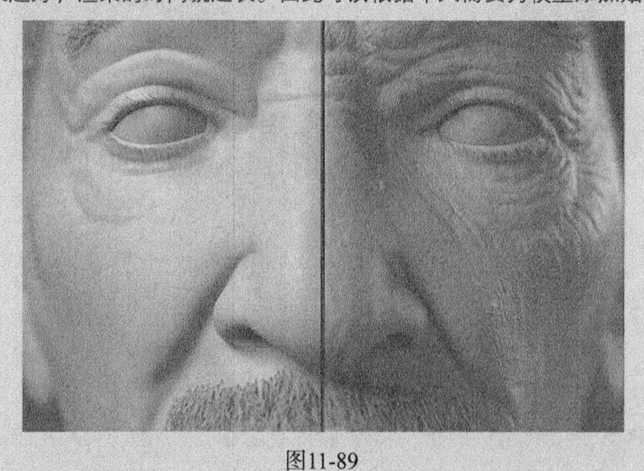

图11-89

**09** 在“渲染视图”对话框中单击▭按钮渲染当前场景，效果如图11-90所示。

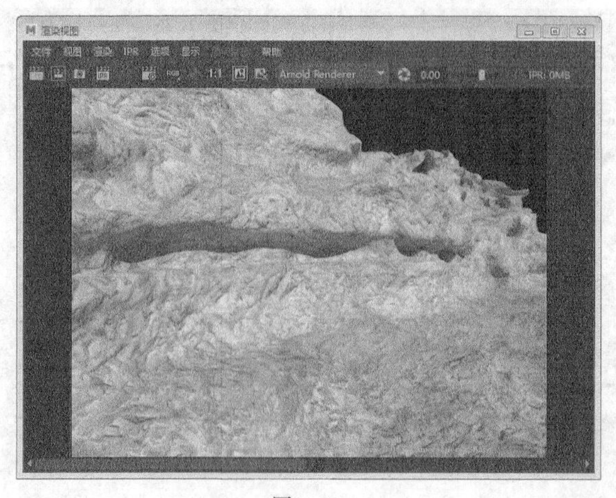

图11-90

# 技术分享

## 排布UV的注意事项

通常情况下，在模型完成后，会对UV进行合理的处理，以方便后续的材质制作。在处理UV时，需要对模型进行主次分析。以人物头部模型为例，人物的面部通常是展现的重点，因此需要给面部区域准备足够的UV空间，而头皮区域有毛发遮挡，因此不需要太多的UV空间。

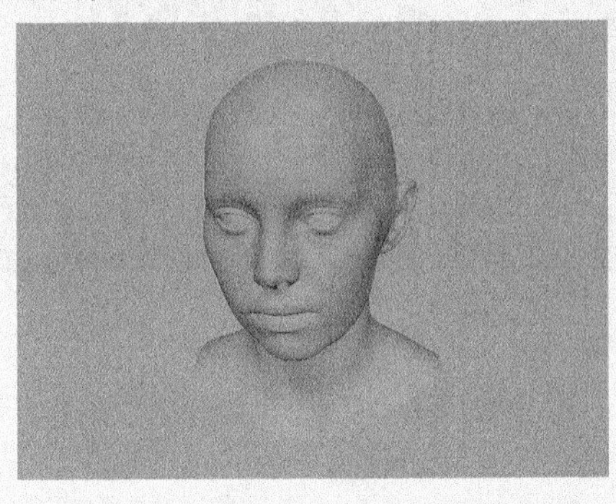
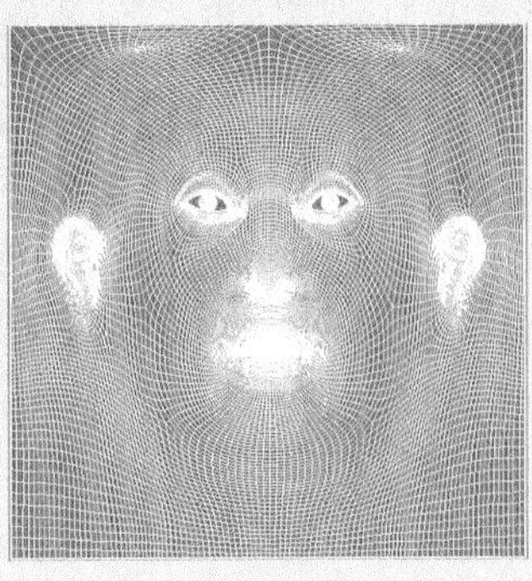

一个模型往往由多个部分构成，这样需要划分多个UV，可以根据模型局部对象的细节展现程度来划分。简而言之就是，需要展现细节的部分给予足够的UV空间，不需要展现细节的部分给予少量的UV空间。另外，在划分UV时要注意，同种材质的模型，一般会将UV划分在一起，这样在后面制作材质时，可以节省计算机资源。

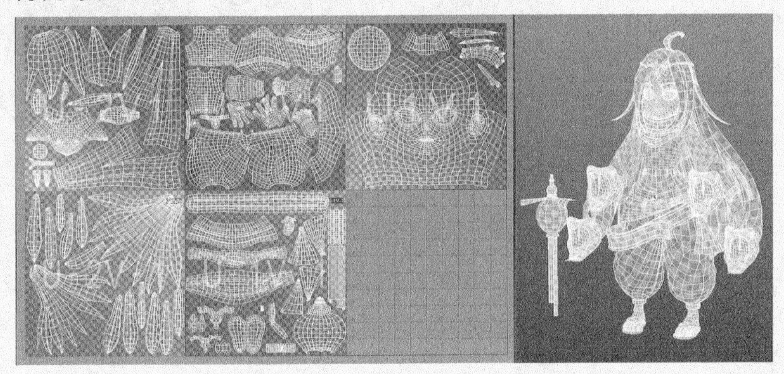

在划分UV时，应显示棋盘格贴图，这样可以观察划分的UV是否有拉伸或变形。一个处理良好的UV，它显示的棋盘格贴图通常是四四方方的。但是一些模型由于造型复杂，所以其UV并不是完美的正方形，这种情况是无法避免的，读者也不必过于深究这个问题。只要棋盘格均匀分布，主要区域没有严重的变形，都属于正常的UV。

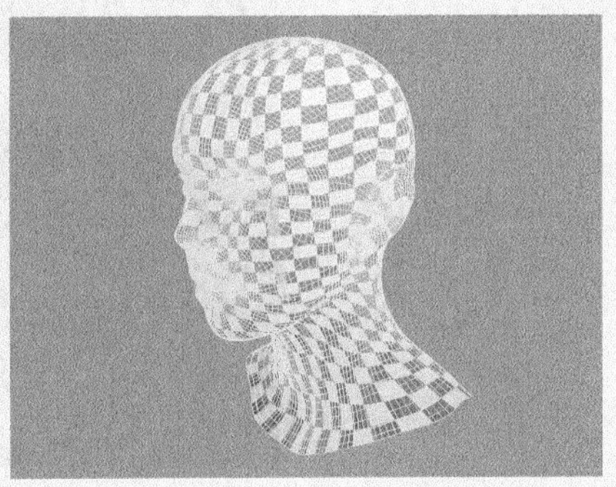

## 绘制纹理贴图的建议

绘制贴图是一个非常重要的环节，贴图的质量直接影响到模型的最终效果。一个模型通常会用到很多的纹理贴图，包括漫反射、高光、反射、法线、置换以及SSS等。每一种纹理贴图都有独特的功能，用户可以根据需要绘制各种材质属性的贴图，以得到一个细节丰富、效果逼真的角色效果。

数位板的出现，使创作数字艺术变得更加简单、更加符合艺术家的创作习惯。通过数位板，艺术家们可以像在纸上作画一样创作数字艺术作品。除了硬件的发展以外，在软件上也为艺术家们创造了更大优势。使用专业的贴图绘制软件，可以方便、快速地绘制出角色的纹理贴图。下面推荐两种常用的贴图绘制软件，分别是Mari和Substance Painter。

Mari：是一个可以处理高度复杂纹理绘制的创意工具。Mari是Weta Digital公司为了制作《阿凡达》而开发的程序，后由The Foundry继续开发成为商业软件，它的优点是快速又简单易用，可以处理高达32k（3.2万）的纹理绘图。

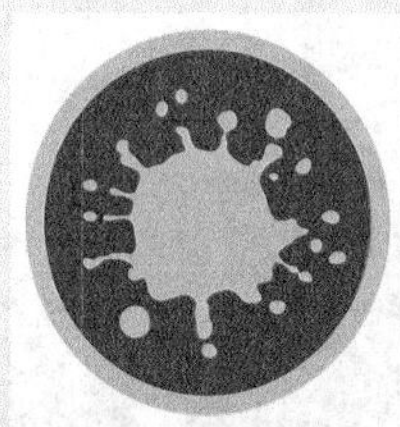

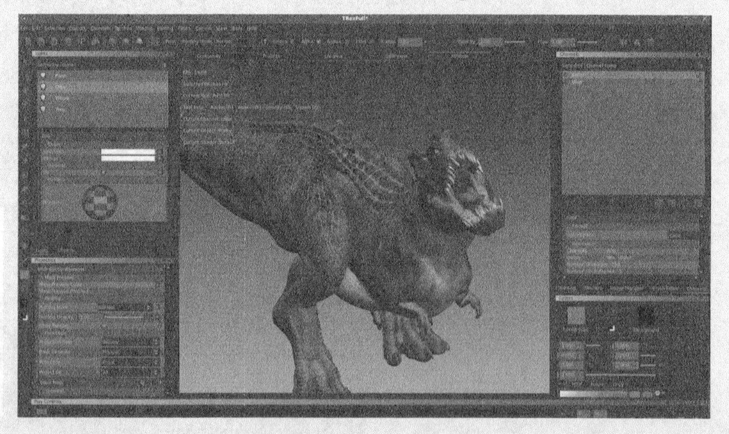

Substance Painter：是一个全新的3D贴图绘制工具，又是最新的次时代游戏贴图绘制工具，支持PBR基于物理渲染最新技术。它集成了诸多非常先进和具有特色的功能，尤其是粒子笔刷，可以模拟自然粒子下落、粒子的轨迹形成纹理，例如模型上的水、火和灰尘等效果。

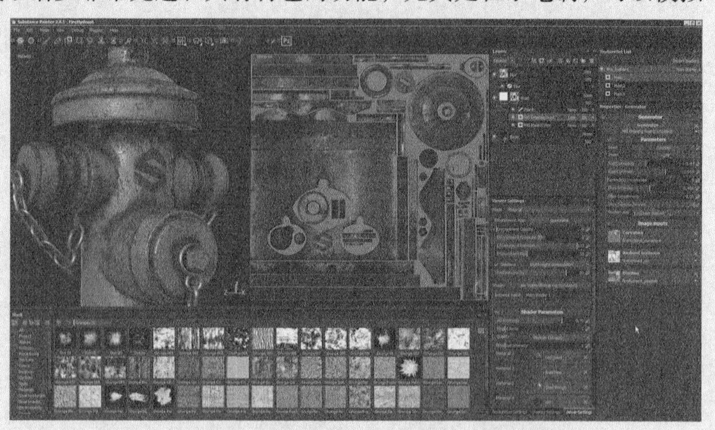

# 第12章

# 材质与渲染技术

本章主要介绍Maya的材质制作技术与渲染技术。关于材质方面，主要介绍了材质编辑器的使用、材质的类型以及编辑材质的方法。渲染方面，主要介绍了Maya软件渲染器的使用和设置方法。通过学习本章，读者可以了解材质与渲染的基本操作。

※ 材质编辑器的使用方法
※ 材质的编辑方法
※ 渲染的概念
※ 渲染的算法
※ 设置渲染的方法

# 12.1 材质概述

材质主要用于表现物体的颜色、质地、纹理、透明度和光泽等特性，依靠各种类型的材质可以制作出现实世界中的任何物体，如图12-1所示。一幅完美的作品除了需要优秀的模型和良好的光照外，同时也需要具有精美的材质。材质不仅可以模拟现实和超现实的质感，同时也可以增强模型的细节，如图12-2所示。

图12-1

图12-2

# 12.2 材质编辑器

要在Maya中创建和编辑材质，首先要学会使用Hypershade对话框（Hypershade就是材质编辑器）。Hypershade对话框是以节点网络的方式来编辑材质，使用起来非常方便。在Hypershade对话框中可以很清楚地观察到一个材质的网络结构，并且可以随时在任意两个材质节点之间创建或打断链接。

执行“窗口>渲染编辑器>Hypershade”菜单命令，打开Hypershade对话框，如图12-3所示。

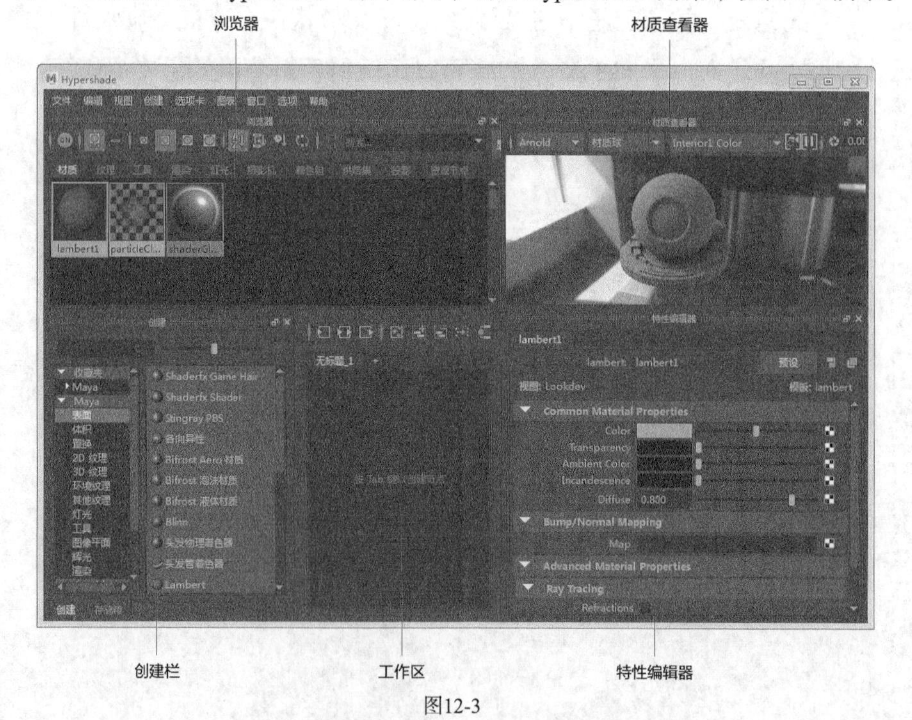


图12-3

**提示**

菜单栏中包含了Hypershade对话框中的所有功能，但一般常用的功能都可以通过下面的工具栏、创建栏、分类区域和工作区域来完成。

## 12.2.1 浏览器

“浏览器”面板列出了场景中的材质、纹理和灯光等内容，这些内容根据类型，被安排在对应的选项卡下，如图12-4所示。

图12-4

### 功能介绍

- ❖ 样例更新：激活该按钮后，允许样例自动更新；禁用时，如果样例参数已更改，则会禁止样例更新。
- ❖ 作为图标查看：使“浏览器”面板中的材质以图标的形式显示。
- ❖ 作为列表查看：使“浏览器”面板中的材质以名称的形式显示。
- ❖ 作为小样例查看：使“浏览器”面板中的材质以小样例显示。
- ❖ 作为中等例查看：使“浏览器”面板中的材质以中等样例显示。
- ❖ 作为大样例查看：使“浏览器”面板中的材质以大样例显示。
- ❖ 作为超大样例查看：使“浏览器”面板中的材质以超大样例显示。
- ❖ 按名称排序：使“浏览器”面板中的材质按名称排序。
- ❖ 按类型排序：使“浏览器”面板中的材质按类型排序。
- ❖ 按时间排序：使“浏览器”面板中的材质按时间排序。
- ❖ 按反转顺序排序：使“浏览器”面板中的材质的排列顺序反转。

## 12.2.2 材质查看器

“材质查看器”面板可以实时显示材质的效果，显示的效果趋近于最终的渲染效果，是测试材质效果的理想方式，如图12-5所示。在该面板顶部可以设置渲染器的类型、渲染的样式和HDRI环境贴图，如图12-6所示。

图12-5

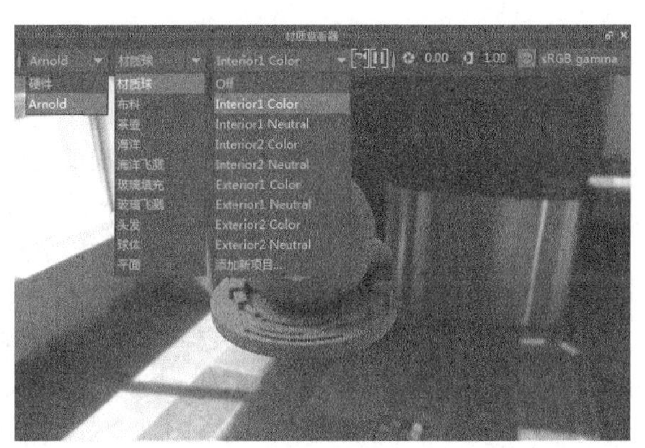


图12-6

## 12.2.3 创建栏

“创建栏”面板可以用来创建材质、纹理、灯光和工具等节点，该面板的左侧是渲染器中的类别，右侧则是对应的节点，如图12-7所示。直接单击创建栏中的材质球，就可以在“创建栏”面板中创建出材质节点。

图12-7

## 12.2.4 工作区

“工作区”面板主要用来编辑材质节点，在这里可以编辑出复杂的材质节点网格，如图12-8所示。在材质上单击鼠标右键，通过打开的快捷菜单可以快速将材质指定给选定对象。

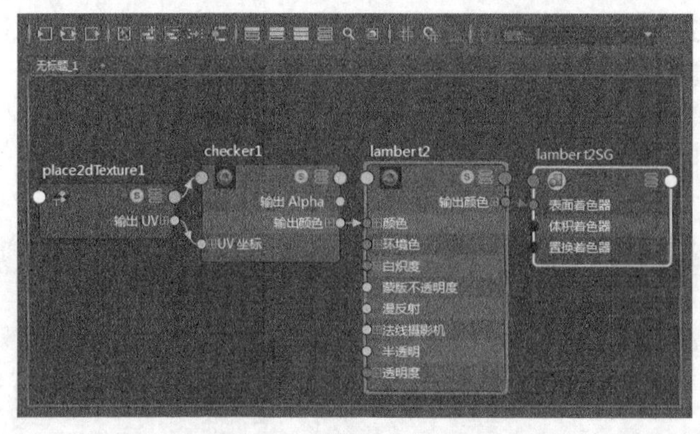


图12-8

### 功能介绍

- ❖ 输入连接▣：显示选定材质的输入连接节点。
- ❖ 输入和输出连接▣：显示选定材质的输入和输出连接节点。
- ❖ 输出连接▣：显示选定材质的输出连接节点。
- ❖ 清除图表▣：用来清除工作区域内的节点网格。
- ❖ 将选定节点添加到图表中▣：将选定节点添加到现有图表中。此选项不会绘制选定节点的输入或输出连接；它仅将选定节点添加到现有图表中。
- ❖ 从图表中移除选定节点▣：通过移除选定节点可自定义图表布局。若要从图表中移除某节点，请选择该节点并单击此图标。
- ❖ 排布图表▣：重新排列图表中的选定节点；如果未选定任何节点，则重新排列图表中的所有节点。

- 为选定对象上的材质制图：显示节点的Hypershade布局或选定对象的着色网络。
- 简单模式：将选定节点的视图模式更改为简单模式，以便仅显示输入和输出主端口。
- 已连接模式：将选定节点的视图模式更改为已连接模式，以便显示输入和输出主端口，以及任何已连接属性。
- 完全模式：将选定节点的视图模式更改为完全模式，以便显示输入和输出主端口，以及主节点属性。
- 自定义属性视图：自定义为每个节点显示的属性列表。
- 切换过滤器字段：通过启用和禁用此图标的显示，可以在显示和隐藏属性过滤器字段之间切换。
- 切换样例大小：通过启用和禁用此图标的显示，可以在较大或较小节点样例大小之间切换。
- 栅格显示：打开和关闭栅格背景。
- 栅格捕捉：打开和关闭栅格捕捉。启用该选项可将节点捕捉到栅格。
- 文本过滤器指示器：单击以清除任何已应用的过滤器（隐含过滤器除外）并使图表返回其默认内容。

### 12.2.5 特性编辑器

"特性编辑器"面板可以查看节点的部分属性，该面板实际上是"属性编辑器"的删减版，如图12-9所示。

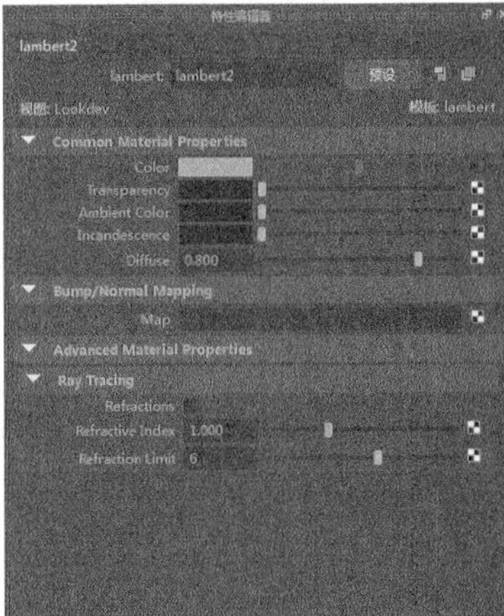


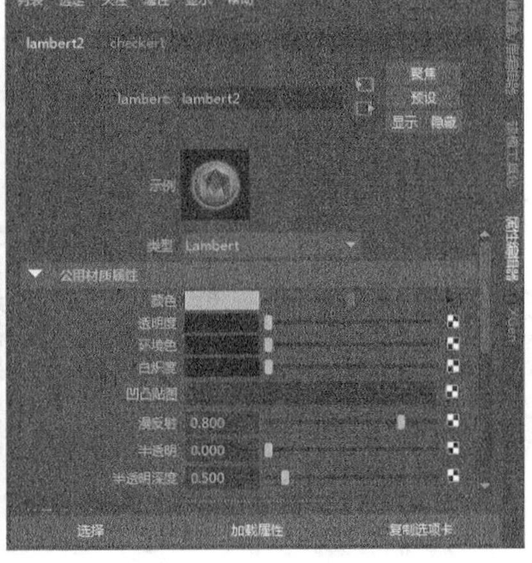


图12-9

## 12.3 材质类型

在"创建栏"面板中列出了Maya所有的材质类型，包含"表面""体积""2D 纹理""置换"等12大类型，如图12-10所示。

图12-10

## 12.3.1 表面材质

“表面”材质总共有19种类型，如图12-11所示。表面材质都是很常用的材质类型，物体的表面基本上都是表面材质。

Shaderfx Game Hair
Shaderfx Shader
Stingray PBS
各向异性
Bifrost Aero 材质
Bifrost 泡沫材质
Bifrost 液体材质
Blinn
头发物理着色器
头发管着色器
Lambert
分层着色器
海洋着色器
Phong
Phong E
渐变着色器
着色贴图
表面着色器
使用背景

图12-11

### 常用表面材质介绍

❖ 各向异性：该材质用来模拟物体表面带有细密凹槽的材质效果，如光盘、细纹金属和光滑的布料等，如图12-12所示。

❖ Blinn：这是使用频率较高的一种材质，主要用来模拟具有金属质感和强烈反射效果的材质，如图12-13所示。

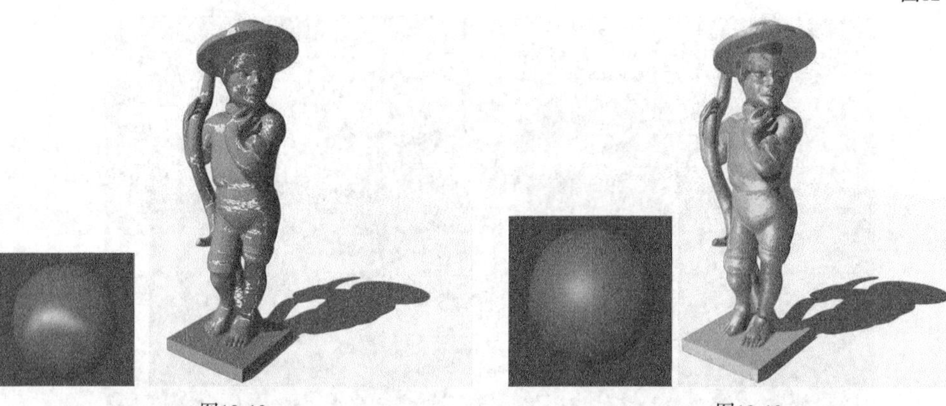

图12-12　　图12-13

❖ 头发管着色器：该材质是一种管状材质，主要用来模拟细小的管状物体（如头发），如图12-14所示。

❖ Lambert：这是使用频率较高的一种材质，主要用来制作表面不会产生镜面高光的物体，如墙面、砖和土壤等具有粗糙表面的物体。Lambert材质是一种基础材质，无论是何种模型，其初始材质都是Lambert材质，如图12-15所示。

图12-14

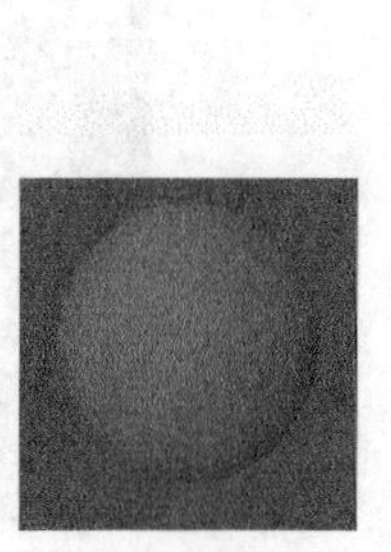

图12-15

❖ 分层着色器：该材质可以混合两种或多种材质，也可以混合两种或多种纹理，从而得到一个新的材质或纹理。

❖ 海洋着色器：该材质主要用来模拟海洋的表面效果，如图12-16所示。

❖ Phong：该材质主要用来制作表面比较平滑且具有光泽的塑料效果，如图12-17所示。

图12-16

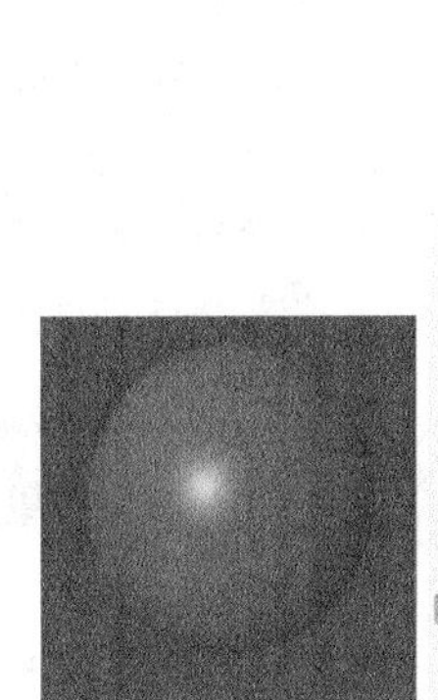

图12-17

❖ Phong E：该材质是Phong材质的升级版，其特性和Phong材质相同，但该材质产生的高光更加柔和，并且能调节的参数也更多，如图12-18所示。

❖ 渐变着色器：该材质在色彩变化方面具有更多的可控特性，可以用来模拟具有色彩渐变的材质效果。

❖ 着色贴图：该材质主要用来模拟卡通风格的材质，可以用来创建各种非照片效果的表面。

❖ 表面着色器：这种材质不进行任何材质计算，它可以直接把其他属性和它的颜色、辉光颜色和不透明度属性连接起来，例如可以把非渲染属性（移动、缩放、旋转等属性）和物体表面的颜色连接起来。当移动物体时，物体的颜色也会发生变化。

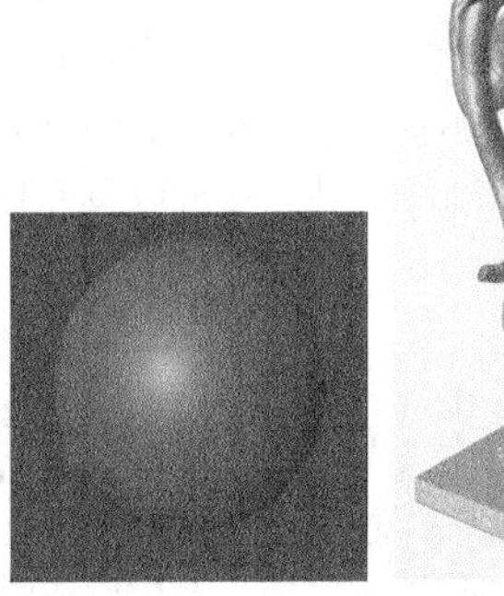

图12-18

❖ 使用背景：该材质可以用来合成背景图像。

## 12.3.2 体积材质

“体积”材质包括6种类型，如图12-19所示。

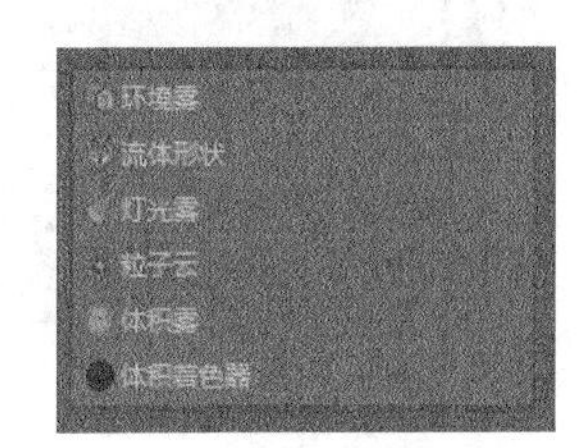


图12-19

### 体积材质介绍

❖ 环境雾：主要用来设置场景的雾气效果。

❖ 流体形状：主要用来设置流体的形态。

❖ 灯光雾：主要用来模拟灯光产生的薄雾效果。

❖ 粒子云：主要用来设置粒子的材质，该材质是粒子的专用材质。

❖ 体积雾：主要用来控制体积节点的密度。

❖ 体积着色器：主要用来控制体积材质的色彩和不透明度等特性。

## 12.3.3 置换材质

“置换”材质包括“C肌肉着色器”材质和“置换”材质两种，如图12-20所示。

图12-20

**置换材质介绍**

❖ C肌肉着色器：该材质主要用来保护模型的中缝，它是另一种置换材质。原来在Zbrush中完成的置换贴图，用这个材质可以消除UV的接缝，而且速度比“置换”材质要快很多。

❖ 置换：用来制作表面的凹凸效果。与“凹凸”贴图相比，“置换”材质所产生的凹凸是在模型表面产生的真实凹凸效果，而“凹凸”贴图只是使用贴图来模拟凹凸效果，所以模型本身的形态不会发生变化，其渲染速度要比“置换”材质快。

# 12.4 编辑材质

在制作材质时，往往需要将多个节点连接在一起，而且制作完的材质要赋予到模型上才能看到最终效果。

## 12.4.1 连接节点

Maya中的很多属性都可以连接其他节点，无论是材质，还是其他对象，都可以通过连接节点来完成复杂的效果。

如果属性名称的后面提供了按钮，那么该属性就可以连接其他节点。单击按钮将会打开“创建渲染节点”对话框，如图12-21所示。在该对话框中可以选择需要连接的节点。

如果已经创建好相应的节点，那么可以将光标移至节点上，然后按住鼠标中键并拖曳至属性上，松开鼠标后就能将节点连接到属性上，如图12-22所示。

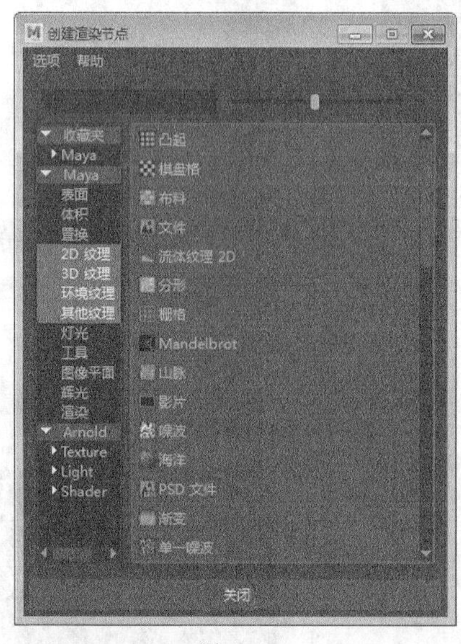


图12-21

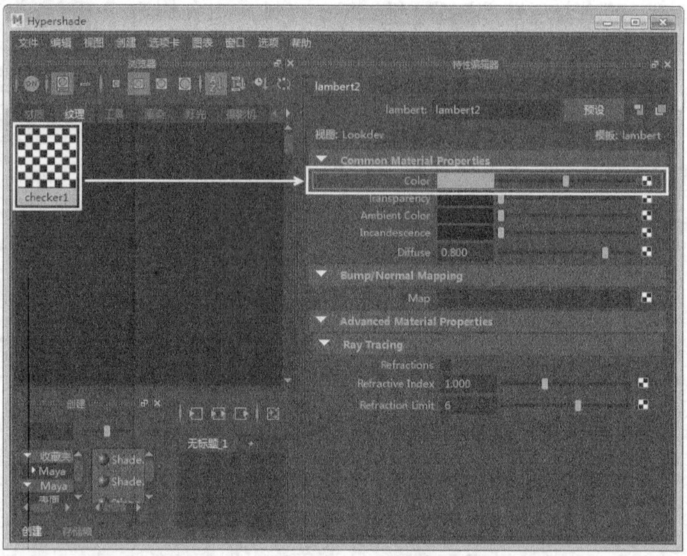

图12-22

**提示**

当属性连接了节点后，后面的按钮会变成状，单击按钮可以跳转到连接的节点上。

如果想将属性与属性连接，那么可以在Hypershade对话框中执行“窗口>连接编辑器”命令，如图12-23所示。

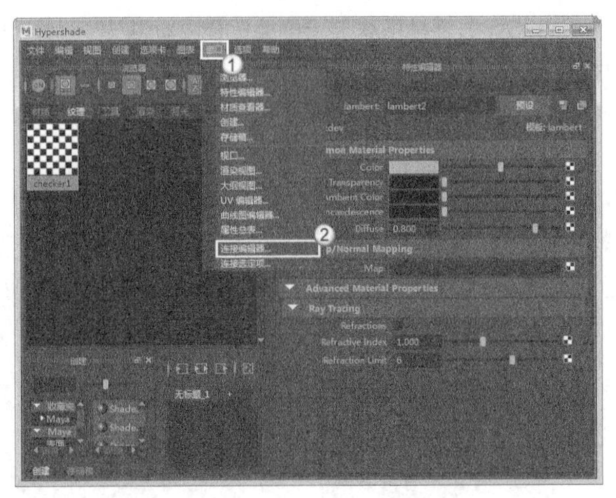

图12-23

在打开的“连接编辑器”对话框中，单击“重新加载左/右侧”按钮将相应的节点添加到列表中，如图12-24所示，然后在左、右两侧列表中选择需要连接的属性，当属性名称呈斜体并带有蓝色背景时，说明两个属性已经连接，如图12-25所示。

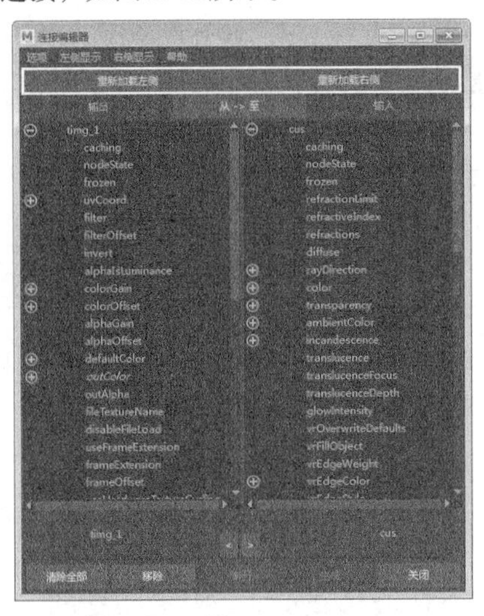

图12-24

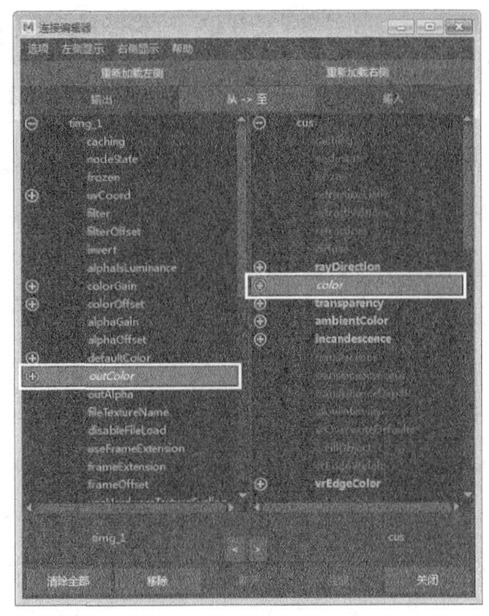

图12-25

## 12.4.2 赋予材质

在Hypershade对话框中制作好材质后，要将材质赋予模型，才能在模型上显示材质的效果。赋予材质的方法主要有3种。

第1种：将光标移至材质球上，然后按住鼠标中键将其拖曳到模型上，松开鼠标后即可为模型赋予材质，如图12-26所示。

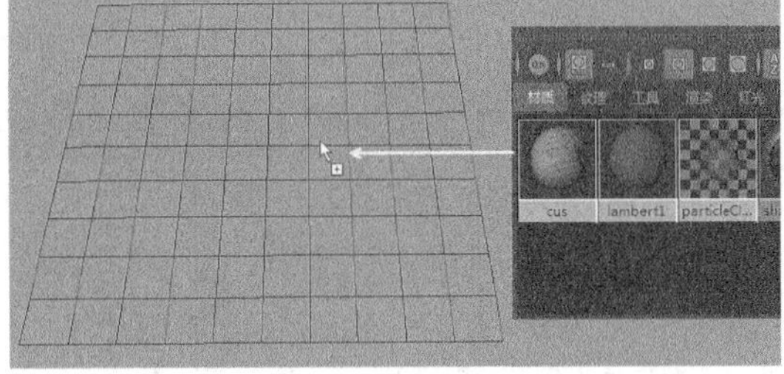

图12-26

第2种：选择模型，然后将光标移至材质球上，接着按住鼠标右键，在打开的菜单中选择“为当前选择指定材质”命令，如图12-27所示。

第3种：将光标移至模型上，然后按住鼠标右键，在打开的菜单中选择“指定现有材质”中的材质节点，如图12-28所示。

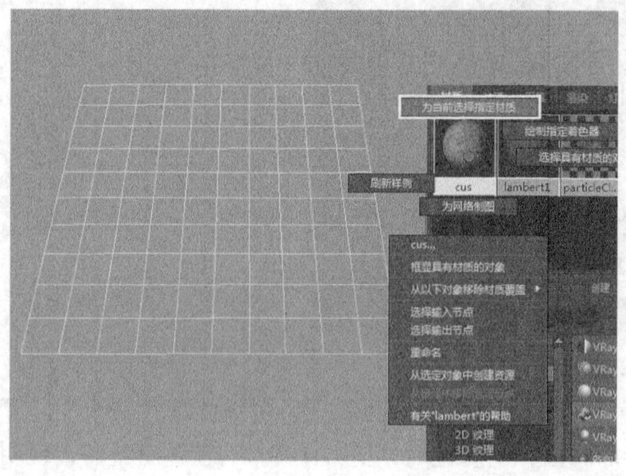

图12-27

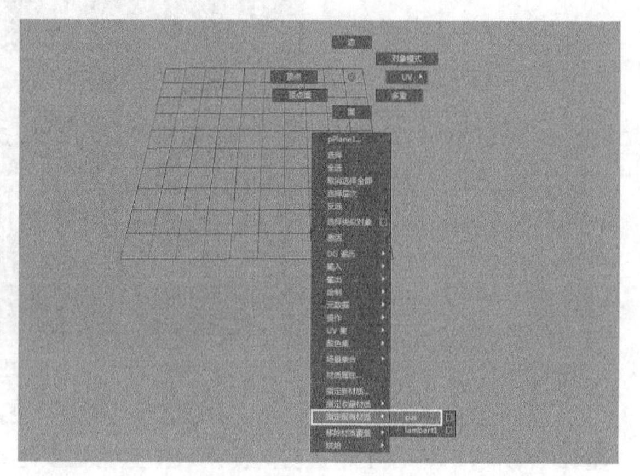

图12-28

# 12.5 材质属性

每种材质都有各自的属性，但各种材质之间又具有一些相同的属性。本节就对材质的公用属性进行介绍。

“各向异性”、Blinn、Lambert、Phong和Phong E材质具有一些共同的属性，因此只需要掌握其中一种材质的属性即可。

在创建栏中单击Blinn材质球，在工作区域中创建一个Blinn材质，然后双击材质节点或按快捷键Ctrl+A，打开该材质的“属性编辑器”，图12-29所示是材质的公用属性。

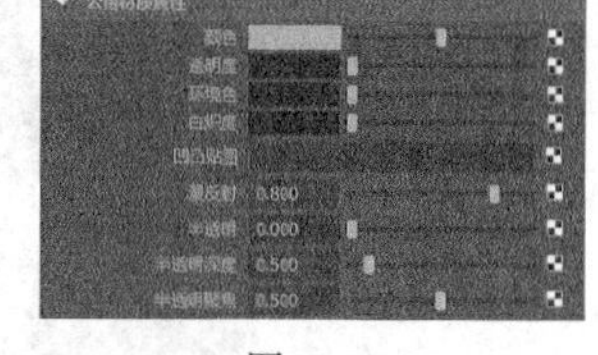

图12-29

### 常用参数介绍

❖ 颜色：颜色是材质最基本的属性，即物体的固有色。颜色决定了物体在环境中所呈现的色调，在调节时可以采用RGB颜色模式或HSV颜色模式来定义材质的固有颜色，当然也可以使用纹理贴图来模拟材质的颜色，如图12-30所示。

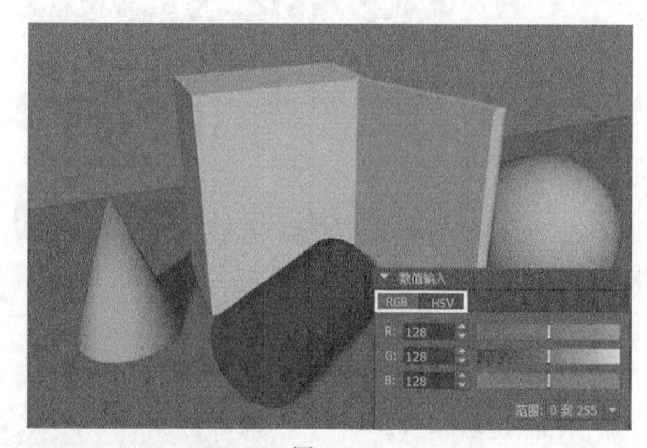

图12-30

## 技术专题：常用颜色模式

以下是3种常见的颜色模式。

RGB颜色模式：该模式是工业界的一种颜色标准模式，是通过对R（红）、G（绿）、B（蓝）3个颜色通道的变化以及它们相互之间的叠加来得到各式各样的颜色效果，如图12-31所示。RGB颜色模式几乎包括了人类视眼所能感知的所有颜色，是目前运用较广的颜色系统。另外，本书所有颜色设置均采用RGB颜色模式。

HSV颜色模式：H（Hue）代表色相，S（Saturation）代表色彩的饱和度，V（Value）代表色彩的明度，它是Maya默认的颜色模式，但是调节起来没有RGB颜色模式方便，如图12-32所示。

CMYK颜色模式：该颜色模式是通过对C（青）、M（洋红）、Y（黄）、K（黑）4种颜色变化以及它们相互之间的叠加得到各种颜色效果，如图12-33所示。CMYK颜色模式是专用的印刷模式，但是在Maya中不能创建带有CMYK颜色的图像，如果使用CMYK颜色模式的贴图，Maya可能会显示错误。CMYK颜色模式的颜色数量要少于RGB颜色模式的颜色数量，所以印刷出的颜色往往没有屏幕上显示出来的颜色鲜艳。

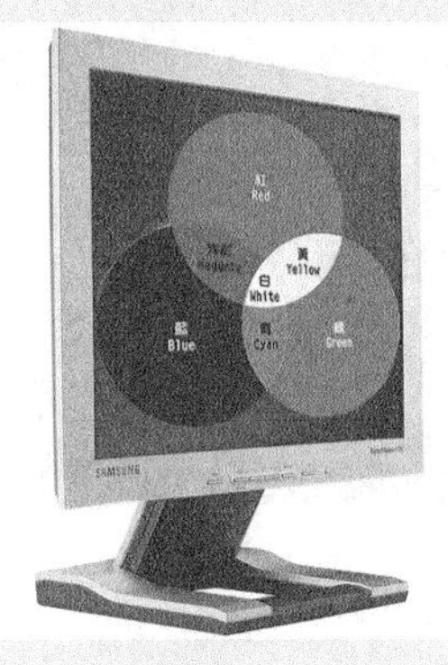

图12-31

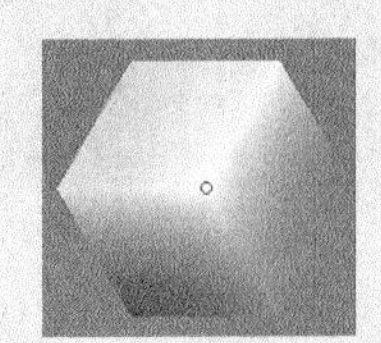

图12-32

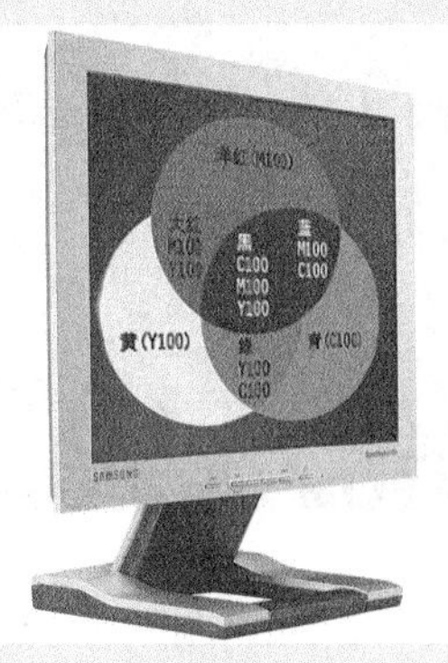


图12-33

❖ 透明度：“透明度”属性决定了在物体后面的物体的可见程度，如图12-34所示。在默认情况下，物体的表面是完全不透明的（黑色代表完全不透明，白色代表完全透明）。

图12-34

## 提示

在大多数情况下，“透明度”属性和“颜色”属性可以一起控制色彩的透明效果。

❖ 环境色：“环境色”是指由周围环境作用于物体所呈现出来的颜色，即物体背光部分的颜色，图12-35和图12-36所示是在黑色和黄色环境色下的球体效果。

图12-35

图12-36

## 提示

在默认情况下，材质的环境色都是黑色，而在实际工作中为了得到更真实的渲染效果（在不增加辅助光照的情况下），可以通过调整物体材质的环境色来得到良好的视觉效果。当环境色变亮时，它可以改变被照亮部分的颜色，使两种颜色互相混合。另外，环境色还可以作为光源来使用。

❖ 白炽度：材质的“白炽度”属性可以使物体表面产生自发光效果，图12-37和图12-38所示是不同颜色的自发光效果。在自然界中，一些物体的表面能够自我照明，也有一些物体的表面能够产生辉光，例如在模拟熔岩时就可以使用“白炽度”属性来模拟。“白炽度”属性虽然可以使物体表面产生自发光效果，但并非真实的发光，也就是说具有自发光效果的物体并不是光源，没有任何照明作用，只是看上去好像在发光一样，它和“环境色”属性的区别是一个是主动发光，一个是被动发光。

图12-37

图12-38

❖ 凹凸贴图：“凹凸贴图”属性可以通过设置一张纹理贴图来使物体的表面产生凹凸不平的效果。利用凹凸贴图可以在很大程度上提高工作效率，因为采用建模的方式来表现物体表面的凹凸效果会耗费很多时间。

## 技术专题：凹凸贴图与置换材质的区别

凹凸贴图只是视觉假象，而置换材质会影响模型的外形，所以凹凸贴图的渲染速度要快于置换材质。另外，在使用凹凸贴图时，一般要与灰度贴图一起配合使用，如图12-39所示。

图12-39

❖ 漫反射：“漫反射”属性表示物体对光线的反射程度，较小的值表明该物体对光线的反射能力较弱（如透明的物体）；较大的值表明物体对光线的反射能力较强（如较粗糙的表面）。“漫反射”属性的默认值是0.8，在一般情况下，默认值就可以渲染出较好的效果。虽然在材质编辑过程中并不会经常对“漫反射”属性值进行调整，但是它对材质颜色的影响却非常大。当“漫反射”值为0时，材质的环境色将替代物体的固有色；当“漫反射”值为1时，材质的环境色可以增加图像的鲜艳程度，在渲染真实的自然材质时，使用较小的“漫反射”值即可得到较好的渲染效果，如图12-40所示。

❖ 半透明：“半透明”属性可以使物体呈现出透明效果。在现实生活中经常可以看到这样的物体，如蜡烛、树叶、皮肤和灯罩等，如图12-41所示。当“半透明”数值为0时，表示关闭材质的透明属性，然而随着数值的增大，材质的透光能力将逐渐增强。

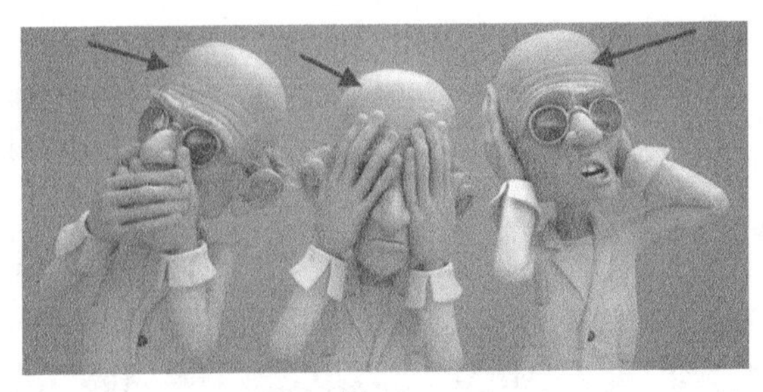

图12-40

图12-41

提示

在设置透明效果时，“半透明”相当于一个灯光，只有当“半透明”设置为一个大于0的数值时，透明效果才能起作用。

❖ 半透明深度：“半透明深度”属性可以控制阴影投射的距离。该值越大，阴影穿透物体的能力越强，从而映射在物体的另一面。

❖ 半透明聚焦：“半透明聚焦”属性可以控制在物体内部由于光线散射造成的扩散效果。该数值越小，光线的扩散范围越大，反之就越小。

# 12.6 常用材质设置练习

在实际工作中会遇到各种各样的材质，例如玻璃材质、金属材质、皮肤材质等。本节就以实例的形式针对在实际工作中经常遇到的各种材质进行练习。

## 【练习12-1】制作熔岩材质

| 场景文件 | Scenes>CH12>12.1.mb |
|---|---|
| 实例文件 | Examples>CH12>12.1.mb |
| 难易指数 | ★★★★☆ |
| 技术掌握 | 掌握熔岩材质的制作方法 |

本例是一个熔岩材质，制作过程比较麻烦，使用到了较多的纹理节点，用户可以边观看本例的视频教学，边学习制作方法，图12-42所示是本例的渲染效果。

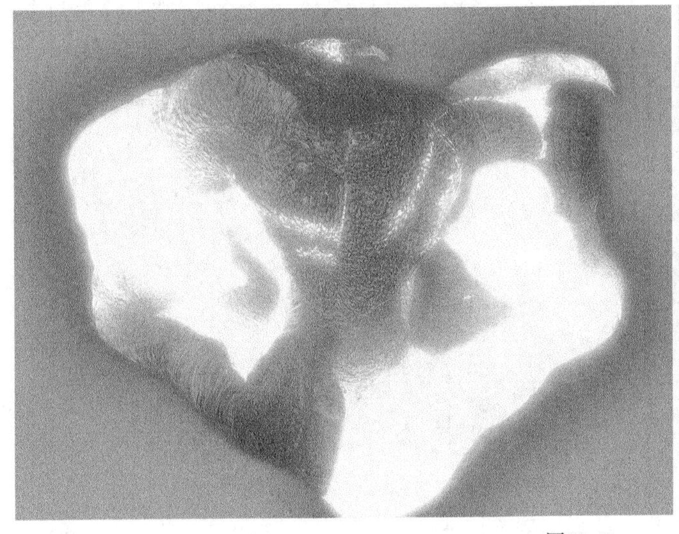

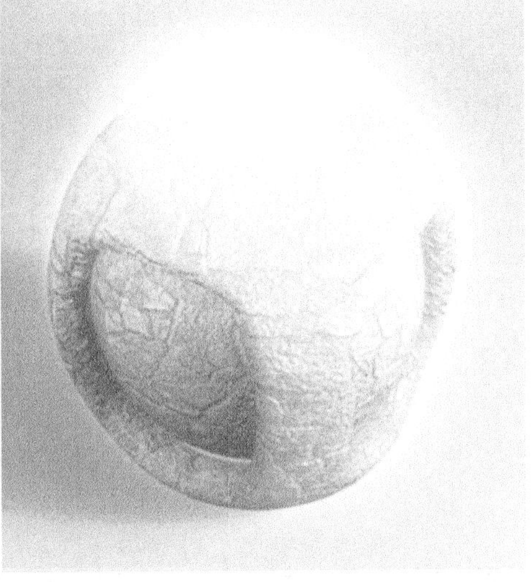

图12-42

01 打开学习资源中的“Scenes>CH12>12.1.mb”文件，场景中有一个熔岩模型，如图12-43所示。

02 打开Hypershade对话框，然后创建一个Blinn材质节点，接着在“属性编辑器”面板中设置名称为rongyan，如图12-44所示。

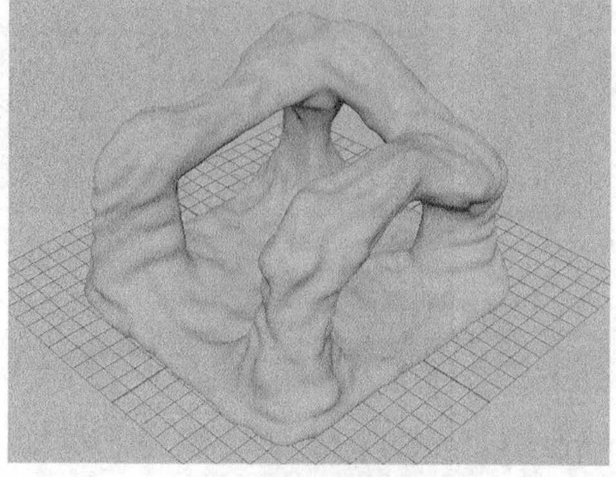

图12-43

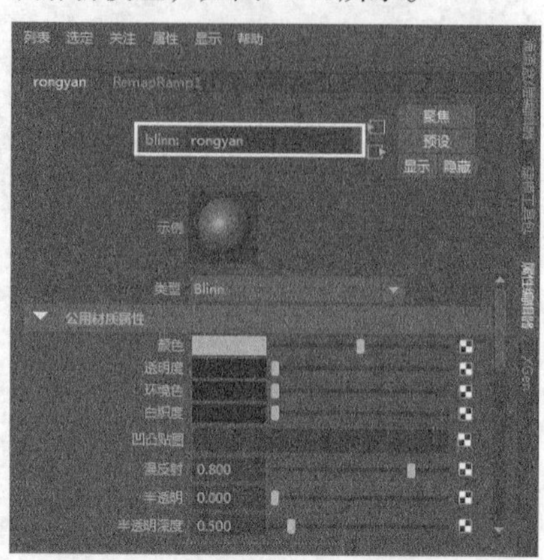

图12-44

03 在“属性编辑器”面板中单击“凹凸贴图”属性后面的按钮，然后在打开的“创建渲染节点”对话框中选择“文件”节点，如图12-45所示，接着在工作区中选择file1节点，再在“属性编辑器”面板中单击“图像名称”属性后面的按钮，最后指定学习资源中的“Scenes>CH12>12.1>07Lb.jpg”文件，如图12-46所示。

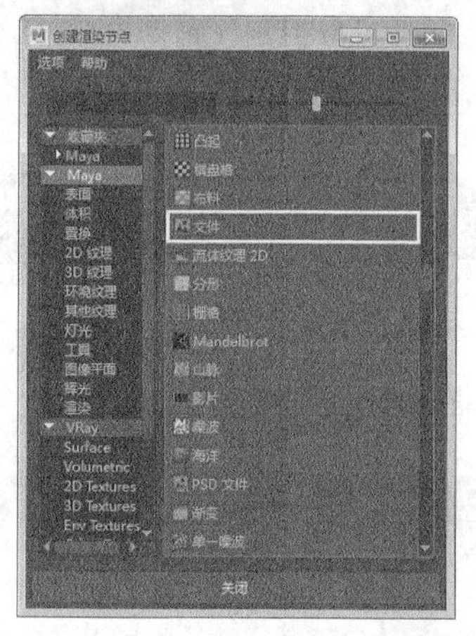

图12-45

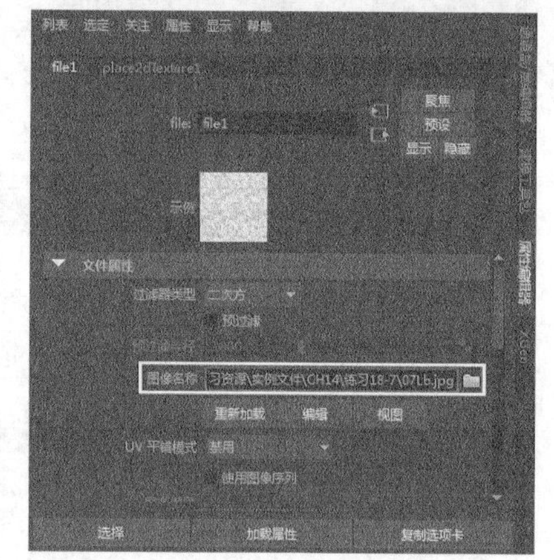

图12-46

04 在Hypershade对话框中选择file1节点，然后执行“编辑>复制>已连接到网络”菜单命令，复制出一个节点，如图12-47所示。

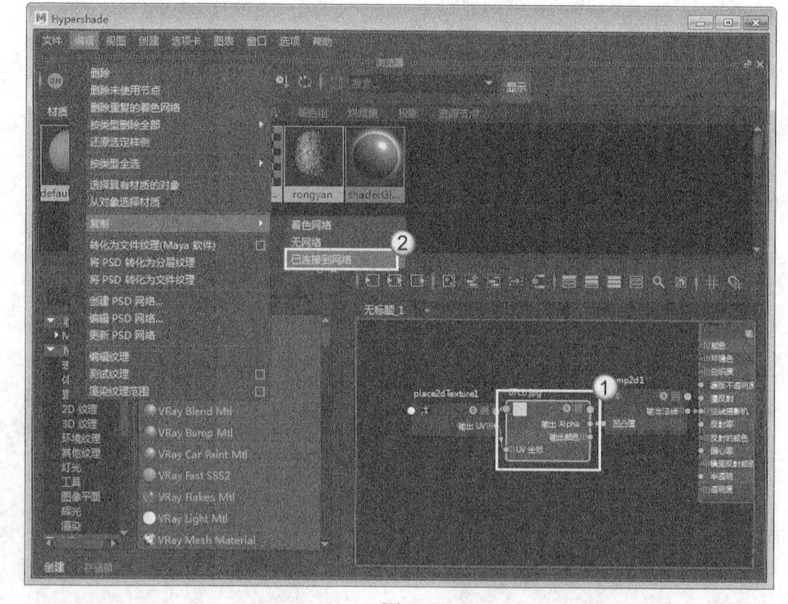

图12-47

05 在“创建栏”面板中选择“2D 纹理>渐变”节点，如图12-48所示，然后选择ramp节点，在“属性编辑器”面板中设置名称为RemapRamp1，接着设置渐变的颜色，如图12-49所示。

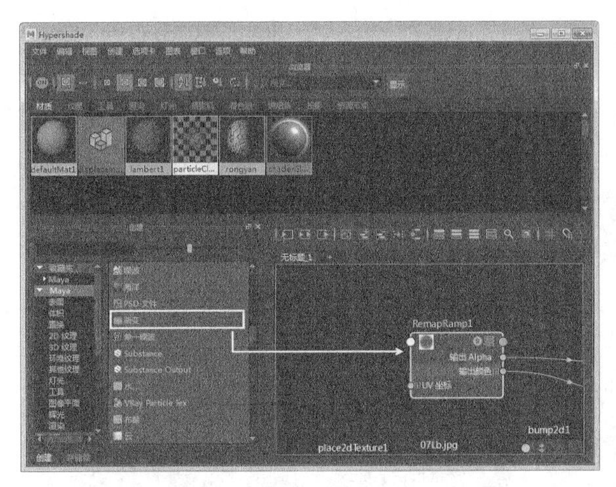

图12-48

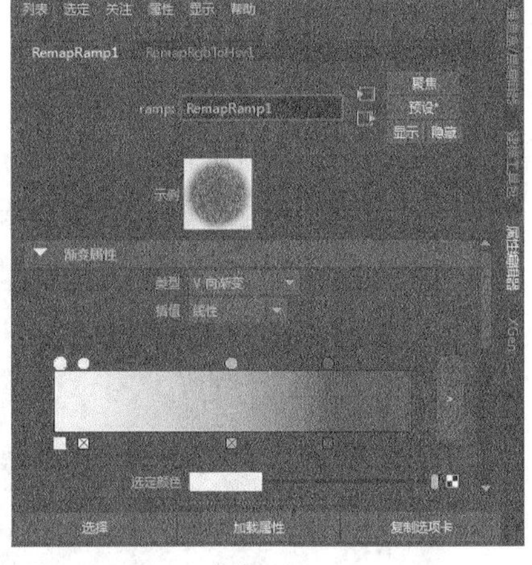

图12-49

**提示**

在导入图像时，Maya会根据当前摄影机的角度确定导入图像的方向，因此要根据情况切换到各个正交视图中。

**06** 在Hypershade对话框中选择file2节点，然后打开file2的“属性编辑器”面板，接着展开“颜色平衡”卷展栏，最后将ramp1节点连接到file2的“颜色增益”属性上，如图12-50所示。

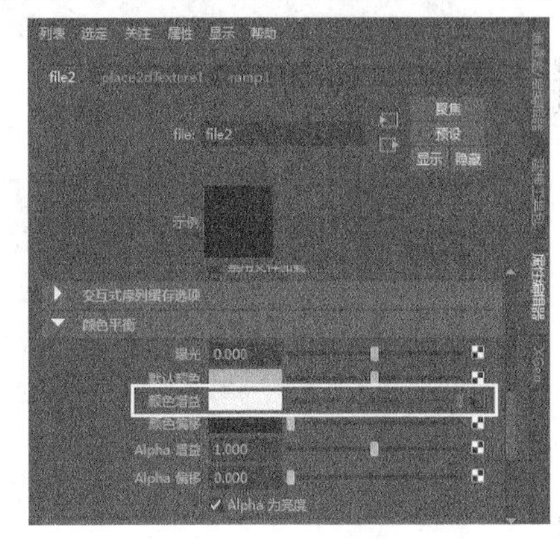

图12-50

**07** 在“创建栏”面板中选择“工具>亮度”节点，如图12-51所示，然后选择luminance1节点，将file2节点连接到luminance1节点的“明度值”属性上，如图12-52所示。

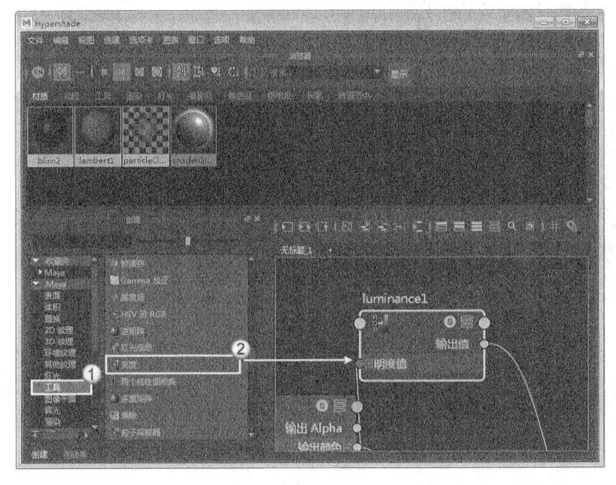

图12-51

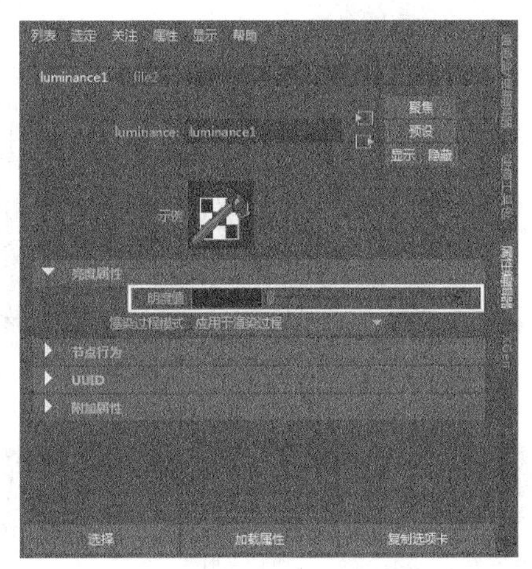

图12-52

**提示**

“亮度”节点的作用是将RGB颜色模式转换成灰度颜色模式。

**08** 在Hypershade对话框中选择blinn2SG节点，然后将luminance1节点连接到blinn2SG节点的“置换材质”属性上，如图12-53所示。

**09** 在Hypershade对话框中选择blinn节点，然后在“属性编辑器”中展开“特殊效果”卷展栏，接着将ramp1节点连接到blinn节点的“辉光强度”属性上，如图12-54所示。

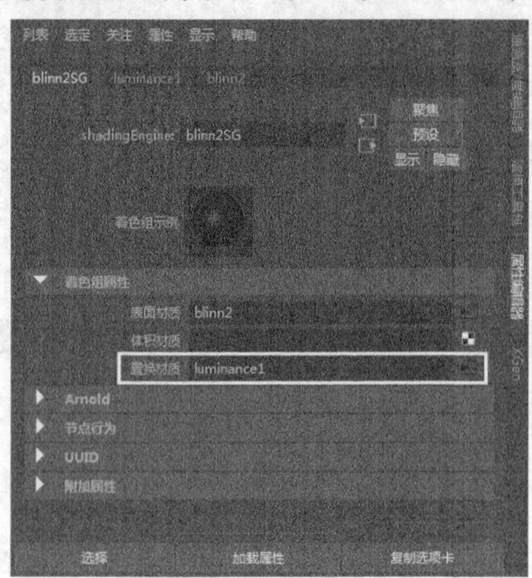


图12-53

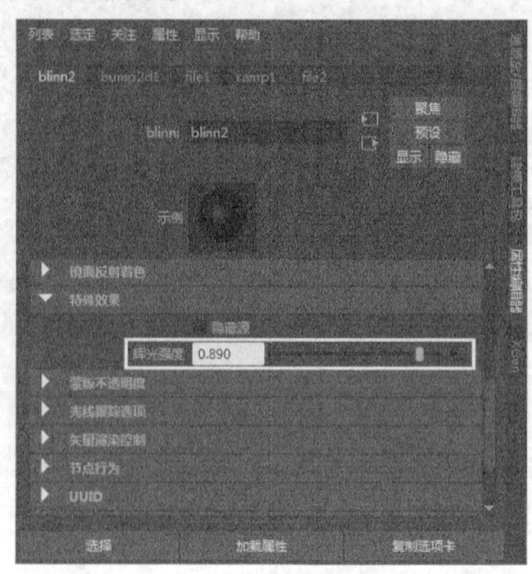


图12-54

**10** 将rongyan材质赋予模型，然后渲染当前场景，最终效果如图12-55所示。

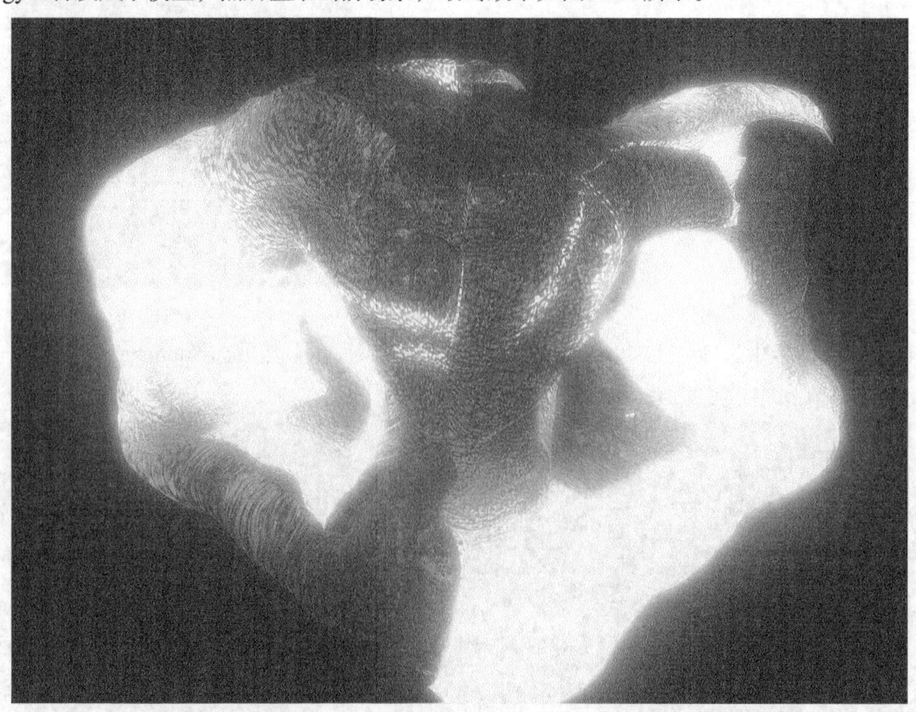

图12-55

## 【练习12-2】制作冰雕材质

| 场景文件 | Scenes>CH12>12.2.mb |
|---|---|
| 实例文件 | Examples>CH12>12.2.mb |
| 难易指数 | ★★★★☆ |
| 技术掌握 | 掌握冰雕材质的制作方法 |

本例用Phong材质配合一些纹理节点制作的冰雕材质如图12-56所示。

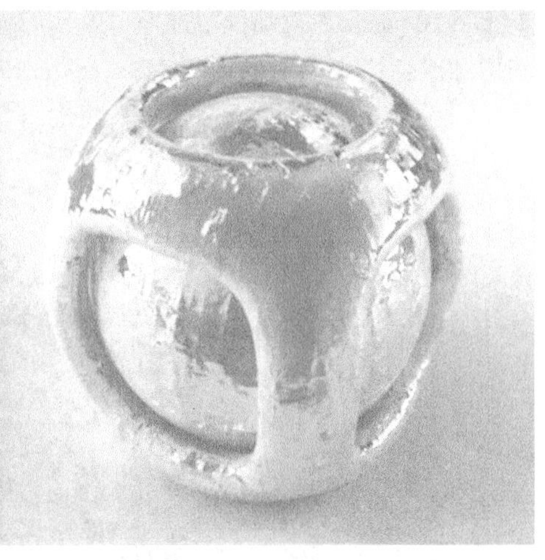

图12-56

**01** 打开学习资源中的“Scenes>CH12>12.2.mb”文件，场景中有一个雕塑模型，如图12-57所示。

**02** 在Hypershade对话框中创建一个Phong材质节点，然后在“属性编辑器”面板中设置“颜色”和“环境色”为白色、“余弦幂”为11.5、“镜面反射颜色”为白色，如图12-58所示。

图12-57

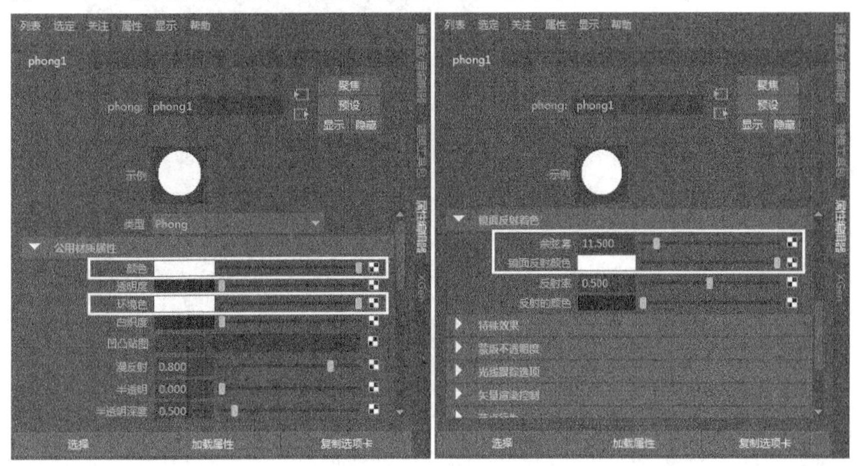


图12-58

**03** 展开“光线跟踪选项”卷展栏，然后选择“折射”选项，接着设置“折射率”为1.5、“灯光吸收”为1、“表面厚度”为0.8，如图12-59所示。

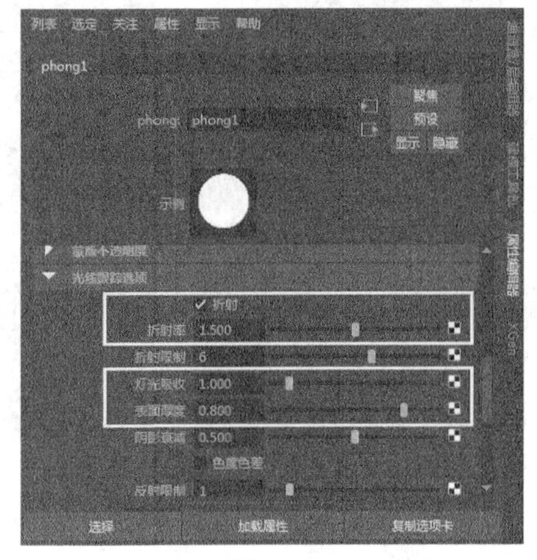


图12-59

**04** 在Hypershade对话框中选择“工具>混合颜色”节点，如图12-60所示，然后在“属性编辑器”面板中设置“颜色1”为白色、“颜色2”为（R:171，G:171，B:171），如图12-61所示。

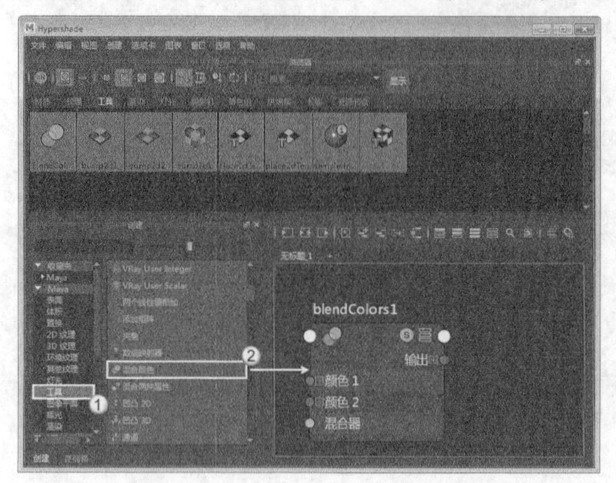


图12-60

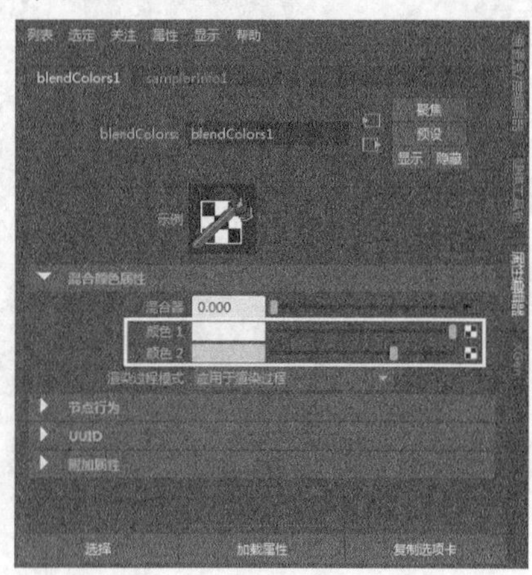


图12-61

**05** 在Hypershade对话框中选择phong1节点，然后将blendcolor1节点连接到phong1节点的“透明度”属性上，如图12-62所示。

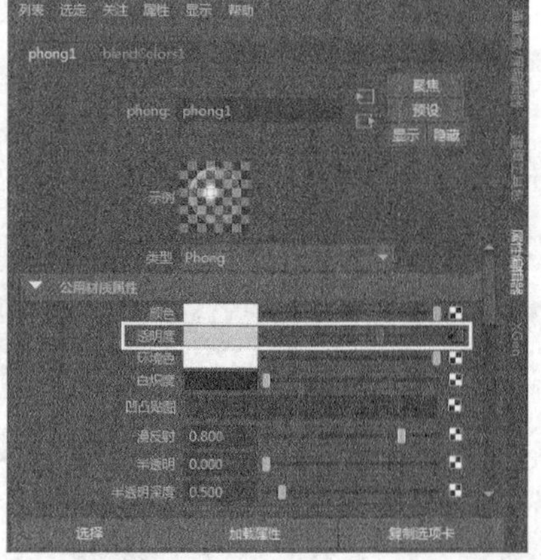


图12-62

**06** 在Hypershade对话框中选择“工具>采样器信息”节点，如图12-63所示，然后将“采样器信息”节点连接到blendcolor1节点的“混合器”属性上，如图12-64所示。

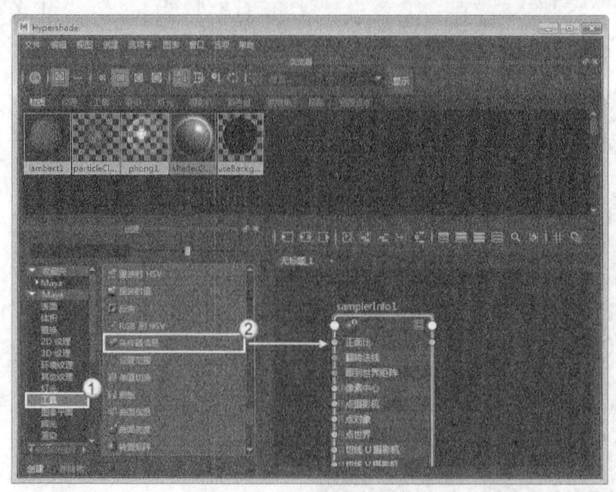


图12-63

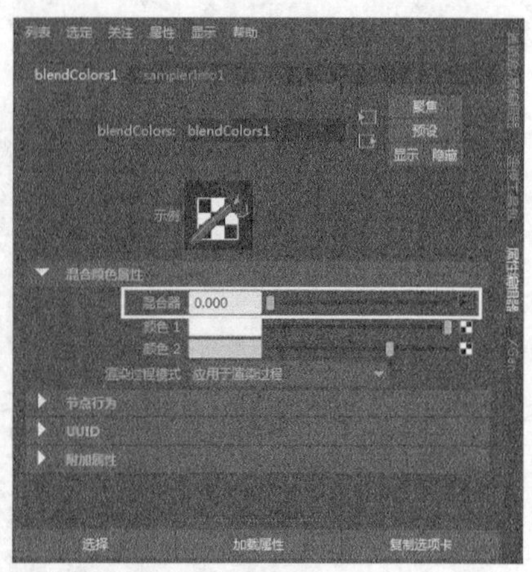


图12-64

**07** 在Hypershade对话框中选择“3D纹理>匀值分形”节点，如图12-65所示，然后在“属性编辑器”面板中设置“振幅”为0.4、“比率”为0.8，如图12-66所示。

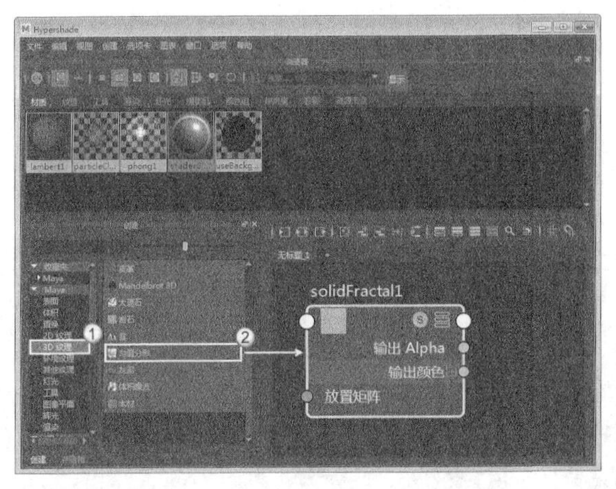


图12-65

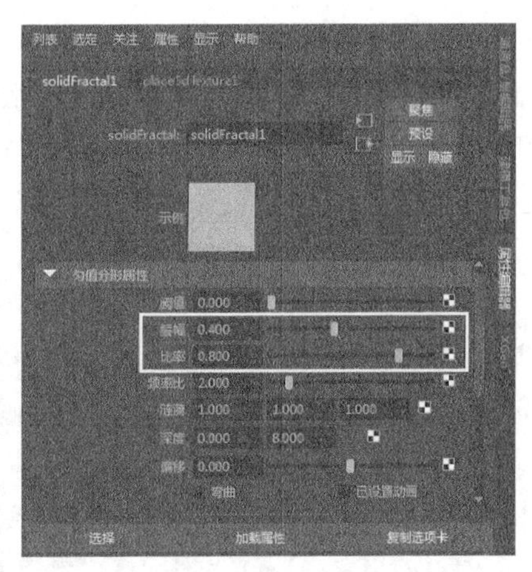


图12-66

**08** 在Hypershade对话框中选择phong1节点，然后将solidFractal1节点连接到phong1节点的“凹凸贴图”属性上，如图12-67所示。

**09** 选择bump3d1节点，然后在“属性编辑器”面板中设置“凹凸深度”为0.9，如图12-68所示。

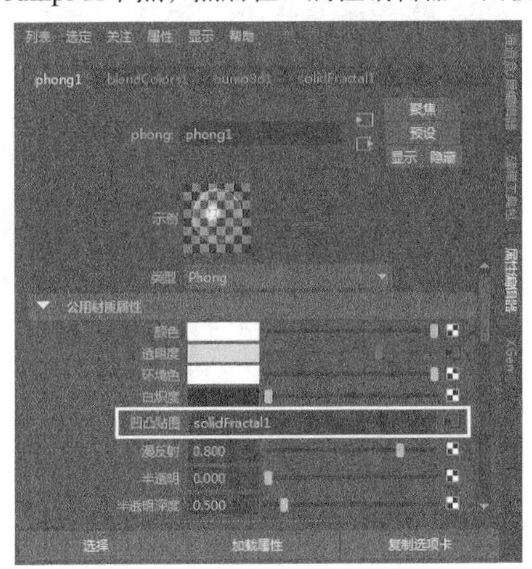


图12-67

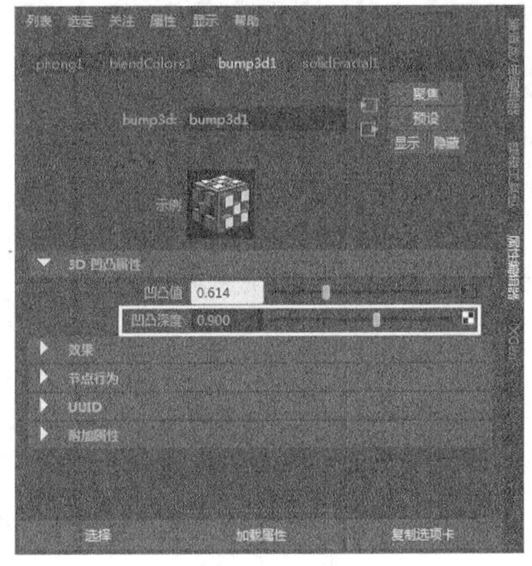


图12-68

**10** 在“创建栏”面板中选择“工具>凹凸 2D”节点，然后选择bump2d1节点，如图12-69所示，接着执行Hypershade对话框中的“窗口>连接编辑器”命令，打开“连接编辑器”对话框，如图12-70所示。

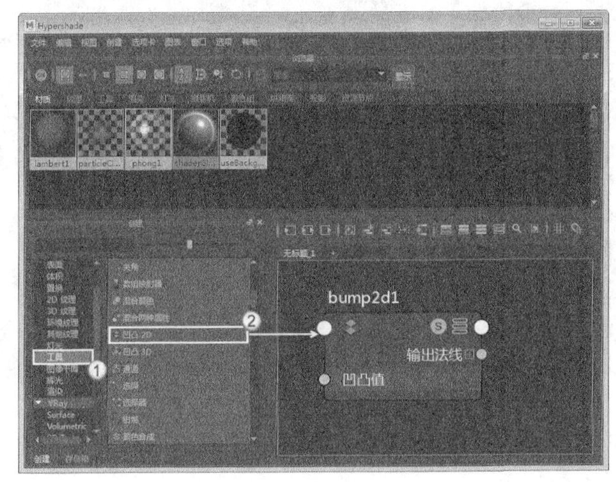


图12-69

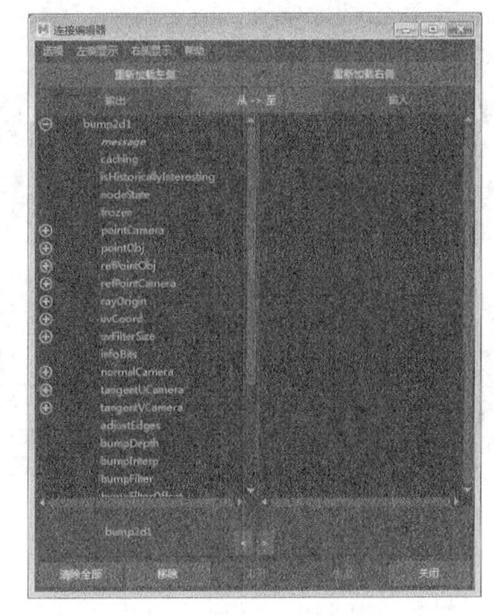

图12-70

**11** 在Hypershade对话框中选择bump3d1节点，然后在“连接编辑器”对话框中单击“重新加载右侧”按钮，将bump3d1节点的信息加载到右侧列表中，如图12-71所示。

**12** 在“连接编辑器”对话框中选择“右侧显示>显示隐藏项”选项，然后在左侧的列表中选择outNormal属性，在右侧的列表中选择normalCamera属性，如图12-72所示。这样，bump2d1节点的outNormal属性就与bump3d1节点的normalCamera属性连接了。

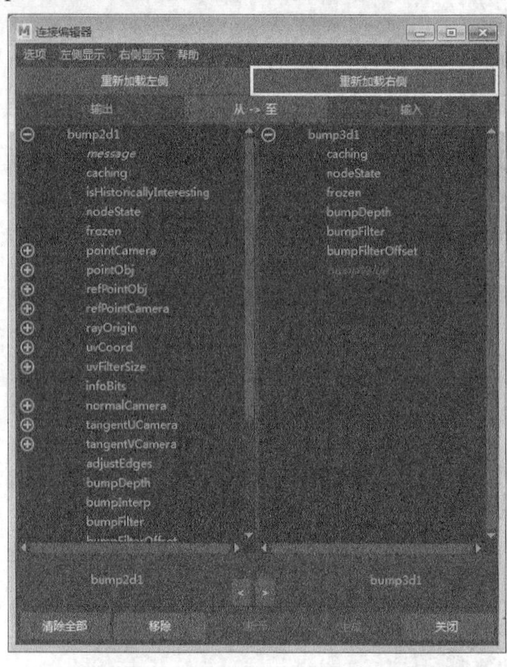


图12-71

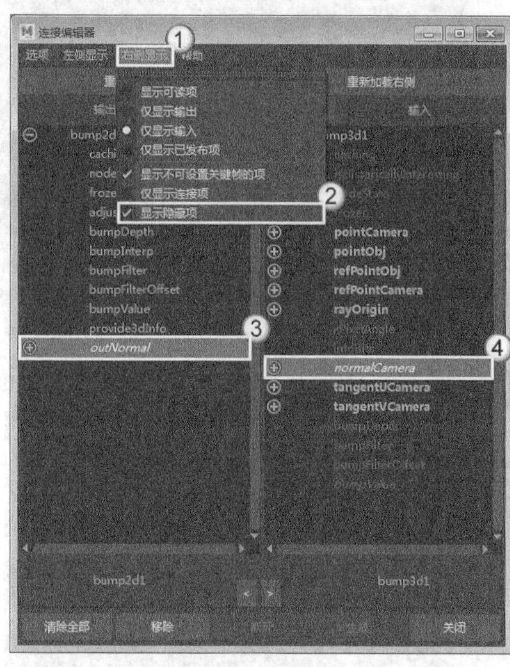


图12-72

## 提示

注意，在默认情况下节点的一部分属性处于隐藏状态，可以在“连接编辑器”对话框中执行“右侧显示>显示隐藏项”命令将其显示出来。同理，如果要显示左侧的隐藏属性，则执行“左侧显示>显示隐藏项”命令。

**13** 在Hypershade对话框中选择“2D 纹理>噪波”节点，如图12-73所示，然后选择bump2d1节点，将“噪波”节点连接到bump2d1节点的“凹凸值”属性上，接着设置“凹凸深度”为0.04，如图12-74所示。

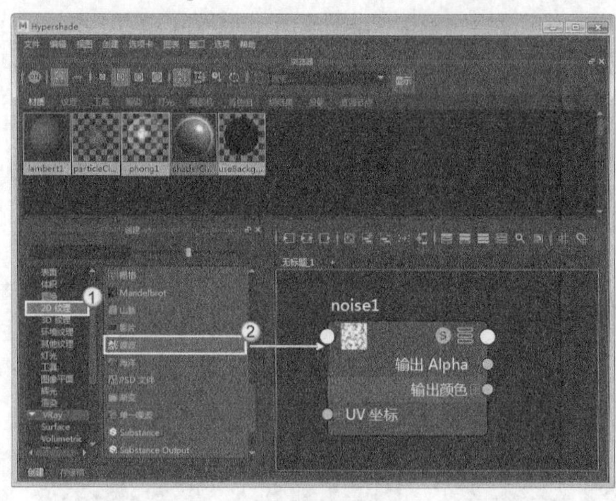


图12-73

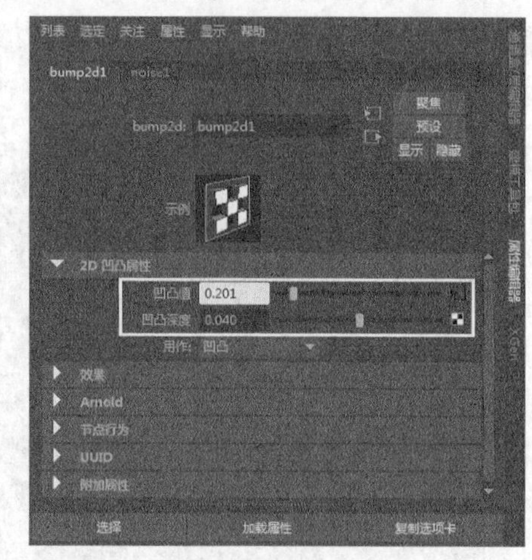


图12-74

**14** 将制作好的Phong材质球赋予场景中的模型，然后打开“渲染视图”对话框，接着单击“渲染当前帧”按钮，如图12-75所示。最终效果如图12-76所示。

图12-75

图12-76

## 【练习12-3】制作玻璃材质

本练习主要是针对Blinn材质的一个练习，希望读者能好好练习，以便于熟练使用Blinn材质。

| 场景文件 | Scenes>CH12>12.3.mb |
|---|---|
| 实例文件 | Examples>CH12>12.3.mb |
| 难易指数 | ★★☆☆☆ |
| 技术掌握 | 学习玻璃材质的制作方法 |

本例使用Blinn材质、“采样信息”节点、“渐变”节点和“环境铬”节点制作的玻璃材质效果如图12-77所示。

图12-77

**01** 打开学习资源中的“Scenes>CH12>12.3.mb”文件，如图12-78所示，场景中已经设置好了其他材质和灯光，只需要制作玻璃材质即可。

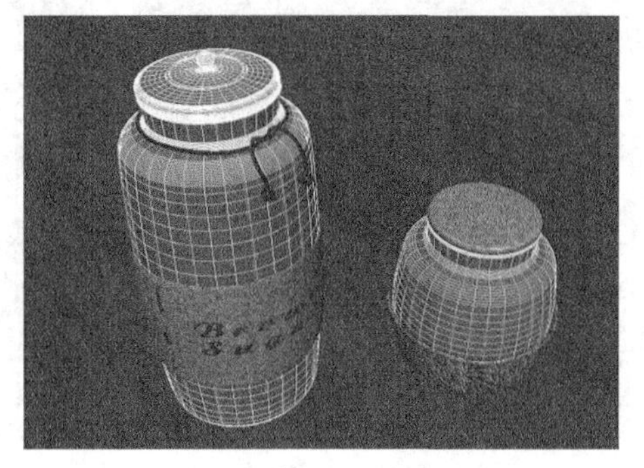

图12-78

**02** 打开Hypershade对话框，然后创建一个Blinn材质，接着在“属性编辑器”面板中将其命名为glass，最后在“公用材质属性”卷展栏中设置“颜色”为黑色，如图12-79所示。

**03** 展开“镜面反射着色”卷展栏，然后设置“偏心率”为0.06、“镜面反射衰减”为2、“镜面反射颜色”为白色，如图12-80所示。

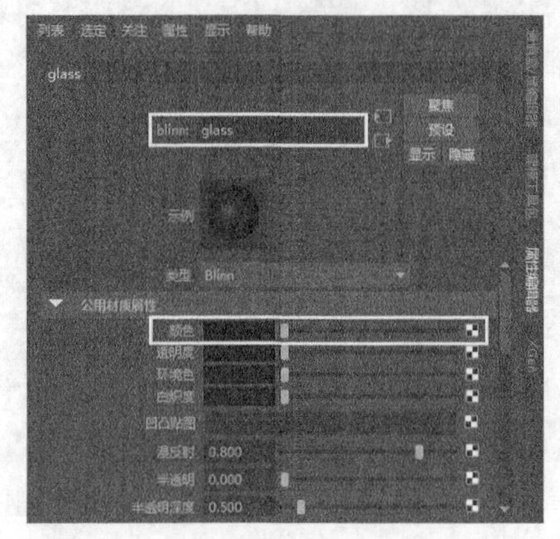

图12-79

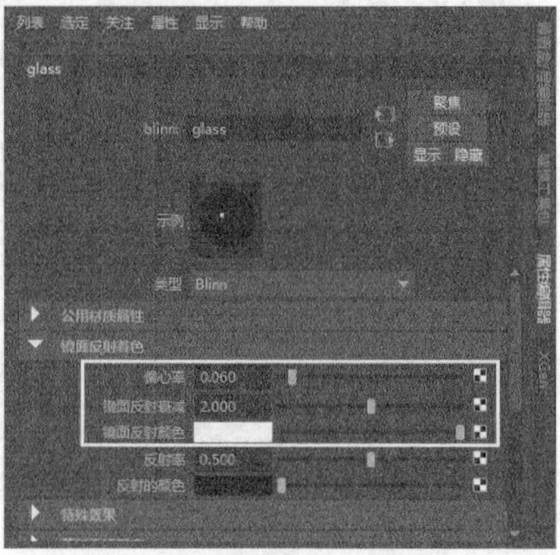

图12-80

**04** 创建一个“采样器信息”和“渐变”节点，如图12-81所示，然后在“连接编辑器”对话框中，将samplerInfo1节点的facingRatio属性与ramp1节点的vCoord属性连接，如图12-82所示。

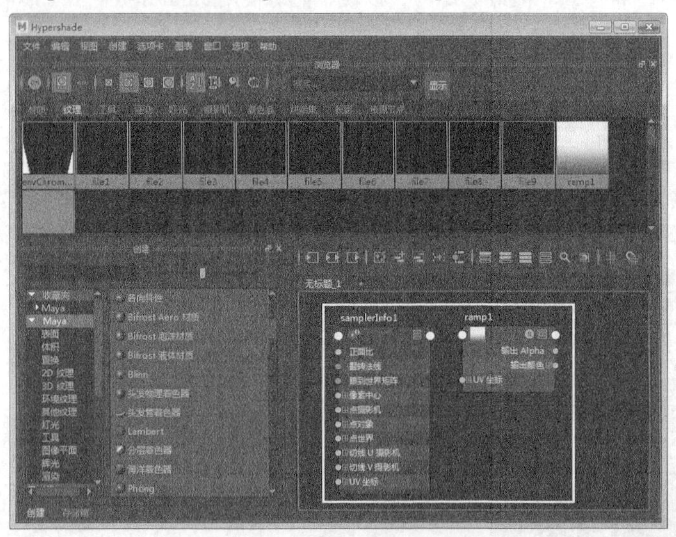

图12-81

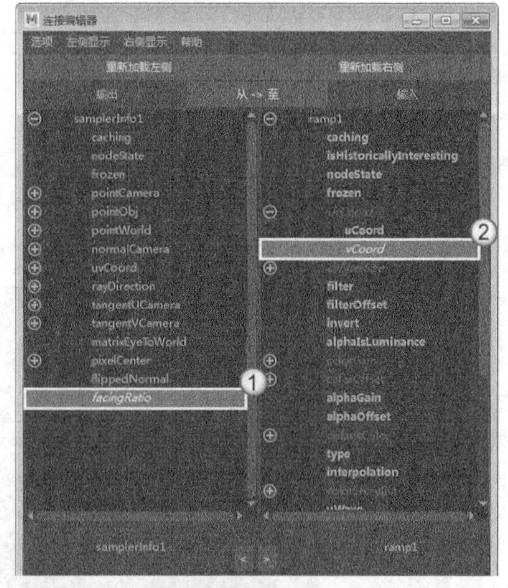

图12-82

**05** 选择ramp1节点，然后在“属性编辑器”面板中设置第1个色标的“选定位置”为0、“选定颜色”为（R:35，G:35，B:35），接着设置第2个色标的“选定位置”为0.61、“选定颜色”为白色，如图12-83所示。

**06** 选择glass节点，然后将ramp1节点连接到glass节点的“透明度”属性上，如图12-84所示。

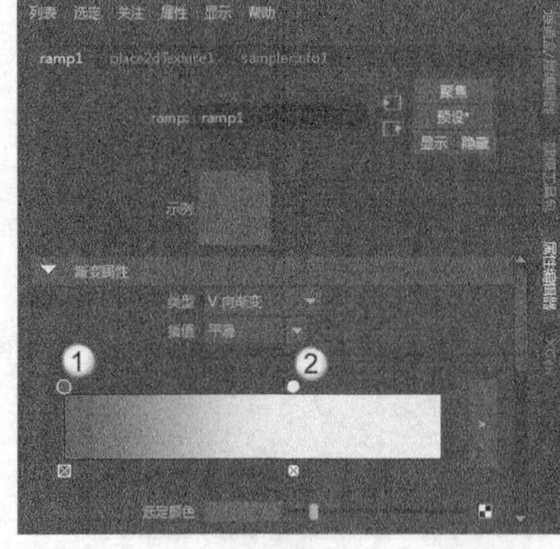

图12-83

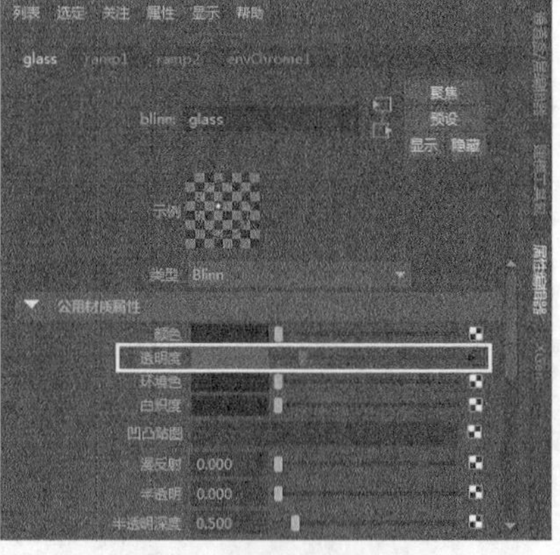

图12-84

**07** 在Hypershade对话框中选择“环境纹理>环境铬”节点，如图12-85所示，然后选择glass节点，接着将envChrome1节点连接到glass节点的“镜面反射颜色”属性上，如图12-86所示。

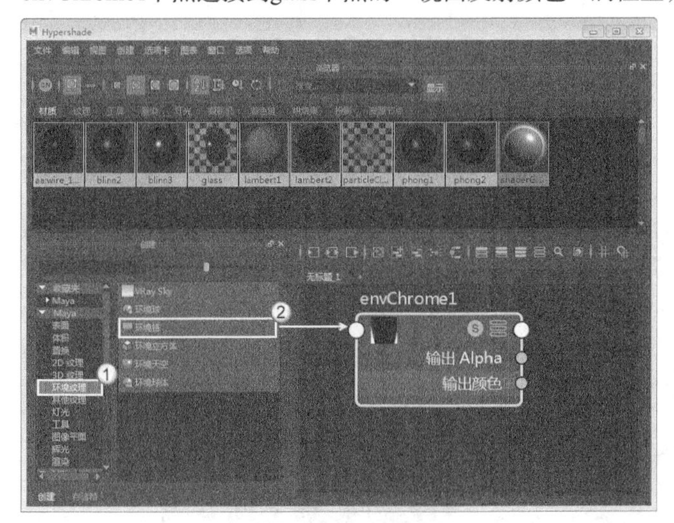


图12-85

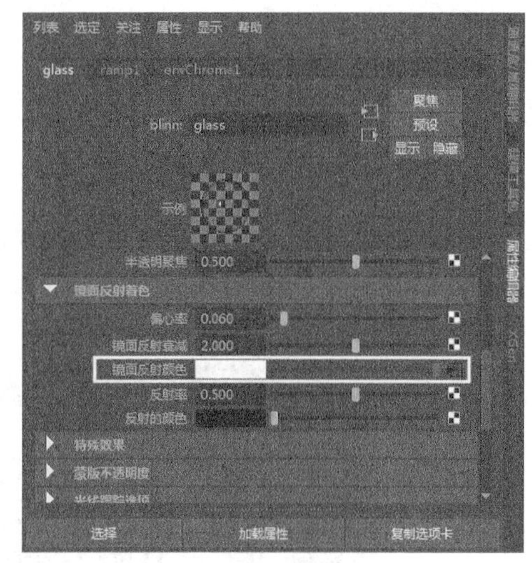

图12-86

**08** 选择envChrome1节点，然后在“属性编辑器”面板中设置各项参数，具体参数设置如图12-87所示。

**09** 选择ramp1、place2dTexture1和samplerInfo1节点，然后执行“编辑>复制>已连接到网络”命令，复制出一组节点，如图12-88所示，接着选择glass节点，最后将ramp2节点连接到glass节点的“反射率”属性上。

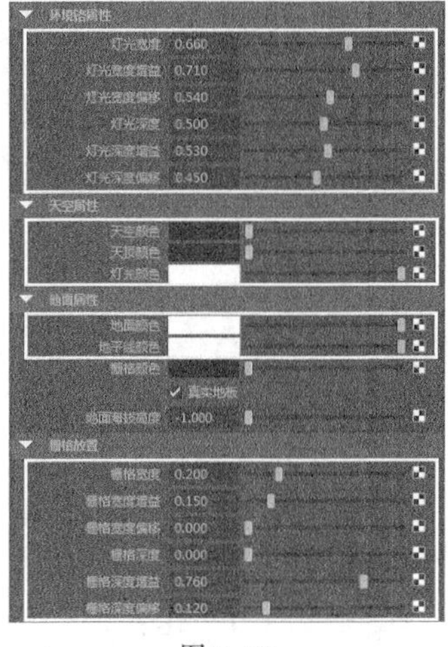

图12-87

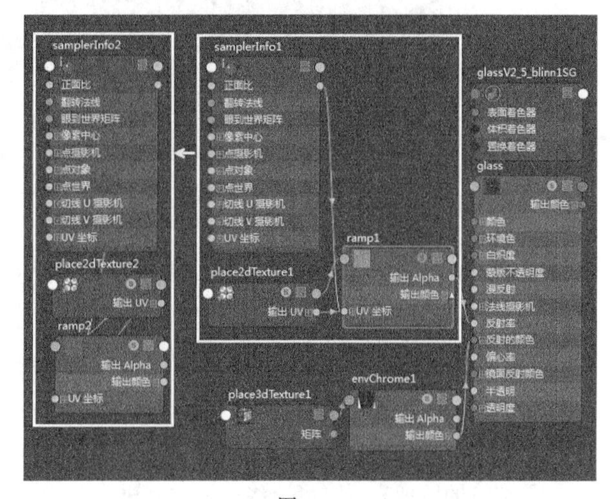


图12-88

**10** 选择ramp2节点，然后在“属性编辑器”面板中设置第1个色标的“选定位置”为0、“选定颜色”为（R:81, G:81, B:81），再设置第2个色标的“选定位置”为0.69、“选定颜色”为（R:7, G:7, B:7），如图12-89所示。

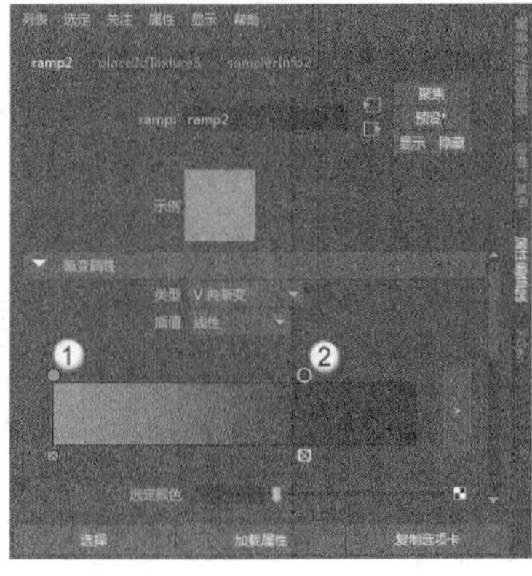

图12-89

**11** 将设置好的glass材质指定给瓶子模型，然后渲染当前场景，最终效果如图12-90所示。

图12-90

# 12.7 渲染基础

在三维作品的制作过程中，渲染是非常重要的阶段。不管制作何种作品，都必须经过渲染来输出最终的成品。

## 12.7.1 渲染概念

英文Render就是经常所说的“渲染”，直译为“着色”，也就是为场景对象进行着色的过程。当然这并不是简单的着色过程，Maya会经过相当复杂的运算，将虚拟的三维场景投影到二维平面上，从而形成最终输出的画面，如图12-91所示。

图12-91

**提示**

渲染可以分为实时渲染和非实时渲染。实时渲染可以实时地将三维空间中的内容反映到画面上，能即时计算出画面内容，如游戏画面就是实时渲染；非实时渲染是将三维作品提前输出为二维画面，然后再将这些二维画面按一定速率进行播放，如电影、电视等都是非实时渲染出来的。

## 12.7.2 渲染算法

从渲染的原理来看，可以将渲染的算法分为“扫描线算法”“光线跟踪算法”“热辐射算法”3种，每种算法都有其存在的意义。

### 1.扫描线算法

扫描线算法是早期的渲染算法，也是目前发展最为成熟的一种算法，其最大优点是渲染速度很快，现在的电影大部分都采用这种算法进行渲染。使用扫描线渲染算法最为典型的渲染器是Render man渲染器。

### 2.光线跟踪算法

光线跟踪算法是生成高质量画面的渲染算法之一，能实现逼真的反射和折射效果，如金属、玻璃类物体。

光线跟踪算法是从视点发出一条光线，通过投影面上的一个像素进入场景。如果光线与场景中的物体没有发生相遇情况，即没有与物体产生交点，那么光线跟踪过程就结束了；如果光线在传播的过程中与物体相遇，将会根据以下3种条件进行判断。

第1种：与漫反射物体相遇，将结束光线跟踪过程。

第2种：与反射物体相遇，将根据反射原理产生一条新的光线，并且继续传播下去。

第3种：与折射的透明物体相遇，将根据折射原理弯曲光线，并且继续传播。

光线跟踪算法会进行庞大的信息处理，与扫描线算法相比，其速度相对比较慢，但可以产生真实的反射和折射效果。

### 3.热辐射算法

热辐射算法是基于热辐射能在物体表面之间的能量传递和能量守恒定律。热辐射算法可以使光线在物体之间产生漫反射效果，直至能量耗尽。这种算法可以使物体之间产生色彩溢出现象，能实现真实的漫反射效果。

**提示**

著名的Mental Ray渲染器就是一种热辐射算法渲染器，能够输出电影级的高质量画面。热辐射算法需要大量的光子进行计算，在速度上比前面两种算法都慢。

## 12.8 默认渲染器——Maya软件

“Maya软件”渲染器是Maya默认的渲染器。执行“窗口>渲染编辑器>渲染设置”菜单命令，打开“渲染设置”对话框，如图12-92所示。

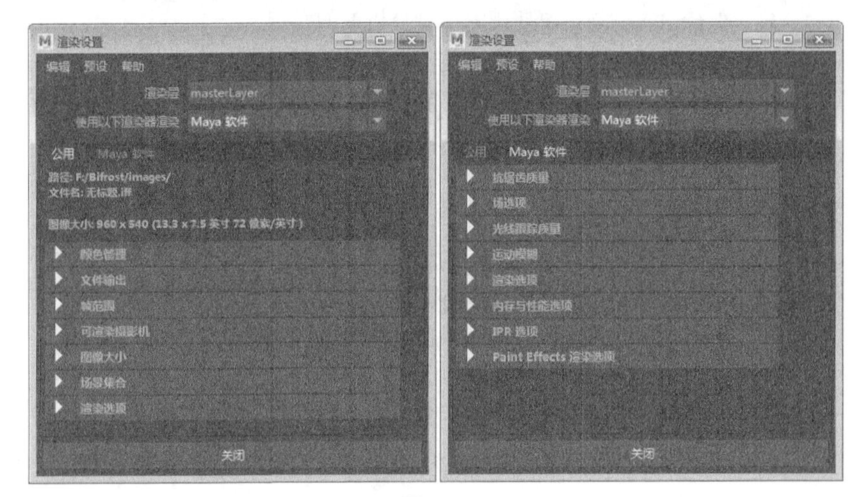


图12-92

**提示**

渲染设置是渲染前的最后准备，将直接决定渲染输出的图像质量，所以必须掌握渲染参数的设置方法。

### 12.8.1 文件输出与图像大小

展开“文件输出”和“图像大小”两个卷展栏，如图12-93所示。这两个卷展栏主要用来设置文件名称、文件类型以及图像渲染大小等。

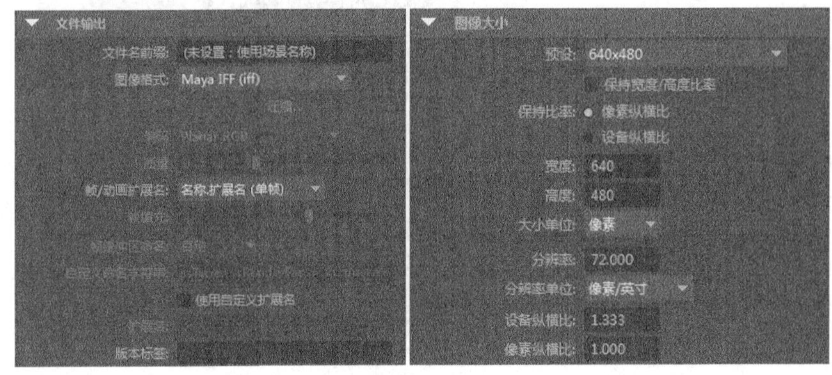


图12-93

**常用参数介绍**

- ❖ 文件名前缀：设置输出文件的名字。
- ❖ 图像格式：设置图像文件的保存格式。
- ❖ 帧/动画扩展名：用来决定是渲染静帧图像还是渲染动画，以及设置渲染输出的文件名采用何种格式。
- ❖ 帧填充：设置帧编号扩展名的位数。
- ❖ 帧缓冲区命名：将字段与多重渲染过程功能结合使用。
- ❖ 自定义命名字符串：设置“帧缓冲区命名”为“自定义”选项时可以激活该选项。使用该选项可以自己选择渲染标记来自定义通道命名。
- ❖ 使用自定义扩展名：选择“使用自定义扩展名”选项后，可以在下面的“扩展名”选项中输入扩展名，这样可以对渲染图像文件名使用自定义文件格式扩展名。
- ❖ 版本标签：可以将版本标签添加到渲染输出文件名中。
- ❖ 预设：Maya提供了一些预置的尺寸规格，以方便用户进行选择。
- ❖ 保持宽度/高度比率：选择该选项后，可以保持文件尺寸的宽高比。
- ❖ 保持比率：指定要使用的渲染分辨率的类型。
- ❖ 像素纵横比：组成图像的宽度和高度的像素数之比。
- ❖ 设备纵横比：显示器的宽度单位数乘以高度单位数。4∶3的显示器将生成较方正的图像，而16∶9的显示器将生成全景形状的图像。
- ❖ 宽度：设置图像的宽度。
- ❖ 高度：设置图像的高度。
- ❖ 大小单位：设置图像大小的单位，一般以“像素”为单位。
- ❖ 分辨率：设置渲染图像的分辨率。
- ❖ 分辨率单位：设置分辨率的单位，一般以“像素/英寸”为单位。
- ❖ 设备纵横比：查看渲染图像的显示设备的纵横比。“设备纵横比”表示图像纵横比乘以像素纵横比。
- ❖ 像素纵横比：查看渲染图像的显示设备的各个像素的纵横比。

## 12.8.2 渲染设置

在“渲染设置”对话框中单击“Maya软件”选项卡，在这里可以设置“抗锯齿质量”“光线跟踪质量”“运动模糊”等参数，如图12-94所示。

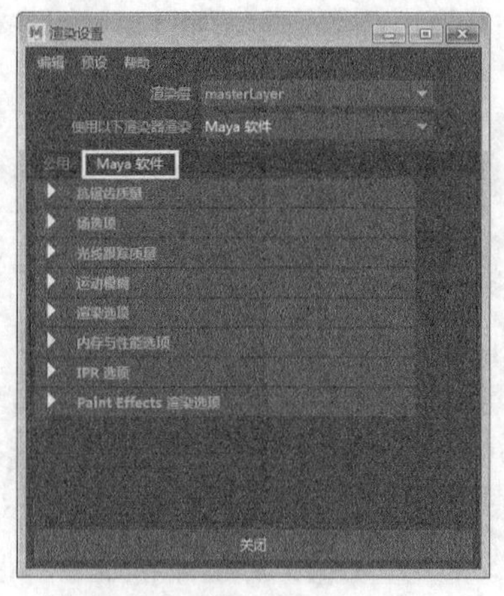


图12-94

## 1.抗锯齿质量

展开“抗锯齿质量”卷展栏，如图12-95所示。

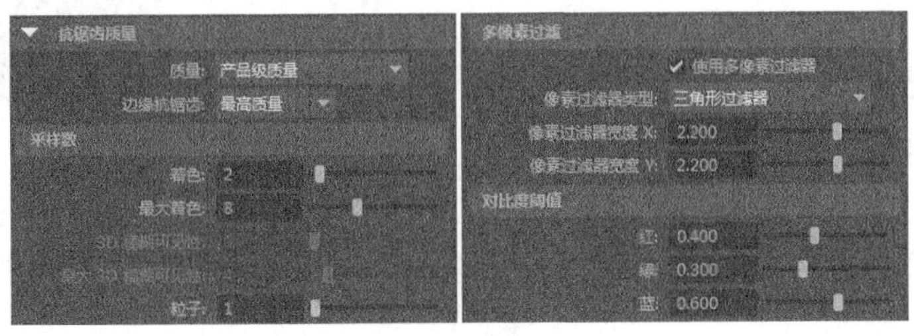


图12-95

### 常用参数介绍

❖ 质量：设置抗锯齿的质量，共有6种选项，如图12-96所示。

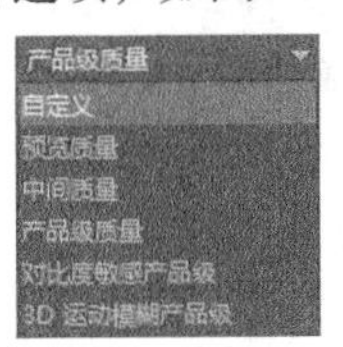


图12-96

- ✧ 自定义：用户可以自定义抗锯齿质量。
- ✧ 预览质量：主要用于测试渲染时预览抗锯齿的效果。
- ✧ 中间质量：比预览质量更加好的一种抗锯齿质量。
- ✧ 产品级质量：产品级的抗锯齿质量，可以得到比较好的抗锯齿效果，适用于大多数作品的渲染输出。
- ✧ 对比度敏感产品级：比“产品级质量”抗锯齿效果更好的一种抗锯齿级别。
- ✧ 3D运动模糊产品级：主要用来渲染动画中的运动模糊效果。

❖ 边界抗锯齿：控制物体边界的抗锯齿效果，有“低质量”“中等质量”“高质量”“最高质量”级别之分。

❖ 着色：用来设置表面的采样数值。

❖ 最大着色：设置物体表面的最大采样数值，主要用于决定最高质量的每个像素的计算次数。但是如果数值过大，会增加渲染时间。

❖ 3D模糊可见性：当运动模糊物体穿越其他物体时，该选项用来设置其可视性的采样数值。

❖ 最大3D模糊可见性：用于设置更高采样级别的最大采样数值。

❖ 粒子：设置粒子的采样数值。

❖ 使用多像素过滤器：多重像素过滤开关器。当选择该选项时，下面的参数将会被激活，同时在渲染过程中会对整个图像中的每个像素之间进行柔化处理，以防止输出的作品产生闪烁效果。

❖ 像素过滤器类型：设置模糊运算的算法，有以下5种。

- ✧ 长方体过滤器：一种非常柔和的方式。
- ✧ 三角形过滤器：一种比较柔和的方式。
- ✧ 高斯过滤器：一种细微柔和的方式。
- ✧ 二次B样条线过滤器：比较陈旧的一种柔和方式。
- ✧ 插件过滤器：使用插件进行柔和。

❖ 像素过滤器宽度X/Y：用来设置每个像素点的虚化宽度。值越大，模糊效果越明显。

❖ 红/绿/蓝：用来设置画面的对比度。值越低，渲染出来的画面对比度越低，同时需要更多的渲染时间；值越高，画面的对比度越高，颗粒感越强。

## 2.光线跟踪质量

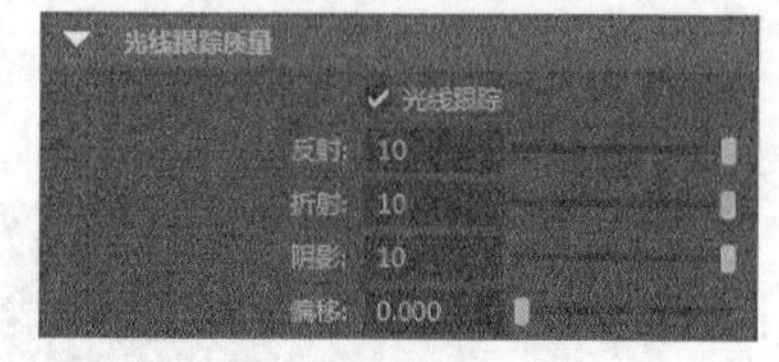

图12-97

展开“光线跟踪质量”卷展栏，如图12-97所示。该卷展栏控制是否在渲染过程中对场景进行光线跟踪，并控制光线跟踪图像的质量。更改这些全局设置时，关联的材质属性值也会更改。

### 常用参数介绍

❖ 光线跟踪：选择该选项时，将进行光线跟踪计算，可以产生反射、折射和光线跟踪阴影等效果。

❖ 反射：设置光线被反射的最大次数，与材质自身的“反射限制”一起起作用，但是较低的值才会起作用。

❖ 折射：设置光线被折射的最大次数，其使用方法与“反射”相同。

❖ 阴影：设置被反射和折射的光线产生阴影的次数，与灯光光线跟踪阴影的“光线深度限制”选项共同决定阴影的效果，但较低的值才会起作用。

❖ 偏移：如果场景中包含3D运动模糊的物体并存在光线跟踪阴影，可能在运动模糊的物体上观察到黑色画面或不正常的阴影，这时应设置该选项的数值为0.05~0.1；如果场景中不包含3D运动模糊的物体和光线跟踪阴影，该值应设置为0。

## 3.运动模糊

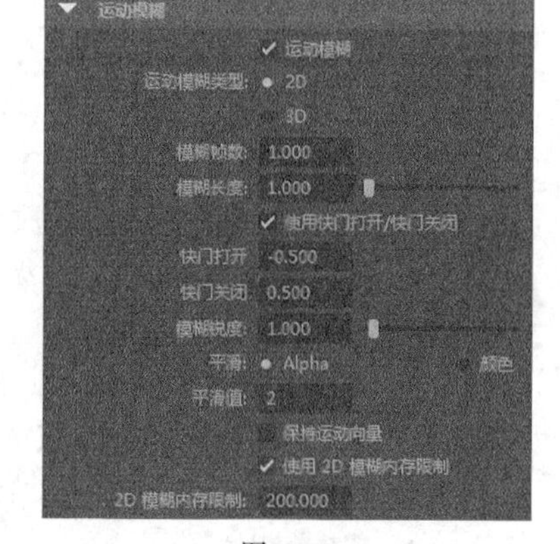

图12-98

展开“运动模糊”卷展栏，如图12-98所示。渲染动画时，运动模糊可以通过对场景中的对象进行模糊处理来产生移动的效果。

### 常用参数介绍

❖ 运动模糊：选择该选项，渲染时会将运动的物体进行模糊处理，使渲染效果更加逼真。

❖ 运动模糊类型：有2D和3D两种类型。2D是一种比较快的计算方式，但产生的运动模糊效果不太逼真；3D是一种很真实的运动模糊方式，会根据物体的运动方向和速度产生很逼真的运动模糊效果，但需要更多的渲染时间。

❖ 模糊帧数：设置前后有多少帧的物体被模糊。数值越高，物体越模糊。

❖ 模糊长度：用来设置2D模糊方式的模糊长度。

❖ 使用快门打开/快门关闭：控制是否开启快门功能。

❖ 快门打开/关闭：设置“快门打开”和“快门关闭”的数值。“快门打开”的默认值为 -0.5，“快门关闭”的默认值为0.5。

❖ 模糊锐度：用来设置运动模糊物体的锐化程度。数值越高，模糊扩散的范围就越大。

❖ 平滑：用来处理“平滑值”产生抗锯齿作用所带来的噪波的副作用。

❖ 平滑值：设置运动模糊边缘的级别。数值越高，更多的运动模糊将参与抗锯齿处理。

❖ 保持运动向量：选择该选项时，可以将运动向量信息保存到图像中，但不处理图像的运动模糊。

❖ 使用2D模糊内存限制：决定是否在2D运动模糊过程中使用内存数量的上限。

❖ 2D模糊内存限制：设置在2D运动模糊过程中使用的内存数量的上限。

## 【练习12-4】用Maya软件渲染水墨画

| 场景文件 | Scenes>CH12>12.4.mb |
|---|---|
| 实例文件 | Examples>CH12>12.4.mb |
| 难易指数 | ★★★☆☆ |
| 技术掌握 | 掌握国画材质的制作方法及Maya软件渲染器的使用方法 |

本例使用Maya软件渲染器渲染的水墨画效果如图12-99所示。

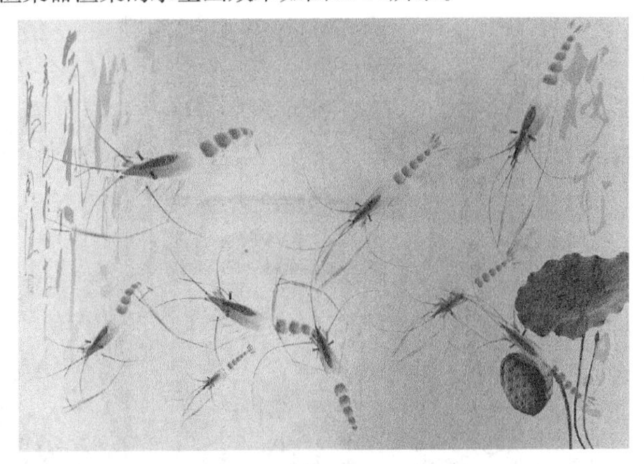

图12-99

## 1.虾背材质

**01** 打开学习资源中的“Scenes>CH12>12.4.mb”文件，场景中有一个虾模型，如图12-100所示。

图12-100

**02** 打开Hypershade对话框，在“创建栏”面板中选择“表面>渐变着色器”节点，如图12-101所示，然后在“属性编辑器”面板中将该节点命名为bei，接着设置“颜色”“透明度”“白炽度”卷展栏下的属性，参数如图12-102所示。

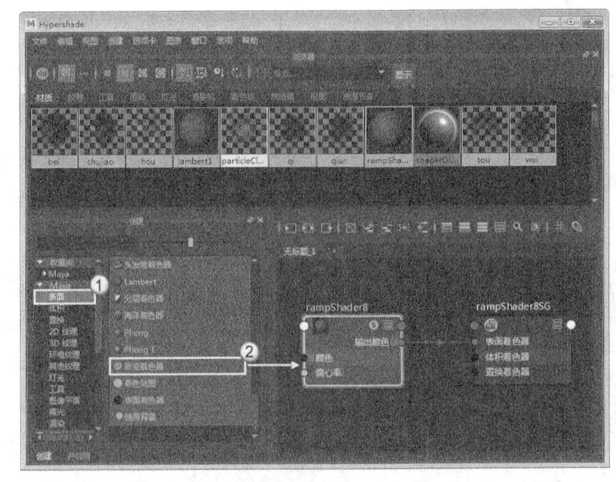



图12-101

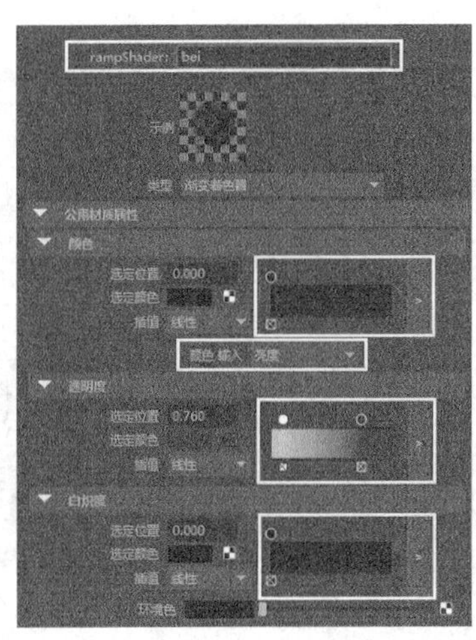



图12-102

**03** 创建一个“渐变”节点，然后在“属性编辑器”面板中设置“类型”为“U向渐变”、“插值”为“钉形”，接着设置第1个色标的“选定颜色”为（R:43，G:43，B:43）、“选定位置”为0.13，最后设置第2个色标的“选定颜色”为（R:255，G:255，B:255）、“选定位置”为0.84，如图12-103所示。

**04** 创建一个“噪波”节点，然后在“属性编辑器”面板中设置“阈值”为0.12、“振幅”为0.62，如图12-104所示。

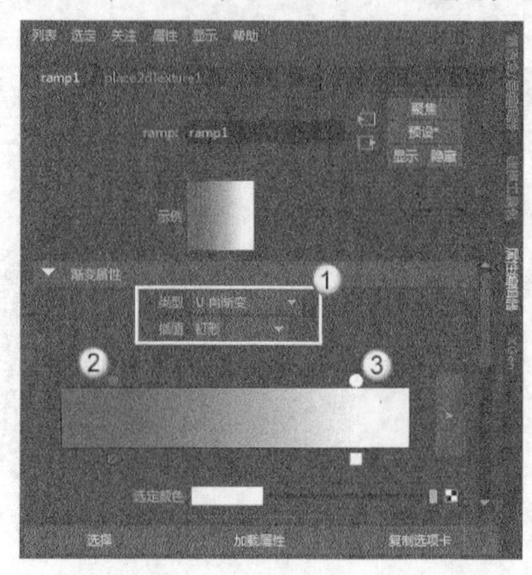

图12-103

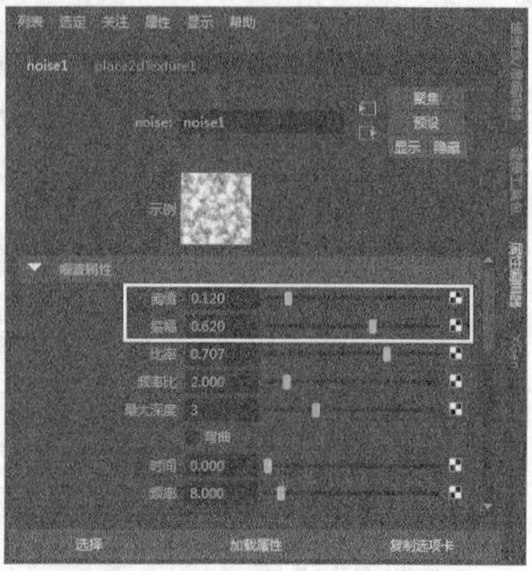

图12-104

**05** 选择noise1节点的place2dTexture2节点，然后在“属性编辑器”面板中设置“UV向重复”为（0.3，0.6），如图12-105所示。

**06** 选择ramp1节点，然后在“属性编辑器”面板中展开“颜色平衡”卷展栏，接着将noise1节点连接到ramp1节点的“颜色偏移”属性上，如图12-106所示。

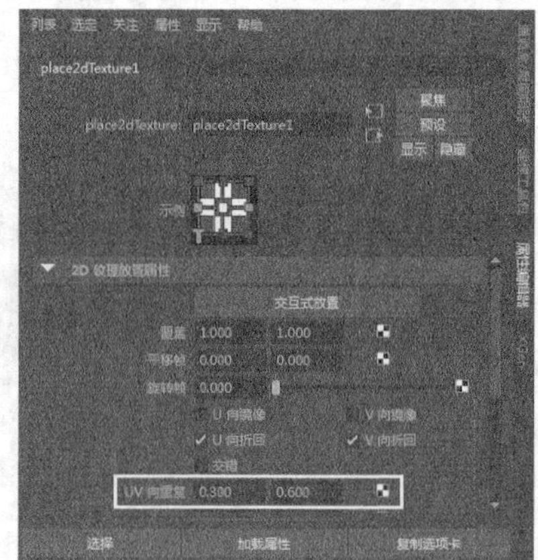

图12-105

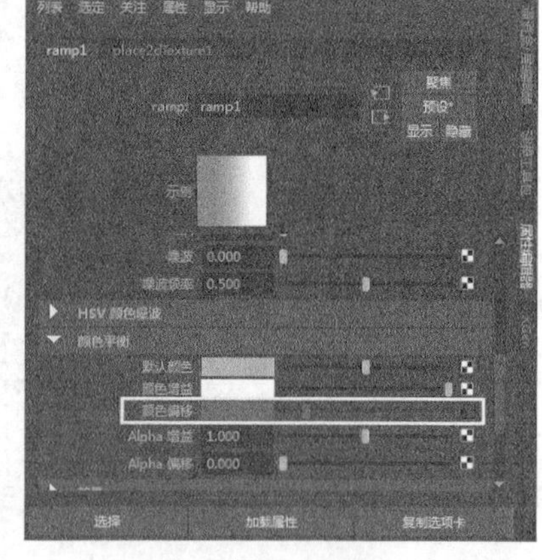

图12-106

**07** 选择bei节点，然后在“属性编辑器”面板中展开“透明度”卷展栏，接着选择第2个色标，最后将ramp1节点连接到“选定颜色”属性上，如图12-107所示。

**08** 将制作好的bei材质指定给龙虾的背部，如图12-108所示。

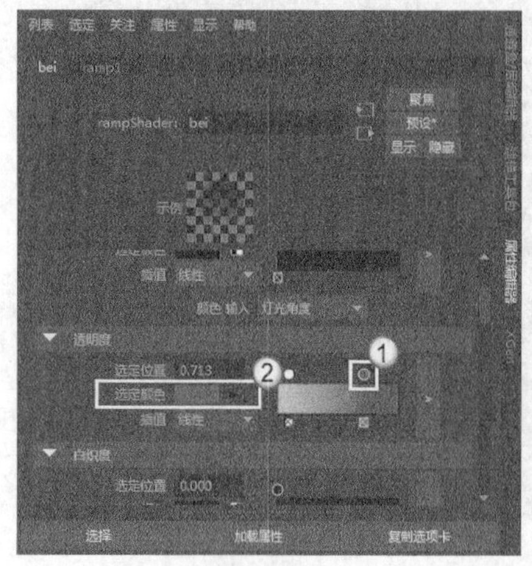

图12-107

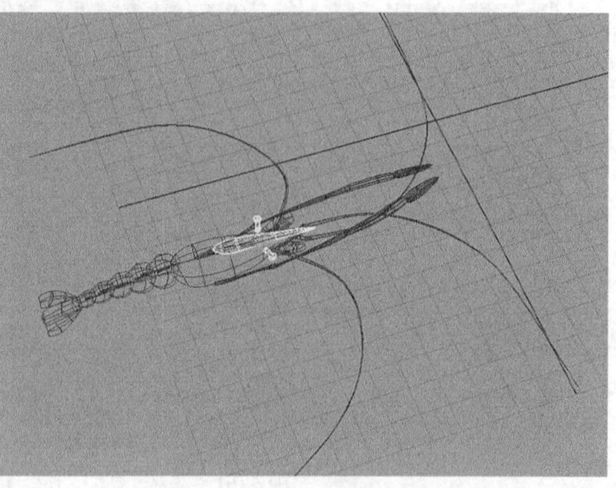

图12-108

## 2.触角材质

**01** 创建一个“渐变着色器”材质，然后在“属性编辑器”面板中将该节点命名为chujiao，接着设置“颜色”和“透明度”的属性，参数如图12-109所示。

**02** 创建一个“渐变”纹理节点，然后在“属性编辑器”面板中设置“类型”为“U向渐变”、“插值”为“钉形”，接着设置第1个色标的“选定颜色”为（R:0，G:0，B:0）、“选定位置”为0，再设置第2个色标的“选定颜色”为（R:38，G:38，B:38）、“选定位置”为0.48，最后设置第3个色标的“选定颜色”为（R:255，G:255，B:255）、“选定位置”为1，如图12-110所示。

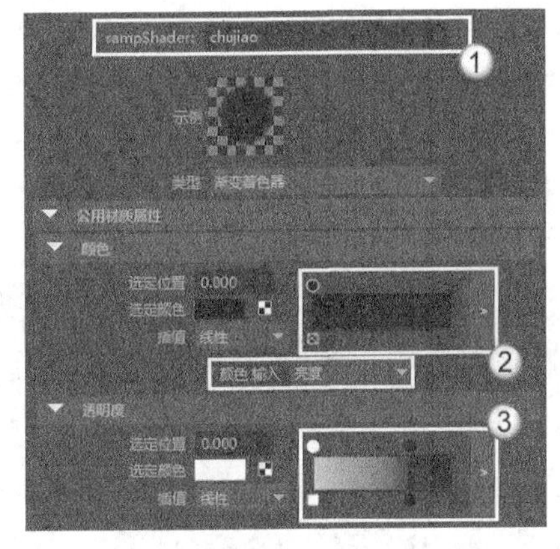

图12-109

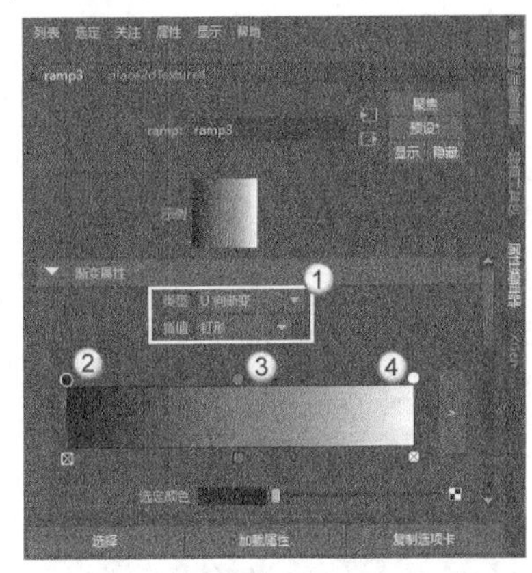

图12-110

**03** 创建一个“分形”纹理节点，然后选择place2dTexture5节点，接着在“属性编辑器”面板中设置“UV向重复”为（0.05，0.1），如图12-111所示。

**04** 创建一个“分层纹理”节点，然后在“属性编辑器”面板中将ramp3节点添加到layeredTexture1节点的层中，接着设置Alpha为0.8、“混合模式”为“相加”，最后将fractal1节点添加到layeredTexture1节点的层中，如图12-112所示。

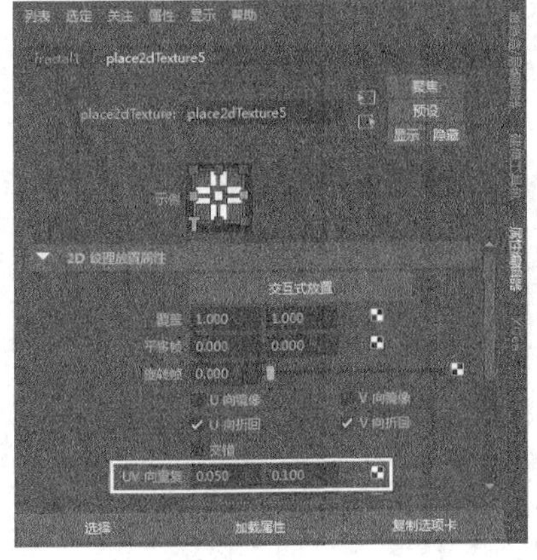

图12-111

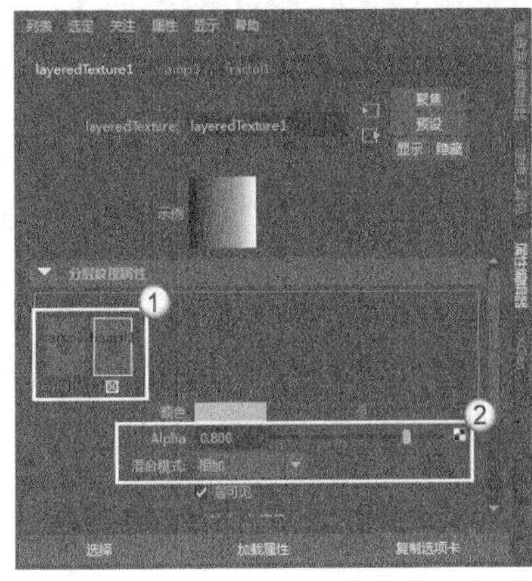

图12-112

**05** 选择chujiao节点，然后在“属性编辑器”面板中展开“透明度”卷展栏，接着选择第2个色标，最后将layeredTexture1节点连接到“选定颜色”属性上，如图12-113所示。

**06** 将设置好的chujiao材质指定给龙虾的触角，如图12-114所示。

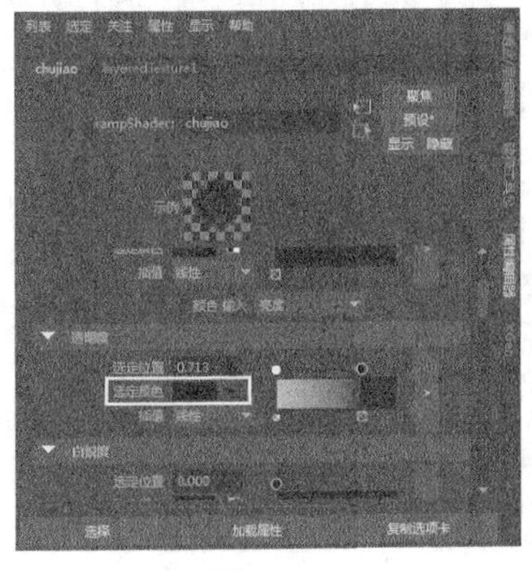

图12-113

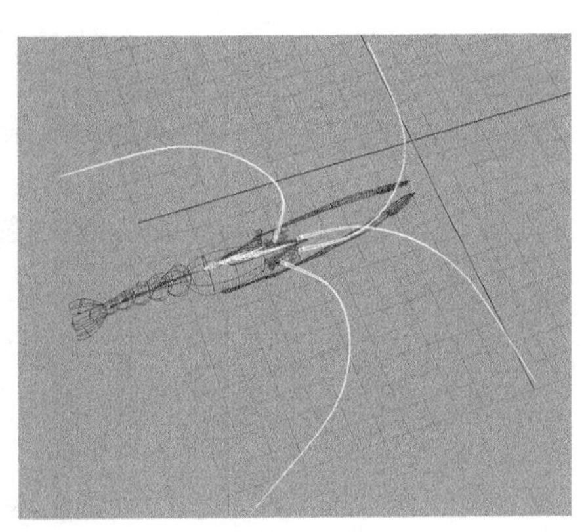

图12-114

## 3.虾鳍材质

01 创建一个“渐变着色器”材质，然后在“属性编辑器”面板中将该节点命名为qi，接着设置“颜色”“透明度”“白炽度”的属性，参数如图12-115所示。

02 创建一个“噪波”纹理节点，然后在“属性编辑器”面板中设置“阈值”为0.46、“振幅”为0.55、“比率”为0.27，如图12-116所示。

03 创建一个“渐变”纹理节点，然后在“属性编辑器”面板中设置“类型”为“U向渐变”、“插值”为“钉形”，接着设置第1个色标的“选定颜色”为（R:2525，G:255，B:255）、“选定位置”为0，再设置第2个色标的“选定颜色”为（R:77，G:77，B:77）、“选定位置”为0.33，并设置第3个色标的“选定颜色”为（R:77，G:77，B:77）、“选定位置”为0.58，最后设置第4个色标的“选定颜色”为（R:255，G:255，B:255）、“选定位置”为1，如图12-117所示。

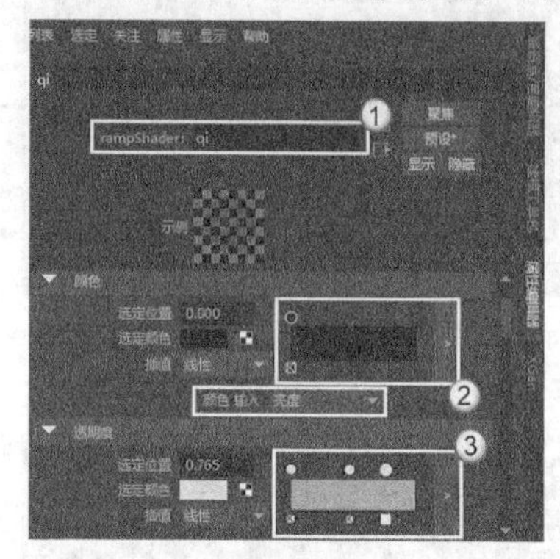
图12-115

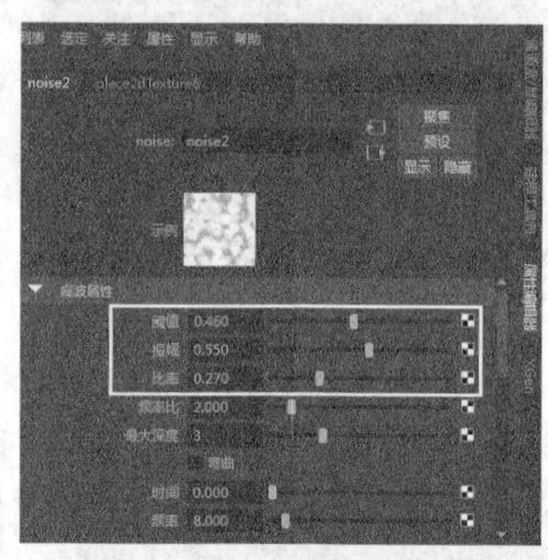
图12-116

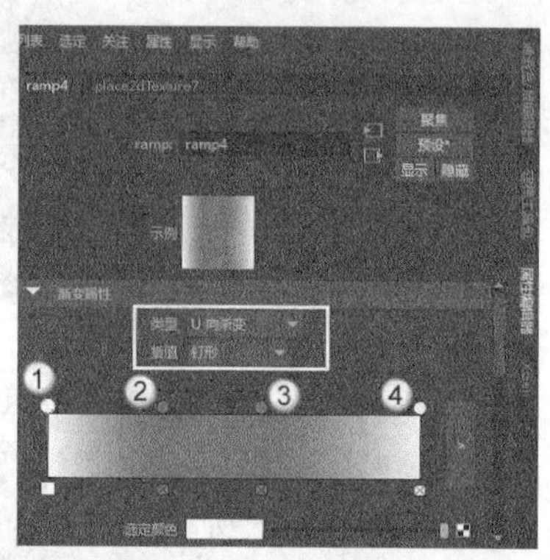
图12-117

04 选择noise2节点，然后将ramp4节点连接到noise2节点的“颜色偏移”属性上，如图12-118所示。接着选择qi节点，然后展开“透明度”卷展栏，再选择第3个色标，最后将noise2节点连接到“选定颜色”属性上，如图12-119所示。

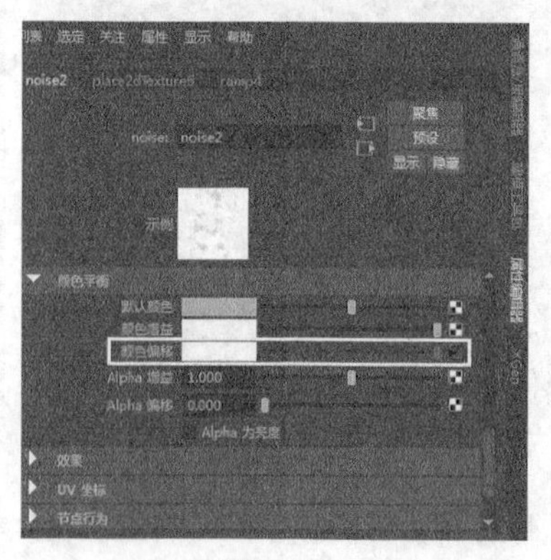
图12-118

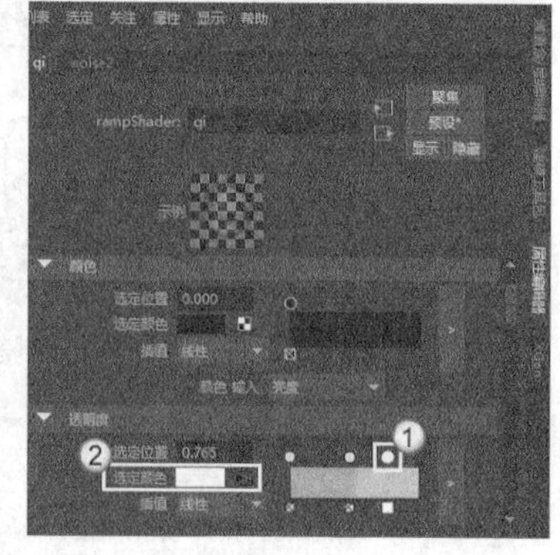
图12-119

05 将设置好的qi材质指定给龙虾的鳍，如图12-120所示。

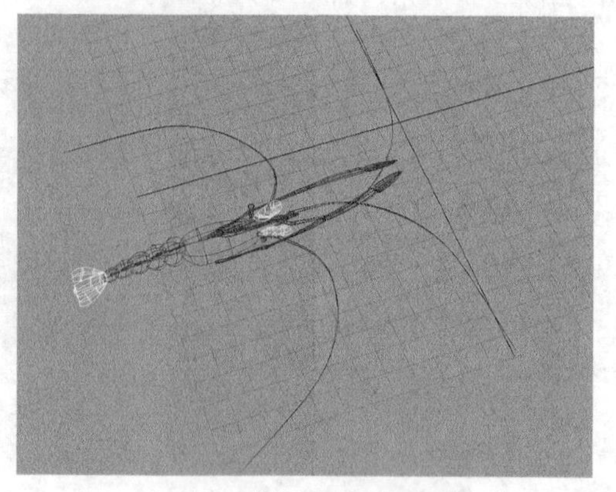
图12-120

### 4.渲染对象

01 采用相同的方法制作出其他部分的材质，完成后的效果如图12-121所示。然后测试渲染当前场景，效果如图12-122所示。

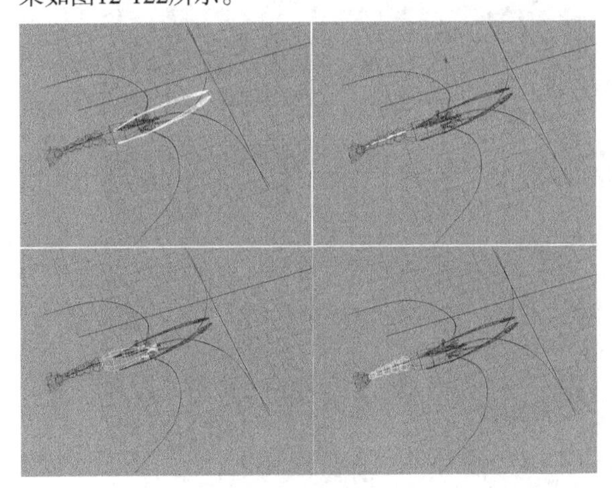

图12-121

图12-122

02 复制出多个模型，然后调整好各个模型的位置，如图12-123所示。最后渲染场景，效果如图12-124所示。

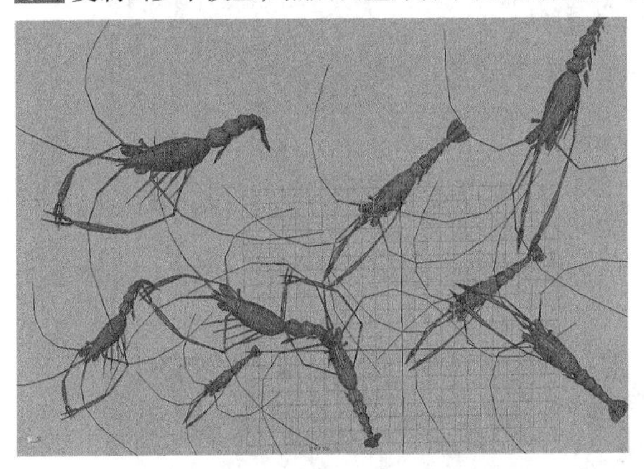

图12-123

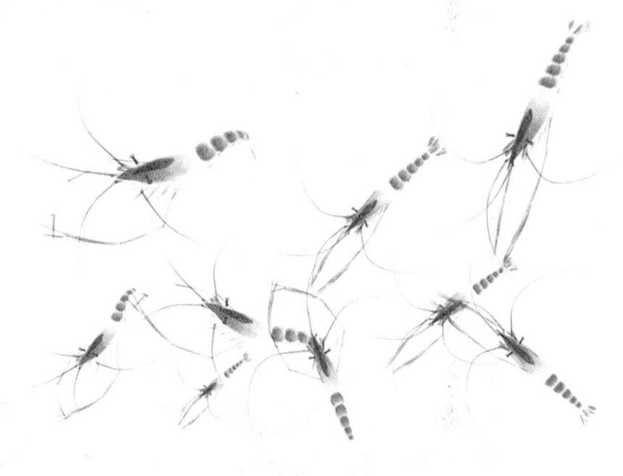

图12-124

## 【练习12-5】用Maya软件渲染变形金刚

| | |
|---|---|
| 场景文件 | Scenes>CH12>12.5.mb |
| 实例文件 | Examples>CH12>12.5.mb |
| 难易指数 | ★★★★☆ |
| 技术掌握 | 学习金属材质的制作方法及Maya软件渲染器的使用方法 |

本例使用Maya软件渲染器渲染的变形金刚效果如图12-125所示。

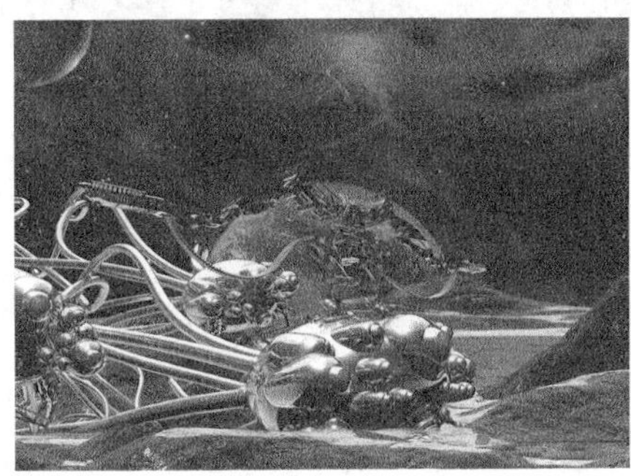

图12-125

## 1.材质制作

**01** 打开学习资源中的“Scenes>CH12>12.5.mb”文件，场景中有一些机器人模型，如图12-126所示。

图12-126

**02** 打开Hypershade对话框，由于变形金刚主要由金属构成，所以先要为其创建金属材质。创建两个Blinn材质节点和一个“分层着色器”材质节点，如图12-127所示。

**03** 选择blinn1节点，然后在“属性编辑器”面板中为“透明度”属性连接一个“渐变”节点，如图12-128所示。

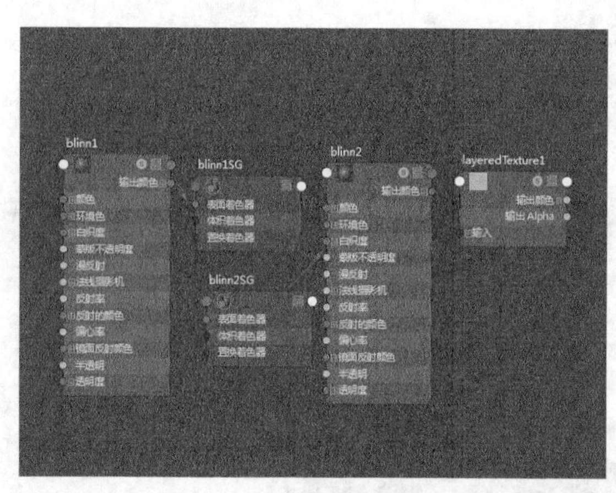


图12-127

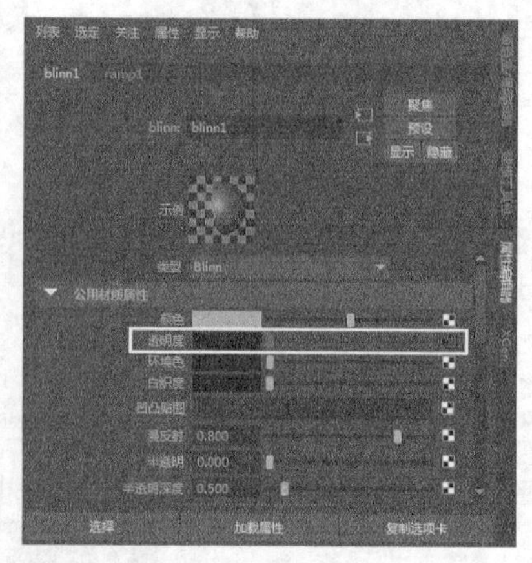


图12-128

**04** 选择ramp1节点，然后在“属性编辑器”面板中设置“插值”为“平滑”，接着设置第1个色标的“选定位置”为0、“选定颜色”为（R:31，G:31，B:31），最后设置第2个色标的“选定位置”为0.61、“选定颜色”为（R:215，G:215，B:215），如图12-129所示。

**05** 选择blinn1材质，然后为“反射率”属性连接一个“渐变”节点，接着在“属性编辑器”面板中设置ramp2节点的“插值”为“平滑”，再设置第1个色标的“选定位置”为0、“选定颜色”为（R:40，G:40，B:40），最后设置第2个色标的“选定位置”为0.86、“选定颜色”为（R:3，G:3，B:3），如图12-130所示。

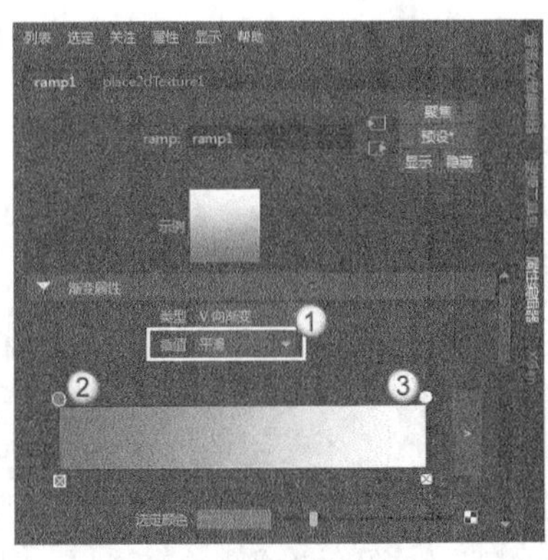

图12-129

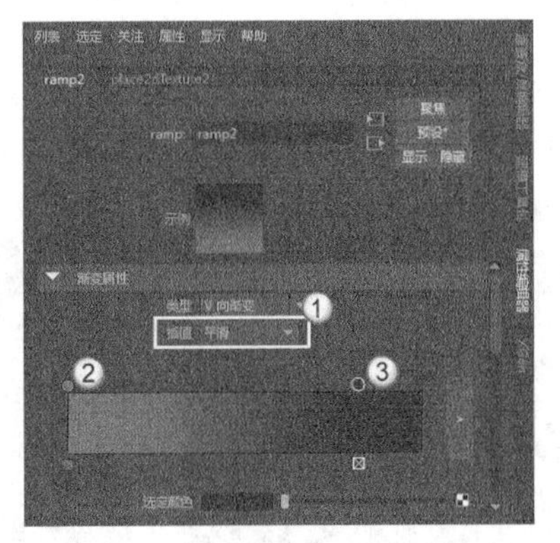

图12-130

**06** 选择blinn1材质，然后为“反射的颜色”属性连接一个“环境铬”节点，接着在“属性编辑器”面板中设置envChrome1节点的各项参数，具体参数设置如图12-131所示。

**07** 创建一个“采样器信息”节点，然后在“连接编辑器”对话框中将samplerInfo1节点的facingRatio属性与ramp1节点的vCoord属性连接，如图12-132所示。

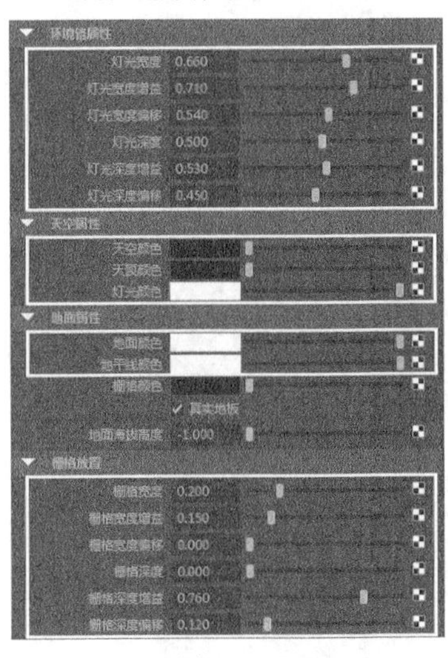

图12-131

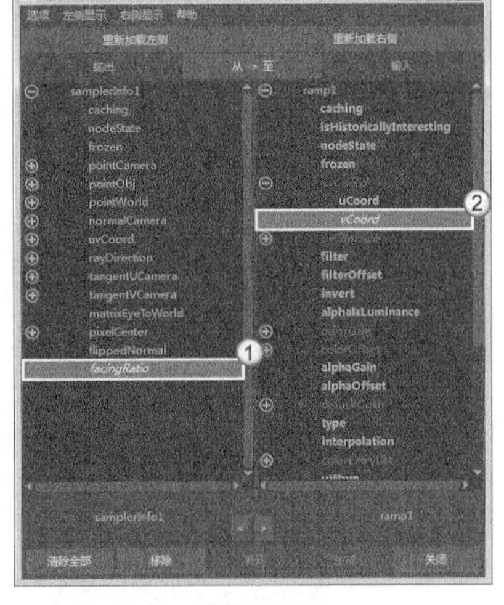

图12-132

**08** 创建一个Blinn节点，然后在“属性编辑器”面板中为blinn2节点的“镜面反射颜色”属性连接一个“花岗岩”节点，接着设置“granite1”节点的“颜色 1”为（R:74，G:74，B:74）、“颜色 2”为（R:102，G:102，B:102）、“颜色 3”为（R:93，G:93，B:93）、“填充颜色”为（R:99，G:99，B:99）、“细胞大小”为0.033、“密度”为2，如图12-133所示。

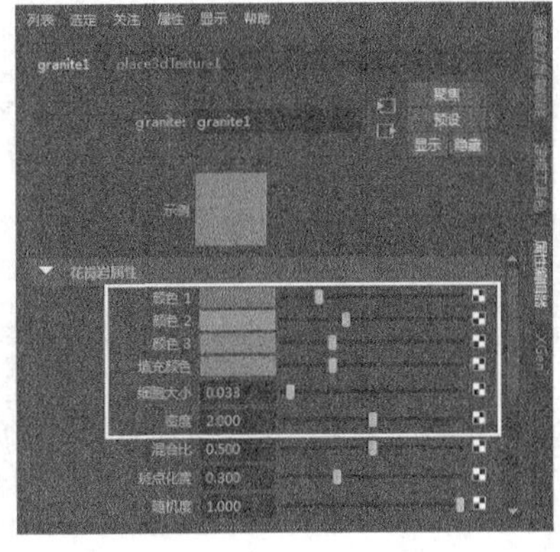

图12-133

**09** 在Hypershade对话框中创建“表面>分层着色器”节点，然后在“属性编辑器”面板中分别将blinn1和blinn2节点连接到layeredShader1节点中，如图12-134所示。

**10** 将设置好的材质指定给变形金刚和章鱼模型，如图12-135所示。

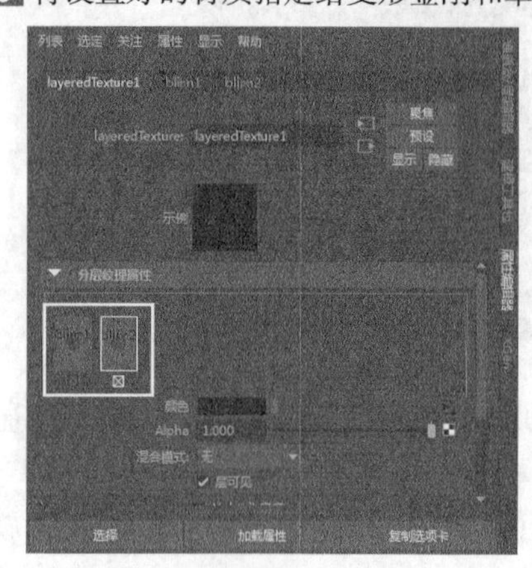


图12-134

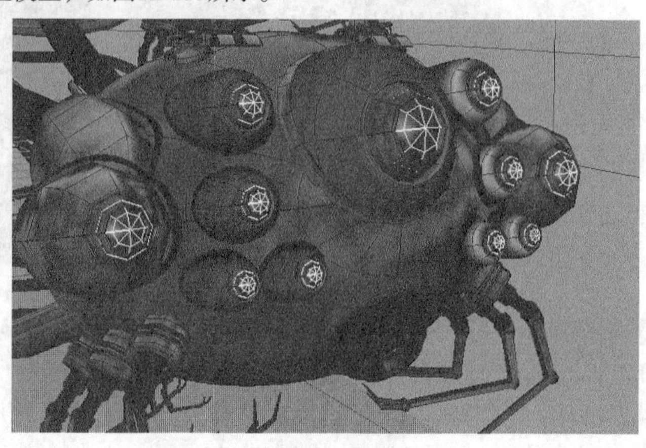

图12-135

## 提示

该步骤需要再创建一个Blinn材质，然后将颜色设置为红色，并添加一个辉光特效，最后将该材质指定给章鱼的眼睛部分。

**11** 执行“创建>体积基本体>立方体”菜单命令，在场景中创建一个体积立方体，然后调整好其大小，将整个变形金刚和章鱼模型全部包容在立方体内，如图12-136所示。

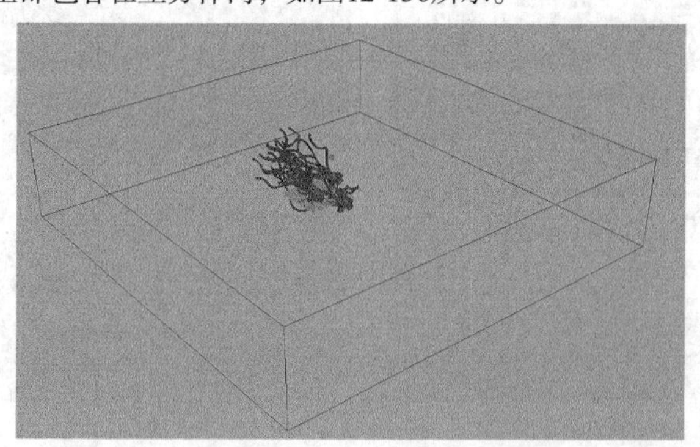

图12-136

**12** 在Hypershade对话框中创建“体积>体积雾”节点，然后在“属性编辑器”面板中将该节点命名为cubeFog，如图12-137所示，接着为“透明度”属性连接一个“3D 纹理>云”节点，如图12-138所示，最后将cubeFog材质赋予立方体模型。

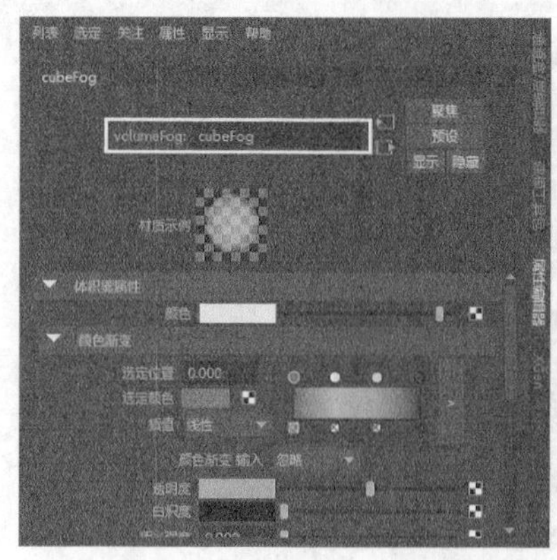


图12-137

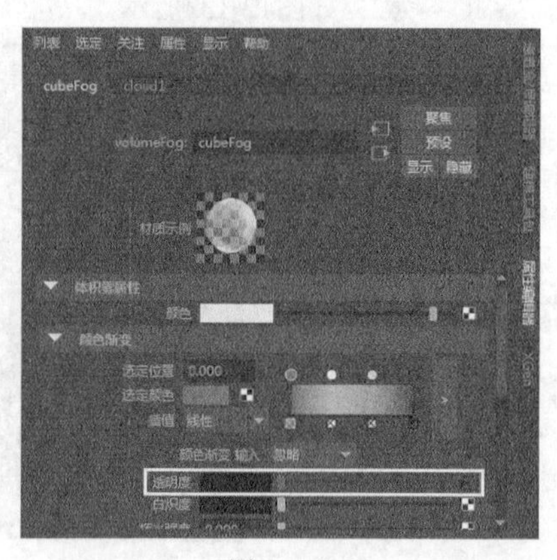


图12-138

## 2.灯光设置

**01** 在场景中执行“创建>灯光>平行光”菜单命令，创建一盏平行光，然后将其放在图12-139所示的位置。

**02** 打开平行光的“属性编辑器”面板，然后设置“颜色”为（R:211，G:235，B:255）、“强度”为1，如图12-140所示。

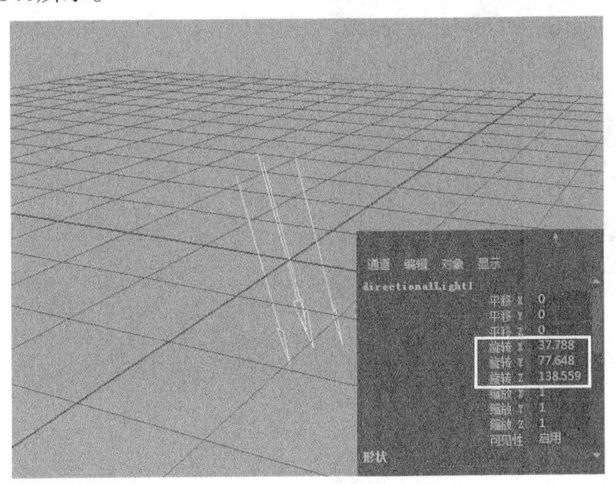


图12-139

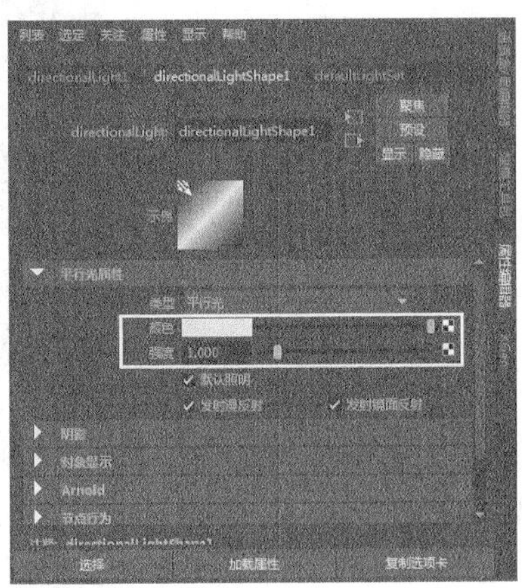


图12-140

**03** 执行“创建>灯光>聚光灯”菜单命令，在场景中创建一盏聚光灯，然后调整好聚光灯的照射范围，接着将其放在图12-141所示的位置。

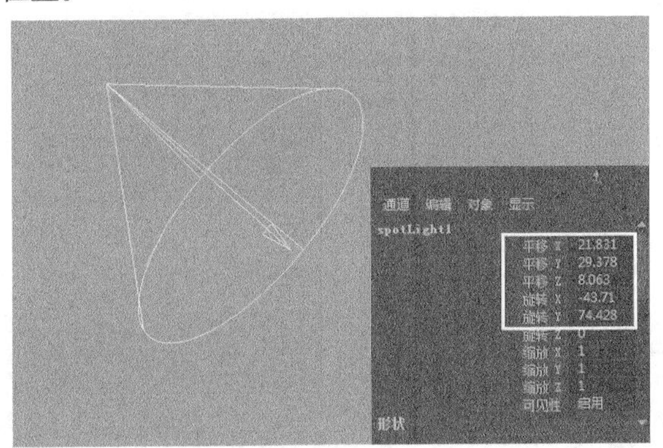


图12-141

**04** 打开聚光灯的“属性编辑器”面板，然后设置“颜色”为（R:198，G:232，B:255）、“强度”为0.8、“圆锥体角度”为80，接着在“深度贴图阴影属性”卷展栏下选择“使用深度贴图阴影”选项，如图12-142所示。

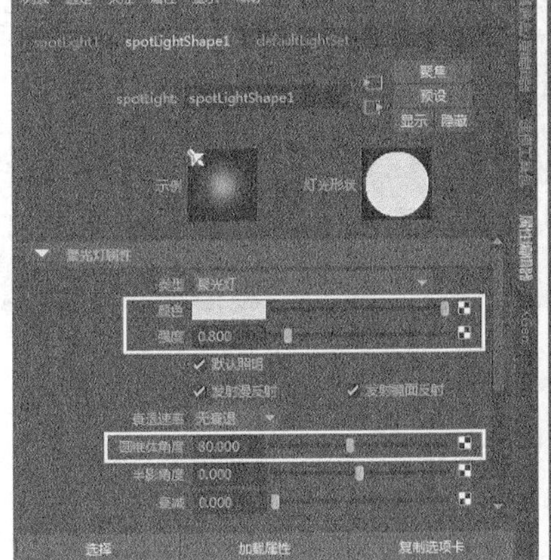

图12-142

### 3.渲染设置

**01** 打开“渲染设置”对话框，然后设置渲染器为“Maya软件”渲染器，接着在“图像大小”卷展栏下设置“宽度”为5000、“高度”为3000，如图12-143所示。

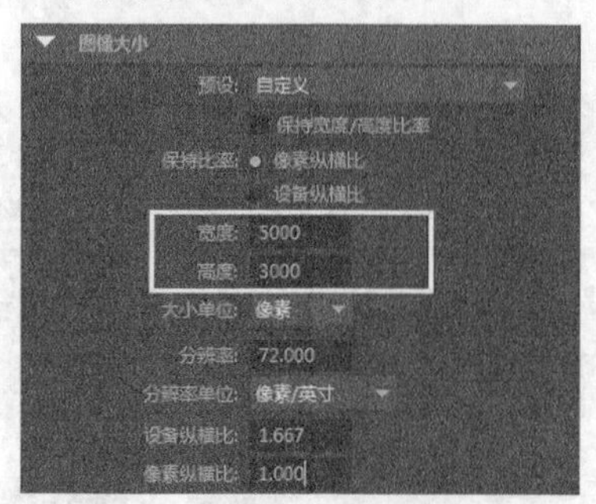


图12-143

**02** 单击“Maya软件”选项卡，然后在“抗锯齿质量”卷展栏下设置“质量”为“产品级质量”，如图12-144所示，接着在“光线跟踪质量”卷展栏下选择“光线跟踪”选项，如图12-145所示。

图12-144

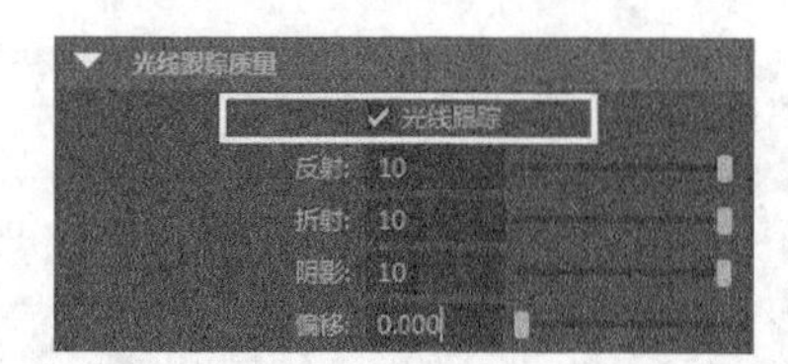


图12-145

**03** 选择一个合适的角度，然后渲染当前场景，效果如图12-146所示。

图12-146

**提示**

渲染完毕后，可以将图片保存为tag格式的文件，这样导入Photoshop时就可以利用Alpha通道对主题图像进行后期处理。

# 技术分享

## Hypershade对话框的其他用法

Hypershade对话框是Maya中一个功能强大的综合性设置工具，初学者通常在Hypershade对话框中制作和编辑材质。其实，Hypershade对话框不仅可以编辑材质，还可以用来连接节点，类似于“节点编辑器”的功能。从下图可以看出，Hypershade对话框和“节点编辑器”都可以显示同样的节点。

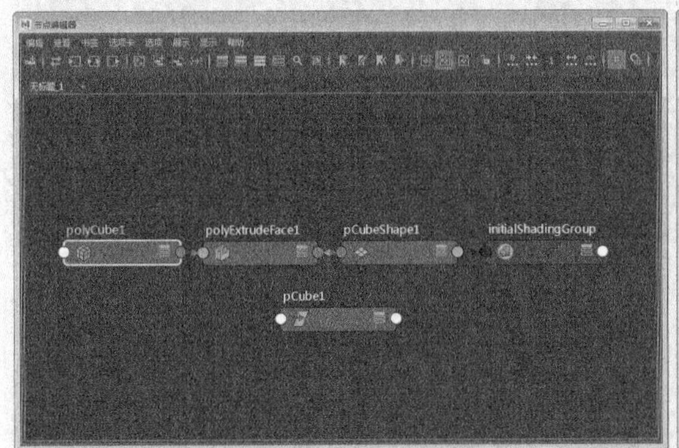

## 创建/调用材质预设

在Maya中可以将制作好的材质保存下来，在其他项目中可以直接调用设置好的材质，这样可以大大提高制作效率，避免一些重复操作。在“属性编辑器”面板中单击“预设”按钮，在打开的菜单中可以保存、编辑、调用预设材质。

单击“预设”按钮，然后在打开的菜单中选择“保存…预设”命令，将会打开“保存属性预设”对话框。在该对话框中为预设指定名称，接着单击“保存属性预设”按钮，可以将当前材质的属性保存下来。

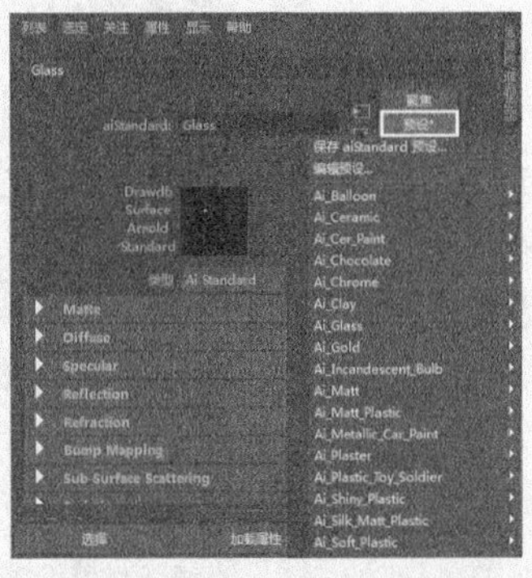

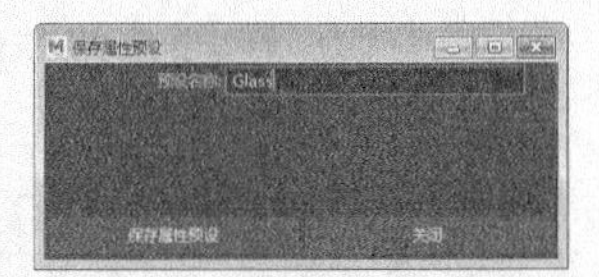

新建一个同类型材质节点，然后单击“预设”按钮，在打开的菜单中找到之前保存的预设，在其子菜单中可以选择替换的比例，也就是将当前材质与预设材质混合的比例。

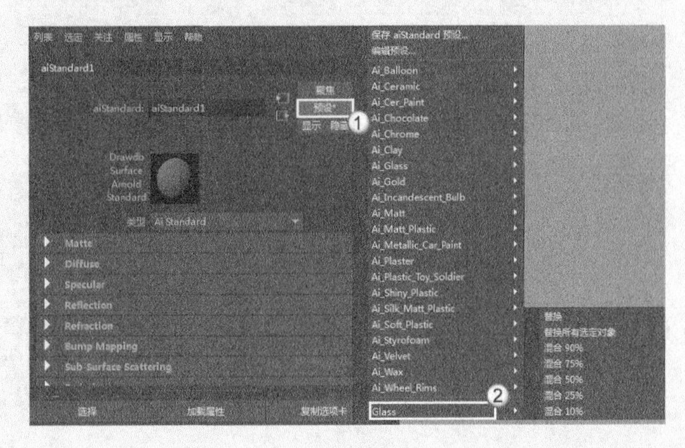

# 优化节点

在制作三维作品时，会伴随大量的材质节点，一个场景的材质，少则十几个节点，多则上百个。这时，打开三维场景会大大增加加载时间和文件大小，为了节省计算机资源，提高制作效率，在制作材质节点时需要培养一些良好的操作习惯。

## 1.为节点命名

在大型场景中，如果要修改材质，那么需要在茫茫的节点里找到正确的那一个。这时，如果主要的材质节点都以良好的规则命名，可以避免这个问题，而你的同伴也能轻松找到想要的节点。因此，对节点正确命名显得尤为重要。

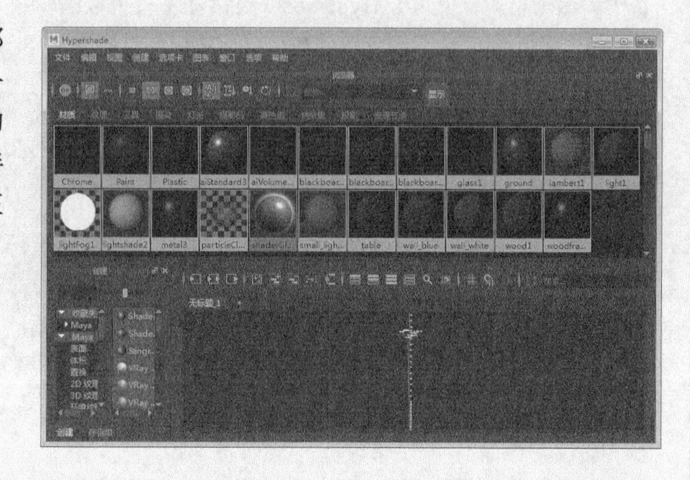

## 2.清理垃圾节点

在制作材质时，随着工作时间的推移，往往会产生一些未使用或者重复的节点，如果这些节点过多，就会大大占用计算机资源。Maya提供了一个很简单、实用的命令，可以快算清理掉这些垃圾节点。

打开Hypershade对话框，然后展开“编辑”菜单，使用其中的“删除未使用节点”和“删除重复的着色网格”命令可以删除一些垃圾节点。

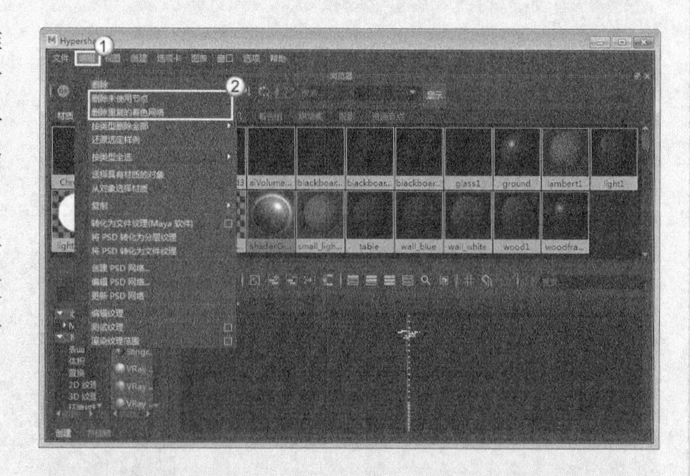

展开“编辑>按类型删除全部”菜单，该菜单中的命令可以删除不同类型的节点。

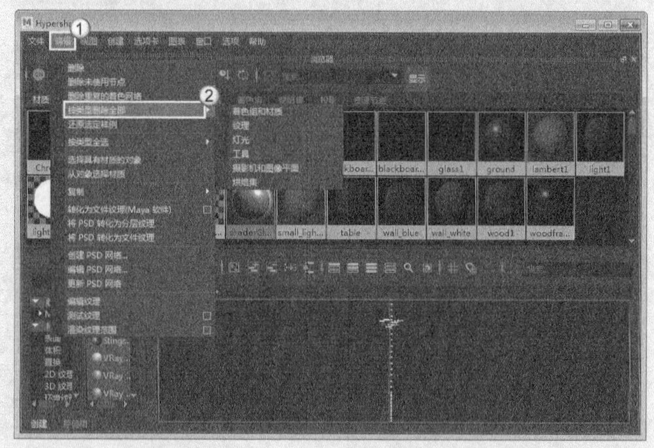

# 第13章

# Arnold渲染器

本章将介绍Arnold渲染器的基本信息、Arnold菜单中的常用命令、Arnold的灯光、Arnold的基本材质属性以及Arnold渲染参数设置等内容。通过学习本章，读者可以掌握Arnold渲染器的基本操作。

※ Arnold渲染器简介

※ Arnold的灯光

※ Arnold基本材质的属性

※ Arnold渲染参数设置

# 13.1 Arnold渲染器简介

Arnold渲染器是由Solid Angle公司开发的一款高级的、跨平台的渲染API。与传统用于 CG 动画的scanline（扫描线）渲染器（Renderman）不同，Arnold 是基于物理光线追踪的电影级渲染器。2016年Autodesk收购了Solid Angle，并在Maya 2017中将Arnold作为Maya的内置渲染器。

## 13.1.1 Arnold渲染器的应用领域

Arnold渲染器广泛应用于电影和媒体制作，在展现大面积的毛发和物体表面方面的优势尤为突出。Arnold渲染器创造了很多优秀的影片，如《怪兽屋》《爱丽丝梦游仙境》《环太平洋》《地心引力》，如图13-1所示。

图13-1

## 13.1.2 在Maya中加载Arnold渲染器

在安装好Arnold渲染器之后，需要在Maya中加载Arnold渲染器才能正常使用。执行“窗口>设置/首选项>插件管理器”菜单命令，打开“插件管理器”对话框，然后在mtoa.mll插件右侧选择“已加载”和“自动加载”选项，这样就可以使用Arnold渲染器了，如图13-2所示。如果选择“自动加载”选项，在重启Maya时可以自动加载Arnold渲染器。

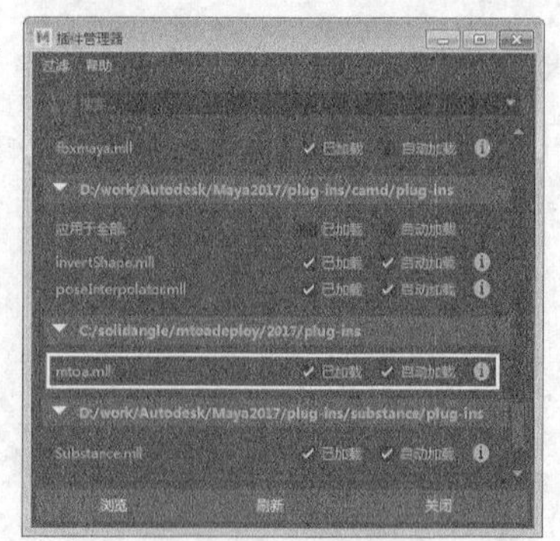


图13-2

# 13.2 Arnold菜单

当Maya加载Arnold之后会出现Arnold菜单，Arnold菜单主要用来编辑Arnold对象，如图13-3所示。

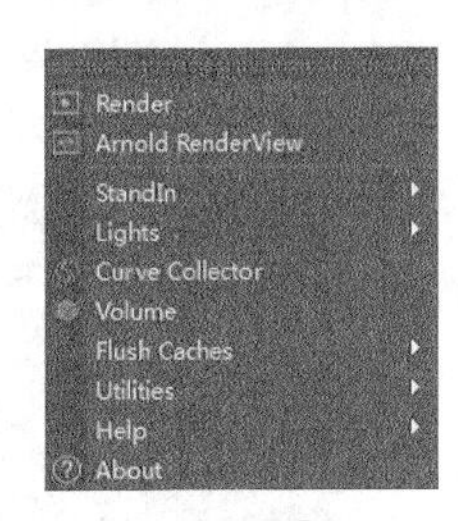

图13-3

## 13.2.1 Render（渲染）

单击Render（渲染）命令将会打开Arnold RenderView（Arnold 渲染视图）对话框，并且渲染当前场景，如图13-4所示。在该对话框中可以交互渲染（IPR），实时反馈渲染效果。

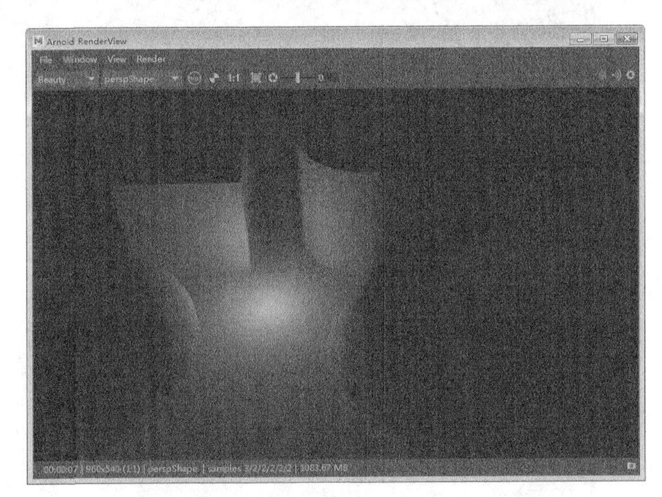

图13-4

## 13.2.2 Arnold RenderView（Arnold渲染视图）

单击Arnold RenderView（Arnold渲染视图）命令将会打开Arnold RenderView（Arnold 渲染视图）对话框。

## 13.2.3 StandIn（代理）

StandIn（代理）菜单包括两个命令，分别是Create（创建）和Export（导出），用来创建和导出代理文件。

## 13.2.4 Lights（灯光）

Arnold渲染器为我们提供了6种Arnold灯光，这6种灯光只会对Arnold渲染器有效。

### 1.Arnold灯光的类型

展开“Arnold> Lights（灯光）”菜单，可以选择Arnold灯光，包括Area Light（区域光）、Skydome Light（天光）、Mesh Light（网格光）、Photometric Light（光度学光）、Light Portal（光门）和Physical Sky（物理天光），如图13-5所示。

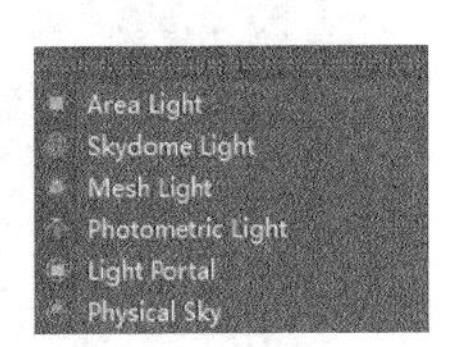

图13-5

## Arnold灯光的类型介绍

❖ Area Light（区域光）：是一种矩形的光源，与Maya的区域光作用相似，如图13-6所示。

❖ Skydome Light（天光）：该灯光可以用来模拟天空光的效果，此外还可以在圆顶灯中使用HDRI高动态贴图，图13-7所示是圆顶灯的发散形状。

图13-6

图13-7

❖ Mesh Light（网格光）：将多边形网格转换为灯光，使灯光具有网格的外形，如图13-8所示。

❖ Photometric Light（光度学灯光）：主要用来模拟光域网的效果，但是需要导入光域网文件才能起作用，如图13-9所示。

图13-8

图13-9

❖ Light Portal（光门）：在为带有Skydome Light（天光）的室内场景照明时，在进光处（窗户和门口等）添加Light Portal（光门）可以有效减少噪点，如图13-10所示。

图13-10

❖ Physical Sky（物理天光）：可以用来模拟现实中不同时段的天光，如图13-11所示。

图13-11

## 2.Arnold灯光的属性

下面以Area Light（区域光）为例来讲解Arnold的灯光属性，图13-12所示是区域光的“属性编辑器”对话框。

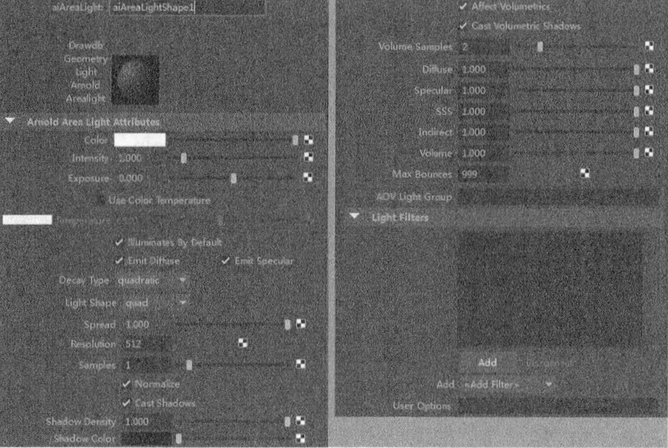


图13-12

### 常用参数介绍

❖ Color（颜色）：用来设置灯光的颜色。

❖ Intensity（强度）：用来设置灯光的强度。

❖ Exposure（曝光）：用来设置灯光的曝光度。

❖ Use Color Temperature（使用色温）：选择该选项，可以调整灯光的色温。

❖ Temperature（色温）：用来设置灯光的色温。

❖ Illumanates By Default（默认照明）：选择该选项将以默认的方式照明。

❖ Emit Diffuse（发射漫反射）：选择该选项，灯光将发射漫反射光线。

❖ Emit Specular（发射高光）：选择该选项，灯光将发射高光光线。

❖ Decay Type（衰减类型）：用来设置灯光的衰减类型，如图13-13所示。

❖ Light Shape（灯光形状）：用来设置灯光的形状，如图13-14所示。

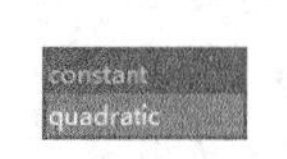


图13-13

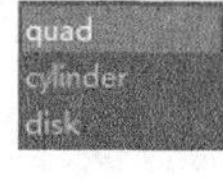


图13-14

❖ Spread（扩散）：当Light Shape（灯光形状）为cylinder（圆柱体）时，可以设置灯光的开口角度，使圆柱体变为锥形效果。
❖ Resolution（分辨率）：当灯光连接了一个着色器后（尤其是HDRI），增加分辨率将减少采样噪点。
❖ Samples（采样）：用来设置灯光的采样值，该值越高，灯光的效果越好。
❖ Normalize（常规化）：选择该选项不会影响发射光线的数量。
❖ Cast Shadows（投射阴影）：使灯光产生阴影效果。
❖ Shadow Density（阴影密度）：用来控制阴影的密度。
❖ Shadow Color（阴影颜色）：用来控制阴影的颜色。
❖ Affect Volumetrics （影响体积）：允许灯光影响大气散射和雾。
❖ Cast Volumetrics Shadows（投射体积阴影）：使灯光产生体积阴影效果。
❖ Volume Samples（体积采样）：用来控制体积的采样值，该值越高，体积的照明效果越好。
❖ Diffuse（漫反射）：用来控制漫反射的强度。
❖ Specular（高光）：用来控制高光的强度。
❖ SSS（次表面散射）：用来控制SSS的强度。
❖ Indirect（间接）：用来控制间接照明的强度。
❖ Volume（体积）：用来控制体积的强度。
❖ Max Bounces（最大采样）：用来控制光线对作用对象的最大反弹次数。

如果想使用Arnold渲染Maya灯光效果，那么可以打开灯光的“属性编辑器”面板，然后展开Arnold卷展栏，设置其中的参数后，Arnold就可以渲染Maya灯光的效果了，如图13-15所示。

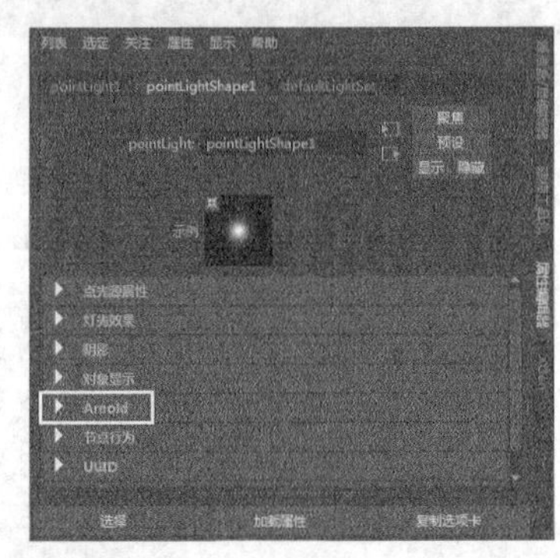

图13-15

## 【练习13-1】制作激光剑效果

| 场景文件 | Scenes>CH13>13.1.mb |
| --- | --- |
| 实例文件 | Examples>CH13>13.1.mb |
| 难易指数 | ★★★★☆ |
| 技术掌握 | 掌握Mesh Light（网格光）的使用方法 |

本例使用Mesh Light（网格光）命令来模拟激光剑的效果，效果如图13-16所示。

图13-16

**01** 打开学习资源中的"Scenes>CH13>13.1.mb"文件，场景中有激光剑、手套和头盔模型，如图13-17所示。

**02** 选择剑身模型，然后执行"Arnold>Lights（灯光）>Mesh Light（网格光）"菜单命令，如图13-18所示。

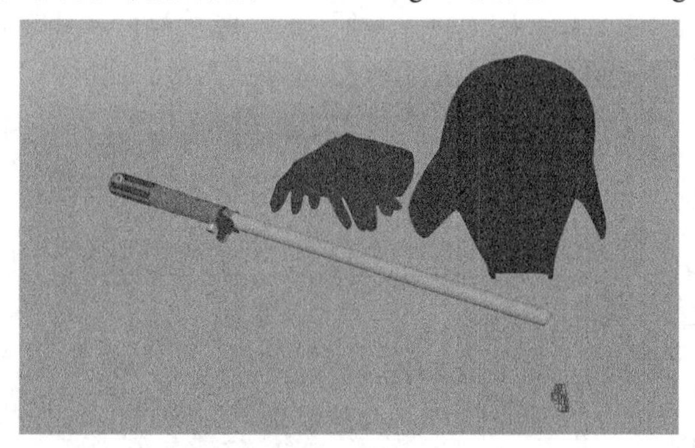

图13-17

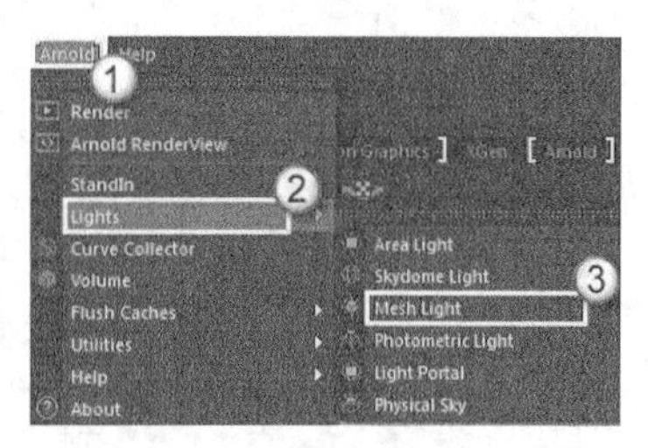


图13-18

**03** 打开灯光的属性编辑器，然后设置Color（颜色）为红色、Intensity（强度）为10、Exposure（曝光）为10、Samples（采样）为5，如图13-19所示。

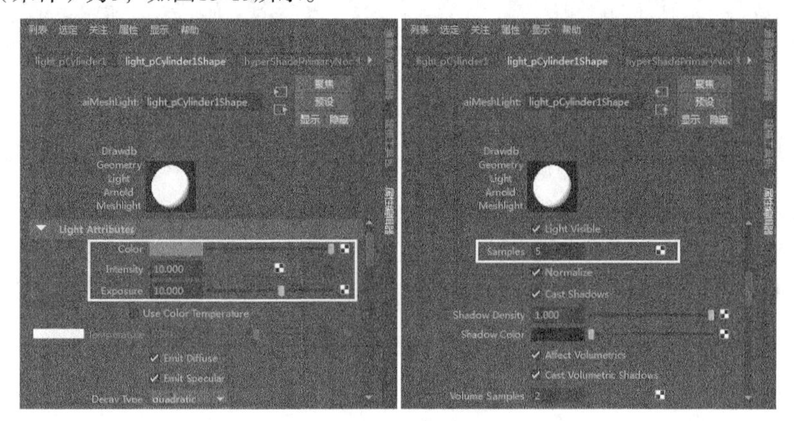

图13-19

**04** 在"渲染视图"对话框中将渲染器设置为Arnold Renderer（Arnold 渲染器），然后渲染当前场景，效果如图13-20所示。

图13-20

## 13.2.5 Curve Collector（曲线采集器）

选择Maya的曲线对象，然后对其执行Curve Collector（曲线采集器）命令，这样Arnold就可以渲染曲线了，并且可以使用aiCurveCollectorShape1节点修改渲染曲线的宽度，效果如图13-21所示。

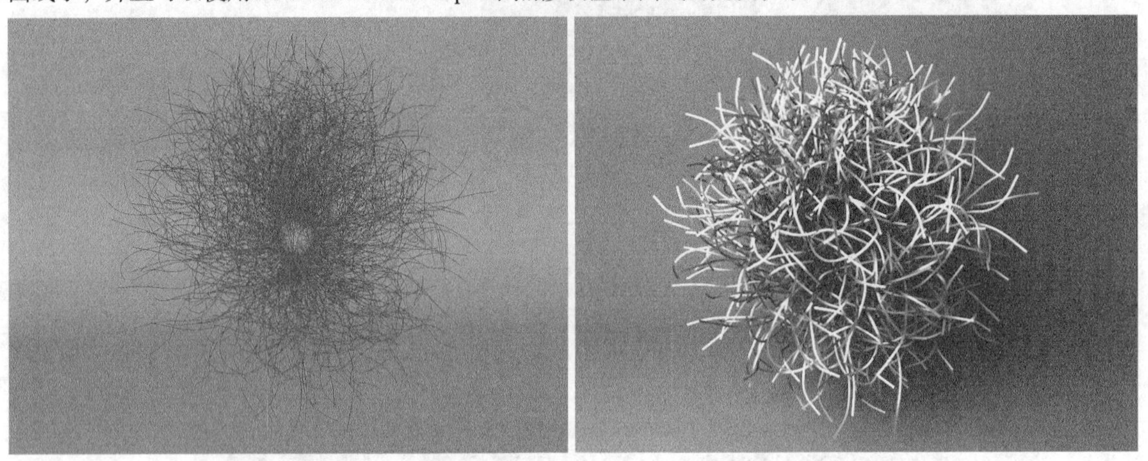

图13-21

## 13.2.6 Volume（体积）

使用Volume（体积）命令可以导入OpenVDB文件，制作体积特效。

## 13.2.7 Flush Caches（清除缓存）

在Flush Caches（清除缓存）菜单中提供了一些清除各类型缓存的命令，包括Textures（纹理）、Selected Textures（选择的纹理）、Skydome Lights（天光）、Quad Lights（矩形光）和All（全部）这5个，如图13-22所示。

图13-22

## 13.2.8 Utilities（工具）

在Utilities（工具）菜单中提供了一些实用工具，包括Bake Selected Geometry（烘焙选择的几何体）、Render Selection To Texture（为选择项渲染纹理）、TX Manager（TX管理器）、Update TX Files（更新TX文件）以及Light Manager（灯光管理器）这5个，如图13-23所示。

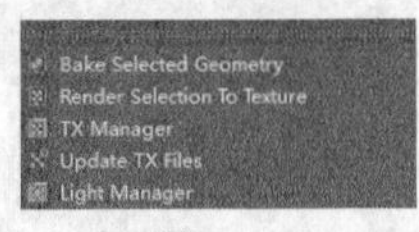


图13-23

# 13.3 Arnold材质

在安装Arnold渲染器后，“创建栏”面板中将列出Arnold的相关材质节点，如图13-24所示。本节主要介绍Arnold渲染器中最有代表性的aiStandard材质节点。

图13-24

Arnold渲染器提供了一种功能强大、应用广泛的aiStandard材质节点，如图13-25所示。

打开aiStandard材质节点的材质编辑器，该材质有大量属性用于控制材质的不同特性，如图13-26所示。

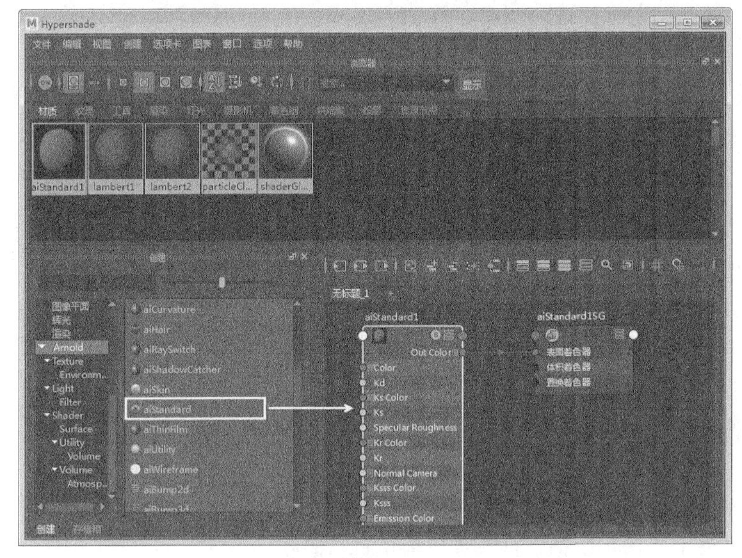


图13-25

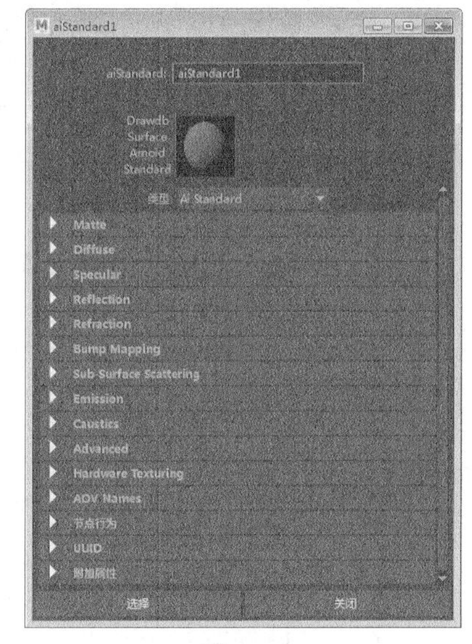


图13-26

## 13.3.1 Matte（蒙版）

展开Matte（蒙版）卷展栏，该卷展栏下的属性可以设置颜色的属性，如图13-27所示。

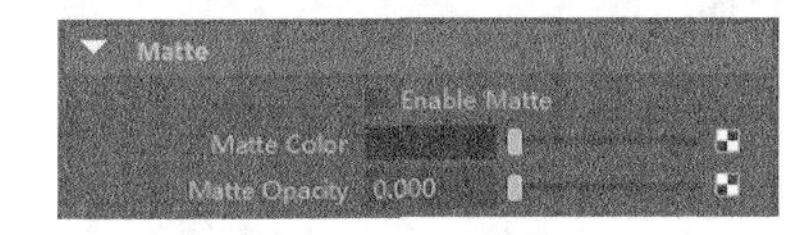


图13-27

### 常用参数介绍

- ❖ Enable Matte（开启蒙版）：开启或关闭蒙版效果。
- ❖ Matte Color（蒙版颜色）：设置蒙版的颜色。
- ❖ Matte Opacity（蒙版不透明度）：设置蒙版的不透明度。

## 13.3.2 Diffuse（漫反射）

展开Diffuse（漫反射）卷展栏，该卷展栏下的属性可以设置颜色的属性，如图13-28所示。

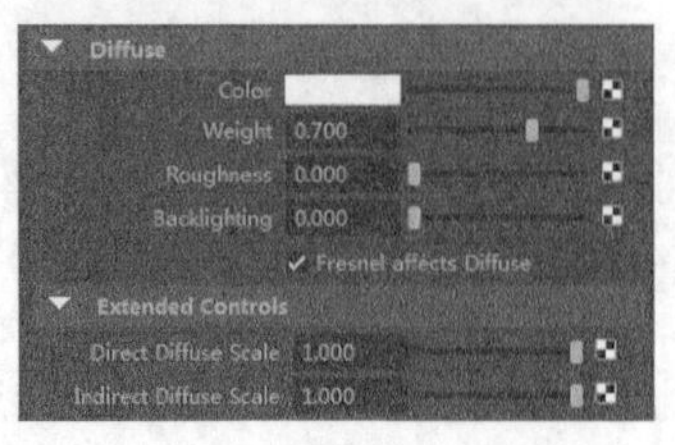


图13-28

**常用参数介绍**

❖ Color（颜色）：用于设置漫反射的颜色。

❖ Weight（权重）：用来控制漫反射的最大反射量。

❖ Roughness（粗糙度）：用来控制漫反射的粗糙度。该值越大，表面越粗糙。

❖ Backlighting（背面照明）：提供了一个半透明物体从背后照亮的效果。建议仅用于薄物体（单面几何形状），因为有厚度的物体可能会不正确地渲染。

❖ Fresnel affects Diffuse（菲涅尔影响漫反射）：指定菲涅尔是否影响漫反射。

❖ Direct Diffuse Scale（直接漫反射缩放）：从直接光源接收的漫反射光线的数量。

❖ Indirect Diffuse Scale（间接漫反射缩放）：从间接光源接收的漫反射光线的数量。

## 13.3.3 Specular（高光）

展开Specular（高光）卷展栏，该卷展栏下的属性可以设置颜色的属性，如图13-29所示。

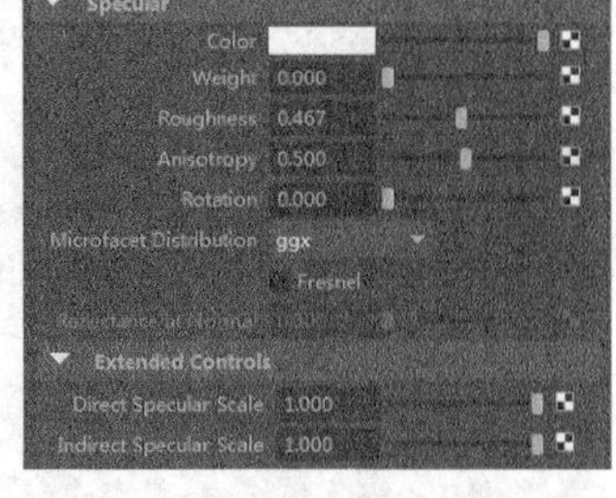


图13-29

**常用参数介绍**

❖ Color（颜色）：用于设置高光的颜色。

❖ Weight（权重）：用来控制高光的最大反射量。

❖ Roughness（粗糙度）：用来控制高光的粗糙度。

❖ Anisotropy（各向异性）：用来控制各向异性的效果。

❖ Rotation（旋转）：用来控制各向异性效果的方向。

❖ Microfacet Distribution（微平面模型分布）：控制表面反射方式，包括beckmann和ggx两种，如图13-30所示。

图13-30

❖ Fresnel（菲涅尔）：控制是否开启菲涅尔反射效果。

❖ Reflectance at Normal（垂直反射）：增加该值会使高光反射更具金属感。

## 13.3.4 Reflection（反射）

展开Reflection（反射）卷展栏，该卷展栏下的属性可以设置反射的颜色、强度以及光泽度等，如图13-31所示。

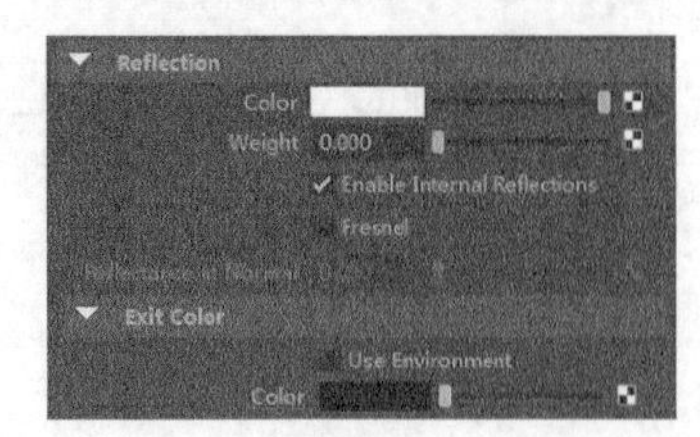


图13-31

**常用参数介绍**

❖ Color（颜色）：用于设置反射的颜色。

❖ Weight（权重）：用来控制反射的最大反射量。

❖ Enable Internal Reflections（开启内部反射）：该选项可以模拟透明物体内部的效果。

❖ Use Environment（使用环境）：为反射使用环境贴图。

❖ Color（颜色）：为反射指定一个环境色。

## 13.3.5 Refraction（折射）

展开Refraction（折射）卷展栏，该卷展栏下的属性可以设置折射的颜色、强度以及折射率等，如图13-32所示。

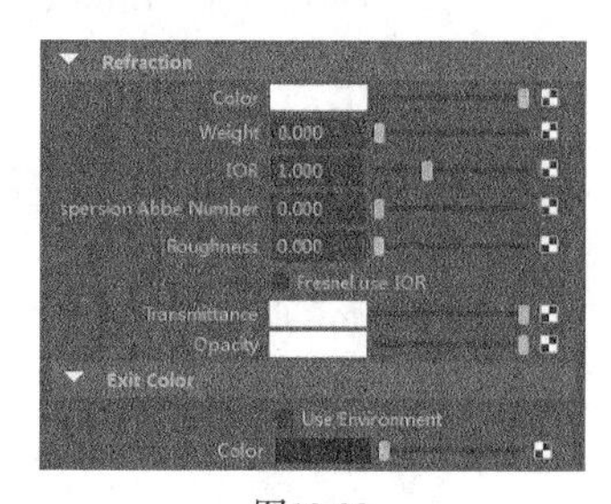


图13-32

### 折射卷展栏常用参数介绍

❖ Color（颜色）：用于设置折射的颜色。

❖ Weight（权重）：用来控制折射的最大反射量。

❖ IOR（折射率）：用来控制对象的折射率。

**提示**

不同的物体有着不同的折射率，为了模拟出真实的材质效果，可以参考图13-33所示的参数，这些参数都是基于物体在真实世界的物理特性。

| 介质 | 折射率 |
|---|---|
| 真空 | 1.0000 |
| 空气 | 1.0003 |
| 冰 | 1.3090 |
| 水 | 1.3333 |
| 玻璃 | 1.5000 |
| 红宝石 | 1.7700 |
| 蓝宝石 | 1.7700 |
| 水晶 | 2.0000 |
| 钻石 | 2.4170 |
| 翡翠 | 1.570 |

图13-33

❖ Dispersion Abbe Number（色散阿贝数）：指定材质的阿贝数，以描述折射率在波长上变化的程度。该值越小细节越多，如果该值为0，那么不会产生色散效果。

❖ Roughness（粗糙度）：用来控制折射的粗糙度。

❖ Fresnel use IOR（菲涅尔使用折射率）：以折射率来计算菲涅尔反射。

❖ Transmittance（透射）：透射光根据折射光线所经过的距离来过滤折射。网格内光传播的时间越长，透射光的影响就越大。

❖ Opacity（不透明度）：控制光线不能穿透物体的程度。

## 13.3.6 Bump Mapping（凹凸映射）

展开“各向异性”卷展栏，该卷展栏下的属性可以设置物体表面的凹凸效果，如图13-34所示。

图13-34

### 常用参数介绍

❖ Bump Mapping（凹凸映射）：为材质添加凹凸贴图。

## 13.3.7 Sub - Surface Scattering（次表面散射）

展开Sub-Surface Scattering（次表面散射）卷展栏，该卷展栏下的属性可以设置次表面散射的颜色、权重和半径等，如图13-35所示。

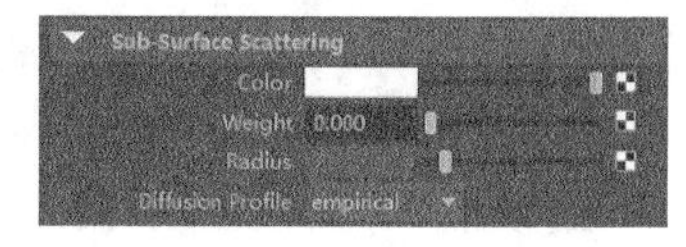


图13-35

### 常用参数介绍

❖ Color（颜色）：用于设置次表面的颜色。

❖ Weight（权重）：用来控制次表面的最大反射量。

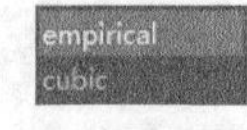

图13-36

- ❖ Radius（半径）：指定区域里的每采样相互影响。
- ❖ Diffusion Profile（扩散分布）：控制散射的方式，包括empirical和cubic这两种，如图13-36所示。

## 13.3.8 Emission（放射）

展开Emission（放射）卷展栏，该卷展栏下的属性可以设置发光的颜色和强度，如图13-37所示。

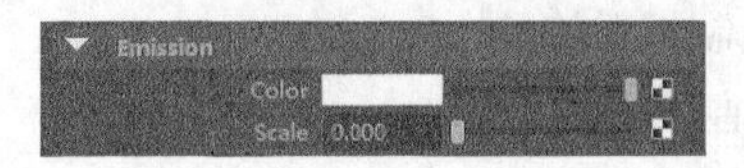

图13-37

### 常用参数介绍

- ❖ Color（颜色）：设置发光的颜色。
- ❖ Scale（缩放）：控制发射光线的数量，该值越高，光线越强。

## 13.3.9 Caustics（焦散）

展开Caustics（焦散）卷展栏，该卷展栏下的属性可以设置开启或关闭焦散效果，如图13-38所示。

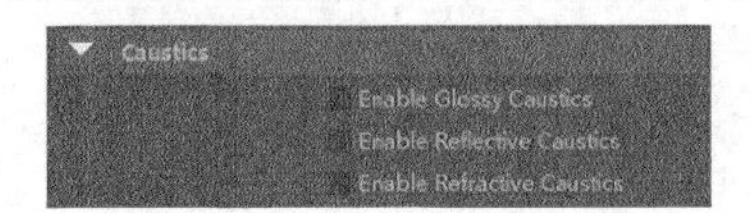

图13-38

### 常用参数介绍

- ❖ Enable Glossy Cautics（开启光泽焦散）：开启或关闭光泽焦散。
- ❖ Enable Reflective Cautics（开启反射焦散）：开启或关闭反射焦散。
- ❖ Enable Refractive Cautics（开启折射焦散）：开启或关闭折射焦散。

## 13.3.10 AOV Names（AOV名称）

展开AOV Names（AOV名称）卷展栏，该卷展栏下的属性可以设置各个图层的名称，如图13-39所示。

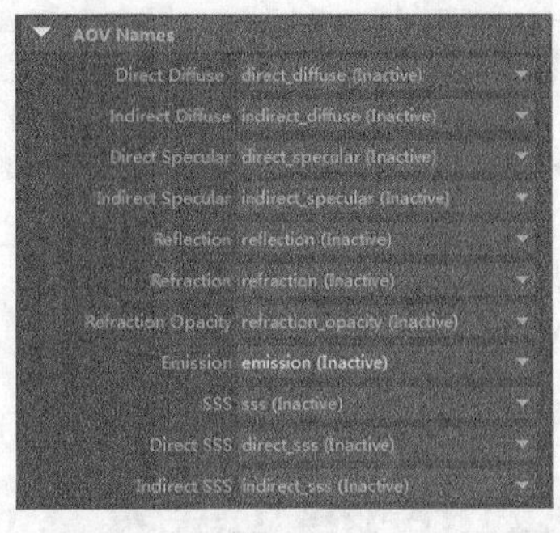

图13-39

## 【练习13-2】制作金属材质

| 场景文件 | Scenes>CH13>13.2.mb |
| --- | --- |
| 实例文件 | Examples>CH13>13.2.mb |
| 难易指数 | ★★★★☆ |
| 技术掌握 | 掌握金属材质的制作方法 |

本例使用aiStandard材质节点制作金属材质，效果如图13-40所示。

图13-40

**01** 打开学习资源中的“Scenes>CH13>13.2.mb”文件，场景中包含模型、灯光和摄影机，如图13-41所示。

**02** 打开Hypershade对话框，然后在创建栏中选择“Arnold>aiStandard”节点，如图13-42所示。

图13-41

图13-42

**03** 打开aiStandard节点的属性编辑器，然后将节点名称设置为gold，接着设置Color（颜色）为（R:241，G:175，B:20）、Weight（权重）为0.7、Roughness（粗糙度）为0.427，如图13-43所示。

**04** 展开Specular（高光）卷展栏，然后设置Color（颜色）为（R:255，G:220，B:173）、Weight（权重）为0.756、Roughness（粗糙度）为0.439，接着选择Fresnel（菲涅尔）选项，最后设置Reflectance at Normal（垂直反射）为1，如图13-44所示。

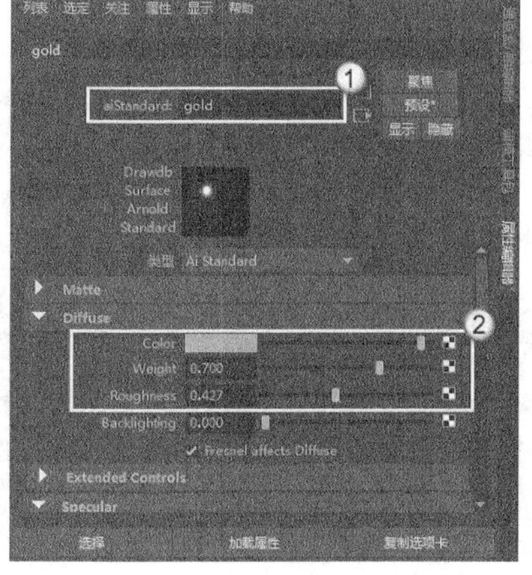

图13-43

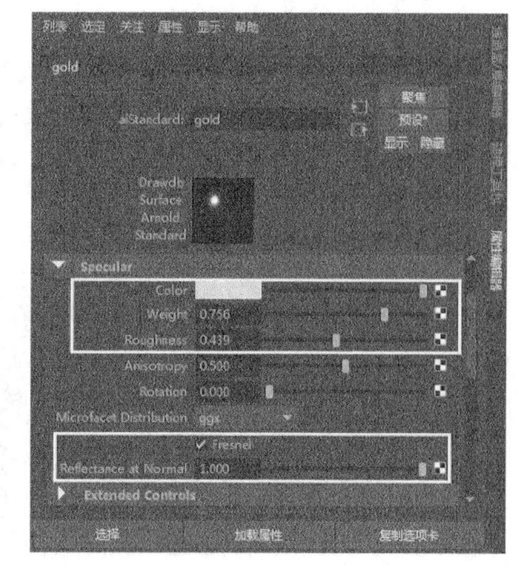

图13-44

**05** 展开Bump Mapping（凹凸映射）卷展栏，然后为Bump Mapping（凹凸映射）属性连接一个“文件”节点，接着为“文件”节点指定“Scenes>CH13>13.2>flower.jpg”文件，再选择bump2d1节点，最后设置“用作”为“切线空间法线”，如图13-45所示。

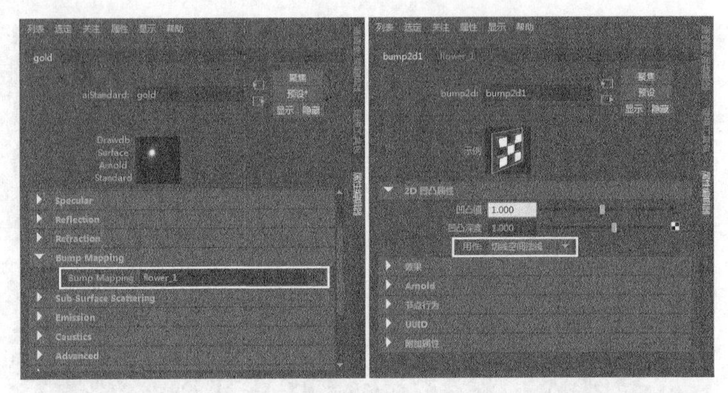

图13-45

**06** 将制作好的gold材质赋予金币模型，然后在“渲染视图”对话框中将渲染器设置为Arnold Renderer（Arnold渲染器），接着渲染当前场景，效果如图13-46所示。

图13-46

## 【练习13-3】制作玻璃材质

| 场景文件 | Scenes>CH13>13.3.mb |
|---|---|
| 实例文件 | Examples>CH13>13.3.mb |
| 难易指数 | ★★★★☆ |
| 技术掌握 | 掌握玻璃材质的制作方法 |

本例使用aiStandard材质节点来制作玻璃材质，效果如图13-47所示。

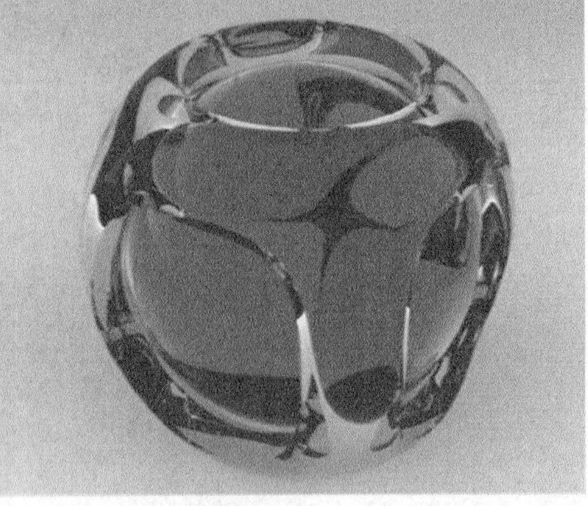

图13-47

**01** 打开学习资源中的“Scenes>CH13>13.3.mb”文件，场景中包含模型、灯光和摄影机，如图13-48所示。

**02** 打开Hypershade对话框，然后在创建栏中选择“Arnold>aiStandard”节点，如图13-49所示。

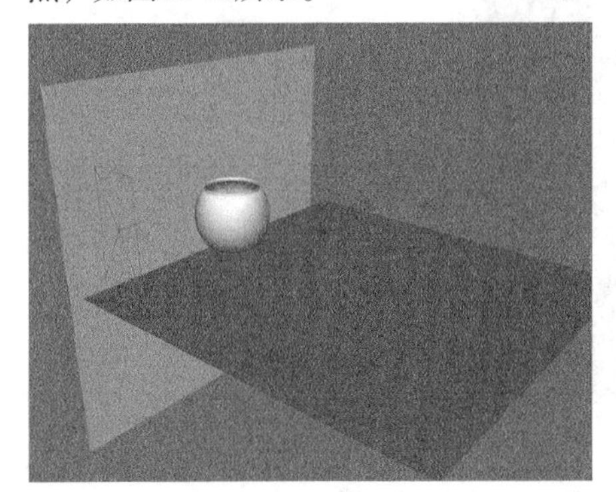

图13-48

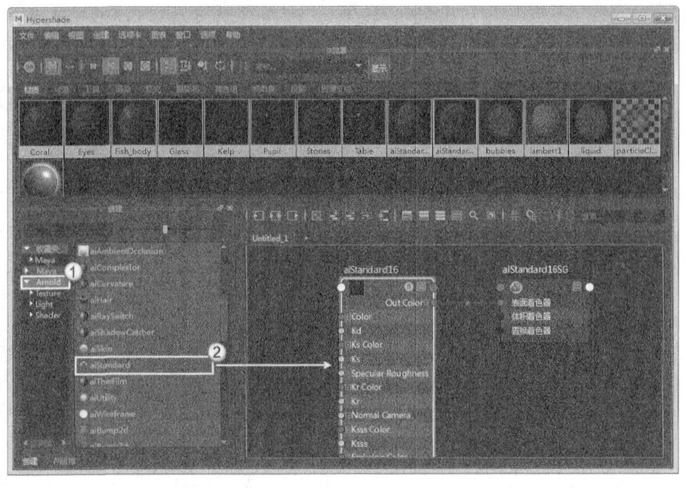


图13-49

**03** 打开aiStandard节点的属性编辑器，然后将节点名称设置为Glass，接着设置Weight（权重）为0，如图13-50所示。

**04** 展开Specular（高光）卷展栏，然后设置Weight（权重）为1、Roughness（粗糙度）为0，接着选择Fresnel（菲涅尔）选项，如图13-51所示。

**05** 展开Refraction（折射）卷展栏，然后设置Weight（权重）为1、IOR（折射率）为1.5、Transmittance（透射）为（R:198，G:215，B:212），如图13-52所示。

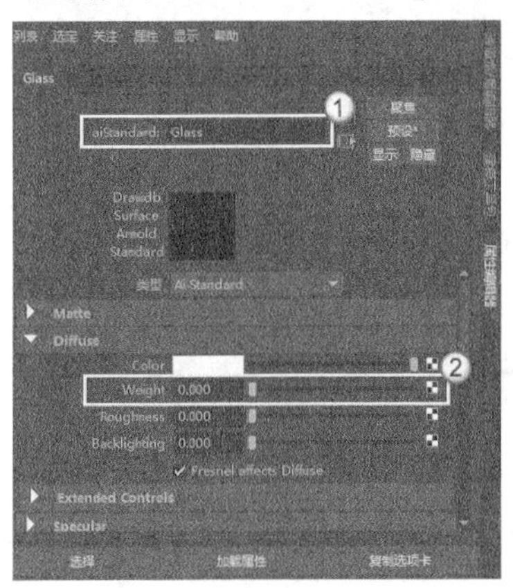


图13-50

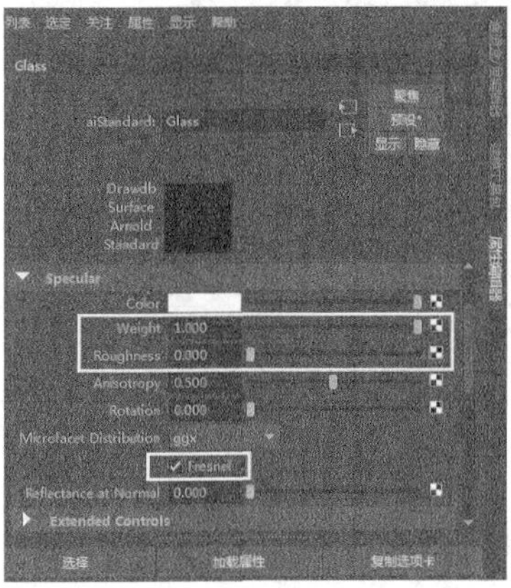

图13-51

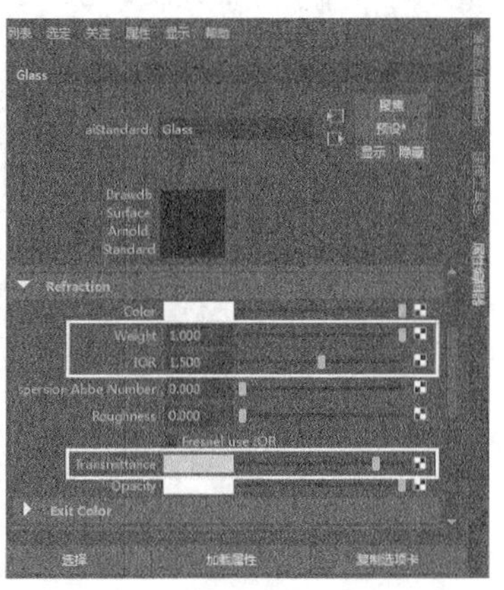


图13-52

**06** 在“大纲视图”对话框中选择bowl节点，如图13-53所示，然后打开bowl节点的“属性编辑器”面板，接着展开Arnold卷展栏，最后取消选择Opaque（不透明）选项，如图13-54所示。

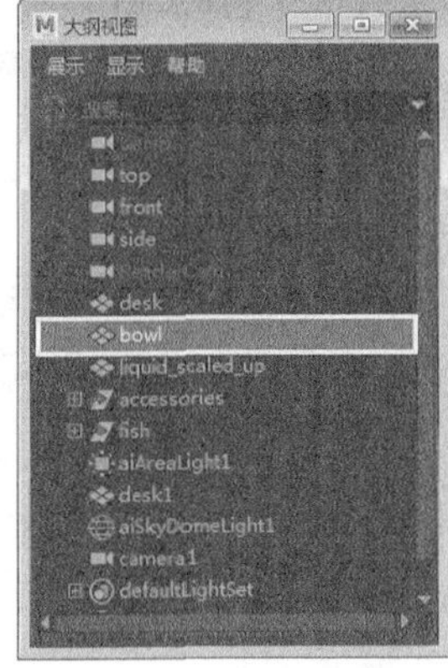


图13-53

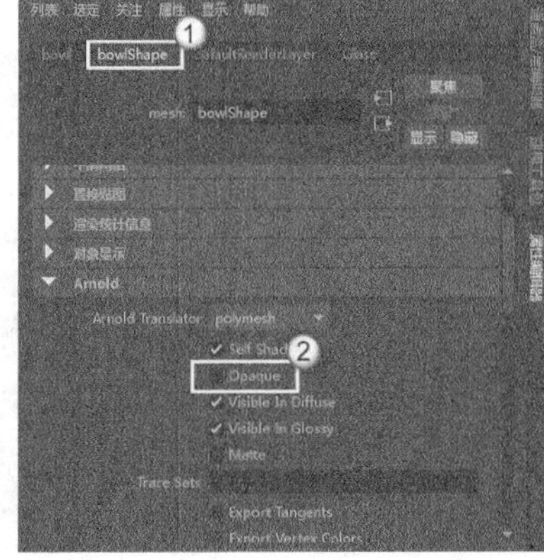


图13-54

**07** 将制作好的Glass材质赋予bowl模型，然后在“渲染视图”对话框中将渲染器设置为Arnold Renderer（Arnold 渲染器），接着渲染当前场景，效果如图13-55所示。

图13-55

## 【练习13-4】制作蜡烛材质

| | |
|---|---|
| 场景文件 | Scenes>CH13>13.4.mb |
| 实例文件 | Examples>CH13>13.4.mb |
| 难易指数 | ★★★★☆ |
| 技术掌握 | 掌握蜡烛材质的制作方法 |

本例使用aiStandard材质节点来制作蜡烛材质，效果如图13-56所示。

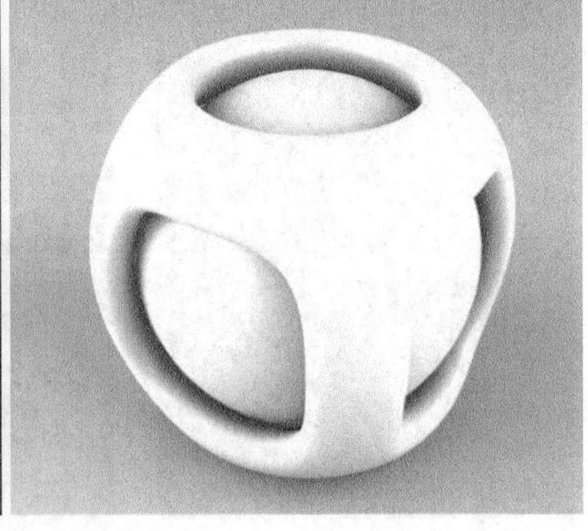

图13-56

**01** 打开学习资源中的“Scenes>CH13>13.4.mb”文件，场景中包含模型、灯光和摄影机，如图13-57所示。

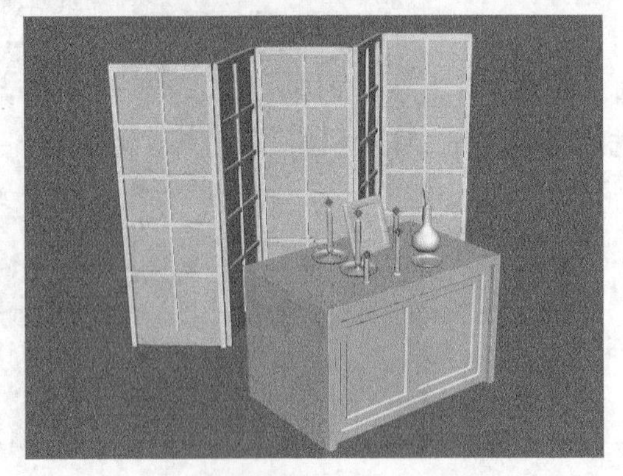

图13-57

**02** 打开Hypershade对话框，然后在创建栏中选择“Arnold>aiStandard”节点，如图13-58所示。

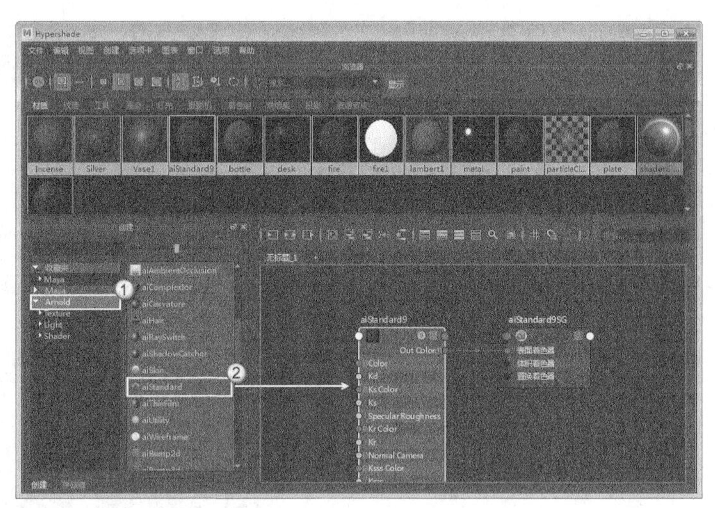

图13-58

**03** 打开aiStandard节点的属性编辑器，然后将节点名称设置为wax，接着设置Color（颜色）为（R:229，G:221，B:192）、Weight（权重）为1、Roughness（粗糙度）为0.53、Backlighting（背面照明）为1，如图13-59所示。

**04** 展开Specular（高光）卷展栏，然后设置Weight（权重）为0.09、Roughness（粗糙度）为0.439，如图13-60所示。

**05** 展开Sub-Surface Scattering（次表面散射）卷展栏，然后设置Color（颜色）为（R:255，G:246，B:214）、Weight（权重）为0.387、Radius（半径）为白色、Diffusion Profile（扩散分布）为cubic，如图13-61所示。

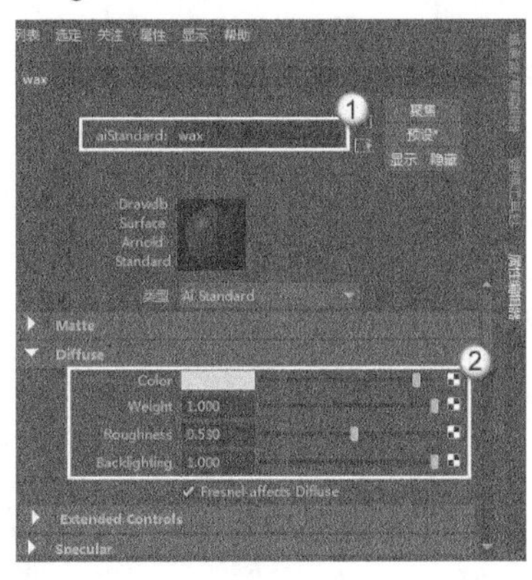

图13-59

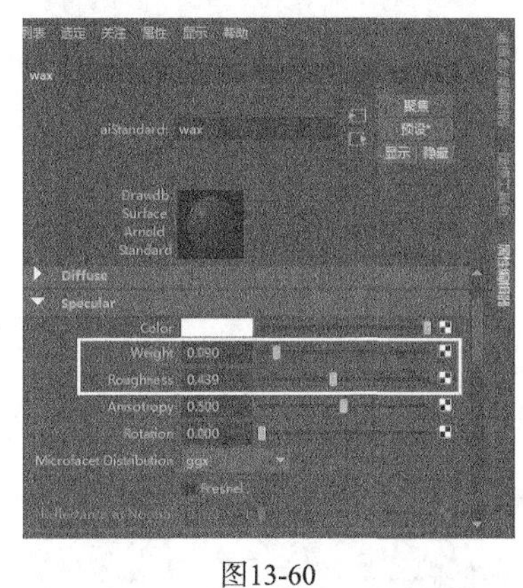

图13-60

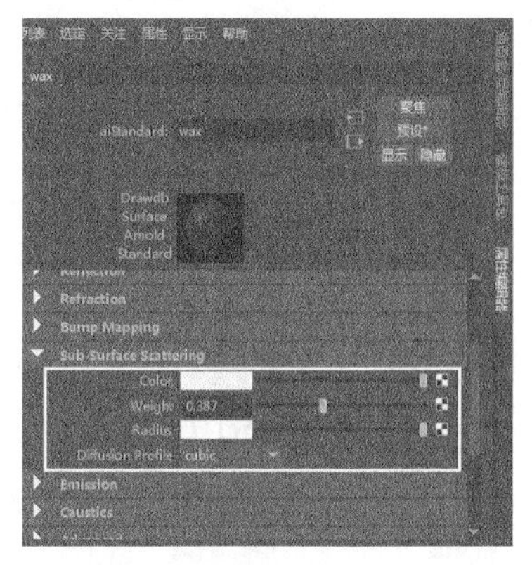

图13-61

**06** 将制作好的wax材质赋予蜡烛模型，然后在“渲染视图”对话框中将渲染器设置为Arnold Renderer（Arnold 渲染器），接着渲染当前场景，效果如图13-62所示。

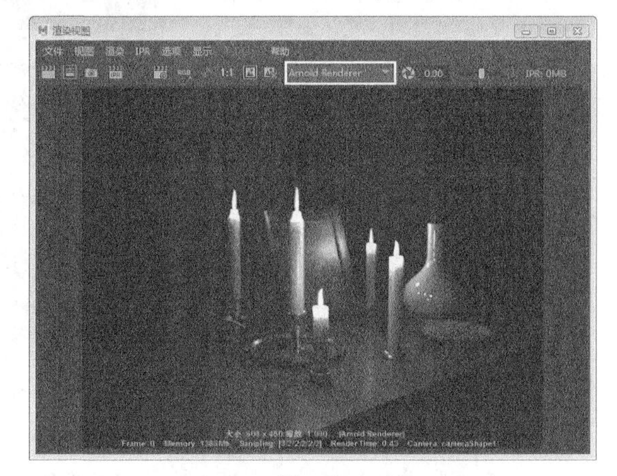

图13-62

# 13.4 Arnold渲染参数设置

打开“渲染设置”对话框，将渲染器切换为Arnold，此时会有“公用”、Arnold Renderer（Arnold渲染器）、System（系统）、AOVs以及Diagnostics（诊断）5个分类，如图13-63所示。

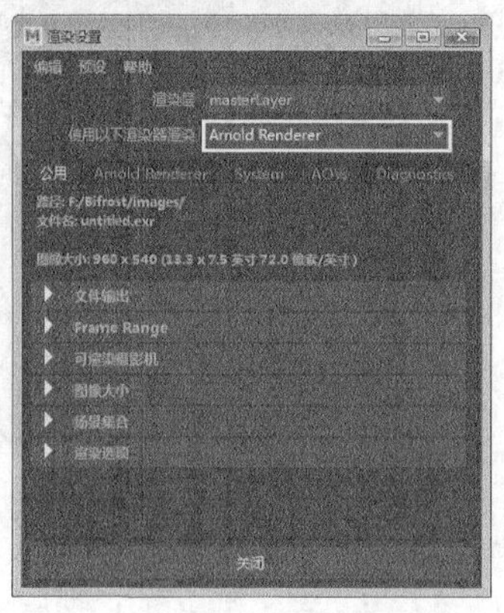


图13-63

## 13.4.1 Arnold Renderer（Arnold渲染器）

Arnold Renderer（Arnold渲染器）选项卡下的参数主要用来设置采样、过滤、跟踪深度、环境和运动模糊等，如图13-64所示。

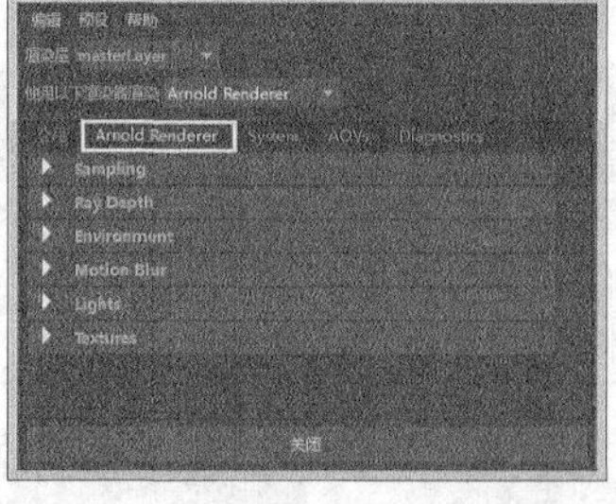


图13-64

### 1.Samping（采样）

Samping（采样）卷展栏中的属性主要用来提高渲染图像的采样质量，以减少图像的噪点，如图13-65所示。

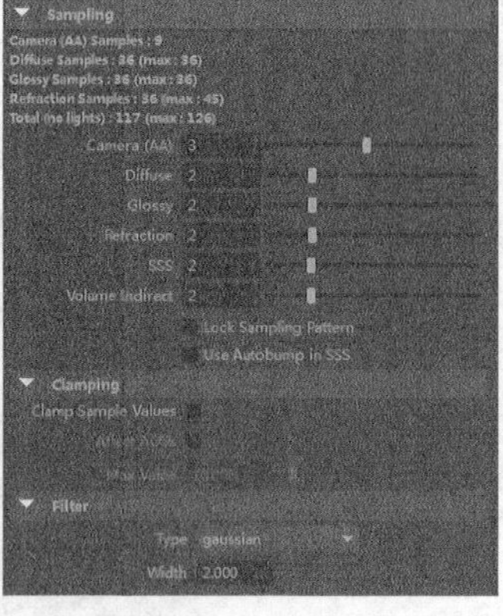


图13-65

#### 常用参数介绍

❖ Camera[AA]（摄影机[AA]）：控制整体的采样质量。

❖ Diffuse（漫反射）：控制漫反射的采样质量。

- ❖ Glossy（光泽）：控制光泽的采样质量。
- ❖ Refraction（折射）：控制折射的采样质量。
- ❖ SSS（次表面散射）：控制次表面散射的采样质量。
- ❖ Volume-Indirect（体积间接照明）：控制体积间接照明的采样质量。
- ❖ Lock Sampling Pattern（锁住采样模式）：锁住AA-seed采样，以至于噪点不会随运动帧变化。
- ❖ Use Autobump in SSS（在SSS中使用自动凹凸）：选择该选项将考虑置换自动凹凸对光线追踪BSSRDF结果所产生的影响，这有助于在使用自动凹凸时，更准确地捕捉曲面的高频细节。
- ❖ Clamping（限制）：当场景中有闪光噪点时，像素限制将会非常有用。
  - ✧ Clamp Sample Values（限制采样值）：开启或关闭采样值限制。
  - ✧ Affect AOVs（影响AOVs）：选择该选项后，AOVs的像素采样也会被限制。
  - ✧ Max Value（最大值）：如果开启Clamp Sample Values（限制采样值）功能，那么限制像素采样为Max Value（最大值）。
- ❖ Filter（过滤）：控制过滤的类型和程度。
  - ✧ Type（类型）：设置多像素过滤的类型，可以通过模糊处理来提高渲染的质量，共有17种类型，如图13-66所示。
  - ✧ Width（宽度）：该参数的数值越大，来自相邻像素的信息就越多，图像也越模糊。

图13-66

## 2.Ray Depth（光线深度）

Ray Depth（光线深度）卷展栏主要用来设置限制基于各类型的光线递归，如图13-67所示。

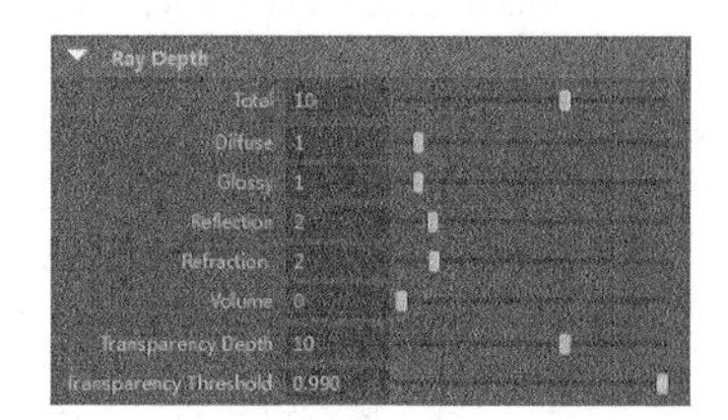

图13-67

### 常用参数介绍

- ❖ Total（总体）：控制场景中各类型光线的总体最大递归深度。
- ❖ Diffuse（漫反射）：控制漫反射的最大反弹次数。
- ❖ Glossy（光泽）：控制光泽的最大反弹次数。
- ❖ Reflection（反射）：控制反射的最大反弹次数。
- ❖ Refraction（折射）：控制折射的最大反弹次数。
- ❖ Volume（体积）：控制体积的最大反弹次数。
- ❖ Transparency Depth（透明深度）：控制透明的程度。
- ❖ Transparency threshold（透明阈值）：控制哪些点被视为不透明，该值越大，越透明。

## 3.Environment（环境）

Environment（环境）卷展栏主要用来设置环境和大气效果，如图13-68所示。

图13-68

### 常用参数介绍

- ❖ Background（背景）：为场景添加背景环境。
- ❖ Atmosphere（大气）：为场景添加大气效果。

## 4.Motion Blur（运动模糊）

Motion Blur（运动模糊）卷展栏主要用来设置运动模糊效果，如图13-69所示。

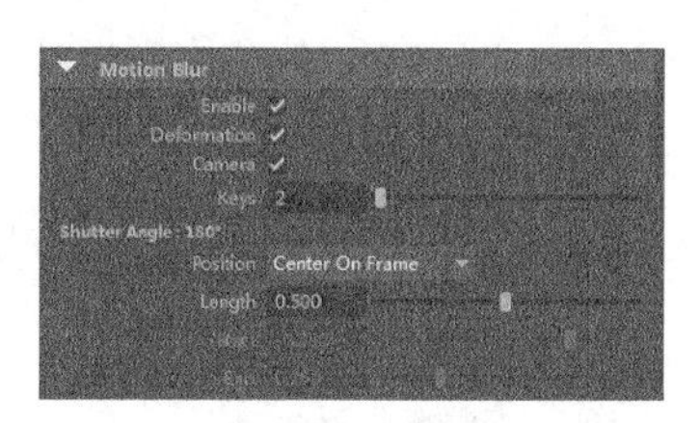

图13-69

### 常用参数介绍

- ❖ Enable（开启）：开启或关闭运动模糊功能。
- ❖ Deformation（变形）：使开启运动模糊的几何体产生变形效果。

❖ Camera（摄影机）：开启或关闭摄影机的运动模糊功能。

❖ Keys（帧数量）：控制运动模糊的子步数，该值越高，模糊的效果越流畅。

❖ Position（位置）：在改变运动模糊轨迹时，使快门时间间隔偏移，该属性包括4个选项，如图13-70所示。

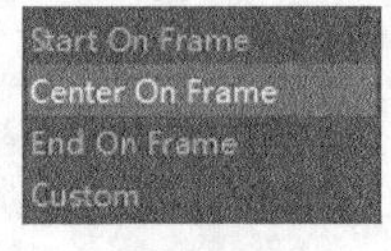


图13-70

❖ Length（长度）：该属性可以扭曲运动模糊轨迹的大小和长度。

## 5.Lights（灯光）

Lights（灯光）卷展栏主要提供了一些关于评估灯光的常规控制，如图13-71所示。

图13-71

### 常用参数介绍

❖ Low Light Threshold（低灯光阈值）：提高该值会使Arnold忽略一定的阴影光线，以加快渲染。

❖ Light Linking（灯光链接）：设置灯光链接的方式，如图13-72所示。

❖ Shadow Linking（阴影链接）：设置阴影链接的方式，如图13-73所示。

图13-72

图13-73

❖ Legacy Temperature（旧版色温）：使用旧版本的色温。

## 6.Texture（纹理贴图）

Texture（纹理贴图）卷展栏主要设置如何管理纹理文件，如图13-74所示。

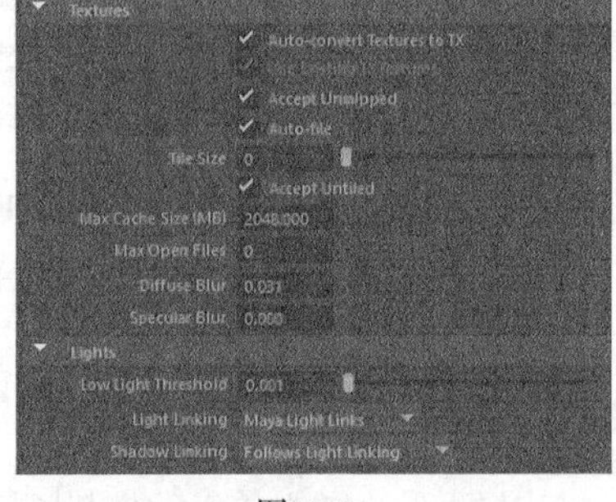


图13-74

### 常用参数介绍

❖ Auto-convert Textures to TX（纹理自动转换为TX）：自动生成已分片和经mipmap处理过的TX纹理。TX纹理将根据颜色空间属性实现线性化。

❖ Use Existing TX Textures（使用现有的TX纹理）：使用Maya中现有的TX纹理文件。

❖ Accept Unmipped（支持非mip）：支持一些非mipmap的图像类型。

❖ Auto-tile（自动分片）：如果在扫描线模式下存储纹理贴图文件（例如 JPEG 文件），该选项将触发按需生成分片。

❖ Tile Size（分片大小）：设置使用自动分片时的分片大小。值越大，意味着纹理加载频率越低，但占用的内存越多。

❖ Accept Untiled（接受未分片）：如果纹理贴图文件未进行本地mipmap 处理，那么选择该选项，否则渲染将出现错误。

❖ Max Cache Size[MB]（最大缓存大小[MB]）：用于纹理缓存的最大内存量。

❖ Max Open Files（打开的文件最大数量）：纹理系统在任意给定的时间保持打开状态，以免在缓存单个纹理分片时，频繁关闭和重新打开文件的最大文件数。增加此数字可能会使纹理缓存性能略有提高。

图13-75

❖ Diffuse Blur（漫反射模糊）：控制漫反射光线纹理查找中的模糊量。

❖ Specular Blur（高光模糊）：由镜面反射光线模糊查找的纹理。

❖ Low Light Threshold（低灯光阈值）：提高该值会使Arnold忽略一定的阴影光线，以加快渲染。

❖ Light Linking（灯光链接）：设置灯光链接的方式，如图13-75所示。

## 13.4.2 System（系统）

System（系统）选项卡下的参数主要用来设置常规的Arnold系统控件，如图13-76所示。

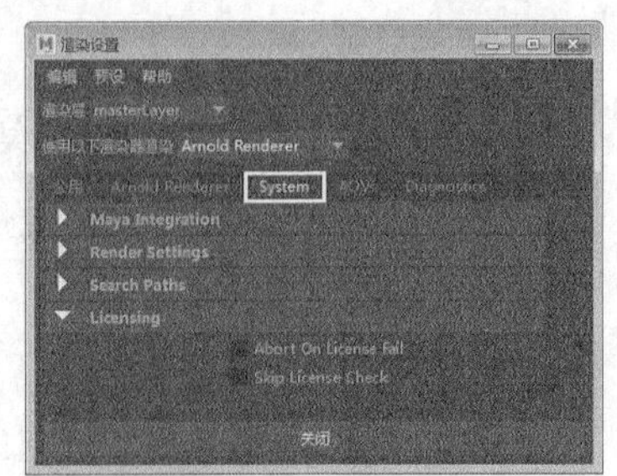


图13-76

## 13.4.3 AOVs

AOVs选项卡下的参数主要用来设置分层渲染的图层信息，如图13-77所示。

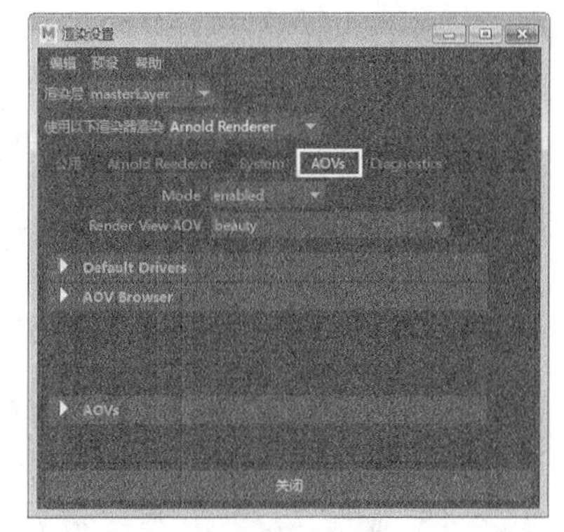


图13-77

### 1.Default Drivers（默认驱动器）

Default Drivers（默认驱动器）卷展栏主要用来设置默认的Arnold显示驱动器，如图13-78所示。

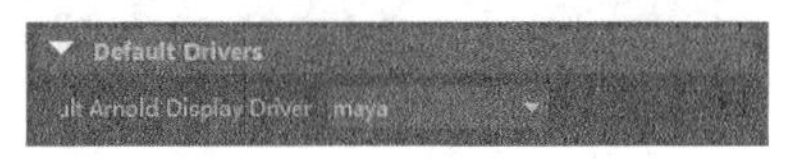


图13-78

### 2.AOV Browser（AOV浏览器）

AOV Browser（AOV浏览器）卷展栏主要用来添加Arnold提供的图层，如图13-79所示。

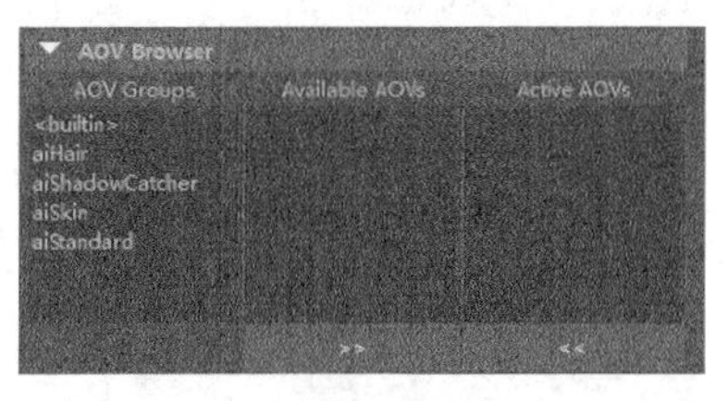


图13-79

### 3.AOVs

AOVs卷展栏主要用来管理自定义图层，如图13-80所示。

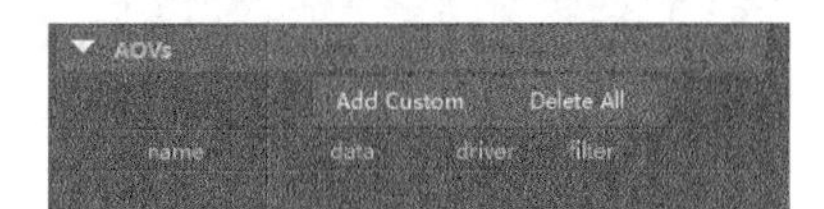


图13-80

## 13.4.4 Diagnostics（诊断）设置

Diagnostics（诊断）选项卡下的参数主要用来测试场景中各个功能是否出现错误，包括Log（日志）、Error Handling（错误打包）、User Options（用户设置）、Feature Overrides（功能覆盖）和Subdivision（细分）这5个卷展栏，如图13-81所示。

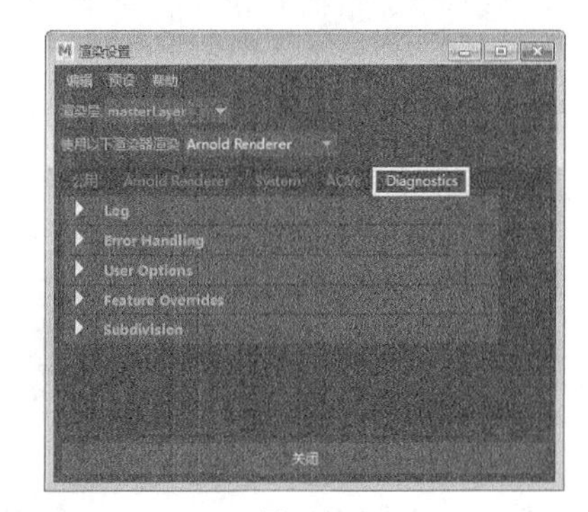


图13-81

## 【练习13-5】渲染蔷薇效果

| | |
|---|---|
| 场景文件 | Scenes>CH13>13.5.mb |
| 实例文件 | Examples>CH13>13.5.mb |
| 难易指数 | ★★★★☆ |
| 技术掌握 | 掌握蔷薇材质的制作方法 |

本例使用aiStandard材质节点来制作蔷薇材质，并且通过调整渲染设置参数来优化画面，效果如图13-82所示。

图13-82

**01** 打开学习资源中的“Scenes>CH13>13.5.mb”文件，场景中包含模型、灯光和摄影机，如图13-83所示。

**02** 打开Hypershade对话框，然后在创建栏中选择“Arnold>aiStandard”节点，如图13-84所示。

图13-83

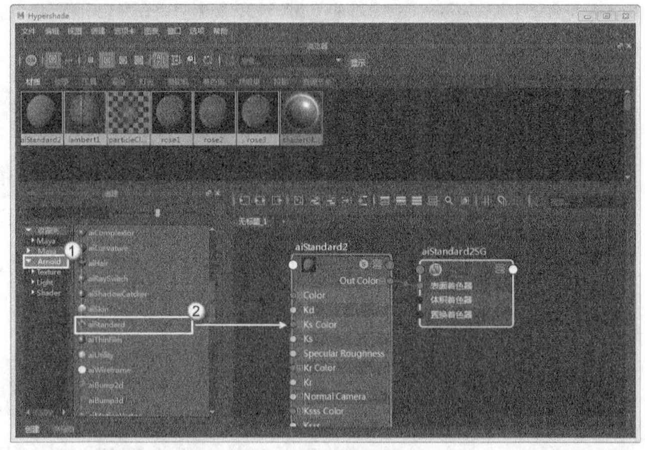


图13-84

**03** 打开aiStandard节点的属性编辑器，然后将节点名称设置为rose1，接着为Color（颜色）连接一个“文件”节点，接着为“文件”节点指定“Scenes>CH13>13.5>AI30_004_rose_color_004.jpg”文件，最后设置Roughness（粗糙度）为1、Backlighting（背面照明）为0.5，如图13-85所示。

**04** 展开Specular（高光）卷展栏，然后为Color（颜色）属性连接一个“文件”节点，接着为“文件”节点指定“Scenes>CH13>13.5>AI30_004_rose_bump.jpg”文件，最后设置Weight（权重）为0.1、Roughness（粗糙度）为0.9，如图13-86所示。

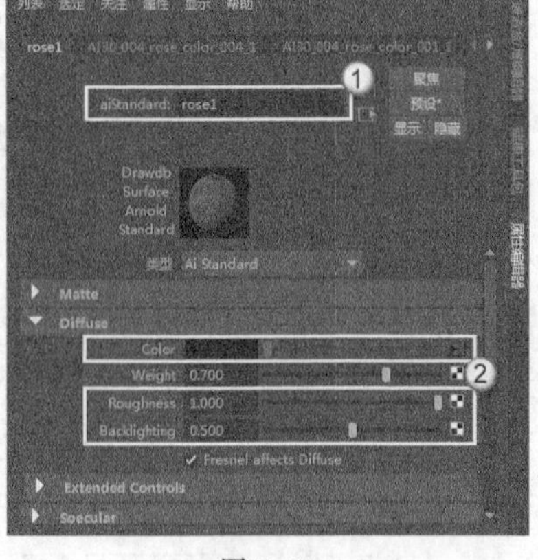


图13-85

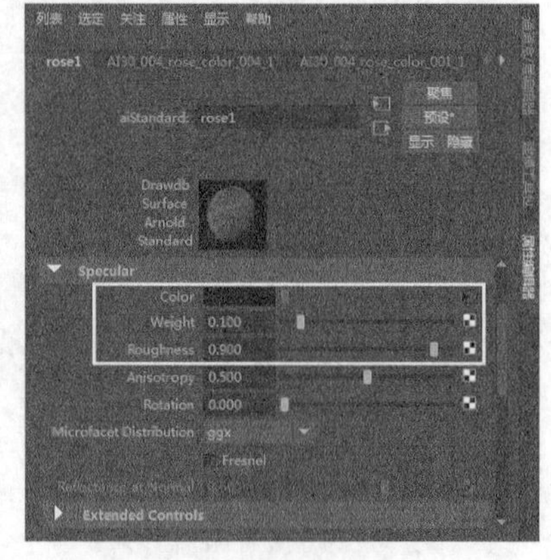


图13-86

**05** 展开Bump Mapping（凹凸映射）卷展栏，然后为Bump Mapping（凹凸映射）属性连接AI30_004_rose_bump.jpg对应的文件节点，接着设置bump2d1节点的“凹凸深度”为0.1，如图13-87所示。

**06** 展开Sub-Surface Scattering（次表面散射）卷展栏，然后为Color（颜色）属性连接一个“文件”节点，接着为“文件”节点指定“Scenes>CH13>13.5>AI30_004_rose_color_001.jpg”文件，最后设置Weight（权重）为0.236、Radius（半径）为白色，如图13-88所示。

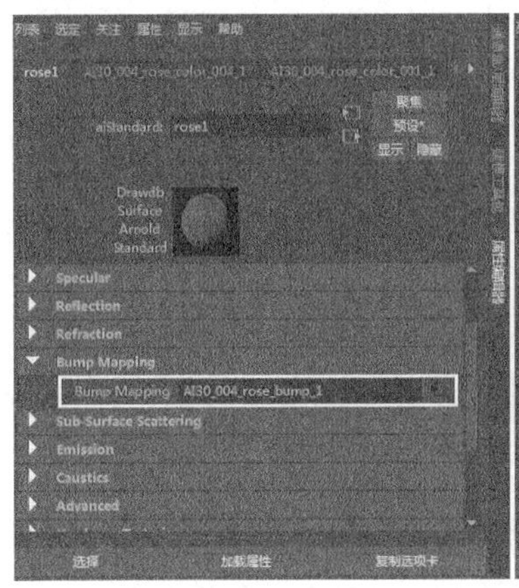


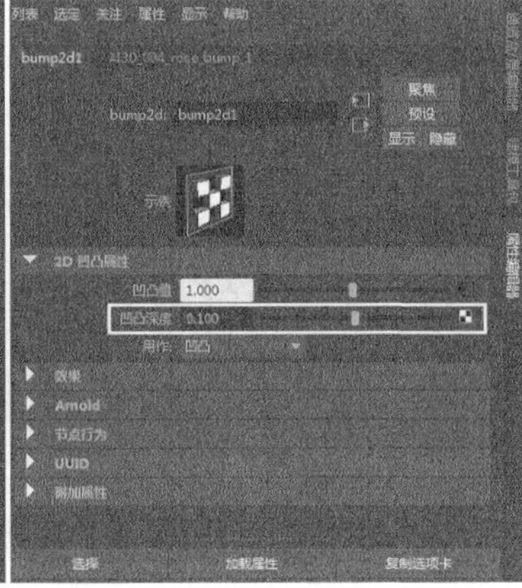


图13-87

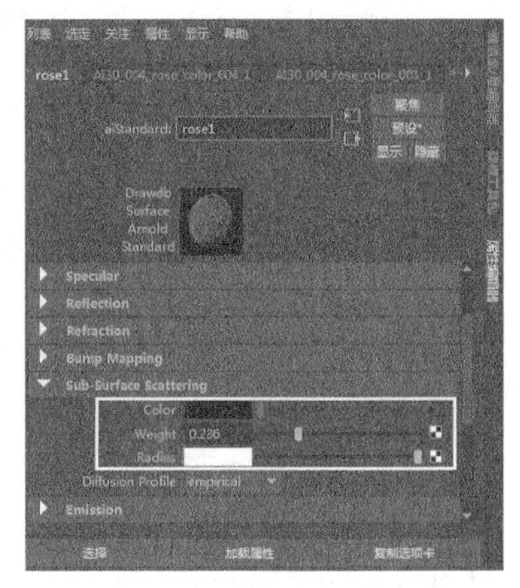


图13-88

**07** 将制作好的rose1材质赋予模型，然后在“渲染视图”对话框中将渲染器设置为Arnold Renderer（Arnold渲染器），接着渲染当前场景，效果如图13-89所示。

**08** 由图13-89可以看出，花瓣效果还不够通透，并且整体画面噪点较多。打开“渲染设置”对话框，然后切换到Arnold Renderer（Arnold渲染器）选项卡，接着设置Camera[AA]（摄影机[AA]）为5、Diffuse（漫反射）为4、SSS（次表面散射）为4，如图13-90所示。

图13-89

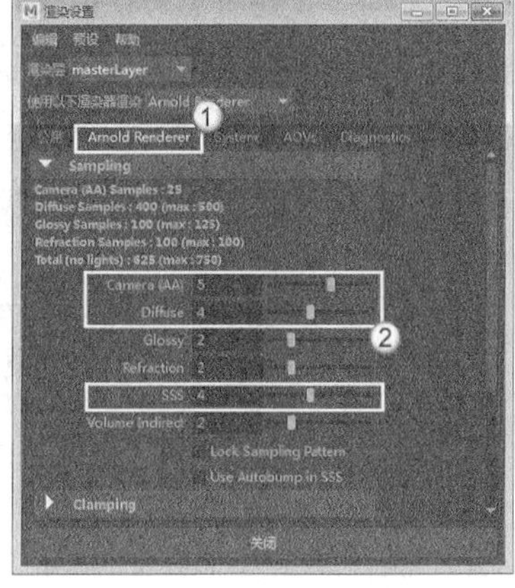


图13-90

**09** 展开Ray Depth（光线深度）卷展栏，设置Diffuse（漫反射）为5、Glossy（光泽）为2，如图13-91所示，然后渲染当前场景，效果如图13-92所示。

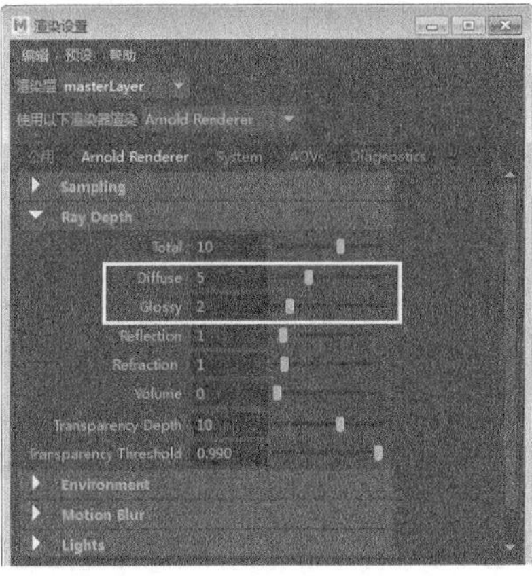


图13-91

图13-92

## 【练习13-6】模拟运动模糊

| 场景文件 | Scenes>CH13>13.6.mb |
|---|---|
| 实例文件 | Examples>CH13>13.6.mb |
| 难易指数 | ★★☆☆☆ |
| 技术掌握 | 掌握全局照明技术的用法 |

本例使用Mental Ray的"全局照明"技术制作的全局照明效果如图13-93所示。

图13-93

01 打开学习资源中的"Scenes>CH13>13.6.mb"文件，场景中有一个带动画飞船模型，如图13-94所示。

02 打开"渲染视图"对话框，然后设置渲染器为Arnold Renderer（Arnold 渲染器），接着执行"渲染>渲染>camera1"命令，效果如图13-95所示。

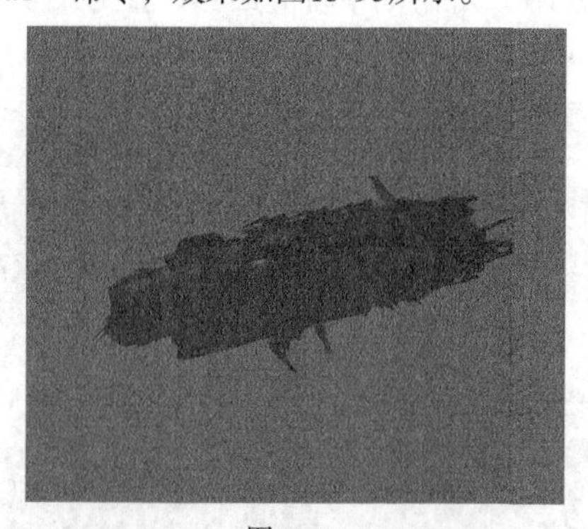

图13-94

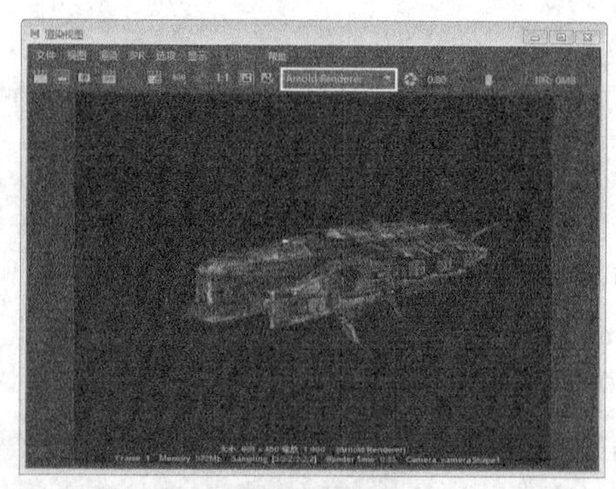

图13-95

03 由图13-95可以看出，虽然模型带有动画，但是渲染的结果体现不出运动感。打开"渲染设置"对话框，然后切换到Arnold Renderer（Arnold 渲染器）选项卡，接着展开Motion Blur（运动模糊）卷展栏，再选择Enable（开启）选项，最后设置Keys（帧数量）为5、Position（位置）为Start On Frame（起始帧）、Length（长度）为2，如图13-96所示。

04 在"渲染视图"对话框中渲染场景，效果如图13-97所示。从图中可以看到飞船具有了运动模糊效果。

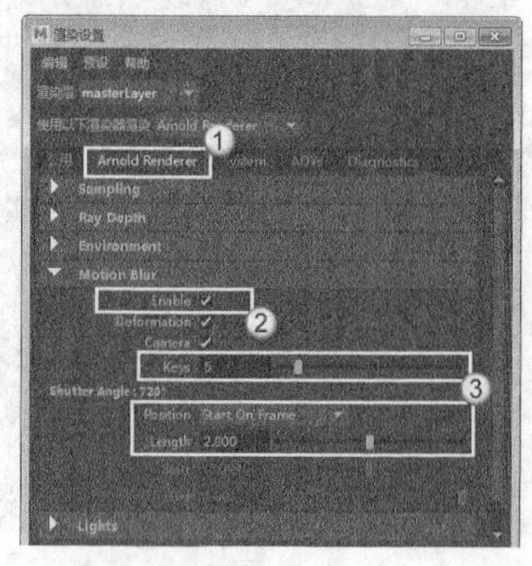


图13-96

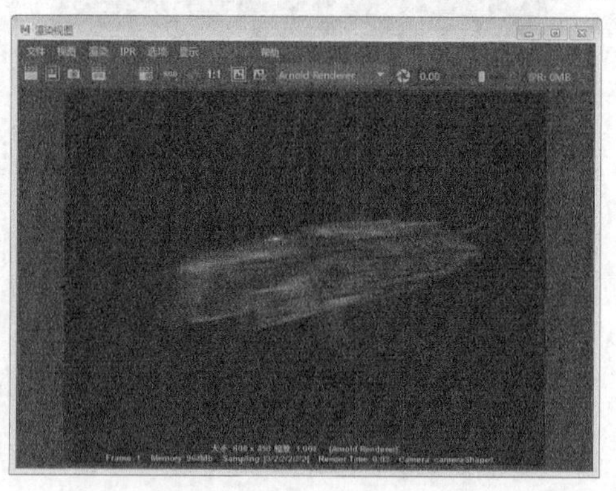

图13-97

# 技术分享

## 去除噪点

使用Arnold渲染场景有一个普遍问题，那就是容易产生噪点，这不同于其他渲染器，Arnold的噪点容易出现亮点，而且光靠提高采样不能有效解决问题。

在去除噪点前，可以使用排除法找到噪点产生的原因。读者可以根据下面的去除噪点流程图，将不同类型的噪点一一去除。

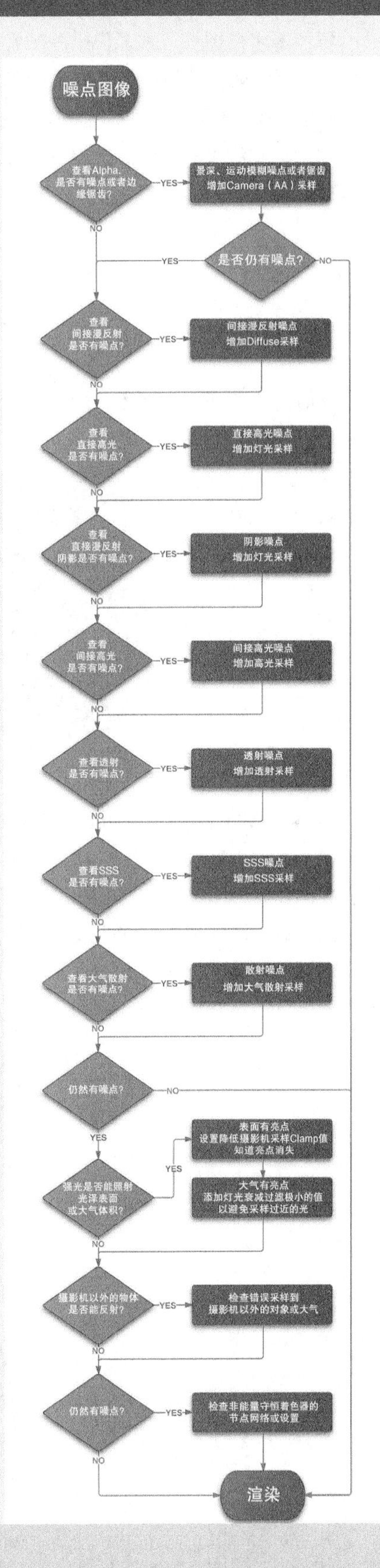

# 透明贴图注意事项

添加透明贴图是三维工作中一项常见的技术，可以制作一些镂空效果、树叶或者特殊形状的玻璃等。使用Arnold可以渲染透明贴图，但是需要一些特殊的操作。

在为材质添加透明贴图效果后，Arnold仍然不能正确渲染透明贴图。

这时需要选择模型对象，然后打开“属性编辑器”面板，接着切换到Shape选项卡（前缀根据对象而定），再展开Arnold卷展栏，最后取消Opaque（不透明）选项。此时，就可以正确渲染对象了。

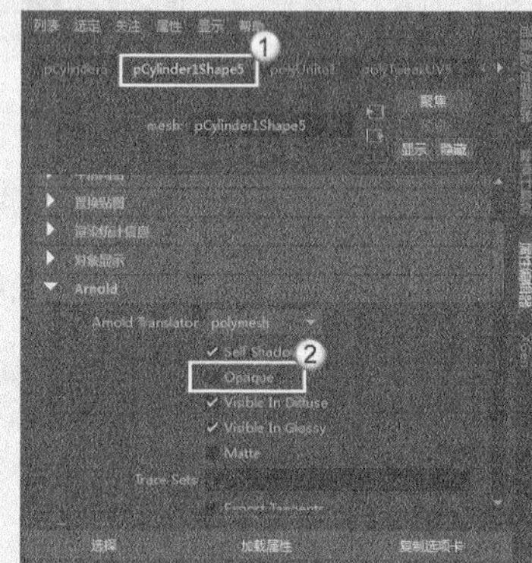

需要注意的是，Ray Depth（光线深度）卷展栏中的Transparency Depth（透明深度）和Total（总体）属性会严重影响透明贴图的效果和渲染时间。如果这两个值太低，不会得到理想的透明效果；如果太高，就会增加渲染时间。因此，这两个值需要根据场景的实际情况来确定。

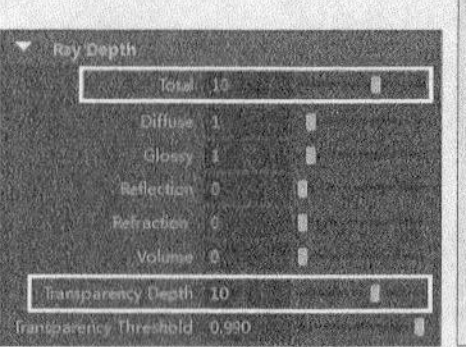

# 第14章

# VRay渲染器

本章将介绍VRay渲染器的基本信息、VRay的灯光、VRay的基本材质属性以及VRay渲染参数设置等内容。通过学习本章，读者可以掌握VRay渲染器的基本操作。

※ VRay渲染器简介

※ VRay的灯光

※ VRay基本材质的属性

※ VRay渲染参数设置

## 14.1 VRay渲染器简介

众所周知，VRay渲染器是目前业界内较受欢迎的渲染器，也是当今CG行业普及率最高的渲染器。下面就一起来享受VRay For Maya为我们带来的渲染乐趣。

### 14.1.1 VRay渲染器的应用领域

VRay渲染器广泛应用于建筑与室内设计行业，VRay在表现这类题材时有着无与伦比的优势，同时VRay渲染器很容易操作，渲染速度相对也较快，所以VRay渲染器一直是渲染中的霸主，图14-1和图14-2所示分别是VRay应用在室内和室外的渲染作品。

图14-1

图14-2

**提示**

本书VRay的内容均采用VRay 3.5版本进行编写。

VRay渲染器主要有以下3个特点。

第1个：VRay同时适合室内外场景的创作。

第2个：使用VRay渲染图像时很容易控制饱和度，并且画面不容易出现各种毛病。

第3个：使用GI时，调节速度比较快。在测试渲染阶段，需要开启GI反复渲染来调节灯光和材质的各项参数，在这个过程中对渲染器的GI速度要求比较高，因此VRay很符合这个要求。

### 14.1.2 在Maya中加载VRay渲染器

在安装好VRay渲染器之后，和mental ray渲染器一样，需要在Maya中加载VRay渲染器才能正常使用。

执行“窗口>设置/首选项>插件管理器”菜单命令，打开“插件管理器”对话框，然后在最下面选择vrayformaya.mll和xgenVRay.py选项后面的“已加载”选项，这样就可以使用VRay渲染器了，如图14-3所示。如果选择“自动加载”选项，在重启Maya时可以自动加载VRay渲染器。

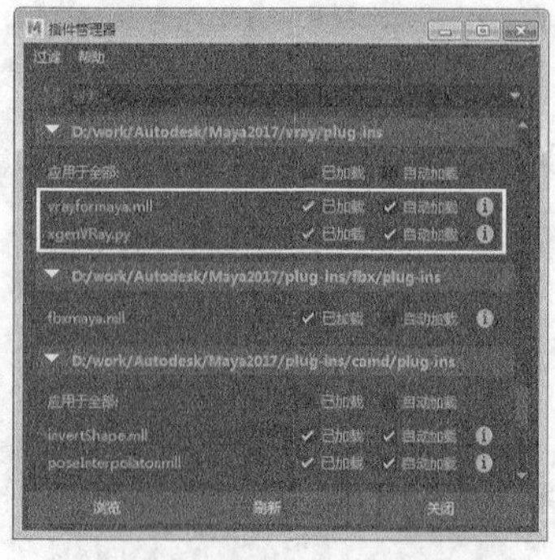


图14-3

## 14.1.3 VRay灯光的类型

Vray渲染器为我们提供了几种Vray灯光，这几种灯光只会对Vray渲染器有效。

### 1.VRay灯光的类型

VRay的灯光分为V-Ray Sphere Light（VRay球形灯）、V-Ray Dome Light（VRay圆顶灯）、V-Ray Rect Light（VRay区域光）和V-Ray IES Light（VRay IES灯）4种类型，如图14-4所示。这4种灯光在视图中的形状如图14-5所示。

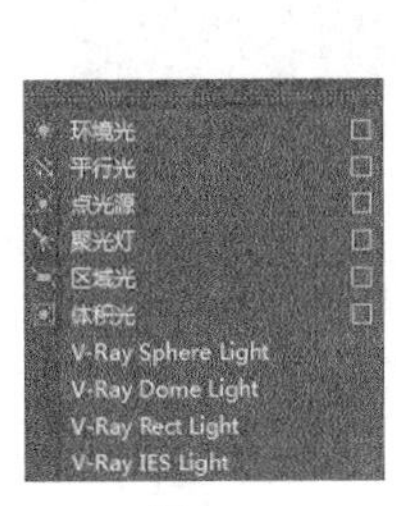

图14-4

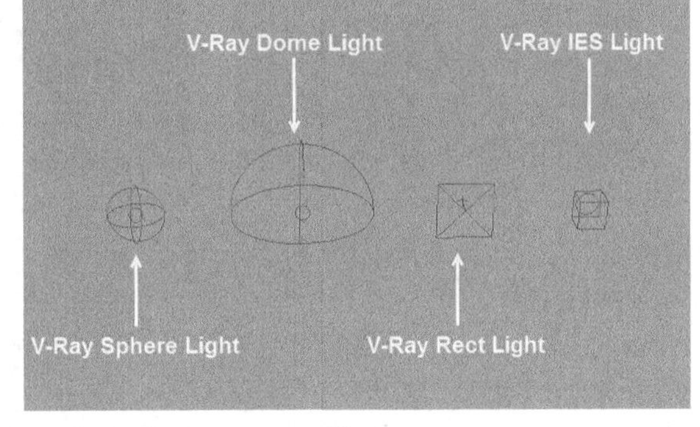

图14-5

### VRay灯光的类型介绍

❖ V-Ray Sphere Light（VRay球形灯）：这种灯光的发散方式是一个球体形状，适合制作一些发光体，如图14-6所示。

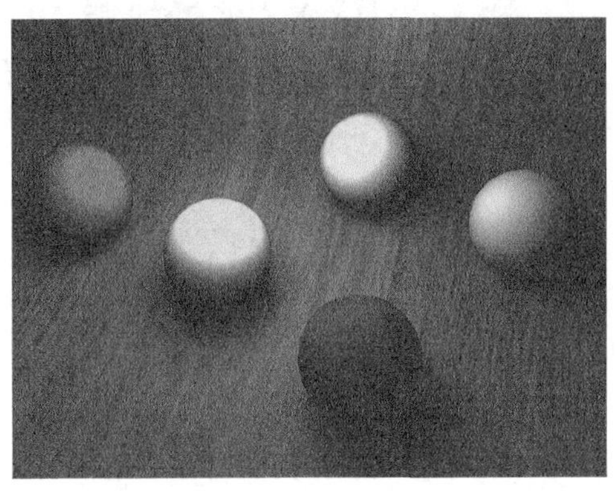
图14-6

❖ V-Ray Dome Light（VRay圆顶灯）：该灯光可以用来模拟天空光的效果，此外还可以在圆顶灯中使用HDRI高动态贴图，图14-7所示是圆顶灯的发散形状。

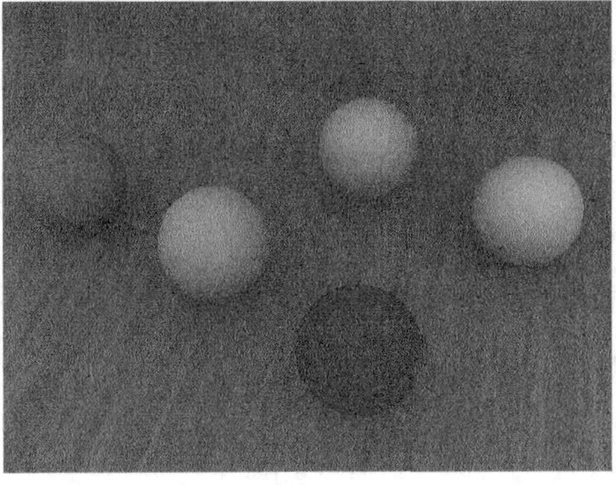
图14-7

❖ V-Ray Rect Light（VRay区域光）：该灯光是VRay灯光中使用很频繁的一种灯光，主要应用于室内环境，它属于面光源，其发散形状是一个矩形，如图14-8所示。

❖ V-Ray IES Light（VRay IES灯）：主要用来模拟光域网的效果，但是需要导入光域网文件才能起作用，图14-9所示是IES灯的发散形状。

图14-8

图14-9

**提示**

光域网是灯光的一种物理性质，它决定了灯光在空气中的发散方式。不同的灯光在空气中的发散方式是不一样的，例如手电筒会发出一个光束。这说明由于灯光自身特性的不同，其发出的灯光图案也不相同，而这些图案就是光域网造成的，图14-10所示是一些常见光域网的发光形状。

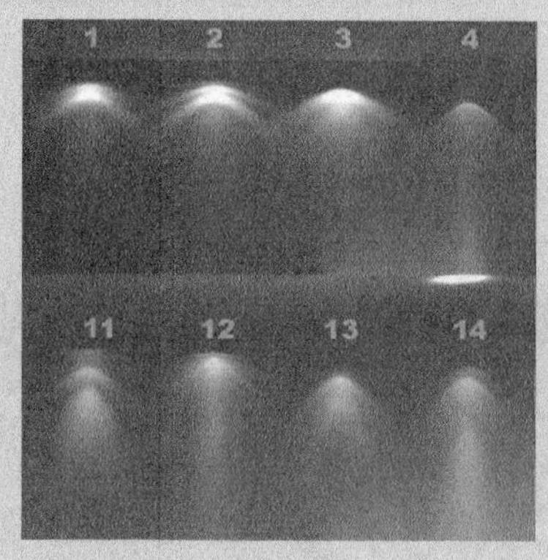


图14-10

## 2.VRay灯光的属性

下面以V-Ray Rect Light（VRay区域光）为例来讲解VRay的灯光属性，图14-11所示是矩形灯的“属性编辑器”对话框。

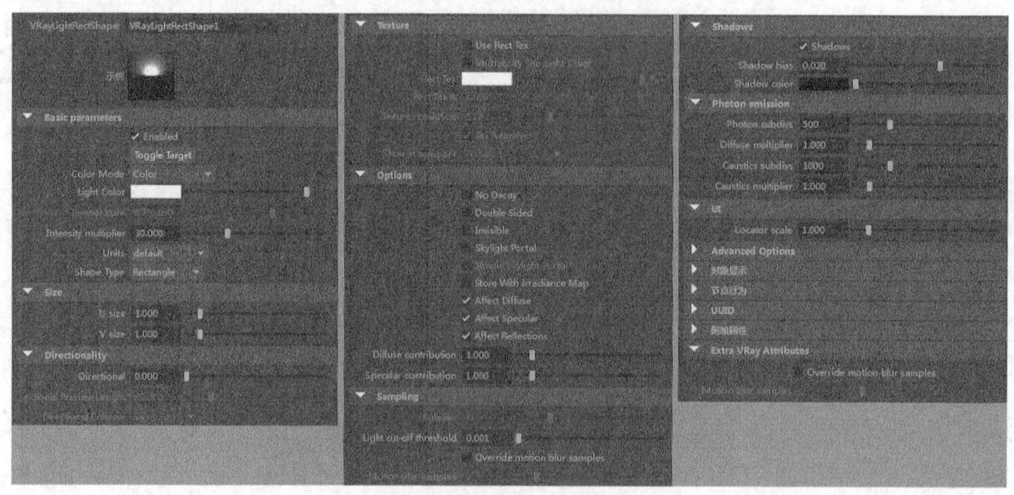


图14-11

### 常用参数介绍

- Enabled（启用）：VRay灯光的开关。
- Toggle Target（切换目标）：单击该按钮可使灯光增加一个目标操作手柄。
- Color Mode（颜色模式）：包含Color（颜色）和Temperature（色温）两种颜色模式。
- Light color（灯光颜色）：如果设置Color Mode（颜色模式）为Color（颜色），那么该选项用来设置灯光的颜色。
- Temperature（色温）：如果设置Color Mode（颜色模式）为Temperature（色温），那么该选项用来设置灯光的色温。
- Intensity multiplier（强度倍增）：用来设置灯光的强度。
- Units（单位）：灯光的计算单位，可以选择不同的单位来设置灯光强度。
- Shape Type（形状类型）：用来设置灯光的形状，包括Rectangle和Disc两种，如图14-12所示。

图14-12

- U size（U向大小）：设置光源的U向尺寸大小。
- V size（V向大小）：设置光源的V向尺寸大小。
- Directional（定向）：当该值为0时，灯光在所有方向上均匀分布。增加该值使光束更窄，并集中在一个方向。
- Directional Preview Length（定向预览长度）：指定用于预览定向参数的锥形长度，该值在Directional（定向）大于0时才能使用。
- Directional Preview（定向预览）：控制视图的定向预览外观，该值在Directional（定向）大于0时才能使用。
- Use Rect Tex（使用平面纹理）：一个优化选项，可以减少表面的噪点。
- Multiply By The Light Color（乘以光色）：纹理中的颜色乘以光强度以调整亮度。
- Rect Tex（平面纹理）：使用指定的纹理。
- Rect Tex A（平面纹理Alpha）：指定光的Alpha纹理。
- Texture resolution（纹理分辨率）：指定纹理的分辨率。
- Tex Adaptive（纹理自适应）：选择该选项后，VRay将根据纹理部分亮度的不同来对其进行分别采样。
- Show in viewport（在视口中显示）：控制是否以及如何在视口中看到纹理。
- No decay（无衰减）：选择该选项后，VRay灯光将不进行衰减；如果关闭该选项，VRay灯光将以距离的“反向平方”方式进行衰减，这是真实世界中的灯光衰减方式。
- Double Sided（双面）：当VRay灯光为面光源时，该选项用来控制灯光是否在这个光源的两面进行发光。
- Invisible（不可见）：该选项在默认情况下处于选择状态，在渲染时会渲染出灯光的形状。若关闭该选项，将不能渲染出灯光形状，但一般情况都要关闭该选项。
- Skylight Portal（天光入口）：选择该选项后，灯光将作为天空光的光源。
- Simple Skylight Portal（简单天光入口）：使用该选项可以获得比上个选项更快的渲染速度，因为它不用计算物体背后的颜色。
- Store with Irradiance Map（存储发光贴图）：选择该选项后，计算发光贴图的时间会更长，但渲染速度会加快。
- Affect Diffuse（影响漫反射）：选择该选项后，VRay将计算漫反射。
- Affect Specular（影响高光）：选择该选项后，VRay将计算高光。
- Affect Reflections（影响反射）：选择该选项后，VRay将计算反射。
- Diffuse contribution（漫反射分布）：设置漫反射的强度倍增。

- ❖ Specular contribution（高光分布）：设置高光的强度倍增。
- ❖ Subdivs（细分）：用来控制灯光的采样数量。值越大，效果越好。
- ❖ Light cut-off threshold（灯光截止阈值）：当场景中有很多微弱且不重要的灯光时，可以使用这个参数来控制它们，以减少渲染时间。
- ❖ Override motion blur samples（运动模糊样本覆盖）：用运动模糊样品覆盖当前灯光的默认数值。
- ❖ Motion blur samples（运动模糊采样）：当选择Override motion blur samples（运动模糊样本覆盖）选项时，Motion blur samples（运动模糊采样）选项用来设置运动模糊的采样数。
- ❖ Shadows（阴影）：打开/关闭VRay灯光阴影。
- ❖ Shadow bias（阴影偏移）：设置阴影的偏移量。
- ❖ Shadow color（阴影颜色）：设置阴影的颜色。
- ❖ Photon subdivs（光子细分）：该数值越大，渲染效果越好。
- ❖ Diffuse multiplier（漫反射倍增）：设置漫反射光子倍增。
- ❖ Caustics subdivs（焦散细分）：用来控制焦散的质量。值越大，焦散效果越好。
- ❖ Caustics multiplier（焦散倍增）：设置渲染对象产生焦散的倍数。
- ❖ Locator scale（定位器缩放）：设置灯光定位器在视图中的大小。
- ❖ Override motion blur samples（覆盖运动模糊采样）：选择该选项可以激活Motion blur samples（运动模糊采样）属性。
- ❖ Motion blur samples（运动模糊采样）：调整运动模糊的采样系数。

## 【练习14-1】影棚静帧作品渲染

| | |
|---|---|
| 场景文件 | Scenes>CH14>14.1.mb |
| 实例文件 | Examples>CH14>14.1.mb |
| 难易指数 | ★★★☆☆ |
| 技术掌握 | 掌握搭建影棚场景和灯光设置的方法 |

在对三维模型或者商业产品项目做展示的时候，经常需要渲染出简洁的“影棚”效果的静帧作品。在本例中，主要学习搭建简易的影棚场景以及对场景的灯光进行设置，并在短时间内渲染出高质量的静帧作品，案例效果如图14-13所示。

图14-13

**01** 打开学习资源中的“Scenes>CH14>14.1.mb”文件，场景中有一个饰品模型，如图14-14所示。

**02** 执行“创建>灯光>V_Ray_Rect_Light”菜单命令，在场景中创建一盏VRay区域光，并调整灯光的位置、大小和方向，如图14-15所示。

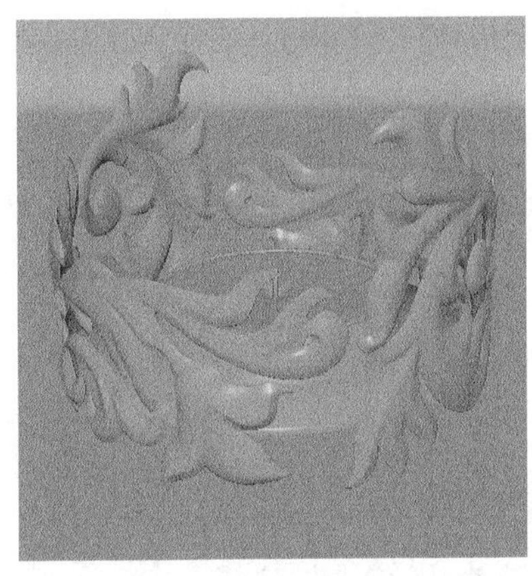

图14-14

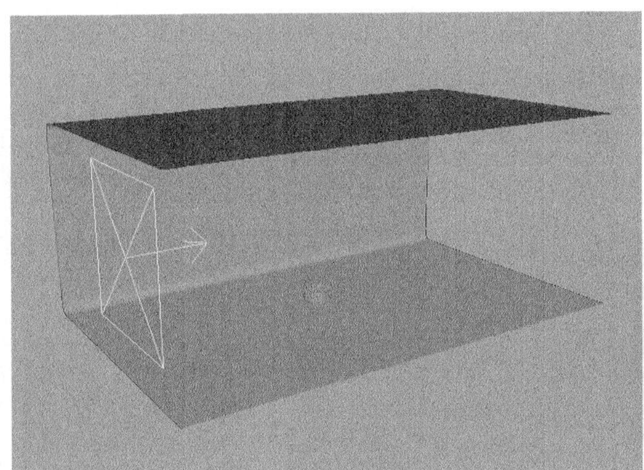

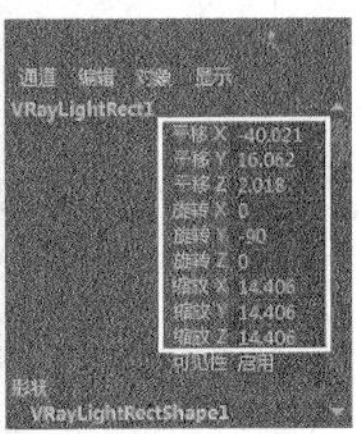


图14-15

**03** 打开VRay区域光的属性编辑器，然后设置Light color（灯光颜色）为（R:198，G:199，B:255）、Intensity multiplier（强度倍增）为12，如图14-16所示。

**04** 复制一个VRay区域光，然后将复制出来的灯光移至右侧，如图14-17所示。

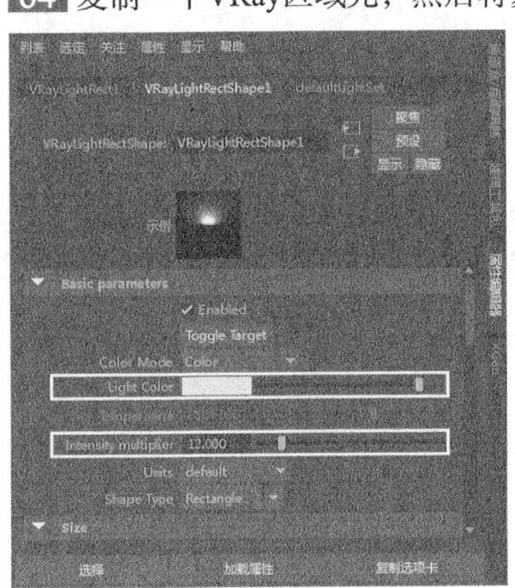


图14-16

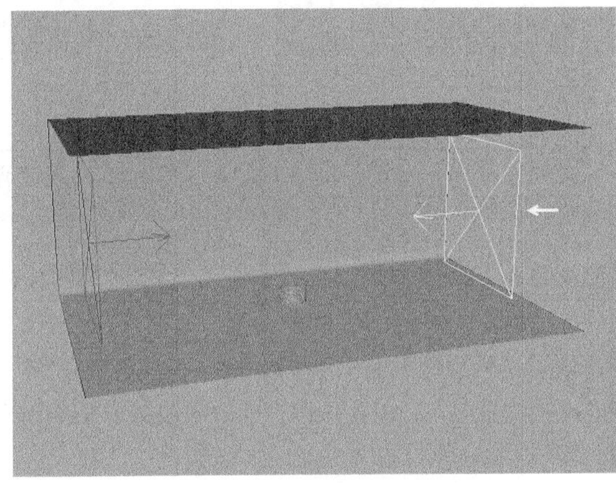

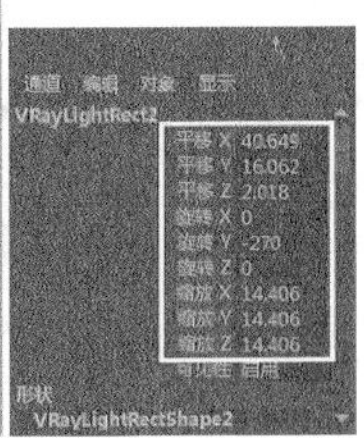


图14-17

**05** 选择复制出来的VRay区域光，然后在属性编辑器中设置Light color（灯光颜色）为（R:234，G:234，B:205）、Intensity multiplier（强度倍增）为10，如图14-18所示。

**06** 创建一个VRay区域光，然后调整该灯光的位置、大小和方向，如图14-19所示。

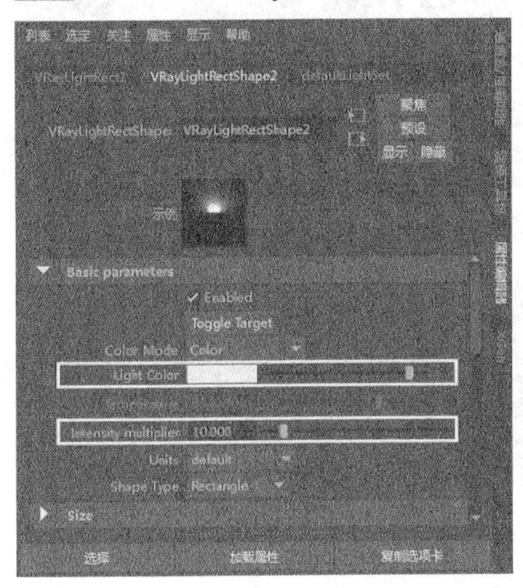


图14-18

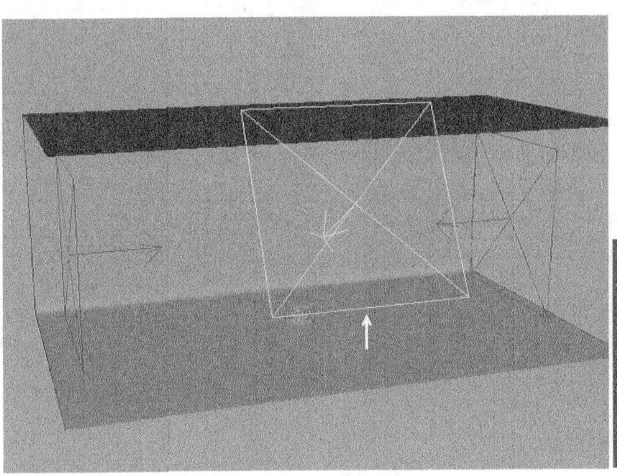

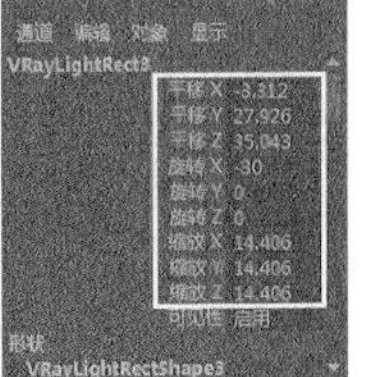


图14-19

**07** 选择VRayLightRect3灯光，然后在属性编辑器中设置Intensity multiplier（强度倍增）为4，如图14-20所示。

**08** 在视图中选择一个合适的角度，然后在“渲染视图”对话框中设置渲染器为V-Ray，接着单击“渲染视图”按钮渲染当前场景，效果如图14-21所示。

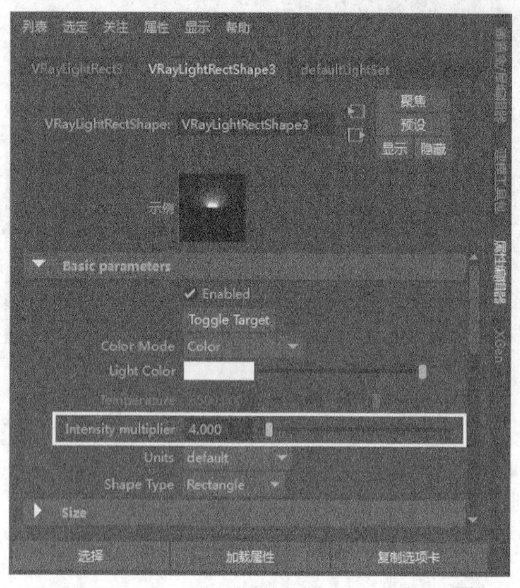


图14-20

图14-21

## 14.2 VRay材质

在安装VRay渲染器后，“创建栏”面板中将列出VRay的相关材质节点，如图14-22所示。本节主要介绍VRay渲染器中最有代表性的VRay Mtl材质节点。

VRay渲染器提供了一种特殊材质——VRay Mtl材质，如图14-23所示。在场景中使用该材质能够获得更加准确的物理照明（光能分布）效果，并且反射和折射参数的调节更加方便，同时还可以在VRay Mtl材质中应用不同的纹理贴图来控制材质的反射和折射效果。

图14-22

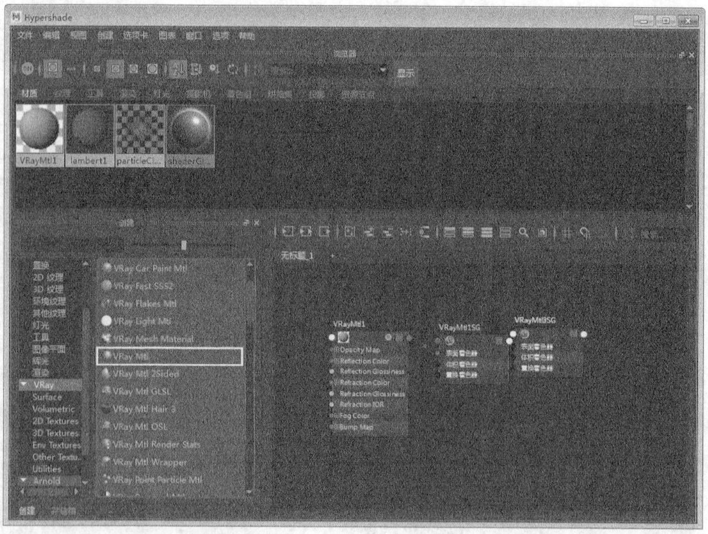

图14-23

双击VRay Mtl材质节点，打开其属性编辑器，如图14-24所示。

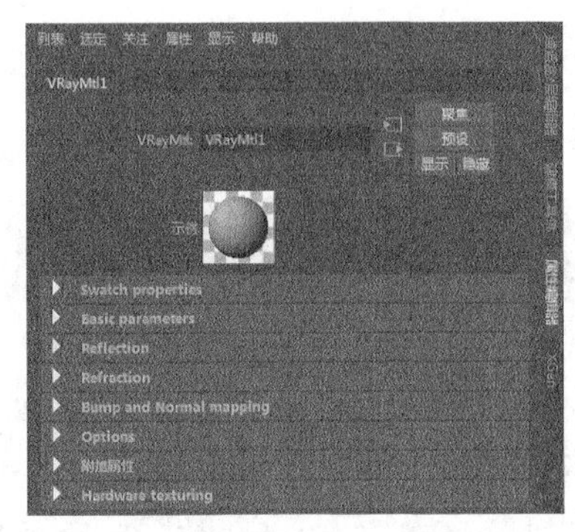


图14-24

## 14.2.1 Swatch properties（样本特征）

展开Swatch properties（样本特征）卷展栏，该卷展栏下的属性可以设置自动更新、渲染样本和最大分辨率等，如图14-25所示。

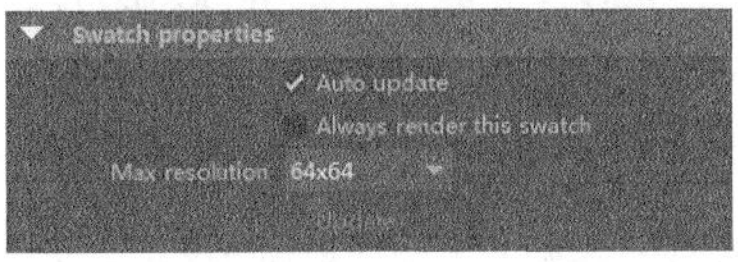

图14-25

### 常用参数介绍

- ❖ Auto update（自动更新）：当对材质进行了改变时，选择该选项可以自动更新材质示例效果。
- ❖ Always render this swatch（总是渲染样本）：选择该选项后，可以对样本强制进行渲染。
- ❖ Max resolution（最大分辨率）：设置样本显示的最大分辨率。
- ❖ Update（更新）：如果关闭Auto update（自动更新）选项，可以单击该按钮强制更新材质示例效果。

## 14.2.2 Basic parameters（基本参数）

展开Basic parameters（基本参数）卷展栏，该卷展栏下的属性可以设置材质的颜色和自发光等，如图14-26所示。

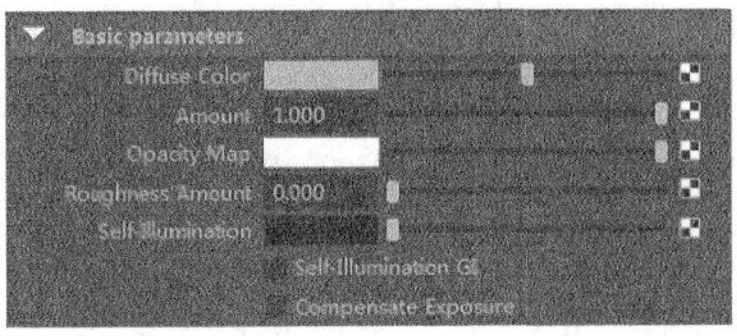

图14-26

### 常用参数介绍

- ❖ Diffuse Color（漫反射颜色）：漫反射颜色也叫固有色或过渡色，可以是单色也可以是贴图，是指非镜面物体受光后的表面色或纹理。当Diffuse Color（漫反射颜色）为白色时，需要将其控制在253以内，因为在纯白（即255）时渲染会很慢，也就是说材质越白，渲染时光线要跟踪的路径就越长。
- ❖ Amount（数量）：数值为0时，材质为黑色，可以改变该参数的数值来减弱漫反射对材质的影响。
- ❖ Opacity Map（不透明度贴图）：为材质设置不透明度贴图。
- ❖ Roughness Amount（粗糙数量）：该参数可以用于模拟粗糙表面或灰尘表面（例如皮肤或月球的表面）。
- ❖ Self-Illumination（自发光）：设置材质的自发光颜色。
- ❖ Compensate Exposure（补偿曝光）：选择该选项将自动调整照明的强度，校正VRay Physical Camera的曝光。

## 14.2.3 Reflection（反射）

展开Reflection（反射）卷展栏，该卷展栏下的属性可以设置反射效果，如图14-27所示。

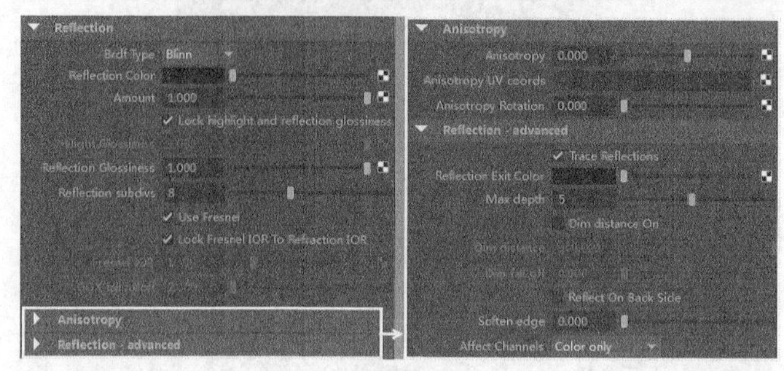


图14-27

### 常用参数介绍

- Brdf Type（Brdf 类型）：用于定义物体表面的光谱和空间的反射特性，共有Phong、Blinn、Ward和GGX这4个选项。
- Reflection Color（反射颜色）：用于设置材质的反射颜色，也可以使用贴图来设置反射效果。
- Amount（数量）：增大该值可以减弱反射颜色的强度；减小该值可以增强反射颜色的强度。
- Lock highlight and reflection glossiness（锁定高光和反射光泽度）：选择该选项时，可以锁定材质的高光和反射光泽度。
- Highlight Glossiness（高光光泽度）：设置材质的高光光泽度。
- Reflection Glossiness（反射光泽度）：通常也叫模糊反射，该参数主要用于设置反射的模糊程度。不同反射物体的平面平滑度是不一样的，越平滑的物体其反射能力越强（如光滑的瓷砖），反射的物体就越清晰，反之就越模糊（如木地板）。
- Reflection subdivs（反射细分）：该选项主要用来控制模糊反射的细分程度。数值越高，模糊反射的效果越好，渲染时间也越长；反之颗粒感就越强，渲染时间也会减少。当Reflection glossiness（反射光泽度）为1时，Reflection subdivs（反射细分）是无效的；反射光泽数值越低，所需的细分值也要相应加大才能获得最佳效果。
- Use Fresnel（使用Fresnel）：选择该选项后，光线的反射就像真实世界的玻璃反射一样。当光线和表面法线的夹角接近0° 时，反射光线将减少直到消失；当光线与表面几乎平行时，反射是可见的；当光线垂直于表面时，几乎没有反射。
- Lock Fresnel IOR To Refraction IOR（锁定Fresnel反射率到Fresnel折射率）：选择该选项后，可以直接调节Fresnel IOR（Fresnel反射率）。
- Fresnel IOR（Fresnel反射率）：设置Fresnel反射率。
- Anisotropy（各向异性）：决定高光的形状。数值为0时为同向异性。
- Anisotropy UV coords（各向异性UV坐标）：设定各向异性的坐标，从而改变各向异性的方向。
- Anisotropy Rotation（各向异性旋转）：设置各向异性的旋转方向。
- Trace Reflections（跟踪反射）：开启或关闭跟踪反射效果。
- Max depth（最大深度）：光线的反射次数。如果场景中有大量的反射和折射，可能需要更高的数值。
- Dim distance On（开启衰减距离）：选择该选项后，可以允许停止跟踪反射光线。
- Dim distance（衰减距离）：设置反射光线将不会被跟踪的距离。
- Dim fall off（衰减）：设置衰减的半径。
- Reflect On Back Side（在背面反射）：该选项可以强制VRay始终跟踪光线，甚至包括光照面的背面。

- ❖ Soften edge（柔化边缘）：软化在灯光和阴影过渡的BRDF边缘。
- ❖ Affect Channels（影响通道）：允许用户指定哪些通道将受到材质反射率的影响。

## 14.2.4 Refraction（折射）

展开Refraction（折射）卷展栏，该卷展栏下的属性可以设置折射和SSS效果，如图14-28所示。

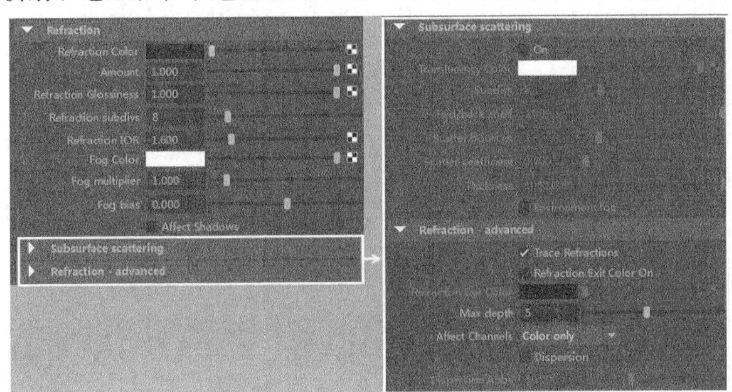


图14-28

### 常用参数介绍

- ❖ Refraction Color（折射颜色）：设置折射的颜色，也可以使用贴图来设置折射效果。
- ❖ Amount（数量）：减小该值可以减弱折射的颜色强度；增大该值可以增强折射的颜色强度。
- ❖ Refraction Glossiness（折射光泽度）：透明物体越光滑，其折射就越清晰。对于表面不光滑的物体，在折射时就会产生模糊效果，这时就要用到这个参数，该数值越低，效果越模糊，反之越清晰。
- ❖ Refraction subdivs（折射细分）：增大该数值可以增强折射模糊的精细效果，但是会延长渲染时间，一般为了获得最佳效果，Refraction Glossiness（折射光泽度）数值越低，就要增大Refraction subdivs（折射细分）数值。
- ❖ Refraction IOR（折射率）：由于每种透明物体的密度是不同的，因此光线的折射也不一样，这些都由折射率来控制。
- ❖ Fog color（雾颜色）：对于有透明特性的物体，厚度的不同所产生的透明度也不同，这时就要设置Fog color（雾颜色）和Fog multiplier（雾倍增）才能产生真实的效果。
- ❖ Fog multiplier（雾倍增）：指雾颜色浓度的倍增量，其数值灵敏度一般设置在0.1以下。
- ❖ Fog bias（雾偏移）：设置雾浓度的偏移量。
- ❖ Affect Shadows（影响阴影）：在制作玻璃材质时，需要开启该选项，这样阴影才能透过玻璃显示出来。
- ❖ On（启用）：启用材料的次表面散射。
- ❖ Translucency Color（半透明颜色）：通常次表面散射效果的颜色取决于雾颜色，该属性可以额外着色SSS效果。
- ❖ Subdivs（细分）：控制次表面效应的质量。较低的值会更快，但结果会有更多噪点；而更高的值需要更长时间，但会产生更平滑的结果。
- ❖ Fwd / back coeff（向前/向后系数）：控制射线的散射方向。0表示光线只能向前（远离表面，物体内部）散开；0.5表示射线可向前或向后；1表示射线将向后（向表面，物体外部）散开。
- ❖ Scatter bounces（散射反弹）：控制光线在物体内的反弹次数。
- ❖ Scatter coefficient（散射系数）：物体内的散射量。0表示光线会在各个方向散射；1表示射线不能改变其在子表面体积内的方向。

- ❖ Thickness（厚度）：限制表面下方追踪的光线。如果不想要或不需要跟踪整个子表面体积，这将非常有用。
- ❖ Environment fog（环境雾）：启用后，VRay将跟踪直接照明材料。
- ❖ Trace Refractions（跟踪折射）：开启或关闭跟踪折射效果。
- ❖ Refraction Exit Color On（开启折射退出颜色）：选择该选项后，可以开启折射退出颜色功能。
- ❖ Refraction Exit Color（折射退出颜色）：当折射光线到达Max depth（最大深度）设置的反弹次数时，VRay会对渲染物体设置颜色，此时物体不再透明。
- ❖ Max depth（最大深度）：光线的折射次数。如果场景中有大量的反射和折射，可能需要更高的数值。
- ❖ Affect Channels（影响通道）：共有Color only（只有颜色）、Color+alpha（颜色+Alpha）、All channels（所有通道）3个选项。
- ❖ Dispersion（色散）：选择该选项后，可以计算渲染物体的色散效果。
- ❖ Dispersion Abbe（色散）：允许增加或减少色散的影响。

## 14.2.5 Bump and Normal mapping（凹凸和法线贴图）

展开Bump and Normal mapping（凹凸和法线贴图）卷展栏，该卷展栏下的属性可以设置凹凸和法线贴图，如图14-29所示。

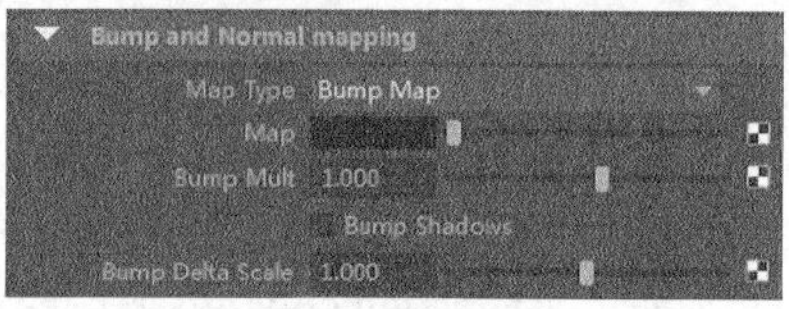

图14-29

### 常用参数介绍

- ❖ Map Type（贴图类型）：选择凹凸贴图的类型。
- ❖ Map（贴图）：用于设置凹凸或法线贴图。
- ❖ Bump Mult（凹凸倍增）：设置凹凸的强度。
- ❖ Bump Shadows（凹凸阴影）：选择该选项后，可以开启凹凸的阴影效果。
- ❖ Bump Delta Scale（凹凸三角形刻度）：可以减小该参数以锐化凸块，并增加模糊。

## 14.2.6 Options（选项）

展开Options（选项）卷展栏，该卷展栏下的属性可以设置反射/折射的限制、双面渲染、使用发光贴图以及修复黑边等，如图14-30所示。

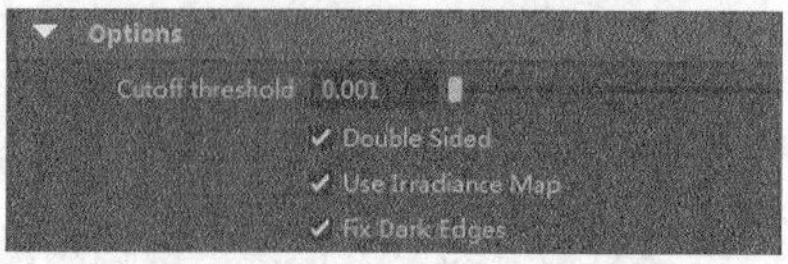

图14-30

### 常用参数介绍

- ❖ Cutoff Threshold（截止阀值）：该选项设置低于该反射/折射将不被跟踪的极限数值。
- ❖ Double-sided（双面）：对材质的背面也进行计算。
- ❖ Use Irradiance Map（使用发光贴图）：选择该选项后，则VRay对于材质间接照明的近似值使用Irradiance Map（发光贴图），否则使用Brute force（暴力）方式。
- ❖ Fix dark edges（修复黑边）：启用时，修复有光泽材料的对象上出现的黑暗边缘。

## 【练习14-2】制作眼睛材质

| | |
|---|---|
| 场景文件 | Scenes>CH14>14.2.mb |
| 实例文件 | Examples>CH14>14.2.mb |
| 难易指数 | ★★★★☆ |
| 技术掌握 | 掌握眼睛材质的制作方法 |

在角色制作中，眼睛材质的制作非常关键，因为眼睛可以传达角色内心的情感，图14-31所示是本例的渲染效果。

图14-31

01 打开学习资源中的“Scenes>CH14>14.2.mb”文件，场景中有眼球模型、灯光和摄影机，如图14-32所示。

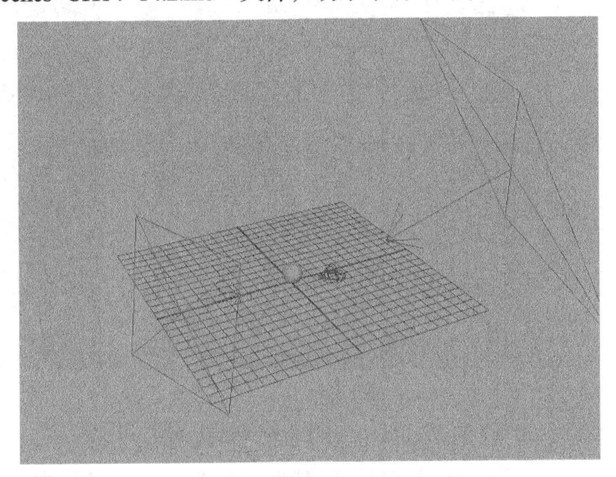

图14-32

## 提示

要制作逼真的眼球模型（包括材质），需要参考真实的眼球结构。图14-33所示是眼球结构图，本案例将眼球分为了三大部分，分别是最外层的角膜（透明）、前部的虹膜以及内部的脉络膜。

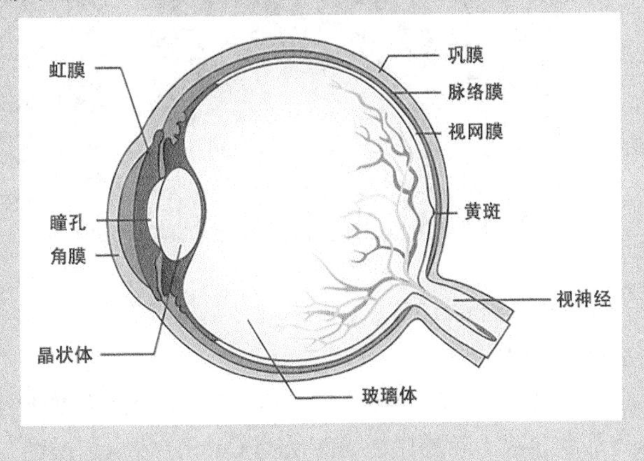


图14-33

**02** 下面制作角膜材质。打开Hypershade对话框，然后在创建栏中选择“VRay>Surface>VRay Mtl”节点，如图14-34所示。

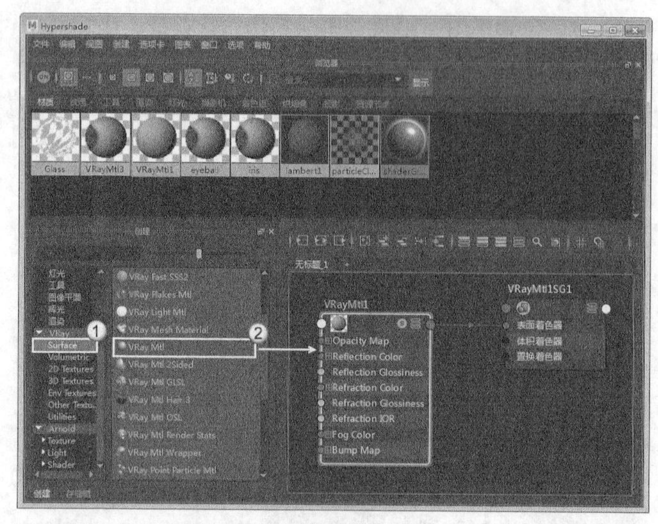

图14-34

**03** 打开VRayMtl1节点的属性编辑器，然后将节点名称设置为Glass，接着展开Reflection（反射）卷展栏，最后设置Reflection Color（反射颜色）为白色，如图14-35所示。

**04** 展开Refraction（折射）卷展栏，然后设置Refraction Color（折射颜色）为白色、Fog multiplier（雾倍增）为0.05，接着选择Affect Shadows（影响阴影）选项，如图14-36所示。

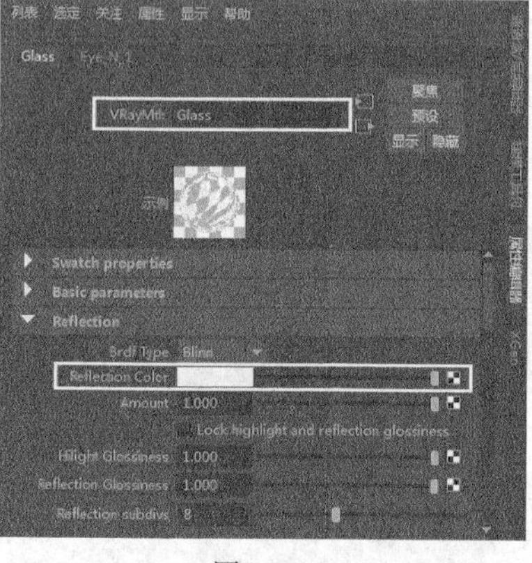

图14-35

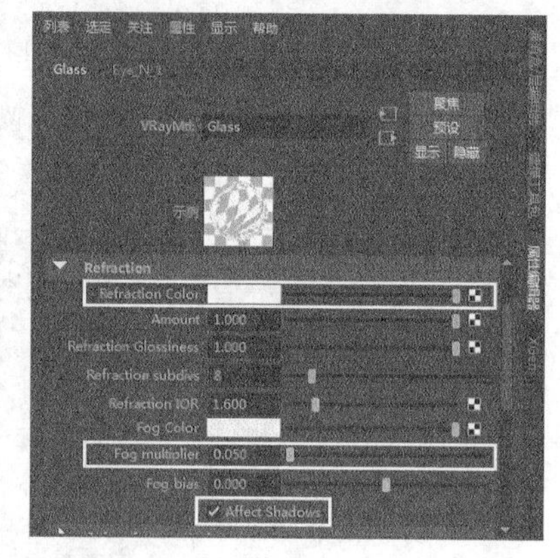

图14-36

**05** 展开Bump and Normal mapping（凹凸和法线贴图）卷展栏，然后为Map（贴图）属性连接一个“文件”节点，接着为“文件”节点指定“Scenes>CH14>14.2>Eye_N.tga”文件，如图14-37所示，再选择Glass节点，最后设置Map Type（贴图类型）为Normal map in tangent space（切线空间法线）、Bump Mult（凹凸倍增）为3，如图14-38所示。

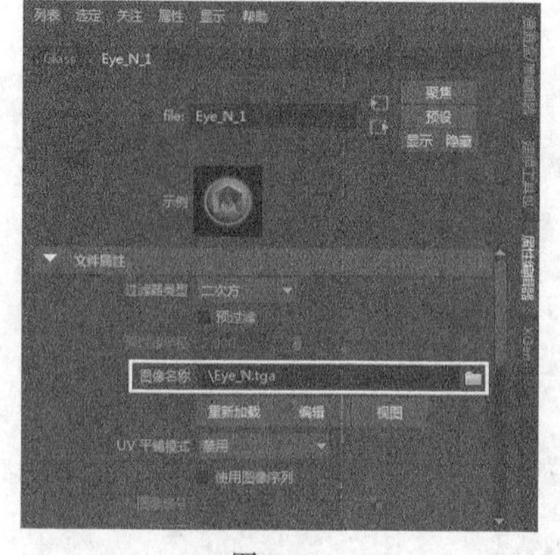

图14-37

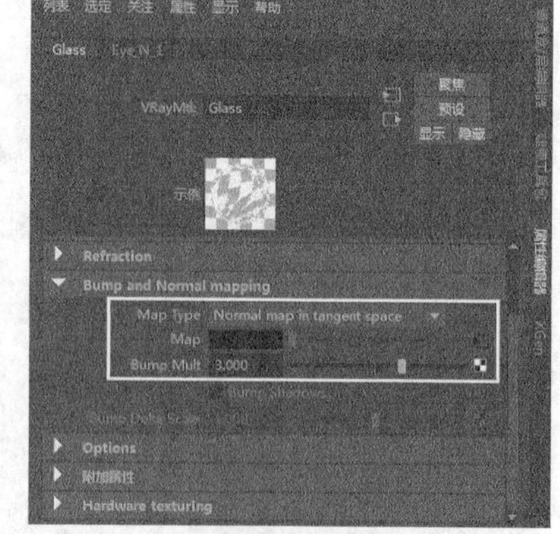

图14-38

**06** 将制作好的Glass材质赋予polySurface10节点，然后在“渲染视图”对话框中将渲染器设置为V-Ray，接着渲染当前场景，效果如图14-39所示。

**07** 下面制作脉络膜的材质。新建一个VRay Mtl节点，然后在属性编辑器面板中设置节点名称为eyeball，接着展开Basic Parameters（基本参数）卷展栏，为Diffuse Color（漫反射颜色）属性连接一个“文件”节点，最后为“文件”节点指定“Scenes>CH14>14.2>Eye_Hazel_D.tga”文件，如图14-40所示。

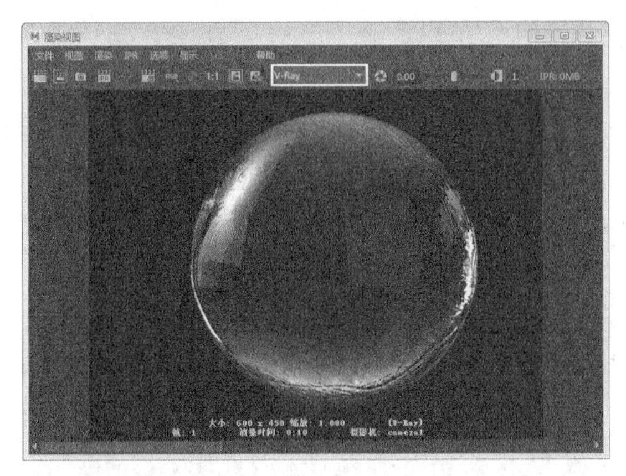

图14-39

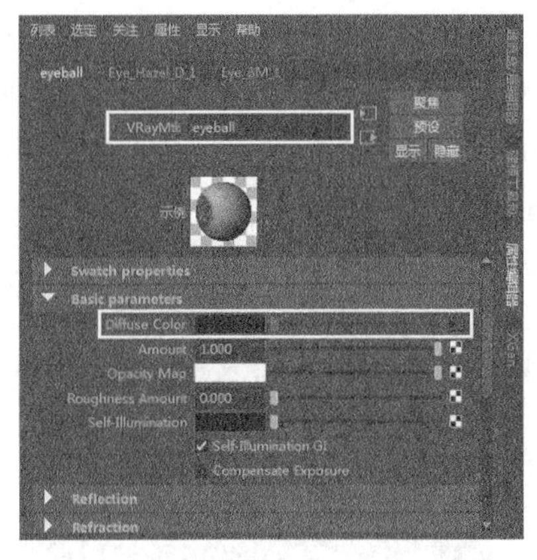

图14-40

**08** 展开Bump and Normal mapping（凹凸和法线贴图）卷展栏，然后为Map（贴图）属性连接一个“文件”节点，接着为“文件”节点指定“Scenes>CH14>14.2>Eye_BM.tga”文件，再选择eyeball节点，最后设置Map Type（贴图类型）为Bump Map（凹凸贴图）、Bump Mult（凹凸倍增）为0.03，如图14-41所示。脉络膜材质的节点网络如图14-42所示。

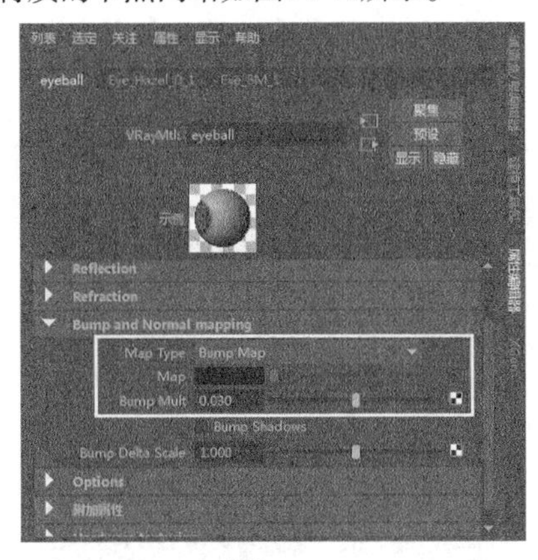

图14-41

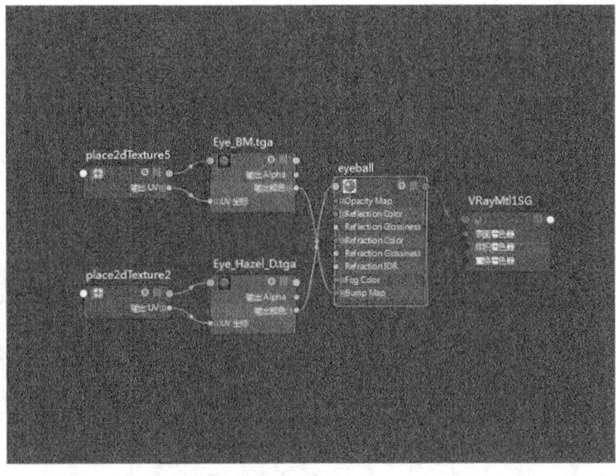

图14-42

**09** 将制作好的eyeball材质赋予polySurface9节点，然后在“渲染视图”对话框中将渲染器设置为V-Ray，接着渲染当前场景，效果如图14-43所示。

**10** 下面制作虹膜的材质。新建一个VRay Mtl节点，然后在属性编辑器面板中设置节点名称为iris，接着展开Basic Parameters（基本参数）卷展栏，为Diffuse Color（漫反射颜色）属性连接一个“文件”节点，最后为“文件”节点指定“Scenes>CH14>14.2>Eye_Hazel_D.tga”文件，如图14-44所示。

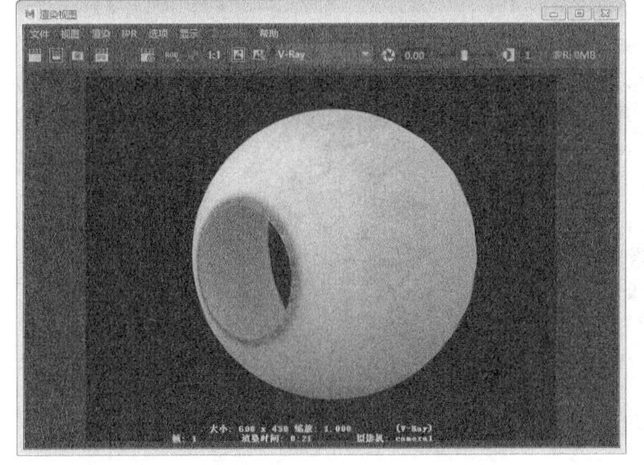

图14-43

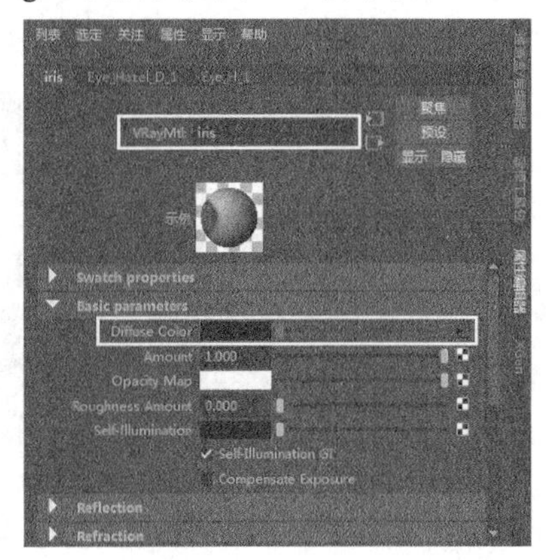

图14-44

**11** 展开Bump and Normal mapping（凹凸和法线贴图）卷展栏，然后为Map（贴图）属性连接一个“文件”节点，接着为“文件”节点指定“Scenes>CH14>14.2>Eye_H.tga”文件，再选择iris节点，最后设置Map Type（贴图类型）为Bump Map（凹凸贴图）、Bump Mult（凹凸倍增）为0.2，如图14-45所示。虹膜材质的节点网络如图14-46所示。

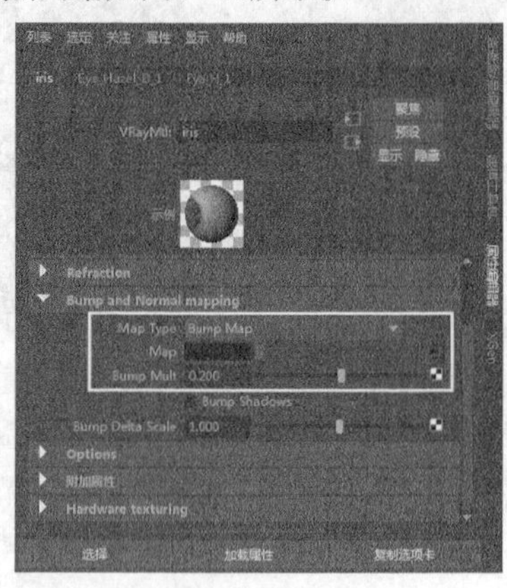


图14-45

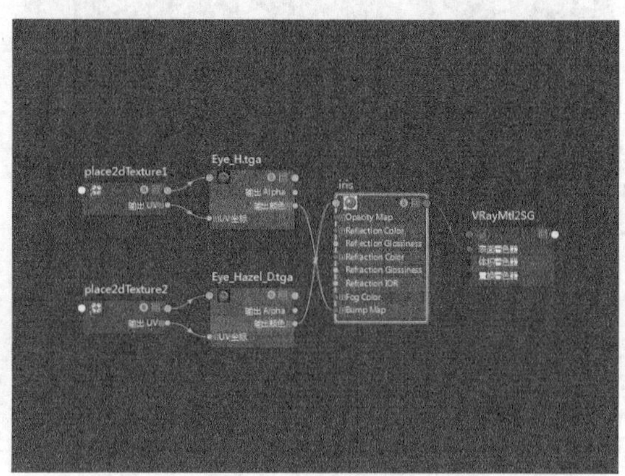


图14-46

**12** 将制作好的iris材质赋予polySurface8节点，然后在“渲染视图”对话框中将渲染器设置为V-Ray，接着渲染当前场景，效果如图14-47所示。

**13** 下面制作瞳孔的材质。新建一个VRay Mtl节点，然后在属性编辑器面板中展开Basic Parameters（基本参数）卷展栏，接着设置Diffuse Color（漫反射颜色）为（R:6，G:10，B:11），如图14-48所示。

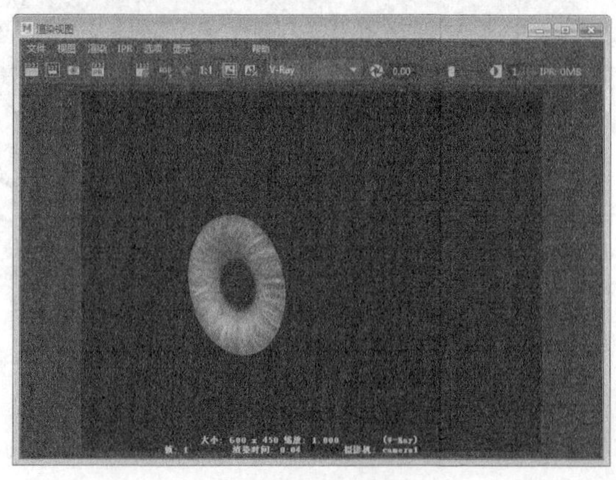

图14-47

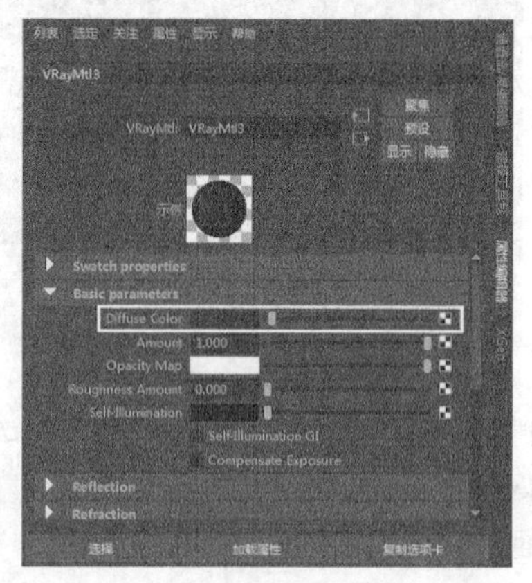


图14-48

**14** 将制作好的VRayMtl3材质赋予polySurface7节点，然后在“渲染视图”对话框中将渲染器设置为V-Ray，接着渲染当前场景，最终效果如图14-49所示。

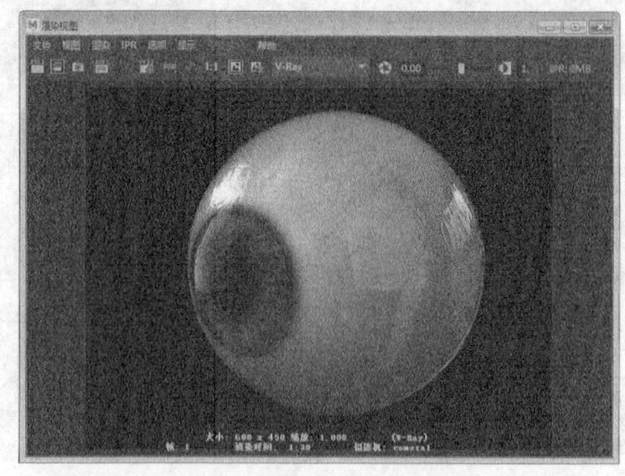

图14-49

## 【练习14-3】制作皮肤材质

| | |
|---|---|
| 场景文件 | Scenes>CH14>14.3.mb |
| 实例文件 | Examples>CH14>14.3.mb |
| 难易指数 | ★☆☆☆☆ |
| 技术掌握 | 掌握皮肤材质的制作方法 |

本例用VRaySkinMtl1节点制作的皮肤材质效果如图14-50所示。

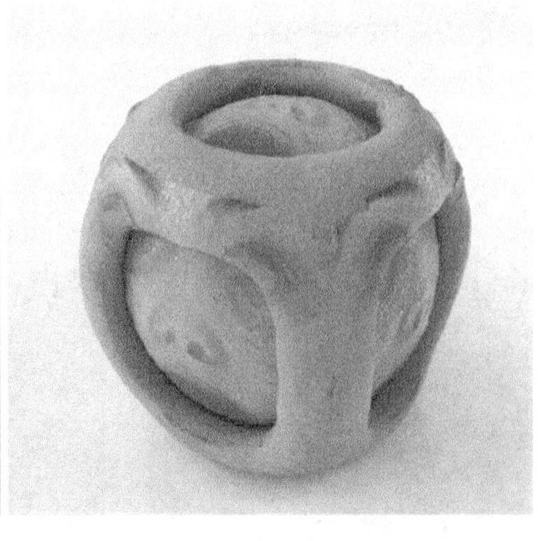

图14-50

**01** 打开学习资源中的"Scenes>CH14>14.3.mb"文件，场景中有人物头部模型、灯光和摄影机，如图14-51所示。

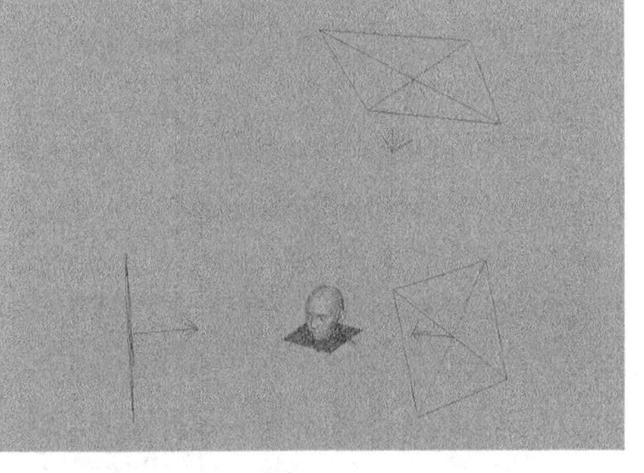

图14-51

**02** 打开Hypershade对话框，然后在创建栏中选择"VRay>Surface>VRay Skin Mtl"节点，如图14-52所示。

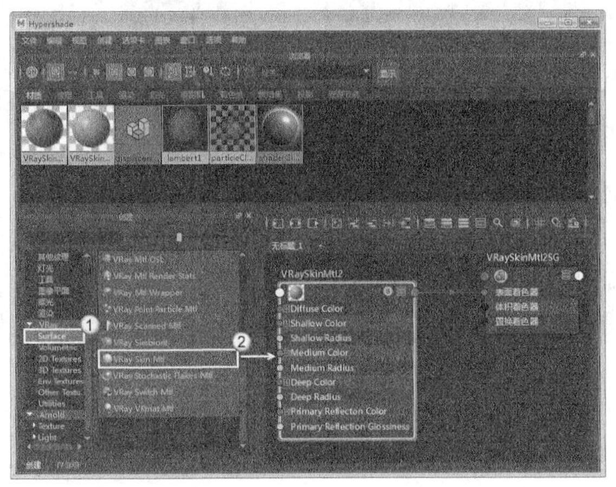


图14-52

**03** 打开VRaySkinMtl1节点的属性编辑器，然后将节点名称设置为Skin，接着展开Shallow Scattering（表层散射）卷展栏，再为Shallow Color（表层颜色）属性连接一个“文件”节点，最后为“文件”节点指定“Scenes>CH14>14.3>SKIN_DIF.jpg”文件，如图14-53所示。

**04** 展开Medium Scattering（中层散射）卷展栏，为Medium Color（中层颜色）属性连接一个“文件”节点，然后为“文件”节点指定“Scenes>CH14>14.3>SKIN_sca1.jpg”文件，接着选择Skin节点，设置Medium Amount（中层数量）为0.7、Medium Radius（中层半径）为0.228，如图14-54所示。

**05** 展开Deep Scattering（深层散射）卷展栏，为Deep Color（深层颜色）属性连接一个“文件”节点，然后为“文件”节点指定“Scenes>CH14>14.3>SKIN_sca2.jpg”文件，接着选择Skin节点，设置Deep Amount（深层数量）为0.5、Deep Radius（深层半径）为0.5，如图14-55所示。

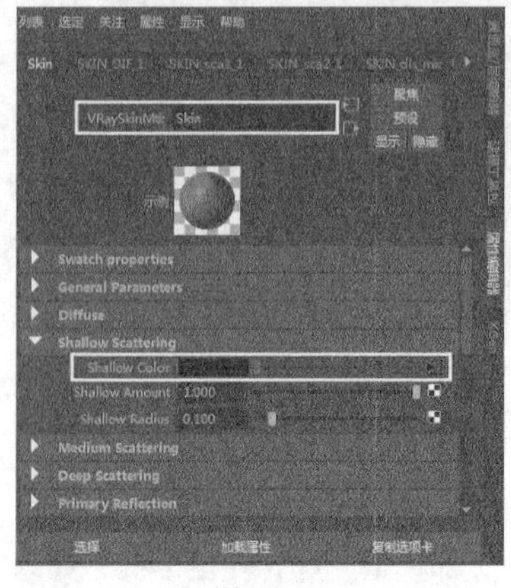

图14-53

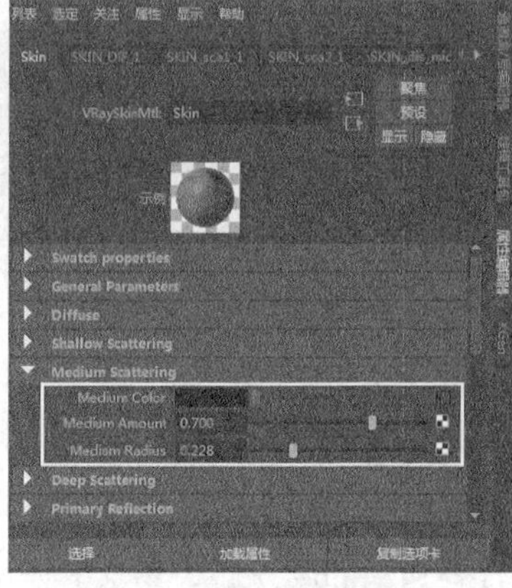

图14-54

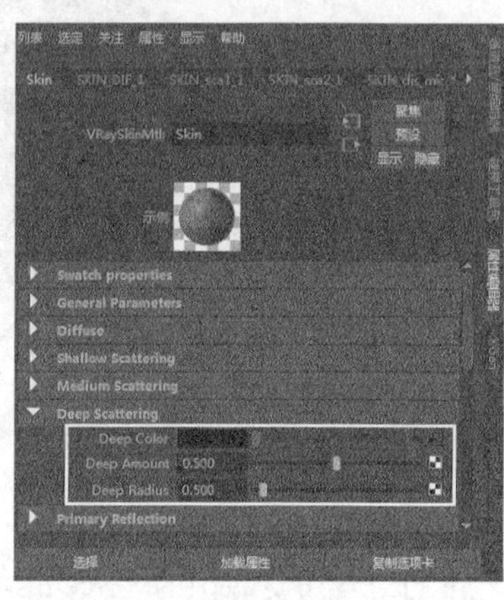

图14-55

**06** 展开Primary Reflection（主反射）卷展栏，设置Pr. Reflection Amount（主反射数量）为0.7，如图14-56所示。

**07** 展开Bump and Normal mapping（凹凸和法线贴图）卷展栏，然后为Map（贴图）属性连接一个“文件”节点，接着为“文件”节点指定“Scenes>CH14>14.3>SKIN_dis_micro.jpg”文件，再选择Skin节点，最后设置Map Type（贴图类型）为Bump Map（凹凸贴图）、Bump Mult（凹凸倍增）为0.15，如图14-57所示。

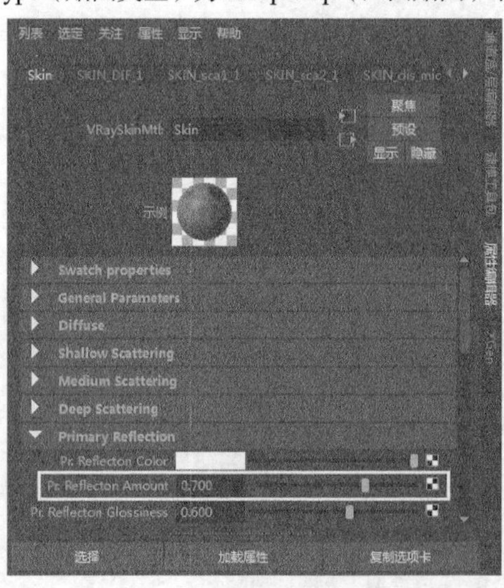

图14-56

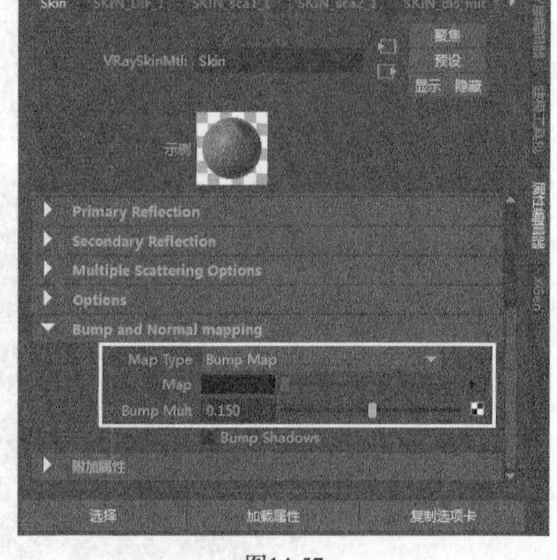

图14-57

**08** 将Skin材质赋予模型，然后在Hypershade对话框中选择VRaySkinMtl1SG节点，如图14-58所示，接着在属性编辑器中为“置换材质”属性连接一个“文件”节点，再为“文件”节点指定“Scenes>CH14>14.3>SKIN_dis.jpg”文件，如图14-59所示。

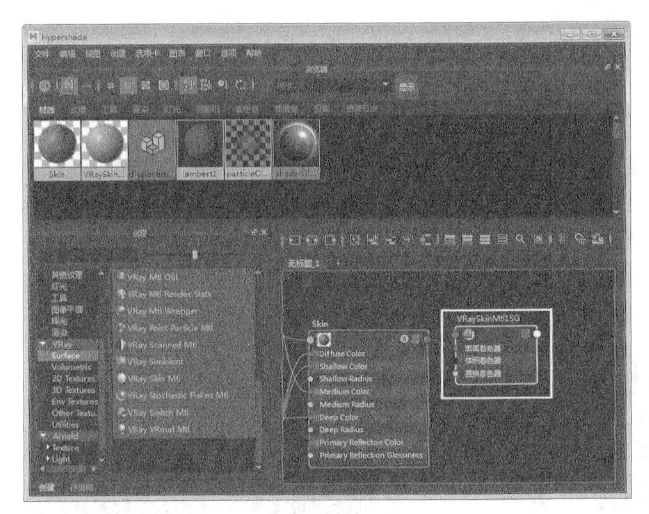

图14-58

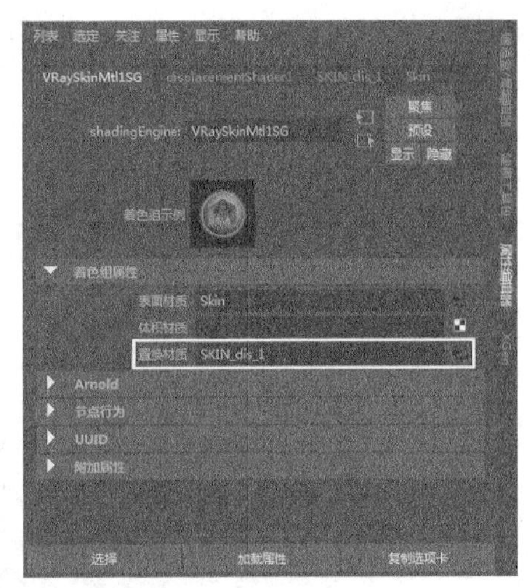

图14-59

09 选择头部模型，然后切换到Emily_head1Shape选项卡，接着打开“属性>VRay”菜单，选择Subdivision（细分）、Subdivision and Displacement Quality（细分和置换质量）和Displacement control（置换控制）这3个选项，如图14-60所示。

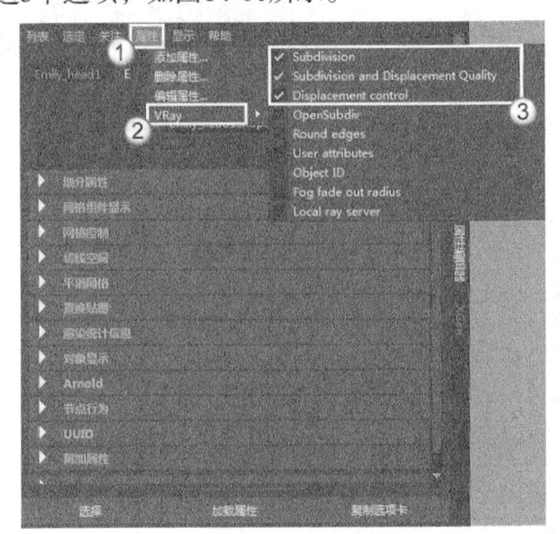

图14-60

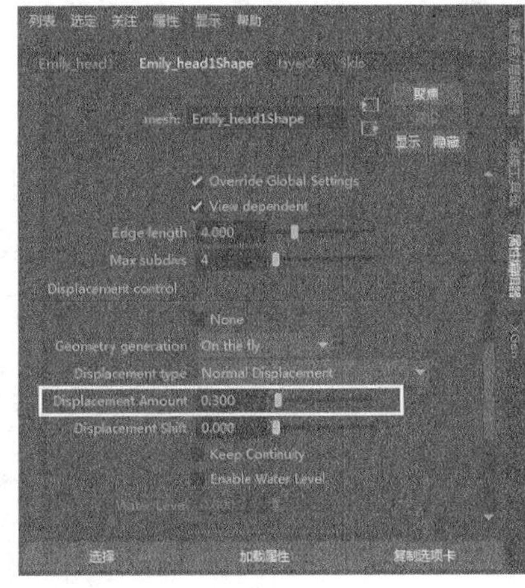

图14-61

10 这时，在属性编辑器底部会增加一个名为Extra VRay Attributes（附加VRay属性）的卷展栏，展开该卷展栏，然后设置Displacement Amount（置换数量）为0.3，如图14-61所示。皮肤材质的节点网络如图14-62所示。

11 在“渲染视图”对话框中将渲染器设置为V-Ray，然后渲染当前场景，效果如图14-63所示。

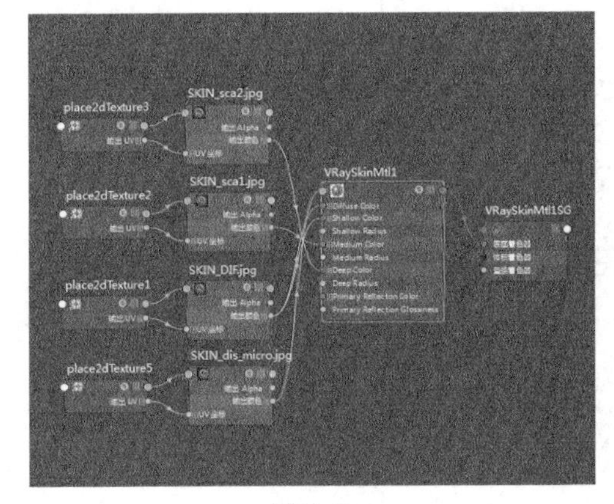

图14-62

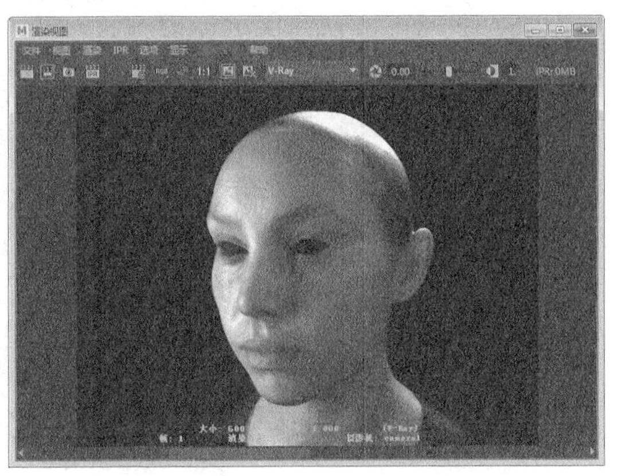

图14-63

## 【练习14-4】制作头发材质

| 场景文件 | Scenes>CH14>14.4.mb |
| --- | --- |
| 实例文件 | Examples>CH14>14.4.mb |
| 难易指数 | ★★★★☆ |
| 技术掌握 | 掌握头发材质的制作方法 |

本例用VRay Mtl Hair 3节点制作的头发材质效果如图14-64所示。

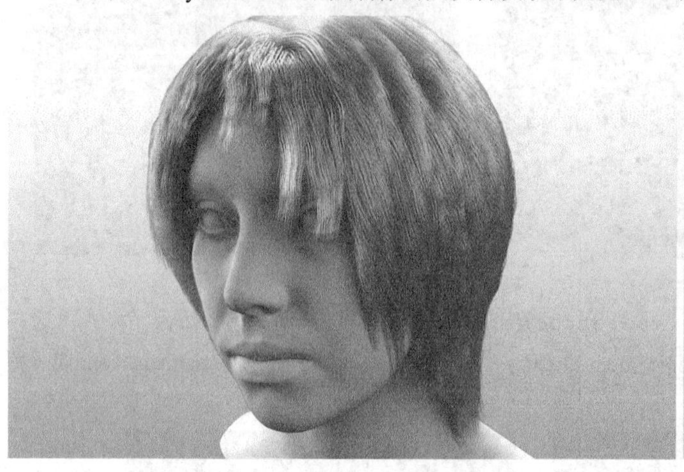

图14-64

**01** 打开学习资源中的“Scenes>CH14>14.4.mb”文件，场景中有一个带头发的人物头部模型，如图14-65所示。

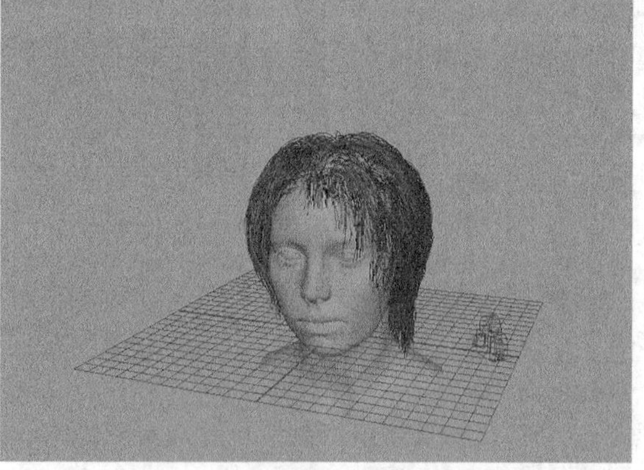

图14-65

**02** 在大纲视图中选择hairSystem1节点，然后在属性编辑器中切换到hairSystemShape1选项卡，如图14-66所示，接着选择“属性>VRay>Hair Shader（头发着色器）”选项，如图14-67所示。

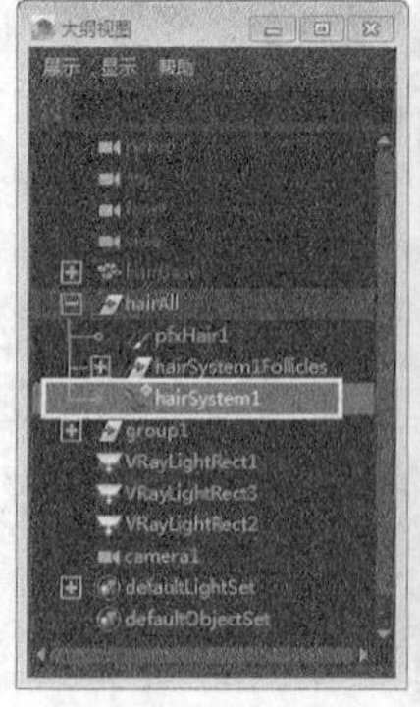
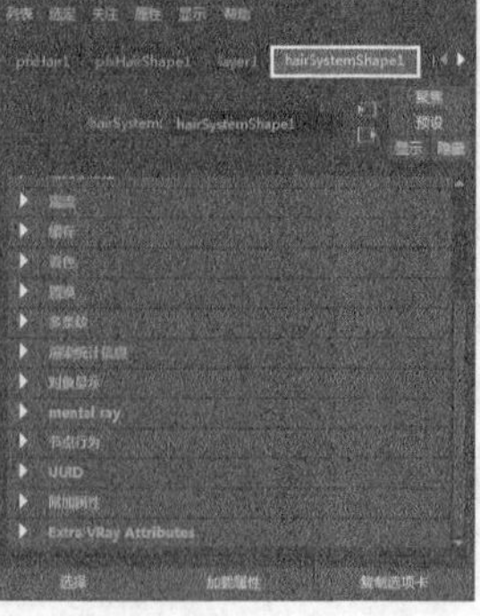

图14-66

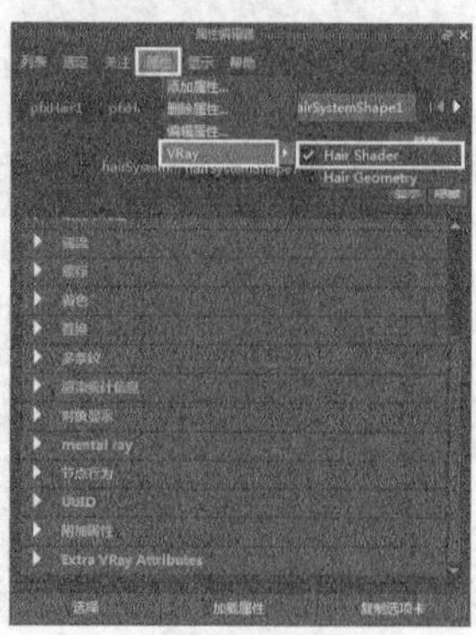

图14-67

**03** 此时，在hairSystemShape1选项卡底部会增加一个Extra VRay Attributes（附加VRay属性）卷展栏。展开该卷展栏，然后为Hair Shader（头发着色器）属性连接一个VRay Mtl Hair 3材质节点，如图14-68所示。

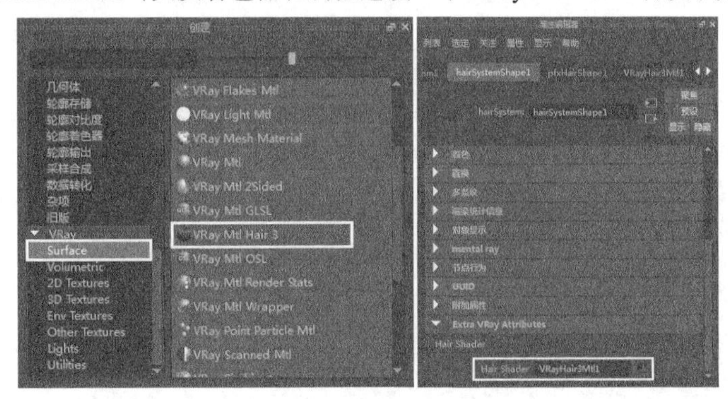

图14-68

## 提示

步骤2的作用是让Maya的头发能够识别VRay的材质，步骤3是将VRay的VRay Mtl Hair 3材质节点赋予Maya的头发。

**04** 打开VRayHair3Mtl1节点的材质编辑器，然后设置Transparency（透明度）为黑色、Diffuse Color（漫反射颜色）为黑色、Primary Specular（主高光）为（R:41，G:41，B:41）、Primary Amount（主数量）为0.5、Primary Glossiness（主光泽度）为0.98，如图14-69所示。

**05** 设置Secondary Glossiness（二级光泽度）为0.9、Transmission（透射）为（R:199, G:66, B:25）、Transmission Glossiness Length（透射光泽长度）为0.98、Transmission Glossiness Width（透射光泽宽度）为0.87，如图14-70所示。

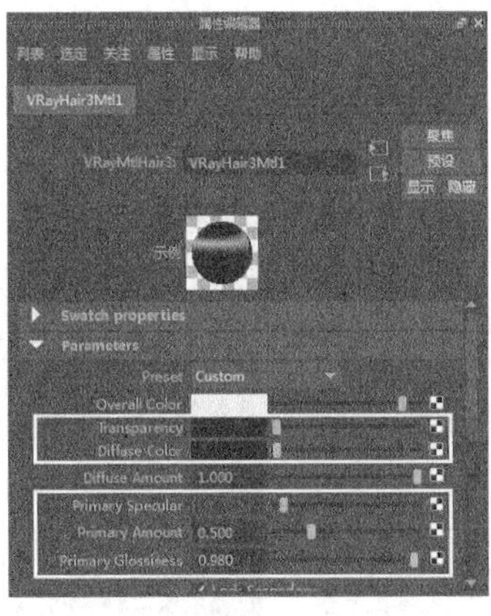

图14-69

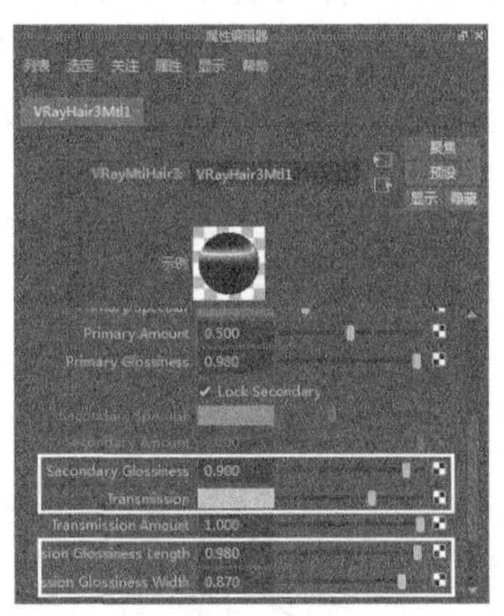

图14-70

**06** 在“渲染视图”对话框中将渲染器设置为V-Ray，然后渲染当前场景，效果如图14-71所示。

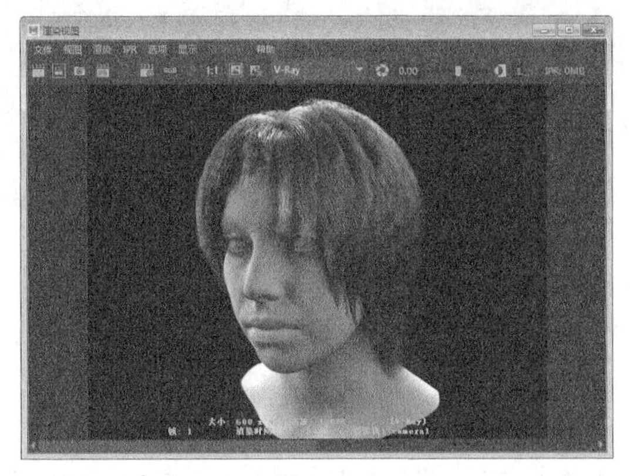

图14-71

## 【练习14-5】制作玻璃材质

| 场景文件 | Scenes>CH14>14.5.mb |
| --- | --- |
| 实例文件 | Examples>CH14>14.5.mb |
| 难易指数 | ★★☆☆☆ |
| 技术掌握 | 掌握玻璃材质的制作方法 |

本例使用VRay Mtl节点制作的玻璃材质效果如图14-72所示。

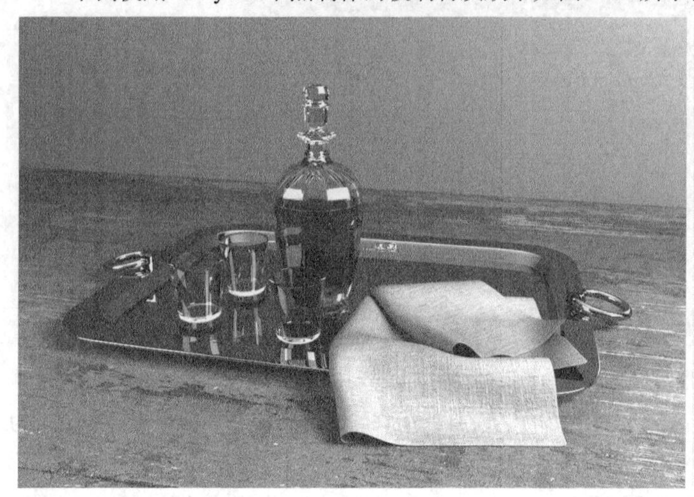

图14-72

01 打开学习资源中的“Scenes>CH14>14.5.mb”文件，场景中有一些静物模型和灯光，如图14-73所示。

02 在Hypershade对话框中创建一个VRay Mtl材质节点，然后打开VRayMtl1节点的属性编辑器，接着将节点名称设置为Glass，再展开Reflection（反射）卷展栏，最后设置Reflection Color（反射颜色）为白色，如图14-74所示。

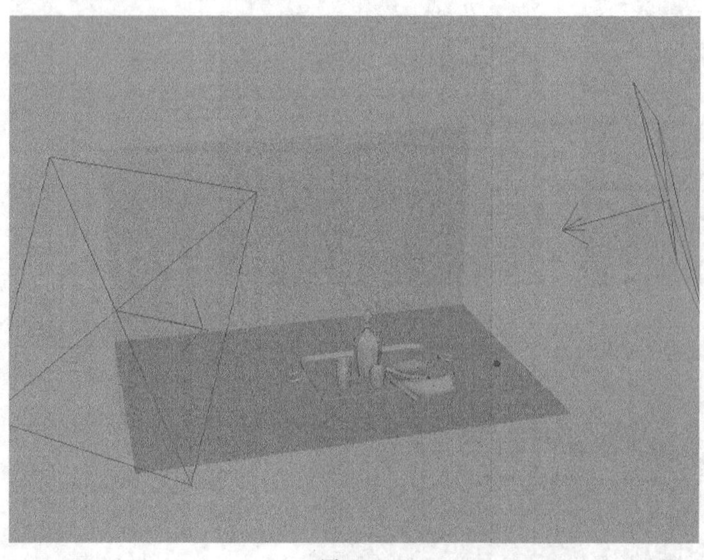

图14-73

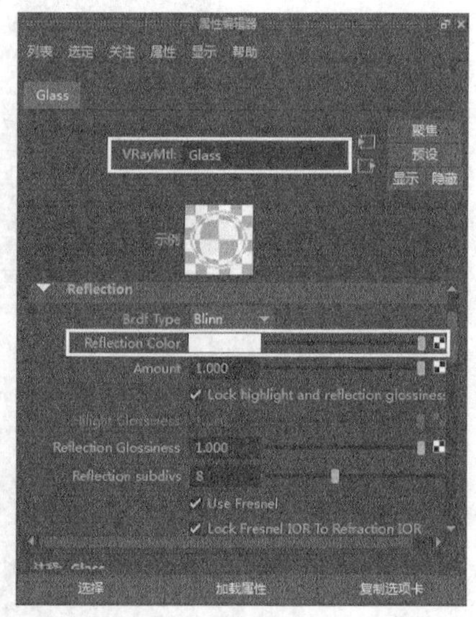


图14-74

03 展开Refraction（折射）卷展栏，然后设置Refraction Color（折射颜色）为白色、Fog Color（雾颜色）为（R:216，G:248，B:255）、Fog multiplier（雾倍增）为0.05，接着选择Affect Shadows（影响阴影）选项，如图14-75所示。

04 将制作好的Glass材质赋予酒瓶和酒杯模型，然后在“渲染视图”对话框中将渲染器设置为V-Ray，接着渲染当前场景，效果如图14-76所示。在图中的框选部分可以看到，瓶内的酒模型还没有材质。

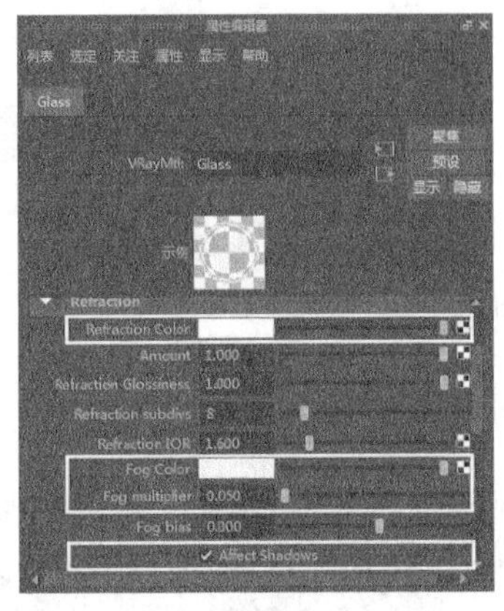


图14-75

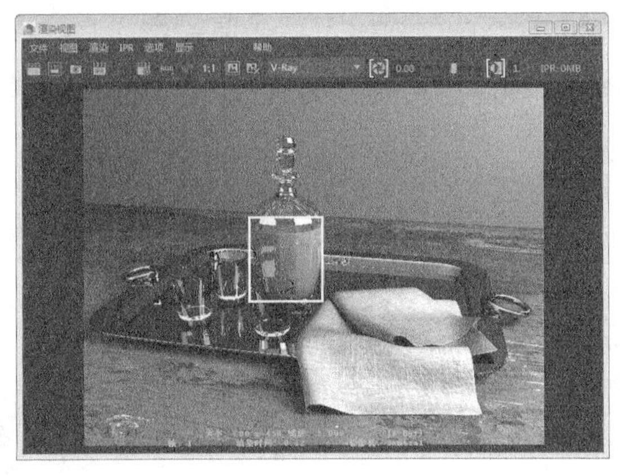

图14-76

**05** 下面制作酒材质。复制一个Glass材质节点，然后在属性编辑器中将其重命名为Whiskey，接着设置Refraction IOR（折射率）为1.363、Fog Color（雾颜色）为（R:199，G:66，B:25）、Fog multiplier（雾倍增）为0.25，如图14-77所示。

**06** 将制作好的Whiskey材质赋予酒模型，然后渲染当前场景，效果如图14-78所示。

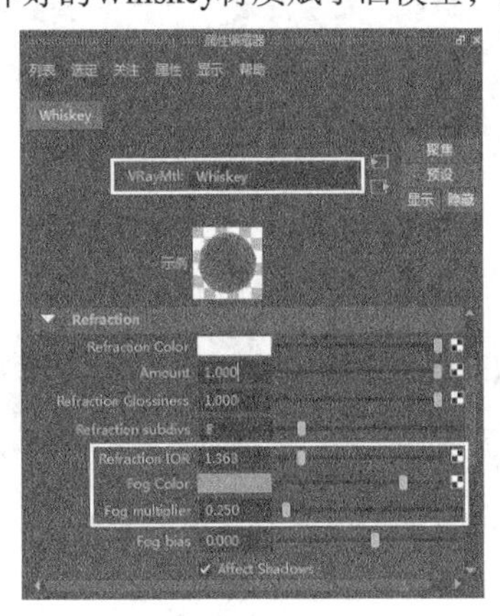

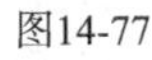

图14-77

图14-78

# 14.3 VRay渲染参数设置

打开“渲染设置”对话框，然后设置渲染器为V-Ray，如图14-79所示。VRay渲染参数分为“公用”、VRay、GI、Settings、Overrides、Render Elements以及IPR这7大选项卡，下面针对某些选项卡下的重要参数进行讲解。

图14-79

## 14.3.1 VRay

VRay选项卡中有4个卷展栏，分别为Production renderer（产品渲染器）、Image sampler（图像采样器）、DMC sampler（MDC采样器）和Color mapping（色彩映射），如图14-80所示。

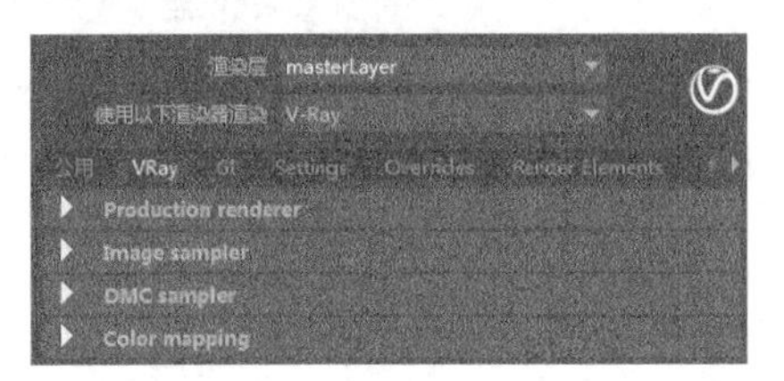


图14-80

## 1.Production renderer（产品渲染器）

Production renderer（产品渲染器）卷展栏中的参数主要用来设置渲染器的引擎，如图14-81所示。

图14-81

### 常用参数介绍

❖ Production engine（产品引擎）：设置渲染器使用的引擎，包括CPU、OpenCL和CUDA这3种，如图14-82所示。

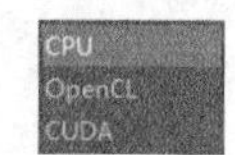


图14-82

## 2.Image sampler（图像采样器）

展开Image sampler（图像采样器）卷展栏，该卷展栏主要用来设置采样器的类型，以及采样的等级等参数。选择不同Sampler type（采样器类型），该卷展栏会显示不同的参数，如图14-83所示。

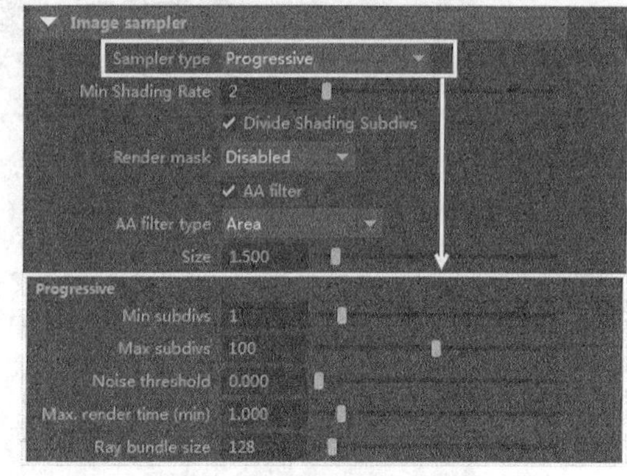


图14-83

### 常用参数介绍

❖ Sampler type（采样器类型）：选择采样器的类型，包括Buckets（块）和Progressive（渐进）这两种。

✧ Buckets（块）：将一组不定量的每像素采样附加到不同密度的像素上。该采样器的参数设置面板如图14-84所示。

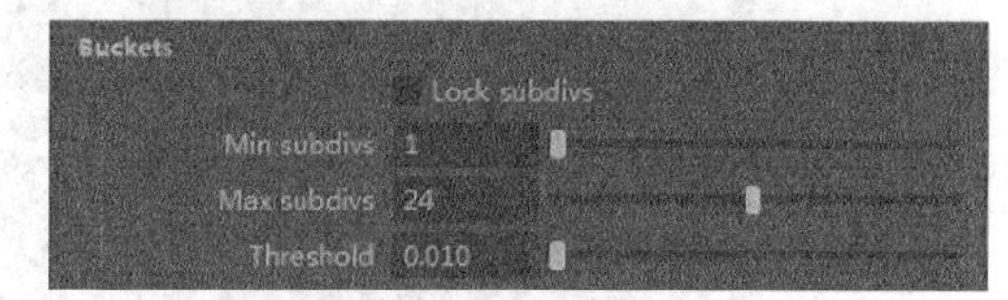


图14-84

**提示**

Buckets（块）的参数介绍如下。

Lock subdivs（锁住细分）：为每像素提供一定量的采样。

Min subdivs（最小细分）：定义每个像素使用的最小细分，这个值主要用在对角落地方的采样。值越大，角落地方的采样品质越高，图像的边线抗锯齿也越好，但是渲染速度会变慢。

Max subdivs（最大细分）：定义每个像素使用的最大细分，这个值主要用在平坦部分的采样。值越大，平坦部分的采样品质越高，渲染速度越慢。在渲染商业图的时候，可以将该值设置得低一些，因为平坦部分需要的采样不多，从而节约渲染时间。

Threshold（阈值）：设置将要使用的阀值，以确定是否让一个像素需要更多的样本。

✧ progressive（渐进）：以遍历方式逐步呈现整个图像，而不是以前的方式。该采样器的优点是可以非常快速地看到图像，然后在计算附加通道的同时，尽可能长地进行细化。这与基于渲染块方式的图像采样器形成对比，图像采样器在完成最后一个存储渲染块之前不会完整显示图像，这个采样器的参数设置面板如图14-85所示。

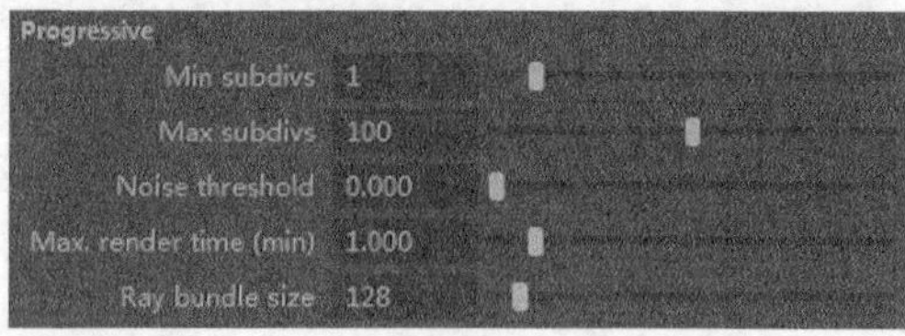


图14-85

**提示**

progressive（渐进）的参数介绍如下。

Min subdivs（最小细分）：控制图像中每个像素接收的最小样本数，样本的实际数量是子细分的平方。

Max subdivs（最大细分）：控制图像中每个像素接收的最大样本数，样本的实际数量是子细分的平方。

Noise threshold（噪波阈值）：图像中所需的噪波等级。如果该值为0，则整个图像被均匀采样。

Max.render time [min]（渲染时间[分]）：以分钟为单位的最大渲染时间。这是最终像素的渲染时间，它不包括像灯光缓存和光照贴图等任何GI预制。如果该值为0，则渲染不受时间限制。

Ray bundle size（光束捆绑大小）：适用于分布式渲染，以控制交给每台机器的工作大小。当使用分布式渲染时，较高的值可能有助于更好地在渲染服务器上使用CPU。

- ❖ Min Shading Rate（最小着色比率）：控制类似光泽反射、GI和面积阴影等光线的数量。
- ❖ Divide Shading Subdivs（着色细分）：默认情况下，VRay将灯光、材质等对象的采样数除以AA采样数，以得到大致相同的质量和数量的光线。
- ❖ Render mask（渲染遮罩）：允许用户自定义计算图像像素，其余像素不变。该功能最好与帧缓冲区和固定或自适应图像采样器配合使用。
- ❖ AA filter（AA滤镜）：对图像启用AA滤镜。如果不选择该选项，那么VRay就会应用一个内部的1×1像素的盒子滤镜。
- ❖ AA filter type（AA滤镜类型）：选择AA滤镜的类型，包括Box（立方体）、Area（区域）、Triangle（三角形）、Lanczos、Sinc、CatmullRom（强化边缘清晰）、Gaussian（高斯）和Cook Variable（Cook变量）这8种，如图14-86所示。
- ❖ Size（尺寸）：以像素为单位设置过滤器的大小。值越高，效果越模糊。

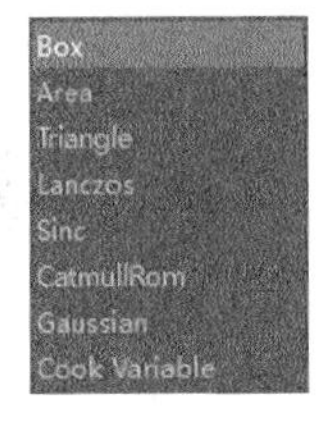


图14-86

## 3.DMC sampler（DMC采样器）

DMC sampler（DMC采样器）是VRay渲染器的核心部分，一般用于确定获取什么样的样本，最终哪些样本会被光线追踪。它控制场景中的反射模糊、折射模糊、面光源、抗锯齿、次表面散射、景深和运动模糊等效果的计算程度。

VRay根据一个特定的值，使用一种独特的统一标准框架来确定有多少以及多么精确的样本被获取，那个标准框架就是大名鼎鼎的DMC sampler（DMC采样器）。那么在渲染中实际的样本数量是由什么决定的呢？其条件有3个，分别如下。

第1个：由用户在VRay参数面板里指定的细分值决定。

第2个：取决于评估效果的最终图像样本，例如，暗的平滑的反射需要的样本数就比明亮的要少，原因在于最终的效果中反射效果相对较弱；远处的面光源需要的样本数量比近处的要少。这种基于实际使用的样本数量来评估最终效果的技术被称为“重要性抽样”。

第3个：从一个特定的值获取的样本的差异。如果那些样本彼此之间比较相似，那么可以使用较少的样本来评估；如果是完全不同的，为了得到比较好的效果，就必须使用较多的样本来计算。在每一次新的采样后，VRay会对每一个样本进行计算，然后决定是否继续采样。如果系统认为已经达到了用户设定的效果，会自动停止采样，这种技术称为“早期性终止”。

展开DMC sampler（DMC采样器）卷展栏，如图14-87所示。

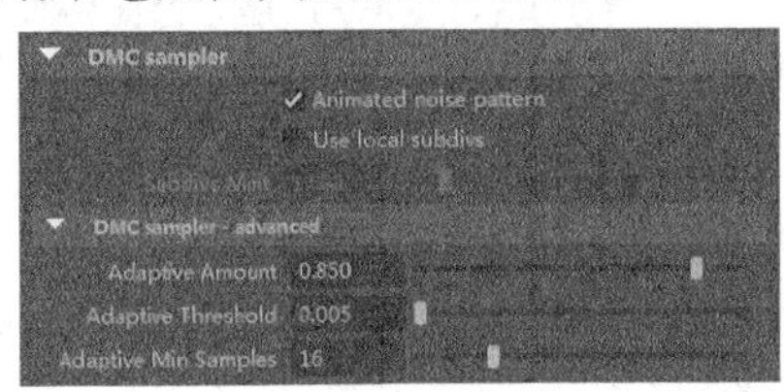


图14-87

### 常用参数介绍

- ❖ Animated noise pattern（动画噪波模式）：选择该选项后，采样模式随时间变化。如果取消选择该选项，那么每一帧的模式都相同。
- ❖ Use local subdivs（使用局部细分）：选择该选项后，可以局部调整灯光或材质的细分值。
- ❖ Subdivs Mult（全局细分倍增器）：在渲染过程中，这个选项会倍增VRay中的任何细分值。在渲染测试的时候，可以通过减小该值来加快预览速度。
- ❖ Adaptive Amount（自适应数量）：控制早期终止应用的范围，值为 1表示最大程度的早期性终止；值为0则表示早期性终止不会被使用。值越大，渲染速度越快；值越小，渲染速度越慢。
- ❖ Adaptive Threshold（自适应阈值）：在评估样本细分是否足够好的时候，该选项用来控制VRay的判断能力，在最后的结果中表现为杂点。值越小，产生的杂点越少，获得的图像品质越高；值越大，渲染速度越快，但是会降低图像的品质。
- ❖ Adaptive Min Samples（自适应最小采样值）：决定早期性终止被使用之前使用的最小样本。较高的取值将会减慢渲染速度，但同时会使早期性终止算法更可靠。值越小，渲染速度越快；值越大，渲染速度越慢。

## 4.Color mapping（色彩映射）

展开Color mapping（色彩映射）卷展栏，在该卷展栏下可以控制灯光的衰减以及色彩的模式，如图14-88所示。

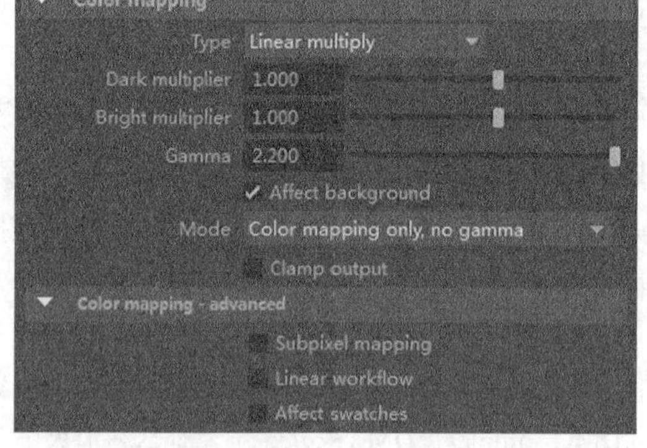


图14-88

### 常用参数介绍

- ❖ Type（类型）：提供不同的曝光模式，共有以下7种，如图14-89所示。注意，不同类型下的局部参数也不一样。

Linear multiply
Exponential
HSV exponential
Intensity exponential
Gamma correction
Intensity Gamma
Reinhard

图14-89

  - ✧ Linear multiply（线性倍增）：将基于最终色彩亮度来进行线性的倍增，这种模式可能会导致靠近光源的点过分明亮。
  - ✧ Exponential（指数）：这种曝光是采用指数模式，它可以降低靠近光源处表面的曝光效果，同时场景的颜色饱和度会降低。
  - ✧ HSV exponential（HSV指数）：与Exponential（指数）曝光比较相似，不同点在于可以保持场景物体的颜色饱和度，但是这种方式会取消高光的计算。
  - ✧ Intensity exponential（亮度指数）：这种方式是对上面两种指数曝光的结合，既抑制了光源附近的曝光效果，又保持了场景物体的颜色饱和度。
  - ✧ Gamma correction（Gamma校正）：采用Gamma来修正场景中的灯光衰减和贴图色彩，其效果和Linear multiply（线性倍增）曝光模式类似。
  - ✧ Intensity Gamma（亮度Gamma）：这种曝光模式不仅拥有Gamma correction（Gamma校正）的优点，同时还可以修正场景中灯光的亮度。

  ✧ Reinhard：这种曝光方式可以把Linear multiply（线性倍增）和指数曝光混合起来。

- ❖ Dark multiplier（暗部倍增）：在Linear multiply（线性倍增）模式下，该选项用来控制暗部色彩的倍增。
- ❖ Bright multiplier（亮部倍增）：在Linear multiply（线性倍增）模式下，该选项用来控制亮部色彩的倍增。
- ❖ Gamma：设置图像的Gamma值。
- ❖ Affect background（影响背景）：控制是否让曝光模式影响背景。当关闭该选项时，背景不受曝光模式的影响。
- ❖ Mode（模式）：是否在最终图像中使用色彩映射和Gamma校正。
- ❖ Clamp output（限制输出）：选择该选项后，颜色将在映射后被限制，可以柔化HDR图像或光源中较为明亮的部分。
- ❖ Subpixel mapping（子像素映射）：控制是否将色彩映射应用于最终图像像素或单个子像素样本。
- ❖ Linear workflow（线性工作流）：选择该选项后，VRay将Gamma校正自动应用到场景中所有的VRayMtl材质节点。
- ❖ Affect swatches（影响色板）：控制是否将颜色校正应用于Hypershade和属性编辑器中的材质色板。

## 14.3.2 GI

在讲GI参数以前，首先来了解一些GI方面的知识，因为只有了解了GI，才能更好地把握VRay渲染器的用法。

GI是Global Illumination（全局照明）的缩写，它的含义就是在渲染过程中考虑了整个环境的总体光照效果和各种景物间光照的相互影响，在VRay渲染器里被理解为“间接照明”。

其实，光照按光的照射过程被分为两种，一种是直接光照（直接照射到物体上的光），一种是间接照明（照射到物体上以后反弹出来的光）。例如在图14-90所示的光照过程中，A点处放置了一个光源，假定A处的光源只发出了一条光线，当A点光源发出的光线照射到B点时，B点所受到的照射就是直接光照，当B点反弹出光线到C点然后再到D点，沿途点所受到的照射就是间接照明。而更具体地说，B点反弹出光线到C点这一过程被称为“首次反弹”；C点反弹出光线以后，经过很多点反弹，到D点光能耗尽的过程被称为“二次反弹”。如果在没有“首次反弹”和“二次反弹”的情况下，就相当于和Maya默认扫描线渲染的效果一样。在用默认扫描线渲染的时候，经常需要补灯，其实补灯的目的就是模拟“首次反弹”和“二次反弹”的光照效果。

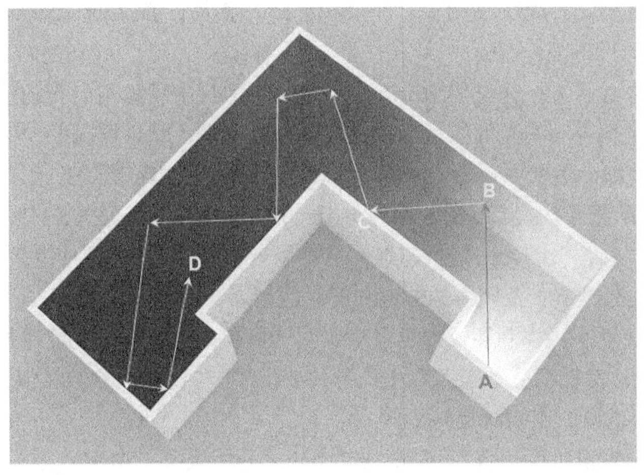


图14-90

切换到GI选项卡，然后展开GI卷展栏，如图14-91所示。需要注意的是，不同的Engine（引擎）会增加不同的卷展栏，如图14-92所示。

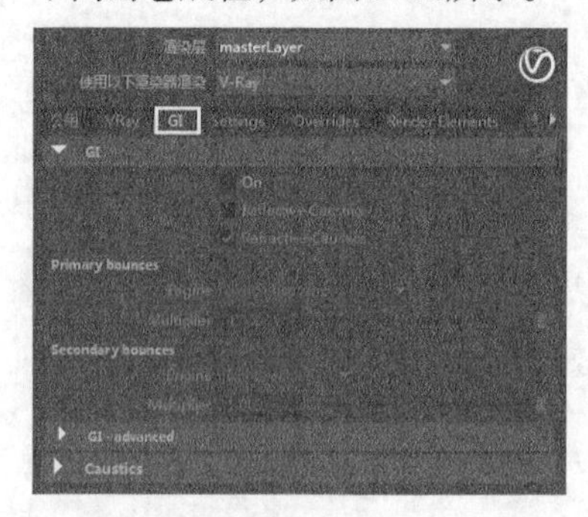


图14-91

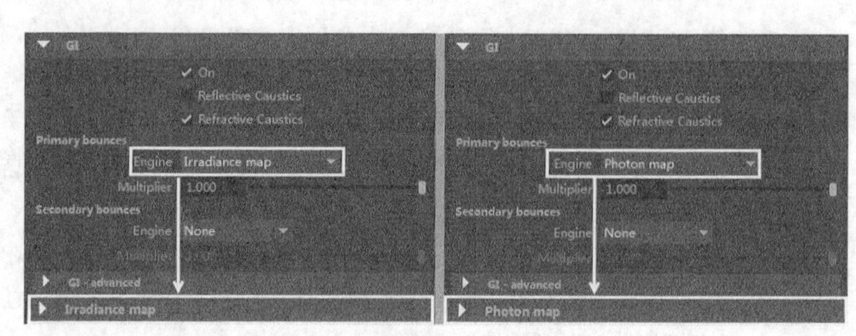


图14-92

## 1.GI参数

GI卷展栏下的参数不会随着Engine（引擎）属性的变化而变化，如图14-93所示。

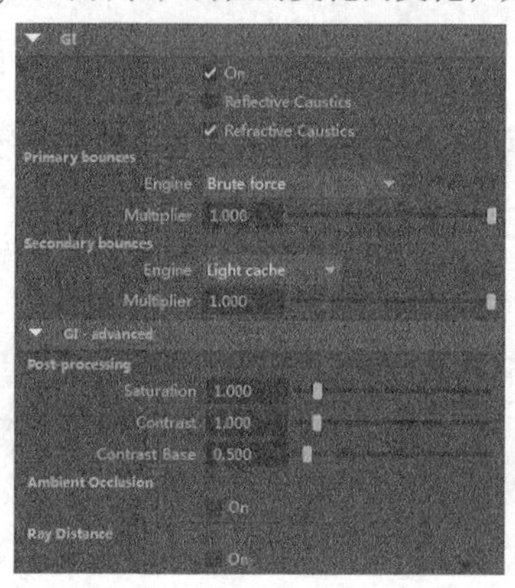


图14-93

### 常用参数介绍

❖ On（启用）：控制是否开启GI间接照明。

❖ Reflective Caustics（反射焦散）：控制是否让间接照明产生反射焦散。

❖ Refractive Caustics（折射焦散）：控制是否让间接照明产生折射焦散。

❖ Engine（引擎）：设置Primary bounces（首次反弹）的GI引擎，包括Irradiance map（发光贴图）、Photon map（光子贴图）、Brute force（暴力）、Light cache（灯光缓存）和Spherical Harmonics（球形谐波）5种。

❖ Multiplier（倍增器）：这里控制Primary bounces（首次反弹）的光的倍增值。值越高，Primary bounces（首次反弹）的光的能量越强，渲染场景越亮，默认情况下为1。

❖ Engine（引擎）：设置Secondry bounces（二次反弹）的GI引擎。

❖ Multiplier（倍增器）：控制Secondry bounces（二次反弹）的光的倍增值。值越高，Secondry bounces（二次反弹）的光的能量越强，渲染场景越亮，最大值为1，默认情况下也为1。

❖ Saturation（饱和度）：控制图像的饱和度。值越高，饱和度也越高。

❖ Contrast（对比度）：控制图像的色彩对比度。值越高，色彩对比度越强。

❖ Contrast Base（对比度基数）：和上面的Contrast（对比度）参数相似，这里主要控制图像的明暗对比度。值越高，明暗对比越强烈。

❖ On（启用）：决定是否开启Ambient occlusion（环境闭塞）功能。

❖ On（启用）：控制是否开启Ray Distance（光线距离）功能。

## 2.Irradiance map（发光贴图）

Irradiance map（发光贴图）中的“发光”描述了三维空间中的任意一点以及全部可能照射到这个点的光线。在几何光学中，这个点可以是无数条不同的光线来照射，但是在渲染器中，必须对这些不同的光线进行对比、取舍，这样才能加快渲染速度。

VRay渲染器的Irradiance map（发光贴图）是怎样对光线进行优化的呢？当光线射到物体表面的时候，VRay会从Irradiance map（发光贴图）里寻找与当前计算过的点类似的点（VRay计算过的点就会放在Irradiance map[发光贴图]里），然后根据内部参数进行对比，满足内部参数的点就认为和计算过的点相同，不满足内部参数的点就认为和计算过的点不相同，同时就认为此点是个新点，那么就重新计算它，并且把它也保存在Irradiance map（发光贴图）里。这也就是在渲染的时候看到的Irradiance map（发光贴图）跑几遍光子的现象。正是因为这样，Irradiance map（发光贴图）会在物体的边界、交叉、阴影区域计算得更精确（这些区域光的变化很大，所以被计算的新点也很多）；而在平坦区域计算的精度就比较低（平坦区域的光的变化并不大，所以被计算的新点也相对比较少）。

在GI卷展栏中将Primary bounces（首次反弹）的Engine（引擎）设置为Irradiance map（发光贴图），此时会增加Irradiance map（发光贴图）卷展栏，如图14-94所示。

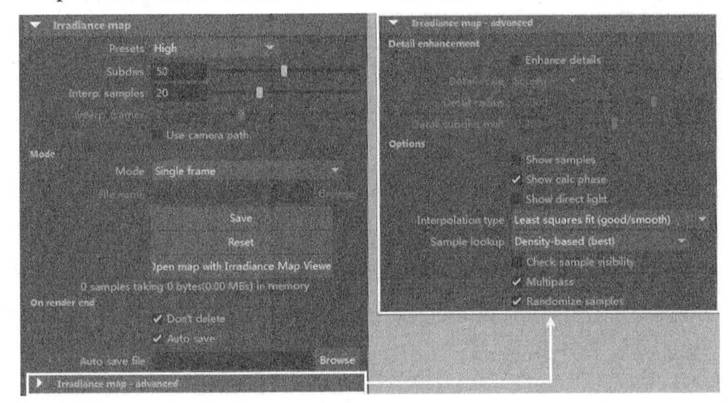


图14-94

### 常用参数介绍

❖ Preset（当前预设）：选择当前的模式，其下拉列表包括8种模式，分别Custom（自定义）、Very low（非常低）、Low（低）、Medium（中）、Medium animation（中动画）、High（高）、High animation（高动画）和Very High（非常高）。用户可以根据实际需要来选择这8种模式，从而渲染出不同质量的效果图。当选择Custom（自定义）模式时，可以手动调节Irradiance map（发光贴图）里的参数。

❖ Basic parameters（基本参数）：在该选项组下可以对Irradiance map（发光贴图）的基本参数进行设置。

❖ Subdivs（细分）：因为VRay采用的是几何光学，所以它可以模拟光线的条数。这个参数就是用来模拟光线的数量，值越高，表示光线越多，那么样本精度也就越高，渲染的品质也越好，同时渲染时间也会增加。

❖ Interp.samples（插值采样）：这个参数是对样本进行模糊处理，较大的值可以得到比较模糊的效果，较小的值可以得到比较锐利的效果。

❖ Interp.frames（插值帧）：当下面的Mode（模式）设置为Animation（rendering）【动画（渲染）】时，该选项决定了VRay内插值帧的数量。

❖ Use camera path（使用摄影机路径）：选择该选项后，VRay会计算整个摄影机路径计算的Irradiance map（发光贴图）样本，而不只是计算当前视图。

❖ Mode（模式）：Single frame（单帧）用来渲染静帧图像；Multifame incremental（多帧累加）用于渲染仅有摄影机移动的动画；From file（从文件）表示调用保存的光子图进行动画计算（静帧同样也可以这样）；Add to current map（添加到当前贴图）可以把摄影机转一个角度再全新计算新角度的光子，最后把这两次的光子叠加起来，这样的光子信息更丰富、更准确，同时也可以进行多次叠加；Incremental add to current map（增量添加到当前贴图）与Add to current map（添加到当前贴图）相似，只不过它不是全新计算新角度的光子，而是只对没有计算过的区域进行新的计算；Bucket mode（块模式）是把整个图分成块来计算，渲染完一个块再进行下一个块的计算，但是在低GI的情况下，渲染出来的块会出现错位的情况，它主要用于网络渲染，速度比其他方式快；Animation（prepass）【动画（预处理）】适合动画预览，使用这种模式要预先保存好光子图；Animation（rendering）【动画（渲染）】适合最终动画渲染，这种模式要预先保存好光子图。

❖ File name（文件名称）/Browse（浏览）Browse：单击“浏览”按钮Browse可以从硬盘中调用需要的光子图进行渲染。

❖ Save（保存）Save：将光子图保存到硬盘中。

❖ Reset（重置）Reset：清除内存中的光子图。

❖ Don't delete（不删除）：当光子渲染完以后，不把光子从内存中删掉。

❖ Auto save（自动保存）：当光子渲染完以后，自动保存在硬盘中，单击下面的“浏览”按钮Browse按钮就可以选择保存位置。

❖ Enhance details（细节增强）：控制是否启用Enhance details（细节增强）功能。

❖ Detail scale（细节比例）：包含Screen（屏幕）和World（世界）两个选项。Screen（屏幕）是按照渲染图像的大小来衡量下面的Detail radius（细节半径）单位，例如Detail radius（细节半径）为60，而渲染的图像的大小是600，那么就表示细节部分的大小是整个图像的1/10；World（世界）是按照Maya里的场景尺寸来设定，例如场景单位是mm，Detail radius（细节半径）为60，那么代表细节部分的半径为60mm。

**提示**

在制作动画时，一般都使用World（世界）模式，这样才不会出现异常情况。

❖ Detail radius（细节半径）：表示细节部分有多大区域使用“细节增强”功能。Detail radius（细节半径）值越大，使用“细部增强”功能的区域也就越大，同时渲染时间也会增加。

❖ Detail subdivs mult（细节细分倍增）：控制细部的细分。

❖ Show samples（显示采样）：显示采样的分布以及分布的密度，帮助用户分析GI的精度够不够。

❖ Show calc phase（显示计算状态）：选择该选项后，用户可以看到渲染帧里的GI预计算过程，同时会占用一定的内存资源。

❖ Show direct light（显示直接光照）：在预计算的时候显示直接光照，以方便用户观察直接光照的位置。

❖ Interpolation type（插值类型）：VRay提供了4种样本插值方式，为Irradiance map（发光贴图）的样本的相似点进行插补。

❖ Sample lookup（查找采样）：主要控制哪些位置的采样点是适合用来作为基础插值的采样点。

❖ Check sample visibility（计算传递插值采样）：该选项是被用在计算Irradiance map（发光贴图）过程中的，主要计算已经被查找后的插值样本使用数量。较低的数值可以加速计算过程，但是会导致信息不足；较高的值计算速度会减慢，但是所利用的样本数量比较多，所以渲染质量也比较好。官方推荐使用10~25的数值。

❖ Multipass（多过程）：当选择该选项时，VRay会根据Min rate（最小比率）和Max rate（最大比率）进行多次计算；如果关闭该选项，那么就强制一次性计算完。一般根据多次计算以后的样本分布会均匀合理一些。

❖ Randomize samples（随机采样值）：控制Irradiance map（发光贴图）的样本是否随机分配。如果选择该选项，那么样本将随机分配；如果关闭该选项，那么样本将以网格方式来进行排列。

## 3.Photon map（光子贴图）

在GI卷展栏中将Primary bounces（首次反弹）的Engine（引擎）设置为Photon map（光子贴图），此时会增加Photon map（光子贴图）卷展栏，如图14-95所示。

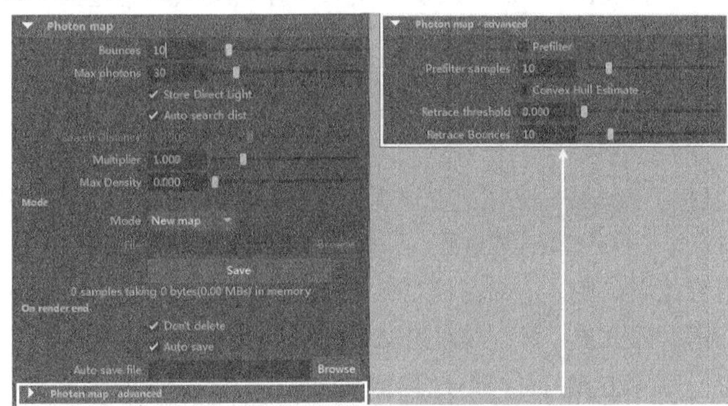

图14-95

### 常用参数介绍

❖ Bounces（反弹）：控制与光子贴图近似的灯光反弹数。

❖ Max photons（最大光子数）：它控制场景里着色点周围参与计算的光子数量。值越大，效果越好，同时渲染时间越长。

❖ Store direct light（储存直接光照）：把直接光照信息保存到光子贴图中，以提高渲染速度。

❖ Auto search dist（自动搜索距离）：VRay根据场景的光照信息自动估计一个光子的搜索距离，以方便用户的使用。

❖ Search Distance（搜索距离）：指定光子搜索的距离。注意，该值取决于场景的大小。较低的值将加快渲染速度，但可能会产生较多噪点；较大的值会降低渲染速度，但可能会产生更平滑的结果。该属性仅在Auto search dist（自动搜索距离）关闭时可用。

❖ Multiplier（倍增值）：控制光子的亮度，值越大，场景越亮；值越小，场景越暗。

❖ Max density（最大密度）：它表示在多大的范围内使用一个光子贴图。0表示不使用这个参数来决定光子贴图的使用数量，而使用系统内定的使用数量。值越高，渲染效果越差。

❖ Mode（模式）：设置光缓存的渲染模式。

❖ File（文件）：当Mode（模式）设置为From file（从文件）时，可以加载光子贴图。

❖ Save（保存）：将光子贴图保存到磁盘上，以备日后重新使用。

❖ Don't delete（不删除）：当光子渲染完以后，不把光子从内存中删掉。

❖ Auto save（自动保存）：当光子渲染完以后，自动保存在硬盘中。

❖ Auto save file（自动保存文件）：单击Browse（浏览）按钮可以选择保存位置。

❖ Prefilter（预滤镜）：选择该选项后，将在渲染前过滤光子贴图中的样本。

❖ Prefilter samples（预滤镜采样）：控制在过滤期间采集的样本数。

❖ Convex Hull Estimate（预测凸起表面）：当选择该选项时，VRay会强制去除光子贴图产生的黑斑，同时渲染时间也会增加。

❖ Retrace threshold（重描阈值）：控制光子来回反弹的阈值。较小的值，渲染品质高，但渲染速度慢。

❖ Retrace bounces（重描次数）：用来设置光子来回反弹的次数。较大的值，渲染品质高，但渲染速度慢。

## 4.Brute force（暴力）

Brute force（暴力）引擎的计算精度相当精确，但是渲染速度比较慢，在Subdivs（细分）数值比较小时，会有杂点产生。在GI卷展栏中将Primary bounces（首次反弹）的Engine（引擎）设置为Brute force（暴力），此时会增加Brute force卷展栏，如图14-96所示。

图14-96

### 常用参数介绍

❖ Subdivs（细分）：定义Brute force（暴力）引擎的样本数量。值越大，效果越好，速度越慢；值越小，产生的杂点越多，渲染速度相对快一些。

❖ Depth（深度）：控制Brute force（暴力）引擎的计算深度（精度）。

## 5.Light cache（灯光缓存）

Light cache（灯光缓存）计算方式使用近似计算场景中的全局光照信息，它采用了Irradiance map（发光贴图）和Photon map（光子贴图）的部分特点，在摄影机可见部分跟踪光线的发射和衰减，然后把灯光信息储存到一个三维数据结构中。它对灯光的模拟类似于Photon map（光子贴图），而计算范围和Irradiance map（发光贴图）的方式一样，仅对摄影机的可见部分进行计算。虽然它对灯光的模拟类似于Photon map（光子贴图），但是它支持任何灯光类型。

在GI卷展栏中将Primary bounces（首次反弹）的Engine（引擎）设置为Light cache（灯光缓存），此时会增加Light cache（灯光缓存）卷展栏，如图14-97所示。

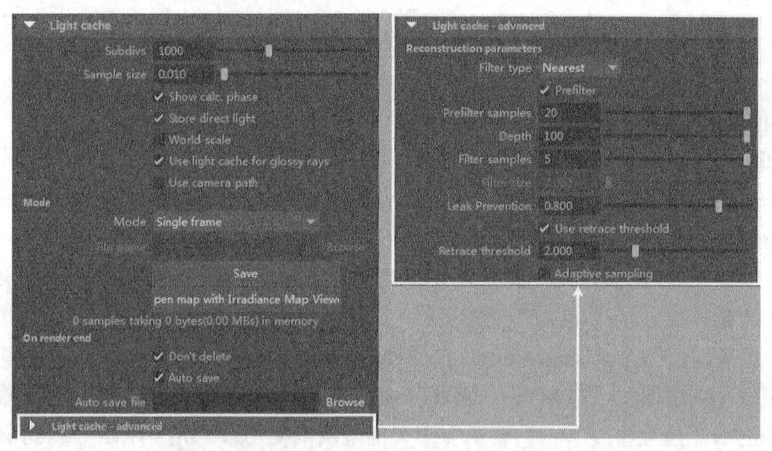


图14-97

### 常用参数介绍

❖ Subdivs（细分）：用来决定Light cache（灯光缓存）的样本数量。值越高，样本总量越多，渲染效果越好，渲染时间越慢。

❖ Sample size（采样大小）：用来控制Light cache（灯光缓存）的样本大小，比较小的样本可以得到更多的细节，但是同时需要更多的样本。

❖ Show calc.phase（显示计算状态）：选择该选项以后，可以显示Light cache（灯光缓存）的计算过程，方便观察。

❖ Store direct light（保存平行光）：选择该选项以后，Light cache（灯光缓存）将保存直接光照信息。当场景中有很多灯光时，使用这个选项会提高渲染速度。

❖ World scale（世界比例）：按照Maya系统里的单位来定义样本大小，例如样本大小为10mm，那么所有场景中的样本大小都为10mm，和摄影机角度无关。在渲染动画时，使用这个单位是个不错的选择。

- ❖ Use light cache for glossy rays（对光泽光线使用灯光缓存）：选择该选项后，会提高对场景中反射和折射模糊效果的渲染速度。
- ❖ Filter type（滤镜类型）：设置过滤器的类型。None（无）表示对样本不进行过滤；Nearest（相近）会对样本的边界进行查找，然后对色彩进行均化处理，从而得到一个模糊效果；Fixed（固定）方式和Nearest（相近）方式的不同点在于，它采用距离的判断来对样本进行模糊处理。
- ❖ Leak prevention（防透露）：允许额外的计算，以防止光透露，并减少闪烁。

## 6.Spherical Harmonics GI（球谐函数GI）

在GI卷展栏中将Primary bounces（首次反弹）的Engine（引擎）设置为Spherical Harmonics GI（球谐函数GI），此时会增加Spherical Harmonics GI（球谐函数GI）卷展栏，如图14-98所示。

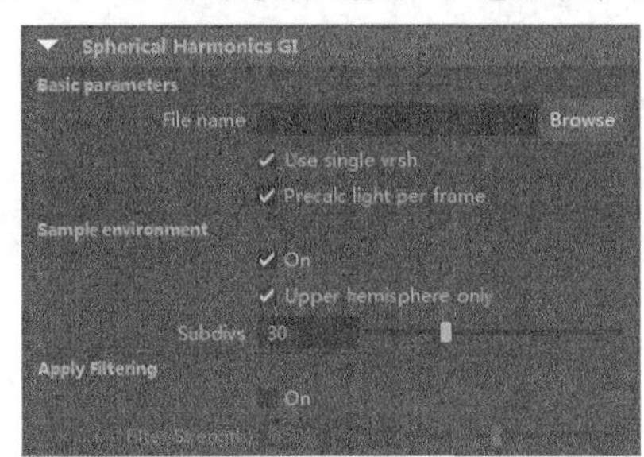


图14-98

### 常用参数介绍

- ❖ File name（文件名）：单击Browse（浏览）按钮，可以指定一个.vrsh文件或序列。
- ❖ Use single vrsh（使用单个vrsh）：只能使用一个.vrsh文件。
- ❖ Precalc light per frame（每帧预计算灯光）： VRay会在渲染开始时计算一次照明，或在每帧之前对其进行预先计算。当渲染动画时，该选项会有用。
- ❖ On（启用）：开启Sample environment（采样环境），以增加环境光效果。
- ❖ Upper hemisphere only（仅上半球）：VRay可以对整个环境球体或仅在环境的上半球进行采样。
- ❖ Subdivs（细分）：该属性的平方与环境中采样的光线数成比例。
- ❖ On（启用）：开启球谐函数的过滤。通过抑制高频有助于减少振铃效应（称为信号处理中的Gibbs现象）。
- ❖ Filter Strength（滤镜强度）：高频抑制强度。该值接近0时图像变化不大，而接近1时图像会较为平滑。

## 7.Caustics（焦散）

Caustics（焦散）是一种特殊的物理现象，在VRay渲染器里有专门的焦散功能。展开Caustics（焦散）卷展栏，如图14-99所示。

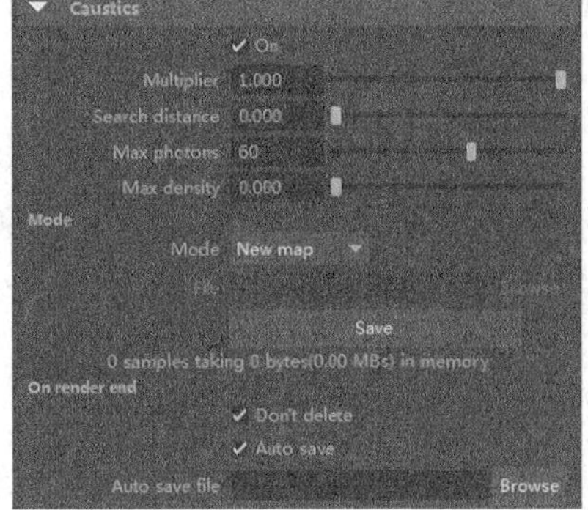


图14-99

### 常用参数介绍

❖ On（启用）：控制是否启用焦散功能。

❖ Multiplier（倍增器）：焦散的亮度倍增。值越高，焦散效果越亮，图14-100所示分别是值为4和12时的焦散效果。

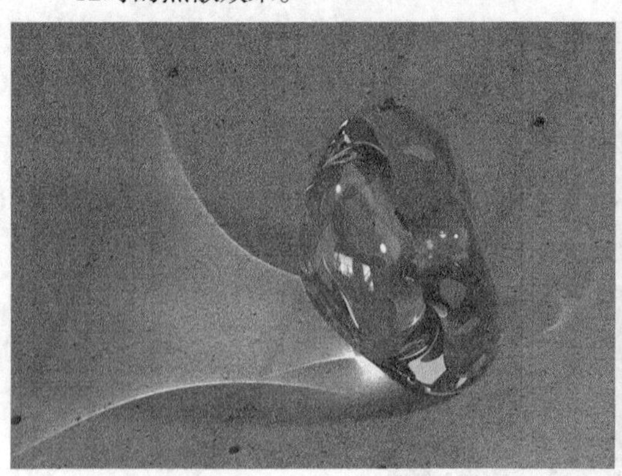 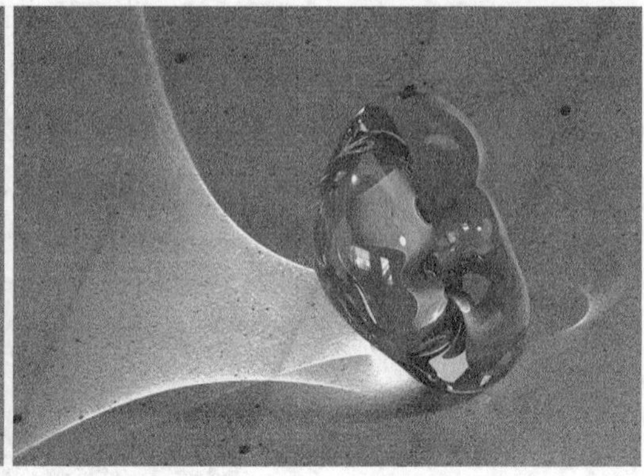

图14-100

❖ Search distance（搜索距离）：当光子跟踪撞击在物体表面的时候，会自动搜寻位于周围区域同一平面的其他光子，实际上这个搜寻区域是一个以撞击光子为中心的圆形区域，其半径就是由这个搜寻距离确定的。较小的值容易产生斑点；较大的值会产生模糊焦散效果，图14-101所示分别是Search distance（搜索距离）为0.1和2时的焦散效果。

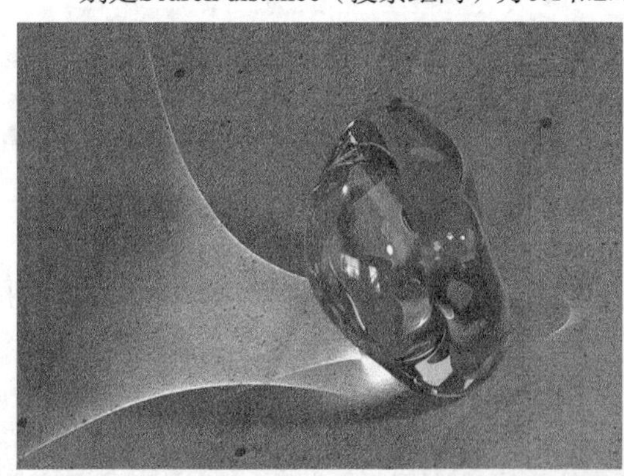 

图14-101

❖ Max photons（最大光子数）：定义单位区域内的最大光子数量，然后根据单位区域内的光子数量来均分照明。较小的值不容易得到焦散效果；而较大的值会使焦散效果产生模糊现象，图14-102所示分别是Max photons（最大光子数）为1和200时的焦散效果。

图14-102

❖ Max density（最大密度）：控制光子的最大密度，默认值0表示使用VRay内部确定的密度，较小的值会让焦散效果比较锐利，图14-103所示分别是Max density（最大密度）为0.01和5时的焦散效果。

图14-103

### 14.3.3 Environment（环境）

切换到Overrides（覆盖）选项卡，然后展开Environment（环境）卷展栏，在该卷展栏下可以为Background texture（背景纹理）、GI texture（GI纹理）、Reflection texture（反射纹理）和Refraction texture（折射纹理）通道添加纹理贴图，以增强环境效果，如图14-104所示。

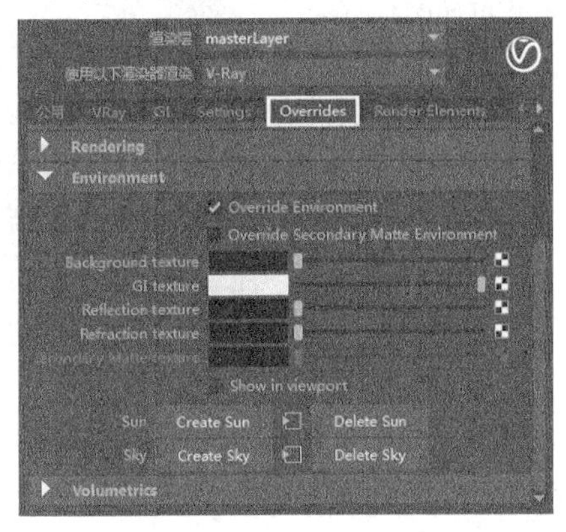


图14-104

图14-105~图14-108所示是在不同的纹理通道中加入HDIR贴图后的效果对比。

图14-105

图14-106

图14-107

图14-108

## 【练习14-6】静物渲染

| 场景文件 | Scenes>CH14>14.6.mb |
| --- | --- |
| 实例文件 | Examples>CH14>14.6.mb |
| 难易指数 | ★★★☆☆ |
| 技术掌握 | 掌握紫砂类材质的制作方法以及VRay区域光配合Maya的点光源的使用方法 |

本例主要介绍使用VRay Mtl材质配合“渐变”节点和“山脉”节点来模拟类似紫砂材质的方法，同时还将介绍如何使用VRay区域光配合Maya的“点光源”对场景进行照明，案例效果如图14-109所示。

图14-109

**01** 打开学习资源中的“Scenes>CH14>14.6.mb”文件，视图中是一个搭建好的静物场景，如图14-110所示。

**02** 打开“渲染视图”对话框，然后将渲染器设置为V-Ray，接着以camera1视角渲染场景，效果如图14-111所示。

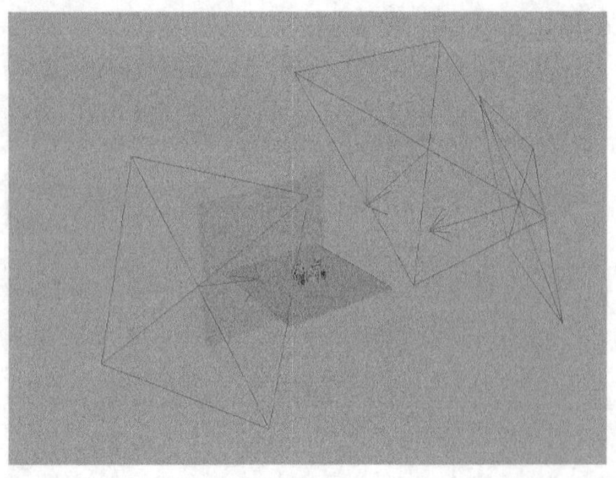

图14-110

图14-111

## 提示

默认情况下，Vray渲染器会在V-Ray frame buffer（VRay帧缓存器）对话框中渲染，如图14-112所示。

如果想要在“渲染视图”对话框中进行渲染，可以在“渲染设置”对话框中切换到VRay Common（VRay公用）卷展栏，然后展开Render View（渲染视图）卷展栏，接着取消选择Use V-Ray VFB（使用VRay帧缓存器）选项，如图14-113所示。

图14-112

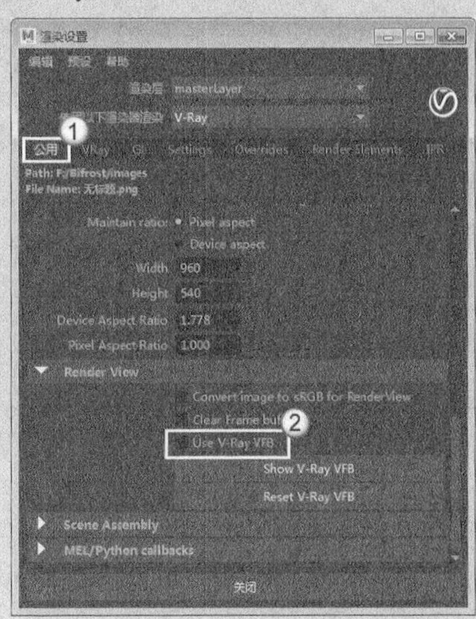


图14-113

**03** 由图14-111可以看出，渲染的效果并不理想，画面充满了噪点。我们先提高灯光的采样，打开“渲染设置”对话框，然后切换到VRay选项卡，接着展开DMC sampler（DMC采样器）卷展栏，最后选择Use local subdivs（使用局部细分）选项，如图14-114所示。

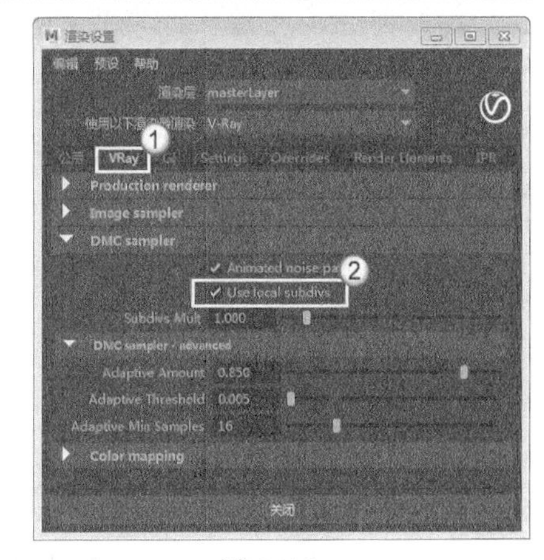


图14-114

## 提示

如果不选择Use local subdivs（使用局部细分）选项，那么灯光中的Subdivs（细分）属性将不能使用，如图14-115所示。

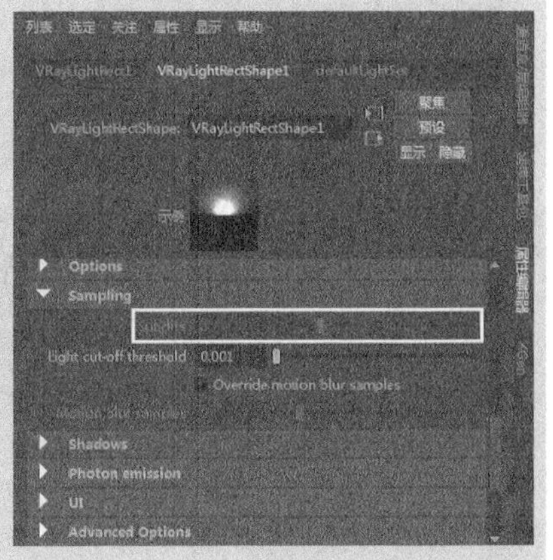


图14-115

**04** 选择VRayLightRect1灯光，然后在属性编辑器中展开Sampling（采样）卷展栏，设置Subdivs（细分）为20，如图14-116所示。

**05** 将VRayLightRect2和VRayLightRect3灯光的Subdivs（细分）设置为20，如图14-117所示。

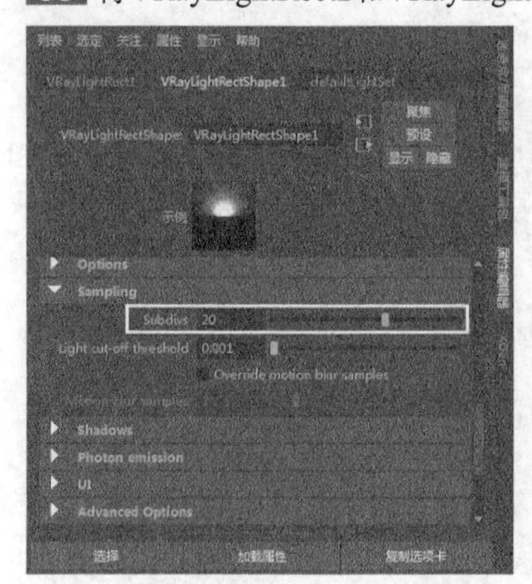


图14-116

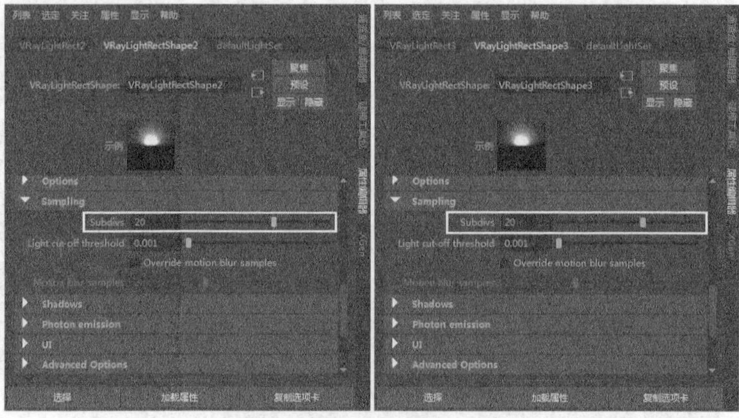


图14-117

**06** 在“渲染视图”对话框中以camera1视角渲染场景，效果如图14-118所示。由图可以看出，画面中的阴影质量明显提高，但锯齿并没有解决。

图14-118

**07** 选择场景中间的玻璃器皿，按数字3键平滑显示，如图14-119所示，然后在“渲染设置”对话框中切换到Overrides（覆盖）选项卡，接着展开Geometry（几何体）卷展栏，最后选择viewport subdivision（预览细分）选项，如图14-120所示。这样VRay就可以在不用平滑模型的情况下，渲染平滑后的效果了。

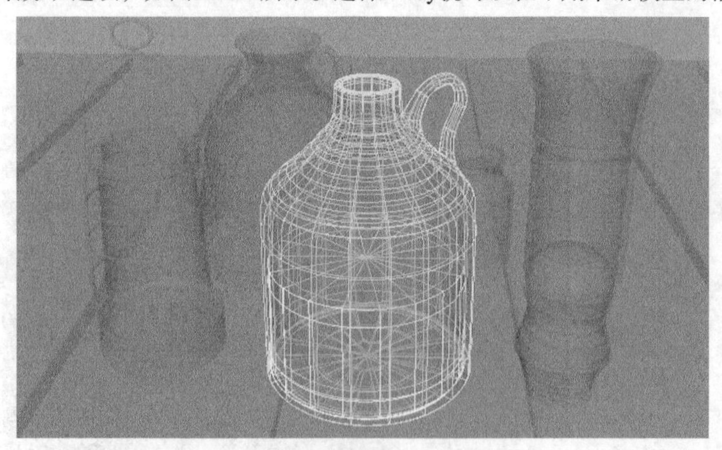

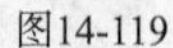

图14-119

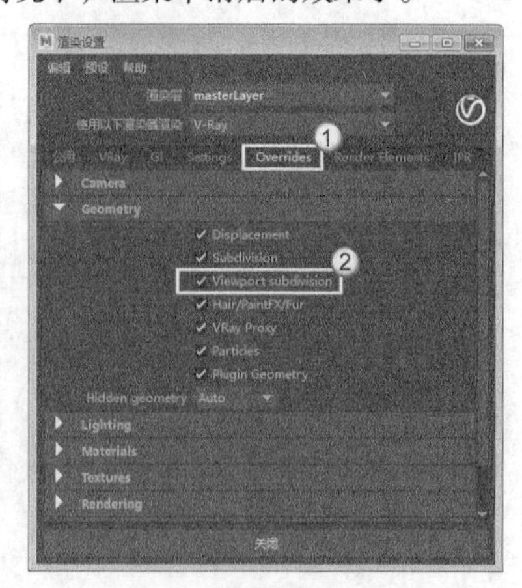


图14-120

**08** 切换到VRay选项卡，然后展开Image sampler（图像采样器）卷展栏，接着设置Min subdivs（最小细分）为6、Max subdivs（最大细分）为12，如图14-121所示。

09 在“渲染视图”对话框中以camera1视角渲染场景，效果如图14-122所示。由图可以看出，锯齿消失了，整个画面变得非常细腻。

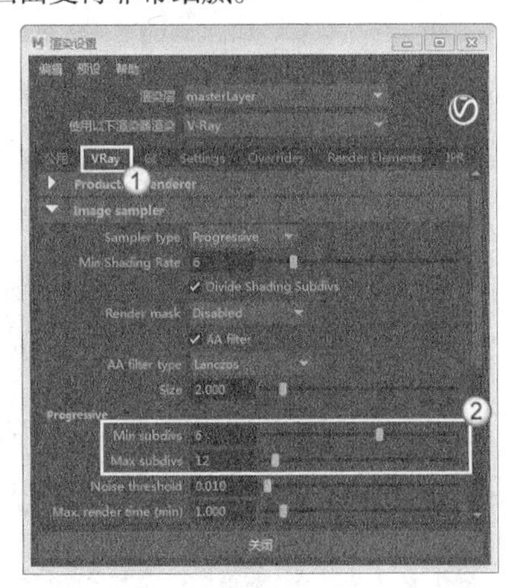

图14-121

图14-122

## 【练习14-7】制作VRay的焦散效果

| 场景文件 | Scenes>CH14>14.7.mb |
|---|---|
| 实例文件 | Examples>CH14>14.7.mb |
| 难易指数 | ★★☆☆☆ |
| 技术掌握 | 掌握焦散特效的制作方法 |

本例利用VRay的“焦散”功能制作的焦散效果如图14-123所示。

图14-123

01 打开学习资源中的“Scenes>CH14>14.7.mb”文件，文件中有一个静物场景，如图14-124所示。

02 打开“渲染视图”对话框，然后将渲染器设置为V-Ray，再以camera1视角渲染场景，效果如图14-125所示。

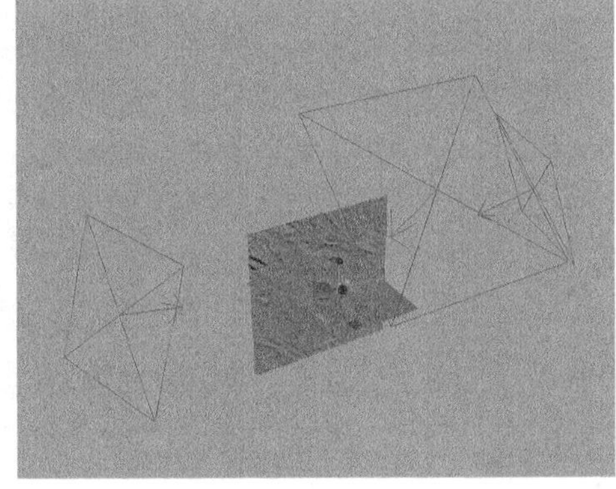

图14-124

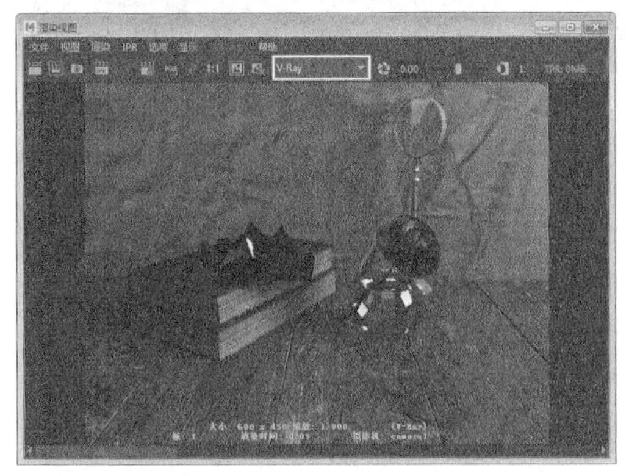

图14-125

**03** 由图14-125可以看出，场景中并没有焦散效果。打开“渲染设置”对话框，然后切换到GI选项卡，接着展开Caustics（焦散）卷展栏，再选择On（启用）选项，最后设置Multiplier（倍增器）为0.5、Max photons（最大光子数）为200，如图14-126所示。

**04** 选择VRayLightRect3灯光，然后在属性编辑器中展开Photon emission（光子发射）卷展栏，接着设置Photon subdivs（光子细分）为1000、Caustics subdivs（焦散细分）为2000，如图14-127所示。

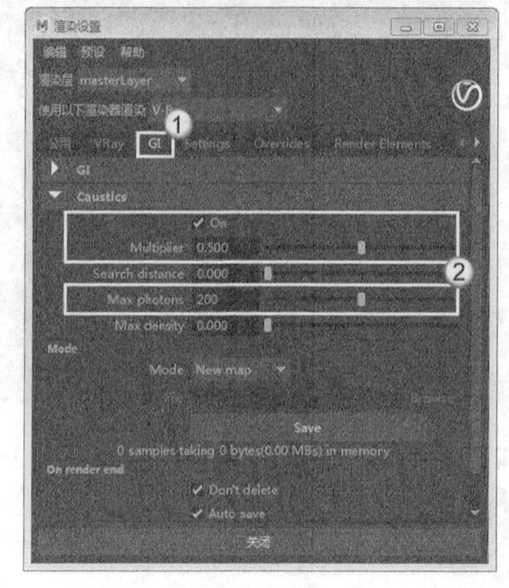
图14-126

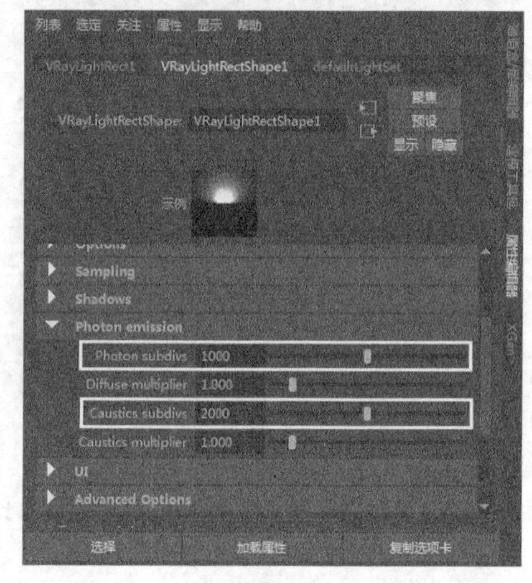
图14-127

**05** 打开“渲染视图”对话框，然后将渲染器设置为V-Ray，接着以camera1视角渲染场景，效果如图14-128所示。

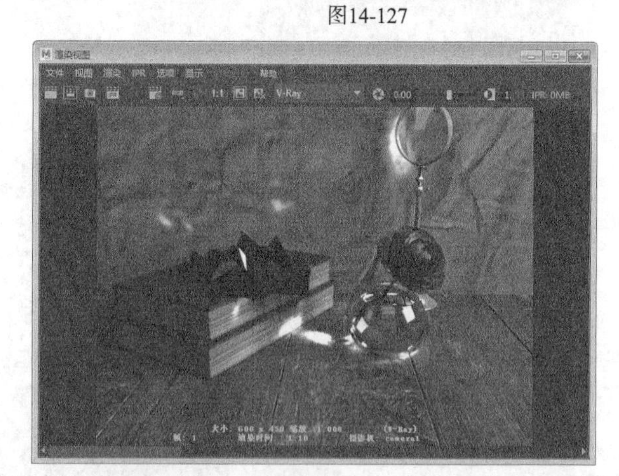
图14-128

**06** 在“渲染设置”对话框中切换到VRay卷展栏，然后展开Image sampler（图像采样器）卷展栏，接着设置Min subdivs（最小细分）为6、Max subdivs（最大细分）为12，如图14-129所示，最后以camera1视角渲染场景，效果如图14-130所示。

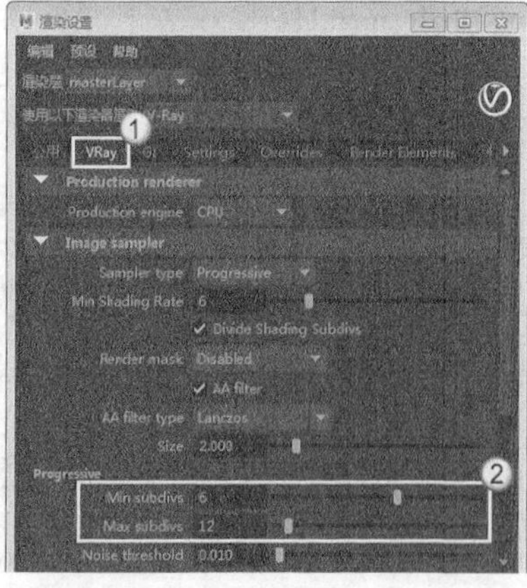
图14-129

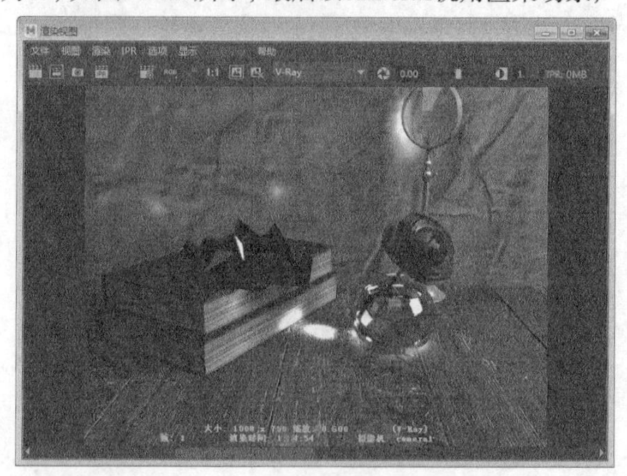
图14-130

# 技术分享

## VRay渲染设置小技巧

当我们拿到一个项目，要对其进行渲染设置时，首先要了解场景中的各个对象以及对象的一些基本信息。为了提高渲染效率，加快渲染速度，我们需要结合场景中的材质、环境和项目要求调整渲染设置。下面介绍渲染设置中需要注意的几大事项。

阴影质量：阴影在任何场景中都会出现，因此建议首先考虑设置阴影的质量。阴影的质量主要受灯光和整体质量影响，可以在灯光中设置提高阴影的采样，来初步提高阴影的质量，然后在渲染器中进一步提高阴影的质量。

跟踪深度：光线跟踪是扫描线渲染器中常见的属性，主要控制光线的反弹次数，这对于反射和折射对象影响重大。如果光线的反弹次数偏低，那么作用对象会因此不产生折射或反射效果；如果次数偏高，那么会增加渲染时间，因此光线跟踪需要根据场景和材质来设置。

整体质量：画面的整体质量主要由渲染器的采样数决定，采样越高，效果越好，但是渲染的时间也越长。因此在调整整体质量时，需要结合灯光、材质和环境等因素来不断地调整，以获得一个较为平衡的渲染设置。

## 添加VRay属性

本章的渲染案例用来帮助读者巩固VRay渲染器的灯光、材质、渲染设置以及附加属性的使用方法和设置技巧。VRay还可以为其他对象添加各种附加属性，以获得VRay独有的效果。

选择多边形，然后在“属性编辑器”面板中展开“属性>VRay”菜单，可以为多边形添加细分、置换以及对象ID等属性。

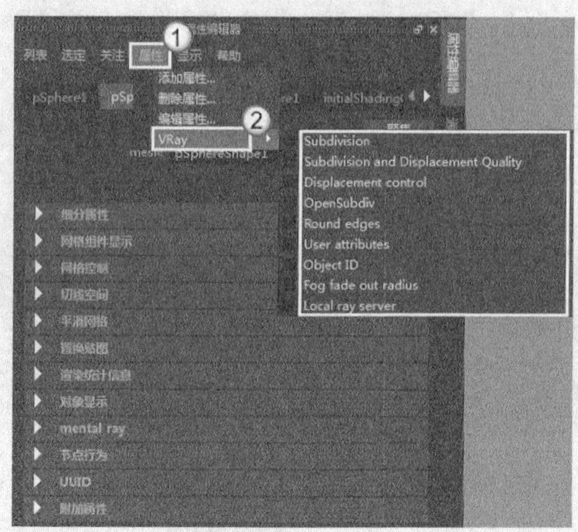


选择曲线，然后在“属性编辑器”面板中展开“属性>VRay”菜单，可以使VRay渲染曲线。

选择曲面，然后在“属性编辑器”面板中展开“属性>VRay”菜单，可以为曲面对象添加对象ID、NURBS属性以及用户属性等。

选择灯光，然后在“属性编辑器”面板中展开“属性>VRay”菜单，可以为灯光添加VRay的灯光属性，包括光子细分、漫反射倍增、焦散细分以及焦散倍增等。

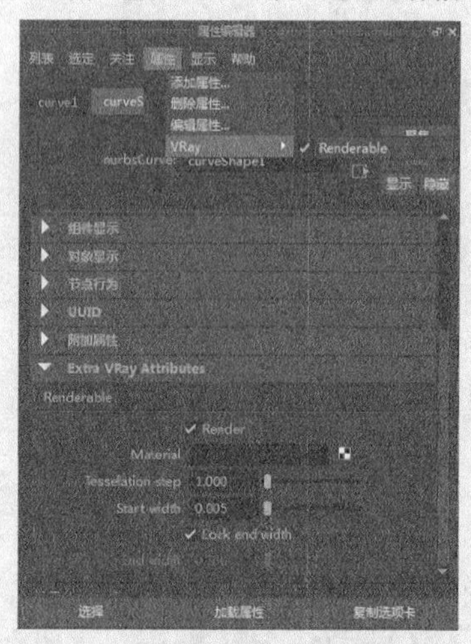


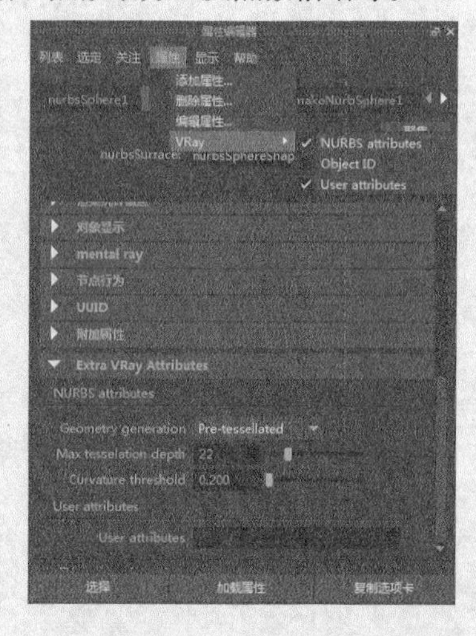


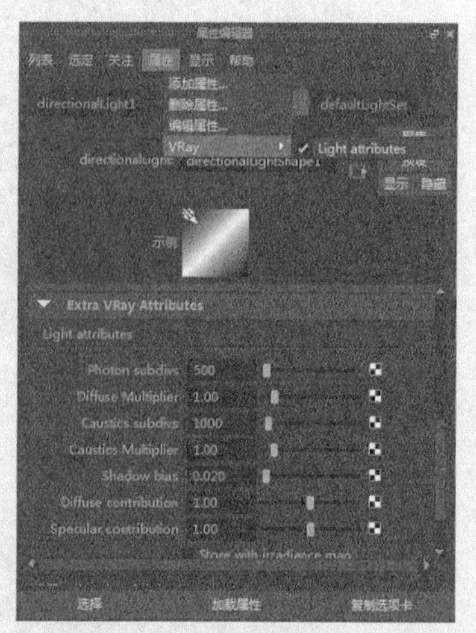

# 第15章

# 灯光、材质、渲染综合实例

本章将主要讲解6个综合案例，通过这些案例，读者可以掌握布置灯光的方法、常见材质的制作方法、渲染设置的方法、添加Arnold大气雾效的方法，以及添加景深特效的方法等内容。

※ 布置灯光的方法
※ 制作材质的方法
※ 渲染设置的方法
※ 添加Arnold景深的方法
※ 添加Arnold大气雾效的方法
※ 添加VRay景深的方法

# 15.1 精通Arnold渲染器——室内渲染

| 场景文件 | Scenes>CH15>15.1.mb |
| --- | --- |
| 实例文件 | Examples>CH15>15.1.mb |
| 技术掌握 | 掌握桌子、漆面、地板、金属材质以及大气雾效的制作方法 |

本例场景是一间教室，需要制作桌子、漆面、地板和金属材质，然后要为场景添加大气雾效，如图15-1所示。

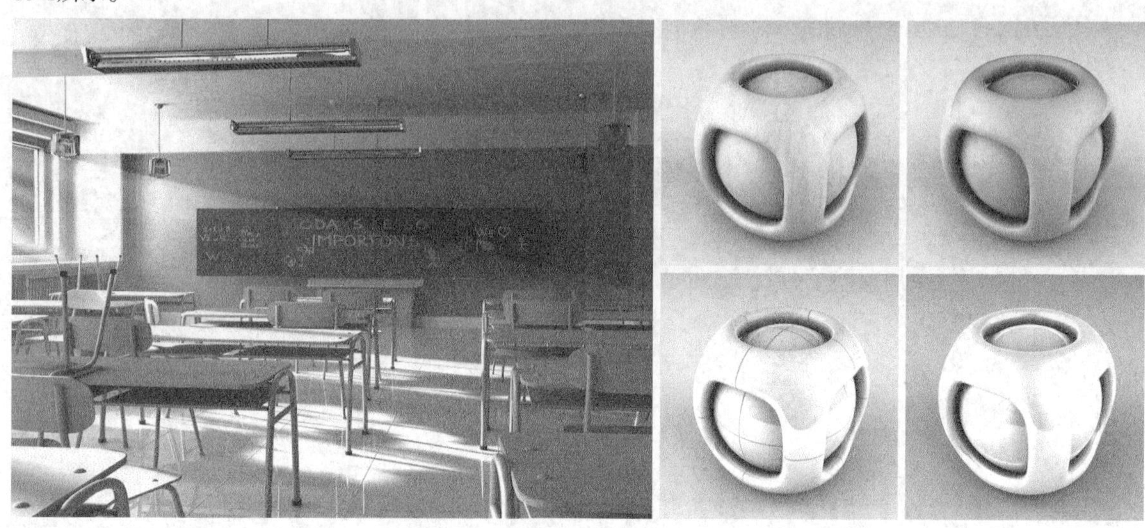

图15-1

## 15.1.1 布置灯光

**01** 打开学习资源中的“Scenes>CH15>15.1.mb”文件，场景中有一个室内模型，如图15-2所示。

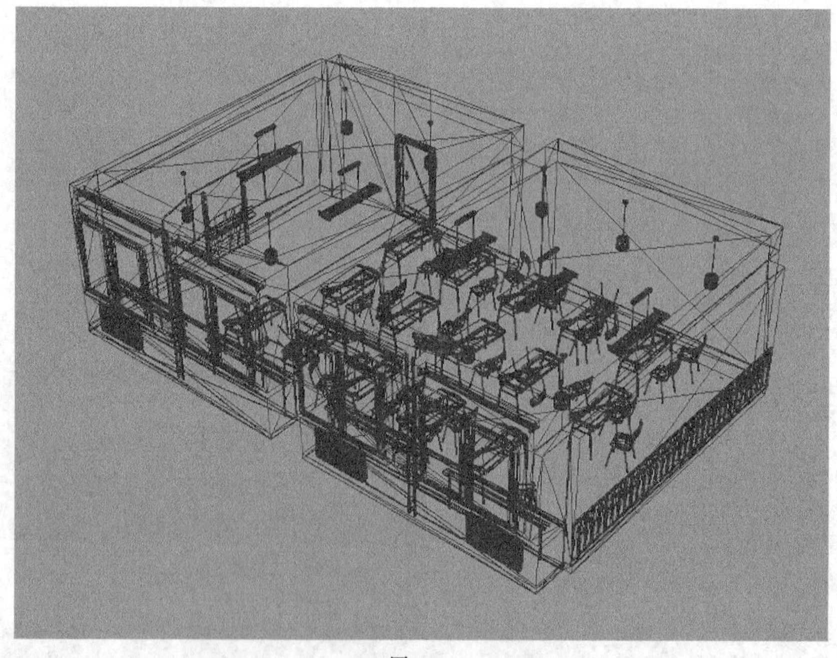

图15-2

**02** 新建一盏区域光，然后调整区域光的位置、方向和大小，如图15-3所示。

**03** 打开区域光的“属性编辑器”面板，然后在“区域光属性”卷展栏下设置“颜色”为（R:255，G:251，B:237）、“强度”为25，如图15-4所示。

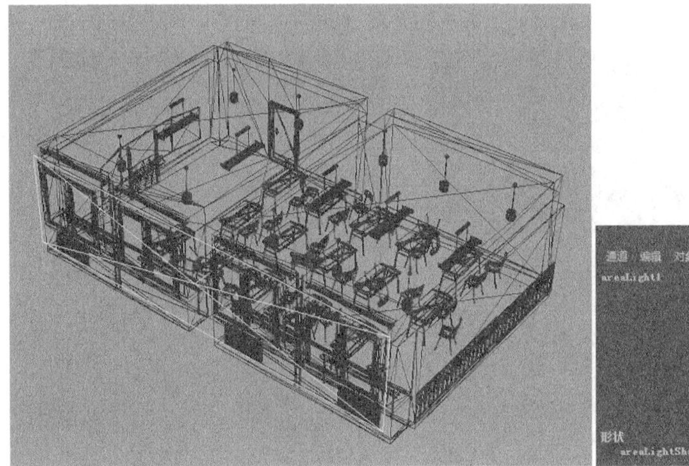

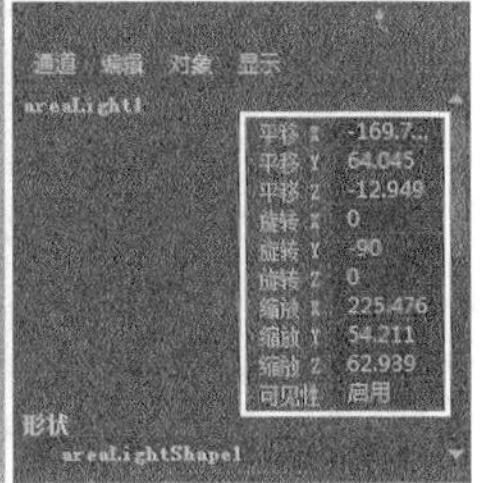


图15-3

**04** 展开Arnold卷展栏，然后设置Exposure（曝光）为15、Samples（采样）为4，如图15-5所示。

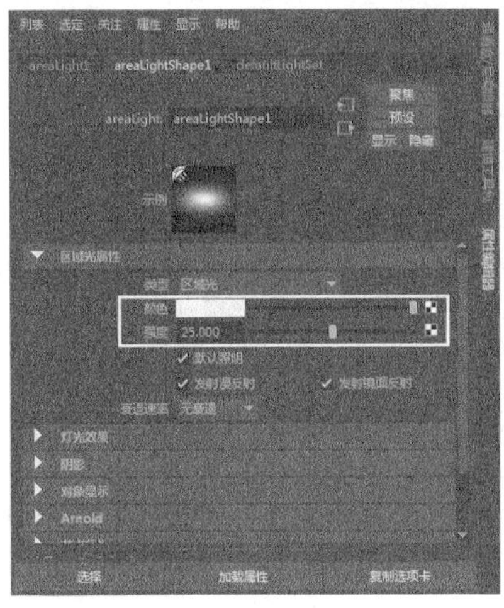


图15-4

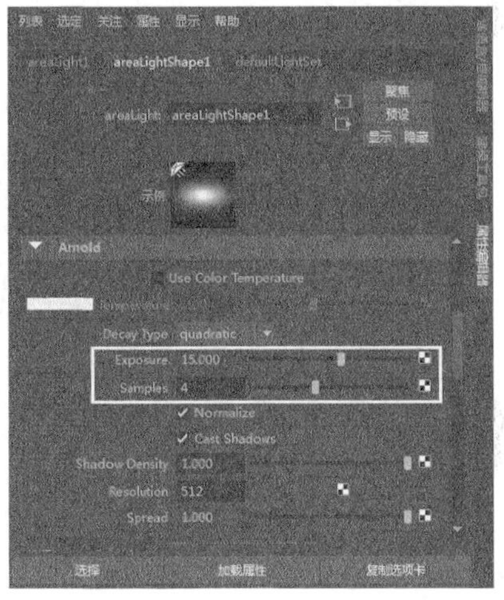


图15-5

**05** 新建一盏平行光，然后调整平行光的位置和方向，如图15-6所示。

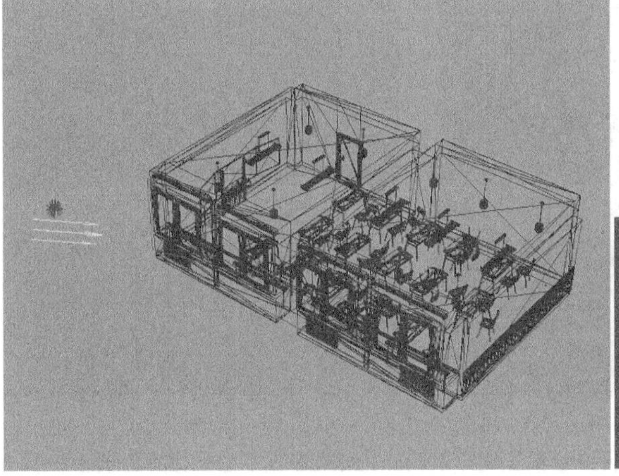

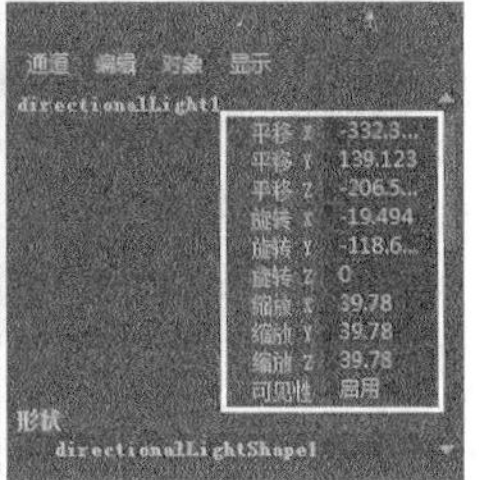


图15-6

**06** 打开平行光的“属性编辑器”面板，然后在“平行光属性”卷展栏下设置“颜色”为（R:255，G:243，B:200）、“强度”为10，如图15-7所示。

**07** 展开Arnold卷展栏，然后设置Exposure（曝光）为1、Angle（角度）为3、Samples（采样）为3，如图15-8所示。

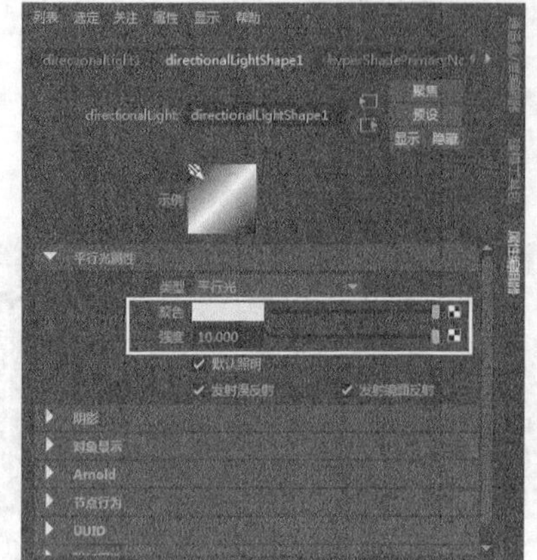


图15-7

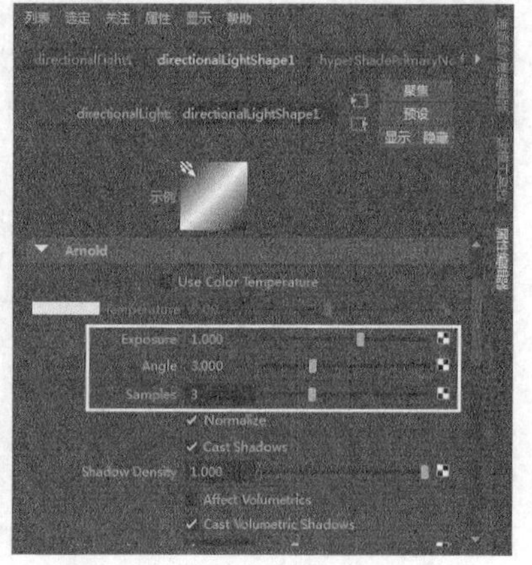


图15-8

**08** 新建一盏聚光灯，然后调整聚光灯的位置、方向和大小，如图15-9所示。

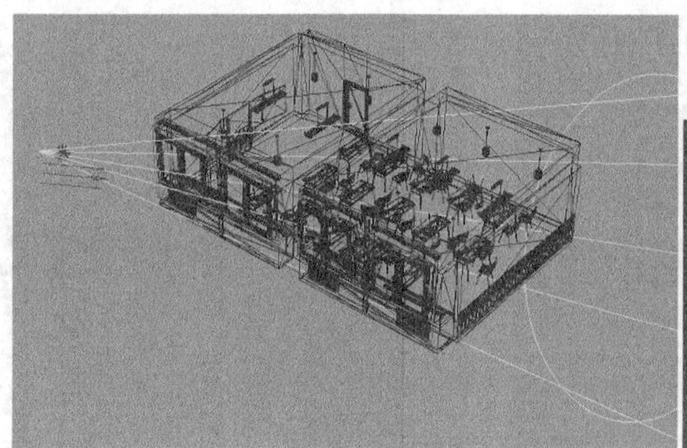

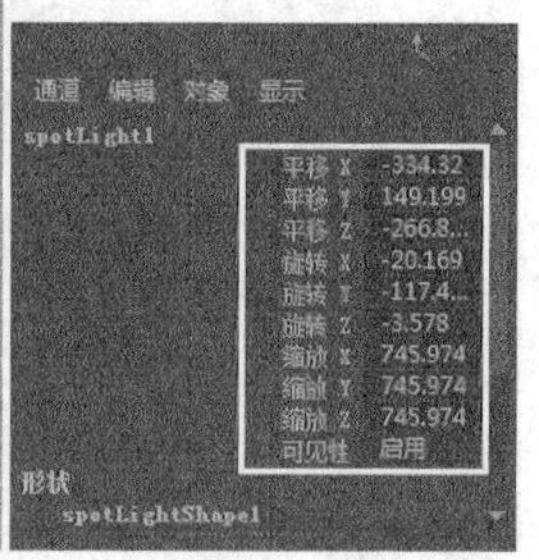


图15-9

**09** 打开聚光灯的“属性编辑器”面板，然后在“聚光灯属性”卷展栏下设置“颜色”为（R:255，G:243，B:200）、“强度”为20、“圆锥体角度”为30、“半影角度”为10，如图15-10所示。

**10** 展开Arnold卷展栏，然后设置Exposure（曝光）为13、Samples（采样）为5，如图15-11所示。

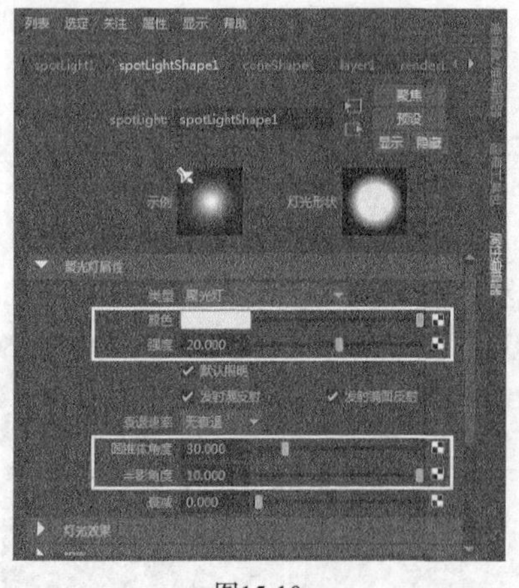


图15-10

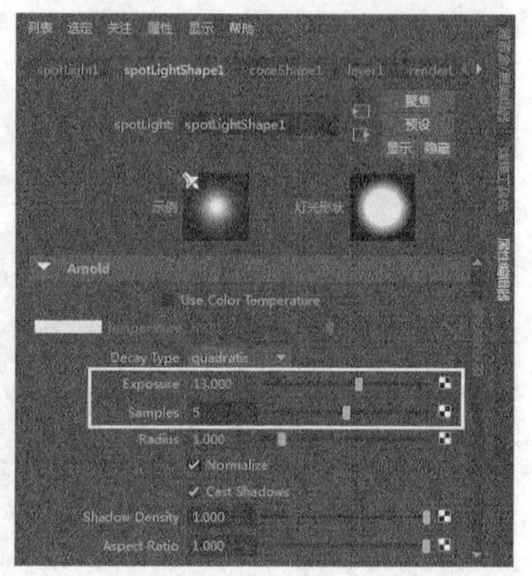


图15-11

**11** 打开“渲染视图”对话框，然后设置渲染器为Arnold Renderer（Arnold渲染器），接着以camera1视角渲染场景，效果如图15-12所示。

图15-12

## 15.1.2 材质制作

本例中的场景需要制作桌子、漆面、地板和金属材质，使用aiStandard材质节点可以模拟这些材质效果。

### 1.桌子材质

**01** 创建一个aiStandard材质节点，然后将其命名为table，接着为Color（颜色）属性连接一个“文件”节点，最后为“文件”节点指定“Scenes>CH15>15.1>ArchInteriors_12_06_wood1.JPG”文件，如图15-13所示。

**02** 展开Specular（高光）卷展栏，然后设置Color（颜色）为白色、Weight（权重）为0.1、Roughness（粗糙度）为0.5，如图15-14所示。

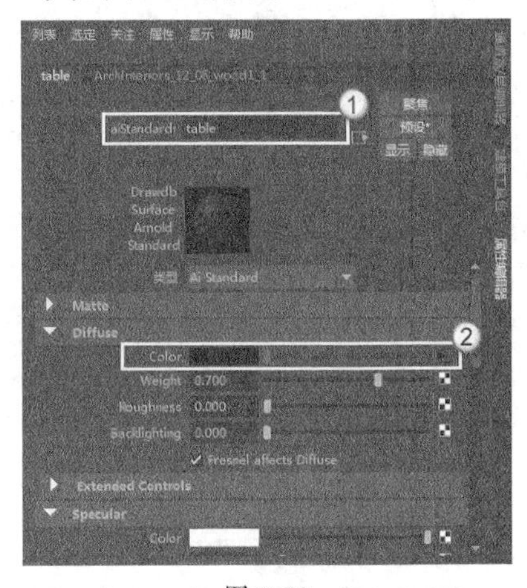


图15-13

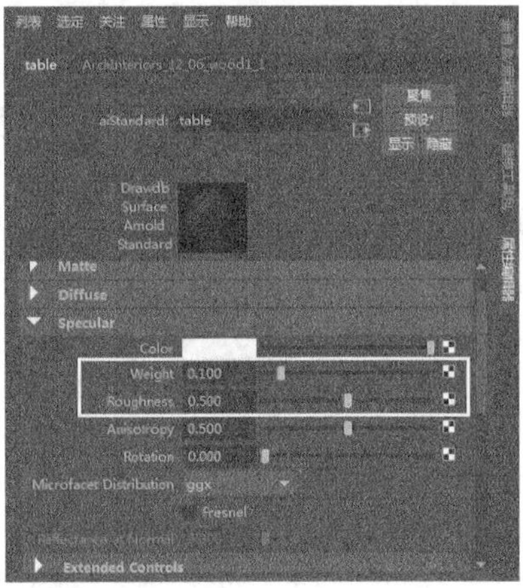

图15-14

 制作完的table材质节点网络如图15-15所示。将制作好的table节点赋予桌面和椅面模型，如图15-16所示。

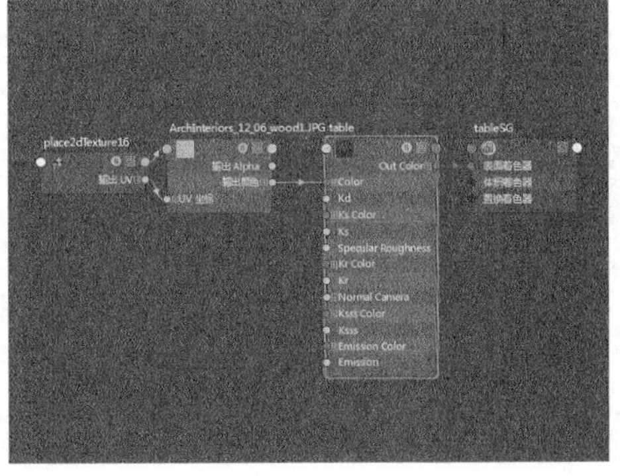


图15-15

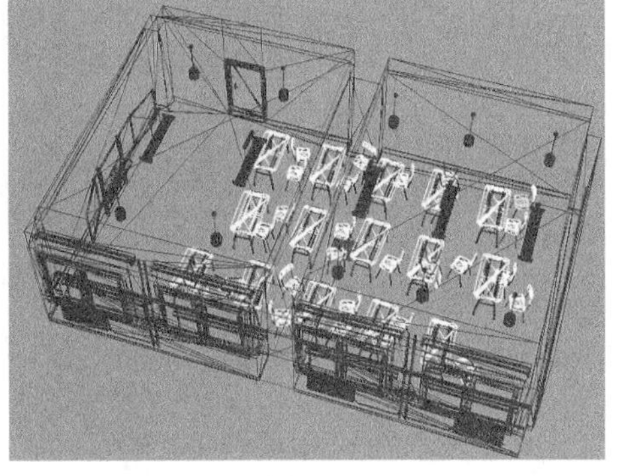

图15-16

## 2.漆面材质

01 创建一个aiStandard材质节点，然后将其命名为paint，接着设置Color（颜色）为（R:143，G:143，B:143），如图15-17所示。

02 展开Specular（高光）卷展栏，然后设置Color（颜色）为（R:148，G:241，B:255）、Weight（权重）为0.45、Roughness（粗糙度）为0.5，接着选择Fresnel（菲涅尔）选项，最后设置Reflectance at Normal（垂直反射）为0.4，如图15-18所示。

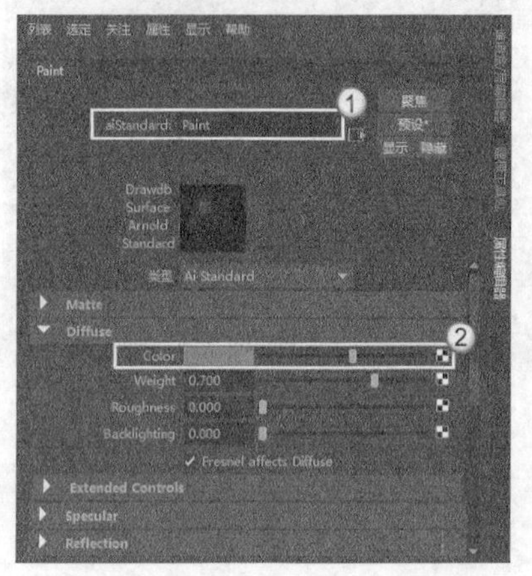

图15-17

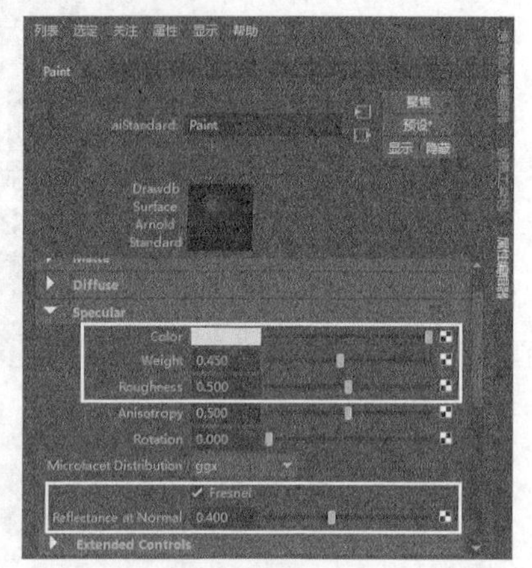

图15-18

03 将制作好的paint节点赋予桌子腿和椅子腿模型，如图15-19所示。

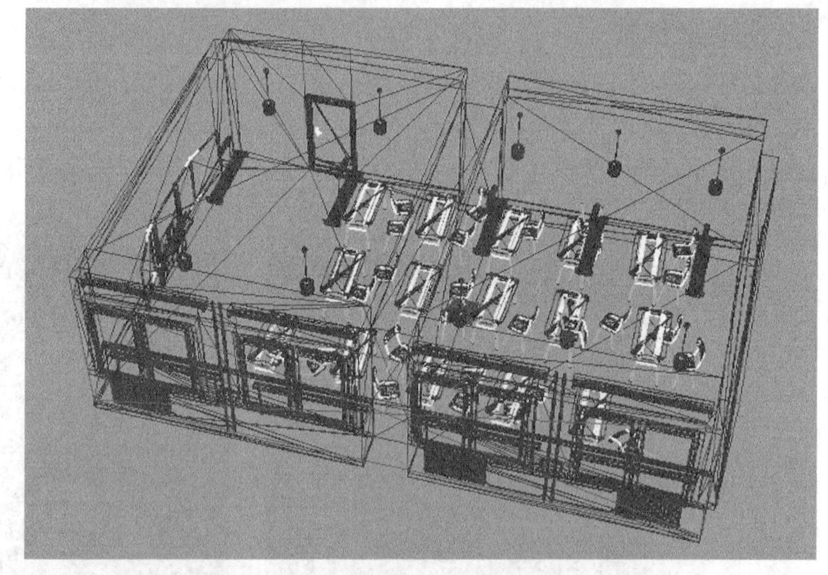

图15-19

## 3.地板材质

01 创建一个aiStandard材质节点，然后将其命名为ground，接着为Color（颜色）属性连接一个"文件"节点，最后为"文件"节点指定"Scenes>CH15>15.1>Archexteriors5_07_ceramic.jpg"文件，如图15-20所示。

02 展开Specular（高光）卷展栏，然后设置Color（颜色）为白色、Weight（权重）为0.3、Roughness（粗糙度）为0.467，如图15-21所示。

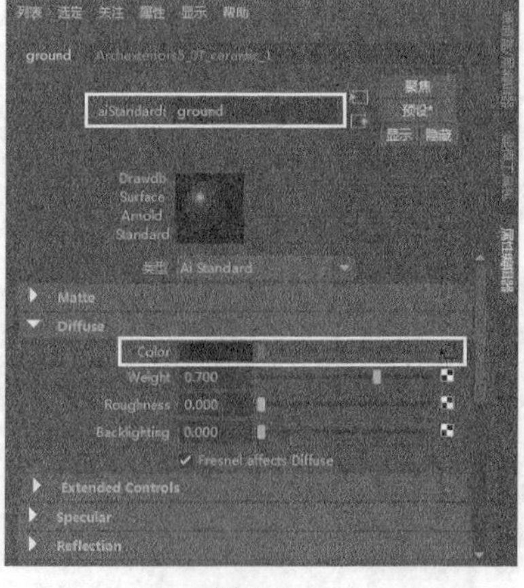

图15-20

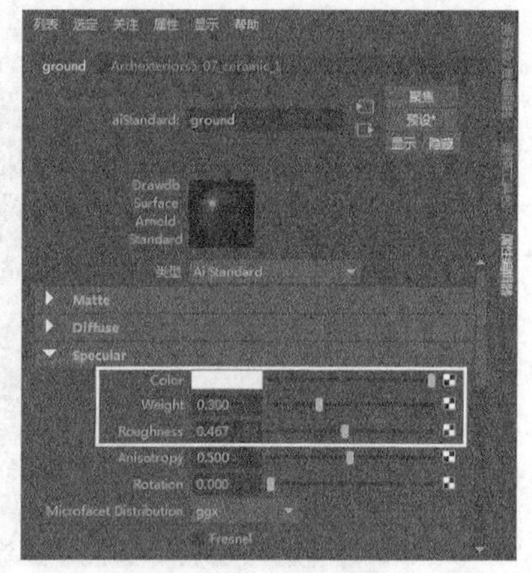

图15-21

03 展开Bump Mapping（凹凸映射）卷展栏，然后为Bump Mapping（凹凸映射）属性连接一个“文件”节点，接着为“文件”节点指定“Scenes>CH15>15.1>Archexteriors5_07_ceramic_normal.jpg”文件，并设置bump2d4节点的“用作”为“切线空间法线”，如图15-22所示。

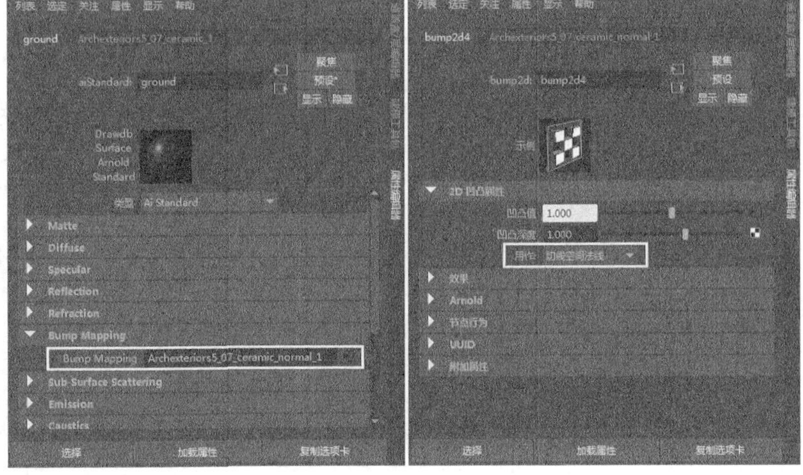

图15-22

04 制作完的ground材质节点网络如图15-23所示。将制作好的ground节点赋予地板模型，如图15-24所示。

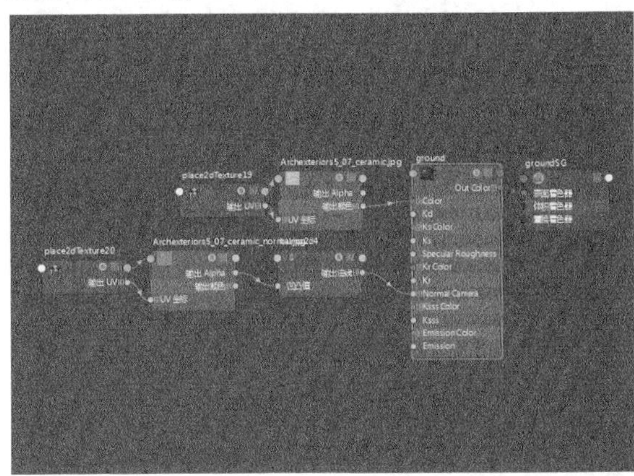

图15-23

图15-24

## 4.金属材质

01 创建一个aiStandard材质节点，然后将其命名为metal3，接着设置Color（颜色）为（R:155，G:155，B:155）、Roughness（粗糙度）为1，如图15-25所示。

02 展开Specular（高光）卷展栏，然后设置Color（颜色）为白色、Weight（权重）为0.394、Roughness（粗糙度）为0.503，如图15-26所示。

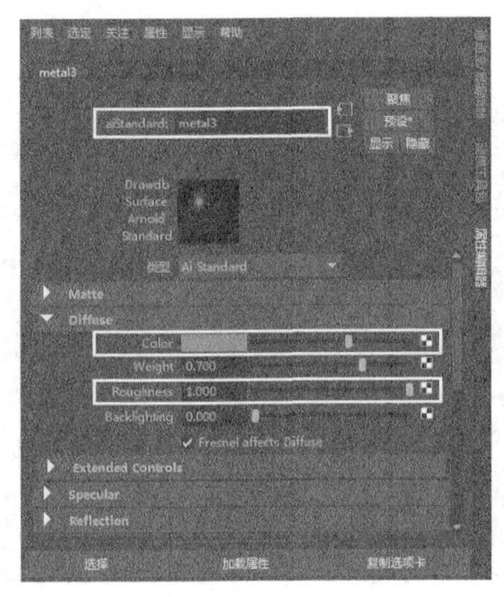

图15-25

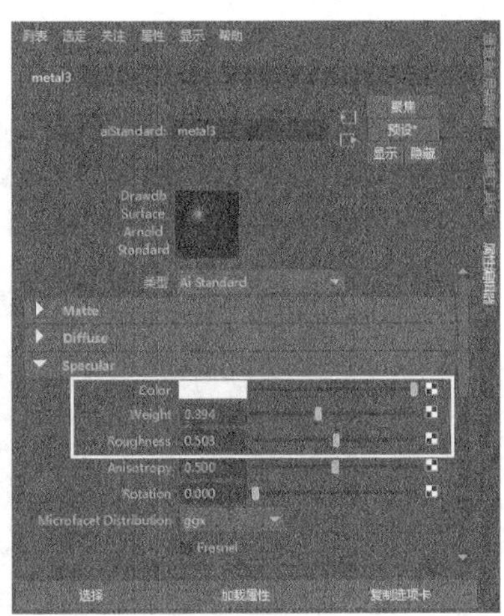

图15-26

**03** 展开Reflection（反射）卷展栏，然后设置Weight（权重）为0.161，如图15-27所示。

**04** 将制作好的metal3节点赋予暖气片和管道模型，如图15-28所示。

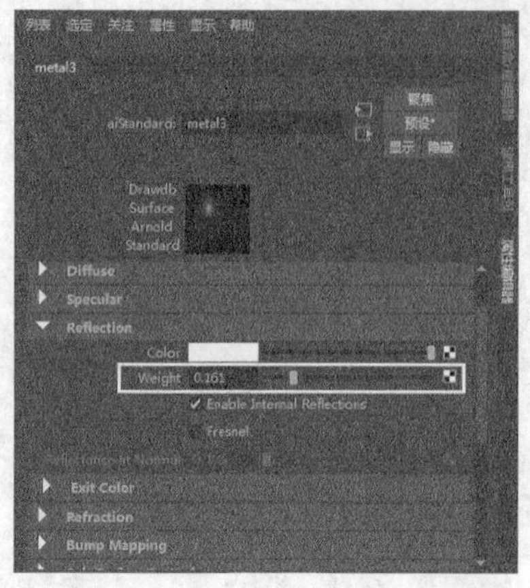

图15-27

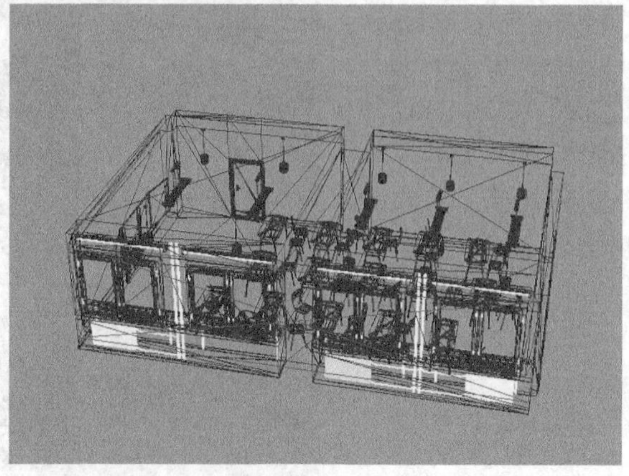

图15-28

## 15.1.3 添加大气雾效

**01** 打开“渲染设置”对话框，然后切换到Arnold Renderer（Arnold渲染器）选项卡，接着展开Environment（环境）卷展栏，再单击Atmosphere（大气）属性后面的按钮，最后在打开的菜单中选择aiVolumeScattering命令，如图15-29所示。

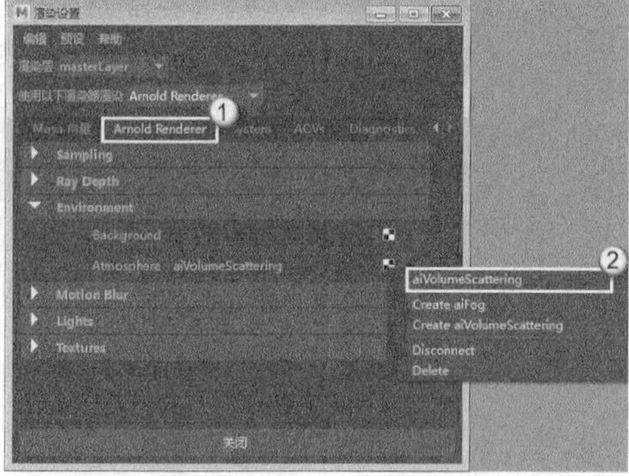

图15-29

**02** 打开Hypershade对话框，然后选择aiVolumeScattering节点，如图15-30所示，接着在“属性编辑器”面板中设置Color（颜色）为（R:143，G:143，B:143）、Attenuation（稀薄化）为0.01、Samples（采样）为5，如图15-31所示。

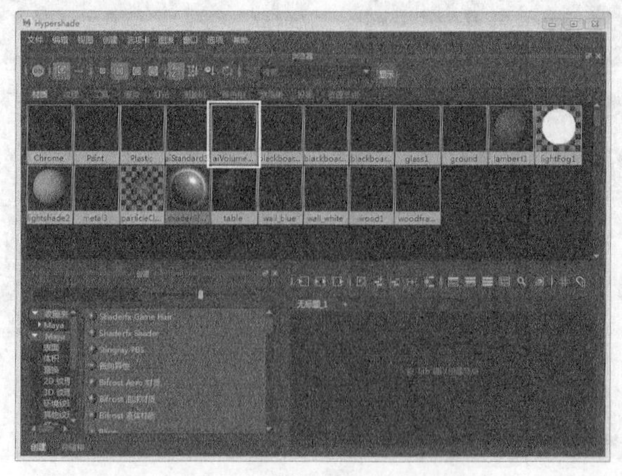

图15-30

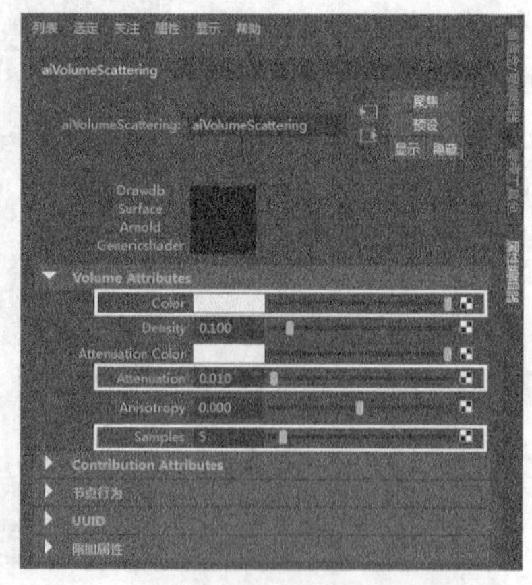

图15-31

**03** 展开平行光和区域光的Arnold卷展栏，然后取消选择Affect Volumetrics（影响体积）选项，如图15-32所示。

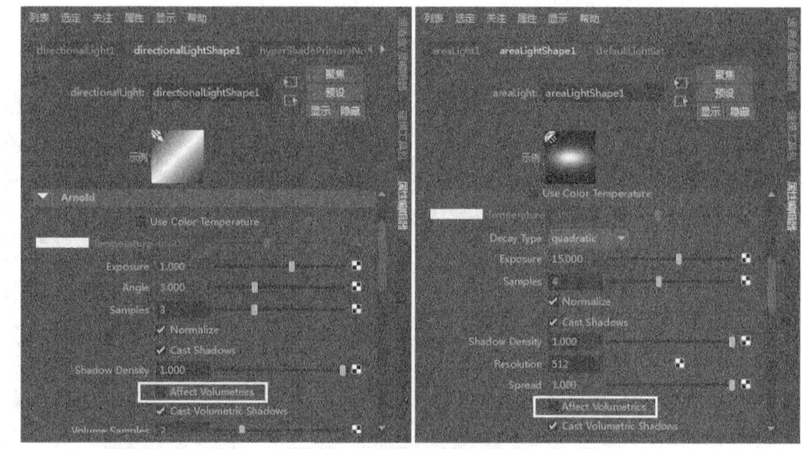


图15-32

**04** 打开“渲染视图”对话框，然后以camera1视角渲染场景，效果如图15-33所示。

图15-33

## 15.1.4 渲染设置

**01** 打开“渲染设置”对话框，然后切换到Arnold Renderer（Arnold渲染器）选项卡，接着展开Sampling（采样）卷展栏，设置Camera[AA]（摄影机[AA]）为5、Diffuse（漫反射）为5、Glossy（光泽）为3、Refraction（折射）为3、Volume-Indirect（体积间接照明）为4，如图15-34所示。

**02** 展开Ray Depth（光线深度）卷展栏，然后设置Diffuse（漫反射）为6、Refraction（折射）为4、Volume（体积）为3，如图15-35所示。

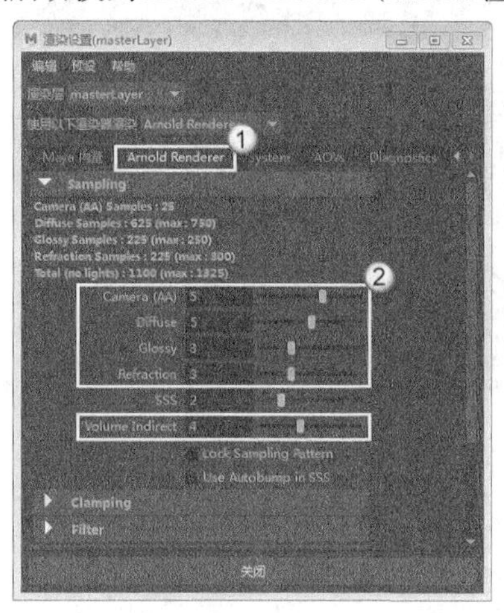


图15-34

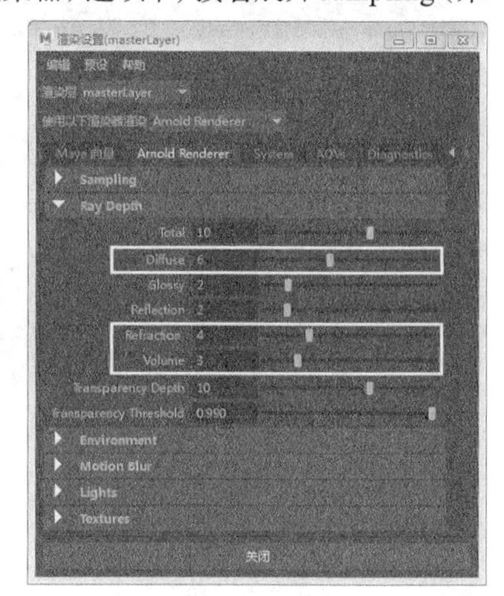


图15-35

**03** 打开“渲染视图”对话框，然后执行“渲染>渲染>camera1”命令渲染当前场景，效果如图15-36所示。

图15-36

# 15.2 精通Arnold渲染器——篝火渲染

| | |
|---|---|
| 场景文件 | Scenes>CH15>15.2.mb |
| 实例文件 | Examples>CH15>15.2.mb |
| 技术掌握 | 掌握铁桶、墙面、火焰材质以及大气雾效的制作方法 |

本例是一个露天场景，需要制作铁桶、墙面和火焰材质，然后对场景添加大气雾效，如图15-37所示。

图15-37

## 15.2.1 布置灯光

**01** 打开学习资源中的“Scenes>CH15> 15.2.mb”文件，场景中有一个室外模型，如图15-38所示。

图15-38

**02** 新建一盏区域光，然后调整区域光的位置、方向和大小，如图15-39所示。

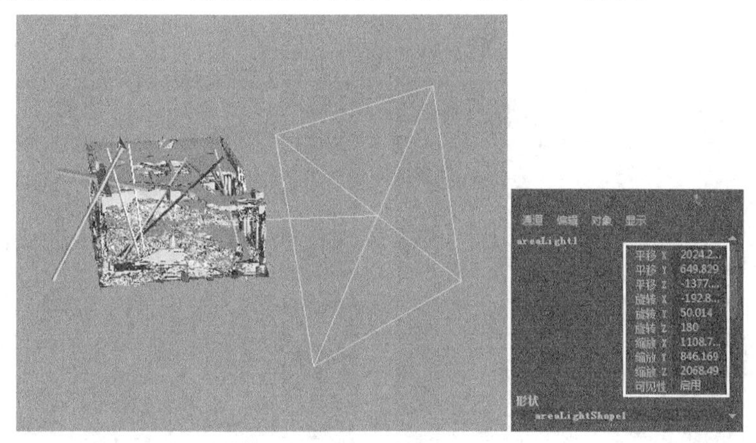


图15-39

**03** 打开区域光的“属性编辑器”面板，然后在“区域光属性”卷展栏下设置“颜色”为（R:211，G:255，B:255）、“强度”为40，如图15-40所示。

**04** 展开Arnold卷展栏，然后设置Exposure（曝光）为15、Samples（采样）为3，如图15-41所示。

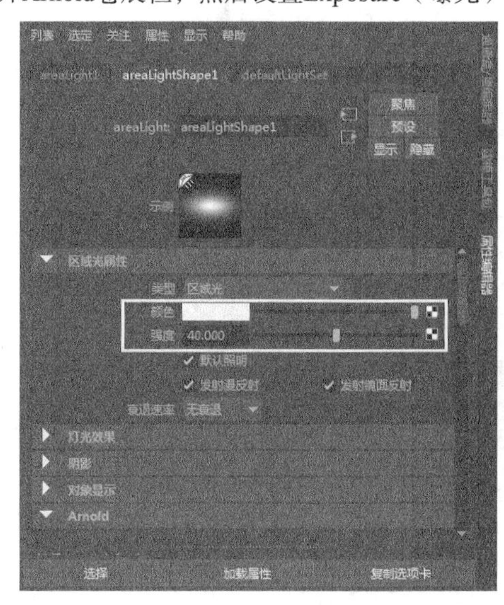


图15-40

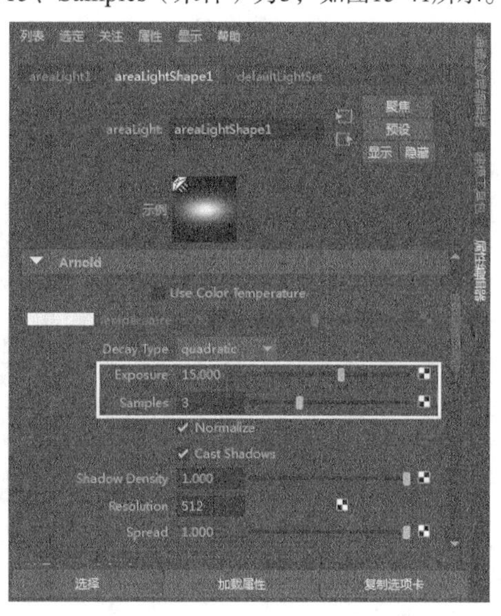


图15-41

**05** 新建一盏平行光，然后调整平行光的位置和方向，如图15-42所示。

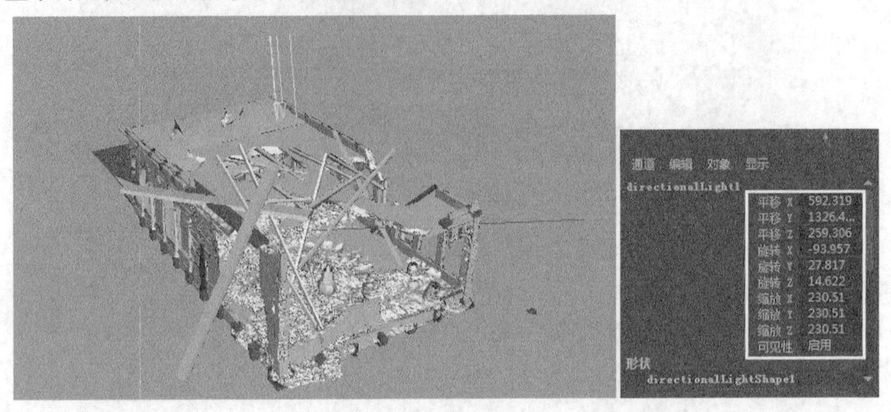


图15-42

**06** 打开平行光的“属性编辑器”面板，然后在“平行光属性”卷展栏下设置“颜色”为白色、“强度”为0.5，如图15-43所示。

**07** 展开Arnold卷展栏，然后设置Angle（角度）为50、Samples（采样）为3，如图15-44所示。

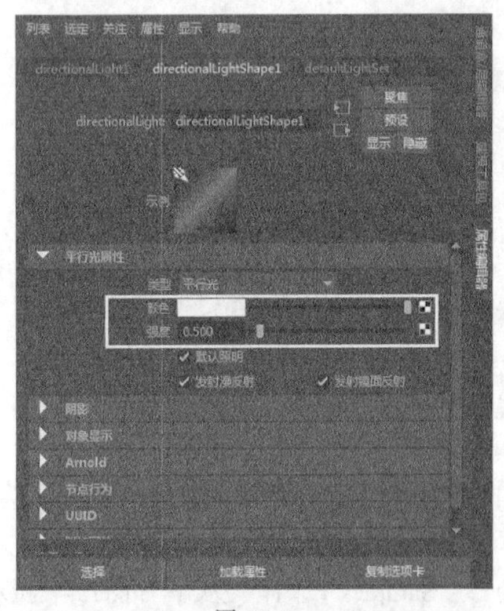


图15-43

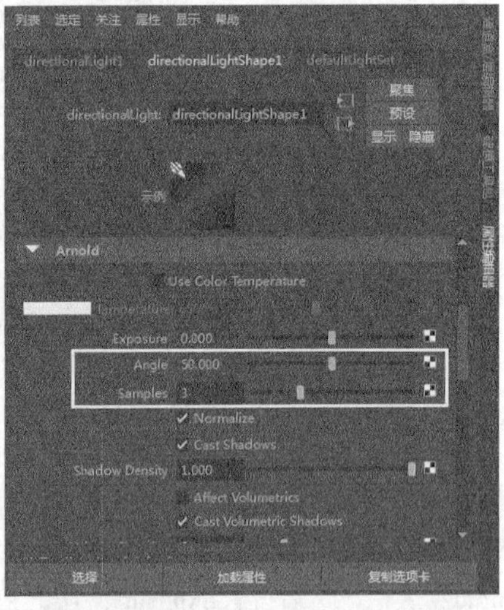


图15-44

**08** 新建一盏平行光，然后调整平行光的位置和方向，如图15-45所示。

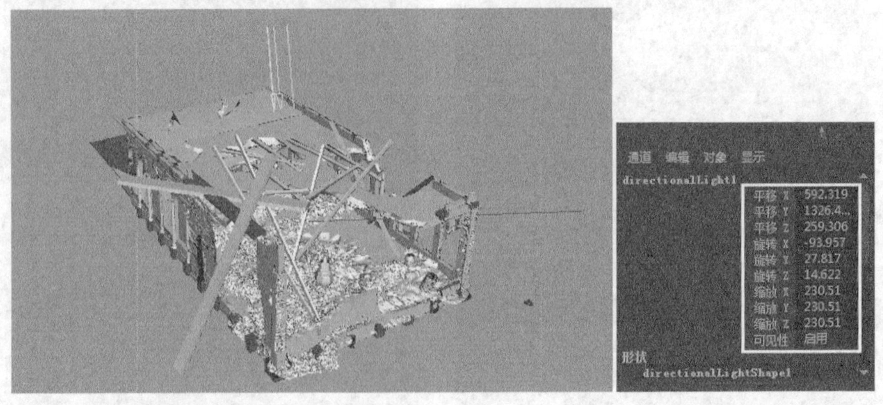


图15-45

**09** 打开平行光的“属性编辑器”面板，然后在“平行光属性”卷展栏下设置“颜色”为白色、“强度”为4，如图15-46所示。

**10** 展开Arnold卷展栏，然后设置Exposure（曝光）为1、Angle（角度）为50、Samples（采样）为3，如图15-47所示。

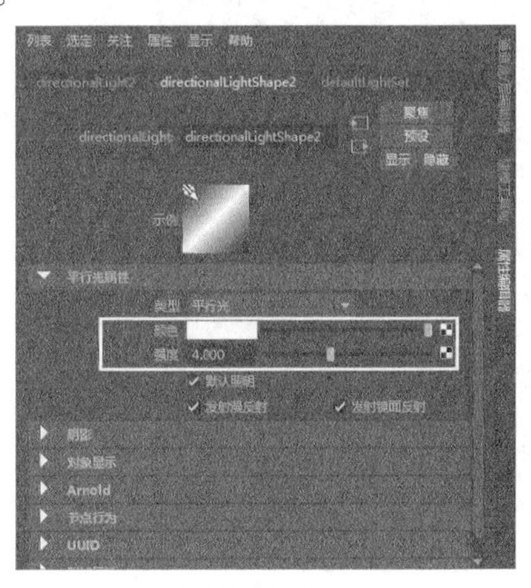


图15-46

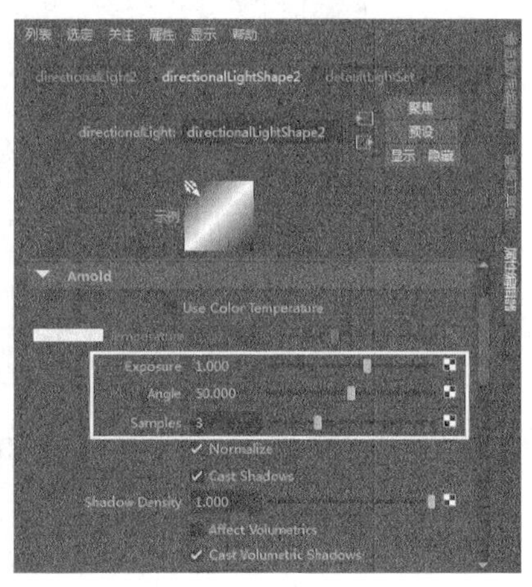


图15-47

**11** 新建一盏点光源，然后将点光源移至火焰模型的中心处，如图15-48所示。

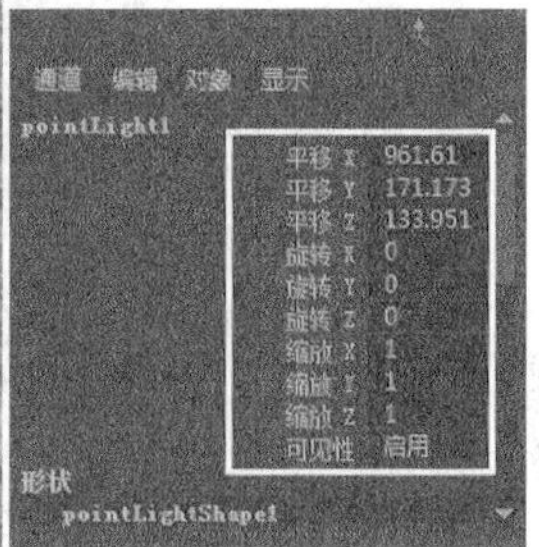


图15-48

**12** 打开点光源的“属性编辑器”面板，然后在“点光源属性”卷展栏下设置“颜色”为（R:255，G:113，B:30）、“强度”为15，如图15-49所示。

**13** 展开Arnold卷展栏，然后设置Exposure（曝光）为15、Samples（采样）为3、Radius（半径）为3，如图15-50所示。

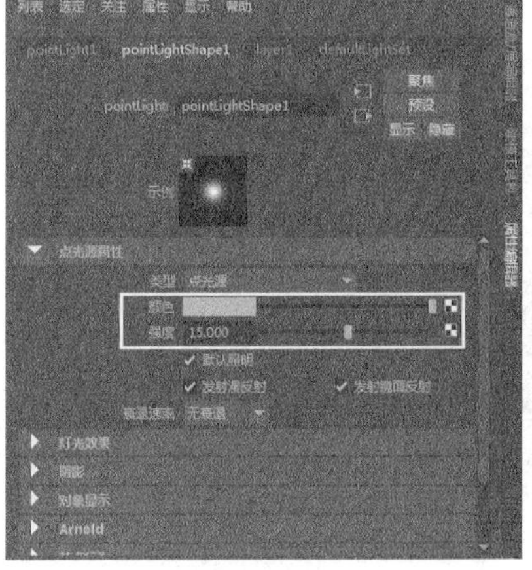


图15-49

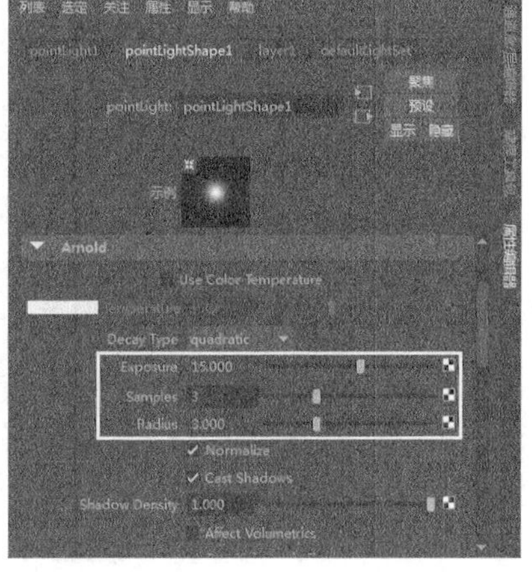


图15-50

**14** 新建一盏聚光灯，然后调整聚光灯的位置、方向和大小，如图15-51所示。

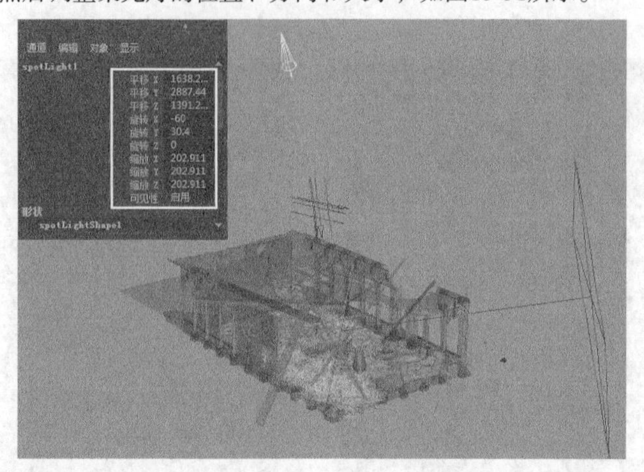


图15-51

**15** 打开聚光灯的“属性编辑器”面板，然后在“聚光灯属性”卷展栏下设置“颜色”为（R:211，G:255，B:255）、“强度”为5、“圆锥体角度”为20、“半影角度”为10，如图15-52所示。

**16** 展开Arnold卷展栏，然后设置Exposure（曝光）为11、Samples（采样）为3、Radius（半径）为10，如图15-53所示。

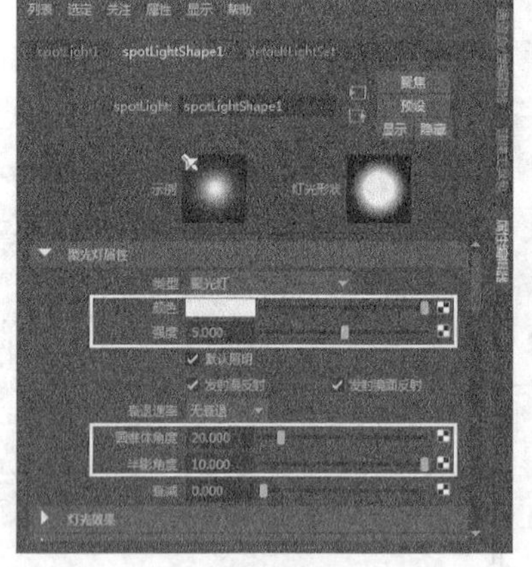


图15-52

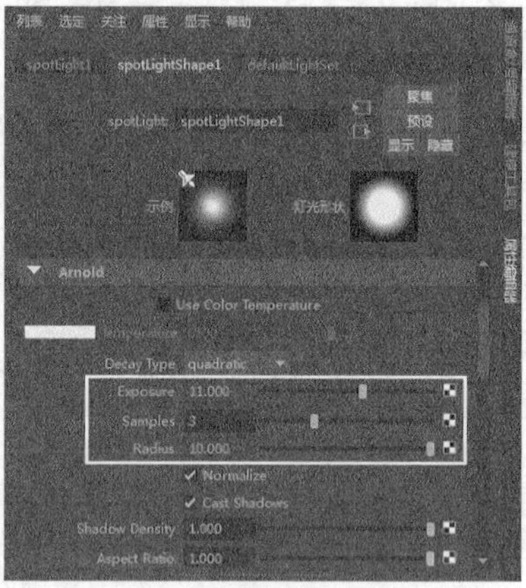

图15-53

**17** 打开“渲染视图”对话框，然后设置渲染器为Arnold Renderer（Arnold渲染器），接着以camera1视角渲染场景，效果如图15-54所示。

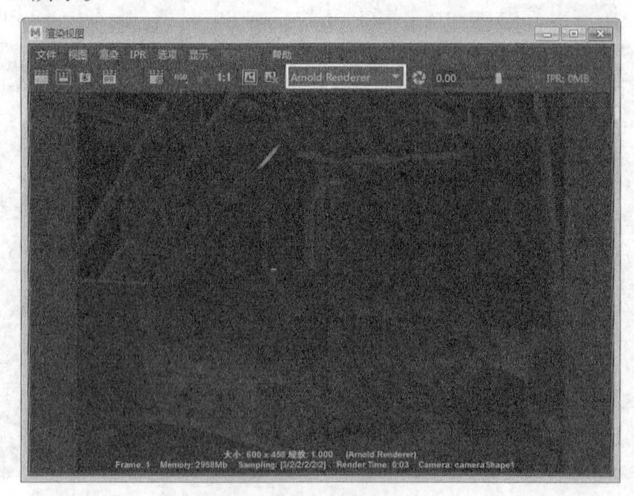


图15-54

## 15.2.2 材质制作

本例中的场景需要制作铁桶、墙面和火焰材质，使用aiStandard材质节点可以模拟这些材质效果。

### 1.铁桶材质

**01** 创建一个aiStandard材质节点，然后将其命名为barrel，接着为Color（颜色）属性连接一个“文件”节点，最后为“文件”节点指定“Scenes>CH15>15.2>AM165_097_rubble_09.jpg”文件，如图15-55所示。

**02** 展开Specular（高光）卷展栏，然后将上一步生成的“文件”节点连接到Color（颜色）属性上，接着设置Weight（权重）为0.102、Roughness（粗糙度）为0.408，如图15-56所示。

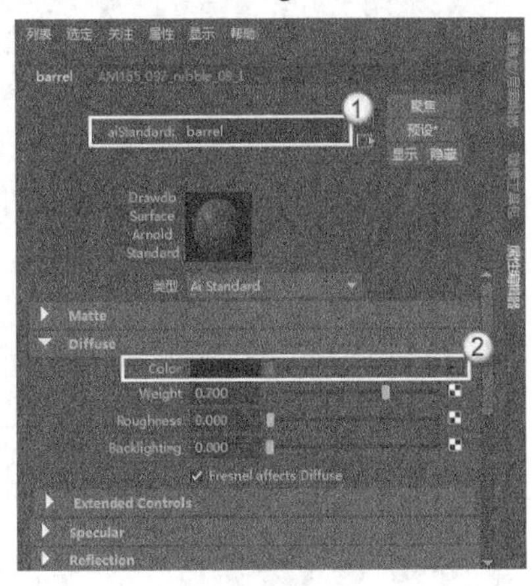


图15-55

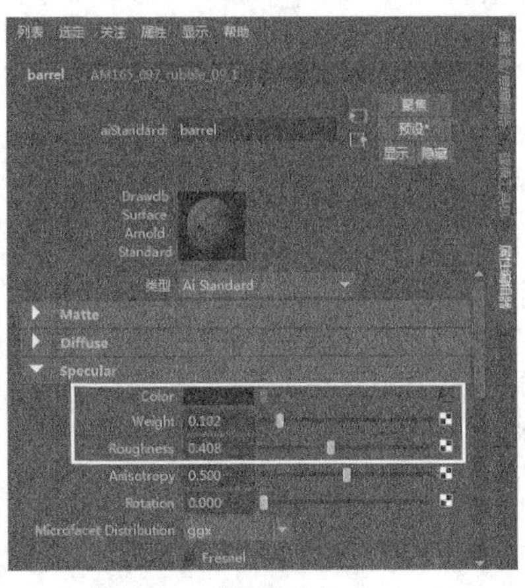


图15-56

**03** 制作完的barrel材质节点网络如图15-57所示。将制作好的barrel节点赋予桌面和椅面模型，如图15-58所示。

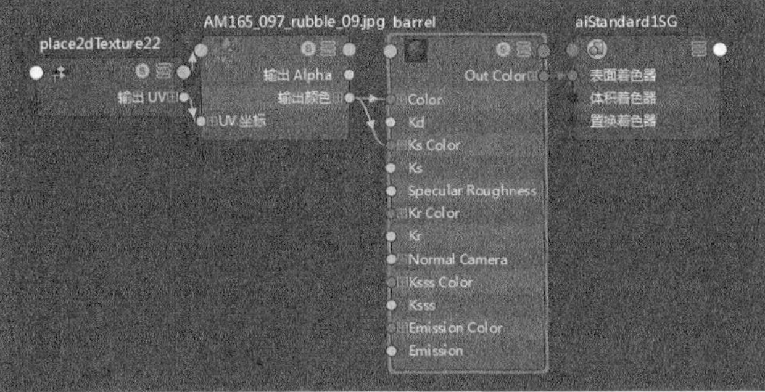


图15-57

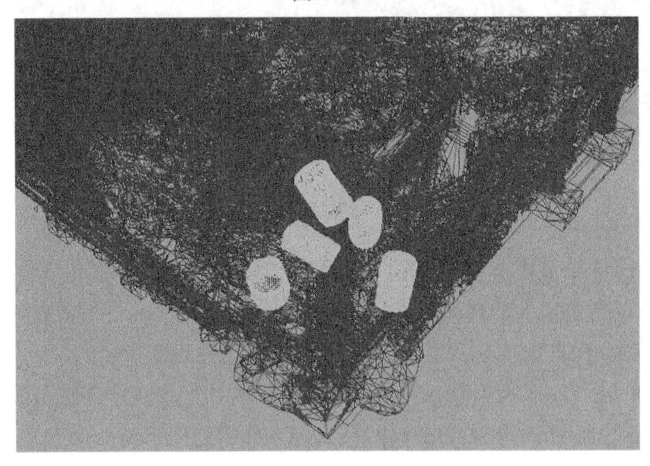

图15-58

## 2.墙面材质

**01** 创建一个aiStandard材质节点，然后将其命名为wall1，接着为Color（颜色）属性连接一个“文件”节点，最后为“文件”节点指定“Scenes>CH15>15.2>AM165_097_wall_rubble_color.jpg”文件，如图15-59所示。

**02** 展开Specular（高光）卷展栏，然后设置Color（颜色）为（R:13，G:13，B:13）、Weight（权重）为0.1、Roughness（粗糙度）为0.5，如图15-60所示。

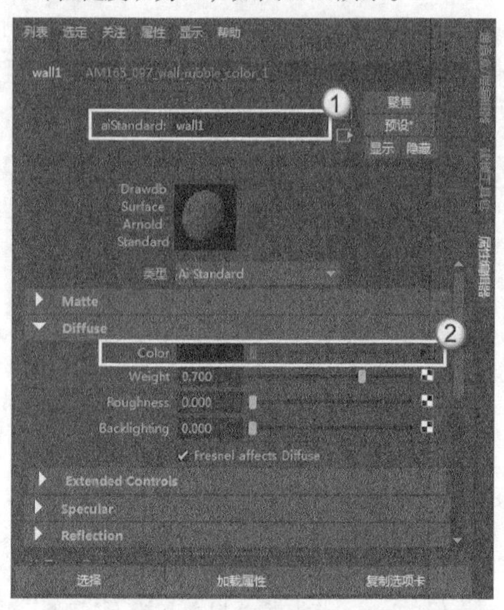


图15-59

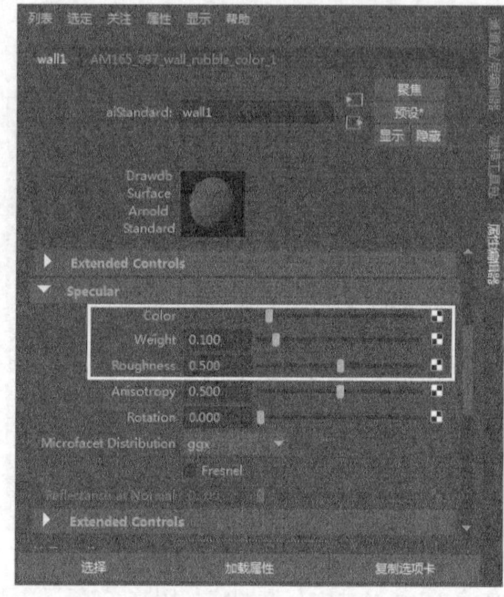


图15-60

**03** 制作完的wall1材质节点网络如图15-61所示。将制作好的wall1节点赋予地板模型，如图15-62所示。

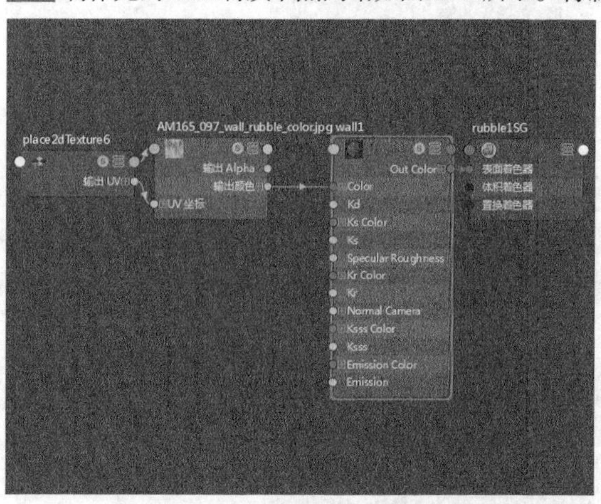


图15-61

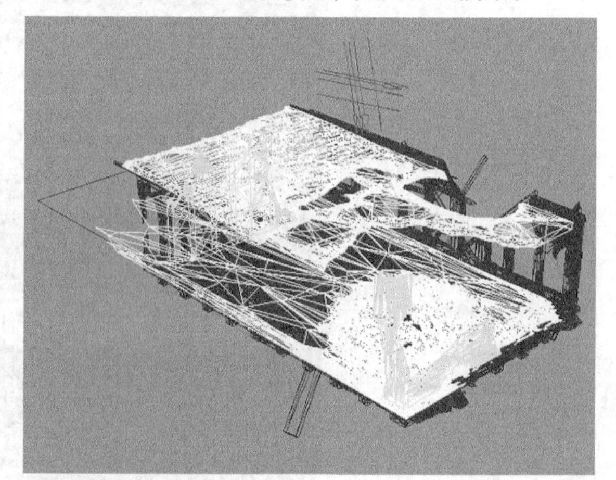

图15-62

## 3.火焰材质

**01** 创建一个aiStandard材质节点，将其命名为fire3，然后为Color（颜色）属性连接一个“文件”节点，接着为“文件”节点指定“Scenes>CH15>15.2>fire1.png”文件，最后设置Weight（权重）为0.887、Roughness（粗糙度）为0、Backlighting（背面照明）为1，如图15-63所示。

**02** 展开Refraction（折射）卷展栏，然后为Opacity（不透明度）属性连接一个“文件”节点，接着为“文件”节点指定“Scenes>CH15>fire1_alpha.jpg”文件，如图15-64所示。

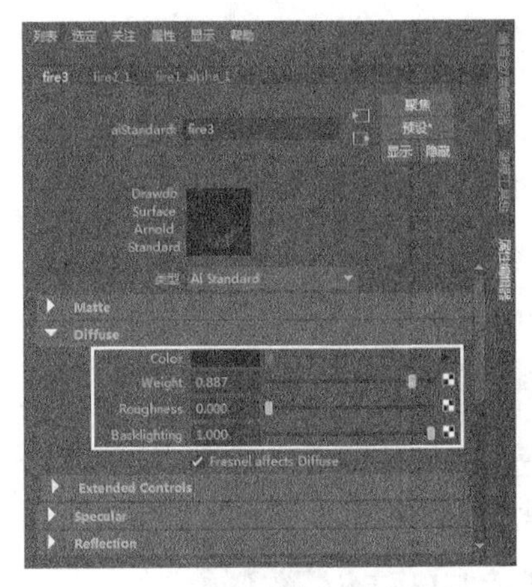

图15-63

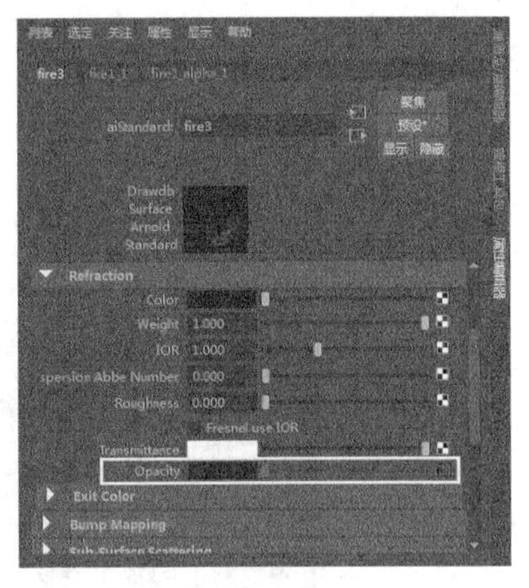

图15-64

**03** 制作完的fire3材质节点网络如图15-65所示。将制作好的fire3节点赋予火焰模型，如图15-66所示。

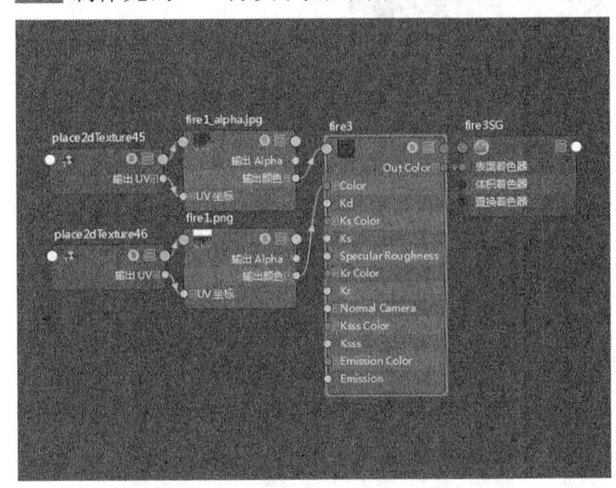


图15-65

图15-66

**04** 打开火焰模型的“属性编辑器”面板，然后切换到pCylinderShape选项卡，接着展开Arnold卷展栏，最后选择Opaque（不透明）选项，如图15-67所示。

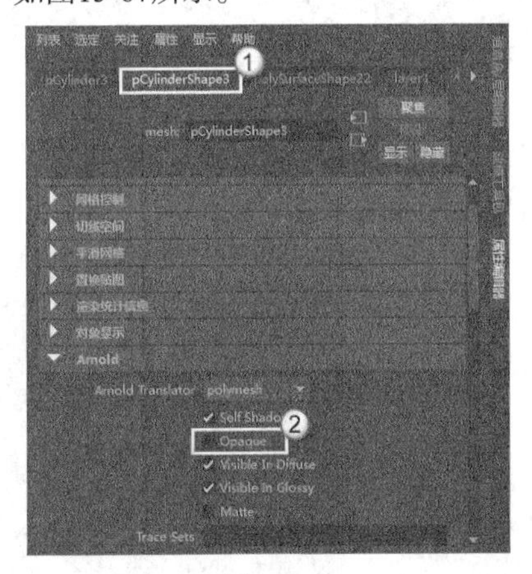


图15-67

## 提示

对另外3个火焰模型执行相同的操作，否则火焰模型将不会产生透明效果。

## 15.2.3 添加大气雾效

01 打开"渲染设置"对话框，然后切换到Arnold Renderer（Arnold渲染器）选项卡，接着展开Environment（环境）卷展栏，再单击Atmosphere（大气）属性后面的▣按钮，最后在打开的菜单中选择aiVolumeScattering命令，如图15-68所示。

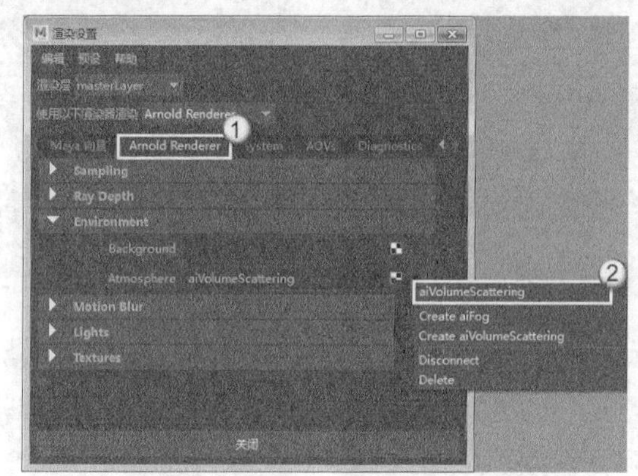


图15-68

02 打开Hypershade对话框，然后选择aiVolumeScattering节点，如图15-69所示，接着在"属性编辑器"面板中设置Color（颜色）为（R:211，G:255，B:255）、Samples（采样）为5，如图15-70所示。

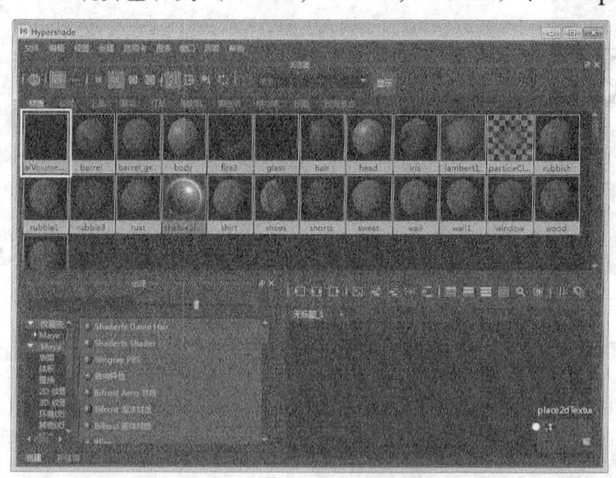

图15-69

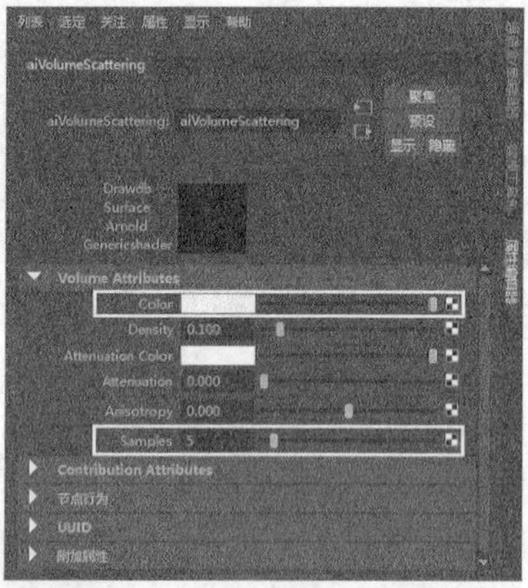

图15-70

03 对除聚光灯以外的所有灯光取消选择Affect Volumetrics（影响体积）选项，如图15-71所示。

04 打开"渲染视图"对话框，然后以camera1视角渲染场景，效果如图15-72所示。

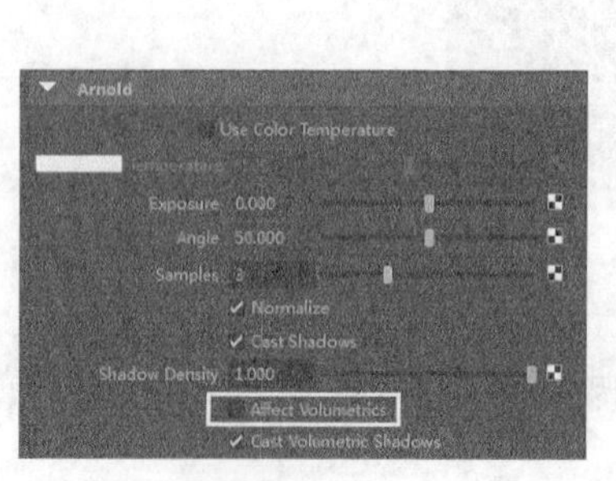


图15-71

图15-72

## 15.2.4 渲染设置

**01** 打开“渲染设置”对话框，然后切换到Arnold Renderer（Arnold渲染器）选项卡，接着展开Sampling（采样）卷展栏，设置Camera[AA]（摄影机[AA]）为6、Diffuse（漫反射）为4、Volume-Indirect（体积间接照明）为4，再展开Clamping（限制）卷展栏，选择Clamp Sample Values（限制采样值）选项，最后设置Max Value（最大值）为1，如图15-73所示。

**02** 展开Ray Depth（光线深度）卷展栏，然后设置Transparency Depth（透明深度）为4，如图15-74所示。

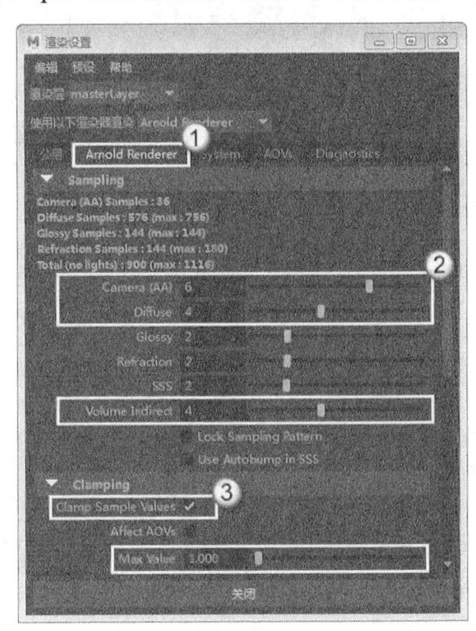


图15-73

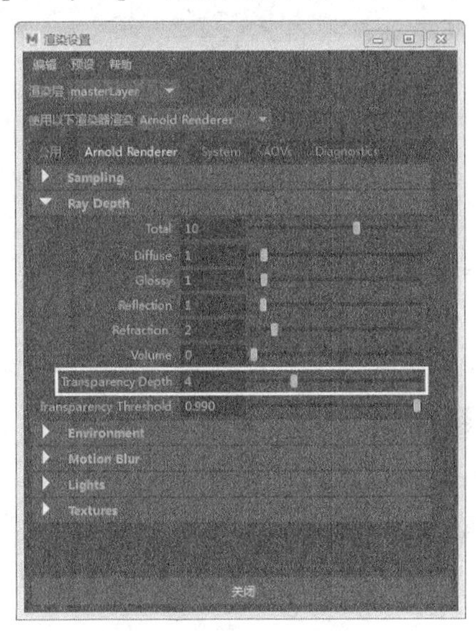


图15-74

**03** 打开“渲染视图”对话框，然后执行“渲染>渲染>camera1”命令渲染当前场景，效果如图15-75所示。

图15-75

# 15.3 精通Arnold渲染器——汽车渲染

| | |
|---|---|
| 场景文件 | Scenes>CH15>15.3.mb |
| 实例文件 | Examples>CH15>15.3.mb |
| 技术掌握 | 掌握桥梁材质、汽车材质、运动模糊和景深效果的制作方法 |

本例是一个大型的汽车场景，包含桥梁和汽车材质，而且设置了运动模糊和景深效果，如图15-76所示。

图15-76

## 15.3.1 布置灯光

**01** 打开学习资源中的“Scenes>CH15>15.3.mb”文件，本场景由高架桥和汽车组成，如图15-77所示。

图15-77

**提示**

由于本场景中的内容比较多，所以运行速度较慢。在“层编辑器”中有两个层，下面需要制作的是桥材质，用户可以将car_layer层隐藏，这样可以节省一些内存资源，如图15-78所示。

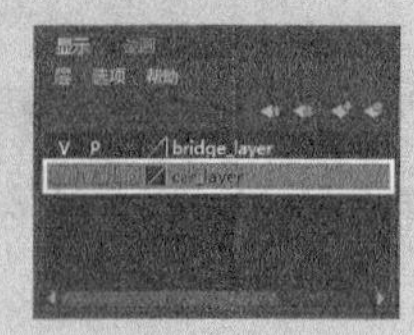


图15-78

**02** 执行“Arnold>Lights（灯光）>SkyDome Light（天光）”菜单命令，然后打开“属性编辑器”面板，接着设置Intensity（强度）为2.2、Samples（采样）为3，如图15-79所示。

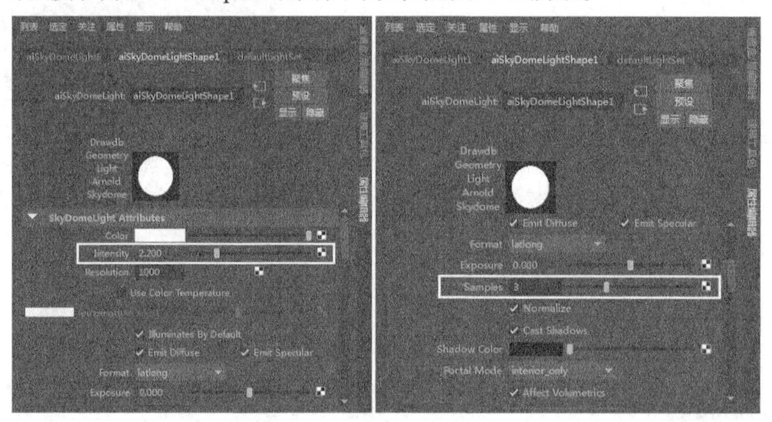

图15-79

**03** 执行“创建>灯光>平行光”菜单命令，然后调整灯光的位置、大小和方向，如图15-80所示。

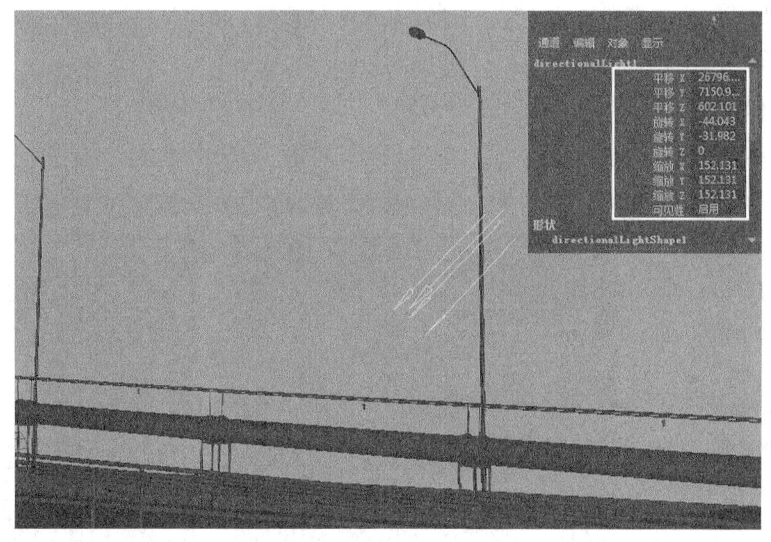

图15-80

**04** 打开平行光的“属性编辑器”面板，然后设置“颜色”为（R:255，G:255，B:218）、“强度”为6，如图15-81所示。

**05** 展开Arnold卷展栏，然后设置Angle（角度）为10、Samples（采样）为3，如图15-82所示。

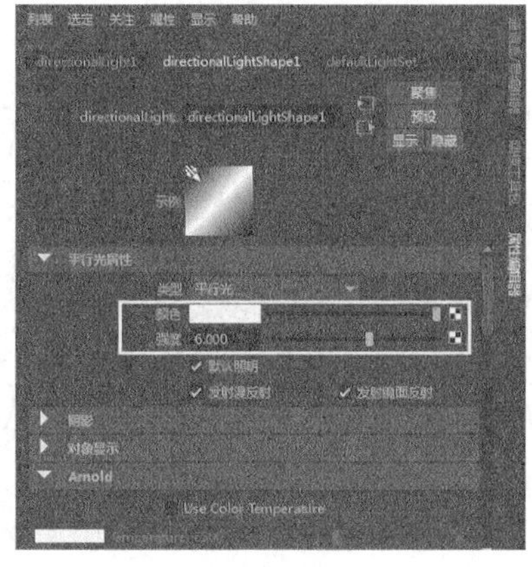

图15-81

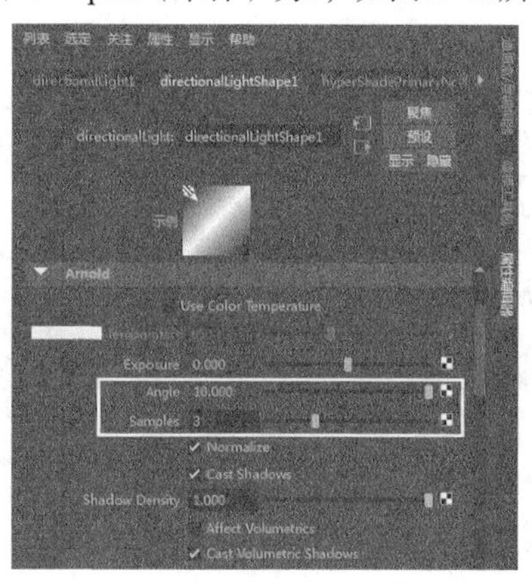

图15-82

**06** 打开“渲染视图”对话框，设置渲染器为Arnold Renderer（Arnold渲染器），然后以camera1视角渲染场景，效果如图15-83所示。

图15-83

## 15.3.2 材质制作

本例主要由汽车、桥和背景构成，其中汽车是整个画面的主要展示对象，因此要着重表现。整个场景需要制作大量的材质，汽车模型包括车身、车窗、轮胎和轮毂等，桥模型包括地面、桥墩、公路和路标材质等，而背景主要由贴图表现。

### 1.设置桥材质

#### <1>护栏材质

**01** 创建一个aiStandard材质节点，然后将其命名为rail1，接着为Color（颜色）属性连接一个“文件”节点，最后为“文件”节点指定“Scenes>CH15>15.3>color_street_05.jpg”文件，如图15-84所示。

**02** 展开Specular（高光）卷展栏，然后设置Color（颜色）为（R:137，G:137，B:137）、Weight（权重）为0.265、Roughness（粗糙度）为0.573，如图15-85所示。

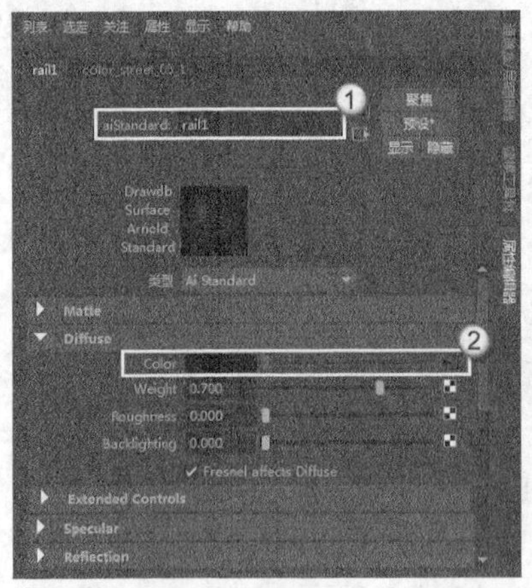


图15-84

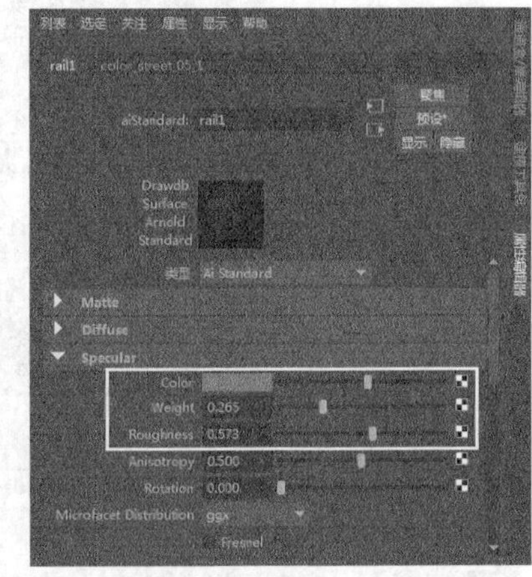


图15-85

**03** 制作完的rail1材质节点网络如图15-86所示。将制作好的rail1节点赋予护栏模型，如图15-87所示。

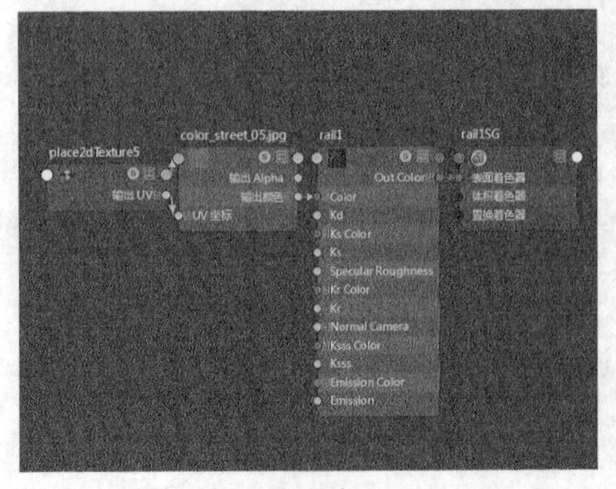


图15-86

图15-87

### <2>公路材质

**01** 创建一个aiStandard材质节点，然后将其命名为road1，接着为Color（颜色）属性连接一个“文件”节点，最后为“文件”节点指定“Scenes>CH15>15.3>color_street_04.jpg”文件，如图15-88所示。

**02** 展开Specular（高光）卷展栏，然后设置Color（颜色）为（R:137，G:137，B:137）、Weight（权重）为0.265、Roughness（粗糙度）为0.573，如图15-89所示。

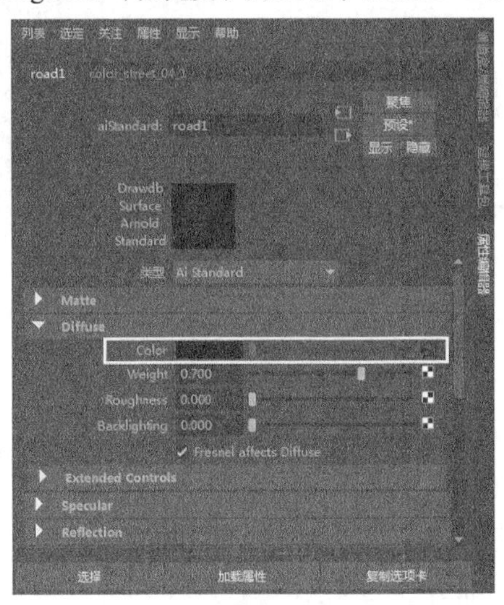


图15-88

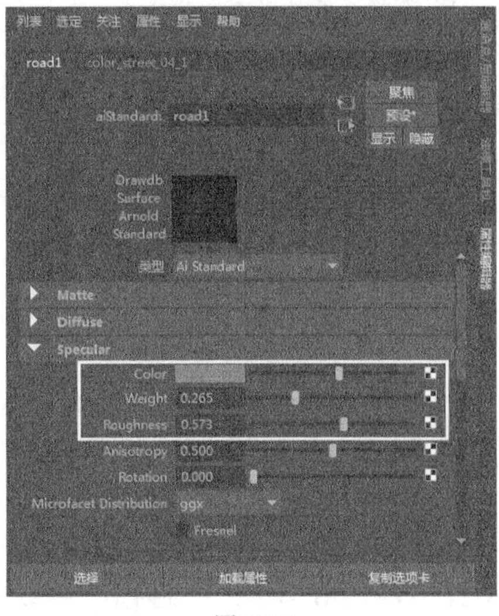


图15-89

**03** 制作完的road1材质节点网络如图15-90所示。将制作好的road1节点赋予公路模型，如图15-91所示。

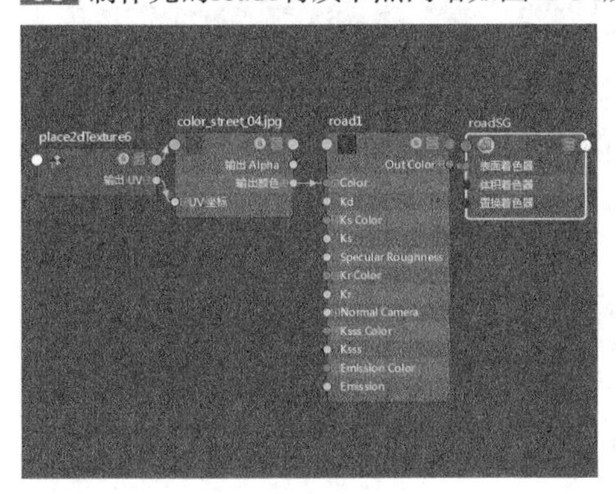


图15-90

图15-91

### <3>钢索材质

**01** 创建一个aiStandard材质节点，然后将其命名为cable1，接着为Color（颜色）属性连接一个“文件”节点，最后为“文件”节点指定“Scenes>CH15>15.3>color_street_04.jpg”文件，最后设置Weight（权重）为0.5，如图15-92所示。

**02** 展开Specular（高光）卷展栏，然后设置Color（颜色）为白色、Weight（权重）为0.1、Roughness（粗糙度）为0.5，如图15-93所示。

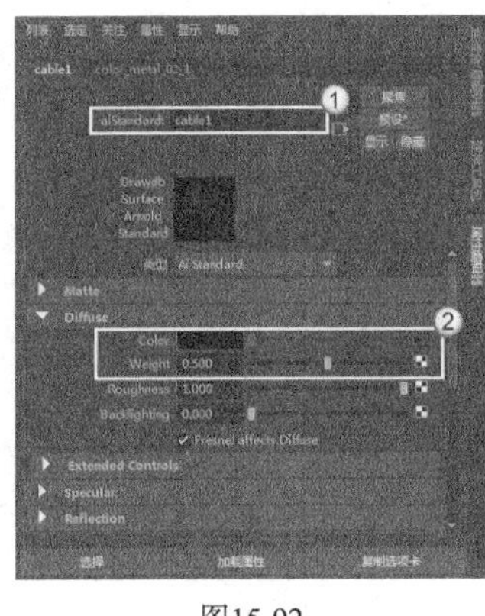

图15-92

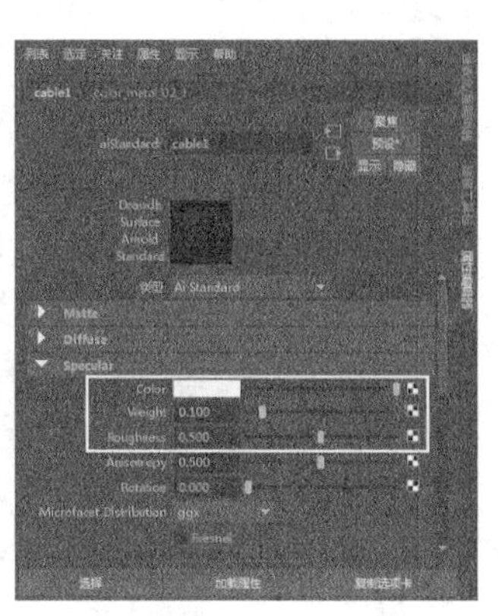

图15-93

03 制作完的cable1材质节点网络如图15-94所示。将制作好的cable1节点赋予钢索模型，如图15-95所示。

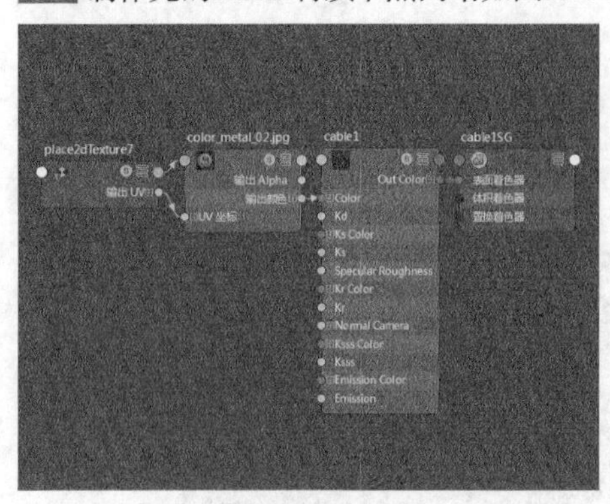


图15-94

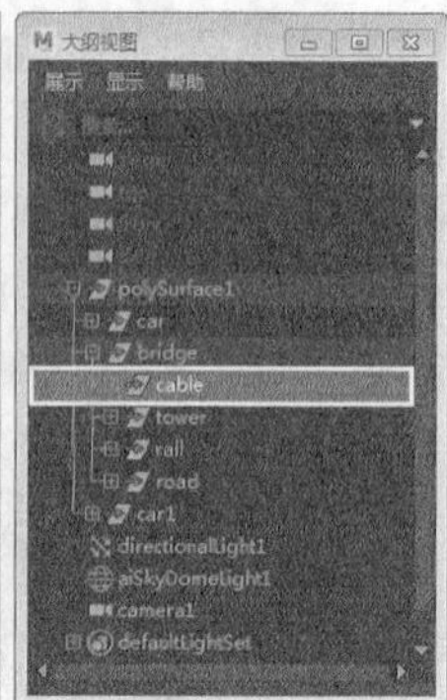


图15-95

**<4>桥墩材质**

01 创建一个Blinn材质节点，然后将其命名为tower1，接着为“颜色”属性连接一个“文件”节点，最后为“文件”节点指定“Scenes>CH15>15.3>color_metal_01.jpg”文件，如图15-96所示。

02 展开“文件”节点的“颜色平衡”卷展栏，然后设置“默认颜色”为（R:54，G:54，B:54），如图15-97所示。

03 展开“镜面反射着色”卷展栏，然后设置“偏心率”为0.2、“镜面反射衰减”为0.387、“镜面反射颜色”为（R:87，G:87，B:87）、“反射率”为0.077，如图15-98所示。

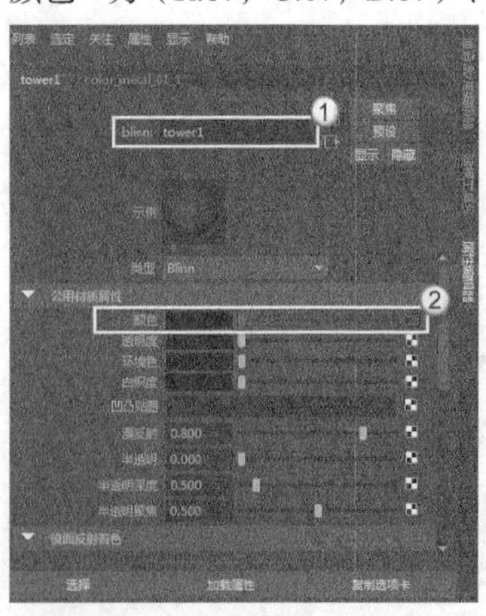

图15-96

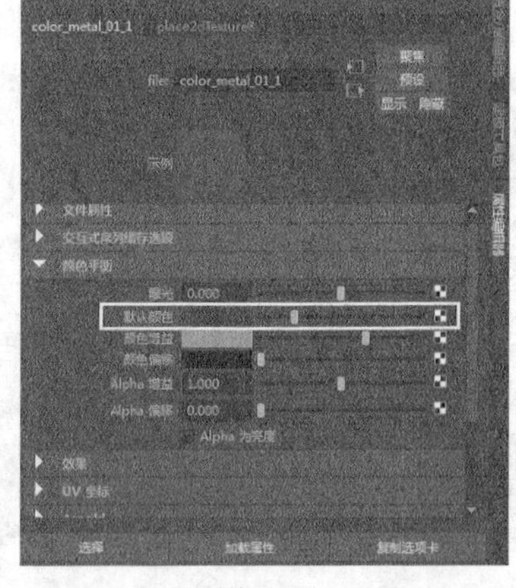

图15-97

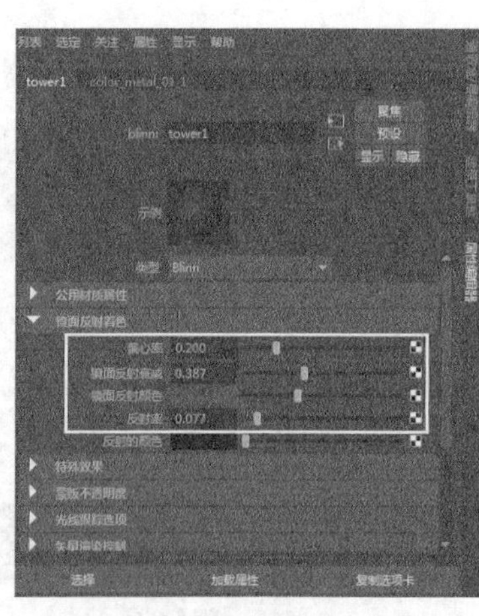

图15-98

04 制作完的tower1材质节点网络如图15-99所示。将制作好的tower1节点赋予桥墩模型，如图15-100所示。

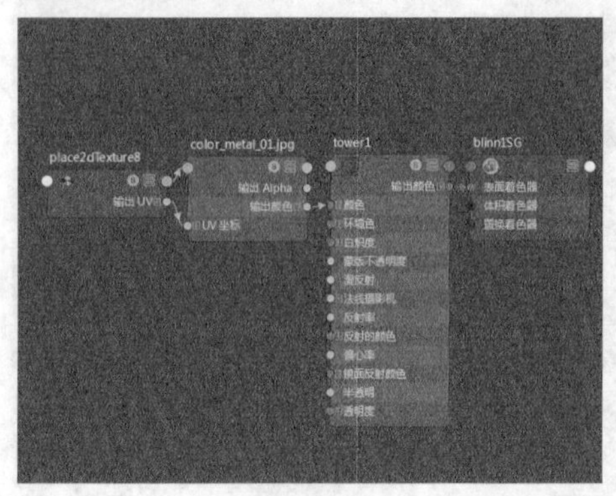


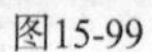

图15-99

图15-100

## 2.设置汽车材质

### <1>车身材质

**01** 创建一个aiStandard材质节点，然后将其命名为carpaint，接着设置Color（颜色）为（R:137，G:0，B:0），如图15-101所示。

**02** 展开Specular（高光）卷展栏，然后设置Color（颜色）为白色、Weight（权重）为1、Roughness（粗糙度）为0，接着选择Fresnel（菲涅尔）选项，最后设置Reflectance at Normal（垂直反射）为0.02，如图15-102所示。

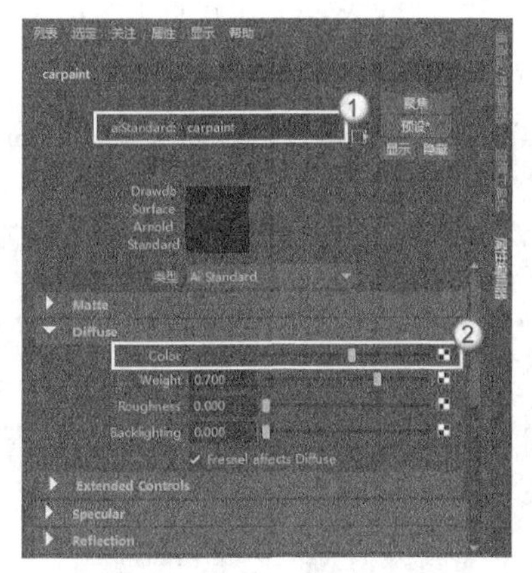


图15-101

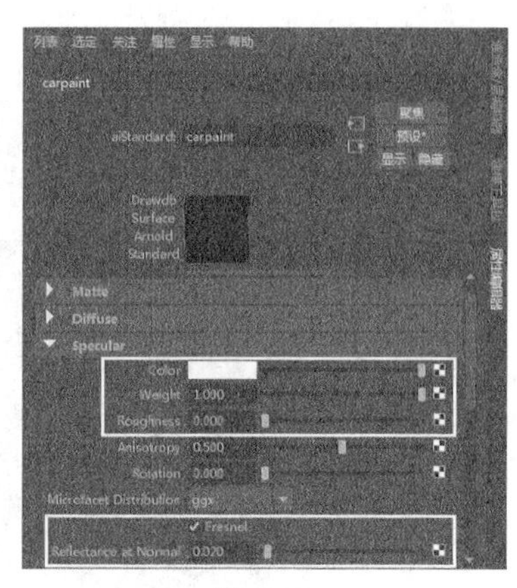


图15-102

**03** 展开Sub-Surface Scattering（次表面散射）卷展栏，然后设置Color（颜色）为（R:255，G:220，B:220）、Weight（权重）为0.163、Radius（半径）为白色、Diffusion Profile（扩散分布）为cubic，如图15-103所示。

**04** 将制作好的carpaint节点赋予车身模型，如图15-104所示。

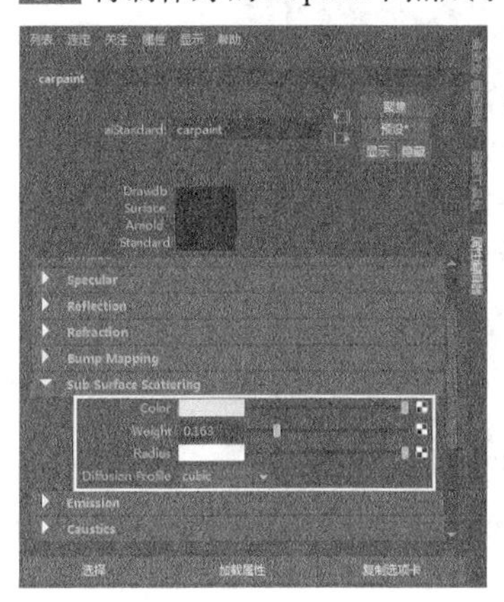


图15-103

图15-104

### <2>车窗材质

**01** 创建一个aiStandard材质节点，然后将节点名称设置为Glass，接着设置Weight（权重）为0，如图15-105所示。

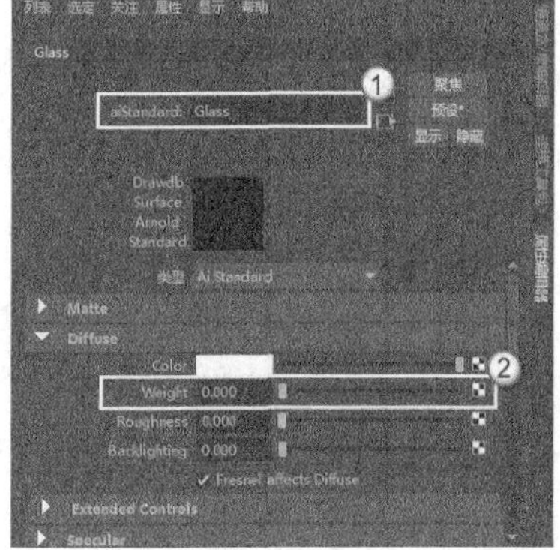


图15-105

**02** 展开Specular（高光）卷展栏，然后设置Weight（权重）为1、Roughness（粗糙度）为0，接着选择Fresnel（菲涅尔）选项，如图15-106所示。

**03** 展开Refraction（折射）卷展栏，然后设置Weight（权重）为1、IOR（折射率）为1.5、Transmittance（透射）为（R:198，G:215，B:212），如图15-107所示。

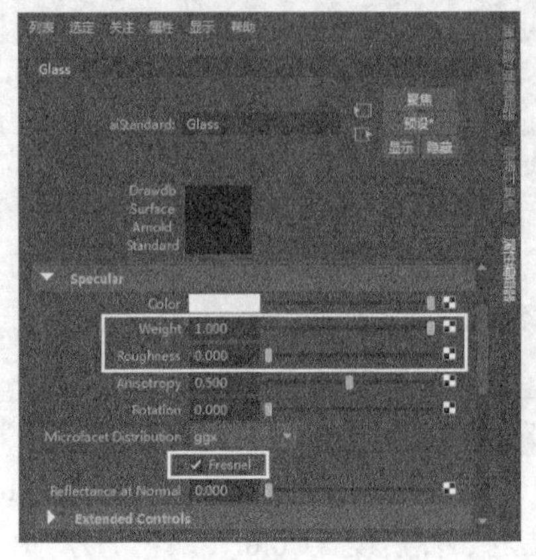


图15-106

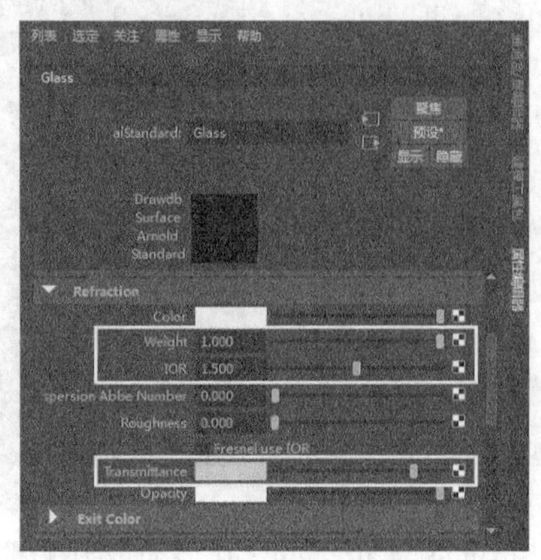


图15-107

**04** 将制作好的Glass节点赋予车窗模型，如图15-108所示。

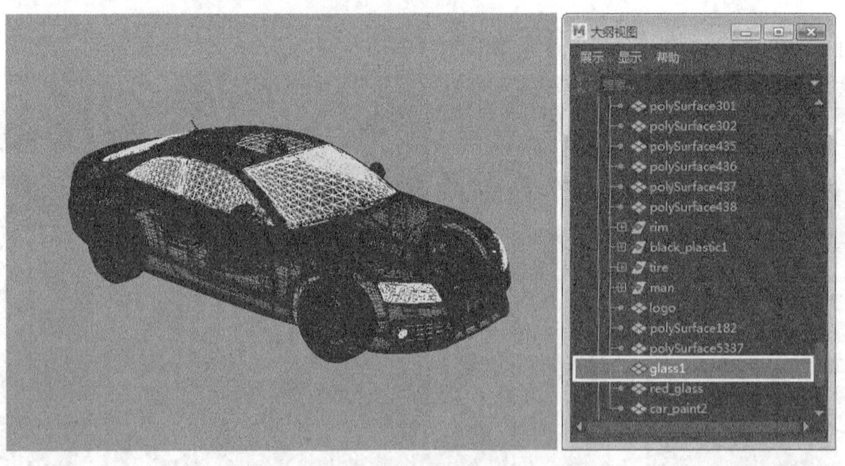


图15-108

### <3>轮胎材质

**01** 创建一个aiStandard材质节点，然后将节点名称设置为rubber，接着设置Color（颜色）为黑色，如图15-109所示。

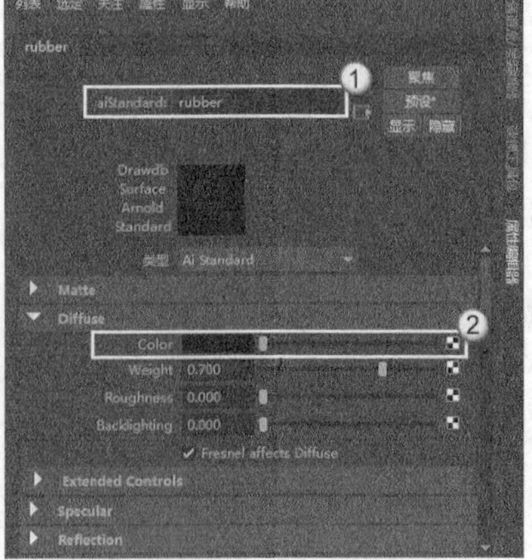


图15-109

02 展开Specular（高光）卷展栏，然后设置Color（颜色）为（R:137，G:137，B:137）、Weight（权重）为0.265、Roughness（粗糙度）为0.573，如图15-110所示。

03 将制作好的rubber节点赋予给轮胎模型，如图15-111所示。

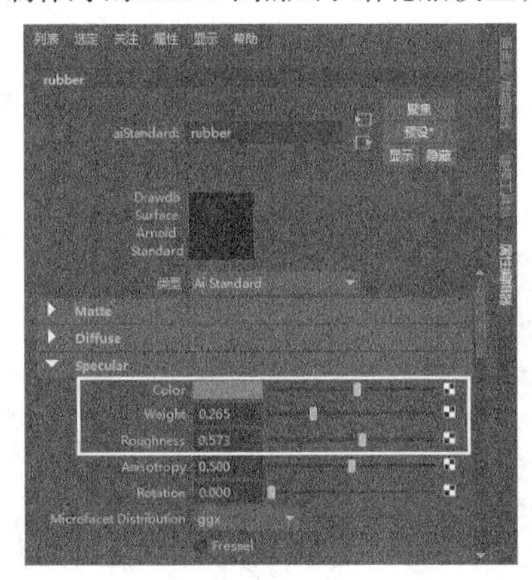

图15-110

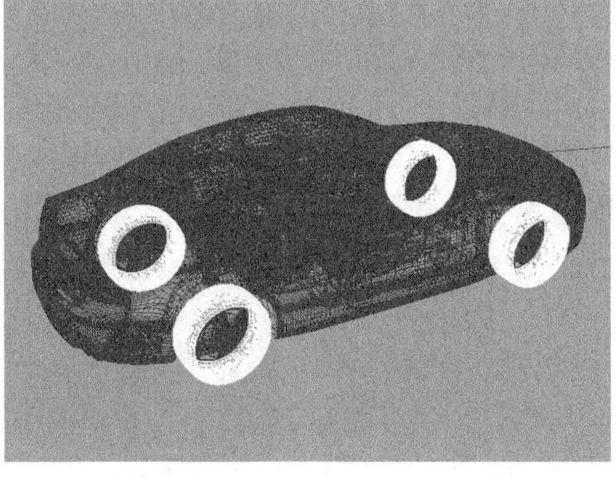

图15-111

### <4>轮毂材质

01 创建一个aiStandard材质节点，然后将节点名称设置为wheel_rim，接着设置Color（颜色）为（R:171，G:171，B:171）、Weight（权重）为0.2，如图15-112所示。

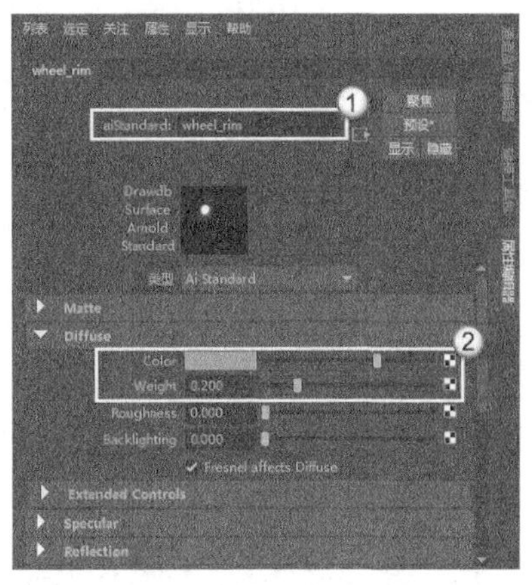

图15-112

02 展开Specular（高光）卷展栏，然后设置Color（颜色）为白色、Weight（权重）为0.8、Roughness（粗糙度）为0.309，如图15-113所示，接着将制作好的wheel_rim节点赋予轮毂模型，如图15-114所示。

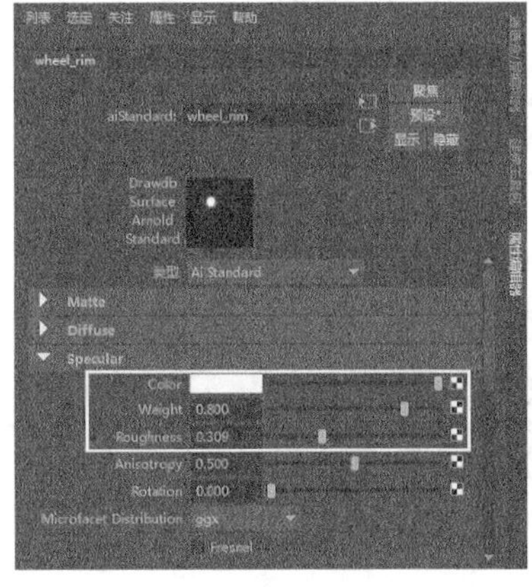

图15-113

图15-114

## <5>光泽金属材质

**01** 创建一个aiStandard材质节点，然后将节点名称设置为chrome，接着设置Weight（权重）为0，如图15-115所示。

**02** 展开Specular（高光）卷展栏，然后设置Color（颜色）为（R:247，G:247，B:247）、Weight（权重）为1、Roughness（粗糙度）为0，接着选择Fresnel（菲涅尔）选项，最后设置Reflectance at Normal（垂直反射）为0.732，如图15-116所示。

**03** 将制作好的chrome节点赋予大灯内壁和车标等模型，如图15-117所示。

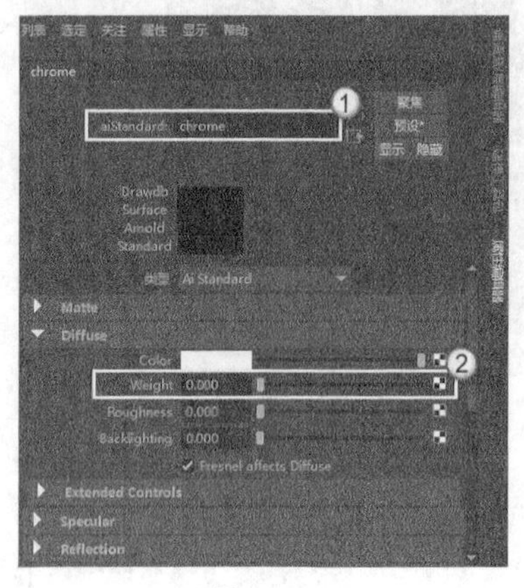

图15-115

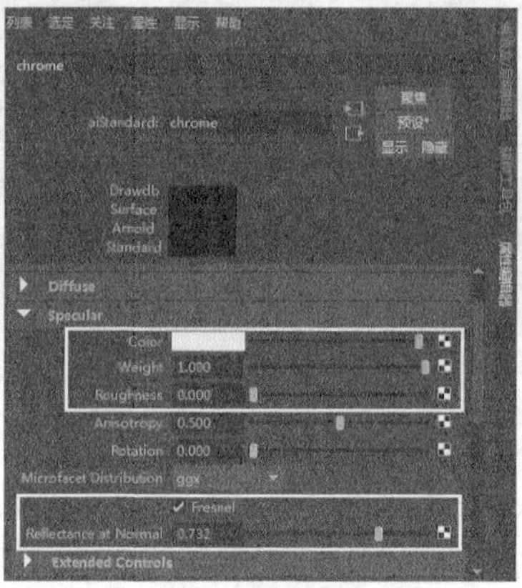

图15-116

图15-117

## <6>塑料材质

**01** 创建一个aiStandard材质节点，然后将节点名称设置为black_plastic，接着设置Color（颜色）为黑色，如图15-118所示。

**02** 展开Specular（高光）卷展栏，然后设置Color（颜色）为（R:137, G:137, B:137）、Weight（权重）为0.265、Roughness（粗糙度）为0.573，如图15-119所示。

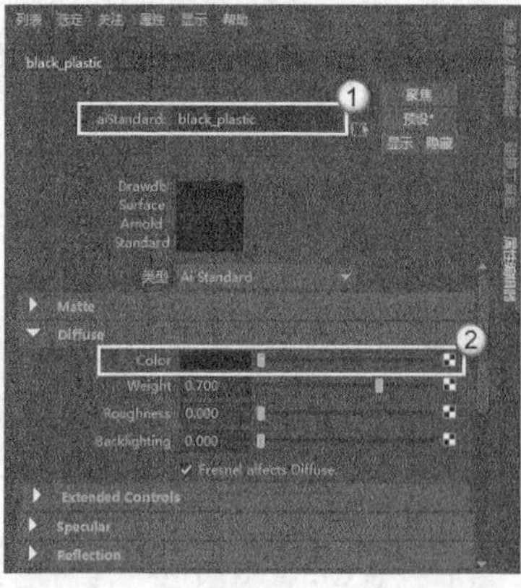

图15-118

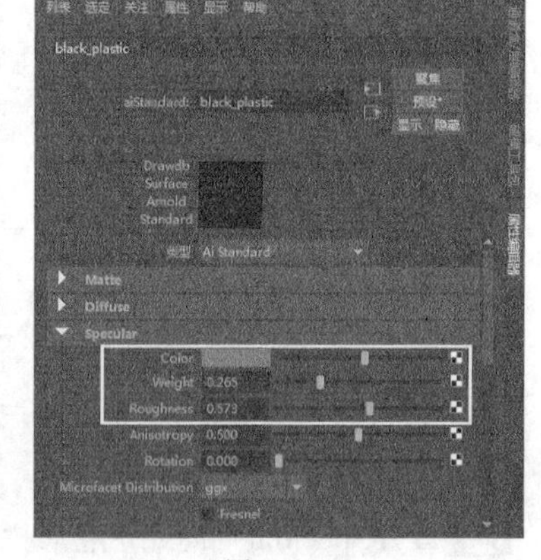

图15-119

**03** 将制作好的black_plastic节点赋予给车身内饰和车底等模型，如图15-120所示。

图15-120

## 15.3.3 添加景深

**01** 选择camera1，然后在“属性编辑器”面板中展开Arnold卷展栏，接着选择Enable DOF（启用景深）选项，最后设置Focus Distance（焦距）为740、Aperture Size（光圈大小）为4，如图15-121所示。

**02** 打开“渲染视图”对话框，以camera1视角渲染场景，效果如图15-122所示。

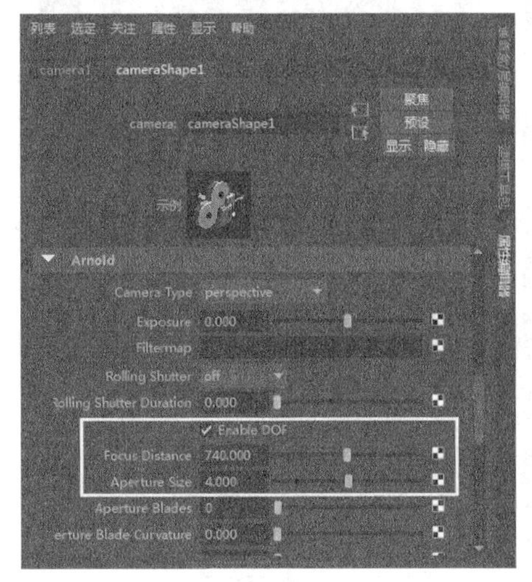

图15-121

图15-122

## 15.3.4 添加运动模糊

**01** 打开“渲染设置”对话框，然后切换到Arnold Renderer（Arnold渲染器）选项卡，接着展开Motion Blur（运动模糊）卷展栏，再选择Enable（开启）选项，最后设置Keys（帧数量）为3、Length（长度）为2，如图15-123所示。

**02** 打开“渲染视图”对话框，以camera1视角渲染场景，效果如图15-124所示。

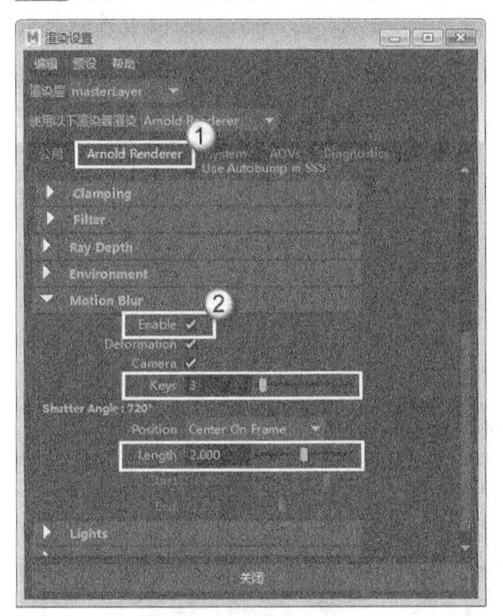

图15-123

图15-124

## 15.3.5 渲染设置

01 打开“渲染设置”对话框，然后切换到Arnold Renderer（Arnold渲染器）选项卡，接着展开Sampling（采样）卷展栏，设置Camera[AA]（摄影机[AA]）为16，再展开Clamping（限制）卷展栏，选择Clamp Sample Values（限制采样值）选项，最后设置Max Value（最大值）为2，如图15-125所示。

02 展开Ray Depth（光线深度）卷展栏，然后设置Refraction（折射）为4，如图15-126所示。

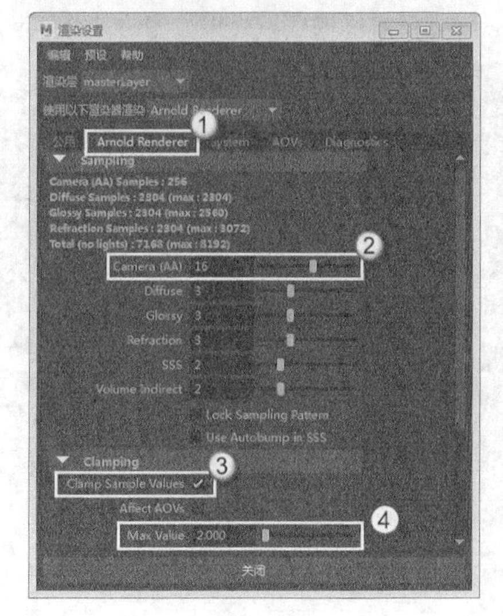


图15-125

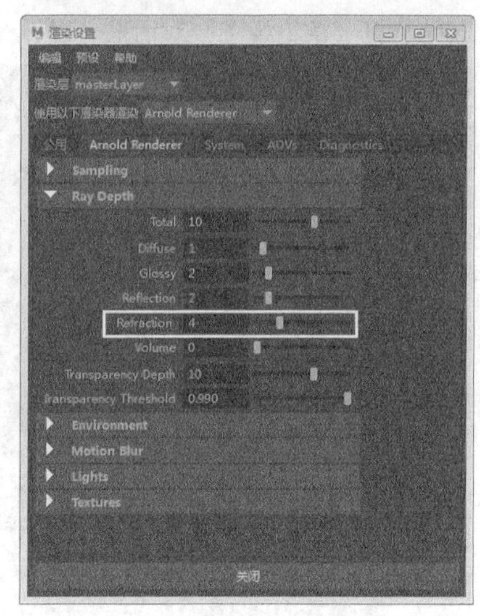


图15-126

03 打开“渲染视图”对话框，以camera1视角渲染场景，效果如图15-127所示。添加背景后的效果如图15-128所示。

图15-127

图15-128

**提示**

由于本场景比较大，所以花费的渲染时间也较多。在渲染过程中，最好关闭没有用的应用程序，只保留渲染程序，同时不要进行其他的操作，以免渲染出错。

# 15.4 精通VRay渲染器——室内渲染

| 场景文件 | Scenes>CH15>15.4.mb |
| --- | --- |
| 实例文件 | Examples>CH15>15.4.mb |
| 技术掌握 | 掌握皮肤、布料和皮革材质的制作方法 |

本例是由一个人物和室内场景构成，人物包含皮肤、布料和皮革材质，如图15-129所示。

图15-129

## 15.4.1 布置灯光

**01** 打开学习资源中的“Scenes>CH15>15.4.mb”文件，场景中有一个室内模型，如图15-130所示。

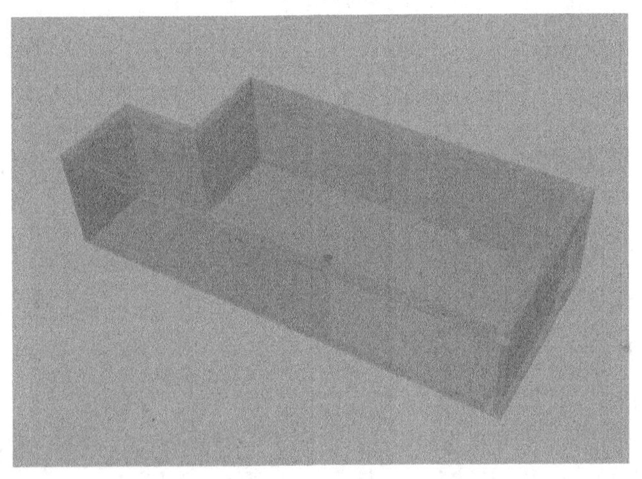

图15-130

**02** 执行“创建>灯光>V-Ray Rect Light”菜单命令创建一盏灯光，然后调整灯光的位置、大小和方向，如图15-131所示。

**03** 打开VRayLightRect1节点的属性编辑器，设置Light color（灯光颜色）为（R:255，G:255，B:227）、Intensity multiplier（强度倍增）为8，如图15-132所示。

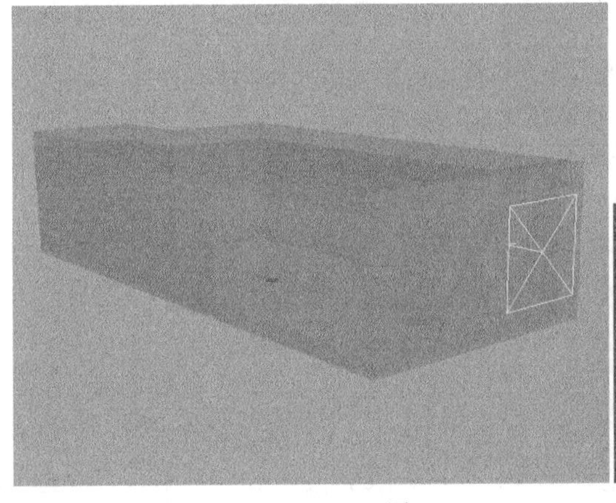

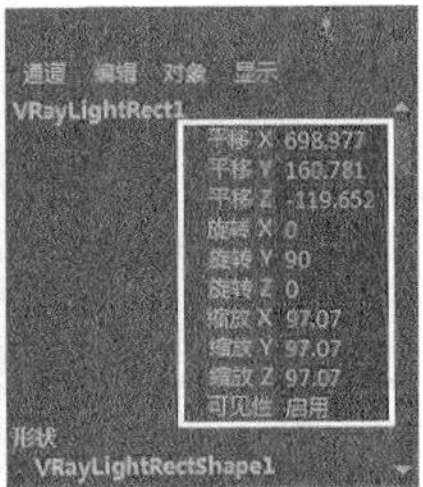

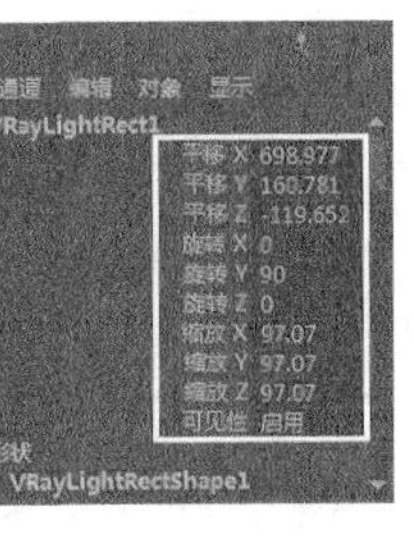


图15-131

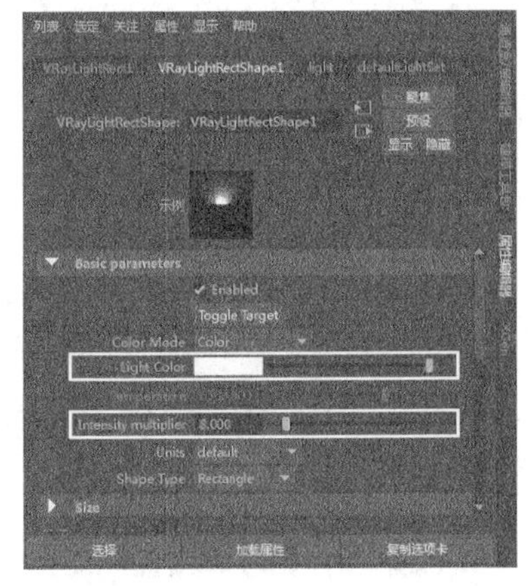


图15-132

**04** 执行“创建>灯光>V-Ray Rect Light”菜单命令创建一盏灯光，然后调整灯光的位置、大小和方向，如图15-133所示。

**05** 打开VRayLightRect2节点的属性编辑器，设置Light color（灯光颜色）为（R:214，G:255，B:255）、Intensity multiplier（强度倍增）为1，如图15-134所示。

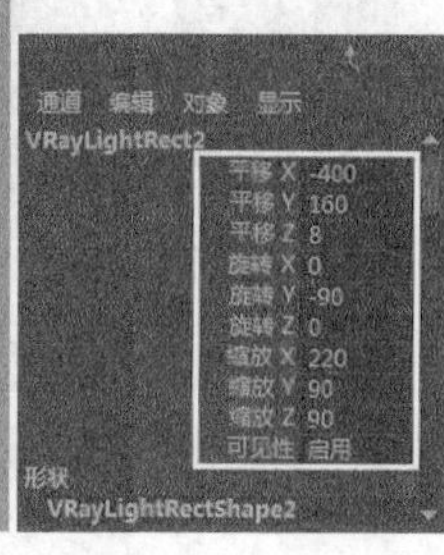


图15-133

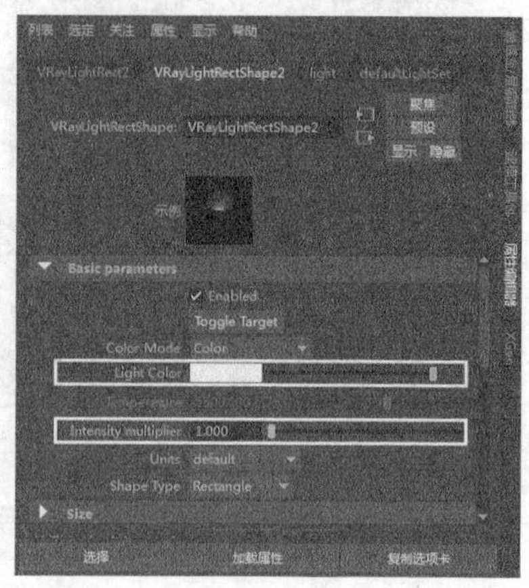


图15-134

**06** 打开“渲染设置”对话框，然后设置渲染器为V-Ray，接着切换到GI（全局照明）选项卡，并选择On（启用）选项，如图15-135所示。

**07** 打开“渲染视图”对话框，然后以camera1视角渲染场景，效果如图15-136所示。

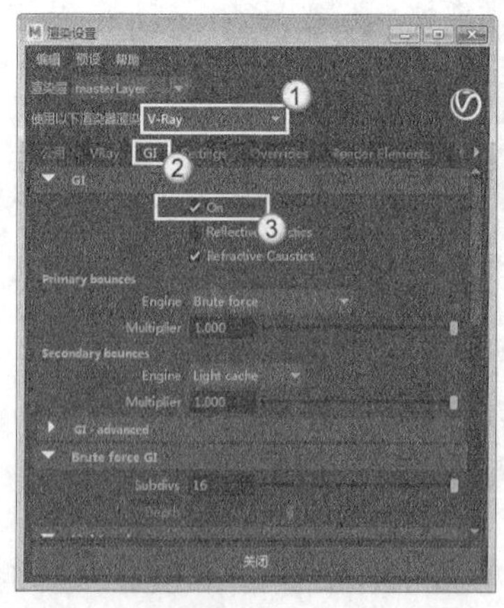


图15-135

图15-136

## 15.4.2 制作人物材质

人物的材质主要分为5部分，分别是头部、T恤、手臂、裤子和鞋子。由于人物距离摄影机较远，不需要展现材质的细节，所以使用VRay Mtl材质节点来制作，这样可以缩短渲染时间。

### 1.头部材质

**01** 打开Hypershade对话框，然后新建一个VRay Mtl材质节点，接着在属性编辑器中将节点名称设置为head1，再为Diffuse Color（漫反射颜色）属性连接一个“文件”节点，最后为“文件”节点指定“Scenes>CH15>15.4>Head_Col.jpg”文件，如图15-137所示。

**02** 选择head1节点，然后展开Reflection（反射）卷展栏，为Reflection Color（反射颜色）属性连接一个带有“Scenes>CH15>15.4>Head_Spec.jpg”文件的“文件”节点，接着为Amount（数量）属性连接一个带有“Scenes>CH15>15.4>Head_Spec_Noise.jpg”文件的“文件”节点，最后为Reflection Glossiness（反射光泽度）属性连接一个带有“Scenes>CH15>15.4>Head_Gloss.jpg”文件的“文件”节点，如图15-138所示。

**03** 展开Bump and Normal mapping（凹凸和法线贴图）卷展栏，然后为Map（贴图）属性连接一个“文件”节点，接着为“文件”节点指定“Scenes>CH15>15.4>Head_Bmp.jpg”文件，再选择head1节点，最后设置Bump Mult（凹凸倍增）为3，如图15-139所示。

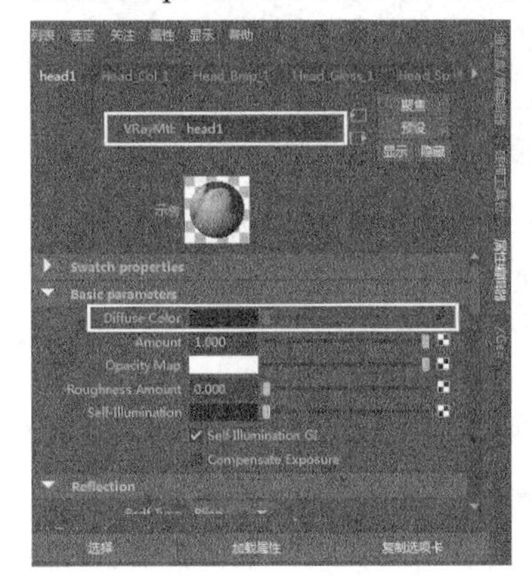

图15-137

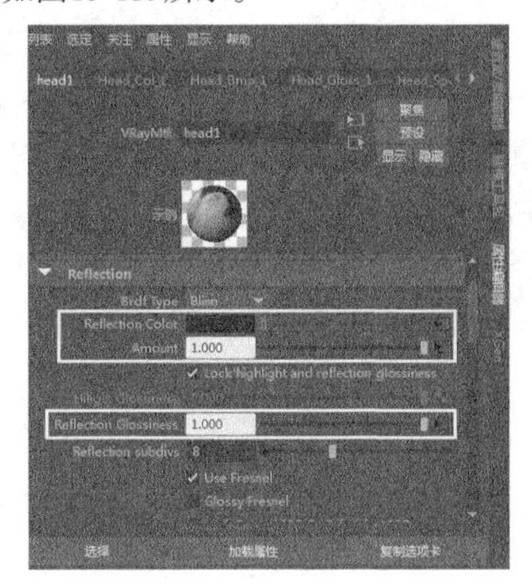

图15-138

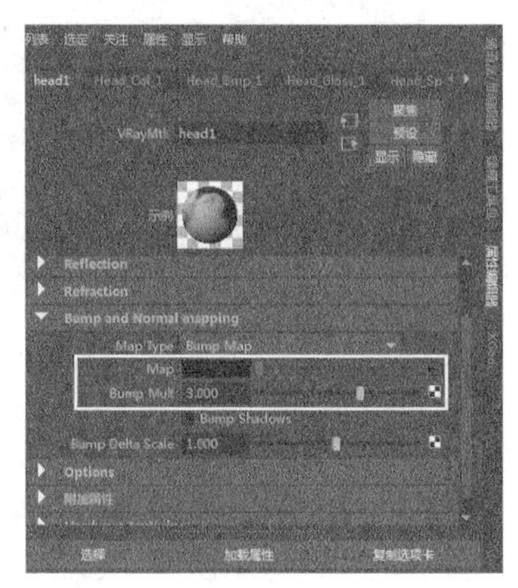

图15-139

**04** 头部材质的节点网络如图15-140所示。将制作好的head1材质赋予人物头部模型，如图15-141所示。

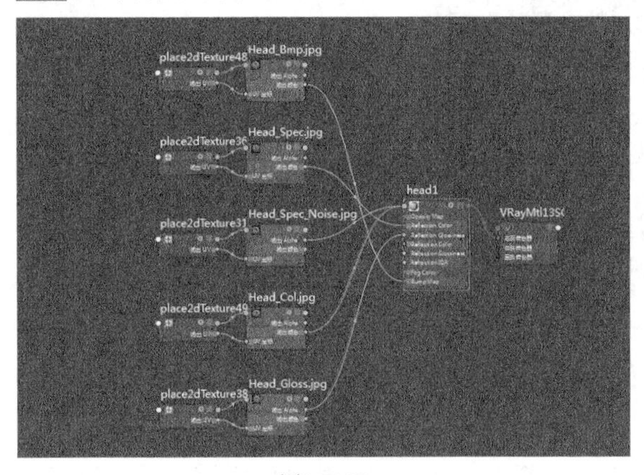


图15-140

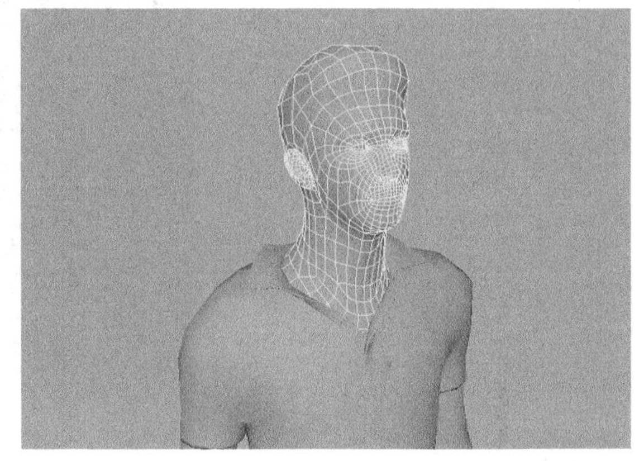

图15-141

## 2.T恤材质

**01** 打开Hypershade对话框，然后新建一个VRayMtl材质节点，接着在属性编辑器中将节点名称设置为T_shirt1，再为Diffuse Color（漫反射颜色）属性连接一个“文件”节点，最后为“文件”节点指定“Scenes>CH15>15.4>Shirt_Col.jpg”文件，如图15-142所示。

**02** 选择T_shirt1节点，然后展开Bump and Normal mapping（凹凸和法线贴图）卷展栏，接着为Map（贴图）属性连接一个“文件”节点，并为“文件”节点指定“Scenes>CH15>15.4>Shirt_Disp.tif”文件，再选择T_shirt1节点，最后设置Bump Mult（凹凸倍增）为3，如图15-143所示。

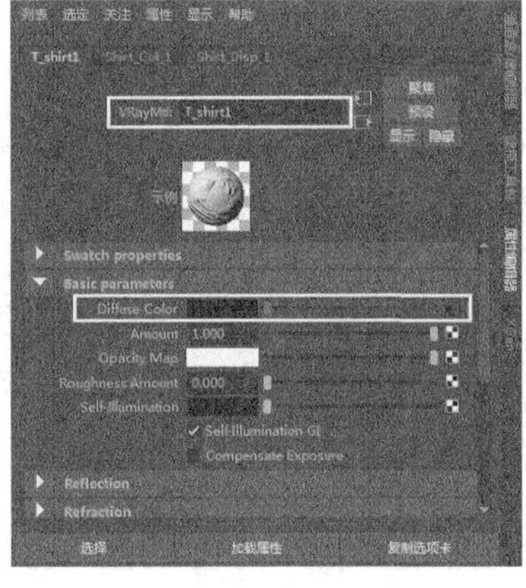

图15-142

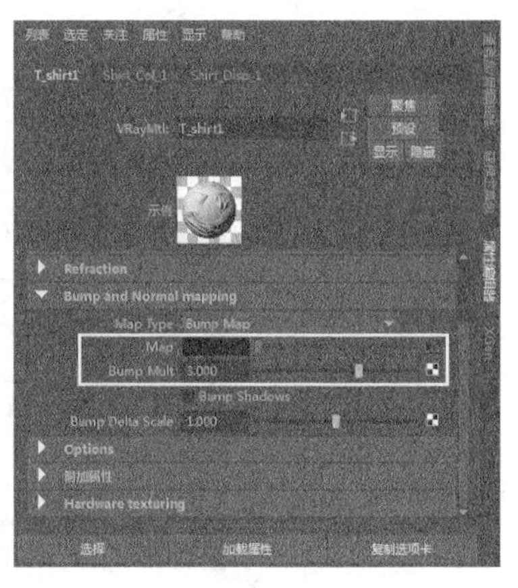

图15-143

03 T恤材质的节点网络如图15-144所示。将制作好的T_shirt1材质赋予T恤模型，如图15-145所示。

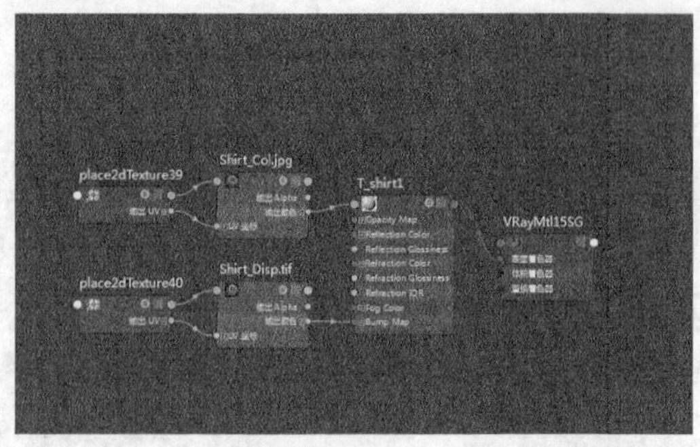


图15-144

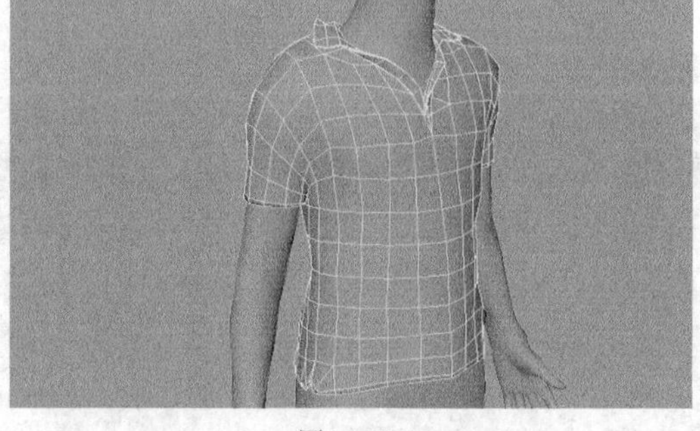

图15-145

## 3.手臂材质

01 打开Hypershade对话框，然后新建一个VRayMtl材质节点，接着在属性编辑器中将节点名称设置为hand1，再为Diffuse Color（漫反射颜色）属性连接一个“文件”节点，最后为“文件”节点指定“Scenes>CH15>15.4>Hands_Col.jpg”文件，如图15-146所示。

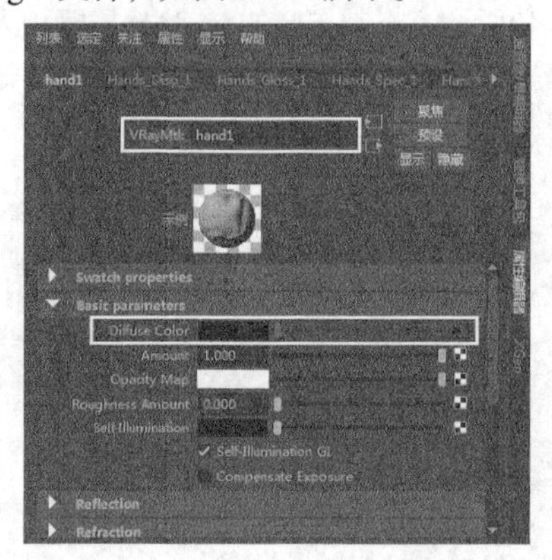


图15-146

02 选择hand1节点，然后展开Reflection（反射）卷展栏，设置Reflection Color（反射颜色）为（R:189，G:189，B:189），接着为Amount（数量）属性连接一个带有“Scenes>CH15>15.4>Hands_Spec.jpg”文件的“文件”节点，最后为Reflection Glossiness（反射光泽度）属性连接一个带有“Scenes>CH15>15.4>Hands_Gloss.jpg”文件的“文件”节点，如图15-147所示。

03 展开Bump and Normal mapping（凹凸和法线贴图）卷展栏，然后为Map（贴图）属性连接一个“文件”节点，接着为“文件”节点指定“Scenes>CH15>15.4>Hands_Disp.tif”文件，再选择hand1节点，最后设置Bump Mult（凹凸倍增）为3，如图15-148所示。

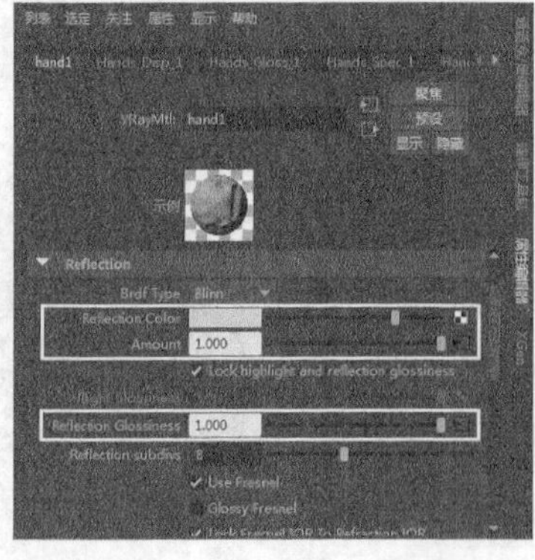


图15-147

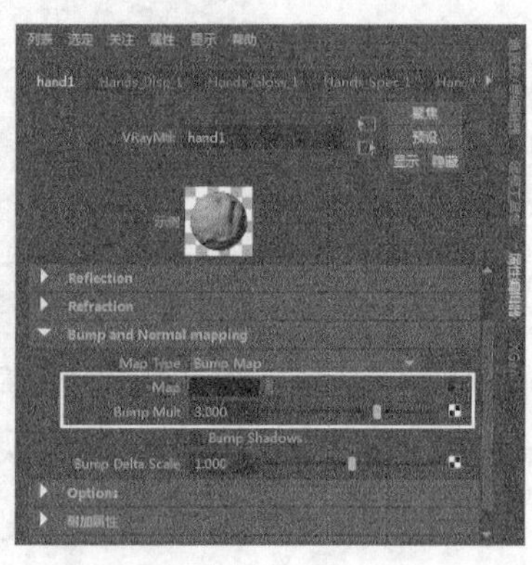


图15-148

**04** 手臂材质的节点网络如图15-149所示。将制作好的hand1材质赋予人物手臂模型，如图15-150所示。

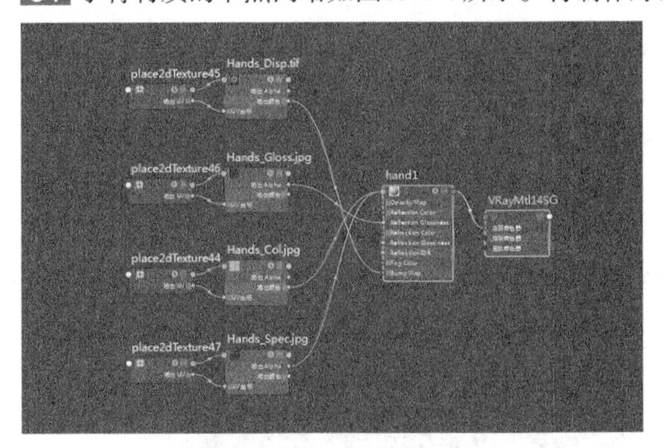


图15-149

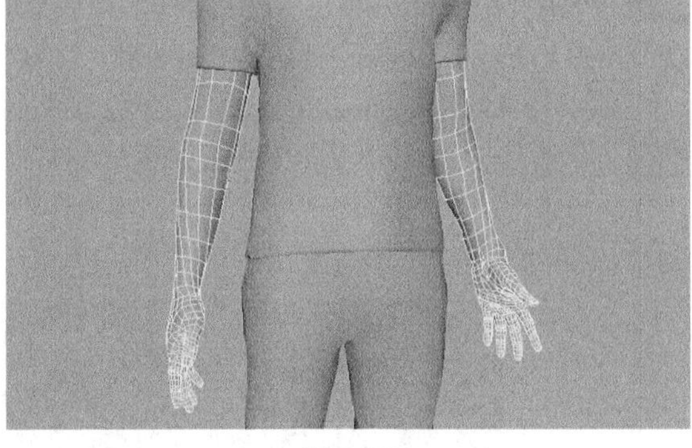

图15-150

## 4.裤子材质

**01** 打开Hypershade对话框，然后新建一个VRayMtl材质节点，接着在属性编辑器中将节点名称设置为trousers，再为Diffuse Color（漫反射颜色）属性连接一个“文件”节点，最后为“文件”节点指定“Scenes>CH15>15.4>Trousers_Col.jpg”文件，如图15-151所示。

**02** 选择trousers节点，然后展开Bump and Normal mapping（凹凸和法线贴图）卷展栏，接着为Map（贴图）属性连接一个“文件”节点，并为“文件”节点指定“Scenes>CH15>15.4>Trousers_Bmp.jpg”文件，再选择trousers节点，最后设置Bump Mult（凹凸倍增）为3，如图15-152所示。

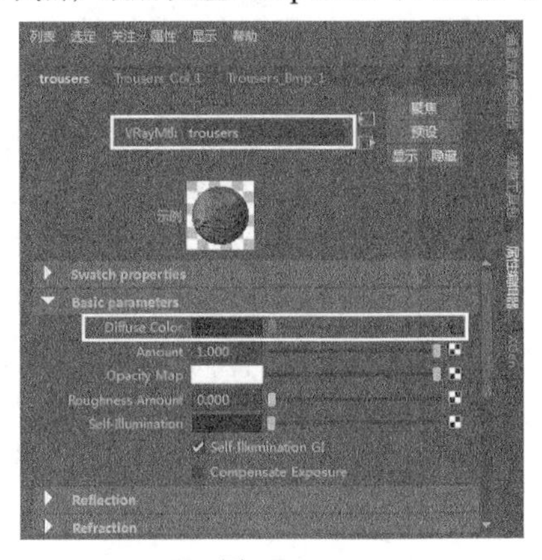


图15-151

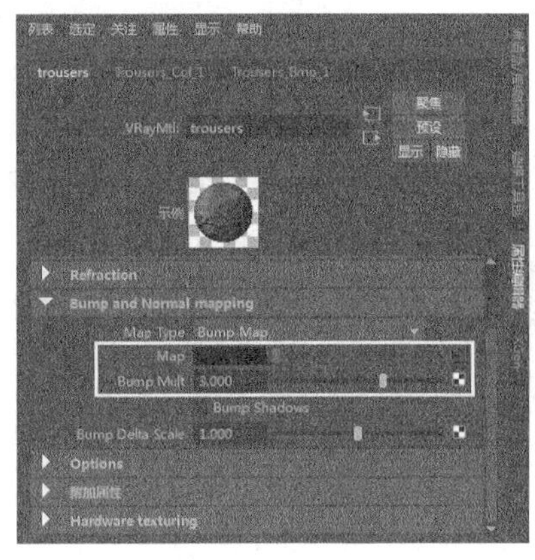


图15-152

**03** 裤子材质的节点网络如图15-153所示。将制作好的trousers材质赋予裤子模型，如图15-154所示。

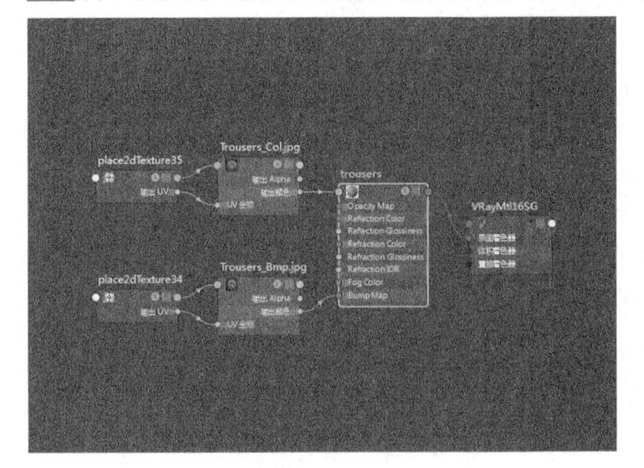


图15-153

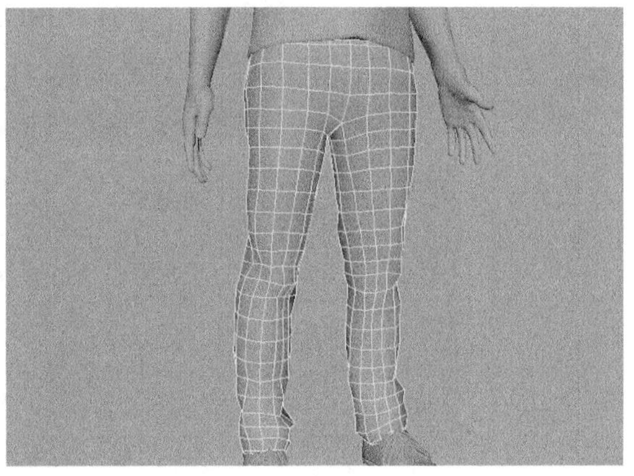

图15-154

### 5.鞋子材质

**01** 打开Hypershade对话框，然后新建一个VRayMtl材质节点，接着在属性编辑器中将节点名称设置为shoes1，再为Diffuse Color（漫反射颜色）属性连接一个“文件”节点，最后为“文件”节点指定“Scenes>CH15>15.4>Shoes_Col.jpg”文件，如图15-155所示。

**02** 选择shoes1节点，然后展开Bump and Normal mapping（凹凸和法线贴图）卷展栏，接着为Map（贴图）属性连接一个“文件”节点，并为“文件”节点指定“Scenes>CH15>15.4>Shoes_Bmp.jpg”文件，再选择shoes1节点，最后设置Bump Mult（凹凸倍增）为3，如图15-156所示。

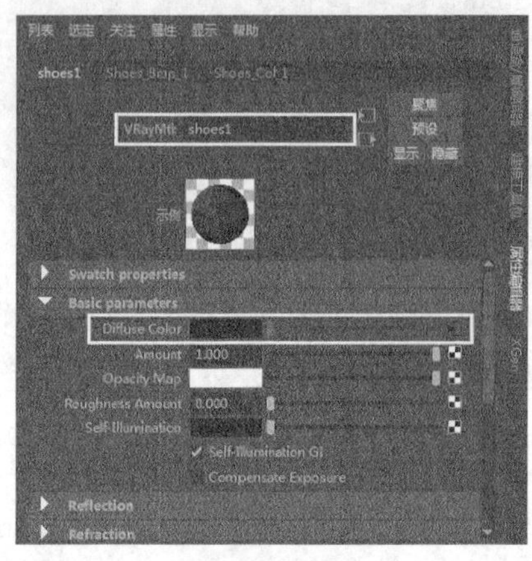


图15-155

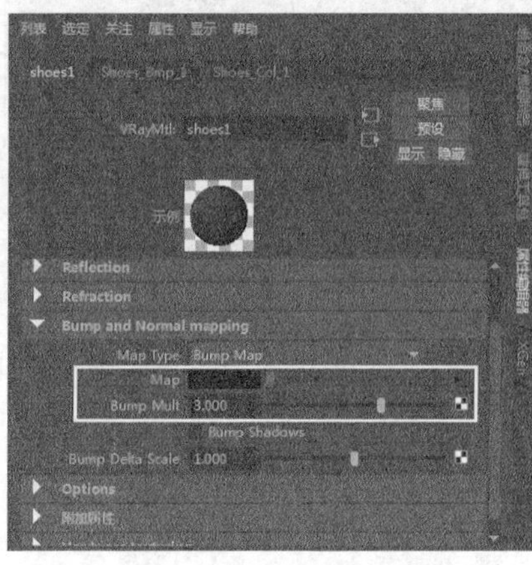


图15-156

**03** 鞋子材质的节点网络如图15-157所示。将制作好的shoes1材质赋予鞋子模型，如图15-158所示。

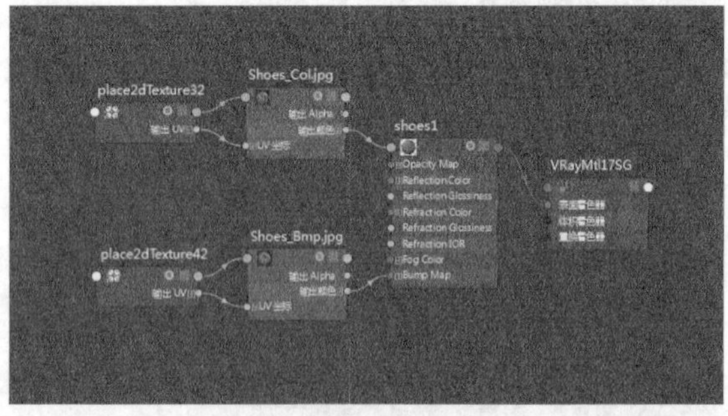


图15-157

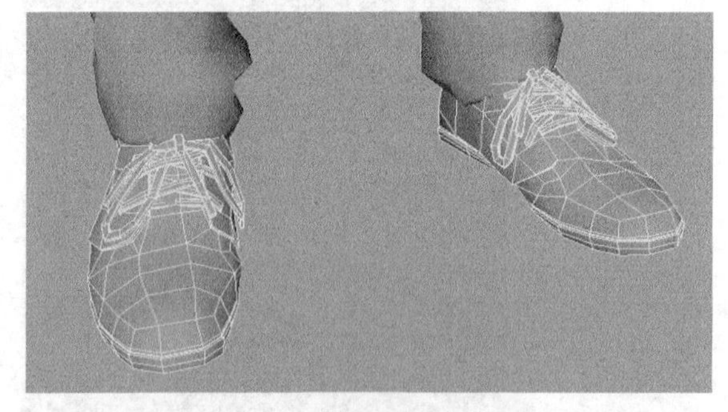

图15-158

## 15.4.3 渲染设置

**01** 选择人物头部模型，然后在属性编辑器中切换到headShape选项卡，如图15-159所示。

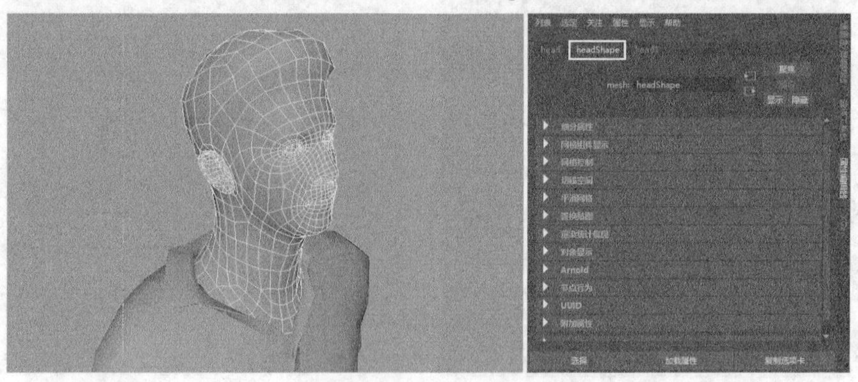


图15-159

**02** 选择“属性>VRay>Subdivision（细分）”选项，如图15-160所示，然后为人物的其他模型执行相同的操作。

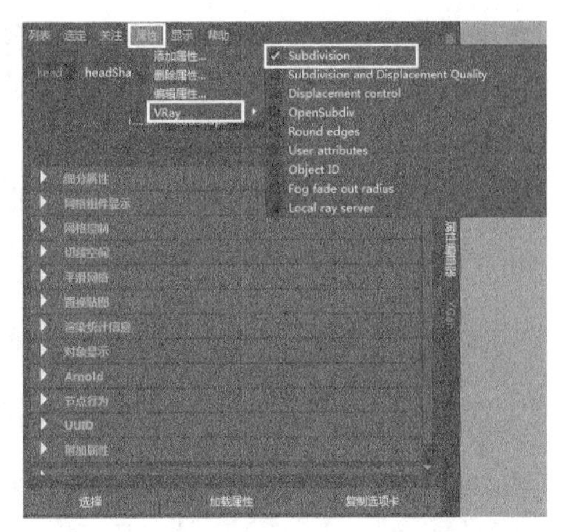


图15-160

**03** 打开“渲染设置”对话框，然后切换到“公用”选项卡，接着展开Resolution（分辨率）卷展栏，取消选择Maintain Width/Height Ratio（保持宽高比）选项，最后设置Width（宽度）为800、Height（高度）为600，如图15-161所示。

**04** 切换到VRay选项卡，然后展开Image sampler（图像采样器）卷展栏，设置Min subdivs（最小细分）为6、Max subdivs（最大细分）为12，如图15-162所示。

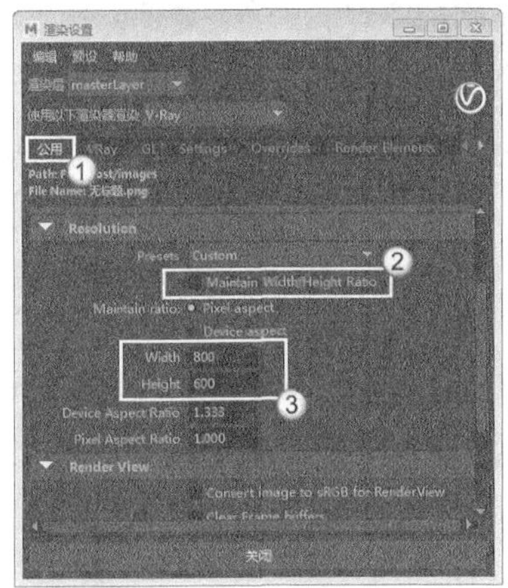


图15-161

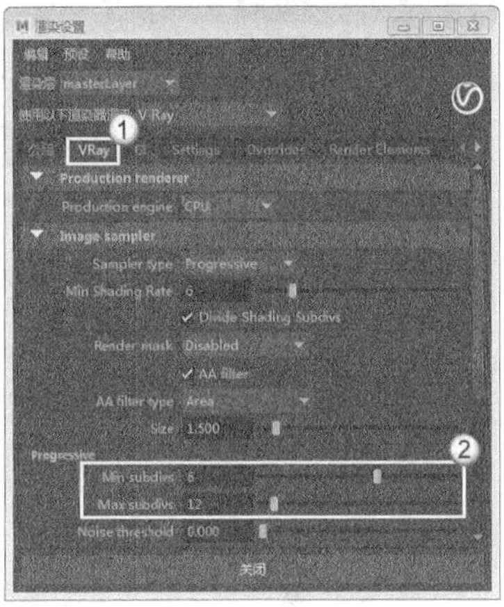

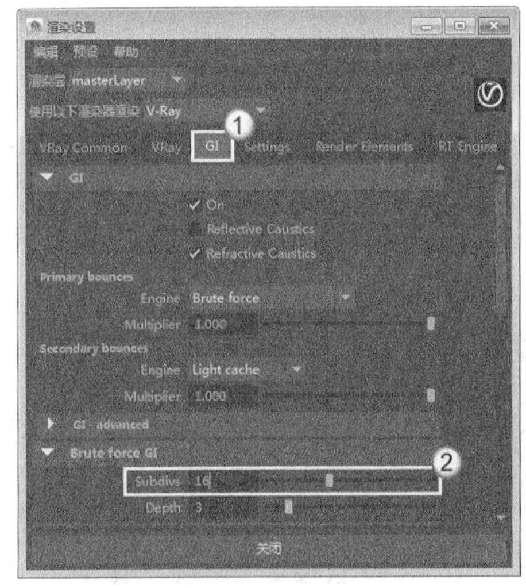


图15-162

**05** 切换到GI（全局照明）选项卡，然后展开Brute force GI（暴力）卷展栏，接着设置Subdivs（细分）为16，如图15-163所示。

**06** 打开“渲染视图”对话框，然后以camera1视角渲染场景，效果如图15-164所示。

图15-163

图15-164

# 15.5 精通VRay渲染器——吉他渲染

| 场景文件 | Scenes>CH15>15.5.mb |
| --- | --- |
| 实例文件 | Examples>CH15>15.5.mb |
| 技术掌握 | 掌握木料、金属、塑料和纸张等材质的制作方法 |

本例是由吉他、琴套、纸张和地面构成，主要包括木料、金属、皮革、塑料、纸张和布料材质，如图15-165所示。

图15-165

## 15.5.1 布置灯光

**01** 打开学习资源中的“Scenes>CH15>15.5.mb”文件，场景主要由一把琴头和一个琴套构成，如图15-166所示。

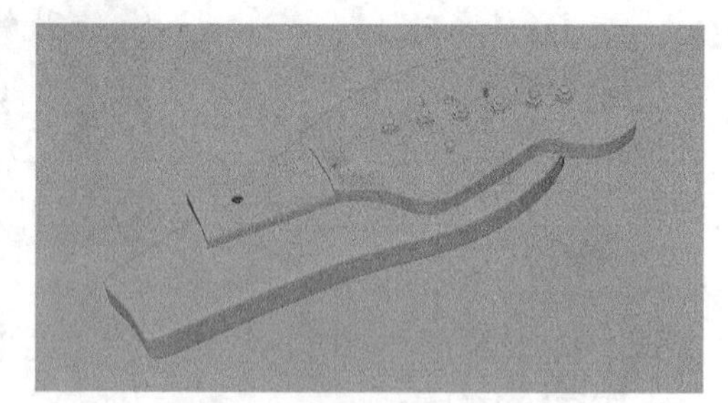

图15-166

**02** 执行“创建>灯光>V-Ray Rect Light”菜单命令创建一盏灯光，然后调整灯光的位置、大小和方向，如图15-167所示。

**03** 打开VRayLightRect1节点的属性编辑器，设置Light color（灯光颜色）为（R:255，G:246，B:229）、Intensity multiplier（强度倍增）为7，如图15-168所示。

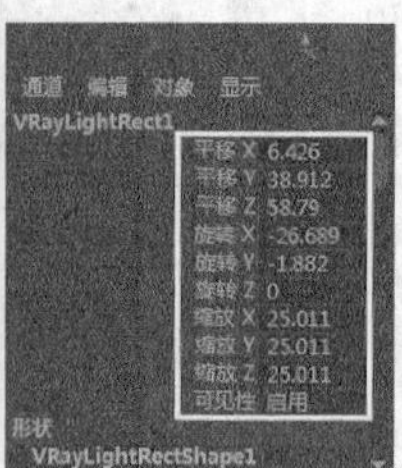


图15-167

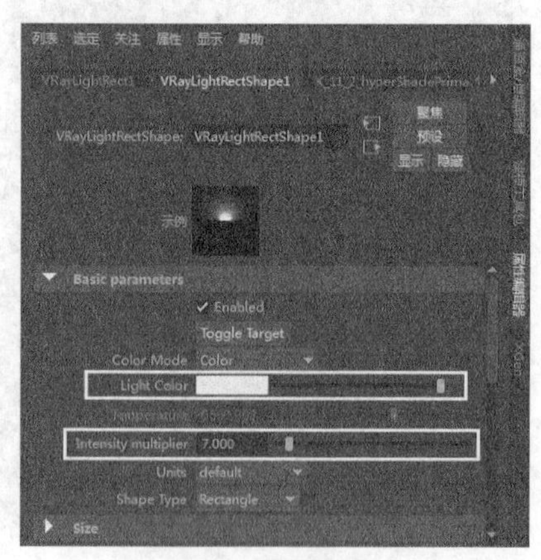


图15-168

**04** 执行“创建>灯光>V-Ray Rect Light”菜单命令创建一盏灯光，然后调整灯光的位置、大小和方向，如图15-169所示。

**05** 打开VRayLightRect2节点的属性编辑器，设置Light color（灯光颜色）为白色、Intensity multiplier（强度倍增）为2，如图15-170所示。

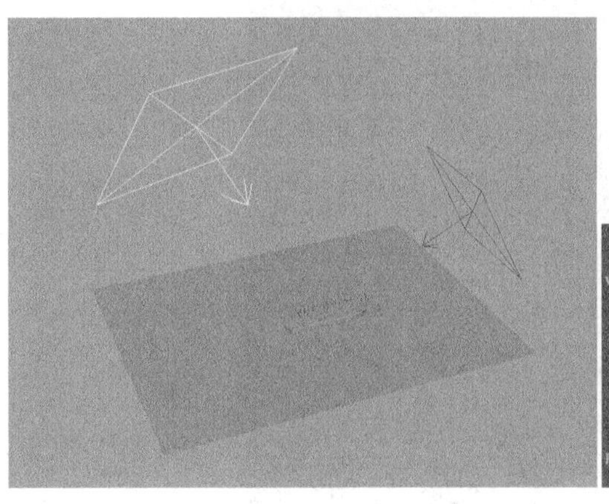

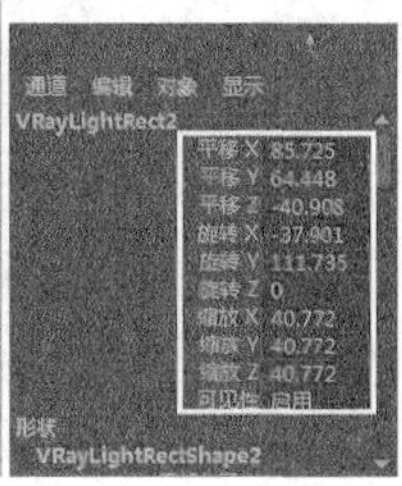


图15-169

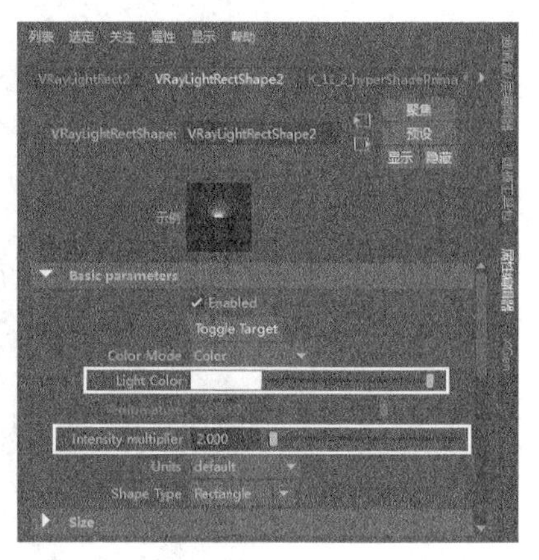


图15-170

**06** 执行“创建>灯光>V-Ray Rect Light”菜单命令创建一盏灯光，然后调整灯光的位置、大小和方向，如图15-171所示。

**07** 打开VRayLightRect3节点的属性编辑器，设置Light color（灯光颜色）为（R:232，G:255，B:255）、Intensity multiplier（强度倍增）为4，如图15-172所示。

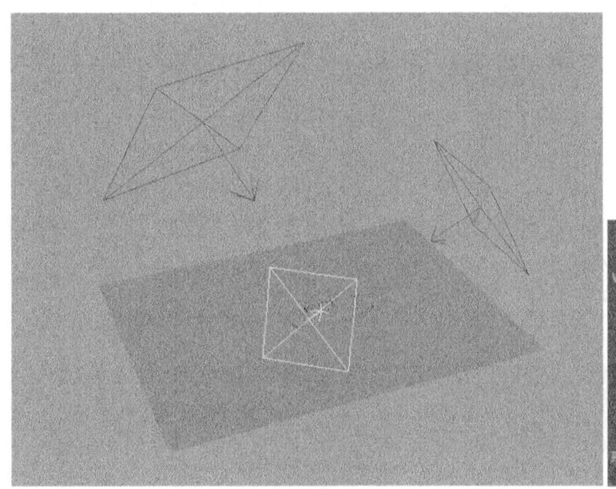

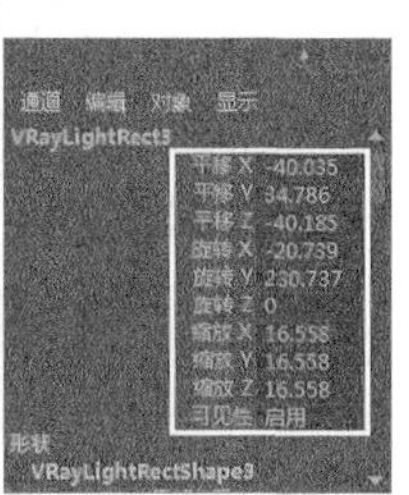


图15-171

图15-172

**08** 执行“创建>摄影机>摄影机”菜单命令创建摄影机，然后调整摄影机的位置、大小和方向，如图15-173所示。

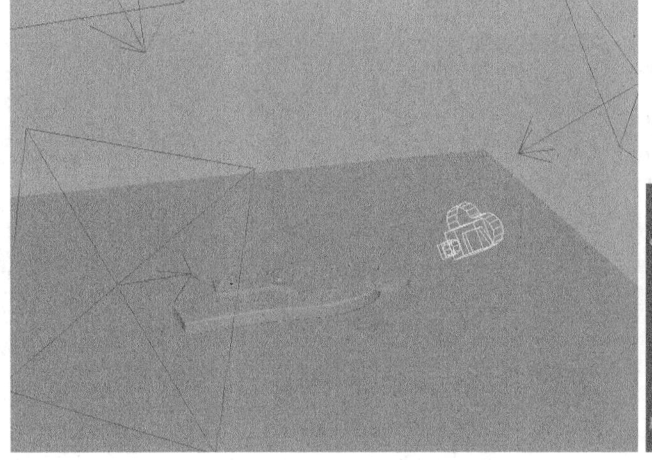

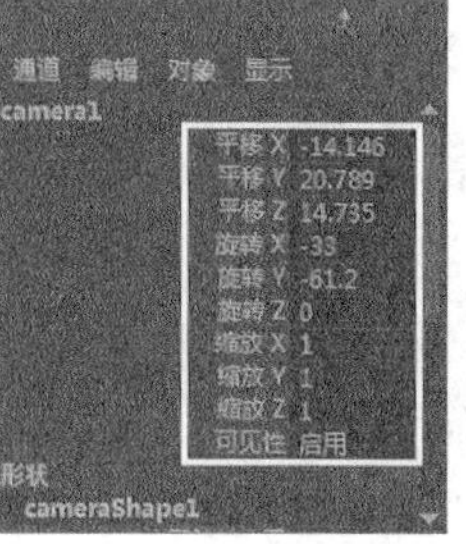


图15-173

09 打开“渲染视图”对话框，然后将渲染器设置为V-Ray，接着以camera1视角渲染场景，效果如图15-174所示。

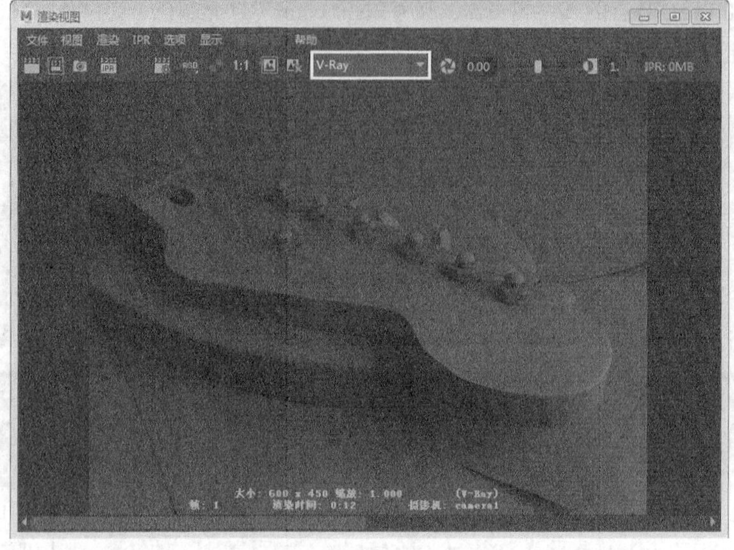

图15-174

## 15.5.2 制作材质

场景中的物体有多种材质效果，主要有琴套、琴头、金属、地面、纸张以及琴枕，这些材质基本都是由VRayMtl材质节点制作的。

### 1.琴套材质

01 打开Hypershade对话框，然后新建一个VRayMtl材质节点，接着在属性编辑器中将节点名称设置为Leather，再为Diffuse Color（漫反射颜色）属性连接一个“文件”节点，最后为“文件”节点指定“Scenes>CH15>15.5>leather_color2.jpg”文件，如图15-175所示。

02 选择Leather节点，然后在属性编辑器中展开Reflection（反射）卷展栏，接着设置Reflection Color（反射颜色）为（R:45，G:45，B:45）、Reflection Glossiness（反射光泽度）为0.65，再取消选择Use Fresnel（使用Fresnel）选项，如图15-176所示。

03 选择Leather节点，然后展开Bump and Normal mapping（凹凸和法线贴图）卷展栏，接着为Map（贴图）属性连接一个“文件”节点，并为“文件”节点指定“Scenes>CH15>15.4>leather_nor.jpg”文件，再选择Leather节点，最后设置Bump Mult（凹凸倍增）为-0.2，如图15-177所示。

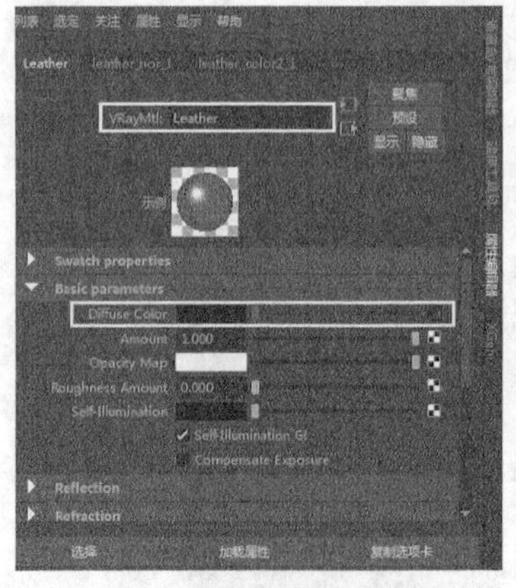

图15-175

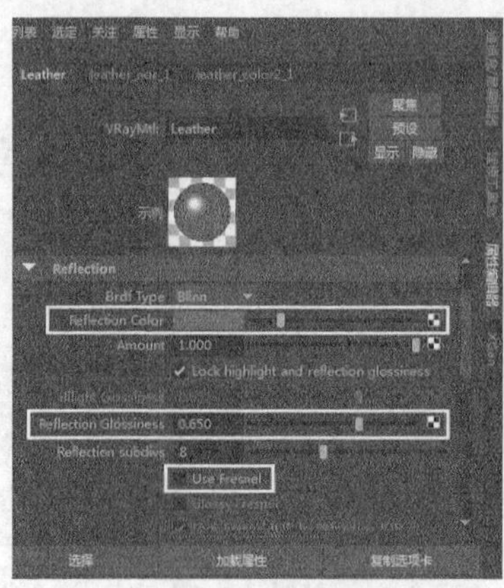

图15-176

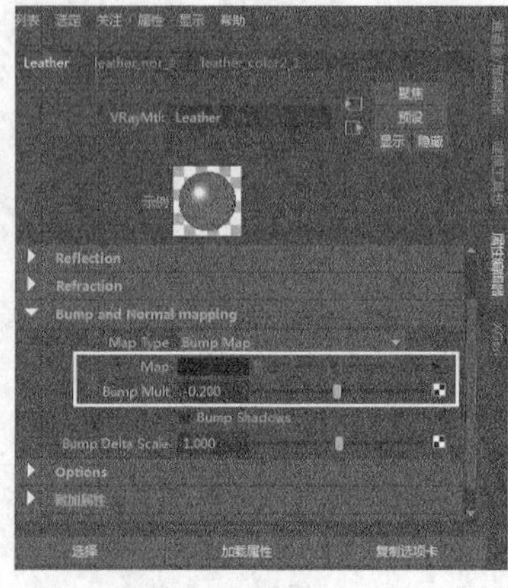

图15-177

04 琴套材质的节点网络如图15-178所示。将制作好的Leather材质赋予琴套模型，如图15-179所示。

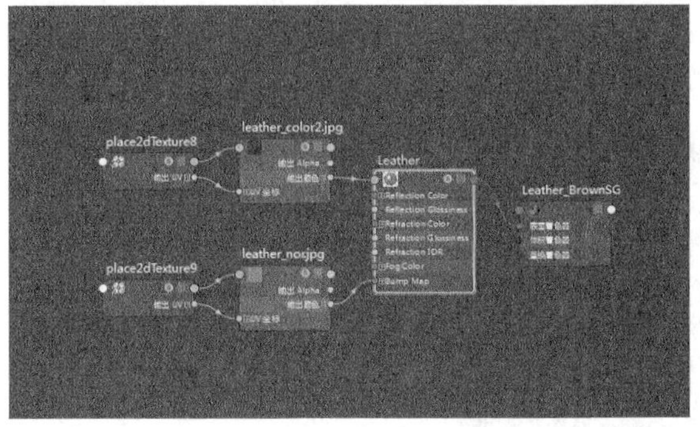

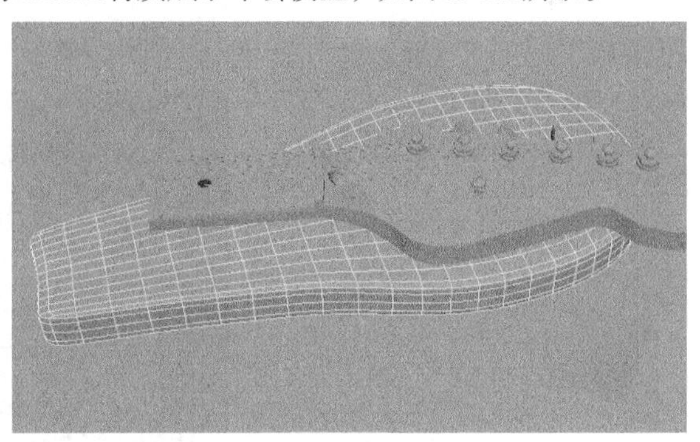

图15-178　　图15-179

## 2.琴头材质

01 新建一个VRayMtl材质节点，然后在属性编辑器中将节点名称设置为wood，接着为Diffuse Color（漫反射颜色）属性连接一个“文件”节点，最后为“文件”节点指定“Scenes>CH15>15.5>wood.jpg”文件，如图15-180所示。

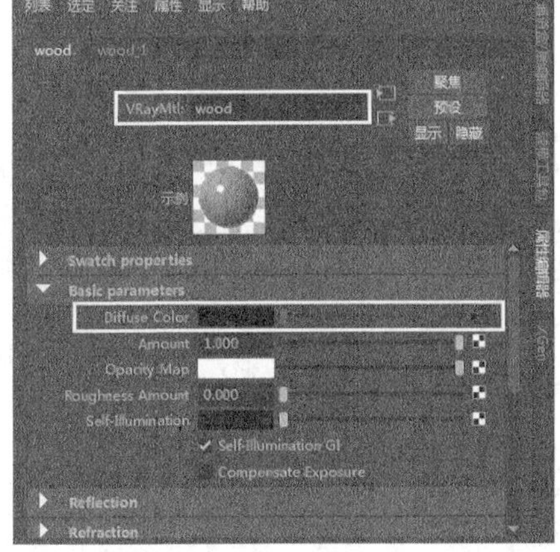


图15-180

02 选择wood节点，然后在属性编辑器中展开Reflection（反射）卷展栏，接着设置 Reflection Color（反射颜色）为白色、Reflection Glossiness（反射光泽度）为0.8，如图15-181所示，最后将制作好的wood材质赋予琴头模型，如图15-182所示。

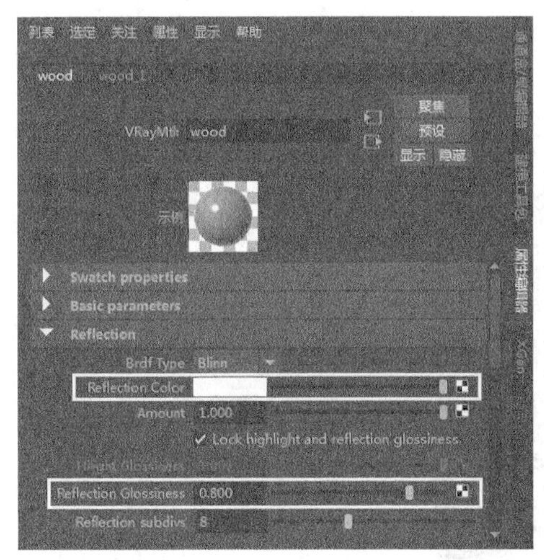


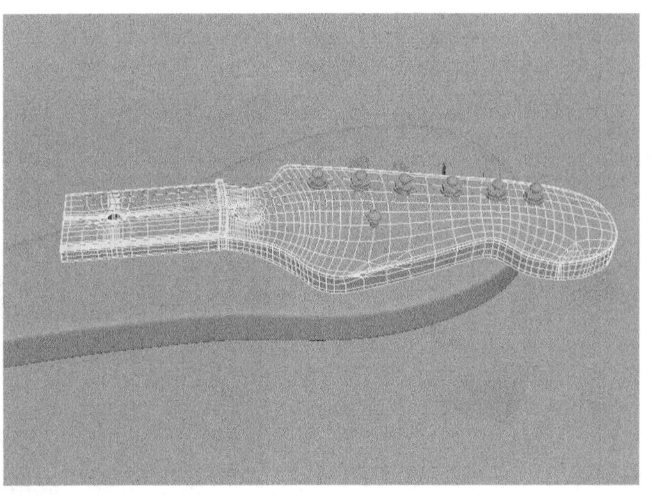

图15-181　　图15-182

### 3.金属材质

**01** 新建一个VRayMtl材质节点，然后在属性编辑器中将节点名称设置为steel，接着设置Diffuse Color（漫反射颜色）为黑色，如图15-183所示。

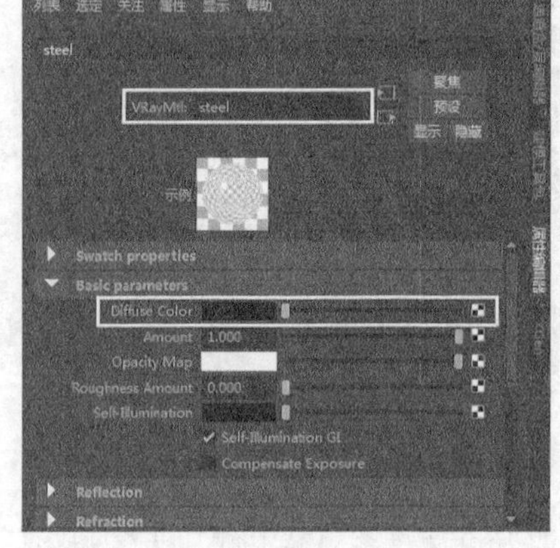


图15-183

**02** 展开Reflection（反射）卷展栏，然后设置Reflection Color（反射颜色）为（R:245，G:245，B:245）、Reflection Glossiness（反射光泽度）为0.8，接着取消选择Use Fresnel（使用Fresnel）选项，如图15-184所示，最后将制作好的steel材质赋予琴弦、螺丝和旋钮模型，如图15-185所示。

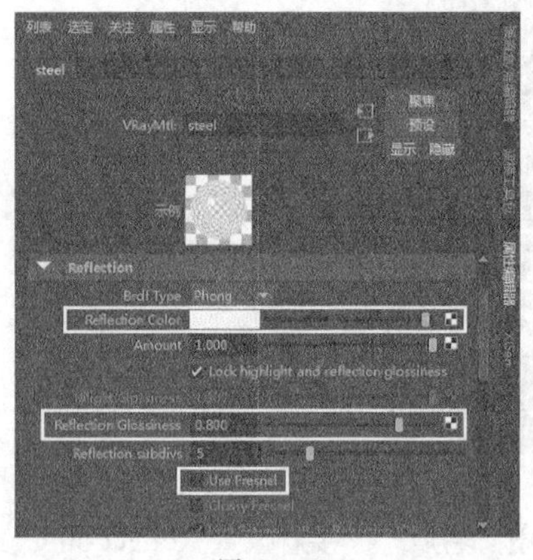


图15-184

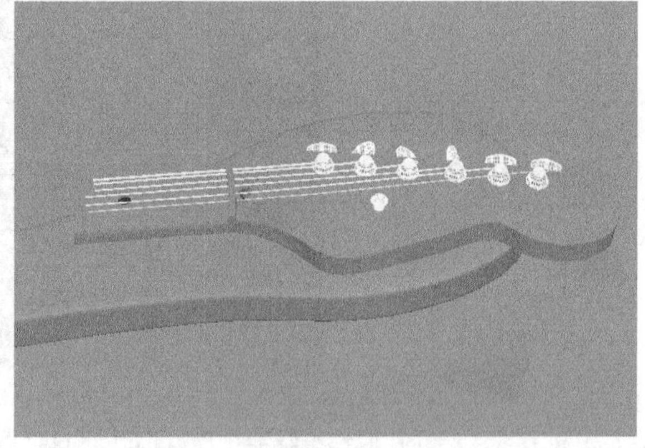

图15-185

### 4.地面材质

**01** 新建一个VRayMtl材质节点，然后在属性编辑器中将节点名称设置为cloth，接着为Diffuse Color（漫反射颜色）属性连接一个“文件”节点，最后为“文件”节点指定“Scenes>CH15>15.5>cloth_color.jpg”文件，如图15-186所示。

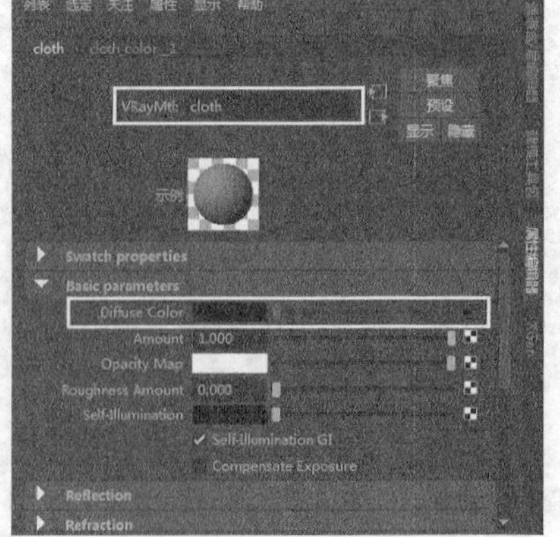


图15-186

**02** 选择cloth节点，然后在属性编辑器中展开Reflection（反射）卷展栏，接着设置Reflection Color（反射颜色）为（R:23，G:23，B:23）、Reflection Glossiness（反射光泽度）为0.43，如图15-187所示。

**03** 展开Bump and Normal mapping（凹凸和法线贴图）卷展栏，然后为Map（贴图）属性连接一个“文件”节点，接着为“文件”节点指定“Scenes>CH15>15.5>cloth_color.jpg”文件，再选择cloth节点，最后设置Bump Mult（凹凸倍增）为0.08，如图15-188所示。

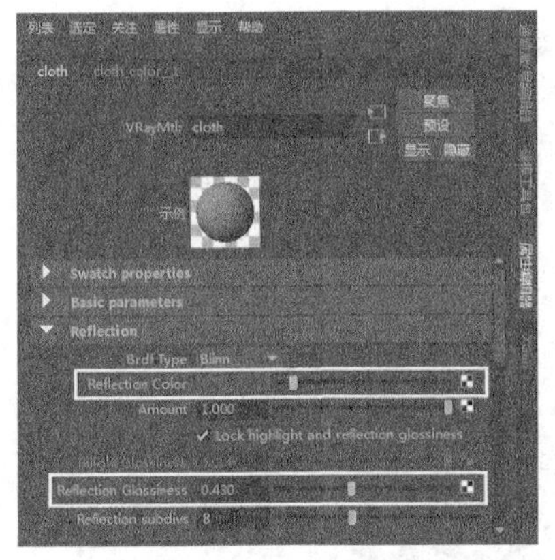

图15-187

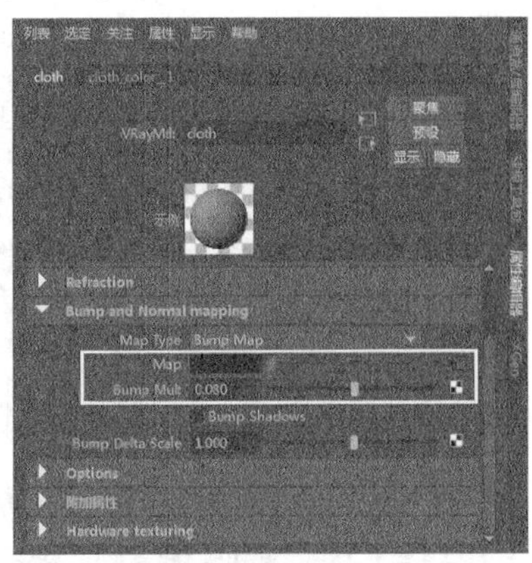

图15-188

**04** 将制作好的cloth材质赋予地面模型，如图15-189所示。

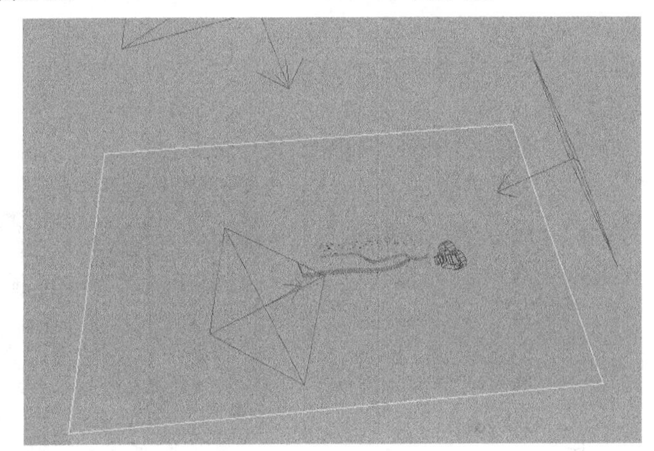

图15-189

## 5.纸张材质

**01** 新建一个VRayMtl材质节点，然后在属性编辑器中将节点名称设置为paper，接着为Diffuse Color（漫反射颜色）属性连接一个“文件”节点，最后为“文件”节点指定“Scenes>CH15>15.5>paper_dif.jpg”文件，如图15-190所示。

**02** 选择paper节点，然后展开Bump and Normal mapping（凹凸和法线贴图）卷展栏，接着为Map（贴图）属性连接一个“文件”节点，并为“文件”节点指定“Scenes>CH15 >15.5>paper_nor.jpg”文件，再选择paper节点，最后设置Map Type（贴图类型）为Normal map in tangent space（切线空间法线）、Bump Mult（凹凸倍增）为0.3，如图15-191所示。

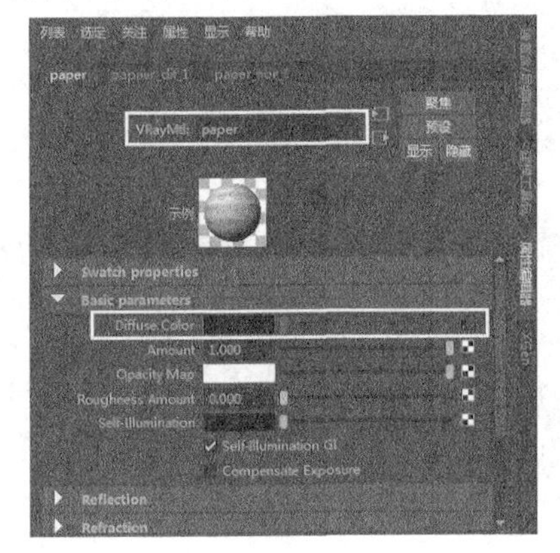

图15-190

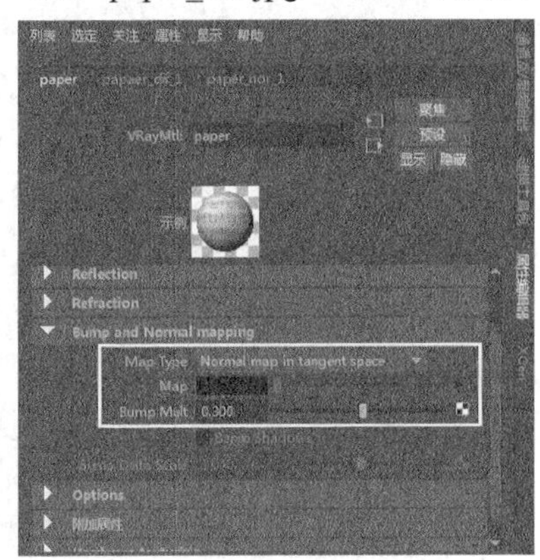

图15-191

03 制作完的纸张材质节点网络如图15-192所示。将制作好的paper节点赋予4张乐谱模型，如图15-193所示。

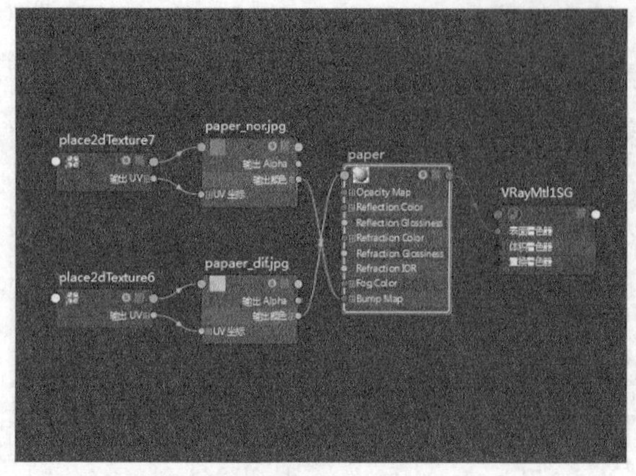


图15-192

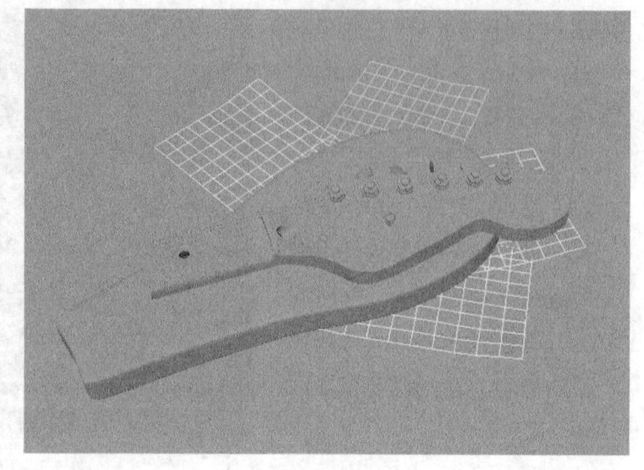

图15-193

## 6.琴枕材质

01 新建一个VRayMtl材质节点，然后在属性编辑器中将节点名称设置为plastic，接着设置Diffuse Color（漫反射颜色）为白色，如图15-194所示。

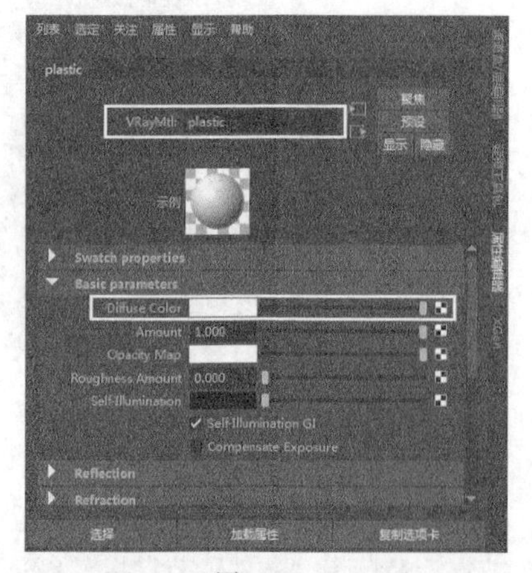


图15-194

02 展开Reflection（反射）卷展栏，然后设置Reflection Color（反射颜色）为白色、Reflection Glossiness（反射光泽度）为0.8，如图15-195所示，最后将制作好的材质赋予琴枕所在的面，如图15-196所示。

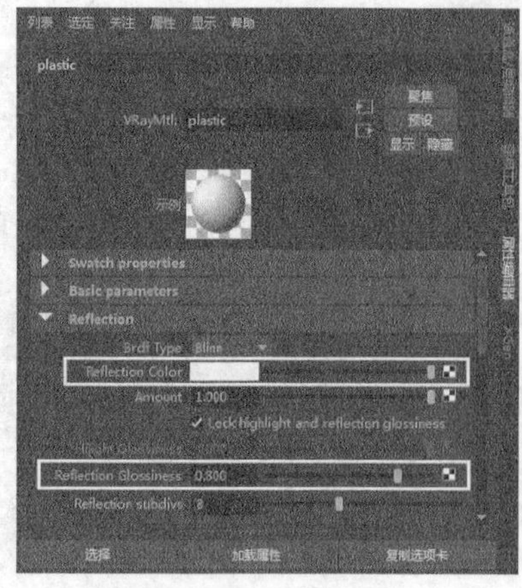


图15-195

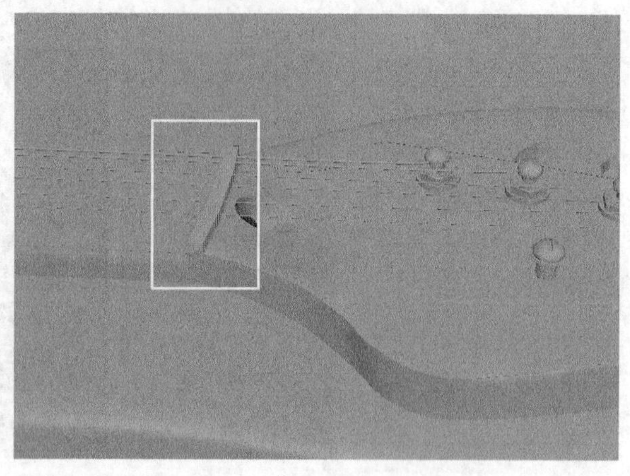

图15-196

## 15.5.3 添加景深

**01** 在大纲视图中选择camera1节点，然后在属性编辑器中切换到cameraShape1选项卡，如图15-197所示，接着执行“属性>VRay>Physical camera（物理摄影机）”命令，如图15-198所示。

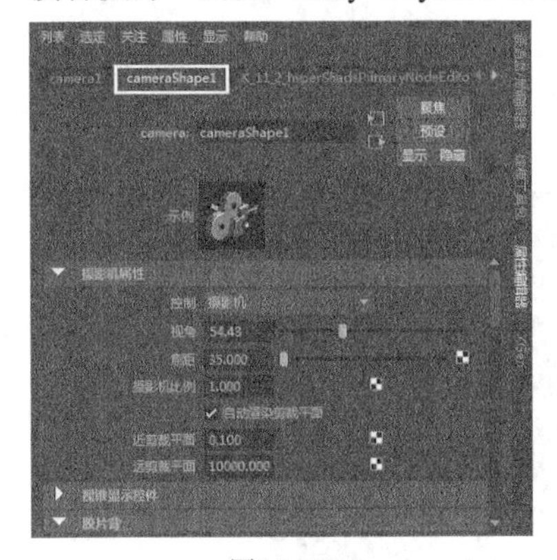


图15-197

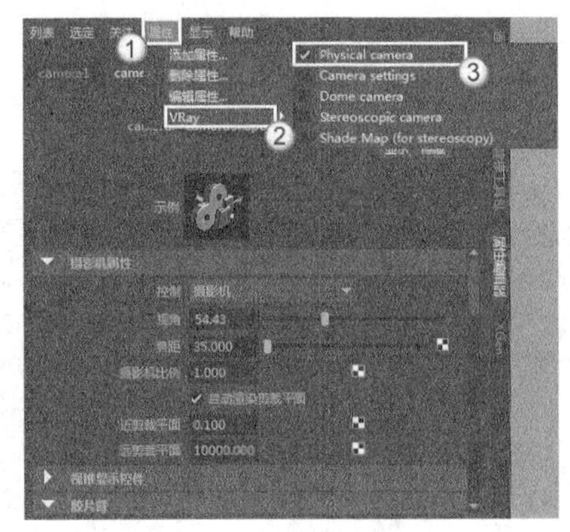


图15-198

### 提示

VRay渲染器不能直接使用Maya的景深功能，需要在摄影机中添加VRay的摄影机属性，然后在VRay的摄影机属性中设置景深效果。

**02** 此时，在面板底部会增加一个Extra VRay Attributes（附加VRay属性）卷展栏。展开该卷展栏，然后选择Treat as VRay Physical camera（作为VRay物理摄影机）选项，如图15-199所示。

**03** 设置F-number（光圈数）为3.2、Shutter speed（快门速度）为150、ISO（感光度）为600，然后选择Enable Depth of field（启用景深）选项，如图15-200所示。

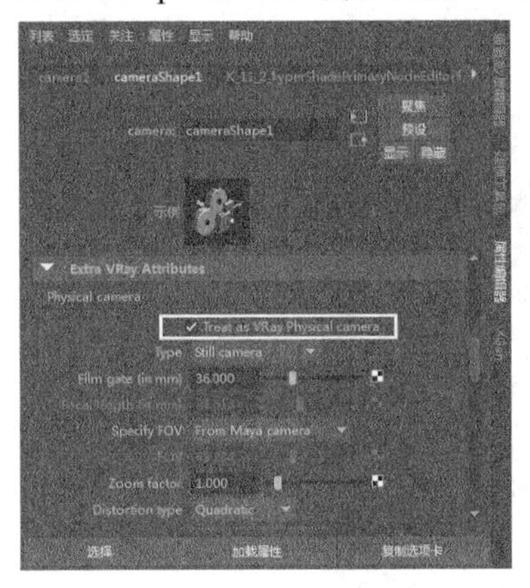


图15-199

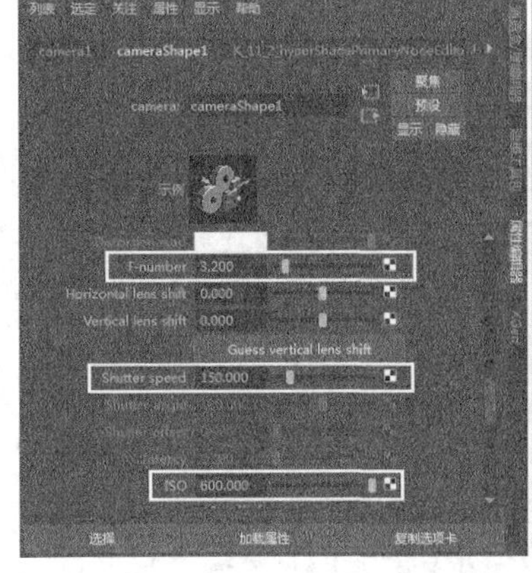


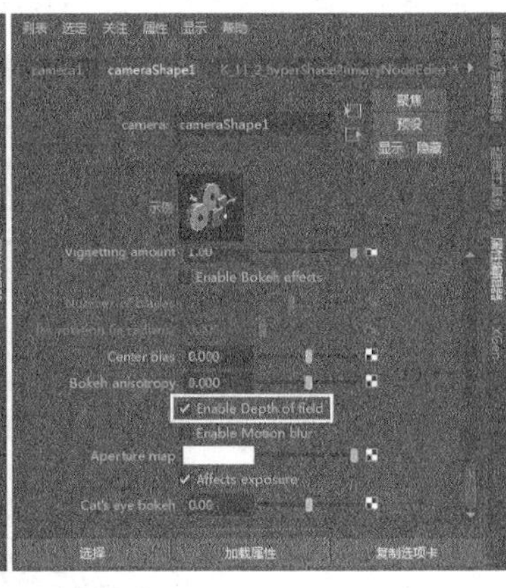


图15-200

**04** 打开“渲染视图”对话框，然后以camera1视角渲染场景，效果如图15-201所示。

图15-201

## 15.5.4 渲染设置

**01** 打开"渲染设置"对话框，然后切换到"公用"选项卡，接着展开Resolution（分辨率）卷展栏，再取消选择Maintain Width/Height Ratio（保持宽高比）选项，最后设置Width（宽度）为800、Height（高度）为600，如图15-202所示。

**02** 切换到VRay选项卡，然后展开Image sampler（图像采样器）卷展栏，设置Min subdivs（最小细分）为6、Max subdivs（最大细分）为12，如图15-203所示。

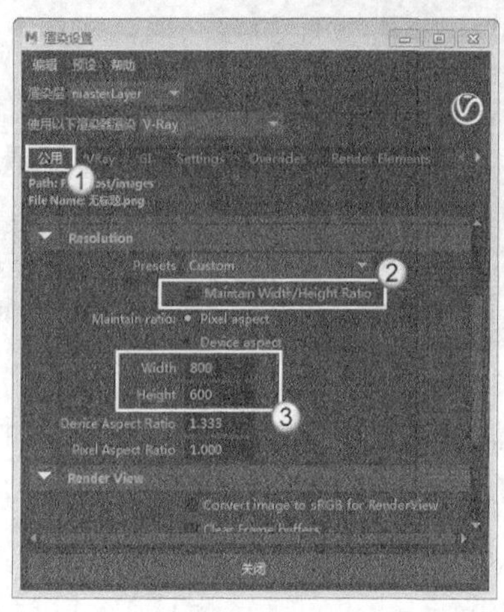


图15-202

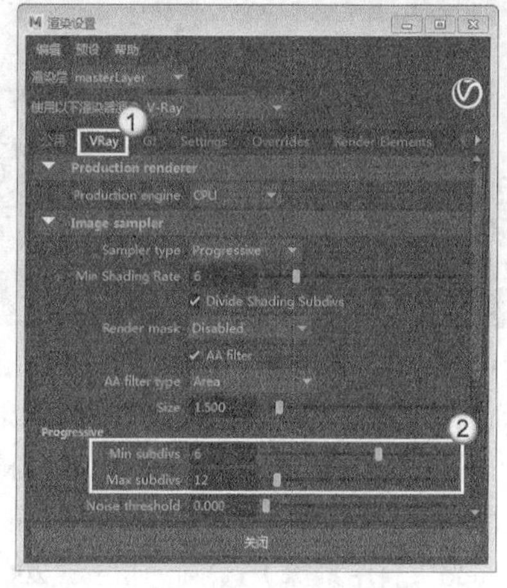


图15-203

**03** 打开"渲染视图"对话框，然后以camera1视角渲染场景，效果如图15-204所示。

图15-204

# 15.6 精通VRay渲染器——钢铁侠渲染

| | |
|---|---|
| 场景文件 | Scenes>CH15>15.6.mb |
| 实例文件 | Examples>CH15>15.6.mb |
| 技术掌握 | 掌握自发光和透明效果材质的制作方法 |

本例主要由场景和钢铁侠构成，钢铁侠的材质主要由金属构成。在制作钢铁侠的材质时，需要使用大量的贴图来控制金属属性的效果，包括凹凸、自发光、透明、反射、高光以及光泽度等，效果如图15-205所示。

图15-205

## 15.6.1 布置灯光

**01** 打开学习资源中的“Scenes>CH15>15.6.mb”文件，场景中有一个废墟和钢铁侠模型，如图15-206所示。

图15-206

**02** 执行“创建>灯光>V-Ray Dome Light”菜单命令创建一盏灯光，然后调整灯光的大小，如图15-207所示。

**03** 打开VRayLightDome1节点的属性编辑器，设置Intensity multiplier（强度倍增）为2，如图15-208所示。

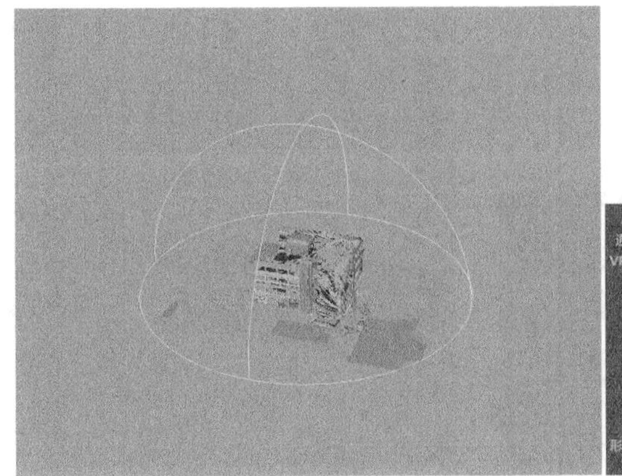

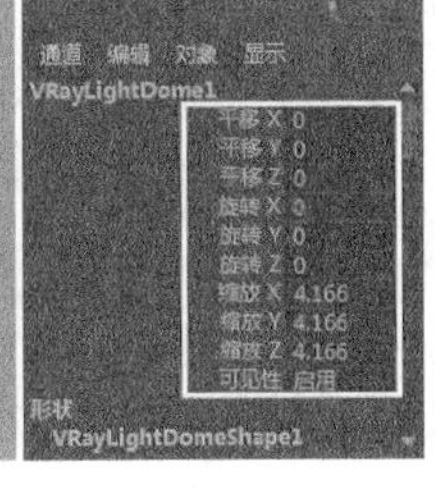

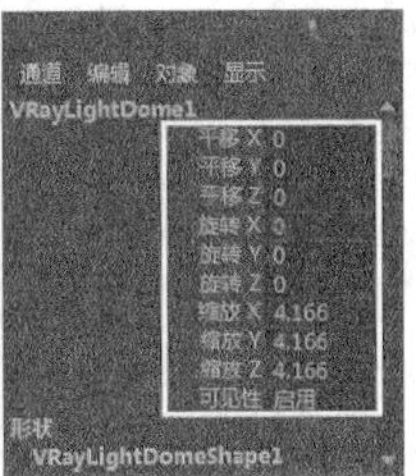



图15-207

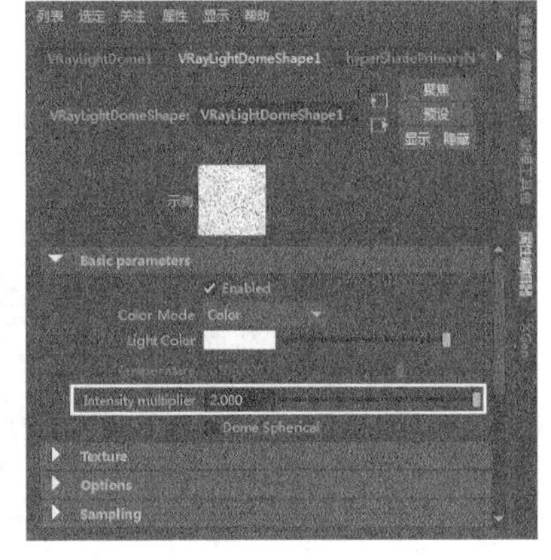



图15-208

**04** 执行“创建>灯光>V-Ray Rect Light”菜单命令创建一盏灯光，然后调整灯光的位置、大小和方向，如图15-209所示。

**05** 打开VRayLightRect1节点的属性编辑器，设置Light color（灯光颜色）为（R:255，G:255，B:218）、Intensity multiplier（强度倍增）为15，如图15-210所示。

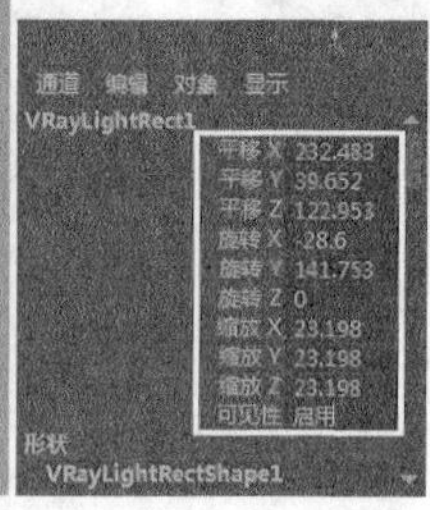


图15-209

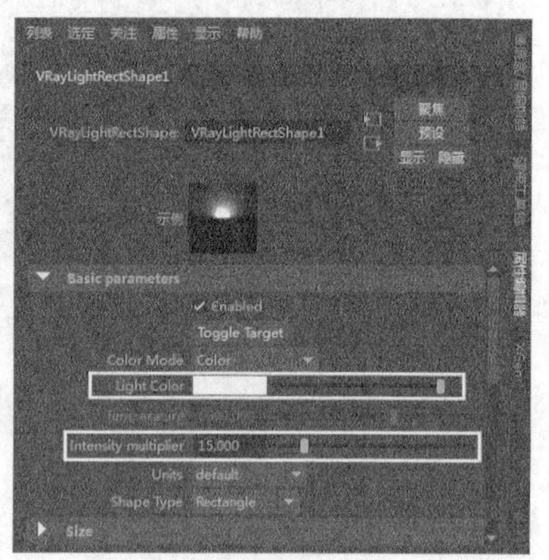


图15-210

**06** 执行“创建>灯光>V-Ray Rect Light”菜单命令创建一盏灯光，然后调整灯光的位置、大小和方向，如图15-211所示。

**07** 打开VRayLightRect2节点的属性编辑器，设置Light color（灯光颜色）为（R:236，G:255，B:255）、Intensity multiplier（强度倍增）为10，如图15-212所示。

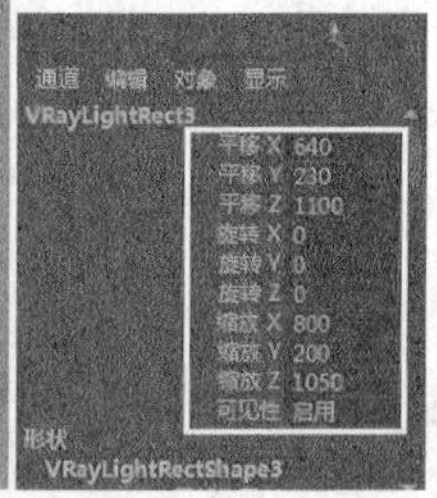


图15-211

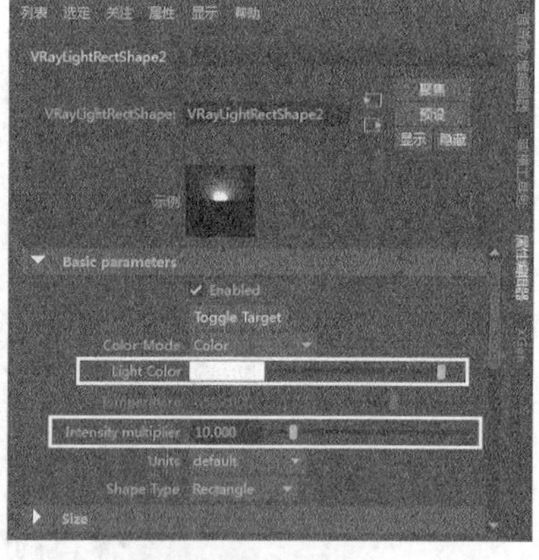


图15-212

**08** 执行“创建>灯光>V-Ray Rect Light”菜单命令创建一盏灯光，然后调整灯光的位置、大小和方向，如图15-213所示。

**09** 打开VRayLightRect3节点的属性编辑器，设置Light color（灯光颜色）为（R:236，G:255，B:255）、Intensity multiplier（强度倍增）为18，如图15-214所示。

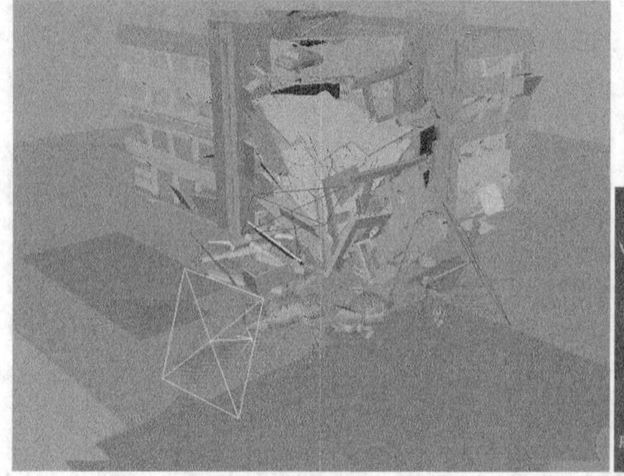

图15-213

图15-214

**10** 打开“渲染视图”对话框，然后将渲染器设置为V-Ray，接着以camera1视角渲染场景，效果如图15-215所示。

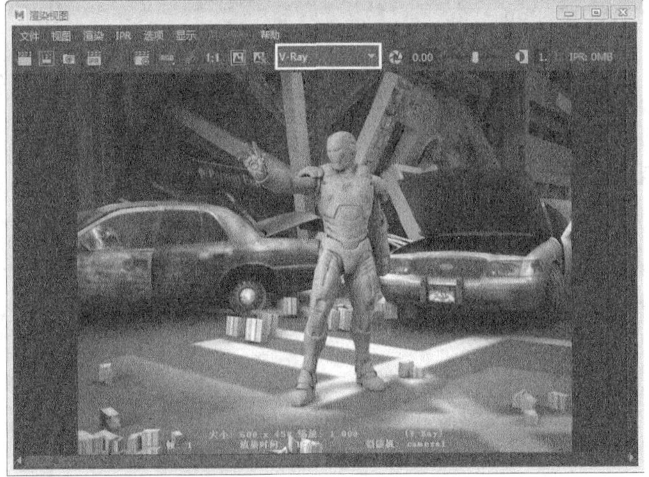


图15-215

## 15.6.2 制作材质

钢铁侠的盔甲是由喷漆金属构成，所以在制作时要考虑到金属、油漆、划痕和污渍等特性，使用VRay Mtl材质节点可以完美地模拟这些效果。

### 1.头部材质

**01** 打开Hypershade对话框，然后新建一个VRay Mtl材质节点，接着在属性编辑器中将节点名称设置为head，再为Diffuse Color（漫反射颜色）属性连接一个带有“Scenes>CH15>15.6>mat3_c.jpg”文件的“文件”节点，最后为Self-Illumination（自发光）属性连接一个带有“Scenes>CH15>15.6>mat3_s.jpg”文件的“文件”节点，如图15-216所示。

**02** 展开Reflection（反射）卷展栏，为Reflection Color（反射颜色）属性连接一个带有“Scenes>CH15>15.6>mat3_r.jpg”文件的“文件”节点，然后为Amount（数量）属性连接一个带有“Scenes>CH15>15.6>mat3_g.jpg”文件的“文件”节点，接着设置Reflection Glossiness（反射光泽度）为0.8，取消选择Use Fresnel（使用Fresnel）选项，如图15-217所示。

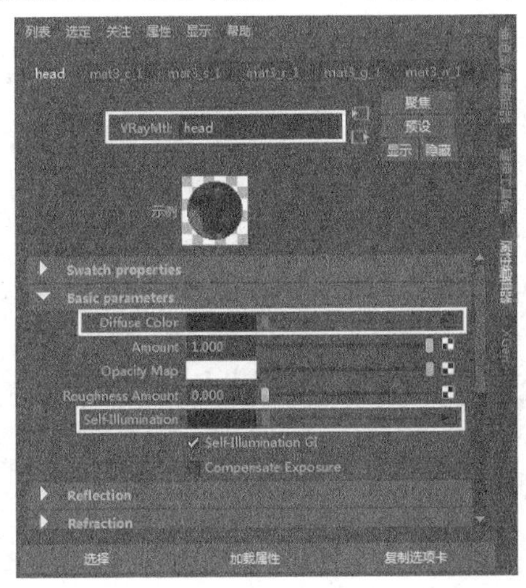


图15-216

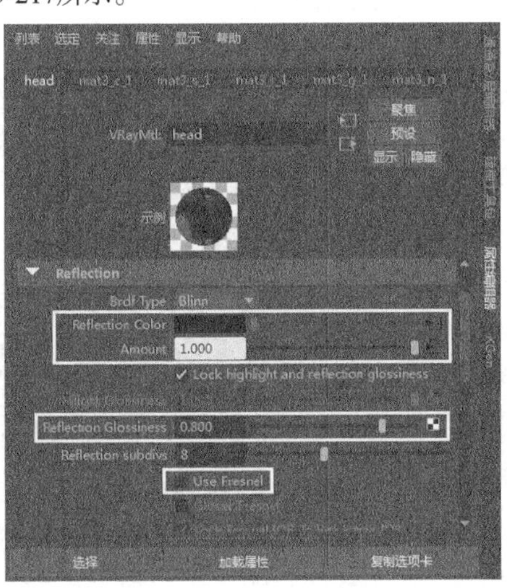


图15-217

**03** 展开Anisotropy（各向异性）卷展栏，然后设置Anisotropy（各向异性）为0.5，如图15-218所示。

**04** 展开Bump and Normal mapping（凹凸和法线贴图）卷展栏，然后为Map（贴图）属性连接一个“文件”节点，接着为“文件”节点指定“Scenes>CH15>15.6>mat3_n.jpg”文件，再选择head节点，最后设置Map Type（贴图类型）为Normal map in tangent space（切线空间法线）、Bump Mult（凹凸倍增）为1，如图15-219所示。

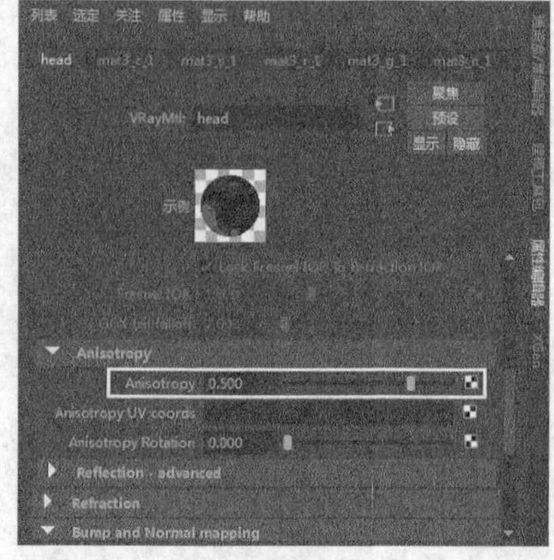

图15-218

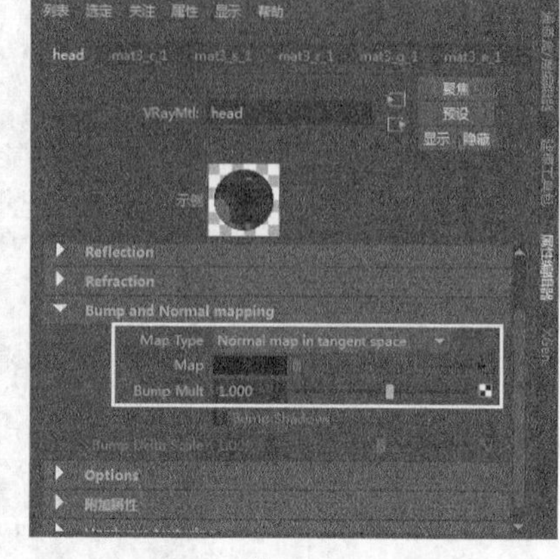

图15-219

**05** 头部材质的节点网络如图15-220所示。将制作好的head材质赋予人物头部模型，如图15-221所示。

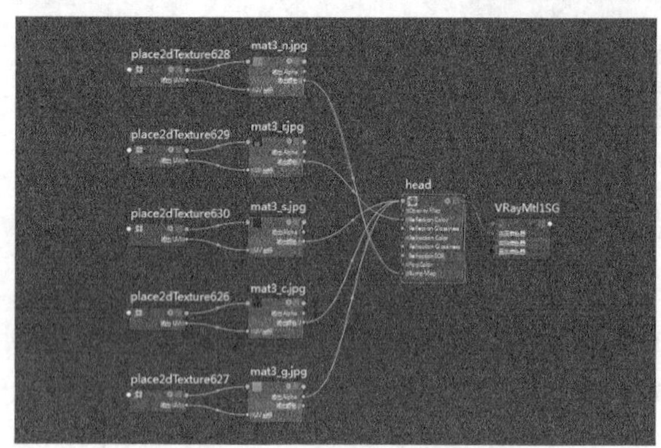

图15-220

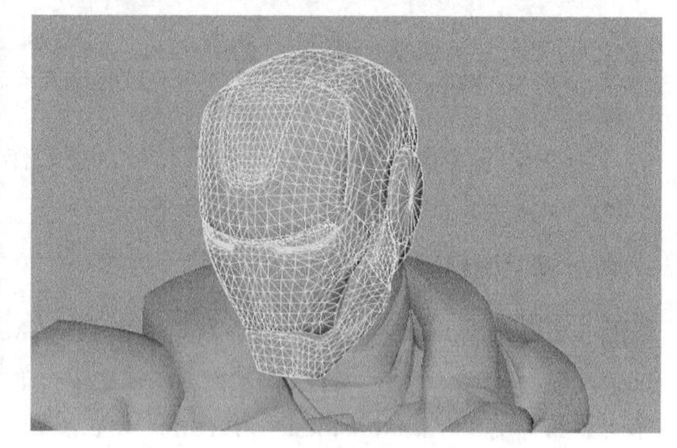

图15-221

## 2.身体材质

**01** 打开Hypershade对话框，然后新建一个VRay Mtl材质节点，接着在属性编辑器中将节点名称设置为body，最后为Diffuse Color（漫反射颜色）属性连接一个带有“Scenes>CH15>15.6>mat1_c.jpg”文件的“文件”节点，如图15-222所示。

**02** 展开Reflection（反射）卷展栏，为Reflection Color（反射颜色）属性连接一个带有“Scenes>CH15>15.6>mat1_r.jpg”文件的“文件”节点，然后为Amount（数量）属性连接一个带有“Scenes>CH15>15.6>mat1_g.jpg”文件的“文件”节点，接着设置Reflection Glossiness（反射光泽度）为0.8，取消选择Use Fresnel（使用Fresnel）选项，如图15-223所示。

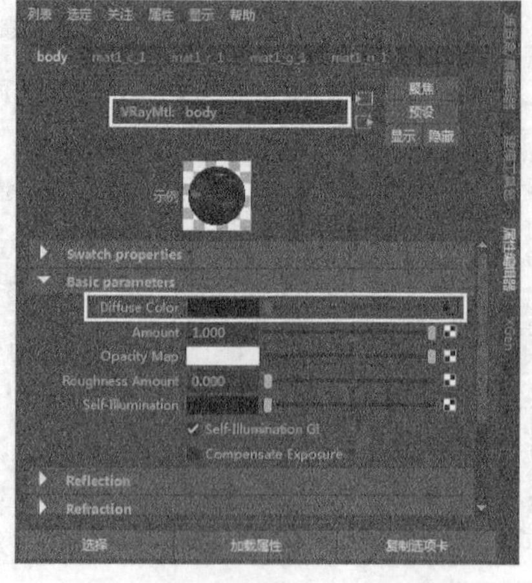

图15-222

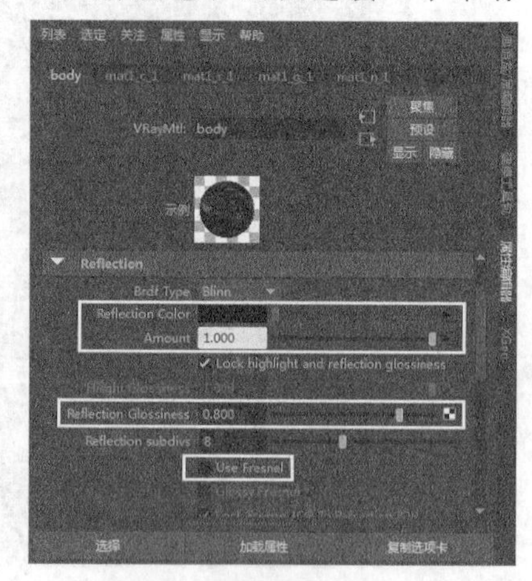

图15-223

03 展开Anisotropy（各向异性）卷展栏，然后设置Anisotropy（各向异性）为0.5，如图15-224所示。

04 展开Bump and Normal mapping（凹凸和法线贴图）卷展栏，然后为Map（贴图）属性连接一个“文件”节点，接着为“文件”节点指定“Scenes>CH15>15.6>mat1_n.jpg”文件，再选择body节点，最后设置Map Type（贴图类型）为Normal map in tangent space（切线空间法线）、Bump Mult（凹凸倍增）为1，如图15-225所示。

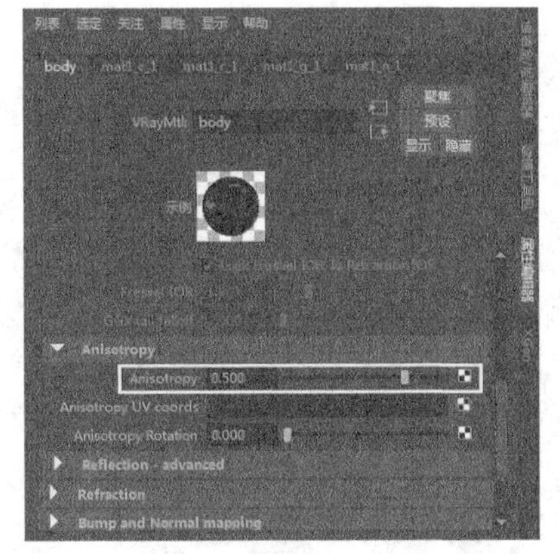

图15-224

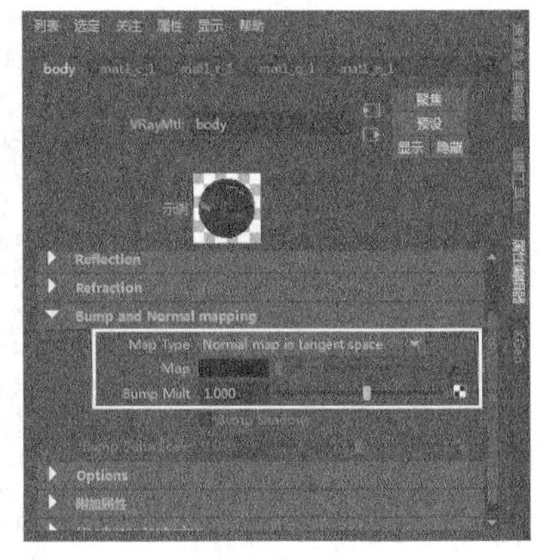

图15-225

05 身体材质的节点网络如图15-226所示。将制作好的body材质赋予人物身体模型，如图15-227所示。

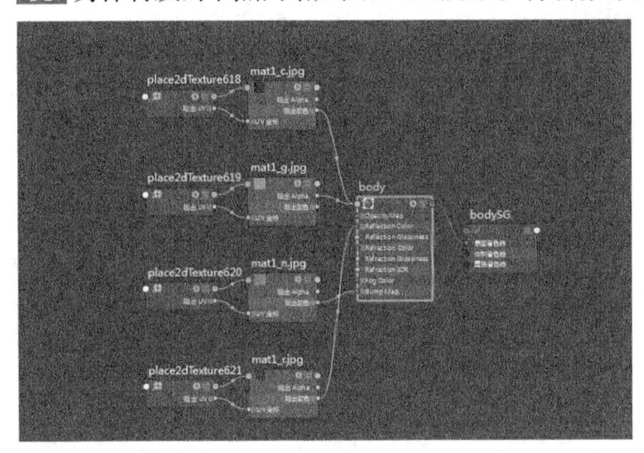


图15-226

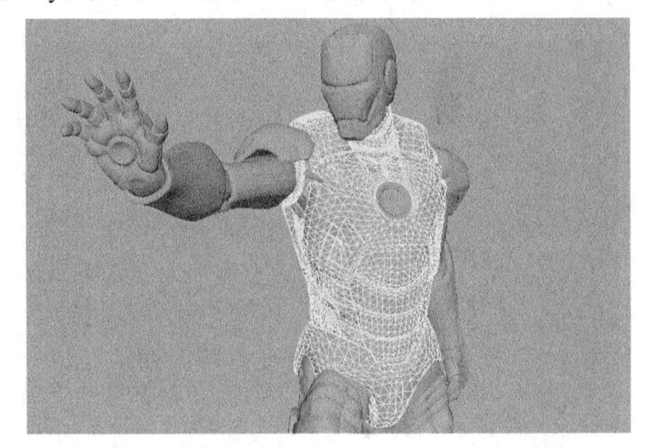

图15-227

## 3.手臂材质

01 打开Hypershade对话框，然后新建一个VRay Mtl材质节点，接着在属性编辑器中将节点名称设置为hand，再为Diffuse Color（漫反射颜色）属性连接一个带有“Scenes>CH15>15.6>mat0_c.jpg”文件的“文件”节点，最后为Self-Illumination（自发光）属性连接一个带有“Scenes>CH15>15.6>mat0_s.jpg”文件的“文件”节点，如图15-228所示。

02 展开Reflection（反射）卷展栏，为Reflection Color（反射颜色）属性连接一个带有“Scenes>CH15>15.6>mat0_r.jpg”文件的“文件”节点，然后为Amount（数量）属性连接一个带有“Scenes>CH15>15.6>mat0_g.jpg”文件的“文件”节点，接着设置Reflection Glossiness（反射光泽度）为0.8，取消选择Use Fresnel（使用Fresnel）选项，如图15-229所示。

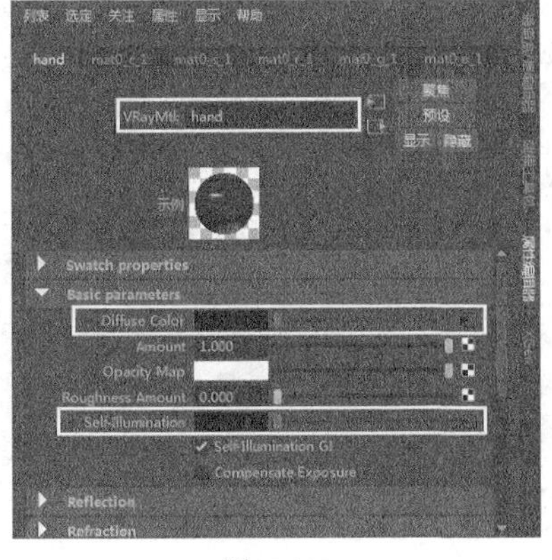

图15-228

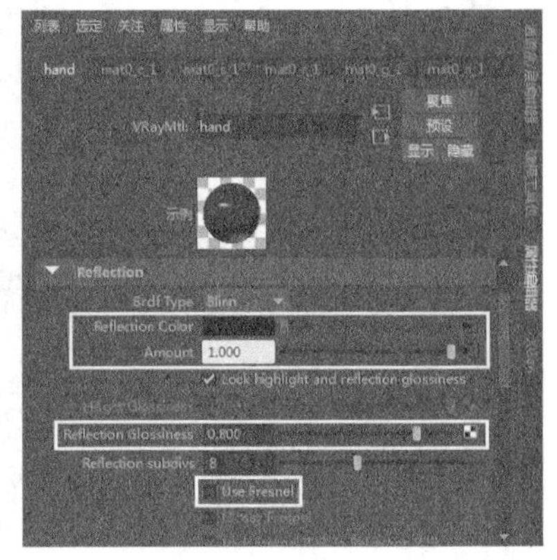

图15-229

**03** 展开Anisotropy（各向异性）卷展栏，然后设置Anisotropy（各向异性）为0.5，如图15-230所示。

**04** 展开Bump and Normal mapping（凹凸和法线贴图）卷展栏，然后为Map（贴图）属性连接一个“文件”节点，接着为“文件”节点指定“Scenes>CH15>15.6>mat0_n.jpg”文件，再选择hand节点，最后设置Map Type（贴图类型）为Normal map in tangent space（切线空间法线）、Bump Mult（凹凸倍增）为1，如图15-231所示。

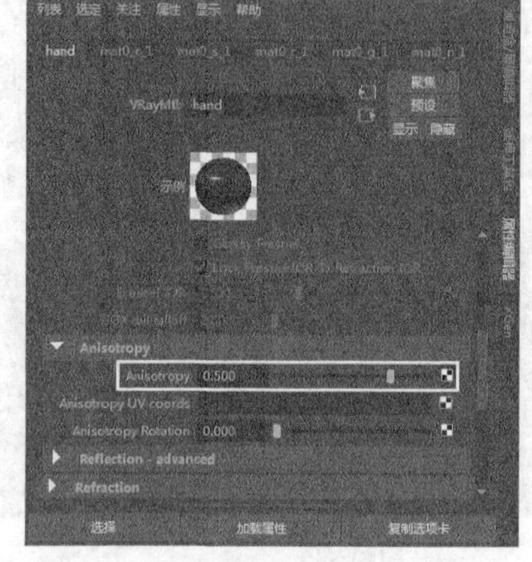

图15-230

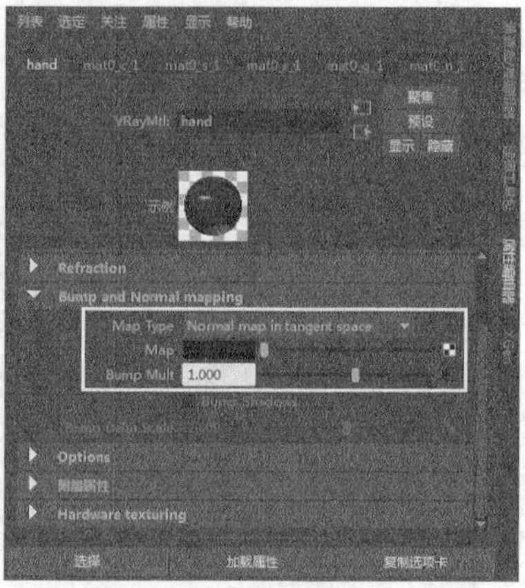

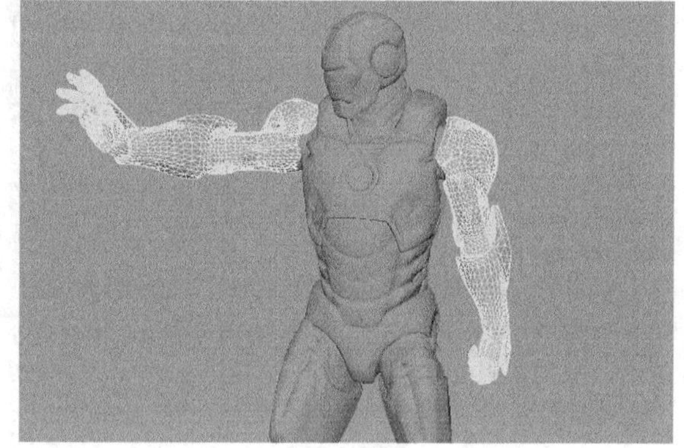

图15-231

**05** 手臂材质的节点网络如图15-232所示。将制作好的hand材质赋予人物手臂模型，如图15-233所示。

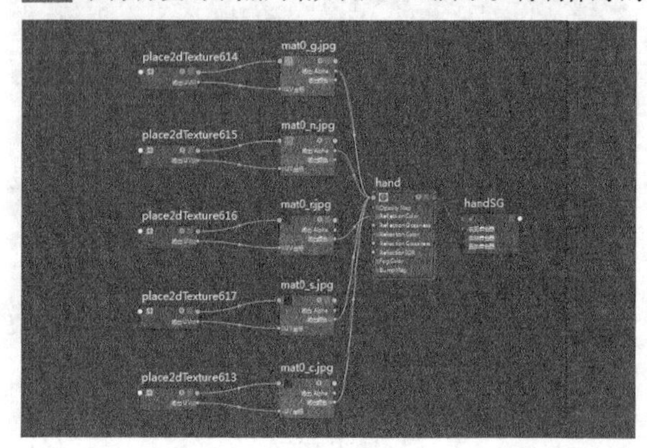

图15-232

图15-233

### 4.腿部材质

**01** 打开Hypershade对话框，然后新建一个VRay Mtl材质节点，接着在属性编辑器中将节点名称设置为leg，最后为Diffuse Color（漫反射颜色）属性连接一个带有“Scenes>CH15>15.6>mat2_c.jpg”文件的“文件”节点，如图15-234所示。

**02** 展开Reflection（反射）卷展栏，为Reflection Color（反射颜色）属性连接一个带有“Scenes>CH15>15.6>mat2_r.jpg”文件的“文件”节点，然后为Amount（数量）属性连接一个带有“Scenes>CH15>15.6>mat2_g.jpg”文件的“文件”节点，接着设置Reflection Glossiness（反射光泽度）为0.8，取消选择Use Fresnel（使用Fresnel）选项，如图15-235所示。

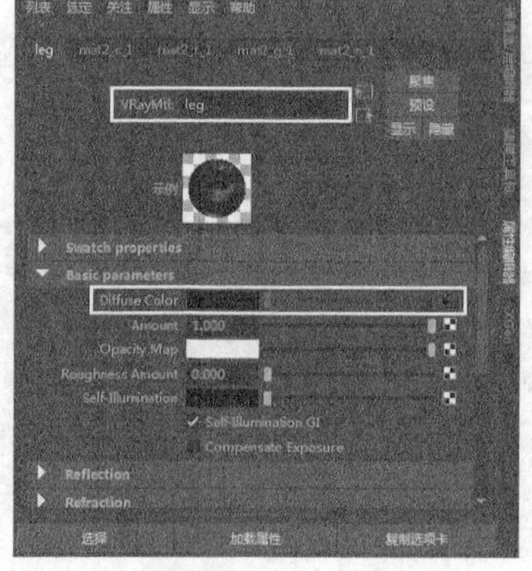

图15-234

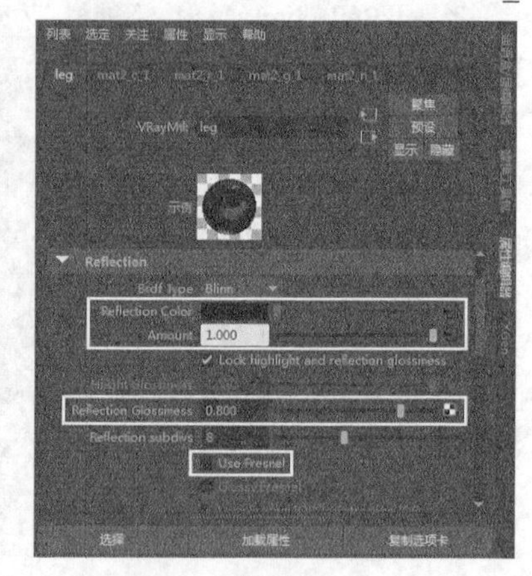

图15-235

**03** 展开Anisotropy（各向异性）卷展栏，然后设置Anisotropy（各向异性）为0.5，如图15-236所示。

**04** 展开Bump and Normal mapping（凹凸和法线贴图）卷展栏，然后为Map（贴图）属性连接一个"文件"节点，接着为"文件"节点指定"Scenes>CH15>15.6>mat2_n.jpg"文件，再选择leg节点，最后设置Map Type（贴图类型）为Normal map in tangent space（切线空间法线）、Bump Mult（凹凸倍增）为1，如图15-237所示。

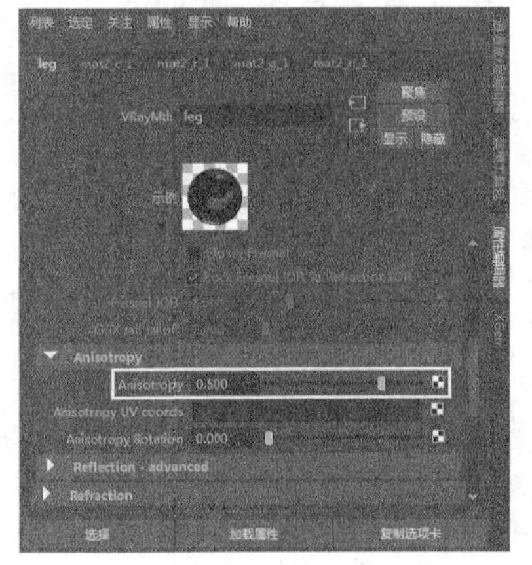


图15-236

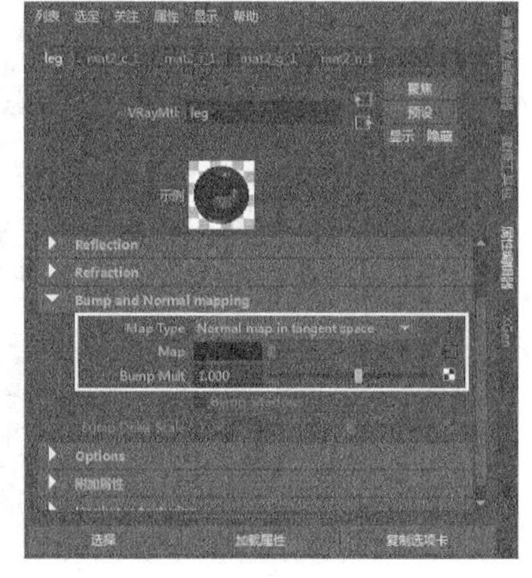


图15-237

**05** 腿部材质的节点网络如图15-238所示。将制作好的leg材质赋予人物腿部模型，如图15-239所示。

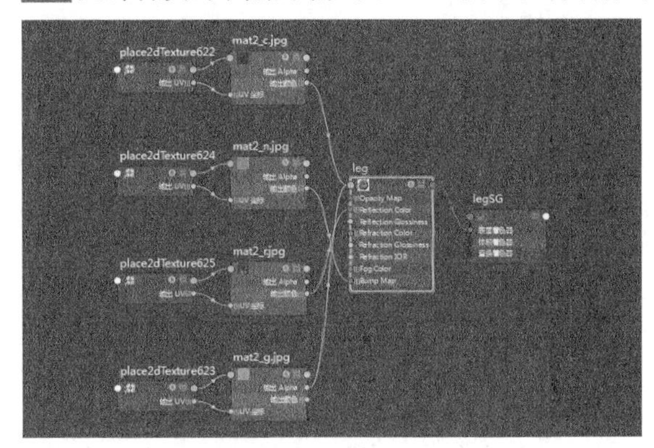


图15-238

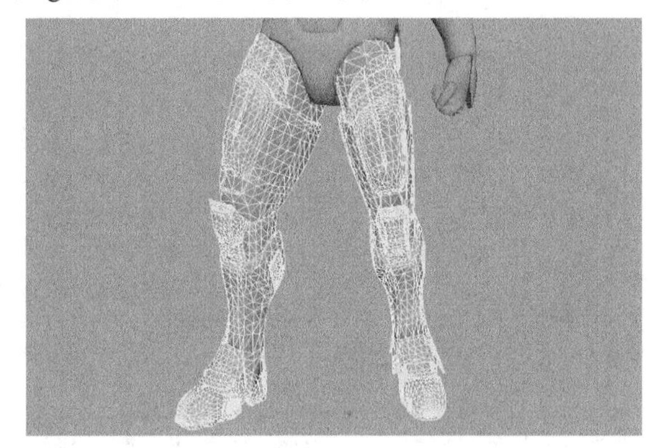

图15-239

## 5.能量材质

**01** 打开Hypershade对话框，然后新建一个VRay Mtl材质节点，接着在属性编辑器中将节点名称设置为reactor，再设置Diffuse Color（漫反射颜色）为（R:23，G:23，B:23），最后为Self-Illumination（自发光）属性连接一个带有"Scenes>CH15>15.6>mat8_s.jpg"文件的"文件"节点，如图15-240所示。

**02** 展开Reflection（反射）卷展栏，为Reflection Color（反射颜色）属性连接一个带有"Scenes>CH15>15.6>mat3_r.jpg"文件的"文件"节点，然后为Amount（数量）属性连接一个带有"Scenes>CH15>15.6>mat3_g.jpg"文件的"文件"节点，接着设置Reflection Glossiness（反射光泽度）为0.8，取消选择Use Fresnel（使用Fresnel）选项，如图15-241所示。

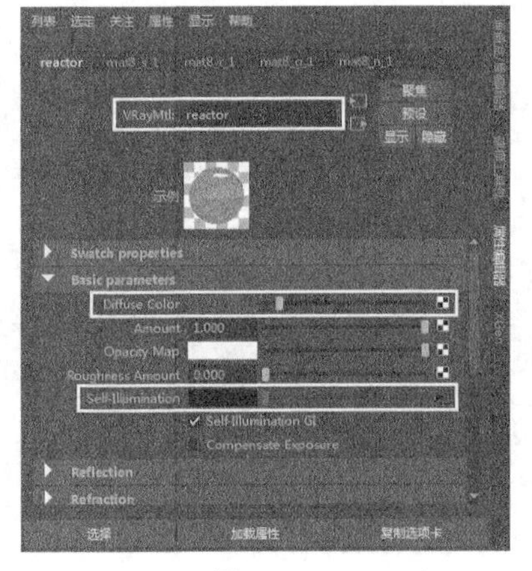


图15-240

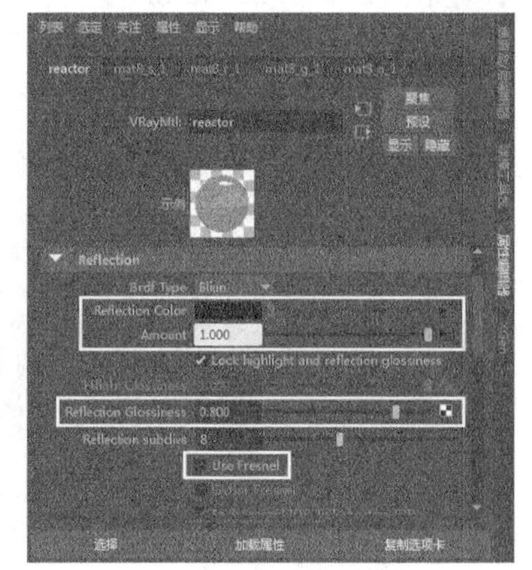


图15-241

**03** 展开Anisotropy（各向异性）卷展栏，然后设置Anisotropy（各向异性）为0.5，如图15-242所示。

**04** 展开Bump and Normal mapping（凹凸和法线贴图）卷展栏，然后为Map（贴图）属性连接一个“文件”节点，接着为“文件”节点指定“Scenes>CH15>15.6>mat8_n.jpg”文件，再选择reactor节点，最后设置Map Type（贴图类型）为Normal map in tangent space（切线空间法线）、Bump Mult（凹凸倍增）为1，如图15-243所示。

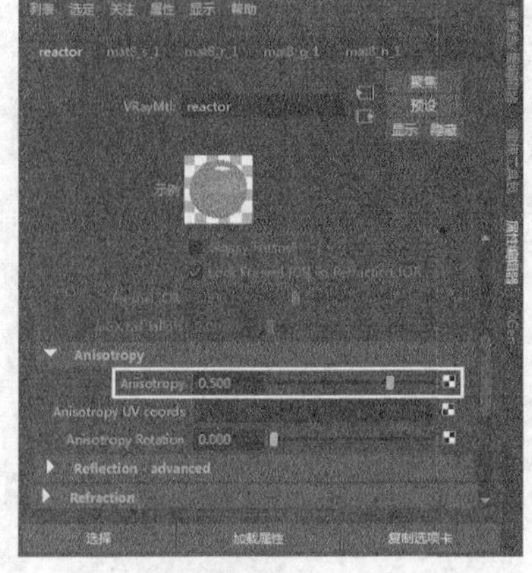


图15-242

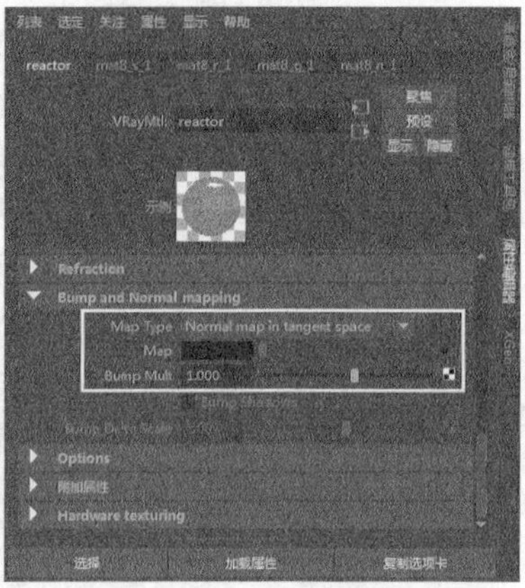

图15-243

**05** 能量材质的节点网络如图15-244所示。将制作好的reactor材质赋予人物胸部的能量装置模型，如图15-245所示。

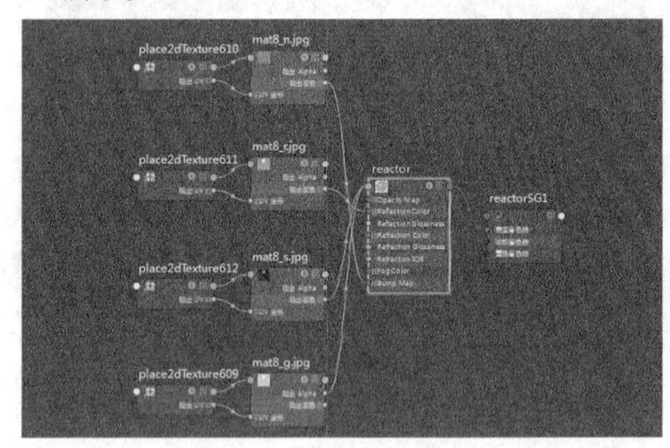


图15-244

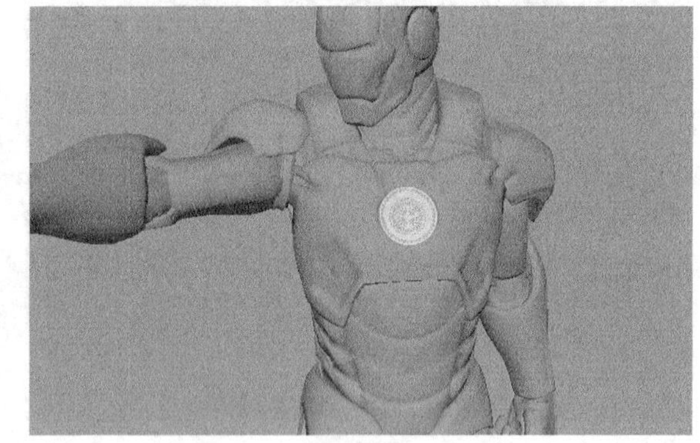

图15-245

## 6.内部材质

**01** 打开Hypershade对话框，然后新建一个VRay Mtl材质节点，接着在属性编辑器中将节点名称设置为inside，再设置Diffuse Color（漫反射颜色）为（R:13，G:13，B:13），最后为Opacity Map（不透明度贴图）属性连接一个带有“Scenes>CH15>15.6>mat7_a.jpg”文件的“文件”节点，如图15-246所示。

**02** 展开Bump and Normal mapping（凹凸和法线贴图）卷展栏，然后为Map（贴图）属性连接一个“文件”节点，接着为“文件”节点指定“Scenes>CH15>15.6>mat7_n.jpg”文件，再选择inside节点，最后设置Map Type（贴图类型）为Normal map in tangent space（切线空间法线）、Bump Mult（凹凸倍增）为1，如图15-247所示。

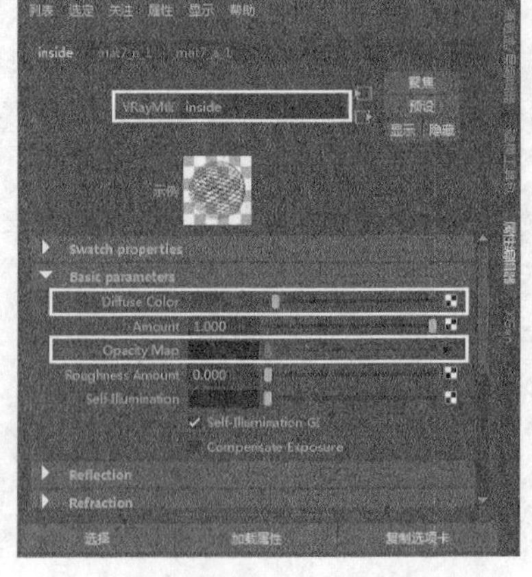


图15-246

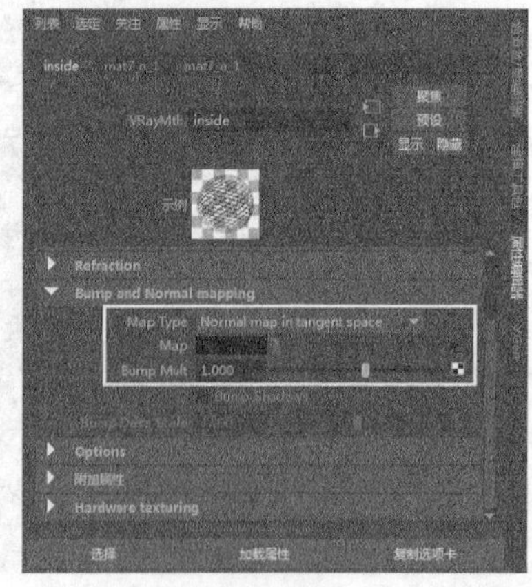


图15-247

**03** 内部材质的节点网络如图15-248所示。将制作好的inside材质赋予给人物内部的模型，如图15-249所示。

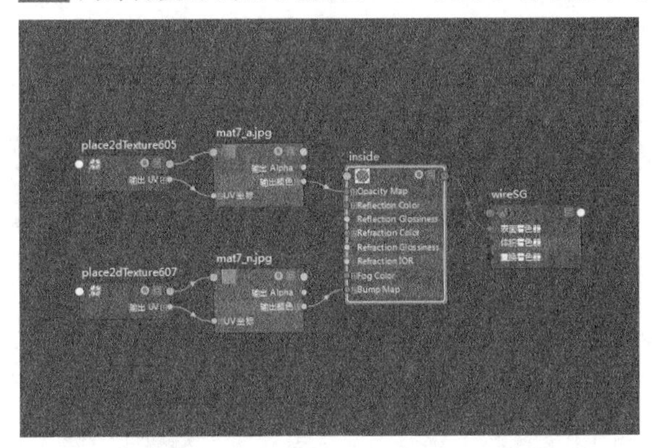


图15-248

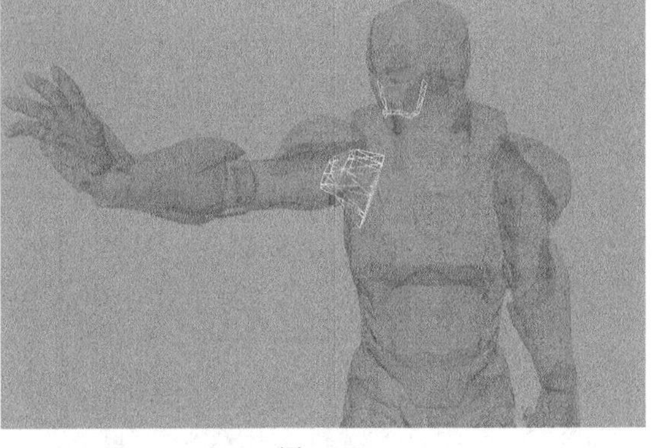

图15-249

## 7.连动杆材质

**01** 打开Hypershade对话框，然后新建一个VRay Mtl材质节点，接着在属性编辑器中将节点名称设置为stuff，最后为Diffuse Color（漫反射颜色）属性连接一个带有“Scenes>CH15>15.6>mat6_c.jpg”文件的“文件”节点，如图15-250所示。

**02** 展开Reflection（反射）卷展栏，为Reflection Color（反射颜色）属性连接一个带有“Scenes>CH15>15.6>mat6_r.jpg”文件的“文件”节点，然后为Amount（数量）属性连接一个带有“Scenes>CH15>15.6>mat6_g.jpg”文件的“文件”节点，接着设置Reflection Glossiness（反射光泽度）为0.8，取消选择Use Fresnel（使用Fresnel）选项，如图15-251所示。

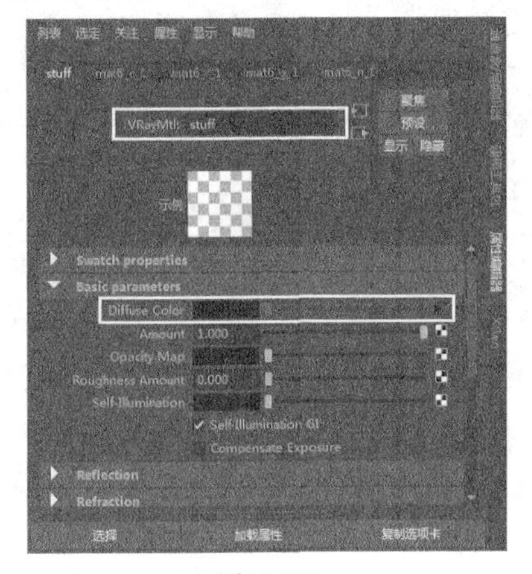


图15-250

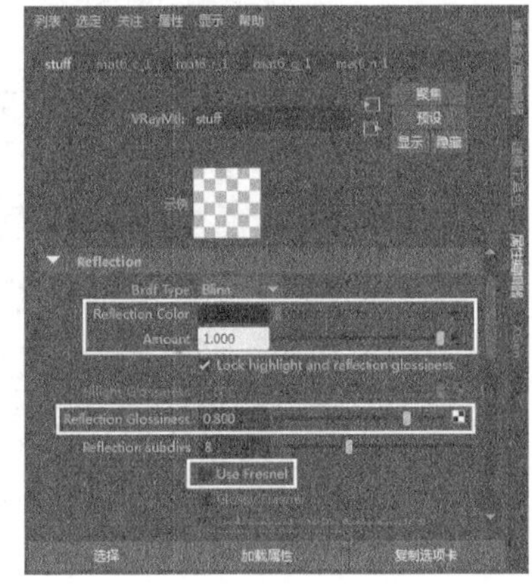


图15-251

**03** 展开Anisotropy（各向异性）卷展栏，然后设置Anisotropy（各向异性）为0.5，如图15-252所示。

**04** 展开Bump and Normal mapping（凹凸和法线贴图）卷展栏，然后为Map（贴图）属性连接一个“文件”节点，接着为“文件”节点指定“Scenes>CH15>15.6>mat6_n.jpg”文件，再选择stuff节点，最后设置Map Type（贴图类型）为Normal map in tangent space（切线空间法线）、Bump Mult（凹凸倍增）为1，如图15-253所示。

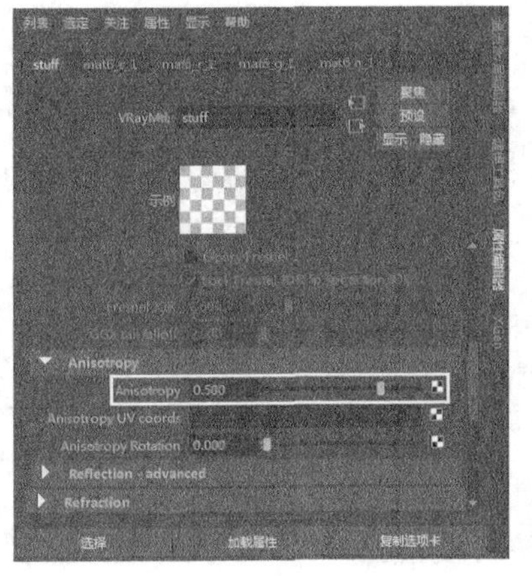


图15-252

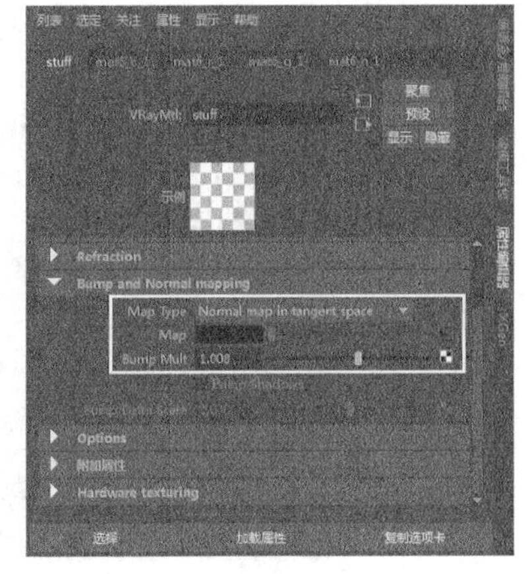


图15-253

**05** 连动杆材质的节点网络如图15-254所示。将制作好的stuff材质赋予人物腋窝处的连动杆模型，如图15-255所示。

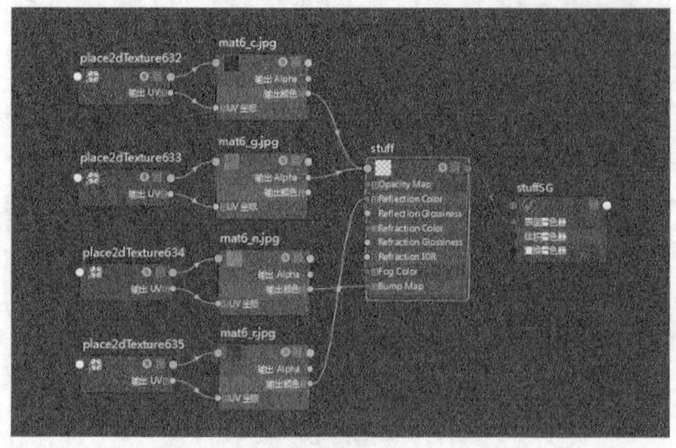


图15-254

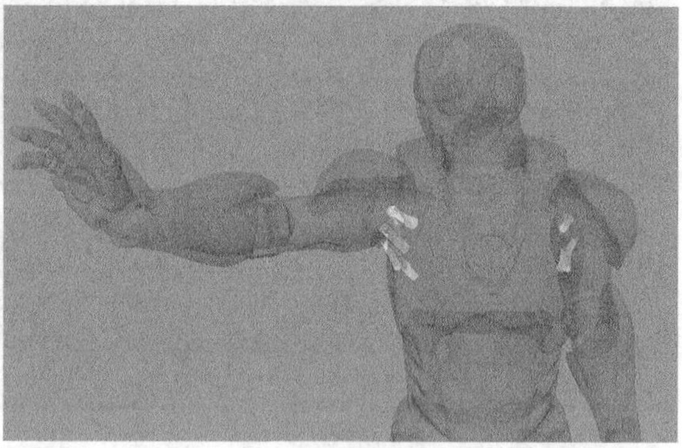

图15-255

## 15.6.3 添加景深

**01** 在大纲视图中选择camera1节点，然后在属性编辑器中切换到cameraShape1选项卡，如图15-256所示，接着执行“属性>VRay>Physical camera（物理摄影机）”命令，如图15-257所示。

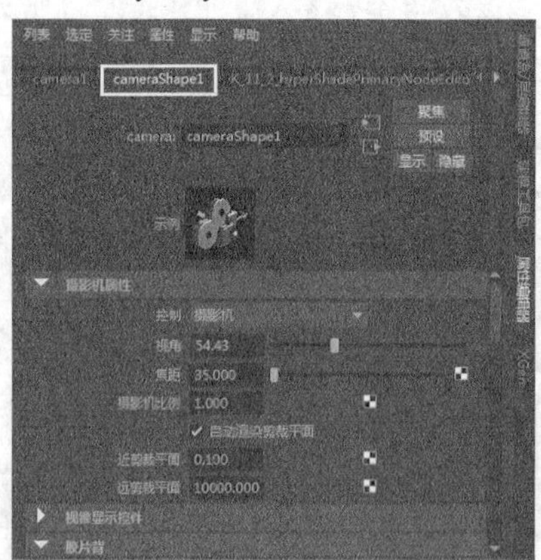


图15-256

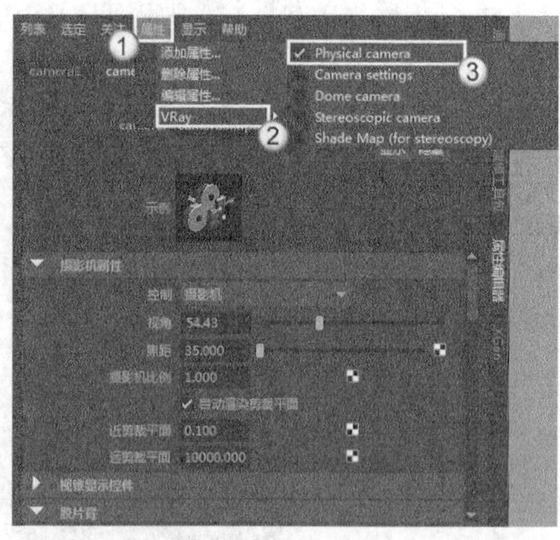


图15-257

**02** 此时，在面板底部会增加一个Extra VRay Attributes（附加VRay属性）卷展栏。展开该卷展栏，然后选择Treat as VRay Physical camera（作为VRay物理摄影机）选项，如图15-258所示。

**03** 设置F-number（光圈数）为11、Shutter speed（快门速度）为15、ISO（感光度）为300，如图15-259所示。

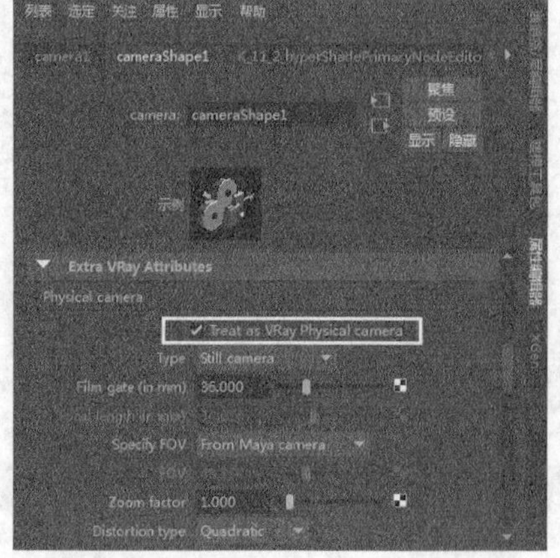


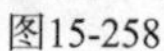

图15-258

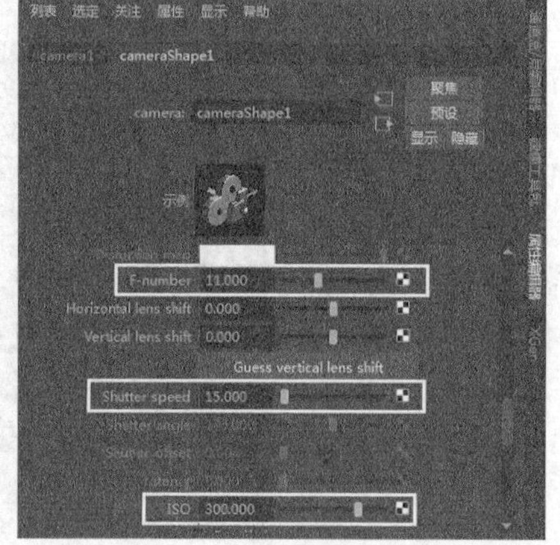


图15-259

**04** 选择Specify focus（指定焦距）选项，然后设置Focus distance（焦距）为27，接着选择Enable Depth of field（启用景深）选项，如图15-260所示。

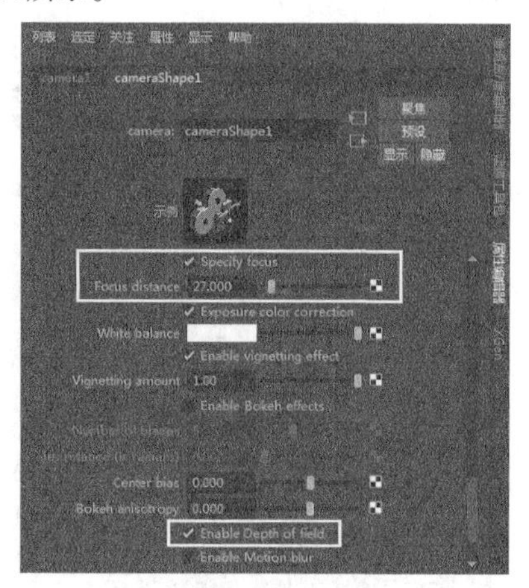


图15-260

**05** 打开“渲染视图”对话框，然后以camera1视角渲染场景，效果如图15-261所示。

图15-261

## 15.6.4 渲染设置

**01** 打开“渲染设置”对话框，然后切换到“公用”选项卡，接着展开Resolution（分辨率）卷展栏，再取消选择Maintain Width/Height Ratio（保持宽高比）选项，最后设置Width（宽度）为800、Height（高度）为600，如图15-262所示。

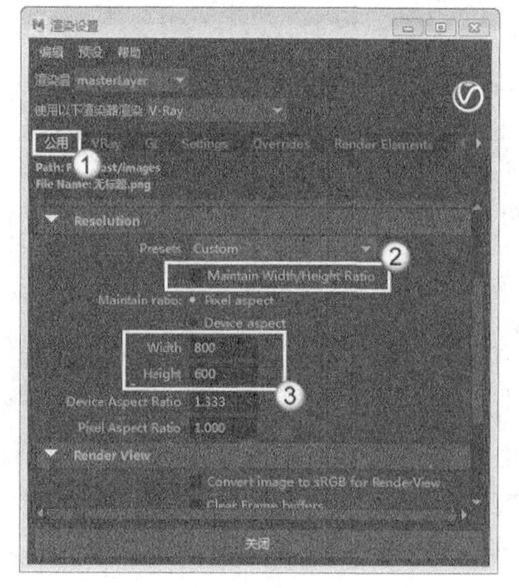


图15-262

**02** 切换到VRay选项卡，然后展开Image sampler（图像采样器）卷展栏，设置Min subdivs（最小细分）为6、Max subdivs（最大细分）为12，如图15-263所示。

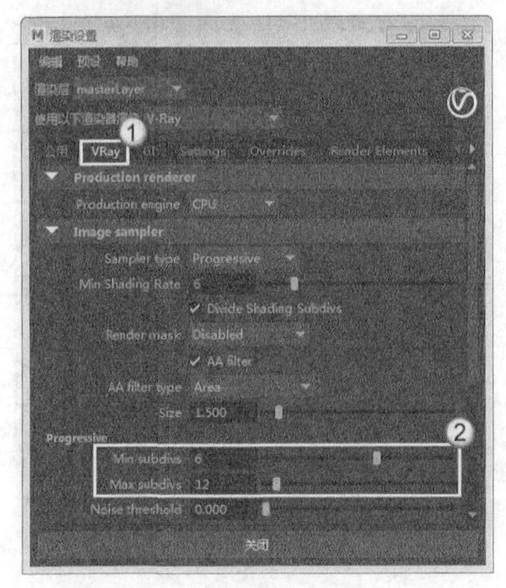


图15-263

**03** 切换到GI（全局照明）选项卡，然后展开GI卷展栏，接着选择On（开启）选项，如图15-264所示。

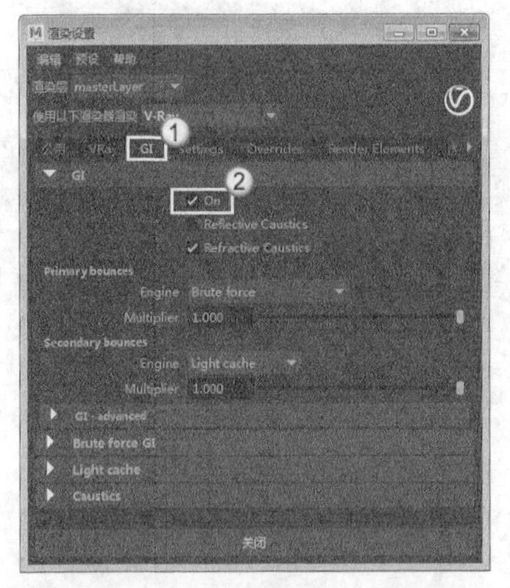


图15-264

**04** 打开“渲染视图”对话框，然后以camera1视角渲染场景，效果如图15-265所示。

图15-265

# 技术分享

## 用Arnold渲染器测试渲染的技巧

渲染是一个非常耗时的工作，在布置灯光和制作材质效果时会经常测试渲染，为了提高制作效率，往往会将渲染参数设置得较低，这样可以快速得到大概的渲染效果。因此，渲染参数的设置在该过程中尤为重要，太高的参数会大大增加渲染时间，降低工作效率，而较低的参数会得不到正确的渲染效果，影响材质的调整。

下面给出一套Arnold常用的测试渲染参数，首先设置采样器的参数，如图A所示。

如果场景中有透明贴图，可以先降低Ray Depth（光线深度）卷展栏中的Transparency Depth（透明深度），如图B所示。

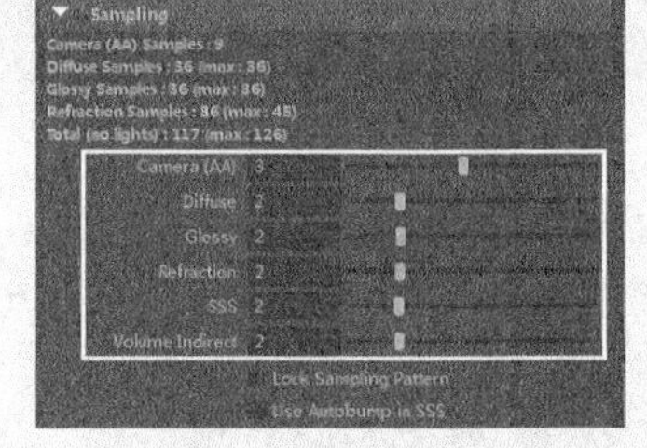

图A

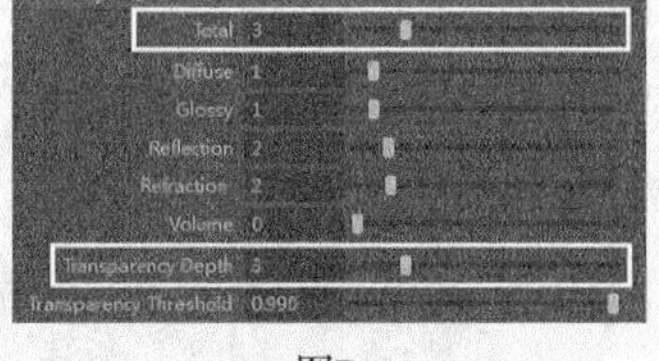

图B

打开Arnold RenderView（Arnold渲染视图）对话框，然后执行“View（视图）>Test Resolution（测试分辨率）>50%”菜单命令（甚至更小），接着单击■按钮即可开始测试渲染，如图C所示。

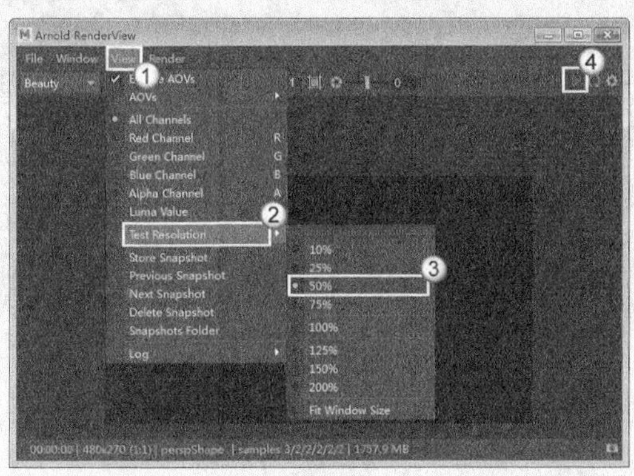

图C

如果想查看局部效果，可在Arnold RenderView（Arnold渲染视图）对话框中单击Crop Region（裁剪区域）按钮■，然后框选需要查看的范围，接着单击■按钮，这样就可以只渲染想要查看的区域，如图D所示。

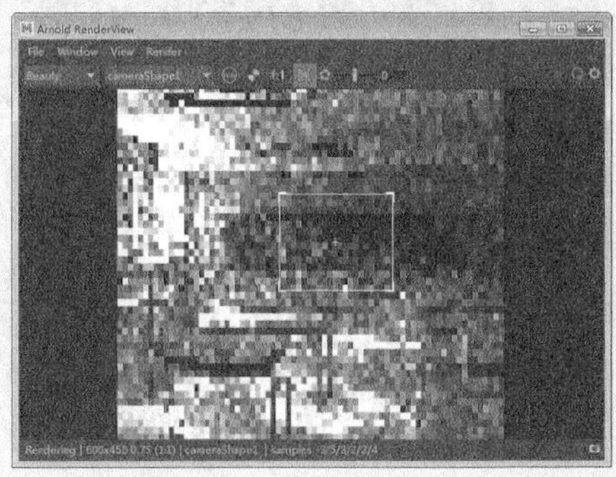

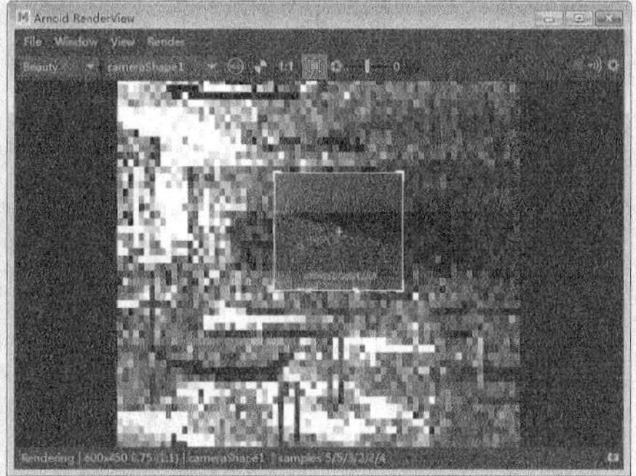

图D

# 用VRay渲染器测试渲染的技巧

下面给出一套VRay常用的测试渲染参数，主要设置采样器和全局照明两个方面。首先设置采样器的参数，如图A所示。

如果要测试全局照明的效果，那么需要有相应的修改，如图B所示。

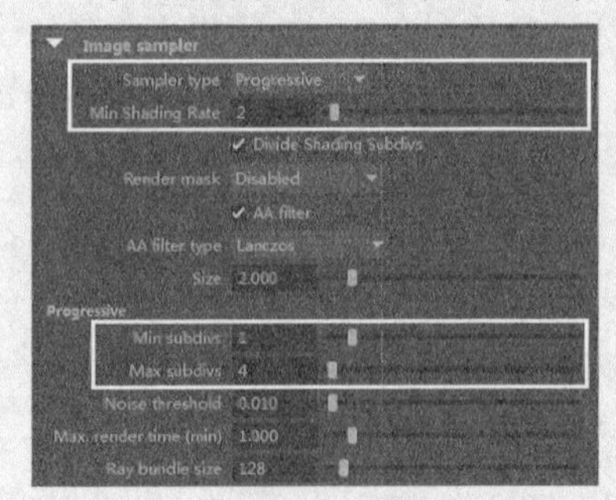


图A

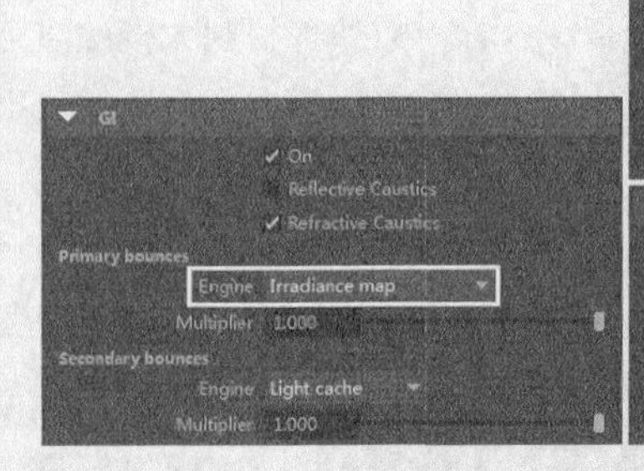


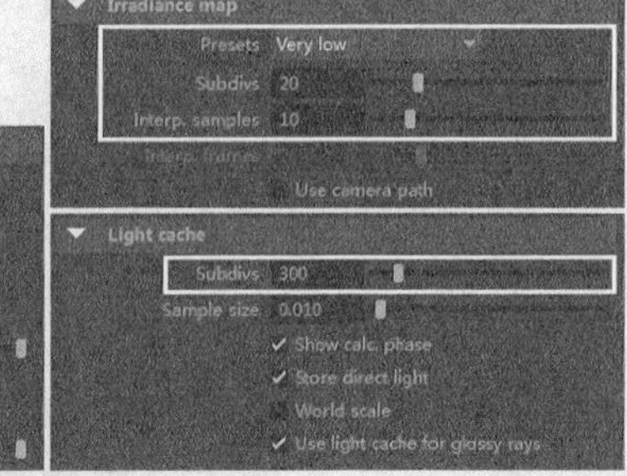


图B

还有一个测试渲染的技巧是调整画面的大小。在设置好渲染参数后，在“渲染视图”对话框中将“测试分辨率”设置得较低，如图C所示。这样既可以看到画面的整体效果，又缩短了渲染时间。

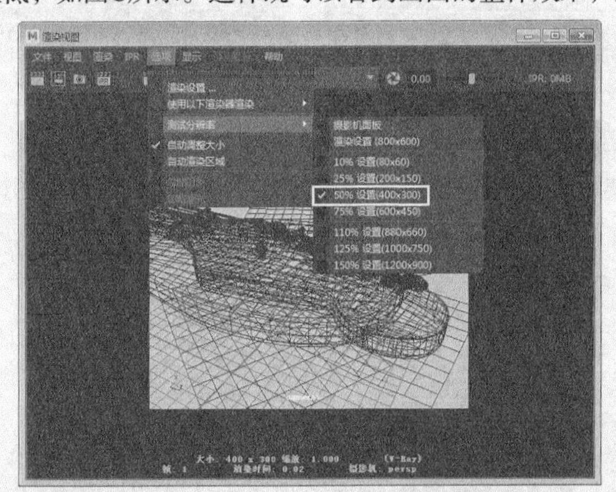

图C

如果想查看局部的效果，可以在“渲染视图”对话框中框选需要查看的范围，然后单击“渲染区域”按钮，这样就可以只渲染想要查看的区域，如图D所示。

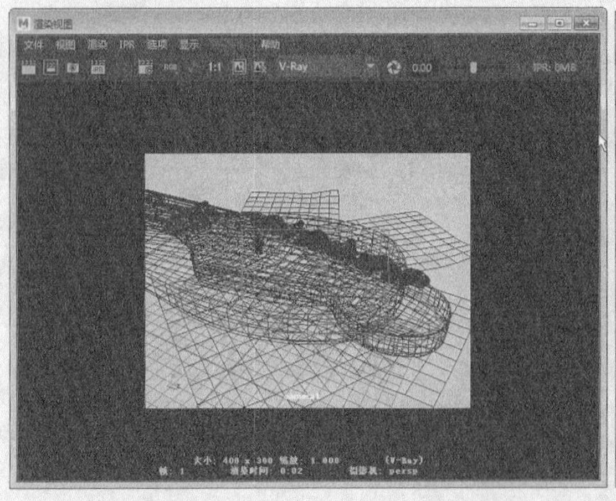

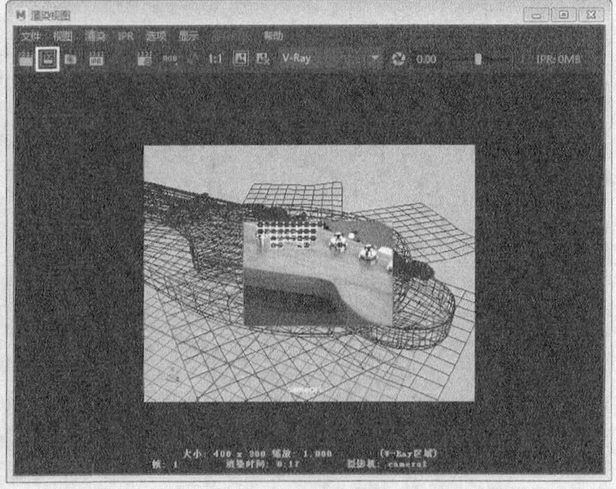

图D

# 第16章

# 绑定技术

在制作角色动画前，需要对模型进行绑定，这样可以灵活地调整模型的动作和表情。本章主要介绍创建骨架、编辑骨架、角色蒙皮等内容。

※ 了解骨架结构
※ 了解骨架的父子关系
※ 掌握如何创建和编辑骨架
※ 了解蒙皮的注意事项
※ 掌握如何蒙皮
※ 掌握如何绘制蒙皮权重

# 16.1 骨架系统

Maya提供了一套非常优秀的动画控制系统——骨架。动物的外部形体是由骨架、肌肉和皮肤组成的，从功能上来说，骨架主要起着支撑动物躯体的作用，它本身不能产生运动。动物的运动实际上都是由肌肉来控制的，在肌肉的带动下，筋腱拉动骨架沿着各个关节产生转动或在某些局部发生移动，从而表现出整个形体的运动状态。但在数字空间中，骨架、肌肉和皮肤的功能与现实中是不同的。数字角色的形态只由一个因素来决定，就是角色的三维模型，也就是数字空间中的皮肤。一般情况下，数字角色是没有肌肉的，控制数字角色运动的就是三维软件里提供的骨架系统。所以，通常所说的角色动画，就是制作数字角色骨架的动画，骨架控制着皮肤，或是由骨架控制着肌肉，再由肌肉控制皮肤来实现角色动画。总体来说，在数字空间中只有两个因素最重要，一是模型，它控制着角色的形体；另外一个是骨架，它控制角色的运动。肌肉系统在角色动画中只是为了让角色在运动时，让形体的变形更加符合解剖学原理，也就是使角色动画更加生动。

## 16.1.1 了解骨架结构

骨架是由“关节”和“骨骼”两部分构成的。关节位于骨与骨之间的连接位置，由关节的移动或旋转来带动与其相关的骨的运动。每个关节可以连接一个或多个骨，关节在场景视图中显示为球形线框结构物体；骨是连接在两个关节之间的物体结构，它能起到传递关节运动的作用，骨在场景视图中显示为棱锥状线框结构物体。另外，骨也可以指示出关节之间的父子层级关系，位于棱锥方形一端的关节为父级，位于棱锥尖端位置处的关节为子级，如图16-1所示。

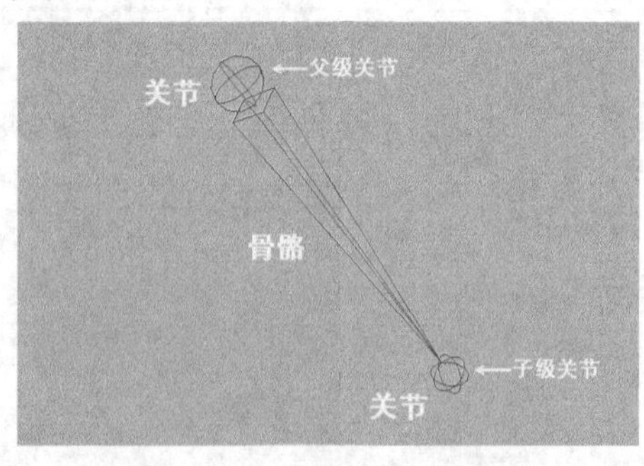


图16-1

### 1.关节链

“关节链”又称为“骨架链”，它是一系列关节和与之相连接的骨的组合。在一条关节链中，所有的关节和骨之间都是呈线性连接的，也就是说，如果从关节链中的第1个关节开始绘制一条路径曲线到最后一个关节结束，可以使该关节链中的每个关节都经过这条曲线，如图16-2所示。

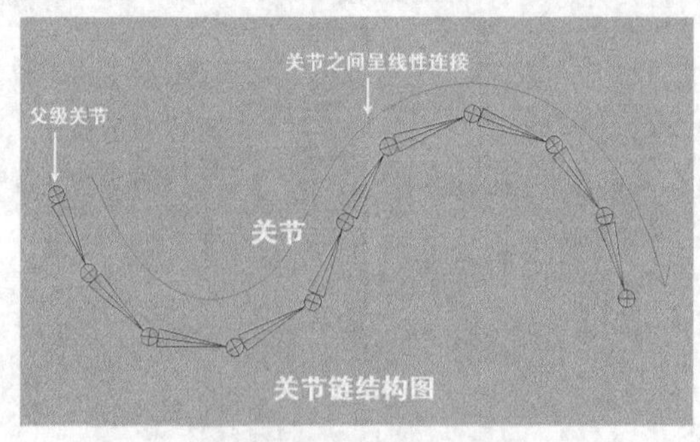


图16-2

**提示**

在创建关节链时，首先创建的关节将成为该关节链中层级最高的关节，称为“父关节”，只要对这个父关节进行移动或旋转操作，就会使整体关节链发生位置或方向上的变化。

### 2.肢体链

“肢体链”是多条关节链连接在一起的组合。与关节链不同，肢体链是一种“树状”结构，其中所有的关节和骨之间并不是呈线性方式连接的。也就是说，无法绘制出一条经过肢体链中所有关节的路径曲线，如图16-3所示。

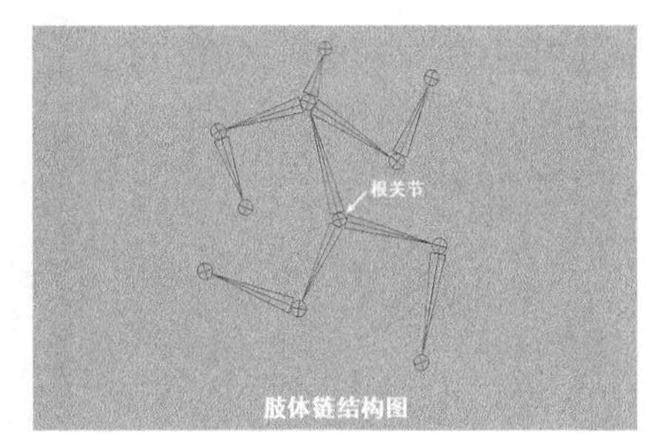

图16-3

**提示**

在肢体链中，层级最高的关节称为“根关节”，每个肢体链中只能存在一个根关节，但是可以存在多个父关节。其实，父关节和子关节是相对而言的，在关节链中任意的关节都可以成为父关节或子关节，只要在一个关节的层级之下有其他的关节存在，这个位于上一级的关节就是其层级之下关节的父关节，而这个位于层级之下的关节就是其层级之上关节的子关节。

## 16.1.2 父子关系

在Maya中，可以把父子关系理解成一种控制与被控制的关系。也就是说，把存在控制关系的物体中处于控制地位的物体称为父物体，把被控制的物体称为子物体。父物体和子物体之间的控制关系是单向的，前者可以控制后者，但后者不能控制前者。同时还要注意，一个父物体可以同时控制若干个子物体，但一个子物体不能同时被两个或两个以上的父物体控制。

对于骨架，不能仅仅局限于它的外观上的状态和结构。在本质上，骨架上的关节其实是在定义一个“空间位置”，而骨架就是这一系列空间位置以层级的方式所形成的一种特殊关系，连接关节的骨只是这种关系的外在表现。

## 16.1.3 创建骨架

在角色动画制作中，创建骨架通常就是创建肢体链的过程。创建骨架都使用“创建关节”命令来完成，如图16-4所示。

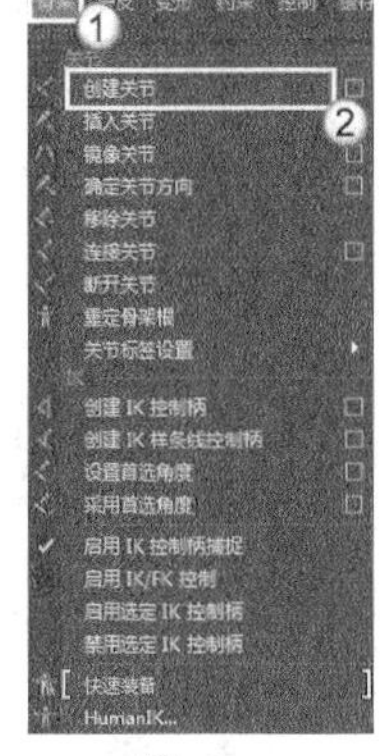

图16-4

**提示**

在Maya 2017中，绑定和蒙皮的相关命令都被安排在“装备”模块下。

单击“骨架>创建关节”菜单命令后面的■按钮，打开“创建关节”的“工具设置”对话框，如图16-5所示。

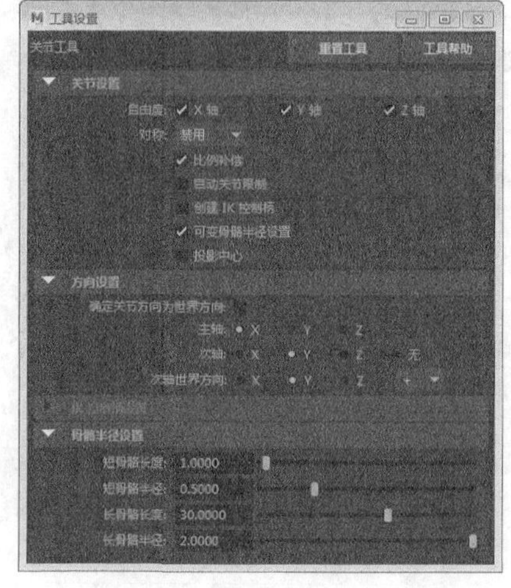


图16-5

## 关节工具参数介绍

- ❖ 自由度：指定被创建关节的哪些局部旋转轴向能被自由旋转，有“*x*轴”“*y*轴”“*z*轴”这3个选项。
- ❖ 对称：可以在创建关节时启用或禁用对称。在下拉菜单中，可以指定创建对称连接时的方向。
- ❖ 比例补偿：选择该选项时，在创建关节链后，当对位于层级上方的关节进行比例缩放操作时，位于其下方的关节和骨架不会自动按比例缩放；如果关闭该选项，当对位于层级上方的关节进行缩放操作时，位于其下方的关节和骨架也会自动按比例缩放。
- ❖ 自动关节限制：当选择该选项时，被创建关节的一个局部旋转轴向将被限制，使其只能在180°范围之内旋转。被限制的轴向就是与创建关节时被激活视图栅格平面垂直的关节局部旋转轴向，被限制的旋转方向在关节链小于180°夹角的一侧。

**提示**

“自动关节限制”选项适用于类似有膝关节旋转特征的关节链的创建。该选项的设置不会限制关节链的开始关节和末端关节。

- ❖ 创建IK控制柄：当选择该选项时，“IK控制柄设置”卷展栏下的相关选项才起作用。这时，使用“创建关节”命令■创建关节链的同时会自动创建一个IK控制柄。创建的IK控制柄将从关节链的第1个关节开始，到末端关节结束。

**提示**

关于IK控制柄的设置方法，将在后面的内容中详细介绍。

- ❖ 可变骨骼半径设置：选择该选项后，可以在“骨骼半径设置”卷展栏下设置短/长骨骼的长度和半径。
- ❖ 投影中心：如果启用该选项，Maya 会自动将关节捕捉到选定网格的中心。
- ❖ 确定关节方向为世界方向：选择该选项后，被创建的所有关节局部旋转轴向将与世界坐标轴向保持一致。
- ❖ 主轴：设置被创建关节的局部旋转主轴方向。
- ❖ 次轴：设置被创建关节的局部旋转次轴方向。
- ❖ 次轴世界方向：为使用“创建关节”命令■创建的所有关节的第2个旋转轴设定世界轴（正或负）方向。

❖ 短骨骼长度：设置一个长度数值来确定哪些骨为短骨骼。
❖ 短骨骼半径：设置一个数值作为短骨的半径尺寸，它是骨半径的最小值。
❖ 长骨骼长度：设置一个长度数值来确定哪些骨为长骨骼。
❖ 长骨骼半径：设置一个数值作为长骨的半径尺寸，它是骨半径的最大值。

## 【练习16-1】用关节工具创建人体骨架

| | |
|---|---|
| 场景文件 | 无 |
| 实例文件 | Examples>CH16>16.1.mb |
| 难易指数 | ★☆☆☆☆ |
| 技术掌握 | 掌握关节工具的用法及人体骨架的创建方法 |

本例使用“创建关节”命令创建的人体骨架效果如图16-6所示。

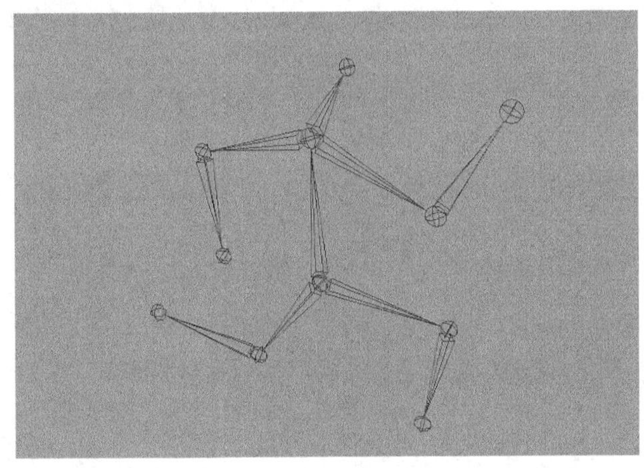

图16-6

**01** 切换到“装备”模块，然后执行“骨架>创建关节”菜单命令，当光标变成十字形时，在视图中单击左键，创建出第1个关节，接着在该关节的上方单击一次左键，创建出第2个关节（这时在两个关节之间会出现一根骨），最后在当前关节的上方单击一次左键，创建出第3个关节，如图16-7所示。

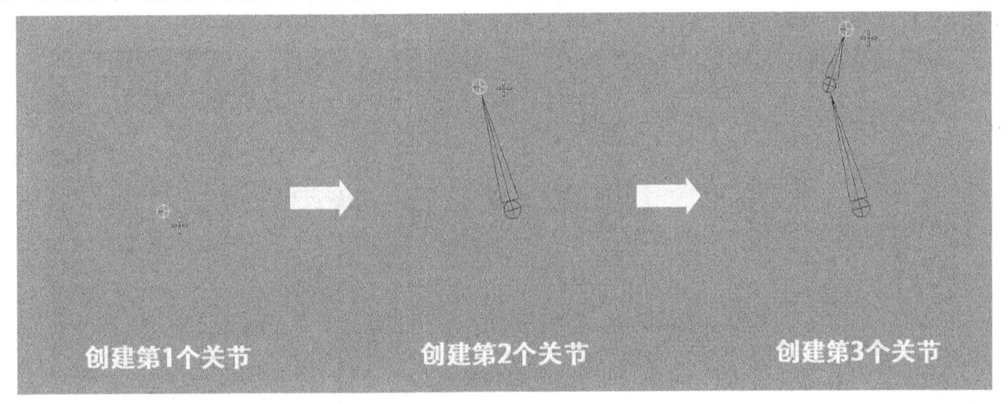


图16-7

**提示**

当创建一个关节后，如果对关节的放置位置不满意，可以使用鼠标中键单击并拖曳当前处于选择状态的关节，然后将其移动到需要的位置即可；如果已经创建了多个关节，想要修改之前创建关节的位置时，可以使用方向键↑和↓来切换选择不同层级的关节。当选择了需要调整位置的关节后，再使用鼠标中键单击并拖曳当前处于选择状态的关节，将其移动到需要的位置即可。

注意，以上操作必须在没有结束“创建关节”命令操作的情况下才有效。

**02** 继续创建其他的肢体链分支。按一次↑方向键，选择位于当前选择关节上一个层级的关节，然后在其右侧位置依次单击两次左键，创建出第4和第5个关节，如图16-8所示。

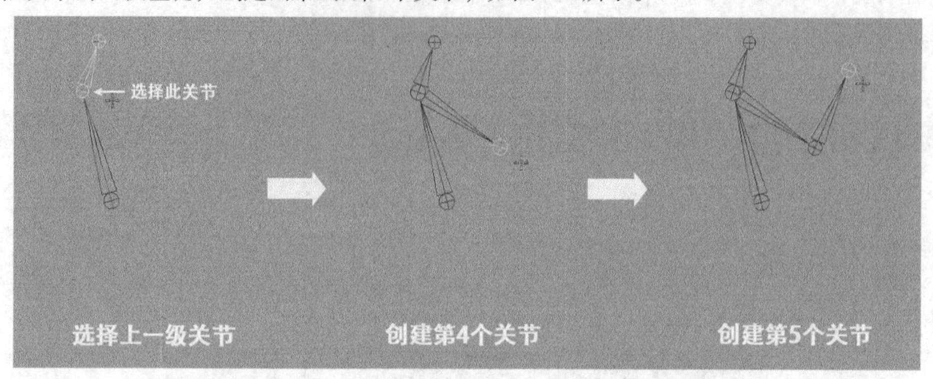


图16-8

**03** 继续在左侧创建肢体链分支。连续按两次↑方向键，选择位于当前选择关节上两个层级处的关节，然后在其左侧位置依次单击两次左键，创建出第6和第7个关节，如图16-9所示。

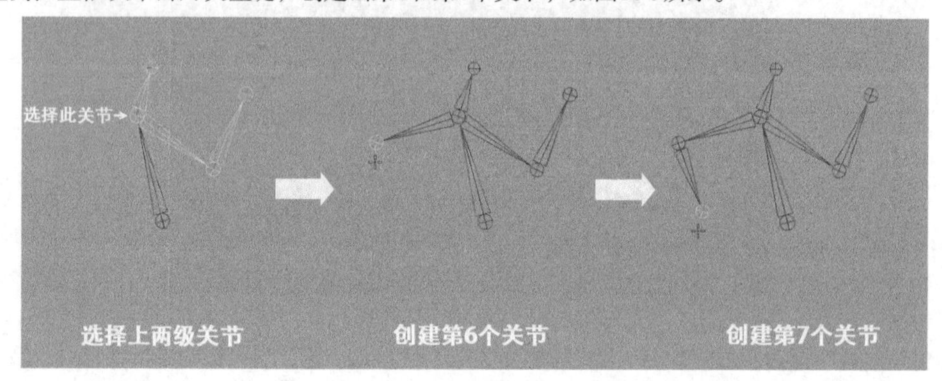


图16-9

**04** 继续在下方创建肢体链分支。连续按3次↑方向键，选择位于当前选择关节上3个层级处的关节，然后在其右侧位置依次单击两次左键，创建出第8和第9个关节，如图16-10所示。

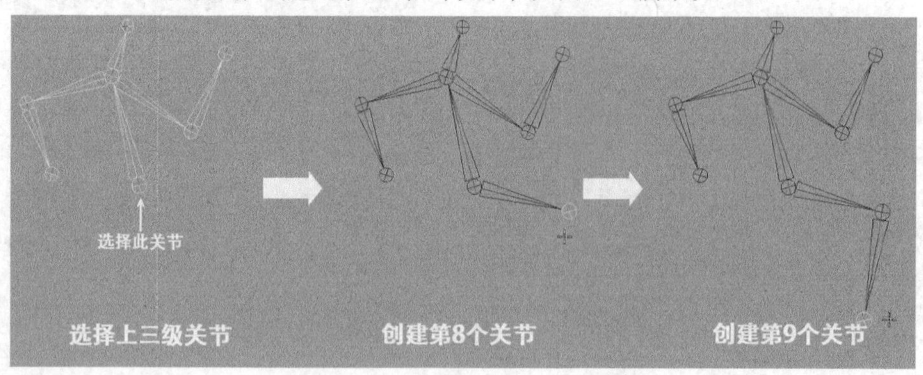


图16-10

**提示**

可以使用相同的方法继续创建出其他位置的肢体链分支，不过这里要尝试采用另外一种方法，所以可以先按Enter键结束肢体链的创建。下面将采用添加关节的方法在现有肢体链中创建关节链分支。

**05** 重新选择"创建关节"命令，然后在想要添加关节链的现有关节上单击一次左键（选中该关节，以确定新关节链将要连接的位置），继续依次单击两次左键，创建出第10和第11个关节，接着按Enter键结束肢体链的创建，如图16-11所示。

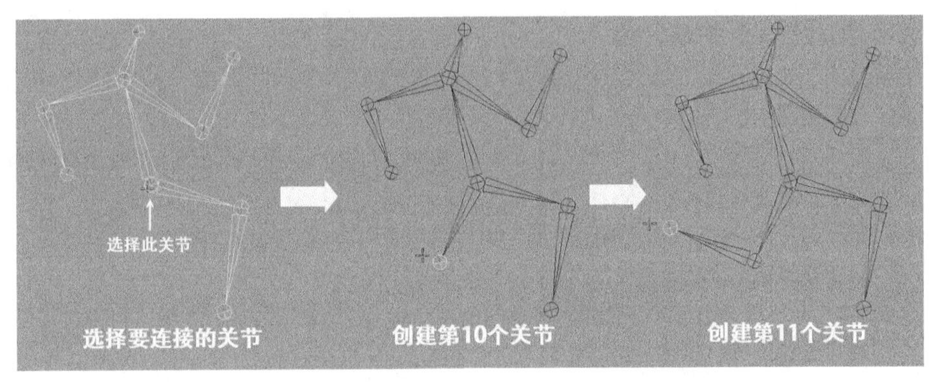


图16-11

## 提示

使用这种方法可以在已经创建完成的关节链上随意添加新的分支，并且能在指定的关节位置处对新旧关节链进行自动连接。

## 16.1.4 编辑骨架

创建骨架之后，可以采用多种方法来编辑骨架，使骨架能更好地满足动画制作的需要。Maya提供了一些方便的骨架编辑工具，如图16-12所示。

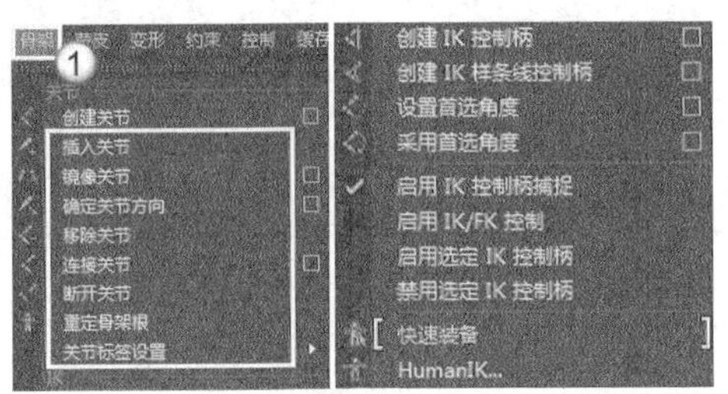


图16-12

### 1.插入关节工具

如果要增加骨架中的关节数，可以使用“插入关节”在任何层级的关节下插入任意数目的关节。

### 2.镜像关节

使用“镜像关节”命令可以镜像复制出一个关节链的副本，镜像关节的操作结果将取决于事先设置的镜像交叉平面的放置方向。如果选择关节链中的关节进行部分镜像操作，这个镜像交叉平面的原点在原始关节链的父关节位置；如果选择关节链的根关节进行整体镜像操作，这个镜像交叉平面的原点在世界坐标原点位置。当镜像关节时，关节的属性、IK控制柄连同关节和骨一起被镜像复制，但其他一些骨架数据（如约束、连接和表达式）不能包含在被镜像复制出的关节链副本中。

单击“镜像关节”命令后面的按钮，打开“镜像关节选项”对话框，如图16-13所示。

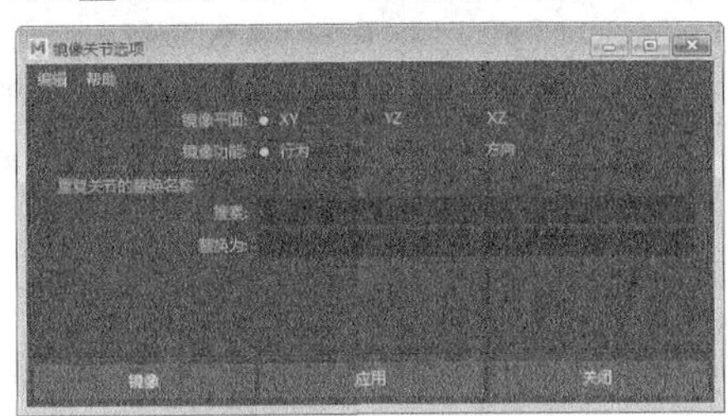


图16-13

### 镜像关节选项对话框参数介绍

❖ 镜像平面：指定一个镜像关节时使用的平面。镜像交叉平面就像是一面镜子，它决定了产生的镜像关节链副本的方向，提供了以下3个选项。

✧ XY：当选择该选项时，镜像平面是由世界空间坐标*xy*轴向构成的平面，将当前选择的关节链沿该平面镜像复制到另一侧。

✧ YZ：当选择该选项时，镜像平面是由世界空间坐标*yz*轴向构成的平面，将当前选择的关节链沿该平面镜像复制到另一侧。

✧ XZ：当选择该选项时，镜像平面是由世界空间坐标*xz*轴向构成的平面，将当前选择的关节链沿该平面镜像复制到另一侧。

❖ 镜像功能：指定被镜像复制的关节与原始关节的方向关系，提供了以下两个选项。

✧ 行为：当选择该选项时，被镜像的关节将与原始关节具有相对的方向，并且各关节局部旋转轴指向与它们对应副本的相反方向，如图16-14所示。

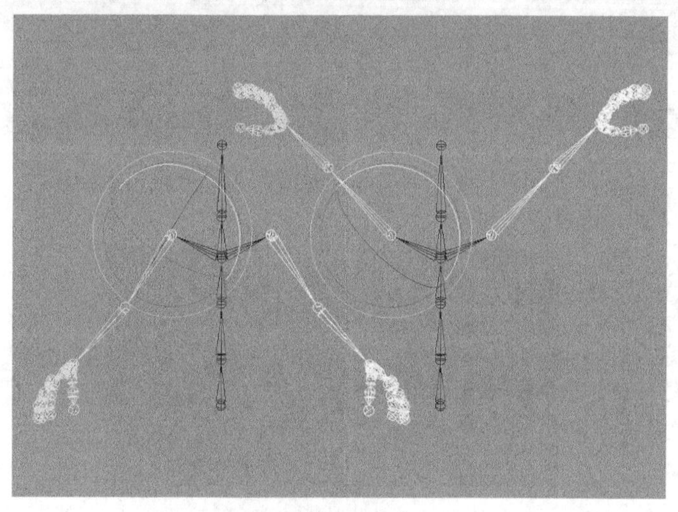

图16-14

✧ 方向：当选择该选项时，被镜像的关节将与原始关节具有相同的方向，如图16-15所示。

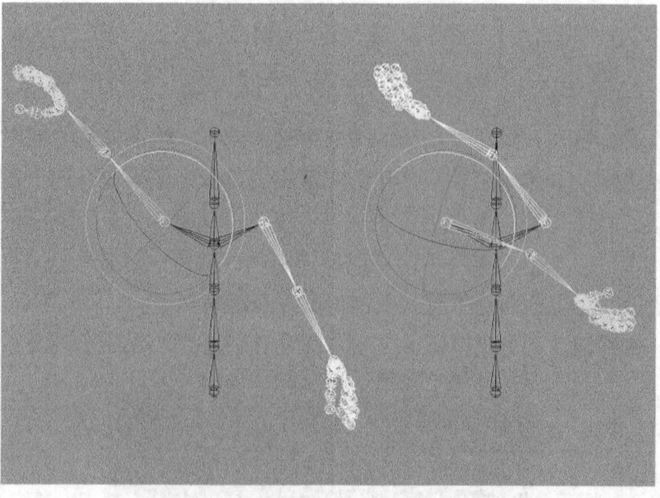

图16-15

❖ 搜索：可以在文本输入框中指定一个关节命名标识符，以确定在镜像关节链中要查找的目标。

❖ 替换为：可以在文本输入框中指定一个关节命名标识符，将使用这个命名标识符来替换被镜像关节链中查找到的所有在“搜索”文本框中指定的命名标识符。

**提示**

当为结构对称的角色创建骨架时，“镜像关节”命令将非常有用。例如当制作一个人物角色骨架时，用户只需要制作出一侧的手臂、手、腿和脚部骨架，然后执行“镜像关节”命令就可以得到另一侧的骨架，这样就能减少重复性的工作，提高工作效率。

特别注意，不能使用“编辑>特殊复制”菜单命令对关节链进行镜像复制操作。

### 3.确定关节方向

在创建骨架链之后，为了让某些关节与模型能更准确地对位，经常需要调整一些关节的位置。因为每个关节的局部旋转轴向并不能跟随关节位置的改变来自动调整方向。例如，如果使用“创建关节”命令的默认参数创建一条关节链，在关节链中关节局部旋转轴的$x$轴将指向骨的内部；如果使用“移动工具”对关节链中的一些关节进行移动，这时关节局部旋转轴的$x$轴将不再指向骨的内部。所以在通常情况下，调整关节位置之后，需要重新定向关节的局部旋转轴向，使关节局部旋转轴的$x$轴重新指向骨的内部。这样可以确保在为关节链添加IK控制柄时，获得最理想的控制效果。

### 4.移除关节

使用“移除关节”命令可以从关节链中删除当前选择的一个关节，并且可以将剩余的关节和骨结合为一个单独的关节链。也就是说，虽然删除了关节链中的关节，但仍然会保持该关节链的连接状态。

### 5.连接关节

使用“连接关节”命令能采用两种不同方式（连接或父子关系）将断开的关节连接起来，形成一个完整的骨架链。单击“连接关节”命令后面的按钮，打开“连接关节选项”对话框，如图16-16所示。

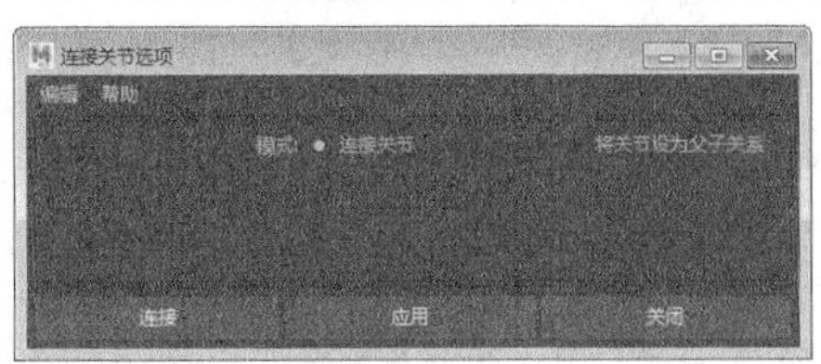


图16-16

#### 连接关节选项对话框参数介绍

- 连接关节：这种方式是使用一条关节链中的根关节去连接另一条关节链中除根关节之外的任何关节，使其中一条关节链的根关节直接移动位置，对齐到另一条关节链中选择的关节上。结果两条关节链连接形成一个完整的骨架链。
- 将关节设为父子关系：这种方式是使用一根骨，将一条关节链中的根关节作为子物体与另一条关节链中除根关节之外的任何关节连接起来，形成一个完整的骨架链。使用这种方法连接关节时不会改变关节链的位置。

### 6.断开关节

使用“断开关节”命令可以将骨架在当前选择的关节位置处打断，将原本单独的一条关节链分离为两条关节链。

### 7.重定骨架根

使用“重定骨架根”命令可以改变关节链或肢体链的骨架层级，以重新设定根关节在骨架链中的位置。如果选择的是位于整个骨架链中层级最下方的一个子关节，重新设定根关节后骨架的层级将会颠倒；如果选择的是位于骨架链中间层级的一个关节，重新设定根关节后，在根关节的下方将有两个分离的骨架层级被创建。

## 【练习16-2】插入关节

| 场景文件 | Scenes>CH16>16.2.mb |
| --- | --- |
| 实例文件 | Examples>CH16>16.2.mb |
| 难易指数 | ★☆☆☆☆ |
| 技术掌握 | 掌握关节的插入方法 |

本例使用“插入关节”命令在骨架中插入的关节效果如图16-17所示。

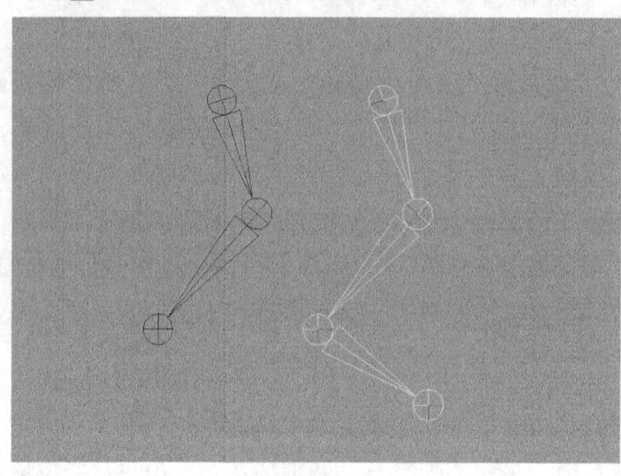

图16-17

**01** 打开学习资源中的“Scenes>CH16>16.2.mb”文件，场景中有一段骨架，如图16-18所示。

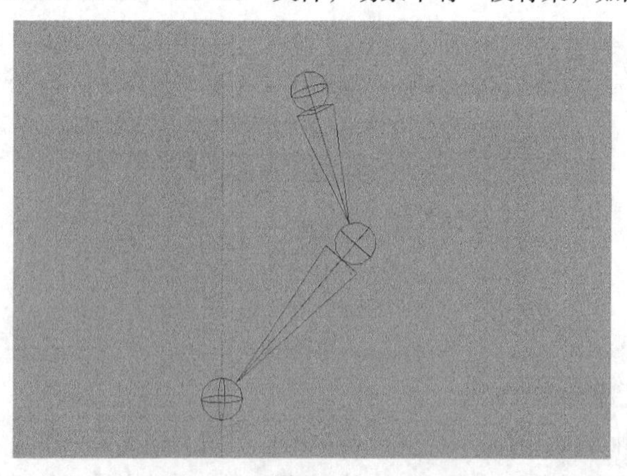

图16-18

**02** 选择“骨架>插入关节”菜单命令，然后按住鼠标左键在要插入关节的地方拖曳光标，这样就可以在相应的位置插入关节，如图16-19所示。

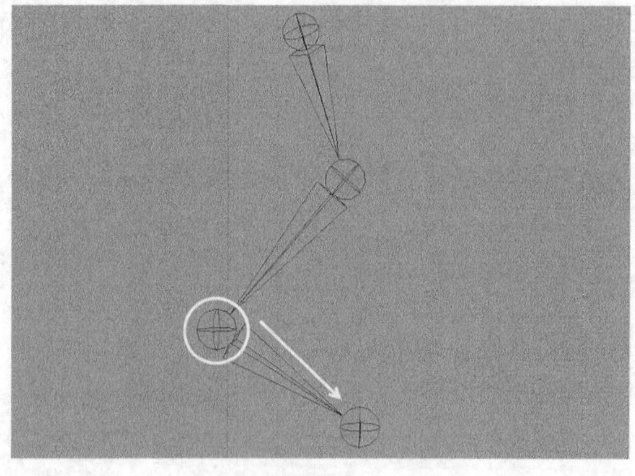

图16-19

## 【练习16-3】重新设置骨架根

| | |
|---|---|
| 场景文件 | Scenes>CH16>16.3.mb |
| 实例文件 | Scenes>CH16>16.3.mb |
| 难易指数 | ★☆☆☆☆ |
| 技术掌握 | 掌握如何改变骨架的层级关系 |

本例使用“重定骨架根”命令改变骨架层级关系后的效果如图16-20所示。

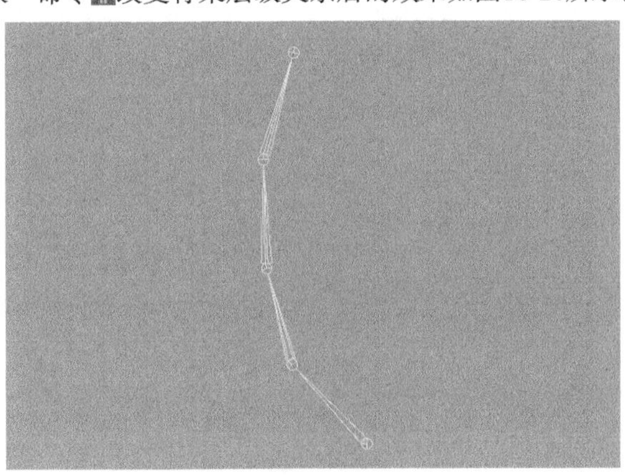

图16-20

**01** 打开学习资源中的“Scenes>CH16>16.3.mb”文件，场景中有一段骨架，如图16-21所示。

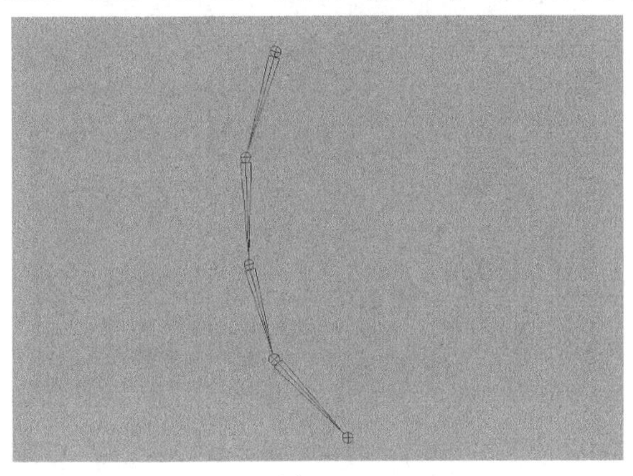

图16-21

**02** 打开“大纲视图”对话框，然后选择join5节点，如图16-22所示，接着执行“骨架>重定骨架根”菜单命令，此时可以发现joint5关节已经变成了所有关节的父关节，如图16-23所示。

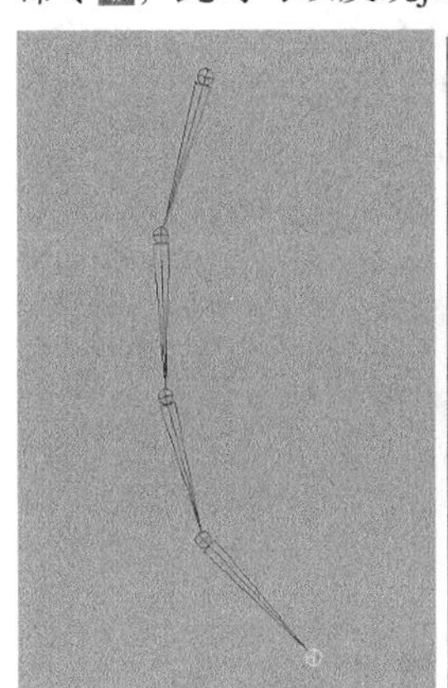

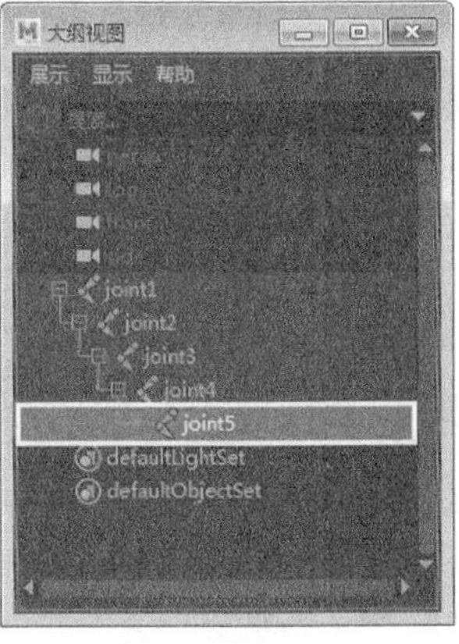


图16-22

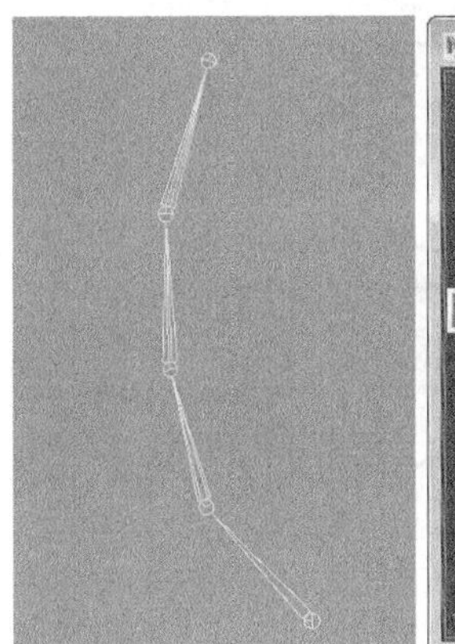

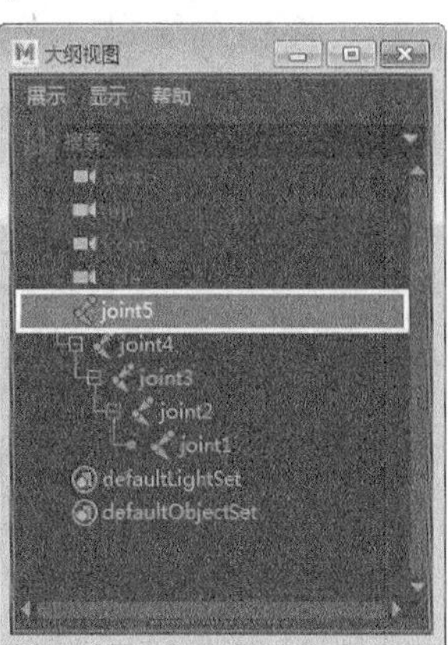


图16-23

## 【练习16-4】移除关节

| | |
|---|---|
| 场景文件 | Scenes>CH16>16.4.mb |
| 实例文件 | Examples>CH16>16.4.mb |
| 难易指数 | ★☆☆☆☆ |
| 技术掌握 | 掌握关节的移除方法 |

本例使用“移除关节”命令移除关节后的效果如图16-24所示。

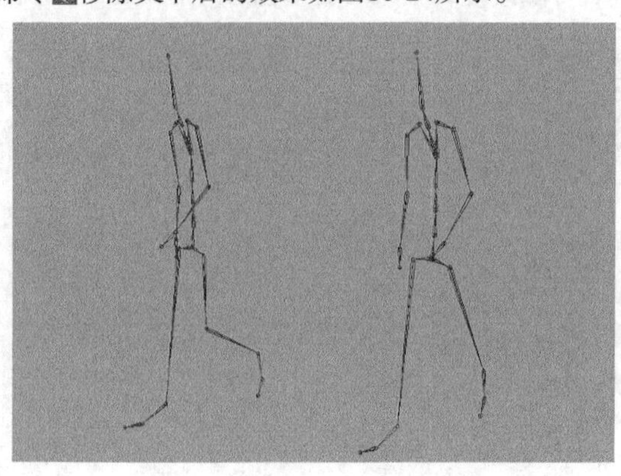

图16-24

**01** 打开学习资源中的“Scenes>CH16>16.4.mb”文件，场景中有一段骨架，如图16-25所示。

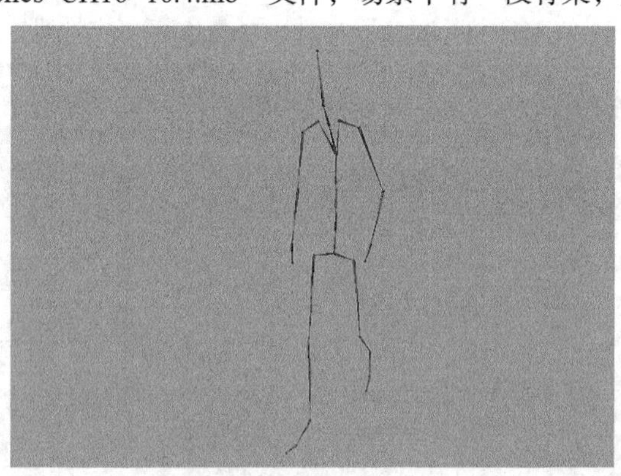

图16-25

**02** 选择图16-26所示的关节，然后执行“骨架>移除关节”菜单命令，这样就可以将关节移除掉，效果如图16-27所示。

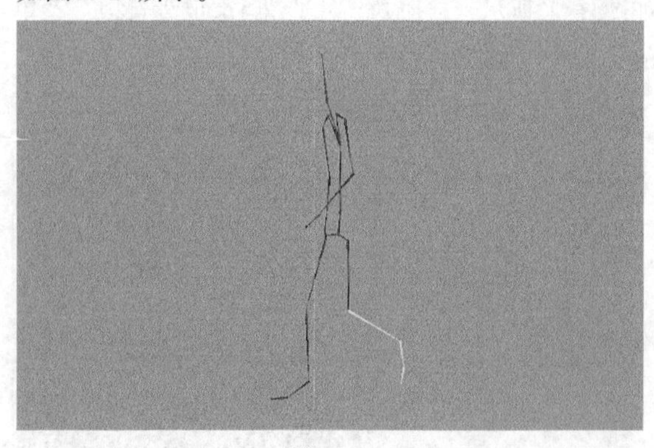

图16-26

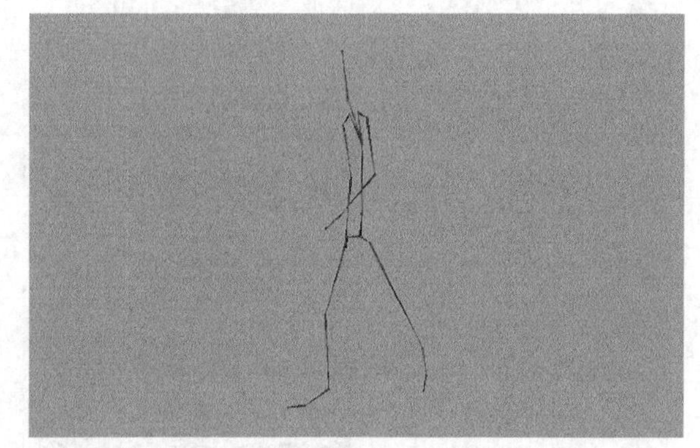

图16-27

**提示**

一次只能移除一个关节，但使用“移除关节”命令移除当前关节后并不影响它的父级和子级关节的位置关系。

## 【练习16-5】断开关节

| 场景文件 | Scenes>CH16>16.5.mb |
| --- | --- |
| 实例文件 | Examples>CH16>16.5.mb |
| 难易指数 | ★☆☆☆☆ |
| 技术掌握 | 掌握关节的断开方法 |

本例使用“断开关节”命令将关节断开后的效果如图16-28所示。

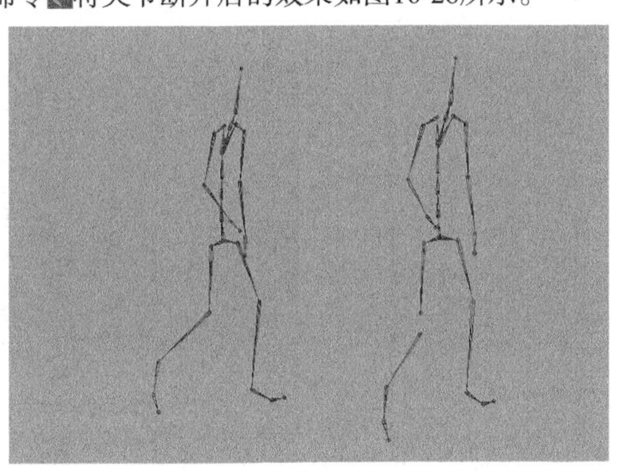

图16-28

**01** 打开学习资源中的“Scenes>CH16>16.5.mb”文件，场景中有一段骨架，如图16-29所示。

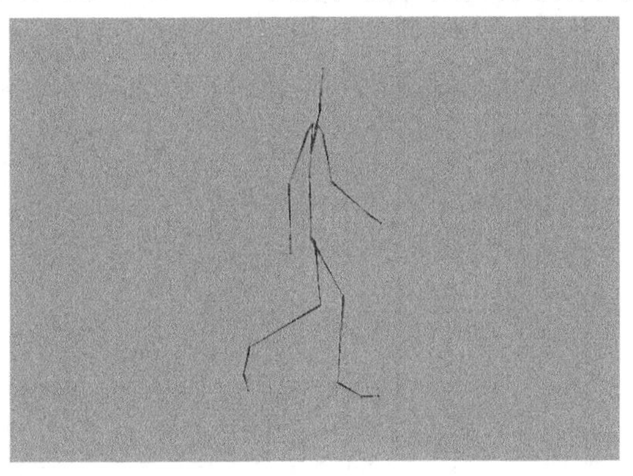

图16-29

**02** 选择图16-30所示的关节，然后执行“骨架>断开关节”菜单命令，这样就可以将选中的关节断开，效果如图16-31所示。

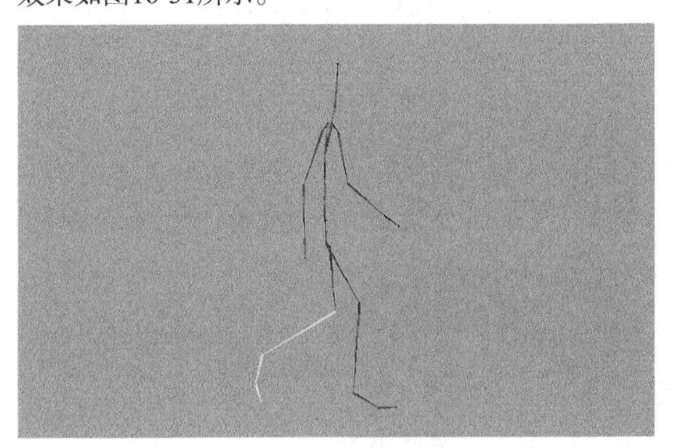

图16-30

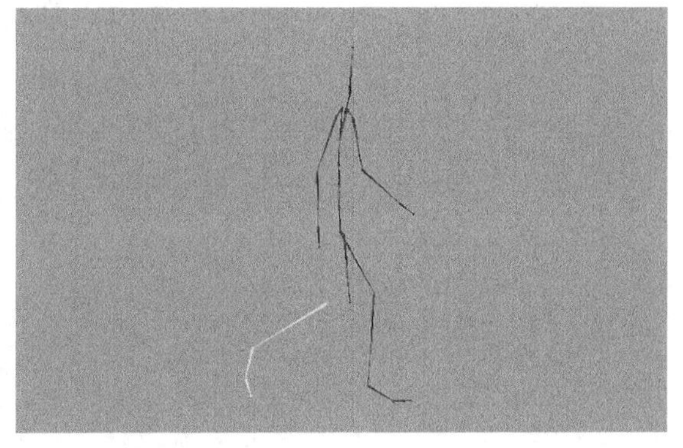

图16-31

**提示**

如果断开带有IK控制柄的关节链，那么IK控制柄将被删除。

# 【练习16-6】连接关节

| 场景文件 | Scenes>CH16>16.6.mb |
| --- | --- |
| 实例文件 | Examples>CH16>16.6.mb |
| 难易指数 | ★☆☆☆☆ |
| 技术掌握 | 掌握关节的连接方法 |

本例使用“连接关节”命令将断开的关节连接起来后的效果如图16-32所示。

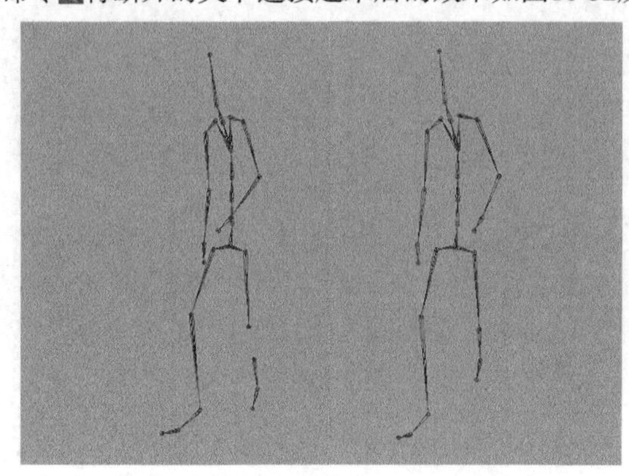

图16-32

**01** 打开学习资源中的“Scenes>CH16>16.6.mb”文件，场景中有一段骨架，如图16-33所示。

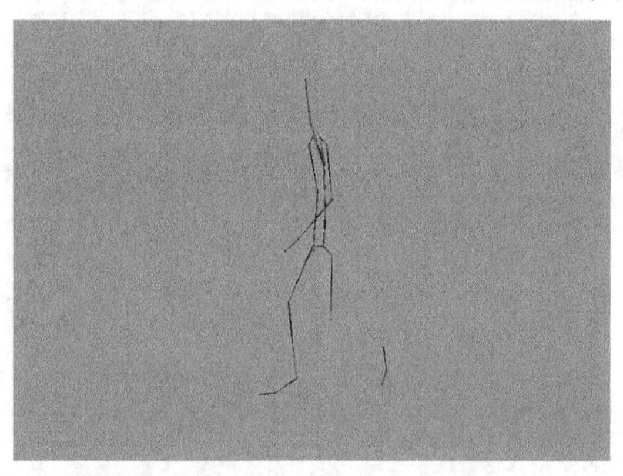

图16-33

## 提示

若在视图中看不清楚关节，可以执行“显示>动画>关节大小”菜单命令，打开“关节显示比例”对话框，然后调节数值即可，如图16-34所示。

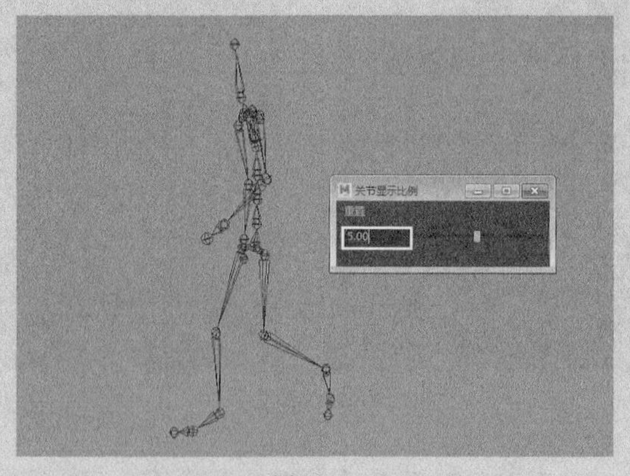


图16-34

**02** 选择脚部的骨架，然后按住Shift键加选膝盖处的关节，如图16-35所示，接着执行“骨架>连接关节”菜单命令，效果如图16-36所示。

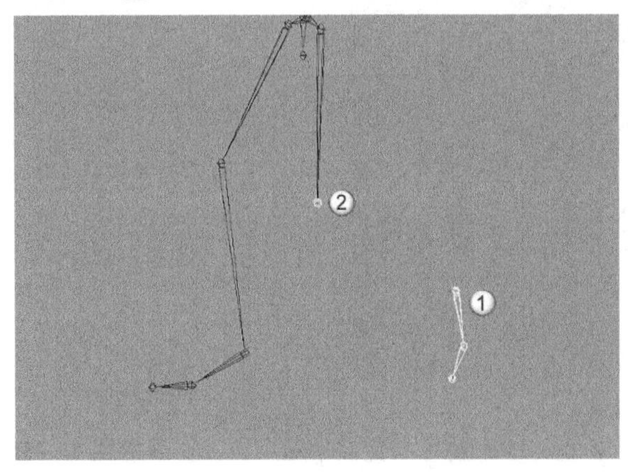


图16-35

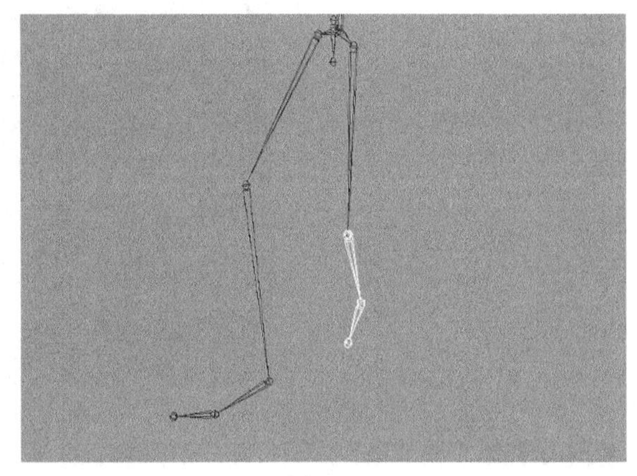

图16-36

**提示**

在默认情况下，Maya是用“连接关节”方式连接关节的。如果用“将关节设为父子关系”方式进行连接，在两个关节之前将生成一个新关节，A关节的位置也不会发生改变，如图16-37所示。

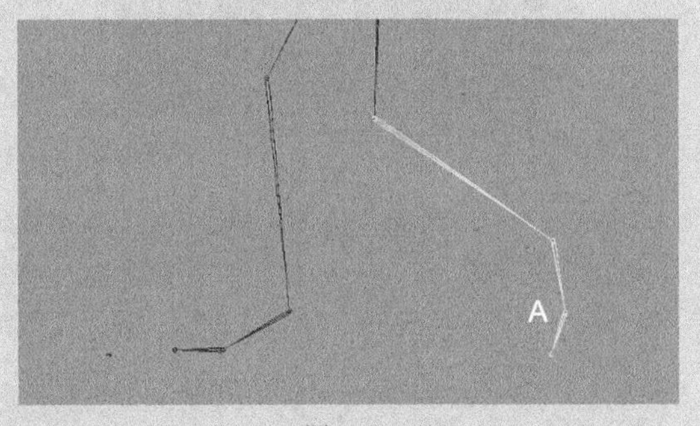


图16-37

## 【练习16-7】镜像关节

| | |
|---|---|
| 场景文件 | Scenes>CH16>16.7.mb |
| 实例文件 | Examples>CH16>16.7.mb |
| 难易指数 | ★☆☆☆☆ |
| 技术掌握 | 掌握关节的镜像方法 |

本例使用“镜像关节”命令镜像的关节效果如图16-38所示。

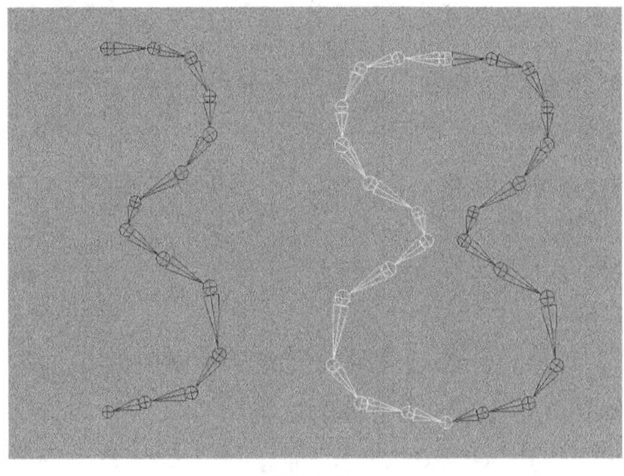

图16-38

**01** 打开学习资源中的“Scenes>CH16>16.7.mb”文件，场景中有一段骨架，如图16-39所示。

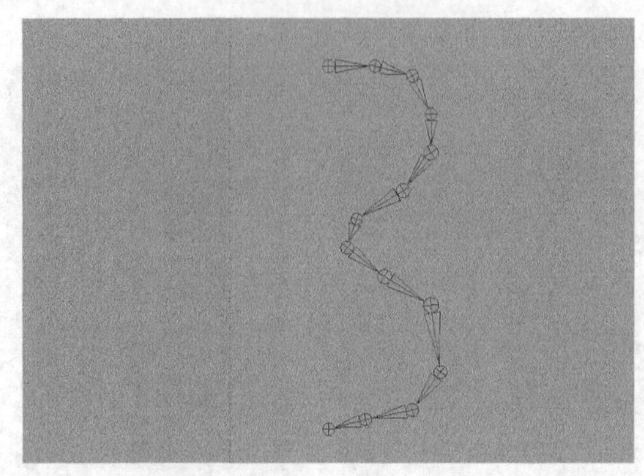

图16-39

**02** 选择整个关节链，然后打开“镜像关节选项”对话框，接着设置“镜面平面”为*yz*，最后单击“镜像”按钮，如图16-40所示，效果如图16-41所示。

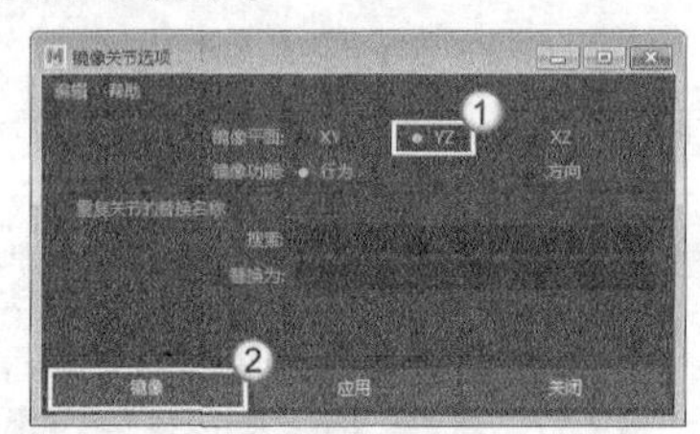


图16-40

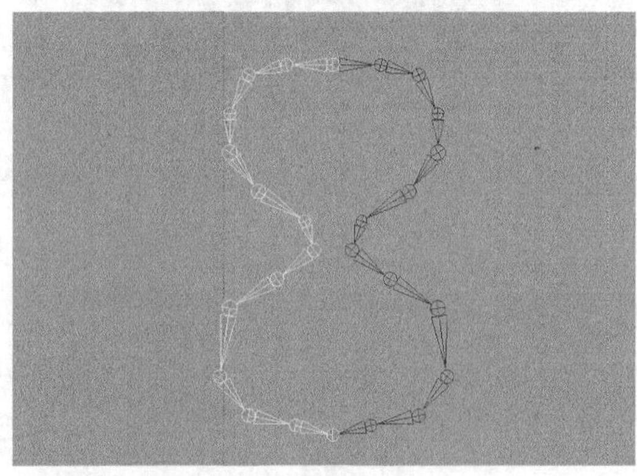

图16-41

## 16.1.5 IK控制柄

“IK控制柄”是制作骨架动画的重要工具，本节主要针对Maya中提供的“IK控制柄工具”来讲解IK控制柄的功能、使用方法和参数设置。

角色动画的骨架运动遵循运动学原理，定位和动画骨架包括两种类型的运动学，分别是“正向运动学”和“反向运动学”。

### 1.正向运动学

“正向运动学”简称FK，它是一种通过层级控制物体运动的方式，这种方式是由处于层级上方的父级物体运动，经过层层传递来带动其下方子级物体的运动。

如果采用正向运动学方式制作角色抬腿的动作，需要逐个旋转角色腿部的每个关节，如首先旋转大腿根部的髋关节，接着旋转膝关节，然后是踝关节，依次向下直到脚尖关节位置处结束，如图16-42所示。

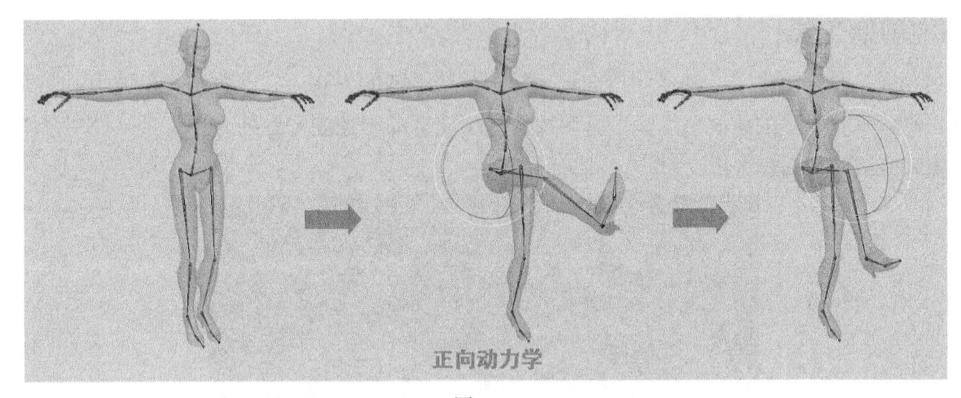


图16-42

**提示**

由于正向运动学的直观性，所以它很适合创建一些简单的圆弧状运动，但是在使用正向运动学时，也会遇到一些问题。例如使用正向运动学调整角色的腿部骨架到一个姿势后，如果腿部其他关节位置都很正确，只是对大腿根部的髋关节位置不满意，这时当对髋关节位置进行调整后，发现其他位于层级下方的腿部关节位置也会发生改变，还需要逐个调整这些关节才能达到想要的结果。如果这是一个复杂的关节链，那么要重新调整的关节将会很多，工作量也非常大。

那么，是否有一种可以使工作更加简化的方法呢？答案是肯定的，随着技术的发展，用反向运动学控制物体运动的方式产生了，它可以使制作复杂物体的运动变得更加方便和快捷。

## 2.反向运动学

“反向运动学”简称IK，从控制物体运动的方式来看，它与正向运动学刚好相反，这种方式是由处于层级下方的子级物体运动来带动其层级上方父级物体的运动。与正向运动学不同，反向运动学不是依靠逐个旋转层级中的每个关节来达到控制物体运动的目的，而是创建一个额外的控制结构，此控制结构称为IK控制柄。用户只需要移动这个IK控制柄，就能自动旋转关节链中的所有关节。例如，如果为角色的腿部骨架链创建了IK控制柄，制作角色抬腿动作时只需要向上移动IK控制柄使脚离开地面，这时腿部骨架链中的其他关节就会自动旋转相应角度来适应脚部关节位置的变化，如图16-43所示。

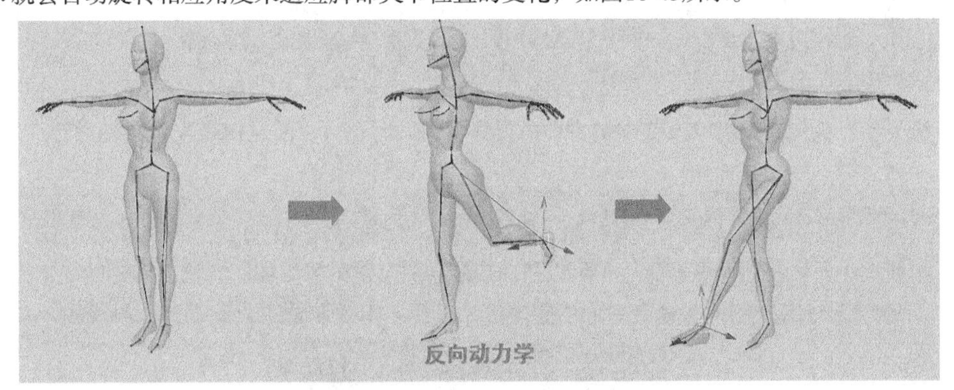


图16-43

**提示**

有了反向运动学，就可以使动画师将更多精力集中在制作动画效果上，而不必像正向运动学那样始终要考虑如何旋转关节链中的每个关节来达到想要的摆放姿势。使用反向运动学，可以大大减少调节角色动作的工作量，能解决一些正向运动学难以解决的问题。

要使用反向运动学方式控制骨架运动，就必须利用专门的反向运动学工具为骨架创建IK控制柄。Maya提供了两种类型的反向运动学工具，分别是“IK控制柄工具”和“IK样条线控制柄工具”，下面将分别介绍这两种反向运动学工具的功能、使用方法和参数设置。

## 3.IK控制柄工具

“IK控制柄工具”提供了一种使用反向运动学定位关节链的方法，它能控制关节链中每个关节的旋转和关节链的整体方向。“IK控制柄工具”是解决常规反向运动学控制问题的专用工具，使用系统默认参数创建的IK控制柄结构如图16-44所示。

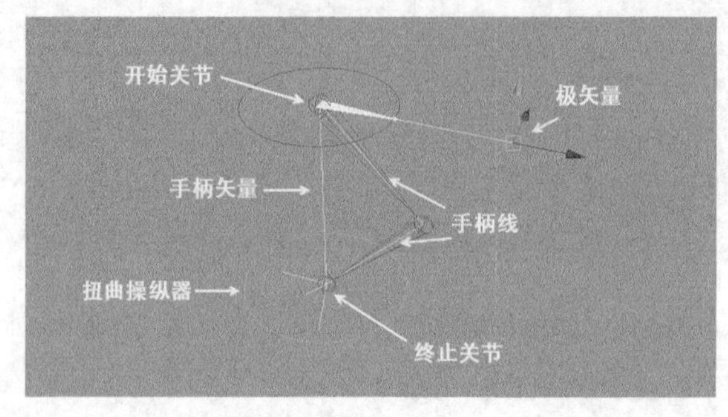


图16-44

### IK控制柄结构介绍

- ❖ 开始关节：开始关节是受IK控制柄控制的第1个关节，是IK控制柄开始的地方。开始关节可以是关节链中除末端关节之外的任何关节。
- ❖ 终止关节：终止关节是受IK控制柄控制的最后一个关节，是IK控制柄终止的地方。终止关节可以是关节链中除根关节之外的任何关节。
- ❖ 手柄线：手柄线是贯穿被IK控制柄控制关节链的所有关节和骨的一条线。手柄线从开始关节的局部旋转轴开始，到终止关节的局部旋转轴位置结束。
- ❖ 手柄矢量：手柄矢量是从IK控制柄的开始关节引出，到IK控制柄的终止关节（末端效应器）位置结束的一条直线。

**提示**

末端效应器是创建IK控制柄时自动增加的一个节点，IK控制柄被连接到末端效应器。当调节IK控制柄时，由末端效应器驱动关节链与IK控制柄的运动相匹配。在系统默认设置下，末端效应器被定位在受IK控制柄控制的终止关节位置处并处于隐藏状态，末端效应器与终止关节处于同一个骨架层级中。可以通过“大纲视图”对话框或“Hypergraph：层次”对话框来观察和选择末端效应器节点。

- ❖ 极矢量：极矢量是可以改变IK链方向的操纵器，同时也可以防止IK链发生意外翻转。

**提示**

IK链是被IK控制柄控制和影响的关节链。

- ❖ 扭曲操纵器：扭曲操纵器是一种可以扭曲或旋转关节链的操纵器，它位于IK链的终止关节位置。

单击“骨架>创建IK控制柄”命令后面的■按钮，打开“IK控制柄工具”的“工具设置”对话框，如图16-45所示。

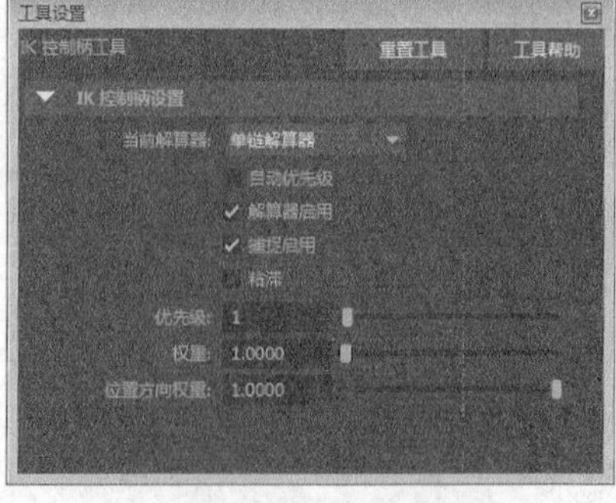


图16-45

## IK控制柄工具参数介绍

❖ 当前解算器：指定被创建的IK控制柄将要使用的解算器类型，共有“旋转平面解算器”和“单链解算器”两种类型。

✧ 旋转平面解算器：使用该解算器创建的IK控制柄，将利用旋转平面解算器来计算IK链中所有关节的旋转，但是它并不计算关节链的整体方向。可以使用极矢量和扭曲操纵器来控制关节链的整体方向，如图16-46所示。

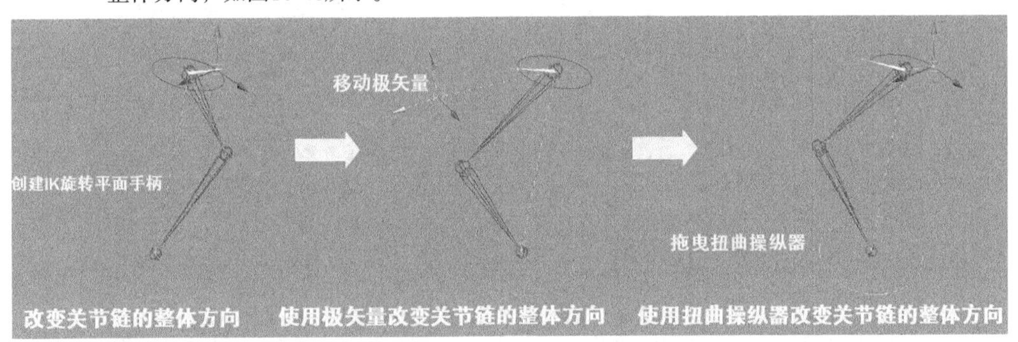


图16-46

### 提示

ikRPsolver解算器非常适合控制角色手臂或腿部关节链的运动。例如可以在保持腿部髋关节、膝关节和踝关节在同一个平面的前提下，以手柄矢量为轴自由旋转整个腿部关节链。

✧ 单链解算器：使用该解算器创建的IK控制柄，不但可以利用单链解算器来计算IK链中所有关节的旋转，而且也可以利用单链解算器计算关节链的整体方向。也就是说，可以直接使用“旋转工具”对选择的IK单链手柄进行旋转操作来达到改变关节链整体方向的目的，如图16-47所示。

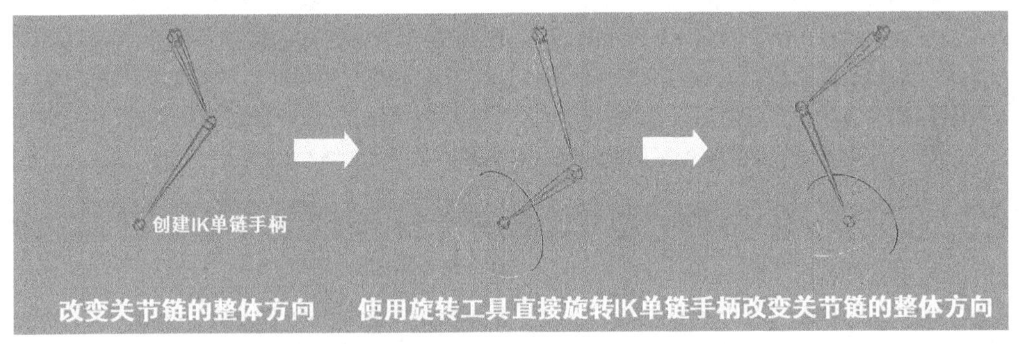


图16-47

### 提示

IK单链手柄与IK旋转平面手柄之间的区别是，IK单链手柄的末端效应器总是尝试尽量达到IK控制柄的位置和方向，而IK旋转平面手柄的末端效应器只尝试尽量达到IK控制柄的位置。正因为如此，使用IK旋转平面手柄对关节旋转的影响结果是更加可预测的，对于IK旋转平面手柄，可以使用极矢量和扭曲操纵器来控制关节链的整体方向。

❖ 自动优先级：当选择该选项时，在创建IK控制柄时Maya将自动设置IK控制柄的优先权。Maya是根据IK控制柄的开始关节在骨架层级中的位置来分配IK控制柄优先权的。例如，如果IK控制柄的开始关节是根关节，则优先权被设置为1；如果IK控制柄刚好开始在根关节之下，优先权将被设置为2，以此类推。

### 提示

只有当一条关节链中有多个（超过一个）IK控制柄的时候，IK控制柄的优先权才是有效的。为IK控制柄分配优先权的目的是确保一个关节链中的多个IK控制柄能按照正确的顺序被解算，以便能得到所希望的动画效果。

❖ 解算器启用：当选择该选项时，在创建的IK控制柄上IK解算器将处于激活状态。该选项默认设置为选择状态，以便在创建IK控制柄之后就可以立刻使用IK控制柄摆放关节链到需要的位置。

❖ 捕捉启用：当选择该选项时，创建的IK控制柄将始终捕捉到IK链的终止关节位置。该选项默认设置为选择状态。

❖ 粘滞：当选择该选项后，如果使用其他IK控制柄摆放骨架姿势或直接移动、旋转、缩放某个关节，这个IK控制柄将黏附在当前位置和方向上，如图16-48所示。

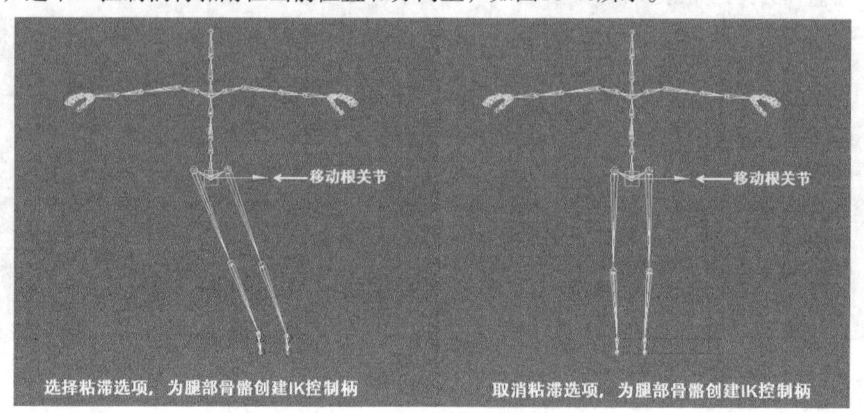


图16-48

❖ 优先级：该选项可以为关节链中的IK控制柄设置优先权，Maya基于每个IK控制柄在骨架层级中的位置来计算IK控制柄的优先权。优先权为1的IK控制柄将在解算时首先旋转关节；优先权为2的IK控制柄将在优先权为1的IK控制柄之后再旋转关节，以此类推。

❖ 权重：为当前IK控制柄设置权重值。该选项对于ikRPsolver（IK旋转平面解算器）和ikSCsolver（IK单链解算器）是无效的。

❖ 位置方向权重：指定当前IK控制柄的末端效应器将匹配到目标的位置或方向。当该数值设置为1时，末端效应器将尝试到达IK控制柄的位置；当该数值设置为0时，末端效应器将只尝试到达IK控制柄的方向；当该数值设置为0.5时，末端效应器将尝试达到与IK控制柄位置和方向的平衡。另外，该选项对于ikRPsolver（IK旋转平面解算器）是无效的。

## 技术专题：“IK控制柄工具”的使用方法

使用“IK控制柄工具”的操作步骤如下。

第1步：打开“IK控制柄工具”的“工具设置”对话框，根据实际需要进行相应参数设置后关闭对话框，这时光标将变成十字形。

第2步：用鼠标左键在关节链上单击选择一个关节，此关节将作为创建IK控制柄的开始关节。

第3步：继续用左键在关节链上单击选择一个关节，此关节将作为创建IK控制柄的终止关节，这时一个IK控制柄将在选择的关节之间被创建，如图16-49所示。

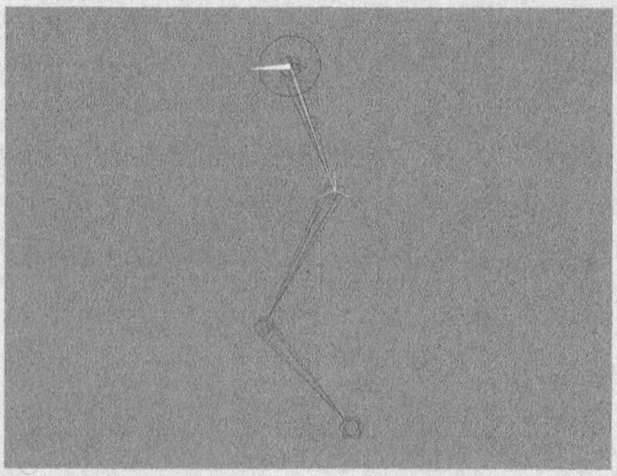

图16-49

### 4. IK样条线控制柄工具

“IK样条线控制柄工具”可以使用一条NURBS曲线来定位关节链中的所有关节，当操纵曲线时，IK控制柄的IK样条解算器会旋转关节链中的每个关节，所有关节被IK样条控制柄驱动，以保持与曲线的跟随。与“IK控制柄工具”不同，IK样条线控制柄不是依靠移动或旋转IK控制柄自身来定位关节链中的每个关节，当为一条关节链创建了IK样条线控制柄之后，可以采用编辑NURBS曲线形状、调节相应操纵器等方法来控制关节链中各个关节的位置和方向，图16-50所示是IK样条线控制柄的结构。

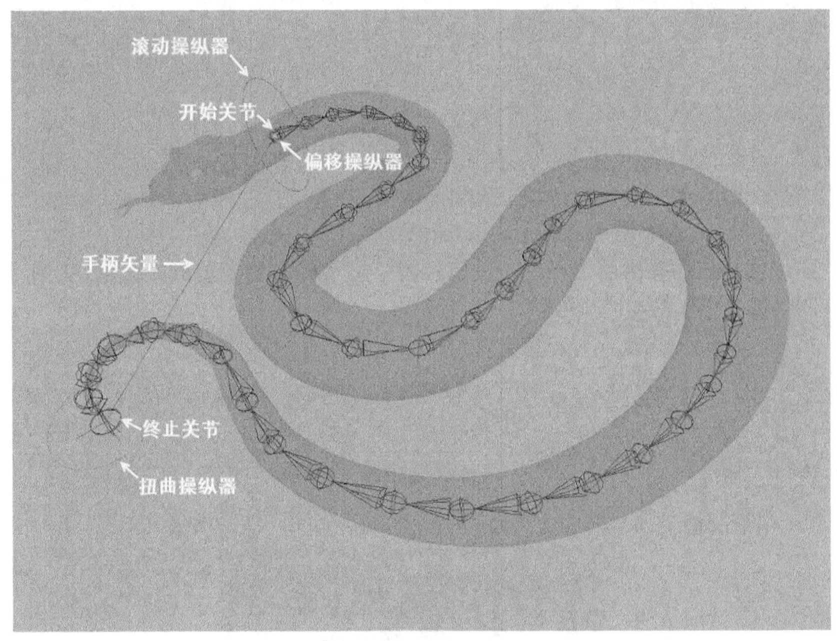


图16-50

#### IK样条线控制柄结构介绍

- 开始关节：开始关节是受IK样条线控制柄控制的第1个关节，是IK样条线控制柄开始的地方。开始关节可以是关节链中除末端关节之外的任何关节。
- 终止关节：终止关节是受IK样条线控制柄控制的最后一个关节，是IK样条线控制柄终止的地方。终止关节可以是关节链中除根关节之外的任何关节。
- 手柄矢量：手柄矢量是从IK样条线控制柄的开始关节引出，到IK样条线控制柄的终止关节（末端效应器）位置结束的一条直线。
- 滚动操纵器：滚动操纵器位于开始关节位置，用鼠标左键拖曳滚动操纵器的圆盘可以从IK样条线控制柄的开始关节滚动整个关节链，如图16-51所示。

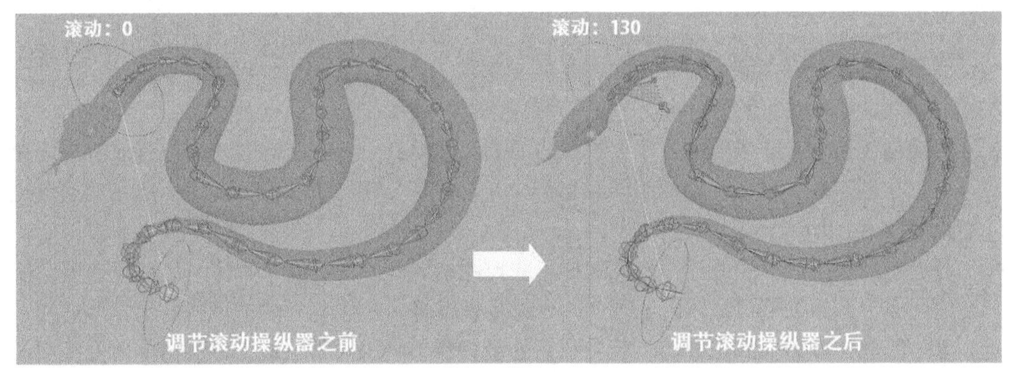


图16-51

❖ 偏移操纵器：偏移操纵器位于开始关节位置，利用偏移操纵器可以以曲线作为路径滑动开始关节到曲线的不同位置。偏移操纵器只能在曲线两个端点之间的范围内滑动，在滑动过程中，超出曲线终点的关节将以直线形状排列，如图16-52所示。

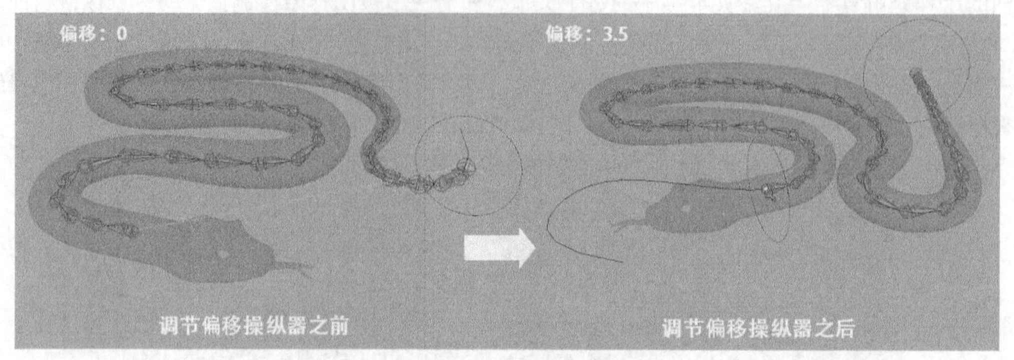


图16-52

❖ 扭曲操纵器：扭曲操纵器位于终止关节位置，用鼠标左键拖曳扭曲操纵器的圆盘可以从IK样条线控制柄的终止关节扭曲关节链。

**提示**

上述IK样条线控制柄的操纵器默认并不显示在场景视图中，如果要调整这些操纵器，可以首先选择IK样条线控制柄，然后在Maya用户界面左侧的“工具盒”中单击“显示操纵器工具”，这样就会在场景视图中显示出IK样条线控制柄的操纵器，用鼠标左键单击并拖曳相应操纵器控制柄，可以调整关节链以得到想要的效果。

打开“IK样条线控制柄工具”的“工具设置”对话框，如图16-53所示。

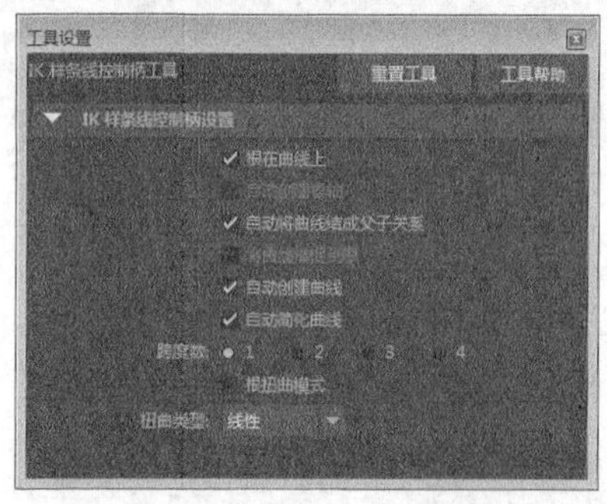


图16-53

## IK样条线控制柄工具参数介绍

❖ 根在曲线上：当选择该选项时，IK样条线控制柄的开始关节会被约束到NURBS曲线上，这时可以拖曳偏移操纵器沿曲线滑动开始关节（和它的子关节）到曲线的不同位置。

**提示**

当“根在曲线上”选项为关闭状态时，用户可以移动开始关节离开曲线，开始关节不再被约束到曲线上。Maya将忽略“偏移”属性，并且开始关节位置处也不会存在偏移操纵器。

❖ 自动创建根轴：该选项只有在“根在曲线上”选项处于关闭状态时才变为有效。当选择该选项时，在创建IK样条线控制柄的同时也会为开始关节创建一个父变换节点，此父变换节点位于场景层级的上方。

❖ 自动将曲线结成父子关系：如果IK样条线控制柄的开始关节有父物体，选择该选项会使IK样条曲线成为开始关节父物体的子物体，也就是说IK样条曲线与开始关节将处于骨架的同一个层级上。因此IK样条曲线与开始关节（和它的子关节）将跟随其层级上方父物体的变换而做出相应的改变。

提示

通常在为角色的脊椎或尾部添加IK样条线控制柄时需要选择这个选项，这样可以确保在移动角色根关节时，IK样条曲线也会跟随根关节做出同步改变。

❖ 将曲线捕捉到根：该选项只有在“自动创建根轴”选项处于关闭状态时才有效。当选择该选项时，IK样条曲线的起点将捕捉到开始关节位置，关节链中的各个关节将自动旋转以适应曲线的形状。

提示

如果想让事先创建的NURBS曲线作为固定的路径，使关节链移动并匹配到曲线上，可以关闭该选项。

❖ 自动创建曲线：当选择该选项时，在创建IK样条线控制柄的同时也会自动创建一条NURBS曲线，该曲线的形状将与关节链的摆放路径相匹配。

提示

如果选择“自动创建曲线”选项的同时关闭“自动简化曲线”选项，在创建IK样条线控制柄的同时会自动创建一条通过此IK链中所有关节的NURBS曲线，该曲线在每个关节位置处都会放置一个编辑点。如果IK链中存在有许多关节，那么创建的曲线会非常复杂，这将不利于对曲线的操纵。

如果“自动创建曲线”和“自动简化曲线”选项都处于选择状态，在创建IK样条线控制柄的同时会自动创建一条形状与IK链相似的简化曲线。

当“自动创建曲线”选项为非选择状态时，用户必须事先绘制一条NURBS曲线，以满足创建IK样条线控制柄的需要。

❖ 自动简化曲线：该选项只有在“自动创建曲线”选项处于选择状态时才变为有效。当选择该选项时，在创建IK样条线控制柄的同时会自动创建一条经过简化的NURBS曲线，曲线的简化程度由“跨度数”数值来决定。“跨度数”与曲线上的CV控制点数量相对应，该曲线是具有3次方精度的曲线。

❖ 跨度数：在创建IK样条线控制柄时，该选项用来指定与IK样条线控制柄同时创建的NURBS曲线上CV控制点的数量。

❖ 根扭曲模式：当选择该选项时，可以调节扭曲操纵器在终止关节位置处对开始关节和其他关节进行轻微的扭曲操作；当关闭该选项时，调节扭曲操纵器将不会影响开始关节的扭曲，这时如果想要旋转开始关节，必须使用位于开始关节位置处的滚动操纵器。

❖ 扭曲类型：指定在关节链中扭曲将如何发生，共有以下4个选项。
  - ✧ 线性：均匀扭曲IK链中的所有部分，这是默认选项。
  - ✧ 缓入：在IK链中的扭曲作用效果由终止关节向开始关节逐渐减弱。
  - ✧ 缓出：在IK链中的扭曲作用效果由开始关节向终止关节逐渐减弱。
  - ✧ 缓入缓出：在IK链中的扭曲作用效果由中间关节向两端逐渐减弱。

## 16.2 角色蒙皮

所谓“蒙皮”就是“绑定皮肤”，当完成了角色建模、骨架创建和角色装配工作之后，就可以着手对角色模型进行蒙皮操作了。蒙皮就是将角色模型与骨架建立绑定连接关系，使角色模型能够跟随骨架运动产生类似皮肤的变形效果。

蒙皮后的角色模型表面被称为“皮肤”，它可以是NURBS曲面、多边形表面或细分表面。蒙皮后角色模型表面上的点被称为“蒙皮物体点”，它可以是NURBS曲面的CV控制点、多边形表面顶点、细分表面顶点或晶格点。

经过角色蒙皮操作后，就可以为高精度的模型制作动画了。Maya提供了两种类型的蒙皮方式，分别是“绑定蒙皮”和“交互式蒙皮绑定”，它们各自具有不同的特性，分别适合应用在不同的情况。

## 16.2.1 蒙皮前的准备工作

在蒙皮之前，需要充分检查模型和骨架的状态，以保证模型和骨架能最正确地绑在一起，这样在以后的动画制作中才不至于出现异常情况。在检查模型时需要从以下3方面入手。

第1点：首先要测试的就是角色模型是否适合制作动画，或者说检查角色模型在绑定之后是否能完成预定的动作。模型是否适合制作动画，主要从模型的布线方面进行分析。在动画制作中，凡是角色模型需要弯曲或褶皱的地方都必须要有足够多的线来划分，以供变形处理。在关节位置至少需要3条线的划分，这样才能实现基本的弯曲效果，而在关节处划分的线呈扇形分布是最合理的，如图16-54所示。

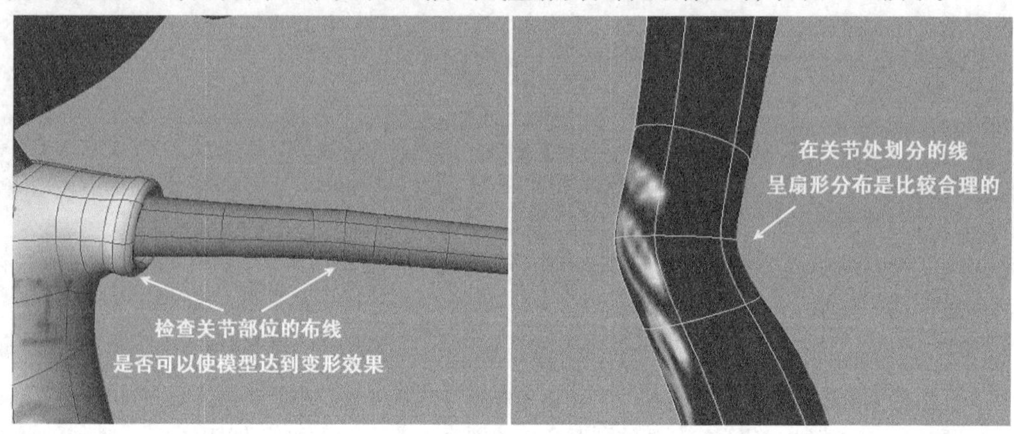


图16-54

第2点：分析完模型的布线情况后要检查模型是否“干净整洁”。所谓“干净”，是指模型上除了必要的历史信息外不含无用的历史信息；所谓“整洁”，就是要对模型的各个部位进行准确清晰的命名。

**提示**

正是由于变形效果是基于历史信息的，所以在绑定或者用变形器变形前都要清除模型上的无用历史信息，以此来保证变形效果的正常解算。如果需要清除模型的历史信息，可以选择模型后执行“编辑>按类型删除>历史”菜单命令。

要做到模型干净整洁，还需要将模型的变换参数都调整到0，选择模型后执行“修改>冻结变换”菜单命令即可。

第3点：检查骨架系统的设置是否存在问题。各部分骨架是否已经全部正确清晰地进行了命名，这对后面的蒙皮和动画制作有很大的影响。一个不太复杂的人物角色，用于控制其运动的骨架节点也有数十个之多，如果骨架没有清晰的命名，而是采用默认的joint1、joint2、joint3方式，那么在编辑蒙皮时，想要找到对应位置的骨架节点就非常困难。所以在蒙皮前，必须对角色的每个骨架节点进行命名。骨架节点的名称没有统一的标准，但要求看到名称时就能准确找到骨架节点的位置。

## 16.2.2 绑定蒙皮

“绑定蒙皮”方式能使骨架链中的多个关节共同影响被蒙皮模型表面（皮肤）上同一个蒙皮物体点，提供一种平滑的关节连接变形效果。从理论上讲，一个被绑定蒙皮后的模型表面会受到骨架链中所有关节的共同影响，但在对模型进行蒙皮操作之前，可以利用选项参数设置来决定只有最靠近相应模型表面的几个关节才能对蒙皮物体点产生变形影响。

采用绑定蒙皮方式绑定的模型表面上的每个蒙皮物体点可以由多个关节共同影响，而且每个关节对该蒙皮物体点影响力的大小是不同的，这个影响力大小用蒙皮权重来表示，它是在进行绑定皮肤计算时由系统自动分配的。如果一个蒙皮物体点完全受一个关节的影响，那么这个关节对于此蒙皮物体点的影响力最大，此时蒙皮权重数值为1；如果一个蒙皮物体点完全不受一个关节的影响，那么这个关节相对于此蒙皮物体点的影响力最小，此时蒙皮权重数值为0。

## 提示

在默认状态下，绑定蒙皮权重的分配是按照标准化原则进行的，所谓权重标准化原则，就是无论一个蒙皮物体点受几个关节的共同影响，这些关节对该蒙皮物体点影响力（蒙皮权重）的总和始终等于1。例如一个蒙皮物体点同时受两个关节的共同影响，其中一个关节的影响力（蒙皮权重）是0.5，则另一个关节的影响力（蒙皮权重）也是0.5，它们的总和为1；如果将其中一个关节的蒙皮权重修改为0.8，则另一个关节的蒙皮权重会自动调整为0.2，它们的蒙皮权重总和将始终保持为1。

单击“蒙皮>绑定蒙皮”菜单命令后面的■按钮，打开“绑定蒙皮选项”对话框，如图16-55所示。

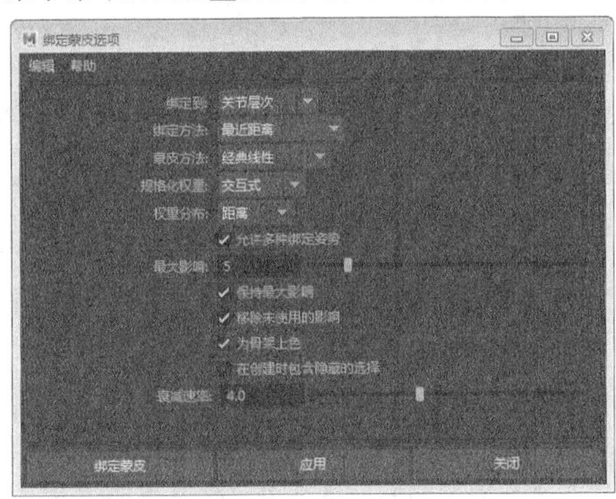


图16-55

## 绑定蒙皮选项对话框参数介绍

❖ 绑定到：指定平滑蒙皮操作将绑定整个骨架还是只绑定选择的关节，共有以下3个选项。

 ✧ 关节层次：当选择该选项时，选择的模型表面（可变形物体）将被绑定到骨架链中的全部关节上，即使选择了根关节之外的一些关节。该选项是角色蒙皮操作中常用的绑定方式，也是系统默认的选项。

 ✧ 选定关节：当选择该选项时，选择的模型表面（可变形物体）将被绑定到骨架链中选择的关节上，而不是绑定到整个骨架链。

 ✧ 对象层次：当选择该选项时，这个选择的模型表面（可变形物体）将被绑定到选择的关节或非关节变换节点（如组节点和定位器）的整个层级。只有选择这个选项，才能利用非蒙皮物体（如组节点和定位器）与模型表面（可变形物体）建立绑定关系，使非蒙皮物体能像关节一样影响模型表面，产生类似皮肤的变形效果。

❖ 绑定方法：指定关节影响被绑定物体表面上的蒙皮物体点是基于骨架层次还是基于关节与蒙皮物体点的接近程度，共有以下两个选项。

 ✧ 在层次中最近：当选择该选项时，关节的影响基于骨架层次，在角色设置中，通常需要使用这种绑定方法，因为它能防止产生不适当的关节影响。例如在绑定手指模型和骨架时，使用这个选项可以防止一个手指关节影响与其相邻近的另一个手指上的蒙皮物体点。

 ✧ 最近距离：当选择该选项时，关节的影响基于它与蒙皮物体点的接近程度，当绑定皮肤时，Maya将忽略骨架的层次。因为它能引起不适当的关节影响，所以在角色设置中，通常需要避免使用这种绑定方法。例如在绑定手指模型和骨架时，使用这个选项可能导致一个手指关节影响与其相邻近的另一个手指上的蒙皮物体点。

❖ 蒙皮方法：指定希望为选定可变形对象使用哪种蒙皮方法。

 ✧ 经典线性：如果希望得到基本平滑蒙皮变形效果，可以使用该方法。这个方法允许出现一些体积收缩和收拢变形效果。

 ✧ 双四元数：如果希望在扭曲关节周围变形时保持网格中的体积，可以使用该方法。

 ✧ 权重已混合：这种方法基于绘制的顶点权重贴图，是“经典线性”和“双四元数”蒙皮的混合。

- ❖ 规格化权重：设定如何规格化平滑蒙皮权重。
  - ✧ 无：禁用平滑蒙皮权重规格化。
  - ✧ 交互式：如果希望精确使用输入的权重值，可以选择该模式。当使用该模式时，Maya会从其他影响添加或移除权重，以便所有影响的合计权重为1。
  - ✧ 后期：选择该模式时，Maya会延缓规格化计算，直至变形网格。
- ❖ 允许多种绑定姿势：设定是否允许让每个骨架用多个绑定姿势。如果将几何体的多个面绑定到同一骨架，该选项非常有用。
- ❖ 最大影响：指定可能影响每个蒙皮物体点的最大关节数量。该选项默认设置为5，对于四足动物角色，这个数值比较合适，如果角色结构比较简单，可以适当减小这个数值，以优化绑定蒙皮计算的数据量，提高工作效率。
- ❖ 保持最大影响：选择该选项后，平滑蒙皮几何体在任何时间都不能具有比“最大影响”指定数量更大的影响数量。
- ❖ 移除未使用的影响：当选择该选项时，绑定蒙皮皮肤后可以断开所有蒙皮权重值为0的关节和蒙皮物体点之间的关联，避免Maya对这些无关数据进行检测计算。当想要减少场景数据的计算量、提高场景播放速度时，选择该选项将非常有用。
- ❖ 为骨架上色：当选择该选项时，被绑定的骨架和蒙皮物体点将变成彩色，使蒙皮物体点显示出与影响它们的关节和骨头相同的颜色。这样可以很直观地区分不同关节和骨头在被绑定可变形物体表面上的影响范围，如图16-56所示。

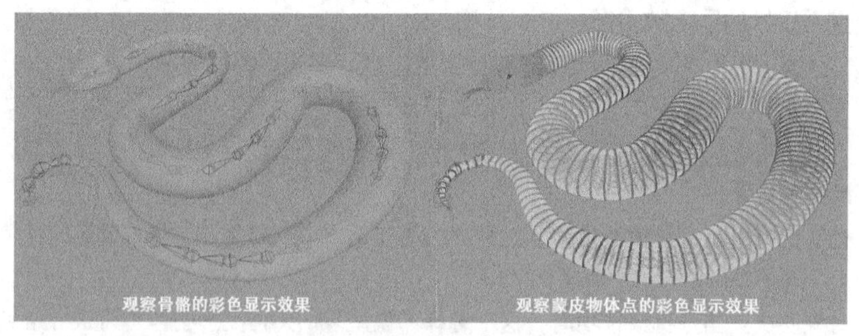


图16-56

- ❖ 在创建时包含隐藏的选择：选择该选项可使绑定包含不可见的几何体，因为默认情况下，绑定方法必须具有可见的几何体才能成功完成绑定。
- ❖ 衰减速率：指定每个关节对蒙皮物体点的影响随着点到关节距离的增加而逐渐减小的速度。该选项数值越大，影响减小的速度越慢，关节对蒙皮物体点的影响范围也越大；该选项数值越小，影响减小的速度越快，关节对蒙皮物体点的影响范围也越小，如图16-57所示。

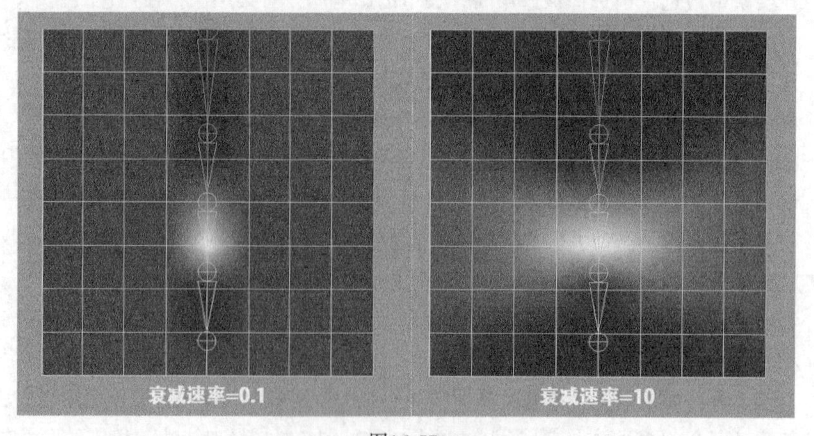


图16-57

## 16.2.3 交互式蒙皮绑定

“交互式蒙皮绑定”可以通过一个包裹物体来实时改变绑定的权重分配，这样可以大大减少权重分配的工作量。打开“交互式蒙皮绑定选项”对话框，如图16-58所示。

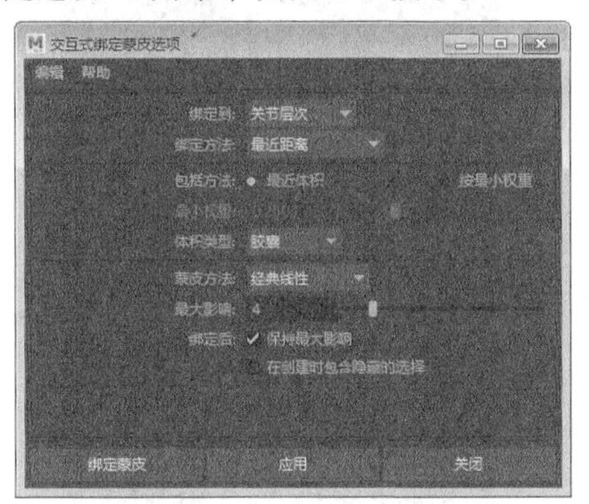


图16-58

**提示**

“交互式蒙皮绑定选项”对话框中的参数与“绑定蒙皮选项”对话框中的参数一致，这里不再重复介绍。

## 16.2.4 绘制蒙皮权重工具

“绘制蒙皮权重工具”提供了一种直观的编辑平滑蒙皮权重的方法，让用户可以采用涂抹绘画的方式直接在被绑定物体表面修改蒙皮权重值，并能实时观察到修改结果。这是一种十分有效的工具，也是在编辑平滑蒙皮权重工作中主要使用的工具。它虽然没有“组件编辑器”输入的权重数值精确，但是可以在蒙皮物体表面快速、高效地调整出合理的权重分布数值，以获得理想的平滑蒙皮变形效果，如图16-59所示。

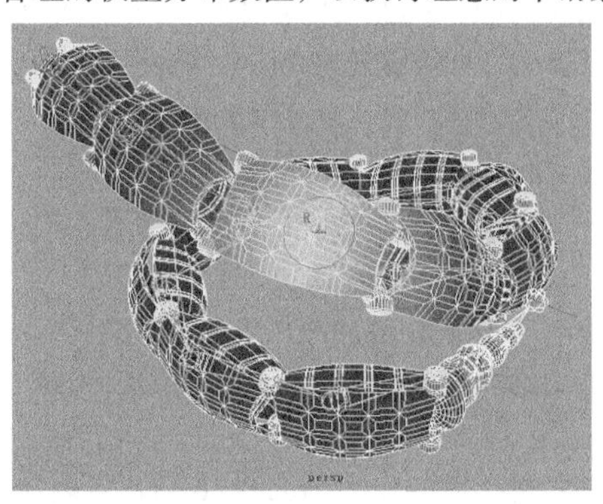


图16-59

单击“蒙皮>绘制蒙皮权重工具”菜单命令后面的按钮，打开该工具的“工具设置”对话框，如图16-60所示。该对话框分为“影响”“渐变”“笔划”“光笔压力”“显示”5个卷展栏。

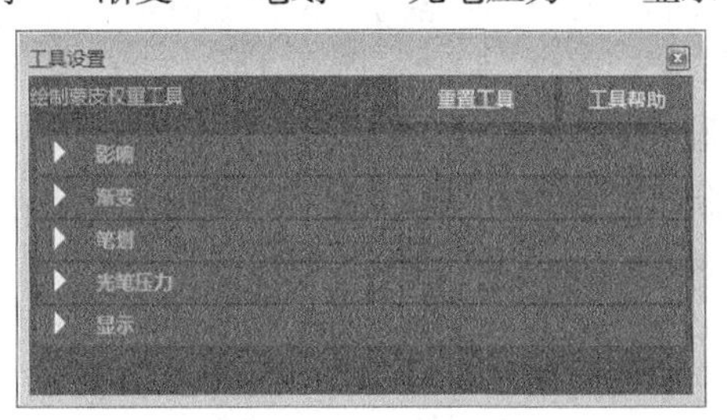


图16-60

## 1.影响

展开“影响”卷展栏，该卷展栏中提供了很多绘制权重的工具和属性，如图16-61所示。

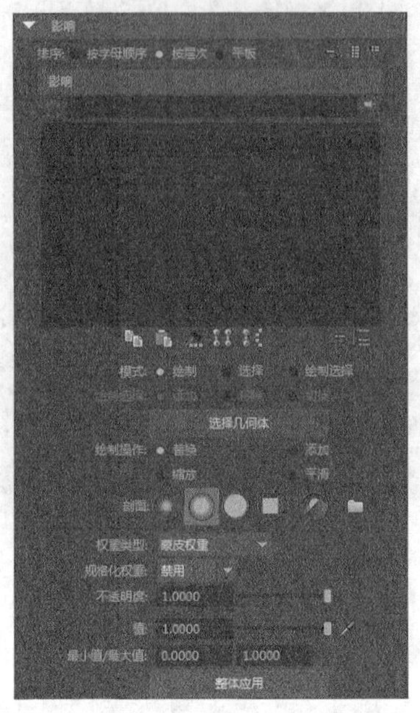


图16-61

### 影响卷展栏参数介绍

- ❖ 排序：在影响列表中设定关节的显示方式，有以下3种方式。
  - ✧ 按字母排序：按字母顺序对关节名称排序。
  - ✧ 按层次：按层次（父子层次）对关节名称排序。
  - ✧ 平板：按层次对关节名称排序，但是将其显示在平板列表中。
- ❖ 重置为默认值：将“影响”列表重置为默认大小。
- ❖ 展开影响列表：展开“影响”列表，并显示更多行。
- ❖ 收拢影响列表：收缩“影响”列表，并显示更少行。
- ❖ 影响：这个列表显示绑定到选定网格的所有影响的列表。例如，影响选定角色网格蒙皮权重的所有关节。
- ❖ 过滤器：输入文本以过滤在列表中显示的影响。这样可以更轻松地查找和选择要处理的影响，尤其是在处理具有复杂的装配时很实用。例如，输入r_*，可以只列出前缀为r_的那些影响。
- ❖ 复制选定顶点的权重：选择顶点后，单击该按钮可以复制选定顶点的权重值。
- ❖ 将复制的权重粘贴到选定顶点上：复制选定顶点的权重以后，单击该按钮可以将复制的顶点权重值粘贴到其他选定顶点上。
- ❖ 权重锤：单击该按钮可以修复其权重导致网格上出现不希望的变形的选定顶点。Maya为选定顶点指定与其相邻顶点相同的权重值，从而可以形成更平滑的变形。
- ❖ 将权重移到选定影响：单击该按钮可以将选定顶点的权重值从其当前影响移动到选定影响。
- ❖ 显示对选定顶点的影响：单击该按钮可以选择影响到选定顶点的所有影响。这样可以帮助用户解决网格区域中出现异常变形的疑难问题。
- ❖ 显示选定项：单击该按钮可以自动浏览影响列表，以显示选定影响。在处理具有多个影响的复杂角色时，该按钮非常有用。
- ❖ 反选：单击该按钮可快速反选要在列表中选定的影响。

- 模式：在绘制模式之间进行切换。
  - 绘制：选择该选项时，可以通过在顶点绘制值来设定权重。
  - 选择：选择该选项时，可以从绘制蒙皮权重切换到选择蒙皮点和影响。对于多个蒙皮权重任务，例如修复平滑权重和将权重移动到其他影响，该模式非常重要。
  - 绘制选择：选择该选项时，可以绘制选择顶点。
- 绘制选择：通过后面的3个附加选项可以设定绘制时是否向选择中添加或从选择中移除顶点。
  - 添加：选择该选项时，绘制将向选择添加顶点。
  - 移除：选择该选项时，绘制将向选择移除顶点。
  - 切换：选择该选项时，绘制将切换顶点的选择。绘制时，从选择中移除选定顶点并添加取消选择的顶点。
- 选择几何体 选择几何体：单击该按钮可以快速选择整个网格。
- 绘制操作：设置影响的绘制方式。
  - 替换：笔刷笔划将使用为笔刷设定的权重替换蒙皮权重。
  - 添加：笔刷笔划将增大附近关节的影响。
  - 缩放：笔刷笔划将减小远处关节的影响。
  - 平滑：笔刷笔划将平滑关节的影响。
- 剖面：选择笔刷的轮廓样式，有“高斯笔刷”、“软笔刷”、“硬笔刷”和“方形笔刷”、“上一个图像文件”和“文件浏览器”6种样式。

**提示**

如果预设的笔刷不能满足当前工作需要，还可以单击右侧的“文件浏览器”按钮，在Maya安装目录drive:\Program Files\Alias\Maya2016\brushShapes的文件夹中提供了40个预设的笔刷轮廓，可以直接加载使用。当然，用户也可以根据需要自定义笔刷轮廓，只要是Maya支持的图像文件格式，图像大小在256×256像素之内即可。

- 权重类型：选择以下两种类型中的一种权重进行绘制。
  - 蒙皮权重：为选定影响绘制基本的蒙皮权重，这是默认设置。
  - DQ混合权重：选择这个类型来绘制权重值，可以逐顶点控制“经典线性”和“双四元数”蒙皮的混合。
- 规格化权重：设定如何规格化平滑蒙皮权重。
  - 禁用：禁用平滑蒙皮权重规格化。
  - 交互式：如果希望精确使用输入的权重值，可以选择该模式。当使用该模式时，Maya会从其他影响添加或移除权重，以便所有影响的合计权重为1。
  - 后期：选择该模式时，Maya会延缓规格化计算，直至变形网格。
- 不透明度：通过设置该选项，可以使用同一种笔刷轮廓来产生更多的渐变效果，使笔刷的作用效果更加精细微妙。如果设置该选项的数值为0，笔刷将没有任何作用。
- 值：设定笔刷笔划应用的权重值。
- 最大值/最小值：设置可能的最小和最大绘制值。默认情况下，可以绘制介于 0 和 1 之间的值。设置最小值/最大值可以扩大或缩小权重值的范围。
- 整体应用 整体应用：将笔刷设置应用到选定“抖动”变形器的所有权重，结果取决于执行整体应用时定义的笔刷设置。

## 2.渐变

展开“渐变”卷展栏，如图16-62所示。

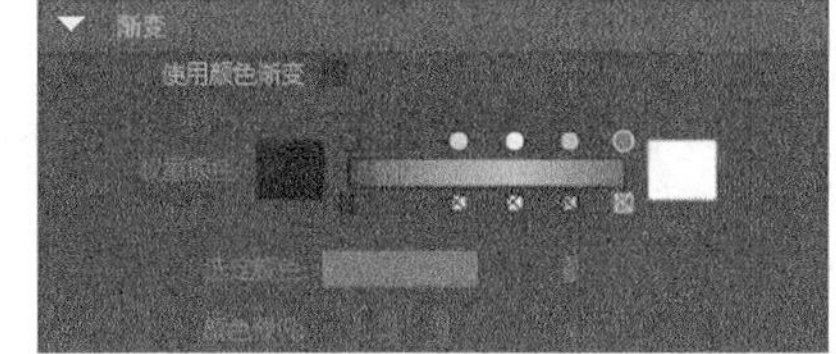


图16-62

### 渐变卷展栏参数介绍

- ❖ 使用颜色渐变：选择该选项时，权重值表示为网格的颜色。这样在绘制时可以更容易看到较小的值，并确定在不应对顶点有影响的地方关节是否正在影响顶点。
- ❖ 权重颜色：当选择“使用颜色渐变”选项时，该选项可以用于编辑颜色渐变。
- ❖ 选定颜色：为权重颜色的渐变色标设置颜色。
- ❖ 颜色预设：从预定义的3个颜色渐变选项中选择颜色。

## 3.笔划

展开“笔划”卷展栏，如图16-63所示。

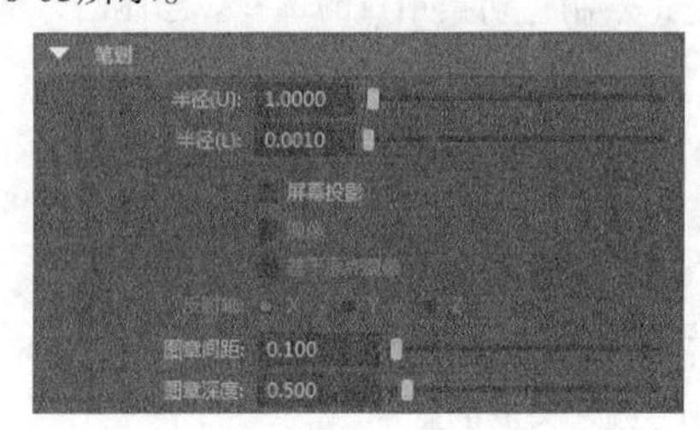


图16-63

### 笔划卷展栏参数介绍

- ❖ 半径（U）：如果用户正在使用一支压感笔，该选项可以为笔刷设定最大的半径值；如果用户只是使用鼠标，该选项可以设置笔刷的半径范围值。当调节滑块时该值最高可设置为50，但是按住B键拖曳光标可以得到更高的笔刷半径值。

**提示**

在绘制权重的过程中，经常采用按住B键拖曳光标的方法来改变笔刷半径，在不打开“绘制蒙皮权重工具”的“工具设置”对话框的情况下，根据绘制模型表面的不同部位直接对笔刷半径进行快速调整可以大大提高工作效率。

- ❖ 半径（L）：如果用户正在使用一支压感笔，该选项可以为笔刷设定最小的半径值；如果没有使用压感笔，这个属性将不能使用。
- ❖ 屏幕投影：当关闭该选项时（默认设置），笔刷会沿着绘画的表面确定方向；当选择该选项时，笔刷标记将以视图平面作为方向影射到选择的绘画表面。

**提示**

当使用“绘制蒙皮权重工具”涂抹绘画表面权重时，通常需要关闭“屏幕投影”选项。如果被绘制的表面非常复杂，可能需要选择该选项，因为使用该选项会降低系统的执行性能。

- ❖ 镜像：该选项对于“绘制蒙皮权重工具”是无效的，可以使用“蒙皮>编辑平滑蒙皮>镜像蒙皮权重”菜单命令来镜像平滑的蒙皮权重。
- ❖ 图章间距：在被绘制的表面上单击并拖曳光标绘制出一个笔划，用笔刷绘制出的笔划是由许多相互交叠的图章组成。利用这个属性，用户可以设置笔划中的印记将如何重叠。例如，如果设置“图章间距”数值为1，创建笔划中每个图章的边缘刚好彼此接触；如果设置“图章间距”数值大于1，那么在每个相邻的图章之间会留有空隙；如果设置“图章间距”数值小于1，图章之间将会重叠，如图16-64所示。

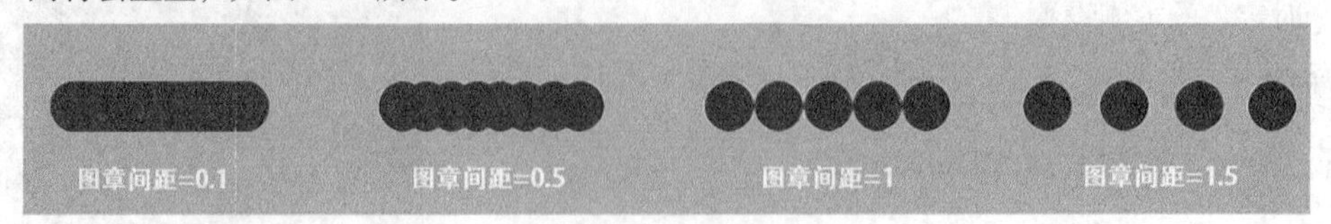


图16-64

❖ 图章深度：该选项决定了图章能被投影多远。例如，当使用“绘制蒙皮权重工具”在一个有褶皱的表面上绘画时，减小“图章深度”数值会导致笔刷无法绘制到一些折痕区域的内部。

## 4.光笔压力

展开“光笔压力”卷展栏，如图16-65所示。

图16-65

### 光笔压力卷展栏参数介绍

❖ 光笔压力：当选择该选项时，可以激活压感笔的压力效果。

❖ 压力映射：可以在下拉列表中选择一个选项，来确定压感笔的笔尖压力将会影响的笔刷属性。

## 5.显示

展开“显示”卷展栏，如图16-66所示。

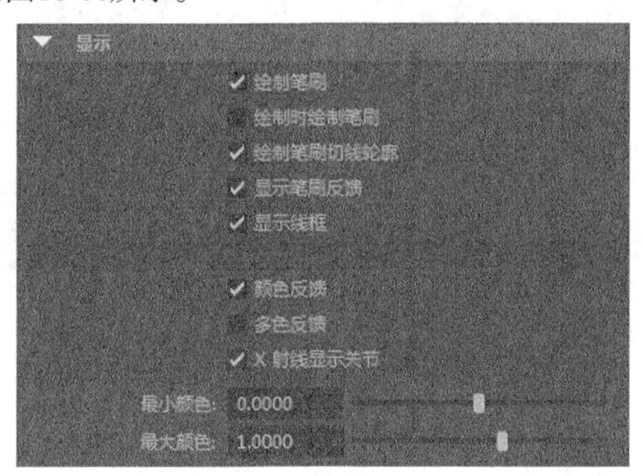


图16-66

### 显示卷展栏参数介绍

❖ 绘制笔刷：利用这个选项，可以切换“绘制蒙皮权重工具”笔刷在场景视图中的显示和隐藏状态。

❖ 绘制时绘制笔刷：当选择该选项时，在绘制的过程中会显示出笔刷轮廓；如果关闭该选项，在绘制的过程中将只显示出笔刷指针而不显示笔刷轮廓。

❖ 绘制笔刷切线轮廓：当选择该选项时，在选择的蒙皮表面上移动光标时会显示出笔刷的轮廓，如图16-67所示；如果关闭该选项，将只显示出笔刷指针而不显示笔刷轮廓，如图16-68所示。

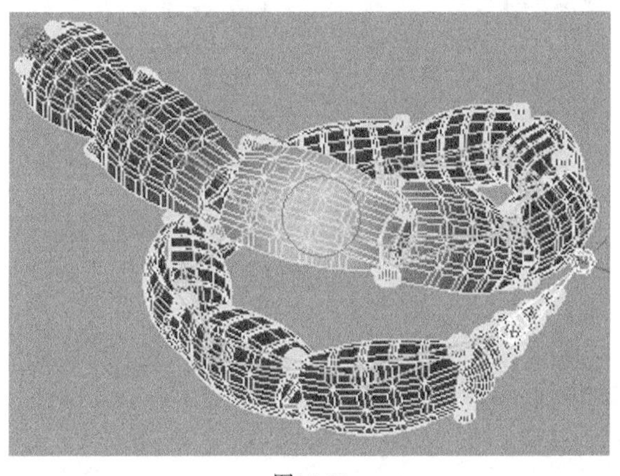

图16-67

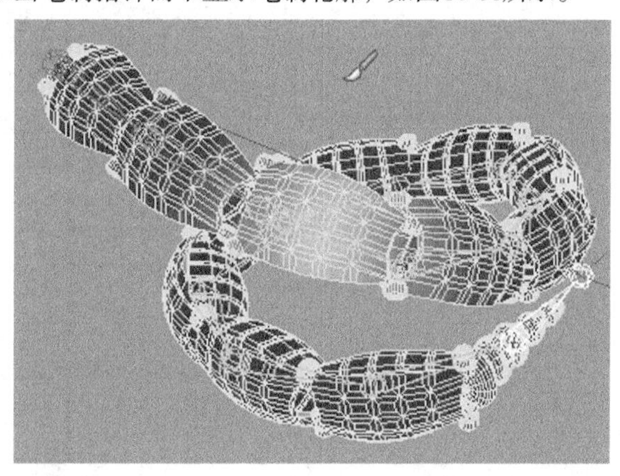

图16-68

❖ 绘制笔刷反馈：当选择该选项时，会显示笔刷的附加信息，以指示出当前笔刷所执行的绘制操作。当用户在“影响”卷展栏下为“绘制操作”选择了不同方式时，显示出的笔刷附加信息也有所不同，如图16-69所示。

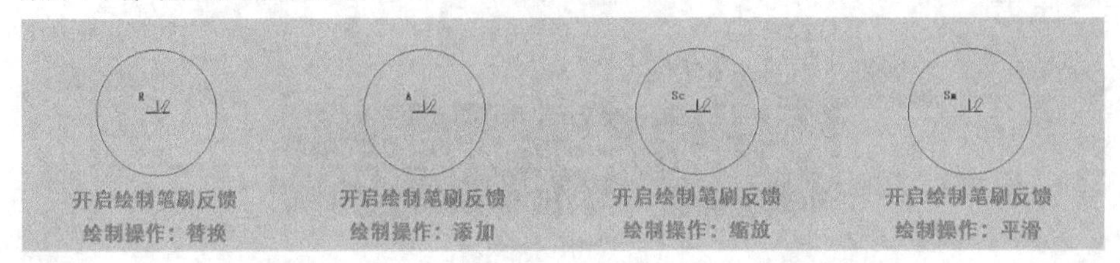


图16-69

❖ 显示线框：当选择该选项时，在选择的蒙皮表面上会显示出线框结构，这样可以观察绘画权重的结果，如图16-70所示；关闭该选项时，将不会显示出线框结构，如图16-71所示。

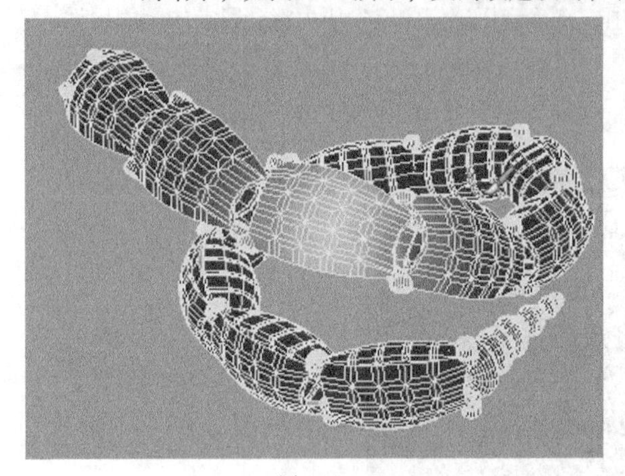

图16-70

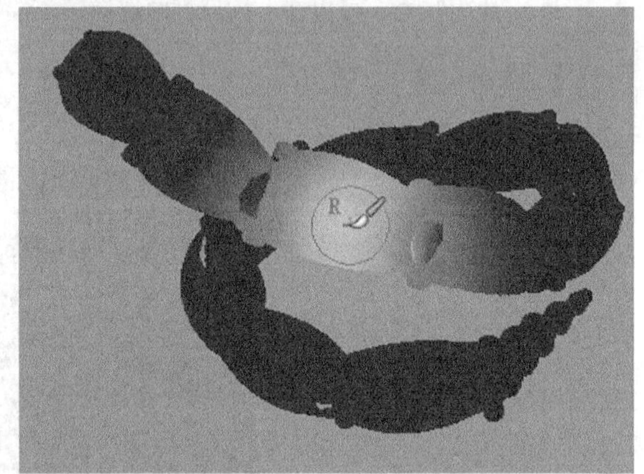

图16-71

❖ 颜色反馈：当选择该选项时，在选择的蒙皮表面上将显示出灰度颜色反馈信息，采用这种渐变灰度值来表示蒙皮权重数值的大小，如图16-72所示；当关闭该选项时，将不会显示出灰度颜色反馈信息，如图16-73所示。

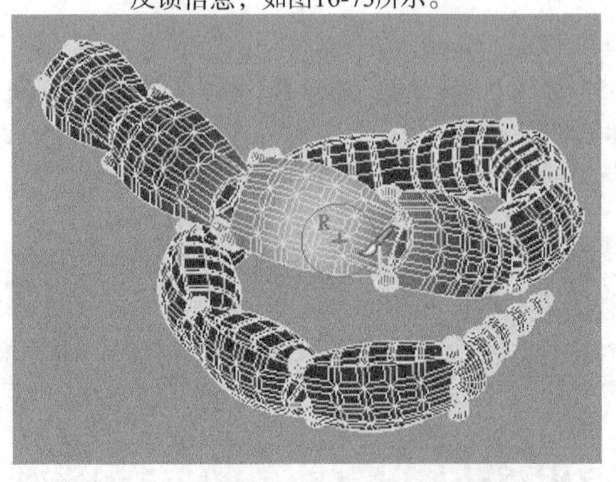

图16-72

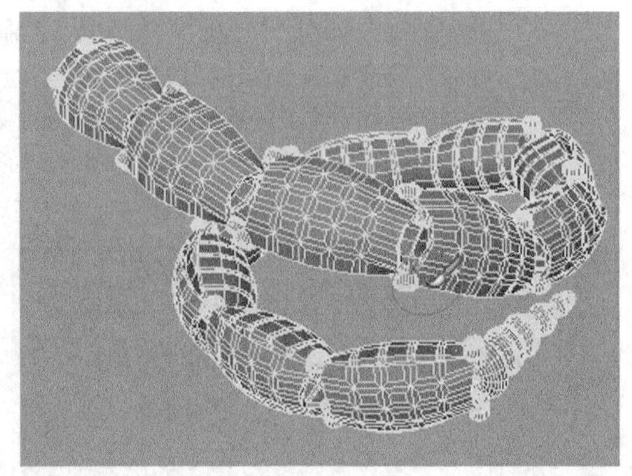

图16-73

**提示**

当减小蒙皮权重数值时，反馈颜色会变暗；当增大蒙皮权重数值时，反馈颜色会变亮；当蒙皮权重数值为0时，反馈颜色为黑色；当蒙皮权重数值为1时，反馈颜色为白色。

利用“颜色反馈”功能，可以帮助用户查看选择表面上蒙皮权重的分布情况，并能指导用户采用正确的数值绘制蒙皮权重。要在蒙皮表面上显示出颜色反馈信息，必须使模型在场景视图中以平滑实体的方式显示才行。

❖ 多色反馈：当选择该选项时，能以多重颜色的方式观察被绑定蒙皮物体表面上绘制蒙皮权重的分配，如图16-74所示。

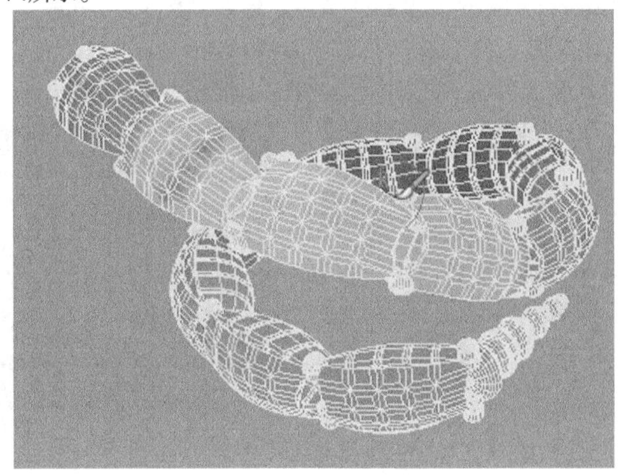

图16-74

❖ X射线显示关节：在绘制时，以X射线显示关节。
❖ 最小颜色：该选项可以设置最小的颜色显示数值。如果蒙皮物体上的权重数值彼此非常接近，使颜色反馈显示太微妙以至于不易察觉，这时使用该选项将很有用。可以尝试设置不同的数值使颜色反馈显示出更大的对比度，为用户进行观察和操作提供方便。
❖ 最大颜色：该选项可以设置最大的颜色显示数值。如果蒙皮物体上的权重数值彼此非常接近，使颜色反馈显示太微妙以至于不易察觉，这时可以尝试设置不同的数值使颜色反馈显示出更大的对比度，为用户进行观察和操作提供方便。

## 【练习16-8】鲨鱼的绑定与编辑

| | |
|---|---|
| 场景文件 | Scenes>CH16>16.8.mb |
| 实例文件 | Examples>CH16>16.8.mb |
| 难易指数 | ★★★★☆ |
| 技术掌握 | 学习绑定NURBS多面片角色模型、编辑角色模型蒙皮变形效果 |

本案例使用绑定的方法对一个NURBS多面片角色模型进行蒙皮操作，如图16-75所示。通过这个实例练习，可以让用户了解蒙皮角色的工作流程和编辑方法，也为用户提供了一种解决NURBS多面片角色模型绑定问题的思路。

图16-75

## 1.绑定鱼鳍

**01** 打开学习资源中的“Scenes>CH16>16.8.mb”文件，场景中有一个鲨鱼模型，如图16-76所示。

**02** 打开“大纲视图”对话框，然后选择shark_GEOMETRY节点，接着在“层编辑器”中设置SharkSkinLayer图层的“显示模式”为“正常”，如图16-77所示。

图16-76

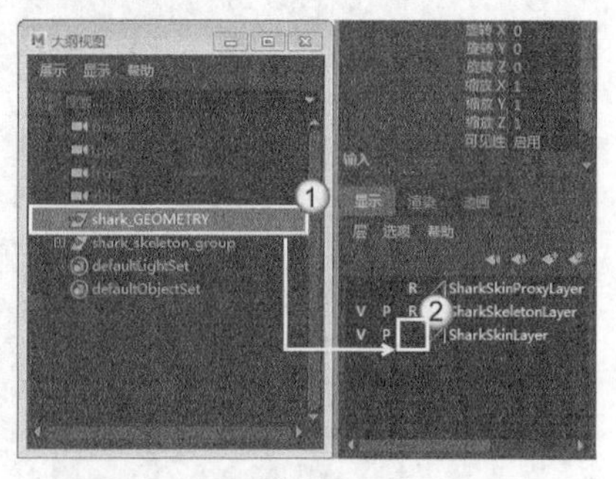


图16-77

**03** 在状态栏中激活“按组件类型选择”按钮和“选择点组件”按钮，如图16-78所示，然后切换到前视图，接着选择两侧鱼鳍上的控制顶点，如图16-79所示。

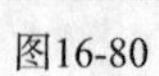

图16-78

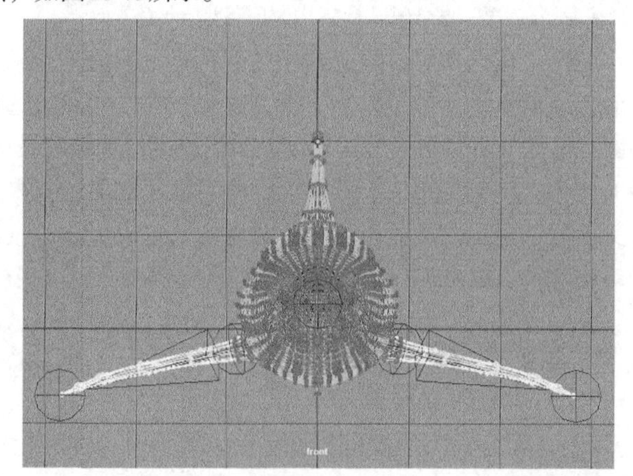


图16-79

**04** 在“大纲视图”对话框中加选shark_leftAla和shark_rightAla骨骼，如图16-80所示，然后执行“蒙皮>绑定蒙皮”菜单命令，效果如图16-81所示。

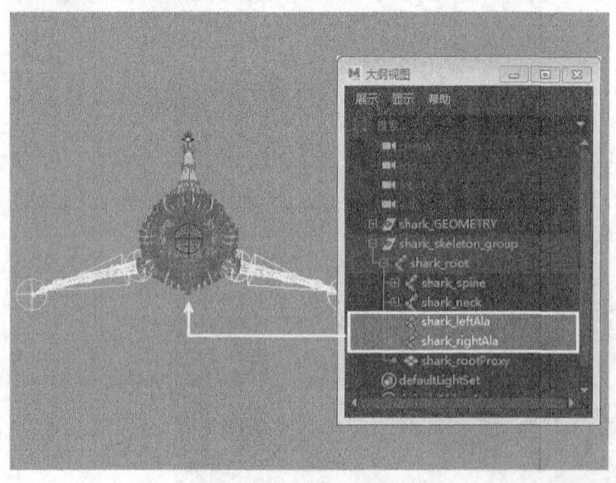


图16-80

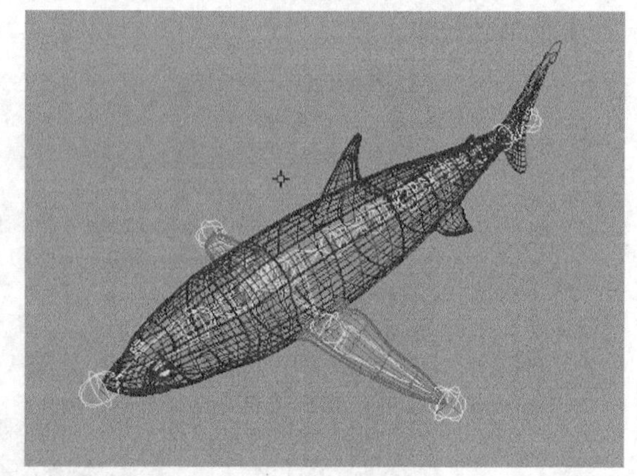

图16-81

**05** 在“层编辑器”中设置SharkSkeletonLayer图层的“显示模式”为“正常”，如图16-82所示，然后旋转鱼鳍上的骨架，这样，鱼鳍模型随即产生旋转，如图16-83所示。

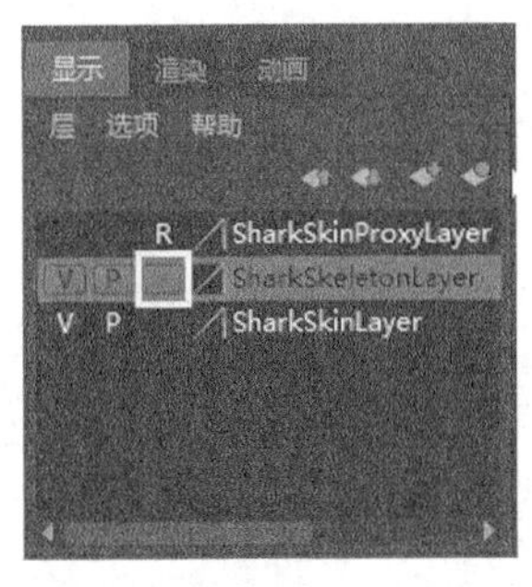


图16-82

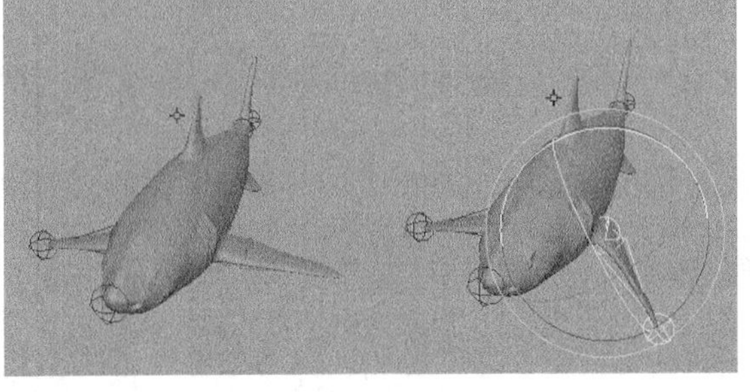

图16-83

## 2.创建晶格变形器

01 在状态栏中激活“按组件类型选择”按钮和“选择点组件”按钮，如图16-84所示。

图16-84

02 切换到前视图，然后选择鱼身部分的控制点，如图16-85所示。

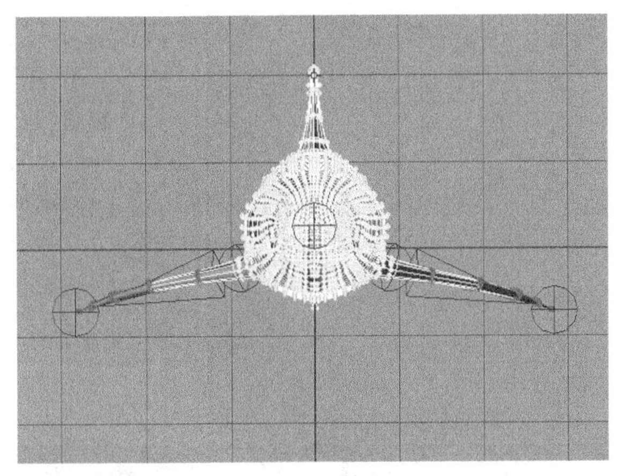

图16-85

### 提示

注意，本场景锁定了鲨鱼模型，需要在“层编辑器”中将鲨鱼的层解锁后才可编辑。

03 单击“变形>晶格”菜单命令后面的按钮，打开“晶格选项”对话框，然后设置“分段”为（5，5，25），如图16-86所示，接着单击“创建”按钮，完成晶格物体的创建，效果如图16-87所示。

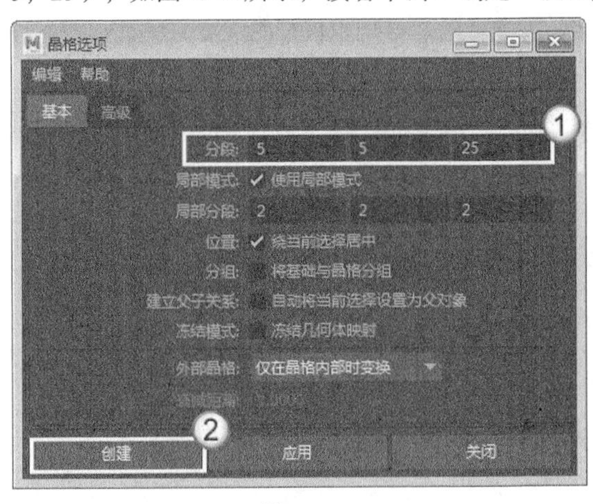


图16-86

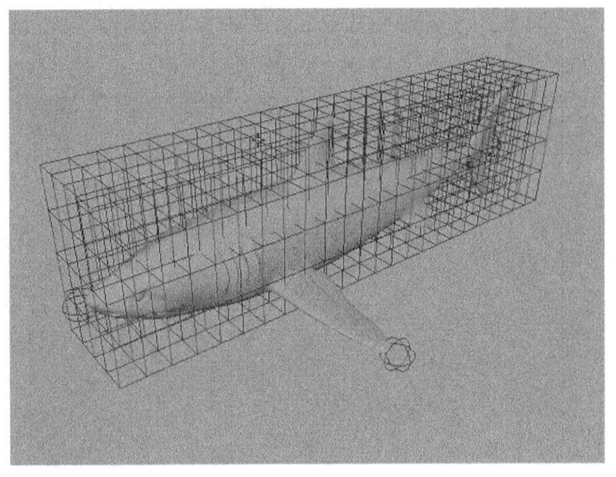

图16-87

### 3.将晶格绑定到骨架上

01 选择鲨鱼骨架链的根关节shark_root，然后按住Shift键加选要绑定的影响晶格物体ffd1Lattice，如图16-88所示。

02 执行“蒙皮>绑定蒙皮”菜单命令，这样晶格就被绑定到骨架上了，如图16-89所示。

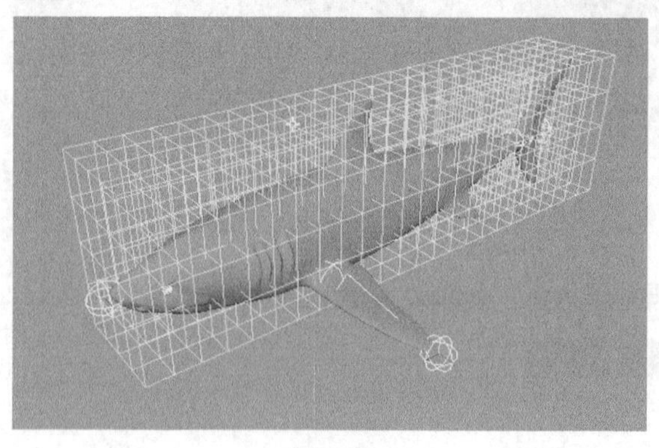

图16-88

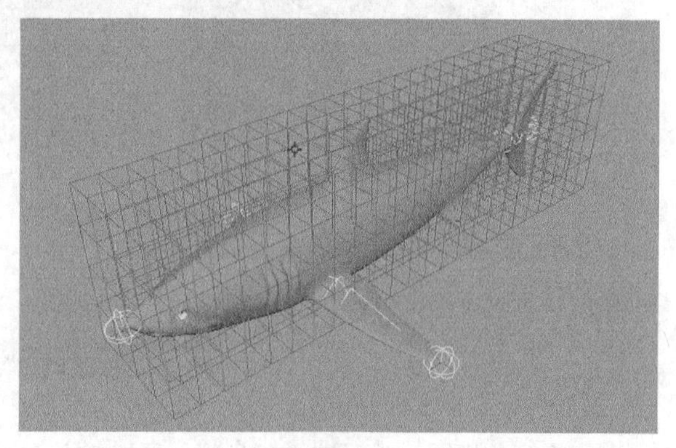

图16-89

03 调整骨架，使鲨鱼模型具有动感的造型，如图16-90所示。

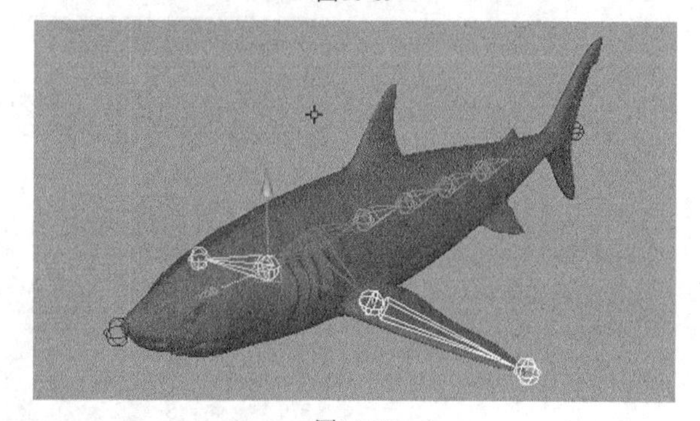

图16-90

## 16.3 绑定综合实例：腿部绑定

| | |
|---|---|
| 场景文件 | Scenes>CH16>16.9.mb |
| 实例文件 | Examples>CH16>16.9.mb |
| 难易指数 | ★★★☆☆ |
| 技术掌握 | 练习腿部骨架绑定的方法 |

人物骨架的创建、绑定与蒙皮在实际工作中（主要用在动画设定中）经常遇到，如果要制作人物动画，这些工作是必不可少的。本例就将针对人物腿部骨架的创建方法、骨架与模型的蒙皮方法进行练习，图16-91所示是本例各种动作的渲染效果。

图16-91

## 16.3.1 创建骨架

**01** 打开学习资源中的“Scenes>CH16>16.9.mb”文件，场景中有一个人物模型，如图16-92所示。

图16-92

**02** 在绑定之前一定要确保模型“干净”，即没有任何历史记录和所有属性归零，因此执行“编辑>按类型删除全部>历史”菜单命令，如图16-93所示。然后选择模型，执行“修改>冻结变换”菜单命令，如图16-94所示。

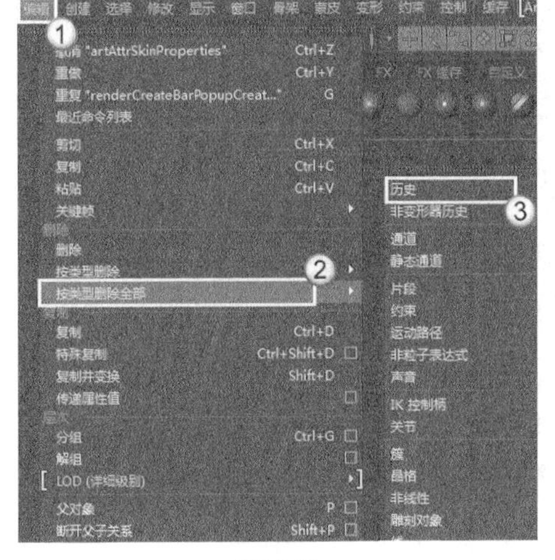


图16-93

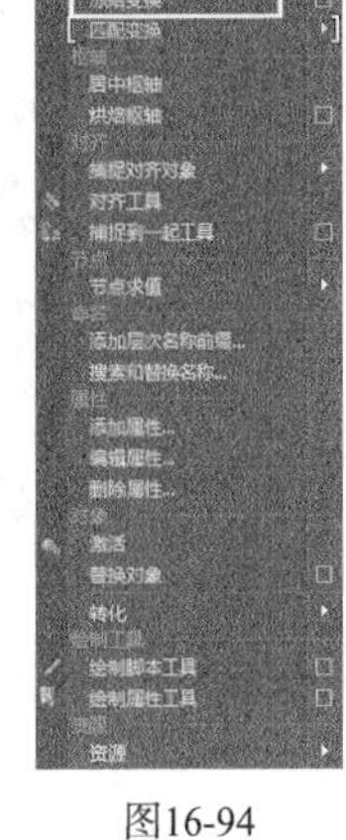


图16-94

**03** 切换到侧视图，然后执行“骨架>创建关节”菜单命令，接着根据腿部活动特征绘制图16-95所示的骨架。

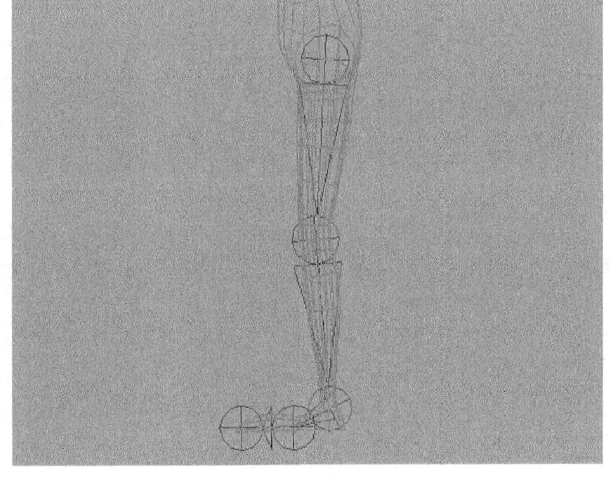

图16-95

**04** 由于骨架太大，因此先设置关节的显示比例。执行“显示>动画>关节大小”菜单命令，如图16-96所示，然后在打开的“关节显示比例”对话框中设置关节显示比例为0.35，如图16-97所示。

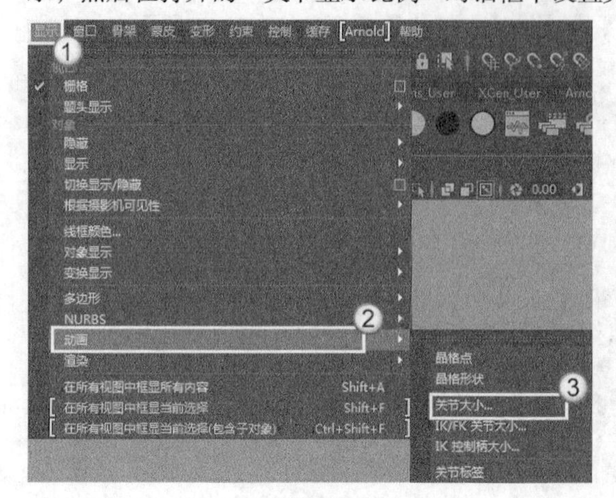


图16-96

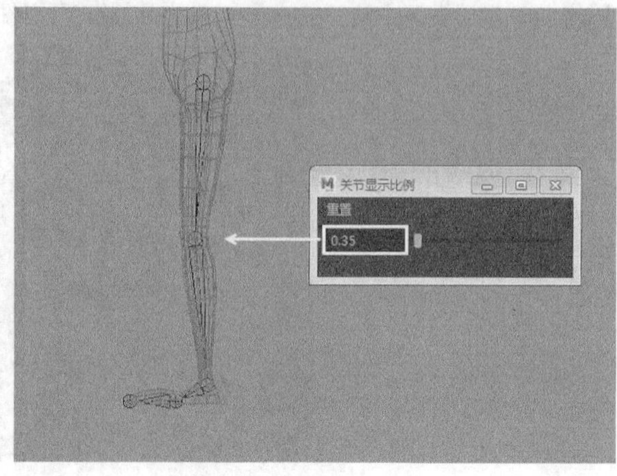


图16-97

**05** 切换到前视图，然后调整好骨架的位置，让腿部模型完全包裹住骨架，如图16-98所示。

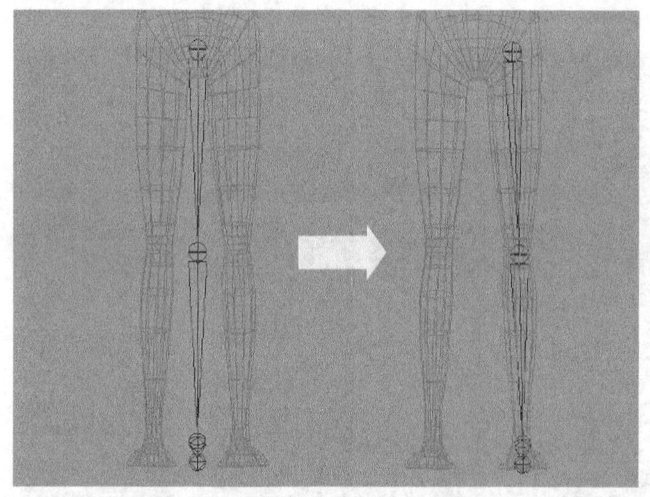

图16-98

**06** 隐藏模型，然后打开“大纲视图”对话框，接着将创建好的骨架按部位重命名，以便后面的操作容易区分骨架，如图16-99和图16-100所示。

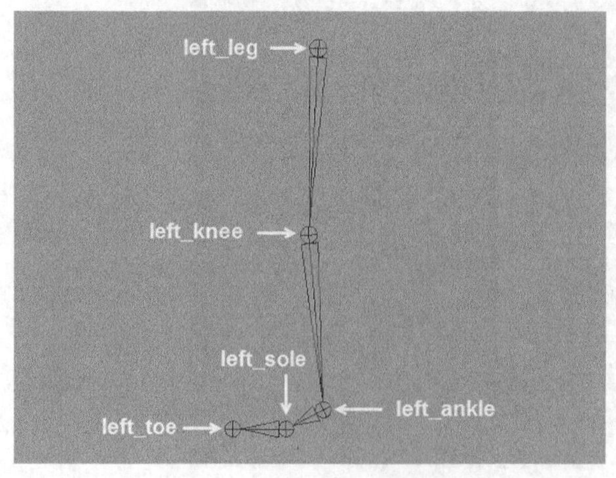


图16-99

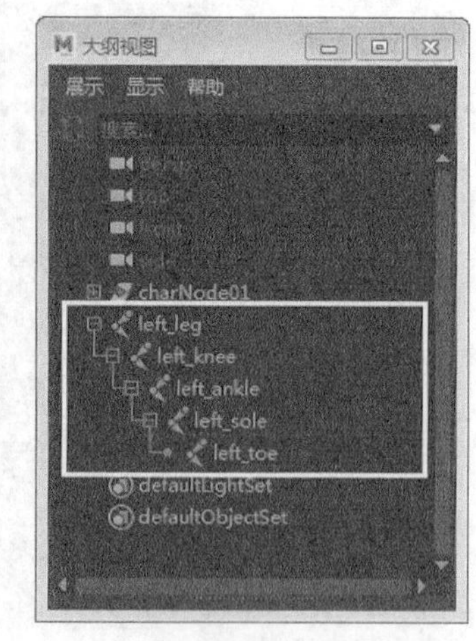


图16-100

## 16.3.2 创建IK控制柄

**01** 隐藏模型对象，然后执行“骨架>创建IK控制柄”菜单命令，接着单击根部的骨架，最后单击脚踝处的骨架，生成IK控制柄，如图16-101所示。

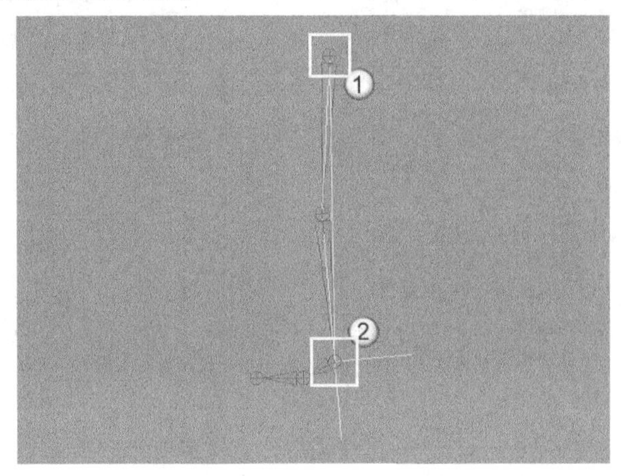


图16-101

**02** 使用相同的方法创建其他部位的IK控制柄，如图16-102所示，接着将IK控制柄重命名，如图16-103和图16-104所示。

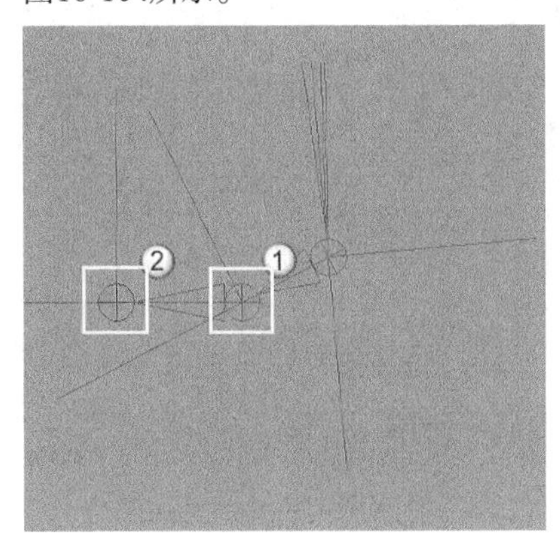


图16-102

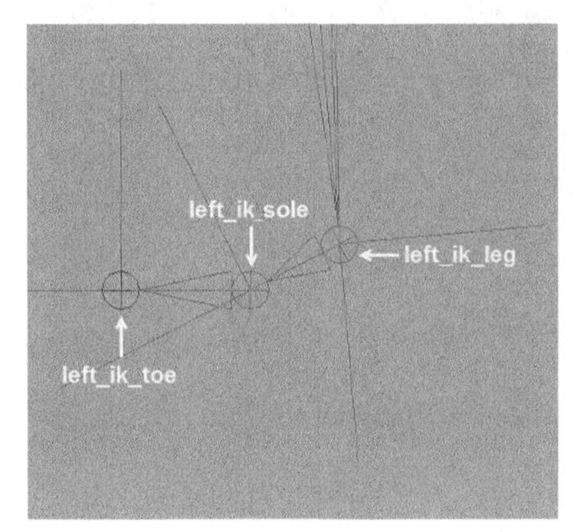


图16-103

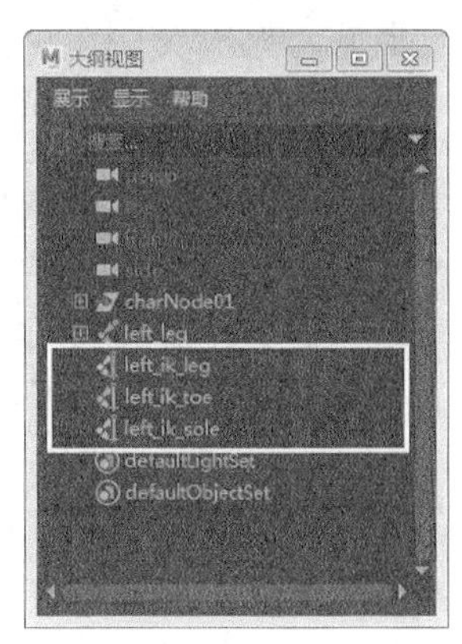


图16-104

**03** 执行“显示>动画>IK控制柄大小”菜单命令，然后在打开的“IK控制柄显示比例”对话框中，设置关节显示比例为0.4，如图16-105所示。

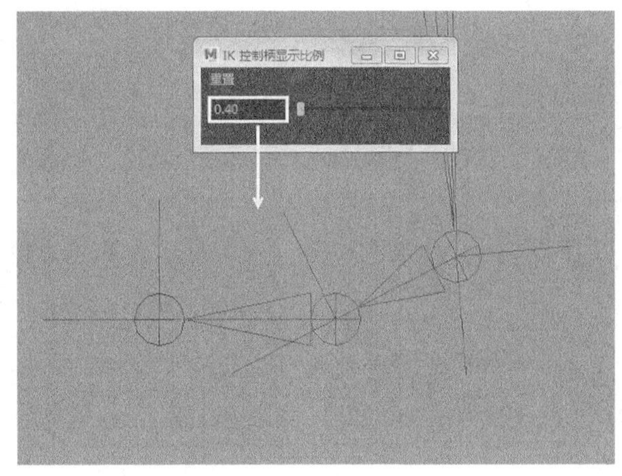


图16-105

**04** 在“大纲视图”对话框中选择left_ik_toe和left_ik_sole节点，然后按快捷键Ctrl+G进行分组，如图16-106所示，接着按住D和V键，将枢轴捕捉到脚掌处，如图16-107所示。

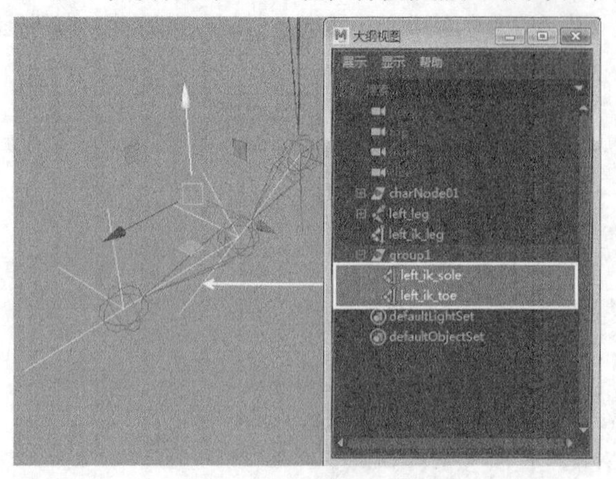


图16-106

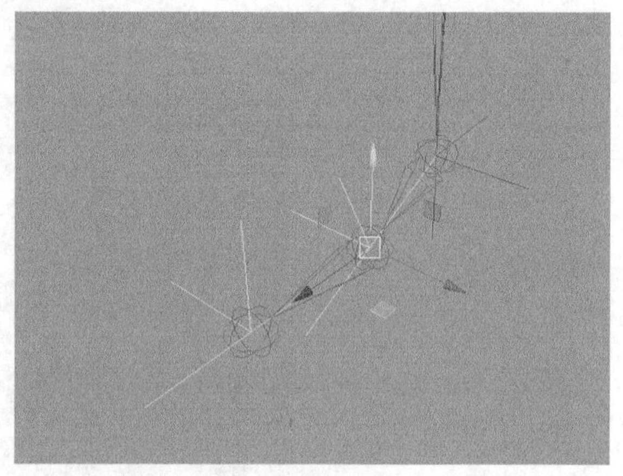

图16-107

**05** 在“大纲视图”对话框中选择left_ik_leg和group1节点，然后按快捷键Ctrl+G进行分组，如图16-108所示，接着按住D和V键，将枢轴捕捉到脚尖处，如图16-109所示。

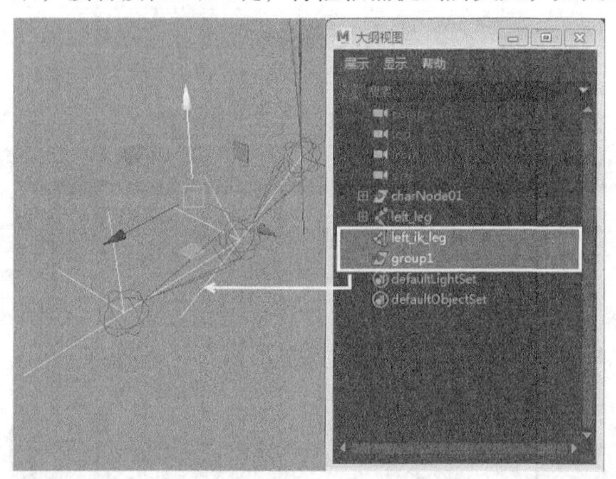


图16-108

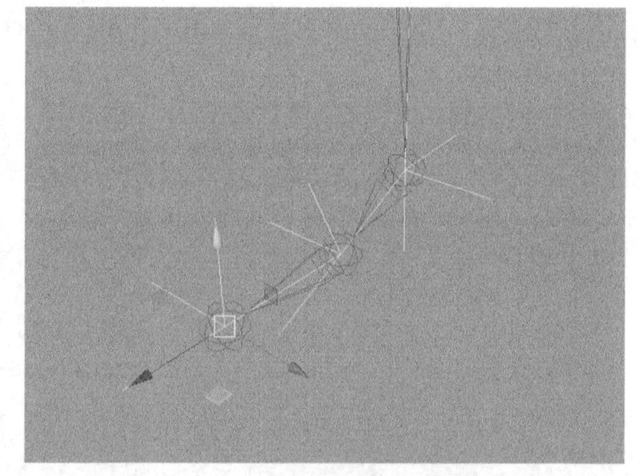

图16-109

**06** 在“大纲视图”对话框中选择left_leg节点，然后单击“骨架>镜像关节”菜单命令后面的■按钮，接着在打开的“镜像关节选项”对话框中设置“镜像平面”为*yz*，最后单击“镜像”按钮，如图16-110所示，效果如图16-111所示。

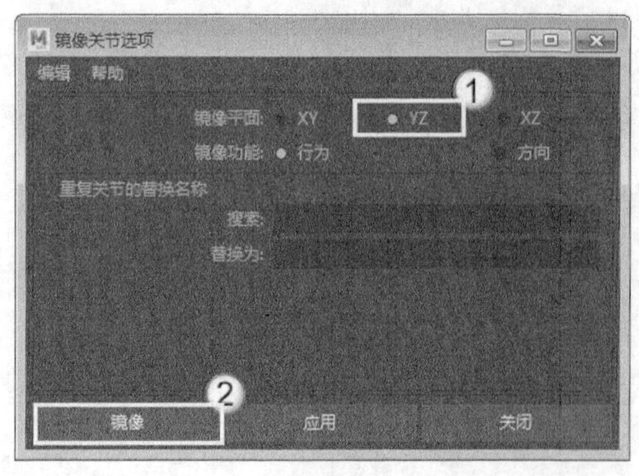


图16-110

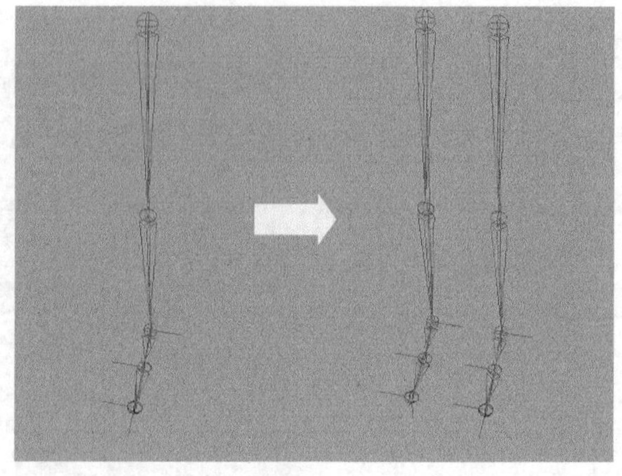

图16-111

**07** 将镜像出来的骨骼和IK控制柄重新命名，如图16-112所示，然后使用步骤4、5的方法分组IK控制柄，接着将group1和group3分别命名为left_IK和right_IK，如图16-113所示。

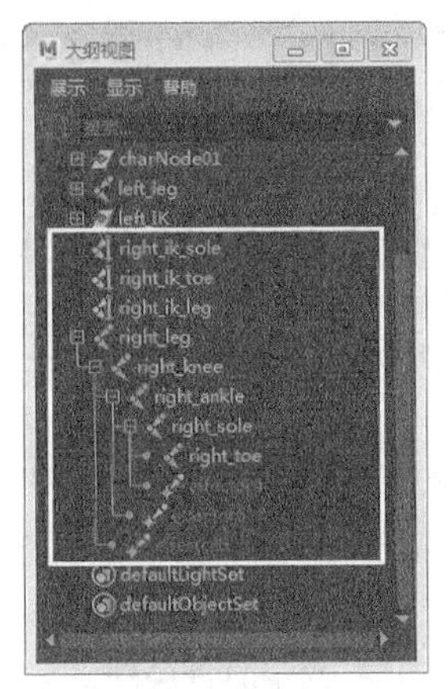


图16-112

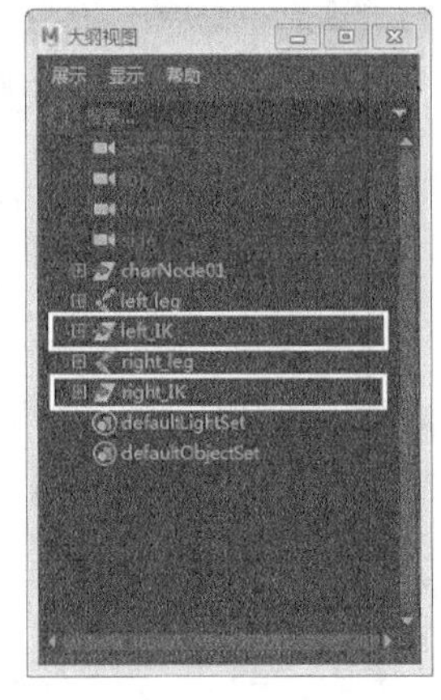


图16-113

## 16.3.3 制作蒙皮

**01** 选择left_leg和right_leg（骨架）节点，然后加选模型，接着执行“蒙皮>绑定蒙皮”命令，效果如图16-114所示。

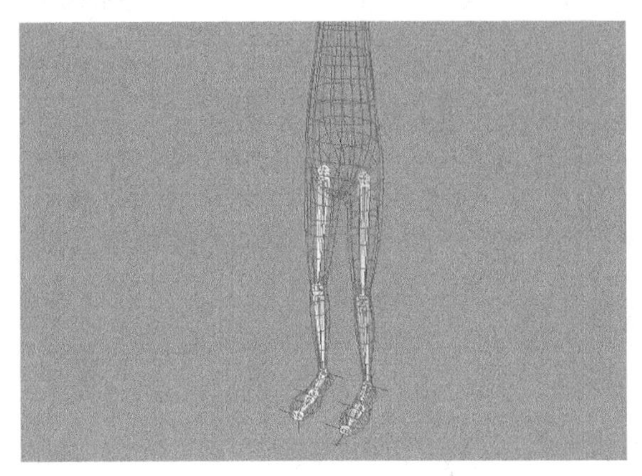

图16-114

**02** 选择left_IK和right_IK节点，然后将其上下移动，观察移动后的效果，如图16-115所示。

**03** 选择left_leg和right_leg（骨架）节点，然后将其上下移动，观察移动后的效果，如图16-116所示。

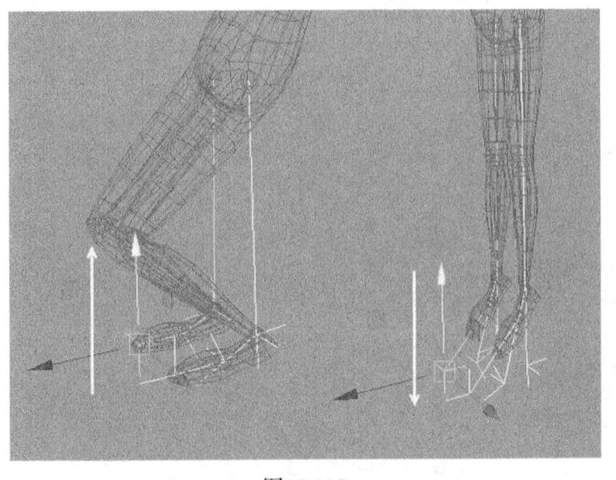

图16-115

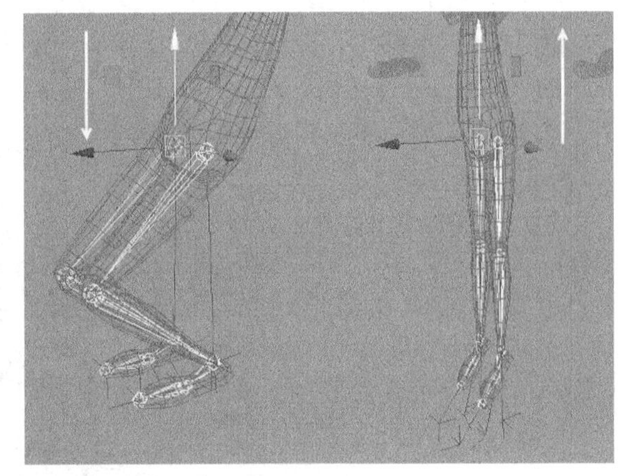

图16-116

**提示**

由于只为人物的腿部制作了骨架和蒙皮，因此在对骨架和IK控制柄进行操作时，人物的其他部分会有错误的变形。如果对整个人物制作了骨架和蒙皮，或者蒙皮的对象只有单个的腿部模型，就不会存在这样的问题。

# 技术分享

## 给读者学习绑定技术的建议

绑定工作是CG动画中一个难度较高的环节，不同类型的对象，有着不同的绑定方式和技巧。这使得绑定时不仅需要对绑定对象有深刻的了解，还需要研究对象的运动方式和特点。

第1点：在制作角色的骨架时，如果没有特殊要求，尽量使用左右对称的模型。因为Maya中的很多绑定效果可以镜像复制，所以对称的模型可以大大提高绑定的效率。

第2点：在拿到需要绑定的模型时，要确认模型的比例，否则会增加大量的后续工作量。

第3点：很多变形工具在绑定时都会用到，例如簇、晶格和混合变形等工具，合理利用变形工具可提高绑定的工作效率，也可以增加动画的可操作性。

## MEL脚本语言在绑定中的作用

MEL是Maya嵌入式语言，Maya界面的几乎每一个要点都是在MEL指令和脚本程序上建立的。由于Maya给出了对于MEL自身的完全的访问，所以用户可以扩展和定制Maya。通过MEL，用户可以进一步开发Maya，使Maya更加符合用户的习惯和特殊需求。

在“脚本编辑器”对话框中可以输入脚本，用户既可以使用MEL，也可以使用Python。另外，当我们在Maya中操作时，很多信息会在“脚本编辑器”对话框中以MEL脚本的方式显示。

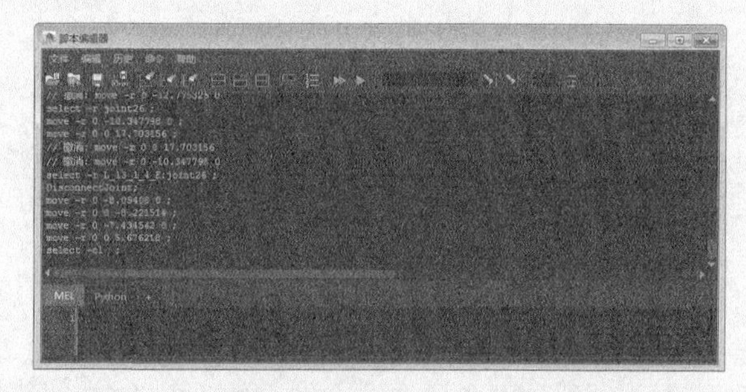

在实际工作中，很多制作者会开发独特的绑定工具，用来提升绑定的效率。几乎每个CG创作团队，都有自己的绑定工具，而这些工具往往是由MEL编写的。

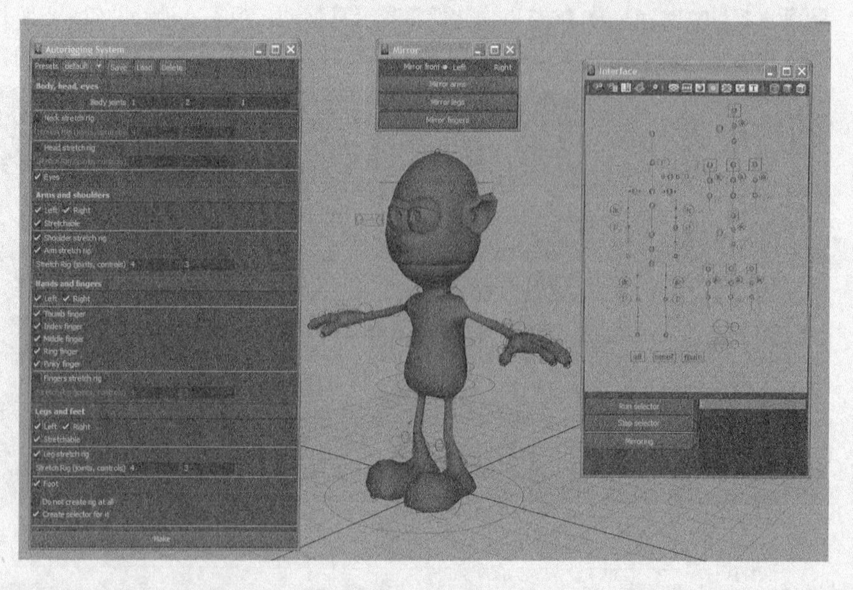


对于初学者来说，绑定已经算是难度较高的内容了，需要花大量的时间来学习和消化，但是在实际工作中还需要MEL的帮助。因此建议读者在学习绑定内容的同时，也要花一定时间和精力去学习MEL。

# 第17章

# 动画技术

Maya之所以拥有众多使用者，正是因为其强大的动画功能。本章主要介绍时间轴的使用方法、关键帧动画的制作方法、曲线图编辑器的使用方法、路径动画的制作方法，以及约束的使用方法等。

※ 掌握时间轴的用法

※ 掌握关键帧动画的设置方法

※ 掌握曲线图编辑器的用法

※ 掌握受驱动关键帧动画的设置方法

※ 掌握运动路径动画的设置方法

※ 掌握约束的使用方法

# 17.1 动画概述

动画——顾名思义，就是让角色或物体动起来，其英文为Animation。动画与运动是分不开的，因为运动是动画的本质，将多张连续的单帧画面连在一起就形成了动画，如图17-1所示。

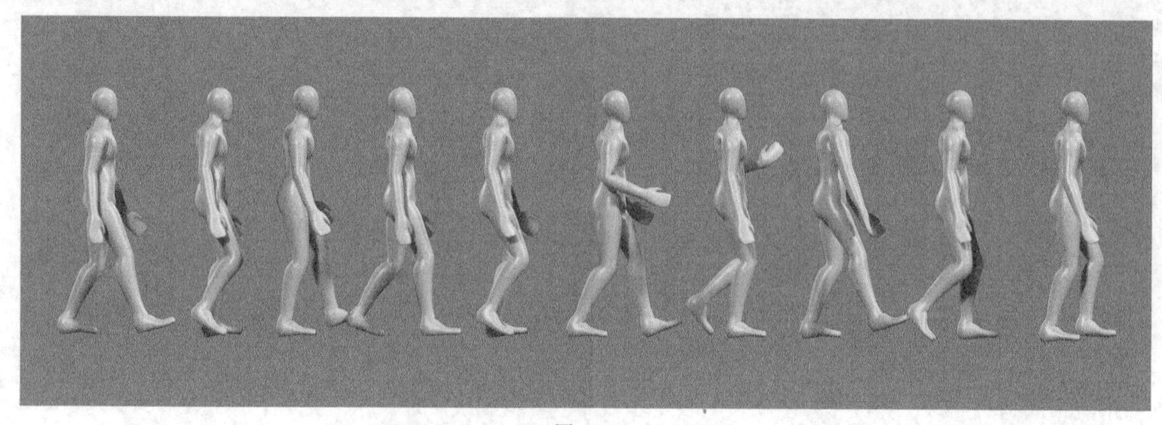

图17-1

Maya作为世界非常优秀的三维软件，为用户提供了一套非常强大的动画系统，如关键帧动画、路径动画、非线性动画、表达式动画和变形动画等。但无论使用哪种方法来制作动画，都需要用户对角色或物体有着仔细的观察和深刻的体会，这样才能制作出生动的动画效果，如图17-2所示。

图17-2

# 17.2 时间轴

在制作动画时，无论是传统动画的创作还是用三维软件制作动画，时间都是一个难以控制的部分，但是它的重要性是无可比拟的，它存在于动画的任何阶段，通过它可以描述出角色的重量、体积和个性等，而且时间不仅包含于运动当中，同时还能表达出角色的感情。

Maya中的“时间轴”提供了快速访问时间和关键帧设置的工具，包括“时间滑块”“时间范围滑块”“播放控制器”等，这些工具可以从“时间轴”快速地进行访问和调整，如图17-3所示。

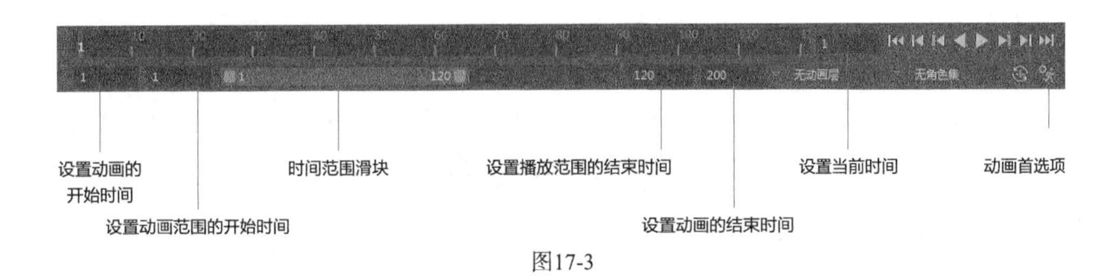


图17-3

## 17.2.1 时间滑块

“时间滑块”可以控制动画的播放范围、关键帧（红色线条显示）和播放范围内的受控制帧，如图17-4所示。

图17-4

## 技术专题：如何操作时间滑块

在“时间滑块”上的任意位置单击左键，即可改变当前时间，场景会跳到动画的该时间处。

按住K键，然后在视图中按住鼠标左键水平拖曳光标，场景动画便会随光标的移动而不断更新。

按住Shift键在“时间滑块”上单击鼠标左键并在水平位置拖曳出一个红色的范围，选择的时间范围会以红色显示出来，如图17–5所示。水平拖曳选择区域两端的箭头，可以缩放选择区域；水平拖曳选择区域中间的双箭头，可以移动选择区域。

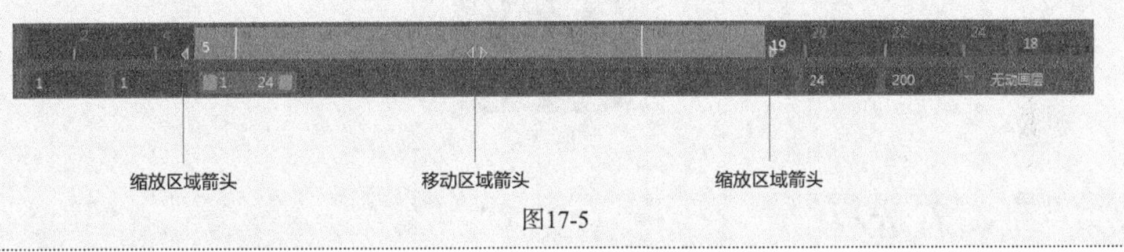


图17-5

## 17.2.2 时间范围滑块

“时间范围滑块”用来控制动画的播放范围，如图17-6所示。

图17-6

“时间范围滑块”的用法有以下3种。

第1种：拖曳“时间范围滑块”可以改变播放范围。

第2种：拖曳“时间范围滑块”两端的按钮可以缩放播放范围。

第3种：双击“时间范围滑块”，播放范围会变成动画开始时间数值框和动画结束时间数值框中的数值的范围，再次双击，可以返回到先前的播放范围。

## 17.2.3 播放控制器

“播放控制器”主要用来控制动画的播放状态，如图17-7所示，各按钮及功能如表17-1所示。

图17-7

表17-1

| 按钮 | 作用 | 默认快捷键 |
| --- | --- | --- |
| | 转至播放范围开头 | 无 |
| | 后退一帧 | Alt+, |
| | 后退到前一关键帧 | , |
| | 向后播放 | 无 |
| | 向前播放 | Alt+V，按Esc键可以停止播放 |
| | 前进到下一关键帧 | 。 |
| | 前进一帧 | Alt+。 |
| | 转至播放范围末尾 | 无 |

## 17.2.4 动画控制菜单

在“时间滑块”的任意位置单击鼠标右键会弹出动画控制菜单，如图17-8所示。该菜单中的命令主要用于操作当前选择对象的关键帧。

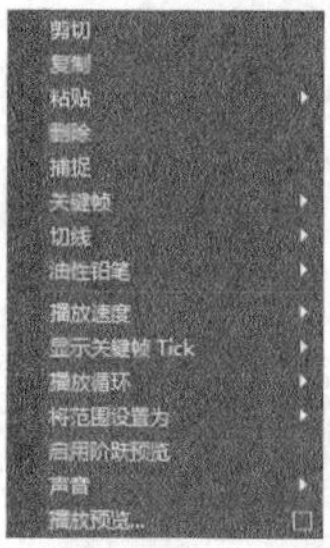

图17-8

## 17.2.5 动画首选项

在“时间轴”右侧单击“动画首选项”按钮，或执行“窗口>设置/首选项>首选项”菜单命令，打开“首选项”对话框，在该对话框中可以设置动画和时间滑块的首选项，如图17-9所示。

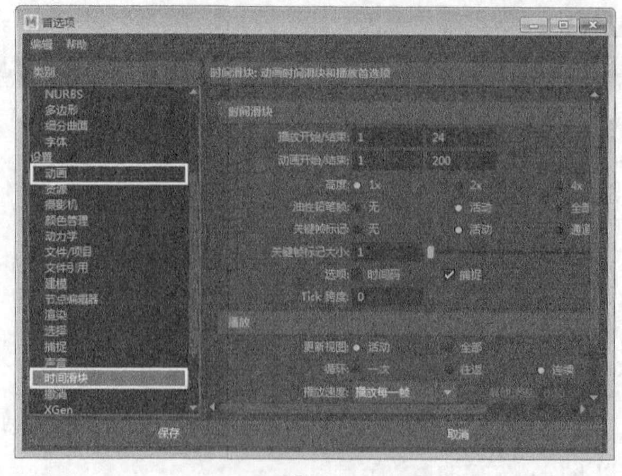


图17-9

# 17.3 关键帧动画

在Maya动画系统中，使用最多的就是关键帧动画。所谓关键帧动画，就是在不同的时间（或帧）将能体现动画物体动作特征的一系列属性采用关键帧的方式记录下来，并根据不同关键帧之间的动作（属性值）差异自动进行中间帧的插入计算，最终生成一段完整的关键帧动画，如图17-10所示。

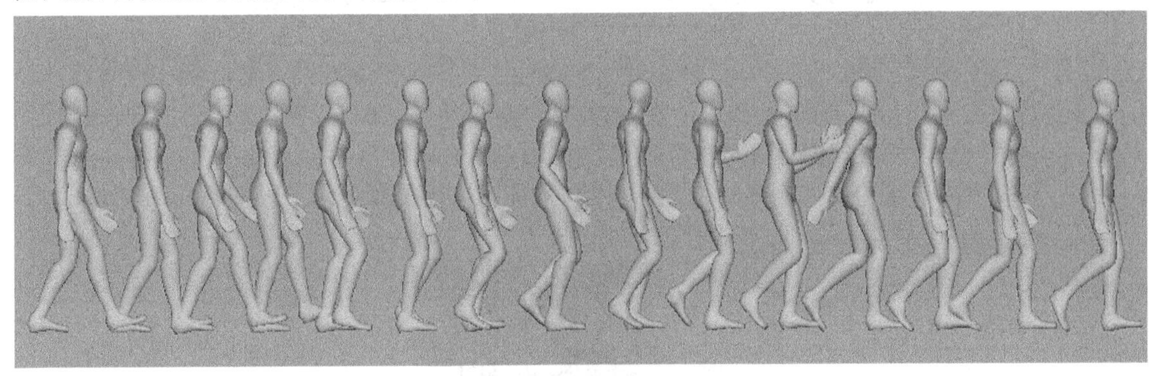

图17-10

为物体属性设置关键帧的方法有很多，下面介绍几种最常用的方法。

## 17.3.1 设置关键帧

切换到“动画”模块，执行“动画>设置关键帧”菜单命令，可以完成一个关键帧的记录。使用该命令设置关键帧的步骤如下。

第1步：用鼠标左键拖曳时间滑块确定要记录关键帧的位置。

第2步：选择要设置关键帧的物体，修改相应的物体属性。

第3步：执行“动画>设置关键帧”菜单命令或按S键，为当前属性记录一个关键帧。

**提示**

通过这种方法设置的关键帧，在当前时间，选择物体的属性值将始终保持一个固定不变的状态，直到再次修改该属性值并重新设置关键帧。如果要继续在不同的时间为物体属性设置关键帧，可以重复执行以上操作。

单击“动画>设置关键帧”菜单命令后面的■按钮，打开“设置关键帧选项”对话框，如图17-11所示。

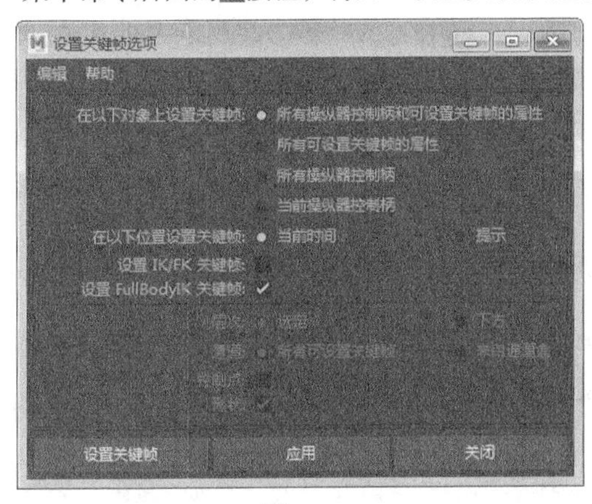


图17-11

### 设置关键帧选项对话框参数介绍

❖ 在以下对象上设置关键帧：指定将在哪些属性上设置关键帧，提供了以下4个选项。

✧ 所有操纵器控制柄和可设置关键帧的属性：当选择该选项时，将为当前操纵器和选择物体的所有可设置关键帧属性记录一个关键帧，这是默认选项。

✧ 所有可设置关键帧的属性：当选择该选项时，将为选择物体的所有可设置关键帧属性记录一个关键帧。

✧ 所有操纵器控制柄：当选择该选项时，将为选择操纵器所影响的属性记录一个关键帧。例如，当使用“旋转工具”时，将只会为“旋转X”“旋转Y”“旋转Z”属性记录一个关键帧。

✧ 当前操纵器控制柄：当选择该选项时，将为选择操纵器控制柄所影响的属性记录一个关键帧。例如，当使用“旋转工具”操纵器的y轴手柄时，将只会为“旋转Y”属性记录一个关键帧。

❖ 在以下位置设置关键帧：指定在设置关键帧时将采用何种方式确定时间，提供了以下两个选项。

✧ 当前时间：当选择该选项时，只在当前时间位置记录关键帧。

✧ 提示：当选择该选项时，在执行“设置关键帧”按钮 设置关键帧 时会打开“设置关键帧”对话框，询问在何处设置关键帧，如图17-12所示。

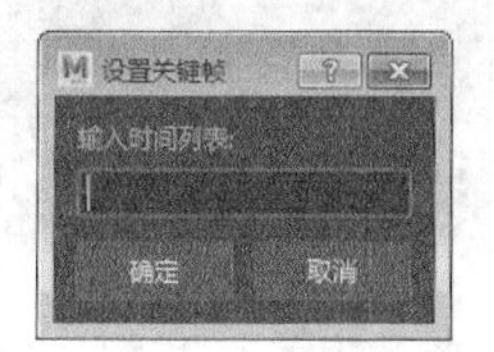


图17-12

❖ 设置IK/FK关键帧：当选择该选项，在为一个带有IK手柄的关节链设置关键帧时，能为IK手柄的所有属性和关节链的所有关节记录关键帧，它能够创建平滑的IK/FK动画。只有当“所有可设置关键帧的属性”选项处于选择状态时，这个选项才会有效。

❖ 设置FullBodyIK关键帧：当选择该选项时，可以为全身的IK记录关键帧，一般保持默认设置。

❖ 层次：指定在有组层级或父子关系层级的物体中，将采用何种方式设置关键帧，提供了以下两个选项。

✧ 选定：当选择该选项时，将只在选择物体的属性上设置关键帧。

✧ 下方：当选择该选项时，将在选择物体和它的子物体属性上设置关键帧。

❖ 通道：指定将采用何种方式为选择物体的通道设置关键帧，提供了以下两个选项。

✧ 所有可设置关键帧：当选择该选项时，将在选择物体所有的可设置关键帧通道上记录关键帧。

✧ 来自通道盒：当选择该选项时，将只为当前物体从“通道盒/层编辑器”中选择的属性通道设置关键帧。

❖ 控制点：当选择该选项时，将在选择物体的控制点上设置关键帧。这里所说的控制点可以是NURBS曲面的CV控制点、多边形表面顶点或晶格点。如果在要设置关键帧的物体上存在有许多的控制点，Maya将会记录大量的关键帧，这样会降低Maya的操作性能，所以只有当非常有必要时才打开这个选项。

**提示**

请特别注意，当为物体的控制点设置了关键帧后，如果删除物体构造历史，将导致动画不能正确工作。

❖ 形状：当选择该选项时，将在选择物体的形状节点和变换节点设置关键帧；如果关闭该选项，将只在选择物体的变换节点设置关键帧。

## 17.3.2 设置变换关键帧

“关键帧”菜单的“设置平移关键帧”“设置旋转关键帧”“设置缩放关键帧”，可以为选择对象的相关属性设置关键帧，如图17-13所示。

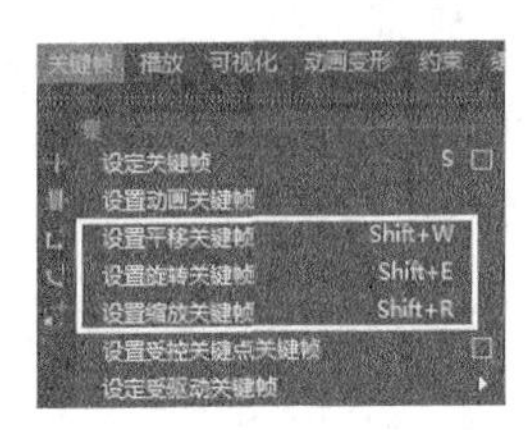


图17-13

### 设置变换关键帧的命令介绍

- ❖ 平移：只为平移属性设置关键帧，快捷键为Shift+W。
- ❖ 旋转：只为旋转属性设置关键帧，快捷键为Shift+E。
- ❖ 缩放：只为缩放属性设置关键帧，快捷键为Shift+R。

## 17.3.3 自动关键帧

利用“时间轴”右侧的“自动关键帧切换”按钮，可以为物体属性自动记录关键帧。这样只需要改变当前时间和调整物体属性数值，省去了每次执行“设置关键帧”命令的麻烦。在使用自动设置关键帧功能之前，必须先采用手动方式为要制作动画的属性设置一个关键帧，之后自动设置关键帧功能才会发挥作用。

为物体属性自动记录关键帧的操作步骤如下。

第1步：先采用手动方式为要制作动画的物体属性设置一个关键帧。

第2步：单击“自动关键帧切换”按钮，使该按钮处于开启状态。

第3步：用鼠标左键在“时间轴”上拖曳时间滑块，确定要记录关键帧的位置。

第4步：改变先前已经设置了关键帧的物体属性数值，这时在当前时间位置处会自动记录一个关键帧。

**提示**

如果要继续在不同的时间为物体属性设置关键帧，可以重复执行步骤3和步骤4的操作，直到再次单击“自动关键帧切换”按钮，使该按钮处于关闭状态，结束自动记录关键帧操作。

## 17.3.4 在通道盒中设置关键帧

在“通道盒/层编辑器”中设置关键帧是常用的一种方法，这种方法十分简便，控制起来也很容易，其操作步骤如下。

第1步：用鼠标左键在“时间轴”上拖动时间滑块确定要记录关键帧的位置。

第2步：选择要设置关键帧的物体，修改相应的物体属性。

第3步：在“通道盒/层编辑器”中选择要设置关键帧的属性名称。

第4步：在属性名称上单击鼠标右键，然后在弹出的菜单中选择“为选定项设置关键帧”命令，如图17-14所示。

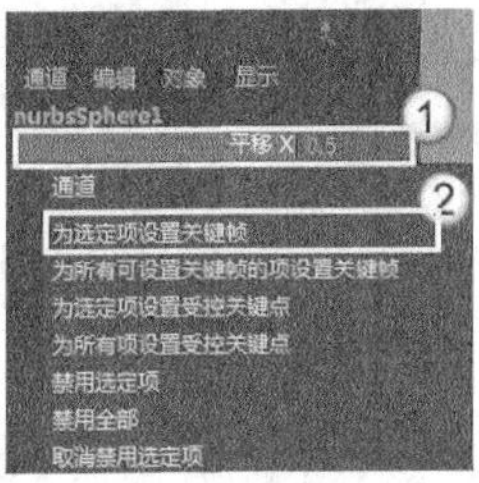

图17-14

**提示**

也可以在弹出的菜单中选择“为所有项设置关键帧”命令，为“通道盒/层编辑器”中的所有属性设置关键帧。

# 【练习17-1】为对象设置关键帧

| 场景文件 | Scenes>CH17>17.1.mb |
| --- | --- |
| 实例文件 | Examples>CH17>17.1.mb |
| 难易指数 | ★☆☆☆☆ |
| 技术掌握 | 掌握如何为对象的属性设置关键帧 |

本例用关键帧技术制作的帆船平移动画效果如图17-15所示。

图17-15

**01** 打开学习资源中的“Scenes>CH17>17.1.mb”文件，场景中有一艘帆船模型，如图17-16所示。

图17-16

**02** 选择帆船模型，保持时间滑块在第1帧，然后在“通道盒/层编辑器”中的“平移X”属性上单击鼠标右键，接着在打开的菜单中选择“为选定项设置关键帧”命令，记录下当前时间“平移X”属性的关键帧，如图17-17所示。

**03** 将时间滑块拖曳到第24帧，然后设置“平移X”为40，并在该属性上单击鼠标右键，接着在打开的菜单中选择“为选定项设置关键帧”命令，记录下当前时间“平移X”属性的关键帧，如图17-18所示。

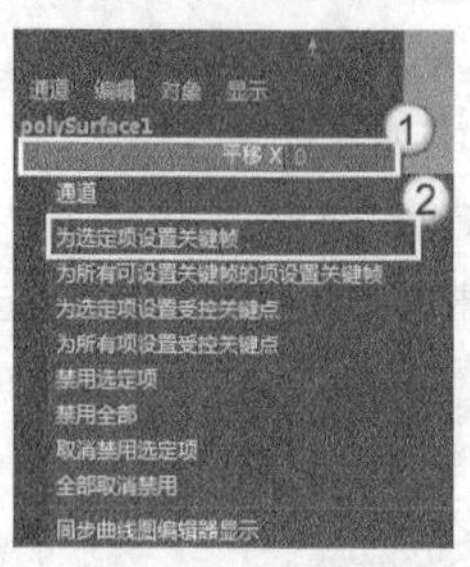


图17-17

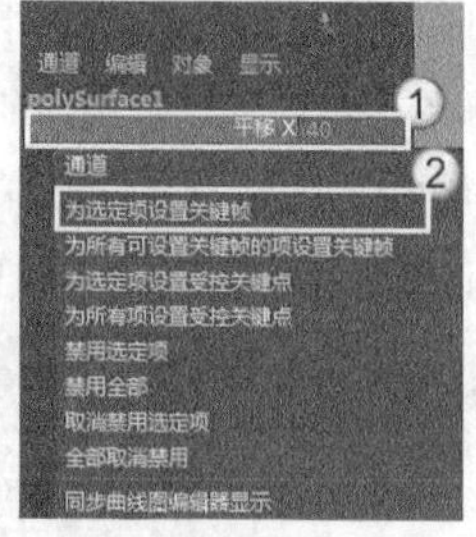


图17-18

**04** 单击“向前播放”按钮▶，可以观察到帆船已经在移动了。

## 技术专题：取消没有受到影响的关键帧

若要取消没有受到影响的关键帧属性，可以执行“编辑>按类型删除>静态通道”菜单命令，删除没有用处的关键帧。例如在图17-19中，为所有属性都设置了关键帧，而实际起作用的只有“平移X”属性，执行“静态通道”命令后，就只保留为“平移X”属性设置的关键帧。

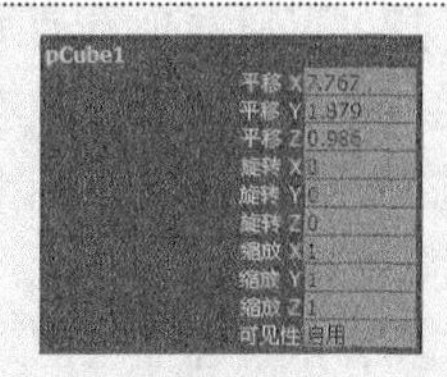


图17-19

若要删除已经设置好的关键帧，可以先选中对象，然后执行“编辑>按类型删除>通道”菜单命令，或在“时间轴”上选中要删除的关键帧，接着单击鼠标右键，最后在弹出的菜单中选择“删除”命令即可。

# 17.4 曲线图编辑器

“曲线图编辑器”是一个功能强大的关键帧动画编辑对话框。在Maya中，所有与编辑关键帧和动画曲线相关的工作几乎都可以利用“曲线图编辑器”来完成。

“曲线图编辑器”能让用户以曲线图表的方式形象化地观察和操纵动画曲线。所谓动画曲线，就是在不同时间为动画物体的属性值设置关键帧，并通过在关键帧之间连接曲线段所形成的一条能够反映动画时间与属性值对应关系的曲线。利用“曲线图编辑器”提供的各种工具和命令，可以对场景中动画物体上现有的动画曲线进行精确细致的编辑调整，最终创造出更加令人信服的关键帧动画效果。

执行“窗口>动画编辑器>曲线图编辑器”菜单命令，打开“曲线图编辑器”对话框，如图17-20所示。“曲线图编辑器”对话框由菜单栏、工具栏、大纲列表和曲线图编辑器4部分组成。

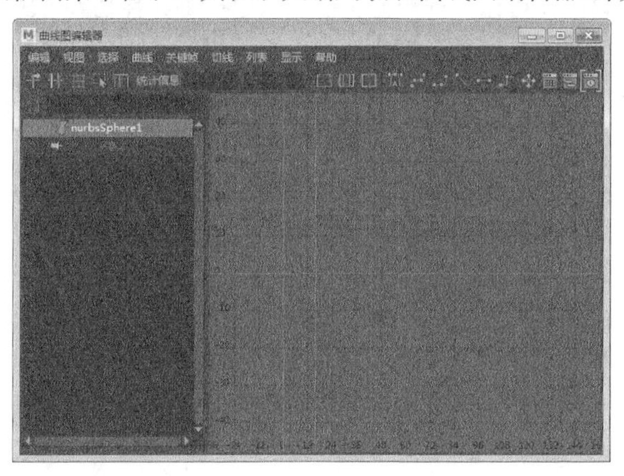


图17-20

## 17.4.1 工具栏

为了节省操作时间，提高工作效率，Maya在“曲线图编辑器”对话框中增加了工具栏，如图17-21所示。工具栏中的多数工具按钮都可以在菜单栏的各个菜单中找到，因为在编辑动画曲线时这些命令和工具的使用频率很高，所以把它们做成工具按钮放在工具栏上。

图17-21

### 常用工具介绍

❖ 移动最近拾取的关键帧工具：使用这个工具，可以让用户利用鼠标中键在激活的动画曲线上直接拾取并拖曳一个最靠近的关键帧或切线手柄，用户不必精确选择它们就能够自由改变关键帧的位置和切线手柄的角度。

- ❖ 插入关键帧工具：使用这个工具，可以在现有动画曲线上插入新的关键帧。首先用鼠标左键单击一条要插入关键帧的动画曲线，使该曲线处于激活状态，然后拖曳鼠标中键确定在曲线上要插入关键帧的位置，当找到理想位置后松开鼠标中键，完成一个新关键帧的插入。新关键帧的切线将保持原有动画曲线的形状不被改变。
- ❖ 晶格变形关键帧：使用这个工具，可以在曲线图编辑器中操纵动画曲线。该工具可以让用户围绕选择的一组关键帧周围创建“晶格”变形器，通过调节晶格操纵手柄可以一次操纵许多个关键帧，这个工具提供了一种高级的控制动画曲线方式。
- ❖ 关键帧状态数值输入框统计信息：这个关键帧状态数值输入框能显示出选择关键帧的时间值和属性值，用户也可以通过键盘输入数值的方式来编辑当前选择关键帧的时间值和属性值。
- ❖ 框显全部：激活该按钮，可以使所有动画曲线都能最大化显示在“曲线图编辑器”对话框中。
- ❖ 框显播放范围：激活该按钮，可以使在“时间轴”定义的播放时间范围能最大化显示在“曲线图编辑器”对话框中。
- ❖ 使视图围绕当前时间居中：激活该按钮，将在曲线图编辑器的中间位置处显示当前时间。
- ❖ 自动切线：该工具会根据相邻关键帧值将帧之间的曲线值钳制为最大点或最小点。
- ❖ 样条线切线：用该工具可以为选择的关键帧指定一种样条切线方式，这种方式能在选择关键帧的前后两侧创建平滑动画曲线。
- ❖ 钳制切线：用该工具可以为选择的关键帧指定一种钳制切线方式，这种方式创建的动画曲线同时具有样条线切线方式和线性切线方式的特征。当两个相邻关键帧的属性值非常接近时，关键帧的切线方式为线性；当两个相邻关键帧的属性值相差很大时，关键帧的切线方式为样条线。
- ❖ 线性切线：用该工具可以为选择的关键帧指定一种线性切线方式，这种方式使两个关键帧之间以直线连接。如果入切线的类型为线性，在关键帧之前的动画曲线段是直线；如果出切线的类型为线性，在关键帧之后的动画曲线段是直线。线性切线方式适用于表现匀速运动或变化的物体动画。
- ❖ 平坦切线：用该工具可以为选择的关键帧指定一种平直切线方式，这种方式创建的动画曲线在选择关键帧上的入切线和出切线手柄是水平放置的。平直切线方式适用于表现存在加速和减速变化的动画效果。
- ❖ 阶跃切线：用该工具可以为选择的关键帧指定一种阶梯切线方式，这种方式创建的动画曲线在选择关键帧的出切线位置为直线，这条直线会在水平方向一直延伸到下一个关键帧位置，并突然改变为下一个关键帧的属性值。阶梯切线方式适用于表现瞬间突然变化的动画效果，如电灯的打开与关闭。
- ❖ 高原切线：用该工具可以为选择的关键帧指定一种高原切线方式，这种方式可以强制创建的动画曲线不超过关键帧属性值的范围。当想要在动画曲线上保持精确的关键帧位置时，高原切线方式是非常有用的。
- ❖ 缓冲区曲线快照：单击该工具，可以为当前动画曲线形状捕捉一个快照。通过与“交换缓冲区曲线”工具配合使用，可以在当前曲线和快照曲线之间进行切换，用来比较当前动画曲线和先前动画曲线的形状。
- ❖ 交换缓冲区曲线：单击该工具，可以在原始动画曲线（即缓冲区曲线快照）与当前动画曲线之间进行切换，同时也可以编辑曲线。利用这项功能，可以测试和比较两种动画效果的不同之处。
- ❖ 断开切线：用该工具单击选择的关键帧，可以将切线手柄在关键帧位置处打断，这样允许单独操作一个关键帧的入切线手柄或出切线手柄，使进入和退出关键帧的动画曲线段彼此互不影响。
- ❖ 统一切线：用该工具单击选择的关键帧，在单独调整关键帧任何一侧的切线手柄之后，仍然能保持另一侧切线手柄的相对位置。

❖ 自由切线权重：当移动切线手柄时，用该工具可以同时改变切线的角度和权重。该工具仅应用于权重动画曲线。
❖ 锁定切线权重：当移动切线手柄时，用该工具只能改变切线的角度，而不能影响动画曲线的切线权重。该工具仅应用于权重动画曲线。
❖ 自动加载曲线图编辑器开/关：激活该工具后，每次在场景视图中改变选择的物体时，在“曲线图编辑器”对话框中显示的物体和动画曲线也会自动更新。
❖ 从当前选择加载曲线图编辑器：激活该工具后，可以使用手动方式将在场景视图中选择的物体载入到“曲线图编辑器”对话框中显示。
❖ 时间捕捉开/关：激活该工具后，在曲线图视图中移动关键帧时，将强迫关键帧捕捉到与其最接近的整数时间单位值位置，这是默认设置。
❖ 值捕捉开/关：激活该工具后，在曲线图视图中移动关键帧时，将强迫关键帧捕捉到与其最接近的整数属性值位置。
❖ 启用规格化曲线显示：用该工具可以按比例缩减大的关键帧值或提高小的关键帧值，使整条动画曲线沿属性数值轴向适配到-1~1的范围内。当想要查看、比较或编辑相关的动画曲线时，该工具非常有用。
❖ 禁用规格化曲线显示：用该工具可以为选择的动画曲线关闭标准化设置。当曲线返回到非标准化状态时，动画曲线将退回到它们的原始范围。
❖ 重新规格化曲线：缩放当前显示在图表视图中的所有选定曲线，以适配在-1~1的范围内。
❖ 启用堆叠的曲线显示：激活该工具后，每条曲线均会使用其自身的值轴显示。默认情况下，该值已规格化为1~-1的值。
❖ 禁用堆叠的曲线显示：激活该工具后，可以不显示堆叠的曲线。
❖ 前方无限循环：在动画范围之外无限重复动画曲线的拷贝。
❖ 前方无限循环加偏移：在动画范围之外无限重复动画曲线的拷贝，并且循环曲线最后一个关键帧值将添加到原始曲线第1个关键帧值的位置处。
❖ 后方无限循环：在动画范围之内无限重复动画曲线的拷贝。
❖ 后方无限循环加偏移：在动画范围之内无限重复动画曲线的拷贝，并且循环曲线最后一个关键帧值将添加到原始曲线第1个关键帧值的位置处。
❖ 打开摄影表：单击该按钮，可以快速打开“摄影表”对话框，并载入当前物体的动画关键帧，如图17-22所示。

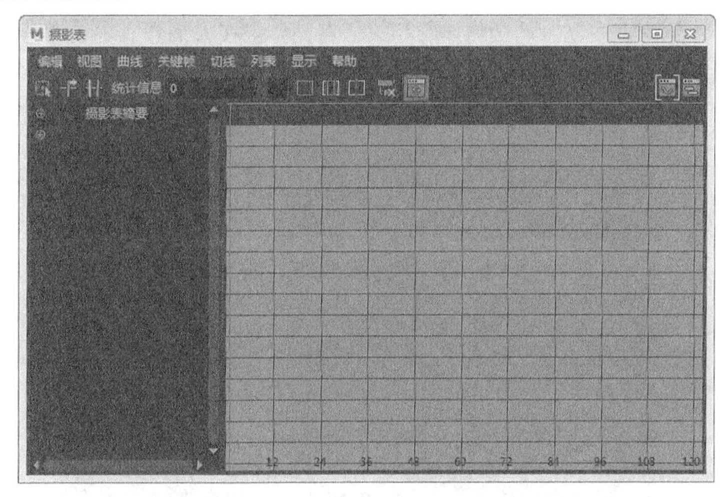


图17-22

❖ 打开Trax编辑器▣：单击该按钮，可以快速打开“Trax编辑器”对话框，并载入当前物体的动画片段，如图17-23所示。

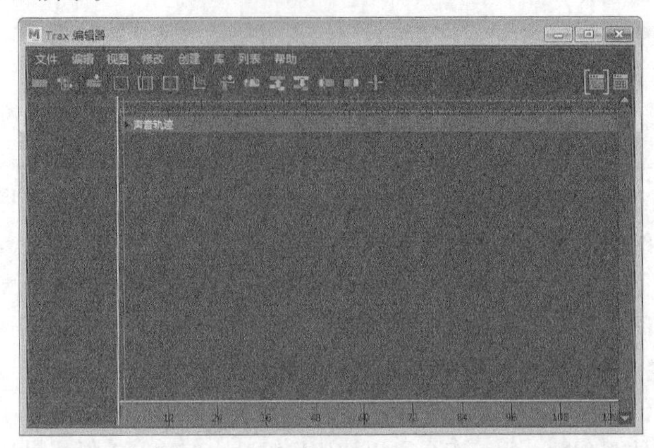


图17-23

❖ 打开时间编辑器▣：单击该按钮，可以快速打开“时间编辑器”对话框编辑非线性动画，如图17-24所示。

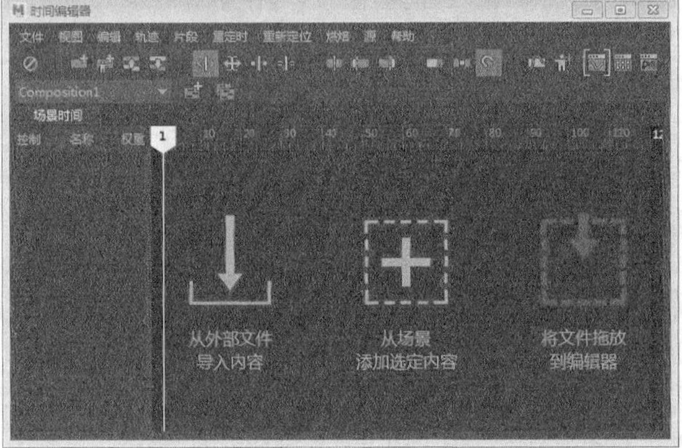


图17-24

## 17.4.2 大纲列表

“曲线图编辑器”对话框的大纲列表与执行“窗口>大纲视图”菜单命令打开的“大纲视图”对话框有许多共同的特性。大纲列表中显示动画物体的相关节点，如果在大纲列表中选择一个动画节点，该节点的所有动画曲线将显示在曲线图编辑器中，如图17-25所示。

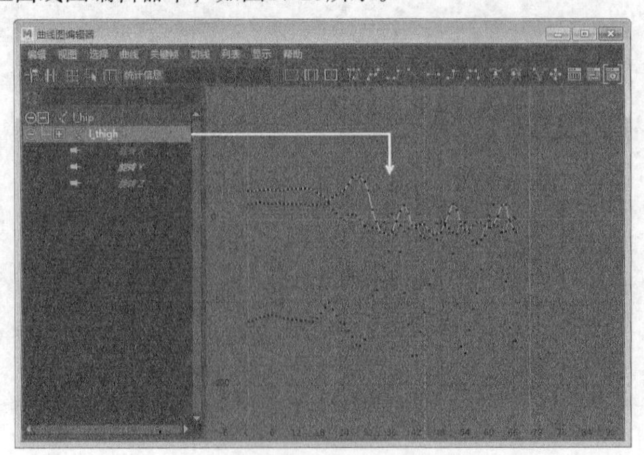


图17-25

### 17.4.3 曲线图编辑器

在“曲线图编辑器”对话框的曲线图编辑器中，可以显示和编辑动画曲线段、关键帧和关键帧切线。如果在曲线图编辑器中的任何位置单击鼠标右键，还会弹出一个快捷菜单，这个菜单组中包含与“曲线图编辑器”对话框的菜单栏相同的命令，如图17-26所示。

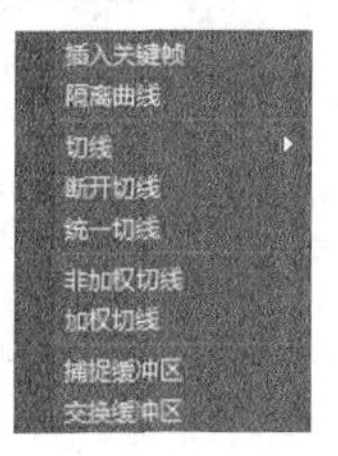


图17-26

## 技术专题：曲线图编辑器的基本操作

一些操作3D场景视图的快捷键在“曲线图编辑器”对话框的曲线图编辑器中仍然适用，这些快捷键及其功能如下。

按住Alt键在曲线图编辑器中沿任意方向拖曳鼠标中键，可以平移视图。

按住Alt键在曲线图编辑器中拖曳鼠标右键或同时拖动鼠标的左键和中键，可以推拉视图。

按住快捷键Shift+Alt在曲线图编辑器中沿水平或垂直方向拖曳鼠标中键，可以在单方向上平移视图。

按住快捷键Shift+Alt在曲线图编辑器中沿水平或垂直方向拖曳鼠标右键或同时拖动鼠标的左键和中键，可以缩放视图。

## 【练习17-2】用曲线图制作重影动画

| 场景文件 | Scenes>CH17>17.2.mb |
| --- | --- |
| 实例文件 | Examples>CH17>17.2.mb |
| 难易指数 | ★★☆☆☆ |
| 技术掌握 | 掌握如何调整运动曲线 |

本例用“曲线图编辑器”制作的重影动画效果如图17-27所示。

图17-27

**01** 打开学习资源中的“Scenes>CH17>17.2.mb”文件，场景中有一个人物模型，如图17-28所示。

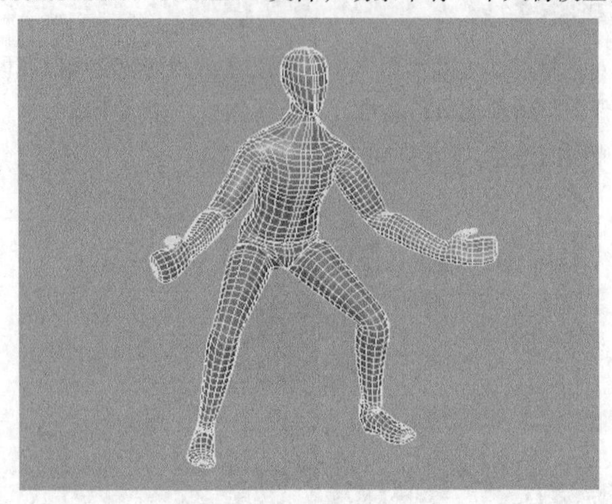

图17-28

**02** 在“大纲视图”对话框中选择run1_skin（即人体模型）节点，然后单击“可视化>创建动画快照”菜单命令后面的■按钮，打开“动画快照选项”对话框，接着设置“结束时间”为50、“增量”为5，如图17-29所示，效果如图17-30所示。

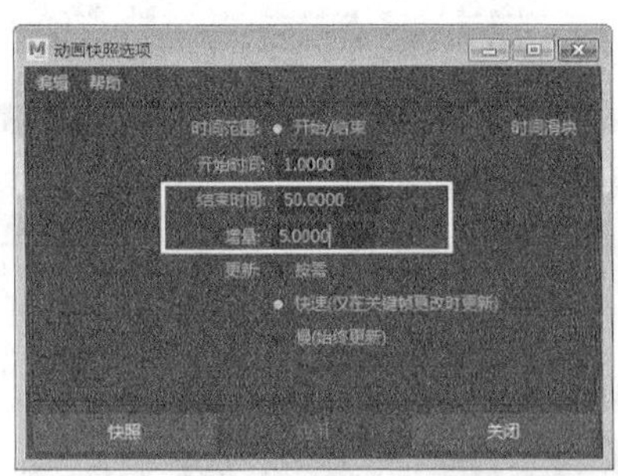


图17-29

图17-30

**03** 在“大纲视图”对话框中选择root骨架，然后打开“曲线图编辑器”对话框，选择“平移Z”节点，显示出Z轴的运动曲线，如图17-31所示。

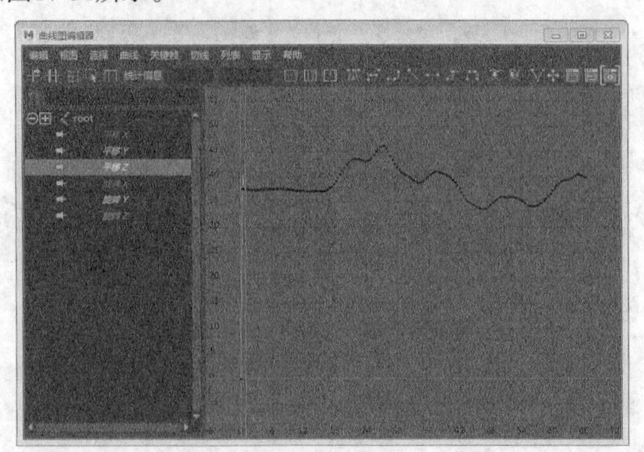


图17-31

**04** 在“曲线图编辑器”对话框中执行“曲线>简化曲线”菜单命令，以简化曲线，这样就可以很方便地调整曲线来改变人体的运动状态，如图17-32所示。然后选择曲线上所有的关键帧，如图17-33所示，接着单击工具栏中的“平坦切线”按钮■，使关键帧曲线都变成平直的切线，如图17-34所示。

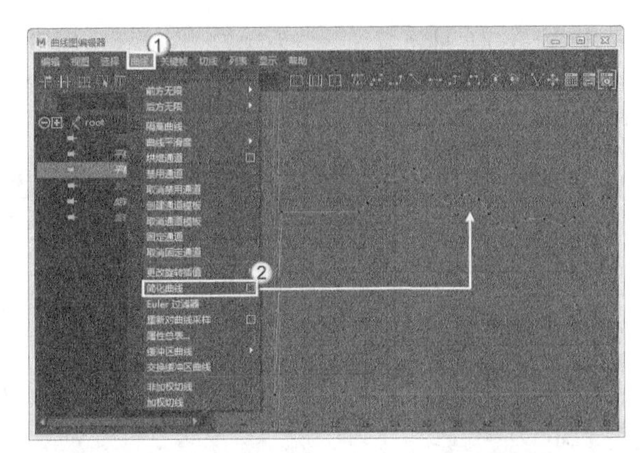

图17-32

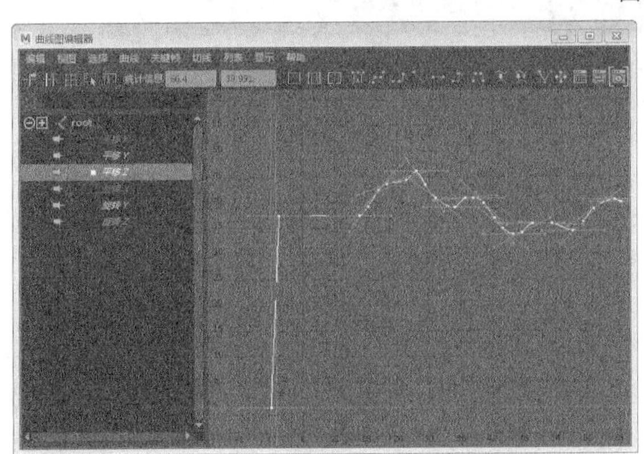

图17-33

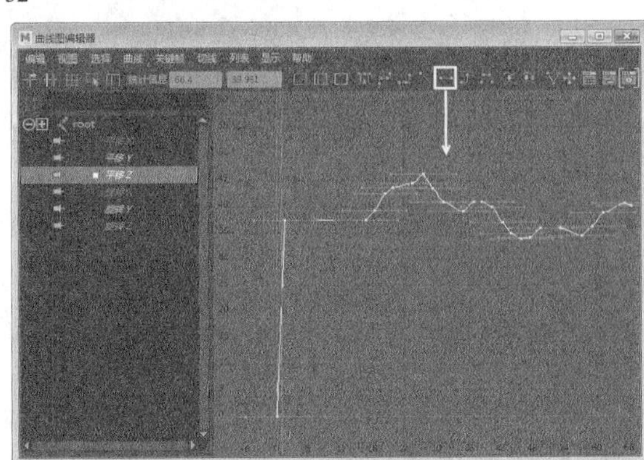

图17-34

**05** 选择root骨架，然后执行“可视化>创建可编辑的运动轨迹”菜单命令，创建一条运动轨迹，如图17-35所示。

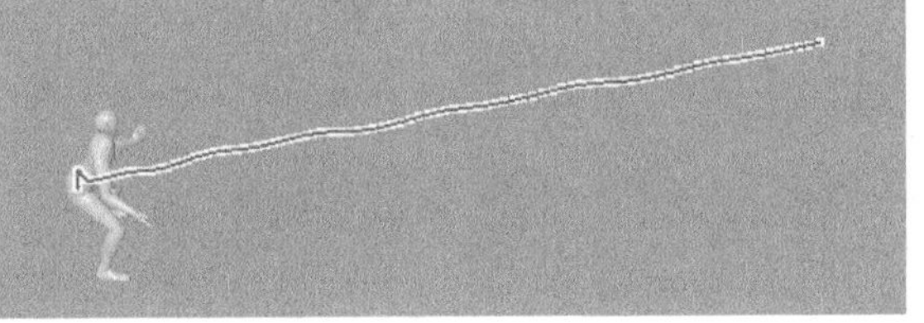

图17-35

**06** 在“曲线图编辑器”对话框中对“平移 Z”的运动曲线进行调整（多余的关键帧可按Delete键删除），这样就可以通过编辑运动曲线来控制人体的运动，调整好的曲线形状如图17-36所示，效果如图17-37所示。

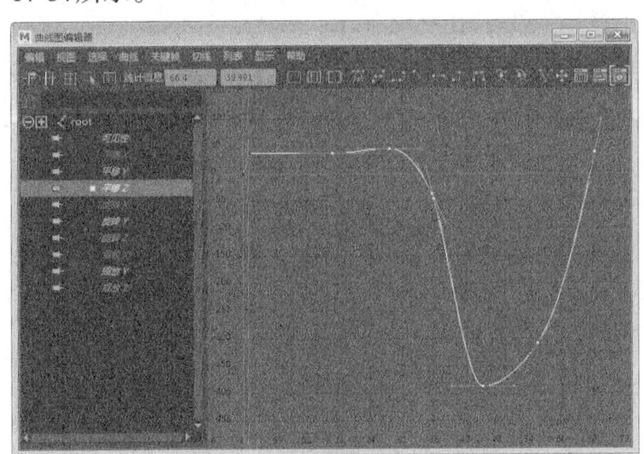

图17-36

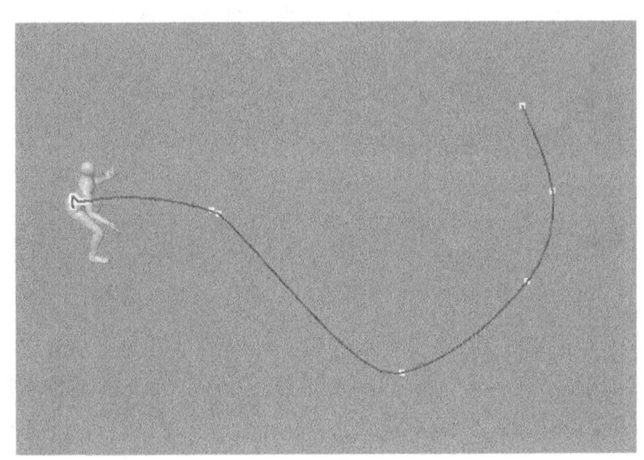

图17-37

**07** 在“大纲视图”对话框中选择run1_skin节点，然后单击“可视化>创建动画快照”命令后面的■按钮，接着在打开的“动画快照选项”对话框中，设置“结束时间”为70、“增量”为5，最后单击“快照”按钮快照，如图17-38所示，效果如图17-39所示。

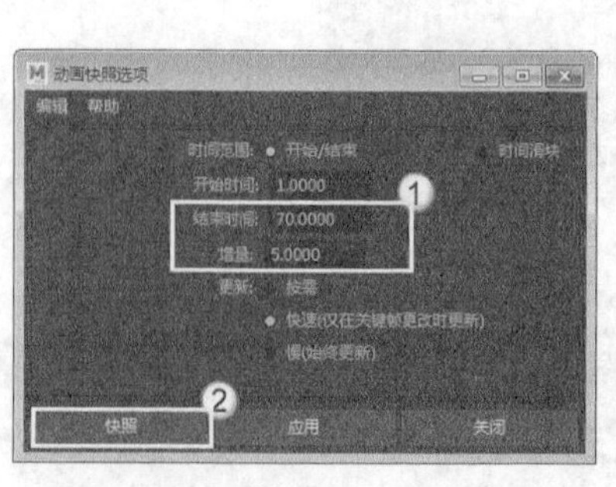


图17-38

图17-39

**08** 通过观察可以发现，有几个快照模型的运动方向不正确，如图17-40所示。选择root骨架，然后将关键帧拖曳到出问题的时间点上，接着调整骨架的方向，使人物的运动方向正确，如图17-41所示。

图17-40

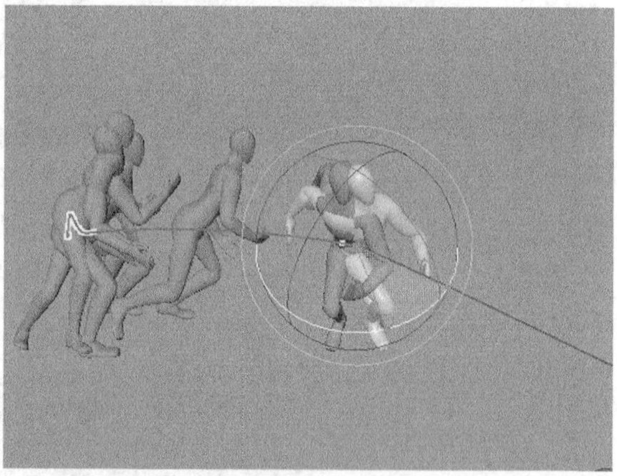

图17-41

**09** 调整完成后，快照模型会随即与原始模型同步，如图17-42所示。使用同样的方法对其他有问题的快照模型进行调整，效果如图17-43所示。

图17-42

图17-43

# 17.5 受驱动关键帧动画

“受驱动关键帧”是Maya中一种特殊的关键帧，利用受驱动关键帧功能，可以将一个物体的属性与另一个物体的属性建立连接关系，通过改变一个物体的属性值来驱动另一个物体的属性值发生相应的改变。其中，能主动驱使其他物体属性发生变化的物体称为驱动物体，而受其他物体属性影响的物体称为被驱动物体。

执行“动画>设置受驱动关键帧>设置”菜单命令，打开“设置受驱动关键帧”对话框，该对话框由菜单栏、驱动列表和功能按钮3部分组成，如图17-44所示。为物体属性设置受驱动关键帧的工作主要在“设置受驱动关键帧”对话框中完成。

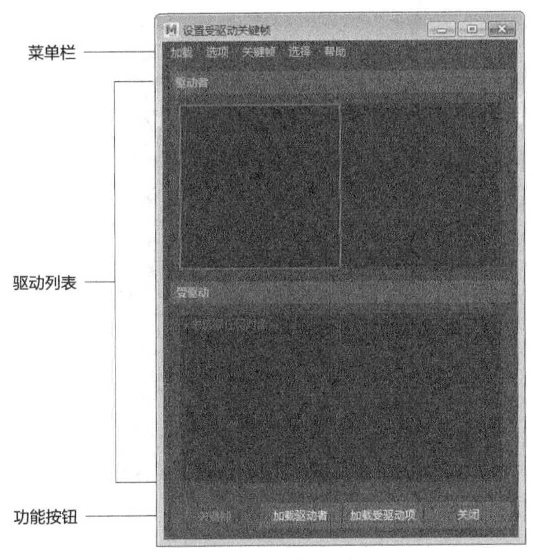


图17-44

## 技术专题：受驱动关键帧与正常关键帧的区别

受驱动关键帧与正常关键帧的区别在于，正常关键帧是在不同时间值位置为物体的属性值设置关键帧，通过改变时间值使物体的属性值发生变化。而受驱动关键帧是在驱动物体不同的属性值位置为被驱动物体的属性值设置关键帧，通过改变驱动物体的属性值使被驱动物体的属性值发生变化。

正常关键帧与时间相关，驱动关键帧与时间无关。当创建了受驱动关键帧之后，可以在“曲线图编辑器”对话框中查看和编辑受驱动关键帧的动画曲线，这条动画曲线描述了驱动与被驱动物体之间的属性连接关系。

对于正常关键帧，在曲线图编辑器中的水平轴向表示时间值，垂直轴向表示物体属性值；但对于受驱动关键帧，在曲线图编辑器中的水平轴向表示驱动物体的属性值，垂直轴向表示被驱动物体的属性值。

受驱动关键帧功能不只限于一对一的控制方式，可以使用多个驱动物体属性控制同一个被驱动物体属性，也可以使用一个驱动物体属性控制多个被驱动物体属性。

## 17.5.1 驱动列表

驱动列表中包含“驱动者”和“受驱动项”，便于用户设置“驱动者”和“受驱动项”之间的关联。

### 1.驱动者

“驱动者”列表由左、右两个列表框组成。左侧的列表框中将显示驱动物体的名称，右侧的列表框中将显示驱动物体的可设置关键帧属性。可以从右侧列表框中选择一个属性，该属性将作为设置受驱动关键帧时的驱动属性。

### 2.受驱动项

“受驱动项”列表由左、右两个列表框组成。左侧的列表框中将显示被驱动物体的名称，右侧的列表框中将显示被驱动物体的可设置关键帧属性。可以从右侧列表框中选择一个属性，该属性将作为设置受驱动关键帧时的被驱动属性。

## 17.5.2 菜单栏

“设置受驱动关键帧”对话框中的菜单栏包括“加载”“选项”“关键帧”“选择”“帮助”这5个菜单，如图17-45所示。下面简要介绍各菜单中命令的功能。

图17-45

### 1.加载

“加载”菜单包含3个命令，如图17-46所示。

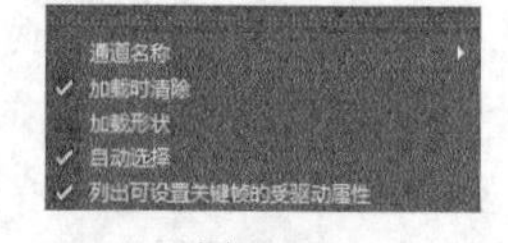


图17-46

#### 加载菜单命令介绍

- ❖ 作为驱动者选择：设置当前选择的物体将作为驱动物体被载入到“驱动者”列表中。该命令与下面的“加载驱动者”按钮的功能相同。
- ❖ 作为受驱动项选择：设置当前选择的物体将作为被驱动物体被载入到“受驱动”列表中。该命令与下面的“加载受驱动项”按钮的功能相同。
- ❖ 当前驱动者：执行该命令，可以从“驱动者”列表中删除当前的驱动物体和属性。

### 2.选项

“选项”菜单包含5个命令，如图17-47所示。

图17-47

#### 选项菜单命令介绍

- ❖ 通道名称：设置右侧列表中属性的显示方式，共有“易读”“长”“短”3种方式。选择“易读”方式，属性将显示为中文，如图17-48所示；选择“长”方式，属性将显示为最全的英文，如图17-49所示；选择“短”方式，属性将显示为缩写的英文，如图17-50所示。

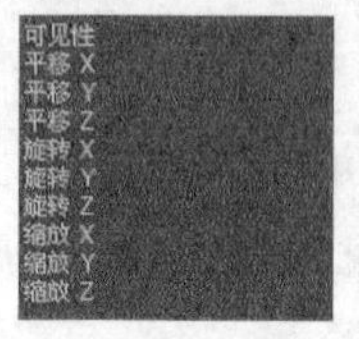


图17-48

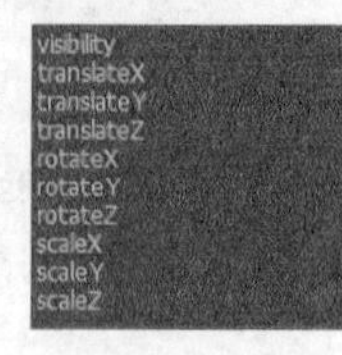


图17-49

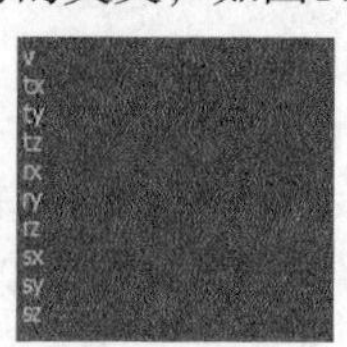


图17-50

- ❖ 加载时清除：当选择该选项时，在加载驱动或被驱动物体时，将删除“驱动者”或“受驱动”列表中的当前内容；如果关闭该选项，在加载驱动或被驱动物体时，将添加当前物体到“驱动者”或“受驱动”列表中。
- ❖ 加载形状：当选择该选项时，只有被加载物体的形状节点属性会出现在“驱动者”或“受驱动”列表窗口右侧的列表框中；如果关闭该选项，只有被加载物体的变换节点属性会出现在“驱动者”或“受驱动”列表窗口右侧的列表框中。
- ❖ 自动选择：当选择该选项时，如果在“设置受驱动关键帧”对话框中选择一个驱动或被驱动物体名称，在场景视图中将自动选择该物体；如果关闭该选项，当在“设置受驱动关键帧”对话框中选择一个驱动或被驱动物体名称时，在场景视图中将不会选择该物体。
- ❖ 列出可设置关键帧的受驱动属性：当选择该选项时，只有被载入物体的可设置关键帧属性会出现在“驱动者”列表窗口右侧的列表框中；如果关闭该选项，被载入物体的所有可设置关键帧属性和不可设置关键帧属性都会出现在“受驱动”列表窗口右侧的列表框中。

## 3.关键帧

“关键帧”菜单包含3个命令，如图17-51所示。

图17-51

### 关键帧菜单命令介绍

- ❖ 设置：执行该命令，可以使用当前数值连接选择的驱动与被驱动物体属性。该命令与下面的“关键帧”按钮的功能相同。
- ❖ 转到上/下一个：执行这两个命令，可以周期性循环显示当前选择物体的驱动或被驱动属性值。利用这个功能，可以查看物体在每一个驱动关键帧所处的状态。

## 4.选择

“选择”菜单只包含一个“受驱动项目”命令，如图17-52所示。在场景视图中选择被驱动物体，这个物体就是在“受驱动”窗口左侧列表框中选择的物体。例如，如果在“受驱动”窗口左侧列表框中选择名称为nurbsCylinder1的物体，执行“选择>受驱动项目”命令，可以在场景视图中选择这个名称为nurbsCylinder1的被驱动物体。

图17-52

# 17.5.3 功能按钮

“设置受驱动关键帧”对话框下面的几个功能按钮非常重要，设置受驱动关键帧动画基本都靠这几个按钮来完成，如图17-53所示。

图17-53

### 设置受驱动关键帧按钮介绍

- ❖ 关键帧：只有在“驱动者”和“受驱动”窗口右侧列表框中选择了要设置驱动关键帧的物体属性之后，该按钮才可用。单击该按钮，可以使用当前数值连接选择的驱动与被驱动物体属性，即为选择的物体属性设置一个受驱动关键帧。
- ❖ 加载驱动者：单击该按钮，可将当前选择的物体作为驱动物体加载到“驱动者”列表窗口中。
- ❖ 加载受驱动项：单击该按钮，可将当前选择的物体作为被驱动物体载入到“受驱动”列表窗口中。
- ❖ 关闭：单击该按钮可以关闭“设置受驱动关键帧”对话框。

**提示**

受驱动关键帧动画很重要，将在后面的动画综合运用章节中安排一个大型实例来讲解受驱动关键帧的设置方法。

# 17.6 运动路径动画

运动路径动画是Maya提供的另一种制作动画的技术手段，运动路径动画可以沿着指定形状的路径曲线平滑地让物体产生运动效果。运动路径动画适用于表现汽车在公路上行驶、飞机在天空中飞行、鱼在水中游动等动画效果。

运动路径动画可以利用一条NURBS曲线作为运动路径来控制物体的位置和旋转角度，能被制作成动画的物体类型不仅仅是几何体，也可以利用运动路径来控制摄影机、灯光、粒子发射器或其他辅助物体沿指定的路径曲线运动。

“运动路径”菜单包含“连接到运动路径”、“流动路径对象”和“设定运动路径关键帧”这3个子命令，如图17-54所示。

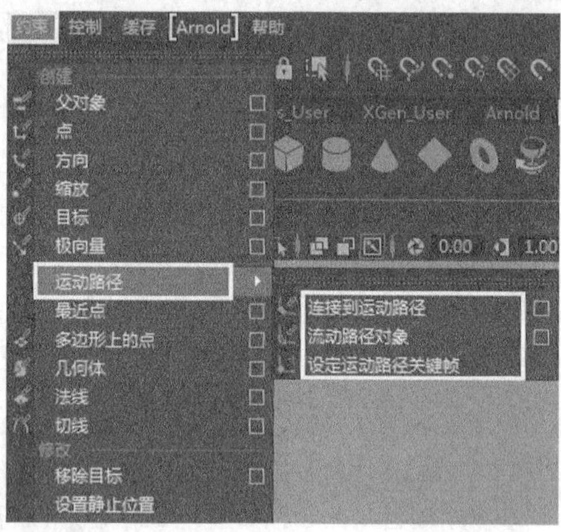


图17-54

## 17.6.1 连接到运动路径

使用“连接到运动路径”命令可以将选定对象放置和连接到当前曲线，当前曲线将成为运动路径。打开“连接到运动路径选项”对话框，如图17-55所示。

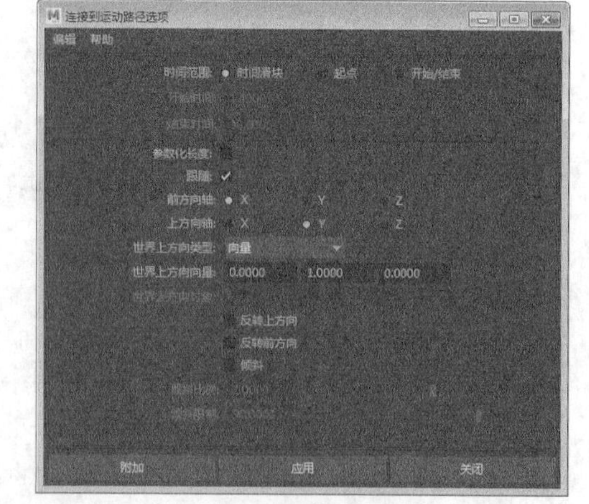


图17-55

### 连接到运动路径选项对话框参数介绍

❖ 时间范围：指定创建运动路径动画的时间范围，共有以下3种设置方式。

  ✧ 时间滑块：当选择该选项时，将按照在“时间轴”上定义的播放开始和结束时间来指定一个运动路径动画的时间范围。

  ✧ 起点：当选择该选项时，下面的“开始时间”选项才起作用，可以通过输入数值的方式来指定运动路径动画的开始时间。

  ✧ 开始/结束：当选择该选项时，下面的“开始时间”和“结束时间”选项才起作用，可以通过输入数值的方式来指定一个运动路径动画的时间范围。

❖ 开始时间：当选择“起点”或“开始/结束”选项时，该选项才可用，利用该选项可以指定运动路径动画的开始时间。

- ❖ 结束时间：当选择“开始/结束”选项时，该选项才可用，利用该选项可以指定运动路径动画的结束时间。
- ❖ 参数化长度：指定 Maya 用于定位沿曲线移动的对象的方法。
- ❖ 跟随：选择该选项，当物体沿路径曲线移动时，Maya不但会计算物体的位置，也将计算物体的运动方向。
- ❖ 前方向轴：指定物体的哪个局部坐标轴与向前向量对齐，提供了*x*、*y*、*z*这3个选项。
  - ✧ X：当选择该选项时，指定物体局部坐标轴的*x*轴向与向前向量对齐。
  - ✧ Y：当选择该选项时，指定物体局部坐标轴的*y*轴向与向前向量对齐。
  - ✧ Z：当选择该选项时，指定物体局部坐标轴的*z*轴向与向前向量对齐。
- ❖ 上方向轴：指定物体的哪个局部坐标轴与向上向量对齐，提供了*x*、*y*、*z*这3个选项。
  - ✧ X：当选择该选项时，指定物体局部坐标轴的*x*轴向与向上向量对齐。
  - ✧ Y：当选择该选项时，指定物体局部坐标轴的*y*轴向与向上向量对齐。
  - ✧ Z：当选择该选项时，指定物体局部坐标轴的*z*轴向与向上向量对齐。
- ❖ 世界上方向类型：指定上方向向量对齐的世界上方向向量类型，共有以下5种类型。
  - ✧ 场景上方向：指定上方向向量尝试与场景的上方向轴，而不是与世界上方向向量对齐，世界上方向向量将被忽略。
  - ✧ 对象上方向：指定上方向向量尝试对准指定对象的原点，而不是与世界上方向向量对齐，世界上方向向量将被忽略。
  - ✧ 对象旋转上方向： 指定相对于一些对象的局部空间，而不是场景的世界空间来定义世界上方向向量。
  - ✧ 向量：指定上方向向量尝试尽可能紧密地与世界上方向向量对齐。世界上方向向量是相对于场景世界空间来定义的，这是默认设置。
  - ✧ 法线：指定“上方向轴”指定的轴将尝试匹配路径曲线的法线。曲线法线的插值不同，这具体取决于路径曲线是否是世界空间中的曲线，或曲面曲线上的曲线。

## 提示

如果路径曲线是世界空间中的曲线，曲线上任何点的法线方向总是指向该点到曲线的曲率中心，如图17-56所示。

当在运动路径动画中使用世界空间曲线时，如果曲线形状由凸变凹或由凹变凸，曲线的法线方向将翻转180°，倘若将“世界上方向类型”设置为“法线”类型，可能无法得到希望的动画效果。

如果路径曲线是依附于表面上的曲线，曲线上任何点的法线方向就是该点在表面上的法线方向，如图17-57所示。

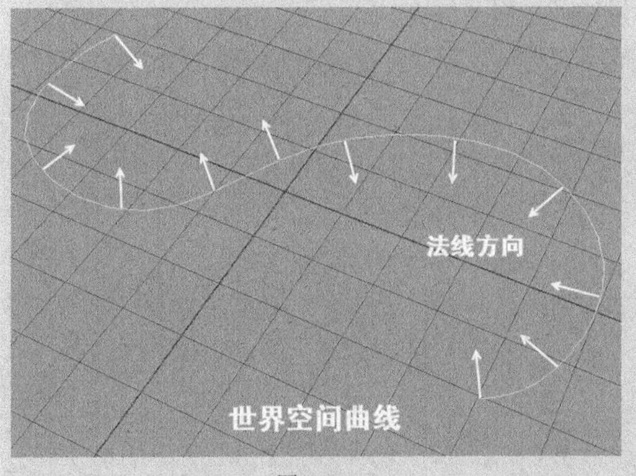


图17-56

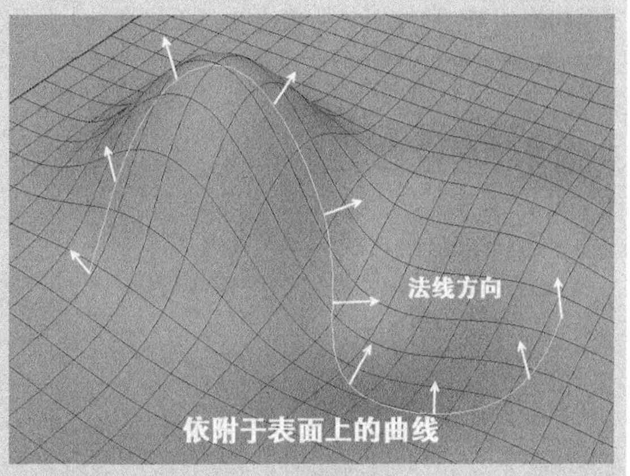


图17-57

当在运动路径动画中使用依附于表面上的曲线时，倘若将“世界上方向类型”设置为“法线”类型，可以得到最直观的动画效果。

- ❖ 世界上方向向量：指定“世界上方向向量”相对于场景的世界空间方向，因为Maya默认的世界空间是y轴向上，因此默认值为（0，1，0），即表示“世界上方向向量”将指向世界空间的y轴正方向。
- ❖ 世界上方向对象：该选项只有设置“世界上方向类型”为“对象上方向”或“对象旋转上方向”选项时才起作用，可以通过输入物体名称来指定一个世界向上对象，使向上向量总是尽可能尝试对齐该物体的原点，以防止物体沿路径曲线运动时发生意外的翻转。
- ❖ 反转上方向：当选择该选项时，“上方向轴”将尝试用向上向量的相反方向对齐它自身。
- ❖ 反转前方向：当选择该选项时，将反转物体沿路径曲线向前运动的方向。
- ❖ 倾斜：当选择该选项，使物体沿路径曲线运动时，在曲线弯曲位置会朝向曲线曲率中心倾斜，就像摩托车在转弯时总是向内倾斜一样。只有当选择“跟随”选项时，“倾斜”选项才起作用。
- ❖ 倾斜比例：设置物体的倾斜程度，较大的数值会使物体倾斜效果更加明显。如果输入一个负值，物体将会向外侧倾斜。
- ❖ 倾斜限制：限制物体的倾斜角度。如果增大“倾斜比例”数值，物体可能在曲线上曲率大的地方产生过度的倾斜。利用该选项可以将倾斜效果限制在一个指定的范围之内。

## 【练习17-3】制作连接到运动路径动画

| | |
|---|---|
| 场景文件 | Scenes>CH17>17.3.mb |
| 实例文件 | Examples>CH17>17.3.mb |
| 难易指数 | ★★☆☆☆ |
| 技术掌握 | 掌握连接到运动路径命令的用法 |

本例使用“连接到运动路径”命令制作的运动路径动画效果如图17-58所示。

图17-58

**01** 打开学习资源中的“Scenes>CH17>17.3.mb”文件，场景中有一个鱼模型，如图17-59所示。

**02** 使用“EP曲线工具”绘制一条曲线作为鱼的运动路径，如图17-60所示。

图17-59

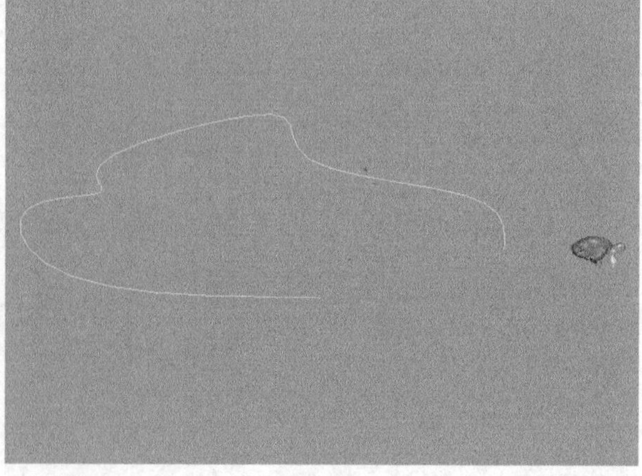

图17-60

**03** 选择鱼模型，然后加选曲线，如图17-61所示，接着执行“动画>运动路径>连接到运动路径”菜单命令。

**04** 播放动画，可以观察到鱼沿着曲线运动，但游动的朝向不正确，如图17-62所示。

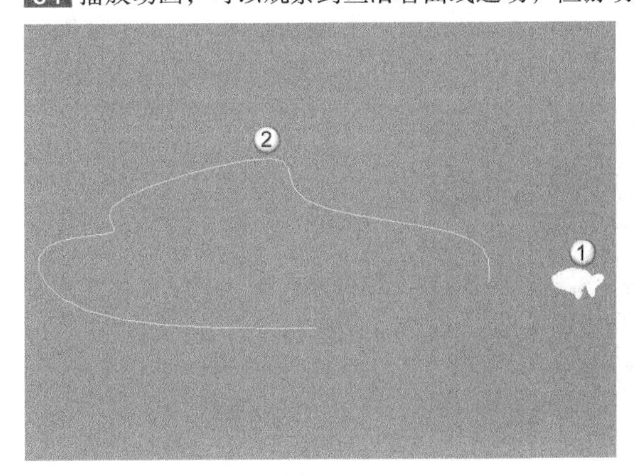


图17-61

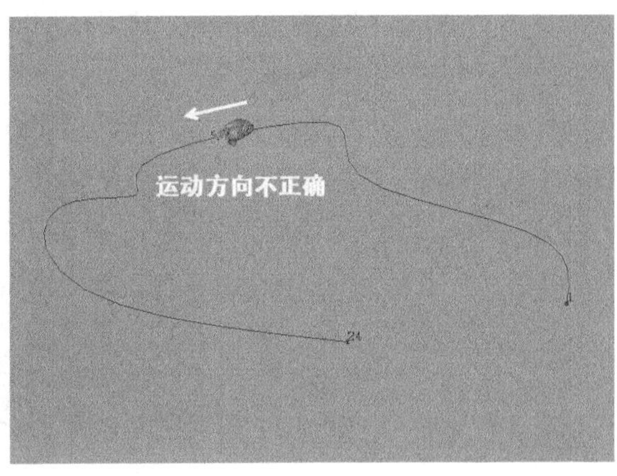


图17-162

**05** 选择鱼模型，然后在“通道盒/层编辑器”面板中设置“上方向扭曲”为180，如图17-63所示，接着播放动画，可以观察到鱼的运动朝向已经正确了，如图17-64所示。

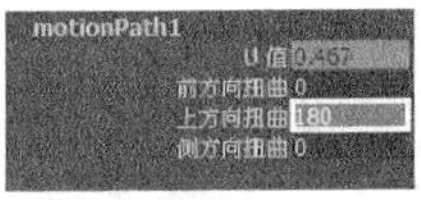

motionPath1
U 值 0.467
前方向扭曲 0
上方向扭曲 180
侧方向扭曲 0

图17-63

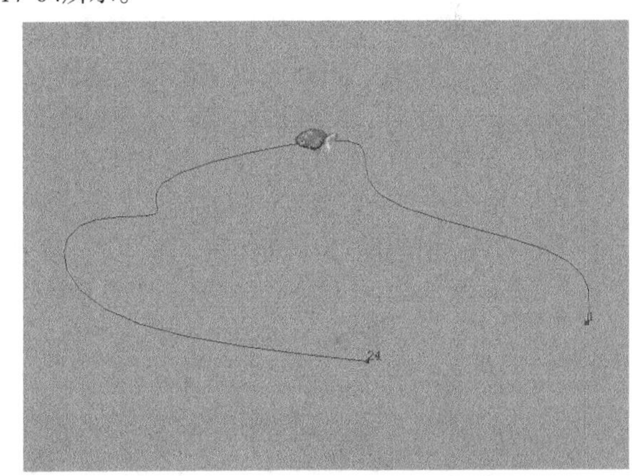

图17-64

## 技术专题：运动路径标志

鱼在曲线上运动时，在曲线的两端会出现带有数字的两个运动路径标记，这些标记表示鱼在开始和结束的运动时间，如图17-65所示。

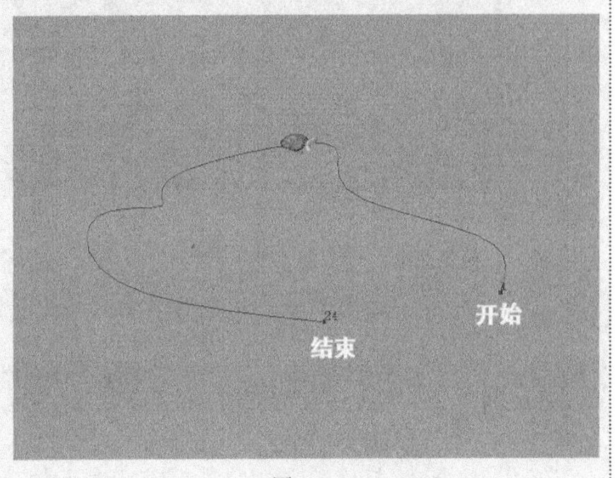


图17-65

若要改变鱼在曲线上的运动速度或距离，可以通过在“曲线图编辑器”对话框中编辑动画曲线来完成。

## 17.6.2 流动路径对象

使用“流动路径对象”命令可以沿着当前运动路径或围绕当前物体周围创建晶格变形器，使物体沿路径曲线运动的同时也能跟随路径曲线曲率的变化改变自身形状，创建出一种流畅的运动路径动画效果。

打开“流动路径对象选项”对话框，如图17-66所示。

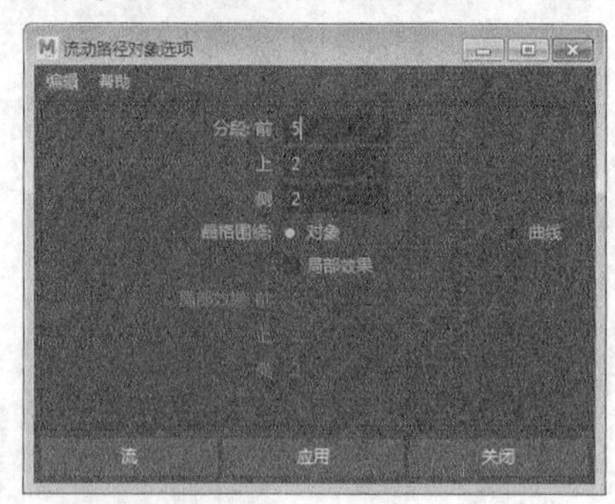


图17-66

### 流动路径对象选项对话框参数介绍

❖ 分段：代表将创建的晶格部分数。“前”“上”“侧”与创建路径动画时指定的轴相对应。

❖ 晶格围绕：指定创建晶格物体的位置，提供了以下两个选项。

  ✧ 对象：当选择该选项时，将围绕物体创建晶格，这是默认选项。

  ✧ 曲线：当选择该选项时，将围绕路径曲线创建晶格。

❖ 局部效果：当围绕路径曲线创建晶格时，该选项将非常有用。如果创建了一个很大的晶格，多数情况下，可能不希望在物体靠近晶格一端时仍然被另一端的晶格点影响。例如，如果设置“晶格围绕”为“曲线”，并将“分段:前”设置为35，这表示晶格物体将从路径曲线的起点到终点共有35个细分。当物体沿着路径曲线移动通过晶格时，它可能只被3~5个晶格分割度围绕。如果“局部效果”选项处于关闭状态，这个晶格中的所有晶格点都将影响物体的变形，这可能会导致物体脱离晶格，因为距离物体位置较远的晶格点也会影响到它，如图17-67所示。

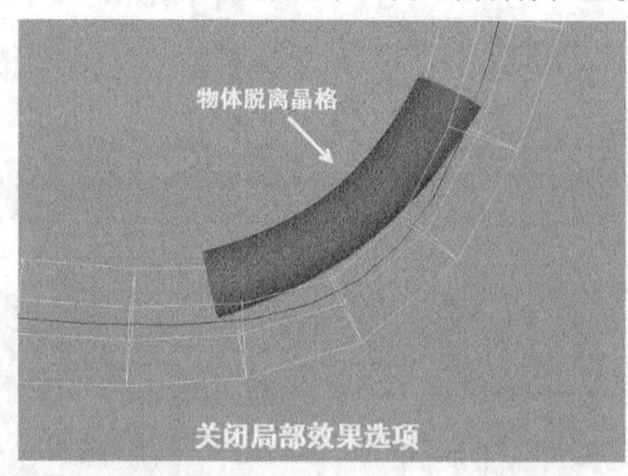


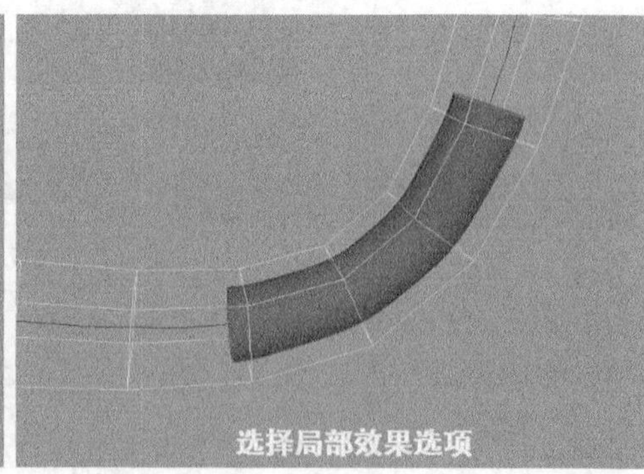


图17-67

❖ 局部效果：利用“前”“上”“侧”这3个属性数值输入框，可以设置晶格能够影响物体的有效范围。一般情况下，设置的数值应该使晶格点的影响范围能够覆盖整个被变形的物体。

## 【练习17-4】制作字幕穿越动画

| | |
|---|---|
| 场景文件 | Scenes>CH17>17.4.mb |
| 实例文件 | Examples>CH17>17.4.mb |
| 难易指数 | ★★☆☆☆ |
| 技术掌握 | 掌握流动路径对象命令的用法 |

本例使用“连接到运动路径”和“流动路径对象”命令制作的字母穿越动画效果如图17-68所示。

图17-68

**01** 打开学习资源中的“Scenes>CH17>17.4.mb”文件，场景中有一条曲线和一段三维文字，如图17-69所示。

**02** 选择文字模型，然后加选曲线，接着打开“连接到运动路径选项”对话框，再设置“时间范围”为“开始/结束”、“结束时间”为150，最后单击“附加”按钮，如图17-70所示。

图17-69

图17-70

**03** 选择文字模型，然后打开“流动路径对象选项”对话框，接着设置“分段:前”为15，最后单击“流”按钮，如图17-71所示。

**04** 切换到摄影机视图，然后播放动画，可以观察到字幕沿着运动路径曲线慢慢穿过摄影机视图之外，如图17-72所示。

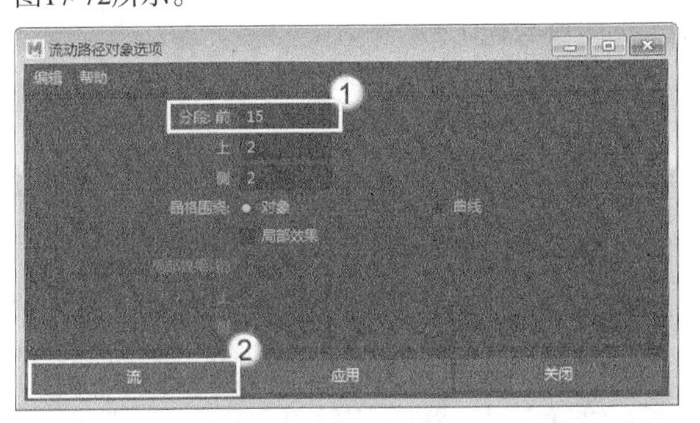


图17-71

图17-72

## 17.6.3 设定运动路径关键帧

使用“设定运动路径关键帧”命令可以采用制作关键帧动画的工作流程创建一个运动路径动画。使用这种方法，在创建运动路径动画之前不需要创建作为运动路径的曲线，路径曲线会在设置运动路径关键帧的过程中自动被创建。

## 【练习17-5】制作运动路径关键帧动画

| 场景文件 | Scenes>CH17>17.5.mb |
| --- | --- |
| 实例文件 | Examples>CH17>17.5.mb |
| 难易指数 | ★★☆☆☆ |
| 技术掌握 | 掌握设定运动路径关键帧命令的用法 |

本例使用“设定运动路径关键帧”命令制作的运动路径关键帧动画效果如图17-73所示。

图17-73

**01** 打开学习资源中的“Scenes>CH17>17.5.mb”文件，场景中有一条鱼的模型，如图17-74所示。

**02** 选择鱼模型，然后执行“约束>运动路径>设定运动路径关键帧”菜单命令，在第1帧位置设置一个运动路径关键帧，如图17-75所示。

图17-74

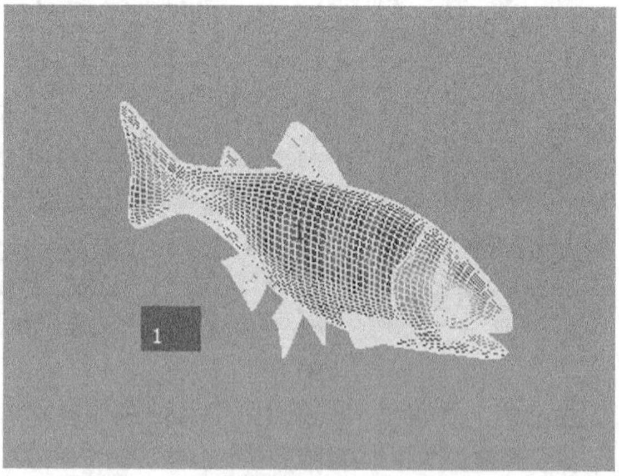

图17-75

**03** 设置当前时间为48帧，然后将鱼模型拖曳到其他位置，接着执行“约束>运动路径>设定运动路径关键帧”命令，此时场景视图会自动创建一条运动路径曲线，如图17-76所示。

**04** 确定当期时间为60帧，然后将鱼模型拖曳到另一个位置，接着执行“约束>运动路径>设定运动路径关键帧”命令，效果如图17-77所示。

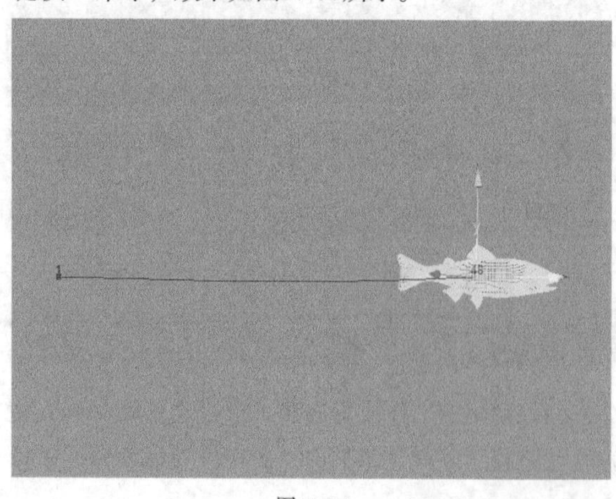


图17-76

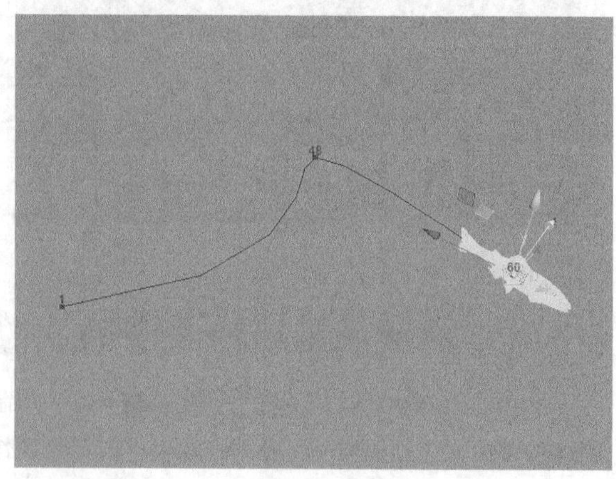


图17-77

**05** 选择曲线，进入“控制顶点”编辑模式，然后调节曲线的形状，以改变鱼的运动路径，如图17-78所示。

**06** 播放动画，可以观察到鱼沿着运动路径发生了运动效果，但是鱼头并没有沿着路径的方向运动，如图17-79所示。

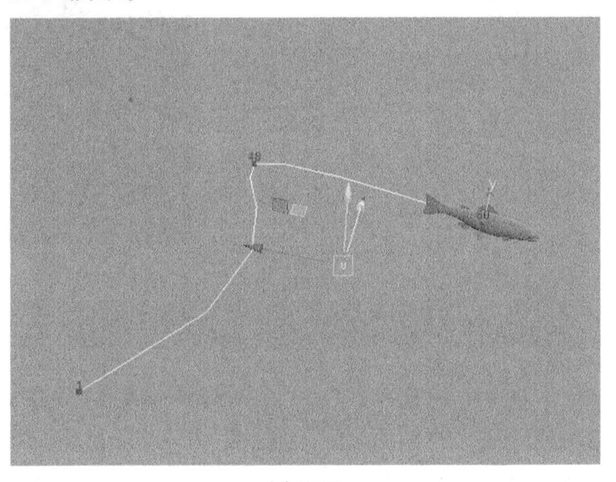

图17-78

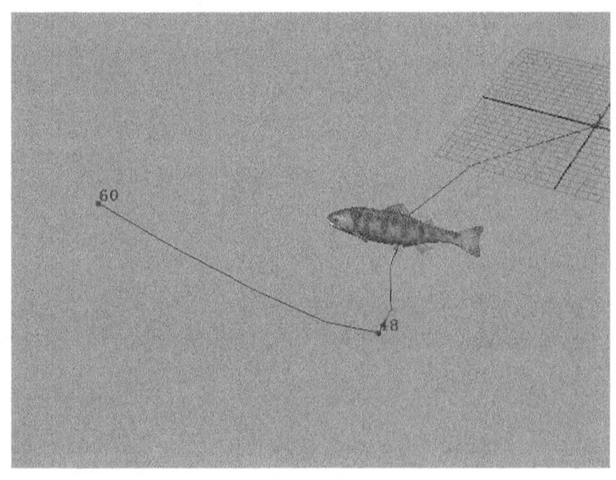


图17-79

**07** 将鱼模型的方向旋转到与曲线方向一致，如图17-80所示，然后播放动画，可以观察到鱼头已经沿着曲线的方向运动了，如图17-81所示。

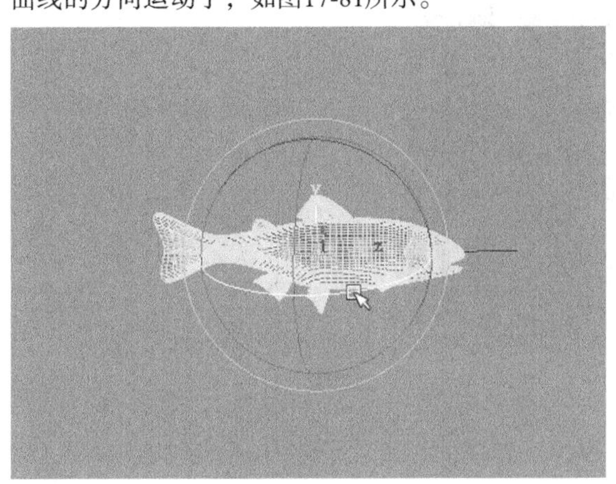

图17-80

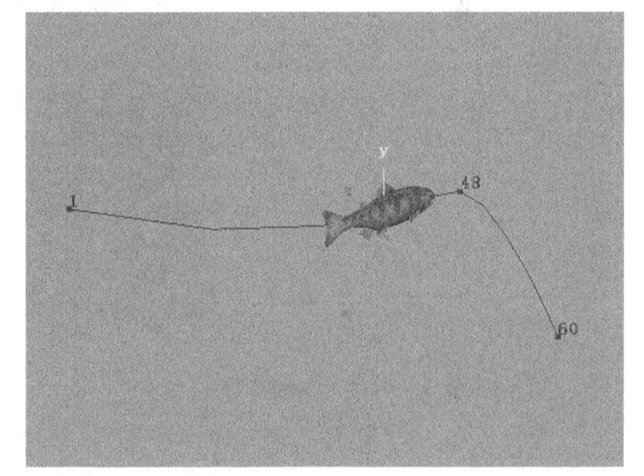


图17-81

# 17.7 约束

“约束”也是角色动画制作中经常使用到的功能，它在角色装配中起到非常重要的作用。使用约束能以一个物体的变换设置来驱动其他物体的位置、方向和比例。根据使用约束类型的不同，得到的约束效果也各不相同。

处于约束关系下的物体，它们之间都是控制与被控制和驱动与被驱动的关系，通常把受其他物体控制或驱动的物体称为“被约束物体”，而用来控制或驱动被约束物体的物体称为“目标物体”。

**提示**

创建约束的过程非常简单，先选择目标物体，再选择被约束物体，然后从“约束”菜单中选择想要执行的约束命令即可。

一些约束锁定了被约束物体的某些属性通道，例如“目标”约束会锁定被约束物体的方向通道（旋转X/Y/Z），被约束锁定的属性通道数值输入框将在“通道盒/层编辑器”或“属性编辑器”面板中显示为浅蓝色标记。

为了满足动画制作的需要，Maya提供了常用的多种约束，常用的分别是“父对象”约束、“点”约束、“方向”约束、“缩放”约束、“目标”约束、“极向量”约束、“多边形上的点”约束、“几何体”约束、“法线”约束和“切线”约束，如图17-82所示。

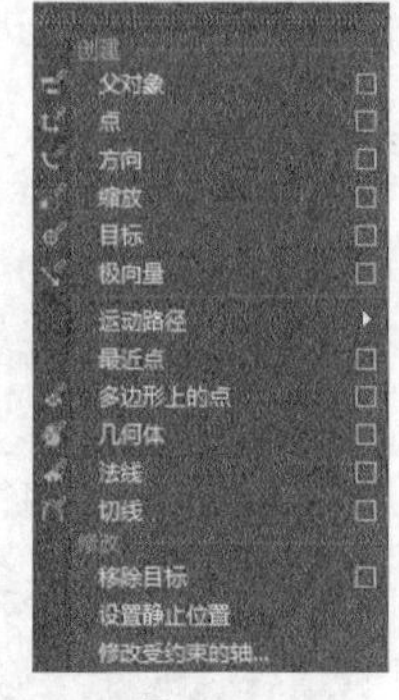

图17-82

## 17.7.1 父对象

使用“父对象”约束可以将一个物体的位移和旋转关联到其他物体上，一个被约束物体的运动也能被多个目标物体的平均位置约束。当“父对象”约束被应用于一个物体的时候，被约束物体将仍然保持独立，它不会成为目标物体层级或组中的一部分，但是被约束物体的行为看上去好像是目标物体的子物体。打开“父约束选项”对话框，如图17-83所示。

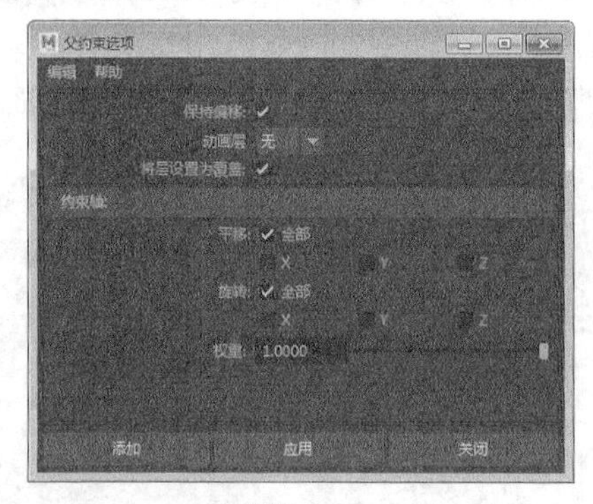

图17-83

### 父约束选项对话框参数介绍

❖ 平移：设置将要约束位移属性的具体轴向，既可以单独约束$x$、$y$、$z$其中的任何轴向，又可以选择“全部”选项来同时约束这3个轴向。

❖ 旋转：设置将要约束旋转属性的具体轴向，既可以单独约束$x$、$y$、$z$其中的任何轴向，又可以选择“全部”选项来同时约束这3个轴向。

## 17.7.2 点

使用“点”约束可以让一个物体跟随另一个物体的位置移动，或使一个物体跟随多个物体的平均位置移动。如果想让一个物体匹配其他物体的运动，使用“点”约束是最有效的方法。打开“点约束选项”对话框，如图17-84所示。

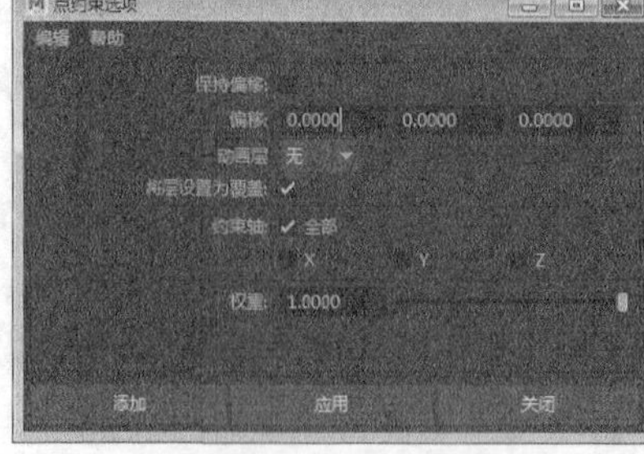

图17-84

### 点约束选项对话框参数介绍

- ❖ 保持偏移：当选择该选项时，创建“点”约束后，目标物体和被约束物体的相对位移将保持在创建约束之前的状态，即可以保持约束物体之间的空间关系不变；如果关闭该选项，可以在下面的“偏移”数值框中输入数值来确定被约束物体与目标物体之间的偏移距离。
- ❖ 偏移：设置被约束物体相对于目标物体的位移坐标数值。
- ❖ 动画层：选择要向其中添加“点”约束的动画层。
- ❖ 将层设置为覆盖：选择该选项时，在“动画层”下拉列表中选择的层会在将约束添加到动画层时自动设定为覆盖模式。这是默认模式，也是建议使用的模式。关闭该选项时，在添加约束时层模式会设定为相加模式。
- ❖ 约束轴：指定约束的具体轴向，既可以单独约束其中的任何轴向，又可以选择All（所有）选项来同时约束*x*、*y*、*z*这3个轴向。
- ❖ 权重：指定被约束物体的位置能被目标物体影响的程度。

## 17.7.3 方向

使用“方向”约束可以将一个物体的方向与另一个或更多其他物体的方向相匹配。该约束对于制作多个物体的同步变换方向非常有用，如图17-85所示。打开“方向约束选项”对话框，如图17-86所示。

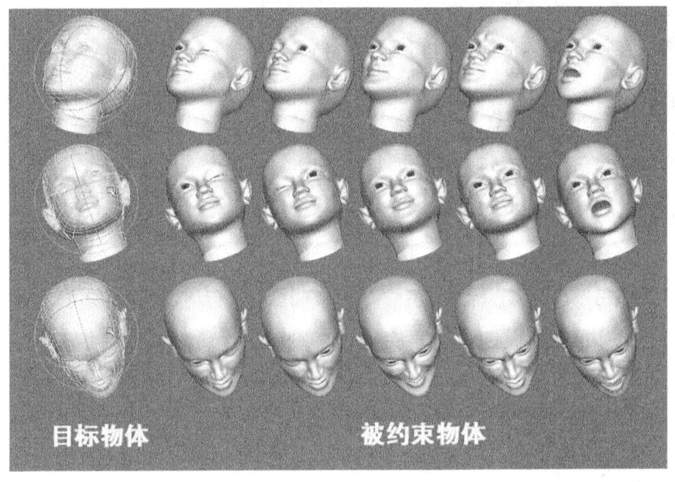


图17-85

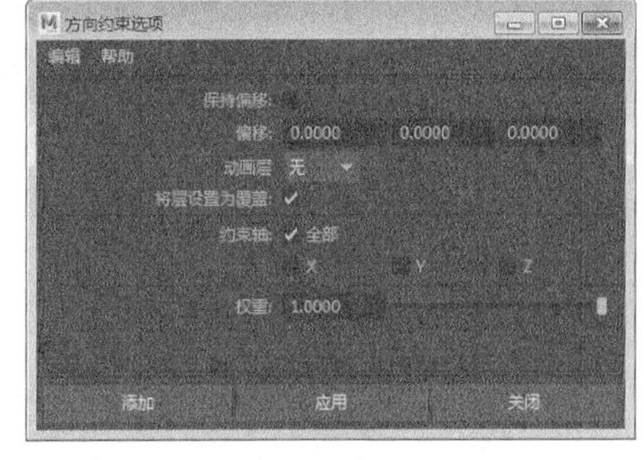


图17-86

### 方向约束选项对话框参数介绍

- ❖ 保持偏移：当选择该选项时，创建“方向”约束后，被约束物体的相对旋转将保持在创建约束之前的状态，即可以保持约束物体之间的空间关系和旋转角度不变；如果关闭该选项，可以在下面的“偏移”选项中输入数值来确定被约束物体的偏移方向。
- ❖ 偏移：设置被约束物体偏移方向*x*、*y*、*z*坐标的弧度数值。
- ❖ 约束轴：指定约束的具体轴向，既可以单独约束*x*、*y*、*z*其中的任何轴向，又可以选择“全部”选项来同时约束3个轴向。
- ❖ 权重：指定被约束物体的方向能被目标物体影响的程度。

## 【练习17-6】用方向约束控制头部的旋转

| | |
|---|---|
| 场景文件 | Scenes>CH17>17.6.mb |
| 实例文件 | Examples>CH17>17.6.mb |
| 难易指数 | ★★☆☆☆ |
| 技术掌握 | 掌握方向约束的用法 |

本例用“方向”约束控制头部旋转动作后的效果如图17-87所示。

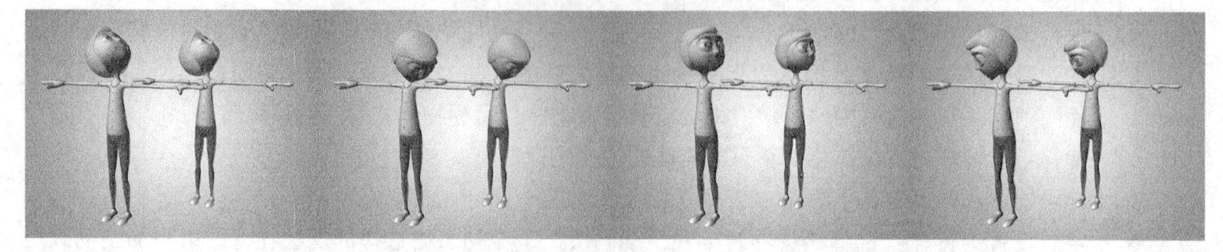

图17-87

**01** 打开学习资源中的Scenes>CH17>17.6.mb文件，场景中有两个人物模型，如图17-88所示。

图17-88

**02** 先选择头部A的控制器（曲线），然后按住Shift键加选头部B的控制器（曲线），如图17-89所示，接着执行“约束>方向”菜单命令，打开“方向约束选项”对话框，再选择“保持偏移”选项，最后单击“添加”按钮，如图17-90所示。

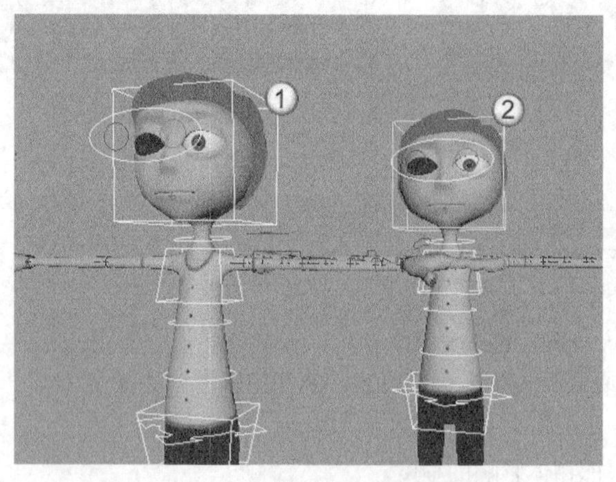


图17-89

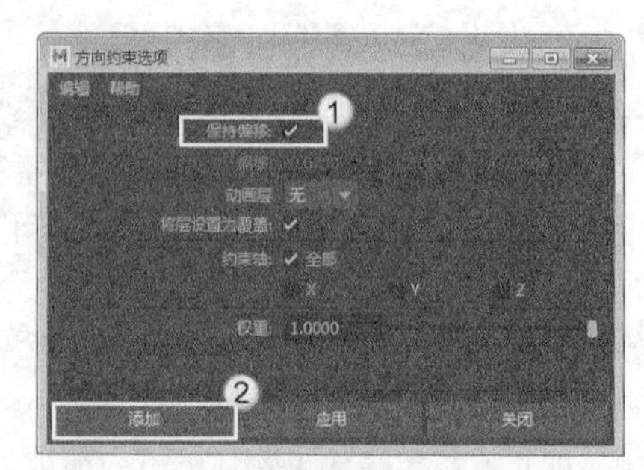


图17-90

**03** 选择头部B的控制器，在“通道盒/层编辑器”中可以观察到“旋转*x*”“旋转*y*”“旋转*z*”属性被锁定了，这说明头部B的旋转属性已经被头部A的旋转属性所影响，如图17-91所示。

**04** 用“旋转工具”旋转头部A的控制器，可以发现头部B的控制器也会跟着做相同的动作，但只限于旋转动作，如图17-92所示。

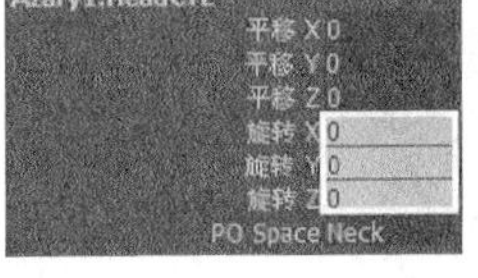

图17-91

图17-92

## 17.7.4 缩放

使用“缩放”约束可以将一个物体的缩放效果与另一个或更多其他物体的缩放效果相匹配，该约束对于制作多个物体同步缩放比例非常有用。打开“缩放约束选项”对话框，如图17-93所示。

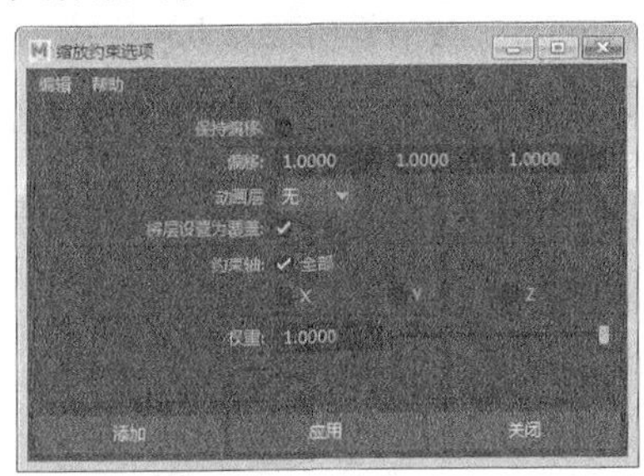
图17-93

提示

“缩放约束选项”对话框中的参数在前面的内容中都讲解过，这里不再重复介绍。

## 17.7.5 目标

使用“目标”约束可以约束一个物体的方向，使被约束物体始终瞄准目标物体。目标约束的典型用法是将灯光或摄影机瞄准约束到一个物体或一组物体上，使灯光或摄影机的旋转方向受物体的位移属性控制，实现跟踪照明或跟踪拍摄效果，如图17-94所示。在角色装配中，“目标”约束的一种典型用法是建立一个定位器来控制角色眼球的运动。

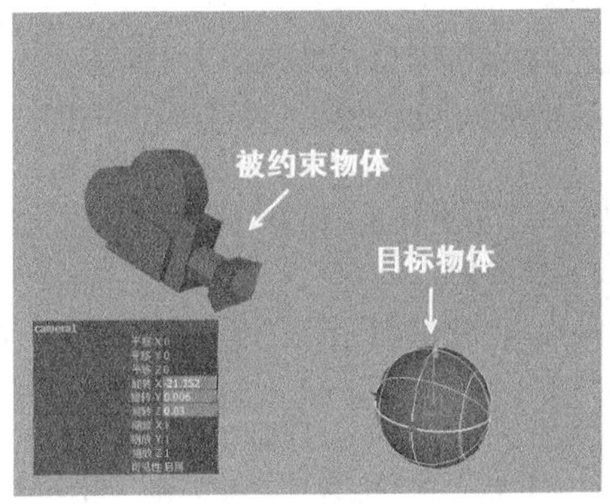

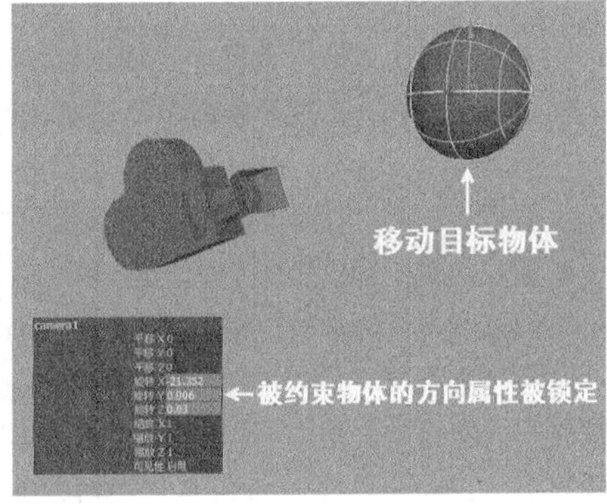

图17-94

打开“目标约束选项”对话框，如图17-95所示。

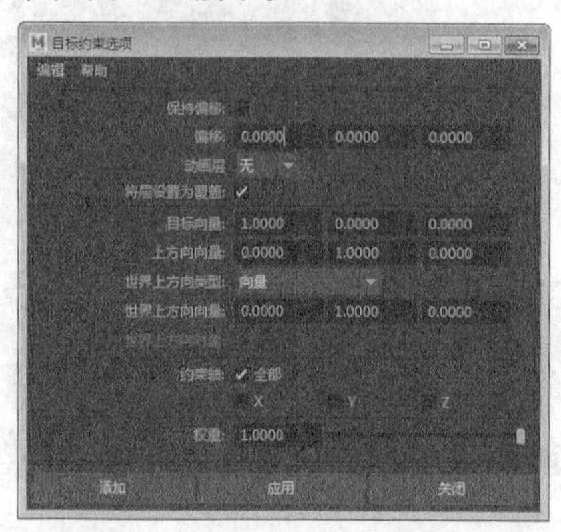


图17-95

## 目标约束选项对话框参数介绍

- ❖ 保持偏移：当选择该选项时，创建“目标”约束后，目标物体和被约束物体的相对位移和旋转将保持在创建约束之前的状态，即可以保持约束物体之间的空间关系和旋转角度不变；如果关闭该选项，可以在下面的“偏移”数值框中输入数值来确定被约束物体的偏移方向。
- ❖ 偏移：设置被约束物体偏移方向*x*、*y*、*z*坐标的弧度数值。通过输入需要的弧度数值，可以确定被约束物体的偏移方向。
- ❖ 目标向量：指定“目标向量”相对于被约束物体局部空间的方向，“目标向量”将指向目标点，从而迫使被约束物体确定自身的方向。

**提示**

“目标向量”用来约束被约束物体的方向，以便它总是指向目标点。“目标向量”在被约束物体的枢轴点开始，总是指向目标点。但是“目标向量”不能完全约束物体，因为“目标向量”不控制物体怎样在“目标向量”周围旋转，物体围绕“目标向量”周围旋转是由“上方向向量”和“世界上方向向量”来控制的。

- ❖ 上方向向量：指定“上方向向量”相对于被约束物体局部空间的方向。
- ❖ 世界上方向类型：选择“世界上方向向量”的作用类型，共有以下5个选项。
  - ✧ 场景上方向：指定“上方向向量”尽量与场景的向上轴对齐，以代替“世界上方向向量”，“世界上方向向量”将被忽略。
  - ✧ 对象上方向：指定“上方向向量”尽量瞄准被指定物体的原点，而不再与“世界上方向向量”对齐，“世界上方向向量”将被忽略。

**提示**

“上方向向量”尝试瞄准其原点的物体称为“世界上方向对象”。

  - ✧ 对象旋转上方向：指定“世界上方向向量”相对于某些物体的局部空间被定义，代替这个场景的世界空间，“上方向向量”在相对于场景的世界空间变换之后将尝试与“世界上方向向量”对齐。
  - ✧ 向量：指定“上方向向量”将尽可能尝试与“世界上方向向量”对齐，这个“世界上方向向量”相对于场景的世界空间被定义，这是默认选项。
  - ✧ 无：指定不计算被约束物体围绕“目标向量”周围旋转的方向。当选择该选项时，Maya将继续使用在指定“无”选项之前的方向。
- ❖ 世界上方向向量：指定“世界上方向向量”相对于场景的世界空间方向。
- ❖ 世界上方向对象：输入对象名称来指定一个“世界上方向对象”。在创建“目标”约束时，使用“上方向向量”来瞄准该物体的原点。

❖ 约束轴：指定约束的具体轴向，既可以单独约束x、y、z轴其中的任何轴向，又可以选择“全部”选项来同时约束3个轴向。

❖ 权重：指定被约束物体的方向能被目标物体影响的程度。

## 【练习17-7】用目标约束控制眼睛的转动

| | |
|---|---|
| 场景文件 | Scenes>CH17>17.7.mb |
| 实例文件 | Examples>CH17>17.7.mb |
| 难易指数 | ★★☆☆☆ |
| 技术掌握 | 掌握目标约束的用法 |

本例用“目标”约束控制眼睛转动后的效果如图17-96所示。

图17-96

**01** 打开学习资源中的“Scenes>CH17>17.7.mb”文件，场景中有一个人物模型，如图17-97所示。

**02** 执行“创建>定位器”菜单命令，在场景中创建一个定位器，然后将其命名为LEye_locator（用来控制左眼），如图17-98所示。

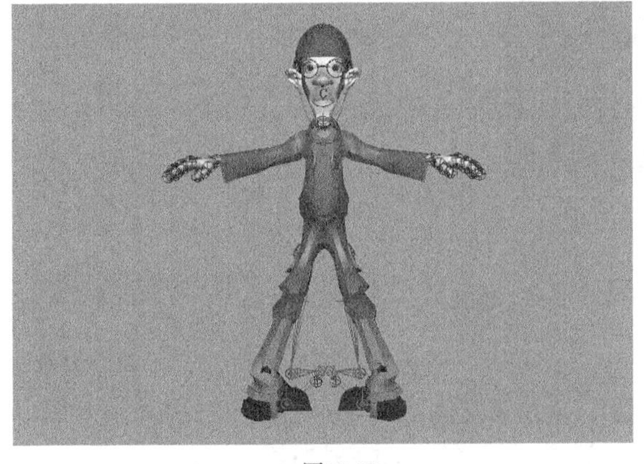

图17-97

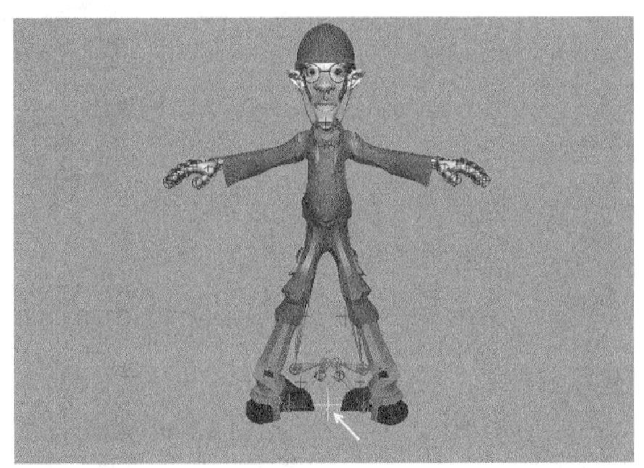

图17-98

### 提示

先选择定位器，然后在“通道盒/层编辑器”面板中单击定位器的名称，激活输入框后即可重命名定位器的名称，如图17-99所示。也可以在“大纲视图”对话框中直接修改。

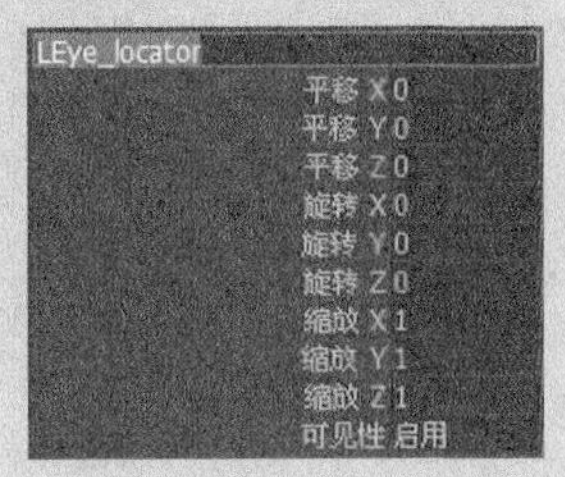


图17-99

**03** 在“大纲视图”对话框中选择LEye（即左眼）节点，如图17-100所示，然后加选LEye_locator节点，接着执行“约束>点”菜单命令，此时定位器的中心与左眼的中心将重合在一起，如图17-101所示。

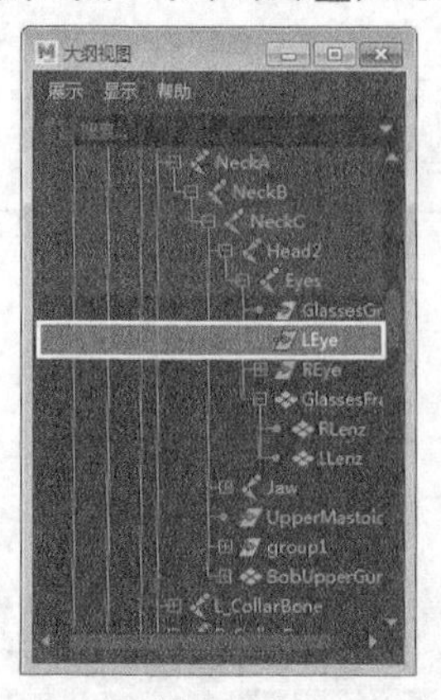


图17-100

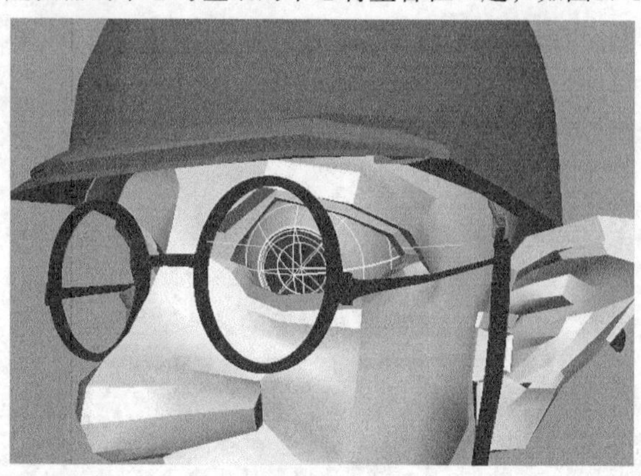

图17-101

**04** 由于本例是要用“目标”约束来控制眼睛的转动，所以不需要“点”约束了。在“大纲视图”对话框中选择LEye_ locator_PointConstraint1节点，然后按Delete键将其删除，如图17-102所示。

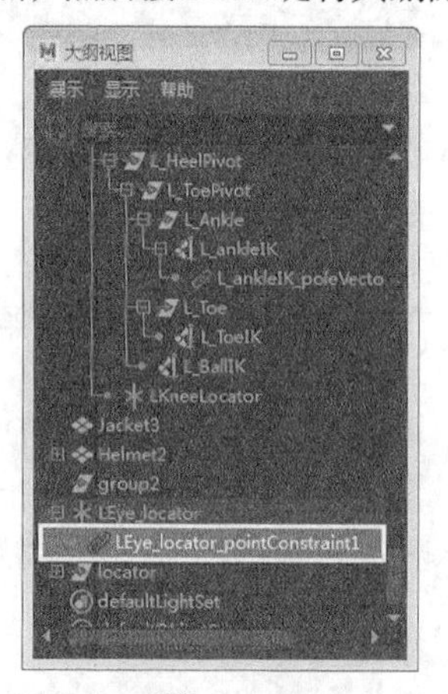


图17-102

## 提示

为眼球和定位器创建约束，是用来将定位器移至眼球的中心，因此最后将LEye_ locator_PointConstraint1节点删除。

**05** 用同样的方法为右眼创建一个定位器（命名为REye_locator），然后选择两个定位器，接着按快捷键Ctrl+G为其分组，并将组命名为locator，如图17-103所示，最后将定位器拖曳到远离眼睛的方向，如图17-104所示。

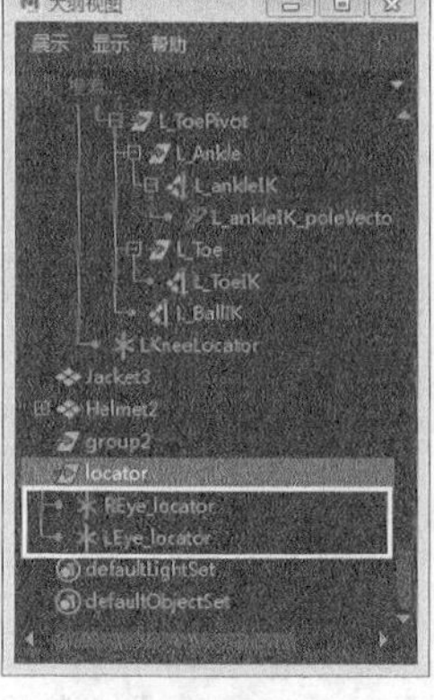


图17-103

图17-104

**06** 选择LEye_locator节点和REye_locator节点，然后执行“修改>冻结变换”菜单命令，将变换属性值进行归零处理，接着选择locator节点，执行“修改>居中枢轴”菜单命令，如图17-105所示。

图17-105

**07** 先选择LEye_locator节点，然后加选LEye节点，接着打开“目标约束选项”对话框，选择“保持偏移”选项，最后单击“添加”按钮，如图17-106所示。

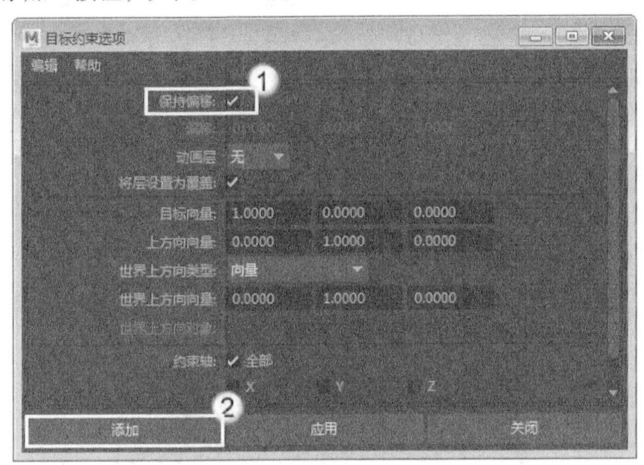


图17-106

**08** 用“移动工具”移动LEye_locator节点，可以观察到左眼也会跟着LEye_locator节点一起移动，如图17-107所示。

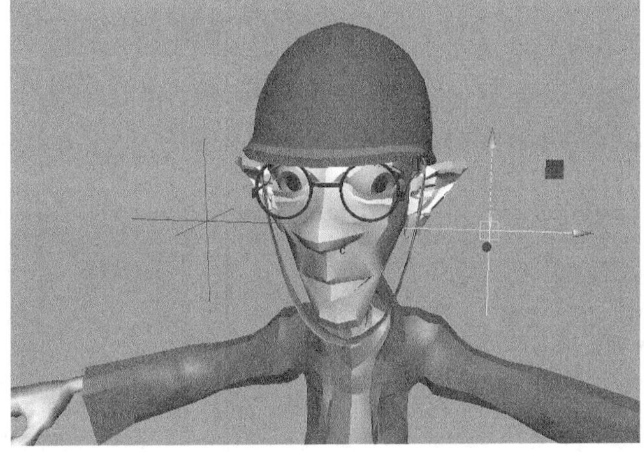

图17-107

**09** 用相同的方法为REye_locator节点和Reye节点创建一个“目标”约束，此时拖曳locator节点，可以发现两个眼睛都会跟着一起移动，如图17-108所示。

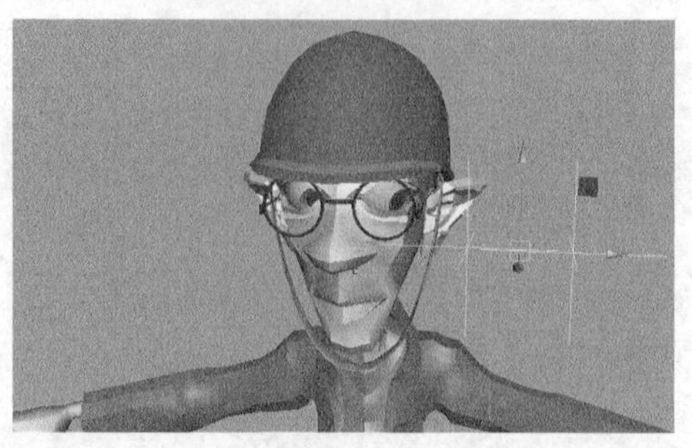

图17-108

## 17.7.6 极向量

使用“极向量”约束可以让IK旋转平面手柄的极向量终点跟随一个物体或多个物体的平均位置移动。在角色装配中，经常用“极向量”约束将控制角色胳膊或腿部关节链上的IK旋转平面手柄的极向量终点约束到一个定位器上，这样做是为了避免在操作IK旋转平面手柄时，由于手柄向量与极向量过于接近或相交所引起关节链意外发生反转的现象，如图17-109所示。打开“极向量约束选项”对话框，如图17-110所示。

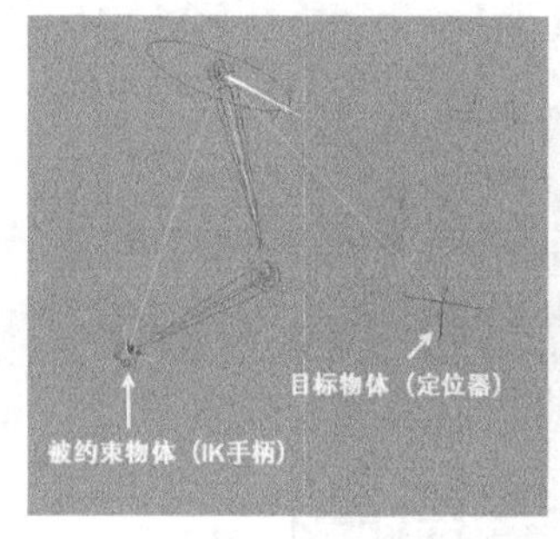

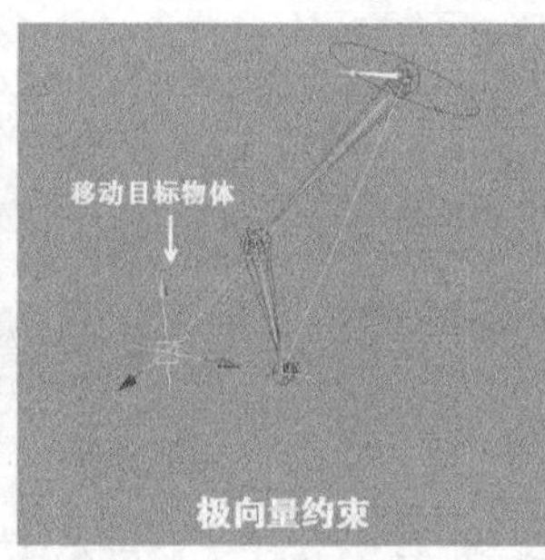

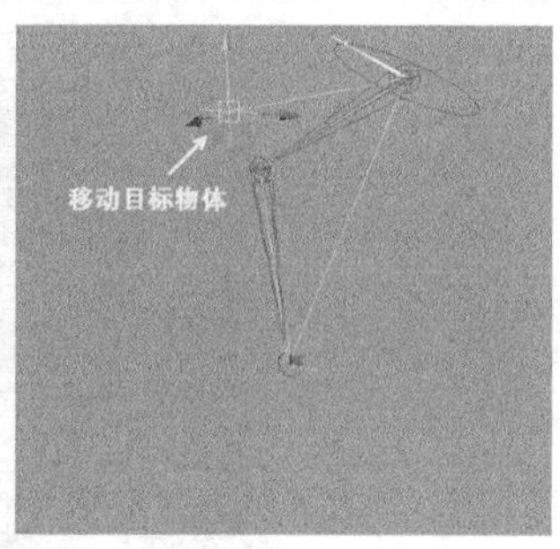


图17-109

图17-110

## 17.7.7 几何体

使用“几何体”约束可以将一个物体限制到NURBS曲线、NURBS曲面或多边形曲面上，如图17-111所示。如果想要使被约束物体的自身方向能适应目标物体表面，也可以在创建“几何体”约束之后再创建一个“法线”约束。打开“几何体约束选项”对话框，如图17-112所示。

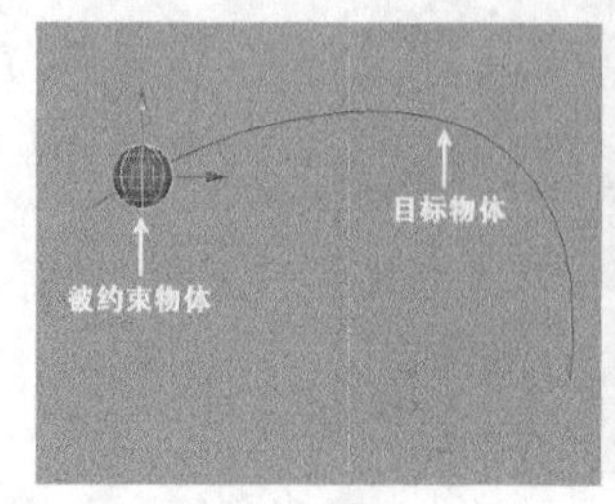

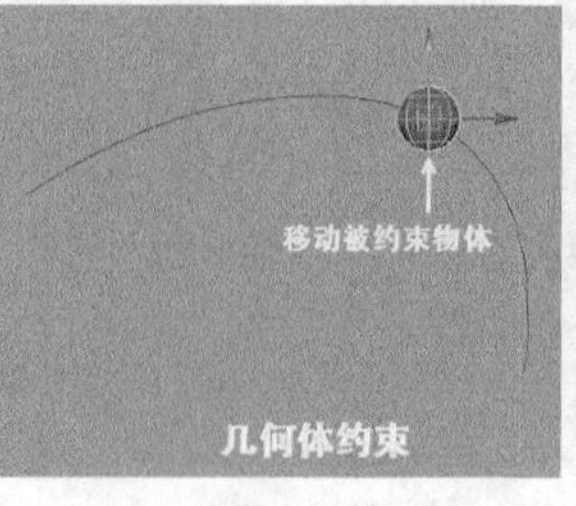

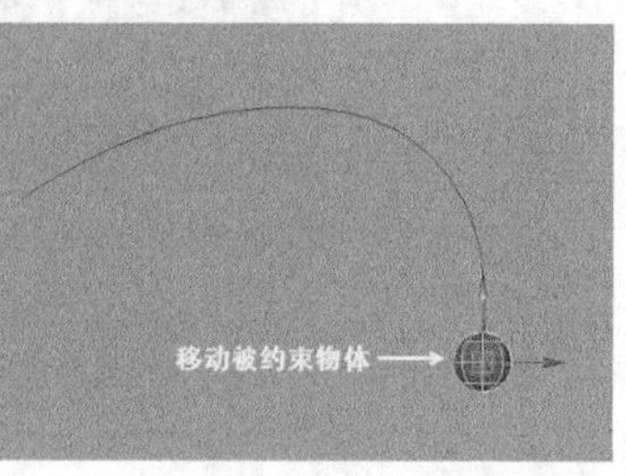


图17-111

图17-112

## 提示

“几何体”约束不锁定被约束物体变换、旋转和缩放通道中的任何属性，这表示几何体约束可以很容易地与其他类型的约束同时使用。

## 17.7.8 法线

使用“法线”约束可以约束一个物体的方向，使被约束物体的方向对齐到NURBS曲面或多边形曲面的法线向量。当需要一个物体能以自适应方式在形状复杂的表面上移动时，“法线”约束将非常有用。如果没有“法线”约束，制作沿形状复杂的表面移动物体的动画将十分烦琐和费时。打开“法线约束选项”对话框，如图17-113所示。

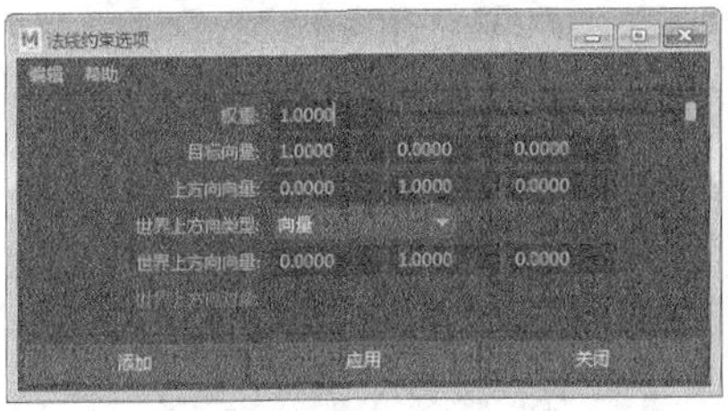

图17-113

## 17.7.9 切线

使用“切线”约束可以约束一个物体的方向，使被约束物体移动时的方向总是指向曲线的切线方向，如图17-114所示。当需要一个物体跟随曲线的方向运动时，“切线”约束将非常有用，例如可以利用“切线”约束来制作汽车行驶时，轮胎沿着曲线轨迹滚动的效果。打开“切线约束选项”对话框，如图17-115所示。

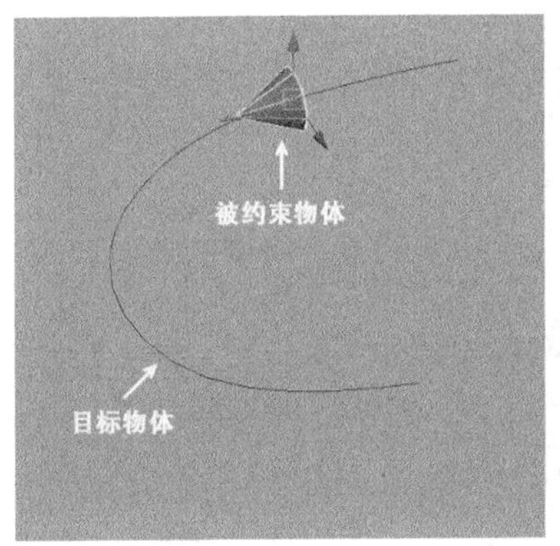


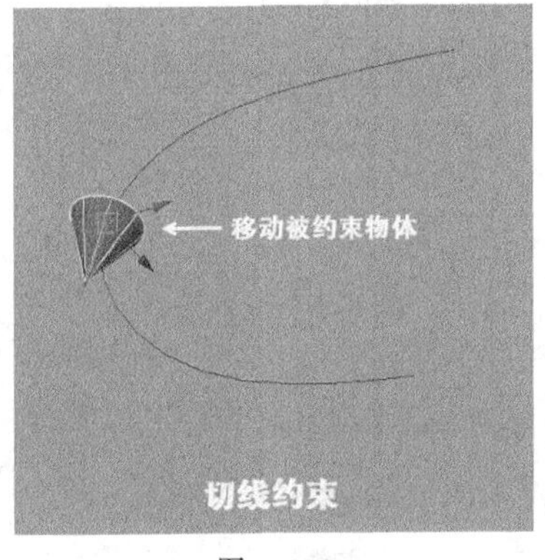


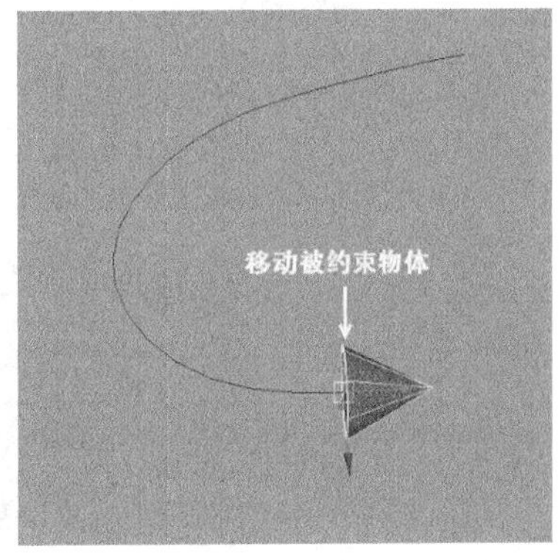


图17-114

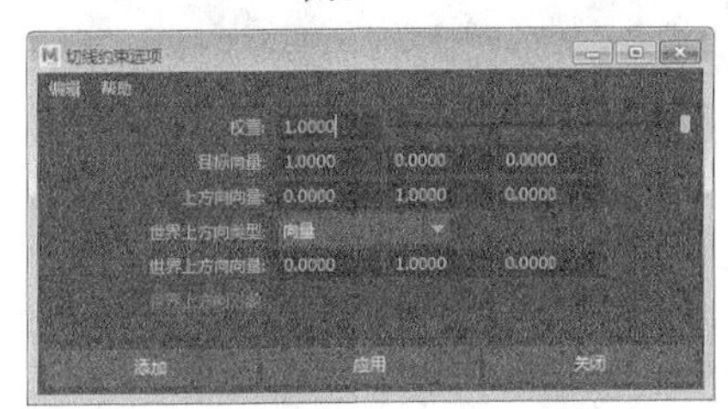


图17-115

# 17.8 动画综合实例：线变形动画

| 场景文件 | 无 |
| --- | --- |
| 实例文件 | Examples>CH17>17.8.mb |
| 难易指数 | ★★★☆☆ |
| 技术掌握 | 掌握使用线工具变形器制作动画的方法 |

“线工具”变形器可以使用一条或多条NURBS曲线来改变可变形物体的形状，本例主要介绍“线工具”变形器的使用方法，案例效果如图17-116所示。

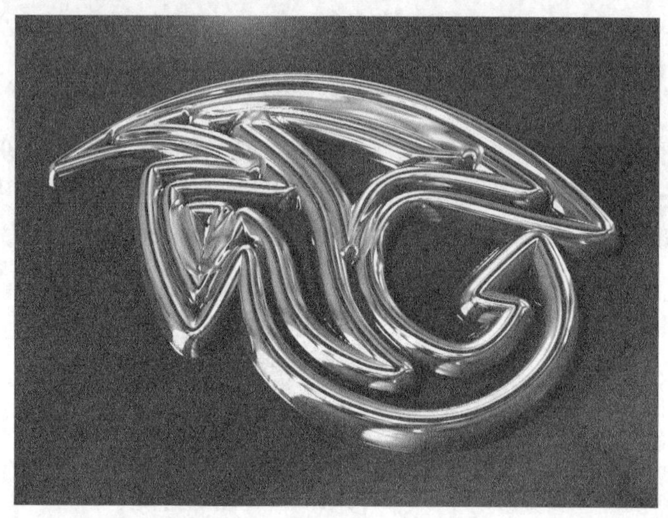

图17-116

## 17.8.1 创建曲线和曲面

**01** 切换到front（前）视图，然后执行“创建>CV曲线工具”菜单命令，绘制一条图17-117所示的曲线。

**02** 以上一步绘制的曲线为参照，再绘制一条图17-118所示的曲线。

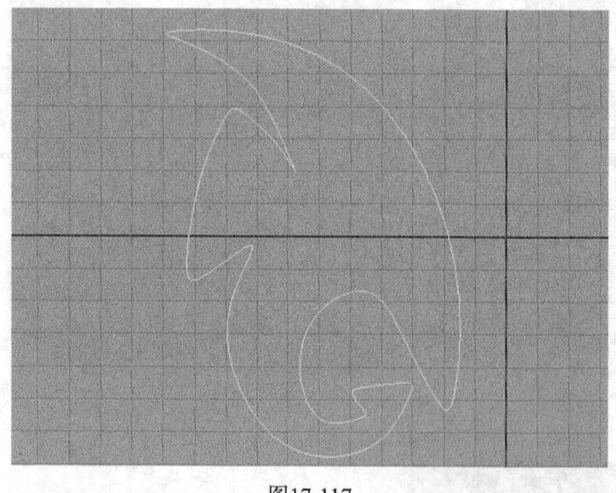

图17-117

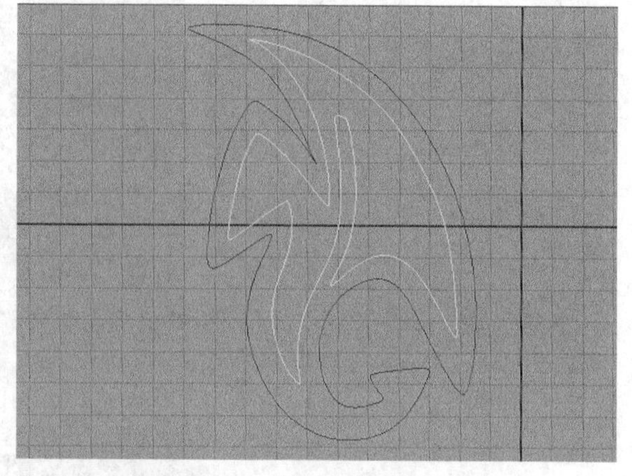

图17-118

**提示**

在Maya的安装路径下的icons文件夹内找到MayaStartupImage.png图片文件，可以参照该图片绘制曲线。

**03** 使用“CV曲线工具”绘制出其他曲线，如图17-119所示。

**04** 执行“创建>NURBS基本体>平面”菜单命令，创建一个图17-120所示的NURBS平面。

图17-119

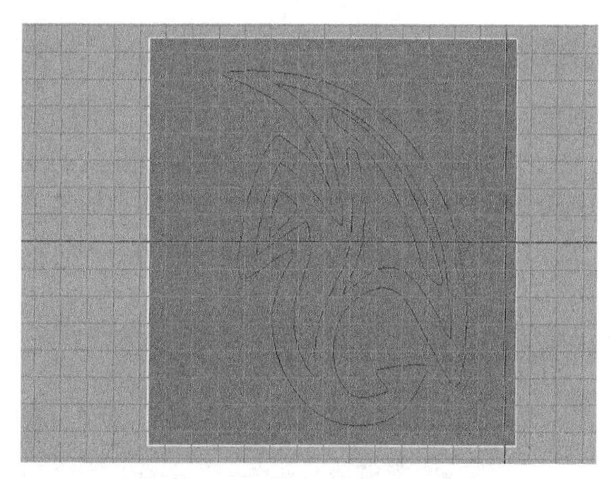

图17-120

**05** 在“通道盒/层编辑器”中将NURBS平面的“U向面片数”和“V向面片数”分别设置为150和180，如图17-121所示。

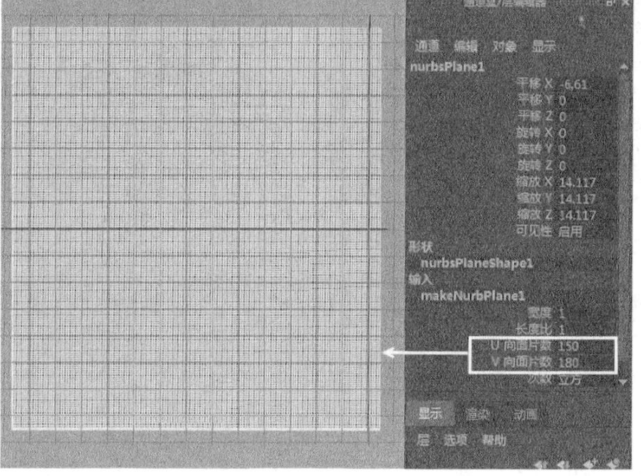


图17-121

## 17.8.2 创建线变形

**01** 在“变形”菜单中单击“线”命令后面的□按钮，然后在打开的“工具设置”面板中单击“重置工具”按钮，此时光标会变成十字形状，接着单击选择NURBS平面，并按Enter键确认，如图17-122所示。

**02** 打开“大纲视图”对话框，然后选择场景中的所有曲线，接着按Enter键确认，如图17-123所示。

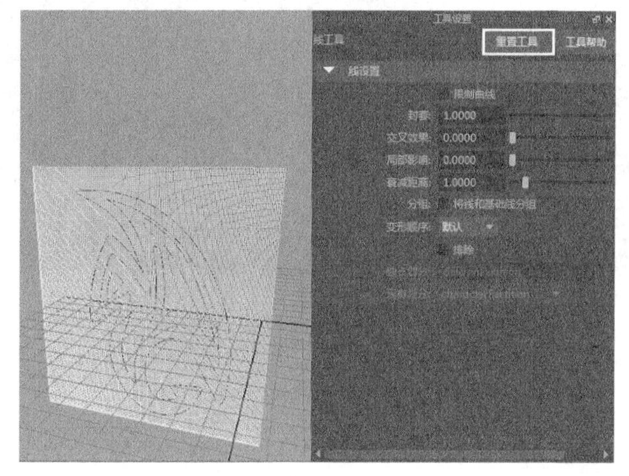


图17-122

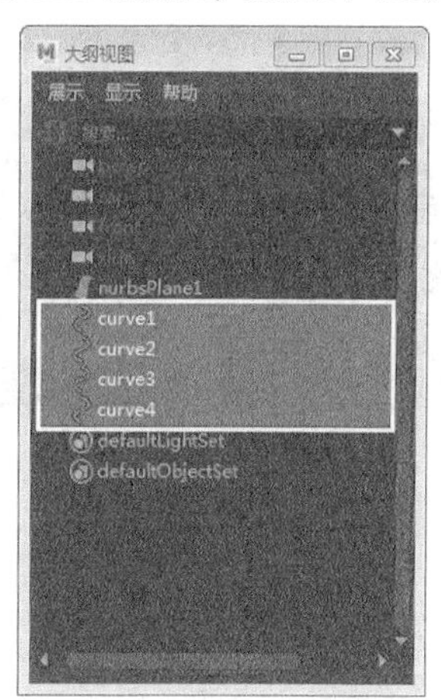


图17-123

## 17.8.3 设置线变形属性

**01** 选择场景中所有的曲线，然后使用“移动工具”将曲线向z轴方向移动，可以看到NURBS平面受到了曲线的影响，但是目前曲线影响NURBS平面的范围过大，导致图形稍显臃肿，如图17-124所示。

**02** 保持对曲线的选择，然后打开“属性编辑器”面板，接着在Wire1选项卡中展开“衰减距离”卷展栏，并将Curve1、Curve2、Curve3和Curve4参数全部调整为0.5，可以看到NURBS平面受曲线影响的范围缩小了，如图17-125所示。

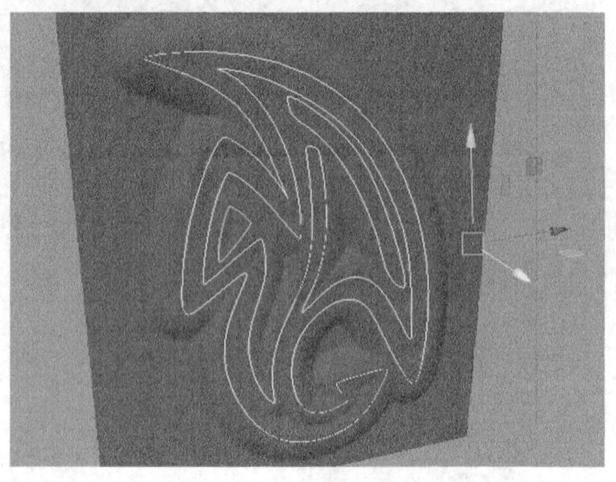

图17-124

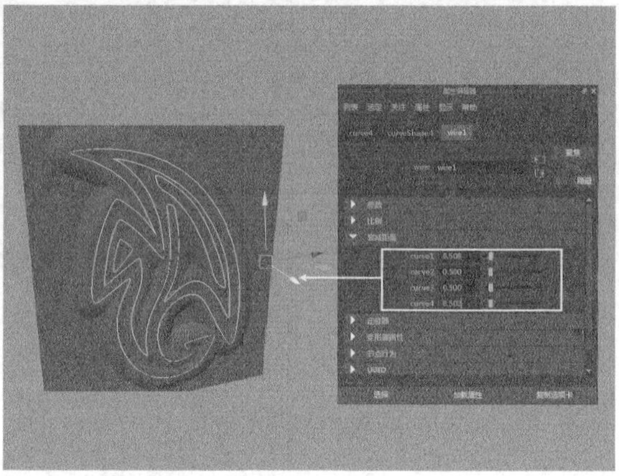

图17-125

## 17.8.4 创建曲线动画

**01** 在第1帧处，设置曲线的平移属性为0，然后按快捷键Shift+W设置模型在“平移 X”“平移 Y”“平移 Z”参数上的关键帧，如图17-126所示。

**02** 在第18帧处，使用“移动工具”将曲线在z轴方向上移动0.367，然后按快捷键Shift+W设置模型在“平移X”“平移Y”“平移Z”参数上的关键帧，如图17-127所示。

**03** 在“大纲视图”对话框中将曲线隐藏，然后播放动画，可以看到随时间的推移，NURBS平面上渐渐凸显出Maya的标志，如图17-128所示。

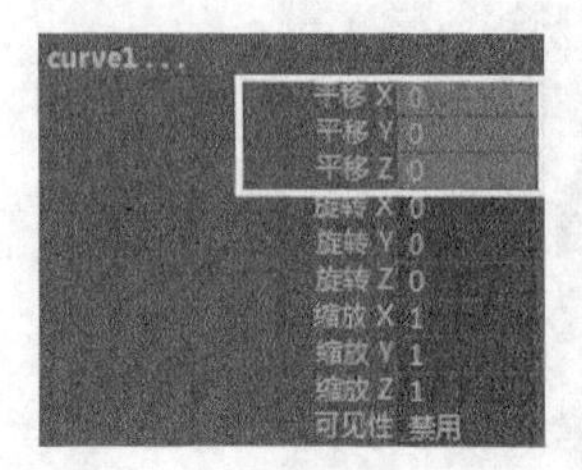


图17-126

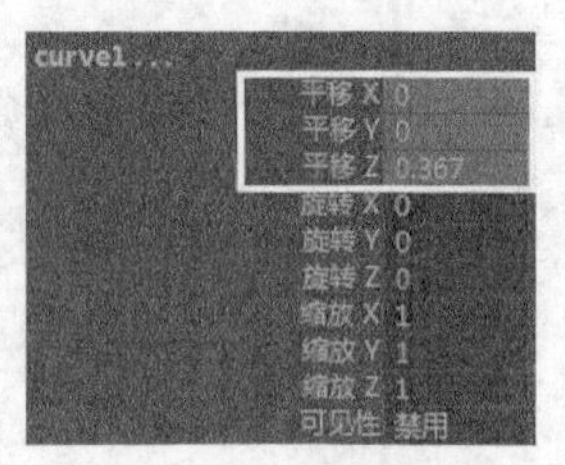


图17-127

图17-128

# 技术分享

## 给读者学习动画技术的建议

在动画的早期时代，动画对象的每一帧动作都需要绘制出来，而现在通过计算机，动画师只需要设置对象的关键动作，中间的动作就可以计算出来，大大提高了动画的制作效率。三维动画和二维动画一样，需要遵循动画的运动规律，而设置合理的关键帧显得尤为重要。关于如何提高动画效果，这里提供3点建议。

准备参考：无论是制作模型、贴图还是动画，参考素材都非常重要，只有遵循自然界的规律，才能制作出令人信服的效果。在制作动画前，可以先收集动画的参考素材，或者根据需要自己拍摄一段参考素材，然后根据参考素材中的运动效果来制作动画。

观察生活：俗话说“艺术来源于生活而高于生活”，因此在生活中我们可以多留心观察身边的事物。如果有条件，可以将感兴趣的画面记录下来，留作参考用。

了解新资讯：三维动画是集技术和艺术于一身的一门学科，技术和艺术两者都需要长期积累，而技术总是不断更新。了解该行业的新资讯虽然不能马上提高个人的动画技术，但是可以获得意想不到的新知识。随着科技的发展，很多环节变得越来越简单、高效。相比传统动画时代，三维动画利用自身技术优势使制作过程越来越简单，效果越来越逼真。

## 动画中常用的小技巧

在动画中，往往有很多运动细节，由于画面快速播放，观众很可能会忽略掉这些细节。虽然这些细节很微小，并且一闪而过，但是在整个运动画面中却起到了至关重要的作用。下面介绍两种常用的动画小技巧，用来提升整体画面的运动感。

运动对象变形：当物体运动或受外力影响时，往往会产生变形效果。有的变形较为明显，如皮球、树枝和轮胎等；而有的变形则比较微小，如钢管、玻璃和塑料箱等。在动画中这些变形可以大大提高物体的运动感，使物体运动更加真实。需要注意的是，硬度较强的物体，往往是在高速运动下产生变形，而且变形的幅度不大。另外，如果增大变形效果，还可以使画面更夸张，这往往用于卡通动画中。

运动节奏：动作平滑、顺畅是通过放慢开始和结束动作的速度，并且加快中间动作的速度来实现的。现实世界中的物体运动，多呈一个抛物线的加速或减速运动。动画中物体的运动轨迹，往往表现为圆滑的曲线形式。因此在绘制中间帧时，要以圆滑的曲线设定连接主要画面的动作，避免以锐角的曲线设定动作，否则会出现生硬、不自然的感觉。不同的运动轨迹，表达不同的角色特征。例如机械类物体的运动轨迹，往往以直线的形式进行，而生命物体的运动轨迹，则呈现圆滑曲线的运动形式。

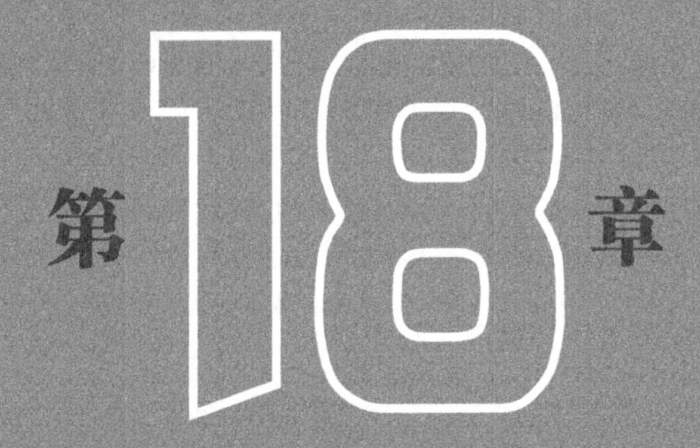


# 动力学

Maya拥有完备的动力学特效功能，可以模拟各种物理学运动效果。本章主要介绍粒子、反射器、柔体、动力场以及刚体的使用方法等内容。

※ 掌握粒子的创建方法
※ 掌握粒子的属性
※ 掌握实例化器（替换）的使用方法
※ 掌握粒子碰撞事件编辑器的使用方法
※ 掌握柔体的使用方法
※ 掌握刚体的使用方法

# 18.1 粒子系统

粒子是制作特效动画最常用的方式之一，很多特效动画技术都是基于粒子开发的。Maya的nParticle是基于Nucleus的一套强大系统，从Maya 2009开始Nucleus就为粒子增加了强大的功能，后续的Maya版本又增加了nCloth（布料系统）和nHair（毛发系统），使Nucleus家族越来越壮大，功能也越来越强悍。而且nObject（基于Nucleus的对象）可以自由交互，也就是nParticle、nCloth和nHair也相互产生动力学影响，这使nParticle可以发挥出最大功能，实现各种粒子效果，如图18-1所示。

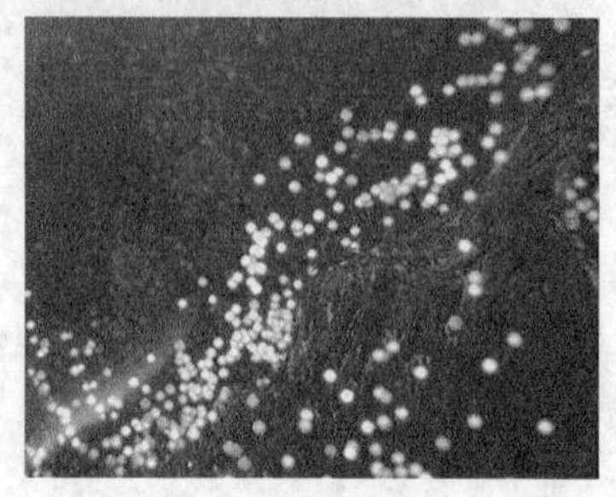

图18-1

**提示**

粒子是Maya的一种物理模拟，其运用非常广泛，比如火山喷发，夜空中绽放的礼花，秋天漫天飞舞的枫叶等，都可以通过粒子系统来实现。

切换到FX模块，如图18-2所示，此时Maya会自动切换到动力学菜单。创建与编辑粒子主要用nParticle菜单来完成，如图18-3所示。

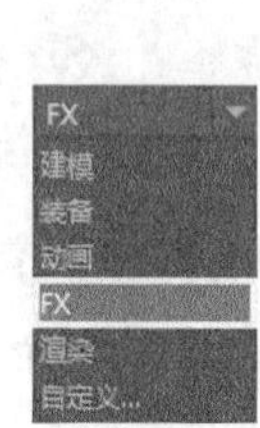


图18-2

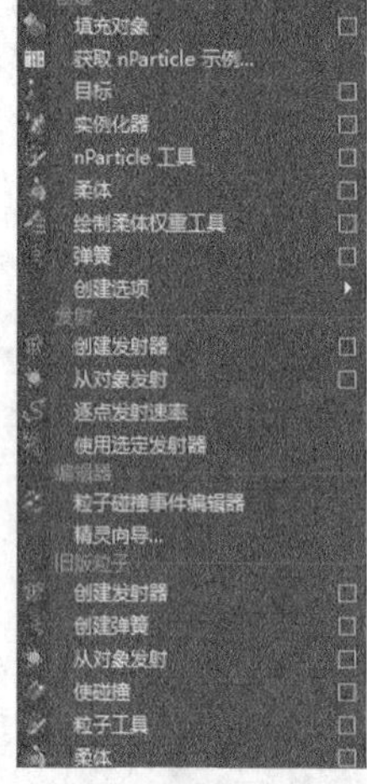


图18-3

## 18.1.1 nParticle工具

“nParticle工具”就是用来创建粒子的，打开“nParticle工具”的“工具设置”对话框，如图18-4所示。

### 常用参数介绍

❖ 粒子名称：为即将创建的粒子命名。命名粒子有助于在“大纲视图”对话框中识别粒子。

❖ 保持：该选项会影响粒子的速度和加速度属性，一般情况下都采用默认值1。

❖ 粒子数：设置要创建的粒子的数量，默认值为1。

❖ 最大半径：如果设置的“粒子数”大于 1，则可以将粒子随机分布在单击的球形区域中。若要选择球形区域，可以将“最大半径”设定为大于 0 的值。

❖ 草图粒子：选择该选项后，拖曳鼠标可以绘制连续的粒子流的草图。

❖ 草图间隔：用于设定粒子之间的像素间距。值为0时将提供接近实线的像素；值越大，像素之间的间距也越大。

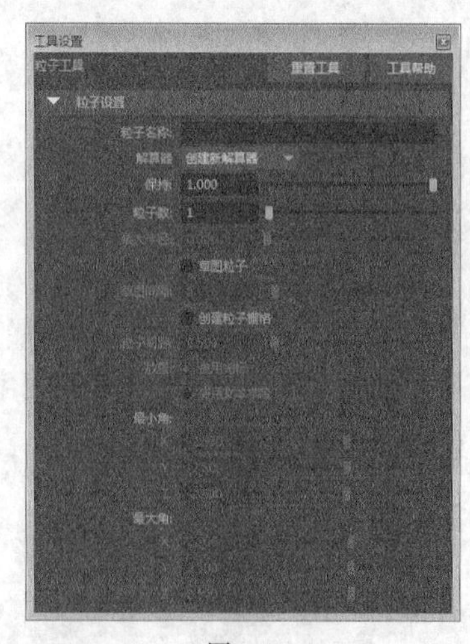


图18-4

❖ 创建粒子栅格：创建一系列格子阵列式的粒子。

❖ 粒子间隔：当启用“创建粒子栅格”选项的时候才可以用，可以在栅格中设定粒子之间的间距（按单位）。

❖ 放置：包含了“使用光标”和“使用文本字段”两个选项。

  ✧ 使用光标：使用光标方式创建阵列。

  ✧ 使用文本字段：使用文本方式创建粒子阵列。

❖ 最小角：设置3D粒子栅格中左下角的$x$、$y$、$z$坐标。

❖ 最大角：设置3D粒子栅格中右上角的$x$、$y$、$z$坐标。

## 【练习18-1】练习创建粒子的几种方法

| | |
|---|---|
| 场景文件 | 无 |
| 实例文件 | 无 |
| 难易指数 | ★☆☆☆☆ |
| 技术掌握 | 掌握用粒子工具创建粒子的几种方法 |

**01** 执行“nParticle>粒子工具”菜单命令，此时光标会变成状，在视图中连续单击鼠标左键即可创建出多个粒子，如图18-5所示。

图18-5

**02** 打开“粒子工具”的“工具设置”对话框，然后设置“粒子数”为100，如图18-6所示，接着在场景中单击鼠标左键，效果如图18-7所示。

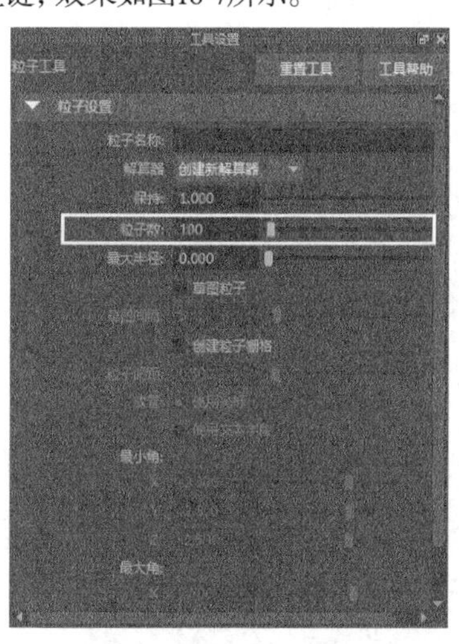


图18-6

图18-7

**提示**

上述步骤创建出来的粒子数仍然是100，因为“最大半径”为0，100个粒子都集中在一点，所以看起来只有一个粒子。

03 在“粒子工具”的“工具设置”对话框中设置“最大半径”为5，如图18-8所示，然后在视图中单击鼠标左键，效果如图18-9所示。

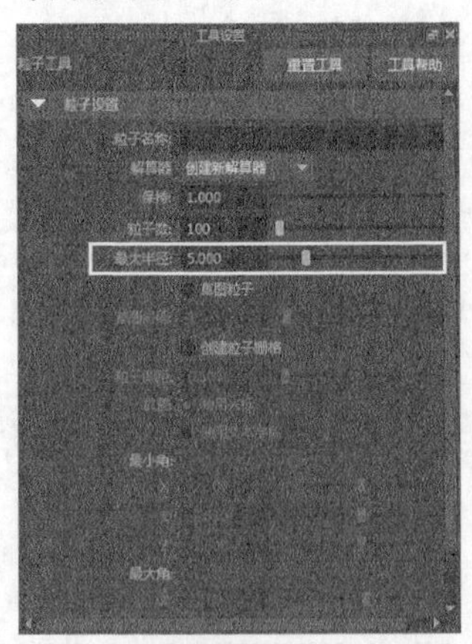

图18-8

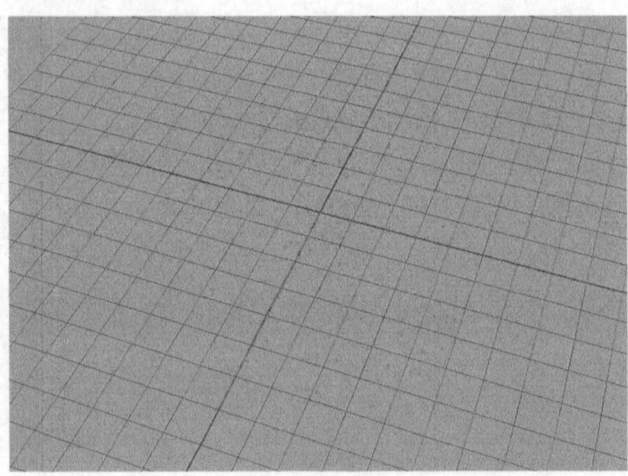

图18-9

04 在“工具设置”面板中勾选“创建粒子栅格”选项，如图18-10所示，然后在视图中绘制两个点，如图18-11所示，接着按Enter键完成操作，效果如图18-12所示。

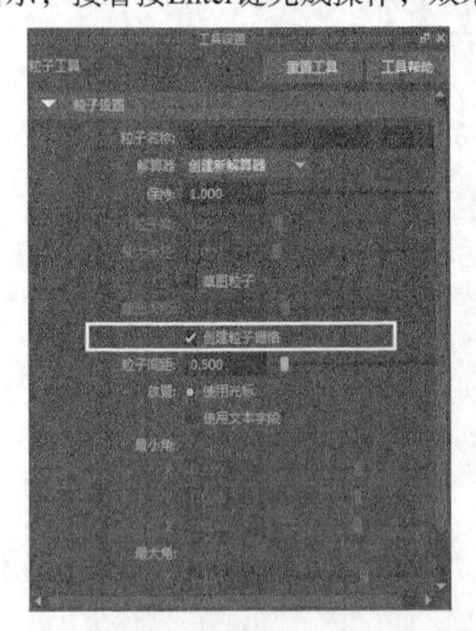

图18-10

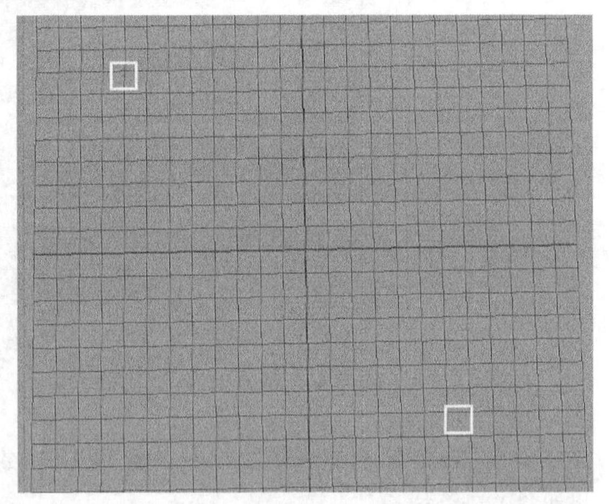

图18-11

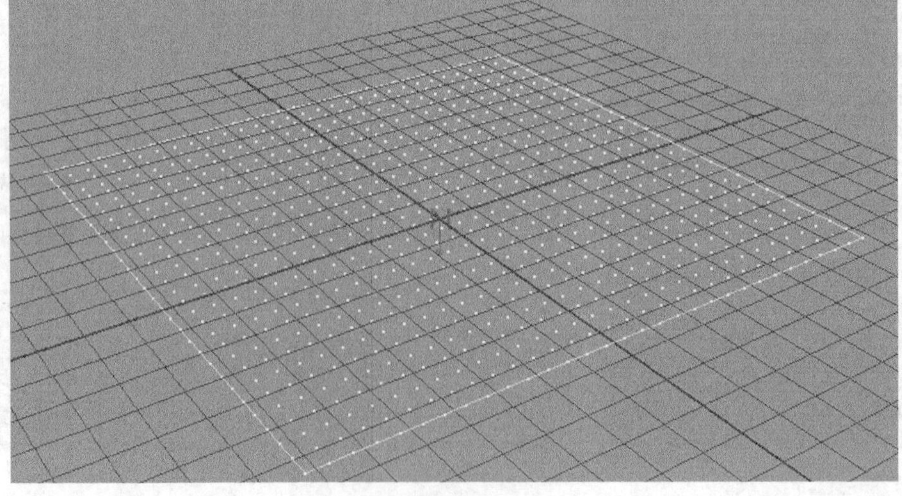

图18-12

## 18.1.2 粒子属性

在场景中选择粒子，或在“大纲视图”对话框中选择nParticle节点，如图18-13所示，然后打开“属性编辑器”面板，接着切换到nParticleShape选项卡，如图18-14所示。在该选项卡下，提供了调整粒子外形、颜色和动力学等效果的属性。

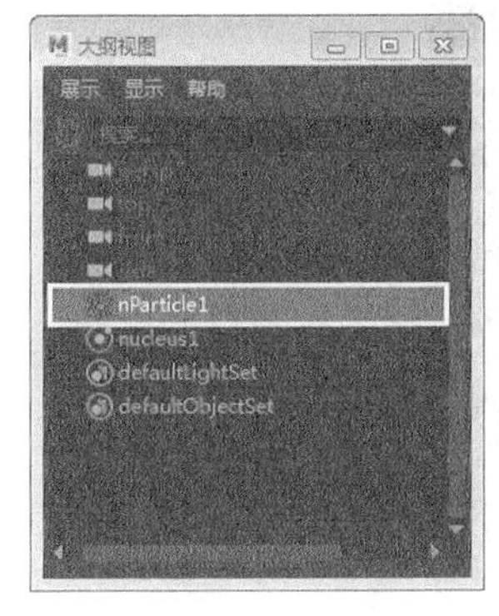


图18-13

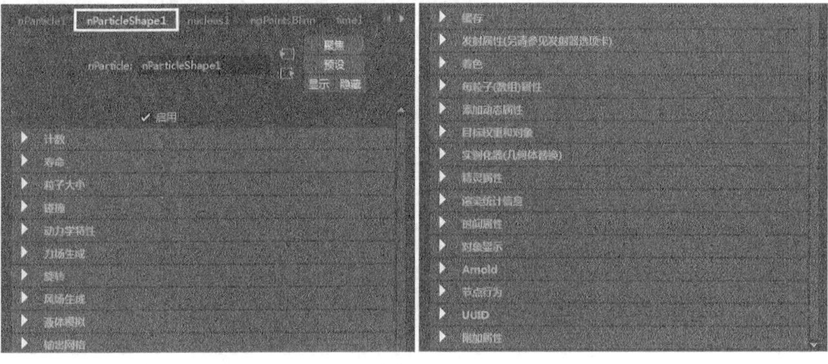


图18-14

### nParticleShape节点介绍

❖ 启用：选择该选项后粒子会具有动力学效果，默认选择此选项。

### 1.计数

“计数”卷展栏中的属性主要用于显示场景中的粒子总数和发生碰撞的总数，如图18-15所示。

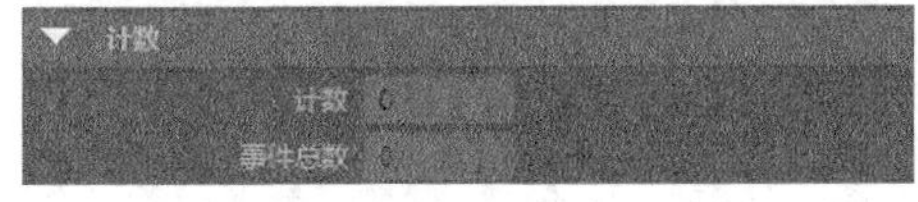


图18-15

### 2.寿命

“寿命”卷展栏中的属性主要用于控制粒子的寿命模式、寿命长短以及寿命的随机性等，如图18-16所示。

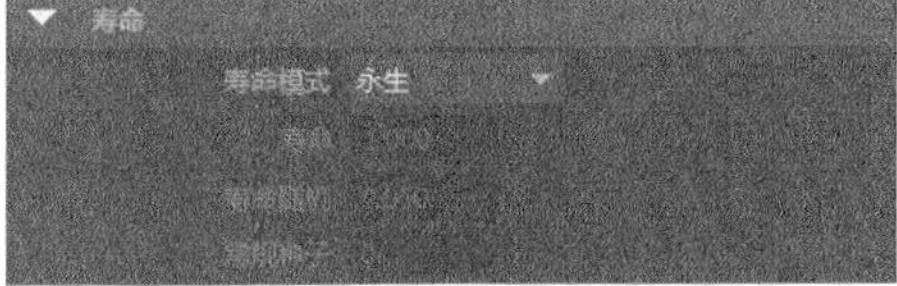


图18-16

### 3.粒子大小

“粒子大小”卷展栏中的属性主要用于粒子的大小和大小的随机化等，如图18-17所示。

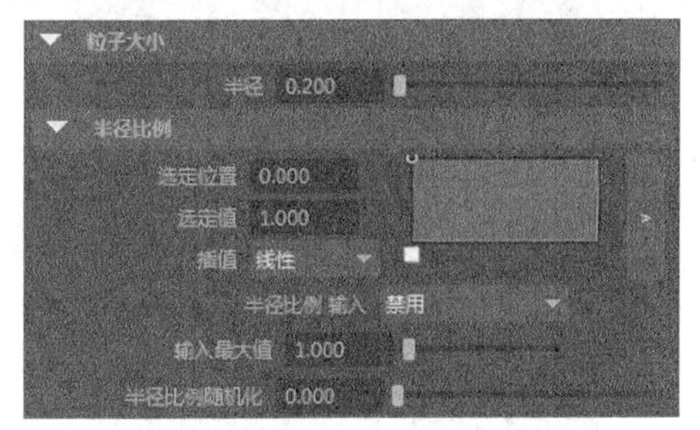


图18-17

## 4.碰撞

“碰撞”卷展栏中的属性主要用于控制毛发碰撞特性，包括碰撞强度、弹力和摩擦力等，如图18-18所示。

图18-18

## 5.动力学特性

“动力学特性”卷展栏中的属性主要用于控制粒子的质量、阻力以及权重等，如图18-19所示。

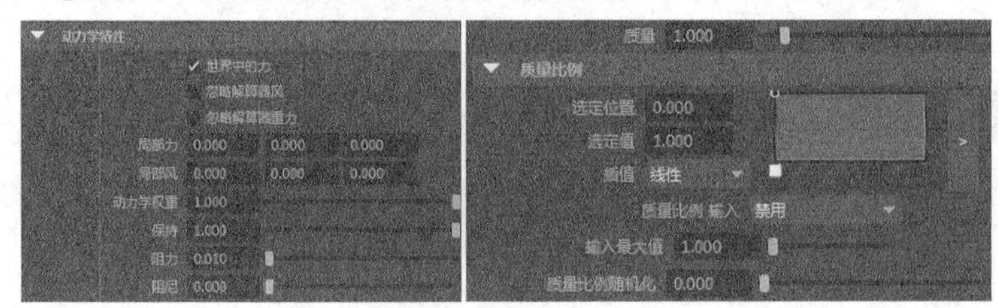


图18-19

## 6.力场生成

“力场生成”卷展栏中的属性可以在nObject和当前粒子间产生一个吸引力或排斥力，如图18-20所示。

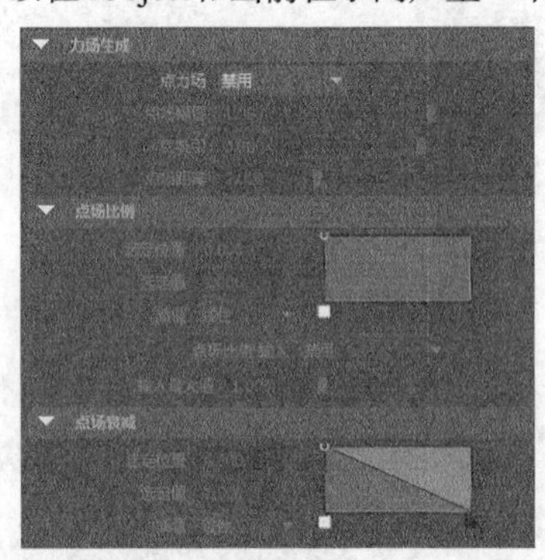

图18-20

## 7.旋转

“旋转”卷展栏中的属性可以为每个粒子添加旋转效果，如图18-21所示。

图18-21

## 8.风场生成

“风场生成”卷展栏中的属性可以通过nObject对象运动生成风场的特征，如图18-22所示。

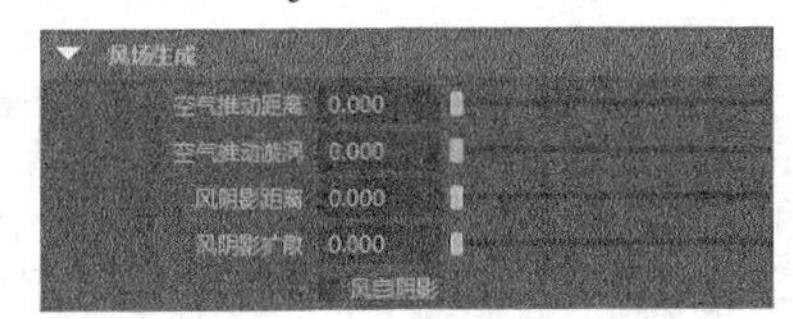


图18-22

## 9.液体模拟

“液体模拟”卷展栏中的属性可以使粒子模拟出液体效果，如图18-23所示。

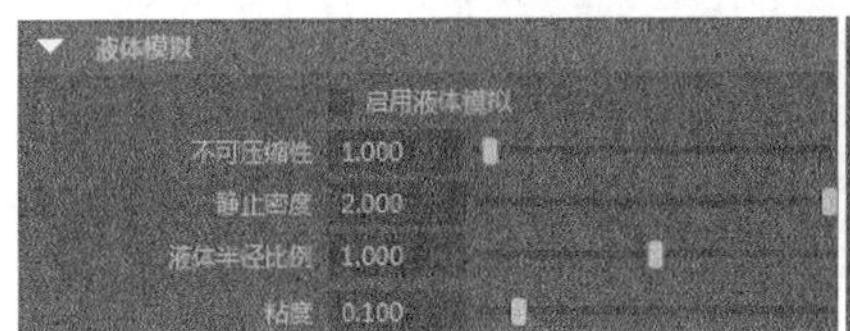

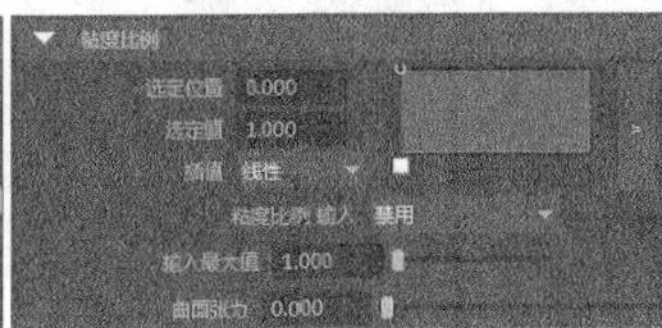

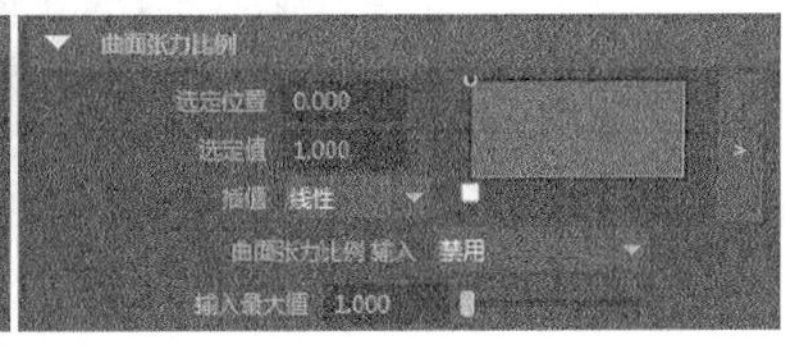


图18-23

## 10.输出网格

当粒子转换为多边形网格后，可以使用“输出网格”卷展栏中的属性设置粒子所对应的网格的类型、大小和平滑度等，如图18-24所示。

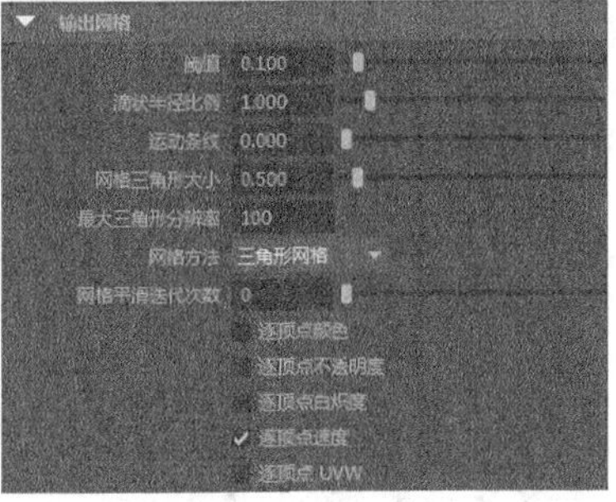


图18-24

## 11.缓存

“缓存”卷展栏中的属性主要用于控制粒子的缓存，如图18-25所示。

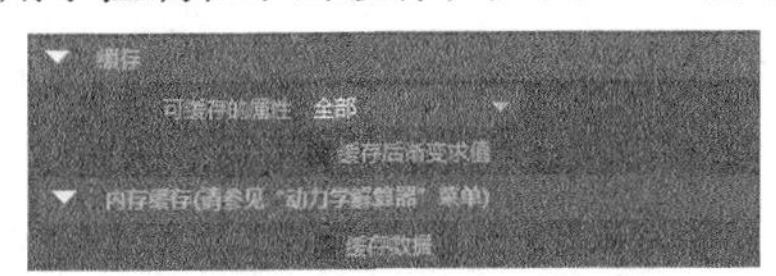


图18-25

## 12.发射器属性（另请参见发射器选项卡）

“发射器属性（另请参见发射器选项卡）”卷展栏中的属性主要用于控制发射粒子的数量和细节级别等，如图18-26所示。

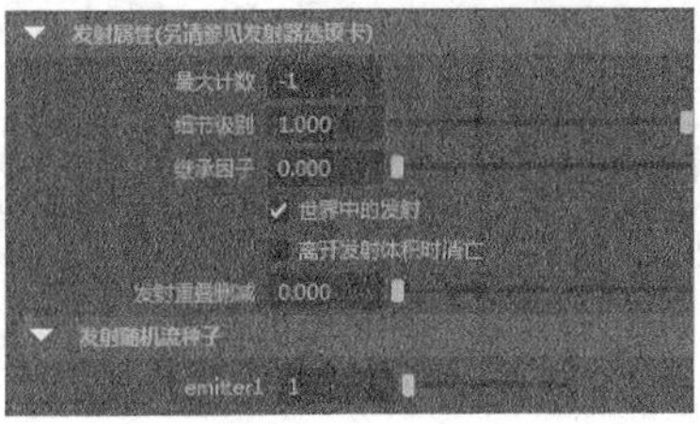

图18-26

## 13.着色

“着色”卷展栏中的属性主要用于控制粒子的形状、颜色和不透明效果等，如图18-27所示。

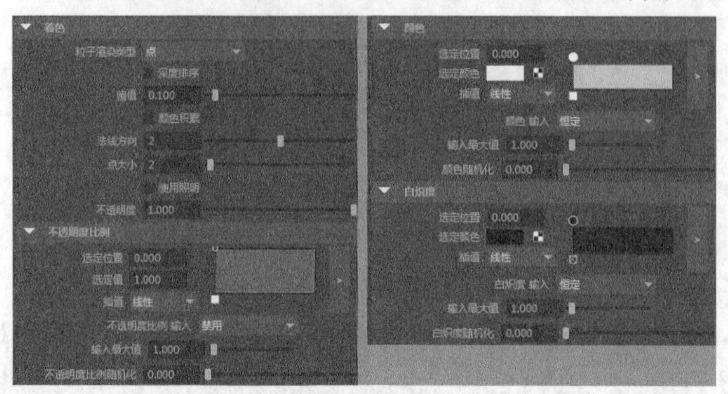

图18-27

## 14.每粒子（数组）属性

“每粒子（数组）属性”卷展栏中的属性主要用于控制每个粒子，通常情况下会用表达式或ramp节点来控制这些属性，如图18-28所示。

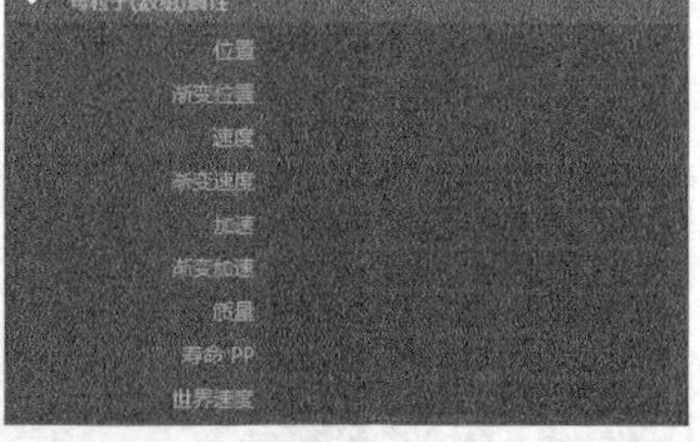


图18-28

## 15.添加动态属性

“添加动态属性”卷展栏中的属性可以为粒子添加自定义属性、不透明度和颜色，如图18-29所示。

图18-29

## 16.目标权重和对象

“目标权重和对象”卷展栏中的属性可以将目标添加到对象并在连接到粒子对象或柔体时可以设定的属性，如图18-30所示。

图18-30

## 17.实例化器（几何体替换）

当用其他对象替换粒子时，可以在“实例化器（几何体替换）”卷展栏中设置替换对象的效果，如图18-31所示。

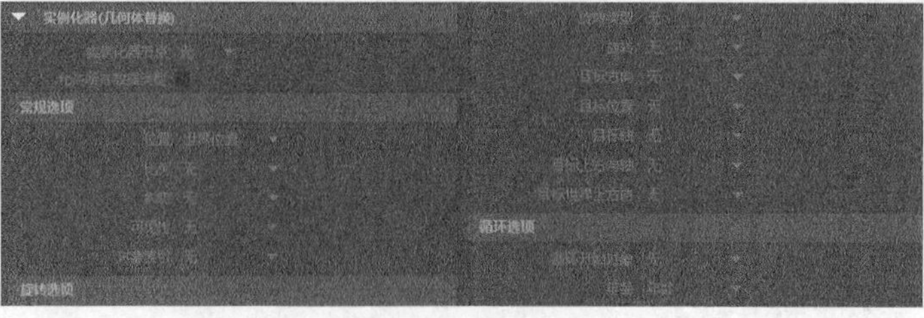

图18-31

### 18.精灵属性

当粒子为精灵类型时，将会激活“精灵属性”卷展栏中的属性，这些属性可以设置精灵粒子的效果，如图18-32所示。

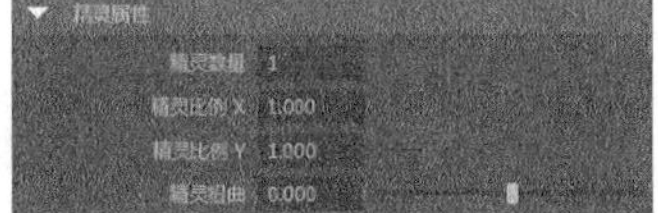

图18-32

## 18.1.3 Nucleus属性

Nucleus节点是nObject的常规解算器节点，它可以用来控制力（重力和风）、地平面属性以及时间和比例属性的设置，这些设置应用于连接到特定Nucleus解算器的所有nObject对象节点。在创建nObject之后，Maya会自动创建Nucleus节点，可以在“大纲视图”对话框中选择Nucleus节点，如图18-33所示，然后在“属性编辑器”面板中的nucleus选项卡下调整其属性，如图18-34所示。

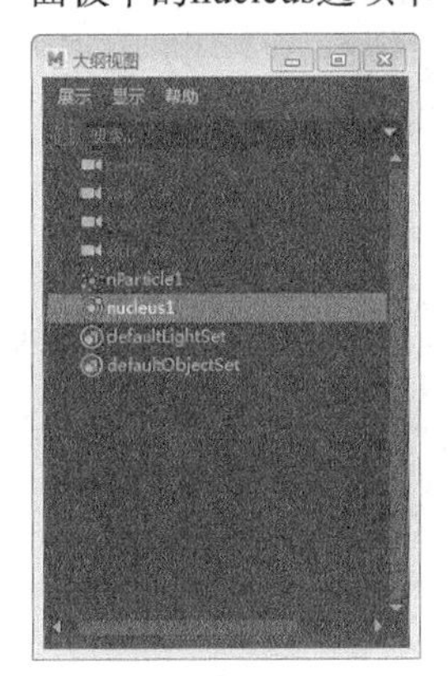

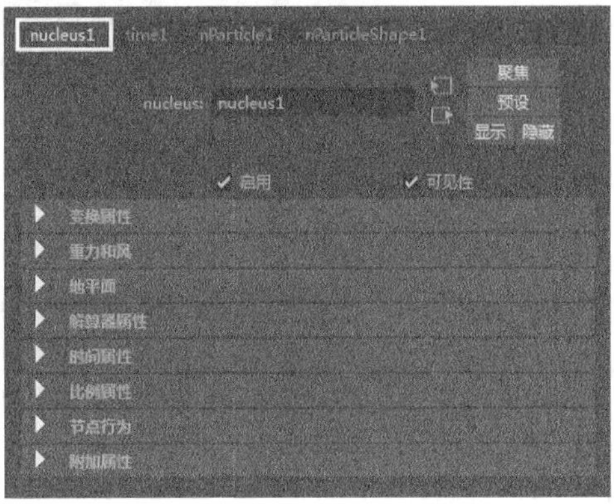

图18-33

图18-34

### Nucleus节点介绍

- 启用：选择该选项后粒子会具有动力学效果，默认选择此选项。
- 可见性：选择该选项时，在场景中会显示Nucleus节点的图标。

### 1.变换属性

“变换属性”卷展栏中的属性主要用于调整Nucleus解算器的变换属性，包括位置、方向和缩放等，如图18-35所示。

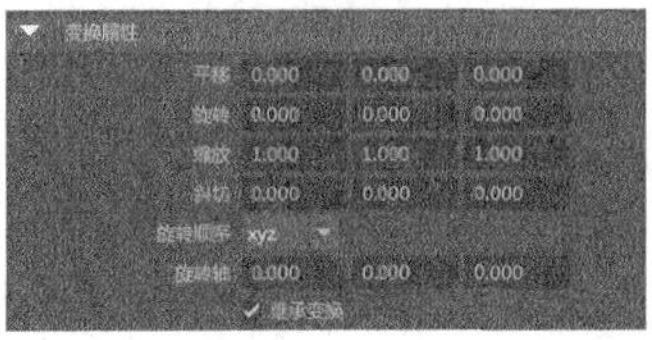

图18-35

### 2.重力和风

“重力和风”卷展栏中的属性主要用于控制Nucleus解算器的重力和风力等，如图18-36所示。

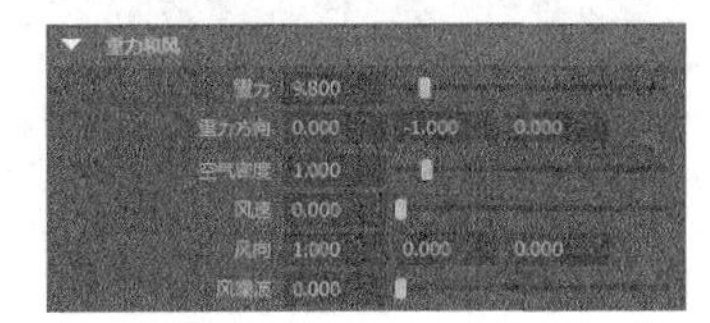

图18-36

## 3.地平面

“地平面”卷展栏中的属性主要用于在场景中添加一个碰撞平面，如图18-37所示。该平面是一个不可见的平面，但是具有动力学碰撞效果。

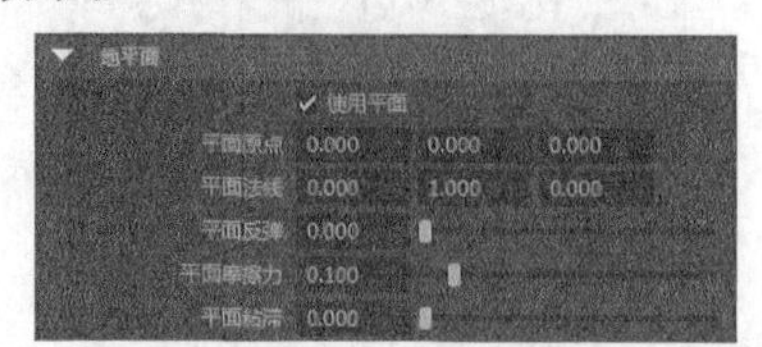


图18-37

## 4.解算器属性

“解算器属性”卷展栏中的属性主要用于控制Nucleus解算器的计算精度，如图18-38所示。

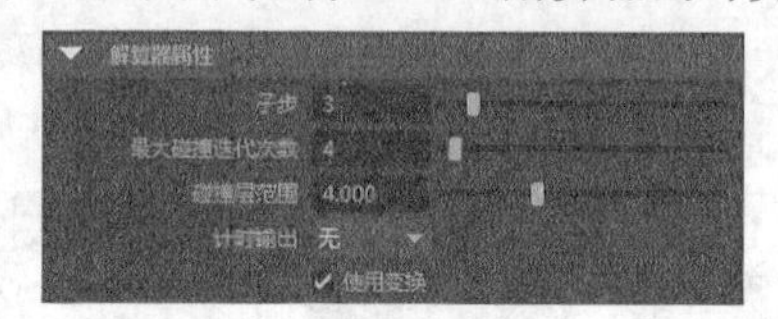


图 18-38

## 5.时间属性

“时间属性”卷展栏中的属性主要用于控制Nucleus解算器的作用时间范围，如图18-39所示。

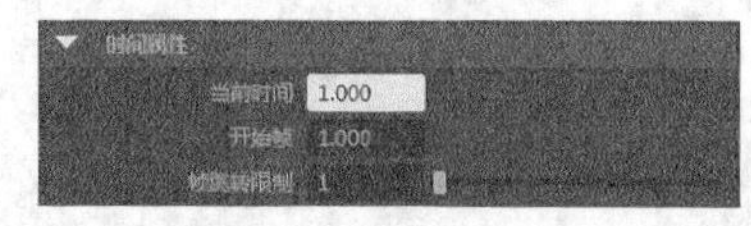


图18-39

## 6.比例属性

“比例属性”卷展栏中的属性主要用于控制Nucleus解算器的相对时间和空间的比例，如图18-40所示。

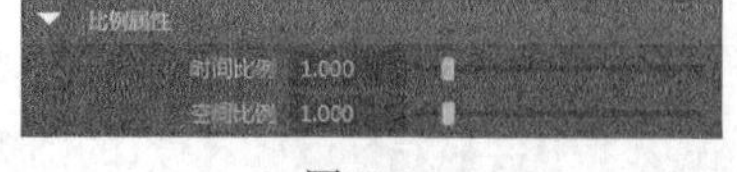


图18-40

**提示**

Nucleus解算器中的工作单位为米，而Maya的默认工作单位为厘米，因此如果场景中对象的单位与Nucleus解算器不匹配，可以使用“空间比例”属性将两者统一，这样作用对象才会受到正确的动力学影响。

## 18.1.4 创建发射器

使用“创建发射器”命令可以创建出粒子发射器，同时可以选择发射器的类型。打开“发射器选项(创建)”对话框，如图18-41所示。

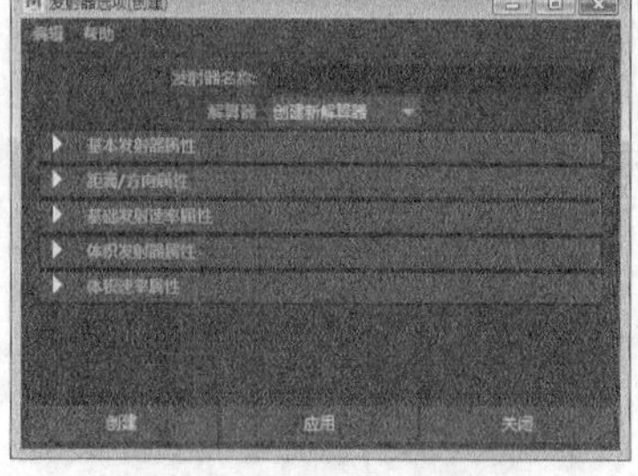


图18-41

### 常用参数介绍

❖ 发射器名称：用于设置所创建发射器的名称。命名发射器有助于在“大纲视图”对话框中识别发射器。

❖ 解算器：在创建发射器时，会自动创建新的解算器。

## 1.基本发射器属性

展开“基本发射器属性”卷展栏，如图18-42所示。

图18-42

### 常用参数介绍

❖ 发射器类型：指定发射器的类型，包含“泛向”“方向”“体积”3种类型。

✧ 泛向：该发射器可以在所有方向发射粒子，如图18-43所示。

✧ 方向：该发射器可以让粒子沿通过“方向 X”“方向 Y”“方向 Z”属性指定的方向发射，如图18-44所示。

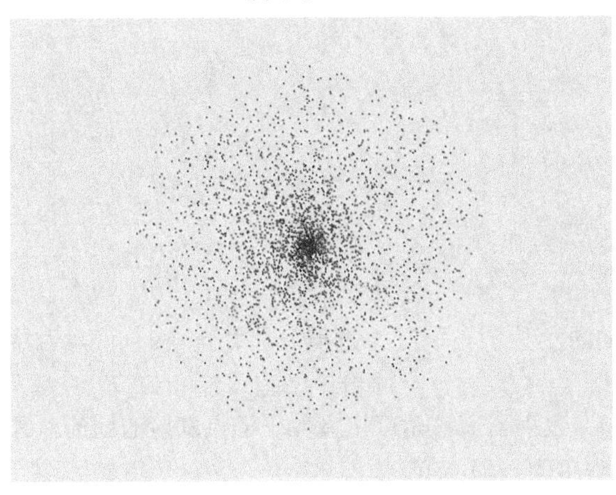

图18-43

图18-44

✧ 体积：该发射器可以从闭合的体积发射粒子，如图18-45所示。

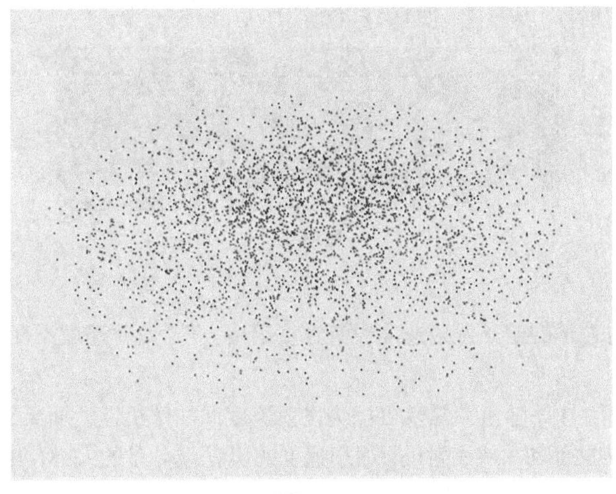

图18-45

- ❖ 速率（粒子数/秒）：设置每秒发射粒子的数量。
- ❖ 对象大小决定的缩放率：当设置“发射器类型”为“体积”时才可用。如果启用该选项，则发射粒子的对象的大小会影响每帧的粒子发射速率。对象越大，发射速率越高。
- ❖ 需要父对象UV（NURBS）：该选项仅适用于NURBS曲面发射器。如果启用该选项，则可以使用父对象UV驱动一些其他参数（例如颜色或不透明度）的值。
- ❖ 循环发射：通过该选项可以重新启动发射的随机编号序列。
  - ✧ 无（禁用timeRandom）：随机编号生成器不会重新启动。
  - ✧ 帧（启用timeRandom）：序列会以在下面的“循环间隔”选项中指定的帧数重新启动。
- ❖ 循环间隔：定义当使用“循环发射”时重新启动随机编号序列的间隔（帧数）。

## 2.距离/方向属性

展开“距离/方向属性”卷展栏，如图18-46所示。

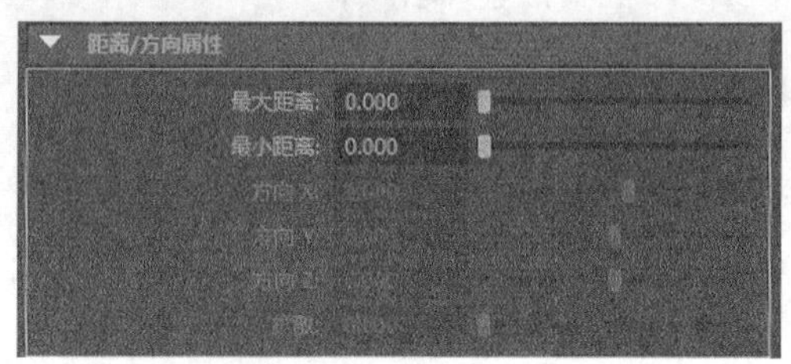


图18-46

### 常用参数介绍

- ❖ 最大距离：设置发射器执行发射的最大距离。
- ❖ 最小距离：设置发射器执行发射的最小距离。

**提示**

发射器发射出来的粒子将随机分布在“最大距离”和“最小距离”之间。

- ❖ 方向X/Y/Z：设置相对于发射器的位置和方向的发射方向。这3个选项仅适用于“方向”发射器和“体积”发射器。
- ❖ 扩散：设置发射扩散角度，仅适用于“方向”发射器。该角度定义粒子随机发射的圆锥形区域，可以输入0~1的任意值。值为0.5表示90°；值为1表示180°。

## 3.基础发射速率属性

展开“基础发射速率属性”卷展栏，如图18-47所示。

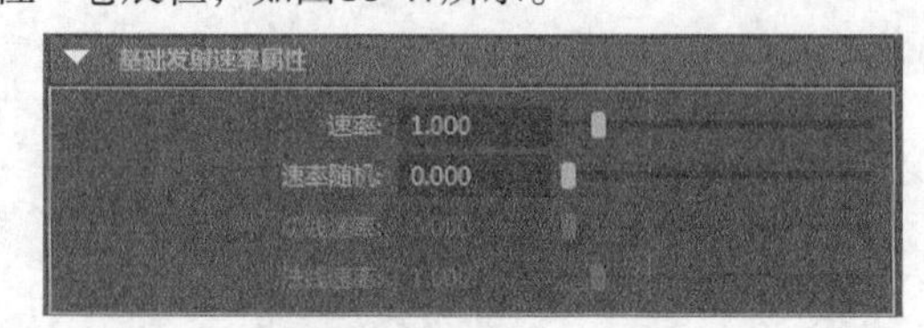


图18-47

### 常用参数介绍

- ❖ 速率：为已发射粒子的初始发射速度设置速度倍增。值为1时速度不变；值为0.5时速度减半；值为2时速度加倍。
- ❖ 速率随机：通过“速率随机”属性可以为发射速度添加随机性，而无须使用表达式。
- ❖ 切/法线速率：为曲面和曲线发射设置发射速度的切/法线分量的大小，如图18-48和图18-49所示。

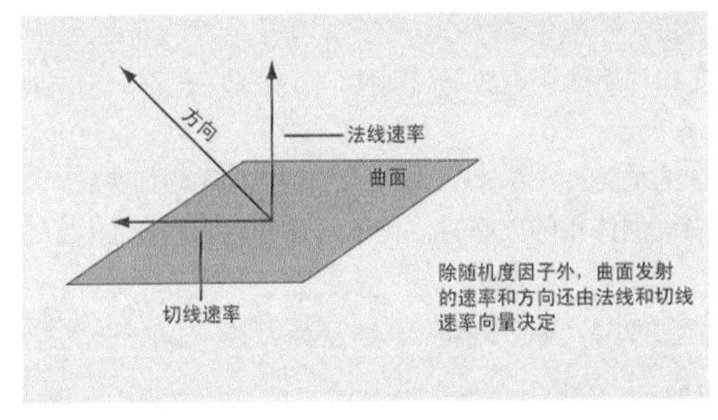


图18-48

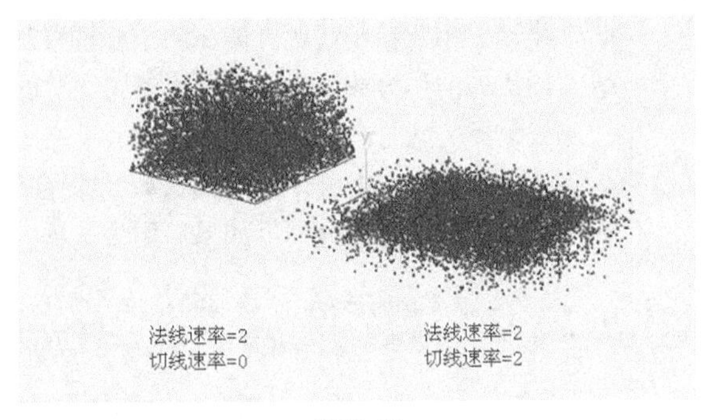


图18-49

## 4.体积发射器属性

展开“体积发射器属性”卷展栏，如图18-50所示。该卷展栏下的参数仅适用于“体积”发射器。

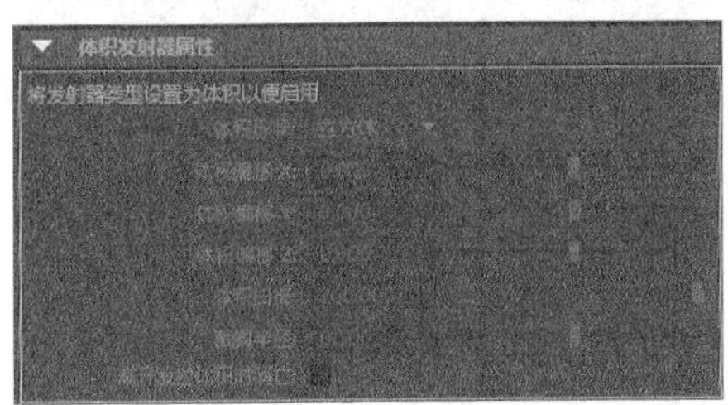


图18-50

### 常用参数介绍

- ❖ 体积形状：指定要将粒子发射到的体积的形状，共有“立方体”“球体”“圆柱体”“圆锥体”“圆环”5种。
- ❖ 体积偏移X/Y/Z：设置将发射体积从发射器的位置偏移。如果旋转发射器，会同时旋转偏移方向，因为它是在局部空间内操作。
- ❖ 体积扫描：定义除“立方体”外的所有体积的旋转范围，其取值范围为0~360°。
- ❖ 截面半径：仅适用于“圆环”体积形状，用于定义圆环的实体部分的厚度（相对于圆环的中心环的半径）。
- ❖ 离开发射体积时消亡：如果启用该选项，则发射的粒子将在离开体积时消亡。

## 5.体积速率属性

展开“体积速率属性”卷展栏，如图18-51所示。该卷展栏下的参数仅适用于“体积”发射器。

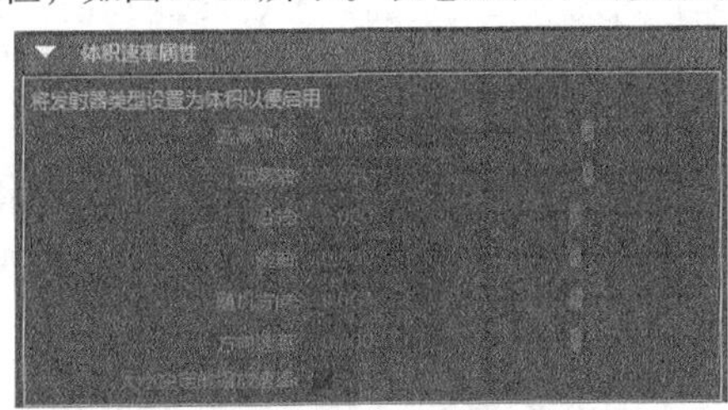


图18-51

### 常用参数介绍

- ❖ 远离中心：指定粒子离开“立方体”或“球体”体积中心点的速度。
- ❖ 远离轴：指定粒子离开“圆柱体”“圆锥体”或“圆环”体积的中心轴的速度。
- ❖ 沿轴：指定粒子沿所有体积的中心轴移动的速度。中心轴定义为“立方体”和“球体”体积的$y$正轴。

❖ 绕轴：指定粒子绕所有体积的中心轴移动的速度。

❖ 随机方向：为粒子的“体积速率属性”的方向和初始速度添加不规则性，有点像“扩散”对其他发射器类型的作用。

❖ 方向速率：在由所有体积发射器的“方向X”“方向Y”“方向Z”属性指定的方向上增加速度。

❖ 大小决定的缩放速率：如果启用该选项，则当增加体积的大小时，粒子的速度也会相应加快。

## 18.1.5 从对象发射

“从对象发射”命令可以指定一个物体作为发射器来发射粒子，这个物体既可以是几何物体，也可以是物体上的点。打开“发射器选项（从对象发射）”对话框，如图18-52所示。从“发射器类型”下拉列表中可以观察到，“从对象发射”的发射器共有4种，分别是“泛向”“方向”“表面”“曲线”。

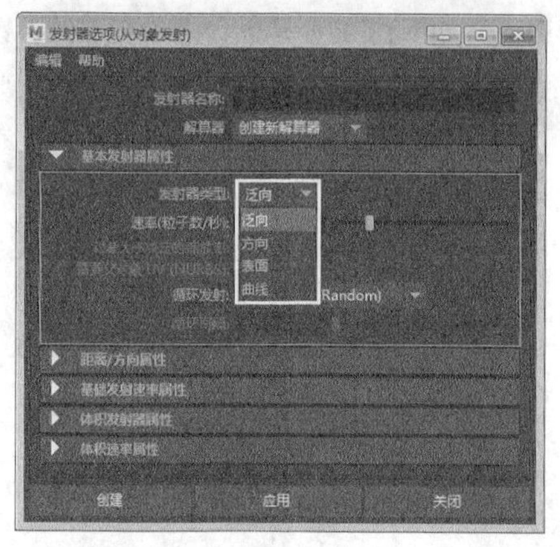


图18-52

**提示**

“发射器选项（从对象发射）”对话框中的参数与“创建发射器（选项）”对话框中的参数相同，这里不再重复介绍。

## 【练习18-2】从对象内部发射粒子

| 场景文件 | Scenes>CH18>18.2.mb |
| --- | --- |
| 实例文件 | Examples>CH18>18.2.mb |
| 难易指数 | ★☆☆☆☆ |
| 技术掌握 | 掌握如何用泛向发射器从物体发射粒子 |

本例用“泛向”发射器以物体作为发射源发射的粒子效果如图18-53所示。

图18-53

**01** 打开学习资源中的“Scenes>CH18>18.2.mb”文件，场景中有一个苍蝇模型，如图18-54所示。

**02** 选择模型，然后执行“nParticle>从对象发射”菜单命令，此时，场景中会生成发射器和解算器，如图18-55所示。

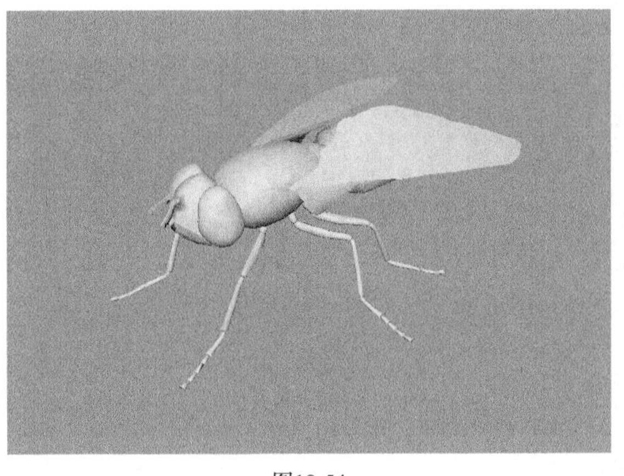

图18-54

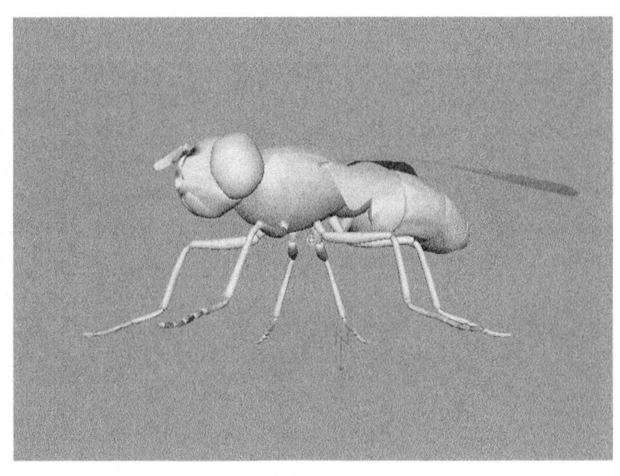

图18-55

03 播放动画，第5帧、第12帧和第18帧的粒子发射效果如图18-56所示。

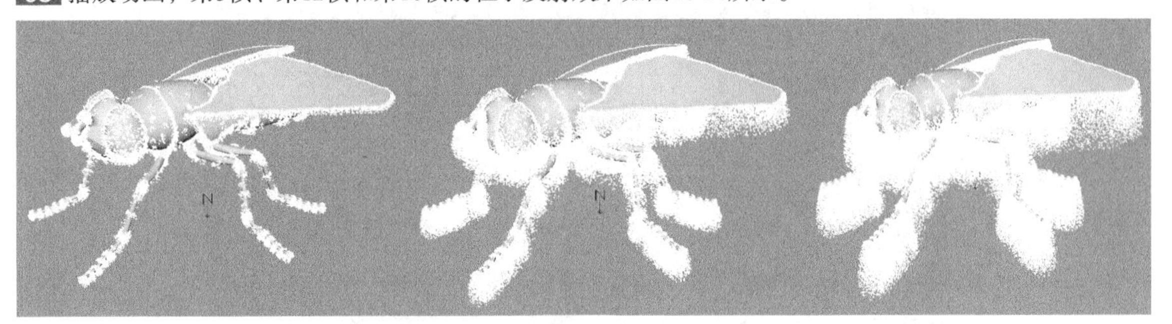

图18-56

## 18.1.6 逐点发射速率

用“逐点发射速率”命令可以为每个粒子、CV点、顶点、编辑点或“泛向”“方向”粒子发射器的晶格点使用不同的发射速率。例如，可以从圆形的编辑点发射粒子，并改变每个点的发射速率，如图18-57所示。

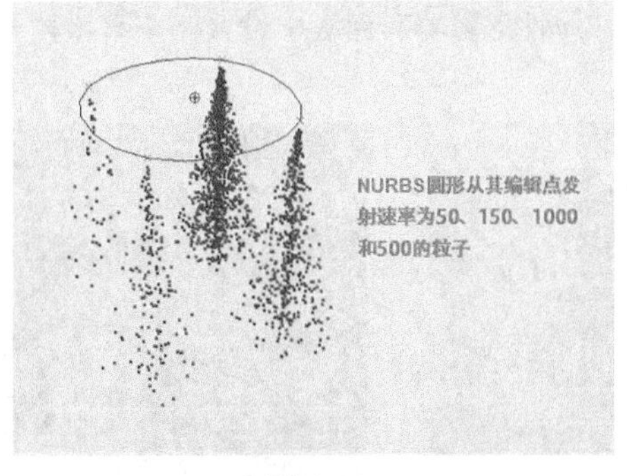


图18-57

**提示**

请特别注意，“逐点发射速率”命令只能在点上发射粒子，不能在曲面或曲线上发射粒子。

## 【练习18-3】用逐点发射速率制作粒子流动画

| | |
|---|---|
| 场景文件 | Scenes>CH18>18.3.mb |
| 实例文件 | Examples>CH18>18.3.mb |
| 难易指数 | ★★☆☆☆ |
| 技术掌握 | 掌握逐点发射速率命令的用法 |

本例使用“逐点发射速率”命令制作的粒子流动画效果如图18-58所示。

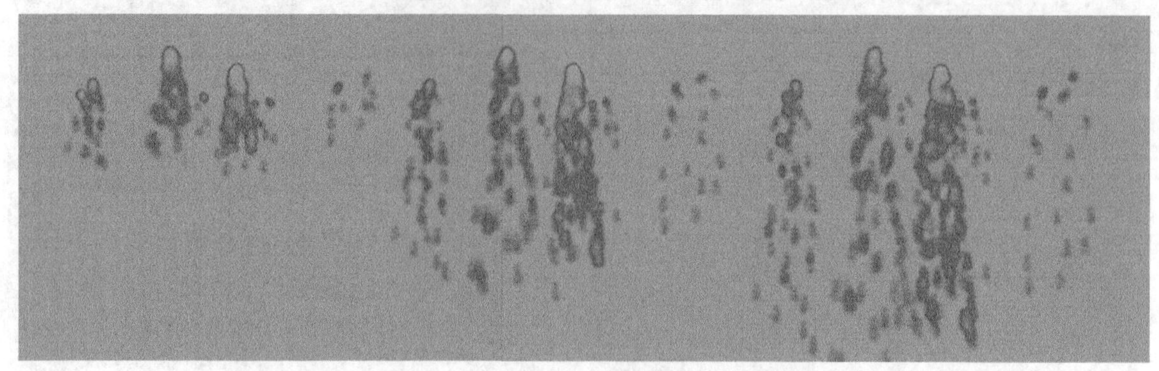

图18-58

**01** 打开学习资源中的“Scenes>CH18>18.3.mb”文件，场景中有一条曲线，如图18-59所示。

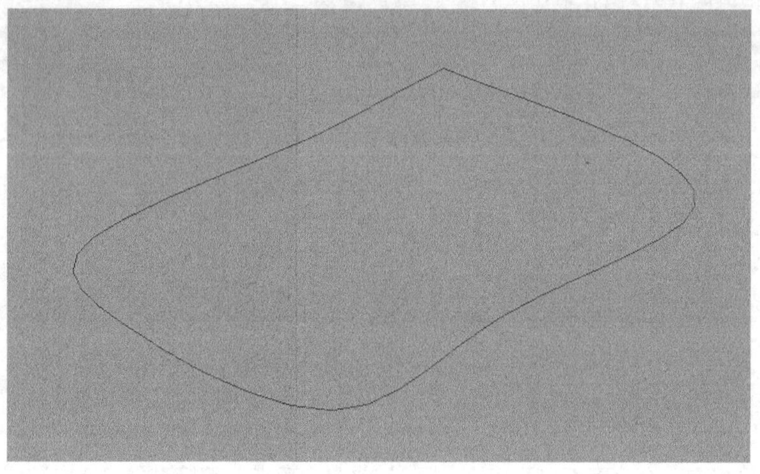

图18-59

**02** 选择曲线，执行“nParticle>从对象发射”菜单命令，然后在“大纲视图”对话框中选择emitter1节点，如图18-60所示，接着在“属性编辑器”面板中设置“速率（粒子/秒）”为100、“最小距离”为1.333，如图18-61所示。

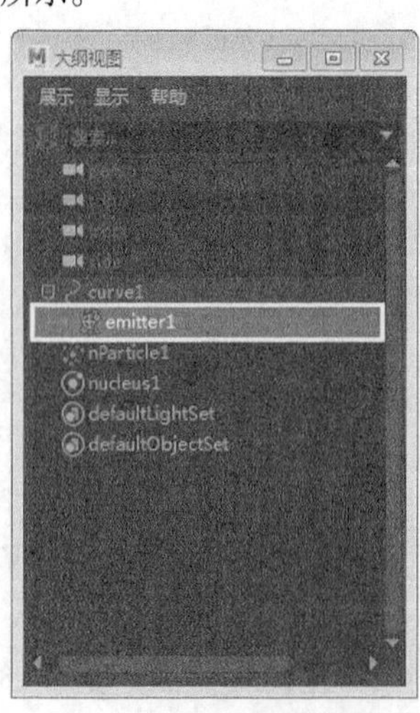


图18-60

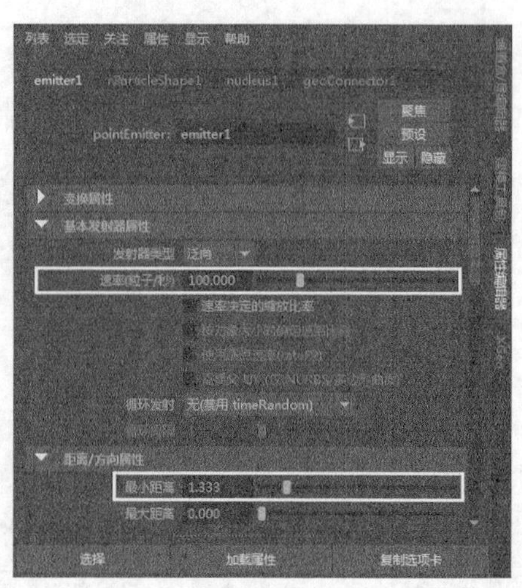


图18-61

**03** 切换到nParticleShape1选项卡，然后展开“着色”卷展栏，接着设置“粒子渲染类型”为“管状体（s/w）”、“半径0”为0.28、“半径1”为0.35，如图18-62所示。播放动画，粒子的效果如图18-63所示。

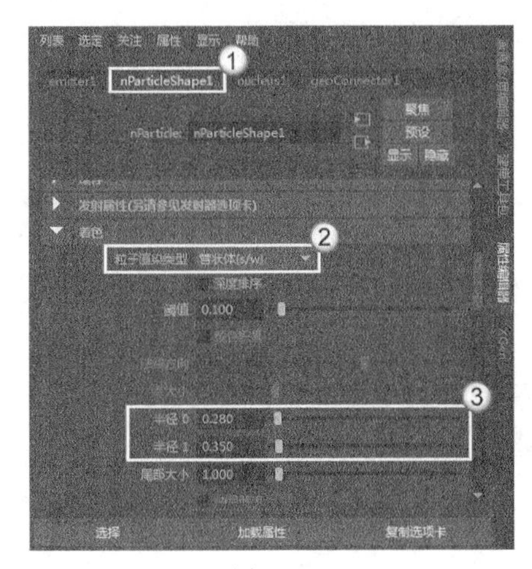

图18-62

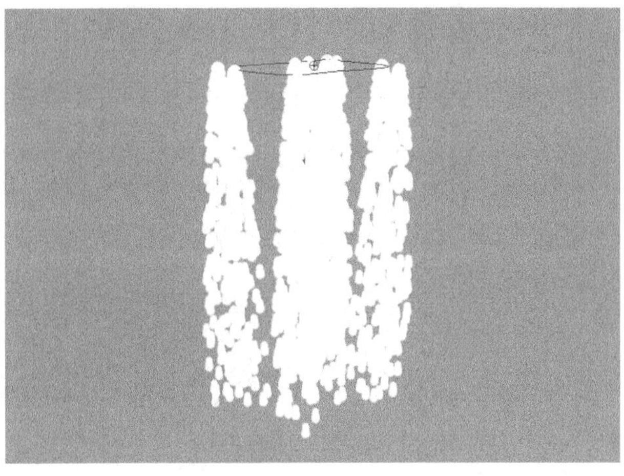

图18-63

**04** 选择曲线，执行“粒子>逐点发射速率”菜单命令，然后在“属性编辑器”面板中切换到curveShape1选项卡，接着展开“附加属性>Emitter 1Rate PP”卷展栏，最后设置卷展栏中的属性，如图18-64所示。

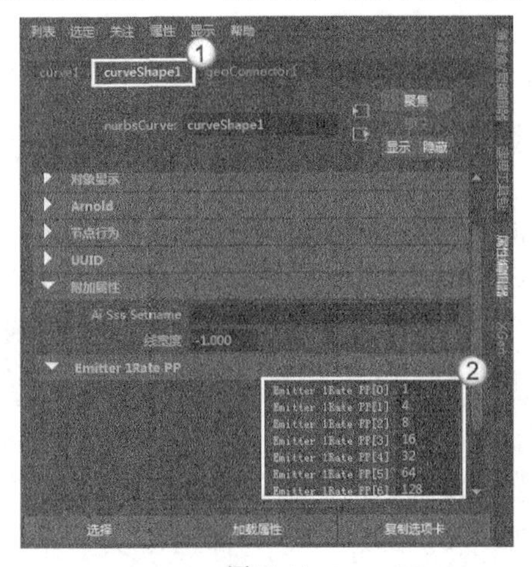

图18-64

## 提示

这些发射速率的数值并不是固定的，用户可以根据实际情况来设定。

**05** 播放动画并进行观察，可以观察到每个点发射的粒子数量发生了变化，效果如图18-65所示。

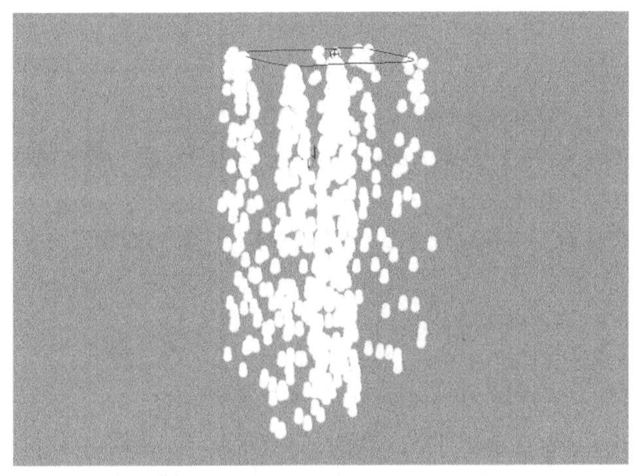

图18-65

## 18.1.7 使用选定发射器

使用“使用选定发射器”命令可以在创建好发射器后，使不同的发射器来发射相同的粒子。

## 18.1.8 目标

“目标”命令可以使粒子朝一个指定的物体运动，最终附着在物体上。打开“目标选项”对话框，如图18-66所示。

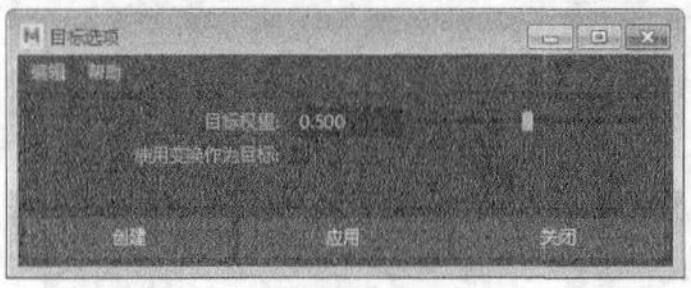

图18-66

### 常用参数介绍

- ❖ 目标权重：设定被吸引到目标的后续对象的所有粒子数量。 可以将“目标权重”设定为0~1的值，当该值为0时，说明目标的位置不影响后续粒子；当该值为1时，会立即将后续粒子移动到目标对象位置。
- ❖ 使用变换作为目标：使粒子跟随对象的变换，而不是其粒子、CV、顶点或晶格点。

## 18.1.9 实例化器（替换）

“实例化器（替换）”命令可以使用物体模型来代替替粒子，创建出物体集群，使其继承粒子的动画规律和一些属性，并且可以受到动力场的影响。打开“粒子实例化器选项”对话框，如图18-67所示。

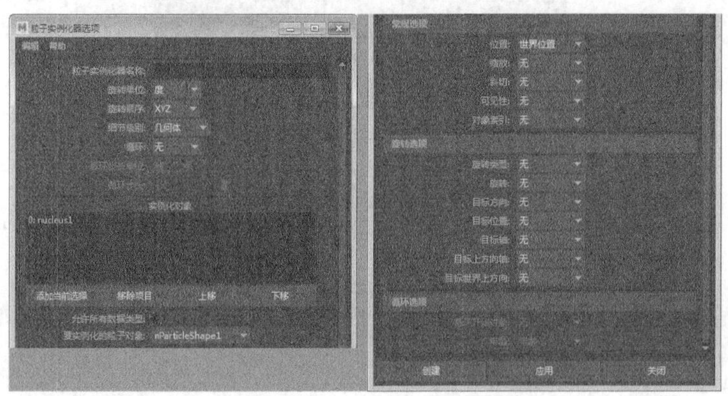


图18-67

### 常用参数介绍

- ❖ 粒子实例化器名称：设置粒子替换生成的替换节点的名字。
- ❖ 旋转单位：设置粒子替换旋转时的旋转单位。可以选择“度”或“弧度”，默认为“度”。
- ❖ 旋转顺序：设置粒子替代后的旋转顺序。
- ❖ 细节级别：设定在粒子位置是否会显示源几何体，或者是否会改为显示边界框（边界框会加快场景播放速度）。
  - ✧ 几何体：在粒子位置显示源几何体。
  - ✧ 边界框：为实例化层次中的所有对象显示一个框。
  - ✧ 边界框：为实例化层次中的每个对象分别显示框。
- ❖ 循环：“无”表示实例化单个对象；“顺序”表示循环“实例化对象”列表中的对象。
- ❖ 循环步长单位：如果使用的是对象序列，可以选择是将“帧”数还是“秒”数用于“循环步长”值。

- 循环步长：如果使用的是对象序列，可以输入粒子年龄间隔，序列中的下一个对象按该间隔出现。例如，“循环步长”为2秒时，会在粒子年龄超过2、4、6等的帧处显示序列中的下一个对象。
- 实例化对象：当前准备替换的对象列表，排列序号为0~n。
- 添加当前选择 添加当前选择 ：单击该按钮可以为“实例化对象”列表添加选定对象。
- 移除项目 移除项目 ：从“实例化对象”列表中移出选择的对象。
- 上移 上移 ：向上移动选择的对象序号。
- 下移 下移 ：向下移动选择的对象序号。
- 允许所有数据类型：选择该选项后，可以扩展属性的下拉列表。扩展下拉列表中包括数据类型与选项数据类型不匹配的属性。
- 要实例化的粒子对象：选择场景中要被替代的粒子对象。
- 位置：设定实例物体的位置属性，或者输入节点类型，同时也可以在“属性编辑器”对话框中编辑该输入节点来控制属性。
- 缩放：设定实例物体的缩放属性，或者输入节点类型，同时也可以在“属性编辑器”对话框中编辑该输入节点来控制属性。
- 斜切：设定实例物体的斜切属性，或者输入节点类型，同时也可以在“属性编辑器”对话框中编辑该输入节点来控制属性。
- 可见性：设定实例物体的可见性，或者输入节点类型，同时也可以在“属性编辑器”对话框中编辑该输入节点来控制属性。
- 对象索引：如果设置“循环”为“顺序”方式，则该选项不可用；如果将“循环”设置为“无”，则该选项可以通过输入节点类型来控制实例物体的先后顺序。
- 旋转类型：设定实例物体的旋转类型，或者输入节点类型，同时也可以在“属性编辑器”对话框中编辑该输入节点来控制属性。
- 旋转：设定实例物体的旋转属性，或者输入节点类型，同时也可以在“属性编辑器”对话框中编辑该输入节点来控制属性。
- 目标方向：设定实例物体的目标方向属性，或者输入节点类型，同时也可以在“属性编辑器”对话框中编辑该输入节点来控制属性。
- 目标位置：设定实例物体的目标位置属性，或者输入节点类型，同时也可以在“属性编辑器”对话框中编辑该输入节点来控制属性。
- 目标轴：设定实例物体的目标轴属性，或者输入节点类型，同时也可以在“属性编辑器”对话框中编辑该输入节点来控制属性。
- 目标上方向轴：设定实例物体的目标上方向轴属性，或者输入节点类型，同时也可以在“属性编辑器”对话框中编辑该输入节点来控制属性。
- 目标世界上方轴：设定实例物体的目标世界上方轴属性，或者输入节点类型，同时也可以在“属性编辑器”对话框中编辑该输入节点来控制属性。
- 循环开始对象：设定循环的开始对象属性，同时也可以在“属性编辑器”对话框中编辑该输入节点来控制属性。该选项只有在设置“循环”为“顺序”方式时才能被激活。
- 年龄：设定粒子的年龄，可以在“属性编辑器”对话框中编辑输入节点来控制该属性。

## 【练习18-4】将粒子替换为实例对象

| 场景文件 | Scenes>CH18>18.4.mb |
| --- | --- |
| 实例文件 | Examples>CH18>18.4.mb |
| 难易指数 | ★☆☆☆☆ |
| 技术掌握 | 掌握如何将粒子替换为实例对象 |

本例用“实例化器（替换）”命令将粒子替代为蝴蝶后的效果如图18-68所示。

图18-68

01 打开学习资源中的“Scenes>CH18>18.4.mb”文件，场景中有一个带动画的蝴蝶模型，如图18-69所示。

图18-69

02 执行“nParticle>粒子工具”菜单命令，然后在场景中创建一些粒子，如图18-70所示，接着打开“属性编辑器”面板，再切换到nucleus1选项卡，最后设置“重力”为0，如图18-71所示。

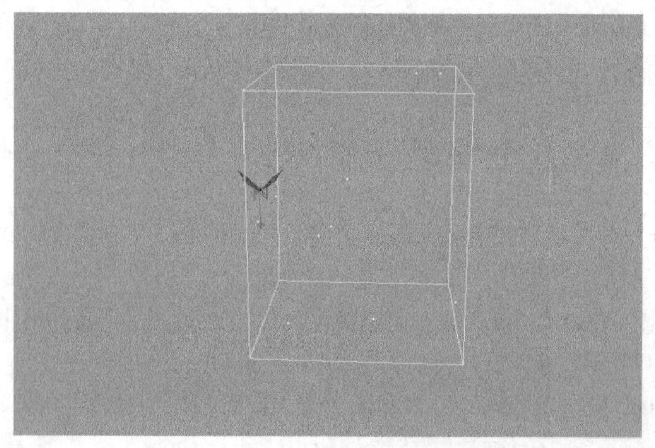

图18-70

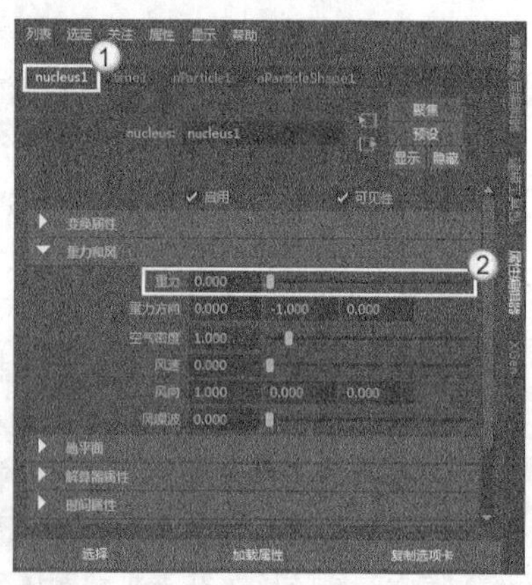

图18-71

03 选择粒子，执行“字段/解算器>湍流”菜单命令，然后在“属性编辑器”面板中设置“幅值”为10，如图18-72所示。

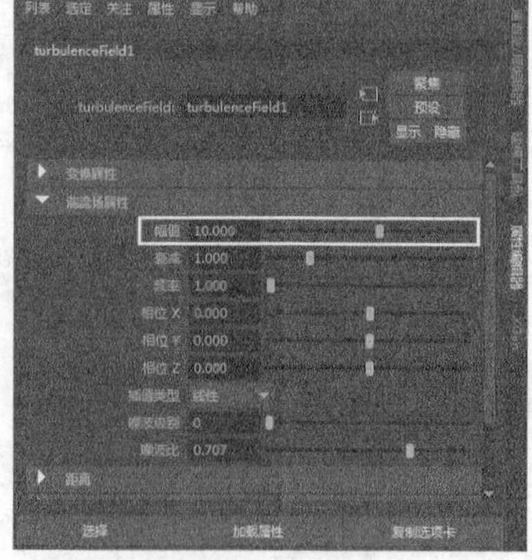

图18-72

**04** 在“大纲视图”对话框中选择nParticle1和group45节点，如图18-73所示，然后执行“nParticle>实例化器（替换）”菜单命令，效果如图18-74所示。

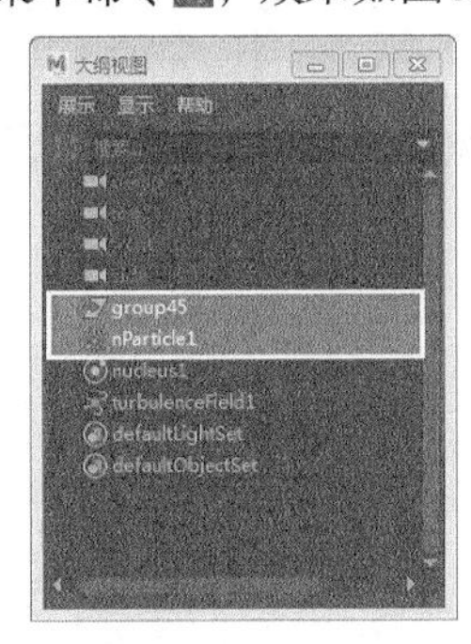


图18-73

图18-74

**05** 选择粒子，然后在“属性编辑器”面板中展开“实例化器（几何体替换）>旋转选项”卷展栏，接着设置“目标方向”为“力”，如图18-75所示。播放动画，效果如图18-76所示。

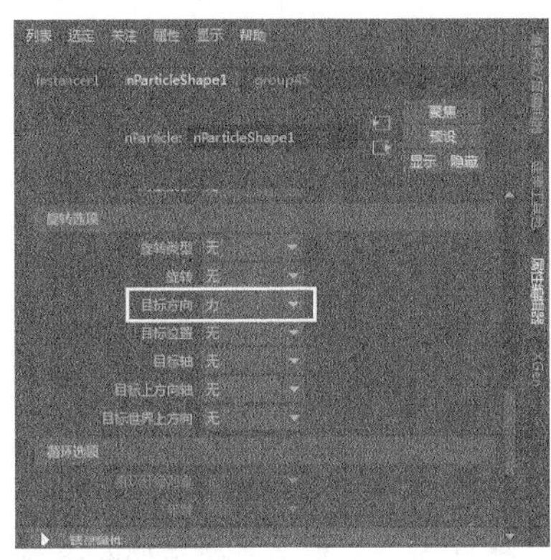

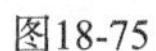

图18-75

图18-76

## 18.1.10 粒子碰撞事件编辑器

使用“粒子碰撞事件编辑器”命令可以设置粒子与物体碰撞之后发生的事件，例如粒子消亡之后改变的形态、颜色等。打开“粒子碰撞事件编辑器”对话框，如图18-77所示。

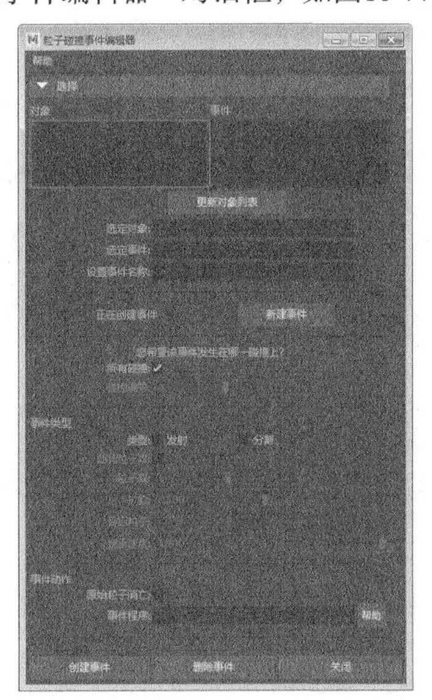


图18-77

## 常用参数介绍

- ❖ 对象/事件：单击“对象”列表中的粒子可以选择粒子对象，所有属于选定对象的事件都会显示在“事件”列表中。
- ❖ 更新对象列表 更新对象列表：在添加或删除粒子对象和事件时，单击该按钮可以更新对象列表。
- ❖ 选定对象：显示选择的粒子对象。
- ❖ 选定事件：显示选择的粒子事件。
- ❖ 设置事件名称：创建或修改事件的名称。
- ❖ 新建事件 新建事件：单击该按钮可以为选定的粒子增加新的碰撞事件。
- ❖ 所有碰撞：选择该选项后，Maya将在每次粒子碰撞时都执行事件。
- ❖ 碰撞编号：如果关闭“所有碰撞”选项，则事件会按照所设置的“碰撞编号”进行碰撞。例如1表示第1次碰撞，2表示第2次碰撞。
- ❖ 类型：设置事件的类型。“发射”表示当粒子与物体发生碰撞时，粒子保持原有的运动状态，并且在碰撞之后能够发射新的粒子；“分割”表示当粒子与物体发生碰撞时，粒子在碰撞的瞬间会分裂成新的粒子。
- ❖ 随机粒子数：当关闭该选项时，分裂或发射产生的粒子数目由该选项决定；当选择该选项时，分裂或发射产生的粒子数目为1与该选项数值之间的随机数值。
- ❖ 粒子数：设置在事件之后所产生的粒子数量。
- ❖ 扩散：设置在事件之后粒子的扩散角度。0表示不扩散，0.5表示扩散90°，1表示扩散180°。
- ❖ 目标粒子：可以用于为事件指定目标粒子对象，输入目标粒子的名称即可完成指定（可以使用粒子对象的形状节点的名称或其变换节点名称）。
- ❖ 继承速度：设置事件后产生的新粒子继承碰撞粒子速度的百分比。
- ❖ 原始粒子消亡：选择该选项后，当粒子与物体发生碰撞时会消亡。
- ❖ 事件程序：可以用于输入当指定的粒子（拥有事件的粒子）与对象碰撞时将被调用的MEL脚本事件程序。

## 【练习18-5】创建粒子碰撞事件

| | |
|---|---|
| 场景文件 | Scenes>CH18>18.5.mb |
| 实例文件 | Examples>CH18>18.5.mb |
| 难易指数 | ★★☆☆☆ |
| 技术掌握 | 掌握如何创建粒子碰撞事件 |

本例用“粒子碰撞事件编辑器”创建的粒子碰撞效果如图18-78所示。

图18-78

**01** 打开学习资源中的“Scenes>CH18>18.5.mb”文件，场景中有一个带粒子动画的茶具模型，如图18-79所示。

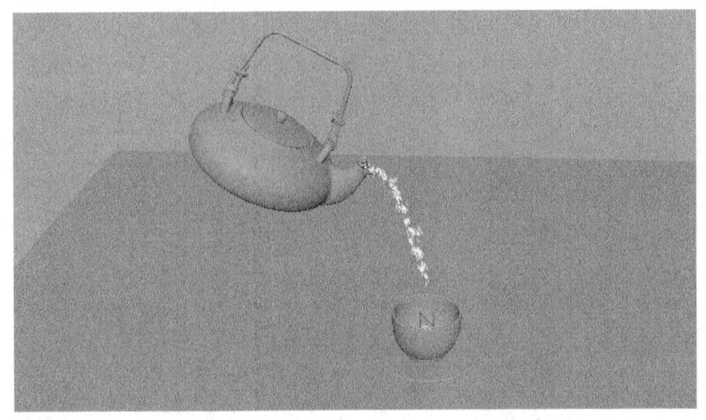

图18-79

**02** 在“大纲视图”对话框中选择nParticle1节点，如图18-80所示，然后打开“粒子碰撞事件编辑器”对话框，接着设置“类型”为“发射”、“粒子数”为3、“扩散”为0.3，再选择“原始粒子消亡”选项，最后单击“创建事件”按钮，如图18-81所示。

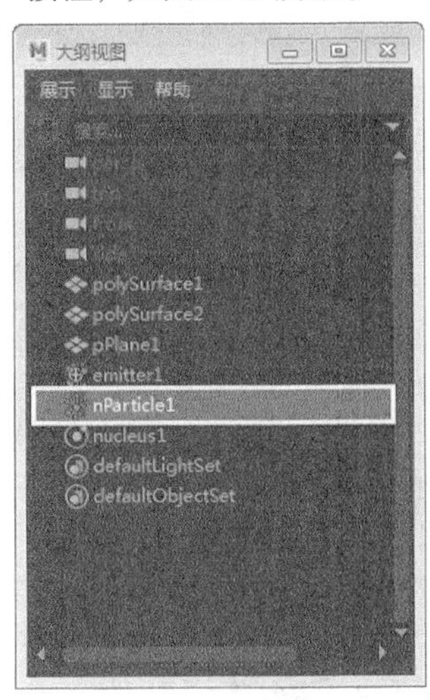


图18-80

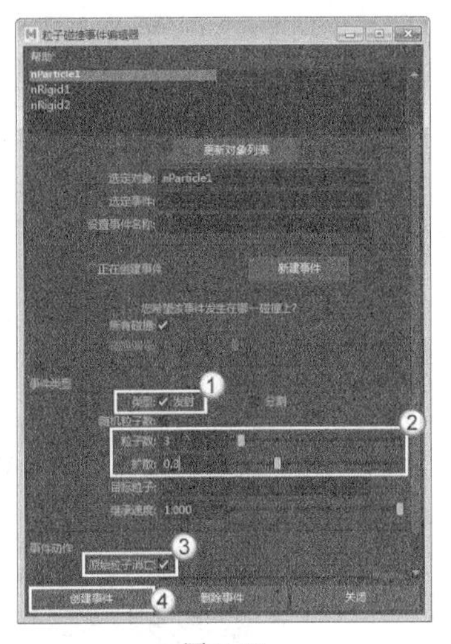


图18-81

**03** 此时会生成一个新的粒子，如图18-82所示。播放粒子动画，可以观察到在粒子产生碰撞之后，又发射出了新的粒子，如图18-83所示。

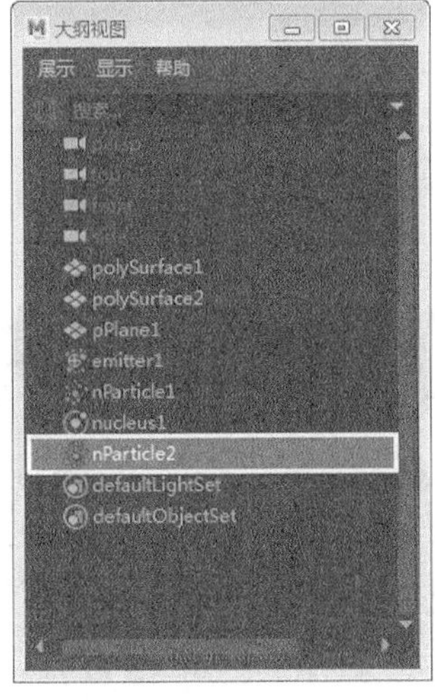


图18-82

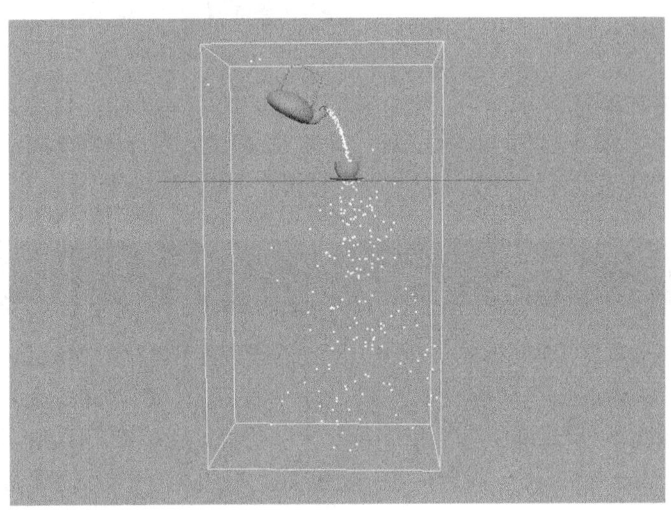

图18-83

**04** 由图18-83可以看出新粒子没有与体面产生碰撞。选择nParticle2节点，然后在“属性编辑器”面板中展开“碰撞”卷展栏，接着设置“碰撞层”为2，如图18-84所示，效果如图18-85所示。

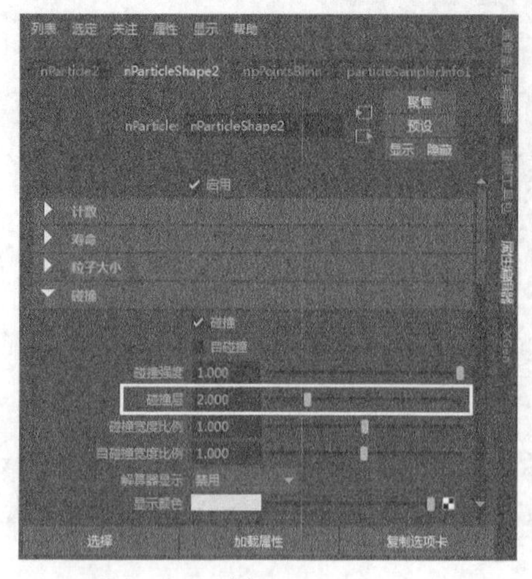


图18-84

图18-85

**提示**

地面的碰撞体也属于碰撞层2，所以要将粒子的“碰撞层”设置为2，这样nParticle2才会与地面产生碰撞效果。

## 18.1.11 精灵向导

用“精灵向导”命令可以对粒子指定矩形平面，每个平面可以显示指定的纹理或图形序列。执行“精灵向导”对话框，如图18-86所示。

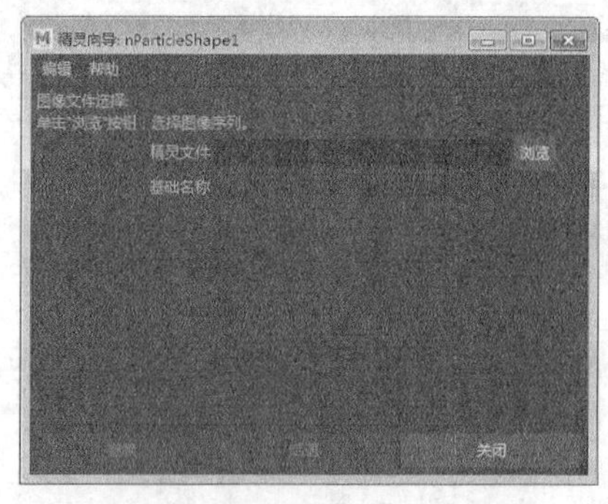


图18-86

### 常用参数介绍

❖ 精灵文件：单击右边的“浏览”按钮浏览，可以选择要赋予精灵粒子的图片或序列文件。

❖ 基础名称：显示选择的图片或图片序列文件的名称。

# 18.2 柔体

柔体是将几何物体表面的CV点或顶点转换成柔体粒子，然后通过对不同部位的粒子给予不同权重值的方法来模拟自然界中的柔软物体，这是一种动力学解算方法。标准粒子和柔体粒子有些不同，一方面柔体粒子互相连接时有一定的几何形状；另一方面，它们又以固定形状而不是以单独的点的方式集合体现在屏幕上及最终渲染中。柔体可以用来模拟有一定几何外形但又不是很稳定且容易变形的物体，如布料和波纹等，如图18-87所示。

图18-87

在Maya 2017中，执行“nParticle>柔体”菜单命令可以创建柔体，如图18-88所示。

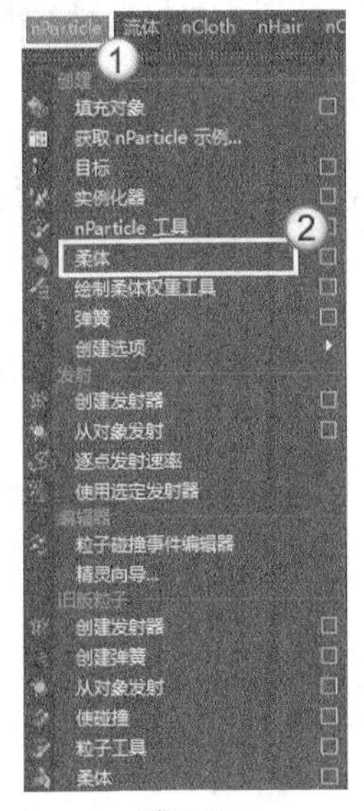


图18-88

## 18.2.1 创建柔体

“创建柔体”命令主要用来创建柔体，打开“软性选项”对话框，如图18-89所示。

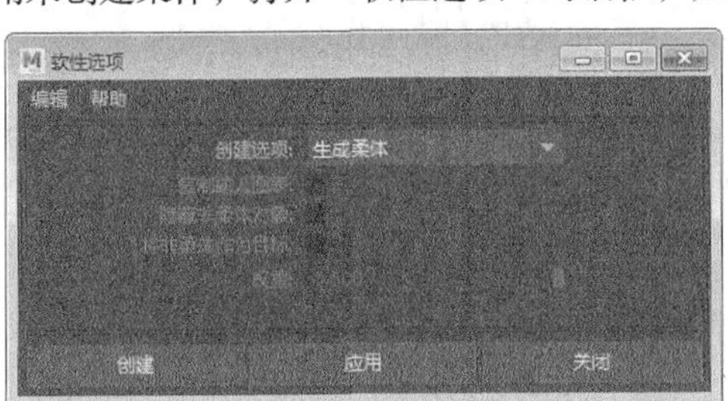


图18-89

### 常用参数介绍

❖ 创建选项：选择柔体的创建方式，包含以下3种。

✧ 生成柔体：将对象转化为柔体。如果未设置对象的动画，并将使用动力学设置其动画，可以选择该选项。如果已在对象上使用非动力学动画，并且希望在创建柔体之后保留该动画，也可以使用该选项。

✧ 复制，将副本生成柔体：将对象的副本生成柔体，而不改变原始对象。如果使用该选项，则可以启用“将非柔体作为目标”选项，以使原始对象成为柔体的一个目标对象。柔体跟在已设置动画的目标对象后面，可以编辑柔体粒子的目标权重以创建有弹性的或抖动的运动效果。

✧ 复制，将原始生成柔体：该选项的使用方法与“复制，将副本生成柔体”类似，可以使原始对象成为柔体，同时复制出一个原始对象。

❖ 复制输入图表：使用任一复制选项创建柔体时，复制上游节点。如果原始对象具有希望能够在副本中使用和编辑的依存关系图输入，可以启用该选项。

❖ 隐藏非柔体对象：如果在创建柔体时复制对象，那么其中一个对象会变为柔体。如果启用该选项，则会隐藏不是柔体的对象。

**提示**

注意，如果以后需要显示隐藏的非柔体对象，可以在“大纲视图”对话框中选择该对象，然后执行“显示>显示>显示当前选择”菜单命令。

❖ 将非柔体作为目标：选择该选项后，可以使柔体跟踪或移向从原始几何体或重复几何体生成的目标对象。使用“绘制柔体权重工具”可以通过在柔体表面上绘制，逐粒子在柔体上设定目标权重。

**提示**

注意，如果在关闭“将非柔体作为目标”选项的情况下创建柔体，仍可以为粒子创建目标。选择柔体粒子，按住Shift键选择要成为目标的对象，然后执行“粒子>目标”菜单命令，可以创建出目标对象。

❖ 权重：设定柔体在从原始几何体或重复几何体生成的目标对象后面有多近。值为0可以使柔体自由地弯曲和变形；值为1可以使柔体变得僵硬；0~1的值具有中间的刚度。

**提示**

如果不启用“隐藏非柔体对象”选项，则可以在“大纲视图”对话框中选择柔体，而不选择非柔体。如果无意中将场应用于非柔体，它会变成默认情况下受该场影响的刚体。

## 【练习18-6】制作柔体动画

| | |
|---|---|
| 场景文件 | Scenes>CH18>18.6.mb |
| 实例文件 | Examples>CH18>18.6.mb |
| 难易指数 | ★★☆☆☆ |
| 技术掌握 | 掌握柔体动画的制作方法 |

本例用“创建柔体”命令制作的柔体动画效果如图18-90所示。

图18-90

**01** 打开学习资源中的“Scenes>CH18>18.6.mb”文件，场景中有一个海马模型，如图18-91所示。

图18-91

**02** 选择海马模型，切换到“建模”模块，然后执行“变形>晶格”菜单命令，接着在“通道盒/层编辑器”面板中设置“S分段数”为4、“T分段数”为10、“U分段数”为6，如图18-92所示。

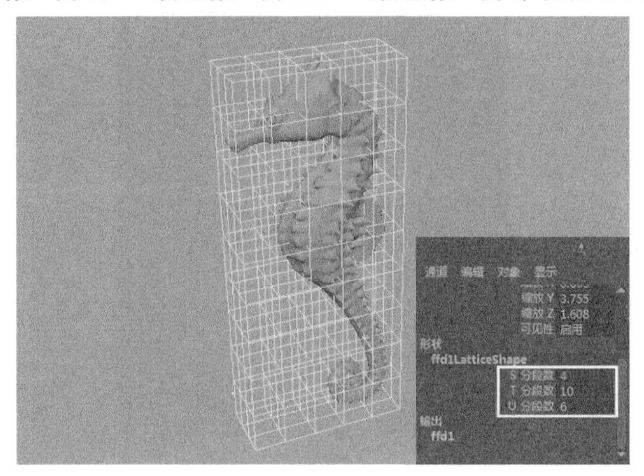


图18-92

**03** 切换到FX模块，为晶格执行“nParticle>柔体”菜单命令，此时在晶格节点下生成了一个ffd1LatticeParticle（粒子）节点，如图18-93所示。选择ffd1LatticeParticle节点，然后执行“字段/解算器>重力”菜单命令，接着在场景中创建一个多边形平面，如图18-94所示。

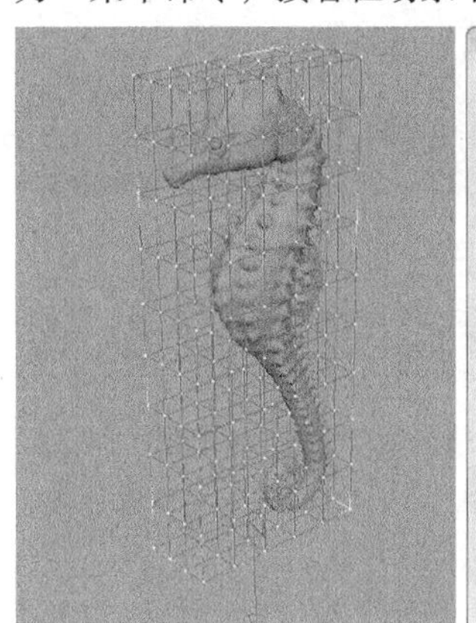

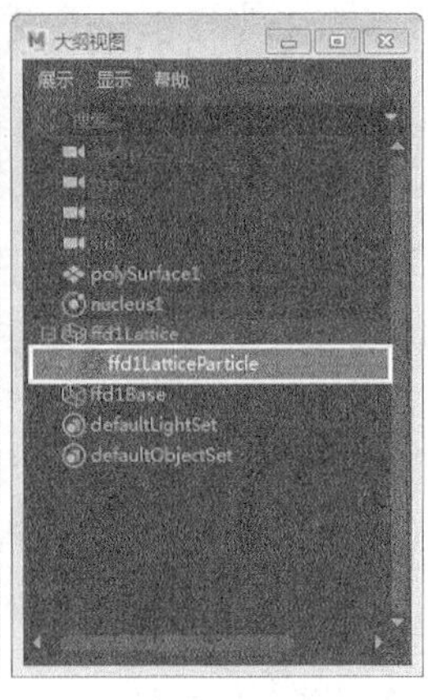


图18-93

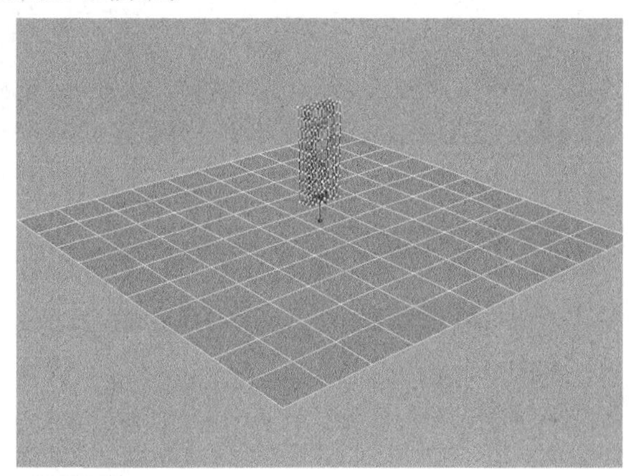

图18-94

**04** 选择多边形平面，然后执行“nCloth>创建被动碰撞对象”菜单命令，如图18-95所示。

**05** 选择ffd1LatticeParticle（粒子）节点，然后在“属性编辑器”面板中展开“碰撞”卷展栏，接着选择“自碰撞”选项，最后设置“反弹”为1，如图18-96所示。

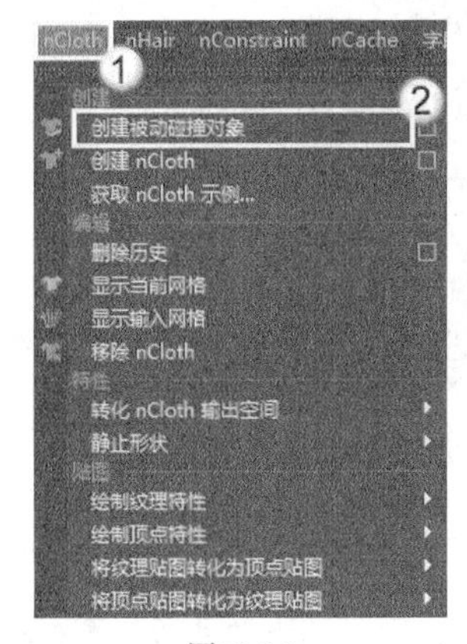


图18-95

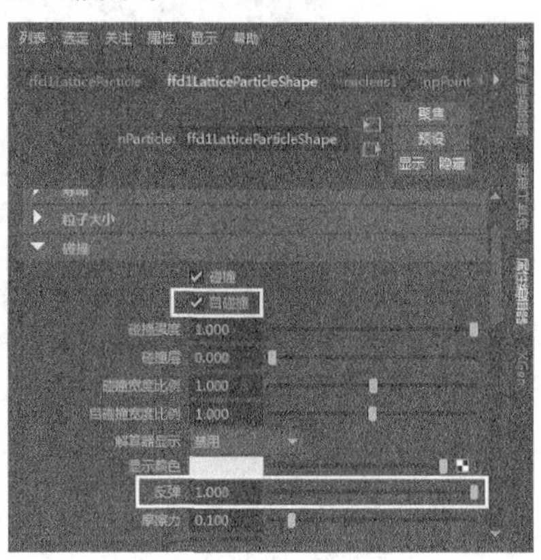


图18-96

**06** 选择nRigid1节点，然后在“属性编辑器”面板中展开“碰撞”卷展栏，接着设置“反弹”为1，如图18-97所示，最后播放动画，效果如图18-98所示。

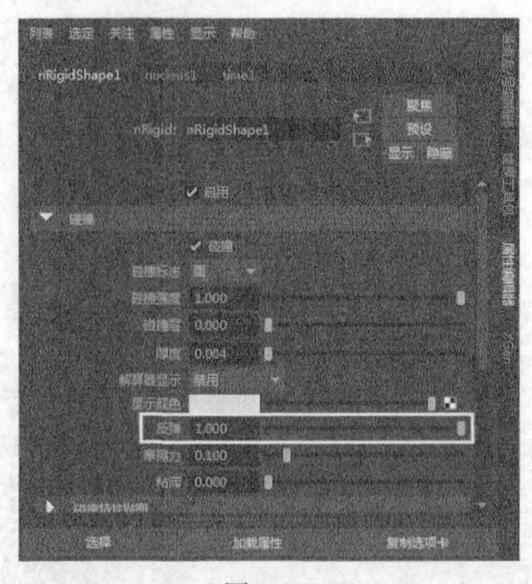


图18-97

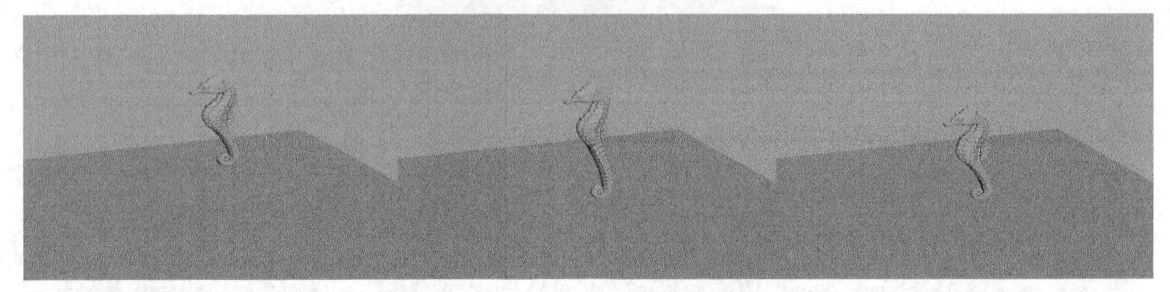

图18-98

## 18.2.2 创建弹簧

因为柔体内部是由粒子构成，所以只用权重来控制是不够的，会使柔体显得过于松散。使用“弹簧”命令就可以解决这个问题。为一个柔体添加弹簧，可以建造柔体内在的结构，以改善柔体的形体效果。打开“弹簧选项”对话框，如图18-99所示。

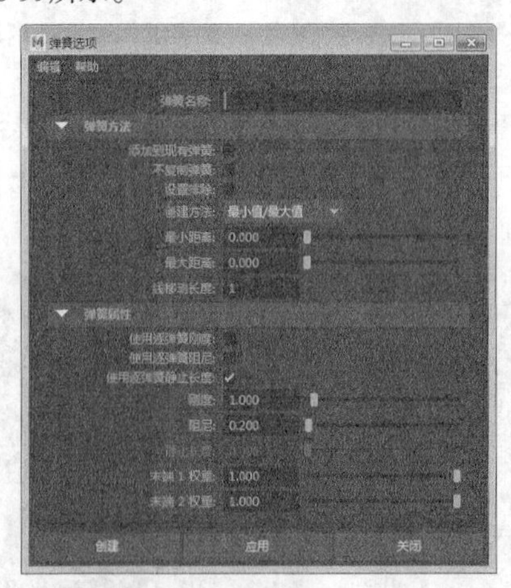


图18-99

### 常用参数介绍

❖ 弹簧名称：设置要创建的弹簧的名称。

❖ 添加到现有弹簧：将弹簧添加到某个现有弹簧对象，而不是添加到新弹簧对象。

❖ 不复制弹簧：如果在两个点之间已经存在弹簧，则可避免在这两个点之间再创建弹簧。当启用“添加到现有弹簧”选项时，该选项才起作用。

❖ 设置排除：选择多个对象时，会基于点之间的平均长度，使用弹簧将来自选定对象的点链接到每隔一个对象中的点。

❖ 创建方法：设置弹簧的创建方式，共有以下3种。

  ✧ 最小值/最大值：仅创建处于“最小距离”和“最大距离”选项范围内的弹簧。

  ✧ 全部：在所有选定的对点之间创建弹簧。

  ✧ 线框：在柔体外部边上的所有粒子之间创建弹簧。对于从曲线生成的柔体（如绳索），该选项很有用。

❖ 最小/最大距离：当设置“创建方法”为“最小值/最大值”方式时，这两个选项用来设置弹簧的范围。

❖ 线移动长度：该选项可以与“线框”选项一起使用，用来设定在边粒子之间创建多少个弹簧。

❖ 使用逐弹簧刚度/阻尼/静止长度：可用于设定各个弹簧的刚度、阻尼和静止长度。创建弹簧后，如果启用这3个选项，Maya将使用应用于弹簧对象中所有弹簧的“刚度”“阻尼”“静止长度”属性值。

❖ 刚度：设置弹簧的坚硬程度。如果弹簧的坚硬度增加过快，那么弹簧的伸展或者缩短也会非常快。

❖ 阻尼：设置弹簧的阻尼力。如果该值较高，弹簧的长度变化就会变慢；若该值较低，弹簧的长度变化就会加快。

❖ 静止长度：设置播放动画时弹簧尝试达到的长度。如果关闭“使用逐弹簧静止长度”选项，“静止长度”将设置为与约束相同的长度。

❖ 末端1权重：设置应用到弹簧起始点上的弹力的大小。值为0时，表明起始点不受弹力的影响；值为1时，表明受到弹力的影响。

❖ 末端2权重：设置应用到弹簧结束点上的弹力的大小。值为0时，表明结束点不受弹力的影响；值为1时，表明受到弹力的影响。

## 18.2.3 绘制柔体权重工具

“绘制柔体权重工具”主要用于修改柔体的权重，与骨架、蒙皮中的权重工具相似。打开“绘制柔体权重工具”的“工具设置”对话框，如图18-100所示。

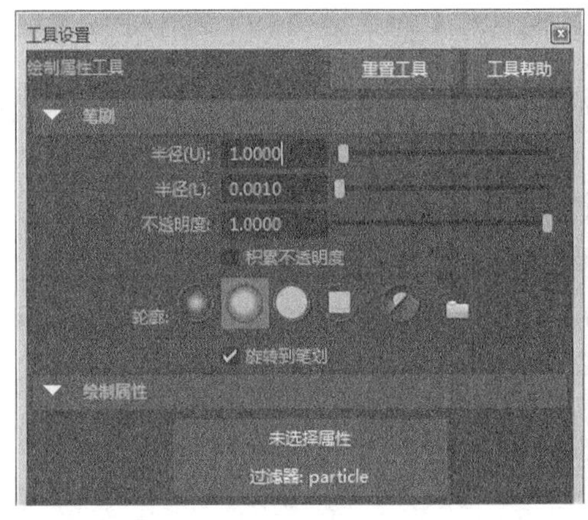


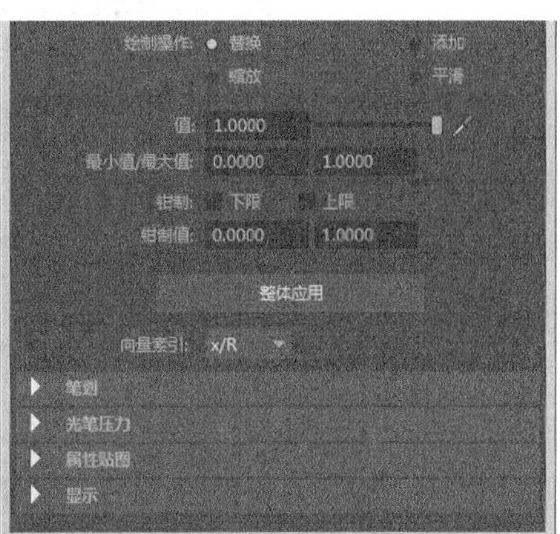


图18-100

**提示**

创建柔体时，只有当设置“创建选项”为“复制，将副本生成柔体”或“复制，将原始生成柔体”方式，并开启“将非柔体作为目标”选项时，才能使用“绘制柔体权重工具”修改柔体的权重。

# 18.3 动力场

使用动力场可以模拟出各种物体因受到外力作用而产生的不同特性。在Maya中，动力场并非可见物体，就像物理学中的力一样，看不见，也摸不着，但是可以影响场景中能够看到的物体。在动力学的模拟过程中，并不能通过人为设置关键帧来对物体制作动画，这时力场就可以成为制作动力学对象的动画工具。不同的力场可以创建出不同形式的运动，如使用“重力”场或“一致”场可以在一个方向上影响动力学对象，也可以创建出旋涡场和径向场等，就好比对物体施加了各种不同种类的力一样，所以可以把场作为外力来使用，图18-101所示是使用动力场制作的特效。

图18-101

## 技术专题：动力场的分类

在Maya中，可以将动力场分为以下3大类。

第1类：独立力场。这类力场通常可以影响场景中的所有范围。它不属于任何几何物体（力场本身也没有任何形状），如果打开“大纲视图”对话框，会发现该类型的力场只有一个节点，不受任何其他节点的控制。

第2类：物体力场。这类力场通常属于一个有形状的几何物体，它相当于寄生在物体表面来发挥力场的作用。在工作视图中，物体力场会表现为在物体附近的一个小图标，打开“大纲视图”对话框，物体力场会表现为归属在物体节点下方的一个场节点。一个物体可以包含多个物体力场，可以对多种物体使用物体力场，而不仅仅是曲面或多边形物体。如可以对曲线、粒子物体、晶格体、面片的顶点使用物体力场，甚至可以使用力场影响CV点、控制点或晶格变形点。

第3类：体积力场。体积力场是一种定义了作用区域形状的力场，这类力场对物体的影响受限于作用区域的形状，在工作视图中，体积力场会表现为一个几何物体中心作为力场的标志。用户可以自己定义体积力场的形状，供选择的有球体、立方体、圆柱体、圆锥体和圆环5种。

在Maya 2017中，打开“字段/解算器”菜单可创建动力场，如图18-102所示。动力场共有10种，分别是“空气”“阻力”“重力”“牛顿”“径向”“湍流”“统一”“漩涡”“体积轴”“体积曲线”。

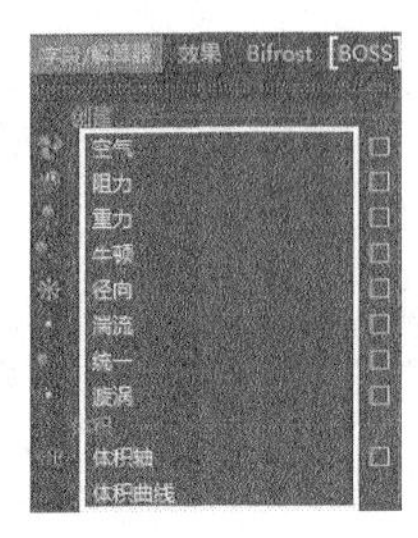

图18-102

## 18.3.1 空气

“空气”场是由点向外某一方向产生的推动力，可以把受到影响的物体沿着这个方向向外推出，如同被风吹走一样。Maya提供了3种类型的“空气”场，分别是“风”“尾迹”“扇”。打开“空气选项”对话框，如图18-103所示。

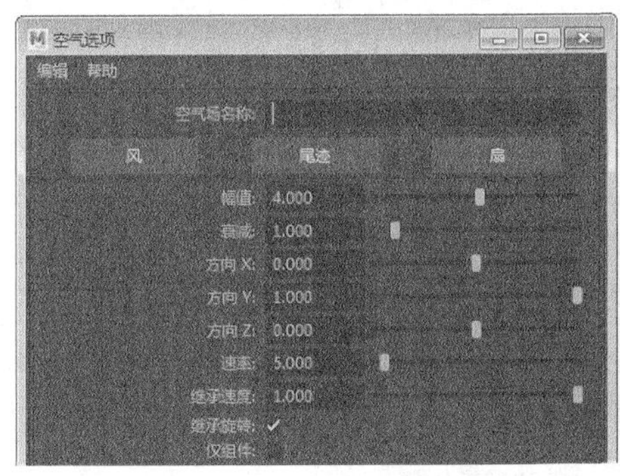

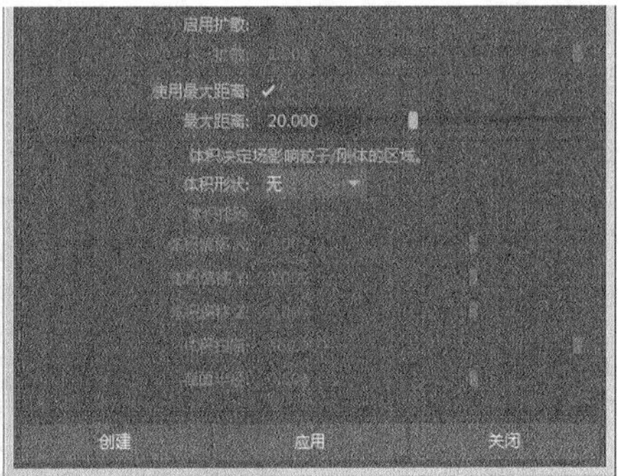

图18-103

### 常用参数介绍

❖ 空气场名称：设置空气场的名称。

❖ 风：产生接近自然风的效果。

❖ 尾迹：产生阵风效果。

❖ 扇：产生与风扇吹出的风一样的效果。

❖ 幅值：设置空气场的强度。所有10个动力场都用该参数来控制力场对受影响物体作用的强弱。该值越大，力的作用越强。

**提示**

“幅值”可取负值，负值代表相反的方向。对于“牛顿”场，正值代表引力场，负值代表斥力场；对于“径向”场，正值代表斥力场，负值代表引力场；对于“阻力”场，正值代表阻碍当前运动，负值代表加速当前运动。

❖ 衰减：在一般情况下，力的作用会随距离的加大而减弱。

❖ 方向*x*/*y*/*z*：调节*x*/*y*/*z*轴方向上作用力的影响。

❖ 速率：设置空气场中的粒子或物体的运动速度。

❖ 继承速率：控制空气场作为子物体时，力场本身的运动速率给空气带来的影响。

❖ 继承旋转：控制空气场作为子物体时，空气场本身的旋转给空气带来的影响。

❖ 仅组件：选择该选项时，空气场仅对气流方向上的物体起作用；如果关闭该选项，空气场对所有物体的影响力都是相同的。

❖ 启用扩散：指定是否使用“扩散”角度。如果选择“启用扩散”选项，空气场将只影响“扩散”设置指定的区域内的连接对象，运动以类似圆锥的形状呈放射状向外扩散；如果关闭“启用扩散”选项，空气场将影响“最大距离”属性范围内的所有连接对象，这些对象的运动方向是一致的。

❖ 使用最大距离：选择该选项后，可以激活下面的“最大距离”选项。

❖ 最大距离：设置力场的最大作用范围。

❖ 体积形状：决定场影响粒子/刚体的区域。

❖ 体积排除：选择该选项后，体积定义空间中场对粒子或刚体没有任何影响的区域。

❖ 体积偏移*x*/*y*/*z*：从场的位置偏移体积。如果旋转场，也会旋转偏移方向，因为它在局部空间内操作。

**提示**

注意，偏移体积仅更改体积的位置（因此，也会更改场影响的粒子），不会更改用于计算场力、衰减等实际场的位置。

❖ 体积扫描：定义除“立方体”外的所有体积的旋转范围，其取值范围为0~360°。

❖ 截面半径：定义“圆环体”的实体部分的厚度（相对于圆环体的中心环的半径），中心环的半径由场的比例确定。如果缩放场，则“截面半径”将保持其相对于中心环的比例。

## 18.3.2 阻力

物体在穿越不同密度的介质时，由于阻力的改变，物体的运动速率也会发生变化。“阻力”场可以用来给运动中的动力学对象添加一个阻力，从而改变物体的运动速度。打开“阻力选项”对话框，如图18-104所示。

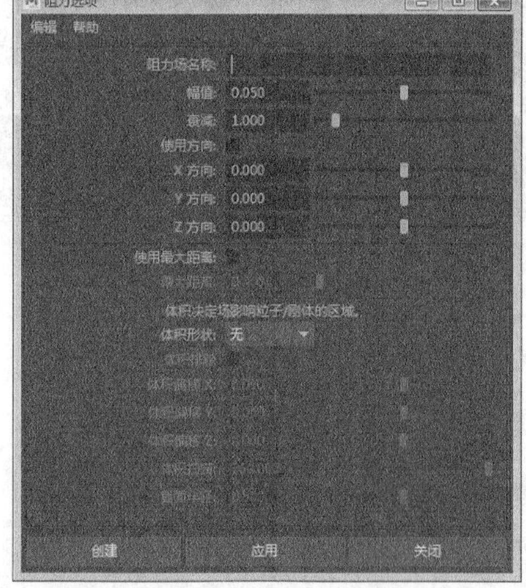


图18-104

### 常用参数介绍

❖ 阻力场名称：设置阻力场的名字。

❖ 幅值：设置阻力场的强度。

❖ 衰减：当阻力场远离物体时，阻力场的强度就越小。

❖ 使用方向：设置阻力场的方向。

❖ X/Y/Z方向：沿*x*、*y*和*z*轴设定阻力的影响方向。只有启用“使用方向”选项后，这3个选项才可用。

**提示**

“阻力选项”对话框中的其他参数在前面的“空气选项”对话框中已经介绍过，这里不再重复讲解。

## 18.3.3 重力

“重力”场主要用来模拟物体受到万有引力作用而向某一方向进行加速运动的状态。使用默认参数值，可以模拟物体受地心引力的作用而产生自由落体的运动效果。打开“重力选项”对话框，如图18-105所示。

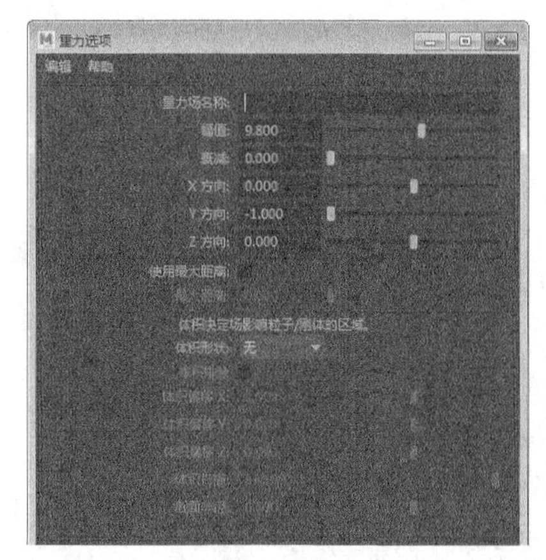


图18-105

## 18.3.4 牛顿

“牛顿”场可以用来模拟物体在相互作用的引力和斥力下的作用，相互接近的物体间会产生引力和斥力，其值的大小取决于物体的质量。打开“牛顿选项”对话框，如图18-106所示。

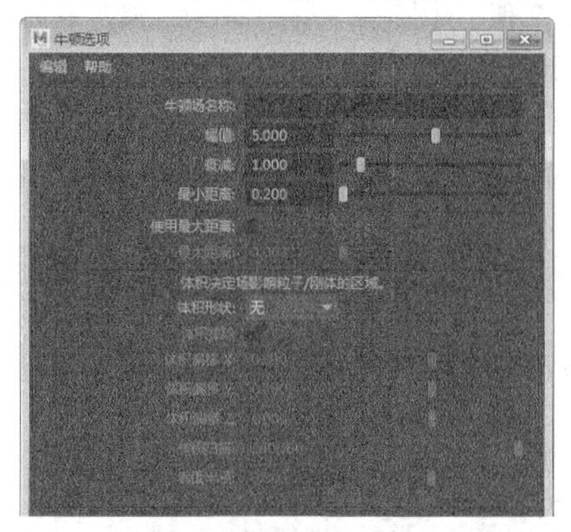


图18-106

## 18.3.5 径向

“径向”场可以将周围各个方向的物体向外推出。“径向”场可以用于控制爆炸等由中心向外辐射散发的各种现象，同样将“幅值”值设置为负值时，也可以用来模拟把四周散开的物体聚集起来的效果。打开“径向选项”对话框，如图18-107所示。

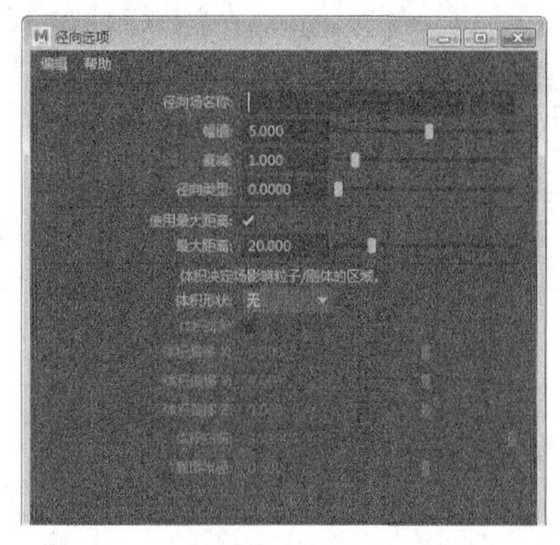


图18-107

## 18.3.6 湍流

“湍流”场▣是经常用到的一种动力场。用“湍流”场可以使范围内的物体产生随机运动效果，常常应用在粒子、柔体和刚体中。打开“湍流选项”对话框，如图18-108所示。

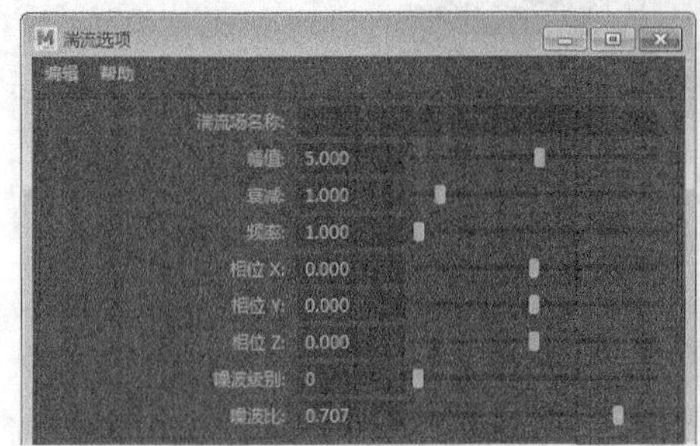

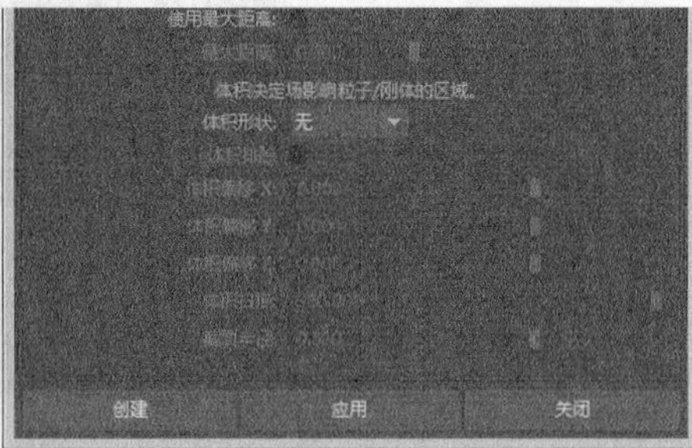


图 18-108

### 常用参数介绍

❖ 频率：该值越大，物体无规则运动的频率就越高。

❖ 相位X/Y/Z：设定湍流场的相位移，这决定了中断的方向。

❖ 噪波级别：值越大，湍流越不规则。“噪波级别”属性指定了要在噪波表中执行的额外查找的数量。值为0表示仅执行一次查找。

❖ 噪波比：指定了连续查找的权重，权重得到累积。例如，如果将“噪波比”设定为0.5，则连续查找的权重为（0.5，0.25），以此类推；如果将“噪波级别”设定为0，则“噪波比”不起作用。

## 18.3.7 统一

“统一”场▣可以将所有受到影响的物体向同一个方向移动，靠近均匀中心的物体将受到更大程度的影响。打开“一致选项”对话框，如图18-109所示。

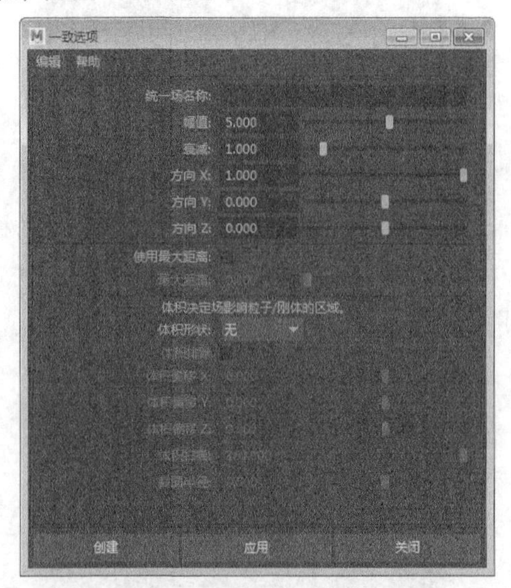


图18-109

**提示**

对于单一的物体，统一场所起的作用与重力场类似，都是向某一个方向对物体进行加速运动。重力场、空气场和统一场的一个重要区别是：重力场和空气场是处于同一个重力场的运动状态（位移、速度、加速度）下的，且与物体的质量无关，而处于同一个空气场和统一场中的物体的运动状态受到本身质量大小的影响，质量越大，位移、速度变化就越慢。

## 18.3.8 漩涡

受到“漩涡”场影响的物体将以漩涡的中心围绕指定的轴进行旋转，利用“漩涡”场可以很轻易地实现各种漩涡状的效果。打开“漩涡选项”对话框，如图18-110所示。

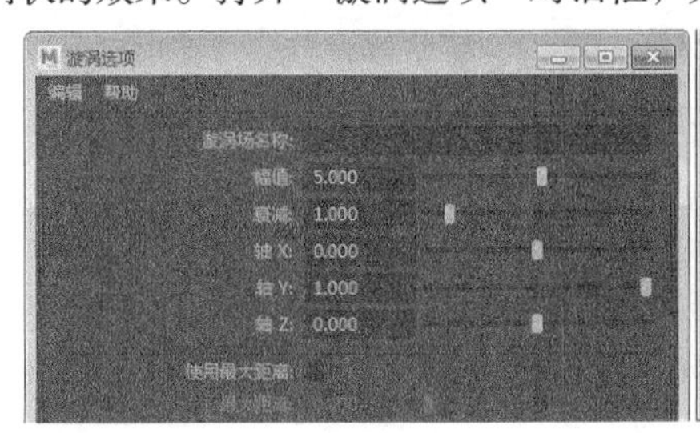

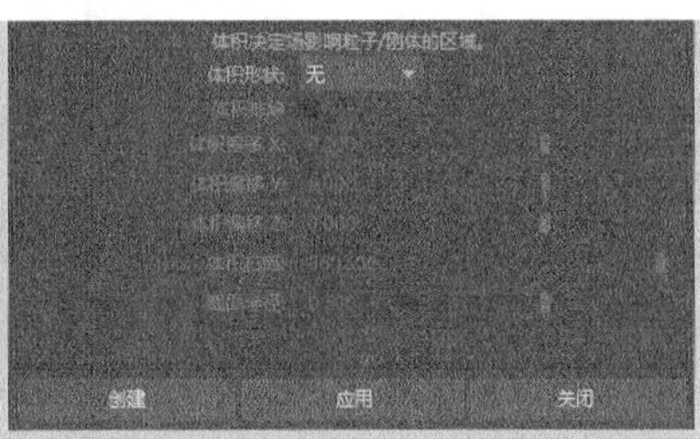


图18-110

**提示**

“漩涡选项”对话框中的参数在前面的内容中已经介绍过，因此这里不再重复讲解。

## 18.3.9 体积轴

“体积轴”场是一种局部作用的范围场，只有在选定的形状范围内的物体才可能受到体积轴场的影响。在参数方面，体积轴场综合了漩涡场、统一场和湍流场的参数，如图18-111所示。

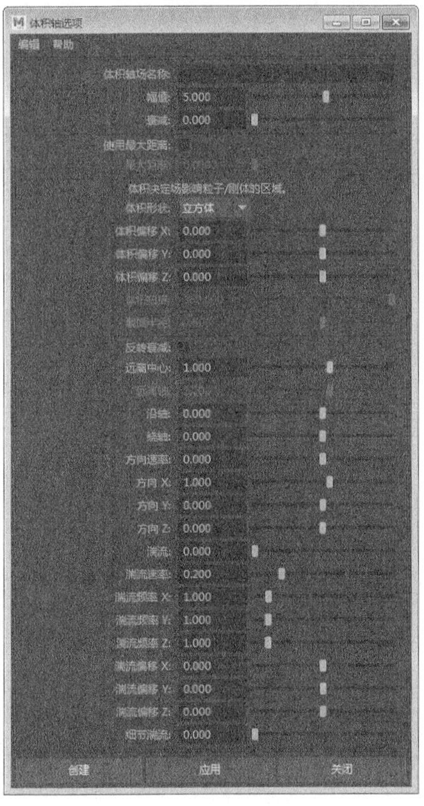


图18-111

### 常用参数介绍

❖ 反转衰减：当启用“反转衰减”并将“衰减”设定为大于0的值时，体积轴场的强度在体积的边缘上最强，在体积轴场的中心轴处衰减为0。

❖ 远离中心：指定粒子远离“立方体”或“球体”体积中心点的移动速度。可以使用该属性创建爆炸效果。

❖ 远离轴：指定粒子远离“圆柱体”“圆锥体”或“圆环”体积中心轴的移动速度。对于“圆环”，中心轴为圆环实体部分的中心环形。

❖ 沿轴：指定粒子沿所有体积中心轴的移动速度。

❖ 绕轴：指定粒子围绕所有体积中心轴的移动速度。当与“圆柱体”体积形状结合使用时，该属性可以创建旋转的气体效果。

❖ 方向速率：在所有体积的“方向X”“方向Y”“方向Z”属性指定的方向添加速度。

❖ 湍流速率：指定湍流随时间更改的速度。湍流每1秒进行一次无缝循环。

❖ 湍流频率X/YZ：控制适用于发射器边界体积内部的湍流函数的重复次数，低值会创建非常平滑的湍流。

❖ 湍流偏移X/Y/Z：使用该选项可以在体积内平移湍流，为其设置动画可以模拟吹动的湍流风。

❖ 细节湍流：设置第2个更高频率湍流的相对强度，第2个湍流的速度和频率均高于第1个湍流。当“细节湍流”不为0时，模拟运行可能会有点慢，因为要计算第2个湍流。

## 18.3.10 体积曲线

“体积曲线”场可以沿曲线的各个方向移动对象以及定义绕该曲线的半径，在该半径范围内轴场处于活动状态。

## 18.3.11 将选择对象作为场源

打开“字段/解算器”菜单可以执行“使用选定对象作为源”命令，如图18-112所示。该命令的作用是设定场源，这样可以让力场从所选物体处开始产生作用，并将力场设定为所选物体的子物体。

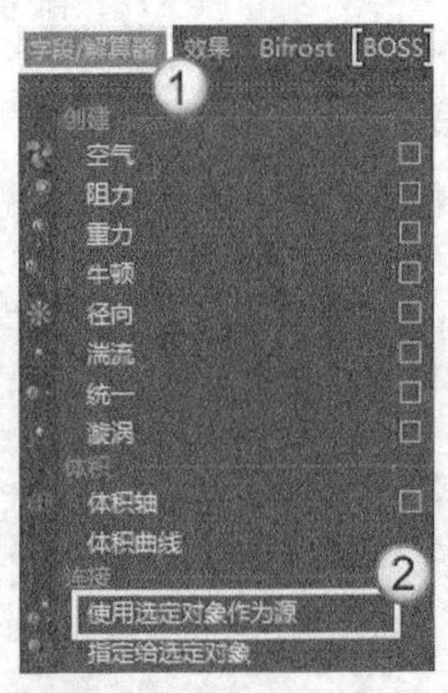


图18-112

**提示**

如果选择物体后再创建一个场，物体会受到场的影响，但是物体与场之间并不存在父子关系。在执行“使用选择对象作为场源”命令之后，物体不受立场的影响，必须执行“字段/解算器>指定给选定对象”菜单命令后，物体才会受到场的影响。

## 18.3.12 影响选定对象

打开“字段/解算器”菜单可以执行“指定给选定对象”命令，如图18-113所示。该命令可以连接所选物体与所选力场，使物体受到力场的影响。

图18-113

**提示**

执行“窗口>关系编辑器>动力学关系”菜单命令，打开“动力学关系编辑器”对话框，在该对话框中也可以连接所选物体与力场，如图18-114所示。

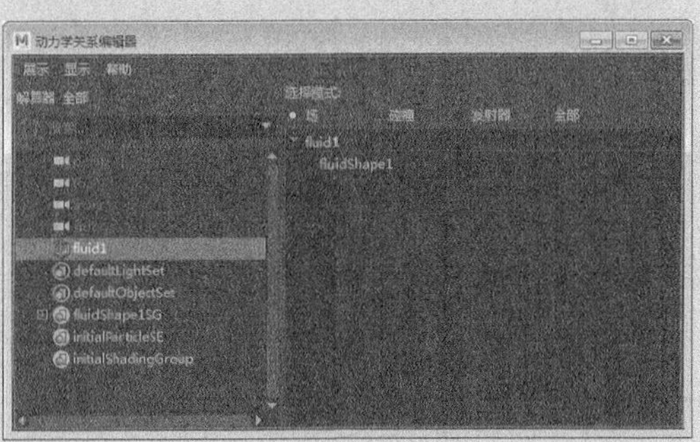


图18-114

# 18.4 刚体

刚体是把几何物体转换为坚硬的多边形物体表面来进行动力学解算的一种方法，它可以用来模拟物理学中的动量碰撞等效果，如图18-115所示。

在Maya中，若要创建与编辑刚体，需要切换到FX模块，然后在“字段/解算器”菜单就可以完成创建与编辑操作，如图18-116所示。

图18-115

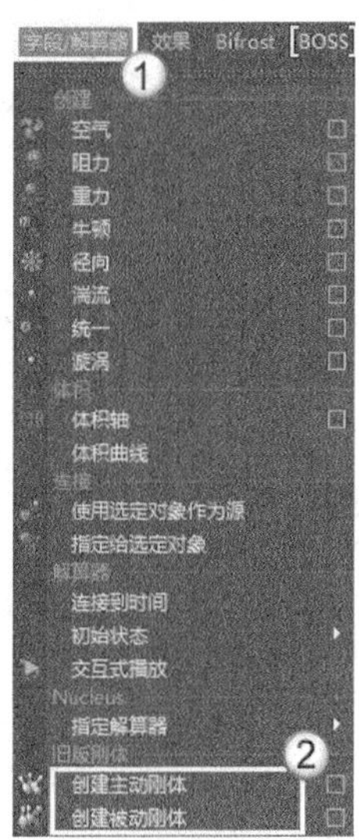


图18-116

## 技术专题：刚体的分类及使用

刚体可以分为主动刚体和被动刚体两大类。主动刚体拥有一定的质量，可以受动力场、碰撞和非关键帧化的弹簧影响，从而改变运动状态；被动刚体相当于无限大质量的刚体，它能影响主动刚体的运动。但是被动刚体可以用来设置关键帧，一般被动刚体在动力学动画中用来制作地面、墙壁、岩石和障碍物等比较固定的物体，如图18-117所示。

图18-117

在使用刚体时需要注意以下5点。

第1点：只能使用物体的形状节点或组节点来创建刚体。

第2点：曲线和细分曲面几何体不能用来创建刚体。

第3点：刚体碰撞时根据法线方向来计算。制作内部碰撞时，需要反转外部物体的法线方向。

第4点：为被动刚体设置关键帧时，在“时间轴”和“通道盒/层编辑器”面板中均不会显示关键帧标记，需要打开“曲线图编辑器”对话框才能看到关键帧的信息。

第5点：因为曲面刚体解算的速度比较慢，所以要尽量使用多边形刚体。

## 18.4.1 创建主动刚体

主动刚体拥有一定的质量，可以受动力场、碰撞和非关键帧化的弹簧影响，从而改变运动状态。打开“创建主动刚体”命令的“刚体选项”对话框，其参数分为3大部分，分别是“刚体属性”“初始设置”“性能属性”，如图18-118所示。

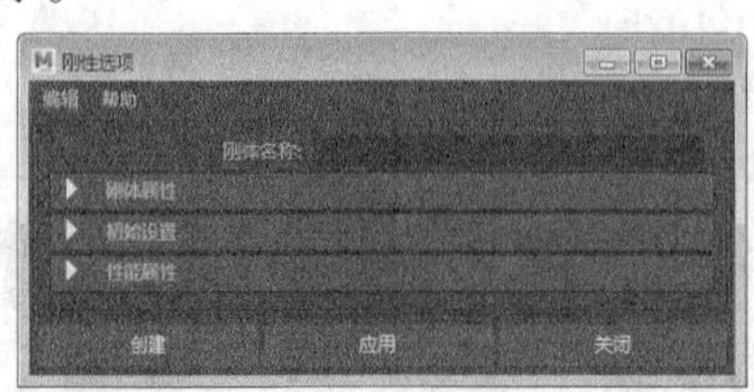


图18-118

### 常用参数介绍

❖ 刚体名称：设置要创建的主动刚体的名称。

### 1.刚体属性

展开“刚体属性”卷展栏，如图18-119所示。

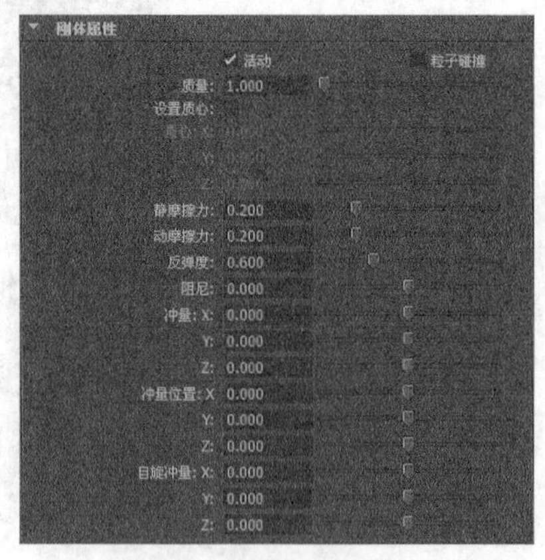


图18-119

## 常用参数介绍

- ❖ 活动：使刚体成为主动刚体。如果关闭该选项，则刚体为被动刚体。
- ❖ 粒子碰撞：如果已使粒子与曲面发生碰撞，且曲面为主动刚体，则可以启用或禁用“粒子碰撞”选项以设定刚体是否对碰撞力做出反应。
- ❖ 质量：设定主动刚体的质量。质量越大，对碰撞对象的影响也就越大。Maya将忽略被动刚体的质量属性。
- ❖ 设置质心：该选项仅适用于主动刚体。
- ❖ 质心X/Y/Z：指定主动刚体的质心在局部空间坐标中的位置。
- ❖ 静摩擦力：设定刚体阻止从另一刚体的静止接触中移动的阻力大小。值为0时，则刚体可自由移动；值为1时，则移动将减小。
- ❖ 动摩擦力：设定移动刚体阻止从另一刚体曲面中移动的阻力大小。 值为0时，则刚体可自由移动；值为1时，则移动将减小。

**提示**

当两个刚体接触时，则每个刚体的“静摩擦力”和“动摩擦力”均有助于其运动。若要调整刚体在接触中的滑动和翻滚，可以尝试使用不同的“静摩擦力”和“动摩擦力”值。

- ❖ 反弹度：设定刚体的弹性。
- ❖ 阻尼：设定与刚体移动方向相反的力。该属性类似于阻力，它会在与其他对象接触之前、接触之中以及接触之后影响对象的移动。正值会减弱移动；负值会加强移动。
- ❖ 冲量X/Y/Z：使用幅值和方向，在“冲量位置X/Y/Z”中指定的局部空间位置的刚体上创建瞬时力。数值越大，力的幅值就越大。
- ❖ 冲量位置X/Y/Z：在冲量冲击的刚体局部空间中指定位置。如果冲量冲击质心以外的点，则刚体除了随其速度更改而移动以外，还会围绕质心旋转。
- ❖ 自旋冲量X/Y/Z：朝$x$、$y$、$z$值指定的方向，将瞬时旋转力（扭矩）应用于刚体的质心，这些值将设定幅值和方向。值越大，旋转力的幅值就越大。

## 2.初始设置

展开“初始设置”卷展栏，如图18-120所示。

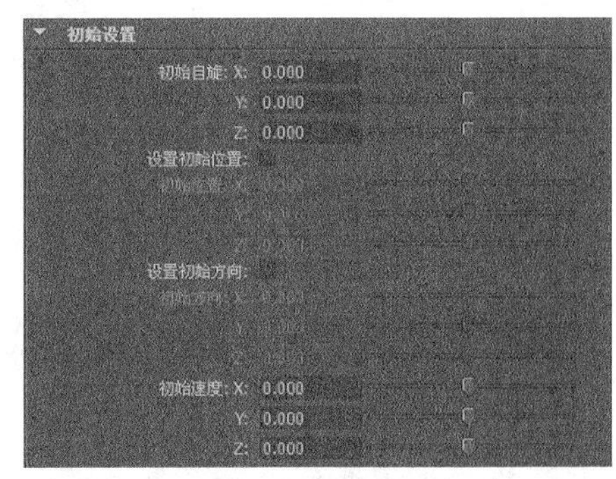


图18-120

## 常用参数介绍

- ❖ 初始自旋 X/Y/Z：设定刚体的初始角速度，这将自旋该刚体。
- ❖ 设置初始位置：选择该选项后，可以激活下面的“初始位置 X”“初始位置 Y”“初始位置 Z”选项。
- ❖ 初始位置 X/Y/Z：设定刚体在世界空间中的初始位置。
- ❖ 设置初始方向：选择该选项后，可以激活下面的“初始方向 X”“初始方向 Y”“初始方向 Z”选项。
- ❖ 初始方向 X/Y/Z：设定刚体的初始局部空间方向。
- ❖ 初始速度 X/Y/Z：设定刚体的初始速度和方向。

## 3.性能属性

展开“性能属性”卷展栏，如图18-121所示。

图18-121

### 常用参数介绍

- ❖ 替代对象：允许选择简单的内部“立方体”或“球体”作为刚体计算的替代对象，原始对象仍在场景中可见。如果使用替代对象“球体”或“立方体”，则播放速度会提高，但碰撞反应将与实际对象不同。
- ❖ 细分因子：Maya 会在设置刚体动态动画之前在内部将NURBS对象转化为多边形。“细分因子”将设定转化过程中创建的多边形的近似数量。数量越小，创建的几何体越粗糙，且会降低动画精确度，但却可以提高播放速度。
- ❖ 碰撞层：可以用碰撞层来创建相互碰撞的对象专用组。只有碰撞层编号相同的刚体才会相互碰撞。
- ❖ 缓存数据：选择该选项时，刚体在模拟动画时的每一帧位置和方向，数据都将被存储起来。

## 18.4.2 创建被动刚体

被动刚体相当于无限大质量的刚体，它能影响主动刚体的运动。打开“创建被动刚体”命令的“刚体选项”对话框，其参数与主动刚体的参数完全相同，如图18-122所示。

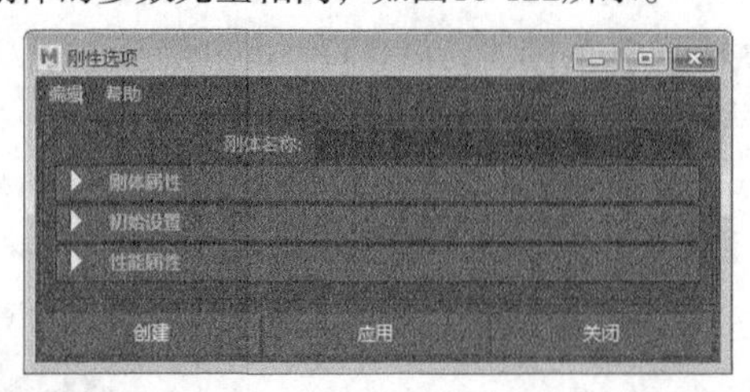


图18-122

**提示**

选择“活动”选项，可以使刚体成为主动刚体；关闭“活动”选项，则刚体为被动刚体。

## 【练习18-7】制作桌球动画

| | |
|---|---|
| 场景文件 | Scenes>CH18>18.7.mb |
| 实例文件 | Examples>CH18>18.7.mb |
| 难易指数 | ★★★☆☆ |
| 技术掌握 | 掌握创建动力学刚体的方法 |

本例将学习使用Maya动力学模块中的刚体系统来模拟桌球的动画，案例效果如图18-123所示。

图18-123

**01** 打开学习资源中的“Scenes>CH18>18.7.mb”文件，场景中是一套桌球的模型，如图18-124所示。

**02** 选择场景中的所有模型，然后执行“修改>冻结变换”菜单命令，接着执行“编辑>按类型删除全部>历史”菜单命令，清除模型的历史记录，如图18-125和图18-126所示。

图18-124

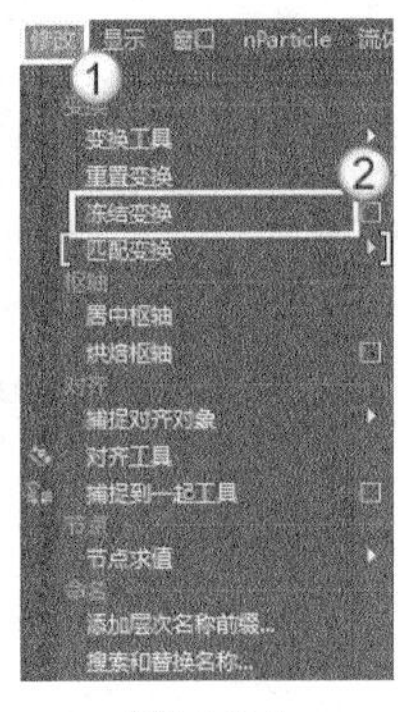


图18-125

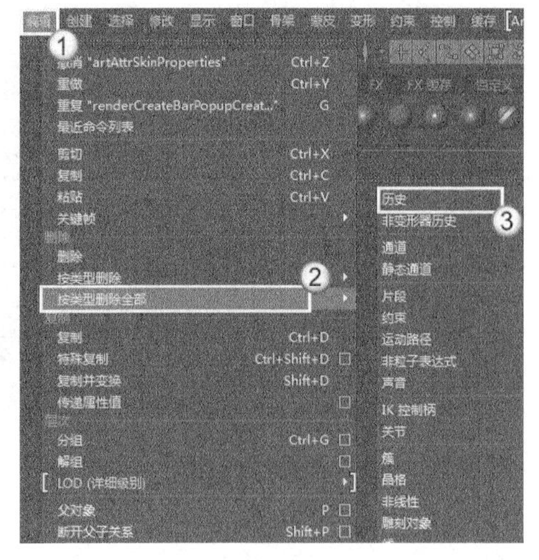


图18-126

**03** 打开“大纲视图”窗口，然后选择所有的桌球模型，并执行“字段/解算器>创建主动刚体”菜单命令，如图18-127所示。

**04** 保持对所有桌球模型的选择，然后执行“字段/解算器>重力”菜单命令，为桌球模型创建重力，如图18-128所示。

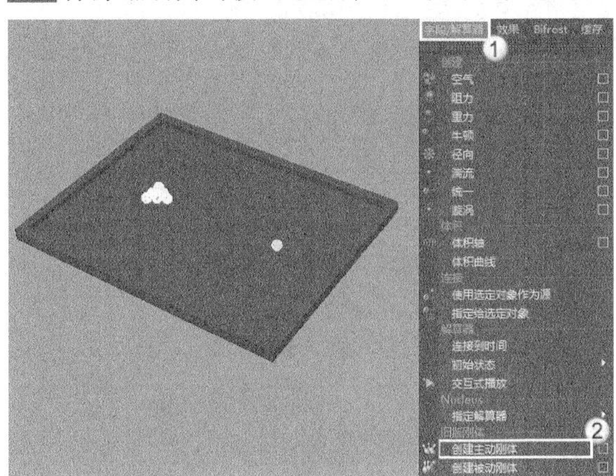


图18-127

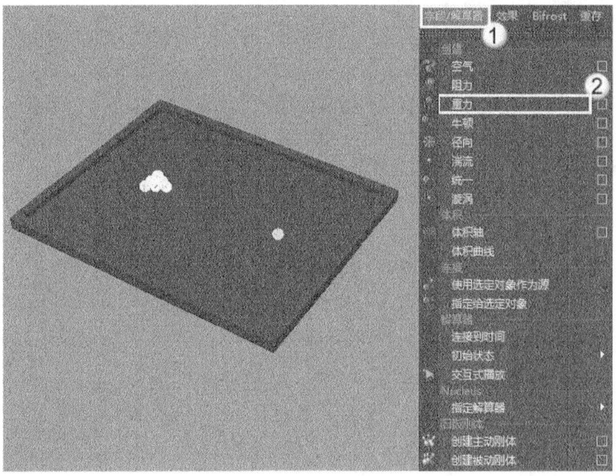

图18-128

**05** 选择球桌模型，然后执行“字段/解算器>创建被动刚体”菜单命令，如图18-129所示。

**提示**

此时播放动画，可以观察到没有动画效果，这是因为没有给桌球的母球一个向前的推动力。

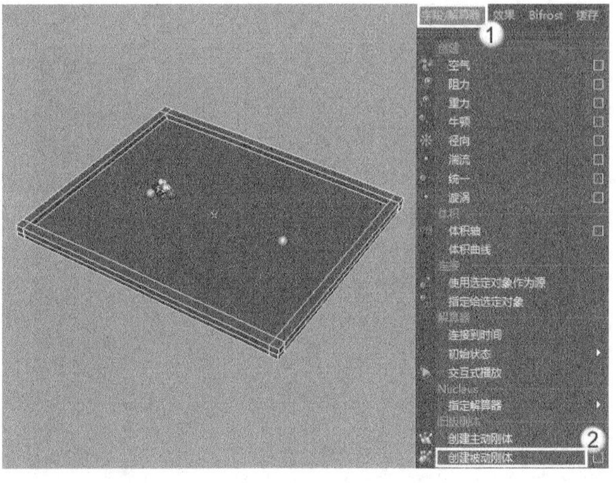


图18-129

**06** 使用“移动工具”将球杆模型移动至图18-130所示的位置。

**07** 在右视图中使用“旋转工具”将球杆模型沿$x$轴旋转-5，如图18-131所示。

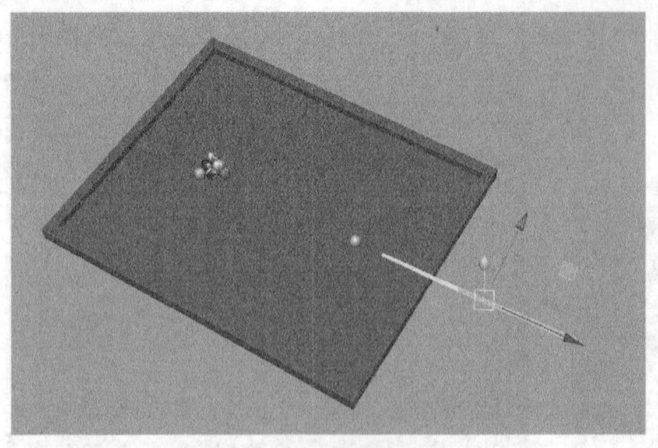

图18-130

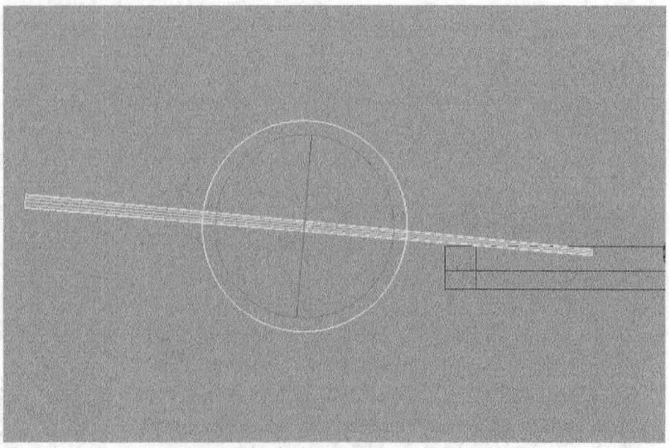

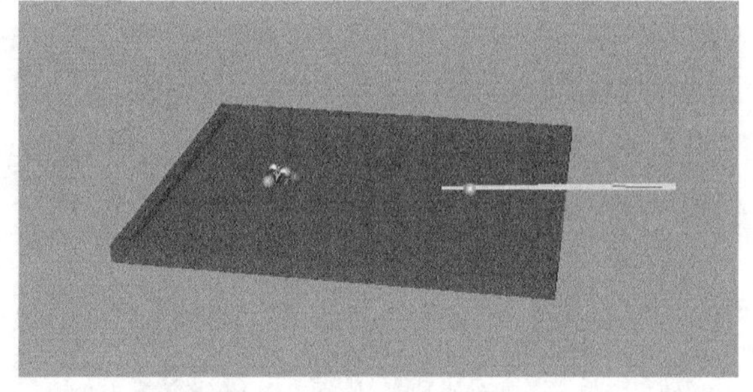

图18-131

**提示**

将球杆旋转是为了避免球杆与球桌之间产生穿插，并使球杆能够撞击到母球的中间位置。

**08** 在第1帧处，选择球杆模型，然后按S键设置球杆模型的关键帧，如图18-132所示。

**09** 在第8帧处，使用“移动工具”将球杆模型向母球方向移动，然后按S键设置关键帧，如图18-133所示。

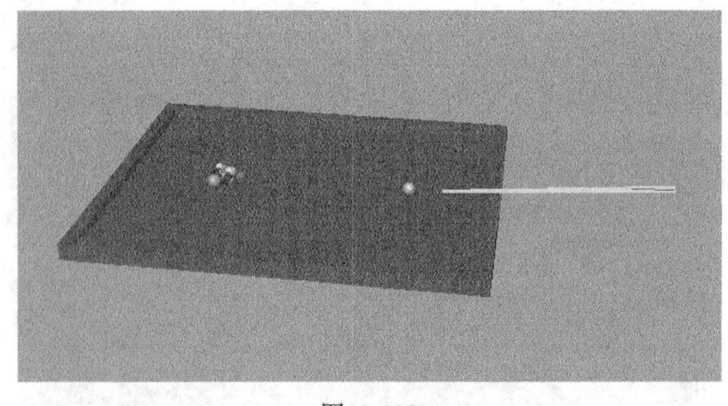

图18-132

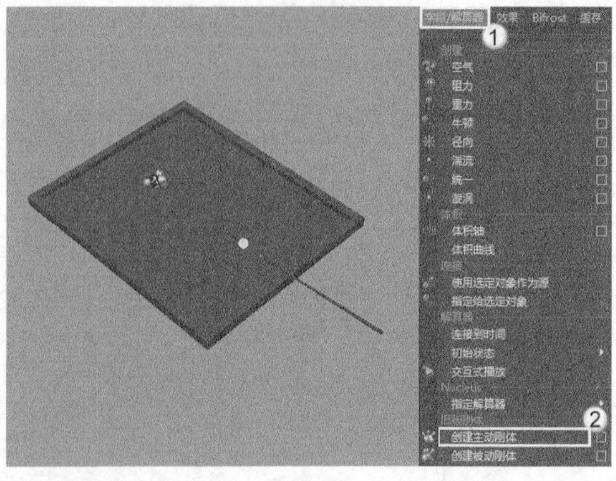

图18-133

**提示**

此时播放动画，依然没有看到预期的动画效果，这是因为球杆与母球之间没有动力学关系。

**10** 选择球杆模型，然后执行“字段/解算器>创建被动刚体”菜单命令，如图18-134所示。

**11** 选择母球模型，然后执行“字段/解算器>创建主动刚体”菜单命令，如图18-135所示。

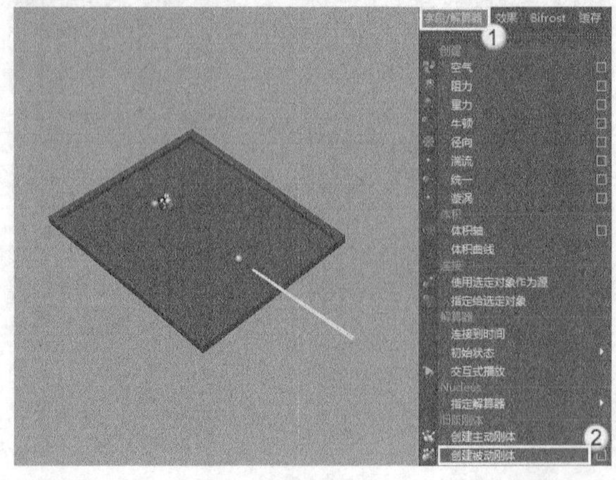


图18-134



图18-135

**12** 将时间尺的范围调整至48帧，然后播放动画，此时可以观察到球杆与母球之间已经产生了碰撞效果，而其他的桌球也受到了母球的碰撞，如图18-136所示。最终动画效果如图18-137所示。

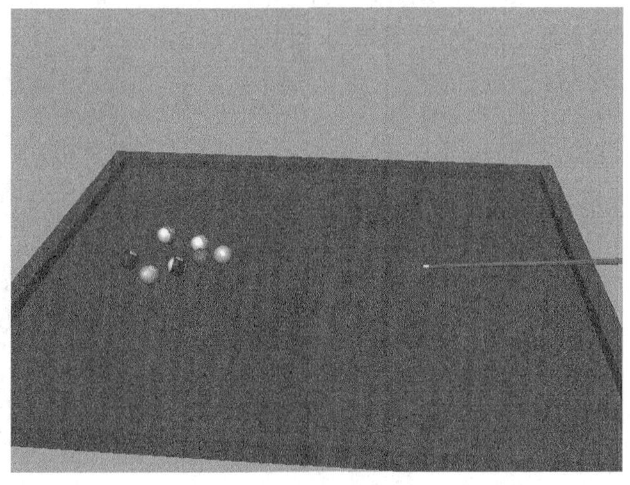

图18-136

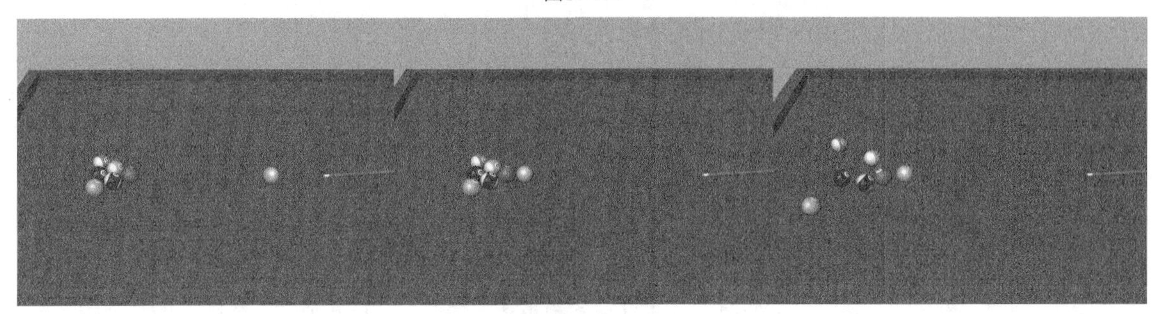

图18-137

## 18.4.3 约束

在制作刚体碰撞效果时，往往需要将刚体控制在一个理想的范围内，或者是不想刚体随意运动，这时就需要使用“约束”将刚体控制住，在“字段/解算器”菜单就可以完成创建与编辑约束，如图18-138所示。

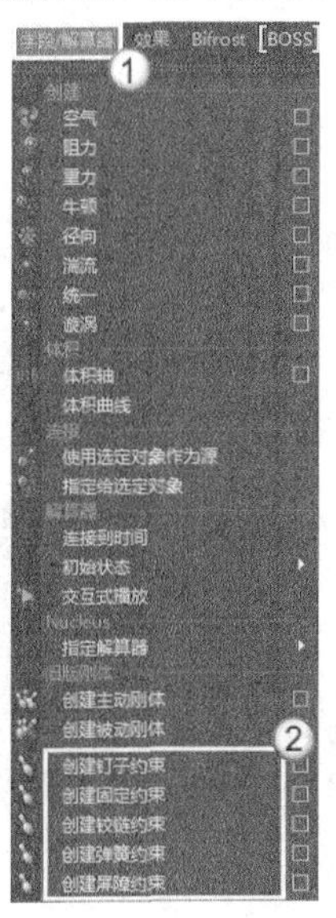


图18-138

## 1.创建钉子约束

用“创建钉子约束”命令可以将主动刚体固定到世界空间的一点，相当于将一根绳子的一端系在刚体上，而另一端固定在空间的一个点上。打开“创建钉子约束”命令的“约束选项”对话框，如图18-139所示。

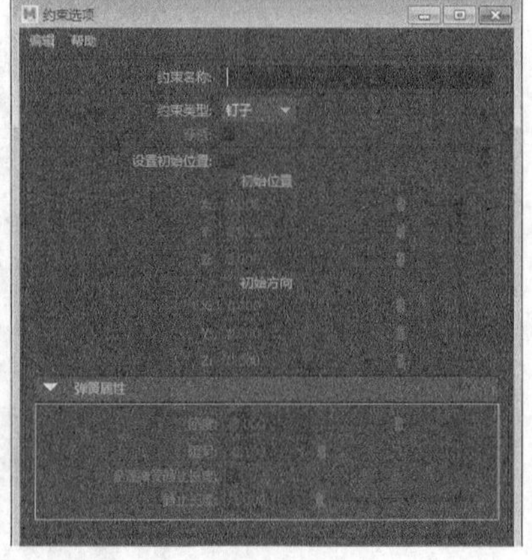


图18-139

### 常用参数介绍

- ❖ 约束名称：设置要创建的钉子约束的名称。
- ❖ 约束类型：选择约束的类型，包含“钉子”“固定”“铰链”“弹簧”“屏障”这5种。
- ❖ 穿透：当刚体之间产生碰撞时，选择该选项可以使刚体之间相互穿透。
- ❖ 设置初始位置：选择该选项后，可以激活下面的“初始位置”属性。
- ❖ 初始位置：设置约束在场景中的位置。
- ❖ 初始方向：仅适用于“铰链”和“屏障”约束，可以通过输入$x$、$y$、$z$轴的值来设置约束的初始方向。
- ❖ 刚度：设置“弹簧”约束的弹力。在具有相同距离的情况下，该数值越大，弹簧的弹力越大。
- ❖ 阻尼：设置“弹簧”约束的阻尼力。阻尼力的强度与刚体的速度成正比；阻尼力的方向与刚体速度的方向成反比。
- ❖ 设置弹簧静止长度：当设置“约束类型”为“弹簧”时，选择该选项可以激活下面的“静止长度”选项。
- ❖ 静止长度：设置在播放场景时弹簧尝试达到的长度。

## 2.创建固定约束

用“创建固定约束”命令可以将两个主动刚体或将一个主动刚体与一个被动刚体链接在一起，其作用就如同金属钉通过两个对象末端的球关节将其连接，如图18-140所示。“固定”约束经常用来创建类似链或机器臂中的链接效果。打开“创建固定约束”命令的“约束选项”对话框，如图18-141所示。

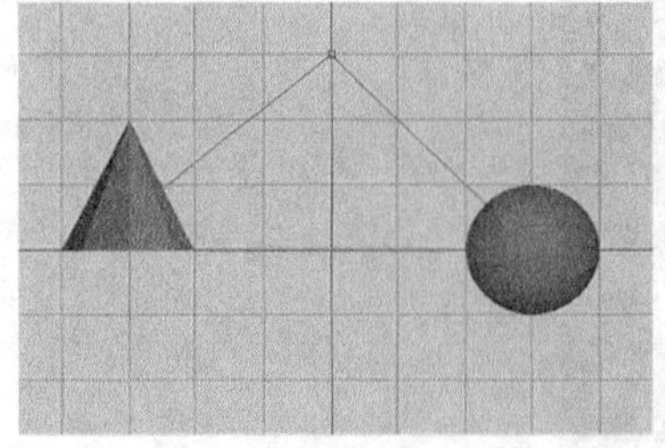

图18-140

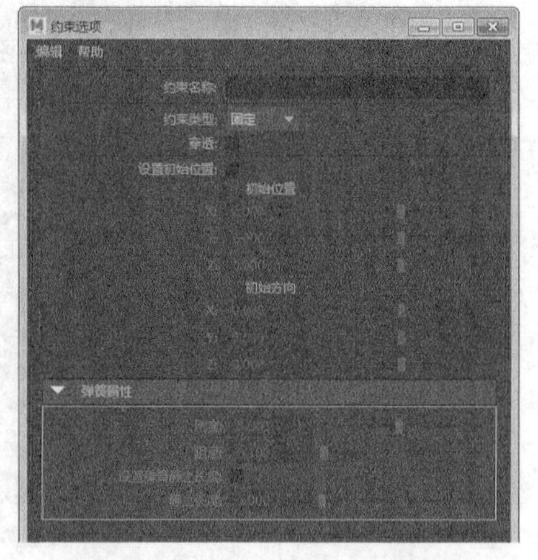


图18-141

**提示**

“创建固定约束”命令的参数与“创建钉子约束”命令的参数完全相同，只不过“约束类型”默认为“固定”类型。

### 3.创建铰链约束

“创建铰链约束”命令是通过一个铰链沿指定的轴约束刚体。可以使用“铰链”约束创建诸如铰链门、连接列车车厢的链或时钟的钟摆之类的效果。可以在一个主动或被动刚体以及工作区中的一个位置创建“铰链”约束，也可以在两个主动刚体、一个主动刚体和一个被动刚体之间创建“铰链”约束。打开“创建铰链约束”命令的“约束选项”对话框，如图18-142所示。

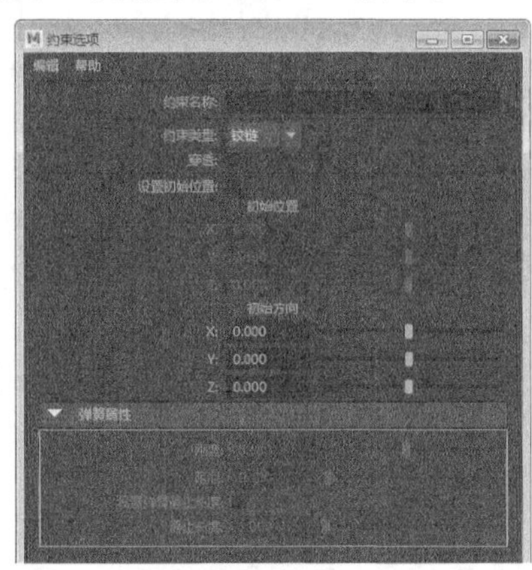


图18-142

### 4.创建屏障约束

用“创建屏障约束”命令可以创建无限屏障平面，超出后刚体重心将不会移动。可以使用“屏障”约束来创建阻塞其他对象的对象，例如墙或地板。可以使用“屏障”约束替代碰撞效果来节省处理时间，但是对象将偏转但不会弹开平面。注意，“屏障”约束仅适用于单个活动刚体，它不会约束被动刚体。打开“创建屏障约束”命令的“约束选项”对话框，如图18-143所示。

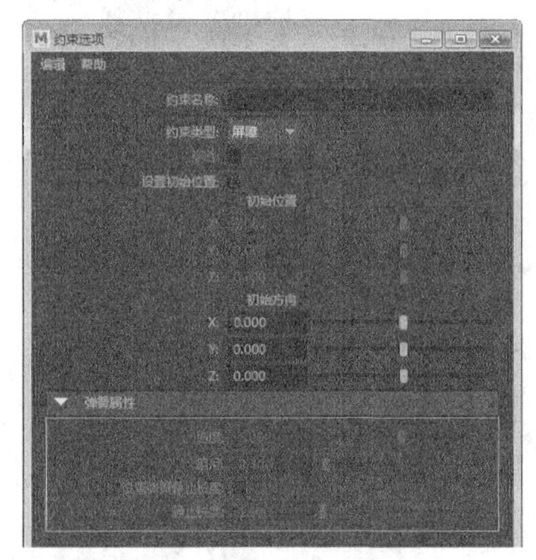


图18-143

## 18.5 粒子系统综合实例：游动的鱼群

| | |
|---|---|
| 场景文件 | Scenes>CH18>18.8.mb |
| 实例文件 | Examples>CH18>18.8.mb |
| 难易指数 | ★★★☆☆ |
| 技术掌握 | 掌握“创建曲线流”命令的使用方法 |

使用Maya的“创建曲线流”命令可以创建出粒子沿曲线流动的特效，本例将使用该命令结合粒子替代来制作鱼群游动的动画，案例效果如图18-144所示。

图18-144

**01** 打开学习资源中的“Scenes>CH18>18.8.mb”文件，场景中有一个鱼模型和一条曲线，如图18-145所示。

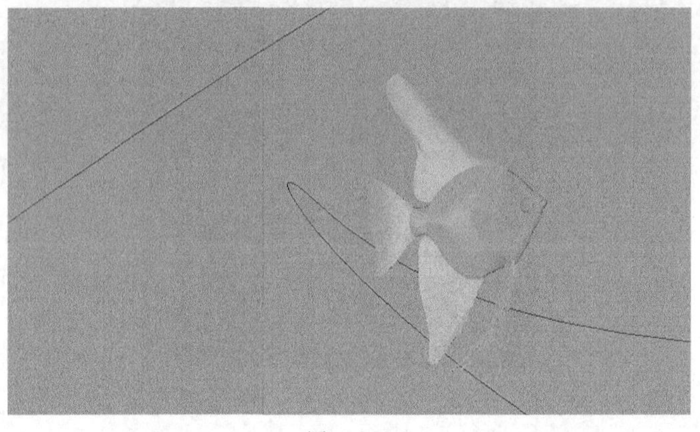

图18-145

**02** 选择曲线，然后单击“效果>流>创建曲线流”菜单命令后面的按钮，如图18-146所示，接着在打开的“创建流效果选项”对话框中设置“发射速率”为7，最后单击“创建”按钮，如图18-147所示，创建后的效果如图18-148所示。

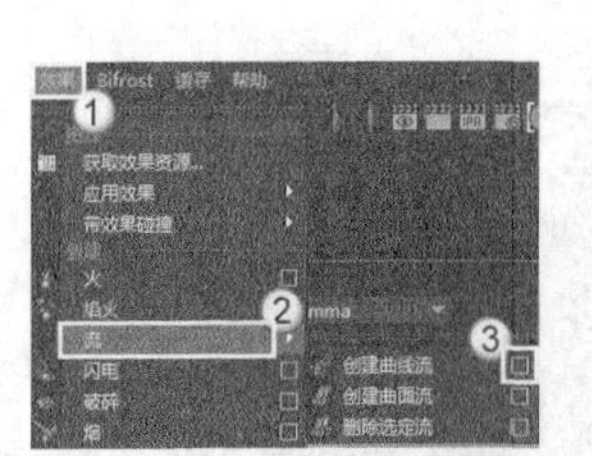


图18-146

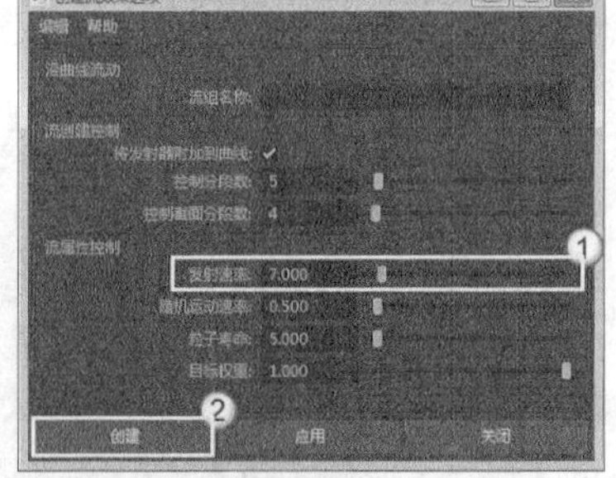


图18-147

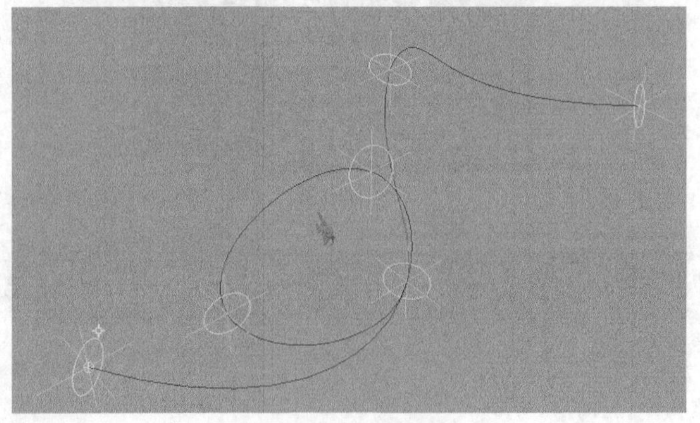

图18-148

## 提示

“控制分段数”属性用于控制在曲线流体路径上的控制段数，数值越大，对扩散和速度的操纵器控制越精细；数值越小，播放速度越快。

“控制截面分段数”属性用于设置控制器之间的控制段数，数值越大，粒子可以更精确地跟随曲线；数值越小，播放速度越快。

一旦曲线流建立完毕，这两个参数的数值便不能再做修改，因此必须在创建之前设置正确的参数值。

**03** 播放动画，可以看到从曲线的始端控制器发射出了粒子，并且粒子沿着曲线移动，如图18-149所示。

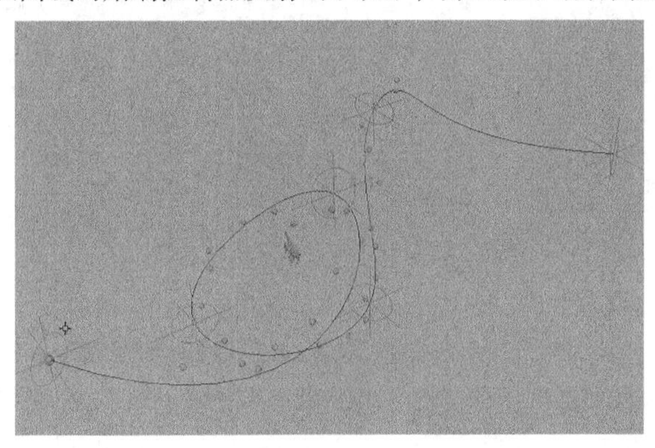

图18-149

**04** 执行“创建>定位器”菜单命令，在场景中创建一个定位器，如图18-150所示，然后将鱼模型作为定位器的子物体，如图18-151所示。

图18-150

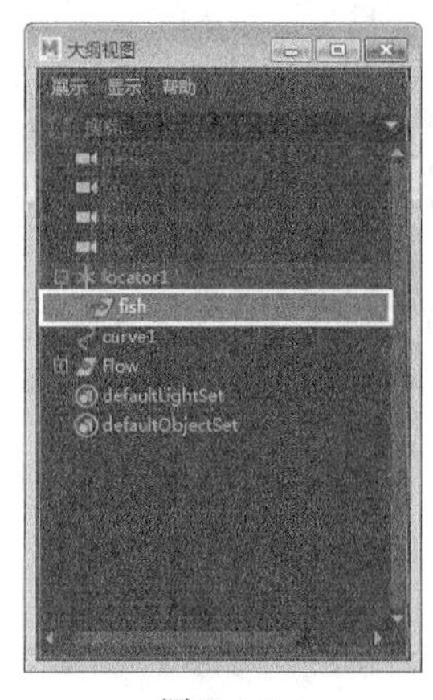


图18-151

## 提示

选择fish节点，然后加选locator1节点，接着按P键可将fish节点作为locator1节点的子物体。

**05** 在“大纲视图”对话框中选择locator1节点，然后在“通道盒/层编辑器”面板中设置“旋转*y*”为90，如图18-152所示。

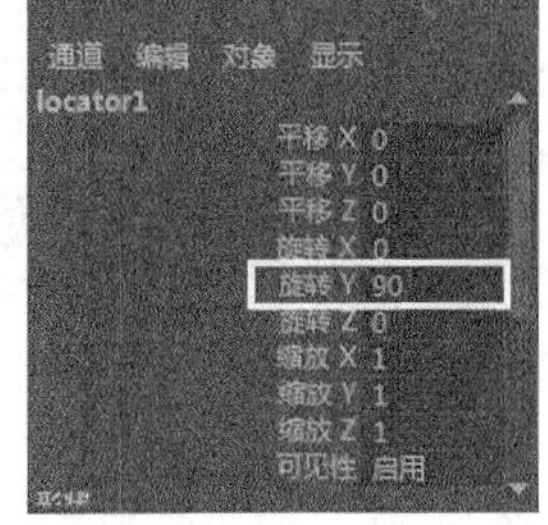


图18-152

**06** 在“大纲视图”对话框中选择locator1节点，然后加选Flow_particle节点，如图18-153所示，接着执行“nParticle>实例化器（替换）”菜单命令，效果如图18-154所示。

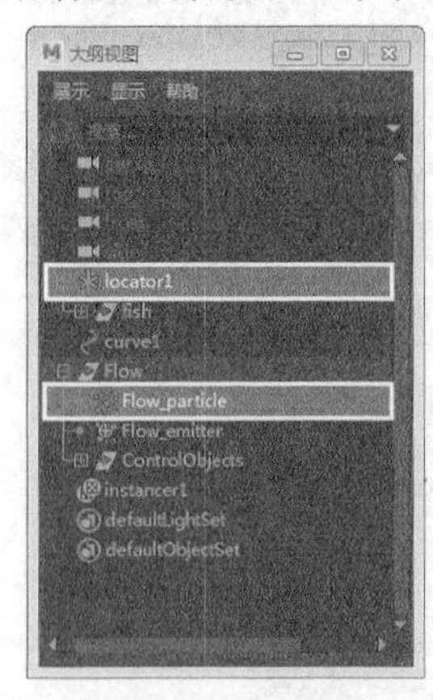


图18-153

图18-154

**07** 选择粒子，然后在“属性编辑器”面板中展开“实例化器（几何体替换）>旋转选项”卷展栏，接着设置“目标方向”为“加速”，如图18-155所示。播放动画，效果如图18-156所示。

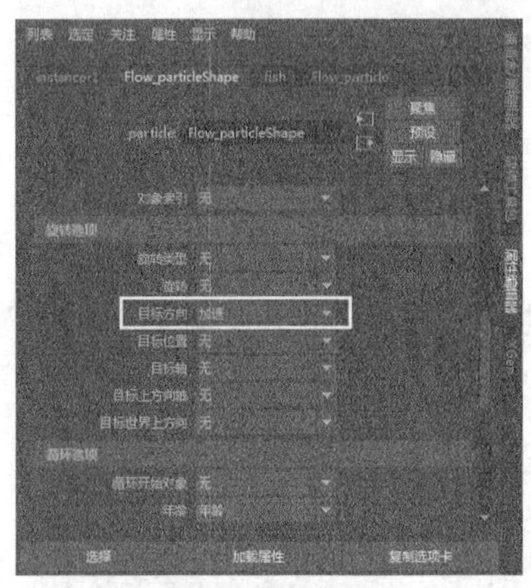


图18-155

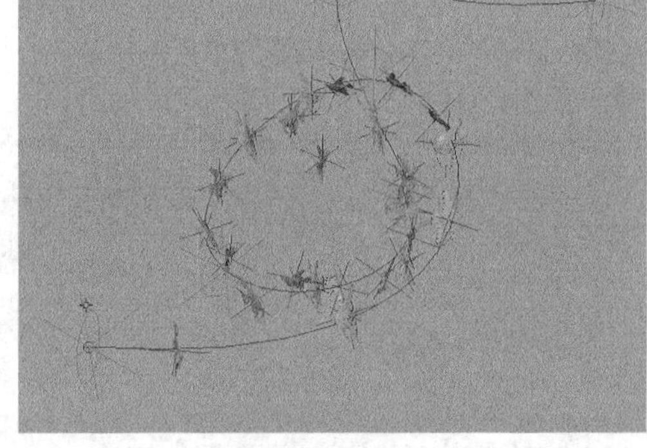

图18-156

**08** 随机调整圆形曲线的大小，使每个圆形的大小不一样，如图18-157所示。播放动画，可以看到鱼和鱼之间的距离变大了，如图18-158所示。

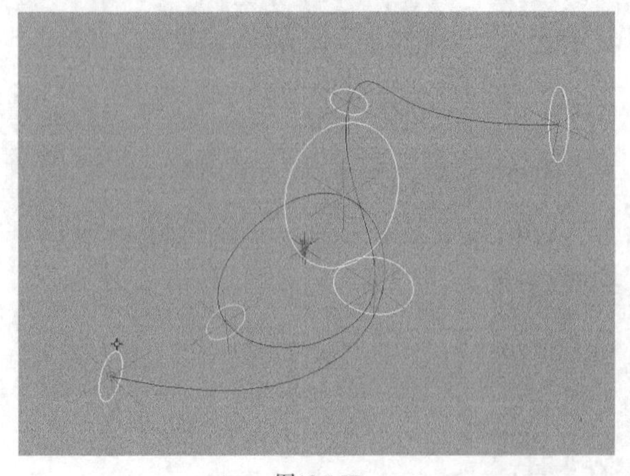

图18-157

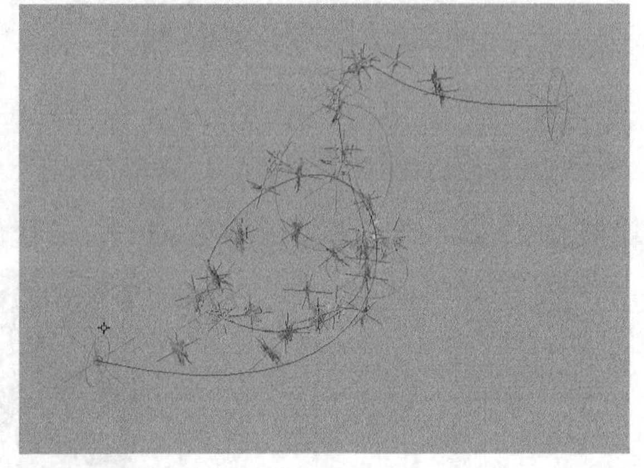

图18-158

## 提示

若要丰富曲线流动效果，可以在同一曲线上多次应用“创建曲线流”命令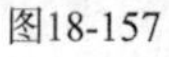，然后细调每个曲线流体的效果。

# 技术分享

## 粒子系统的应用领域

粒子特效是一种常见的动画特效，很多特效也是基于粒子特效而产生的，因此粒子系统在特效中有着非常重要的作用。在很多影视作品中都会用到粒子特效，无论是广告、动画、电影还是游戏，粒子特效都使画面更加绚丽。

在制作大范围的特效时，粒子可以提供很多解决方案。在影视作品中，粒子常常用来制作火花、星云和集群特效等，而在游戏中粒子可以用来制作各种技能特效。

## 使用表达式控制动力学对象

在Maya中很多属性都可以添加表达式，这样可以灵活地控制属性，以获得理想效果。粒子系统由于其范围大的特点，可以使用动力场来控制它的形态，但是动力场有一定局限，因此使用表达式是最高效的控制方案。

在粒子的“属性编辑器”面板中展开“每粒子（数组）属性”卷展栏，可以对粒子的默认属性添加表达式。

展开“添加动态属性”卷展栏，然后单击“常规”按钮，在打开的“添加属性”对话框中可以为粒子添加自定义属性，再为自定义属性设置表达式，这样可以灵活地控制粒子形态或着色。

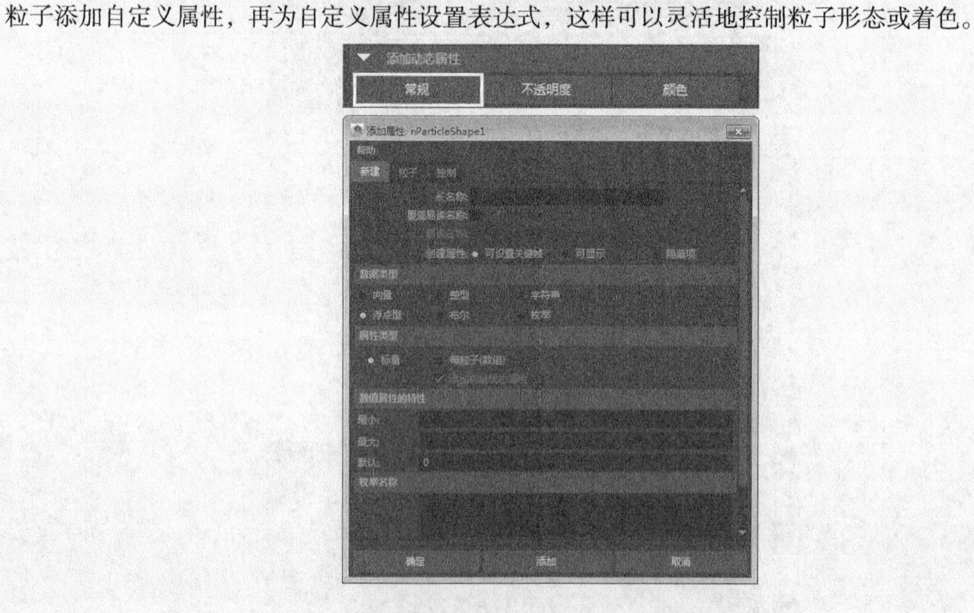


直接在属性中输入表达式，可以影响该属性。如果对表达式不满意，可以修改或删除。

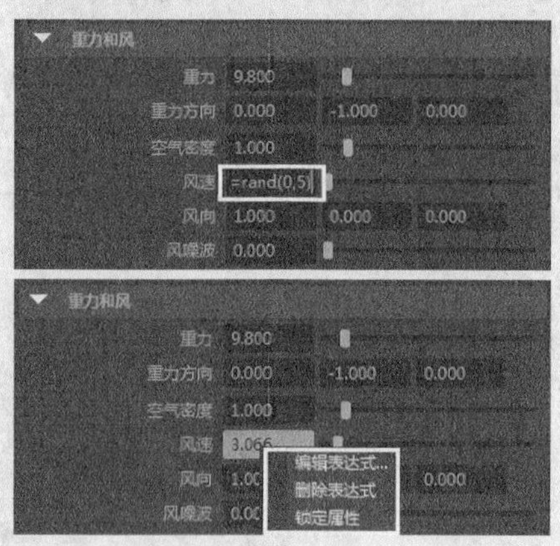

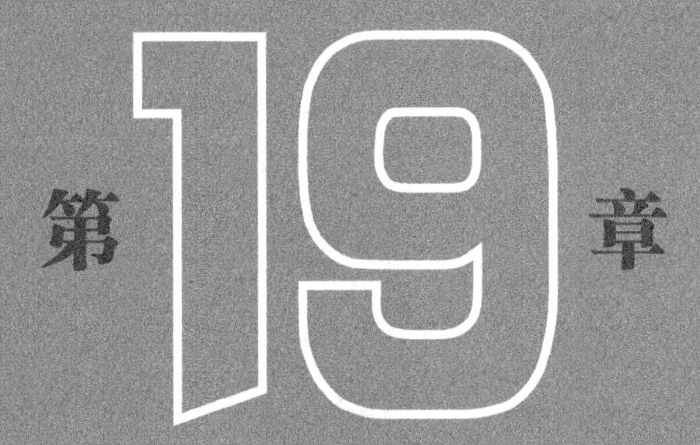


# 流体

Maya提供了强大的流体功能，使用流体功能可以制作海洋、烟雾和火焰等效果。本章主要介绍流体的使用方法、海洋的制作方法，以及海洋细节的制作方法等。

※ 掌握流体的创建与编辑方法

※ 掌握流体的属性

※ 掌握海洋的创建方法

※ 掌握海洋的属性

※ 掌握船的使用方法

※ 掌握尾迹的使用方法

# 19.1 流体

流体最早是工程力学的一门分支学科，用来计算没有固定形态的物体在运动中的受力状态。随着计算机图形学的发展，流体也不再是现实学科的附属物了。Maya的流体功能是一个非常强大的流体动画特效制作工具，使用流体可以模拟出没有固定形态的物体的运动状态，如云雾、爆炸、火焰和海洋等，如图19-1所示。

图19-1

在Maya中，流体可分为两大类，分别是2D流体和3D流体。切换到FX模块，然后展开“流体”菜单，如图19-2所示。

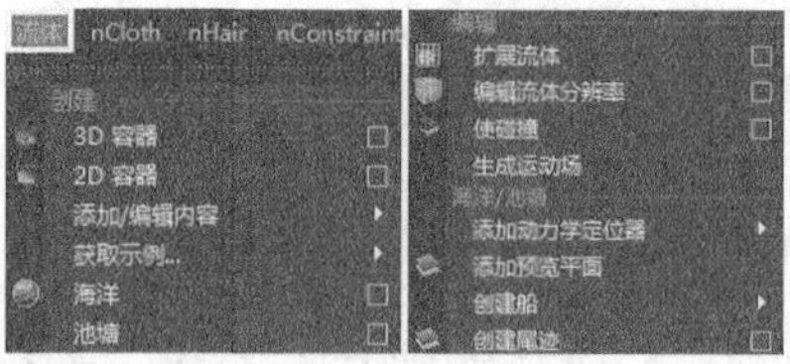

图19-2

— 提示 —

如果没有容器，流体将不能生存和发射粒子。Maya中的流体指的是单一的流体，也就是不能让两个或两个以上的流体相互作用。Maya提供了很多自带的流体特效文件，可以直接调用。

## 19.1.1 3D容器

“3D容器”命令主要用来创建3D容器。打开“创建具有发射器的3D容器选项”对话框，如图19-3所示。

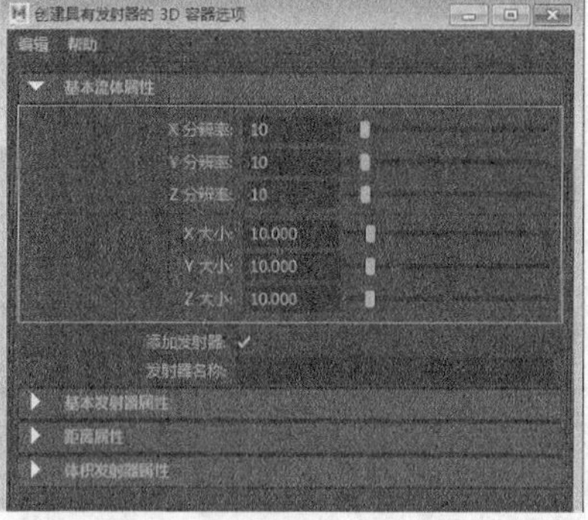


图19-3

### 创建具有发射器的3D容器选项对话框参数介绍

❖ X/Y/Z分辨率：设置容器中流体显示的分辨率。分辨率越高，流体越清晰。

❖ X/Y/Z大小：设置容器的大小。

## 19.1.2 2D容器

“2D容器”命令主要用来创建2D容器。打开“创建具有发射器的2D容器选项”对话框，如图19-4所示。

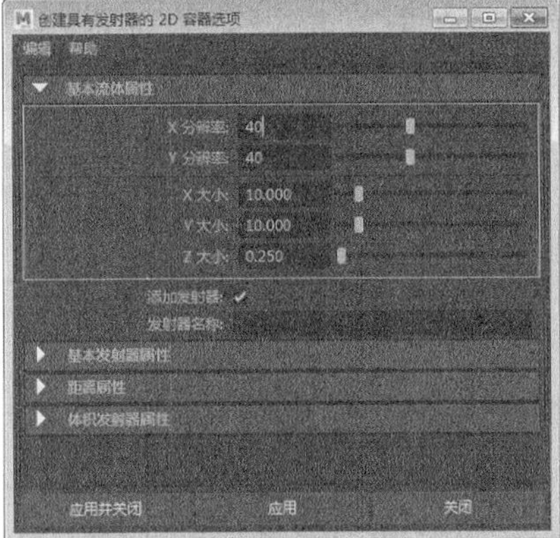


图19-4

**提示**

“创建具有发射器的2D容器选项”对话框中的参数与“创建具有发射器的3D容器选项”对话框中的参数基本相同，这里不再重复讲解。

## 19.1.3 流体属性

在场景中选择流体，然后打开“属性编辑器”面板，接着切换到fluidShape选项卡，如图19-5所示。在该选项卡下，提供了调整流体形态、颜色和动力学等效果的属性。

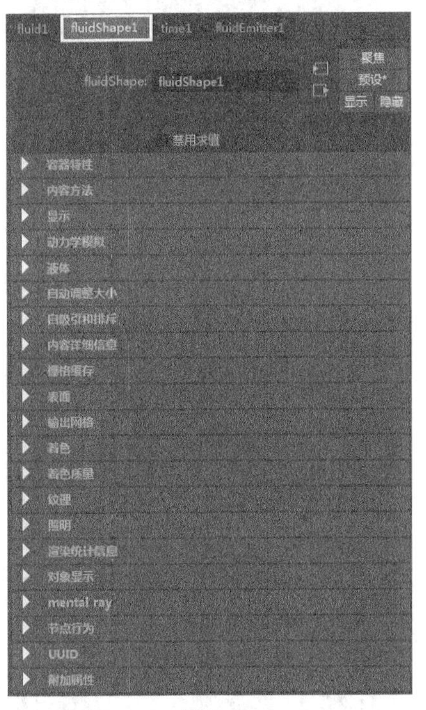


图19-5

### fluidShape节点介绍

❖ 禁用求值：选择该选项后流体将不会进行动力学计算，也就不会具有动态效果。

## 1.容器特性

“容器特性”卷展栏中的属性主要用于控制流体容器的大小和精度，如图19-6所示。

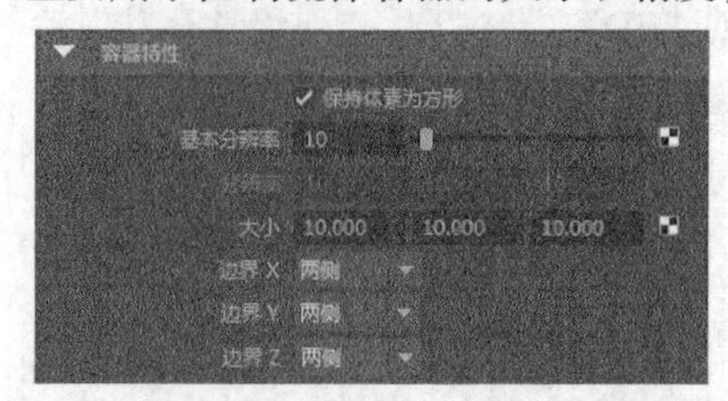


图19-6

## 2.内容方法

“内容方法”卷展栏中的属性主要用于控制流体的各个属性是否具有动力学效果，如图19-7所示。

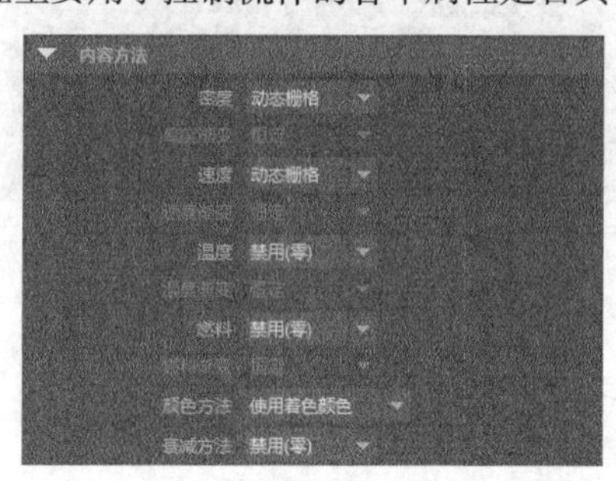


图19-7

## 3.显示

“显示”卷展栏中的属性主要用于设置流体容器的外观，如图19-8所示。

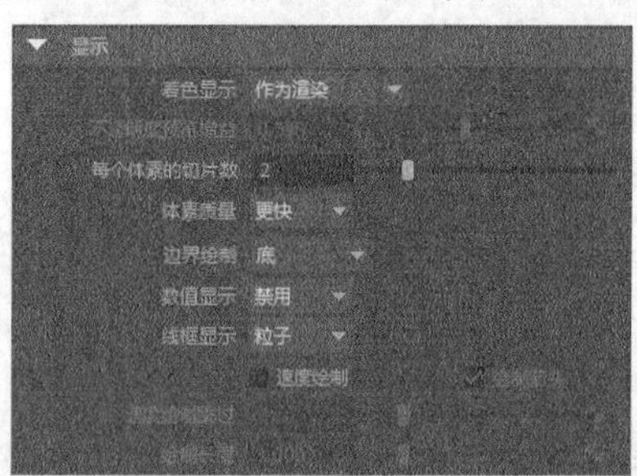


图19-8

## 4.动力学模拟

“动力学模拟”卷展栏中的属性主要用于控制流体的基础动力学属性和解算的精度，如图19-9所示。

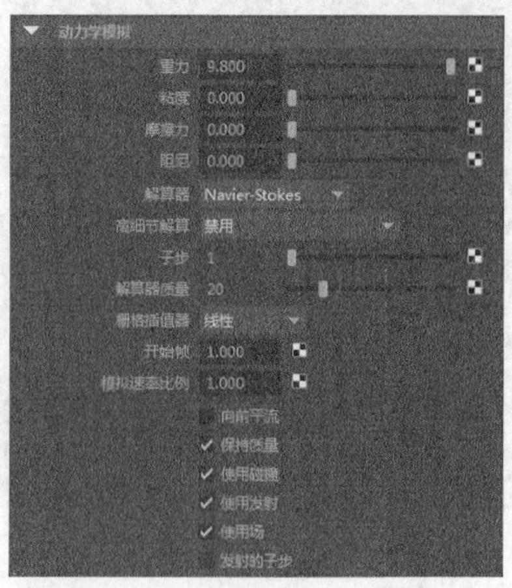


图19-9

## 5.液体

“液体”卷展栏中的属性可以使流体模拟液体效果，如图19-10所示。

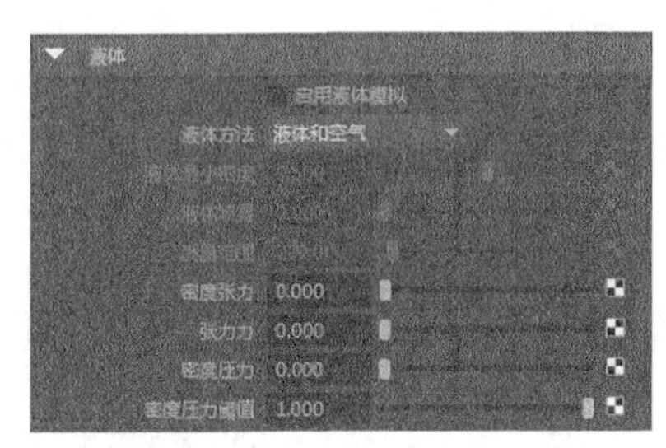

图19-10

## 6.自动调整大小

“自动调整大小”卷展栏中的属性可以使流体容器的大小随着流体的大小自动调整，如图19-11所示。

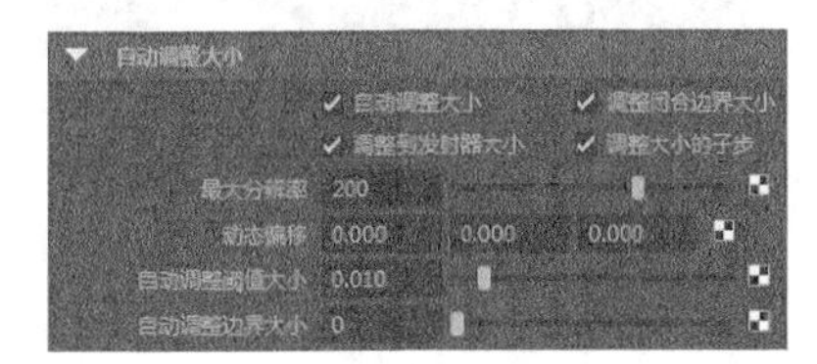

图19-11

## 7.自吸引和排斥

“自吸引和排斥”卷展栏中的属性可以使流体容器中的体素之间生成吸引力和排斥力，如图19-12所示。

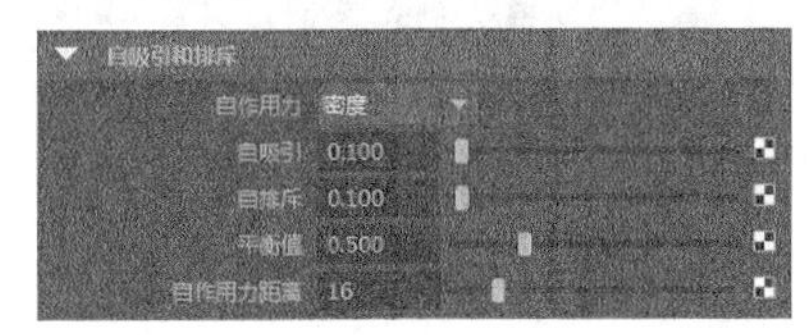

图19-12

## 8.内容详细信息

“内容详细信息”卷展栏中的属性主要用于控制流体的密度、速度、温度、扰乱、燃料和颜色等物理属性，如图19-13所示。

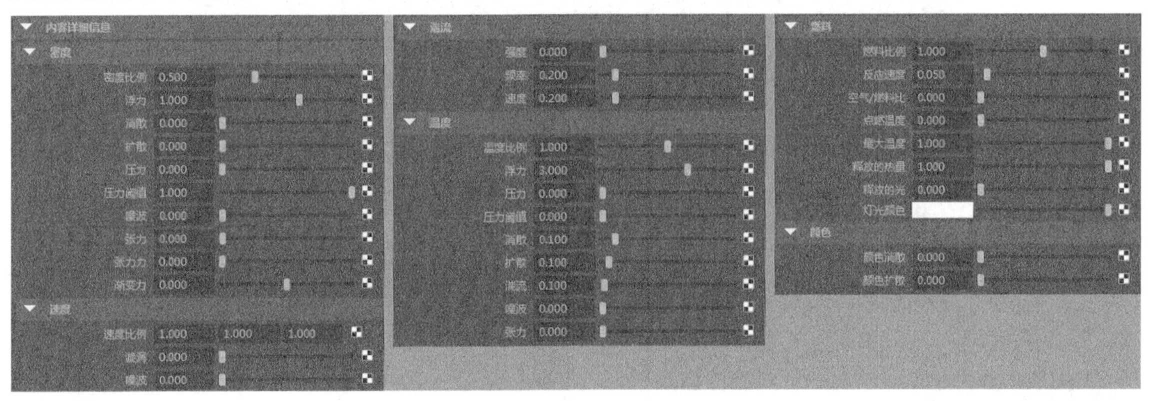

图19-13

## 9.栅格缓存

“栅格缓存”卷展栏中的属性主要用于设置是否读取流体属性信息，如图19-14所示。

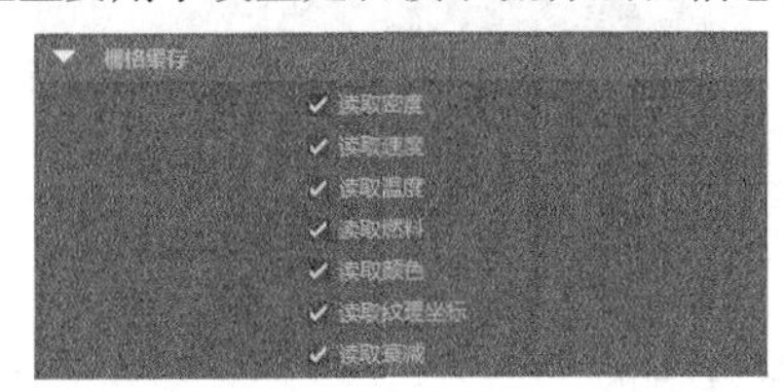

图19-14

## 10.表面

“表面”卷展栏中的属性主要用于设置流体的渲染方式，如图19-15所示。

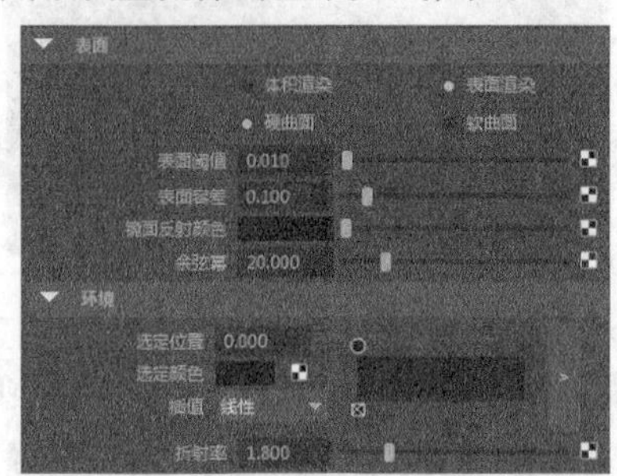


图19-15

## 11.输出网格

“输出网格”卷展栏中的属性主要用于控制分辨率、平滑度和流体到多边形网格转化的速度，如图19-16所示。

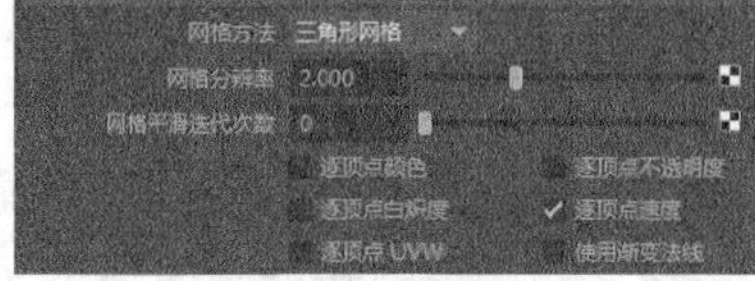


图19-16

## 12.着色

“着色”卷展栏中的属性可以将内置着色效果应用到流体上，如图19-17所示。

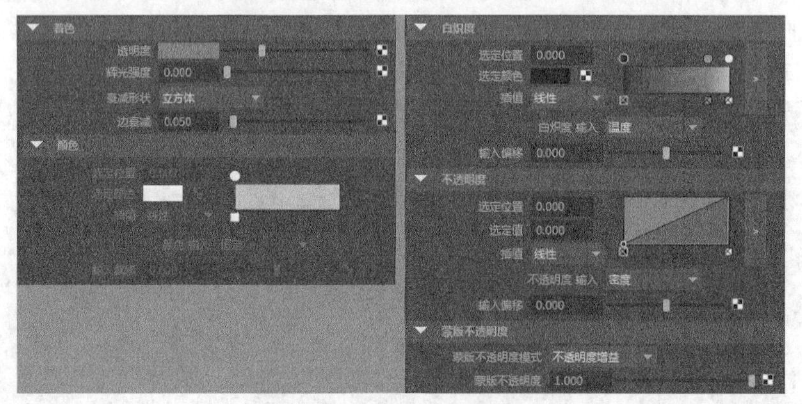


图19-17

## 13.着色质量

“着色质量”卷展栏中的属性主要用于控制渲染的着色质量，如图19-18所示。

图19-18

## 14.纹理

“纹理”卷展栏中的属性使用内置到fluidShape节点的纹理，可以增加采样时间，以获得高质量渲染，如图19-19所示。

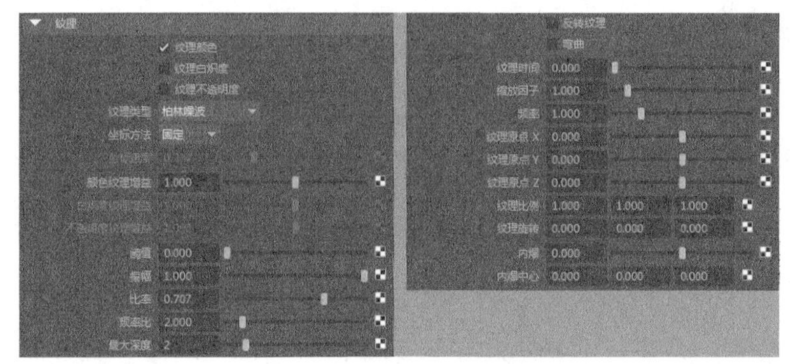

图19-19

## 15.照明

"照明"卷展栏中的属性主要用于控制流体的光照效果，如图19-20所示。

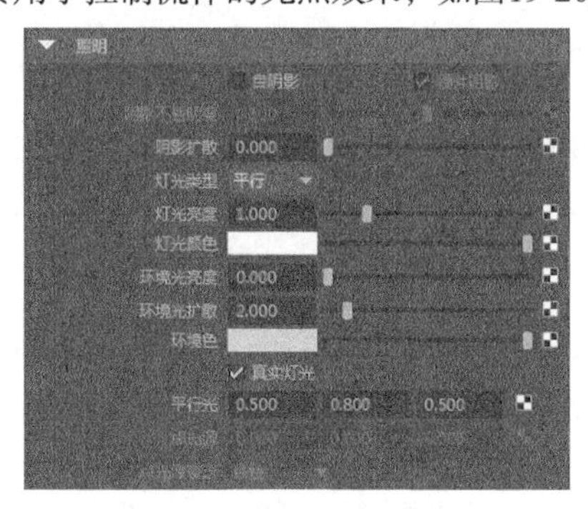

图19-20

# 19.1.4 添加/编辑内容

"添加/编辑内容"菜单包含6个子命令，分别是"发射器""从对象发射""渐变""绘制流体工具""连同曲线""初始状态"，如图19-21所示。

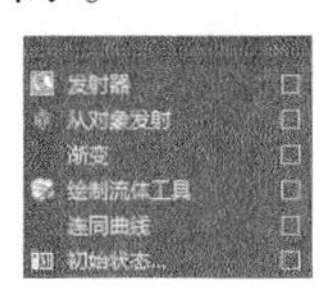


图19-21

## 1.发射器

选择容器以后，执行"发射器"命令可以为当前容器添加一个发射器。打开"发射器选项"对话框，如图19-22所示。

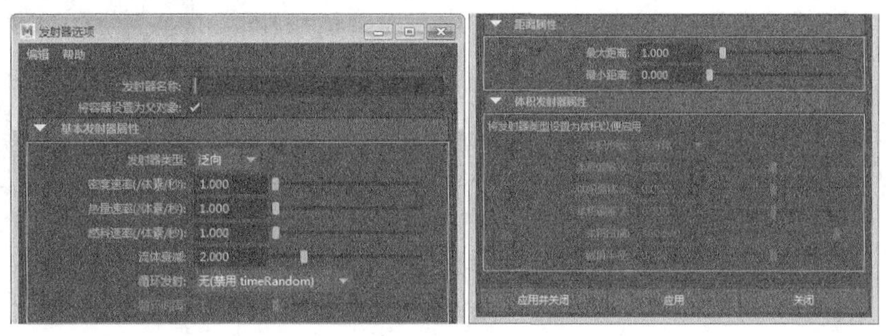

图19-22

### 发射器选项对话框参数介绍

- ❖ 发射器名称：设置流体发射器的名称。
- ❖ 将容器设置为父对象：选择该选项后，可以将创建的发射器设置为所选容器的子物体。
- ❖ 发射器类型：包含“泛向”和“体积”两种。
  - ✧ 泛向：该发射器可以向所有方向发射流体。
  - ✧ 体积：该发射器可以从封闭的体积发射流体。
- ❖ 密度速率（/体素/秒）：设定每秒内将密度值发射到栅格体素的平均速率。负值会从栅格中移除密度。
- ❖ 热量速率（/体素/秒）：设定每秒内将温度值发射到栅格体素的平均速率。负值会从栅格中移除热量。
- ❖ 燃料速率（/体素/秒）：设定每秒内将燃料值发射到栅格体素的平均速率。负值会从栅格中移除燃料。

**提示**

“体素”是“体积”和“像素”的缩写，表示把平面的像素推广到立体空间中，可以理解为立体空间内体积的最小单位。另外，密度是流体的可见特性；热量的高低可以影响一个流体的反应；速度是流体的运动特性；燃料是密度定义的可发生反应的区域。密度、热量、燃料和速度是动力学流体必须模拟的，可以用速度的力量来推动容器内所有的物体。

- ❖ 流体衰减：设定流体发射的衰减值。对于“体积”发射器，衰减指定远离体积轴（取决于体积形状）移动时发射衰减的程度；对于“泛向”发射器，衰减以发射点为基础，从“最小距离”发射到“最大距离”。
- ❖ 循环发射：在一段间隔（以帧为单位）后重新启动随机数流。
  - ✧ 无（禁用timeRandom）：不进行循环发射。
  - ✧ 帧（启用timeRandom）：如果将“循环发射”设定为“帧（启用timeRandom）”，并将“循环间隔”设定为1，将导致在每一帧内重新启动随机流。
- ❖ 循环间隔：设定相邻两次循环的时间间隔，其单位是“帧”。
- ❖ 最大距离：从发射器创建新的特性值的最大距离，不适用于“体积”发射器。
- ❖ 最小距离：从发射器创建新的特性值的最小距离，不适用于“体积”发射器。
- ❖ 体积形状：设定“体积”发射器的形状，包括“立方体”“球体”“圆柱体”“圆锥体”“圆环”这5种。
- ❖ 体积偏移X/Y/Z：设定体积偏移发射器的距离，这个距离基于发射器的局部坐标。旋转发射器时，设定的体积偏移也会随之旋转。
- ❖ 体积扫描：设定发射体积的旋转角度。
- ❖ 截面半径：仅应用于“圆环体”体积，用于定义圆环体的截面半径。

## 2.从对象发射

用“从对象发射”命令可以将流体从选定对象上发射出来。打开“从对象发射选项”对话框，如图19-23所示。

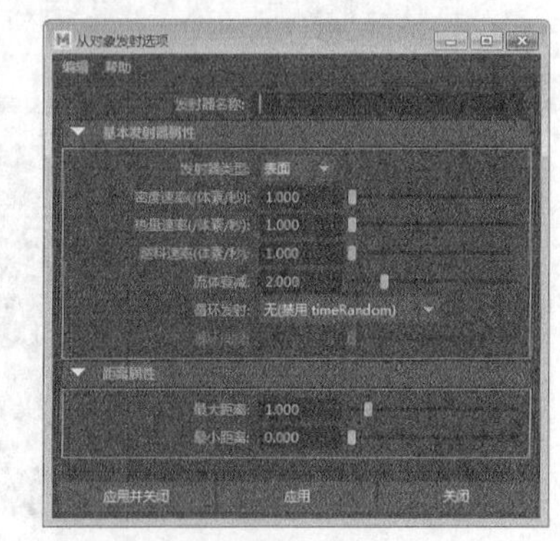


图19-23

### 从对象发射选项对话框参数介绍

- ❖ 发射器类型：选择流体发射器的类型，包含“泛向”“表面”“曲线”这3种。
  - ✧ 泛向：这种发射器可以从各个方向发射流体。
  - ✧ 表面：这种发射器可以从对象的表面发射流体。
  - ✧ 曲线：这种发射器可以从曲线上发射流体。

## 提示

必须保证曲线和表面在流体容器内，否则它们不会发射流体。如果曲线和表面只有一部分在流体容器内部，则只有在容器内部的部分才会发射流体。

## 3.渐变

用“渐变”命令可以为流体的密度、速度、温度和燃料填充渐变效果。打开“流体渐变选项”对话框，如图19-24所示。

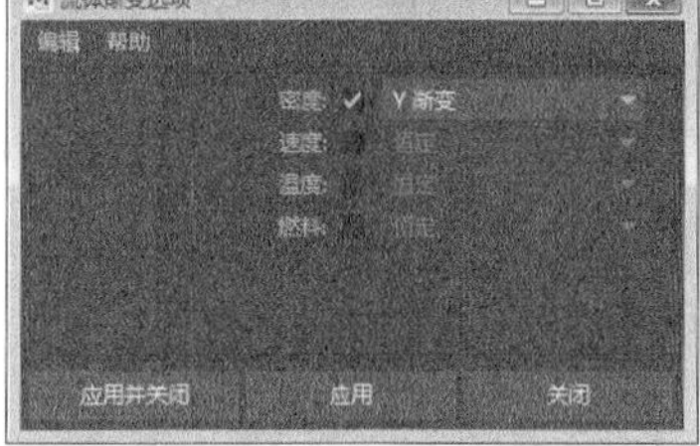


图19-24

### 流体渐变选项对话框参数介绍

❖ 密度：设定流体密度的梯度渐变，包含“恒定”“X 渐变”“Y 渐变”“Z 渐变”“-X 渐变”“-Y 渐变”“-Z 渐变”“中心渐变”8种，图19-25所示分别是这8种渐变效果。

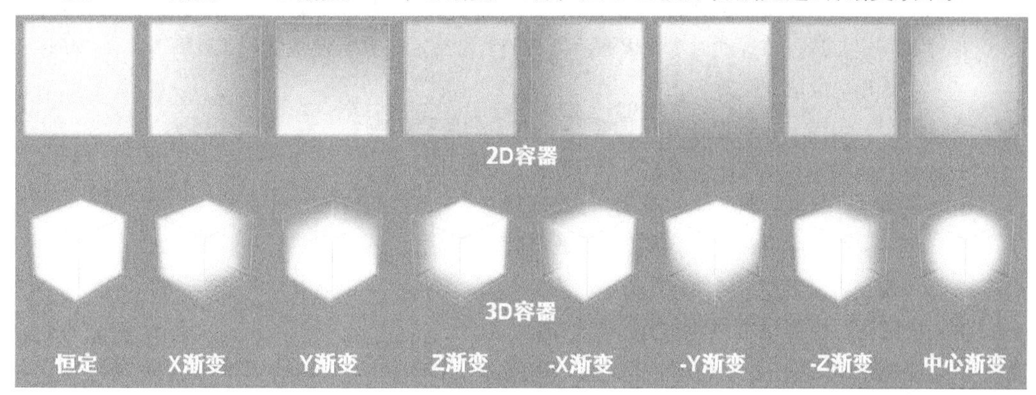


图19-25

❖ 速度：设定流体发射梯度渐变的速度。

❖ 温度：设定流体温度的梯度渐变。

❖ 燃料：设定流体燃料的梯度渐变。

## 4.绘制流体工具

用“绘制流体工具”可以绘制流体的密度、颜色、燃料、速度和温度等属性。打开“绘制流体工具”的“工具设置”对话框，如图19-26所示。

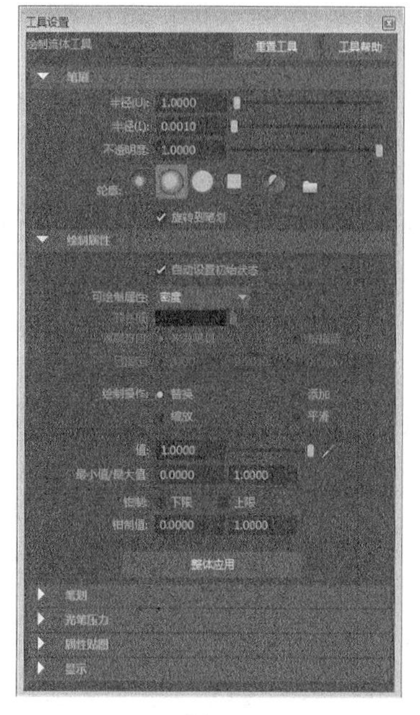


图19-26

### 绘制流体工具参数介绍

❖ 自动设置初始状态：如果启用该选项，那么在退出绘制流体工具、更改当前时间或更改当前选择时，会自动保存流体的当前状态；如果禁用该选项，并且在播放或单步执行模拟之前没有设定流体的初始状态，那么原始绘制的值将丢失。

❖ 可绘制属性：设置要绘制的属性，共有以下8个选项。

  ✧ 密度：绘制流体的密度。

  ✧ 密度和颜色：绘制流体的密度和颜色。

  ✧ 密度和燃料：绘制流体的密度和燃料。

  ✧ 速度：绘制流体的速度。

  ✧ 温度：绘制流体的温度。

  ✧ 燃料：绘制流体的燃料。

  ✧ 颜色：绘制流体的颜色。

  ✧ 衰减：绘制流体的衰减程度。

❖ 颜色值：当设置“可绘制属性”为“颜色”或“密度和颜色”时，该选项才可用，主要用来设置绘制的颜色。

❖ 速度方向：使用“速度方向”设置可选择如何定义所绘制的速度笔划的方向。

  ✧ 来自笔划：速度向量值的方向来自沿当前绘制切片的笔刷的方向。

  ✧ 按指定：选择该选项时，可以激活下面的“已指定”数值输入框，通过输入$x$、$y$、$z$的数值来指定速度向量值。

❖ 绘制操作：选择一个操作以定义希望绘制的值如何受影响。

  ✧ 替换：使用指定的明度值和不透明度替换绘制的值。

  ✧ 添加：将指定的明度值和不透明度与绘制的当前体素值相加。

  ✧ 缩放：按明度值和不透明度因子缩放绘制的值。

  ✧ 平滑：将值更改为周围的值的平均值。

❖ 值：设定执行任何绘制操作时要应用的值。

❖ 最小值/最大值：设定可能的最小和最大绘制值。默认情况下，可以绘制介于0~1的值。

❖ 钳制：选择是否要将值钳制在指定的范围内，而不管绘制时设定的“值”数值。

  ✧ 下限：将“下限”值钳制为指定的“钳制值”。

  ✧ 上限：将“上限”值钳制为指定的“钳制值”。

❖ 钳制值：为“钳制”设定“上限”和“下限”值。

❖ 整体应用 整体应用：单击该按钮可以将笔刷设置应用于选定节点上的所有属性值。

## 技术专题：“绘制流体工具”的用法

创建一个3D容器，然后选择“绘制流体工具”，这时可以观察到3D容器中有一个切片和一把小锁，如图19-27所示。转动视角时，小锁的位置也会发生变化，如图19-28所示。如果希望在转换视角时小锁的位置固定不动，可以用鼠标左键单击小锁，将其锁定，如图19-29所示。

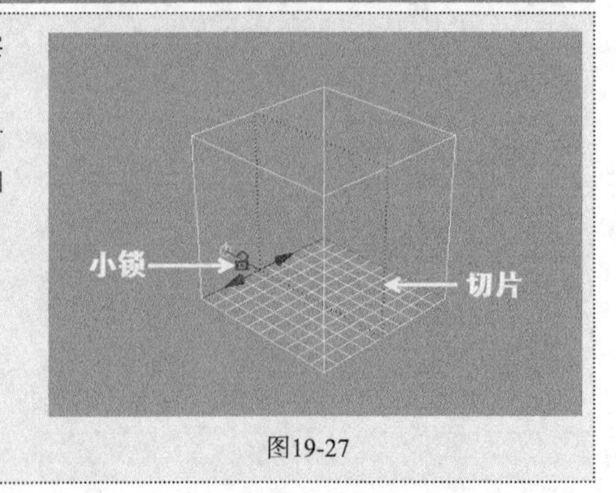

图19-27

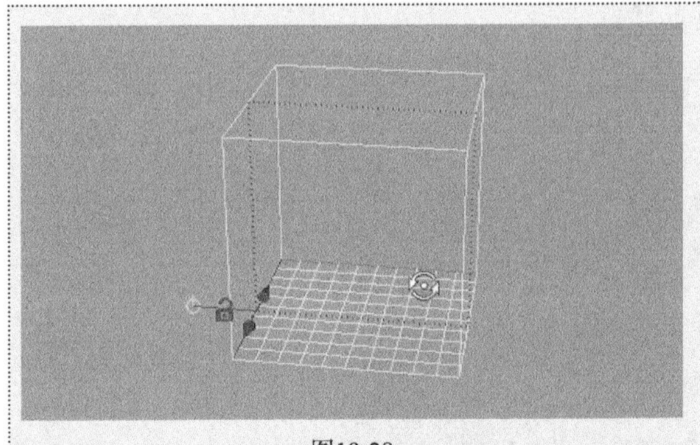

图19-28

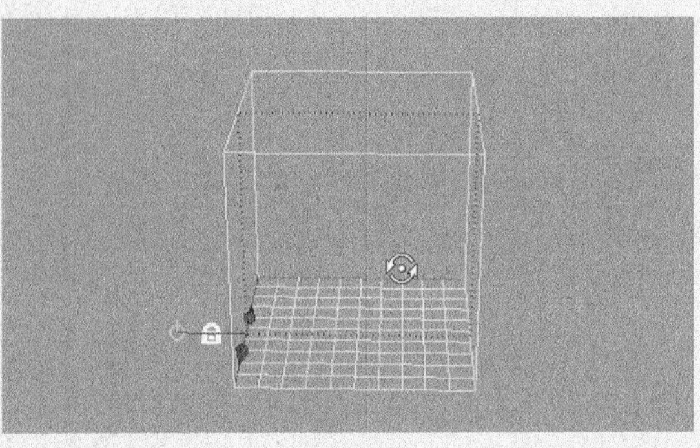

图19-29

在选择“可绘制属性”中的某些属性时，Maya会打开一个警告对话框，提醒用户要绘制属性，必须先将fluidShape流体形状设置为动态栅格，如图19-30所示。如果要继续绘制属性，单击“设置为动态”按钮设置为动态即可。

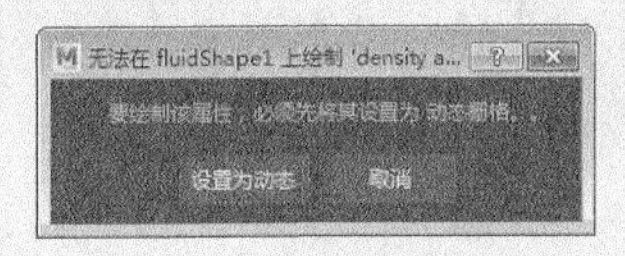


图19-30

## 5.连同曲线

用“连同曲线”命令可以让流体从曲线上发射出来，同时可以控制流体的密度、颜色、燃料、速度和温度等属性。打开“使用曲线设置流体内容选项”对话框，如图19-31所示。

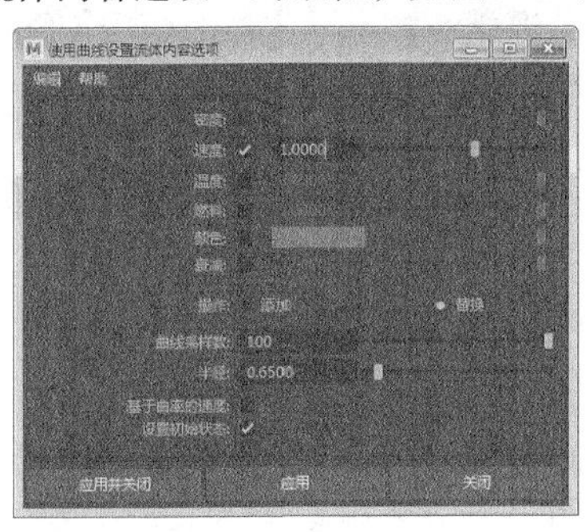


图19-31

### 使用曲线设置流体内容选项对话框参数介绍

- ❖ 密度：设定曲线插入当前流体的密度值。
- ❖ 速度：设定曲线插入当前流体的速度值（包含速度大小和方向）。
- ❖ 温度：设定曲线插入当前流体的温度值。
- ❖ 燃料：设定曲线插入当前流体的燃料值。
- ❖ 颜色：设定曲线插入当前流体的颜色值。
- ❖ 衰减：设定曲线插入当前流体的衰减值。
- ❖ 操作：可以向受影响体素的内容“添加”内容或“替换”受影响体素的内容。
    - ✧ 添加：曲线上的流体参数设置将添加到相应位置的原有体素上。
    - ✧ 替换：曲线上的流体参数设置将替换相应位置的原有体素设置。
- ❖ 曲线采样数：设定曲线计算流体的次数。该数值越大，效果越好，但计算量会增大。
- ❖ 半径：设定流体沿着曲线插入时的半径。
- ❖ 基于曲率的速度：选择该选项时，流体的速度将受到曲线的曲率影响。曲率大的地方速度会变慢；曲率小的地方速度会加快。

❖ 设置初始状态：设定当前帧的流体状态为初始状态。

要用“连同曲线”命令来控制物体的属性，必须设定流体容器为“动态栅格”或“静态栅格”。另外，该命令类似于“从对象发射”中的“曲线”发射器，“曲线”发射器是以曲线为母体，而“连同曲线”是从曲线上发射，即使删除了曲线，流体仍会在容器中发射出来，如图19-32所示。

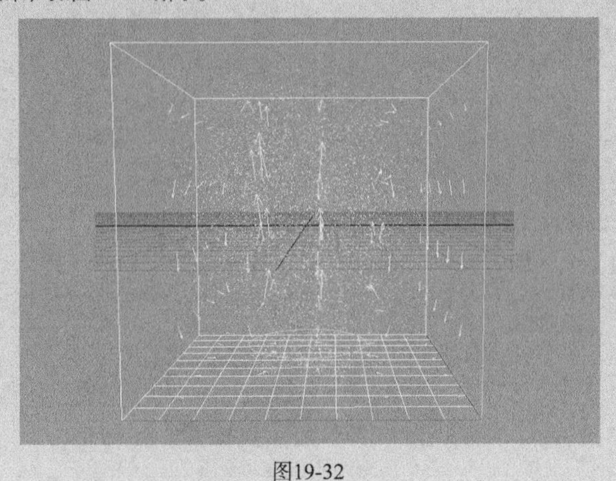

图19-32

## 6.初始状态

“初始状态”命令可以用Maya自带流体的初始状态来快速定义物体的初始状态。打开“初始状态选项”对话框，如图19-33所示。

图19-33

### 初始状态选项对话框参数介绍

❖ 流体分辨率：设置流体分辨率的方式，共有以下两种。

  ✧ 按现状：将流体示例的分辨率设定为当前流体容器初始状态的分辨率。

  ✧ 从初始状态：将当前流体容器的分辨率设定为流体示例初始状态的分辨率。

## 【练习19-1】制作影视流体文字动画

| 场景文件 | 无 |
| --- | --- |
| 实例文件 | Examples>CH19>19.1.mb |
| 难易指数 | ★☆☆☆☆ |
| 技术掌握 | 掌握如何用绘制流体工具制作流体文字 |

本例用“绘制流体工具”制作的影视流体文字动画效果如图19-34所示。

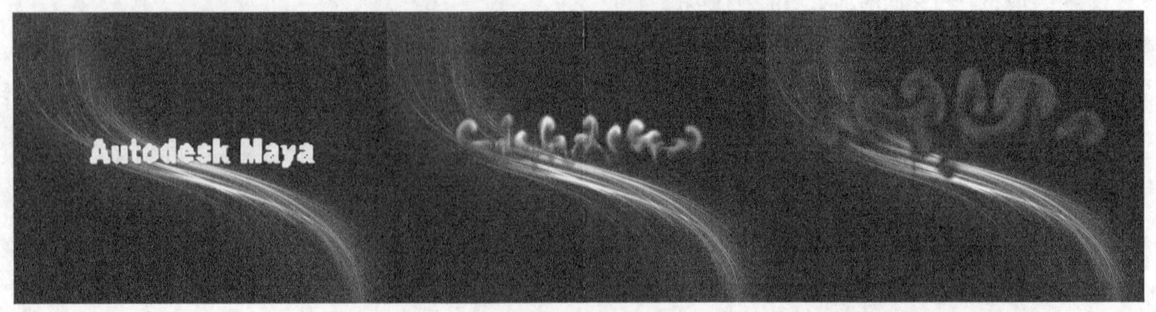


图19-34

01 新建一个场景，然后单击“流体>2D容器”菜单命令后面的按钮，接着在打开的“创建具有发射器的2D容器选项”卷展栏中取消选择“添加发射器”选项，最后单击“应用并关闭”按钮，如图19-35所示。

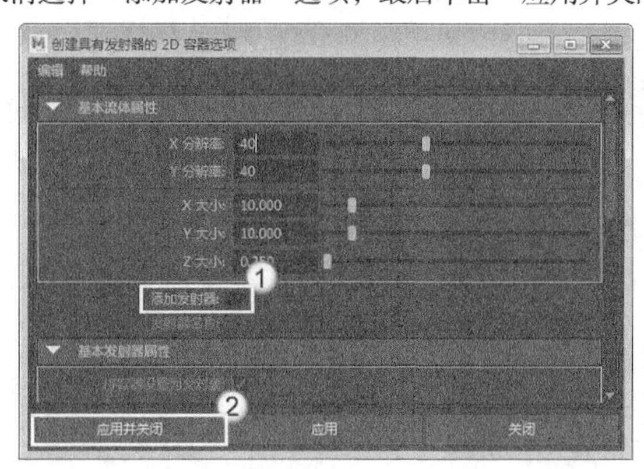


图19-35

02 打开2D容器的“属性编辑器”面板，然后切换到fluidShape1选项卡，接着设置“基本分辨率”为120、“大小”为（60，15，0.25）、“边界X/Y”为“无”，如图19-36所示，效果如图19-37所示。

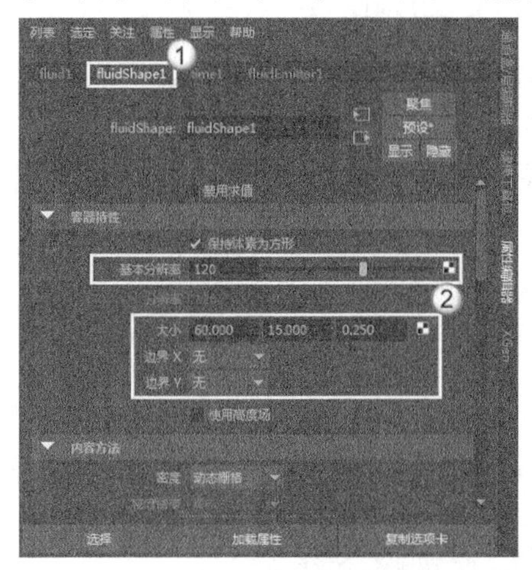


图19-36

图19-37

03 单击“流体>添加/编辑内容>绘制流体工具”菜单命令后面的按钮，然后在打开的“绘制流体工具”的“工具设置”对话框中展开“属性贴图>导入”卷展栏，接着单击“导入”按钮，如图19-38所示，最后指定学习资源中的“Examples>CH19>19.1>Maya.jpg”文件，效果如图19-39所示。

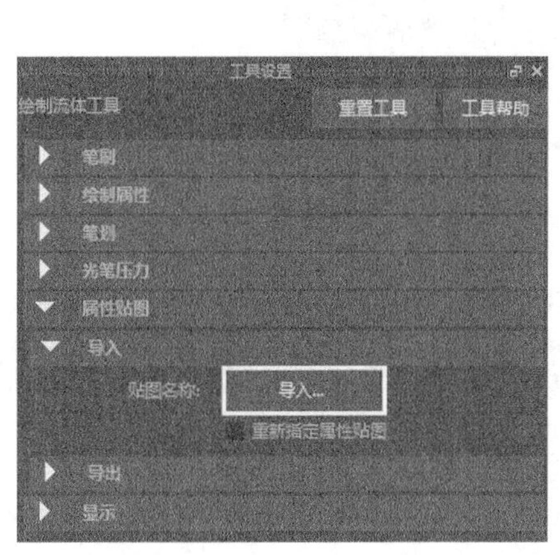


图19-38

图19-39

**04** 在2D容器的“属性编辑器”面板中展开“自动调整大小”卷展栏，然后选择“自动调整大小”选项，接着展开“内容详细信息>密度”卷展栏，最后设置“密度比例”为0.5、“消散”为0，如图19-40所示。

**05** 播放动画，然后渲染出效果最明显的帧，图19-41所示分别是第1帧、23帧和112帧的渲染效果。

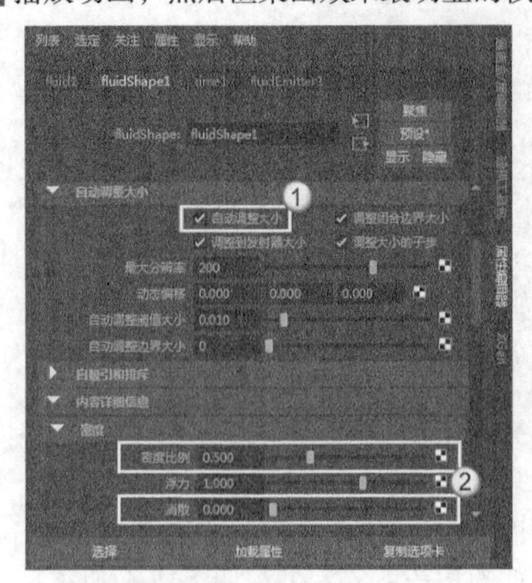


图19-40

图19-41

## 19.1.5 获取示例

获取示例中包括“流体”和“海洋/池塘”两个子命令，执行任何一个命令都可以打开Visor对话框，在该对话框中可以选择各种示例。

### 1.流体示例

执行“获取示例>流体”菜单命令可以打开Visor对话框，在该对话框中可以直接选择Maya自带的流体示例，如图19-42所示。

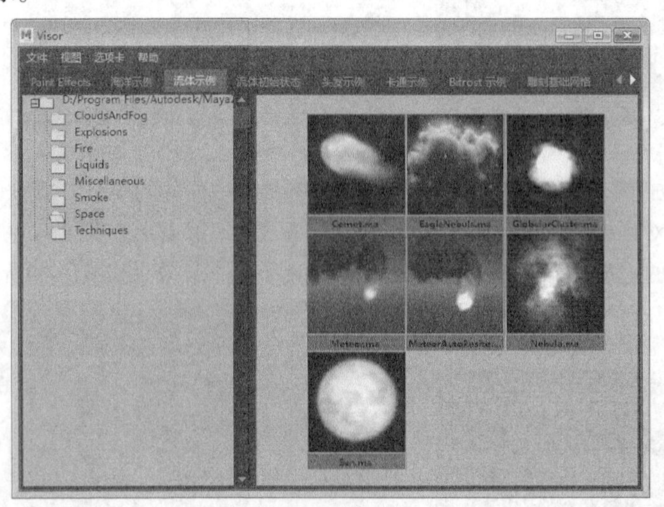


图19-42

**提示**

选择流体示例后，用鼠标中键可以直接将选取的流体示例拖曳到场景中。

### 2.海洋/池塘示例

执行“获取示例>海洋/池塘”菜单命令可以打开Visor对话框，在该对话框中可以直接选择Maya自带的海洋、池塘示例，如图19-43所示。

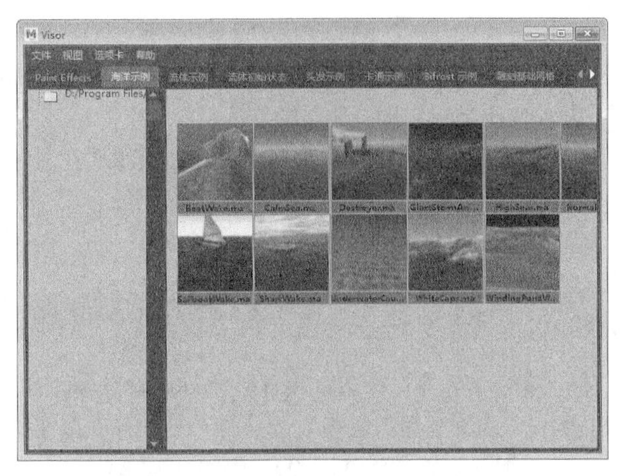


图19-43

## 19.1.6 海洋

使用“海洋”命令可以模拟出很逼真的海洋效果，无论是平静的海洋，还是狂暴的海洋，Maya都可以轻松地完成模拟，如图19-44所示。

图19-44

执行“海洋”命令可以创建出海洋流体效果，场景中会生成预览平面和海洋平面，如图19-45所示。中间的矩形平面是海洋的预览平面，可以预览海洋的效果。圆形的平面是海洋平面，最终渲染的就是海洋平面。打开“创建海洋”对话框，如图19-46所示。

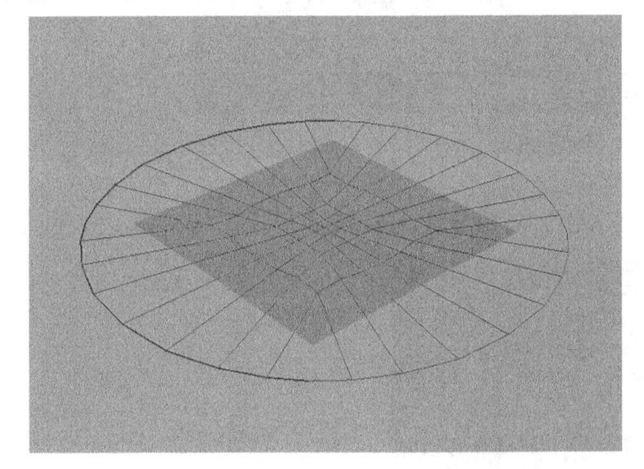

图19-45

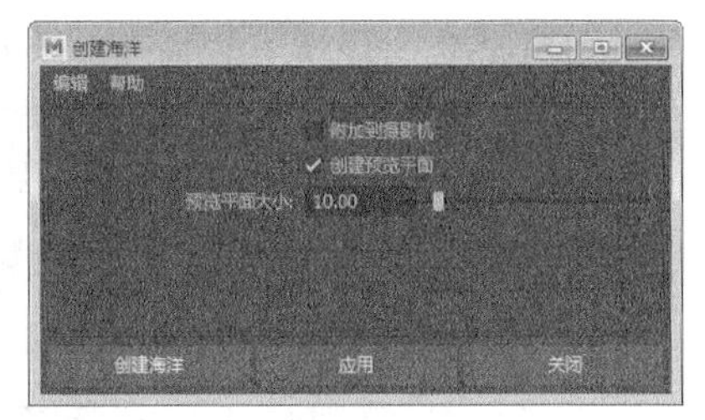


图19-46

### 创建海洋对话框参数介绍

❖ 附加到摄影机：启用该选项后，可以将海洋附加到摄影机。自动附加海洋时，可以根据摄影机缩放和平移海洋，从而为给定视点保持最佳细节量。

❖ 创建预览平面：启用该选项后，可以创建预览平面，通过置换在着色显示模式中显示海洋的着色面片。可以缩放和平移预览平面，以预览海洋的不同部分。

❖ 预览平面大小：设置预览平面的$x$、$z$方向的大小。

## 19.1.7 海洋属性

选择预览平面，然后打开“属性编辑器”面板，接着切换到oceanShader选项卡，在该选项卡中可以设置海洋的形态和外观，如图19-47所示。海洋的最终效果是由oceanShader节点决定的，该节点实际上就是一种材质。

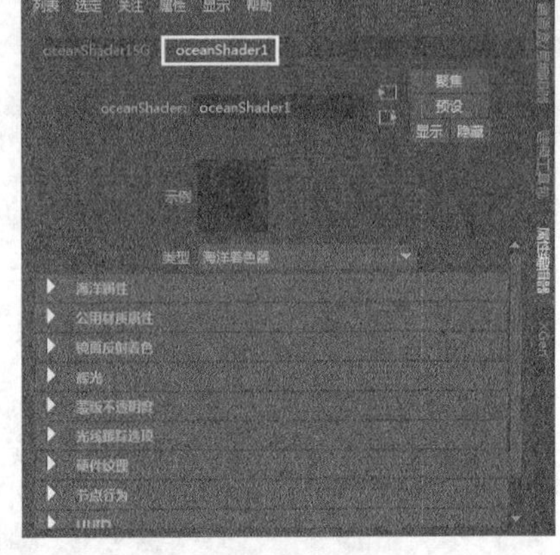


图19-47

### oceanShader节点介绍

❖ 类型：可以切换到其他材质节点。

### 1.海洋属性

“海洋属性”卷展栏中的属性主要用于调整海洋的形态，如图19-48所示。

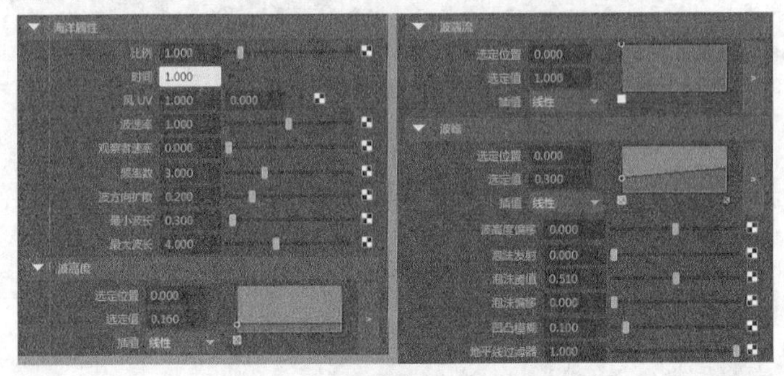

图19-48

### 2.公用材质属性

“公用材质属性”卷展栏中的属性主要用于控制海洋的颜色、透明度和漫反射等，如图19-49所示。

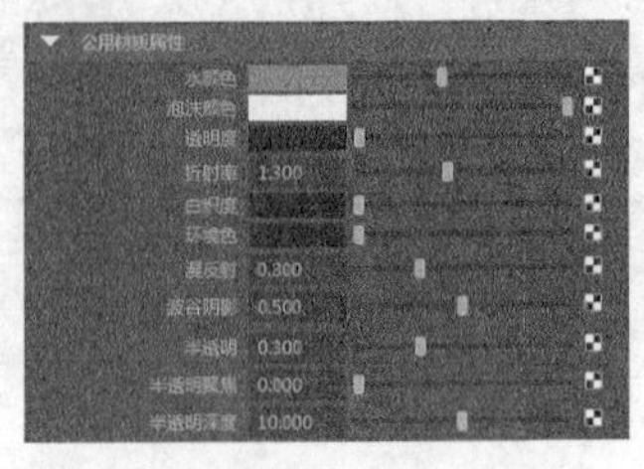

图19-49

### 3.镜面反射着色

“镜面反射着色”卷展栏中的属性主要用于控制海洋的高光颜色、高光范围、反射率以及环境颜色等，如图19-50所示。

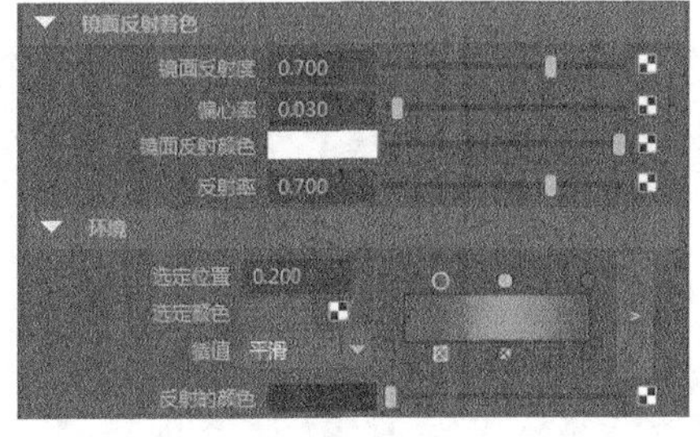


图19-50

### 4.辉光

“辉光”卷展栏中的属性主要用于控制海洋的发光效果，如图19-51所示。

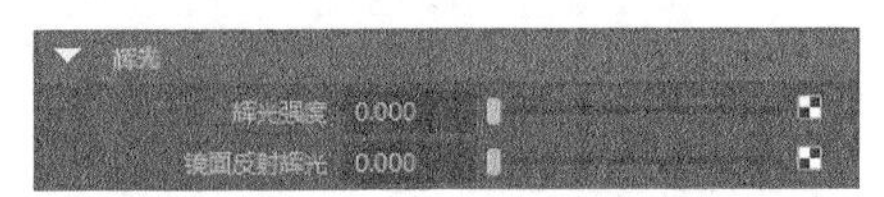


图19-51

### 5.蒙版不透明度

在使用蒙版进行渲染时，“蒙版不透明度”卷展栏中的属性主要用于控制海洋在蒙版中的显示方式，如图19-52所示。

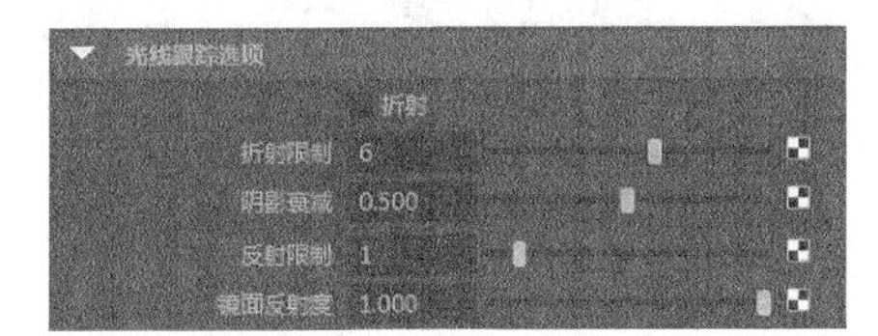


图19-52

### 6.光线跟踪选项

“光线跟踪选项”卷展栏中的属性主要用于控制折射的效果，如图19-53所示。



图19-53

## 【练习19-2】创建海洋

| | |
|---|---|
| 场景文件 | 无 |
| 实例文件 | Examples>CH19>19.2.mb |
| 难易指数 | ★☆☆☆☆ |
| 技术掌握 | 掌握海洋的创建方法 |

本例用“海洋”命令制作的海洋效果如图19-54所示。

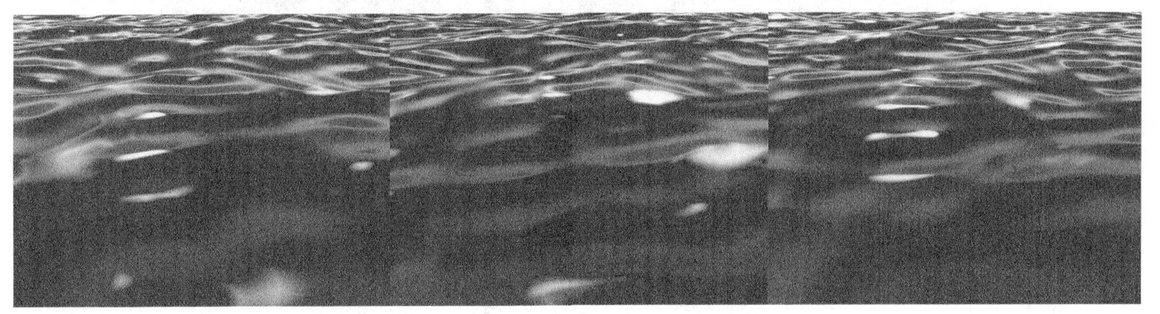

图19-54

**01** 新建一个场景，然后执行“流体>海洋”菜单命令，效果如图19-55所示。

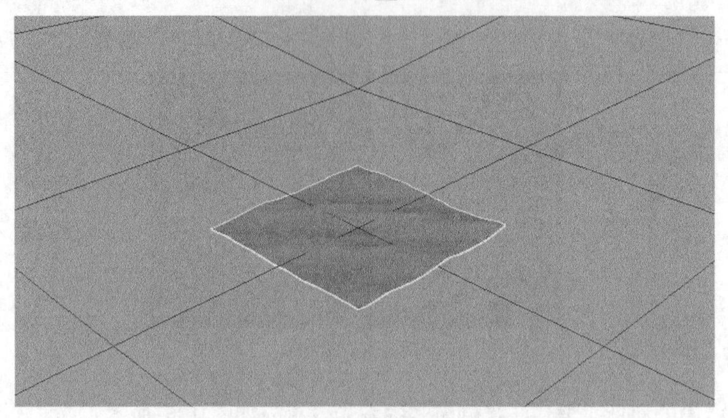

图19-55

**02** 打开海洋的“属性编辑器”面板，然后切换到oceanShader1选项卡，接着设置“比例”为1.5，如图19-56所示。

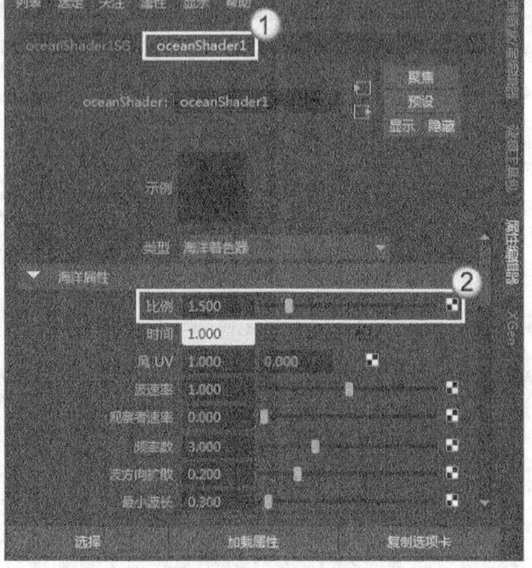


图19-56

**03** 设置“波高度”“波湍流”“波峰”的曲线形状，然后设置“泡沫发射”为0.736、“泡沫阈值”为0.43、“泡沫偏移”为0.265，如图19-57所示。

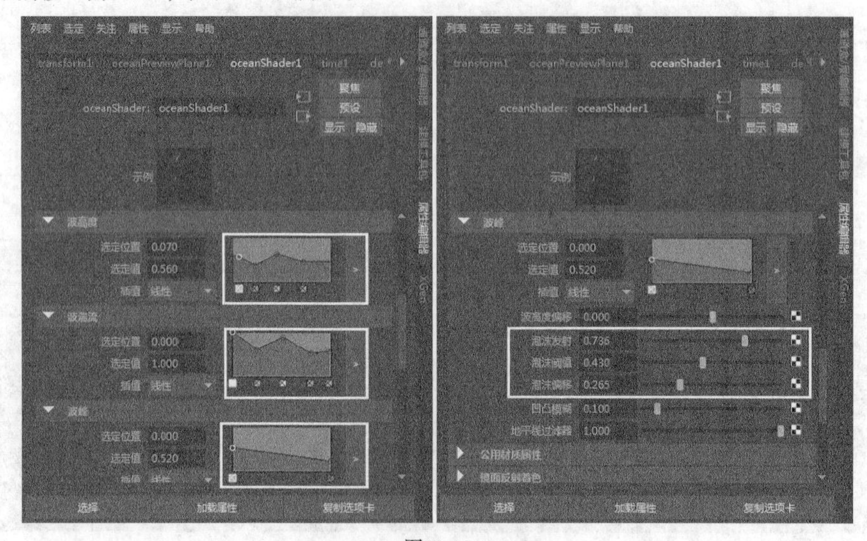


图19-57

**04** 选择动画效果最明显的帧，然后渲染出单帧图，最终效果如图19-58所示。

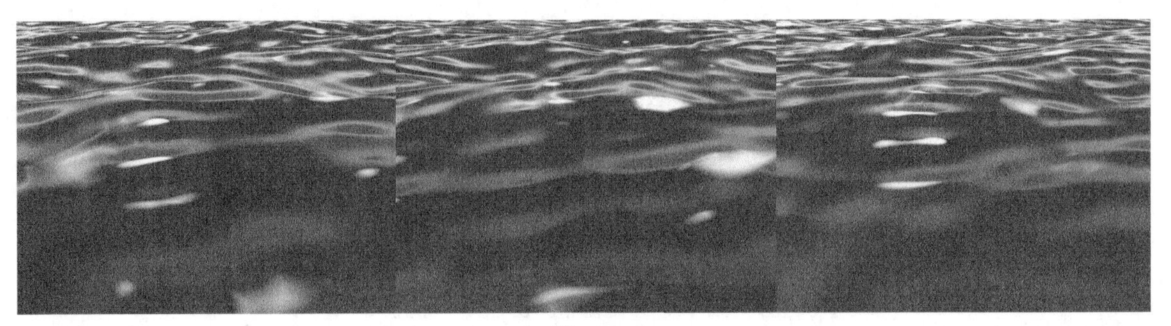

图19-58

## 19.1.8 池塘

“池塘”的属性与“海洋”的基本相同，只不过这些命令是用来模拟池塘流体效果。

## 19.1.9 扩展流体

“扩展流体”命令主要用来扩展所选流体容器的尺寸。打开“扩展流体选项”对话框，如图19-59所示。

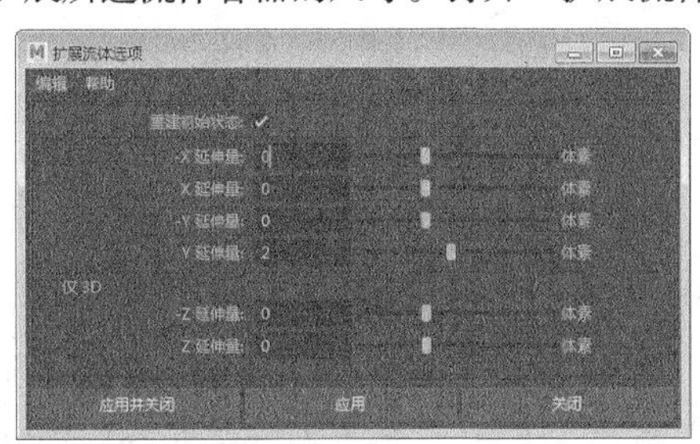


图19-59

### 扩展流体选项对话框参数介绍

- ❖ 重建初始状态：选择该选项时，可以在扩展流体容器后，重新设置流体的初始状态。
- ❖ ±X延伸量/±Y延伸量：设定在±*x*、±*y*方向上扩展流体的量，单位为“体素”。
- ❖ ±Z延伸量：设定3D容器在±*z*两个方向上扩展流体的量，单位为“体素”。

## 19.1.10 编辑流体分辨率

“编辑流体分辨率”命令主要用来调整流体容器的分辨率大小。打开“编辑流体分辨率选项”对话框，如图19-60所示。

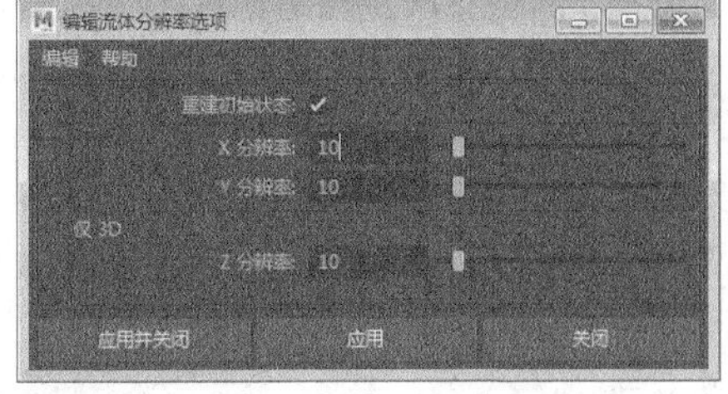


图19-60

### 编辑流体分辨率选项对话框参数介绍

- ❖ 重建初始状态：选择该选项时，可以在设置流体容器分辨率之后，重新设置流体的初始状态。
- ❖ X/Y分辨率：设定流体在*x*、*y*方向上的分辨率。
- ❖ Z分辨率：设定3D容器在*z*方向上的分辨率。

## 19.1.11 使碰撞

“使碰撞”命令主要用来制作流体和物体之间的碰撞效果，使它们相互影响，以避免流体穿过物体。打开“使碰撞选项”对话框，如图19-61所示。

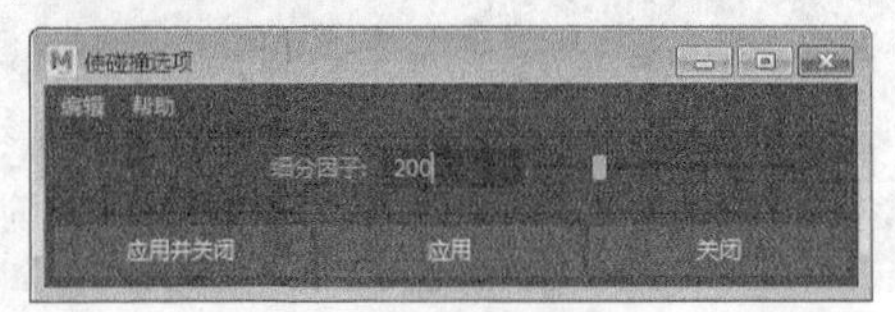


图19-61

### 使碰撞选项对话框参数介绍

❖ 细分因子：Maya在模拟动画之前会将NURBS对象内部转化为多边形，“细分因子”用来设置在该转化期间创建的多边形数目。创建的多边形越少，几何体越粗糙，动画的精确度越低（这意味着有更多流体通过几何体），但会加快播放速度并延长处理时间。

## 【练习19-3】制作流体碰撞动画

| | |
|---|---|
| 场景文件 | Scenes>CH19>19.3.mb |
| 实例文件 | Examples>CH19>19.3.mb |
| 难易指数 | ★☆☆☆☆ |
| 技术掌握 | 掌握流体碰撞动画的制作方法 |

**01** 打开学习资源中的“Scenes>CH19>19.3.mb”文件，场景中有一个流体发射器和一个平面，如图19-62所示。

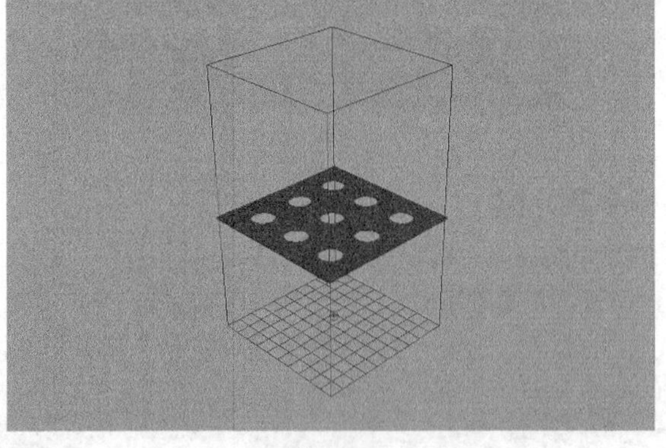

图19-62

**02** 在“大纲视图”对话框中选择polySurface2和fluid1节点，如图19-63所示，然后执行“流体>使碰撞”菜单命令，这样当流体碰到带孔的模型时就会产生碰撞效果，如图19-64所示。

图19-63

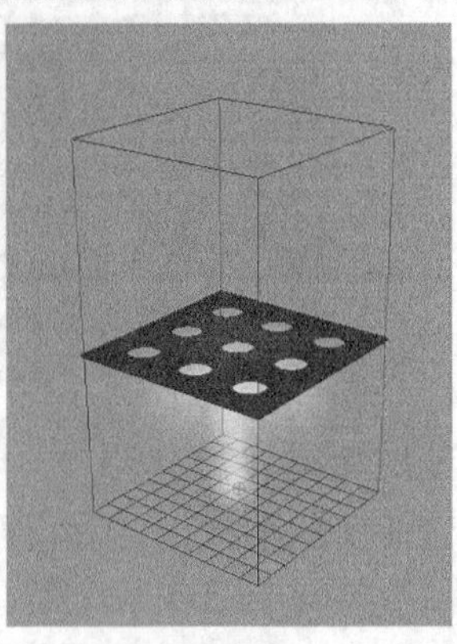

图19-64

**03** 播放动画，图19-65所示分别是第80帧、160帧和220帧的碰撞动画效果。

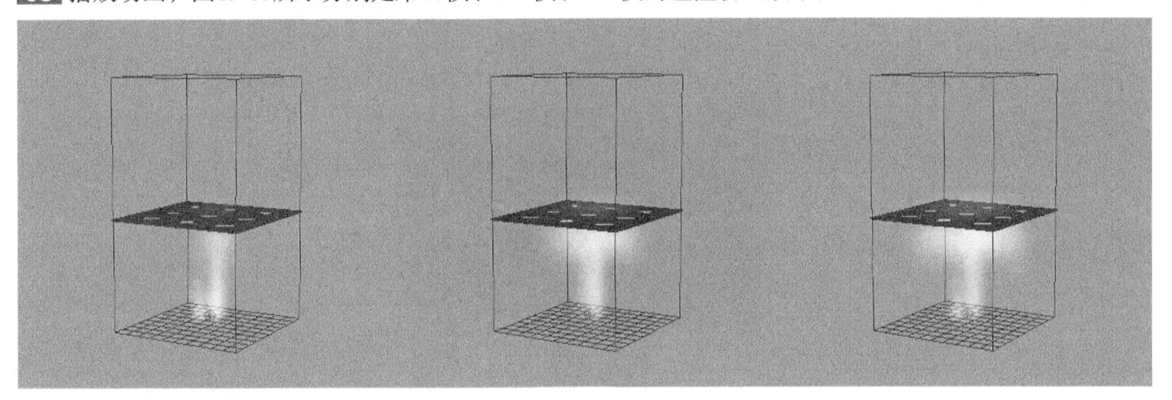

图19-65

## 19.1.12 生成运动场

“生成运动场”命令主要用来模拟物体在流体容器中移动时，物体对流体动画产生的影响。当一个物体在流体中运动时，该命令可以对流体产生推动和黏滞效果。

**提示**

物体必须置于流体容器的内部，“生成运动场”命令才起作用，并且该命令对海洋无效。

## 19.1.13 添加动力学定位器

“添加动力学定位器”命令包含了“曲面”“动态船”“动态简单”“动态曲面”4个命令，如图19-66所示。

图19-66

### 1.曲面

该命令使表面定位器仅在 $y$ 方向上跟随海洋或池塘的运动。

### 2.动态船

该命令使定位器在 $y$ 方向跟随海洋或池塘的运动，但在 $x$ 和 $z$ 方向进行另外的旋转，以使船可以在波浪中起伏翻转。打开“创建动力学船定位器”对话框，如图19-67所示。

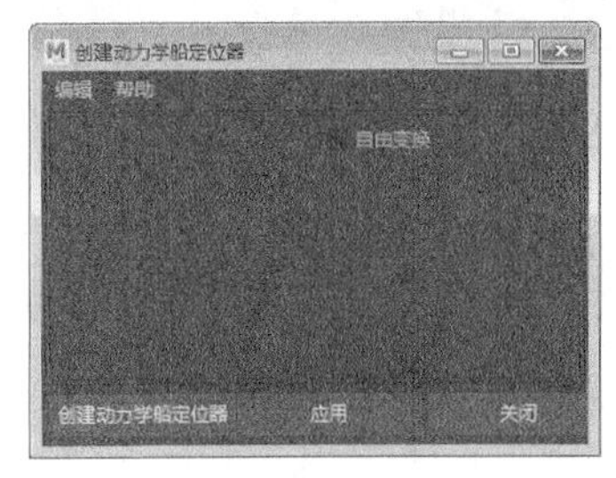


图19-67

**参数详解**

- ❖ 自由变换：选择该选项时，可以用自由交互的形式来改变定位器的位置；关闭该选项时，定位器的$y$方向将被约束。

### 3.动态简单

该命令使定位器在 $y$ 方向跟随海洋的运动，但会另外对动态属性（在“属性编辑器”面板的“附加属性”部分中）做出相应的反应。打开“添加动力学简单定位器”对话框，如图19-68所示。

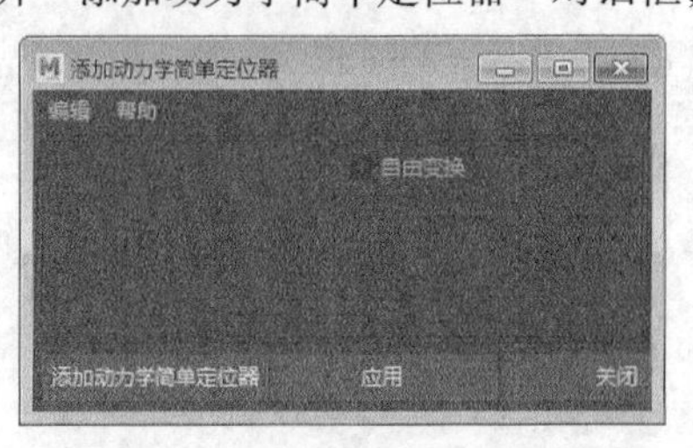


图19-68

### 4.动态曲面

该命令使定位器将 NURBS 球体（浮标）添加到海洋，它将在水中上下漂动。该运动限制为沿 $y$ 方向。打开“创建动力学表面定位器”对话框，如图19-69所示。

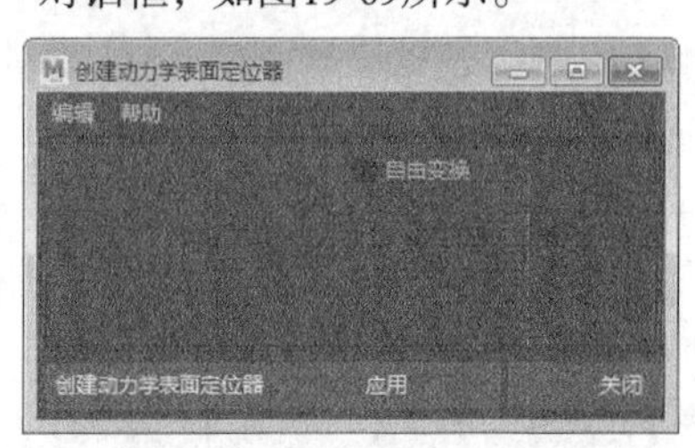


图19-69

## 19.1.14 添加预览平面

“添加预览平面”命令的作用是为所选择的海洋添加一个预览平面来预览海洋动画，这样可以很方便地观察到海洋的动态，如图19-70所示。

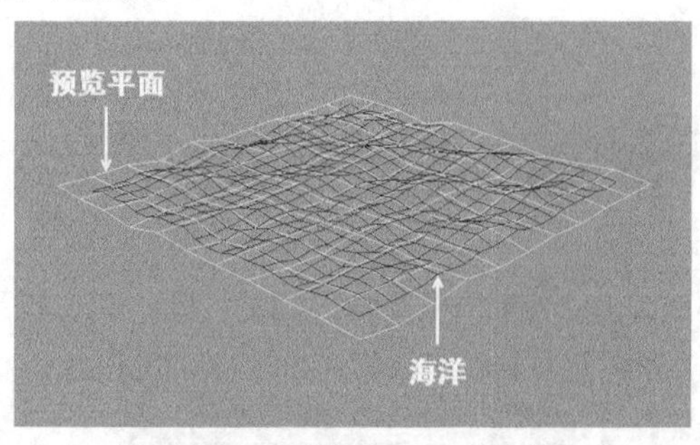


图19-70

**提示**

如果在创建海洋时没有创建预览平面，就可以使用“添加预览平面”命令为海洋创建一个预览平面。

## 19.1.15 创建船

“创建船”命令包含了“漂浮选定对象”“生成船”“生成摩托艇”这3个命令，如图19-71所示。

图19-71

## 1.漂浮选定对象

“漂浮选定对象”命令可以使选定对象跟随海洋波动而上下起伏，并且可以控制其浮力、重力和阻尼等流体动力学属性。这个命令的原理是为海洋创建动力学定位器，然后将所选对象作为动力学定位器的子物体，一般用来模拟海面上的漂浮物体（如救生圈等）。打开“漂浮选定对象”对话框，如图19-72所示。

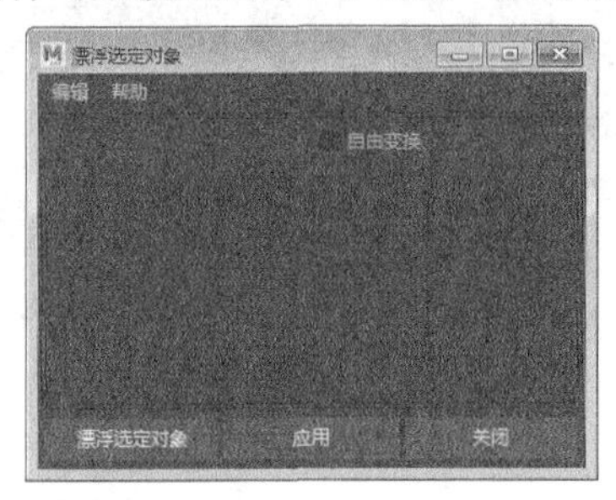


图19-72

## 2.生成船

用“生成船”命令可以将所选对象设定为船体，使其跟随海洋起伏而上下浮动，并且可以将物体进行旋转，使其与海洋的运动相匹配，以模拟出船舶在水中的动画效果。这个命令的原理是为海洋创建船舶定位器，然后将所选物体设定为船舶定位器的子物体，从而使船舶跟随海洋起伏而浮动或旋转。打开“生成船”对话框，如图19-73所示。

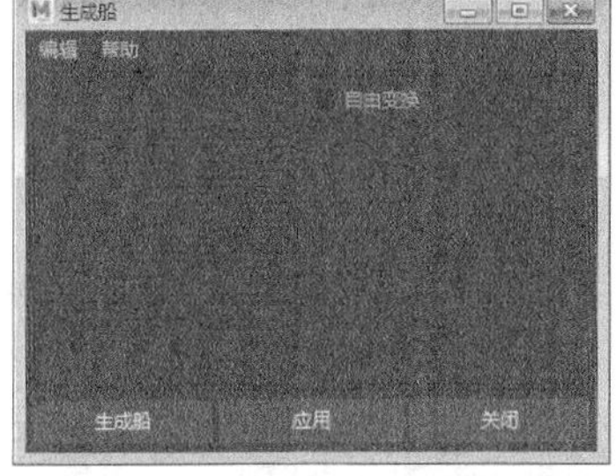


图19-73

## 3.生成摩托艇

用“生成摩托艇”命令可以将所选物体设定为机动船，使其跟随海洋起伏而上下波动，并且可以将物体进行适当的旋转，使其与海洋的运动相匹配，以模拟出机动船在水中的动画效果。这个命令的原理是为海洋创建船舶定位器，然后将所选物体设定为船舶定位器的子物体，从而使船舶跟随海洋起伏而波动或旋转。打开“生成摩托艇”对话框，如图19-74所示。

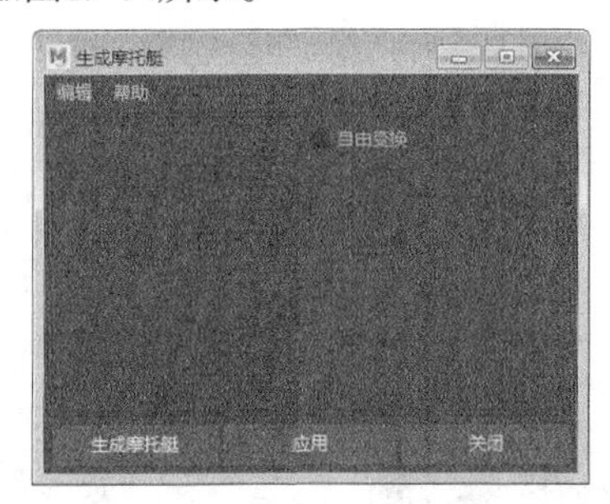


图19-74

**提示**

“生成摩托艇”命令与“生成船”命令很相似，但“生成摩托艇”包含的属性更多，可以控制物体的运动、急刹、方向舵和摆动等效果。

## 19.1.16 创建尾迹

“创建尾迹”命令主要用来创建海面上的尾迹效果。打开“创建尾迹”对话框，如图19-75所示。

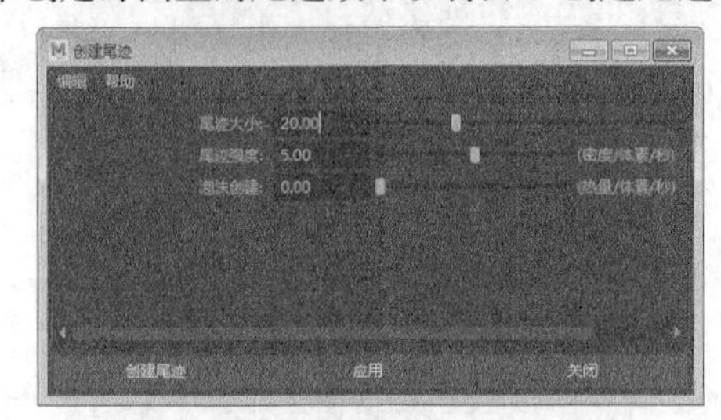


图19-75

### 参数详解

❖ 尾迹大小：设定尾迹发射器的大小。数值越大，波纹范围也越大。

❖ 尾迹强度：设定尾迹的强度。数值越大，波纹上下波动的幅度也越大。

❖ 泡沫创建：设定伴随尾迹产生的海水泡沫的大小。数值越大，产生的泡沫就越多。

**提示**

可以将尾迹发射器设置为运动物体的子物体，让尾迹波纹跟随物体一起运动。

## 【练习19-4】模拟船舶行进时的尾迹

| 场景文件 | 无 |
| --- | --- |
| 实例文件 | Examples>CH19>19.4.mb |
| 难易指数 | ★☆☆☆☆ |
| 技术掌握 | 掌握海洋尾迹的创建方法 |

本例用“创建尾迹”命令模拟的船舶尾迹动画效果如图19-76所示。

图19-76

**01** 打开“创建海洋”对话框，然后设置“预览平面大小”为70，接着单击“创建海洋”按钮，如图19-77所示，效果如图19-78所示。

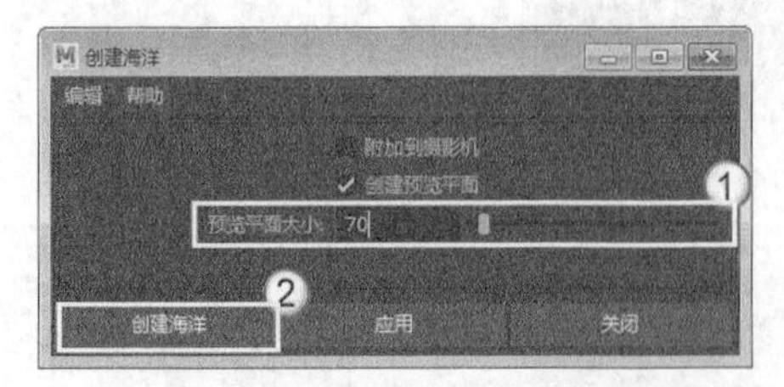


图19-77

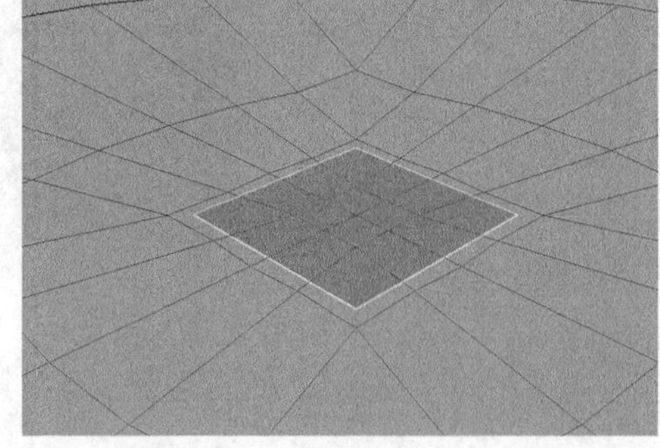

图19-78

**02** 选择海洋，然后打开“创建尾迹”对话框，接着设置“泡沫创建”为6，最后单击“创建尾迹”按钮，如图19-79所示。此时在海洋中心会创建一个海洋尾迹发射器OceanWakeEmitter1，如图19-80所示。

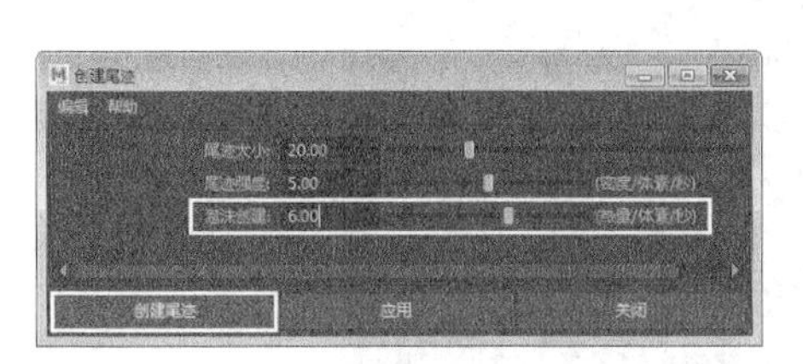


图19-79

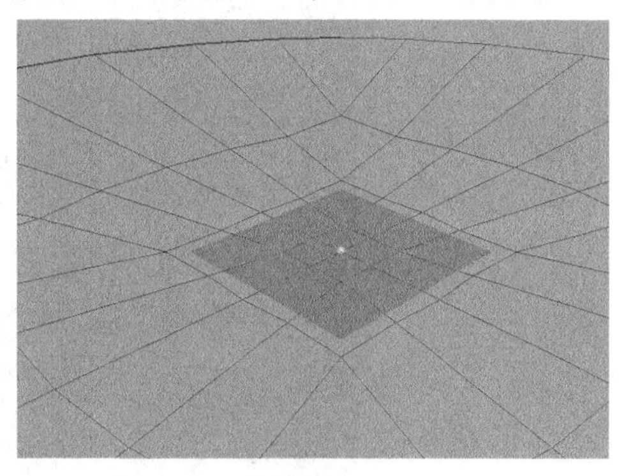

图19-80

**03** 选择海洋尾迹发射器OceanWakeEmitter1，然后在第1帧设置“平移*z*”为-88，接着按S键设置一个关键帧，如图19-81所示；在第100帧设置“平移*z*”为88，然后按S键设置一个关键帧，如图19-82所示。

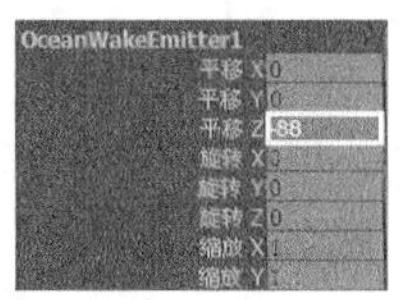

图19-81

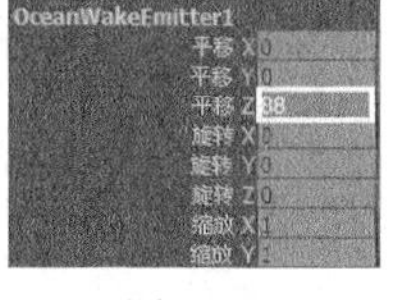


图19-82

**提示**

按S键设置关键帧是为“通道盒/层编辑器”面板中所有可设置动画的属性都设置关键帧，如图19-83所示，因此在设置完关键帧以后，可以执行“编辑>按类型删除>静态通道”菜单命令，删除没有用的关键帧。

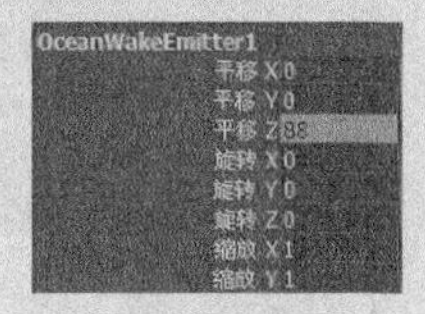


图19-83

**04** 选择动画效果最明显的帧，然后渲染出单帧图，最终效果如图19-84所示。

图19-84

## 19.2 综合实例：制作海洋特效

| | |
|---|---|
| 场景文件 | Scenes>CH19>19.5.mb |
| 实例文件 | Examples>CH19>19.5.mb |
| 难易指数 | ★★★☆☆ |
| 技术掌握 | 掌握海洋的创建、漂浮物的设定、尾迹的创建等制作海洋特效的思路和方法 |

在Maya中使用“海洋”命令可以模拟出很逼真的海洋效果，本例主要学习海洋特效的制作方法。案例效果如图19-85所示。

图19-85

## 19.2.1 创建海洋特效

01 打开学习资源中的“Scenes>CH19>19.5.mb”文件，场景中有一艘船的模型，如图19-86所示。

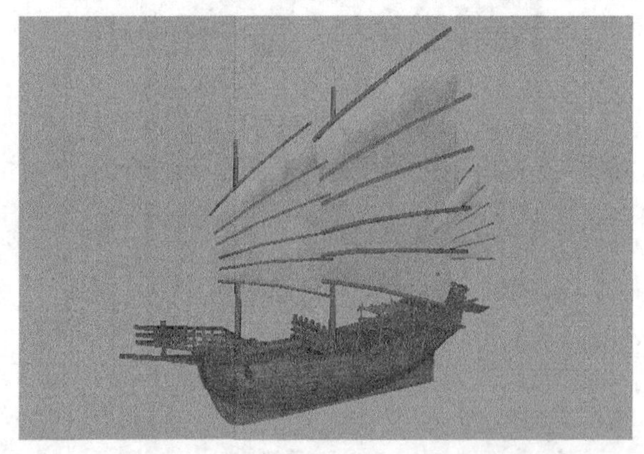

图19-86

02 执行“流体>海洋”菜单命令，在场景中创建海洋，可以看到场景中有一个预览平面，如图19-87所示。

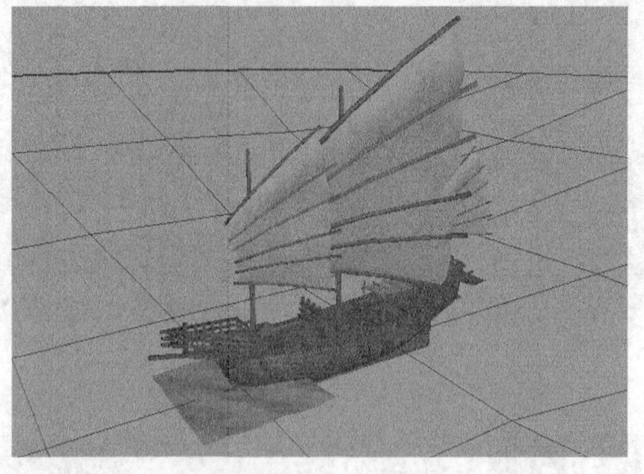

图19-87

**提示**

预览平面并非真正的模型，不能对其进行编辑，只能用来预览海洋的动画效果。可以缩放和平移该平面以预览海洋的不同部分，但无法进行渲染。

**03** 选择场景中的预览平面，然后使用“缩放工具”■将其调整得大一些，接着在“属性编辑器”面板中，设置“分辨率”为200，如图19-88所示。

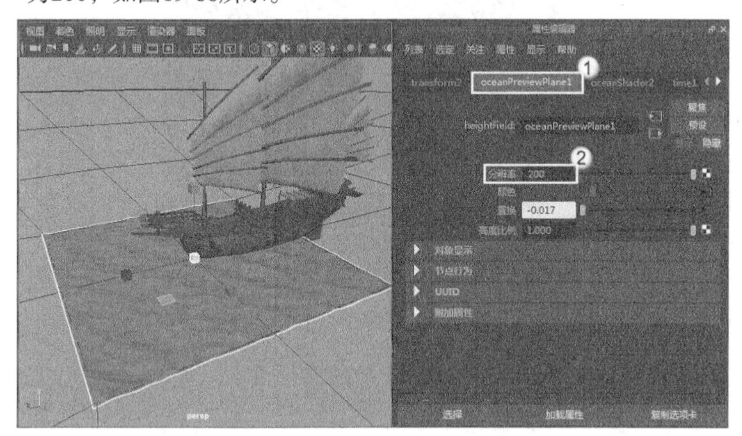


图19-88

**04** 对场景进行渲染，可以看到Maya的海洋效果非常逼真，效果如图19-89所示。

图19-89

## 19.2.2 漂浮选定对象

**01** 选择船体模型，然后执行“流体>创建船>漂浮选定对象”菜单命令，如图19-90所示。

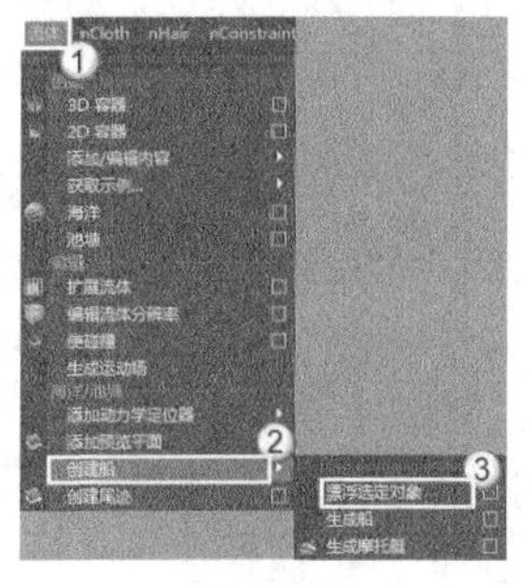


图19-90

**提示**

当船体成为海洋的漂浮物以后，可以看到在“大纲视图”窗口中生成了一个locator1物体，并且船体的模型成为了locator1的子物体。

02 播放动画，可以看到船体随着海浪上下浮动，效果如图19-91所示。

图19-91

## 19.2.3 创建船体尾迹

01 在“大纲视图”窗口中选择locator1节点，然后单击“流体>创建尾迹”命令后面的■按钮，接着在打开的“创建尾迹”对话框中设置“尾迹大小”为52.05、“尾迹强度”为5.11、“泡沫创建”为6.37，最后单击“创建尾迹”按钮■，如图19-92所示。

02 播放动画，可以看到从船体底部产生了圆形的波浪效果，如图19-93所示。

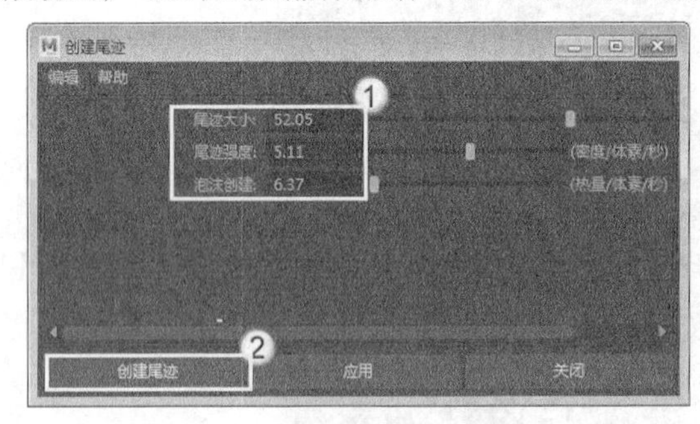


图19-92

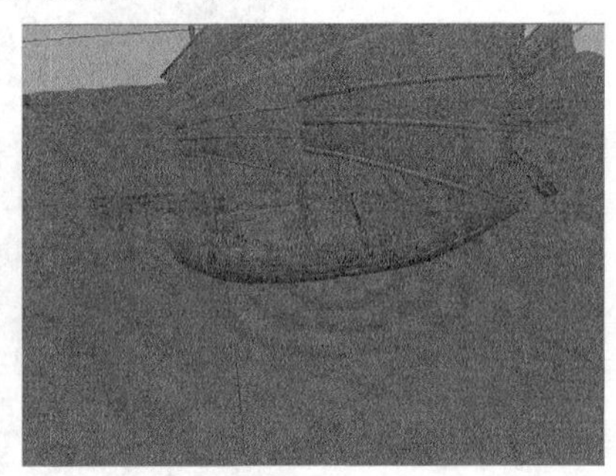

图19-93

## 19.2.4 创建船体动画

01 在第1帧处，使用“移动工具”■将locator1移动到图19-94所示的位置，然后按快捷键Shift+W设置模型在“平移”属性上的关键帧。

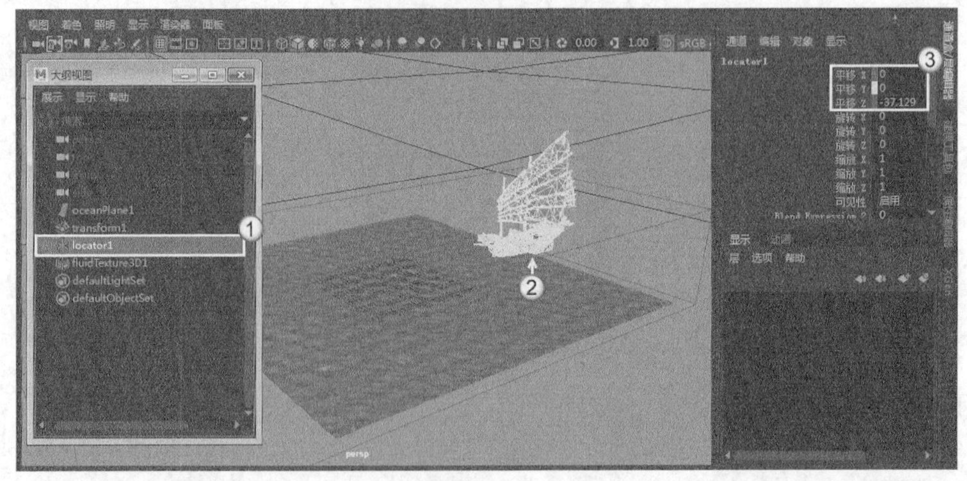


图19-94

02 在第50帧处，使用“移动工具”将locator1移动到图19-95所示的位置，接着按快捷键Shift+W设置模型在“平移”属性上的关键帧。

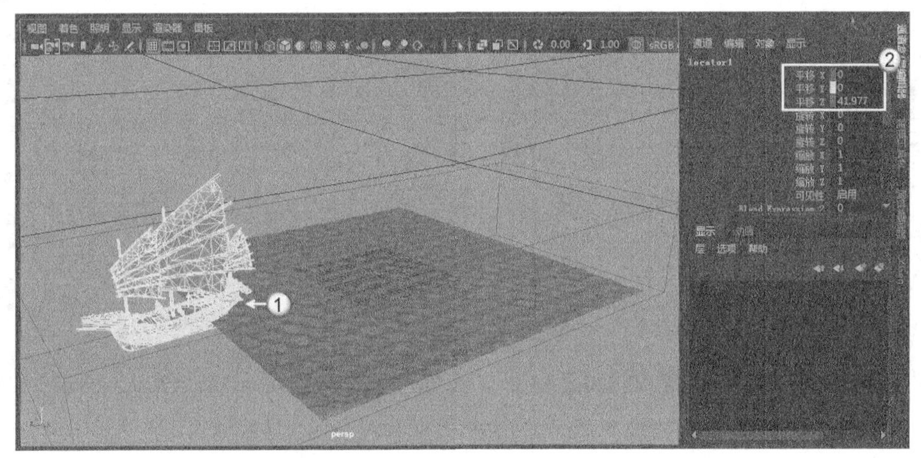

图19-95

03 播放动画，可以看到船尾出现了尾迹的效果，如图19-96所示。但是船体尾迹的波浪效果只在fluidTexture3D物体中产生，fluidTexture3D物体以外的地方将不会产生尾迹的效果，如图19-97所示。

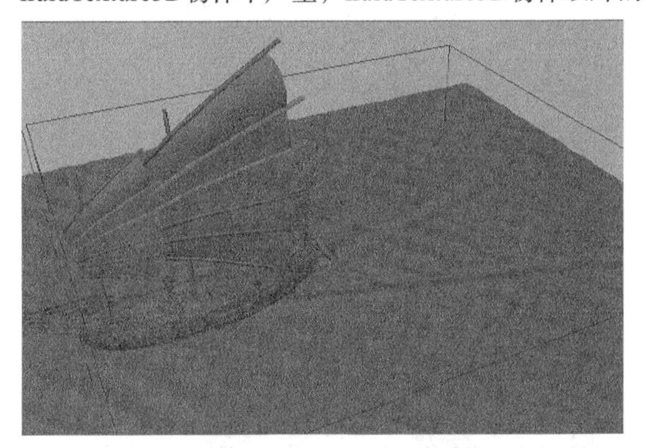

图19-96

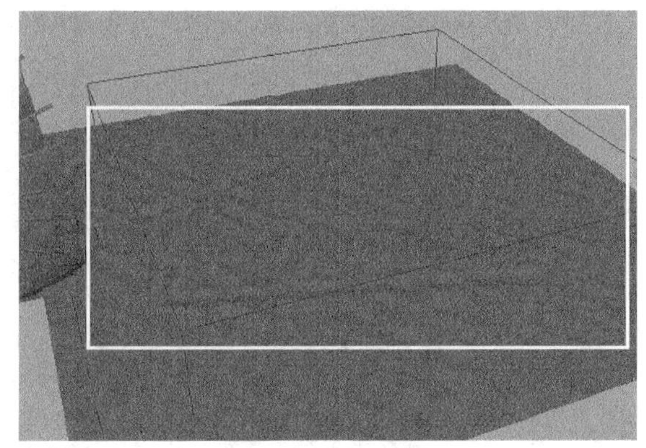

图19-97

## 19.2.5 调整船体尾迹

01 选择场景中的fluidTexture3D物体，然后使用“缩放工具”将其调整为图19-98所示的大小。

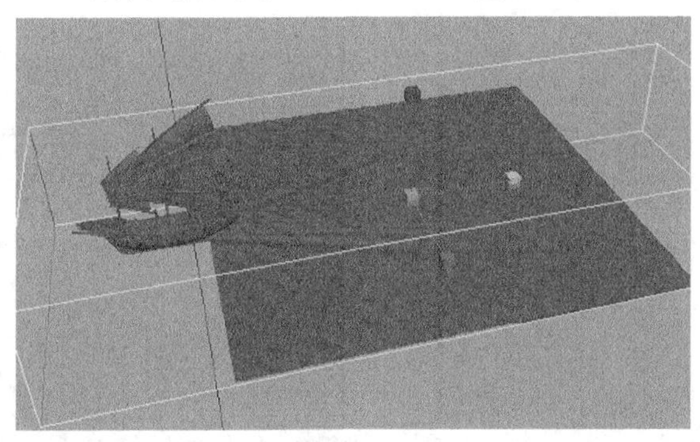

图19-98

**提示**

fluidTexture3D物体的大小不宜调整得过大，以尾迹效果在摄影机视图不发生穿帮为宜，否则太大会增加系统资源的占用。

02 选择船体模型，然后加选fluidTexture3D1节点，接着执行“流体>使碰撞”菜单命令，如图19-99所示。

03 播放动画，可以看到船尾的效果更加的真实、强烈，如图19-100所示。

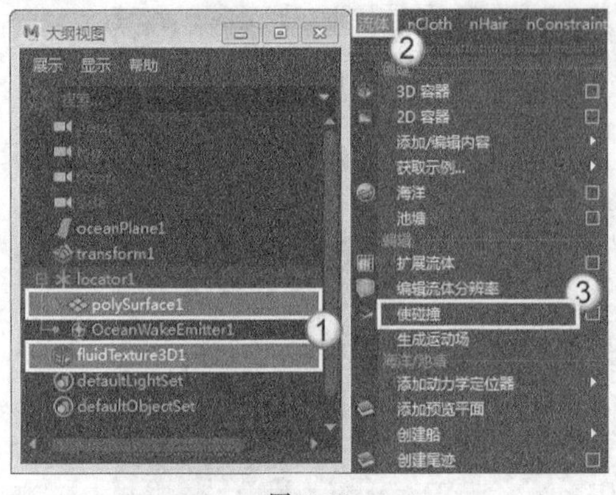


图19-99

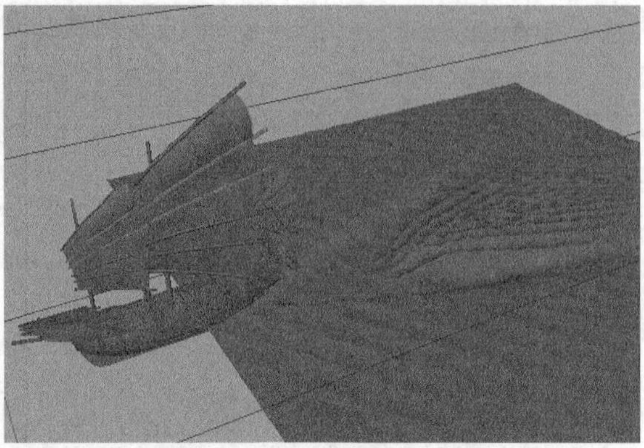

图19-100

## 19.2.6 设置海洋参数

01 打开海洋的“属性编辑器”面板，然后按照图19-101和图19-102所示的参数进行设置。

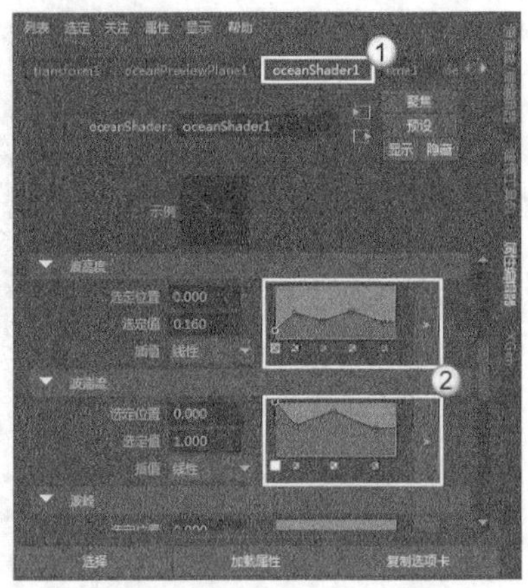


图19-101

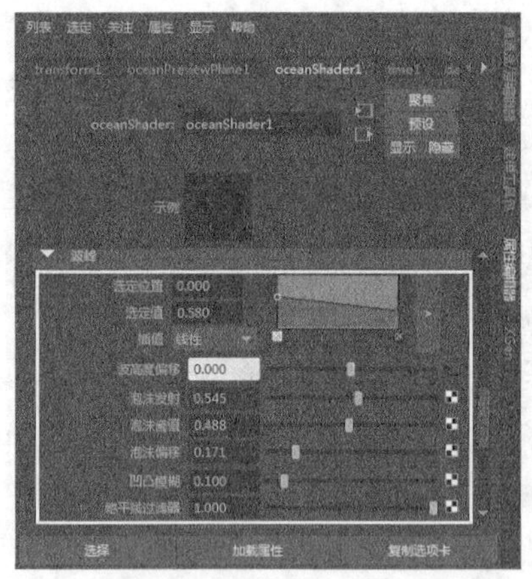


图19-102

02 播放动画，然后选择中间的一帧测试渲染，效果如图19-103所示。

03 为场景设置灯光，然后渲染出图，接着将渲染出来的单帧图在Photoshop中进行后期处理，最终效果如图19-104所示。

图19-103

图19-104

# 技术分享

## 使用流体控制粒子的形态

在Maya中可以使用流体来控制粒子的形态，使粒子的运动形态更加丰富，常常用来制作一些细腻、有拉丝效果的流体效果，如火焰的火星和水墨效果。

因为粒子可以完全按照流体的运动而产生变化，所以需要先制作好流体的形态。流体形态越丰富，粒子的形态也就越细腻。

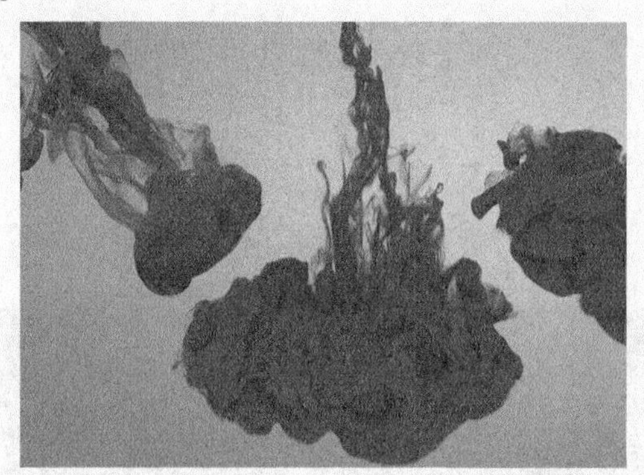

在制作完流体后，就可以让其影响粒子的形态了。需要注意的是，要尽可能提高粒子的发射数量，粒子的数量越多，效果越细腻。Maya的粒子系统在模拟时会消耗大量的计算机资源，这里推荐使用第三方插件Thinkbox Krakatoa来增加和渲染巨量粒子。

## Maya流体的优势和劣势

Maya的流体是一个强大的功能，可以模拟出逼真的流体效果，尤其在模拟气体方面，Maya表现得非常优越。无论是火焰，还是爆炸，Maya都可以轻松应对。

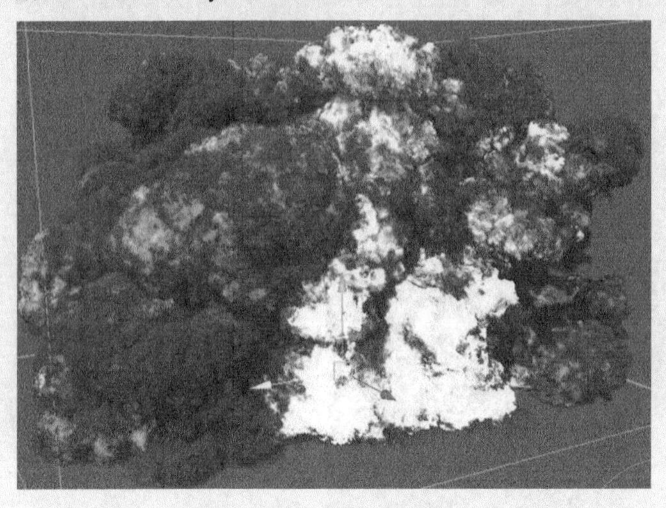

Maya的流体提供了液体功能，可以用来模拟液体。但是流体中的液体功能不尽如人意，只能模拟出液体的大致形态。如果想要制作高细节的液体效果，可以使用Bifrost功能，在第21章中将介绍如何使用Bifrost制作液体。

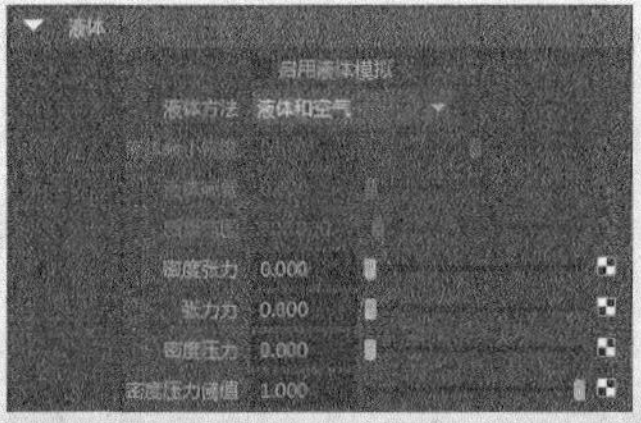


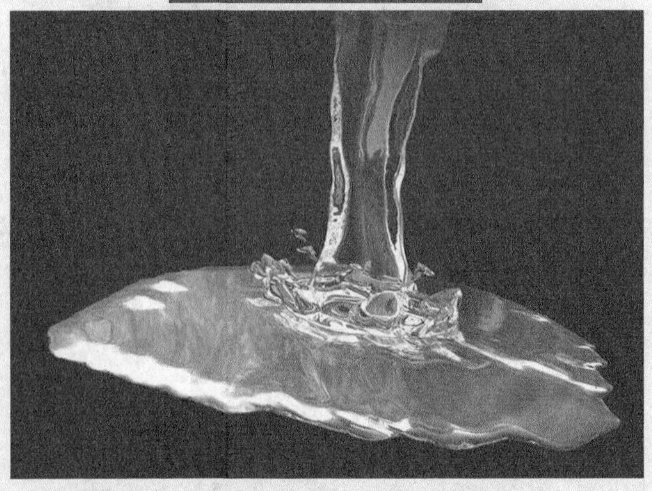

# 布料与毛发

本章主要介绍了布料的制作方法、毛发的制作方法、nConstraint约束的使用方法、nCache缓存的使用方法和XGen的使用方法。通过学习本章，读者可以掌握角色布料与毛发的制作方法。

- ※ nCloth的使用方法
- ※ nHair的使用方法
- ※ nConstraint约束的使用方法
- ※ nCache缓存的使用方法
- ※ 如何使用XGen制作毛发
- ※ 掌握XGen的其他用法

# 20.1 布料

布料模拟是三维动画中常见的特效，几乎所有三维动画中都会出现布料效果。在Maya中可以使用nCloth功能快速、简单地模拟出各种布料效果，例如衣服、旗帜、窗帘以及桌布等，如图20-1和图20-2所示。

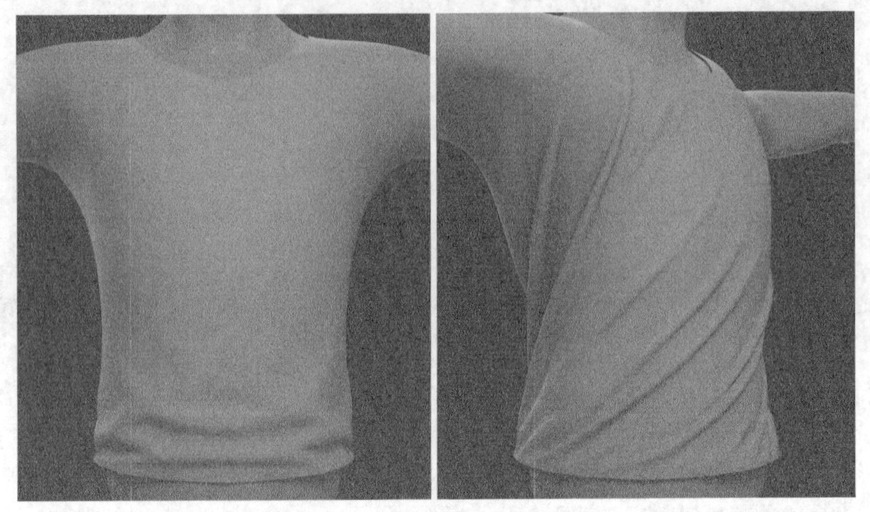

图20-1

图20-2

在Maya中，创建布料的命令都安排在FX模块的nCloth菜单中，如图20-3所示。

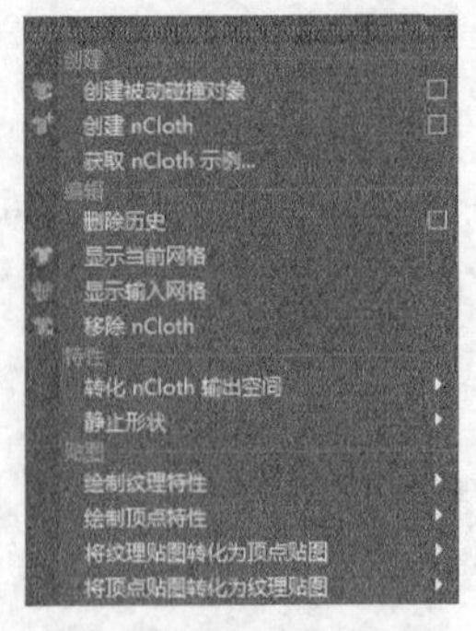


图20-3

## 20.1.1 创建被动碰撞对象

“创建被动碰撞对象”命令可以使选定对象转换为被动碰撞对象，并创建相应的nRigid节点，如图20-4所示。nParticle、nCloth和nHair可以与被动碰撞对象产生碰撞效果。

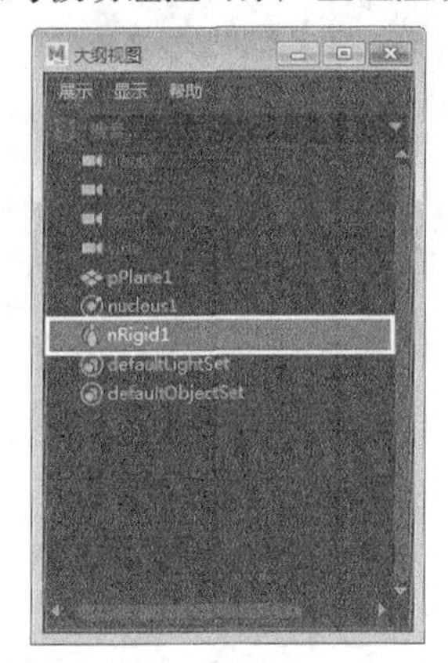


图20-4

## 20.1.2 nRigid属性

在“大纲视图”对话框中选择nRigid节点，然后打开“属性编辑器”面板，接着切换到nRigidShape选项卡，如图20-5所示。在该选项卡下，提供了调整碰撞体动力学的属性。

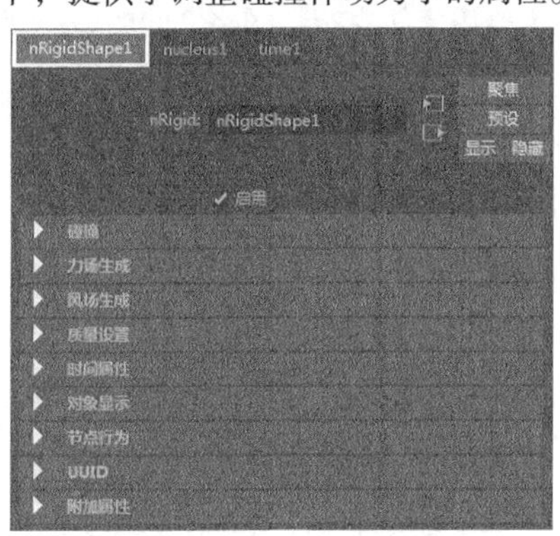


图20-5

### nRigidShape节点介绍

❖ 启用：选择该选项，可使被动碰撞对象具有动力学特性。

### 1.碰撞

“碰撞”卷展栏中的属性主要用于控制毛发碰撞特性，包括碰撞强度、弹力和摩擦力等，如图20-6所示。

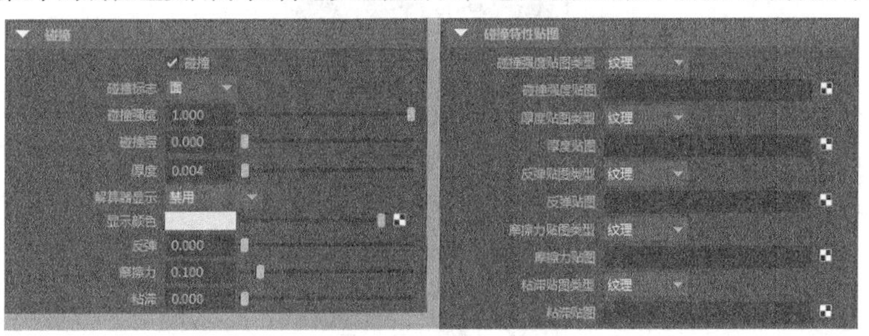


图20-6

### 2.力场生成

“力场生成”卷展栏中的属性可以在nObject和当前粒子间产生一个吸引力或排斥力，如图20-7所示。

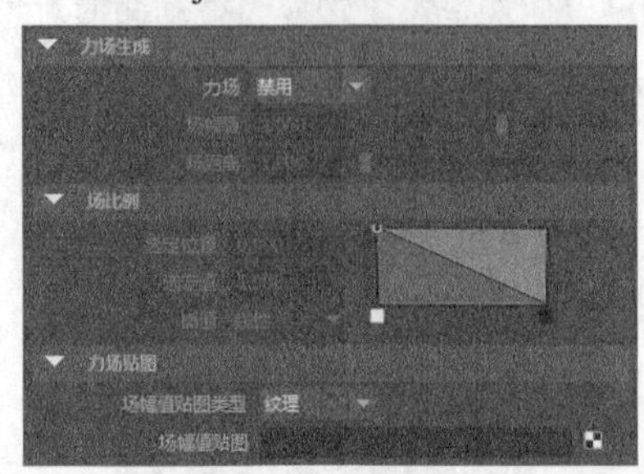


图20-7

### 3.风场生成

“风场生成”卷展栏中的属性可以通过nObject对象运动生成风场的特征，如图20-8所示。

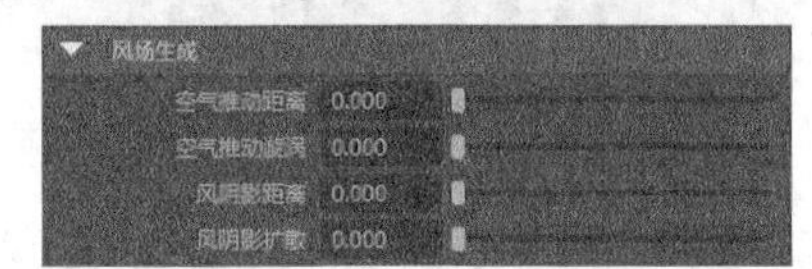


图20-8

### 4.质量设置

“质量设置”卷展栏中的属性主要用于解决布料网格之间的碰撞交叉问题，如图20-9所示。

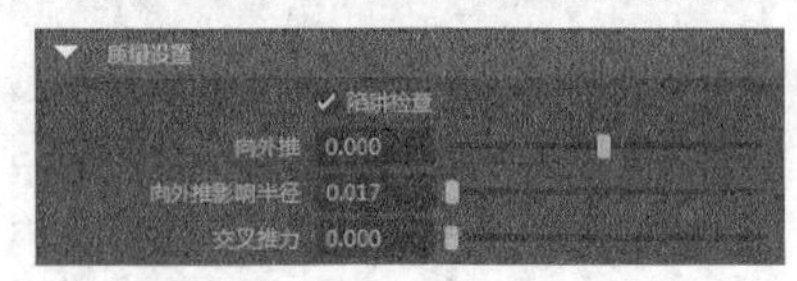


图20-9

### 5.时间属性

“时间属性”卷展栏中的属性主要用于控制Nucleus解算器的作用时间范围，如图20-10所示。

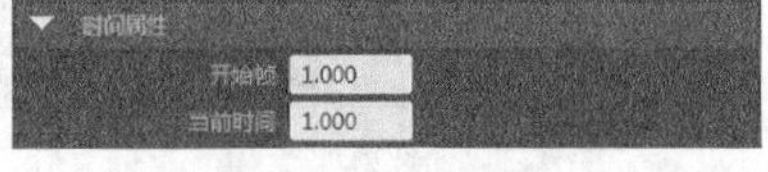


图20-10

## 20.1.3 创建nCloth

“创建nCloth”命令可以将选择的多边形对象转换为nCloth对象。执行该命令后，Maya会创建nucleus和nCloth节点，如图20-11所示。

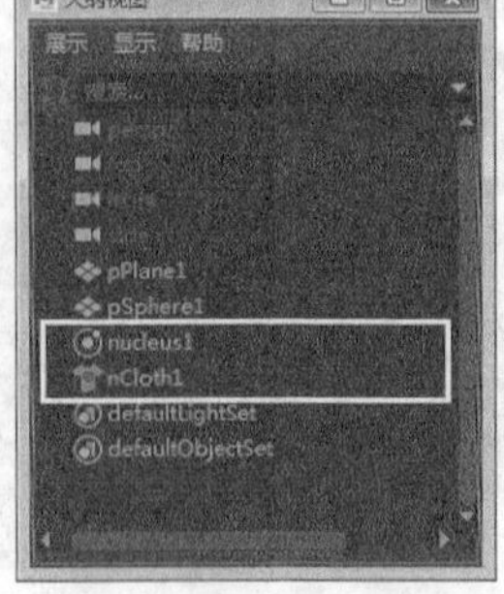


图20-11

## 20.1.4 nCloth属性

在“大纲视图”对话框中选择nCloth节点，然后打开“属性编辑器”面板，接着切换到nClothShape选项卡，如图20-12所示。在该选项卡下，提供了调整布料的动力学特性、力场的生成、时间缩放等属性。

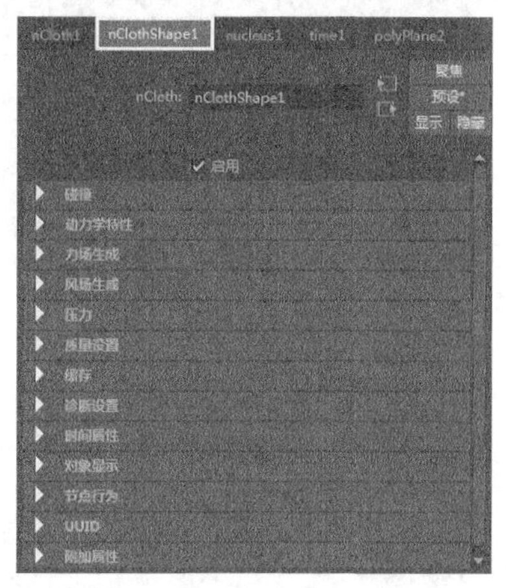


图20-12

### nClothShape节点介绍

❖ 启用：选择该选项，可使被动碰撞对象具有动力学特性。

### 1.碰撞

“碰撞”卷展栏中的属性主要用于控制毛发碰撞特性，包括碰撞强度、弹力和摩擦力等，如图20-13所示。

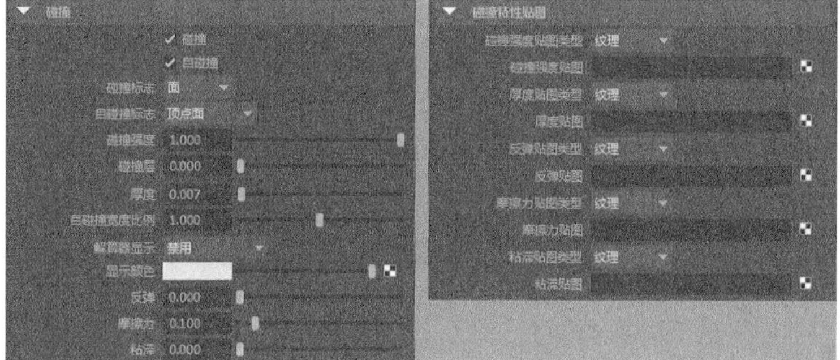


图20-13

### 2.动力学特性

“动力学特性”卷展栏中的属性主要用于控制粒子的质量、阻力以及权重等，如图20-14所示。

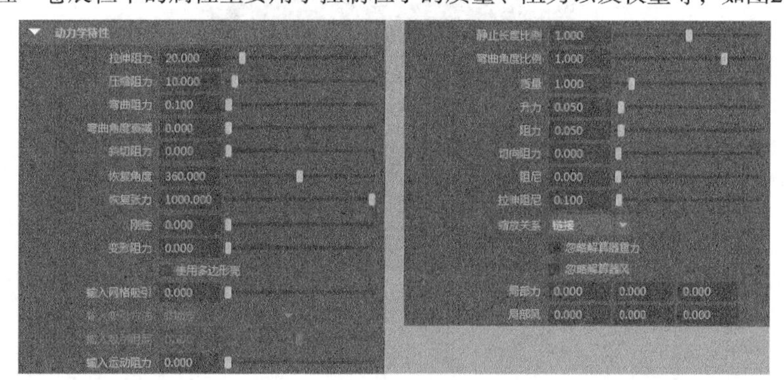


图20-14

## 3.力场生成

“力场生成”卷展栏中的属性可以在nObject和当前粒子间产生一个吸引力或排斥力，如图20-15所示。

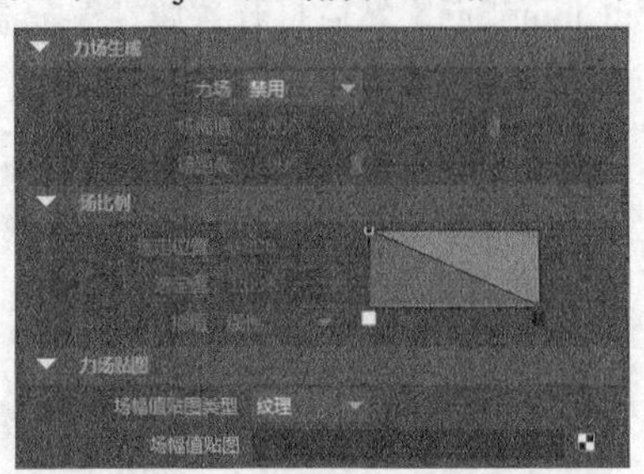


图20-15

## 4.风场生成

“风场生成”卷展栏中的属性可以通过nObject对象运动生成风场的特征，如图20-16所示。

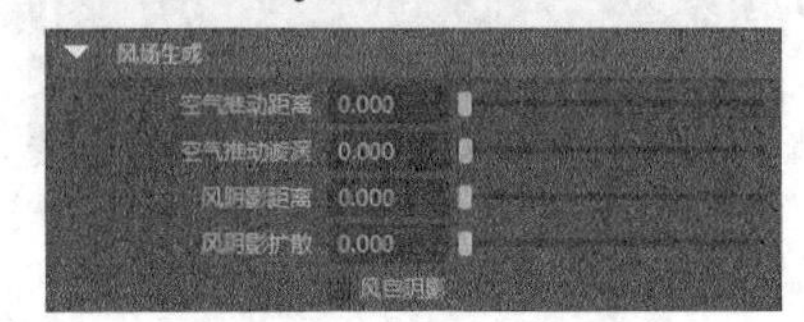


图20-16

## 5.压力

“压力”卷展栏中的属性主要用于控制布料受到的内部或外部压力，例如膨胀的气球或压扁的易拉罐等，该卷展栏中的属性如图20-17所示。

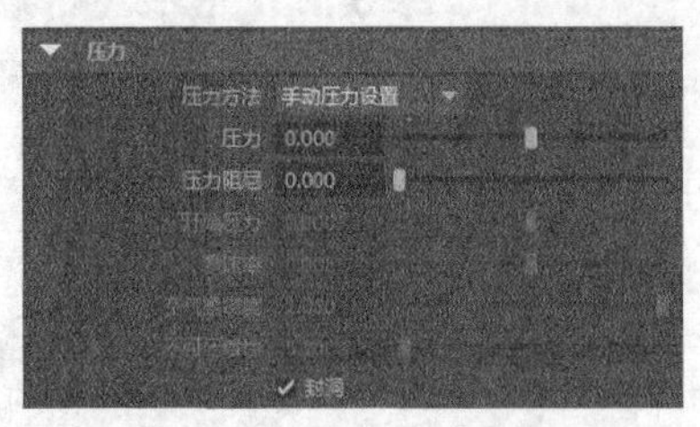


图20-17

## 6.质量设置

“质量设置”卷展栏中的属性主要用于解决布料网格之间的碰撞交叉问题，如图20-18所示。

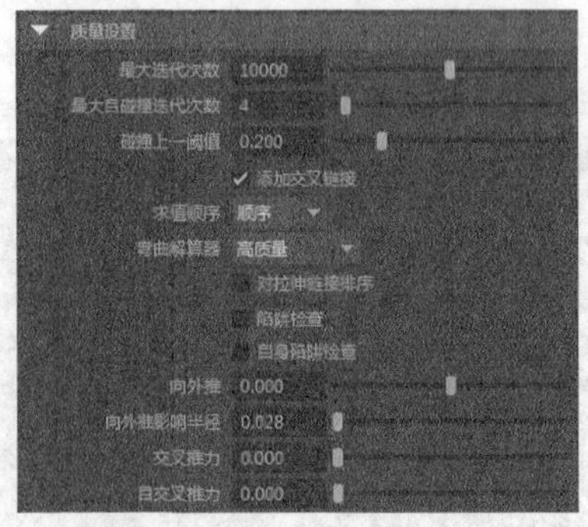


图20-18

## 7.缓存

“缓存”卷展栏中的属性主要用于控制毛发可以缓存的属性，如图20-19所示。

图20-19

## 8.诊断设置

“诊断设置”卷展栏中的属性主要用于设置缓存使用量的类型，如图20-20所示。

图20-20

## 9.时间属性

“时间属性”卷展栏中的属性主要用于控制Nucleus解算器的作用时间范围，如图20-21所示。

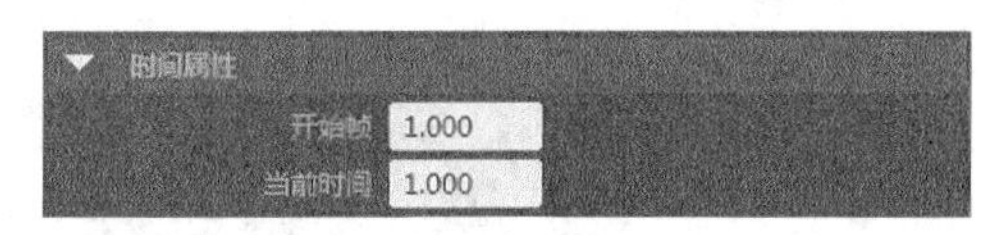


图20-21

## 20.1.5 显示当前网格

执行“显示当前网格”命令后，目标对象只显示nCloth对象的特性。例如，在“通道盒/层编辑器”面板中只能查看nClothShape节点的属性，如图20-22所示。

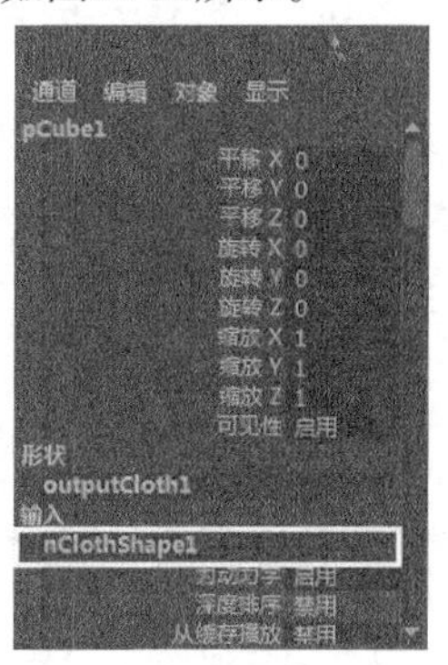


图20-22

## 20.1.6 显示输入网格

执行“显示输入网格”命令后，目标对象可以显示多边形和nCloth对象的特性。例如，在“通道盒/层编辑器”面板中还能查看多边形和nClothShape节点的属性，如图20-23所示。

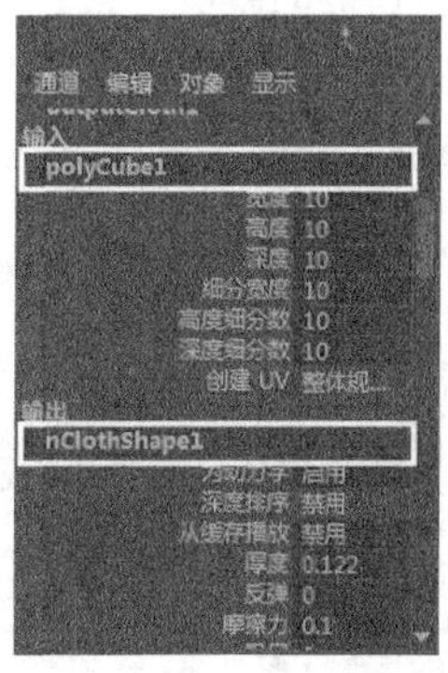


图20-23

**提示**

将多边形转换为nCloth对象后，可以使用“显示输入网格”命令显示多边形的属性，然后调整布料的外形，再使用“显示当前网格”命令恢复到布料效果。通过这种方法可以对布料对象修改形状，或者添加细分丰富布料效果。

## 20.1.7 移除nCloth

“移除nCloth”命令■可以删除对象上的nCloth节点，这样对象就不具备nCloth特性了。

## 【练习20-1】旗帜飘动特效

| | |
|---|---|
| 场景文件 | Scenes>CH20>20.1.mb |
| 实例文件 | Examples>CH20>20.1.mb |
| 难易指数 | ★☆☆☆☆ |
| 技术掌握 | 掌握nCloth的使用方法 |

本例通过制作一面飘动的旗帜，讲解了nCloth的使用方法和操作技巧，效果如图20-24所示。

图20-24

01 打开学习资源中的“Scenes>CH20>20.1.mb”文件，场景中有一个旗帜模型，如图20-25所示。

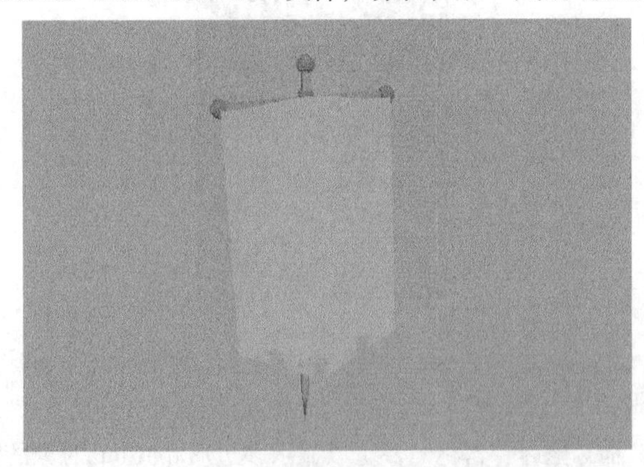

图20-25

02 选择旗杆模型，然后执行“nCloth>创建被动碰撞对象”命令■，如图20-26所示，接着选择旗帜模型，再执行“nCloth>创建nCloth”菜单命令■，如图20-27所示。

图20-26

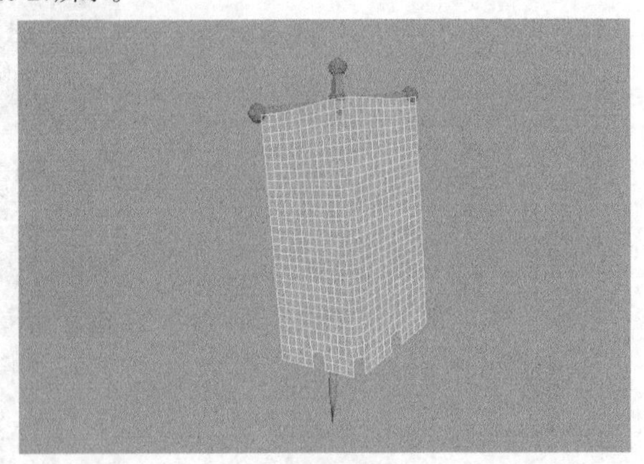

图20-27

**03** 选择图20-28所示的点，然后执行“nConstraint>组件到组件”菜单命令，接着播放动画，效果如图20-29所示。

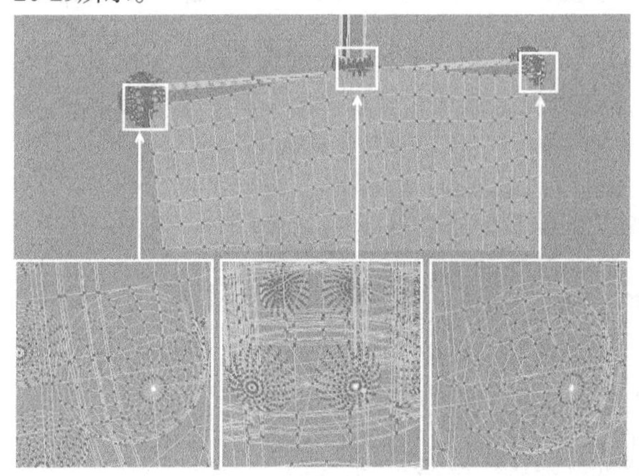

图20-28

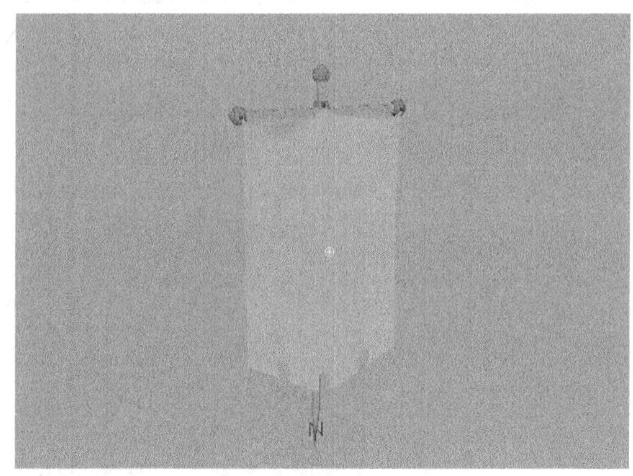

图20-29

**04** 在“大纲视图”对话框中选择nucleus1节点，然后打开“属性编辑器”面板，接着展开“重力和风”卷展栏，设置“风速”为40、“风向”为（0，0，-1）、“风噪波”为5，最后展开“比例属性”卷展栏，设置“空间比例”为0.1，如图20-30所示。

**05** 在“大纲视图”对话框中选择nCloth1节点，然后打开“属性编辑器”面板，接着展开“动力学特性”卷展栏，设置“拉伸阻力”为200，如图20-31所示，最后播放动画，效果如图20-32所示。

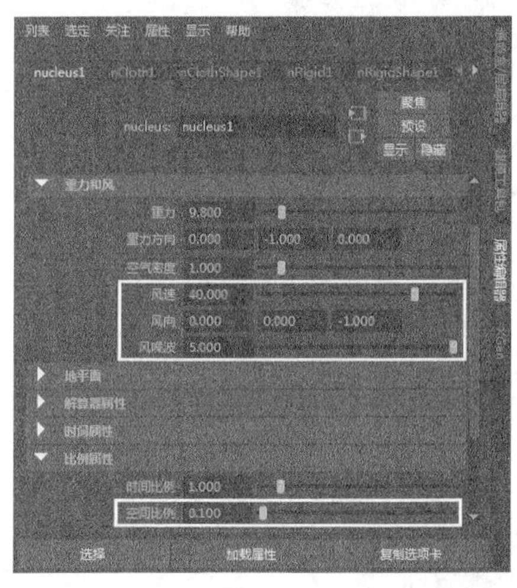


图20-30

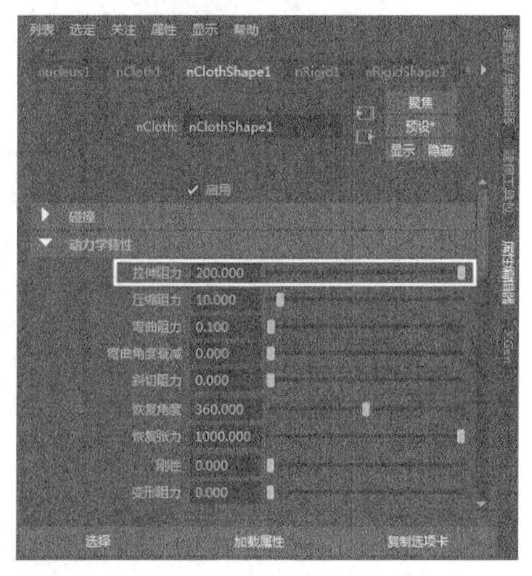


图20-31

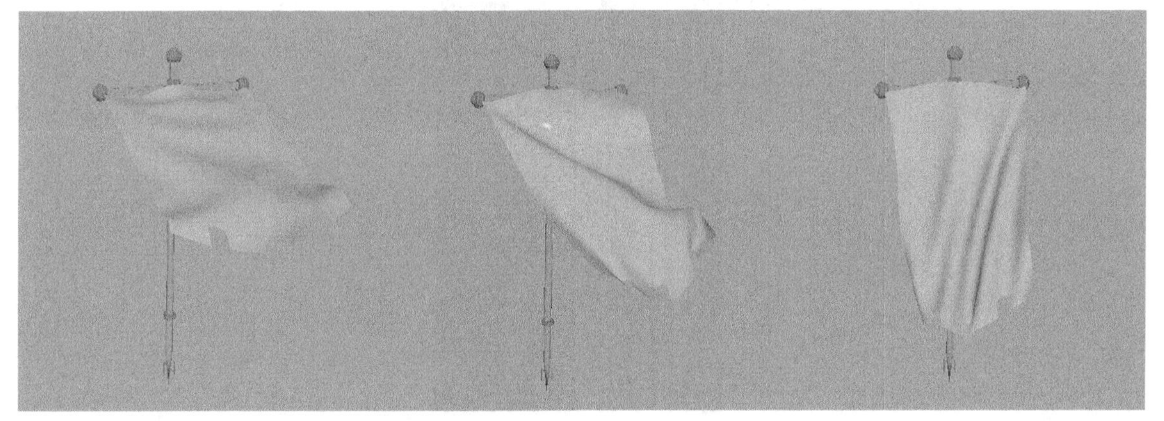

图20-32

# 20.2 毛发

和布料模拟一样，毛发也是三维动画中常见的特效。Maya的nHair系统最大的优点是强大的动力学效果，使用nHair可以模拟出逼真的毛发运动，并且还可以与其他对象产生交互，使角色动画更加丰富、细腻。另外，nHair还可以模拟出各种特性的毛发，例如卷发、直发和辫子等，如图20-33和图20-34所示。

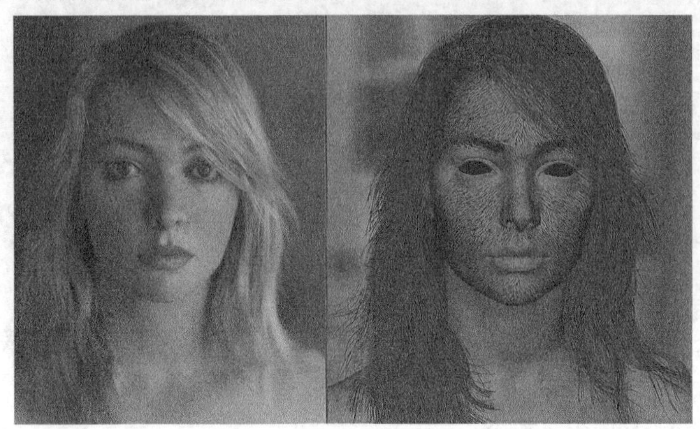

图20-33

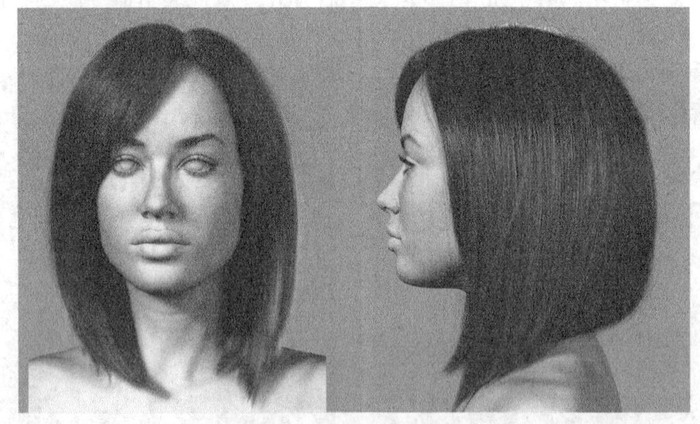

图20-34

在Maya中，创建毛发的命令都安排在FX模块的nHair菜单中，如图20-35所示。

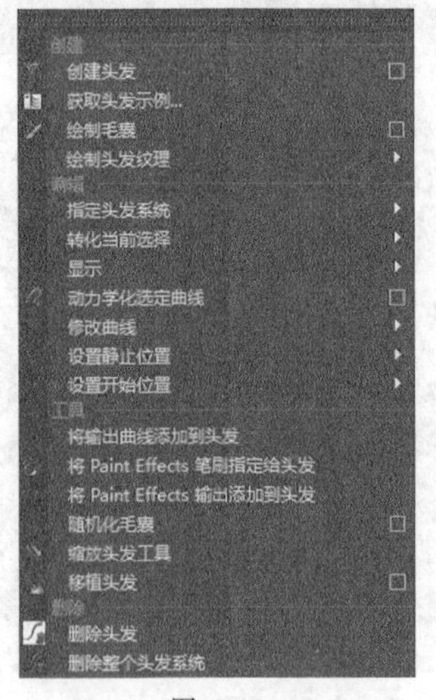


图20-35

## 20.2.1 创建头发

“创建头发”命令主要用来在选择表面上生成毛发。单击该命令后面的按钮，打开“创建头发选项”对话框，如图20-36所示。

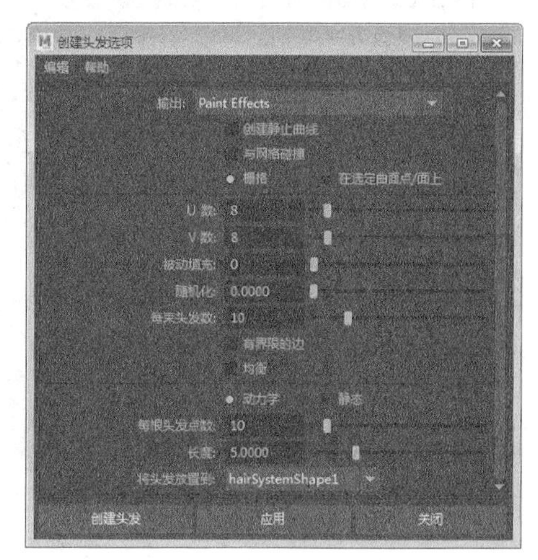

图20-36

### 创建头发选项对话框常用参数介绍

- ❖ 输出：设置输出毛发的类型，包括Paint Effects、NURBS曲线和Paint Effects and NURBS 曲线。
- ❖ 创建静止曲线：选择该选项可以为毛发创建静止曲线。
- ❖ 与网格碰撞：选择该选项后，Maya会将选定的网格转化为被动碰撞对象。
- ❖ 栅格：以对象的网格为基础生成毛发，该选项与对象的UV息息相关。
- ❖ 在选定曲面点/面上：以选择对象的点和面为基础生成毛发。
- ❖ U/V数：用来控制U/V方向上的毛囊数量。
- ❖ 被动填充：用来控制被动毛发曲线与主动毛发曲线的比例。
- ❖ 随机化：用来控制毛囊分布的随机程度。
- ❖ 每束头发数：用来控制每个毛囊渲染的头发数量。
- ❖ 有界限的边：选择该选项时，将沿U和V参数的边创建毛囊。
- ❖ 均衡：选择该选项时，Maya 会补偿 UV 空间和世界空间之间的不均匀贴图，从而均衡毛囊分布，使其不会堆积于极点。
- ❖ 动力学：选择该选项时，创建动态毛发。
- ❖ 静态：选择该选项时，创建静态毛发。
- ❖ 每根头发点数：用来控制每根头发的点/分段数。该值越高，头发曲线会变得更平滑。
- ❖ 长度：以世界空间单位（场景视图中的默认栅格单位）计算的头发长度。如果场景比例非常大，那么可能需要增加该值。
- ❖ 将头发放置到：将要创建的头发放置在新的头发系统或现有头发系统中。

## 20.2.2 头发属性

在创建毛发后，Maya会生成nucleus、hairSystem、hairSystemFollicles以及pfxHair节点，如图20-37所示。

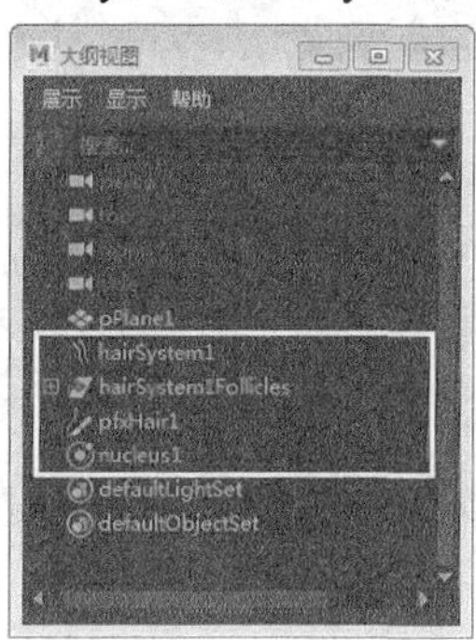

图20-37

在“大纲视图”对话框中选择hairSystem节点，然后打开“属性编辑器”面板，接着切换到hairSystemShape选项卡，如图20-38所示。在该选项卡下，提供了调整毛发外形、颜色和动力学等效果的属性。

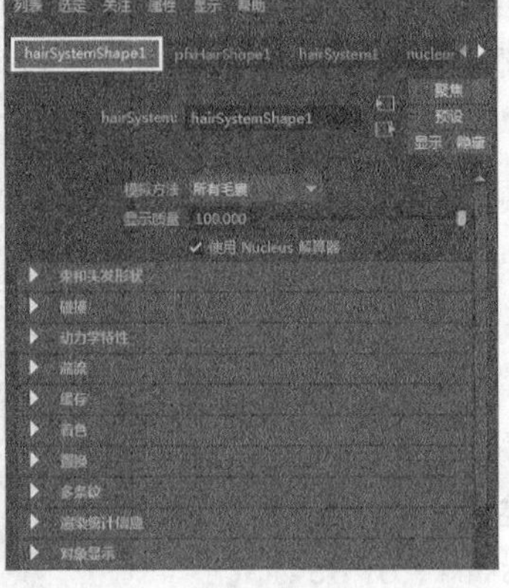


图20-38

## hairSystemShape节点介绍

❖ 模拟方法：用来设置毛发的模拟方式，包括“禁用”“静态”“仅动力学毛囊”以及“所有毛囊”这4个选项。

❖ 显示质量：用来控制场景中毛发数量的显示比例。

❖ 使用Nucleus解算器：选择该选项，可以使毛发系统使用Nucleus解算器进行动力学解算。

### 1.束和头发形状

“束和头发形状”卷展栏中的属性主要用于控制毛发束，以及整体毛发的形状，如图20-39所示。

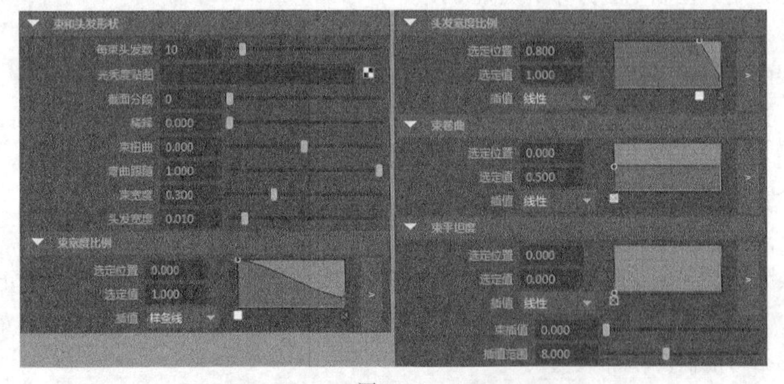

图20-39

### 2.碰撞

“碰撞”卷展栏中的属性主要用于控制毛发碰撞特性，包括碰撞强度、弹力和摩擦力等，如图20-40所示。

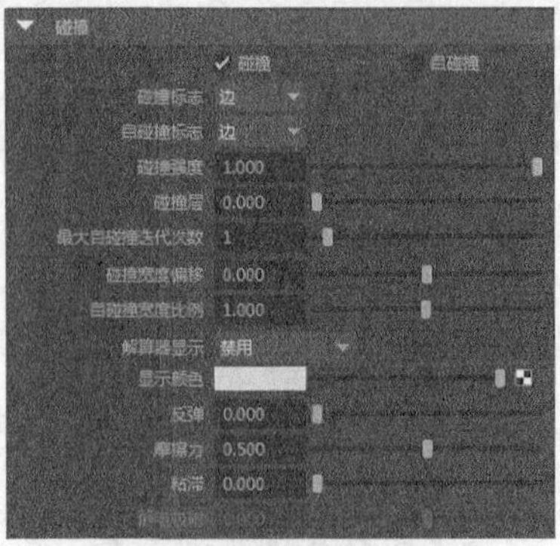

图20-40

### 3.动力学特性

“动力学特性”卷展栏中的属性主要用于控制毛发动力学特性，包括各种阻力和毛发的质量等，如图

20-41所示。

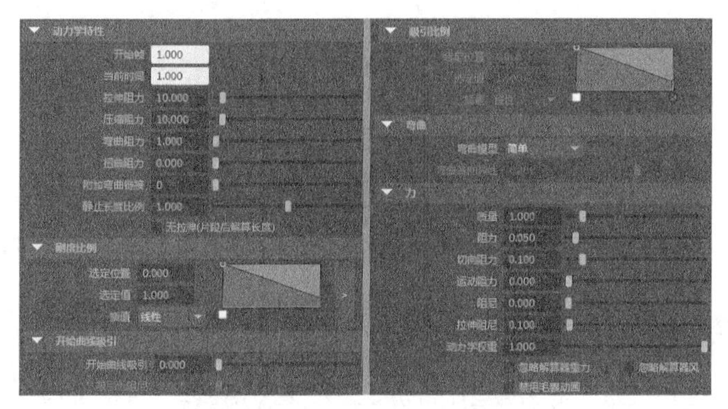

图20-41

## 4.湍流

“湍流”卷展栏中的属性主要用于控制毛发受到的扰乱强度、频率和速度，如图20-42所示。

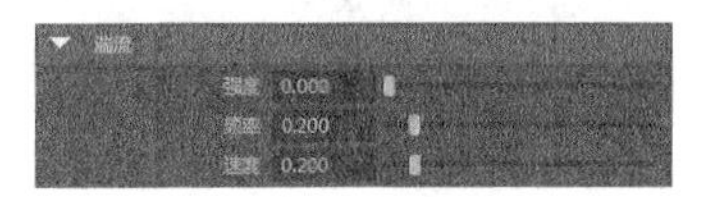

图20-42

## 5.缓存

“缓存”卷展栏中的属性主要用于控制毛发可以缓存的属性，如图20-43所示。

图20-43

## 6.着色

“着色”卷展栏中的属性主要用于控制毛发的纹理和颜色，包括头发颜色、不透明度和随机杂色等，如图20-44所示。

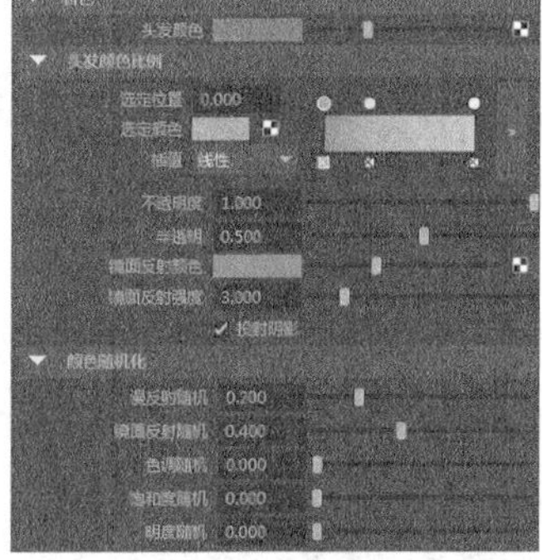

图20-44

## 7.置换

“置换”卷展栏中的属性主要用于控制毛发的置换属性，包括每根毛发上的卷曲和子束等，如图20-45所示。

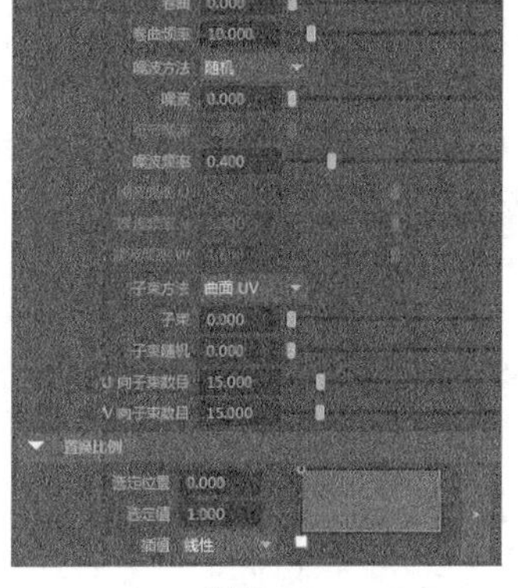

图20-45

## 8.多条纹

当毛发对象中包含画笔特效时，可以通过“多条纹”卷展栏中的属性复制毛发，如图20-46所示。

图20-46

# 20.2.3 指定头发系统

将选择对象指定给头发系统，该头发系统可以是一个新头发系统，也可以是一个现有头发系统，如图20-47所示。

图20-47

# 20.2.4 转化当前选择

将选择对象转化为毛囊、开始曲线、静止曲线、当前位置、头发系统、头发约束或结束 CV，如图20-48所示。

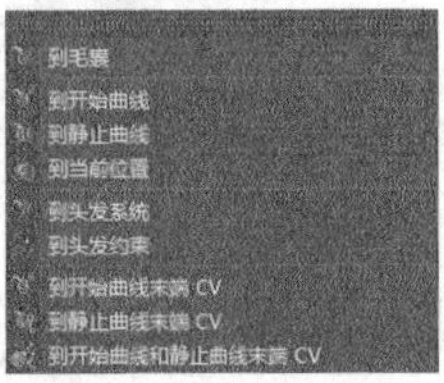

图20-48

# 20.2.5 动力学化选定曲线

“动力学化选定曲线”命令可将选定曲线转化为动力学曲线，单击该命令后面的按钮，打开“使曲线动力学化选项”对话框，如图20-49所示。

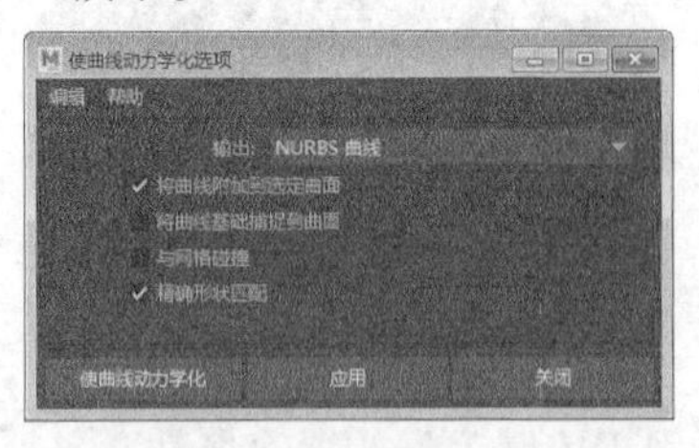


图20-49

# 20.2.6 修改曲线

该菜单中的命令可以用来调整曲线的形态，包括“锁定长度”“解除锁定长度”“拉直”“平滑”“卷曲”“弯曲”“缩放曲率”这7个命令，如图20-50所示。

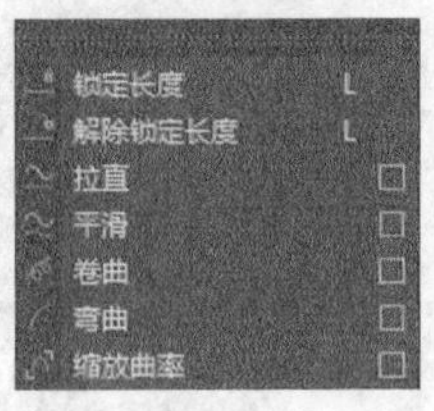


图20-50

## 20.2.7 设置静止位置

该菜单下包括“从开始”和“来自当前”两个命令，如图20-51所示。这两个命令主要用来设置动力学曲线的静止位置。

从开始
来自当前

图20-51

### 设置静止位置菜单命令介绍

❖ 从开始：以动力学曲线的开始位置作为静止位置。

❖ 来自当前：以动力学曲线的当前位置作为静止位置。

**提示**

静止位置表示头发在未受到力的作用时的位置。开始位置表示开始模拟时的头发位置。

## 20.2.8 设置开始位置

该菜单下包括“来自当前”和“从静止”两个命令，如图20-52所示。这两个命令主要用来设置毛发的开始位置。

来自当前
从静止

图20-52

### 设置开始位置菜单命令介绍

❖ 来自当前：以动力学曲线的当前位置作为开始位置。

❖ 从静止：以动力学曲线的静止位置作为开始位置。

## 20.2.9 缩放头发工具

“缩放头发工具”主要用来调整毛发的长短。选择该工具后按住鼠标左键并向右拖曳可拉长毛发，如图20-53所示。如果按住鼠标左键并向左拖曳可缩短毛发，如图20-54所示。

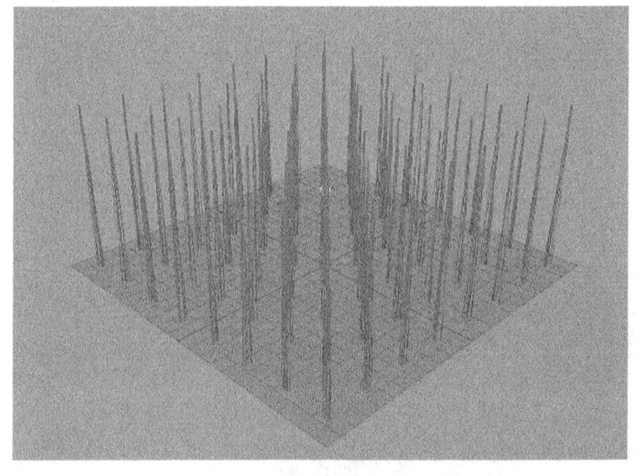

图20-53

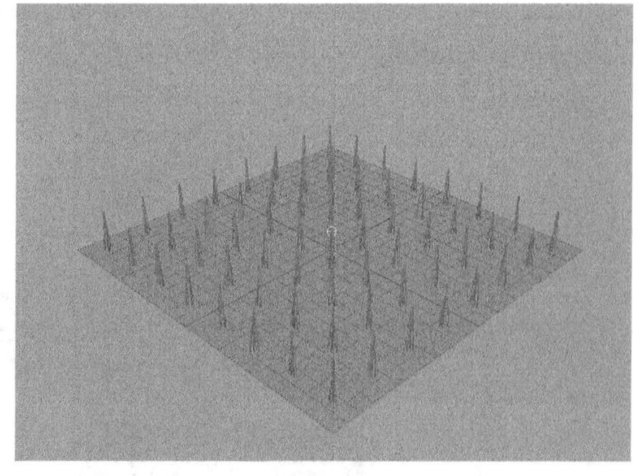

图20-54

## 【练习20-2】制作卡通角色毛发

| | |
|---|---|
| 场景文件 | Scenes>CH20>20.2.mb |
| 实例文件 | Examples>CH20>20.2.mb |
| 难易指数 | ★☆☆☆☆ |
| 技术掌握 | 掌握nHair的使用方法 |

本例通过制作一个带有毛发的动态角色，讲解了nHair的使用方法和操作技巧，效果如图20-55所示。

图20-55

**01** 打开学习资源中的“Scenes>CH20>20.2.mb”文件，场景中有一个角色和一些曲线，如图20-56所示。

图20-56

**02** 在“大纲视图”中选择Geometry和hair_curve1节点，如图20-57所示，然后单击“nHair>动力学化选定曲线”菜单命令后面的■按钮，接着在打开的“使曲线动力学化选项”对话框中设置“输出”为“Paint Effects和NURBS曲线”，再选择“将曲线基础捕捉到曲面”选项，最后单击“使曲线动力学化”按钮，如图20-58所示。

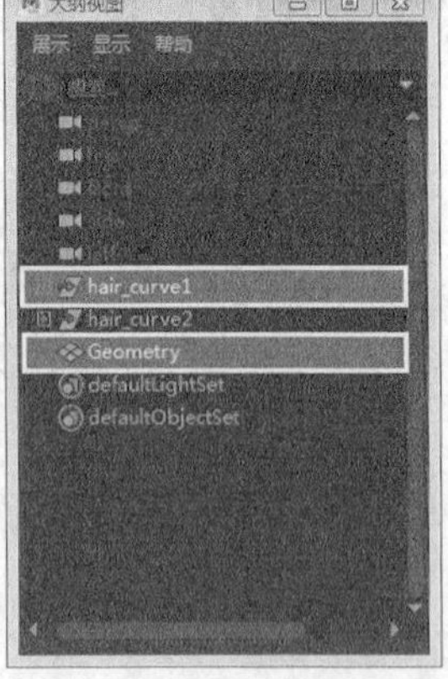


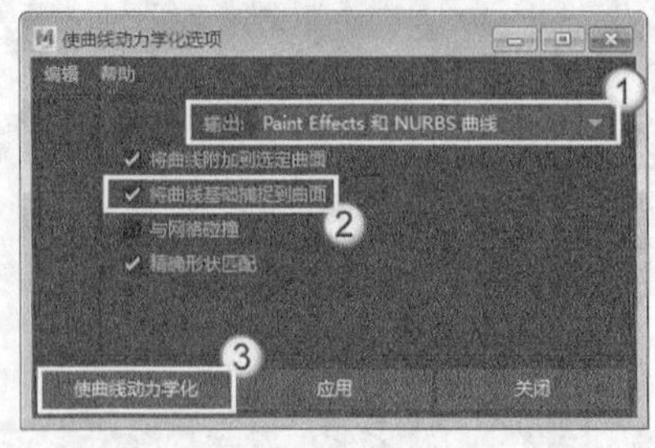


图20-57 图20-58

**03** 此时，Maya会生成hairSystem1、nucleus1和hairSystem1OutputCurves节点。选择hairSystem1节点，如图20-59所示，然后执行“nHair>将Paint Effects笔刷指定给头发”菜单命令，此时Maya会生成pfxHair1节点，如图20-60所示。

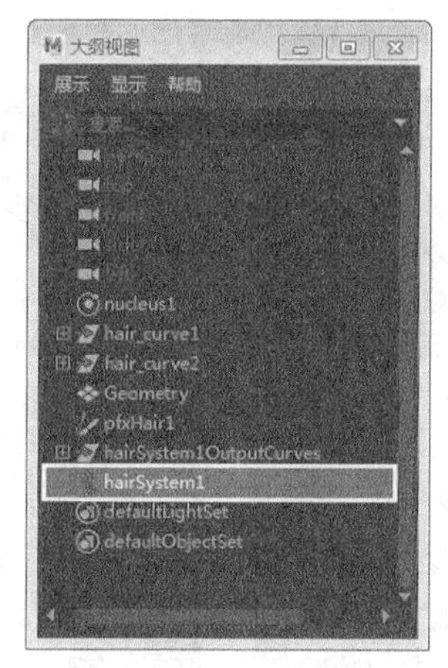
图20-59

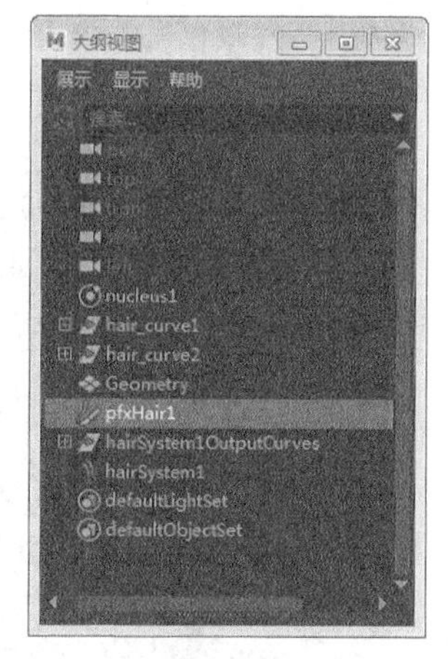
图20-60

## 提示

将曲线动力学化后，只能为曲线增加动态效果，执行“nHair>将Paint Effects笔刷指定给头发”菜单命令后，曲线就具有毛发的外观了。

**04** 隐藏hair_curve1节点，然后选择hairSystem1节点，如图20-61所示，接着在hairSystem1节点的“属性编辑器”面板中设置“每束头发数”为30、“截面分段”为10、“稀释”为0.5、“束宽度”为2.5、“头发宽度”为0.005，如图20-62所示。

**05** 在“束宽度比例”卷展栏中设置曲线的形状，如图20-63所示。

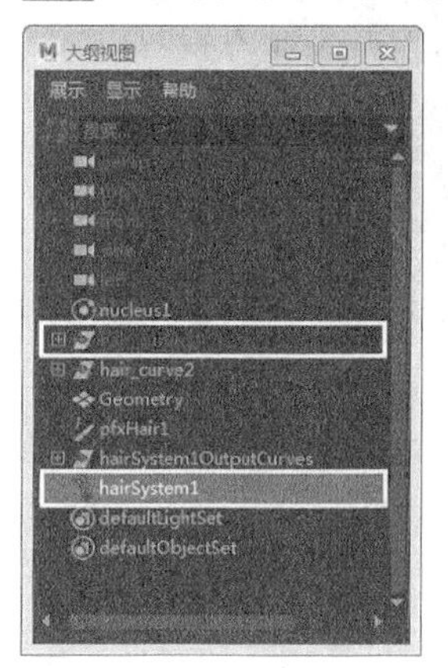
图20-61

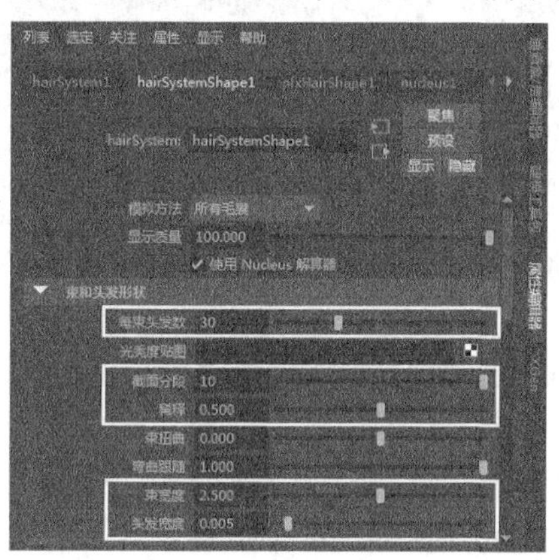
图20-62

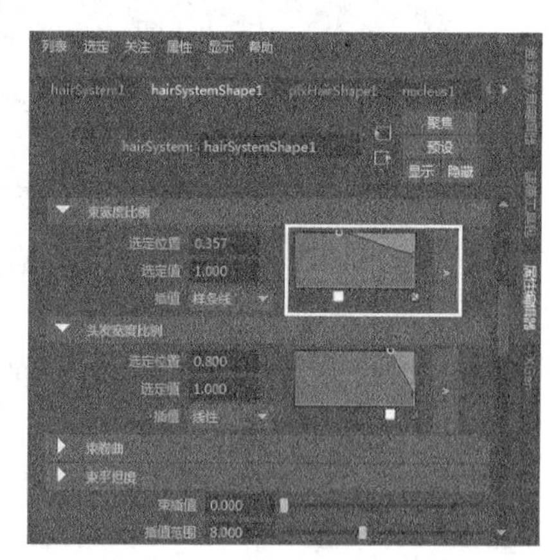
图20-63

**06** 展开“动力学特性”卷展栏，设置“拉伸阻力”为100，如图20-64所示。然后在“动力学特性>开始曲线吸引”卷展栏中设置“开始曲线吸引”为1.2、“吸引力阻尼”为0.2，接着在“动力学特性>吸引比例”卷展栏中设置曲线的形状，如图20-65所示。

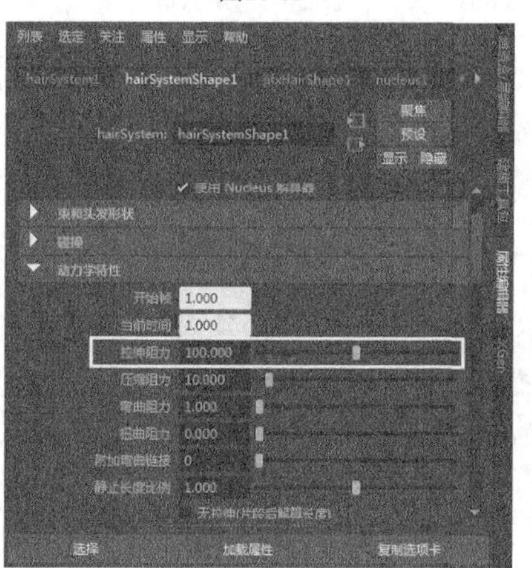
图20-64

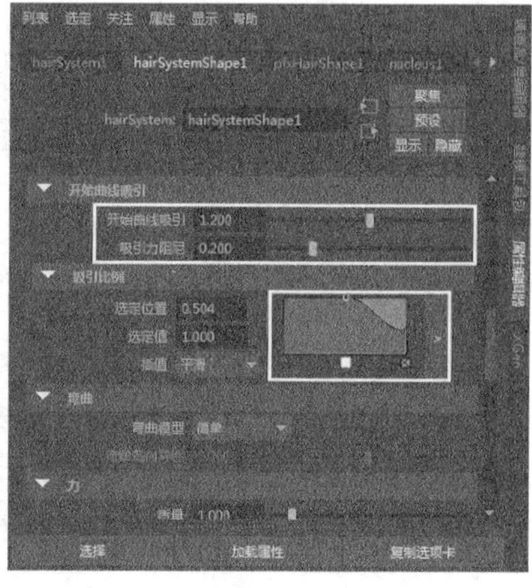
图20-65

**07** 展开“着色”卷展栏，设置“头发颜色”为（R:19, G:1, B:39），然后在“着色>头发颜色比例”卷展栏中设置“镜面反射颜色”为（R:96, G:66, B:129），如图20-66所示。

**08** 展开“置换”卷展栏，设置“卷曲”为3、“卷曲频率”为10、“噪波”为20、“噪波频率”为10，如图20-67所示。

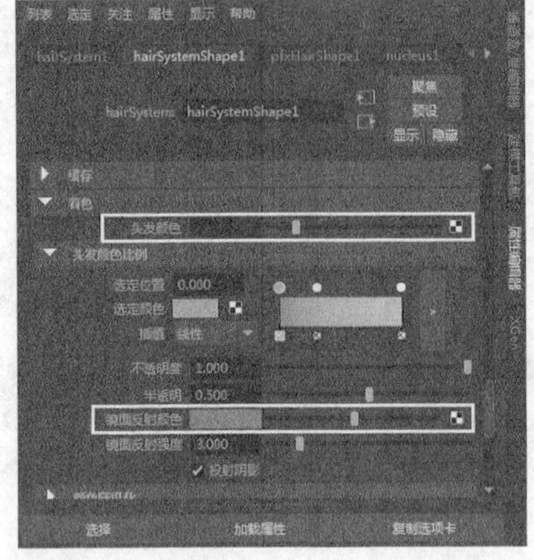

图20-66

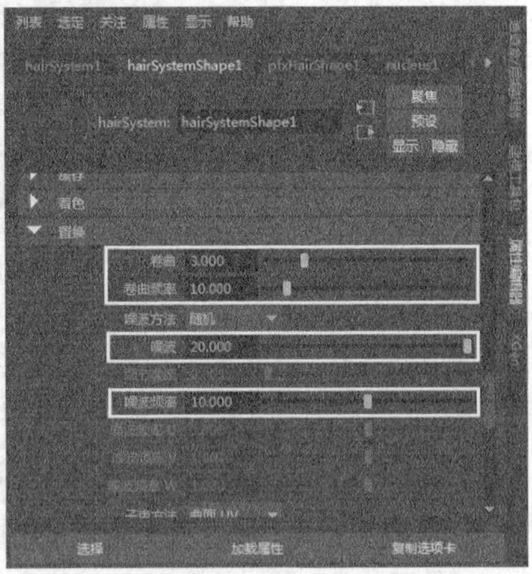

图20-67

**09** 在“置换>置换比例”卷展栏中调整曲线的形状，如图20-68所示，效果如图20-69所示。

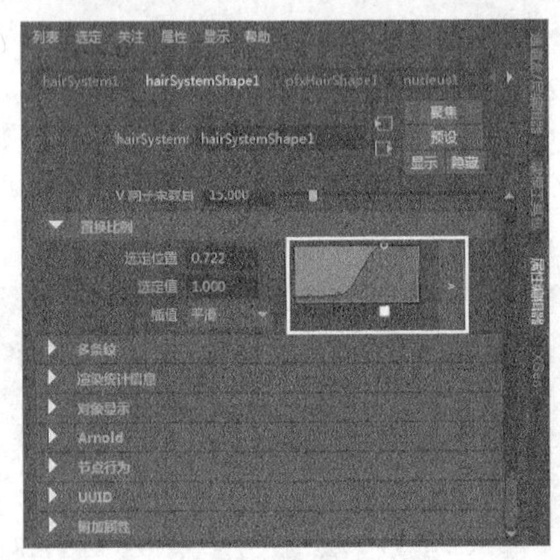

图20-68

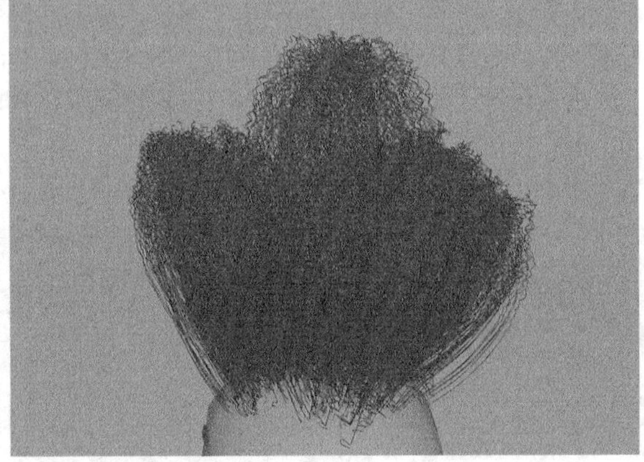

图20-69

**10** 使用同样的方法将hair_curve2中的曲线转换为动力学曲线，然后为动力学曲线添加Paint Effects笔刷效果，接着隐藏hair_curve2节点，如图20-70所示。

**11** 在hairSystem2节点的“属性编辑器”面板中设置“每束头发数”为20、“截面分段”为6、“稀释”为0.5、“束宽度”为2.5、“头发宽度”为0.005，如图20-71所示。

**12** 在“束宽度比例”卷展栏中设置曲线的形状，如图20-72所示。

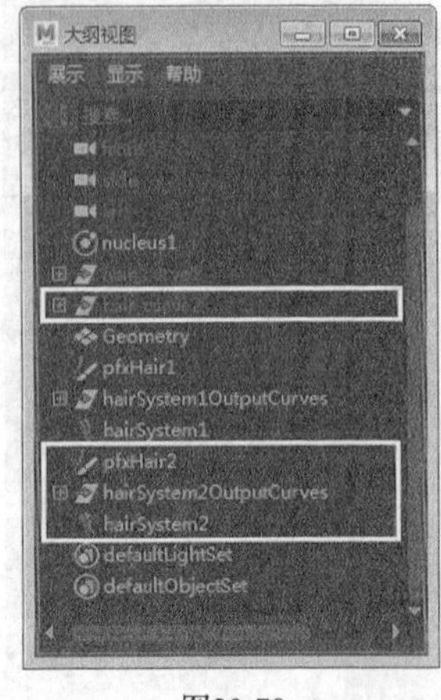

图20-70

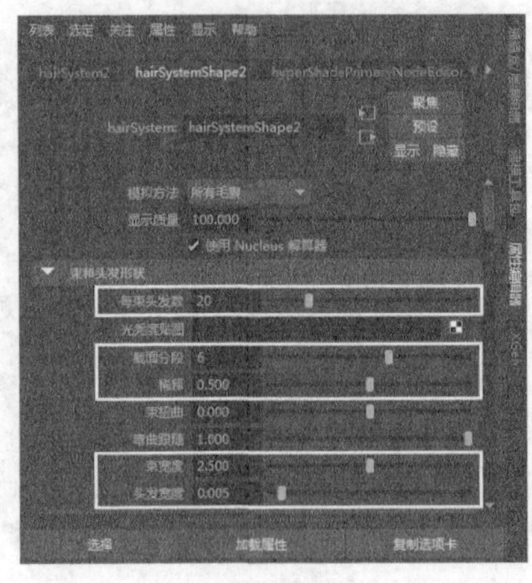

图20-71

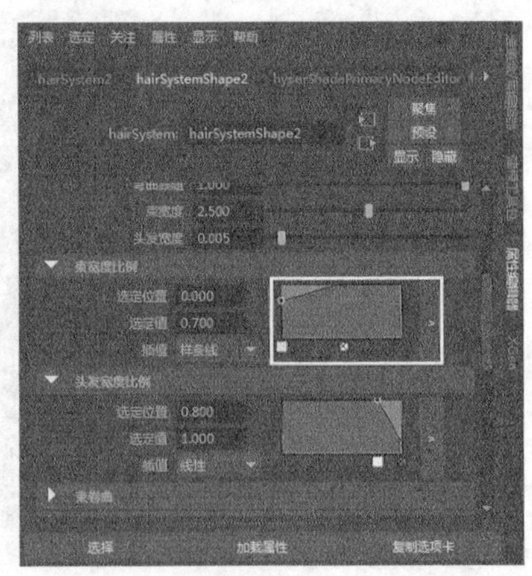

图20-72

**13** 展开“动力学特性”卷展栏，设置“拉伸阻力”为100，然后在“动力学特性>开始曲线吸引”卷展栏中设置“开始曲线吸引”为1、“吸引力阻尼”为0.5，接着在“动力学特性>吸引比例”卷展栏中设置曲线的形状，如图20-73所示。

**14** 展开“着色”卷展栏，设置“头发颜色”为（R:19，G:1，B:39），然后在“着色>头发颜色比例”卷展栏中设置“镜面反射颜色”为（R:96，G:66，B:129），如图20-74所示。

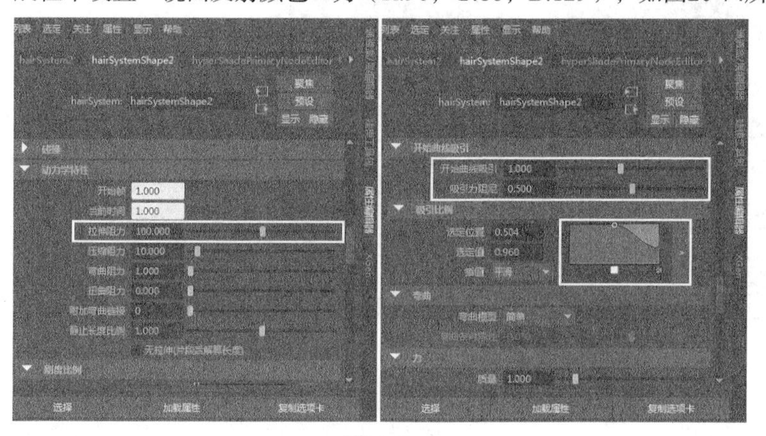


图20-73

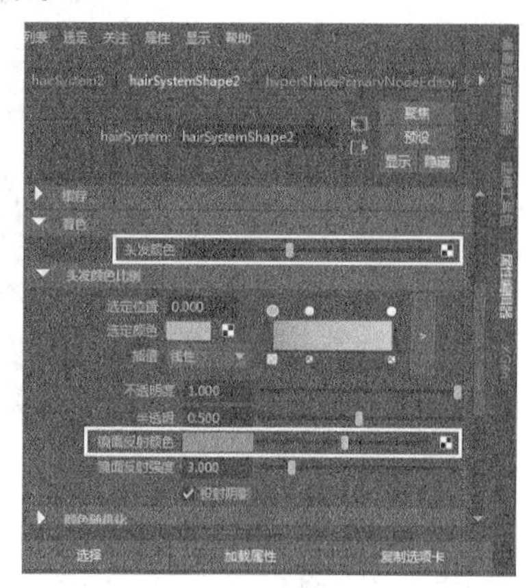


图20-74

**15** 展开“置换”卷展栏，设置“卷曲”为8、“卷曲频率”为15、“噪波”为10、“噪波频率”为10，如图20-75所示。

**16** 在“置换>置换比例”卷展栏中调整曲线的形状，如图20-76所示，效果如图20-77所示。

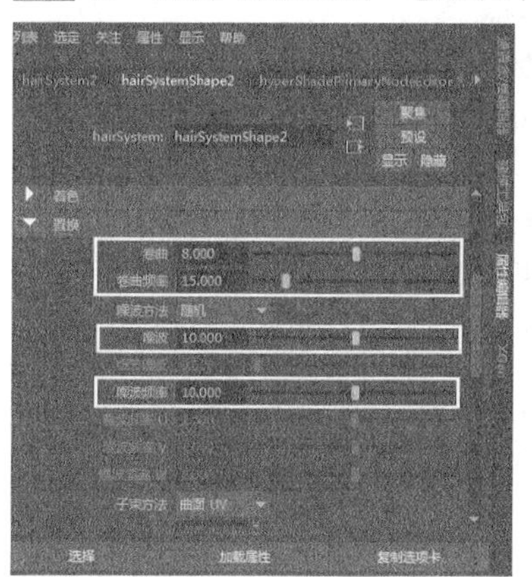


图20-75

图20-76

图20-77

**17** 播放动画并进行观察，可以观察到随着角色的运动，头发产生了动态效果，效果如图20-78所示。

图20-78

# 20.3 nConstraint

nConstraint提供了一系列约束功能，其作用与“字段/解算器”菜单当中的约束命令相似，都是用来限制对象的移动或将它们固定到其他对象。展开nConstraint菜单，其中提供了很多关于约束的命令，如图20-79所示。

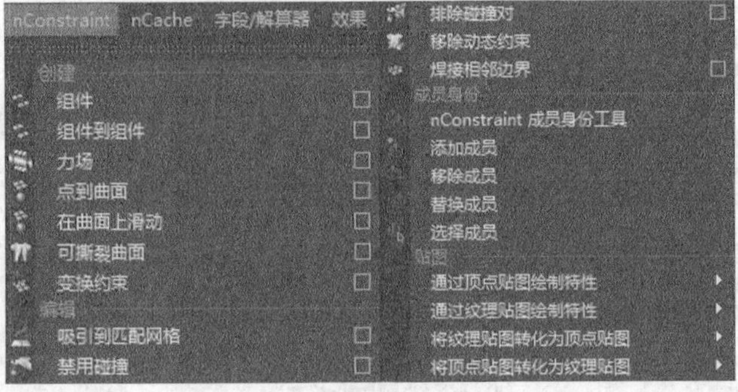


图20-79

## 20.3.1 组件

“组件”命令可以在选定的面之间以及沿着nCloth网格选定的边创建拉伸、弯曲约束。注意：“组件”命令只能用于nCloth对象。单击“组件”命令后面的按钮，可以打开“创建组件nConstraint选项”对话框，如图20-80所示。

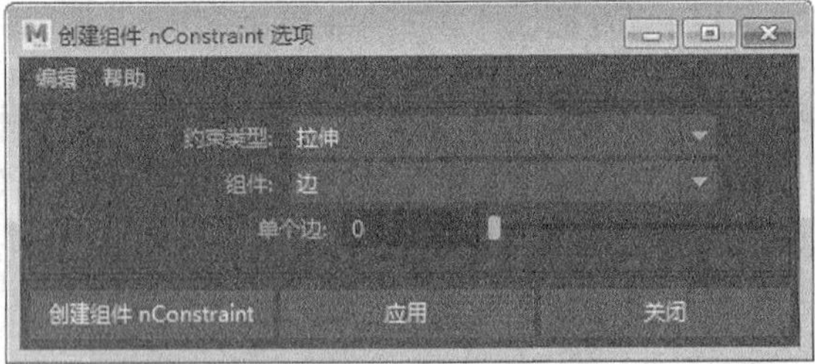


图20-80

### 创建组件nConstraint选项对话框常用参数介绍

❖ 约束类型：设置约束的类型，包括“拉伸”和“弯曲”这两个选项。

✧ 拉伸：控制网格的选定边和面上的拉伸阻力。

✧ 弯曲：控制沿网格的选定边的弯曲强度。

❖ 组件：设置约束的组件，包括“边”“交叉链接”“边和交叉链接”这3个选项。

✧ 边：对于“拉伸”约束，边组件将应用“拉伸”约束，作为选定边的顶点之间的链接。对于“弯曲”约束，边组件将沿选定的边创建约束。

✧ 交叉链接：应用“拉伸”约束，作为每个选定四边形的对角顶点之间的两个对角交叉链接。

✧ 边和交叉链接：应用由链接和交叉链接组成的“拉伸”约束。

❖ 单个边：在选择面时，可使用该属性指定要在面上创建约束的边。

## 20.3.2 组件到组件

“组件到组件”命令可以约束 nCloth 对象组件、nHair 曲线顶点或 nParticle 对象。例如，可以使用“组件到组件”命令将纽扣附着到nCloth衬衫。单击“组件到组件”命令后面的按钮，可以打开“创建组件到组件约束选项框”对话框，如图20-81所示。

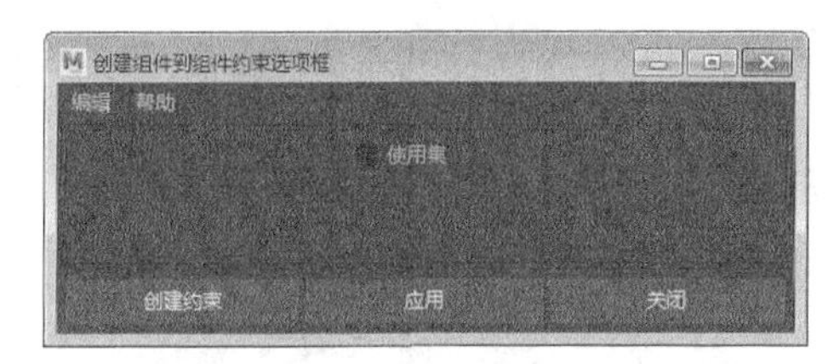


图20-81

## 20.3.3 力场

“力场”命令使用具有球形体积边界的径向场，将 nCloth、nHair曲线和nParticle组件或对象推离约束的中心。当创建“力场”约束后，会在场景中显示力场定位器。定位器的大小、形状和位置表示力场的大小、形状和位置。

## 20.3.4 点到曲面

“点到曲面”命令可以创建从选定nCloth对象顶点、nHair 曲线顶点或 nParticle 对象组件到目标曲面（nCloth 对象或被动对象）的约束。如果要将nCloth对象的一部分（如袖口的衬衫）保留到多边形网格（如角色的腕部），此类型的 nConstraint 将十分有用。

## 20.3.5 在曲面上滑动

“在曲面上滑动”命令可以创建从选定nCloth对象顶点、nHair 曲线顶点或 nParticle 对象组件到目标曲面（nCloth 对象或被动对象）的约束，并且允许受约束组件沿约束它们的曲面移动或滑移。此类型的 nConstraint 可以用于代替碰撞，大多数情况下的速度比碰撞快。

## 20.3.6 可撕裂曲面

“可撕裂曲面”命令可以使用“焊接”约束方法，通过分离所有的面，生成新的边和顶点，合并nCloth的顶点，软化nCloth的边，并约束nCloth点（撕裂）或边（破碎），使 nCloth 对象变得可撕裂或可破碎。

在与被动对象或其他nCloth对象碰撞时，如果希望创建可以被撕裂或破坏的nCloth曲面，此约束将非常有用。dynamicConstraint节点上的“粘合强度”属性控制nCloth 撕裂或破碎的轻松程度。

## 20.3.7 变换约束

“变换约束”命令将nCloth对象和被动碰撞对象的选定顶点、nHair曲线CV和nParticle对象的选定粒子保持在原地，或将其在 *x*、*y*、*z* 空间中移动。“变换”约束具有变换约束定位器，用于控制约束的顶点或粒子。此定位器可以是父对象、动画或对另一个对象的约束。例如，可以为nCloth 丝质头巾的变换约束定位器设置动画，引导其在从空中落下时的移动效果。如果选择了nCloth边或面，所有的边或面的顶点也会被“变换”约束。

## 20.3.8 吸引到匹配网格

“吸引到匹配网格”命令可将一个nCloth对象的顶点吸引到具有匹配拓扑的网格的相应顶点。例如，使用该约束可为场景中有特定形状或位置，并带有滑落的衣服创建特定的最终形状。

## 20.3.9 禁用碰撞

“禁用碰撞”命令可为选择的nCloth、nParticle或被动对象或组件创建约束，以防止它们与其他nCloth、被动对象或顶点发生碰撞。如果要提高 nCloth的性能或避免碰撞几何体交叉，该约束将非常有用。

## 20.3.10 排除碰撞对

“排除碰撞对”命令可以为nCloth、被动对象或顶点创建约束，以防止它们与特定的nCloth、被动对象或顶点发生碰撞。如果要提高nCloth的性能或避免碰撞几何体交叉，该约束将非常有用。

如果选择了两个nCloth 对象，它们将不再发生碰撞。如果选择了一个nCloth对象和一个被动对象，它们将不再发生碰撞。如果从一个nCloth选择了一组顶点，从其他nCloth选择了另一组顶点，则选定顶点将不再发生碰撞。

## 20.3.11 移除动态约束

“移除动态约束”命令会使目标Maya Nucleus对象移除选择的动态约束。

## 20.3.12 焊接相邻边界

“焊接相邻边界”命令使用“焊接”约束方法来约束nCloth对象的最近边界。例如，可以使用“焊接相邻边界”约束来使nCloth网格的行为类似于单个nCloth对象。

# 20.4 nCache

nCache是一种缓存功能，可以将nObject或流体对象的信息存储到本地磁盘，在需要使用时Maya可以读取文件中的信息，而不必重新解算。展开nCache菜单，其中提供了很多关于缓存的命令，如图20-82所示。

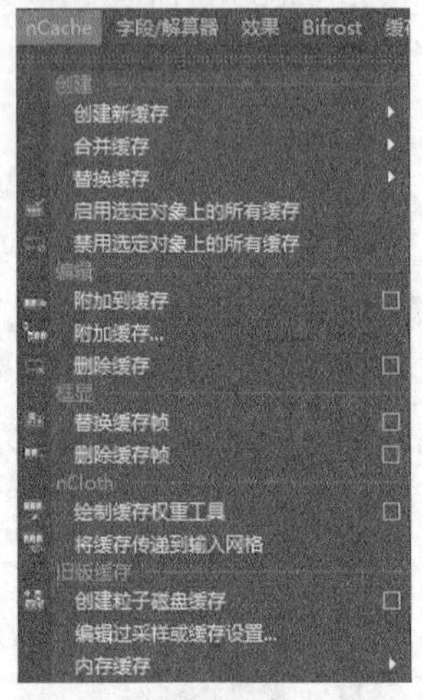

图20-82

## 20.4.1 创建新缓存

“创建新缓存”命令可以为nObject或流体对象创建一个新的缓存。展开“创建新缓存”菜单，其中包括nObject和“Maya流体”两个命令，如图20-83所示。单击“Maya流体”命令后面的按钮，可以打开

"创建流体nCache选项"对话框，如图20-84所示。

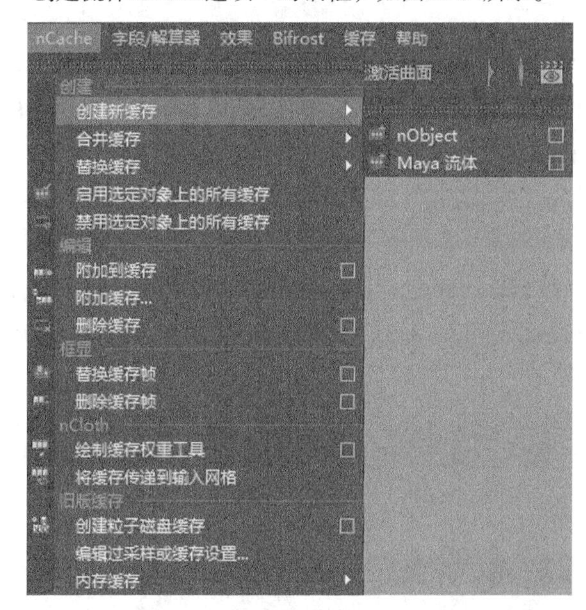


图20-83

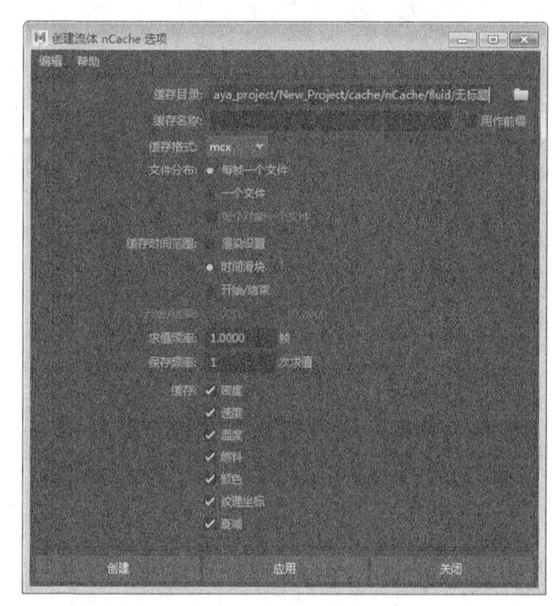


图20-84

nObject和"Maya流体"命令的设置选项对话框中的内容基本一致，因此以"创建流体nCache选项"对话框为例进行讲解。

### 创建流体nCache选项对话框常用参数介绍

- ❖ 缓存目录：指定缓存文件的存放位置。
- ❖ 缓存名称：指定缓存文件的名称。
- ❖ 缓存格式：指定缓存文件的格式。
- ❖ 文件分布：包括"每帧一个文件"和"一个文件"两种方式。"每帧一个文件"选项是将每一帧存储为一个文件，而"一个文件"选项是将所有帧存储为一个文件。
- ❖ 每个对象一个文件：如果选择多个对象，并为其执行缓存命令，可以将选择对象分别保存。
- ❖ 缓存时间范围：设置缓存的时间范围，包括"渲染设置""时间滑块""开始/结束"这3种方式。
  - ✧ 渲染设置：根据"渲染设置"对话框中的帧范围来设置缓存时间。
  - ✧ 时间滑块：根据当前场景的时间滑块范围来设置缓存时间。
  - ✧ 开始/结束：根据指定的"开始/结束"属性的范围来设置缓存时间。
- ❖ 求值频率：设置缓存期间，缓存采样的频率。
- ❖ 保存频率：设置缓存期间，保存哪些采样。
- ❖ 缓存：设置需要缓存的流体属性，包括"密度""速度""温度""燃料""颜色""纹理坐标""衰减"这7种。

## 20.4.2 合并缓存

"合并缓存"命令可以合并当前对象的已启用缓存以及禁用合并的缓存节点。默认情况下，此操作不会删除任何 nCache 节点。

## 20.4.3 替换缓存

"替换缓存"命令可以使最新生成的缓存替换当前对象的缓存。注意，不能为具有多个附加缓存的对象替换 nCache。

## 20.4.4 附加到缓存

“附加到缓存”命令可以为当前对象生成新的nCache，并将其附加到所启用的nCache中。如果附加缓存时间与启用缓存时间重叠，则附加缓存将自动与启用缓存混合。但是，如果启用缓存和附加缓存之间有时差，则时差为线性插值，且没有任何时差缓冲数据保存到附加缓存中。

## 20.4.5 附加缓存

“附加缓存”命令可以浏览本地磁盘或服务器，从而将现有nCache文件附加到当前对象。如果当前对象已有nCache，那么浏览到并选择的缓存文件将替换原始nCache，但不会将其从磁盘中删除。选择的nCache文件必须与缓存导入的目标对象具有相同的拓扑。

## 20.4.6 删除缓存

“删除缓存”命令可以删除当前对象的缓存节点和片段。

# 20.5 XGen

XGen是由华特迪士尼动画工作室开发的一款以任意数量的随机或均匀放置的基本体填充多边形网格曲面的几何体实例化器。XGen能够以程序方式创建和设计角色的头发、毛发和羽毛。就布景而言，XGen可实现快速填充大规模环境，包括草原、森林、岩石地形和碎屑轨迹。使用XGen制作的毛发效果如图20-85和图20-86所示。

图20-85

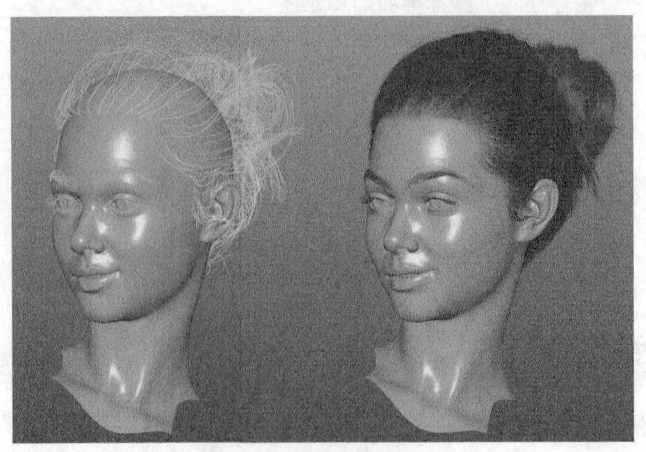

图20-86

## 20.5.1 创建XGen对象

切换到“建模”模块，展开“生成”菜单，可以看到关于XGen的命令，如图20-87所示。也可以在工具架中切换到XGen选项卡，通过快捷按钮来创建XGen对象，如图20-88所示。

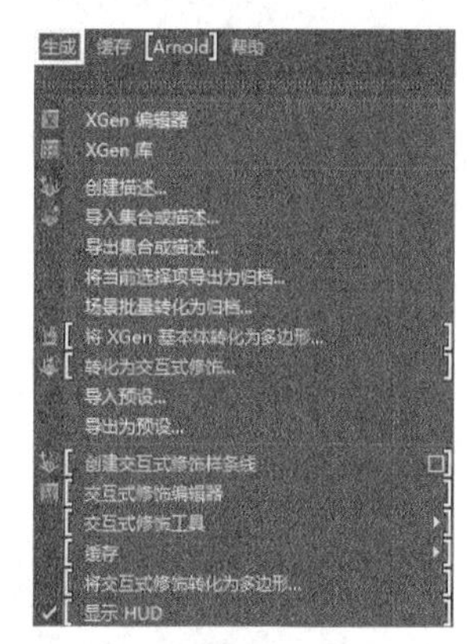


图20-87

图20-88

## 技术专题：加载XGen功能

如果不能使用XGen功能，可能是没有加载XGen。打开“插件管理器”对话框，然后选择xgenTollkit.mll选项，如图20-89所示。这样Maya才能使用XGen功能，并且可以使用Mental Ray渲染。

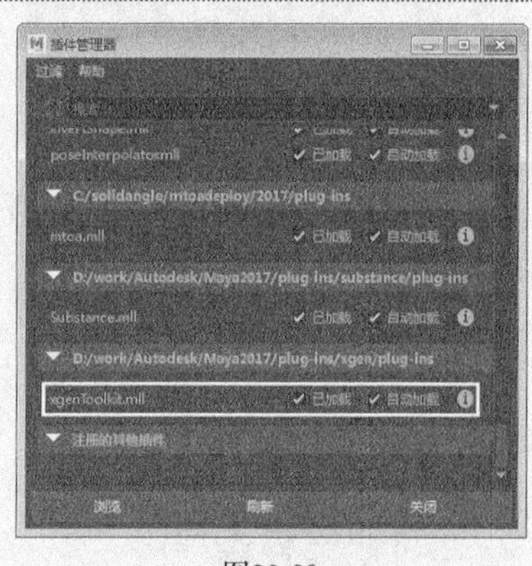


图20-89

选择要生成XGen的多边形对象，执行“生成>创建描述”菜单命令，此时会打开“创建XGen描述”对话框，如图20-90所示。

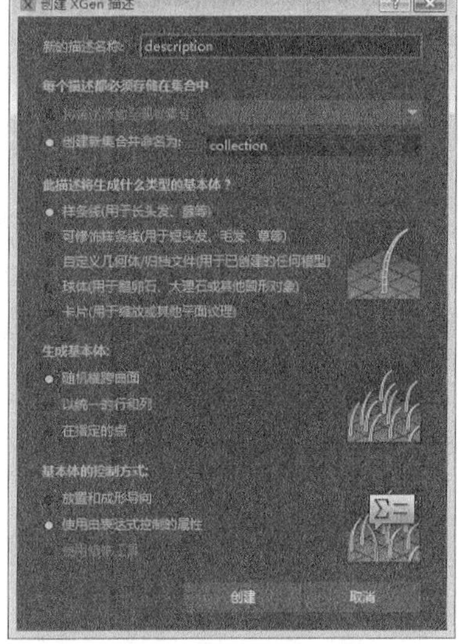


图20-90

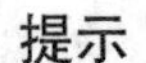

提示

在工具架中单击图按钮，会打开XGen面板，然后单击“创建新描述”按钮，如图20-91所示，也可以打开“创建XGen描述”对话框。

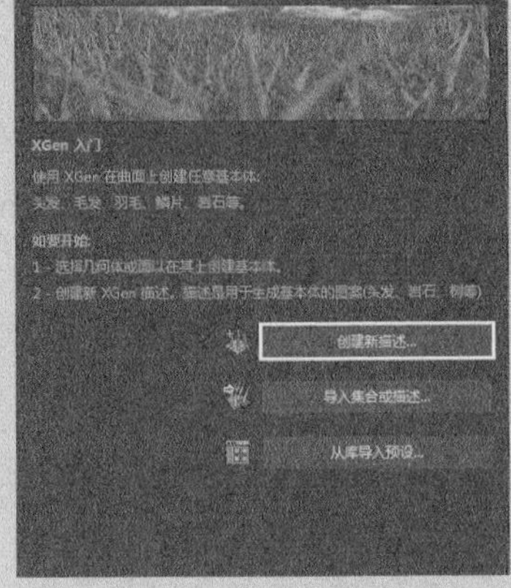


图20-91

## 20.5.2 XGen的类型

“创建XGen描述”对话框主要用来设置XGen对象的名称、类型、分布以及控制方式，用户可以根据需要选择XGen的类型。

### 1.样条线

“样条线”主要用来制作长发和藤条等效果，如图20-92所示。

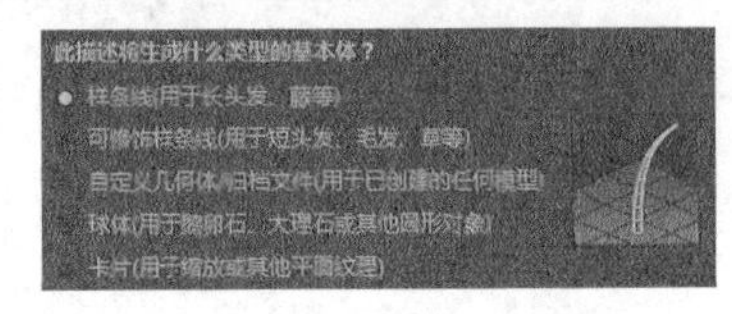


图20-92

### 2.可修饰样条线

“可修饰样条线”主要用来制作短发、皮毛、草以及汗毛等效果，如图20-93所示。

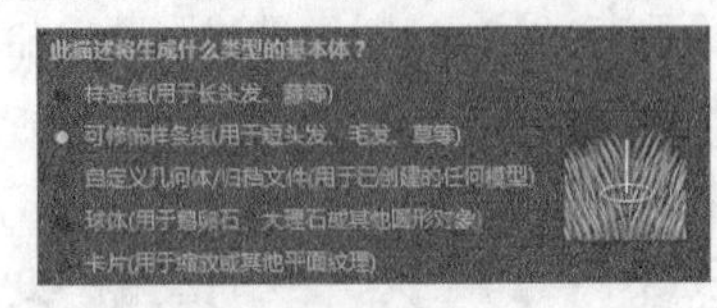

图20-93

### 3.自定义几何体

“自定义几何体”主要用来制作森林、羽毛和岩石地形等效果，如图20-94所示。

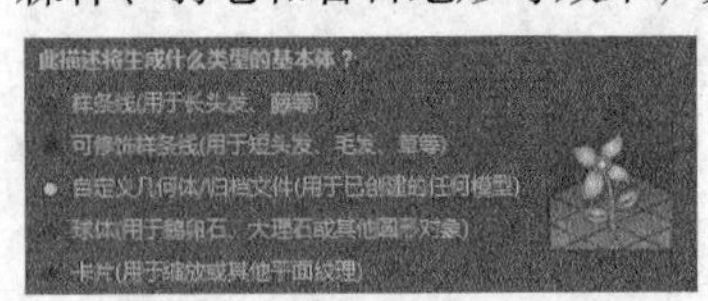

图20-94

### 4.球体

“球体”主要用来制作鹅卵石、大理石或其他圆形对象，如图20-95所示。

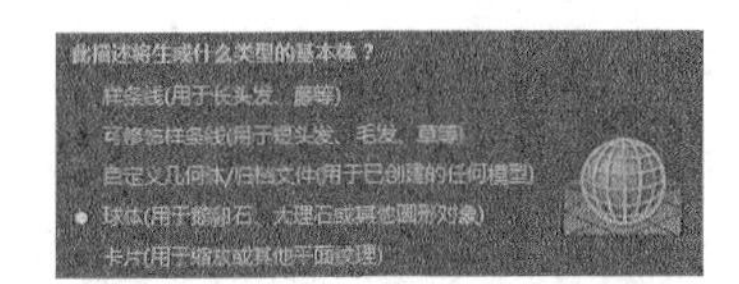


图20-95

## 5.卡片

“卡片”主要用来制作附加到位于平面枢轴点的面片或其他平面纹理，如图20-96所示。

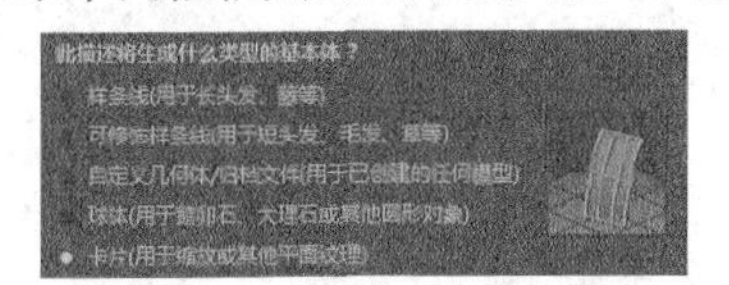


图20-96

## 20.5.3 XGen编辑器

在“创建XGen描述”对话框中设置好文件名和类型后单击“创建”按钮，进入下一步操作，如图20-97所示。

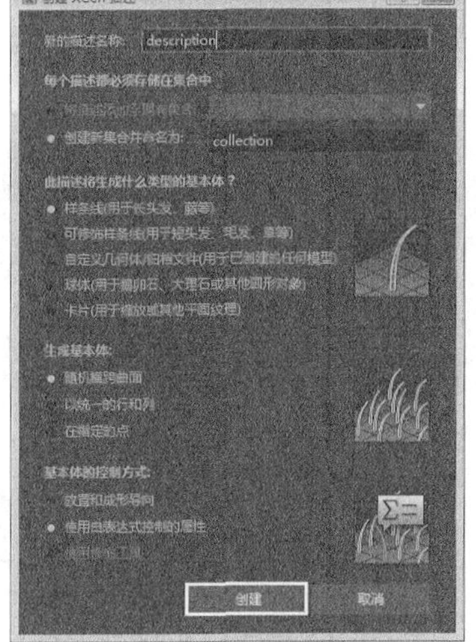


图20-97

此时会打开XGen编辑器面板，XGen 编辑器主要由菜单栏、工具栏、选项卡和属性栏组成，如图20-98所示。

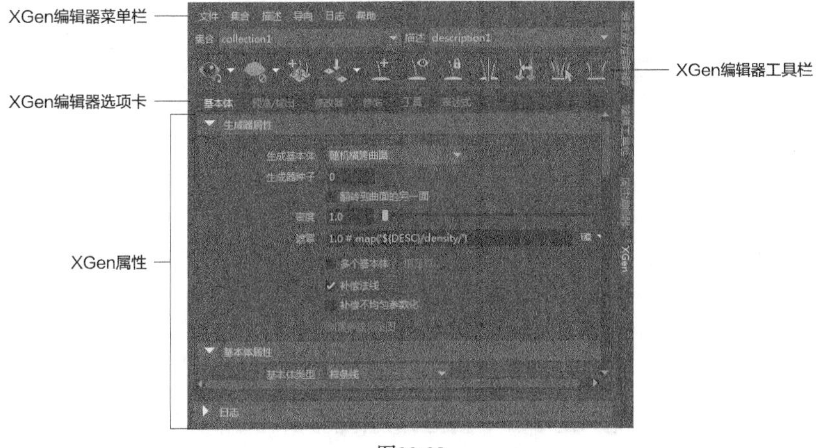


图20-98

## 1.基本体选项卡

“基本体”选项卡中的属性主要用于生成和修改由选定“描述”实例化的基本体特性，如图20-99所示。

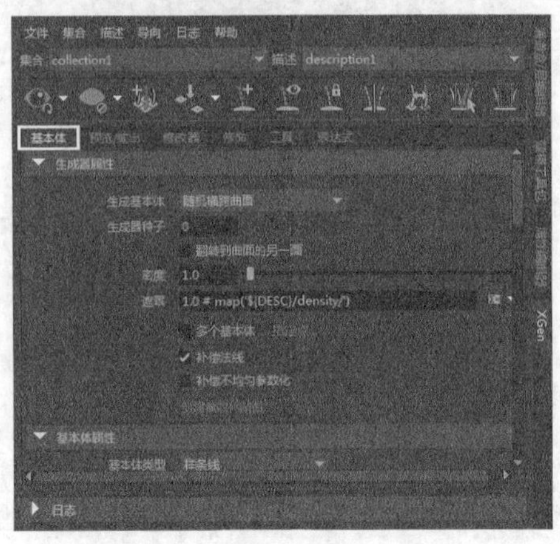


图20-99

## 2.预览/输出选项卡

“预览/输出”选项卡中的属性主要用于设置在预览和渲染时要如何显示头发修饰和实例化几何体。例如，使用这些属性，可以设置基本体预览颜色，指定渲染设置，以及创建自定义着色参数，如图20-100所示。

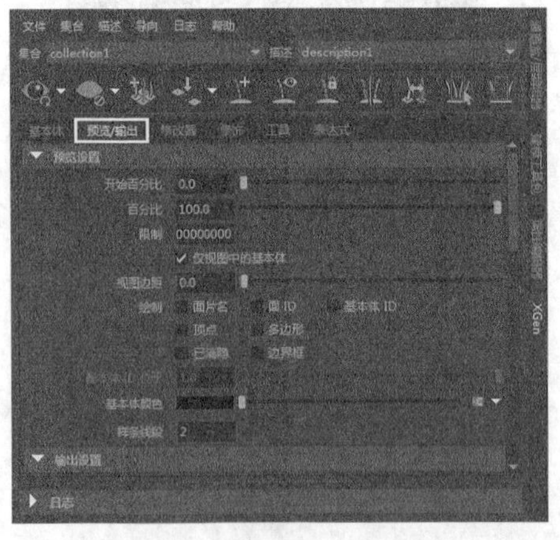


图20-100

## 3.修改器选项卡

“修改器”选项卡中的属性主要用于设置“样条线”基本体的外观和行为，例如为头发和毛发创建发束和发圈，以及生成力和风的效果，如图20-101所示。

图20-101

在XGen编辑面板中单击按钮，将会打开“添加修改器”窗口，如图20-102所示。在该窗口中可以为样条线添加外观属性。

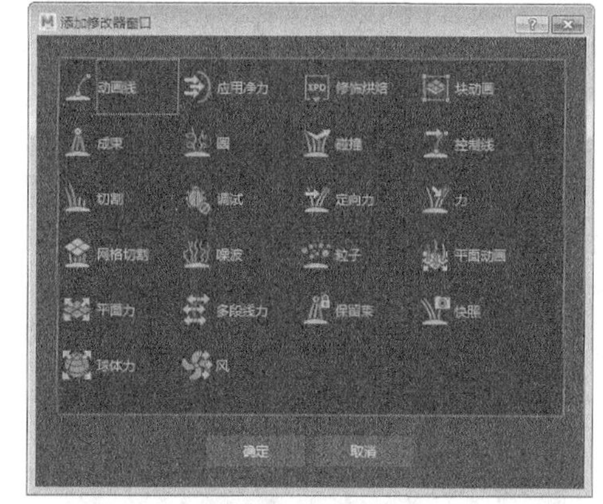


图20-102

## 4.修饰选项卡

“修饰”选项卡中的属性主要通过笔刷的修饰工具创建胡须、胡茬、平头发型和短毛，修饰笔刷只能与可修饰样条线描述一起使用，如图20-103所示。

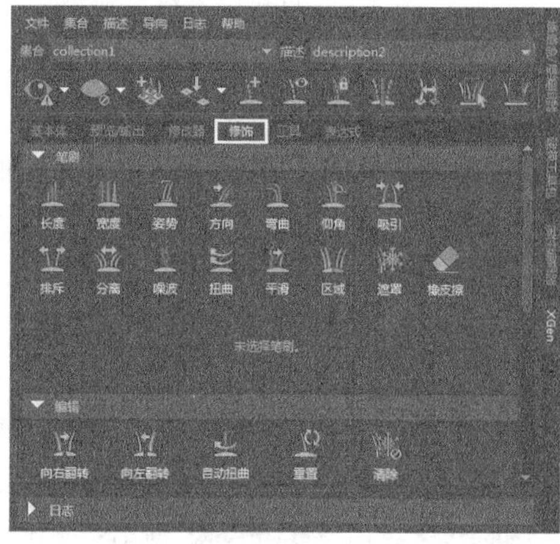


图20-103

## 5.工具选项卡

“工具”选项卡中的XGen工具可以定形和修改XGen导向。例如，通过这些工具，可以将导向作为曲线进行编辑，为曲线生成导向，使用晶格结构来定形导向等，如图20-104所示。

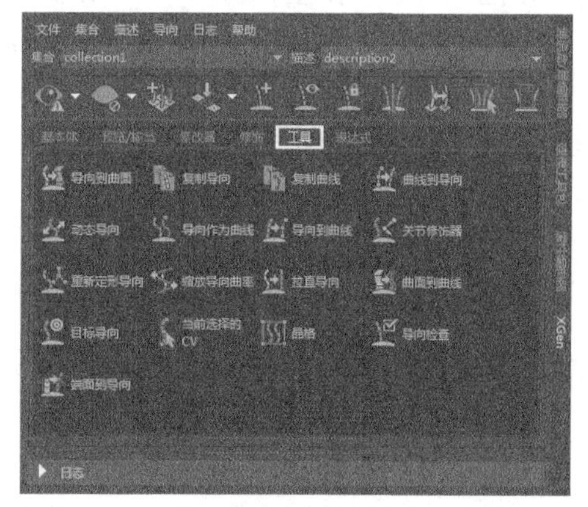


图20-104

## 6.表达式选项卡

使用“表达式”选项卡可在XGen中创建全局表达式（全局表达式可应用于当前集合中的任何描述），并且将全局表达式的输出用作基于属性的表达式的常量值，并在多个运算符之间设置任何属性值，如图20-105所示。

图20-105

# 【练习20-3】像素特效

| 场景文件 | Scenes>CH20>20.3.mb |
| --- | --- |
| 实例文件 | Examples>CH20>20.3.mb |
| 难易指数 | ★★★☆☆ |
| 技术掌握 | 掌握如何使用XGen制作几何体填充效果 |

本例通过制作像素特效，讲解了XGen的使用方法和操作技巧，效果如图20-106所示。

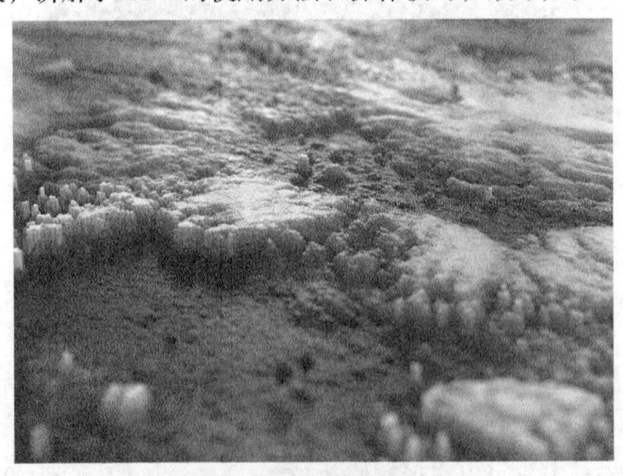

图20-106

**01** 新建一个场景，创建一个多边形立方体，接着选择立方体，切换到“建模”模块，再执行“生成>将当前选择项导出为归档”菜单命令，如图20-107所示，最后为归档文件设置名称和保存的目录。

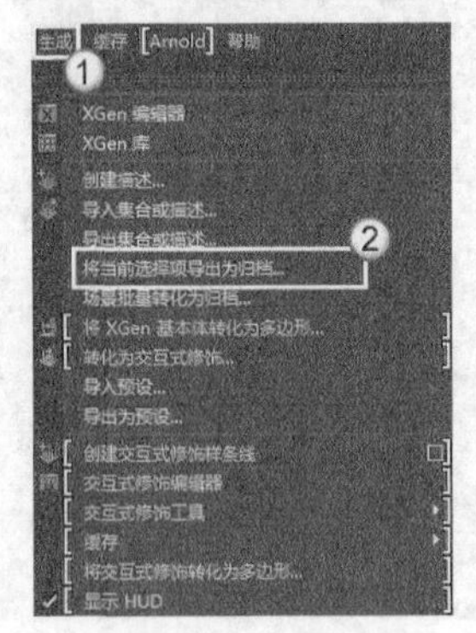


图20-107

**02** 新建一个多边形平面，然后调整平面的大小，如图20-108所示，接着选择平面，再切换到FX模块，并在XGen工具架中单击X按钮，最后在打开的XGen面板中单击“创建新描述”按钮，如图20-109所示。

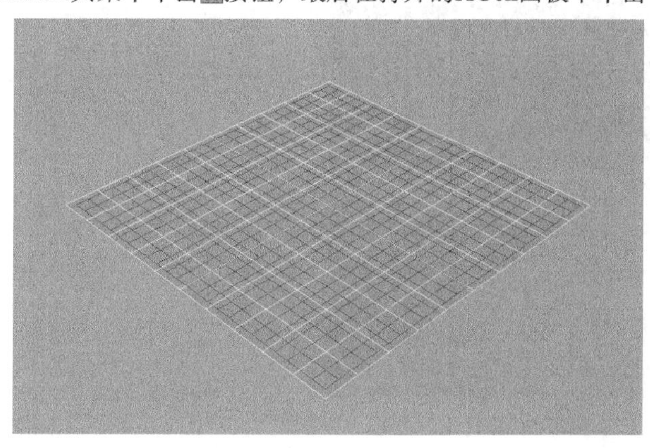

图20-108

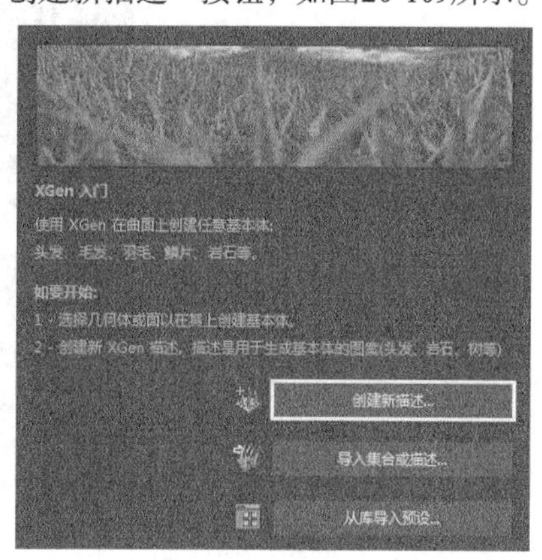


图20-109

**03** 在打开的“创建XGen描述”对话框中设置“新的描述名称”为pixel_description1、“创建新集合并命名为” pixel_description1，然后选择“自定义几何体/归档文件”选项，接着单击“创建”按钮，如图20-110所示。

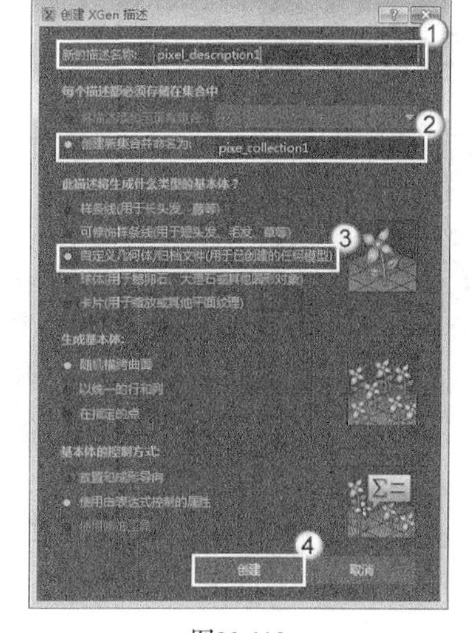


图20-110

**04** 在XGen面板中展开“归档文件”卷展栏，然后单击“添加”按钮，如图20-111所示，接着在打开的对话框中选择前面保存的归档文件，效果如图20-112所示。

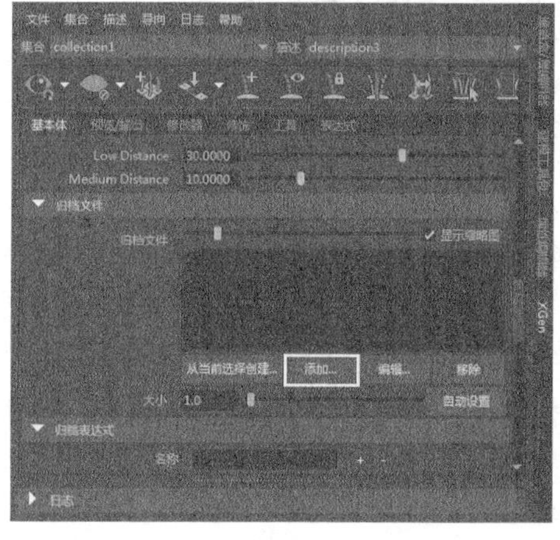


图20-111

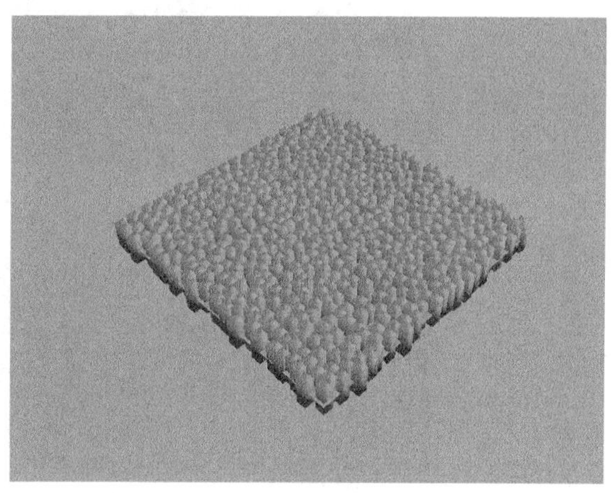

图20-112

05 展开“基本体属性”卷展栏，然后设置“宽/深度”为0.1，如图20-113所示。

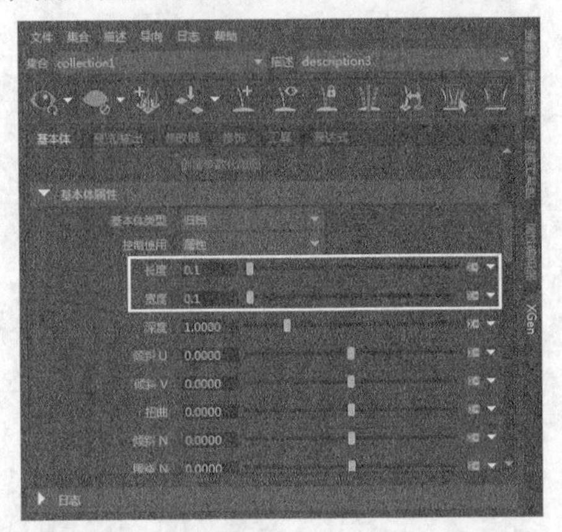


图20-113

06 单击“长度”属性后面的按钮，然后在打开的菜单中选择“创建贴图”命令，如图20-114所示，接着在打开的“创建贴图”对话框中设置“贴图分辨率”为5，最后单击“创建”按钮，如图20-115所示。

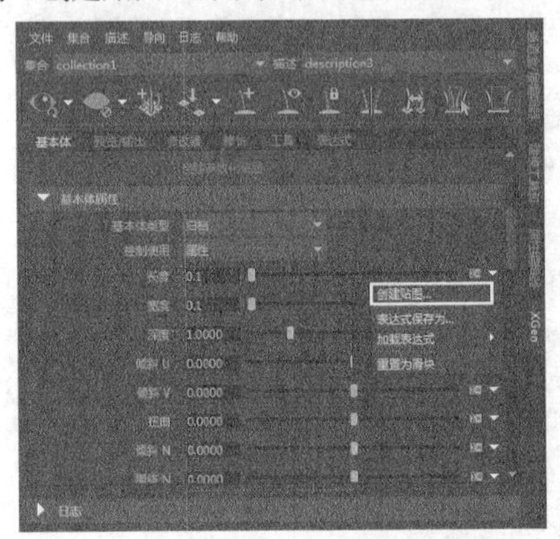


图20-114

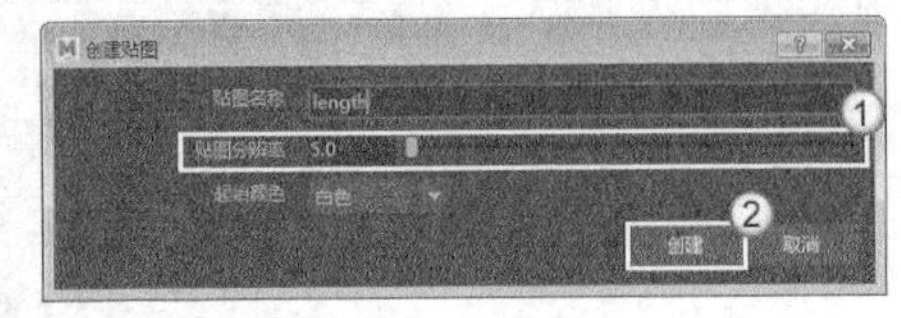


图20-115

07 打开Hypershade对话框，然后切换到“纹理”选项卡，在该选项卡中生成了一个file节点，如图20-116所示，接着为该节点指定“Scenes>CH20>H_20.6> dif.jpg”文件，再在XGen属性面板中单击按钮，如图20-117所示，效果如图20-118所示。

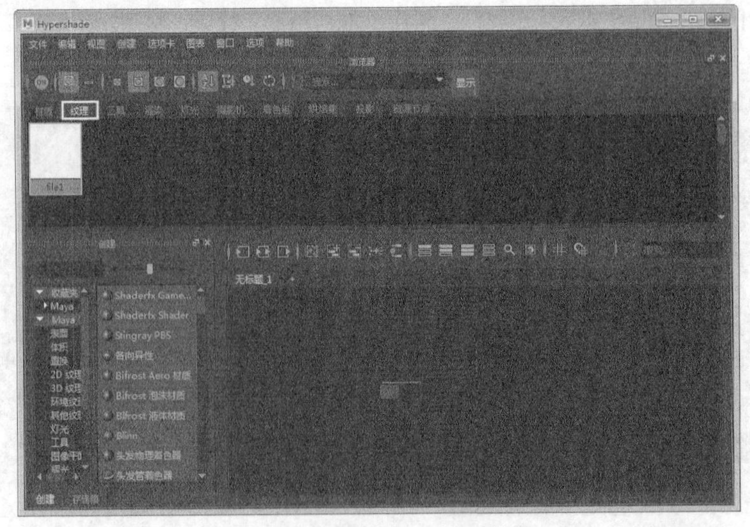


图20-116

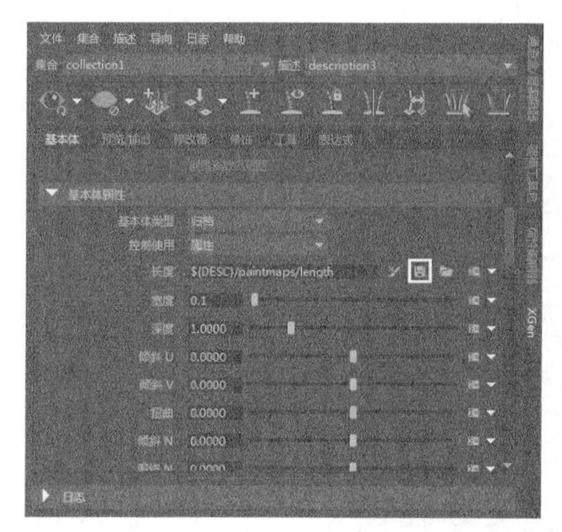

图20-117

图20-118

**08** 由上图可以看出，立方体的长度产生了变化，但是数量较少。在“生成器属性”卷展栏中设置“密度”为20，如图20-119所示，效果如图20-120所示。

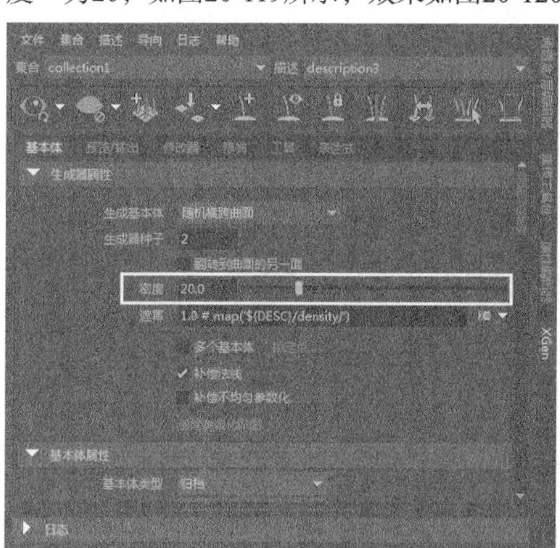

图20-119

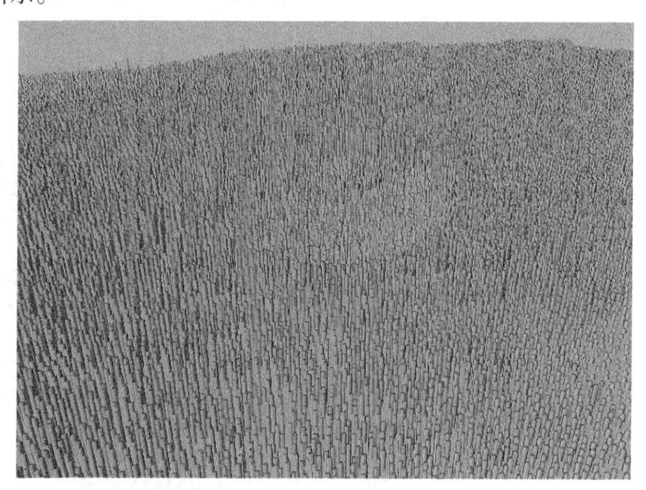

图20-120

**09** 在“基本体属性”卷展栏中单击“长度”属性后面的按钮，如图20-121所示，然后在打开的“XGen表达式编辑器”对话框中复制文本框里的表达式，如图20-122所示。

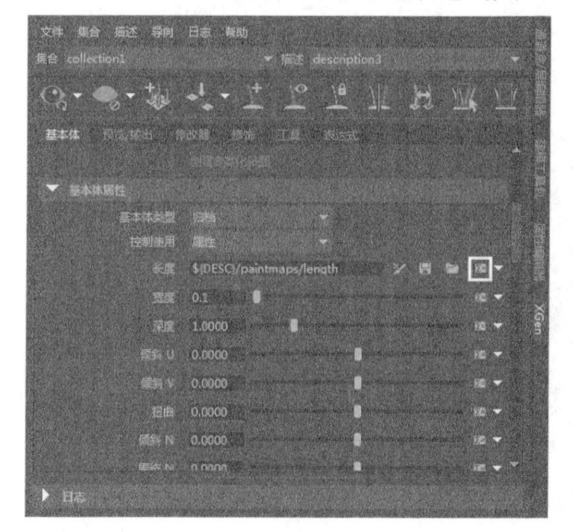

图20-121

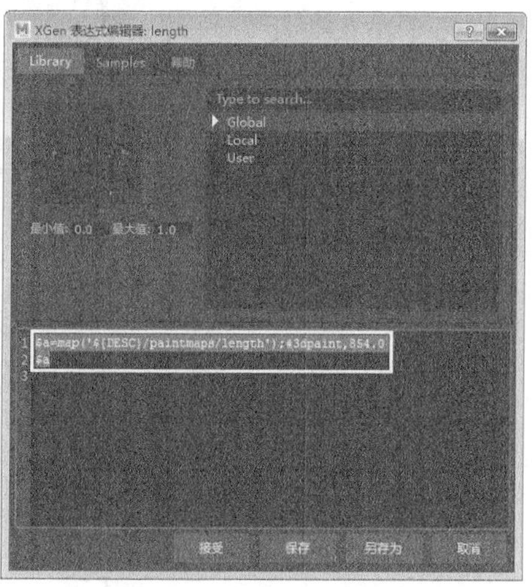

图20-122

**10** 在“预览设置”卷展栏中单击“基本体颜色”属性后面的▣按钮，如图20-123所示，然后在打开的“XGen表达式编辑器”对话框中粘贴表达式，接着单击“应用”按钮，如图20-124所示。最终效果如图20-125所示。

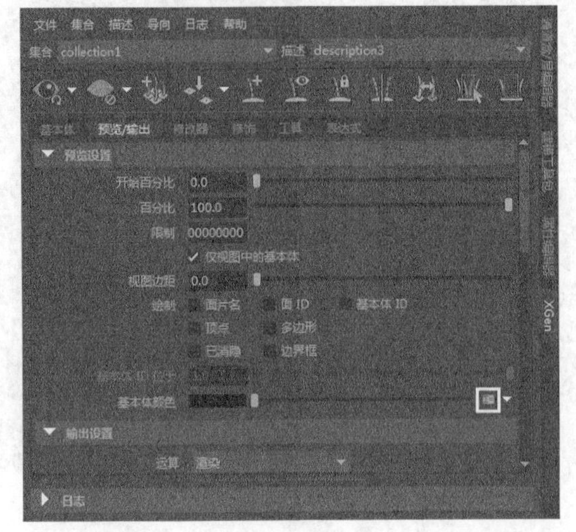


图20-123

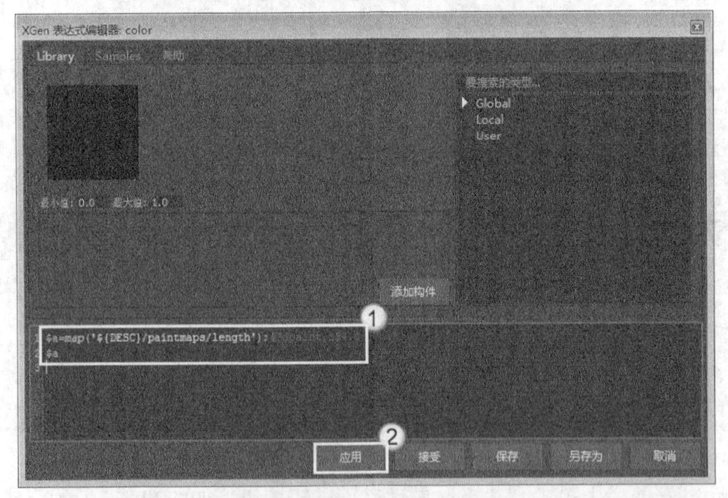


图20-124

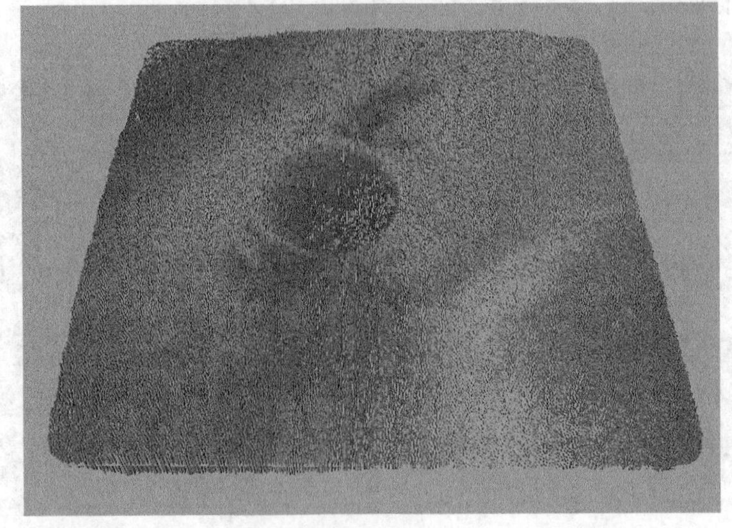

图20-125

# 技术分享

## 制作毛发的常用方法

制作毛发通常分为3大步骤，分别是绘制曲线、生成毛发和最终渲染。

绘制曲线的方法很多，下面介绍两种常用的方法。

第1种：在ZBrush中绘制毛发，然后导出为曲线。

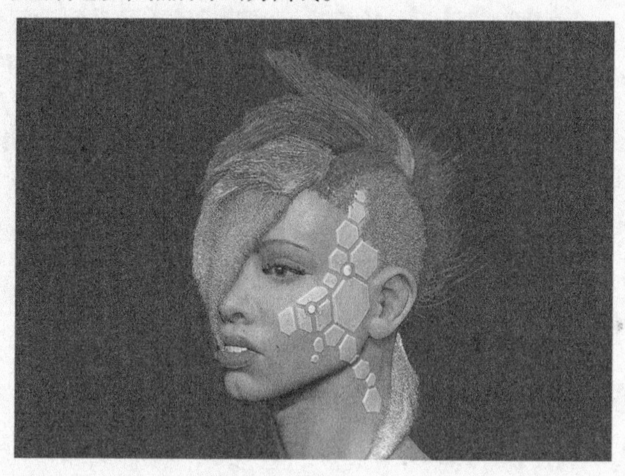

第2种：用多边形对象（或者曲面）模拟出毛发的造型，然后将多边形转换为曲线。

生成的曲线不仅可以用来制作毛发，还可以转换为动力学曲线，制作动态的毛发效果。

## 生成曲线的注意事项

在前面的内容中介绍了如何将多边形转换为曲面，以及曲面方向的校正方法。本节接着前面的内容介绍如何在曲面上提取生成毛发的曲线。

曲面的段数越多，生成曲线的数量和曲线的段数也就越多，这时可以根据毛发数量的需求来确定曲面的段数。如果需要大量的毛发，那么可以增加曲面的分段数。

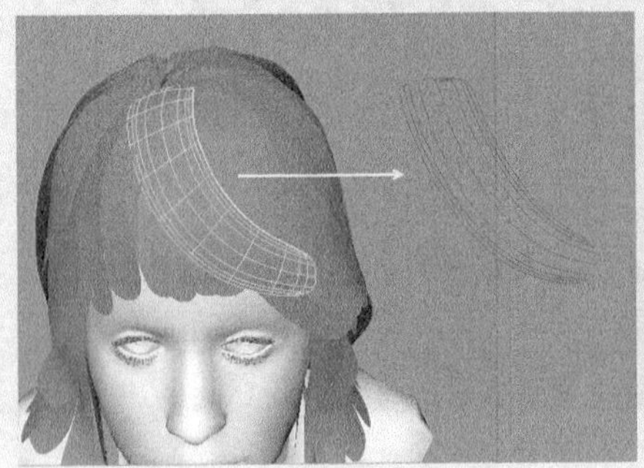
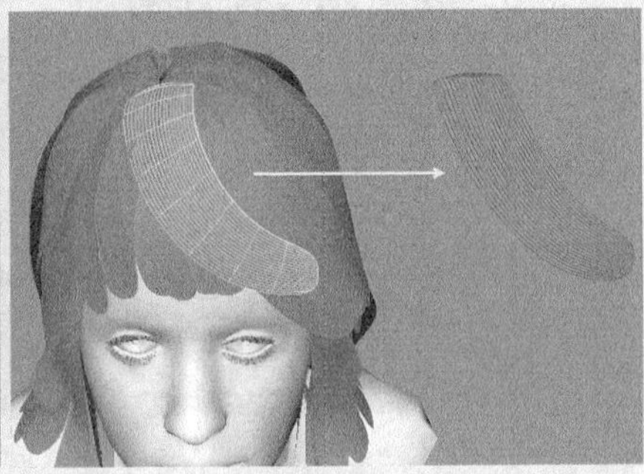

选择曲面，然后按3键平滑显示，也会增加曲面的段数，从而增加生成的曲线。

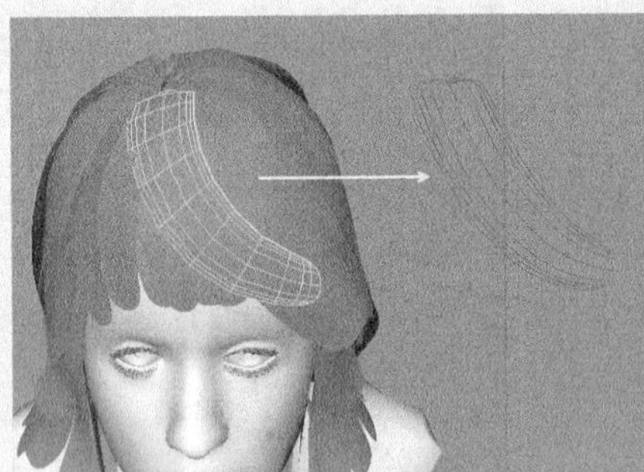
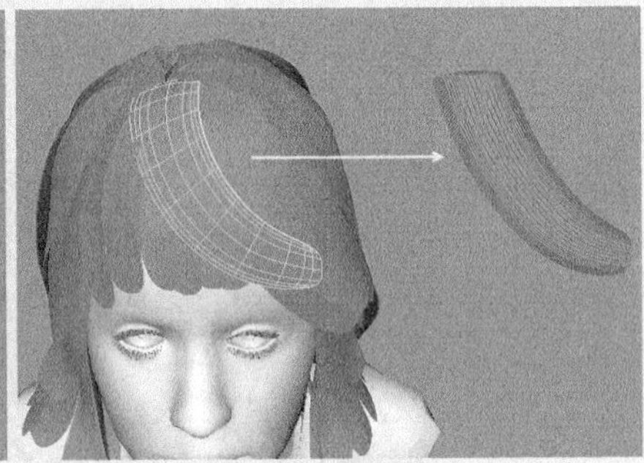

## 使用nHair驱动XGen

XGen制作的毛发或几何体填充效果是静态的，如果想让XGen对象具有动态效果，可以使用nHair的动力学曲线模拟动态效果，然后驱动XGen对象，使XGen对象具有nHair的动态效果。

在创建完XGen对象后，选择具有动力学的曲线，然后在XGen面板中切换到“工具”选项卡，添加“曲线到向导”属性，接着取消选择“删除曲线”选项，并选择“保留动态链接”选项，最后单击“添加向导”按钮。这样，nHair曲线就可以驱动XGen的毛发对象了。

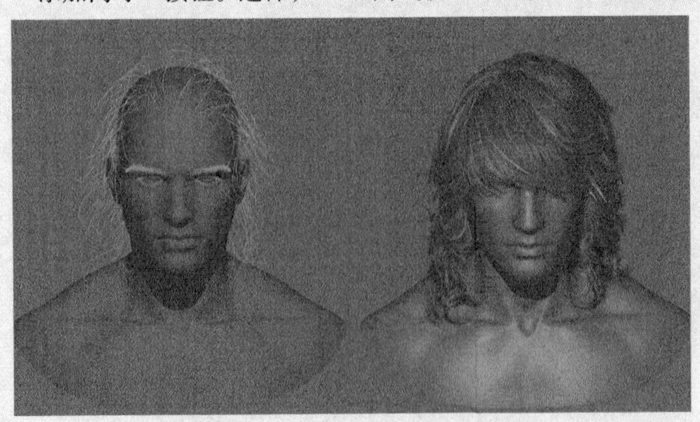
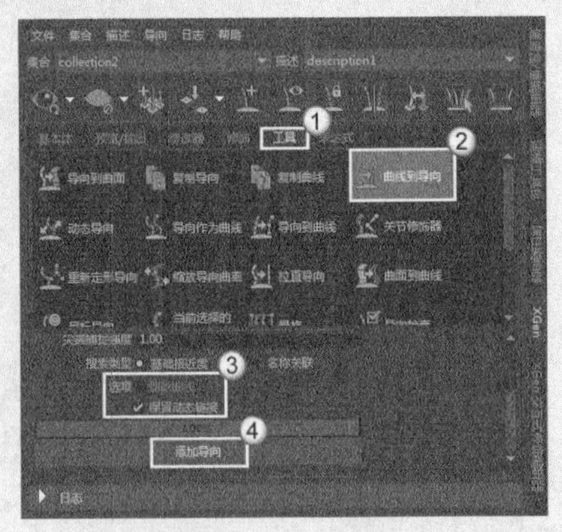

第章

# Bifrost

本章将介绍Bifrost的使用方法，包括创建Bifrost流体、添加碰撞、控制流体的形态和范围、添加泡沫，以及优化Bifrost流体等内容。通过学习本章，读者可以掌握使用Bifrost制作各种液体效果的方法。

※ 掌握如何使用Bifrost创建流体
※ 掌握Bifrost流体的属性
※ 掌握碰撞对象的使用方法
※ 掌握泡沫的使用方法
※ 掌握终结平面的使用方法
※ 掌握海洋的制作流程

# 21.1 Bifrost简介

Bifrost是一种可使用 FLIP（流体隐式粒子）解算器创建模拟液体和空气动力学效果的程序框架，它的前身是参与过《阿凡达》的Naiad，在Autodesk收购Naiad之后，于Maya 2015正式加入Maya，并改名为Bifrost。

在Maya 2017中，用户可以使用Bifrost从发射器生成液体并使其在重力的作用下坠落，与碰撞对象进行交互以导向流并创建飞溅效果，还可以使用运动场创建喷射和其他效果。另外，Bifrost还可以创建流动气体效果，如烟、火等效果。使用Bifrost制作的海洋效果如图21-1和图21-2所示。

图21-1

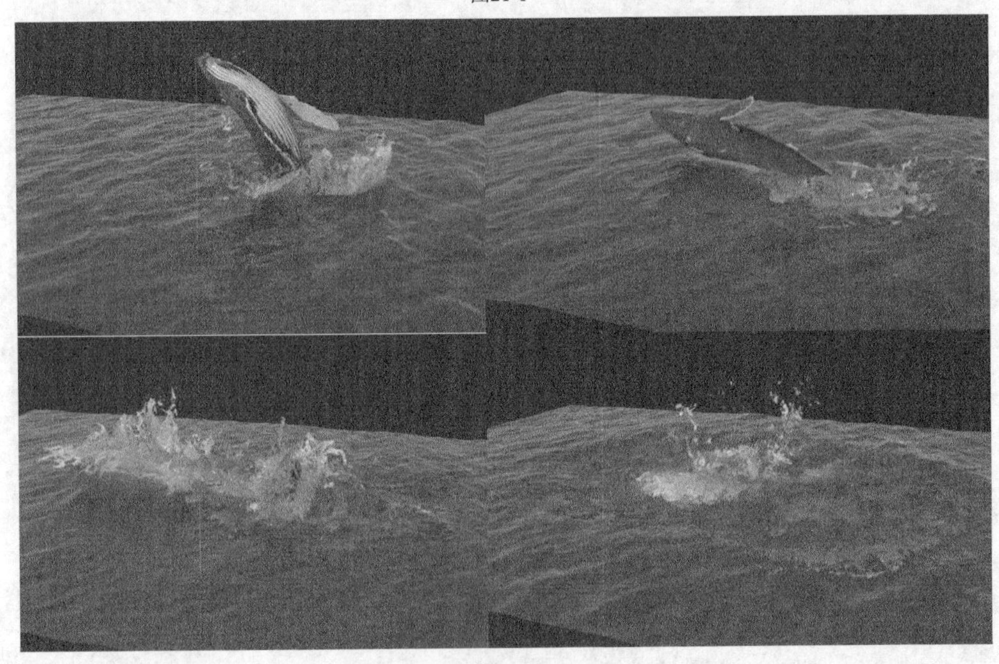

图21-2

# 21.2 创建Bifrost流体

切换到FX模块后，执行“Bifrost>液体”或“Bifrost>Aero”菜单命令，可以创建Bifrost流体，如图21-3所示。“液体”命令主要用来制作液体效果，例如瀑布、海水或饮料等，如图21-4所示；Aero命令主要用来制作气体效果，例如烟雾、火焰或其他气体，如图21-5所示。

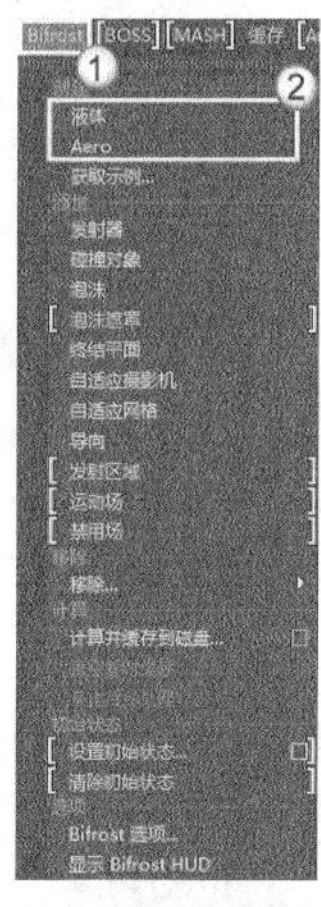


图21-3

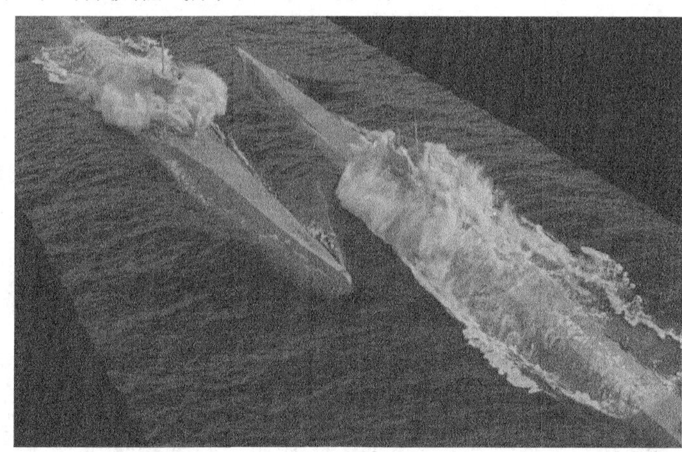

图21-4

图21-5

## 技术专题：加载Bifrost功能

如果不能使用Bifrost功能，可能是没有加载Bifrost。打开“插件管理器”对话框，然后选择bifmeshio.mll、bifrostshellnode.mll和bifrostvisplugin.mll选项，如图21-6所示。

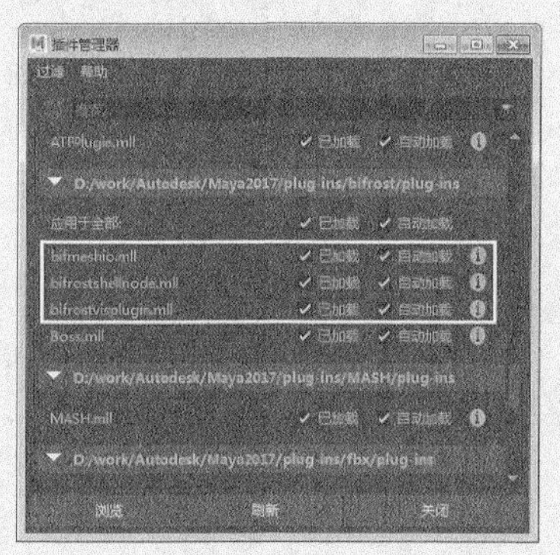


图21-6

## 21.2.1 液体

“液体”命令可以将选择的多边形作为Bifrost流体发射器，执行该命令后，Maya会生成bifrostLiquid（包含liquid）、bifrostLiquidProperties、bifrostGuideProperties、bifrostLiquidMesh和bifrostEmitterProps节点，如图21-7所示。

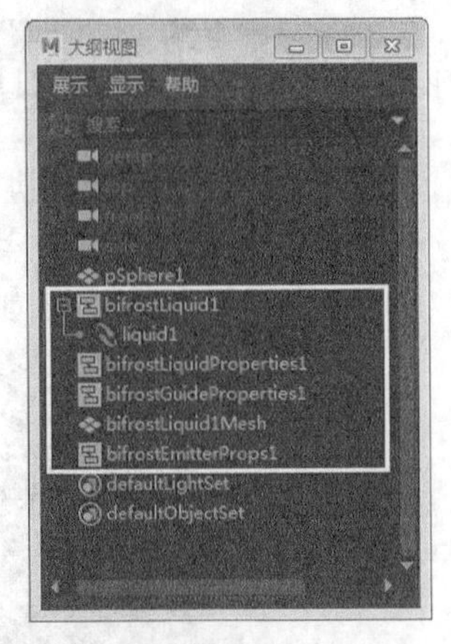


图21-7

## 21.2.2 bifrostLiquidPropertiesContainer属性

在“大纲视图”对话框中选择bifrostLiquid节点，然后打开“属性编辑器”面板，接着切换到bifrostLiquidPropertiesContainer选项卡，如图21-8所示。该选项卡中提供了设置Bifrost流体的解算精度、物理属性和泡沫等属性。

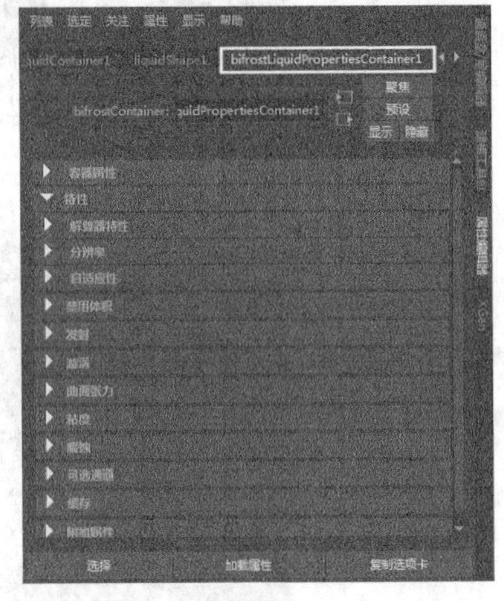


图21-8

### 1.容器属性

“容器属性”卷展栏中的属性主要用于控制Bifrost流体是否具有动力学特性，如图21-9所示。

图21-9

**提示**

将光标停留在属性名称上，可以显示对应属性的作用，如图21-10所示。

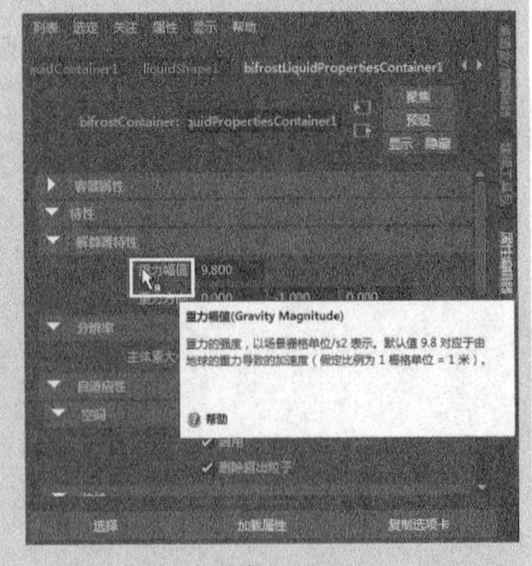


图21-10

## 2.解算器特性

“解算器特性”卷展栏中的属性主要用于控制Bifrost流体受到的重力大小，如图21-11所示。

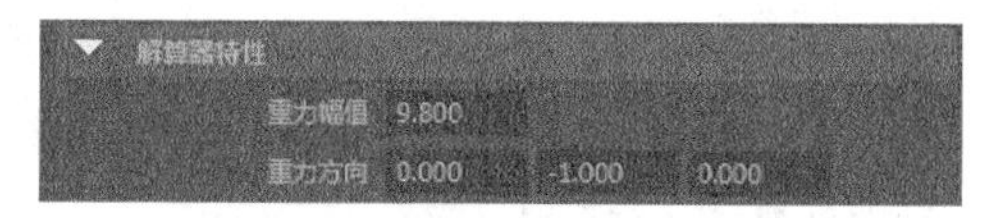


图21-11

## 3.分辨率

“分辨率”卷展栏中的属性主要用于控制Bifrost流体的细腻程度，“主体素大小”的值越低，模拟的效果越细腻，如图21-12所示。

图21-12

## 4.自适应性

“自适应性”卷展栏中的属性主要用于自动调整分辨率，以便在所需的时间和位置提供最多的细节，而不会浪费内存和计算时间，如图21-13所示。

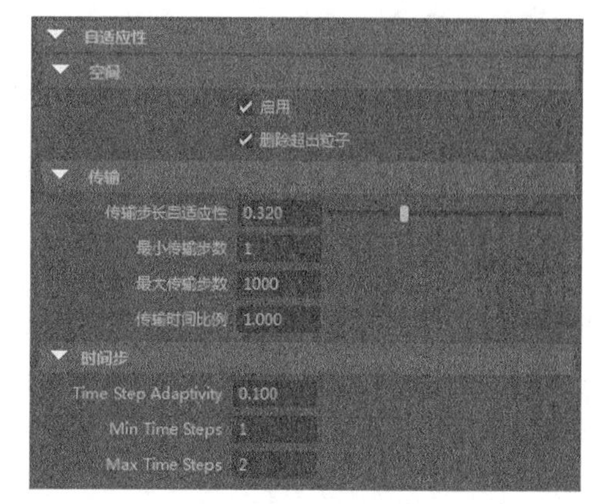


图21-13

## 5.禁用体积

“禁用体积”卷展栏中的属性可以将多边形对象用作输入网格，以设置Bifrost模拟区域周围的边界，并隔离到多边形对象内部的Bifrost粒子，而体积之外的区域不发射粒子，如图21-14所示。

图21-14

## 6.发射

“发射”卷展栏中的属性主要用于控制与液体主体分离的粒子，以及这些粒子的分布，如图21-15所示。

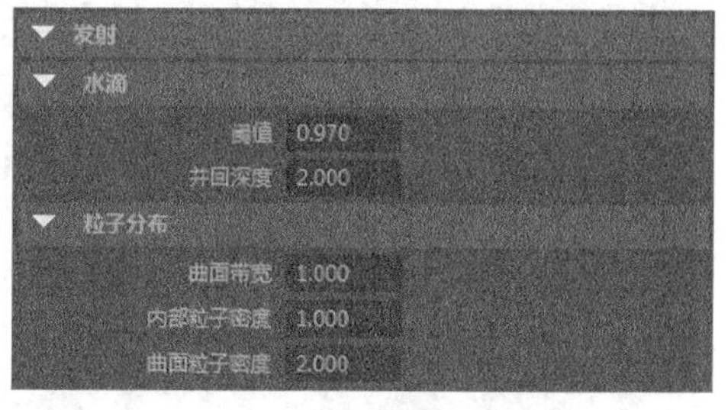


图21-15

## 7.漩涡

“漩涡”卷展栏中的属性主要用于增加液体Bifrost对象的涡流效果（仅适用于液体），如图21-16所示。

图21-16

## 8.曲面张力

“曲面张力”卷展栏中的属性主要用于设置在模拟液体Bifrost对象时是否增加曲面张力（仅适用于液体），在制作大型液体效果时建议关闭该功能，以减少不必要的计算，如图21-17所示。

图21-17

## 9.粘度

“粘度”卷展栏中的属性主要用于控制液体Bifrost对象的粘度（仅适用于液体），如图21-18所示。

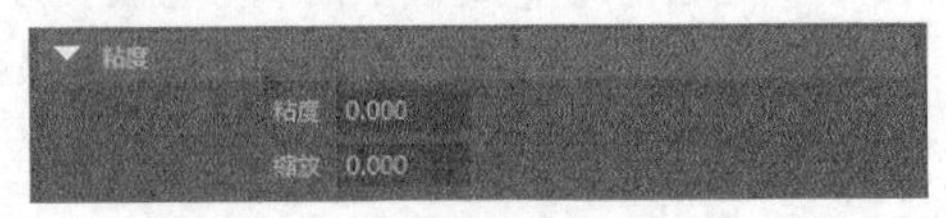


图21-18

## 10.腐蚀

“腐蚀”卷展栏中的属性主要用于控制流体边界在进行收缩包裹处理时回到粒子位置的接近程度，如图21-19所示。

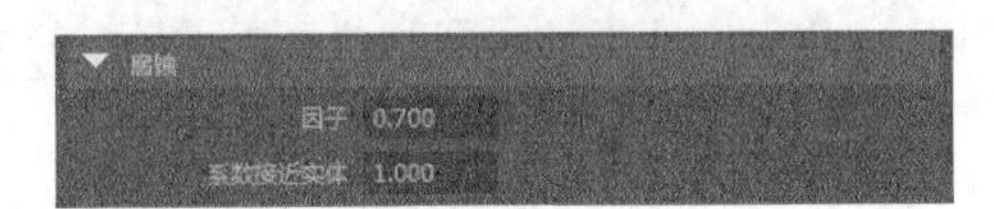


图21-19

## 11.可选通道

将“曲率”和“翻腾”显示为颜色通道，以便对液体中的潜在泡沫发射位置进行可视化，如图21-20所示。如果模拟不发射泡沫粒子，那么将这些选项保持禁用状态，以避免不必要的计算。

图21-20

## 12.缓存

“缓存”卷展栏中的属性主要用于设置各类Bifrost流体效果的缓存，如图21-21所示。

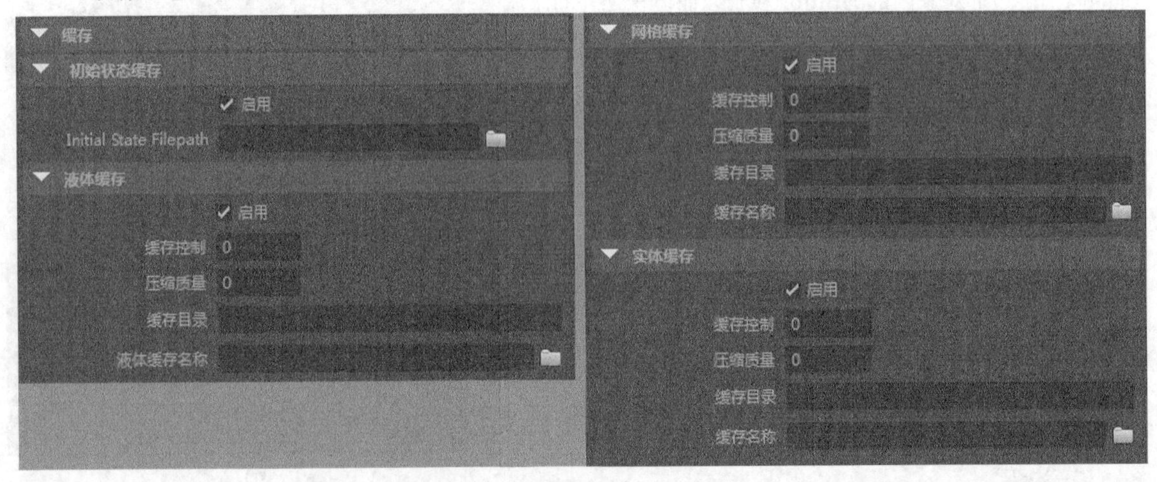


图21-21

## 21.2.3 liquidShape属性

在“大纲视图”对话框中选择bifrostLiquid节点，然后打开“属性编辑器”面板，接着切换到liquidShape选项卡，如图21-22所示。在该选项卡下，提供了设置Bifrost流体的显示效果和网格化的属性。

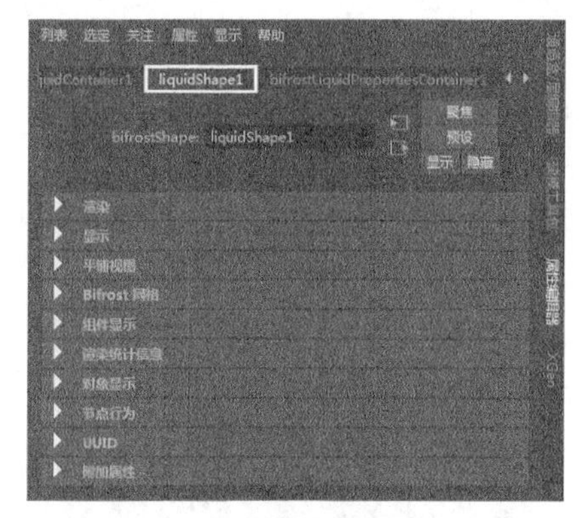


图21-22

## 1.渲染

“渲染”卷展栏中的属性主要用于控制Bifrost流体的显示质量，如图21-23所示。

图21-23

## 2.显示

“显示”卷展栏中的属性主要用于控制Bifrost流体的显示方式、粒子数量和粒子大小等，如图21-24所示。

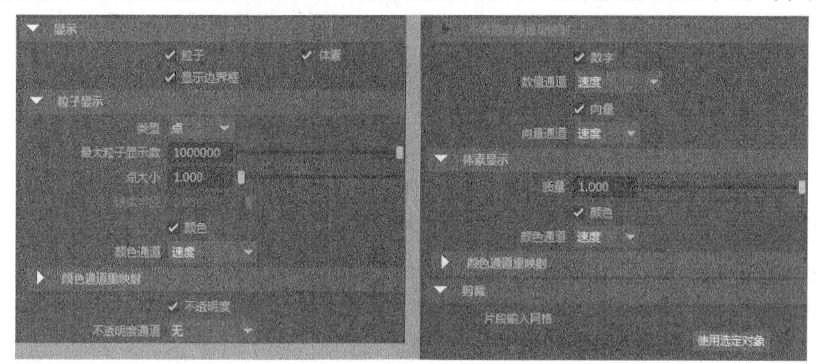


图21-24

## 3.平铺视图

“平铺视图”卷展栏中的属性主要用于控制Bifrost体素分辨率的显示范围，如图21-25所示。

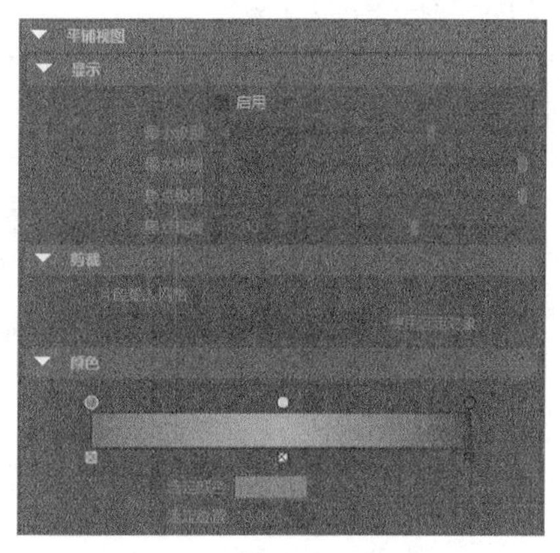


图21-25

## 4.Bifrost网格

“Bifrost网格”卷展栏中的属性可以将Bifrost流体粒子转换为网格，并且可以控制网格的精度，如图21-26所示。

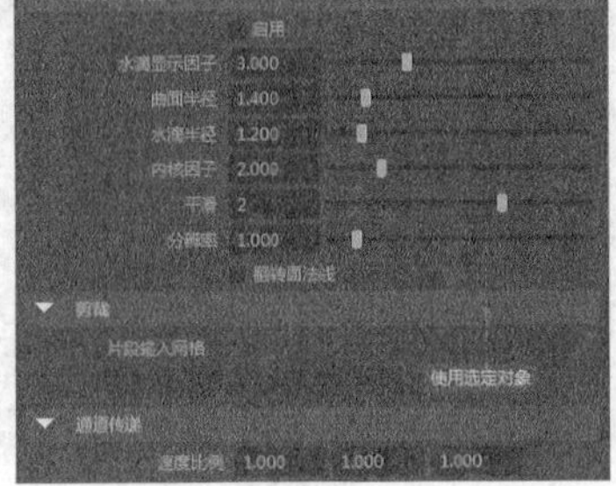


图21-26

## 5.组件显示

“组件显示”卷展栏中的属性主要用于设置Bifrost流体粒子和体素的显示方式，如图21-27所示。

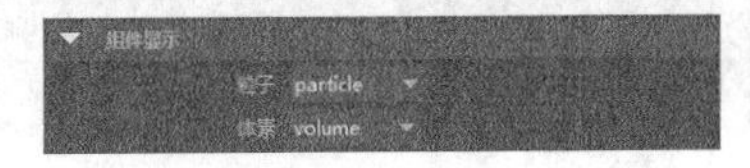


图21-27

# 21.2.4 emitterProps属性

在“大纲视图”对话框中选择bifrostEmitterProps节点，然后打开“属性编辑器”面板，接着切换到emitterProps选项卡，如图21-28所示。

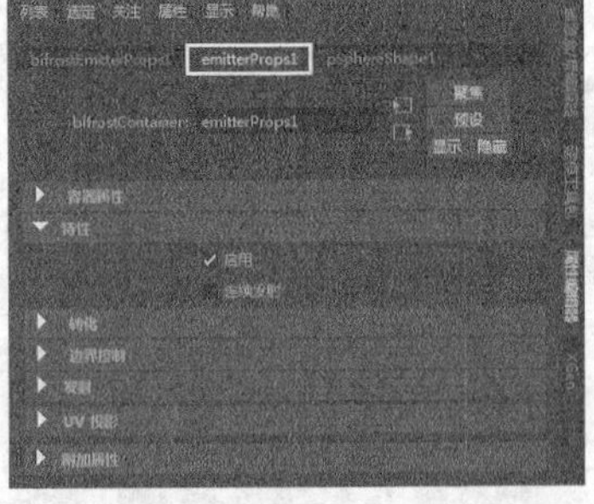


图21-28

展开“特性”卷展栏，该选项卡提供了设置Bifrost流体的发射器状态的属性。

### 常用参数介绍

❖ 启用：该选项用来控制发射器是否发射粒子。

❖ 连续发射：该选项决定发射器是否连续发射粒子。

## 1.转化

“转化”卷展栏中的属性主要用于控制如何体素化对象的体积，以及如何传递属性（如速度），如图21-29所示。

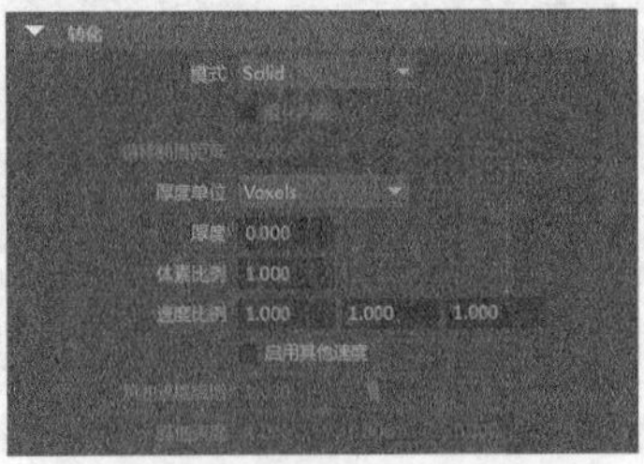

图21-29

### 2.边界控制

“边界控制”卷展栏中的属性主要用于将关联网格对象的效果限制在这些对象与隐式形状的相交处，如图21-30所示。

图21-30

### 3.发射

“发射”卷展栏中的属性主要用于控制Bifrost流体的物理密度以及黏着在碰撞对象上的强度，如图21-31所示。

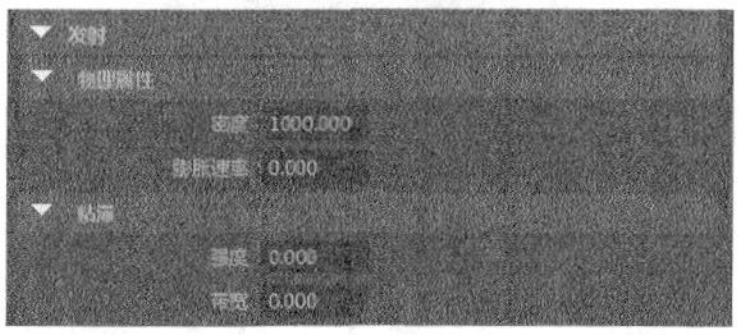

图21-31

## 21.2.5 Aero

Aero命令可以将选择的多边形作为Bifrost流体发射器，执行该命令后，Maya会生成bifrostAero（包含aero）、bifrostAeroProperties、bifrostAeroMesh和bifrostEmitterProps节点，如图21-32所示。

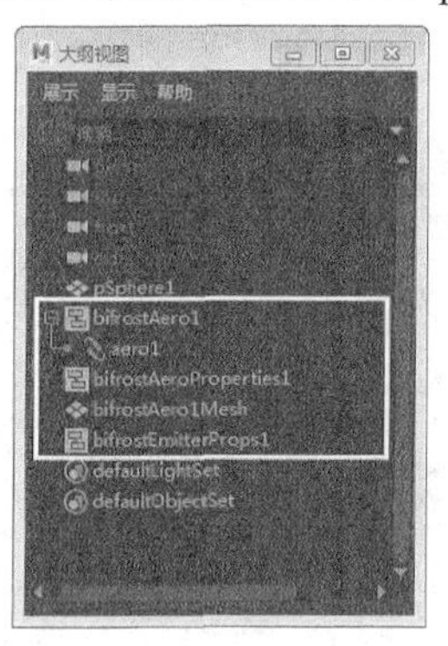


图21-32

## 21.2.6 发射器

“发射器”命令可以为Bifrost流体容器添加发射器，一个Bifrost流体容器可以添加多个发射器，如图21-33所示。

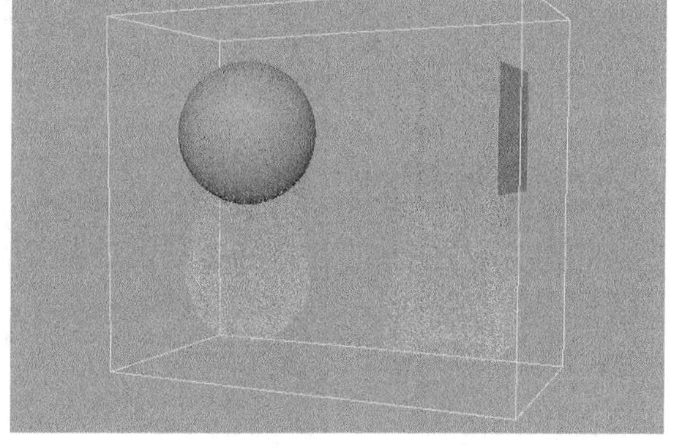

图21-33

# 21.3 添加碰撞

执行“Bifrost>碰撞对象”命令可以为Bifrost流体添加碰撞体，使流体与碰撞体产出碰撞效果。为对象执行“碰撞对象”命令后，在Maya中会生成bifrostColliderProps1节点，如图21-34所示。

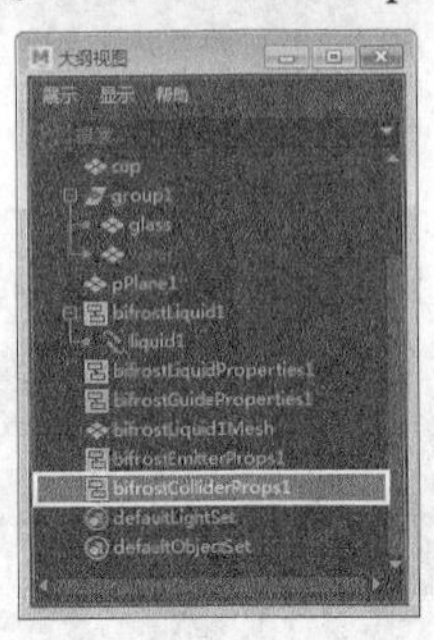


图21-34

## 【练习21-1】制作倒水效果

| 场景文件 | Scenes>CH21>21.1.mb |
| --- | --- |
| 实例文件 | Examples>CH21>21.1.mb |
| 难易指数 | ★☆☆☆☆ |
| 技术掌握 | 掌握如何创建和修改Bifrost对象 |

本例通过制作倒水效果，讲解了Bifrost的属性，效果如图21-35所示。

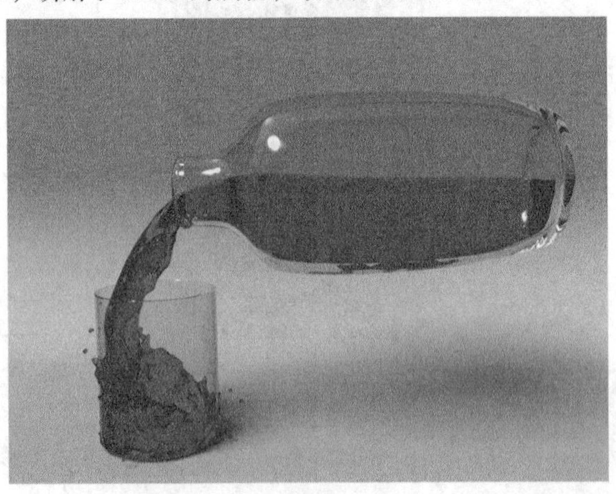

图21-35

**01** 打开学习资源中的“Scenes>CH21>21.1.mb”文件，场景中有一个带动画的杯子和瓶子，如图21-36所示。

图21-36

**02** 在“大纲视图”对话框中选择water节点，如图21-37所示，然后执行“Bifrost>液体”菜单命令，接着隐藏water节点，如图21-38所示。

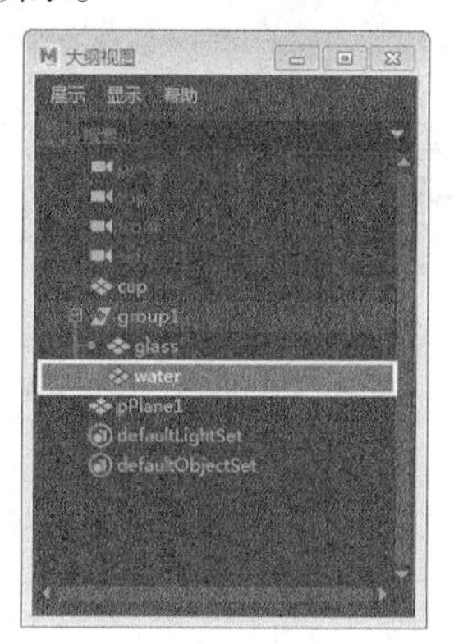


图21-37

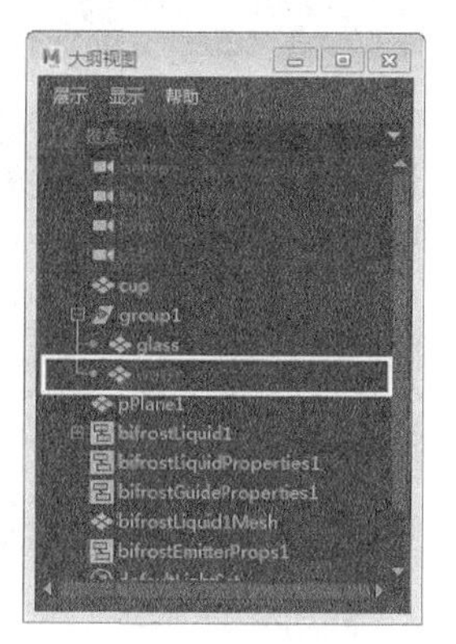


图21-38

**03** 选择glass和bifrostLiquid1节点，然后执行“Bifrost>碰撞对象”菜单命令，如图21-39所示，接着选择cup和bifrostLiquid1节点，最后执行“Bifrost>碰撞对象”菜单命令，如图21-40所示。

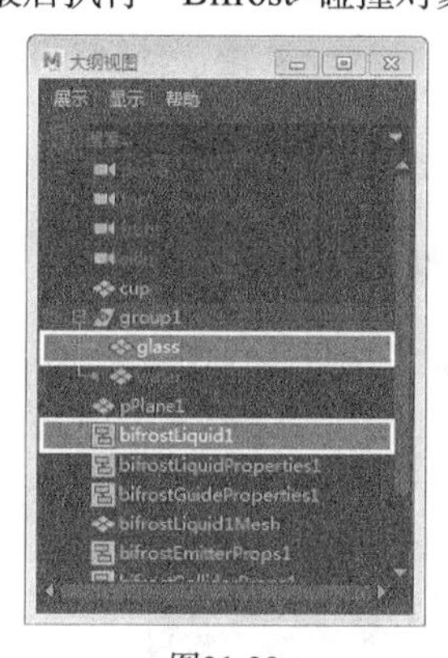


图21-39

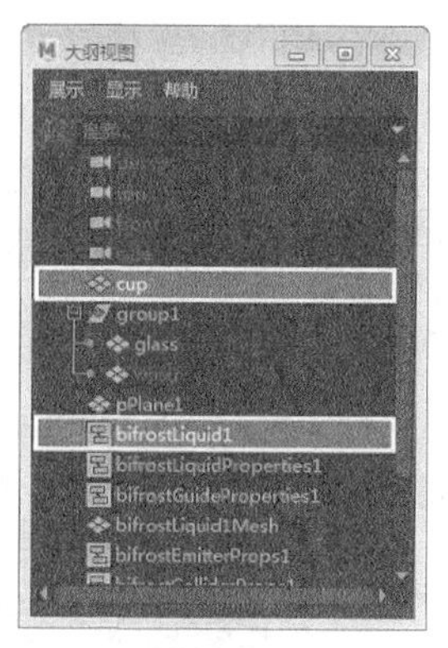


图21-40

**04** 选择bifrostLiquid1节点，然后在“属性编辑器”面板中切换到bifrostLiquidPropertiesContainer1选项卡，接着在“解算器特性”卷展栏中设置“重力幅值”为98，最后在“分辨率”卷展栏中设置“主体素大小”为0.1，如图21-41所示。

**05** 展开“自适应性>传输”卷展栏，然后设置“传输步长自适应性”为0.7、“最小传输步数”为40，如图21-42所示。

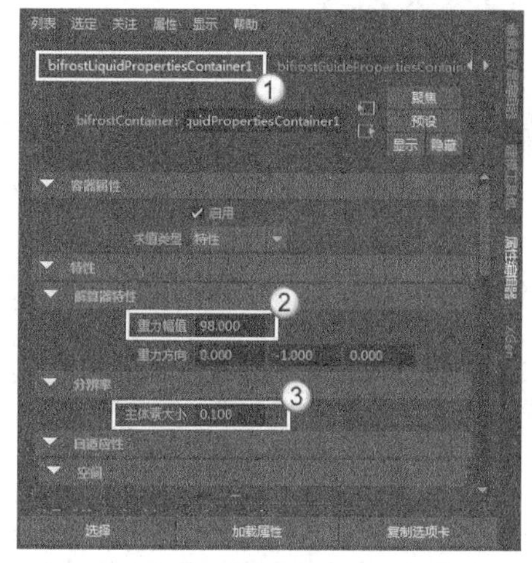


图21-41

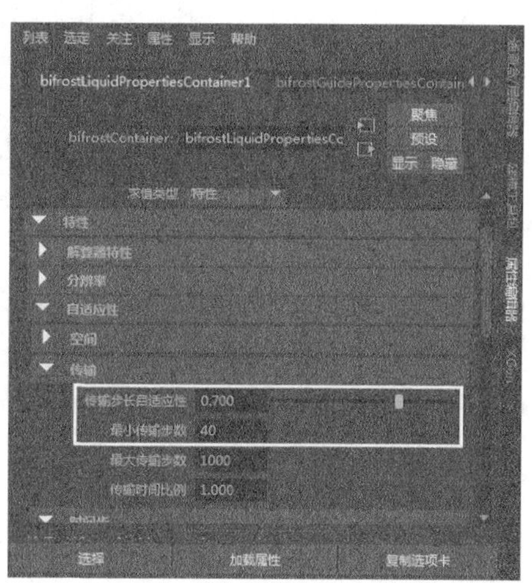


图21-42

**06** 选择bifrostLiquid1节点，然后执行“Bifrost>终结平面”菜单命令，接着播放动画，效果如图21-43所示。

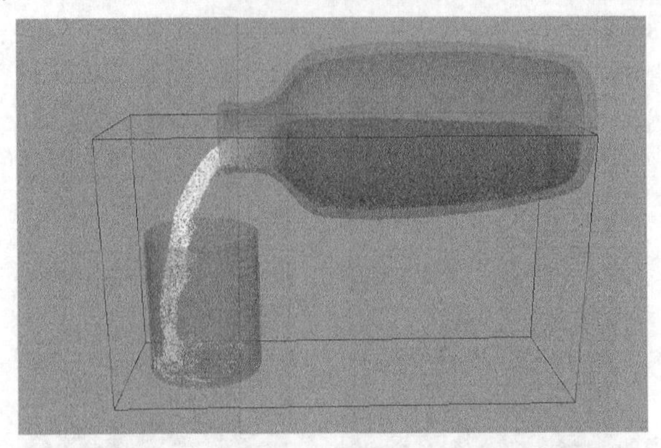

图21-43

# 21.4 控制流体的形态和范围

在使用Bifrost制作流体效果时，常常要控制流体的形态和范围。这时，可以使用“Bifrost>运动场”菜单命令控制流体的形态。

## 21.4.1 添加力场

默认情况下，Bifrost流体只受重力影响，“运动场”命令可以为Bifrost流体发射器施加一个力，使流体朝某一方向发射。为对象执行“运动场”命令后，在bifrostMotionFieldContainer选项卡（示例以多边形球体创建的发射器）下的Bifrost卷展栏中会增加力的方向和大小等属性，如图21-44所示。

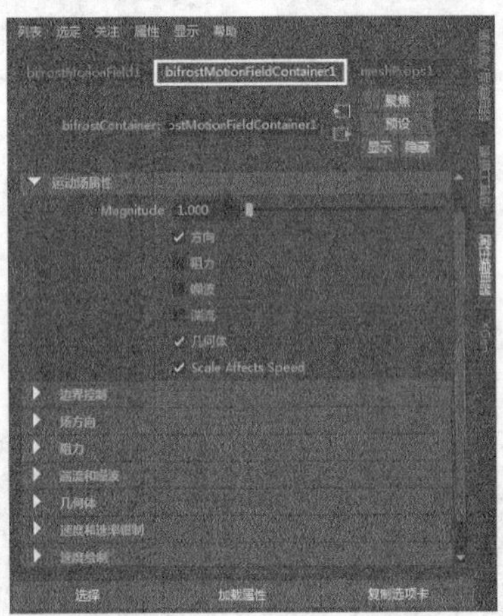


图21-44

### 常用参数介绍

❖ Magnitude（幅值）：控制所有运动场组件的整体组合效果的总体倍增。

❖ 方向：在指定方向上应用加速。

❖ 阻力：应用一种力来模拟阻力，方式是将粒子的速度逐渐拉向场速度，其效果与风类似。

❖ 噪波：将随机噪波应用于粒子的速度。

❖ 湍流：将无散度湍流应用于粒子的速度。

❖ 几何体：基于连接的多边形网格影响粒子的速度。

❖ Scale Affects Speed（比例影响速度）：控制场节点的世界比例因子是否影响效果的幅值。

## 1.边界控制

“边界控制”卷展栏中的属性主要用于将关联网格对象的效果限制为这些对象与隐式形状的相交处，如图21-45所示。

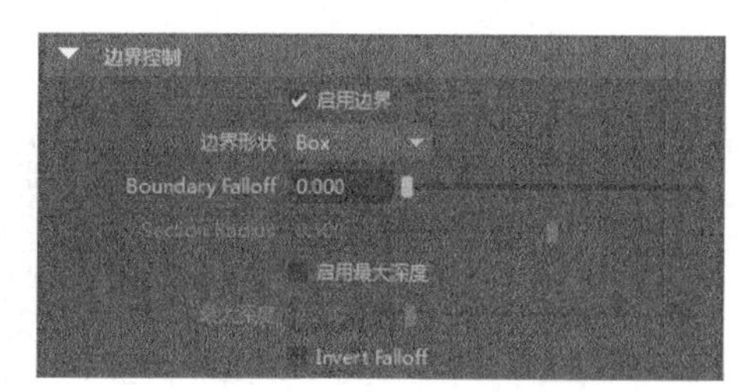


图21-45

## 2.场方向

“场方向”卷展栏中的属性主要用来控制力场的大小和方向，如图21-46所示。

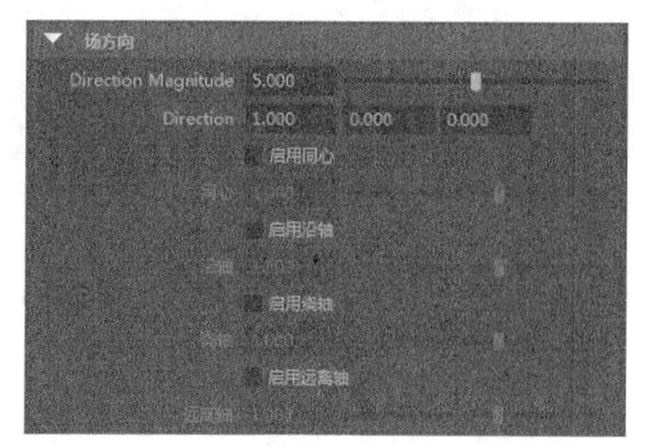


图21-46

## 3.阻力

“阻力”卷展栏中的属性主要用来控制阻力的大小，如图21-47所示。

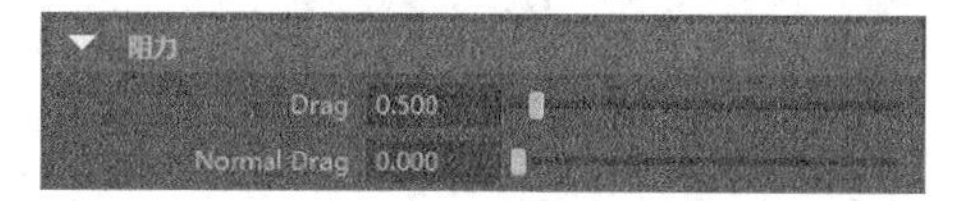


图21-47

## 4.湍流和噪波

“湍流和噪波”卷展栏中的属性主要用来控制扰乱效果的大小、频率和速度等，如图21-48所示。

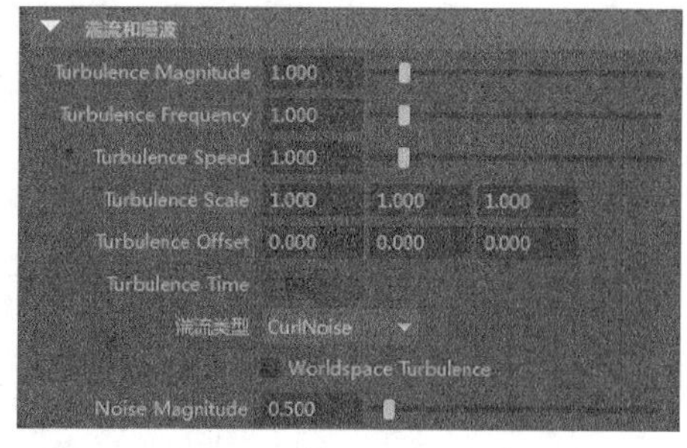


图21-48

## 5.几何体

“几何体”卷展栏中的属性主要用来控制连接的网格如何影响粒子的速度，如图21-49所示。

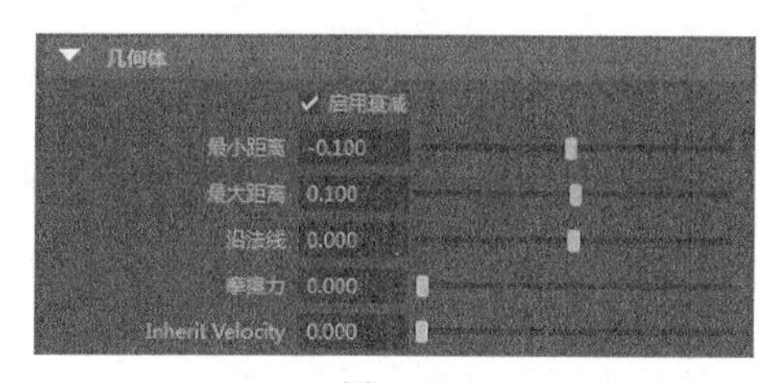


图21-49

### 6.速度和速率钳制

“速度和速率钳制”卷展栏中的属性主要用来限制粒子的运动速度，如图21-50所示。

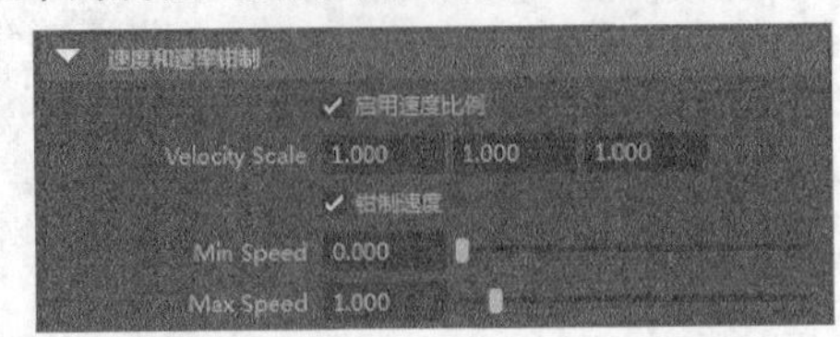


图21-50

### 7.速度绘制

“速度绘制”卷展栏中的属性主要用来在视图中显示箭头网格，这样有助于可视化运动场的最终效果，如图21-51所示。

速度绘制
Draw Velocity Grid
Velocity Grid Resolution 8
Velocity Draw Scale 1.000

图21-51

## 21.4.2 导向

“导向”命令可以使用多边形网格或已缓存的低分辨率模拟，引导Bifrost液体模拟。该命令常用于制作海洋和类似效果。

## 21.4.3 添加终结平面

“终结平面”命令可以创建一个无限大小的平面，该平面可以消除与之相交的Bifrost流体粒子，以减少粒子总数以及需要体素化的体积，并且可以降低内存和计算要求，如图21-52所示。

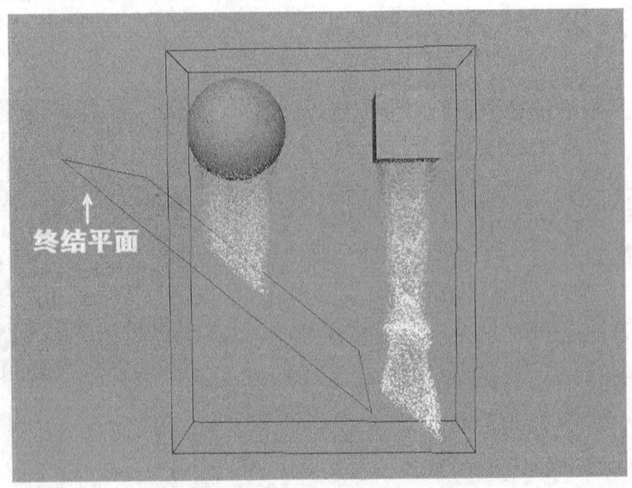


图21-52

## 【练习21-2】制作喷泉

| 场景文件 | Scenes>CH21>21.2.mb |
| --- | --- |
| 实例文件 | Examples>CH21>21.2.mb |
| 难易指数 | ★☆☆☆☆ |
| 技术掌握 | 掌握运动场的使用方法 |

本例通过制作一个喷泉动画，讲解了运动场的使用方法，效果如图21-53所示。

图21-53

**01** 打开学习资源中的“Scenes>CH21>21.2.mb”文件，场景中有一个喷泉模型，如图21-54所示。

**02** 在“大纲视图”中选择emitter节点，执行“Bifrost>液体”菜单命令，如图21-55所示。选择collider和bifrostLiquid1节点，然后执行“Bifrost>碰撞对象”菜单命令，如图21-56所示。

图21-54

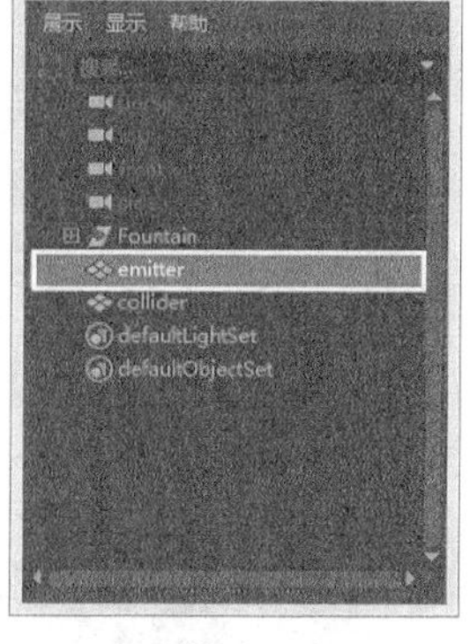


图21-55

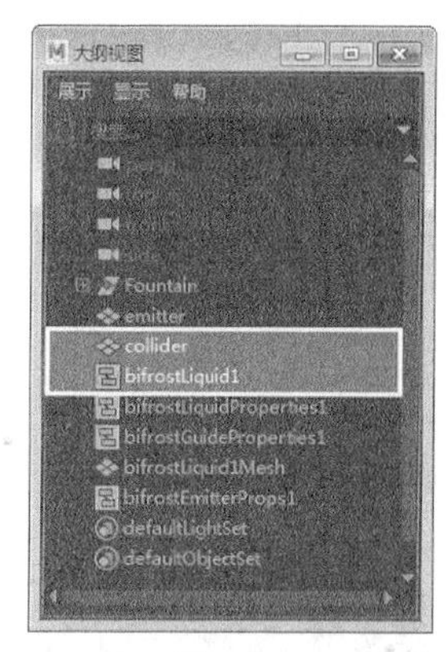


图21-56

**03** 选择bifrostLiquid1节点，然后执行“Bifrost>运动场”菜单命令，如图21-57所示，接着选择bifrostMotionField1节点，在“属性编辑器”面板中切换到bifrostMotionFieldContainer1选项卡，再在“运动场属性>场方向”卷展栏中设置Direction Magnitude（方向力）为3、Direction（方向）为（0，1，0），如图21-58所示。

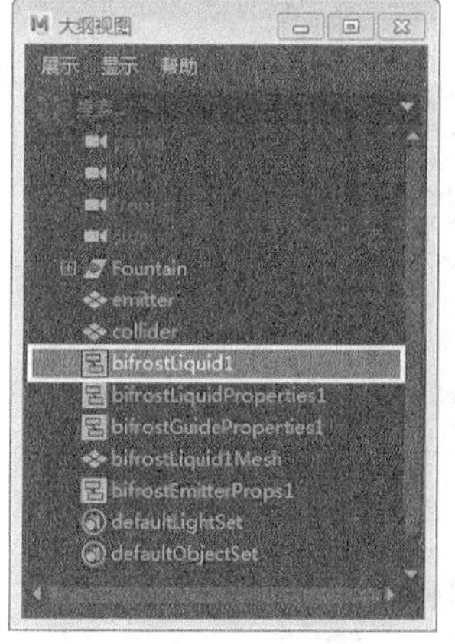


图21-57

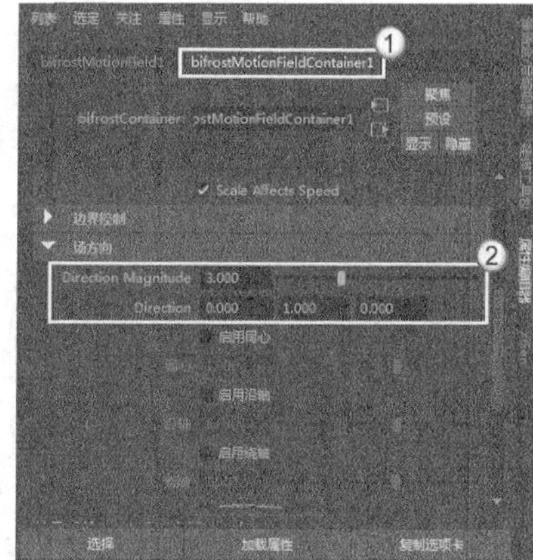


图21-58

**04** 播放动画，可以看到Bifrost流体向上发射，效果如图21-59所示。

**05** 选择bifrostLiquid1节点，然后在“属性编辑器”面板中切换到bifrostLiquidPropertiesContainer1选项卡，接着在“分辨率”卷展栏中设置“主体素大小”为0.5，如图21-60所示。

图21-59

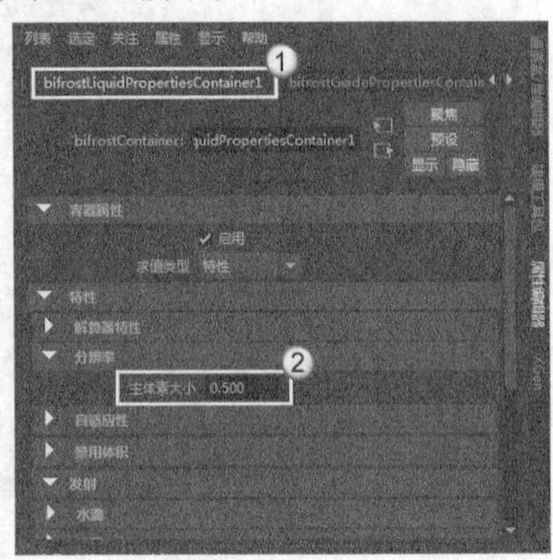


图21-60

**06** 选择bifrostLiquid1节点，然后执行“Bifrost>终结平面”菜单命令，接着播放动画，效果如图21-61所示。

图21-61

# 21.5 添加泡沫

为Bifrost流体执行“Bifrost>泡沫”菜单命令后，Maya会生成foam和bifrostFoamProperties节点，如图21-62所示。

Foam节点中的属性与liquid节点的基本一样，下面介绍bifrostFoamProperties节点属性。选择bifrostFoamProperties节点，然后打开“属性编辑器”面板，接着切换到bifrostFoamPropertiesContainer选项卡，如图21-63所示。

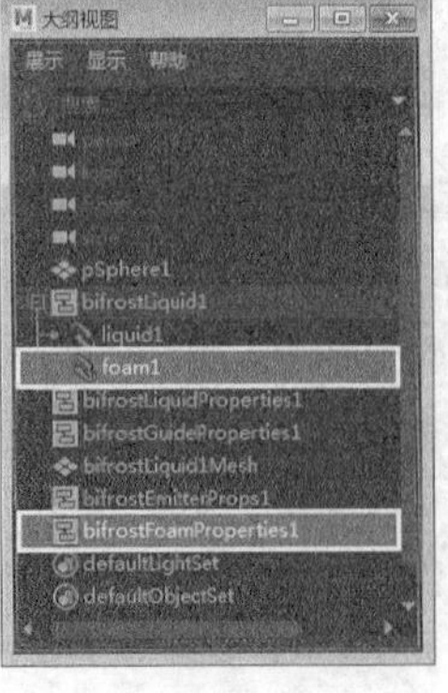


图21-62

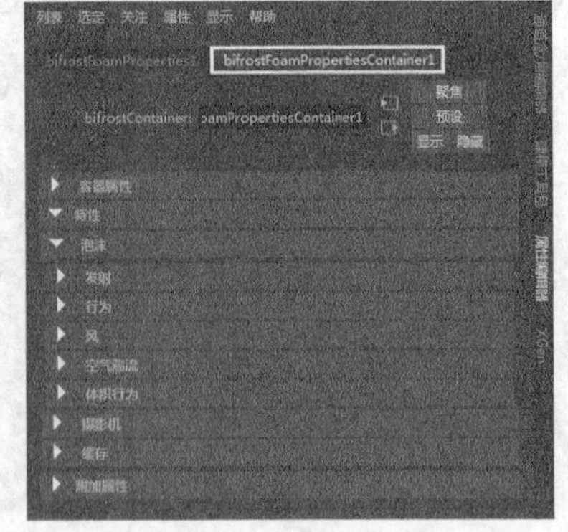


图21-63

## 21.5.1 泡沫

“泡沫”卷展栏中有“发射”“行为”“风”“空气湍流”“体积行为”这5个子卷展栏，如图21-64所示。

图21-64

### 1.发射

“发射”卷展栏中的属性主要控制泡沫的发射条件和发射数量，如图21-65所示。

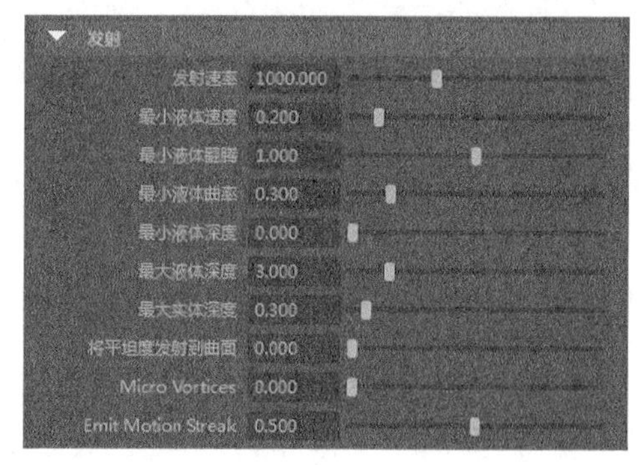


图21-65

### 2.行为

“行为”卷展栏中的属性主要控制泡沫在产生的时候所受到的各种力的影响，如图21-66所示。

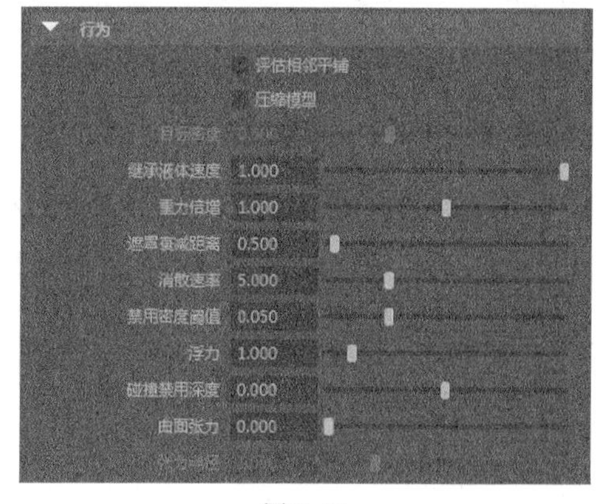


图21-66

### 3.风

“风”卷展栏中的属性主要控制风场对泡沫产生的影响，如图21-67所示。需要注意的是，风场仅作用于液体曲面上方的泡沫粒子。

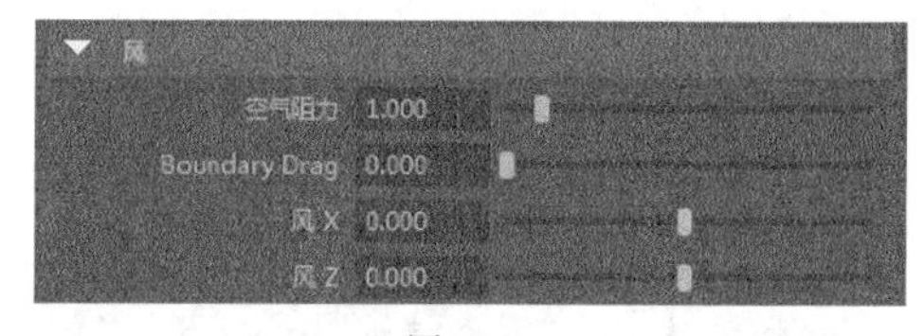


图21-67

### 4.空气湍流

“空气湍流”卷展栏中的属性主要控制扰乱场对泡沫产生的影响，如图21-68所示。

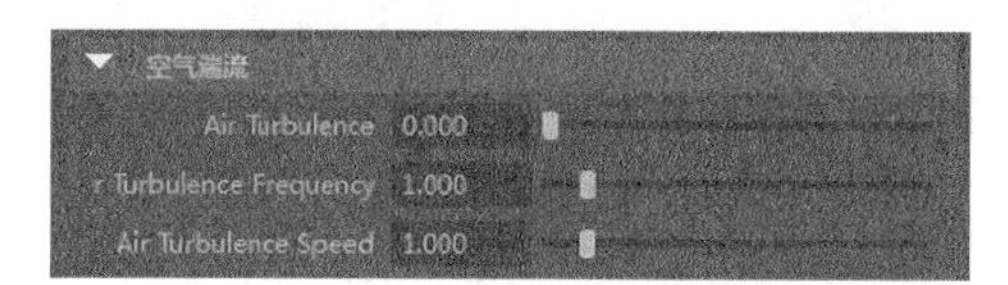


图21-68

### 5.体积行为

“体积行为”卷展栏中的属性主要控制液体曲面与泡沫之间的关系，如图21-69所示。

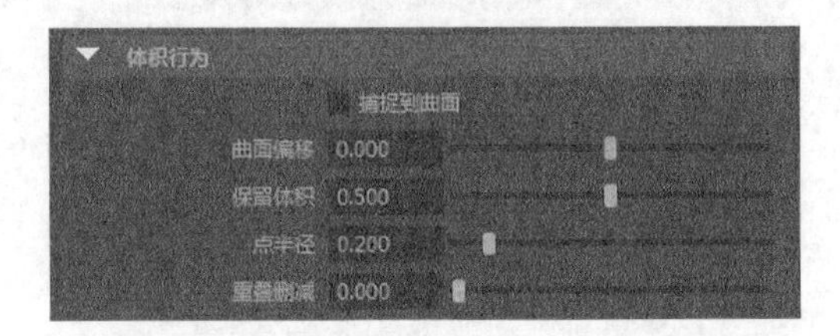

图21-69

## 21.5.2 摄影机

“摄影机”卷展栏中的属性主要控制在当前摄影机的可视区域中优化粒子，如图21-70所示。

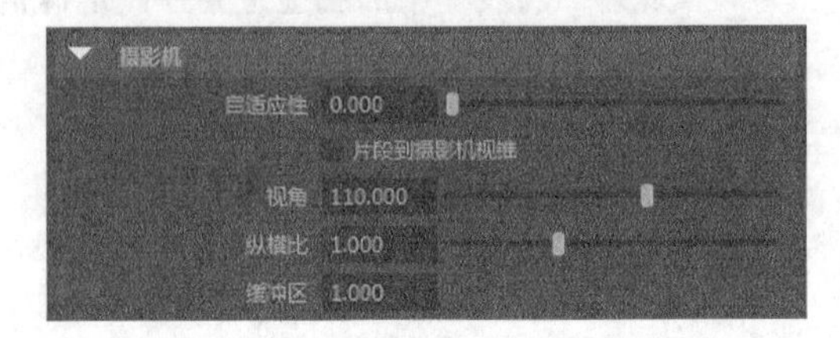

图21-70

## 21.5.3 缓存

“缓存”卷展栏中有“初始状态缓存”和“泡沫缓存”这两个子卷展栏，如图21-71所示。

图21-71

### 1.初始状态缓存

“初始状态缓存”卷展栏中的属性主要用于启用泡沫的初始状态，如图21-72所示。

图21-72

### 2.泡沫缓存

“泡沫缓存”卷展栏中的属性用于主要启用泡沫的缓存，如图21-73所示。

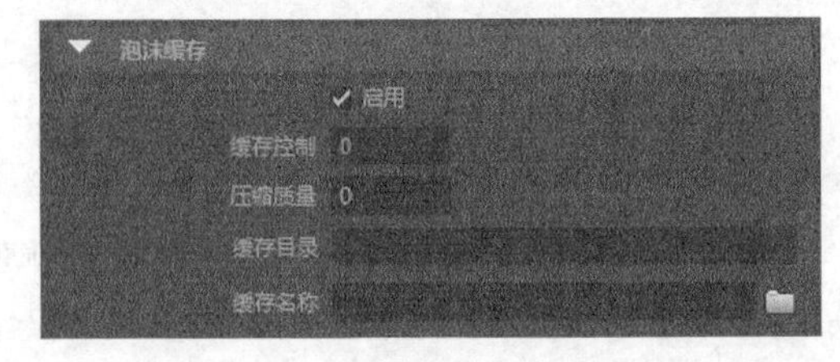

图21-73

## 【练习21-3】制作水花飞溅

| 场景文件 | Scenes>CH21>21.3.mb |
| --- | --- |
| 实例文件 | Examples>CH21>21.3.mb |
| 难易指数 | ★☆☆☆☆ |
| 技术掌握 | 掌握如何创建和修改Bifrost对象 |

本例通过制作水花飞溅，讲解了Bifrost的属性，效果如图21-74所示。

图21-74

**01** 打开学习资源中的“Scenes>CH21>21.3.mb”文件，场景中有一座桥和一个Bifrost对象，如图21-75所示。播放动画，可以看到桥垮塌后与Bifrost流体产生了碰撞，如图21-76所示。

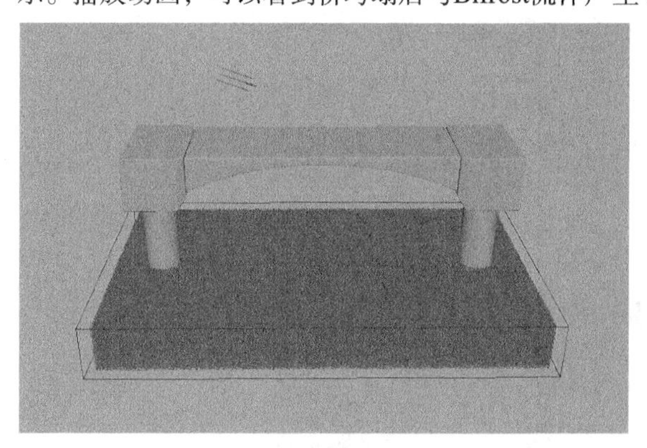

图21-75

图21-76

**02** 在“大纲视图”对话框中选择bifrostLiquid1节点，然后执行“Bifrost>泡沫”菜单命令，如图21-77所示。

**03** 选择bifrostFoamProperties1节点，如图21-78所示，然后在“属性编辑器”面板中切换到bifrost FoamPropertiesContainer1选项卡，接着在“泡沫>发射”卷展栏中设置“发射速率”为5000、“将平坦度发射到曲面”为1，如图21-79所示。

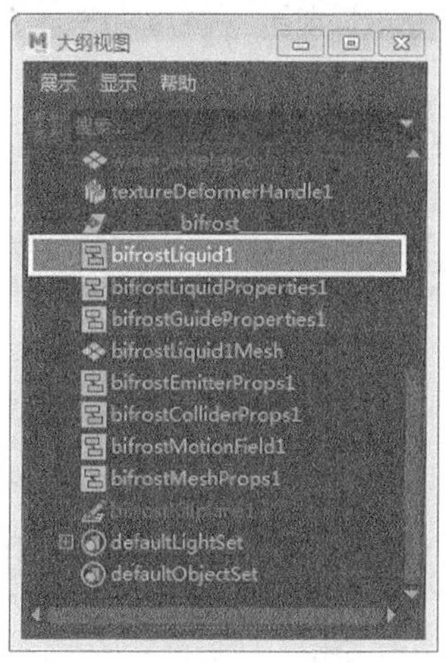


图21-77

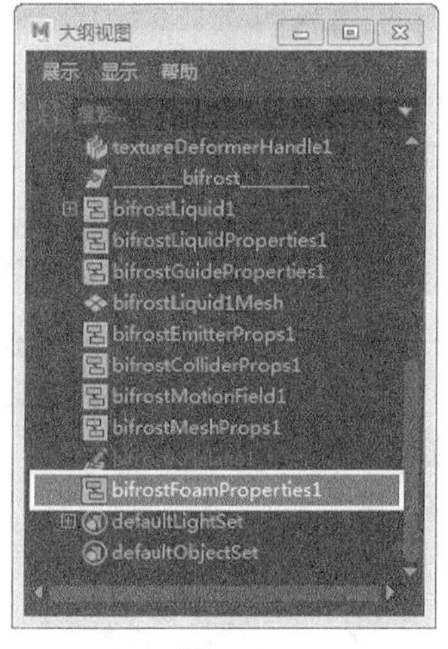


图21-78

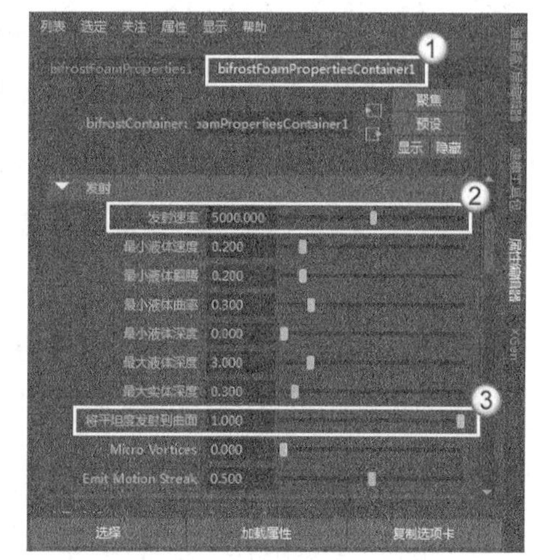


图21-79

**04** 在“泡沫>行为”卷展栏中设置“禁用密度阈值”为0.03，然后在“泡沫>风”卷展栏中设置“风Z”为1，如图21-80所示。

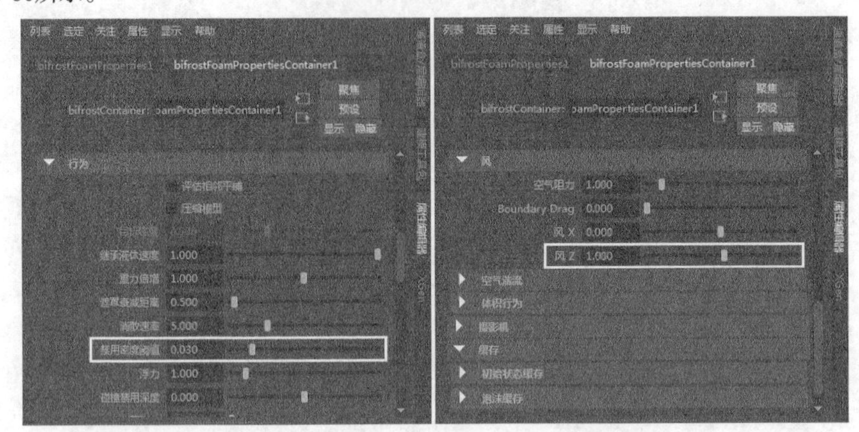


图21-80

**05** 播放动画，可以看到Bifrost流体产生了泡沫效果，如图21-81所示。

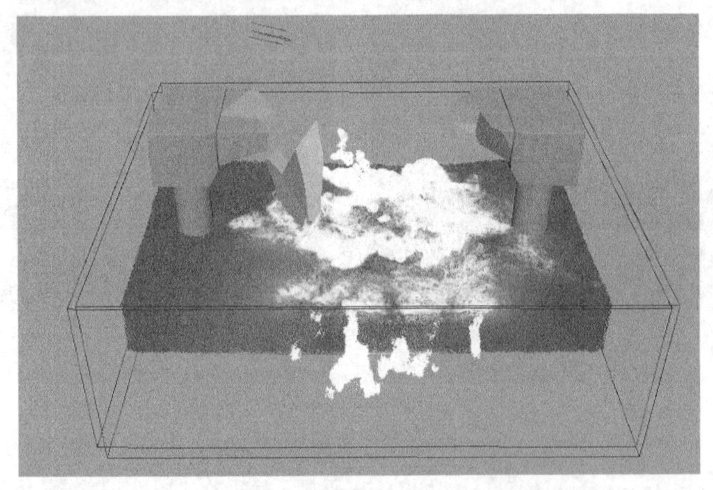

图21-81

# 21.6 优化Bifrost流体

Bifrost菜单中还有一些命令用来优化Bifrost流体，包括“自适应网格”“计算并缓存到磁盘”“停止后台处理”“Bifrost选项”“显示Bifrost HUD”等。

## 21.6.1 自适应网格

“自适应网格”命令可以将指定的网格对象（任意形状）作为Aero 模拟中的自适应区域，并将其体素化。如果在自适应网格内，Aero以完全分辨率模拟，如容器的“主体素大小”属性设置定义的那样。如果在自适应网格之外的区域，Aero以较低的分辨率模拟。

## 21.6.2 移除

“移除”类别中的命令可以将Bifrost流体中的“发射器”“碰撞对象”“运动场”“泡沫”“自适应网格”“向导”对象移除，使这些对象不再影响Bifrost流体。

## 21.6.3 计算并缓存到磁盘

“计算并缓存到磁盘”命令可以对选择的Bifrost流体对象进行解算并保存缓存到指定的目录。单击“计算并缓存到磁盘”命令后面的■按钮，在打开的“Bifrost计算和缓存选项”对话框中可以设置缓存的目录、名称、格式、压缩格式和时间范围等属性，如图21-82所示。

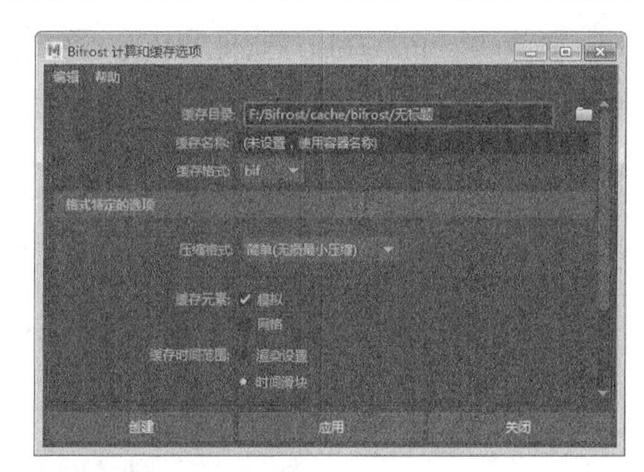


图21-82

## 21.6.4 清空暂时缓存

在Bifrost流体场景中播放动画后，Maya会自动解算Bifrost流体，并将解算后的数据存储在内存中，以方便用户观察模拟效果。执行“清空暂时缓存”命令，可以清除内存中的解算数据，释放内存空间。

## 21.6.5 停止后台处理

在Bifrost流体场景中播放动画后，Maya会自动解算Bifrost流体。执行“停止后台处理”命令后，Maya会停止解算。

**提示**

在Maya界面的右下角单击Stop按钮停止也可以停止解算Bifrost流体，如图21-83所示。

图21-83

## 21.6.6 设置/清除初始状态

“设置/清除初始状态”命令可以为Bifrost流体创建和清除初始状态。

## 21.6.7 Bifrost选项

执行“Bifrost选项”命令打开“Bifrost选项”对话框，在该对话框中可以设置是否启用后台处理和临时缓存的相关属性，如图21-84所示。

图21-84

### 21.6.8 显示Bifrost HUD

选择“显示Bifrost HUD”选项，可以在视图的右上角显示Bifrost流体的粒子和体素数量，如图21-85所示。

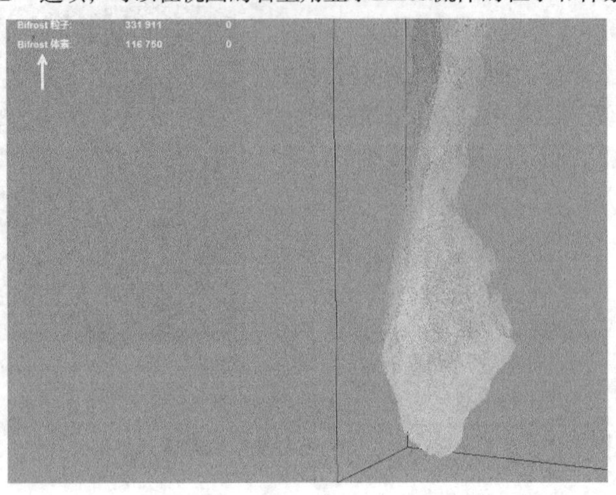


图21-85

## 21.7 综合实例：制作海浪特效

| | |
|---|---|
| 场景文件 | Scenes>CH21>21.4.mb |
| 实例文件 | Examples>CH21>21.4.mb |
| 难易指数 | ★☆☆☆☆ |
| 技术掌握 | 掌握Bifrost流体的制作流程 |

在Maya中使用“创建海洋”命令可以模拟出很逼真的海浪效果，本例主要学习海浪特效的制作方法。案例效果如图21-86所示。

图21-86

01 打开学习资源中的“Scenes>CH21>21.4.mb”文件，场景中有一个海岸的模型，如图21-87所示。

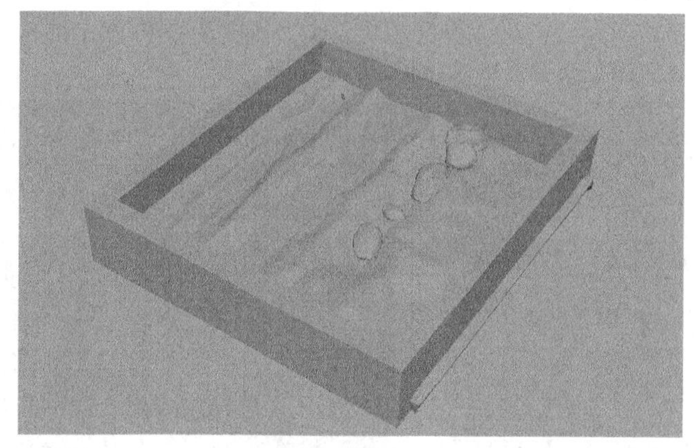

图21-87

02 在“大纲视图”对话框中选择emit_geo节点，然后执行“Bifrost>液体”菜单命令，如图21-88所示，接着选择bifrostLiquid1、pool_geo、beach_geo和boulder_col_grp中的节点，最后执行“Bifrost>碰撞对象”菜单命令，如图21-89所示。

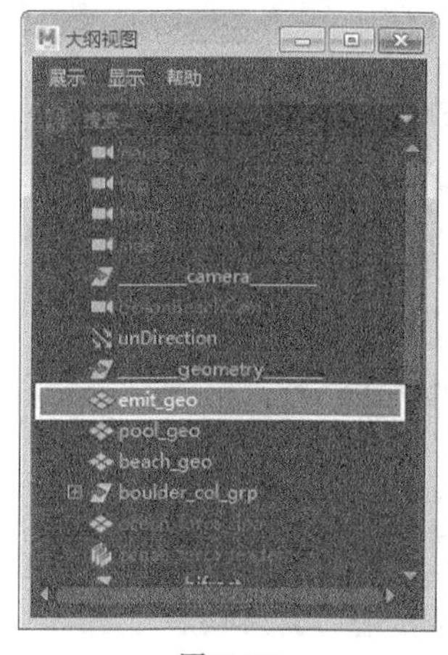


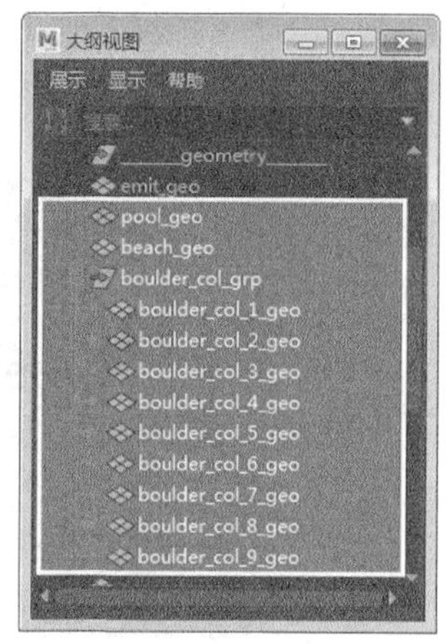


图21-88　　图21-89

03 选择pool_geo节点，然后在“属性编辑器”面板中切换到colliderProps1选项卡，接着在“特性>转化”卷展栏中设置“厚度”为1.5，如图21-90所示。

04 选择bifrostLiquid1和ocean_force_geo节点，然后执行“Bifrost>运动场”菜单命令，如图21-91所示。

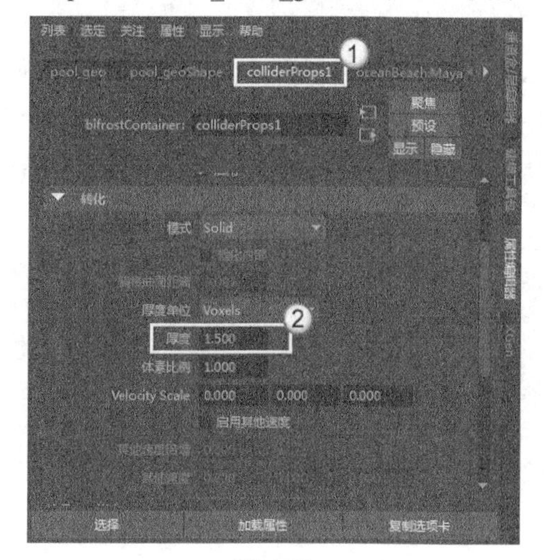


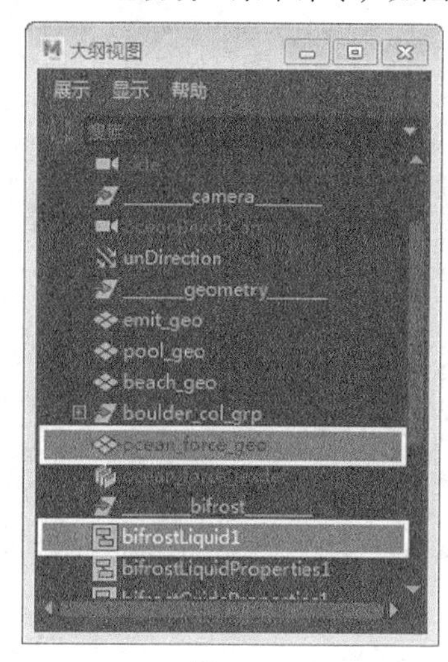


图21-90　　图21-91

**05** 选择bifrostMotionField1节点，如图21-92所示，然后在“属性编辑器”面板中切换到bifrostMotionFieldContainer1选项卡，接着在“运动场属性”卷展栏中设置Magnitude（强度）为5，再取消选择“方向”选项，最后选择“几何体”选项，如图21-93所示。

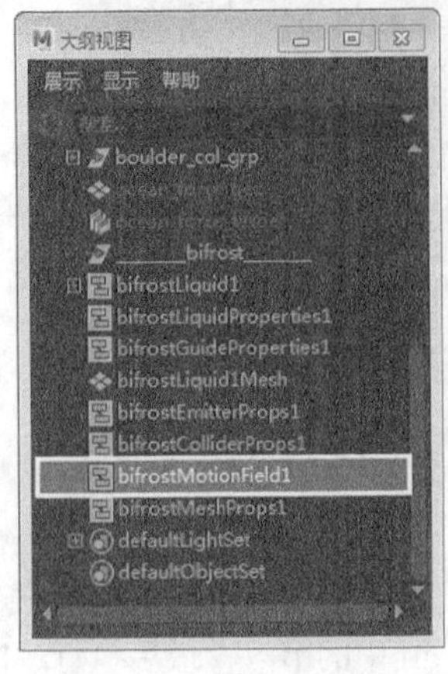


图21-92

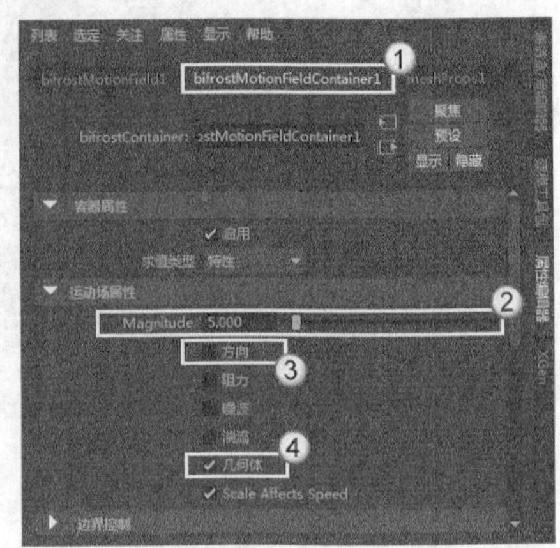


图21-93

**06** 在“运动场属性>几何体”卷展栏中设置“最大距离”为1、Inherit Velocity（继承速度）为1，如图21-94所示。

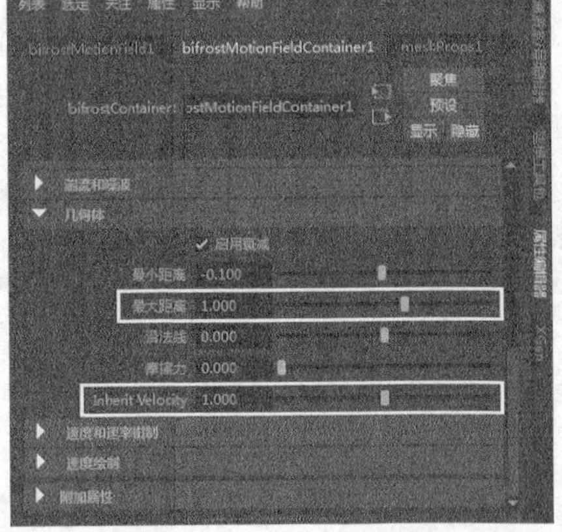


图21-94

**07** 在“大纲视图”对话框中隐藏emit_geo和pool_geo节点，如图21-95所示，然后播放动画，可以看到Bifrost具有了海浪的形态，如图21-96所示。

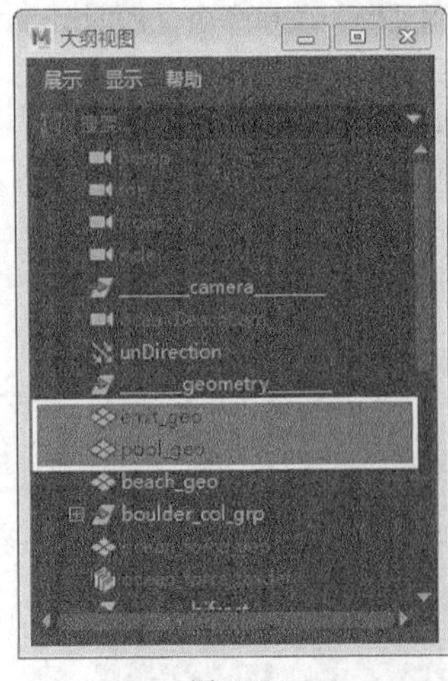


图21-95

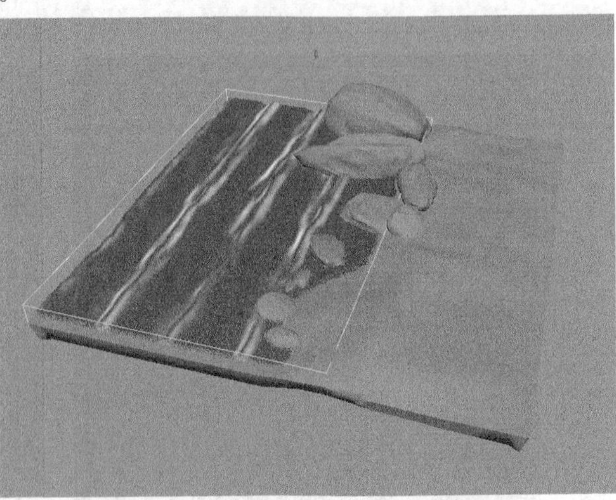

图21-96

**08** 选择bifrostLiquid1节点，然后执行“Bifrost>泡沫”菜单命令，接着选择bifrostFoamProperties1节点，如图21-97所示。

**09** 在“属性编辑器”面板中切换到bifrostFoamPropertiesContainer1选项卡，然后在“特性>发射”卷展栏中设置“发射速率”为3000、“最小液体翻腾”为0.2、“将平坦度发射到曲面”为1，如图21-98所示。

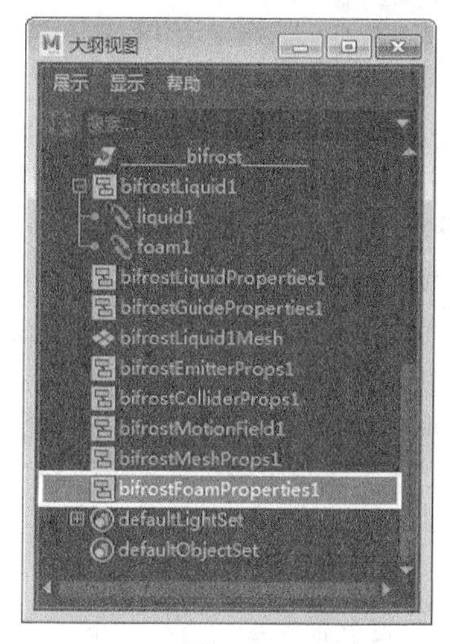


图21-97

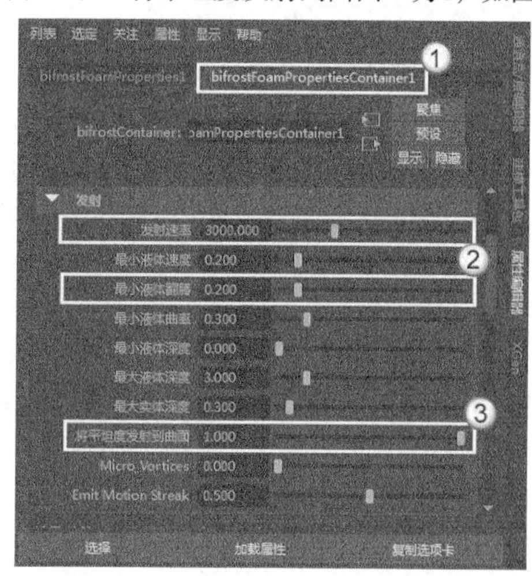


图21-98

**10** 展开“特性>行为”卷展栏，然后设置“继承液体速度”为0.6，如图21-99所示。

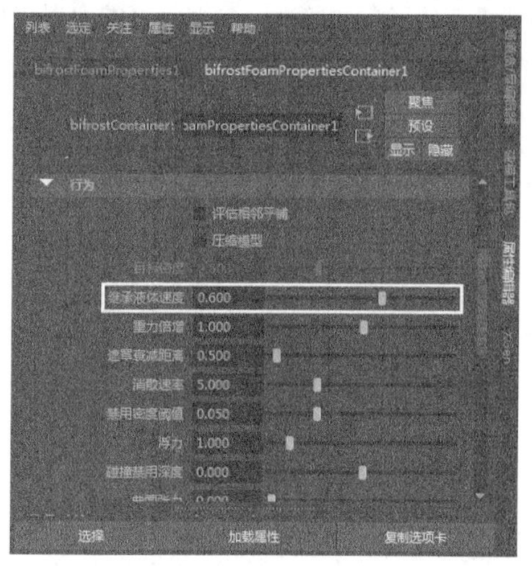


图21-99

**11** 播放动画，可以看到Bifrost流体产生了泡沫效果，如图21-100所示。

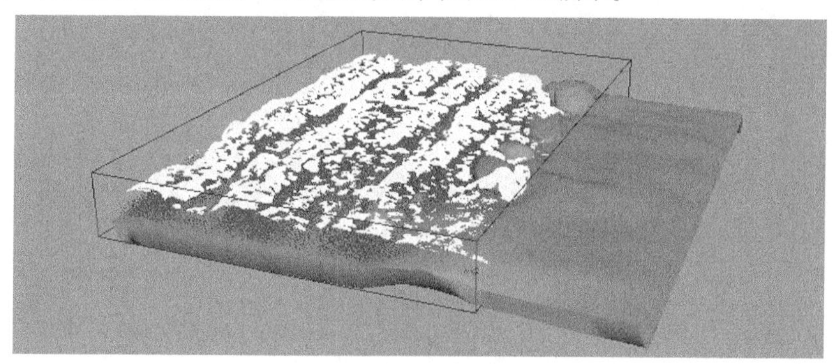

图21-100

# 技术分享

## 给读者学习Bifrost的建议

制作流体是一个非常消耗计算机资源的工作，无论是Maya流体还是Bifrost，都需要强劲的电脑来支持。下面针对电脑中的各个部件对Bifrost的影响，给读者提供一些建议。

- CPU：由于Bifrost需要计算海量的粒子，因此建议准备高主频的CPU和高容量的内存。CPU建议用主频高于3.5GHz的多核心处理器，主频越高，Bifrost解算得越快。
- 内存：Bifrost解算时会占用大量的内存空间，因此内存建议配置32GB以上。
- 硬盘：Bifrost的缓存文件会占用大量的硬盘空间，大型流体动辄上百GB。如果要制作海域效果，而且需要展现出海洋的细节，那么建议配置大容量的硬盘。
- 显卡：Bifrost对显卡的要求不高，解算时不会使用GPU，因此选择一款中端显卡即可。

在使用Bifrost制作流体时，一定要注意Maya的单位。Bifrost使用的单位是米，它所对应到Maya中的单位是厘米。默认情况下，Maya的单位是厘米，但有时候有特殊需要，会修改Maya的单位。因此在使用Bifrost时，要先确认Maya的单位是否为厘米。

由于Bifrost在模拟流体时，会占用大量计算机资源，因此我们需要尽可能去优化Bifrost场景。在测试流体形态时，可以先设置较低的“主体素大小”属性，当对流体形态满意后再增加该值。另外，在制作流体时，场景中的模型不可能按照1：1的大小。缩小后的模型在与Bifrost流体交互时，会影响到流体的动态效果，因此需要根据计算机性能适当地修改“主体素大小”和“重力”属性。